답이 보이는 무선설비 기사/산업기사 기출문제풀이

2018년 대비

김기남 고시연구회

2010년 ~ 2017년 필기 기출문제 수록

» **자격 취득시**
> KBS 방송기술직 기사 10점 산업기사 5점 가산점 부여
> 각종 공기업(공사) 통신직
  — 자격증 필수 주택공사, 인천국제공항공사, 수자원
  — 최대 10점 가산점 한국공항공사, 도로공사, 서울지하철공사, 도시철도공사, 한수원
> 한전 통신직 10점 서류전형 가산점부여
> 공무원/군무원 전송직 및 지방통신직 (기사 : 7급/9급 5%, 산업기사 : 7급 3%/9급 5%)
  가산점부여 : 행자부, 군무원, 해수부, 건교부, 서울시 각지방직, 기상청, 경찰직, 소방직

답이 보이는 무선설비 기사, 산업기사 기출문제풀이

초 판	2016년 01월 03일	
2 판	2018년 01월 31일	

저 자	김기남공학원	
발 행 인	이재선	
발 행 처	도서출판 nt media	

주 소	서울시 영등포구 영등포동 618-79
대 표 전 화	02) 836-3543~5
팩 스	02) 835-8928
홈 페 이 지	www.ucampus.ac

값 35,000원
ISBN 979-11-87180-13-5(93560)

이 책의 저작권은 도서출판 NT미디어에 있으며, 무단복제 할 수 없습니다.

상담전화 02) 836-3543~5
홈페이지 www.ucampus.ac

Introduction
머 릿 말

　최근 정보통신분야는 인터넷 기술의 발전과 더불어 눈부신 변화를 거듭하고 있음. 이러한 발전의 토대를 제공할 수 있는 기본 과목으로서 무선통신설비, 정보통신설비의 이해와 응용은 필연적인 상황이라 하겠다. 본서는 공사, 방송사 및 취업에 필수적인 자격증인 무선설비기사/산업기사를 준비한 대비서로 집필하였다.

　본서의 구성 및 특징은 다음과 같다.

1. 2010년~2015년 개정된 무선설기기사 기출문제를 완벽 해설하여 구성 편집
2. 시간이 부족한 수험생을 위하여 출제 핵심이론만 간단, 명료하게 정리
3. 효율적인 학습을 위하여 기출문제와 해설을 바로 재구성

　필자의 일천한 지식으로 방대한 출제분량을 요약해보니 여러 곳에서 미비한 점이 있으리라 생각되며, 이 부분은 추후 개정판에서 가다듬도록 노력하겠다.

　끝으로 수험생 여러분의 건승을 기원하면서 본서 출간을 위해 협조해주신 도서출판 NT미디어 출판부 직원들에게 깊은 감사를 드린다.

정보통신공학 연구회 대표저자
공학박사/기술사 김기남

시험 일정 및 응시자격

■ 검정종목별 시험시간

구분		시험시간			비고
		필기시험	실기시험		
			필답형	작업형	
정보통신	기사	10:00~12:30	10:00~12:30	-	-1부(기사,기능사) : 10:00~제한시간 -2부 (기능장,산업기사) : 14:00~제한시간
	산업기사	14:00~16:00	10:00~12:30	-	
전파전자통신	기사	10:00~12:30	-	1인당 27분내	
	산업기사	14:00~16:30	-		
	기능사	10:00~11:00	-	1인당 19분내	
무선설비	기사	10:00~12:30	-	09:00~13:30	○입실시간 필기시험: 15분전 실기시험: 30분전
	산업기사	14:00~16:00	-	10:00~14:00	
	기능사	10:00~11:00	-	09:00~13:00	

■ 응시자격

1. 기술사, 기능장, 기사, 산업기사 : 국가기술자격법시행령 제12조의 2 관련

> 비관련학과 졸업자에 대한 학력우대관련 규정 삭제 등 2013.1.1부터 새로운 응시자격 기준이 적용되므로 개정된 응시자격은 국가기술자격법시행령 별표 1의2를 참조하시기 바랍니다.

○ 국가기술자격법에 따라 응시자격이 제한된 기술사, 기능장, 기사, 산업기사는 필기시험 합격예정자 발표일로부터 5일 이내(토·공휴일 제외)에 소정의 응시자격 세류(졸업증명서, 경력증명서, 근로기준법 제39조에 따른 사용증명서 등)를 제출하여야 하며 지정된 기간 내에 제출하지 아니할 경우에는 필기시험 합격예정이 무효 되니 착오 없으시기 바랍니다.
- 근로기준법 제39조에 따른 사용증명서, 자체 경력증명서는 재직기간, 소속, 직위 및 담당 업무의 내용이 구체적으로 기재된 것에 한합니다.
- 응시자격 서류심사 기준일은 응시하고자 하는 종목의 필기시험 시행일이며, 필기시험이 없는 경우에는 실기시험의 수험원서 접수 마감일입니다.
- 응시자격 서류심사 종료 후 서류심사 부적합자(자격미달, 미제출자)는 홈페이지에 게시하오니 확인하시기 바랍니다.

Summary
원서 교부 및 접수처

■수험원서 교부 및 접수처

구분	주소	전화번호
서울본부	서울시 마포구 양화로 147 (동교동 160-4)	TEL 02)3140-1616 FAX 3140-1609
부산본부	부산시 동구 초량중로 29 (초량동 1056-2)	TEL 051)440-1001 FAX 440-1004
진주사업소	경남 진주시 진주대로 888 아이비타워 5층 502호 (칠암동 414-10)	TEL 055)763-4737 FAX 763-4739
경기본부	인천시 남동구 남동대로 773 삼성화재빌딩 5층 (구월1동 1144-13)	TEL 032)438-7555 FAX 438-7551
충청본부	대전시 서구 계룡로 553번길 24 (탄방동 671)	TEL 042)602-0114 FAX 602-0119
충주사업소	충청북도 충주시 중앙로 112 (성내동 282) KT충주지사 3층	TEL 043)856-4600 FAX 856-4603
전남본부	광주시 서구 운천로 219 (치평동 1241-3)	TEL 062)383-5070 FAX 383-5074
여수사업소	전남 여수시 문수로 117 KT북여수지점 2층 (문수동 111-2)	TEL 061)641-5500 FAX 641-5502
목포사업소	전남 목포시 영산로 33 유달산우체국 2층 (대의동 2가 1-6)	TEL 061)242-0014 Fax 244-3404
경북본부	대구시 수성구 청수로 66 (상동 6-12)	TEL 053)766-9001 FAX 766-9003
포항사업소	경북 포항시 남구 희망대로 711 (상도동 671-4)	TEL 054)282-2367 FAX 282-2368
전북본부	전북 전주시 덕진구 견훤로 279 (인후동 1가 784-4)	TEL 063)244-1116 FAX 244-1119
강원본부	강원도 원주시 서원대로 491 KT단구빌딩 5층 (단구동 702)	TEL 033)732-8501 FAX 732-8506
강릉사업소	강원도 강릉시 강릉대로 368 (포남동 1164-13)	TEL 033)646-9751 FAX 646-9753
제주본주	제주도 제주시 중앙로 265 성우빌딩 7층 (이도2동 1034-4)	TEL 064)752-0386 FAX 755-3933-

*기타 자세한 사항은 자격검정 홈페이지(www.CQ.or.kr)를 참고하시기 바랍니다.

이 책의 차례

무선설비기사

2010년 무선설비기사 1회	10
2010년 무선설비기사 2회	34
2010년 무선설비기사 4회	58
2011년 무선설비기사 1회	82
2011년 무선설비기사 2회	104
2011년 무선설비기사 4회	128
2012년 무선설비기사 1회	150
2012년 무선설비기사 2회	176
2012년 무선설비기사 4회	200
2013년 무선설비기사 1회	224
2013년 무선설비기사 2회	244
2013년 무선설비기사 4회	266
2014년 무선설비기사 1회	288
2014년 무선설비기사 2회	310
2014년 무선설비기사 4회	334
2015년 무선설비기사 1회	358
2015년 무선설비기사 2회	382
2015년 무선설비기사 4회	406
2016년 무선설비기사 1회	432
2016년 무선설비기사 2회	450
2016년 무선설비기사 4회	466
2017년 무선설비기사 1회	484
2017년 무선설비기사 2회	502
2017년 무선설비기사 4회	520

Contents

무선설비산업기사

2010년 무선설비산업기사 1회	540
2010년 무선설비산업기사 2회	560
2010년 무선설비산업기사 4회	580
2011년 무선설비산업기사 1회	600
2011년 무선설비산업기사 2회	620
2011년 무선설비산업기사 4회	638
2012년 무선설비산업기사 1회	658
2012년 무선설비산업기사 2회	676
2012년 무선설비산업기사 4회	694
2013년 무선설비산업기사 1회	714
2013년 무선설비산업기사 2회	732
2013년 무선설비산업기사 4회	750
2014년 무선설비산업기사 1회	768
2014년 무선설비산업기사 2회	786
2014년 무선설비산업기사 4회	804
2015년 무선설비산업기사 1회	822
2015년 무선설비산업기사 2회	842
2015년 무선설비산업기사 4회	860
2016년 무선설비산업기사 1회	880
2016년 무선설비산업기사 2회	892
2016년 무선설비산업기사 4회	906
2017년 무선설비산업기사 1회	920
2017년 무선설비산업기사 2회	934

국가기술자격검정 필기시험문제

2010년 기사1회 필기시험

국가기술자격검정 필기시험문제

2010년 기사1회 필기시험

자격종목 및 등급(선택분야)	종목코드	시험시간	형 별	수검번호	성 별
무선설비기사		2시간 30분	1형		

제1과목 디지털 전자회로

01 다이오드를 사용한 정류 회로에서 여러 다이오드 (n개)를 직렬로 연결하여 사용하면 어떤 장점이 있는가?
가. 과전압으로부터 보호할 수 있다.
나. 부하 출력의 맥동률을 감소시킬 수 있다.
다. AC전원으로부터 많은 전력을 공급받을 수 있다.
라. n배의 출력 전압을 얻을 수 있다

【정답】가

【해설】 다이오드를 직렬로 연결하면 과전압으로부터 보호할 수 있으며, 다이오드를 병렬로 연결하면 과전류로 부터 보호할 수 있다.

02 반파정류회로를 사용하는 어떤 회로에서 반파 정류회로 대신 전파정류회로로 변경하였다면 리플율은 대략 어느 정도 변동이 있는가?
가. 1   나. 2.5
다. 3   라. 5

【정답】나

【해설】 리플률 비교

반파정류	전파정류
리플률 : 1.21	리플률 : 0.482
효 율 : 40.6[%]	효 율 : 81.2[%]

$$\therefore \frac{1.21}{0.482} ≒ 2.51$$

03 다음 회로의 종류는?

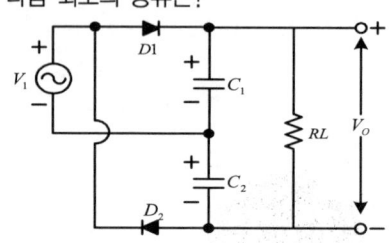

가. 반파정류회로
나. 전파정류회로
다. 브릿지정류회로
라. 배전압정류회로

【정답】라

【해설】 출력에 입력전압의 2배 전압이 출력되는 전파 배전압 정류회로이다.

04 L형 필터에 비해 π형 필터에 대한 특징으로 틀린 것은?
가. 직류 출력 전압이 높다.
나. 역전압이 높다.
다. 맥동률이 높다.
라. 전압 변동률이 높다.

【정답】다

【해설】 평활회로

	콘덴서입력형(π)	쵸크입력형(L)
맥 동 율	작다	크다
출력직류전압	높다	낮다
전압 변동율	크다	작다
최대 역전압	높다	낮다

05 다음 중 캐스코드 증폭기에 대한 설명으로 틀린 것은?
가. 입력단에 공통베이스(CB), 출력단에 공통이미터(CE) 로 구성된 증폭기이다.
나. 전압 귀환율이 매우 적다.
다. 공통베이스 증폭기로 인해 고주파 특성이 양호하다.
라. 자기 발진 가능성이 매우 적다.

정답 가

해설 캐스코드 증폭기는 입력에 전류증폭율이 우수한 CE증폭기를 출력에 입력임피던스가 매우 낮은 CB증폭기를 접속한 다단증폭기이다.

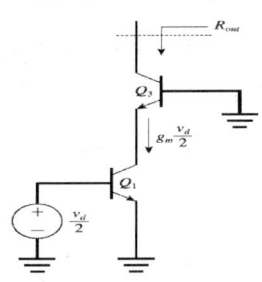

06 다음 중 버퍼(Buffer) 증폭기에 사용하기 가장 적합한 것은?
가. 공통 베이스 증폭기
나. 공통 이미터 증폭기
다. 공통 컬렉터 증폭기
라. 캐스코드 증폭기

정답 다

해설 공통 컬렉터증폭기(에미터 플로워)는 입력저항이 매우 높고, 출력저항이 매우 낮아 완충증폭기(Buffer)로 널리 사용된다.

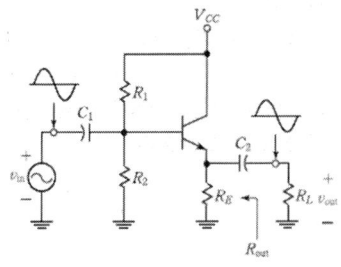

07 이상적으로 CMRR값이 무한대인 차동증폭기회로에서 발생하는 잡음은 출력단자에 어떻게 나타나는가?
가. 발생한 잡음의 크기가 그대로 나타난다.
나. 발생한 잡음이 증폭되어 출력에 나타난다.
다. 발생한 잡음의 크기보다 작게 나타난다.
라. 발생한 잡음은 출력단자에 나타나지 않는다.

정답 라

해설 동상신호 제거비(Common Mode Rejection Ratio)
$$\therefore CMRR = \frac{\text{차동이득}(A_d)}{\text{동상이득}(A_c)} = \infty \text{ 이므로,}$$
차동이득이 무한대이고, 동상이득(잡음) = 0 인 특성이므로 출력에 잡음이 나타나지 않는다.

08 다음 그림은 콜피츠 발진회로를 변형한 클랩 발진회로이다. 안정한 주파수를 얻기 위해 C_1, C_2를 C_3에 비해 크게 하였을 때 이 발진회로의 발진주파수는? ($C_3 = 0.001[\mu F]$, $L = 1[mH]$)

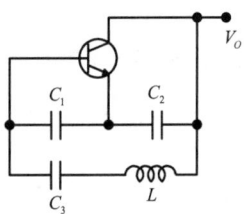

가. 150[KHz]   나. 153[KHz]
다. 156[KHz]   라. 159[KHz]

정답 라

해설 클랩(Clap) 발진기 → 콜피츠 발진기를 개선한 형태
① C_3 에 의해 발진주파수가 결정된다.
$$f_o = \frac{1}{2\pi\sqrt{LC_3}} [\text{Hz}]$$
$$= \frac{1}{2\pi\sqrt{(1\times 10^{-3})\times(0.001\times 10^{-6})}}$$
$$= 159[\text{KHz}]$$

09 발진회로의 출력이 직접 부하와 결합되면 부하의 변동으로 인하여 발진 주파수가 변동된다. 이에 대한 대책으로 많이 사용하는 방법은?
가. 정전압 회로를 사용한다.
나. 발진회로와 부하 사이에 증폭기를 접속한다.
다. 발진회로를 온도가 일정한 곳에 둔다.
라. 타 회로와 차단하여 습기가 차지 않도록 한다.

정답 나

해설 발진회로의 주파수 변화방지
부하변동 : 발진회로와 부하사이에 완충증폭기 사용
전압변동 : 정전압 전원회로 사용
온도변동 : 온도보상회로(항온조) 사용

10 8진 PSK 신호에 5,000[Hz]의 대역폭이 주어졌을 때 비트율은?
가. 40[kbps]   나. 15[kbps]
다. 5[kbps]   라. 625[kbps]

정답 나

해설 비트율 = 대역폭×심볼당 비트수
= 5000×3
= 15[Kbps]

11 BPSK 변조방식의 에러확률은 QPSK 변조방식의 에러 확률의 몇 배인가?
가. 1/2배   나. 1/4배
다. 2배   라. 4배

정답 가

해설 에러확율
$P_{QPSK} = P_{BPSK} \times \log_2 M$

$P_{BPSK} = \dfrac{P_{QPSK}}{\log_2 M} = \dfrac{1}{\log_2 4} \times P_{QPSK}$
$= \dfrac{1}{2} \times P_{QPSK}$

12 일정시간 동안 200개의 비트가 전송되고, 전송된 비트 중 15개의 비트에 오류가 발생하면 비트 에러율(BER)은?
가. 7.5[%]   나. 15[%]
다. 30[%]   라. 40.5[%]

정답 가

해설 BER(Bit Error Rate)
$BER = \dfrac{에러 비트수}{총 전송비트수} = \dfrac{15}{200} \times 100 = 7.5[\%]$

13 그림과 같은 회로에서 정현파 입력을 가했을 때 얻을 수 있는 출력 파형은?

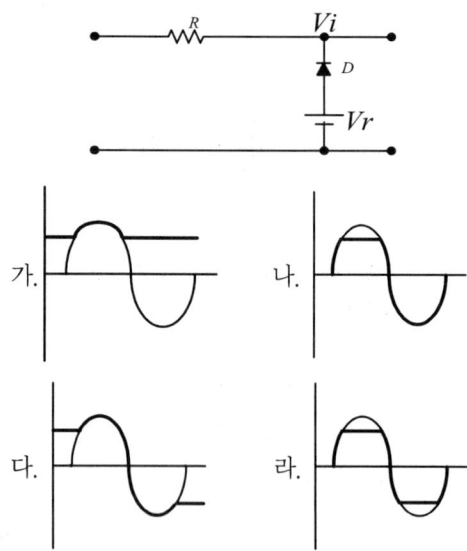

정답 가

해설 입력파형을 적절한 Level로 잘라내는 파형변환 회로이다.
Vr < Vi 일 때, 다이오드 D = Off
Vr > Vi 일 때, 다이오드 D = On
따라서 Vr 전압 이상의 교류 입력신호에서만 출력 신호가 발생한다.

14 정보기입 방식 중 "1"또는 "0"을 기억한 후 반드시 0레벨로 돌아가는 방식은?
   가. RB방식 나. 위상변조 방식
   다. RZ방식 라. NRZ방식

   정답 다

   RZ (Return Zero방식)은 "1" 또는 "0"을 기입한 후 항상 "0"레벨로 돌아가는 방식이다.

15 J-K 플립플롭을 이용하여 J 와 K 입력 사이를 NOT 게이트로 연결한 플립플롭은?
   가. D형 플립플롭
   나. T형 플립플롭
   다. RST형 플립플롭
   라. RS 플립플롭

   정답 가

   D형 플립플롭은 JK-F/F와 NOT 게이트로 구성된다.

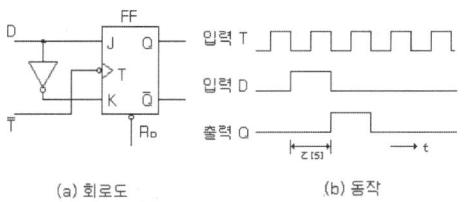
(a) 회로도   (b) 동작

16 비동기 counter와 관계없는 것은?
   가. 전단의 출력이 다음 단의 trigger 입력이 된다.
   나. 회로가 단순하므로 설계가 쉽다.
   다. ripple counter라고도 한다.
   라. 속도가 빠르다.

   정답 라

   비동기식 카운터는 전단 플립플롭의 출력을 다음 단 플립플롭의 CLOCK으로 인가되어 리플 카운터라 하며 회로는 간단하나 동작속도가 느린 단점이 있다.

17 3개의 T플립플롭이 직렬로 연결되어 있다. 입력단(첫단)에 1,000[Hz]의 입력신호를 인가하면 마지막 플립플롭 출력신호는 몇[Hz]인가?
   가. 3,000 나. 333
   다. 167   라. 125

   정답 라

   T 플립플롭 출력주파수
   = 입력주파수 ÷ 2^3
   = 1000[Hz] ÷ 8 = 125[Hz]

18 다음은 어떤 논리 회로인가?

   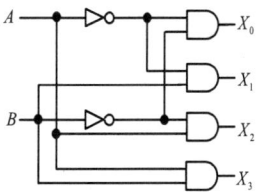

   가. 인코더   나. 디코더
   다. RS플립플롭 라. JK플립플롭

   정답 나

   n비트의 2진 코드 값을 받아 2^n개의 서로 다른 정보로 바꿔주는 디코더(Decoder)회로이다.

19 다음 중 보수 발생기가 필요한 회로는?
   가. 일치회로 나. 가산회로
   다. 나눗셈 회로 라. 곱셈회로

   정답 다

   보수는 뺄셈과 나눗셈에서 필요하다.

20 그림과 같은 회로는?

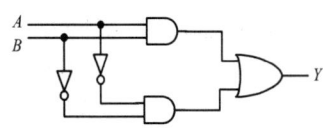

가. 일치 회로 나. 비교 회로
다. 반일치 회로 라. 다수결 회로

정답 가

해설 EX-NOR 회로의 입력 A, B가 서로 같을 때 출력이 나오는 일치회로이다.
$Y = \overline{A \oplus B} = \overline{A} \cdot \overline{B} + A \cdot B$

진리표

A	B	출력
0	0	1
0	1	0
1	0	0
1	1	1

제2과목 무선통신기기

21 DSB 방식에 비하여 SSB 방식의 장점 중 틀린 것은?
가. 송신기의 소비전력이 약 30[%] 정도 개선
나. 선택성 페이딩의 영향이 6[dB] 정도 개선
다. SNR 개선이 첨두 전력이 같을 때 약12[dB] 정도 개선
라. 대역폭이 축소되어 주파수 이용률이 개선

정답 나

해설 SSB 통신의 장점.
① 점유 주파수대 폭이 1/2로 축소된다.(주파수 이용 효율이 높다.)
② 적은 송신전력으로 양질의 통신이 가능하다. (평균 전력 대비 1/6, 공칭 전력 대비 1/4)
③ 송신기의 소비전력이 적다.
(변조시에만 송신하므로 DSB의 30%)
④ 선택성 페이딩의 영향이 적다.(3[dB] 개선)
⑤ S/N비가 개선된다.(첨두 전력이 같다고 했을 때 전체 12 [dB]개선)
⑥ 비화성을 유지할 수 있다. (DSB수신기로 수신 불가)

22 주파수가 50[kHz]인 정현파 신호를 100[MHz]의 반송파로써 주파수 변조하여 최대 주파수 편이가 500[kHz]가 되었다고 하자. 발생된 FM 신호의 대역폭과 FM 변조지수를 구하라.

가. 1,100[kHz], 10 나. 1,200[kHz], 15
다. 1,500[kHz], 20 라. 1,800[kHz], 20

정답 가

해설 FM 변조에서 변조지수와 대역폭
변조지수 $m_f = \dfrac{\Delta f}{f_m} = \dfrac{500[kHz]}{50kHz} = 10$
대역폭 $B = 2(\Delta f + f_s) = 2(500 + 50) = 1,100[kHz]$

23 OFDM의 장점이 아닌 것은?
가. OFDM은 다수 반송파를 사용하므로, 주파수 오프셋과 위상잡음에 강인하다.
나. OFDM은 협대역 간섭이 일부 부반송파에만 영향을 주므로 협대역 간섭에 강하다.
다. OFDM은 다중경로에 대해 효율적으로 대처
라. OFDM은 시변채널에 대해 부반송파에 대한 데이터 전송률을 적응적으로 조절할 수 있어 전송용량을 크게 향상시킬 수 있다.

정답 가

해설 OFDM 장점
① 주파수 스펙트럼 효율(주파수대역 활용성)이 높다.
② 다중경로 페이딩에 강하다.
③ 복잡한 등화기를 필요로 하지 않는다.

④ 심볼간 간섭(ISI)에 강하다.
⑤ FFT를 이용하여 고속의 신호처리 구현이 용이
⑥ 이동통신 셀 간 간섭이 없고, 자원할당이 용이
- OFDM 단점
① 위상잡음 및 송수신단 간의 반송파 주파수 오프셋에 민감하다.
② 단일 반송파 변조방식에 비해 상대적으로 큰 첨두전력 대 평균전력비(PAPR)를 가진다.
③ 프레임 동기, 심볼 동기에 민감하게 동작하기 때문에 해당 시스템의 수신단 구현 시 이를 극복할 수 있는 최적의 알고리즘이 요구된다.

24 다음은 64QAM의 블록도를 나타낸다. 괄호에 들어가는 내용으로 적절한 것은?

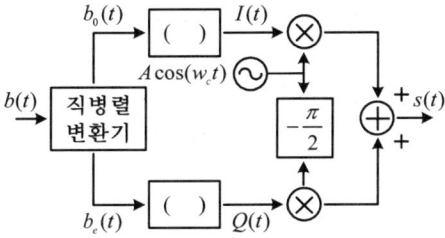

가. 2-to-4 레벨변환기
나. 3-to-8 레벨변환기
다. 4-to-16 레벨변환기
라. 5-to-32 레벨변환기

정답 나

QAM 특징
① 2개의 직교성 DSB-SC 신호를 선형적으로 합한 것이다.
② 동기검파 방식만 사용 가능하다.
③ M진 QAM의 대역폭 효율은 $\log_2 M$ [bps/Hz]이다.
④ 64QAM은 3-to-8 레벨변환기를 사용한다.
⑤ n to m 변환기를 사용하고, 관계식 $2^n = m$
⑥ $\sqrt{전체 심볼수} = m$이 $\sqrt{64} = 8$

25 다음 중 납축전지에 대한 설명으로 잘못된 것은?

가. 납축전지의 단자전압은 전해액의 비중, 온도 등에 의해 변화한다.
나. 겨울철에는 묽은 황산의 비중을 높인다.
다. 내부저항은 극판, 전해액, 격리판, 접속선 등의 저항값 합으로 이루어진다.
라. 온도가 일정하다면 충전시간이 길어져 내부저항이 높아진다.

정답 라

납축전지는 온도가 일정하다면, 충전시간이 길어져 내부저항의 값이 낮아진다.

26 다음 중 충전시 주의사항으로 잘못된 것은?

가. 충전은 규정전류(또는 전압)로 규정시간에 할 것
나. 너무 과도한 충전이나 불충분한 충전을 하지 말 것
다. 충전으로 온도가 조금씩 상승하므로 40~60도 이내로 유지할 것
라. 충전에 의해 확산한 회유산의 분말을 제거할 것

정답 다

충전 시 주의사항
① 규정 전류(또는 전압)로 규정시간 동안 해야 한다.
② 너무 과도한 충전이나, 불충분한 충전을 하지 말 것이다.
③ 충전시 실내온도를 0~40도 이내에서 충전.
④ 충전에 의해 확산된 회유산의 분말을 제거해야 한다.

27 충전 종료시 축전지의 상태로 올바른 것은?
가. 전해액의 비중이 낮아진다.
나. 단자 전압이 하강한다.
다. 가스(물거품)가 많이 발생한다.
라. 전해액의 온도가 낮아진다.

정답 다

해설 충전 종료시 축전지의 상태
① 전해액의 비중이 높아진다.
② 단자 전압이 매전지당 2.4~2.8[V] 정도까지 상승
③ 가스(물거품)가 발생한다.
④ 극판의 색이 변한다.
⑤ 전해액의 온도가 높아진다.

28 다음 중 UPS의 구성요소에 속하지 않는 것은?
가. 출력필터부
나. 증폭부
다. 비상바이패스
라. static 스위치부

정답 나

해설 UPS(무정전 전원장치) 구성
① 순변환부 및 충전부(Rectifier/Charger)
② 역변환부(Inverter) / 축전지(Battery)
③ 출력필터부 / 제어부(Control)
④ 동기절체부(Static Switch)
⑤ 비상 바이패스부

29 다음 중 무정전 전원장치(UPS)에 관한 설명으로 가장 올바른 것은?
가. 정전이 존재하지 않는 전원 공급 장치이다.
나. 교류를 직류로 변환시켜 주는 장치이다.
다. 고전압을 저전압으로 변환시켜 주는 장비
라. 직류를 교류로 변환시켜주는 장비이다.

정답 가

해설 UPS(Uninterruptible Power Supply)
: 상용전원이 정전 되거나 긴급사고가 발생할 때 부하측 전원이 차단 또는 전압변동이 되지 않도록 준비된 비상전원에 의해 양질의 전원을 공급하는 무정전을 위한 전원장치이다.

30 전원회로에서 요구하는 일반적인 성능요구조건으로 부적합한 것은?
가. 충분한 전력용량을 가질 것
나. 출력 임피던스가 높을 것
다. 전압이 안정할 것
라. 리플이나 잡음이 적을 것

정답 나

해설 전원회로(Power Supply)의 조건
① 충분한 전력용량을 가질 것
② 출력임피던스가 낮을 것
③ 전압이 안정적일 것
④ 리플이나 잡음이 적을 것

31 평활회로에 대한 설명 중 가장 적합한 것은?
가. 직류를 직류로 변환하는 역할을 한다.
나. 맥동성분을 제거하여 직류분만을 얻기 위한 회로이다.
다. 일정한 직류 출력 전압을 유지하도록 한다.
라. 직류를 교류로 변환하는 역할을 한다.

정답 나

해설 평활회로
: 교류성분인 맥동을 제거함으로써 직류성분만을 얻게 하기 위해 사용되는 회로로, 평활용 콘덴서의 용량은 출력전압의 파형과 관계가 된다. (콘덴서 용량을 크게 하면 출력리플이 작아지게 됨)

* 평활용 콘덴서 $C = \dfrac{K}{\omega R_L} = \dfrac{K}{2\pi f R_L}$

(K : 리플전압 결정 계수)

32 단상 전파 브리지 정류회로에서 각 다이오드에 걸리는 최대 역전압의 크기는? (단, 1차측 입력 전압 100[V], 트랜스포머의 권선비는 $n1 : n2 = 10 : 1$)

가. 10[V] 나. 14.1[V]
다. 100[V] 라. 141[V]

정답 나

해설 전파브리지 정류회로의 다이오드에 걸리는 역전압(PIV)는 2차측 전압(V_2)의 최대치인 V_m 이다.

2차측 전압 $= 10[V]$

$\dfrac{n_1}{n_2} = \dfrac{V_1}{V_2}$ 이므로, $V_2 = \dfrac{n_2}{n_1} V_1 = \dfrac{1}{10} \times 100 = 10[V]$

$\therefore V_m = \sqrt{2}\, V_2 = \sqrt{2} \times 10 = 14.1[V]$

	출력특성
I_{dc} (평균전류)	$\dfrac{2 I_m}{\pi}$
V_{dc} (평균전압)	$\dfrac{2 V_m}{\pi}$
I_{rms} (실효치 전류)	$\dfrac{I_m}{\sqrt{2}}$
V_s (실효치 전압)	$\dfrac{V_m}{\sqrt{2}}$

33 전력측정에 사용되는 볼로메터(bolometer) 브리지법에 대해 잘못 설명한 것은?

가. 볼로메터 소자란 전력을 흡수하면 온도가 변화하여 전기저항이 변하는 소자이다.
나. 볼로메터 브리지법을 사용하면 주파수에 따른 측정오차가 발생한다.
다. FM송신기의 전력 측정방법으로 사용된다.
라. 볼로메터 소자로는 써미스터나 바레터(barreter)가 있다.

정답 나

해설 볼로메터(Bolometer)
: 볼로메터는 반도체 또는 금속이 전력을 흡수하면 온도가 상승하여 전기저항이 변화하는 것을 이용한 소자인데 주로 1[W] 이하의 소전력 측정에 사용한다. 볼로메터 소자에는 서미스터와 버레터가 있다.

34 공중선 전류계법을 사용하여 변조도를 측정하고자 한다. 무변조시 반송파 전류(I_c)는 2[A]이고, 변조시 피변조파 전류(I_m)가 2.2[A]일 때 변조도는 약 몇[%]인가?

가. 52[%] 나. 65[%]
다. 72[%] 라. 85[%]

정답 나

해설 AM 송신기 변조도 측정

$m = \sqrt{2\left\{\left(\dfrac{I_m}{I_c}\right)^2 - 1\right\}} \times 100[\%]$

$= \sqrt{2\left\{\left(\dfrac{2.2}{2}\right)^2 - 1\right\}} \times 100[\%] = 64.8[\%]$

I_m : 변조시 피변조파전류,
I_c : 무변조시 피변조파전류

35 오실로스코프의 수평축 단자에 500[Hz]신호를, 수직축 단자에 피측정 신호를 인가했을 때 오실로스코프에 타원 모양의 리사주 도형이 나타났다. 이 리사주 도형이 가로선과 만나는 최대 접점수를 2개, 세로선과 만나는 최대 접점수를 2개라 할 때 피측정 신호의 주파수는 몇[Hz]인가?

가. 125[Hz] 나. 500[Hz]
다. 1,000[Hz] 라. 2,000[Hz]

정답 나

해설 x-y 에 의한 주파수 측정 (리샤쥬)방법

$\dfrac{V축\ 주파수}{H축\ 주파수} = \dfrac{H축\ 접점수}{V축\ 접점수}$

$\dfrac{f_x}{f_y} = \dfrac{N_y}{N_x}$

$f_y = \dfrac{N_x}{N_y} f_x = \dfrac{2}{2} \times 500 = 500[Hz]$

(f_x : 수평축에 가하는 신호)
(N_x : 가로선과 만나는 최대접점 수)
(N_y : 세로선과 만나는 최대접점 수)

36. 다음중 방향성 결합기를 이용하여 측정할 수 없는 것은?

가. 반사계수 나. 정재파비
다. 주파수   라. 결합도

정답 다

해설 방향성 결합기
: 도파관 두 개를 연결하여 놓고 어느 한쪽 개구로 전파를 넣었을 때, 다른 쪽 으로 나오게 만드는 것으로 정재파비, 반사계수, 결합도를 측정할 수 있다

37. 오실로스코프의 수평축과 수직축 입력에 진폭과 주파수가 같고 위상차가 90도인 전압을 가했을 때 오실로스코프에 나타나는 리사주 도형의 모양은?

가. 점   나. 사선
다. 타원 라. 원

정답 라

해설 오실로스코프의 리사주 도형

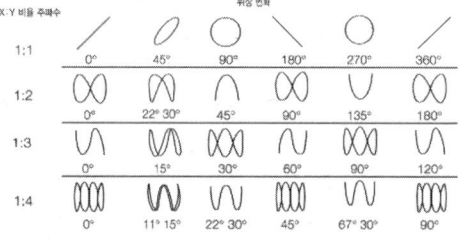

38. 정재파비를 S라 할 때 전압 반사계수는 어떤 식으로 구할 수 있는가?

가. S
나. S^2
다. $(S-1)/(S+1)$
라. $(S+1)/(S-1)$

정답 다

해설 정재파비
: 정재파비(SWR, Standing wave ratio)는 급전선 등 전송선로의 정합상태의 양부를 나타내는 것이다.

① 반사계수
$$\Gamma = \frac{I_r}{I_f} = \frac{V_r}{V_f} = \sqrt{\frac{P_r}{P_f}} = \frac{Z_e - Z_o}{Z_e + Z_o} = \frac{S-1}{S+1}$$

② 정재파비
$$VSWR = \frac{V_{\max}}{V_{\min}} = \frac{I_{\max}}{I_{\min}} = \frac{Z_e + Z_o}{Z_e - Z_o} = \frac{V_f + V_r}{V_f - V_r}$$
$$= \frac{1 + \frac{V_r}{V_f}}{1 - \frac{V_r}{V_f}} = \frac{1 + \Gamma}{1 - \Gamma}$$

39. 이동통신 단말기의 수신전력이 $0.004[\mu W]$일 때 이를 dBm으로 나타내면 몇 [dBm]이 되는가? (단, $1[mW]$를 $0[dBm]$으로 한다.)

가. $-44[dBm]$ 나. $-54[dBm]$
다. $-64[dBm]$ 라. $-74[dBm]$

정답 나

해설
$$dBm = 10\log\frac{P}{1[mW]} = 10\log\frac{0.004 \times 10^{-6}}{1 \times 10^{-3}}$$
$$= -54[dBm]$$

40. 이동통신에서 사용되는 디지털 변조방식 중에서 에러발생확률 측정시 그 값이 가장 낮은 방식은? (단, 진수는 같은 경우이다.)

가. ASK 나. FSK
다. PSK 라. QAM

정답 라

해설 디지털 변조방식 오류확률
① 같은 변조 방식인 경우 진수가 증가할수록 증가
  M진 오류확률 = 2진 오류확률 $\times \log_2 M$

② 같은 진수인 경우 QAM 이 오류확률이 가장 적음. ASK > FSK > DPSK > PSK > QAM

제3과목 안테나공학

41 다음은 횡전자파(TEM: Transverse Electromagnetic wave)에 대한 설명이다. 바르게 설명한 것은 어느 것인가?
  가. 전파진행 방향에 전계성분만 존재하고 자계성분은 존재하지 않는다.
  나. 전파진행 방향에 자계성분만 존재하고 전계성분은 존재하지 않는다.
  다. 전파 진행방향에 전계, 자계성분이 모두 존재하지 않는다.
  라. 전파진행방향에 전계, 자계성분이 모두 존재한다.

  정답 다

  해설 TEM(횡전자파), TE(횡전파), TM(횡자파)

TEM	TE	TM
진행방향에 전계, 자계 수직	진행방향에 전계가 수직	진행방향에 자계가 수직

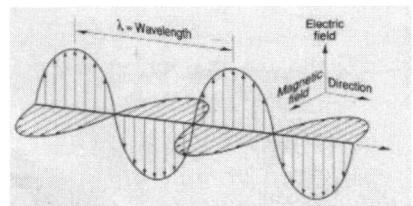

  [TEM 파형]

42 유전체에서 변위전류를 발생하는 것은?
  가. 분극 전하밀도의 시간적 변화
  나. 분극 전하밀도의 공간적 변화
  다. 전속밀도의 시간적 변화
  라. 전속밀도의 공간적 변화

  정답 다

  해설 변위전류
  : 도선에 흐르는 전류를 전도전류(Conduction current : i_c)라 하고 케패시터의 단위면적당 유입되는 전도전류에 의해 유전체에 흐르는 전류를 변위전류(displacement current ; i_d)라 한다.

43 스미스 도표에서 그림과 같이 동심원A에서 동심원 B로 원의 반지름이 커졌을 때 설명이 옳지 않은 것은?

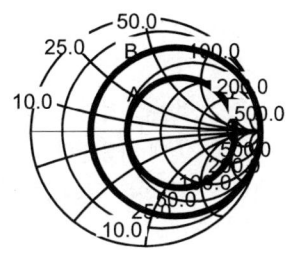

  가. 반사 계수의 크기가 커진다.
  나. 전송전력이 작아진다.
  다. 반사파의 크기가 작아진다.
  라. 부하 임피던스와 소스 임피던스 차이값이 커진다.

  정답 다

  해설 스미스차트에서 동심원의 중심이 정합된 상태이고, 동심원 A에서 동심원 B로 원의 반지름이 커진다는 것은 소스임피던스와 부하임피던스의 차이값이 커진다는 의미이다. 이는 반사파가 커짐을 나타낸다.

  ① Smith chart의 구성
  • 저항이 일정한 원(Circle)과 리액턴스가 일정한 원(Circle)을 합쳐놓은 chart이다.

저항이 일정한 원	리액턴스가 일정한 원
중심=1.0(Ω)_정합 우측=Open(∞ Ω) 좌측=Short(0 Ω)	상단 = Inductive 하단 = Capacitive

  ② Smith chart의 용도
  • 반사계수, 정재파비, 입력임피던스, 부하임피던스, 임피던스정합회로 계산에 사용

  ③ 원둘레는 선로상의 거리를 파장으로 나눈값이다. (시계방향 : 전원측, 반시계방향 : 부하측)

44 동조 급전선과 비동조 급전선의 설명 중 옳지 않은 것은?

가. 정재파가 분포되어 있는 급전선을 동조 급전선이라 한다.
나. 비동조 급전선은 동조 급전선보다 전력의 손실이 적다.
다. 동조 급전선은 거리가 짧을 때, 비동조 급전선은 길 때 사용한다.
라. 비동조 급전선은 정합장치가 불필요하다.

정답 라

해설 급전이란 송신기의 전력을 안테나로 공급(feeding)하기 위한 방법을 말한다.
비동조급전과 동조급전 비교

	비동조급전	동조 급전
정합회로	필요함	필요없음
급 전 선	파장과 상관없음	파장과 상관
전송효율	우수	낮음
전파특성	진행파	정재파(진행+반사)
응 용	원거리 전송	근거리 전송

45 복사저항 $450[\Omega]$인 두 개의 안테나를 $\lambda/4$ 임피던스 변환기를 사용하여 $100[\Omega]$의 평행 2선식 급전선에 정합시키고자 한다. 이 때 변환기의 임피던스 값은?

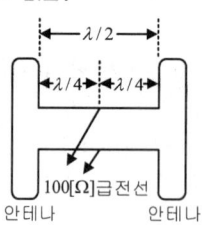

가. $212[\Omega]$ 나. $424[\Omega]$
다. $300[\Omega]$ 라. $600[\Omega]$

정답 다

해설 $\lambda/4$임피던스 변환기의 임피던스
$Z = \sqrt{Z_1 \cdot Z_2}$
: (Z_1 : 안테나임피던스, Z_2 = 급전임피던스)
$Z = \sqrt{900 \times 100} = 300[\Omega]$

46 다음 중 진행파와 반사파가 있는 급전선은?
가. 반사계수가 1인 급전선
나. 정규화 부하 임피던스가 1인 급전선
다. VSWR=1인 급전선
라. 무한장 급전선

정답 가

해설 반사계수가 1의 값을 가지면, 정합이 되지 않은 것으로 반사계수는 0, 정재파비 1일 때 정합이다. 정합이 되지 않으면 진행파와 반사파가 존재한다.
$$m = \frac{I_r}{I_f} = \frac{V_r}{V_f} = \sqrt{\frac{P_r}{P_f}} = \frac{Z_e - Z_o}{Z_e + Z_o} = \frac{S-1}{S+1}$$

47 도파관의 임피던스 정합방법으로 적합하지 않은 것은?
가. Stub에 의한 정합
나. 도파관 창에 의한 정합
다. 커플러에 의한 정합
라. Q 변성기에 의한 정합

정답 다

해설 도파관의 임피던스 정합
1. $\lambda/4$ 임피던스 변환기[Q 변성기]에 의한 정합
2. Stub에 의한 정합
3. 도파관 창에 의한 정합
4. 도체봉에 의한 정합
5. 무반사 종단회로
6. 테이퍼(Taper)에 의한 정합
7. 아이솔레이터(Isolator)

48 반치각이란 주엽의 최대 복사 강도(방향)에 대해 몇 [dB]가 되는 두 방향 사이의 각을 말하는가?
가. $0[dB]$ 나. $-3[dB]$
다. $-6[dB]$ 라. $-12[dB]$

정답 나

해설 반치각이란 안테나 주엽(Main Lobe)에서 전계 강도가 $\frac{1}{\sqrt{2}}$인 지점, 전력이 $\frac{1}{2}$ (즉, $-3[dB]$)로 떨어지는 두 점간의 각을 말한다.

49 기저부에 콘덴서를 삽입하는 이유는?
　가. 고유 주파수 보다 높은 주파수에 공진시킨다.
　나. 고유 주파수 보다 낮은 주파수에 공진시킨다.
　다. 접지저항을 감소시키기 위하여 사용한다.
　라. 접지저항을 증가시키기 위하여 사용한다.

　　　　　　　　　　　　　　　　　　정답 가

해설 단축용량
: 기저부에 콘덴서를 삽입하면 고유주파수보다 높은 주파수에 공진이 되므로 등가적으로는 안테나가 단축된 것으로 보인다.

$$f = \frac{1}{2\pi \sqrt{L_e \left(\frac{C_e \cdot C_b}{C_e + C_b} \right)}} [\text{Hz}]$$

50 자유공간에 반파장 더블렛 안테나가 있다. 이 안테나의 복사전력이 900[W]일 때 최대복사 방향으로 5[km] 떨어진 점의 전계강도는 몇 [V/m]인가?
　가. 0.04　　　　나. 0.05
　다. 0.5　　　　라. 0.4

　　　　　　　　　　　　　　　　　　정답 가

해설 안테나의 전계강도

$$E = \frac{7\sqrt{P_r}}{d} \quad (\text{반파장다이폴안테나})$$

$$= \frac{7\sqrt{900}}{5 \times 10^3} = \frac{7 \times 30}{5000} = 0.042[\text{V/m}]$$

51 야기안테나의 소자 중 가장 긴 소자의 역할과 리액턴스 성분은 무엇인가?
　가. 복사기, 용량성　　나. 지향기, 유도성
　다. 반사기, 유도성　　라. 도파기, 용량성

　　　　　　　　　　　　　　　　　　정답 다

해설 야기 안테나 각 소자의 길이
① 반사기 : $\frac{\lambda}{2}$ 보다 길고 투사기 보다 길다.
　　　　　(유도성)
② 투사기 : 약 $\frac{\lambda}{2}$

③ 도파기 : $\frac{\lambda}{2}$ 보다 짧고 투사기 보다 짧다.
　　　　　(용량성)

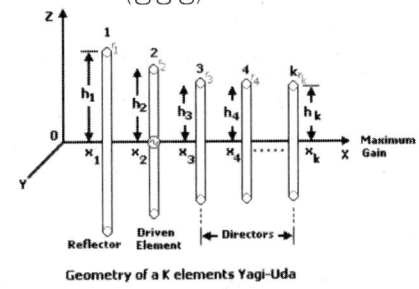

[야기 안테나 구조]

52 다음 중 절대이득을 측정 할 수 있는 표준형 안테나로 사용할 수 있는 안테나는?
　가. 혼(Horn) 안테나
　나. 웨이브(Wave) 안테나
　다. 루프 안테나
　라. 롬빅 안테나

　　　　　　　　　　　　　　　　　　정답 가

해설 혼(Horn)안테나의 특징
① 지향성이 예민하다.
② 부엽(Side Lobe)가 적다.
③ 이득은 파장의 제곱에 반비례, 개구면이 클수록 이득도 커진다.
④ 등방성 안테나 대신 절대이득 측정의 표준 안테나로 사용이 가능하다.
⑤ 광대역특성을 가진다.

53 마이크로파 대역에서 주로 사용하는 지상파는?
　가. 지표파　　　　나. 직접파
　다. 대지 반사파　　라. 회절파

　　　　　　　　　　　　　　　　　　정답 나

해설 각 주파수대의 주요 전파모드
① 장/중파대 : 지표파
② 단파대 : 전리층 반사파
③ 초단파대 : 대류권 직접파와 반사파
④ 마이크로파대 : 대류권 직접파

54 지표파에 대한 설명 중 틀린 것은?
가. 대지의 도전율과 유전율이 작을수록 감쇠가 적다.
나. 주파수가 낮을수록 멀리 전파한다.
다. 사막지대보다 해안지역에서 멀리 전파한다.
라. 수평편파보다 수직편파에서 감쇠가 적다.

정답 가

해설 지표파의 특성
① 대지의 도전율이 클수록 감쇠가 적어진다.
② 유전율이 작을수록 감쇠가 적어진다.
③ 전파는 해상에서 가장 잘 전파하여 평지, 구릉, 산악, 시가지, 사막 순으로 감쇠가 커진다.
④ 지표파는 장·중파대에서 감쇠가 적다.
⑤ 수평편파는 대지에서 단락되기 때문에 큰 감쇠를 받는다.
* 지표파에서 전파해가는 것은 거의 수직 성분이다.

55 대류권 산란파에 대한 설명으로 틀린 것은?
가. 전파경로 상의 지형에 대한 영향을 별로 받지 않는다.
나. 공간 다이버시티를 이용하면 대류권 산란에 의한 페이딩을 방지 할 수 있다.
다. 짧은 주기를 갖는 페이딩이 발생한다.
라. 전파손실이 자유공간 손실과 유사한 값을 갖는다.

정답 라

해설 대류권 산란파 통신방식의 특징
① 초단파대 초가시거리 광대역 통신에 적합하다.
② 시간적, 공간적, 지리적 제한을 받지 않는다.
③ 기본 전파손실이 크기 때문에 대출력 송신기가 필요하다.
④ 너무 예민한 지향성 공중선을 사용해서는 안 된다.
⑤ Fading이 발생하며, Space diversity를 이용하여 방지할 수 있다.
⑥ 대류권 산란파 통신을 하기에 적당한 주파수는 200~3,000[MHz]이다.
⑦ 대류권 산란파 통신을 하기에 적당한 거리는 200~1,500[km]이다.

56 다음 중 극초단파(UHF)의 통달거리에 그다지 많은 영향을 주지 않는 것은?
가. 공전 나. 지형
다. 복사전력 라. 안테나 높이

정답 가

해설 극초단파(UHF)는 300[MHz] ~ 3[GHz] 대역을 말하며 지형, 복사전력, 안테나 높이에 따라 거리에 영향을 미친다.
공전은 낙뢰 시 발생하는 잡음으로 장파에 영향을 미친다.

57 다음 중 어느 지점의 임계주파수가 5[MHz]일 때 사용 주파수가 8[MHz]에 대한 도약거리는 어느 것인가? (단, F층의 높이를 400[Km], 대지는 평면으로 본다.)
가. 약 999[Km] 나. 약 900[Km]
다. 약 899[Km] 라. 약 799[Km]

정답 가

해설 도약거리
: 전리층의 1회 반사파가 지표면에 도달된 점과 송신점과의 거리를 도약거리라 한다.

$$r = 2h'\sqrt{\left(\frac{f}{f_c}\right)^2 - 1} = 2 \times 400 \times 10^3 \times \sqrt{\left(\frac{8}{5}\right)^2 - 1}$$
$$= 800 \times 10^3 \times 1.248 = 999[Km]$$

58 대류권에서의 페이딩(fading)은?
가. 도약성 페이딩 나. 편파성 페이딩
다. 산란성 페이딩 라. 흡수성 페이딩

정답 다

해설 대류권 페이딩 과 전리층 페이딩

대류권 페이딩	전리층 페이딩
• K형 페이딩	• 선택성 페이딩
• 덕트형 페이딩	• 도약성 페이딩
• 신틸레이션 페이딩	• 간섭성 페이딩
• 감쇠형 페이딩	• 편파성 페이딩
• 산란형 페이딩	• 흡수성 페이딩

59 빠른 속도로 움직이는 물체에서 발사하는 전파를 수신하면 원래 발사된 주파수와 다른 주파수의 신호가 수신된다. 이러한 현상을 무엇이라 하는가?
가. 도플러 효과   나. 패러데이 회전
다. 룩셈부르크 효과 라. 델린져 현상

정답 가

해설 도플러 효과
: 주파수를 발생시키는 이동체의 움직임에 따라 주파수가 변화되는 현상을 도플러 효과라 한다. 이때 천이된 주파수의 편차를 도플러편이라 한다.

$$f_r = f_t \pm \frac{v}{\lambda} \cos\theta$$

60 모든 스펙트럼 영역에 균일하게 퍼져있는 연속성 잡음은?
가. 인공잡음   나. 대기잡음
다. 백색잡음   라. 우주잡음

정답 다

해설 백색잡음(White noise)
: 주파수 전 대역에 걸쳐 전력스펙트럼 밀도가 거의 일정하며 열잡음의 대표적인 예이다.

제4과목 무선통신시스템

61 다음은 변조(modulation)에 관련된 설명들이다. 잘못된 것은?
가. 변조란 정보(변조)신호에 따라 반송파의 진폭 또는 주파수 또는 위상을 변화시켜 전송하는 것을 말한다.
나. 변조는 장거리 통신을 수행하기 위해 실시한다.
다. 변조란 정보(변조)신호의 스펙트럼을 낮은 주파수 쪽으로 옮기는 조작을 말한다.
라. 변조가 끝난 파를 피변조파라 하며 이를 증폭하기 위해 전력증폭기를 사용한다.

정답 다

해설 변조란 정보신호의 스펙트럼을 높은 주파수 쪽으로 옮기는 주파수천이를 말한다.

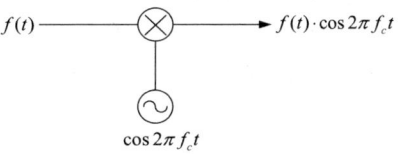

[변조의 개념]

62 무선송신기의 발진부와 완충증폭기의 결합은 어떤 방식이 적합 한가?
가. 소결합 방식   나. 임계결합 방식
다. 밀결합 방식   라. 공진결합 방식

정답 가

해설 완충 증폭기(Buffer Amp)
: 발진기 다음 단의 부하 변동의 영향을 받지 않고 안정된 발진을 할 수 있도록 소결합 시키며, 왜곡이 없는 A급 증폭방식이 사용된다. ($A_v \fallingdotseq 1$ 정도)

63 다음은 IEEE권장 마이크로웨이브 주파수밴드 구분을 열거한 것이다. 주파수가 낮은 것에서 높은 순서대로 열거된 것은?
가. C-L-S-K   나. C-K-L-S
다. L-S-K-C   라. L-S-C-K

정답 라

해설 각 밴드의 주파수

밴 드	주파수 대역
L Band	1[GHz] ~ 2[GHz]
S Band	2[GHz] ~ 4[GHz]
C Band	4[GHz] ~ 8[GHz]
X Band	8[GHz] ~ 12.5[GHz]
Ku Band (under)	12.5[GHz] ~ 18[GHz]
K Band	18[GHz] ~ 26.5[GHz]
Ka Band (above)	26.5[GHz] ~ 40[GHz]

2010년 무선설비기사 기출문제

64 다음 중 위성체의 트랜스폰더(transponder)를 구성하는 요소가 아닌 것은?
가. 입력필터　　나. 추미장치
다. 저잡음증폭기　라. 고전력증폭기

정답 나

해설 위성의 트랜스폰더의 기능(Payload부)
: 위성에 탑재되는 중계 장치를 말한다.
① 수신부 (지구국으로부터 수신)
② 신호증폭부 (변환신호 증폭)
③ 주파수 변환부 (수신신호 주파수 변환)
④ 송신부 (지구국으로 송신)
⑤ 추미장치는 위성의 지구국의 구성요소이다.

65 위성체의 구성요소로는 "Payload system"과 "Bus sub-system"이 있다. 다음 중 Bus sub-system의 구성요소가 아닌 것은?
가. 트랜스폰더　　나. 텔레메트리계
다. 자세제어계　　라. 추진계

정답 가

해설 위성체의 장비구성

지구국 장비	위성체 장비	
	BUS부	Payload 부
추미계 (위성추적)	전력제어계	안테나계
송·수신계	구체계/추진계	중계부
통신관제 서브시스템	열제어계	
지상 인터페이스	자세제어계	
안테나계	텔레메트리계	

66 위성의 위치 및 속도를 이용하여 사용자의 위치 속도 및 시간을 계산할 수 있도록 해주는 무선항법 시스템은?
가. GPS(Global Positioning System)
나. VSAT(Very Small Aperture Terminal)
다. INMARSAT(International Marine Satellite)
라. DBS(Direct Broadcasting System)

정답 가

해설 GPS(Global positioning system)시스템
: 4개 이상의 인공위성에서 발사된 전파를 수신하면자기 자신의 위치뿐만 아니라 고도, 속도, 시간 계산이 가능한 위성항법장치이다.

67 대역확산통신에서 처리이득이 30[dB]라면 전송시 확산된 신호의 대역폭이 원래 신호의 대역폭보다 몇 배 넓어졌음을 의미하는가?
가. 10배　　나. 100배
다. 1,000배　라. 10,000배

정답 다

해설 대역확산시스템

처리이득(Processing Gain) = $\dfrac{\text{확산 대역폭}}{\text{신호 대역폭}}$

$30[dB] = 10\log \dfrac{\text{확산대역폭}}{\text{신호대역폭}}$

이므로 확산이득은 1,000배

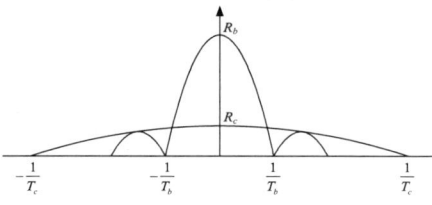

처리이득(processing gain)

68 IS-95 CDMA 이동통신 시스템에서 역방향에서의 변조방식은?
가. FSK　　나. GMSK
다. QPSK　라. OQPSK

정답 라

해설 CDMA의 역방향과 순방향 시스템

특징	역방향	순방향
방향	단말기→기지국	기지국→단말기
변조	OQPSK	QPSK
전력	전력효율이 아주 중요함	전력효율이 중요함

69 통신서비스 중에서 정지 및 이동 중에도 언제, 어디서나 고속으로 무선 인터넷 접속이 가능한 휴대인터넷서비스는?
가. WiBro 나. DMB
다. 텔레매틱스 라. VoIP

정답 가

해설 통신서비스 종류와 특징

서비스 종류	특 징
Wibro	초고속 무선인터넷 접속 규격
DMB	이동 멀티미디어 방송서비스 규격
VoIP	인터넷을 이용한 전화서비스 규격
텔레매틱스	자동차의 무선통신서비스 규격

70 다음 중 IEEE 802.11a기술에 대한 설명으로 적절한 것은 무엇인가?
가. 2.4[GHz] ISM (Industrial Scientific and Medical) 대역을 사용한다.
나. OFDM 기술을 사용한다.
다. TDMA/TDD기술을 사용한다.
라. 최대 22[Mbps] 전송속도를 지원한다.

정답 나

해설 IEEE 802.11a의 접속규격
① 스펙트럼 : 5[GHz]
② 최대전송속도 : 54[Mbps]
③ 전송범위 : 100[m]
④ 전송방식 : OFDM
⑤ MAC : CSMA/CA
⑥ 핸드오버 : 제한적 가능
⑦ 비연결성

71 통신 프로토콜의 일반적인 기능 중 각 계층의 프로토콜에 적합한 데이터블록으로 만들고, 통신국의 주소 등을 담고 있는 헤더를 부착하는 기능은?
가. 캡슐화 나. 다중화
다. 세분화 라. 동기화

정답 가

해설 캡슐화(Encapsulation)
: 각 계층의 프로토콜에 적합한 데이터 블록으로 만들고 주소, 에러 검출 부호 등을 담고 있는 헤더(Header)를 부착하는 기능을 말한다.

72 다음 규격 중 OSI 참조모델의 네트워크 계층과 관계가 가장 적은 것은?
가. IP 나. MTP
다. X.21 라. Q.931

정답 다

해설 서비스별 계층구조

서비스	특 징	계 층
IP	인터넷 프로토콜	네트워크 계층
MTP	공통선 신호방식	네트워크 계층
X.21	전송방식	물리계층
Q.931	ISDN신호방식	네트워크 계층

73 CSMA/CD 기술과 CSMA/CA 기술에 대한 다음 설명 중 맞지 않는 것은?
가. CSMA/CD는 IEEE802.3의 MAC에 적용된 기법이다.
나. CSMA/CA는 IEEE802.11의 MAC에 적용된 기법이다.
다. CSMA/CD와 CSMA/CA 모두 송신 전에 매체를 확인한다.
라. CSMA/CD에서는 명시적인 ACK 패킷을 이용해 충돌회피를 시도한다.

정답 라

해설 CSMA/CD와 CSMA/CA 비교

	CSMA/CD	CSMA/CA
접속표준	IEEE802.3	IEEE802.11
충돌방식	충돌검출	충돌회피
사용계층	MAC	MAC
Hidden Node	문제발생	발생하지 않음

74 마스터 스테이션으로부터 슬레이브 스테이션에게 전송할 데이터가 있는지 물어보는 방식은 다음 중 어느 것인가?
가. Contention 나. Polling
다. Selection 라. Detection

정답 나

해설 Polling 방식
: 터미널로부터 컴퓨터(중앙국)로 데이터를 전송하는데 필요한 절차로, 주로 멀티포인터 방식에 사용한다.
  가. Roll-call Polling : 하나의 중앙국이 정해진 순서에 따라 각 터미널에게 전송할 데이터가 있는지 없는지를 물어보는 방식
  나. Hub go-ahead Polling : 중앙국이 가장 멀리 떨어져 있는 터미널로 Poll을 Poll cycle을 진행시키고 모든 터미널이 Polling 동작에 능동적으로 참여하게 하는 방식

75 어떤 컴퓨터가 203.241.250.11의 IP 주소를 가진다고 할 때, 이 IP 주소의 클래스는?
가. 클래스A 나. 클래스B
다. 클래스C 라. 클래스D

정답 다

해설 IPv4의 Class
① A클래스 : 최초 첫단위 IP 고정
  0.0.0.0 ~127.255.255.255 대형 네트워크
② B클래스 : 2단위IP 까지 고정 :
  128.0.0.0~191.255.255.255 중대형 네트워크
③ C클래스 : 3단위IP 까지 고정 :
  192.0.0.0~223.255.255.255 소형 네트워크
④ D클래스 : 멀티캐스트 주소 :
  224.0.0.0~239.255.255.255

76 다음 중 Mobile IP의 Discovery 능력을 지원해 주는 프로토콜은?
가. ICMP 나. BGP
다. OSPF 라. UDP

정답 가

해설 Mobile IP
: IPv4의 IP주소는 NetID + HostID로 구성되어 있다.
이동성을 가진 IP단말이 NetID구역을 벗어나면, 새로운 IP를 할당받아야 한다. 이때, COA (Care Of Address)를 이용하여 새로운 IP를 할당 후 정상적인 IP를 최종적으로 할당하게 된다.
* 가장 중요한 핵심은 자신의 위치를 Discovery (발견) 하는 것이 중요하다. 이때 사용되는 IP Protocol이 ICMP이다.

77 위성통신시스템을 설계하는데 고려하여야 할 사항이 아닌 것은?
가. 위성월식 상황을 고려하여야 한다.
나. 먼 거리이므로 전송지연을 고려하여야한다.
다. 잡음 및 간섭상태를 고려하여야 한다.
라. 전파의 손실상태를 고려하여야 한다.

정답 가

해설 위성통신시스템 설계 시 고려사항
① 위성일식(위성이 태양의 빛을 못 받는 경우)고려
② 전송지연(0.24[s]-정지위성(36,000[km]))
③ 잡음 및 간섭 상태를 고려
④ 지구국과 위성체 사이의 전파손실

78 시스템에서 장애(fault)에 대처하는 단계를 아래에 나타내었다. 빈 칸에 적당한 것은?

(1)	장애의 탐지
(2)	장애 위치 파악
(3)	〈 〉
(4)	시스템 재구성
(5)	장애 상황으로부터 복구
(6)	수리 및 재구축

가. 장애의 제거   나. 장애의 보류
다. 장애의 격리   라. 장애의 분류

정답 다

해설 시스템 장애시 대처단계
1. 장애의 탐지
2. 장애 위치 파악
3. 장애의 격리
4. 시스템 재구성
5. 장애 상황으로부터 복구
6. 수리 및 재구축

79 다음 중 무선통신 네트워크의 유지보수에서 쓰이는 용어인 SINAD와 거리가 먼 것은?
가. Signal to Noise And Distortion의 약어이다.
나. 무선통신 기지국의 기본적인 측정항목이다.
다. SINAD를 측정하기 위해서 별도의 신호 발생기와 SINAD 계측기가 있어야 한다.
라. 음성의 압축률을 측정할 때 이용되는 방법이다.

정답 라

해설
- 무선통신 기지국에서 음성통화의 품질을 측정하기 위해서 사용되는 방법이다.
- SINAD는 신호와 노이즈(harmonics distortion 포함) 비를 말한다.
- $SINAD = \dfrac{신호 + 잡음 + 왜곡}{잡음 + 왜곡} [dB]$
- 주로 무선 수신기의 감도측정으로 많이 사용

80 스펙트럼 분석기(spectrum analyzer)의 용도로서 맞지 않는 것은?
가. 변조의 직선성 측정
나. 안테나의 pattern 측정
다. RF 간섭 시험
라. FM 편차 측정

정답 나

해설 측정 장비의 특징

오실로스코프	스펙트럼 아날라이져	네트워크 아날라이져
주파수 및 주기 파형측정	주파수 및 진폭 스펙트럼 분석	S-Parameter 및 방사패턴 측정

스펙트럼 분석기의 주요기능
① RF간섭 시험 (EMI 등)
② FM주파수 편이 측정
③ 스펙트럼 상의 주파수 진폭[dBm]측정

제5과목 전자계산기일반 및 무선설비기준

81 다음의 슈퍼스칼라(superscalar) 방식을 제약하는 사항들 중 레지스터 재명령(register renaming)에 의하여 해결할 수 있는 것은 어느 것인가?
가. 데이터 의존성(true data dependency)
나. 프로시듀어 의존성 (procedure dependency)
다. 자원 충돌(resource conflicts)
라. 출력 의존성(output dependency)

정답 라

해설 슈퍼스칼라
① CPU내에 파이프라인을 여러 개 두어 명령어를 실행하는 기술이다.
② 슈퍼스칼라방식을 제약하는 사항

	특 성
데이터 의존성	• 실행순서가 실행결과에 영향을 주는 것
프로시듀어 의존성	• 분기명령어 와 바로 다음에 있는 명령어는 동시실행 안된다.
자원 의존성	• 같은 자원을 동시에 사용하고자 할 때 발생

2010년 무선설비기사 기출문제

82 상대 주소지정(relative addressing)에서 사용하는 레지스터는 무엇인가?
  가. 일반 레지스터(general register)
  나. 색인 레지스터(index register)
  다. 프로그램 계수기(program counter)
  라. 메모리 주소 레지스터
      (memory address register)

정답 다

해설 상대 주소 지정방식
(Relative Addressing Mode)
① 어느 지정된 주소를 기준으로 하여 프로그램에서 사용하는 임의의 주소를 나타낸다.
② 상대주소지정방식의 유효번지
   = 명령어의 오퍼랜드 + 프로그램 카운터의 내용

83 교무실에 1학년 1반 학생들의 학적부가 있다. 이 안에는 학생별 신상 기록카드가 있으며, 신상 기록카드에는 학생 이름, 주소, 부모의 인적 사항을 적도록 되어있다. 여기에서 정보의 단위 중 레코드에 해당하는 것은 무엇인가?
  가. 학적부   나. 신상기록카드
  다. 학생 이름   라. 부모의 인적 사항

정답 나

해설 데이터베이스(DataBase)
① 데이터베이스는 서로 관련 있는 데이터의 집합체로써, 필드와 레코드로 구성된다.

필드(Field)	레코드(Record)
데이터의 자료형태	데이터의 속성

이름	학과	학년	성별
홍xx	전산과	1	여
김xx	전산과	2	남
이xx	전산과	2	여

* 가로축을 각각의 레코드라 한다. 위 문제에서는 데이터의 속성인 신상기록카드가 레코드(가로축)가 된다.

84 프로그램에서 함수들을 호출하였을 때 복귀주소 (return address)들을 보관하는데 사용하는 자료구조는 어느 것인가?
  가. 스택(stack)   나. 큐(queue)
  다. 트리(tree)   라. 그래프(graph)

정답 가

해설 스택(Stack)
① 정보를 일시적으로 저장하기 위한 주기억장치나 레지스터의 일부로, 메모리 내에 연속적으로 기억된 데이터 항목으로 구성된다.
② 서브프로그램을 Call 할 때 되돌아오는 복귀주소를 기억시키기 위해 쓰인다.

85 하나의 컴퓨터에서 한 시점에 한 개 이상의 프로세스들을 효율적으로 지원하는 운영체제의 기능은 무엇인가?
  가. 다중프로그래밍(multiprogramming)
  나. 다중프로세싱(multiprocessing)
  다. 다중태스킹(multitasking)
  라. 다중스레딩(multithreading)

정답 다

해설 다중태스킹(Multi Tasking)
① 여러 개의 작업을 동시에 수행 할 수 있다는 뜻으로, 다수의 프로그램을 동시에 실행함을 말한다.

	특 징
멀티 프로그래밍	하나의 프로세스에서 다수의 프로세스를 교대로 수행
멀티프로세싱	하나이상의 프로세서가 서로 협력하여 일을 처리함
멀티스레딩	같은 프로그램 여러 개를 동시에 사용하도록 관리하는 것

86. 최근 운영체제들은 다양한 기능들을 포함하고, 보다 사용자의 편의성을 고려한 GUI가 개발되고 있다. 그리고 컴퓨터 시스템의 운영에 필요한 자원관리기능을 향상시키는 데에도 많은 연구가 진행되고 있다. 이와 같은 운영체제의 자원관리 기능에 속하지 않는 것은?
   가. 메모리   나. CPU
   다. 주변장치   라. 데이터

   정답 나

   해설 OS(Operation System) 운영체제

사용자의 편의성	시스템의 성능향상
• 다양한 자원을 효율적으로 관리할 수 있다.	• 처리능력의 향상 • 응답시간의 단축 • 신뢰성의 향상 • 사용가능도의 향상

   운영체제 자원 관리
   : Process 관리, 기억장치 관리, 입출력장치 및 주변장치 관리, 파일 및 디스크 관리

87. 다음 중 운영체제에 대한 특징이 틀린 것은?
   가. 유닉스(Unix) : 네트워크 기능이 강력하며, 다중 사용자 지원이 가능하고, PC에서도 설치 및 운용이 가능한 버전이 있다.
   나. 리눅스(Linux) : 무료로 다운받아 모든 분야에 무료로 널리 사용할 수 있으며, 윈도우즈와 동일한 환경을 제공한다.
   다. 윈도우즈(Windows) : 소스가 공개되어 있지 않으며, 많은 사용자들이 보편적으로 사용하고 있다. 서버급 보다는 클라이언트용으로 주로 사용되고 있다.
   라. 도스(DOS) : 명령어 입력방식으로 불편하며, DOS지원을 위해 메모리와 디스크의 용량에 한계가 있다. 여러 사람이 작업을 할 수 없다.

   정답 나

   해설 리눅스
   ① 무료로 사용되는 것으로써 PC환경에 적합한 Open Source시스템이다.
   ② 리눅스와 윈도우는 커널, 다중사용자환경, 응용 프로그램의 환경등 차이가 있다.

88. 다음 지문의 내용에 해당하는 프로세스 스케줄링기법은?

   > 실행중인 프로세서로부터 프로세서를 선점할 수 있게 하는 선점 스케줄링 기법 중에 하나이다. 각각의 프로세서에게 시간할당을 신중히 해야 하며, 시스템 성능이 많이 달라질 수 있으며, 대화형 시스템이나 시분할 시스템에 적합하다. 만약 할당된 시간 내에 작업을 처리하지 못하면 준비 큐의 맨 뒤로 가게 되고 준비 중인 다음 프로세서에게 프로세서를 할당하는 기법이다.

   가. HRN(High Response ratio Next Scheduling)
   나. SRT(Shortest Remaining Time Scheduling)
   다. SPN(Shortest Process Next Scheduling)
   라. RR(Round Robin Scheduling)

   정답 라

   해설 스케줄링
   ① 다중 프로그래밍 운영체제에서 자원의 성능을 향상하고, 효율적인 프로세스의 관리를 위해 작업순서를 결정하는 것을 말한다.
   ② 라운드로빈 스케줄링
      (가) FIFO(First Input First Output)으로 동작
      (나) 타임 슬라이스에 의해 시간적 제한이 있다.
      (다) 시분할 시스템에 효과적인 방식이다.

89. 저작자(개발자)에 의해 무상으로 배포되는 컴퓨터 프로그램으로 개인이나 열광자(enthusiast)가 자기의 작품에 대해 동호인들의 평가를 받기 위해서 또는 개인적 만족감을 얻기 위해서 사용자 집단(user group), PC 통신망의 전자 게시판이나 공개 자료실, 인터넷의 유즈넷(Usenet)등을 통해 배포하는 소프트웨어는?
   가. 프리웨어   나. 공개소프트웨어(PDS)
   다. 쉐어웨어   라. 번들

   정답 가

   해설 프리웨어
   ① 웹상에서 사용할 수 있는 프로그램으로, 무료로 사용할 수 있지만 기능은 제한적이다.
   * 쉐어웨어 : 일정기간 동안만 무료로 사용

2010년 무선설비기사 기출문제

90 다음 지문의 괄호 안에 들어갈 용어를 올바르게 나열하고 있는 것은?

> 소프트웨어는 (①)와/과 (②)으로 나누어 볼 수 있으며, (①)에는 (③)와/과 운영체제가 있고, (②)에는 (④)와/과 주문형 소프트웨어가 있다.

가. ①응용소프트웨어 - ②시스템소프트웨어 - ③유틸리티 - ④패키지
나. ①시스템소프트웨어 - ②응용소프트웨어 - ③유틸리티 - ④패키지
다. ①시스템소프트웨어 - ②유틸리티 - ③응용소프트웨어 - ④패키지
라. ①응용소프트웨어 - ②시스템소프트웨어 - ③패키지 - ④유틸리티

정답 나

해설 소프트웨어는 [시스템소프트웨어]와 [응용소프트웨어] 로 나누어 볼 수 있으며, [시스템소프트웨어]에는 [유틸리티]와 운영체제가 있고, [응용소프트웨어]에는 [패키지]와 주문형 소프트웨어가 있다.

91 다음중 주파수분배의 고려사항이 아닌 것은?
가. 국방·치안 및 조난구조 등 국가안보·질서유지 또는 인명안전의 필요성
나. 주파수의 이용현황 등 국내의 주파수 이용여건
다. 전파를 이용하는 서비스에 대한 수요
라. 과거의 주파수 이용 동향

정답 라

해설 주파수 분배시 고려사항
① 주파수의 이용 형황 등 국내의 주파수 이용여건
② 전파이용 기술의 발전 추세
③ 전파를 이용하는 서비스에 대한 수요
④ 국제적인 주파수 사용 동향
⑤ 국방, 치안 및 조난구조 등 국가안보, 질서유지 또는 인명안전의 필요성

92 무선국은 허가증에 기재된 사항의 범위 내에서 운용하여야 한다. 다음 중 예외적으로 허용되는 통신이 아닌 것은?
가. 조난통신   나. 긴급통신
다. 안전통신   라. 제3자에 의한 통신

정답 라

해설 무선국의 예외
① 조난통신
② 긴급통신
③ 안전통신
④ 비상통신
⑤ 기타 대통령령이 정하는 통신

93 무선설비의 기기를 제작 또는 수입하고자 하는 자는 형식검정이나 형식등록을 받아야 한다. 다음 예외 사항 중 해당되지 않는 경우를 고르시오.
가. 시험용   나. 연구용
다. 판매용   라. 수출용

정답 다

해설 형식검정 / 등록의 면제
① 시험, 연구를 위하여 제조 하거나 수입하는 기기
② 국내에서 판매하지 아니하고 수출 전용으로 제조하는 기기
③ 전시회, 경기대회 등 행사에 사용하기 위한 것으로서 판매를 목적으로 하지 아니하는 기기
④ 외국의 기술자가 국내 산업체 등의 필요에 따라 기간 내에 반출하는 조건으로 반입하는 기기
⑤ 외국으로부터 도입(임대차 또는 용선계약에 의한 경우를 포함한다)하는 선박 또는 항공기에 설치된 기기 또는 이를 대치하기 위한 동일 기종의 기기

94. 방송통신위원회가 행정처분을 할 경우 청문의 실시 대상이 아닌 것은?
   가. 무선국 개설허가의 취소
   나. 형식검정의 합격 또는 형식등록의 취소
   다. 기술자격의 취소
   라. 무선국 준공검사의 취소

   정답 라

   해설 방송통신위원회의 청문의 실시대상
   ① 무선국 개설허가의 취소
   ② 형식검정의 합격 또는 형식등록의 취소
   ③ 전자파적합등록의 취소
   ④ 기술자격의 취소
   ⑤ 주파수회수 또는 주파수 재배치

95. 형식검정 대상기기가 아닌 것은?
   가. 비상위치지시용 무선표지설비
   나. 위성비상위치지시용 무선표지설비의 기기
   다. 수색구조용 레이다트랜스폰더의 기기
   라. 가입자회선용 무선설비의 기기

   정답 라

   해설 형식검정기기
   ① 선박에 설치하는 경보자동수신기
   ② 선박국용 무선방위측정기
   ③ 경보자동전화장치
   ④ 비상위치지시용 무선표지설비
   ⑤ 디지털선택호출장치의 기기
   ⑥ 협대역직접인쇄전신장치의 기기
   ⑦ 네비텍스수신기
   ⑧ 디지털선택호출전용수신기
   ⑨ 위성비상위치지시용 무선표지설비의 기기
   ⑩ 수색구조용 레이다트랜스폰더의 기기

96. 형식검정 및 형식등록기기의 사후관리 시험과 거리가 먼 것은?
   가. 부차적 전파발사 강도
   나. 주파수
   다. 스퓨리어스 발사 강도
   라. 점유주파수 대역폭

   정답 가

   해설 사후관리시험 항목
   ① 주파수
   ② 정격출력
   ③ 스퓨리어스 발사강도
   ④ 점유주파수 대역폭
   ⑤ 전계강도
   ⑥ 기타 필요사항

97. 방송통신기기의 사후관리에서 인증사항에 대한 이행여부를 확인하는 사항과 가장 거리가 먼 것은?
   가. 인증 받은 기기의 구조·설계·형식 등이 임의로 변경되었는지의 여부
   나. 변경 신고한 기기의 적합성 여부
   다. 관계 규정의 이행여부
   라. 지식경제부 소관 규정과의 적합성 여부

   정답 라

   해설 방송통신기기의 사후관리 인증사항
   ① 인증 받은 기기의 구조·설계·형식 등이 임의로 변경되었는지의 여부
   ② 변경 신고한 기기의 적합성 여부
   ③ 기타 관계규정의 이행여부 등

98. 방송통신기기의 인증신청에 대한 처리기간으로 옳은 것은?
   가. 5일   나. 7일
   다. 10일   라. 15일

   정답 가

   해설 방송통신기기 인증 신청서의 처리기간은 5일 이내이다.

2010년 무선설비기사 기출문제

99 방송통신기기 지정시험기관이 발행한 시험성적서의 기재사항이 아닌 것을 고르시오.

가. 시험신청인의 성명 및 주소
나. 성적서 발급번호 및 페이지 일련번호
다. 시험결과에 대한 담당 시험원의 의견
라. 품질책임자의 의견 및 서명

정답 라

해설 시험성적서 기재사항
① 시험신청 기기명
② 시험신청인의 성명 및 주소
③ 시험기관의 명칭 및 주소
④ 성적서 발급번호 및 페이지 일련번호
⑤ 시험신청기기에 대한 개요 및 형식명
⑥ 시험신청기기의 접수일, 접수기간 및 발행일
⑦ 사용한 시험방법

100 무선설비규칙에서 정의한 "불요발사"로서 적절한 답을 고르시오.

가. 대역외발사 및 스퓨리어스 발사
나. 대역내발사를 말한다.
다. 필요주파수대폭의 바로 안쪽 발사 에너지
라. 스퓨리어스 발사 및 저감반송파

정답 가

해설 불요발사파
① "불요발사"라 함은 대역 외 발사 및 스퓨리어스(Spurious) 발사를 말한다.

국가기술자격검정 필기시험문제

2010년 기사2회 필기시험

국가기술자격검정 필기시험문제

2010년 기사2회 필기시험

자격종목 및 등급(선택분야)	종목코드	시험시간	형 별	수검번호	성 별
무선설비기사		2시간 30분	1형		

제1과목 디지털 전자회로

01 평활회로의 특성 중 L형 평활회로와 비교하여 C형 평활회로의 특성으로 틀린 것은??

가. 직류 출력 전압이 높다.
나. 시정수가 클수록 리플이 감소한다.
다. 전압변동률이 작다.
라. 고저압, 저전류 용도로 사용된다.

[정답] 다

해설 평활회로 비교

	콘덴서입력형(π)	쵸크입력형(L)
맥 동 율	작다	크다
출력직류전압	높다	낮다
전압 변동율	크다	작다
최대 역전압	높다	낮다

02 다음 정전압 회로에 대한 설명으로 틀린 것은?

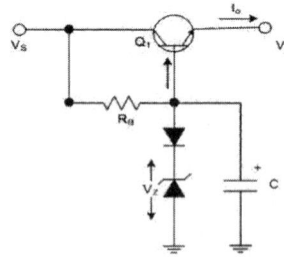

가. 다이오드를 통하여 온도변화에 대해 안정하다.
나. 캐패시터를 통하여 리플성분을 제거해 준다.
다. 출력 전압(Vo)은 제너전압(Vz)에 순방향 전압을 더한 값이다.
라. 등전위 정전압 회로이다.

[정답] 다

해설 출력 전압은 제너전압에 순방향 전압을 빼준 값이다.
∴ $V_o = V_Z - V_{BE}$

03 다음 그림과 같은 연산증폭 회로의 전압이득(Vo/Vs)은 얼마인가?(단, 증폭기는 이상적으로 가정하며 $R_1 = R_2 = R_3 = 30[k\Omega]$, $R_4 = 2[k\Omega]$ 이다.)

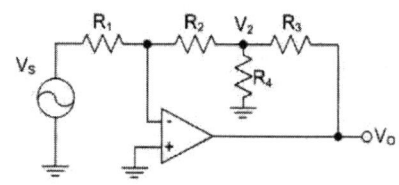

가. -14 나. -17
다. -20 라. -23

[정답] 나

해설 연산증폭기의 전압이득

$V_0 = V_2 - I_3 R_3 = V_2 - (I_1 - I_4)R_3$

$(\because V_2 = -\frac{R_2}{R_1}V_s, I_1 = \frac{V_s}{R_1}, I_4 = \frac{V_2}{R_4} = -\frac{R_2 V_s}{R_1 R_4}$

$= -\frac{R_2}{R_1}V_s - (\frac{V_s}{R_1} - (-\frac{R_2 V_s}{R_1 R_4}))R_3$

$= \left[-\frac{R_2}{R_1} - \frac{R_3}{R_1} - \frac{R_2 R_3}{R_1 R_4}\right]V_s$

$V_0 = [-1 - 1 - 15]V_s$

$\therefore \frac{V_0}{V_S} = -17$

04 그림과 같은 발진회로에서 200[kHz]의 발진주파수를 얻고자 한다. C_1과 C_2의 값이 0.001[μF]이라면 L의 값은 약 얼마인가?

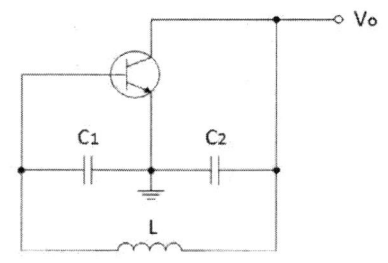

가. 2.21[mH] 나. 1.27[mH]
다. 2.31[mH] 라. 1.35[mH]

정답 나

해설 콜피츠 발진기의 발진주파수

$$\therefore f_0 = \frac{1}{2\pi}\sqrt{\frac{1}{L_1}\left(\frac{1}{C_1}+\frac{1}{C_2}\right)}$$

$$= \frac{1}{2\pi\sqrt{L_1\left(\frac{C_1 C_2}{C_1+C_2}\right)}}[\text{Hz}]$$

05 그림과 같은 회로에 대한 설명 중 틀린 것은?

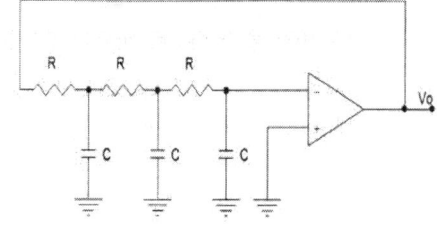

가. 저주파 발진기의 일종이다.
나. 회로의 전류증폭도는 29배 이상이어야 한다.
다. 발진주파수 $f = \dfrac{1}{2\pi\sqrt{6}\,RC}$ [Hz]이다.
라. 병렬 용량형 이상형 발진회로이다.

정답 다

해설 CR 이상형 발진기

병렬 R형 이상형 발진기	병렬 C형 이상형 발진기
$f_0 = \dfrac{1}{2\pi\sqrt{6}\,RC}$	$f_0 = \dfrac{\sqrt{6}}{2\pi CR}$

06 진폭변조에서 80[%] 변조하였을 때, 상측파대의 전력은 반송파 전력의 몇 [%]인가?
가. 16[%]   나. 32[%]
다. 40[%]   라. 48[%]

정답 가

해설 AM변조 상측파대 전력
$$P_{USB} = P_C\left(\frac{m^2}{4}\right) = P_C\left(\frac{0.8^2}{4}\right) = 0.16 P_C$$

07 디지털 복조에 대한 설명 중 틀린 것은?
가. ASK에 대한 복조는 비동기식 포락선 검파만을 이용한다.
나. 동기검파는 송신신호의 주파수와 위상에 동기된 국부발진 신호와 입력신호를 곱하게 하는 곱셈 검파기이다.
다. 비동기식 포락선 검파방식은 PSK의 복조에는 이용되지 않는다.
라. 비동기식 검파는 동기검파보다 시스템은 간단하지만 효율이 떨어진다.

정답 가

해설 ASK에 대한 복조는 비동기포락선 검파, 동기검파를 모두 사용 할 수 있다.

08 QAM 변조방식은 디지털 신호의 전송효율을 향상, 대역폭의 효율적 이용, 낮은 에러율, 복조의 용이성을 위해 어떤 변조 방식을 결합한 것인가?
가. FSK+PSK   나. ASK+PSK
다. ASK+FSK   라. QPSK+FSK

정답 나

해설 QAM 변조방식은 진폭과 위상을 동시에 변화시킬 수 있는 다치변조방식이다.
QAM = ASK + PSK

2 2010년 무선설비기사 기출문제

09 펄스폭이 10[us], 펄스 점유율이 50[%]인 펄스의 주파수는?
가. 50[kHz] 나. 20[kHz]
다. 10[kHz] 라. 5[kHz]

정답 가

해설 펄스 점유율 D = $\frac{t_o}{T}$ = $f \times t_o$

$f = \frac{D}{t_0} = \frac{0.5}{10 \times 10^{-6}} = 50[KHz]$

10 슈미트 트리거 회로에 대한 설명 중 틀린 것은?
가. 입력이 어느 레벨이 되면 비약하여 방형 파형을 발생시킨다.
나. 입력 전압의 크기가 on, off상태를 결정한다.
다. 펄스 파형을 만드는 회로로 사용한다.
라. 증폭기에 궤환을 걸어 입력신호의 진폭에 따른 1개의 안정 상태를 갖는 회로이다.

정답 라

해설 슈미트 트리거회로 응용
① 펄스 구형파를 얻기 위하여 사용
② 전압 비교회로(Voltage Comparator)이다.
③ 쌍안정 멀티바이브레이터 회로이다.
④ A/D 변환 회로이다.
⑤ 증폭기에 궤환을 걸어 입력신호의 진폭에 따른 2개의 안정 상태를 갖는 회로이다.

11 그림과 같은 회로에 정현파 전압을 인가시켰을 때 출력측에 나타나는 파형은?

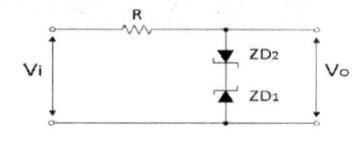

가. 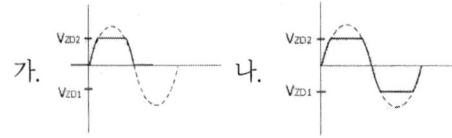 나.

다. 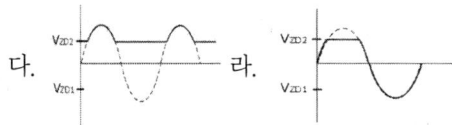 라.

정답 나

해설 제너다이오드를 이용한 슬라이서(리미터) 회로이다.
제너다이오드는 순바이어스 일 때 일반 다이오드와 동일한 특성을 가지며, 역바이어스 일 때 Vz(항복전압)을 이용한 다이오드이다.

12 8진수 (67)₈을 16진수로 바르게 표기한 것은?
가. (43)₁₆ 나. (37)₁₆
다. (55)₁₆ 라. (34)₁₆

정답 나

해설 각 진법간의 변환

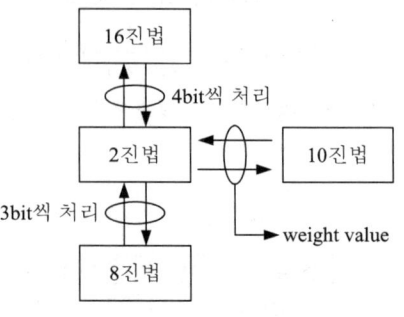

$(67)_8 \to (110111)_2 \to (37)_{16}$

13 다음 논리식을 최소화시킬 때 올바른 것은?

$$F=(A+B)(A+\overline{B})$$

가. A 나. $A+B$
다. $A+B$ 라. $A\overline{B}$

정답 가

해설 $F=(A+B)(A+\overline{B})$
$= A+(B \cdot \overline{B}) = A$

14 그림의 회로에서 A=B=0이면 X_1과 X_2의 값은 각각 얼마인가?

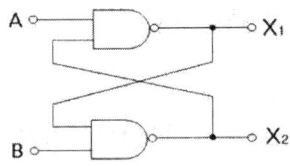

가. $X_1 \to 0, X_2 \to 0$ 나. $X_1 \to 0, X_2 \to 1$
다. $X_1 \to 1, X_2 \to 0$ 라. $X_1 \to 1, X_2 \to 1$

정답 라

해설 NAND Gate를 이용한 래치회로 래치는 두 개의 안정된 상태중 하나를 가지는 1 비트 기억소자이다.

S(A)	R(B)	Q(X_1)	$\overline{Q}(X_2)$	State
0	1	1	0	SET
1	1	1	0	
1	0	0	1	RESET
1	1	0	1	
0	0	1	1	Undefined

15 다음 소자 중에서 n개의 입력을 받아서 제어신호에 의해 그 중 1개만을 선택하여 출력하는 것은?

가. Multiplexer 나. Demultiplexer
다. Encoder 라. Decoder

정답 가

해설 멀티플랙서는 데이터 선택회로라하며 n개의 입력을 받아 1개만을 선택하여 출력하는 회로이다.

16 한자리의 2진수 A, B를 입력으로 하여 출력 $S=B\overline{A}+A\overline{B}$ 및 $C=AB$를 취할 수 있는 회로를 무엇이라고 하는가?

가. 적산기 나. 반감산기
나. 반가산기 라. 감산기

정답 다

해설 반가산기
반가산기(Half-Adder)의 출력 S는 합(sum), C는 캐리(carry)이다.

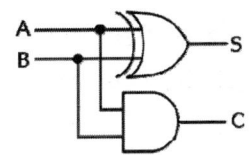

$Sum = A \oplus B$
$Carry = A \cdot B$

17 1의 보수기에 대한 설명으로 적합한 것은?
가. 감산기를 이용하지 않고 감수의 보수를 이용하여 가산기만으로 뺄셈을 한다.
나. 감수의 보수를 이용하지 않고 피감수의 보수를 이용하여 감산기만으로 뺄셈을 한다.
다. 감산기를 이용하지 않고 피감수의 보수를 이용하여 가산기만으로 뺄셈을 한다.
라. 피감수의 보수를 이용하여 감산기만으로 뺄셈을 한다.

정답 가

해설 1의 보수기를 사용하면 감산기를 이용하지 않고 감수의 보수를 이용해 가산기만으로 뺄셈을 해서 얻을 수 있다.

18 전원회로에서 맥동률에 대한 옳은 식은?

가. 맥동률 = $\dfrac{\text{맥동신호의 평균값}}{\text{출력신호의 실효값}} \times 100[\%]$

나. 맥동률 = $\dfrac{\text{맥동신호의 실효값}}{\text{출력신호의 실효값}} \times 100[\%]$

다. 맥동률 = $\dfrac{\text{맥동신호의 실효값}}{\text{출력신호의 평균값}} \times 100[\%]$

라. 맥동률 = $\dfrac{\text{맥동신호의 평균값}}{\text{출력신호의 평균값}} \times 100[\%]$

정답 다

해설 맥동률
맥동률이란 직류에 포함되어 있는 교류성분의 비
맥동률 = $\dfrac{\text{맥동신호의 실효값}}{\text{출력신호의 평균값}} \times 100[\%]$

19 FET와 TR의 차이점 중 틀린 것은?

가. FET는 TR보다 입력저항이 크다.
나. FET는 TR보다 동작속도가 빠르다.
다. FET는 TR보다 잡음이 적다.
라. TR은 양극성 소자이고 FET는 단극성 소자이다.

정답 나

해설 FET와 TR의 비교

TR	FET
• 전류제어소자	• 전압제어소자
• 전력소비가 크다.	• 전력소비가 작다.
• 입력 임피던스가 낮다.	• 입력 임피던스가 높다.
• 잡음이 크다.	• 잡음이 적다.
• 이득-대역폭이 크다.	• 이득-대역폭이 작다
• 동작속도가 빠르다	• 동작속도가 느리다

20 다음 회로의 종류는?

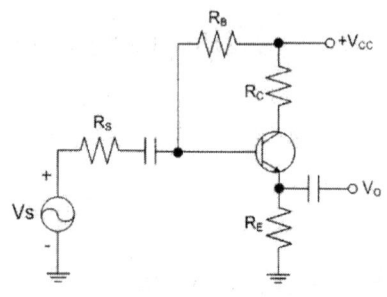

가. 병렬전압부궤환
나. 병렬전류부궤환
다. 직렬전압부궤환
라. 직렬전류부궤환

정답 다

해설 "Emitter Follower"는 대표적인 직렬전압 부궤환 증폭회로이다.

제2과목 무선통신기기

21 정보신호가 $m(t) = \cos(2\pi f_m t)$인 정현파를 반송파 f_c를 사용하여 DSB-SC 변조하는 경우 변조된 신호의 스펙트럼으로 옳은 것은?

가. f_m, f_{-m}, f_c, f_{-c}
나. $f_c + f_m, -f_c - f_m$
다. $f_c + f_m, f_c - f_m, -f_c + f_m, -f_c - f_m$
라. $f_c + f_m, f_c, f_c - f_m, -f_c + f_m, -f_c, -f_c - f_m$

정답 다

해설 DSB-SC(AM)변조방식은 반송파를 제외한 모든 측파대(상측파 또는 하측파)를 취하는 변조방식이다.

$v(t) = \cos 2\pi f_c t \cdot \cos 2\pi f_m t$
$= \dfrac{1}{2}\left[\cos 2\pi(f_c + f_m)t + \cos 2\pi(f_c - f_m)t\right]$

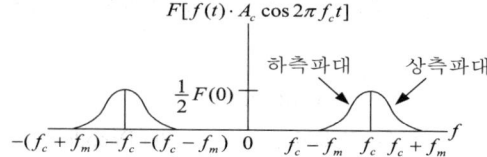

22 상업용 FM 방송에서는 기저대역 신호의 대역을 15~30[kHz]로 하고, 최대 주파수 편이 △f=75[kHz]로 제한하고 있다. 전송대역폭은 각 채널당 200[kHz]로 할당할 때, FM 방송에서 신호의 대역폭은 얼마인가?

가. 150[kHz] 나. 160[kHz]
다. 210[kHz] 라. 200[kHz]

정답 다

해설 FM에서 주파수 대역폭, 카슨의 대역폭 규칙
$B = 2(\triangle f + f_m) = 2(30+75) = 210[kHz]$

23 아래 그림과 같이 FM 변조기를 이용하여 FM 변조를 하고자 한다. 괄호에 들어갈 내용으로 적합한 것을 고르시오.

가. (가) 없음,   (나) 적분기
나. (가) 적분기, (나) 없음
다. (가) 없음,   (나) 미분기
라. (가) 미분기, (나) 없음

정답 라

해설 간접 FM방식의 종류
① FM변조기 사용
  : 미분기 → FM변조기 → PM파
② PM변조기 사용
  : 적분기 → PM변조기 → FM파

24 FSK 신호의 전송속도가 1,200[bps]이면 보(baud)속도는 얼마인가?

가. 300[baud]   나. 400[baud]
다. 600[baud]   라. 1,200[baud]

정답 라

해설 Baud Rate(보 속도)
$(변조속도) = \dfrac{r_b(데이타전송속도)}{n(전송Bit수)} = \dfrac{1200}{1}$
$= 1200[Baud]$

25 주파수 대역폭이 가장 좁은 통신방식은?

가. FS 전신   나. SSB 전화
다. FM 전화   라. TV

정답 가

해설
FS전신	SSB전화	FM전화	TV
1[KHz]	5[KHz]	30[KHz]	6[MHz]

26 PSK신호의 복조에 대한 설명으로 적합한 것은?

가. PSK 복조에서는 DSB 검파기를 사용하여 양극성 NRZ 신호로 복조한다.
나. PSK는 DSB 검파에 비동기식 방법을 사용할 수 있다.
다. 동기식 PSK 복조는 동기식 FSK과 성능이 동일하다.
라. FSK 복조 기술은 PSK의 복조에 그대로 적용할 수 있다.

정답 가

해설 PSK복조의 특징
① 비동기식 포락선 검파방식은 사용이 불가능하며 동기검파 방식만 사용이 가능해 구성이 비교적 복잡하다
② 곱셈기 출력(DSB검파)은 (+1), (-1)신호로 양극성 NRZ신호를 의미한다.
③ BPSK 심볼오류 확률은 QPSK 심볼오류 확률의 $\dfrac{1}{2}$이지만 비트 오류 확률(P_b)은 동일하다.

27 QAM 신호의 baud rate가 18000이고 데이터 전송속도가 9000이라면, 하나의 심볼에 몇 개의 비트가 할당되어 있는가?

가. 3   나. 4
다. 5   라. 6

정답 다

해설 데이터 전송속도 r = n*B 로부터.
심볼(Symbol)당 Bit를 계산하면,

$$n = \frac{r_b(\text{데이타전송속도})}{B(\text{대역폭})} = \frac{9000}{1800} = 5[\text{Bit}]$$

28 다음 펄스식 레이더를 널리 사용하는 이유가 아닌 것은?

가. 출력의 능률을 올릴 수 있다.
나. 저주파로 이용할 수 있기 때문이다.
다. 예민한 빔을 얻을 수 있어 방위 분해능을 높게 할 수 있다.
라. 송신 펄스의 유지시간 내에 반사 펄스를 수신할 수 있어 상호 간섭이 없다.

정답 나

해설 펄스식 레이다와 지속파 레이다의 비교

특 징	펄스식 레이다	지속파 레이다
안 테 나	1개	2개
탐지거리	펄스폭	송신출력
출력능률	향상가능	검출거리향상
지 향 성	분해능향상	검출거리향상
이동체검출	어렵다	가능

29 다음은 레이더의 장점을 설명한 것이다. 잘못된 것은?

가. 야간이나 시계가 불량한 경우 레이더를 사용하면 안전한 항해를 할 수 있다.
나. 거리와 방위를 구할 수 있으므로 목표물의 위치 및 상대속도 등을 구할 수 있다.
다. 특수 레이더의 경우 강렬한 열대성 폭풍(태풍)의 위치와 강우의 이동 등 다양한 용도로 사용할 수 있다.
라. 레이더는 연안항법에 비해 매우 정확하다.

정답 라

해설 연안항법
: 연안을 항해하는 항해술로, 항해술에는 지문항법과 천문항법으로 구분된다.

* 연한항법은 지문항법으로, 레이다보다 우수하다.

지문항법	천문항법
항로표시를 이용	태양, 별, 달을 이용

30 납 축전지의 구성으로 맞지 않는 것은?

가. 양극판 나. 염산액
다. 음극판 라. 전해액

정답 나

해설 납 축전지의 구성.
① 양극 : 과산화납층(PbO_2) :양극판의 수명이 축전지의 수명결정
② 음극 : 순수납(Pb), 회색
③ 격리판 : 양극과 음극간의 전기적인 단락을 방지하는 역활을 하며 다공질의 페놀수지 사용
④ 전해액 : 양극과 음극의 도체역할을 하는 묽은 황산용액

31 다음 중 충전의 종류가 아닌 것은?

가. 중충전 나. 초충전
다. 평상충전 라. 과충전

정답 가

해설 충전의 종류에는 초기충전, 사용중의 충전(부동충전, 균등충전, 자동충전), 충전지 이상시 충전(급속충전, 과충전, 보충전)이 있다.

충전 종류	내용
초기충전	제품공장에서 생산시 축전지에 전해액을 주입하여 처음으로 행하는 충전으로 비교적 소전류로 장시간 축전지를 충전하는 방식
부동충전	축전지와 정류기를 병렬로 접속하여 평상시에는 정류기에서 부하 전류를 공급하고 정전시에는 축전지에서 부하 전류를 공급하는 방식
균등충전	부동 충전 방식에 의해 사용할 때 각 전지간에 전압이 불균일 하게 된다. 이를 시정하기 위해 일시적으로 과충전하는 방식
급속충전	응급적으로 용량을 회복시키기 위해 충전전류의 2~3배로 충전하는 방식.
과 충전	축전지 백색 황산납 등으로 발생하는 성능저하를 사전에 방지하거나 이미 고장 난 축전지를 회복하기 위해 저 전류로 장시간 충전하는 방식.
보 충전	축전지를 장시간 방치 시(자기방전상태) 미소전류로 장시간 충전하는 방식

32 다음은 UPS의 구성 방식을 설명한 것이다. 잘못된 것은?

가. ON-LINE 방식 : 상용전원을 컨버터 회로에 의해 직류로 바꾸고 이를 축전지에 충전하고 인버터 회로를 통해 교류전원으로 바꾼다.
나. Hybrid 방식 : 상용전원은 그대로 출력으로 내보내며 축전지는 충전회로를 통해 충전한다.
다. LINE 인터랙티브 방식 : 축전지와 인버터 부분이 항상 접속되어 서로 전력을 변환하고 있다.
라. OFF-LINE 방식 : 입력측의 변동된 전원이 부하측의 출력으로 공급되어 출력에 영향을 줄 수 있다.

정답 나

해설 UPS(Uninterruptible Power Supply)의 종류

On-Line 방식	• 정상 전원시에 상시인버터 방식 • 신뢰성을 요구하는 중용량 이상
Off-Line 방식	• 정전시에 인버터를 동작하는 방식 • 서버전용 (소용량)
Line Interactive 방식	• 축전지와 인버터 부분이 항상 접속

33 송신전력 10[W]는 몇 [dBm] 인가?
(단, 송신전력이 1[mW]일 때 0[dBm]이다.)
가. 40[dBm] 나. 60[dBm]
다. 80[dBm] 라. 100[dBm]

정답 가

해설 dBm 의 정의, $dBm = 10\log\dfrac{P}{1mW}$

송신전력 10W 는,
$10\log\dfrac{X[W]}{1[mW]} = 10\log\dfrac{10[W]}{1[mW]} = 10\log 10^4 = 40[dBm]$

34 무선전송 시스템에서의 페이드 마진(fade margin)을 측정하는데 필요하지 않은 것은?
가. 무선 전송장치
나. BER tester
다. 멀티미터
라. 컴퓨터 및 측정용 액세서리

정답 나

해설 페이드마진 (Fade Margin)
: 무선전송시스템에서 전송에러에 대한 Margin 중 Fading에 의한 Margin을 두는 것을 Fade Margin이라 한다.
BER tester
: Bit data loopback을 위한 시험장비로써 Bit 오류를 측정(Bit Error Rate)하기위한 장비이다.

35 무선전송 시스템에서의 BER 측정에 대한 설명 중 틀린 것은?

가. 무선 전송로와 시스템의 전송품질을 확인하기 위한 방법으로 사용된다.
나. 단방향 BER 측정과 루프백 BER 측정이 있다.
다. 하드웨어 계측기인 BER tester를 이용하는 방법 및 소프트웨어 프로그램상으로 측정하는 방법이 있다.
라. E1급을 이용하는 경우 24시간 측정하여 비트 에러가 없어야 한다.

정답 라

해설 E1(2.048[Mbps]급)의 BER은 15분을 측정한다.

36 안테나의 실효고를 바르게 설명한 것은?

가. 전류분포가 일정한 안테나 높이
나. 복사전력이 가장 작은 안테나 높이
다. 공전잡음이 가장 작은 안테나 높이
라. 전압분포가 0이 되는 안테나 높이

정답 가

해설 실효고(Effective Height)의 정의
: 전류분포가 일정하다고 가정할 수 있는 안테나 높이를 말한다.

수직접지안테나 실효고	다이폴 안테나 실효고
$\frac{\lambda}{2\pi}$	$\frac{\lambda}{\pi}$

37 다음 중 급전선(선로)에 나타나는 정재파의 전류, 전압의 분포와 위상을 바르게 설명한 것은?

가. 전류, 전압의 분포는 선로상 어디서나 같으며, 위상은 선로의 각 점에 따라 다르다.
나. 전류, 전압의 분포는 선로상 어디서나 같으며, 위상도 선로의 어디서나 같다.
다. 전류, 전압의 분포는 $\lambda/2$마다 최대와 최소가 있고, 위상은 선로의 각 점에 따라 다르다.
라. 전류, 전압의 분포는 $\lambda/2$마다 최대와 최소가 있고, 위상은 선로의 어디서나 같다.

정답 라

해설 정재파비(SWR)는 급전선 등 전송선로의 정합상태의 양부를 나타내는 것이다.
일반적으로 급전선의 특성 임피던스가 급전선의 종단에 접속된 부하의 임피던스와 같지 않으므로 급전선상에는 진행파와 반사파가 공존한다.
이때, 정재파의 전류, 전압의 분포는 $\frac{\lambda}{2}$ 마다 최대와 최소가 존재하고 위상은 선로에서 같다.

38 슈퍼헤테로다인 수신기에 대한 설명 중 가장 적합하지 않은 것은?

가. 슈퍼헤테로다인 수신기는 동조 증폭기의 중심 주파수를 특정 주파수에 고정시키고 수신된 전체 RF 스펙트럼을 이동시키면서 원하는 채널의 스펙트럼이 통과대역에 들어오게 하는 방식이다.
나. 슈퍼헤테로다인 수신기의 고정된 주파수를 중간주파라고 하는데, 상용 AM 방송의 경우 455[kHz]로 고정되어 있다.
다. 수신된 RF 신호는 가변 국부 발진기의 출력과 곱해짐으로써 주파수 천이된다. 이 과정에서 국부 발진기의 주파수를 조정하여 RF 스펙트럼 중 원하는 채널의 스펙트럼이 고정된 특성의 IF 증폭기의 대역폭 내에 들어오도록 한다.
라. 슈퍼헤테로다인 수신기에서 영상 주파수는 채널의 잡음을 나타낸 것이다.

정답 라

해설 슈퍼헤테로다인(super-heterodyne)수신기는 희망 주파수만 선택해서 고주파(RF)증폭 후 주파수 변환기에서(mixer)에서 미리 정해진 중간주파수(IF: Intermediate Frequency)신호로 변환 후 검파기를 이용해 검파를 행하는 수신기이다.

슈퍼헤테로다인 수신기의 장단점

장 점	단 점
• 수신기의 감도가 우수 • 선택도 및 충실도 우수 • 주파수에 관계없이 수신신호와 선택도가 거의 일정 • 단일조정 가능 전파형식에 따라 통과대역폭 변화 가능	• 회로 복잡 • 영상 혼신 • 주파수 변환 잡음 발생 • 불요 복사

39 수신기의 성능을 나타내는 요소 중 충실도란 무엇을 말하는가?

가. 미약전파 수신 능력
나. 혼신 분리 제거 능력
다. 원음 재생능력
라. 장시간 일정출력 유지능력

정답 다

해설 수신기성능을 나타내는 4대요소.
감도, 선택도, 충실도, 안정도.
충실도는 증폭기의 주파수 특성, 왜곡, 잡음 등에 의해서 좌우된다. 이는 원음(원신호)의 재생능력과 상관성이 있다.

40 다음 회로에서 스위치 off시 전압계의 지시치를 V1=22[V], 스위치 on시 전압계의 지시치를 V2=20[V]이라 하고, R은 10[Ω]이라 할 때 전지의 내부저항은 몇 [Ω] 인가?
(단, 전압계의 내부저항은 아주 크고, 전류계의 내부저항은 아주 작다.)

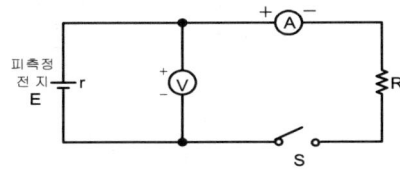

가. 0.1[Ω]   나. 0.5[Ω]
다. 1[Ω]   라. 2[Ω]

정답 다

해설 내부저항(r)을 고려하면, 내부저항 r 과 외부저항 R이 직렬로 구성되어있고, 스위치 S 에 의해 외부저항이 달라진다.
Off 시 전압계 $E = I \times r = V_1 = 22V$
On시 전압계 $E = I \cdot r + I \cdot R$
여기서 $V_2 = I \cdot R$ 이므로
$\therefore E = I \cdot r + I \cdot R$ 로부터 $V_1 = I \cdot r + V_2$

$$\therefore r = \frac{V_1 - V_2}{I} = \frac{R}{V_2}(V_1 - V_2)$$

$$\because (I = \frac{V}{R} = \frac{V2}{10}, R측에 흐르는 전류)$$

$$= \frac{10}{20}(22-20) = 1[\Omega]$$

제3과목 안테나공학

41 극초단파(UHF) 주파수 범위에 대한 것 중 맞는 것은?

가. 30~300[MHz]   나. 300~3000[MHz]
다. 3~30[GHz]   라. 30~300[GHz]

정답 나

해설 주파수대역

주파수대	주파수대역
MF	300[KHz] ~ 3[MHz]
HF	3[MHz] ~ 30[MHz]
VHF	30[MHz] ~ 300[MHz]
UHF	300[MHz] ~ 3[GHz]
SHF	3[GHz] ~ 30[GHz]
EHF	30[GHz] ~ 300[GHz]

42 다음 중 전자파의 설명으로 옳지 않은 것은?
가. 전계와 자계가 이루는 평면에 수직으로 진행하는 파
나. 진동 방향에 평행인 방향으로 진행하는 파
다. 전계와 자계가 서로 얽혀 도와가며 고리 모양으로 진행하는 파
라. TE(횡전파), TM(횡자파), TEM(횡전자파)의 합성파

정답 나

해설 전자파의 성질
① 전자파는 횡파
② 전자파의 속도는 ε, μ가 클수록 v가 늦어지고 λ는 짧아진다. ($v = \dfrac{1}{\sqrt{\varepsilon\mu}}$)
③ $V_p V_g = c^2$ (일정) (V_p (위상속도), V_g (군속도))
④ 전자파는 편파성을 갖는데 수직 및 수평 편파, 원형 및 타원형 편파 등으로 구분한다.
⑤ 통상 TEM(진행방향에 전계/자계모두 수직)파를 전자파라 한다.

43 다음 중 포인팅(Poynting) 벡터 P를 옳게 표현한 식은?
(단, E는 전계의 세기, H는 자계의 세기이다.)
가. $P = \dfrac{H}{G}$
나. $P = \dfrac{E}{H}$
다. $P = \dfrac{1}{2}EH^2$
라. $P = \dfrac{E^2}{120\pi}$

정답 라

해설 폐곡면의 단위면적당 출력을 측정하면 그 값은 포인팅 벡터(Poynting Vector) 또는 포인팅 전력(Poynting Power)P로 표시되는 값을 전력밀도라 한다.
P=EH[W/m²]
한편, $Zo = \dfrac{E}{H}$ 관계에서 $H = \dfrac{E}{Zo} = \dfrac{E}{120\pi}$ 이므로 이를 포인팅전력(P=EH[W/m²])에 대입하면,
$P = EH = E \cdot \dfrac{E}{120\pi} = \dfrac{E^2}{120\pi}$ [W/m²]로 나타낼 수 있다.

44 전송선로의 인덕턴스가 2[μ H/m], 커패시턴스가 50[pF/m]일 때 이 선로에 대한 위상속도는?
가. 0.1×10^8[m/sec]
나. 1×10^8[m/sec]
다. 10×10[m/sec]
라. 100×10^8[m/sec]

정답 나

해설 전송선로의 특성
$L = \dfrac{Z_o}{v}$, $C = \dfrac{1}{Z_o v}$ 의 관계성립
$Z_0 = \sqrt{\dfrac{L}{C}} = \sqrt{\dfrac{2 \times 10^{-6}}{50 \times 10^{-12}}} = 200[\Omega]$
$\therefore v = \dfrac{Z_o}{L} = \dfrac{200}{2 \times 10^{-6}} = 1 \times 10^8$[m/s]

45 급전선에서 진행파 전압을 V_f, 반사파 전압을 V_r라고 하면 전압정재파비 S는?
(단, 반사계수 $\rho = \dfrac{V_r}{V_f}$)
가. $S = \dfrac{1+\rho^2}{1-\rho^2}$
나. $S = \dfrac{1-\rho^2}{1+\rho^2}$
다. $S = \sqrt{\dfrac{1+\rho}{1-\rho}}$
라. $S = \dfrac{1+|\rho|}{1-|\rho|}$

정답 라

해설 전압 정재파비
$S = \dfrac{\text{전압 최소치}(V_{\min})}{\text{전압 최대치}(V_{\max})} = \dfrac{\text{입사파 전압} + \text{반사파 전압}}{\text{입사파 전압} - \text{반사파 전압}}$
$= \dfrac{V_f + V_r}{V_f - V_r} = \dfrac{|\rho|+1}{|\rho|-1}$
반사계수 : $|\rho| = \left|\dfrac{Z_0 - Z_L}{Z_0 + Z_L}\right| = \dfrac{S-1}{S+1}$

46 선로1과 선로2의 결합부분에서 반사계수가 0.25이다. 이때 선로1의 길이는 15[m]이고 0.3[dB/m]의 손실을 가지며, 선로2의 길이는 10[m]이고 0.2[dB/m]의 손실을 가진다고 하면 결합부분에서의 총 손실은 약 몇 [dB] 인가?

가. 6.2[dB] 나. 6.4[dB]
다. 6.6[dB] 라. 6.8[dB]

정답 라

해설 선로1 손실, 15[m] × 0.3[dB/m] = 4.5[dB]
선로2 손실, 10[m] × 0.2[dB/m] = 2[dB]
반사계수 = 0.25 (즉, $\frac{1}{4}$) [dB]로 나타내면
$-\log\frac{1}{4} = -\log 1 + \log 4 = 0.6[dB]$
(이때, 양방향이므로 $\frac{0.6}{2} = 0.3[dB]$)
∴ $4.5[dB] + 2[dB] + 0.3[dB] = 6.8[dB]$

47 다음 중 마이크로파 전송로로 사용되는 도파관의 특성에 대한 설명으로 적합하지 않은 것은?
가. 복사손실이 거의 없다.
나. 외부 전자계와 격리시킬 수 있다.
다. 저역 여파기로 작용을 한다.
라. 표피 작용에 의한 저항 손실이 매우 작다.

정답 다

해설 도파관의 특징
① 저항손실이 적다.
② 유전체 손실이 적다.
③ 대전력을 취급할 수 있다.
④ 외부 전자계와 완전차폐
⑤ 차단파장 이하만 전송(HPF 구조)
⑥ 복사손실이 없다.

48 200[Ω] 및 800[Ω]의 선로를 1/4 파장의 선로인 임피던스 변성기로 정합하고자 한다. 삽입선로의 특성임피던스를 얼마로 해야 하나?
가. 600[Ω] 나. 500[Ω]
다. 400[Ω] 라. 300[Ω]

정답 다

해설 1/4파장 선로의 임피던스 변성기의 특성임피던스는
$Z_0 = \sqrt{Z_1 \cdot Z_2} = \sqrt{200 \cdot 800} = 400[\Omega]$

49 길이 30[m]의 수직 공중선의 고유파장과 고유주파수는 얼마인가?
가. λ : 120[m], f: 2,500[MHz]
나. λ : 80[m], f: 3,750[MHz]
다. λ : 120[m], f: 2,500[KHz]
라. λ : 80[m], f: 3,750[KHz]

정답 다

해설 직 접지 안테나의 고유 파장 λ는
$l = \frac{\lambda}{4}$, $30 = \frac{\lambda}{4}$ 따라서, $\lambda = 120[m]$
고유주파수 f는
∴ $f = \frac{c}{\lambda} = \frac{3 \times 10^8}{120[m]} = 2500[KHz]$

50 다음 로딩(Loading) 다이폴 안테나의 설명에서 ( ) 안에 맞는 말을 순서대로 배열한 것은?

로딩의 종류에는 ( )를(을) 로딩하여 다이폴 안테나의 광대역 특성을 얻는 것과 ( )를(을) 로딩하여 길이가 1/2 파장보다 짧아져 용량성 으로 되는 다이폴안테나를 공진시켜 정합하는 것과 ( )를(을) 로딩하여 다이폴안테나를 소형화하는 것이 있다.

가. 저항 – 인덕터 – 커패시터
나. 인덕터 – 커패시터 – 저항
다. 커패시터 – 저항 – 인덕터
라. 커패시터 – 인덕터 – 저항

정답 가

해설 1) 연장코일
안테나의 기저부에 인덕턴스를 삽입하면 다음의 공진 주파수 공식에서 합성인덕턴스 L이 증가하므로 주파수는 낮아지고 파장은 길어져 안테나의 길이가 연장된 것과 같은 효과를 얻을 수 있다. 이러한 인덕턴스 성분을 연장선륜이라고 한다.

2) 단축 캐패시턴스
   안테나의 기저부에 캐패시턴스를 삽입하면 합성 캐패시턴스 C가 감소하므로 주파수는 높아지고 파장은 짧아져 안테나의 길이가 단축된 것과 같은 효과를 얻을 수 있는데 이러한 캐패시턴스 성분을 단축용량 이라고 한
3) 저항
   안테나의 특성이 주파수에 따르지 않으므로 광대역 특성을 가짐.

[해설] 안테나별 특징

안테나 종류	특 징
Rhombic ANT	단파대의 진행파 안테나
Horn Reflector ANT	극초단파 이상 안테나
Parabola ANT	극초단파 이상 안테나
Helical ANT	초단파대 진행파 안테나

51 기준 안테나의 실효면적이 Ae[m²]이고 어떤 안테나의 실효면적이 Aes[m²]일 때, 이 안테나의 상대이득은 어느 것인가?
   가. Aes / Ae
   나. Ae / Aes
   다. Aes × Ae
   라. Aes − Ae

[정답] 가

[해설] 안테나 상대이득이란, 기준 안테나에 대한 상대적 이득을 말하는 것으로,
동일한 거리에서 임의안테나의 수신 전계강도와 기준 안테나의 수신 전계강도를 비교하여 임의 안테나 이득을 구할 수 있다.
수신전계 강도는 실효면적에 비례하므로, 2개의 실효면적 비가 상대이득이 된다.

$$안테나이득 = 10\log\frac{안테나의 수신전계강도}{기준안테나의 수신전계강도}[dB]$$
$$= 10\log\frac{임의 안테나의 실효면적(A_{es})}{기준안테나의 실효면적(A_e)}[dB]$$

(* 기준안테나 대비 높으면, 안테나 이득은 증가됨)

52 초단파대 이상 통신에 사용되는 안테나로 부적합한 것은?
   가. Rhombic Ant
   나. Horn Reflector Ant
   다. Parabola Ant
   라. Helical Ant

[정답] 가

53 다음 중 초단파 방송 송신용 안테나가 아닌 것은 어느 것인가?
   가. Top loading
   나. Turn stile
   다. Super Gain
   라. Super turn stile

[정답] 가

[해설] 텔레비전 방송의 송신용 안테나
① 슈퍼턴 스타일 안테나
② 슈퍼게인 안테나
③ 쌍루프 안테나
Top loading 은 장중파 안테나에 쓰이는 방식으로 대지와 정관사이에 병렬 캐패시턴스 효과를 이용하여 장중파 안테나가 길어지게 하는 효과를 내는 AM 라디오 안테나 이다.

54 다음 중 소형·경량으로 부엽이 적고 이득이 높아 선박용 레이더 안테나로 가장 적합한 것은?
   가. 헬리컬 안테나
   나. 슬롯 어레이 안테나
   다. 혼 리플렉터 안테나
   라. 전자나팔 안테나

[정답] 나

[해설] Slot Array 안테나 특성
1. 소형, 경량, 풍압에 강하고 회전 중심에 대해 평형 유지가 용이하다.
2. 부엽이 작고 고 이득, 효율이 높다.
3. 전기적 특성이 좋다.
4. 선박용 레이더, 항공기용 레이더, VHF TV 방송용

55 지구등가 반경계수에 대한 설명 중 틀린 것은?
  가. 전파투시도를 그릴 때 고려되는 요소이다.
  나. 지구상의 어느 위치에서나 일정한 값을 갖는다.
  다. 실제 지구 반경에 대한 등가지구 반경의 비로 정의된다.
  라. 전파 가시거리에 영향을 미친다.

  정답 나

해설 등가 지구 반경 계수 K
: $K = \dfrac{\text{등가 지구 반경}(R)}{\text{실제 지구 반경}(r)}$

여기서 K 값은 계절이나 기상에 따라 다르며, 따라서 지구 위도에 따라 다르다.

온대 지방 : $\dfrac{4}{3}$(우리나라의 경우)

열대 지방 : $\dfrac{4}{3} \sim \dfrac{3}{2}$, 한대 지방 : $\dfrac{5}{6} \sim \dfrac{4}{3}$ 정도

56 지표면으로부터 높이 10[m]에 수평편파 송수신 안테나가 놓여 있다. 대지면을 완전도체라고 가정하는 경우, 송신 안테나에서 30[MHz]의 신호를 10[kW]에서 40[kW]로 증가시켜 송신할 때 20[km] 떨어진 수신 안테나 위치에서 전계강도의 변화는?
  가. 변화가 없다.   나. 3배 증가한다.
  다. 2배 증가한다.   라. 4배 증가한다.

  정답 다

해설 전계강도
$E = \dfrac{k\sqrt{P}}{d}$, 즉 $E \propto \sqrt{P}$ 관계를 가진다.
송신전력을 4배 증가시키면, 전계강도는 2배 증가한다.

57 대기 중에서 비, 구름, 안개 등에 의한 전자파의 흡수 또는 산란 상태가 변화하기 때문에 발생하는 페이딩은?
  가. 신틸레이션 페이딩   나. K형 페이딩
  다. 감쇠형 페이딩   라. 산란형 페이딩

  정답 다

해설 대류권 페이딩의 종류

페이딩 종류	특 징
K형 페이딩	대기높이의 굴절율 원인
덕트형 페이딩	전송로 상에 라디오덕트 형성
신틸레이션	와류에 의한 공기뭉치 원인
감쇠형 페이딩	비, 구름, 안개 및 대기의 흡수
산란형 페이딩	전파의 퍼짐(Scattering)

58 페이딩 현상과 관련된 설명 중 틀린 것은?
  가. 두 개 이상의 전파가 서로 간섭을 일으켜 진폭 및 위상이 불규칙해지는 현상이다.
  나. 다중 경로 페이딩에 대한 대책으로 다이버시티가 활용된다.
  다. 직접파보다 간섭파가 우세할 경우 Rayleigh 페이딩으로 모델링한다.
  라. 다중 경로 페이딩 환경에서는 레이크 수신기는 적절하지 않다.

  정답 라

해설 다중경로 페이딩 환경에서는 공간다이버시티 안테나, 등화기, 레이크수신기를 사용한다.

59 100[MHz]의 신호를 송신 안테나를 통해 100[km] 떨어진 수신 안테나로 전송할 때 자유공간 전파 손실은 얼마인가?
  가. 92.45[dB]   나. 102.45[dB]
  다. 112.45[dB]   라. 122.45[dB]

  정답 다

해설 자유공간상의 전송손실은 송신 과 수신 안테나 사이에서 발생하는 손실(감쇠, 왜곡)을 말한다.

$Lp = 32.45 + 20\log(100) + 20\log(100) ≒ 112.45[dB]$

자유공간손실공식
$Lp = 20\log\dfrac{4\pi d}{\lambda}[dB]$
MHz 단위
$Lp = 32.45 + 20\log(f) + 20\log(d)[dB]$ * 거리[km]
GHz 단위
$Lp = 92.45 + 20\log(f) + 20\log(d)[dB]$ * 거리[km]

60 다음 중 잡음 방해의 개선방법으로 적합하지 않은 것은?
가. 수신 전력을 크게 한다.
나. 수신기의 실효대역을 넓힌다.
다. 인공잡음 발생을 경감시킨다.
라. 적절한 통신방식을 선택한다.

정답 나

해설 잡음방해의 일반적인 개선 방법
① 송신전력을 크게 하거나 안테나의 지향성을 예민하게 하여 수신안테나의 이득을 높인다.
② 내부잡음이 적도록 수신기의 설계
③ 수신기의 실효대역폭을 좁게 한다.
④ 전원회로에 필터를 삽입하거나 차폐를 잘한다.
⑤ 적절한 통신방식을 선택한다.

제4과목 무선통신시스템

61 송신기에서 발사되는 고조파의 방사를 적게 하기 위한 방법이 아닌 것은?
가. 송신기 종단 동조회로의 Q를 될 수 있는 대로 낮게 한다.
나. 종단과 공중선 사이에 결합회로(π)를 사용한다.
다. 급전선에 고조파에 대한 Trap 회로를 설치한다.
라. 여진 전압을 크게 하지 않는다.

정답 가

해설 고조파의 방지책
① 종단과 공중선계와의 결합회로는 고조파에 대하여 결합도가 떨어지도록 한다.
② 동조회로의 Q를 될 수 있는 대로 크게 한다.
③ LPF, Trap회로 사용
④ P-P 증폭회로 사용
⑤ 여진전압을 크게 하지 않는다.
⑥ π형 안테나 결합회로를 사용한다.

62 전파의 창(Radio Window)의 범위를 결정하는 요소가 아닌 것은?
가. 우주(대기) 잡음의 영향
나. 대류권의 영향
다. 도플러 효과의 영향
라. 전리층의 영향

정답 다

해설 전파의 창의 결정요인
① 대류권의 영향 ② 전리층의 영향
③ 송수신계의 문제 ④ 정보전송량의 문제
⑤ 우주잡음의 영향

63 무선 수신기의 특성 중 변조내용을 수신기의 출력 측에서 어느 정도 재현할 수 있는가의 능력을 나타내는 것은?
가. 충실도(Fidelity) 나. 안정도(Stability)
다. 선택도(Selectivity) 라. 감도(Sensitivity)

정답 가

해설 충실도는 증폭기의 주파수 특성, 왜곡, 잡음 등에 의해서 좌우된다. 이는 원음(원신호)의 재생 능력과 상관성이 있다.

64 마이크로웨이브(microwave) 통신에 대한 설명 중 틀린 것은?
가. 사용주파수의 범위가 넓다.
나. PTP(point to point) 통신이 가능하다.
다. 중계 없이 원거리 통신이 가능하다.
라. 외부잡음의 영향이 적다.

정답 다

해설 마이크로파 통신방식의 특징
① 직접파에 의한 가시거리내 통신방식이다
② 전파 손실이 적다.
③ 신호대 잡음비(S/N)가 개선된다.
④ 전리층을 통과하여 전파한다.
⑤ 외부의 영향이 적다.
⑥ 광대역성이 가능하다.
⑦ 마이크로웨이브 중계방식의 종류에는 검파중계, 무급전중계, 직접중계, 헤테로다인 중계 방식

65 마이크로파 통신 시스템의 중계방식에서 수신한 마이크로파를 중간 주파수로 변환하여 증폭을 행한 후 다시 마이크로파로 송신하는 방식은?
가. 검파중계 방식
나. 직접중계 방식
다. 무급전 중계 방식
라. 헤테로다인 중계 방식

정답 라

해설 헤테로다인 중계방식이란 :
수신 마이크로파를 중간 주파수(IF)로 변환하여 증폭한 후 다시 마이크로파(RF)로 변환하여 송신하는 방식이다.

66 위성통신에서 지구국의 앙각에 대한 설명으로 잘못된 것은?
가. 실제 지구국의 최소 앙각은 0°보다 크다.
나. 앙각이 작을수록 우주에서의 대기감쇠는 더 커지게 된다.
다. 앙각이 0°이면 신호가 미치는 범위는 넓어지게 된다.
라. 하향링크를 위해서 FCC는 5°의 최소 앙각을 요구하고 있다.

정답 라

해설 앙각(Elevation)
: 수평선을 기준으로 지구국 안테나가 위성을 바라 보는 각도를 말한다.
앙각이 작을수록 전파가 대기층을 많이 통과해야 하므로 대기에 의한 오차가 커지게 됨.
반대로 위성의 신호가 미치는 범위는 넓어지게 됨.
C Band(4GHz~8GHz)의 경우 5도 이상, Ku Band(12.5GHz ~ 18GHz)는 10도 이상 되어야 한다. 연방통신위원회(FCC)에서는 최소 10도 이상의 앙각을 요구하고 있다.

67 이동통신 환경에서 다중경로 페이딩을 경감시키는 방법이 아닌 것은?
가. 적응 등화기   나. 간섭제거 기술
다. 도플러 확산   라. 오류정정부호 기술

정답 다

해설 도플러 확산(Doppler Spread)
이동체에서 발사하는 주파수를 고정된 위치에서 수신하는 경우, 수신 주파수가 shift 현상을 일으키는 것을 도플러 확산이라 한다.
도플러확산은 이동체의 속도에 비례하여 커진다.

68 이동전화 시스템에서 핸드오프(hand-off)의 기능이란?
가. 이동전화 단말기와 기지국간의 통화종료를 의미한다.
나. 이동전화 교환국과 기지국간의 정보전송 속도의 변경을 의미한다.
다. 이동전화 단말기가 통화 중에 이동시 통화 채널이 인접기지국에 자동 전환되는 것을 의미한다.
라. 발신과 착신의 신호 송출 기능을 의미한다.

정답 다

해설 Hand Off
이동전화 단말기가 이동하면서 통화중에 통화 채널이 인접 기지국으로 자동전환되는 것을 말한다. 셀간 이동시에 소프트 핸드오프,
셀 내의 섹터간 이동시에 소프터 핸드오프,
주파수 등 물리적 신호가 끊어졌다가 연결되는 하드 핸드오프가 있다.

69. 다음 중 DSSS(Direct Sequence Spread Spectrum)에서 사용하는 직교 코드 부호의 특징으로 틀린 것은 무엇인가?

가. 각 부호 사이의 상호 상관관계는 1이 되어야 한다.
나. 직교 부호 집합내의 각 부호는 1과 –1의 수가 같아야 한다.
다. 부호는 랜덤한 특성을 가져야 한다.
라. 각 부호에 대하여 각 부호의 차수로 나눈 내적(dot product)은 1이 되어야 한다.

정답 가

해설 직교코드부호의 특징
① 각 부호사이의 상호상관관계 = 0
② 직교부호내의 (+1)과 (–1)부호 수는 같다.
③ 부호는 랜덤한 특성을 가져야한다.(PN코드)
④ 각 부호의 차수로 나눈 내적(dot Product)=1

70. 4세대 이동통신 시스템이 효율성과 차별성을 위해 고려하고 있지 않은 것은?

가. 셀 커버리지 증대   나. 주파수 효율성
다. 전송율 최적화   라. 좁은 대역폭 추구

정답 라

해설 4G(IMT–Advanced)시스템의 특징
① 정지시 1Gbps, 이동시 100Mbps를 지향한다.
② 셀 커버리지 증대기술
③ 주파수효율성 증대기술
④ 전송율 최적화 기술
⑤ 다중안테나 기술
이동통신 세대가 증가할수록 고속데이터를 제공하기 위해 주파수 대역폭은 계속 넓어져 왔다. (1세대–30KHz, 2세대–1.25MHz, 3세대–5MHz, 4세대–20MHz 등)

71. 다음 중 W–CDMA 시스템에서 사용하지 않는 방법은?

가. TDD   나. FDD
다. FDMA   라. CDMA

정답 다

해설 W–CDMA방식은 3G방식으로 동기식+비동기식을 융합한 기술이다. 5[MHz]을 1FA로 사용하는 FDD방식에 5[MHz]이내는 10[ms] 단위로 TDD 다중화 기술을 적용하고 있다. 완전한 FDMA 방식은 Analog AMPS방식 등이 이에 속한다.

72. 다음의 설명에 해당되는 프로토콜 요소는 어느 것인가?

> 효율적이고 정확한 전송을 위한 개체간 제어와 오류 복원을 위한 제어 정보 등을 규정한다.

가. 의미(semantics)   나. 구문(syntax)
다. 순서(timing)   라. 연결(connection)

정답 가

해설 프로토콜(Protocol)
: 통신회선을 이용하여 컴퓨터와 컴퓨터, 컴퓨터와 단말 사이 (통신하는 두 점 사이)에서 데이터를 주고받기위해 정한 통신규약이다.

주요요소	특 징
구문(Syntax)	데이터의 구조나 형식, 부호화의 방법 등 정의한다.
의미(Semantics)	오류제어, 동기제어, 흐름제어 같은 제어절차를 정의한다.
타이밍(Timing)	양단(end to end)의 통신 속도나 순서 등을 정의한다.

73. 다음 중 하위 계층을 사용하여 응용 프로그램 간의 통신에 대한 제어 기능을 수행하며, 상호 대응하는 응용 프로그램 간의 연결의 개시, 관리, 종결을 담당하는 계층은?

가. 응용 계층   나. 표현 계층
다. 세션 계층   라. 전달 계층

정답 다

[해설] OSI 7Layer의 구조

계층	명 칭	기 능
7	응용계층	응용프로그램
6	프리젠테이션계층	데이터 압축 및 암호화
5	세션계층	응용프로세스 간 통신
4	전달계층	End to End 제어
3	네트워크계층	패킷전송, 경로제어
2	데이타링크계층	동기, 에러, 흐름제어 Node to Node
1	물리계층	물리적 인터페이스

74 대역폭이 1[MHz]이고 실내온도가 17[℃]일 때, 잡음전력은 몇 [dBm] 인가?
(단, k=1.38×10⁻²³ [J/deg]이다.)
가. -104[dBm]   나. -114[dBm]
다. -124[dBm]   라. -134[dBm]

정답 나

[해설] 잡음전압 $V_n = \sqrt{4kTBR}$, 잡음전력 $P_n = kTB$ [W]
$P_n = 1.38 \times 10^{-23} \times (273+17) \times (1 \times 10^6)$
$= 4 \times 10^{-15}$ [W]

전력을 dBm으로 변환하면,
$= 10\log\dfrac{4 \times 10^{-15} [W]}{1 [mW]} = -114$ [dBm]

75 중·장파 대역이 지표파에 의해 전파되는 과정에서 다음 중 어디에서 가장 감쇠가 많이 일어나는가?
가. 강, 호수   나. 바다
다. 습지   라. 사막

정답 라

[해설] 중·장파 대역의 주요 전파는 지표파이다. 지표하 도전율이 클수록, 유전율이 작을수록 감쇠가 작다.
수평편파보다는 수직편파가 감쇠가 적고, 주파수가 낮을수록 감쇠가 적다.
감쇠크기는 사막 〉 습지 〉 해수(바다) 등으로 크다.

76 무선통신시스템의 유지보수 기능에 해당되지 않는 것은?
가. 무선통신망 보안관리 기능
나. 무선통신망 상태관리 기능
다. 무선통신망 고장관리 기능
라. 무선통신망 고객관리 기능

정답 라

[해설] 무선통신 시스템의 유지보수기능
① 통신망의 보안관리 기능
② 통신망의 상태관리 기능
③ 통신망의 고장관리 기능
* 고객관리는 서비스기능에 포함된다.

77 이동무선전화 시스템의 기지국(BTS)이 수행하는 기능이 아닌 것은?
가. 단말기의 무선접속 기능 수행
나. 단말기의 동기 유지
다. 통화채널 할당/해제
라. 단말기의 위치 추적

정답 다, 라

[해설] BTS(Base Tranceiver Sunsystem)
BSC(Base Station Controllor) 의 기능비교

BTS	BSC
이동통신 송수신 기지국 (안테나)	이동통신 기지국(BTS) 제어기. BSC가 모여서 MSC가 됨.
• 단말의 무선접속 • 단말의 동기유지 • 시스템 유지보수 • RF신호의 품질 측정	• 이동통신 호처리 • 통화채널 할당/해제 • 위치갱신 • 위치추적(VLR/HLR) • 페이징, 인증 및 과금

* 위치추적은 이동단말기의 위치를 파악하는 기능으로 VLR과 HRL을 이용하여 수행한다.
VLR은 MSC에서 연동되고, HLR은 홈서버와 연동된다.

2010년 무선설비기사 기출문제

78 HSDPA 시스템에서 HARQ(Hybrid ARQ)-ACK(Acknowledgement) 정보와 CQI(Channel Quality Indicator) 정보를 전송하는 채널은?

가. F-DCH(Fractional DCH)
나. HS-DPCCH(High Speed-Dedicated Physical Control Channel)
다. HS-PDSCH(High Speed-Physical Downlink Shared Channel)
라. HS-SCCH(High Speed-Shared Control Channel)

정답 나

해설 HARQ와 CQI는 에러제어에 사용되는 시그널로 빠른 전송이 요구된다. HSDPA 채널 중 핸드오버, 전력제어 등의 시그널은 HS-DPCCH 채널로 전송된다.

79 무선 근거리통신망의 ISM 대역에 대한 설명으로 적합하지 않은 것은?

가. ISM 대역은 ITU에서 국제적으로 지정하였다.
나. 산업·과학·의료 대역이라 불리는 주파수 대역
다. ISM 대역을 사용하기 위해서는 별도 무선국 허가절차가 필요하다.
라. 우리나라가 해당하는 제3지역에서는 2.4 ~ 2.5[GHz]등 10여개 대역이 지정되어 있다.

정답 다

해설 ISM대역은 별도의 허가없이 사용 가능한 소출력 무선 주파수 대역을 말한다.
주요 ISM 대역은 13.56MHz, 433MHz, 900MHz, 2.4GHz, 60GHz 등이 있다.

80 다음 중 WPA(Wi-Fi Protected Access)의 요소가 아닌 것은?

가. TKIP
나. MIC
다. 802.1X
라. WEP

정답 라

해설 WPA와 WEP의 비교

WPA	WEP
WiFi Protected Access	Wired Equivalent Privacy
TKIP를 사용해 WEP의 약점 해결	암호화에 취약 (비밀키암호화 사용)
128Bit 암호키	40bit 암호키
802.1x + EAP 보안강화	
MIC를 이용 무결성 강화	

무선랜 보안기술 발전단계: WEP -> WPA -> WPA2

제5과목 전자계산기일반 및 무선설비기준

81 0-주소 명령어(zero-address instruction)에서 사용하는 특정한 기억장치 조직은 무엇인가?

가. 그래프(graph)
나. 스택(stack)
다. 큐(queue)
라. 트리(tree)

정답 나

해설 명령어 형식
① 명령어는 다음과 같이 크게 2부분으로 구성된다.

연산자부분	주소부분
명령코드 (operation code)	오퍼랜드 (operand)

② 명령어는 하나의 명령코드(OP code) 부분과 몇 개의 address 부분으로 구성되는데 이 address가 몇 개 인가에 따라 0, 1, 2, 3-번지 명령 등으로 나눌 수 있다.
③ 0-주소 명령어 형식의 경우, 모든 연산은 피연산자를 이용하여 수행하고 그 결과를 스택에 저장한다.

82 동적 RAM(Dynamic RAM)의 특징이 아닌 것은 어느 것인가?

가. 전하의 양을 측정하여 저장 논리값을 판단한다.
나. 전하의 방전 때문에 주기적으로 재충전(refresh) 해야 한다.
다. 1비트를 구성하는 소자가 적어서 단위 면적에 많은 저장장소를 만들 수 있다.
라. 1비트를 구성하는 소자가 적어서 메모리 액세스 속도가 정적 RAM(Static RAM)보다 빠르다.

정답 라

해설 DRAM과 SRAM

DRAM	SRAM
휘발성 임	휘발성 임
집적도가 높음	집적도가 낮음
제조가 간편하고 대용량	제조가 어렵고 소용량
Refresh가 필요함	Refresh가 필요치 없음
처리 속도가 빠름	처리 속도가 느림

83 다음 산술식에 대하여 후위 순회(postorder traversal)를 한 결과는 어느 것인가?

산술식 : A + B * C * D / E

가. + * * / A B C D E
나. + A / * * B C D E
다. A B C * D * E / +
라. A B C D E * * / +

정답 다

해설 트리의 운행법(Tree Traversal)
① Postorder 운행법 : 맨 좌측의 단노드에서 시작하여 좌노드 검사 후에 부노드로 옮겨가는 형식이다.
  A-B-C-(*)-D-(*)-E-(/)-(+)
② Preorder 운행법 : 먼저 근노드를 검사하고, 간노드의 경우는 맨좌측 제노드를 먼저 검사하고, 단노드이면 그 자신을 검사한 다음에 우측 제노드를 검사한다.
  (+)-A-(/)-(*)-(*)-B-C-D-E
③ 2진 트리 순회는 모든 노드를 차례로 한번만 방문하는 방식으로 전위순회(Preorder), 중위순회, 후위순회(Postorder) 방식이 있다.

84 다음의 트리에 대하여 잘못된 것은 어느 것인가?

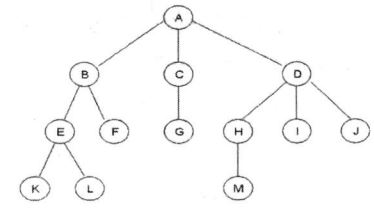

가. 트리의 단말 노드 집합={K, L, F, G, M, I, J}
나. 노드 B의 차수(degree)는 2이다.
다. 트리의 차수(degree)는 4이다.
라. 노드 H, I, J는 형제(sibling) 관계이다

정답 다

해설 트리
① 한 개 이상의 노드를 가지는 집합체를 말한다.
② 정보를 계층적으로 구조화시키고자 할 때 사용 하는 자료구조를 "트리"라 한다.
③ 노드 "A"의 차수는 3 이다.

85 다음 중 큐(queue)의 구조에 해당하지 않는 것은 무엇인가?

가. 줄서기에 의한 화장실 사용 순서
나. 자동판매기의 종이컵의 배출순서
다. 은행에서의 대기 순서표 뽑기 및 이용순서
라. 주방에서의 씻어 놓은 접시 사용하는 순서

정답 라

해설 큐(Queue): 한쪽으로 삽입하고 다른 쪽 끝에서 제거가 이루 어지는 구조로 선입선출(FIFO)의 논리를 가진다.

2010년 무선설비기사 기출문제

86 다음 보기에 해당하는 디스크 스케줄링 기법은?

> 어떠한 디스크 요청을 처리하기 위해 헤드가 먼 곳까지 이동하기 전에 헤드위치에 가까운 요구를 먼저 처리한다.

가. 선입 선처리 스케줄링(First Come First Served)
나. 최소 탐색 우선 스케줄링(Shortest Seek Time First)
다. 주사(Scan) 스케줄링
라. 순환주사(Circular Scan) 스케줄링

정답 나

해설 디스크 스케줄링
① 운영체제가 프로세스들이 디스크를 읽거나 쓰려는 요청을 받았을 때 우선순위를 정해 주고 관리하는 것을 말한다.

스케줄링	특 징
FCFS	요청이 들어온 순서대로 처리
SSTF	가까운 실린더에 대한 요청부터 처리
SCAN	디스크 한쪽 끝에서 반대쪽이동 처리 마지막도착 후 반대방향으로 Scan
C-SCAN	디스크 한쪽 끝에서 반대쪽이동 처리 마지막도착 후 처음부터 Scan
C-LOOK	C-SCAN에서 첫 단계 까지만 실행
SLTF	회전지연시간을 측정하여 적응적 처리

87 마이크로프로세서의 구성요소 중에 하나로, CPU와 각 장치들 간에 정보를 교환하기 위한 전송로로서 사용되는 이것을 부르는 용어는?

가. 회로   나. 전송선
다. 전선   라. 버스

정답 라

해설 버스(Bus)
① 컴퓨터 신호는 공통된 통신 채널(Communication Channel)을 통해 전송이 이루어지고, 이때 각종 신호들을 운반하는 채널을 'bus'라고 한다.

버스	특 징
Data Bus	CPU 와 메모리 사이에서 자료 전달
Address Bus	메모리 주소를 지정하는 신호선
Control Bus	CPU내부요소에 제어신호 전달

88 중파방송의 경우 블랭킷에어리어는 지상파의 전계강도가 미터마다 몇 볼트 이상인 지역을 말하는가?

가. 10볼트   나. 5볼트
다. 3볼트   라. 1볼트

정답 라

해설 블랭킷에어리어(blanket area)란 중파방송의 경우에 지상파의 전계강도가 미터마다 1[V]이상인 지역을 말한다.

89 방송통신위원회가 전파자원을 확보하기 위하여 시책의 마련 및 시행하는 사항과 가장 거리가 먼 것은?

가. 주파수의 국제등록
나. 이용중인 주파수의 이용효율 향상
다. 국가 간 전파혼신의 해소와 이의 방지를 위한 협의·조정
라. 국가 간 무선국 현황 파악 및 통계조사

정답 라

해설 방송통신위원회 역할
① 새로운 주파수의 이용기술 개발
② 이용중인 주파수의 이용효율 향상
③ 주파수의 국제등록
④ 국가간 전파혼신의 해소와 이의 방지를 위한 협의·조정
⑤ 등록대상 주파수, 등록비용 및 등록절차 등에 관하여 필요한 사항은 대통령령으로 정한다.

90 신고로서 무선국 개설이 가능한 경우가 아닌 것은?

가. 형식등록을 받은 무선설비를 사용하는 아마추어 무선국
나. 발사하는 전파가 미약한 무선국 또는 무선설비의 설치공사가 필요 없는 무선국
다. 수신전용의 무선국
라. 대가에 의한 주파수할당 규정에 의하여 주파수할당을 받은 자가 전기통신역무 등을 제공하기 위하여 개설하는 무선국

정답 가

해설 신고만으로 개설이 가능한 무선국
① 발사하는 전파가 미약한 무선국
② 무선설비의 설치공사가 필요 없는 무선국
③ 수신전용의 무선국
④ 대가에 의한 주파수할당 규정에 의하여 주파수 할당을 받은 자가, 전기통신역무 등을 제공하기 위하여 개설하는 무선국

91 전자파장해기기 또는 전자파로부터 영향을 받는 기기를 제작 또는 수입하고자 하는 자는 어떠한 절차를 밟아야 하는가?
가. 형식승인   나. 형식검정이나 형식등록
다. 전자파강도측정   라. 전자파적합등록

정답 라

해설 전기통신기기의 인증
국내의 전기통신기기의 인증
(가) 형식승인 : 유선기기의 승인
(나) 형식등록/검정 : 무선기기의 승인
(다) 전자파적합등록 : 전자파장애기기의 승인

92 전파법에 따라 기기의 인증에 관한 사항의 이행여부를 조사 또는 시험하는 행위는 다음 중 어느 것에 해당하는가?
가. 사전관리   나. 사후관리
다. 인증관리   라. 기기관리

정답 나

해설 사후관리
전파법에 따라 기기의 인증에 관한 사항의 이행여부를 조사 또는 시험하는 행위를 말한다.

93 기본모델과 전기적인 회로·구조·성능이 동일하고 그 부가적인 기능만을 변경한 기기를 정의하는 용어로 옳은 것은?
가. 기본모델   나. 변경모델
다. 동일모델   라. 파생모델

정답 라

해설 모델의 용어정의
① 기본모델 :
  기기 내부의 전기적인 회로·구조·성능이 동일하고 기능이 유사한 제품군 중 표본적으로 인증을 받는 기기
② 파생모델 :
  기본모델과 전기적인 회로·구조·성능이 동일하고 그 부가적인 기능만을 변경한 기기

94 535[kHz] 초과 1606.5[kHz] 이하의 주파수를 사용하는 방송국의 주파수 허용편차는?
가. 10[Hz]   나. 20[Hz]
다. 100[Hz]   라. 200[Hz]

정답 가

해설 535[kHz]~1606.5[kHz]의 표준방송을 하는 방송국의 송신설비에 사용하는 전파의 주파수 허용편차는 10[Hz]이다.

95 공중선에 공급되는 전력과 등방성 공중선에 대한 임의의 방향에 있어서의 공중선 이득의 곱을 의미하는 전력은?
가. 반송파전력(PZ)
나. 등가등방복사전력(EIRP)
다. 규격전력(PR)
라. 평균전력(PY)

정답 나

해설

용어	내용
평균전력(P_Y)	변조신호의 1주기 평균
첨두포락선 전력 (P_X)	변조포락선의 1주기 평균
반송파전력(P_Z)	무변조신호의 1주기 평균
규격 전력(P_R)	종단증폭기의 정격출력
등가등방복사전력 ($EIRP$)	(공중선에 전력) × (공중선이득)

96. F8E, F9W, F9E 전파형식을 사용하는 초단파 방송국의 무선설비 점유주파수대폭의 허용치는?

가. 260[kHz] 나. 500[kHz]
다. 1.32[MHz] 라. 6[MHz]

정답 가

해설

전파형식	무선설비	허용치
R3E, H3E, J3E	모든 무선국	3[KHz]
C3F, C9F, F3E	TV방송	6[MHz]
F3E, F9W, F9E	초단파 무선국	260[KHz]
F3W, G7W	800[MHz] 이동전화	1.32[MHz]

97. 32비트의 데이터에서 단일 비트 오류를 정정하려고 한다. 해밍 오류 정정 코드(Hamming error correction code)를 사용한다면 몇 개의 검사 비트들이 필요한가?

가. 4비트 나. 5비트
다. 6비트 라. 7비트

정답 다

해설 해밍코드
① 단일비트 에러정정 코드로, 1bit 에러정정을 할 수 있는 비블럭 코드의 일종이다.
② 정보비트수 가 m개 일 때 패리티비트의 수 P
$2^p \geq m+p+1$의 관계식 성립

$\therefore 2^p - p - 1 \geq 32$ 이므로 p값은 6임

98. 다음 10진수 코드 중 자체보수화 (self complementing)가 가능한 코드가 아닌 것은?

가. 2 4 2 1 코드 나. 8 4 2 1 코드
다. $84\overline{2}\overline{1}$ 코드 라. Excess-3 코드

정답 나

해설 자기보수코드
① 각 자리 2진수 "0"을 "1"로 변환, "1"을 "0"으로 바꿈으로써 보수를 간단히 얻을 수 있는 코드이다.
② 3초과코드(Excess-3code), 2421코드, $84\overline{2}\overline{1}$ 코드, 51111코드 등이 있다.

99. 운영체제에서 폴더와 파일들은 어떤 구조로 구성되어 있는가?

가. 트리(tree) 나. 큐(queue)
다. 스택(stack) 라. 배열(array)

정답 가

해설 운영체제의 구조

종 류	특 징
파 일	연관된 데이터들의 집합
폴 더	파일을 묶은 집합체
트 리	폴더 속의 폴더 로 구성된 나뭇가지 구조

100. 다음 중 마이크로컴퓨터의 구성요소가 아닌 것은?

가. 마이크로프로세서 나. 운영체제
다. 입출력 인터페이스 라. 입출력기기

정답 나

해설 마이크로컴퓨터(MicroComputer)
① 프로그램 메모리, 데이터 메모리, 입출력 포트 등으로 구성된 작은 규모의 컴퓨터 시스템이다.
② 기본시스템의 구성
  (가) 마이크로프로세서 (다) I/O인터페이스
  (나) 메모리 (라) BUS

국가기술자격검정 필기시험문제

2010년 기사4회 필기시험

국가기술자격검정 필기시험문제

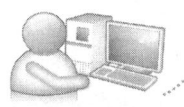

2010년 기사4회 필기시험

자격종목 및 등급(선택분야)	종목코드	시험시간	형 별	수검번호	성 별
무선설비기사		2시간 30분	1형		

제1과목 디지털 전자회로

01 π형 필터에 비해 L형 필터에 대한 특징으로 틀린 것은?
가. 전압변동률이 적다
나. 역전압이 높다.
다. 정류 소자 전류가 연속적이다.
라. 정류소자를 이용하기 용이하다.

정답 나

해설 평활회로 비교

	콘덴서입력형(π)	쵸크입력형(L)
맥 동 율	적다	크다
출력직류전압	높다	낮다
전압 변동율	크다	적다
최대 역전압	높다	낮다

02 다음과 같은 블록도에서 출력으로 나타나는 파형이 적합한 것은?

입력(교류) — 정류/평활 — 정전압회로 — 출력( )

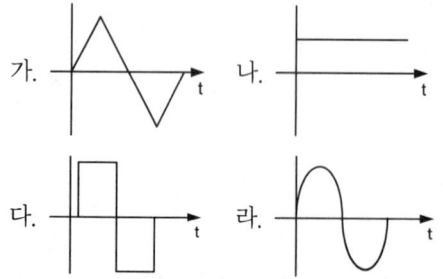

정답 나

해설 전원회로의 정전압회로는 부하변동의 영향 없이 일정한 직류출력을 유지시켜주는 회로이다.

03 증폭기에서 발생하는 일그러짐(Distortion)현상이 아닌 것은?
가. 비직선 일그러짐 나. 잡음(Noise)
다. 주파수 일그러짐 라. 위상 일그러짐

정답 나

해설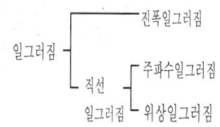

04 이미터 플로워와 비교한 달링톤 이미터 플로워의 특징이 아닌 것은?
가. 전류이득이 매우 커진다.
나. 입력저항이 매우 커진다.
다. 출력저항이 매우 낮아진다
라. 전압이득이 커진다.

정답 라

해설 달링턴 이미터 플로워회로의 전압이득은 이미터 플로워 회로보다 더 적어진다.

05 다음 증폭기 회로에서 R_E가 증가하면 어떤 현상이 일어나는가?

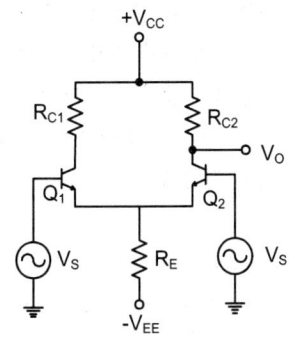

가. 차동이득이 감소한다.
나. 차동이득이 증가한다.
다. 동상이득이 감소한다.
라. 동상이득이 증가한다.

정답 다

해설 R_E가 증가할수록 동상이득이 감소하므로 실제 차동증폭기에서는 R_E대신 저항값이 무한대인 정전류원으로 설계하여 사용한다.

06 다음 증폭기 회로에서 베이스-에미터 전압 $V_{BE} = 0.7[V]$일 때 베이스 전류 I_B는?

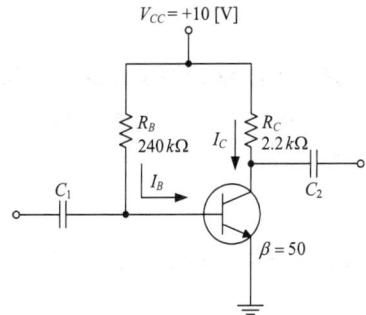

가. 12.5$[\mu A]$ 나. 38.75$[\mu A]$
다. 55.15$[\mu A]$ 라. 70.50$[\mu A]$

정답 나

해설 $I_B = \dfrac{V_{CC} - V_{BE}}{R_B} = \dfrac{10 - 0.7}{240 \times 10^3} = 38.75[\mu A]$

07 바크하우젠 발진조건에 대한 설명 중 옳은 것은?

가. $A\beta < 1$ 이면 발진이 크게 일어난다.
나. $A\beta > 1$ 이면 발진이 일어나지 않는다.
다. $A\beta = 1$ 이면 일정한 진폭의 교류출력이 발생한다.
라. $A\beta > 1$ 이면 발진은 되나 잘림현상이 발생한다.

정답 다

해설 바크하우젠 발진조건

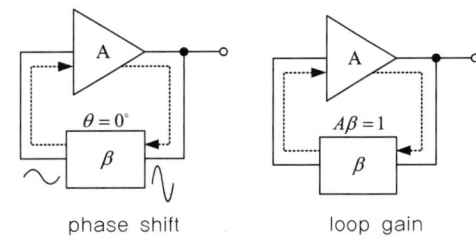

phase shift   loop gain

① loop gain($A\beta$)=1
② phase shift =0°

궤환 발진기에서 $\beta A = 1$을 만족하면 지속적으로 발진이 되는데 이를 바크하우젠의 발진 조건이라 한다.

08 병렬저항형 이상형 발진회로에서 1.6[kHz]의 주파수를 발진하는데 필요한 저항 값은 약 얼마인가? (단, C=0.01$[\mu F]$)

가. 2$[k\Omega]$ 나. 4$[k\Omega]$
다. 6$[k\Omega]$ 라. 8$[k\Omega]$

정답 나

해설 병렬저항형 이상형 발진회로 발진주파수

$f = \dfrac{1}{2\pi\sqrt{6}\, CR}$ [Hz]

$R = \dfrac{1}{2\pi\sqrt{6}\,(0.01 \times 10^{-6}) \times 1.6 \times 10^{-3}}$

$\fallingdotseq 4[k\Omega]$

4 2010년 무선설비기사 기출문제

09 진폭변조에서 반송파전력 P_c를 변조율 m[%]로 변조했을 때, 피변조파 전력 P_m을 구하는 식은?

가. $P_m = P_c(1 + \frac{m^2}{2})$

나. $P_m = P_c + \frac{m^2}{4} \times P_c$

다. $P_m = P_c \times m$

라. $P_m = P_c(1 + \frac{m}{2})^2$

<정답> 가

해설 AM피변조파 전력

$\therefore P_m = P_C(1 + \frac{m^2}{2})$

10 M진 QAM의 대역폭 효율은?

가. 비트에러율÷전송대역폭
나. 비트율÷전송대역폭
다. 비트율×전송대역폭
라. 비트에러율×전송대역폭

<정답> 나

해설 대역폭효율은 비트율과 전송대역폭의 비

대역폭효율(n) = $\frac{비트율(r)}{전송대역폭(B)} = \log_2 M$

진수 M이 커질수록 대역폭효율은 증가된다.

11 정보비트의 전송률이 일정할 때 QPSK의 채널 대역폭이 5,000[Hz]라면 16진 PSK의 채널 대역폭은?

가. 1.25[kHz]   나. 2.5[kHz]
다. 5[kHz]   라. 80[kHz]

<정답> 나

해설 16PSK 채널대역

$B = \frac{r}{n} = \frac{r}{\log_2 M}$ 의 관계에서 진수 M=4의 경우보다 M=16의 경우 채널의 대역폭은 $\frac{1}{2}$로 작아진다.

12 전기회로의 응답 펄스에서 새그(sag)가 생기는 이유는 무엇인가?

가. 높은 주파수 성분에 공진하기 때문에
나. 증폭기의 저역 특성이 나빠서
다. 콘덴서의 방전 작용 때문에
라. 낮은 주파수 성분이나 직류분이 잘 통하지 않기 때문에

<정답> 라

해설 새그(Sag)는 구형파 파형의 뒤쪽 부분의 진폭이 감소하는 현상으로 낮은 주파수 성분 또는 직류 성분이 잘 통하지 않아서 발생한다.

13 슬라이서 회로에 대한 설명 중 틀린 것은?

가. 입력 파형의 일부분을 제거할 수 있다.
나. 입력 파형의 상하 두 레벨 사이의 진폭을 꺼내는 회로이다.
다. 정현파를 삼각파로 만들고자 할 때 사용한다.
라. 입력 파형의 윗부분과 아래 부분을 동시에 잘라내는 회로이다.

<정답> 다

해설 구형파 신호를 삼각파로 만들고자 할 때는 이상적인 적분회로를 사용해야 한다.

14 10진수 8을 excess-3 code로 변환하면?

가. 1000   나. 1001
다. 1011   라. 1111

<정답> 다

해설 3초과 코드는 8421코드에 $(0011)_2$을 더한 코드이다.

$(8)_{10} = (1000)_2$

$(8)_{10} + (3)_{10} = (1000)_2 + (0011)_2 = (1011)_2$

15 논리식 A(A+B+C)를 간단히 하면?
가. A   나. 1
다. 0   라. A+B+C

정답 가

해설 $A(A+B+C) = AA + AB + AC$
$= A + AB + AC$
$= A(1+B+C) = A$

16 다음 계수기(counter)의 명칭 중 맞는 것은?

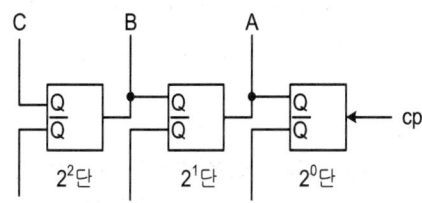

가. 상향4진 계수기
나. 하향4진 계수기
다. 상향8진 계수기
라. 하향8진 계수기

정답 다

해설 3개의 Flip Flop을 가지고 있으므로 ($2^3 = 8$) 8진 계수기이며, 펄스가 인가됨에 따라 출력값이 증가하는 상향 8진 계수기회로이다.

17 다음 중 동기형 계수기로 사용할 수 없는 것은?
가. Ripple 계수기
나. BCD 계수기
다. 2진 업다운 계수기
라. 2진 계수기

정답 가

해설 Ripple 계수기는 비동기식 계수기이다.

18 다음 진리표를 만족시키는 회로는?

A	B	빌림수	차
0	0	0	0
0	1	1	1
1	0	0	1
1	1	0	0

가. AND Gate   나. XOR Gate
다. 반감산기   라. 전감산기

정답 다

해설 반감산기

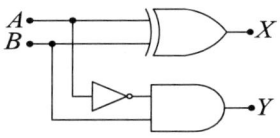

반감산기는 두 Bit를 빼는 회로로 입력 변수 A와 B는 각각 피감수와 감수를 나타내고, 출력 X는 차(difference), Y는 자리 빌림(borrow)를 나타낸다.

19 1의 보수기는 어떤 회로를 사용하는가?
가. 일치 회로
나. 반일치 회로
다. 감산 회로
라. 가산 회로

정답 나

해설 1의 보수를 구하기 위해서는 반일치 회로를 사용한다.

20 플립플롭은 몇 개의 안정 상태를 갖는가?
가. 1   나. 2
다. 4   라. ∞

정답 나

해설 플립플롭은 0과 1, 2개의 안정상태를 갖는다.

제2과목   무선통신기기

21 AM 검파기에 필요한 조건이 틀린 것은?
가. 일그러짐이 적을 것
나. 동조회로의 Q가 저하되지 않도록 입력 저항이 작을 것
다. 주파수 특성이 양호할 것
라. 회로가 간단할 것

정답 나

해설 AM검파기의 요구사항
① 회로가 간단해야 한다.
② 주파수 특성이 양호해야 한다.
③ 일그러짐이 작아야 한다.
④ 검파기의 입력저항에 의해 병렬로 구성된 동조회로 $Q = \dfrac{R}{wL} = wCR = R\sqrt{\dfrac{C}{L}}$ 이 되므로 입력저항이 커야한다.

22 다음 중 주파수 체배기에 주로 사용되는 증폭기의 바이어스 방법은?
가. A급   나. B급
다. AB급 라. C급

정답 라

해설 C급 증폭기는 트랜지스터의 차단점 이하에 직류 동작점이 설정된 증폭기를 말한다. 증폭기의 효율은 가장 우수하나, 출력의 왜곡이 크다는 단점이 있다. 이러한 왜곡을 이용하여 체배기로 사용할 수 있다.

23 중간주파 증폭부에서 중간주파수를 높게 설정할 때의 특징이 아닌 것은?
가. 인입현상 영향 개선
나. 전송 대역 주파수 특성 개선
다. 영상 주파수 관계 개선
라. 근접 주파수 선택도 개선

정답 라

해설 헤테로다인에서 중간 주파수가 높은 경우에는 영상혼신, 인입현상, 충실도 등이 좋아지며 중간 주파수가 낮은 경우에는 단일조정, 근접 주파수 혼신, 감도 및 안정도 등이 좋아진다.

24 광대역 FM의 변조지수가 10인 경우 AM에 비해 SNR이 몇 배나 증가하는가?
가. 200   나. 300
다. 400   라. 500

정답 나

해설 FM과 AM의 SNR비
: $SNR_{FM} = 3 \times \beta_f^2 \cdot SNR_{AM}$ 이므로, $\beta_f = 10$ 이므로 300배 증가한다.

25 다음 그림은 어떤 변조방식의 블록도를 나타내는 것인가? (단, m(t)는 입력정보이고, fc는 반송주파수이다.)

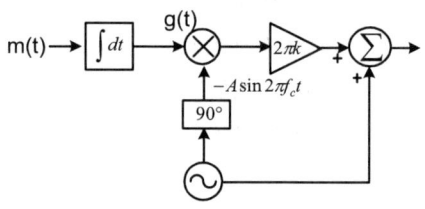

가. 협대역 각변조(narrowband PM)
나. 협대역 주파수 변조(narrowband FM)
다. DSB-TC
라. VSB

정답 나

해설 블록도를 수식으로 표현하면

$A\cos2\pi f_c t + 2\pi K[-A\sin2\pi f_c t \cdot g(t)]$

$= A\cos2\pi f_c t - g(t)2\pi KA\sin2\pi f_c t$

FM변조에서 $K(t) < 1$ (K : 감도계수[Hz/V]) 일 때, 협대역 조건이다.

26 영상주파수를 개선하기 위한 방법 중 틀린 것은?
가. 중간주파수를 낮게 정함으로써 영상주파수에 의한 혼신을 감소시킨다.
나. 특정한 영상 주파수에 대한 Trap 회로를 입력회로에 넣는다.
다. 고주파 증폭단을 두고 동조회로 Q를 크게 한다.
라. 고주파 증폭단을 증설한다.

정답 가

해설 영상주파수 개선 방법
① 고주파 증폭단을 사용함
② 영상주파수에 Trap회로를 사용
③ 중간주파수를 높게 설정

27 다음 그림은 입력신호에서 주파수와 위상을 추출하는 위상동기루프(PLL)를 나타낸다. 괄호에 들어가는 내용의 조합으로 적절한 것은?

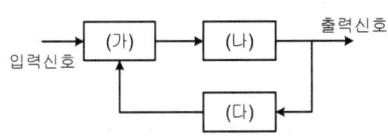

가. (가) : 위상검출기 (나) : 저역통과필터
   (다) : 전압제어발진기
나. (가) : 위상검출기 (나) : 전압제어발진기
   (다) : 저역통과필터
다. (가) : 전압비교기 (나) : 고역통과필터
   (다) : 전압제어발진기
라. (가) : 전압비교기 (나) : 전압제어발진기
   (다) : 저역통과필터

정답 가

해설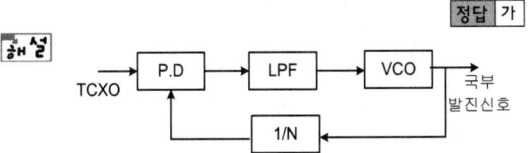

PLL은 전압제어발진기(VCO), 위상검출기(Phase Detector/Comparator) 및 저역통과여파기(LPF)로 구성된 일종의 궤환회로이다.

28 채널간 간섭 등 급격한 위상변화에 의한 문제들을 해결하기 위해 QPSK의 위상을 연속적으로 변하도록 하는 변조방식은?
가. BPSK   나. PSK
다. MPSK   라. MSK

정답 라

해설 FSK(Frequency Shift Keying)변조방식의 변화
① FSK의 위상불연속성(주파수 Switching)을 개선하기 위하여 CPFSK(Continuous Phase FSK) → MSK → GMSK 방식으로 변화되었다. MSK는 Sine Filterd OQPSK와 같은 방식으로, MSK는 FSK 또는 PSK 계열로 볼 수 있다.

29 QAM신호는 정보데이터에 의하여 반송파의 무엇을 변경하여 얻는 신호인가?
가. 주파수   나. 위상
다. 진폭   라. 위상과 진폭

정답 라

해설 QAM의 정의
- 서로 독립된 I-channel과 Q-channel의 베이스밴드 신호계열로 직교하는 2개의 반송파를 진폭변조(DSB-SC)한 후 합성하는 방식.
- 동일한 통신로에 송출시켜 비트 전송속도와 스펙트럼 효율을 2배로 향상시킨 변조방식
- 위상과 진폭을 동시에 변경함으로써 가능하게 된다.

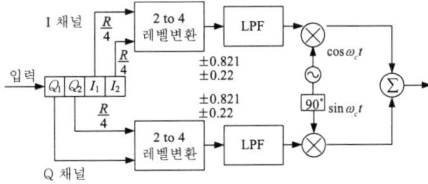

30. 구형파에서 펄스폭을 τ, 펄스주기를 T, 주파수를 f, 펄스의 첨두치를 P, 평균치를 A라고 하면 충격계수(duty factor) D의 관계가 틀린 것은?

가. $D = \dfrac{\tau}{T}$ 나. $D = \tau f$

다. $D = Af$ 라. $D = \dfrac{A}{P}$

정답 다

해설 충격계수(Duty Factor)는 주기적으로 켜지고 꺼지는 on-off 장치에서, 주기 T와 켜져있는 시간 τ 의 시간비를 말한다.

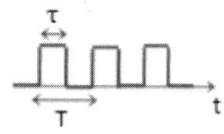

$D = \tau/T = T_{on}/(T_{on} + T_{off})$

$D = \dfrac{\tau}{T} = \tau f = \dfrac{A}{P}$

31. 다음 중 충전의 종류가 아닌 것은?
가. 속충전 나. 저충전
다. 균등충전 라. 부동충전

정답 나

해설 충전의 종류에는 초기충전, 사용중의 충전(부동충전, 균등충전, 자동충전), 충전지 이상시 충전(급속충전, 과충전, 보충전)이 있다.

충전 종류	내용
초기충전	제품공장에서 생산시 축전지에 전해액을 주입하여 처음으로 행하는 충전으로 비교적 소전류로 장시간 축전지를 충전하는 방식
부동충전	축전지와 정류기를 병렬로 접속하여 평상시에는 정류기에서 부하 전류를 공급하고 정전시에는 축전지에서 부하 전류를 공급하는 방식
균등충전	부동 충전 방식에 의해 사용할 때 각 전지간에 전압이 불균일하게 된다. 이를 시정하기 위해 일시적으로 과충전하는 방식
급속충전	응급적으로 용량을 회복시키기 위해 충전전류의 2~3배로 충전하는 방식.
과 충전	축전지 백색 황산납 등으로 발생하는 성능저하를 사전에 방지하거나 이미 고장 난 축전지를 회복하기 위해 저전류로 장시간 충전하는 방식.
보 충전	축전지를 장시간 방치 시(자기방전상태) 미소전류로 장시간 충전하는 방식

32. 과충전을 적용하는 시기로 잘못된 것은?
가. 규정 용량 이상으로 방전을 하였을 때
나. 방전 후 즉시 충전을 하였을 때
다. 축전지를 오랫동안 사용하지 않고 방치하였을 때
라. 극판에 백색 황산납이 생겼을 때

정답 나

해설 과충전(Over Charge)의 조건
① 규정용량 이상으로 방전시
② 방전 후 즉시 충전하지 않았을 경우
③ 축전지를 오랫동안 사용치 않을 경우
④ 측판에 백색 황산연이 생겼을 경우

33 AM송신기의 전력측정 방법이 아닌 것은?
가. 공중선의 실효 저항에 의한 측정
나. 볼로미터 브리지에 의한 전력 측정
다. 의사 공중선을 사용하는 방법
라. 전구 부하에 의한 방법

정답 나

해설
- AM 송신기의 전력측정
① 의사공중선을 사용하는 방법
② 공중선의 실효저항을 알고있을 때
③ 전구의 조도를 비교하는 방법
④ 수부하에 의한 방법
⑤ 양극손실에 의한 방법
- FM 송신기의 전력측정
① 블로미터 브리지사용
② 열량계 이용
③ C-M 형 전력계법

34 콘덴서 입력형 평활회로의 정류기를 사용하다가 갑자기 과전류가 흐르고 맥동률이 증가하였다. 이 때 회로의 고장진단에 나타난 현상은?
가. 입력 주파수가 증가하였다.
나. L값이 크게 변하였다.
다. 부하 쪽에 있는 콘덴서가 단락되었다.
라. 부하임피던스가 크게 높아졌다.

정답 다

해설 콘덴서 입력형 평활회로
: 정류회로의 뒷단에 콘덴서를 병렬로 한개 연결하고 부하에 병렬로 한 개를 연결한 구조이다. 이는 필터로 작용하고, 출력전압의 맥동(Ripple)을 최소화 할 수 있다.

35 입력에 고주파 케이블을 사용한 수신기의 감도를 출력임피던스가 50[Ω]인 신호발생기를 사용하여 측정하고자 할 때 수신기의 입력단자에 연결한 방법은?
가. 신호발생기와 50[Ω]의 직렬회로로 연결
나. 신호발생기만 연결
다. 신호발생기와 75[Ω]의 병렬회로로 연결
라. 저항 75[Ω] 연결

정답 가

해설

고주파 RF(Radio Frequency)는 50[Ω]으로 정합하여 사용한다. 75[Ω]은 방송장비 등에 주로 사용한다.

36 급전선상에 반사파가 없을 때 전압 정재파비는 얼마가 되는가?
가. 0   나. 1/2
다. 1   라. ∞

정답 다

해설 정재파비

전압정재파비 $VSWR = \dfrac{1+m}{1-m}$ (m : 반사계수)이므로, $VSWR = \dfrac{1+0}{1-0} = 1$.

37 다음은 이동통신 망운용을 위한 측정장비에 대한 사용 설명이다. 빈칸에 공통으로 들어갈 측정장비 이름으로 맞는 것은?

- 측정하고자 하는 기기의 주파수 및 출력 범위를 확인한다.
- 확인된 주파수와 출력범위에 맞게 엘리먼트(Element)를 선택한다.
- 선택된 엘리먼트를 ( )에 연결한 후 엘리먼트 고정핀을 이용하여 엘리먼트를 고정시키고 측정하고자 하는 기기의 출력부분은 ( )의 입력단자에, 안테나는 ( )의 출력단자에 연결한다.

가. 파워미터(power meter)
나. 스펙트럼분석기(spectrum analyzer)
다. 코드영역분석기(code domain analyzer)
라. 네트워크분석기(network analyzer)

정답 가

해설 고주파장비의 특성

고주파장비	특 성
파워미터	RF신호의 전력(Power)측정
스팩트럼분석기	RF신호의 스팩트럼(주파수)분석
코드영역분석기	Decode된 디지털신호의 분석
네트워크분석기	S-Parameter분석

38 정류회로에서 평균값을 지시하는 가동코일형 직류 전압계를 이용하여 직류 전압을 측정하였더니 100[V], 실효값을 지시하는 전류력계형 전압계를 이용하여 교류 전압을 측정하였더니 2[V] 였다. 리플율은 몇[%]인가?
가. 1　　나. 2
다. 4　　라. 10

정답 나

해설 리플율(Ripple Rate)
$= \dfrac{\text{직류전압에 포함된 교류전압}}{\text{직류전압}} \times 100[\%]$
$= \dfrac{2}{100} \times 100 = 2[\%]$

39 전지의 내부저항을 측정하기 위해 사용되는 브리지는?
가. 맥스웰(Maxaell)브리지
나. 헤이(Hey)브리지
다. 헤비사이드(Heaviside)브리지
라. 코올라우시(Kohlrausch)브리지

정답 라

해설 브리지 회로의 종류와 특징

브리지 회로	측정항목
맥스웰 브리지	코일의 자기인덕턴스와 저항
헤이 브리지	코일의 자기인덕턴스와 저항
헤비사이드 브리지	코일의 자기인덕턴스와 저항
코올라우시 브리지	전지의 내부저항 측정

40 다음 중 정류회로의 종류가 아닌 것은?
가. 반파 정류회로
나. 전파 정류회로
다. 평활회로
라. 배전압 정류회로

정답 다

해설 평활회로는 정류회로 뒷단에서 콘덴서 등을 사용하여 정류회로에 포함된 리플(교류성분)을 제거하기 위해 사용되는 회로이다.

제3과목 안테나공학

41 다음 중 거리에 따라 가장 감쇠가 급격하게 발생하는 것은 어느 것인가?
가. 정전계　　나. 정자계
다. 복사전계　　라. 복사자계

정답 가

해설 전계별 감쇠정도

전 계	감쇠특성
정전계	$\dfrac{1}{r^3}$ (r = 거리)
유도계	$\dfrac{1}{r^2}$ (r = 거리)
복사계	$\dfrac{1}{r}$ (r= 거리)

* 정전계, 유도전계, 복사전계가 같아지는 지점 0.16λ

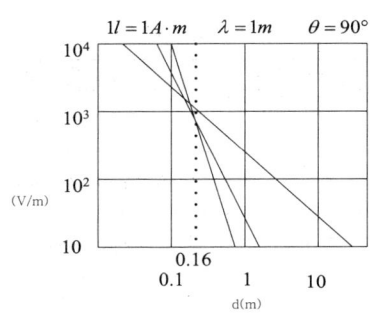

(그림) 안테나로부터의 거리에 따른 E_θ

42 급전선에 요구되는 사항으로 틀린 것은?
가. 전송효율이 높을 것
나. 특성임피던스가 높을 것
다. 절연내력이 클 것
라. 유도방해를 받거나 주지 말 것

정답 나

해설 급전선의 필요조건
① 손실이 적고 전송효율이 좋아야 한다.
② 송신용 급전선은 누설이 적고 절연내력이 커야 한다.
③ 유도방해가 없어야 한다.
④ 급전선의 특성임피던스가 적당해 한다.
⑤ 가격이 저렴하고 유지, 보수가 용이해야 한다.

43 스미스도표에서 굵게 표시된 원이 의미하는 것은 무엇인가?

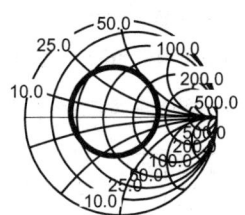

가. 동일한 전류값
나. 동일한 정재파비
다. 동일한 어드미턴스
라. 동일한 전압값

정답 나

해설 스미스차트의 특징
: 저항이 일정한 원(Circle)과 리액턴스가 일정한 원(Circle)을 하나의 반사계수 평면에 중첩한 것이다.
  반사계수, 정재파비, 입력임피던스, 부하임피던스, 임피던스 정합 등에 이용된다.
* 굵게 표시된 원은 1.0(정합)을 중심으로 그려진 것으로 동일한 정재파비를 의미한다. 원이 작아지면 정재파비가 작아진다.

44 비동조 급전선의 특징이 아닌 것은?
가. 송신기와 안테나의 거리가 가까울 경우에 사용한다.
나. 평형형이나 불평형형 급전선 모두 사용할 수 있다.
다. 급전선상에 진행파를 실어서 급전한다.
라. 정합장치가 필요하고 전송효율이 좋다.

정답 가

해설 비동조 급전선의 정의
: 진행파로 여진되는 급전선을 말한다.
① 급전선이 길이가 길 때 사용된다.
② 급전선상에 정재파가 생기지 않도록 급전한다.
③ 정합장치를 필요로 한다.
④ 진행파만 존재하므로 손실이 적고 전송효율은 양호하다.

45 전송선로의 특성임피던스 $Z_0=50-j15[\Omega]$이고, 이 전송선로에 부하 임피던스 $Z_L=30+j60[\Omega]$가 연결되었을 때 선로의 전압 정재파비(VSWR)는 약 얼마인가?
가. 12 나. 14
다. 16 라. 18

정답 가

해설 반사계수

$$\Gamma = \left|\frac{Z_L - Z_0}{Z_L + Z_0}\right| = \left|\frac{30 + j60 - 50 + j15}{30 + j60 + 50 - j15}\right| = \left|\frac{-20 + j75}{80 + j45}\right|$$

$$= \frac{\sqrt{(20^2 + 75^2)}}{\sqrt{(80^2 + 45^2)}} = \frac{77.620}{91.788} \simeq 0.845$$

정재파비

$$S = \frac{1 + |\Gamma|}{1 - |\Gamma|} = \frac{1 + 0.845}{1 - 0.845} = 11.9 \fallingdotseq 12$$

46 구형도파관 내에 전파에너지가 전송 시 나타나는 현상 중 틀린 것은?
가. 신호 에너지는 관벽에서 위상 반전된다.
나. 2회 반사로 원 위치되므로 위상 반전은 별 문제 되지 않는 다.
다. 차단파장 λ_c는 장변 a의 2배 즉, $\lambda_c = 2a$로 표시된다.
라. 차단파장보다 신호파장이 클 때 도파관은 에너지를 전송한다.

정답 라

해설 도파관의 특징
: 도파관 단면의 치수로 결정되는 차단주파수가 있어 그 이하의 주파수 성분은 전송되지 않으므로 고역 Filter로서 역할을 한다.
① 저항손실이 적다.
② 유전체 손실이 적다.
③ 대전력을 취급할 수 있다.
④ 외부전자계와 차폐
⑤ 차단파장 이하만 전송(HPF)
⑥ 복사손실이 없다.

47 절대이득의 기준 안테나는?
가. 무손실 접지 안테나
나. 무손실 루프 안테나
다. 무손실 등방성 안테나
라. 무손실 다이폴 안테나

정답 다

해설 안테나 이득별 기준안테나

안테나 이득	기준안테나
절대이득 (dBi)	무손실 등방성 안테나
상대이득 (dBd)	반파장 다이폴 안테나
지상이득	$\frac{\lambda}{4}$ 수직접지 안테나

48 안테나 Q(Quality Factor)의 파라미터에 해당되지 않는 것은?
가. 선택도
나. 첨예도
다. 양호도
라. 안정도

정답 라

해설 안테나의 Q Factor
① 공진곡선의 첨예도(Sharping)를 나타낸다.
② 특정주파수에 대한 선택도 또는 양호도를 나타낸다.

$$Q = \frac{wL_e}{R_e} = \frac{1}{R}\sqrt{\frac{L}{C}} = \frac{1}{R}Z_o$$

49 50[Ω]의 무손실 전송선로에서 부하 임피던스 Z_L=50−j65[Ω]이다. 이 때 입력전력이 100[mW]이면 부하에 의해 소모되는 전력은 얼마인가?
가. 67[mW]
나. 70[mW]
다. 73[mW]
라. 77[mW]

정답 나

해설 선로의 저항을 구하면
$$Z = 50 + (50 - j65) = \sqrt{100^2 + 65^2} \fallingdotseq 119$$

따라서, 회로에 흐르는 전류 $I = \sqrt{\frac{P}{Z_L}}$

$$= \sqrt{\frac{100 \times 10^{-3}}{119}} = 2.9 \times 10^{-2}[A]$$

부하의 저항을 구하면
$$Z_L = 50 - j65 = \sqrt{50^2 + 65^2} \fallingdotseq 82$$

∴ 부하에서 소비되는 전력은
$$P = I^2 R_L = (2.9 \times 10^{-2})^2 \times 82[\Omega] \fallingdotseq 70[mW]$$

50 자유공간에 있는 반파장 다이폴 안테나의 최대 복사방향으로 5[km]인 지점에서의 전계강도가 5[mV/m]일 때 안테나의 방사 전력은?

가. 7.50[W] 나. 10.25[W]
다. 12.75[W] 라. 17.25[W]

정답 다

안테나에 따른 복사강도

헤르쯔 안테나	반파장안테나	수직접지 안테나
$\frac{6.7\sqrt{Pr}}{d}$ [V/m]	$\frac{7\sqrt{Pr}}{d}$ [V/m]	$\frac{9.9\sqrt{Pr}}{d}$ [V/m]

반파장 다이폴 안테나의 전계강도는

$\frac{7\sqrt{Pr}}{d}$ [V/m] 에서

$5m[V/m] = \frac{7\sqrt{P_r}}{5Km}$ 이므로,

$\sqrt{P_r} = \frac{5mV \times 5Km}{7} = 3.57$

∴ $P_r = 3.57^2 = 12.75[W]$

51 안테나 손실저항 중 코로나손실에 대한 설명으로 맞는 것은?

가. 코로나 방전 등에 의해 생기는 손실
나. 안테나 지시물이나 안테나 주변의 유도체에 의한 고주파 손실
다. 대지와 안테나와의 접촉저항
라. 안테나 주변의 도체내에 유기되는 고주파와 전류에 의한 손실

정답 가

안테나의 코로나손실 저항
코로나 방전에 의한 전력손실. 안테나표면의 전위 기울기가 대체로 30kV/cm가 되면 안테나표면의 공기가 이온화되어 코로나 방전이 되고, 송신전력이 소리, 빛, 열 등으로 변환되어 전력 손실을 일으킨다. 외경이 굵은 안테나나 다도체를 사용하여 방지한다.

52 단파대역의 기본안테나는?

가. 역L형 안테나
나. T형 안테나
다. $\lambda/4$ 수직접지 안테나
라. $\lambda/2$ Doublet 안테나

정답 라

주파수대역별 기본안테나의 종류

장·중파 안테나 (30K ~ 3MHz)	단파대 안테나 (3M ~ 30MHz)
• 역L형 안테나 • $\frac{\lambda}{4}$ 수직접지 안테나	• $\frac{\lambda}{2}$ 다이폴 안테나 • 고조파 안테나 • 광대역 다이폴 안테나 • 제펠린 안테나 • 롬빅 안테나

53 배열안테나에서 안테나간의 위상차를 주기 위한 소자는?

가. 이상기(Phase Shifter)
나. 아이솔레이터(Isolator)
다. 감쇄기(Attenuator)
라. 마그네트론(Magnetron)

정답 가

배열안테나(Array ANT)
: 여러 개의 안테나 소자를 나열하여 하나의 안테나로 하는 것을 Array라고 하며, 여러 개의 소자에서 복사되는 전파가 방향에 따라서 합성되거나 상쇄되기 때문에 예리한 지향성을 갖게 된다.
배열 안테나에서 안테나간의 위상차를 주기 위하여 이상기(Phase shifter)가 사용된다.

2010년 무선설비기사 기출문제

54 트래픽 증가에 따른 대처기술과 가장 거리가 먼 것은?
　가. 주파수 재사용
　나. 주파수 할당기술
　다. 주파수 분배 기술
　라. 기지국 치국기술

정답 라

해설 증가하는 트래픽에 대처하기 위해 주파수 효율을 향상시키기 위한 기술로는,
대표적으로 주파수 재사용 기술(CDMA, WCDAM, OFDMA 등 K=1), 셀 분할 기술, 섹터분할기술, 고효율 변조기술(16QAM, 64QAM 등), 주파수 다중화 기술(FDD, TDD), 주파수 공용기술(CR) 등이 활용된다.
기지국 치국기술은 Cell의 크기, 위치 등을 고려하여 초기 기지국 설계시에 사용하는 기술이다.

55 초단파 및 극초단파가 가시거리 이상까지 전파하는 원인에 해당되지 않는 것은?
　가. 산악회절 현상에 의한 원거리 전파
　나. 전리층 투과에 의한 원거리 전파
　다. 라디오 덕트에 의한 원거리 전파
　라. 스포라딕 E층에 의한 원거리 전파

정답 나

해설 초가시거리 전파의 종류
① 산악회절 전파
② Radio Duct 전파
③ 대류권 산란파 전파
④ 전리층 산란파 전파
⑤ 산재 E층 (E_s)에 의한 전파

56 전리층의 높이를 측정할 때 주로 사용되는 파형은?
　가. 정현파　　　　나. 삼각파
　다. 변측파　　　　라. 펄스파

정답 라

해설 전리층은 태양의 복사에너지가 대기를 이온화시켜 층을 형성하는 것으로, 전리층을 이용하여 단파대 장거리 통신을 할 수 있다. 전리층 높이는 통신거리에 비례하기 때문에 정확한 높이측정이 요구된다.

* 전리층 높이는 펄스파를 이용해 반사된 신호와의 차이($\triangle t$)에 의해서 구할 수 있다.

57 겉보기 높이가 2배가 될 때 도약거리의 변화는?
　가. 불변　　　　나. 0.5배
　다. 2배　　　　라. 4배

정답 다

해설 전리층 반사파 통신형식(MF, HF)의 도약 거리
$d = 2h' \sqrt{(f/f_c)^2 - 1}$　　(h' = 겉보기 높이)
① 전리층의 겉보기 높이에 비례한다.
② 사용주파수가 임계주파수보다 높을 때 발생한다.
③ 사용주파수에 비례한다.

58 페이딩과 이에 대한 방지대책으로 적절하지 못한 것은?
　가. 원거리 간섭성페이딩은 공간 다이버시티를 사용하여 줄일 수 있다.
　나. 흡수성 페이딩은 수신기에 AGC를 사용하여 줄일 수 있다.
　다. 선택성 페이딩은 주파수 다이버시티를 사용하여 줄일 수 있다.
　라. 도약성 페이딩은 MUSA 방식을 사용 줄일 수 있다.

정답 라

해설 페이딩
: 페이딩이란 수신전계가 다양한 원인(산란, 반사, 굴절)에 의해 주파수 및 시간에 따라 변동되는 현상을 말한다.
페이딩방지대책
① 간섭성 페이딩 : 공간 다이버시티
② 선택성 페이딩 : 주파수 다이버시티
③ 편파성 페이딩 : 편파 다이버시티
④ 흡수성 페이딩 : AVC 또는 AGC 회로 부착
* MUSA : 일정한 입사각의 전파만을 수신할 수 있게 하여 페이딩 방지하는 기법

59 무선통신 시스템에서 공전으로 인한 잡음을 경감시키기 위한 대책으로 적합하지 못한 것은?
가. 지향성이 예민한 안테나를 사용한다.
나. 다이버시티 수신기법을 이용한다.
다. 수신기의 선택도를 높이도록 한다.
라. 진폭제한회로가 부가된 수신기를 설치한다.

정답 나

공전잡음(낙뢰, 뇌우의 의한 잡음) 경감대책의 종류
① 지향성 공중선이나 비접지 공중선 사용
② 수신기의 선택도를 높인다.
③ 송신출력을 증대시켜 수신점의 S/N비 향상
④ 수신기에 적당한 억제 회로를 넣는다.
⑤ 공전이 적은 지역에 수신소 설치
⑥ 사용주파수를 높인다(사용파장을 짧게 한다.)

60 분포정수 회로에 의한 임피던스 정합 방법에 해당하는 것은?
가. 테이퍼 정합
나. Y형 정합
다. T형 정합
라. 저지투관

정답 가, 나, 다

- 분포정수란 R, L, C, G 의 4가지 성분이 도체에 퍼져있는 상태를 말하며, 집중정수란 R, L, C, G 가 한곳에 집중되어 있는 상태, 즉 부품을 말한다.
- 급전선과 분포정수회로(도선, Microsrtip)정합 방법으로는,
① $\frac{\lambda}{4}$ 임피던스 변환기
② Stub
③ 테이퍼 선로
④ T형, 감마, 오메가 정합
⑤ Y형 정합

제4과목 무선통신시스템

61 안테나 이득을 절대이득(dBi)으로 표시할 때 기준으로 하는 안테나는 어느 것인가?
가. 등방성 안테나
나. 반파장다이폴안테나
다. 야기안테나
라. 파라볼라안테나

정답 가

안테나 이득별 기준안테나

안테나 이득	기준안테나
절대이득 (dBi)	무손실 등방성 안테나
상대이득 (dBd)	반파장 다이폴 안테나
지상이득	$\frac{\lambda}{4}$ 수직접지 안테나

62 장파대용 무선 시스템에서 지표파의 전계강도가 가장 큰 곳은?
가. 평야
나. 산악
다. 시가지
라. 해상

정답 라

장·중파의 주 전파는 지표파이다. 도전율이 낮을수록, 유전율이 클수록 전계강도가 낮아진다. (감쇠가 많다.)
사막 〉 시가지 〉 평야 〉 습지대 〉 해안 〉 해상

63 다음 중 재생 중계기의 기능에 해당하지 않는 것은?
가. 등화증폭(Reshaping)
나. 리타이밍(Retiming)
다. 식별재생(Regeneration)
라. 신호재생(Reaction)

정답 라

해설 재생(3R)중계기의 기능
① 등화증폭 (Re-shaping)
② 리타이밍 (Re-timing)
③ 식별재생 (Re-generation)

64 위성통신시스템의 구성 중 지구국 장비에 해당하지 않는 것은?
가. 변복조기
나. 저잡음 증폭기
다. 주파수 변환기
라. 페이로드 시스템

정답 라

해설 위성통신의 시스템 구성

지구국 장비	위성국 장비	
	BUS부	Payload 부
추미계(위성추적)	전력제어계	안테나 계
송·수신계	구체계/추진계	중계부
통신관제 서브시스템	열제어계	
지상 인터페이스	자세제어계	
안테나계	텔레메트리계	

65 이동통신에서 "단말이 현재 셀에서 다른 셀로 이동할 때, 현재 셀의 채널 연결을 해제한 후에 이동할 셀과 채널 연결하는 기술"을 무엇이라고 하는가?
가. 소프트 핸드오버   나. 소프터 핸드오버
다. 하드 핸드오버   라. 로밍

정답 가

해설 핸드오버
: 이동통신 단말기의 통화의 연속성을 보장하기 위한 기술이다.
① 소프트 핸드오프 : 셀 간 통화연속
② 소프터 핸드오프 : 섹터 간 통화연속
③ 하드 핸드오프 : 주파수 이동간 통화연속.

하드 핸드오프는 주로 아날로그 이동통신에서 나타나며, 셀 변경시 FDMA 특성상 주파수도 변환해야 하므로 음 단절현상이 나타남.
* 로밍 : 자신이 속한 홈 교환기를 벗어나 다른 교환기의 서비스 영역으로 넘어가더라도 통화를 지속시켜주는 서비스

66 이동통신에서의 상관대역폭 (coherence bandwidth)과 가장 관련이 깊은 것은?
가. 음영효과   나. 지연확산
다. 안테나 이득   라. 도플러 효과

정답 나

해설 상관대역폭(coherence bandwidth)
: 신호 각각의 주파수 성분이 다른 지연시간을 가지고 수신단에 도달되었을 때 신호가 상관성이 있다고 여길 수 있는 주파수 간격을 말한다.

$$B_c = \frac{1}{2\pi D}$$

(B_c는 상관 대역폭, D는 지연확산 시간)

67 수신측에 두 개 이상의 안테나를 설치해서 수신 안테나에 유기된 신호 가운데 가장 양호한 신호를 선택하거나, 수신 신호들을 적절하게 합성하여 수신기에 제공함으로써 페이딩을 감소 또는 방지하는 방법은?
가. 공간 다이버시티   나. 주파수 다이버시티
다. 각도 다이버시티   라. 루트 다이버시티

정답 가

해설 공간다이버시티
: 공간 다이버시티는 10λ 이상 떨어진 둘이상의 서로 다른 공중선으로 수신 후 합성 또는 양호한 출력을 선택 수신하는 방법으로 국내 장거리 마이크로파 통신망에서 가장 많이 사용하는 다이버시티방식이다.

68 이동체의 움직임에 따라 수신신호의 주파수가 변화하게 되는 것은?
가. 지연확산 나. 다이버시티
다. 음영효과 라. 도플러효과

정답 라

해설 도플러효과
: 주파수를 발생시키는 이동체의 움직임에 따라 수신신호 주파수가 변하는 현상을 도플러 현상이라고 한다. 이때, 도플러 주파수천이(f_d)는 속도에 비례한다.

$$f_d = \frac{v}{\lambda} \cos\theta$$

$$\therefore f_r (수신주파수) = f_c \pm \frac{v}{\lambda} \cos\theta$$

69 IS-95 CDMA 이동통신 시스템에서 기지국이 단말기 방향으로 음성을 보낼 때 채널을 구분하는 방법은?
가. 시간슬롯을 할당해서 구분
나. Walsh 코드를 사용해서 구분
다. PN시퀀스를 사용해서 구분
라. 주파수를 분할해서 구분

정답 나

해설 IS-95 CDMA의 순방향에서 왈시코드 채널번호(64채널)을 사용하여 채널을 구분한다.

왈시코드	용도
Pilot 채널	0번 채널
Paging 채널	1번~7번 채널
Sync 채널	32번 채널
Traffic채널	나머지 채널

70 의사잡음부호(PN부호)의 기본 성질이 아닌 것은?
가. 2레벨 자기상관함수 특성
나. 균형성
다. 편이와 가산성
라. 보안성

정답 라

해설 PN 코드의 특징
① Shift register의 단수를 N이라 할 때 PN sequence 주기는 $2^N - 1$이다.
② PN 코드는 상호상관이 0인 코드로 code와 code 사이에 아무런 연관이 없다. 즉 code 사이에 아무런 연관이 없다. (CDMA 시스템에서는 상호상관이 일정값 이하이고, 0에 가까울수록 좋다.)
③ Maximum length code(최장길이부호)라 함
④ 자기상관이란 송신부 및 수신부의 PN코드의 일치여부 및 두 코드의 시작점이 시간적으로 일치하는지를 확인하는 과정으로 CDMA에서는 자기상관특성이 우수한 PN 코드 사용한다.

71 IS-95 CDMA 이동통신 시스템에서 역방향링크에 사용되는 변조방식은?
가. QPSK 나. OQPSK
다. BPSK 라. OFDM

정답 나

해설 CDMA(IS-95)의 변조방식

역방향 채널	순방향채널
단말기 → 기지국	기지국 → 단말기
OQPSK	QPSK

* 최근 LTE시스템은 QAM변조 + OFDMA다중화

72 와이브로(WiBro), WCDMA, IS-95 시스템의 각각의 1개 프레임 길이를 더하면 얼마인가?
가. 25[msec] 나. 30[msec]
다. 35[msec] 라. 40[msec]

정답 다

해설 시스템별 Frame 길이

시스템	Frame 길이
WiBro	5[msec]
WCDMA	10[msec]
IS-95	20[msec]

73. 다음 중 통신망 구조를 나타낼 때 통신망의 기능들을 계층으로 나누는 이유가 아닌 것은?

가. 각 계층들이 모듈러 구조로 정의되어 호환성이 잘 유지될 수 있다.
나. 상위계층 기능을 하위계층의 기능이 지원하는 경우를 잘 나타낼 수 있다.
다. 상위계층의 정보가 하위계층에서는 내용으로 전달되는 경우를 잘 나타낼 수 있다.
라. 상위계층일수록 더 실제의 정보전달 기능을 제시할 수 있다.

정답 라

해설 통신망 구조를 계층으로 나누는 이유는 각 계층의 역할을 분류하고 상하계층 간의 데이터 흐름을 정의하기 위해서다.
또한 유사한 장비, 프로토콜의 집합으로 분류함으로써 네크워크 구조에 대한 이해가 높아진다. 상위계층일수록 응용SW구조를 가지고 있고, 하위계층으로 갈수록 물리적 개념을 가진다.

74. OSI 7계층 중 응용 프로세스 간 통신을 관장하는 역할을 하는 계층은?

가. 응용계층 나. 표현계층
다. 세션계층 라. 전달계층

정답 다

해설 OSI 7Layer의 구조

계층	명칭	기능
7	응용계층	응용프로그램
6	프리젠테이션계층	데이터압축 및 암호화
5	세션계층	프로세스간 통신
4	전달계층	End to End 제어
3	네트워크계층	패킷전송, 경로제어
2	데이타링크계층	동기, 에러, 흐름제어 Node to Node
1	물리계층	물리적 인터페이스

75. OSI 참조모델에서 번역, 암호화, 압축을 담당하는 계층은?

가. 세션계층 나. 응용계층
다. 프리젠테이션계층 라. 물리계층

정답 다

해설 OSI 참조모델에서 프리젠테이션계층(6계층)은 암호화, 번역, 압축 등의 기능을 담당한다.

76. 다음 중 FEC(Forward Error Correction)에 대한 설명이 잘못된 것은?

가. 데이터 비트 프레임 잉여 비트를 추가해 에러를 검출, 수정하는 방식이다.
나. 연속적인 데이터 흐름 외에 역채널이 필요하다.
다. 에러율이 낮은 경우 효과적이다.
라. 잉여비트를 첨가하므로 전송 효율이 떨어진다.

정답 나

해설 FEC코드
: 에러검출 및 수정을 할 수 있는 강력한 에러제어코드이다. (콘볼류션코딩, 해밍코드, 터보코딩, LDPC 등)

장 점	단 점
• 연속적인 전송가능 • 역채널이 필요없음	• 코딩방식이 복잡 • 잉여비트가 추가되어 전송되므로 채널의 대역이 낭비됨

77. 다음 중 근거리 통신망 시스템 구축계획 설계시 요구되는 네트워크 서비스의 종류가 아닌 것은?

가. 데이터그램 서비스 (Datagram Service)
나. 가상회선 서비스 (Connection Oriented Service)
다. 패킷 전달 서비스 (Packet Translation Service)
라. 회선 연결 서비스 (Circuit Connection Service)

정답 다

해설 회선설계시 교환(Switching)방법
1. 회선교환
2. 메시지교환
3. 패킷교환(데이타그램 방식, 가상회선 방식)

78 다음 중 무선국의 무선설비에 비치하여야 할 예비품이 아닌 것은?
  가. 브레이크인 릴레이
  나. 고정축전기
  다. 공중선용 단자
  라. 가변저항기

  정답 다

  해설 무선국의 무선설비 예비품
  ① 송신용 수정발진자
  ② 고정 축전기 와 고정 저항기
  ③ 가변 저항기
  ④ 브레이크인 릴레이
  ⑤ 공중선용 선조
  ⑥ 공중선용 애자

79 위성 통신에서 여러개의 Time Slot으로 하나의 프레임이 구성되며 각 Time Slot에 대해 채널을 할당하여 여러 지구국이 위성을 공유하는 다원접속 방식은?
  가. FDMA   나. TDMA
  다. CDMA   라. SDMA

  정답 나

  해설 위성회선의 다원 접속 방법
  ① FDMA : 주파수분할 다원접속
  ② TDMA : 시간분할 다원접속
  ③ CDMA : 코드분할 다원접속
  ④ SDMA : 공간분할 다원접속

80 이동통신시스템에서 캐리어주파수가 900[MHz], 차량속도가 80[km/h]라 할 때 최대 Doppler Spread는 약 몇 [Hz]인가?
  가. 63   나. 65
  다. 67   라. 69

  정답 다

  해설 도플러효과
  : 이동체의 움직임에 따라 수신신호 주파수가 변하는 현상을 도플러 현상이라고 한다.
  이때, 도플러천이(주파수)는 속도에 비례한다.

  도플러주파수 $f_d = \dfrac{v}{\lambda}\cos\theta = \dfrac{80 \times 10^3 [m/h]}{0.33}$

  (f_c : 캐리어주파수, $\lambda = \dfrac{c(3 \times 10^8)}{f(900[MHz])} \fallingdotseq 0.33$)

  $= \dfrac{2.424 \times 10^5 [m/s]}{3600[초]}$

  도플러천이($Doppler\ Spread$) $= \dfrac{2.424 \times 10^5 [m/s]}{3600[초]}$

  $= 67.3[Hz] \fallingdotseq 67[Hz]$

제5과목 전자계산기일반 및 무선설비기준

81 자외선을 이용하여 지울 수 있는 메모리는 어느 것인가?
  가. PROM(Programmable ROM)
  나. EPROM(Erasable ROM)
  다. EEPROM(Electrically EPROM)
  라. 플래쉬 메모리

  정답 나

  해설 기억장치

장치	특징
Makable ROM	제조시 저장되는 내용(수정불가)
PROM	한번만 수정가능
EPROM	자외선을 이용하여 지울 수 있음
EEPROM	전기신호를 이용하여 지울 수 있음

82 다음 그림과 같이 모든 모듈들이 한 개의 시스템 버스를 공유하고 있다. 100개의 워드를 DMA를 이용하여 주기억장치에서 1개의 I/O 장치로 전송하고자 할 때 인터럽트의 횟수와 버스요청(bus request)회수는 얼마인가?(단, 모든 장치는 정상적으로 작동하는 것을 가정한다.)

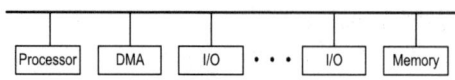

가. 인터럽트 1회, 버스 요청 1회
나. 인터럽트 100회, 버스 요청 100회
다. 인터럽트 1회, 버스 요청 200회
라. 인터럽트 100회, 버스 요청 200회

정답 다

【해설】 DMA처리순서
① CPU가 DMA제어기로 I/O장치의 주소, 연산지정자 등을 포함한 명령을 전송
② DMA제어기는 CPU로 버스 요구신호 전송
③ CPU가 DMA제어기로 버스 승인신호를 전송
④ DMA제어기가 주기억장치로부터 데이터를 읽어서 디스크에 저장
⑤ 모든 데이터 전송이 완료되면 CPU로 인터럽트 요구신호를 전송

83 CPU가 대량의 자료전송을 위하여 DMA에게 전송요청할 때 전달하는 정보가 아닌 것은?
가. 전송할 워드(word)수
나. 주기억 장치의 시작 주소
다. I/O 장치의 주소
라. 버스의 전송속도

정답 라

【해설】 DMA(Direct Memory Access)
① CPU개입 없이 I/O장치 와 기억장치 사이에서 데이터를 전송하는 기술이다.
② CPU가 DMA제어기로 보내는 정보
 (가) I/O장치의 주소   (나) 연산지정자
 (다) 주기억장치 영역의 시작주소
 (라) 전송될 데이터 단어들의 수

84 8진수 1234는 십진수로 얼마인가?
가. 278   나. 565
다. 668   라. 1234

정답 다

【해설】 8진수를 10진수로 변환하면
$(1234)_8 = 1 \times 8^3 + 2 \times 8^2 + 3 \times 8^1 + 4 \times 8^0 = (6$

85 정보의 표현 단위 중 문자를 표현하기 위한 것은 무엇인가?
가. 비트(bit)   나. 바이트(byte)
다. 워드(word)   라. 레코드(record)

정답 나

【해설】 정보표현 단위 중 문자를 표현하기 위한 최소단위는 "Byte" 이다.

86 순차탐색(sequential search)에서 n개의 자료에 대해 평균 키 비교 횟수는 얼마인가?
가. n/2   나. n
다. (n+1)/2   라. n+1

정답 다

【해설】 탐색(Search)
① 기억장치에 저장된 파일에서 주어진 조건에 맞는 자료를 찾는 작업이다.
② 순차탐색 또는 선형탐색은 탐색대상이 되는 파일에서 특정 레코드를 탐색할 때 처음부터 하나씩 탐색하여 찾는 방법이다.
③ 파일이 크면 탐색시간이 증가된다.
 ∴ 평균 비교 횟수 $= (n+1)/2$

87 다음 지문에 알맞은 것을 고르시오.

> 소프트웨어는 프로그래밍 언어를 통해 개발되는데, 여기에는 소스코드를 모두 기계코드로 변환하고, 하나의 실행화일을 만들어 목적코드를 출력하는 (a)와/과 한번에 한라인씩 그 프로그램의 각 라인을 번역하고 나서 실행하는 (b)이/가 있다.

가. (a) 컴파일러 (b) 인터프리터
나. (a) 인터프리터 (b) 컴파일러
다. (a) 어셈블리어 (b) 컴파일러
라. (a) 인터프리터 (b) 어셈블리어

정답 가

해설 소프트웨어는 프로그래밍 언어를 통해 개발되는데, 여기에는 소스코드를 모두 기계코드로 변환하고, 하나의 실행파일을 만들어 목적코드를 출력하는[컴파일러]와 한 번에 한 라인씩 그 프로그램의 각 라인을 번역하고 나서 실행하는 [인터프리터]가 있다.

88 컴퓨터에 글이나 그림을 그리는 작업을 위해 사용되는 소프트웨어를 무엇이라 하는가?
가. 운영체제
나. 유틸리티
다. 응용소프트웨어
라. 시스템소프트웨어

정답 다

해설 응용소프트웨어
① 컴퓨터에서 사용되는 모든 프로그램을 응용소프트웨어라 한다.

89 시스템 내에 여러 프로세서를 통해 처리 작업을 분담하여 동시에 처리할 수 있다. 따라서 많은 양의 데이터를 처리하고, 빠르게 작업을 완료할 수 있으며, 많은 입출력 장치의 요구를 수용할 수 있다. 이와 같은 시스템은?
가. 다중 처리 시스템 나. 혼합 시스템
다. 병렬 인터페이스 라. 직렬 시스템

정답 가

해설 다중처리시스템(Multi Processing)시스템
① 하나의 컴퓨터 시스템 내에서 여러개의 CPU가 존재하여 CPU들이 각각 작업을 분담하는 것이다.
② 각각의 자료가 병렬처리 되어 결과가 합쳐진다.
③ 작업속도 와 신뢰성이 향상된다.

90 다음 중 명령어 집합이 비교적 적은 컴퓨터 시스템에 사용할 기술은?
가. 병렬 처리 나. CISC
다. RISC 라. 캐쉬

정답 다

해설 RISC와 CISC
① RISC(Reduced Instruction Set Computer)로 단순한 고정길이의 명령어 집합을 제공하여 속도향상을 목표로한 CPU이다.
② CISC(Complex Instruction Set Computer)로 가변 길이의 다양한 명령어를 갖는 CPU 종류이다.

91 CPU가 어떤 프로그램을 순차적으로 수행하는 도중에 외부로부터 인터럽트 요구가 들어오면, 원래의 프로그램을 중단하고, 인터럽트를 위한 프로그램을 먼저 수행하게 되는데 이와 같은 프로그램을 무엇이라 하는가?
가. 명령 실행 사이클
나. 인터럽트 서비스 루틴
다. 인터럽트 사이클
라. 인터럽트 플래그

정답 나

해설 인터럽트 서비스 루틴
① 프로그램 실행도중 인터럽트가 발생할 시, 현재 작업을 중단하고 상태를 저장한 뒤 인터럽트 서비스루틴(ISR: Interrupt Service Routine) 을 실행한다.

92
"전파의 전파특성을 이용하여 위치, 속도 및 기타 사물의 특징에 관한 정보를 취득하는 것"으로 정의되는 것은?
가. 전파 측정　　나. 전파 측위
다. 무선 측위　　라. 무선 측정

정답 다

해설 무선측정
① 무선측위
: 전파의 전파특성을 이용하여 위치, 속도 및 기타사물의 특징에 관한 정보를 취득하는 것
② 무선항행
: 항해(선박)를 위하여 행하는 무선측위

93
"공중선전력에 주어진 방향에서의 반파다이폴의 상대이득을 곱한 것"을 무엇이라고 하는가?
가. 송신전력　　나. 복사전력
다. 공중선전력　　라. 실효복사전력

정답 라

해설 복사전력
① ERP(Effective Radiation Power : 실효복사전력)
= 공중선전력 × 상대이득
* EIRP(Effective Istoropic Radiation Power
: 실효등방성복사전력 = 공중선전력 × 절대이득

94
다음 중 무선설비의 위탁운용 또는 공동사용을 할 수 있는 사항이 아닌 것은?
가. 무선국의 공중선주
나. 무선종사자
다. 시설자가 동일한 무선국의 무선설비
라. 송신설비 및 수신설비

정답 나

해설 무선국의 위탁운용 또는 공동사용
1. 시설자가 동일한 무선국의 무선설비
2. 송신설비 및 수신설비
3. 무선국의 공중선주

95
무선국의 개설허가의 유효기간이 5년이 아닌 것은?
가. 실험국　　나. 기지국
다. 간이무선국　　라. 아마추어국

정답 가

해설

유효기간	무선국의 종별
1년	실험국, 실용화 시험국
3년	방송국 또는 무선국
5년	이동국, 육상국, 육상이동국, 기지국, 선박국, 선상통신국, 무선측위국, 우주국, 이동지구국, 간이무선국 및 항공국, 아마추어국, 해안지구국, 육상지구국 등
무기한	의무선박국, 의무항공기국

96
초단파대 해상이동업무용 주파수의 전파를 사용하는 무선설비에 장치하는 디지털선택호출장치의 선택호출신호 기준 중 시간다이버시티의 시간 간격은?
가. 0.02[sec]　　나. 0.03[sec]
다. 0.40[sec]　　라. 0.50[sec]

정답 나

해설 초단파대 해상이동업무용 주파수의 전파를 사용하는 무선설비에 장치하는 디지털선택호출장치의 선택호출신호
1. 마크주파수는 1,300[Hz]이고 스페이스주파수는 2,100[Hz]일 것. 이 경우 허용편차는 각각 10[Hz]로 한다.
2. 신호전송속도는 매초 1,200비트일 것. 이 경우 허용편차는 100만분의 30으로 한다.
3. 시간다이버시티의 시간간격은 0.03초일 것
4. 채널 16(156.8[MHz])와 채널 70(156.525[MHz])은 다른 채널과 명확하게 구별할 수 있도록 표시할 것
5. 스켈치 제어를 할 수 있을 것

97 공중선계가 충족하여야 하는 조건이라고 볼 수 없는 것은?
가. 공중선은 이득이 높을 것
나. 정합은 신호의 반사손실이 최소화 되도록 할 것
다. 수신 주파수가 운용범위 이내일 것
라. 지향성은 복사되는 전력이 목표하는 방향을 벗어나지 아니하도록 안정적일 것

정답 다

해설 공중선계의 조건
1. 공중선은 이득이 높을 것
2. 정합은 신호의 반사손실이 최소화되도록 할 것
3. 지향성은 복사되는 전력이 목표하는 방향을 벗어나지 아니하도록 안정적일 것

98 전파법령에서 규정한 전력선통신설비와 유도식 통신설비에서 발사되는 주파수 허용편차는 얼마로 하는가?
가. 0.01[%]
나. 0.10[%]
다. 1[%]
라. 10[%]

정답 나

해설 전파법
1. 전력선 통신설비 및 유도식 통신설비에서 발사되는 주파수허용편차는 0.1[%]로 한다.

99 송신설비의 공중선, 급전선 등 고압전기를 통하는 장치는 사람이 보행하거나 기거하는 평면으로부터 몇 미터 이상의 높이에 설치되어야 하는가?
가. 1.5   나. 2.5
다. 3.5   라. 4.5

정답 나

해설 전파법
1. 송신설비의 공중선·급전선 등 고압전기를 통하는 장치는 사람이 보행하거나 기거하는 평면으로부터 2.5[m] 이상의 높이에 설치되어야 한다.

100 I/O 모듈의 주요 기능 또는 요구사항 들 중 관계가 가장 없는 것은 무엇인가?
가. 데이터 압축
나. 프로세서와의 통신
다. 제어와 타이밍(timing)
라. 오류 검출

정답 가

해설 입출력 모듈(I/O Module)
1. 컴퓨터 와 사용자 사이에 자료와 정보를 교환하는 주변 장치임
2. 입출력 모듈의 기능
   (가) 입출력 장치의 제어 와 타이밍
   (나) 프로세서와의 통신
   (다) 입출력 장치들 과의 통신
   (라) 데이터 버퍼링 기능 수행
   (마) 오류검출(Error Detection)

국가기술자격검정 필기시험문제

01 2011년 기사1회 필기시험

국가기술자격검정 필기시험문제

2011년 기사1회 필기시험

자격종목 및 등급(선택분야)	종목코드	시험시간	형 별	수검번호	성 별
무선설비기사		2시간 30분	2형		

제1과목 디지털 전자회로

01 정현파 발진기로서 부적합한 것은?
가. LC 발진기
나. 수정 발진기
다. 멀티바이브레이터
라. CR 발진기

정답 다

발진기분류

발진기	정현파 발진기	LC 발진기	동조형 발진기
			하틀리 발진기
			콜피츠 발진기
		수정 발진기	피어스 BE형 발진기
			피어스 CB형 발진기
		RC 발진기	이상형 발진기
			빈 브리지
	비정형파 발진기		멀티바이브레이터
			블로킹 발진기
			톱니파 발진기

02 궤환에 의한 발진회로에서 증폭기의 이득을 A, 궤환 회로의 궤환율을 β 라고 할 때 발진이 지속되기 위한 조건은?
가. β A = 1
나. β A < 1
다. β A > A
라. β A = 0

정답 가

궤환 발진기에서 $\beta A = 1$을 만족하면 지속적인 발진출력을 내게 되는데 이 식을 바크하우젠의 발진 조건이라 한다.

03 다음 계수형 전자계산기(digital computer)의 기억 장치 중 보조 기억 장치가 아닌 것은?
가. 자기 드럼(magnetic drum)
나. 자기 테이프(magnetic tape)
다. 자기 디스크(magnetic disk)
라. 자기 코어(magnetic core)

정답 라

보조기억장치 : 자기드럼, 자기테이프, 자기디스크 등 주기억장치 : RAM, ROM, 자기코어 등

04 플립플롭 4개로 구성된 계수기가 가질 수 있는 최대의 2진 상태는 몇 가지인가?
가. 8가지
나. 12가지
다. 16가지
라. 20가지

정답 다

플립플롭을 이용한 카운터(계수기)회로
$2^{n-1} \leq MOD \leq 2^n$
상태의 수 MOD는 $2^4 = 16$로 16개의 상태를 만들 수 있다.

05 다음 주어진 회로는 어떤 종류의 회로인가?

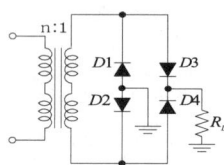

가. 클리핑 회로
나. 중간탭 전파정류회로
다. 브릿지 전파정류회로
라. 전압체배회로

정답 다

주어진 회로는 4개의 다이오드를 이용한 브릿지 전파정류회로이다.

06 다음 그림과 같은 발진회로에서 높은 주파수의 동작에 적절한 발진회로 구현을 위한 리액턴스 조건은 무엇인가?

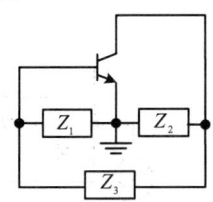

가. Z_1= 용량성, Z_2= 용량성, Z_3= 용량성
나. Z_1= 유도성, Z_2= 유도성, Z_3= 유도성
다. Z_1= 유도성, Z_2= 유도성, Z_3= 용량성
라. Z_1= 용량성, Z_2= 용량성, Z_3= 유도성

정답 라

해설 3소자 발진기의 발진 조건

발진기 종류	리액턴스		
	Z_1	Z_2	Z_3
하틀리 발진기	L	L	C
콜피츠 발진기	C	C	L

07 입력 주파수 512[kHz]를 T형 플립플롭 7개 종속 접속한 회로에 인가했을 때 출력 주파수는 얼마인가?
가. 256[kHz]   나. 8[kHz]
다. 4[kHz]   라. 2[kHz]

정답 다

해설 7개의 플립플롭을 사용했으므로 출력에는 $2^7 = 128$ 분주된 출력 주파수가 나온다.
출력주파수 $= \dfrac{512[KHz]}{128} = 4[KHz]$

08 그림의 회로는 어떤 동작을 하는가?

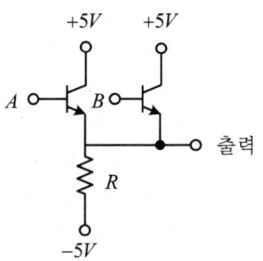

가. OR   나. NOR
다. AND   라. NAND

정답 가

해설 입력신호가 하나라도 "1"(High)이면 출력에 "1"(High)가 발생되는 OR 회로이다.

09 그림과 같은 회로의 출력은?

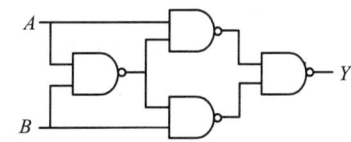

가. AB
나. $\overline{A} + \overline{B}$
다. $AB + \overline{A}\overline{B}$
라. $A\overline{B} + \overline{A}B$

정답 라

해설 EX-OR 회로의 출력
$Y = (A+B)(\overline{AB}) = A\overline{B} + \overline{A}B = A \oplus B$

10 트랜지스터의 스위칭 작용에 의해서 발생된 펄스 파형에서 턴 오프시간(turn-off time)은 무엇인가?
가. 하강시간 + 축적시간
나. 상승시간 + 지연시간
다. 축적시간 + 상승시간
라. 지연시간 + 상승시간

정답 가

① t_r : 펄스의 상승 시간(Rise Time)
펄스가 최대 진폭의 10[%]에서 90[%]까지 상승하는 시간
② t_f : 펄스의 하강 시간(Fall Time)
펄스가 최대 진폭의 90[%]에서 10[%]까지 하강하는 시간
③ t_d : 펄스의 지연 시간(Delay Time)
입력 펄스가 들어온 후, 출력 펄스의 최대 진폭의 10[%]까지의 지연 시간
④ t_s : 펄스의 축적 시간(Storage Time)
입력 펄스가 끝난 후 출력 펄스가 최대 진폭의 90[%]까지 감소하는 시간
⑤ t_{on} : 턴 온 시간(Turn-On Time)= 상승시간 + 지연시간
⑥ t_{off} : 턴 오프 시간(Turn-Off Time)= 하강시간 + 축적시간

11 주파수 변조에서 S/N비를 높이기 위한 방법이 아닌 것은?
가. 주파수 대역폭을 크게 한다.
나. 변조지수를 크게 한다.
다. 프리 엠퍼시스 회로를 사용한다.
라. 주파수 변별회로를 사용한다.

정답 라

FM변조 S/N비 개선도
$$I_{FM} = 3m_f^2 \left(\frac{B}{2f_p}\right)$$
주파수 대역폭(B)을 크게 한다.
변조지수(m_f)를 크게 한다.
프리엠파시스 회로를 사용한다.

12 n개의 입력으로부터 2진 정보를 2^n개의 독자적인 출력으로 변환이 가능한 것은?
가. 멀티플렉서   나. 디코더
다. 계수기   라. 비교기

정답 나

Decoder는 게이트로만 구성된 조합논리회로로 n개의 입력으로부터 2진 정보를 2^n개의 출력변환이 가능한 회로이다.

13 다음 B급 SEPP 증폭기에서 트랜지스터 1개당 최대 전력 손실은 약 몇[W]인가?

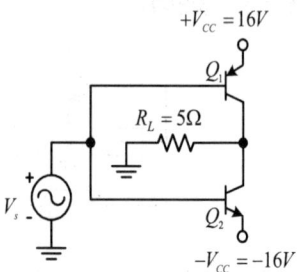

가. 1.5[W]   나. 2.5[W]
다. 3.5[W]   라. 4.5[W]

정답 다

B급 OCL(Output Condensor Less) SEPP 증폭회로
공급전력 $P_{dc} = \dfrac{2V_{cc}^2}{\pi R_L} = \dfrac{2 \times 16^2}{\pi \times 5} \cong 32.61[W]$

출력전력 $P_0 = \dfrac{V_{cc}^2}{2R_L} = \dfrac{16^2}{2 \times 5} \cong 25.6[W]$

손실전력 $P_l = \dfrac{P_{dc} - P_0}{2}$
$= \dfrac{32.61 - 25.6}{2} \cong 3.505[W]$

14 비동기식 카운터의 설명으로 틀린 것은?
가. 리플 카운터라고도 한다.
나. 고속 카운팅에 주로 사용된다.
다. 전단의 출력이 다음 단의 트리거 입력이 된다.
라. 매우 높은 주파수에는 사용하지 않는다.

정답 나

비동기식 계수기는 전단의 출력이 다음 단의 트리거 입력이 되므로 리플 카운터라 한다.
비동기식 카운터는 회로구성은 간단하나 동작속도가 느려 높은 주파수에는 사용하지 않는다.

15 평활회로의 기능에 대해 바르게 설명한 것은?
가. 콘덴서나 인덕터를 통해 파형을 평탄하게 하여 일정한 크기의 전압을 만든다.
나. 트랜지스터를 통해(-)성분을 제거시켜서 평균값을 발생시킨다.
다. 제너다이오드를 통해 출력 전압을 안정화 시켜준다.
라. 트랜지스터를 통해 출력전압을 안정화 시켜준다.

정답 가

해설 평활회로는 콘덴서나 쵸크 코일을 이용하여 직류출력의 Ripple을 최소화 하도록 하는 회로이다.

16 공통 베이스(common base) 증폭기 회로에서 컬렉터 전류가 4.9[mA]이고, 에미터 전류가 5[mA]이었을 때 직류전류 증폭률은?
가. 0.98   나. 0.99
다. 98   라. 99

정답 가

해설 공통베이스 증폭기 직류전류증폭률
$$\alpha = \left|\frac{\Delta I_C}{\Delta I_E}\right| = \frac{4.9[\text{mA}]}{5[\text{mA}]} = 0.98$$

17 다음 중 증폭기의 종류에 해당되지 않는 것은?
가. A급 증폭기   나. AB급 증폭기
다. C급 증폭기   라. AC급 증폭기

정답 라

해설 아날로그 증폭기별 최대효율

A급	AB급	B급	C급
50[%]	78.5[%]이하	78.5[%]	78.5[%]이상

18 FM 검파 방식 중에서 주파수 변화에 의한 전압 제어 발진기의 제어 신호를 이용하여 복조하는 방식은 다음 중 어떤 것인가?
가. 계수형 검파기
나. PLL형 검파기
다. 포스터-실리 검파기
라. 비 검파기

정답 나

해설 PLL검파기는 위상비교기, 루프필터, 전압제어 발진기로 구성되며 전압제어발진기의 출력이 복조출력이 된다.

19 트랜지스터가 정상적으로 동작하기 위해서는 컬렉터(collector)와 베이스(base) 단자 사이의 바이어스는?
가. 순방향 바이어스 되어야 한다.
나. 역방향 바이어스 되어야 한다.
다. 도동하지 않아야 한다.
라. 항복영역에서 동작하지 않아야 한다.

정답 나

해설 트랜지스터
트랜지스터에 외부 전류전원을 연결하는 방법에는 입출력 단자에 각기 순방향이나 역방향 전압을 인가할 수 있으므로 4가지가 있다.
포화상태와 차단상태를 이용하는 것이 스위칭 동작이며 활성 상태를 이용하는 것이 증폭 동작이다.

동작영역	EB접합	CB 접합	용도
포화상태	순 bias	순 bias	펄스, 스위칭
활성영역	순 bias	역 bias	증폭작용
차단영역	역 bias	역 bias	펄스, 스위칭
역활성영역	역 bias	순 bias	사용치 않음

20 정류회로를 평가하는 파라미터에 해당되지 않는 것은?
가. 최대역전압   나. 궤환율
다. 전압변동률   라. 정류효율

정답 나

해설 정류회로의 주요 파라미터에는 최대역전압, 전압변동률, 정류효율 등이 있다.

제2과목 무선통신기기

21 전원에서 발생되는 전압변동 및 주파수변동 등의 각종 장애로부터 기기를 보호하고 양질의 전원으로 바꿔서 중요 부하에 정전 없이 전기를 공급하는 무정전 전원설비를 무엇이라 하는가?
가. inverter 나. rectifier
다. SCR 라. UPS

정답 라

해설 UPS(Uninterruptible Power Supply)의 정의 : 전압변동 및 주파수 변동 등 각종 장애로부터 기기를 보호하고 양질의 전기를 공급하는 전원설비이다.

22 FM 신호에서 진폭의 변화를 제거하기 위한 방법으로 사용하는 것은?
가. 경사 검파기(slope detector)
나. 리미터(limiter)
다. 위상동기루프(PLL)
라. 등화기

정답 나

해설 FM수신기의 Limiter
: 잡음, 페이딩에 의한 진폭성분을 제거하여, 일정진폭의 FM 파를 얻기 위한 회로로 주파수 변별기 앞단에 둔다.
1. 다이오드 리미터를 이용하는 방법
2. 트랜지스터 나 FET의 포화특성 과 차단특성 이용
3. 차동증폭기를 이용하는 방법
4. OP AMP와 이상 다이오드를 이용하는 방법

23 다음 중 납축전지에 대한 설명으로 올바른 것은?
가. 기전력은 전해액의 비중과 온도가 높을수록 커진다.
나. 내부 저항은 온도가 낮을 때 보다는 높을 때 커진다.
다. 방전이 되면 내부저항이 감소한다.
라. 양극판의 수가 음극판의 수보다 하나 더 많다.

정답 가

해설 납축전지의 특징
1. 기전력은 전해액의 비중과 온도에 비례
2. 내부저항은 온도가 높을 때 작아짐
3. 방전이 되면 내부저항이 증가됨

24 전원회로에 관한 설명 중 서로 관계가 먼 것은?
가. 평활회로 : 저역통과 여파기
나. 전원 변압기 내압 : 코일의 굵기, 횟수
다. 교류 전원 상수 : 리플
라. 평활용 콘덴서 용량 : 주파수

정답 라

해설 평활용 콘덴서의 용량은 "출력전압의 파형" 과 관계가 된다. (맥동률(ripple)을 줄일 수 있음)

25 다음 중 상호변조의 방지대책에 해당되지 않는 것은?
가. 증폭기를 비선형 영역에서 동작시키지 않는다.
나. 필터를 이용하여 통과대역 밖의 신호를 잘라낸다.
다. 다중화 방식으로 FDM을 사용한다.
라. 입력신호의 레벨을 너무 크게 하지 않는다.

정답 다

해설 상호변조(IMD)의 방지대책
1. 필터를 이용하여 통과대역 밖의 신호를 제거
2. 전송시스템을 TDM 시스템으로 구성
3. 송수신 장치나 전송매체의 선형성 동작
4. 입력레벨을 작게 함

26 다음 중 스펙트럼 분석기를 이용하여 측정할 수 없는 것은?
가. 안테나 복사패턴 측정
나. 스퓨리어스 특성 측정
다. 주파수 및 펄스특성 측정
라. 비트 에러율 측정

정답 라

해설 측정 장비의 특징

오실로스코프	스펙트럼 아날라이져	네트워크 아날라이져
주파수 및 주기 파형측정	주파수 및 진폭 스펙트럼 분석, 안테나 복사패턴 분석	S-Parameter 측정

* Bit Error율은 BER Tester를 사용함

27 축전지에서 백색 황산납 발생의 직접적인 원인이 아닌 것은?
가. 소전류로 장시간에 걸쳐서 방전할 때
나. 방전 후 곧바로 충전하였을 때
다. 불충분한 충전을 할 때
라. 전해액의 온도의 상승과 하강이 빈번히 일어날 때

정답 나

해설 축전지의 백색 황산납 발생원인
1. 방전상태로 장기간 방치할 때
2. 과대한 전류로 단기간 방전할 때
3. 소전류로 장기간 방전할 때
4. 불충분한 충전을 할 때
5. 전해액의 비중이 너무 클 때
6. 충전 후 오랫동안 방치할 때
7. 전해액의 온도상승과 하강이 자주 일어 날 때

28 BER을 측정하는데 필요하지 않은 것은?
가. BER tester
나. RJ-45/RS-232C 루프백 케이블
다. 다단계 감쇠기
라. 멀티미터

정답 라

해설 멀티미터는 저항측정, 전압측정, 전류측정을 하는 장비이다.

29 슈퍼헤테로다인 방식의 특징 중 틀린 것은?
가. 근접주파수 선택도가 양호하다.
나. 수신 주파수에 의한 대역폭의 변화가 없고, 임의의 대역폭을 얻을 수 있다.
다. 주파수변환에 따르는 혼신방해와 잡음이 적다.
라. 수신기 출력이 변동이 적고 영상 주파수 혼신을 받는다.

정답 다

해설 슈퍼헤테로다인 수신기
: IF(중간주파수)를 이용한 선택도, 안정도가 우수한 수신기 구조이다.
1. 감도, 선택도, 충실도가 우수함
2. 영상혼신(Image Frequency)과 같은 잡음 발생
3. 수신기 출력이 변동이 작음
4. 수신주파수에 의한 대역폭의 변화가 없고, 임의의 대역폭을 얻을 수 있음
5. 높은 주파수대에서 국부발진기의 주파수 안정도 낮음

30 다음 중 수신기의 전기적 성능 고려 시 주 대상이 아닌 것은?
가. 감도   나. 선택도
다. 충실도   라. 변조도

정답 라

해설 수신기 성능을 나타내는 4대 성능은 감도, 선택도, 충실도, 안정도 이다.

감 도	미약한 전파를 잘 수신할 수 있는 능력
선택도	혼신, 잡음 등을 분리하여 원하는 신호만 선택할 수 있는 능력
충실도	원신호를 정확하게 재생할 수 있는 능력
안정도	오랜 시간 동안 일정한 출력을 유지할 수 있는 능력

31 다음은 브리지형 전파정류회로의 특징으로 올바르지 못한 것은?
가. 변압기 2차측 중간 탭 단자가 필요 없다.
나. PIV가 낮으므로 고압정류회로에 적합하다
다. 전압변동률이 매우 작다
라. 다수의 다이오드가 소요된다.

정답 다

해설 브리지형 전파정류회로
1. 브리지형 정류회로는 2차측 중간탭이 필요 없음(중간탭형 정류회로는 2차측 중간탭이 요구됨)
2. 전압 변동률이 비교적 큼
3. 다수(4개)의 다이오드 사용
4. 고압정류회로에 적합

32 DSB-TC 변조된 신호의 복조에 관한 설명에서 (가), (나), (다), (라)의 괄호에 들어갈 내용으로 가장 적당한 것은?

"DSB-TC변조방식에서 전송되는 반송파를 $A\cos(2\pi f_c t)$, 정보신호를 $m(t)$라고 할 때 변조된 신호 $s(t)$는 [(가)]이다. 이는 [(나)] 신호를 DSB-SC 변조한 것과 같으므로, DSB-TC 복조는 DSB-SC과 같이 동기식 복조를 사용할 수 있다. 그러나, 동기식은 가격이 고가이므로, 비동기 방식을 사용한다. 대표적인 복조기로서 [(다),(라)]등이 있다."

가. (가) $m(t)+A\cos(2\pi f_c t)$, (나) $m(t)$,
 (다) 위상천이법, (라) 포락선 검파기
나. (가) $(m(t)+A)\cos(2\pi f_c t)$, (나) $m(t)+A$
 (다) 정류검파기, (라) 포락선검파기
다. (가) $m(t))+A\cos(2\pi f_c t)$, (나) $m(t)$,
 (다) 위상천이법, (라) 정류검파기
라. (가) $m(t)+A\cos(2\pi f_c t)$, (나) $Am(t)$,
 (다) 정류검파기, (라) 포락선 검파기

정답 나

해설 정보신호 $= m_t$
반송파신호 $= A\cos 2\pi f_c t$일 때,

$DBS-TC = [m_{(t)} + A]\cos 2\pi f_c t$임.
비동기검파기(수신)로는 포락선검파기, 정류검파기를 사용함

33 수부하법을 사용한 송신기의 전력 측정에서 냉각수 입구측의 온도가 4[℃] 출구측의 온도가 7[℃], 냉각수 유량이 4[cm³/sec]일 때 송신기의 전력은 약 몇 [W]인가?
가. 28.2[W] 나. 34.6[W]
다. 46.8[W] 라. 50.2[W]

정답 라

해설 수부하법
: AM송신기의 전력측정에 사용되는 방법
$P = 4.18Q(t_2 - t_1) = 4.18 \times 4 \times (7-4) ≒ 50.2[W]$

34 다음은 GPS 코드에 대한 설명으로 잘못된 것은?
가. P코드는 처음에는 군용이었지만 민간에서도 이용하고 있다.
나. 민간용으로는 C/A코드를 사용한다.
다. 군용으로는 P코드를 사용한다.
라. C/A코드의 정밀도는 10[m] 내외의 정밀도를 갖는다.

정답 가

해설 GPS에서 사용되는 코드

P Code	C/A Code
Precise Code	Coarse/Acquisition
군 용	민간에 공개됨
10.23Mbps	1.023Mbps

* 반송파 L1 주파수 1575.42MHz에 실림

35 다음은 전력 변환 장치에 대한 설명으로 잘못된 것은?

가. 직류를 교류로 변환하는 장치가 인버터이다
나. 교류를 교류로 변환하는 장치가 싸이클로 컨버터이다.
다. 교류를 직류로 변환하는 장치가 무정전전원장치(UPS)이다.
라. 출력전압을 일정하게 유지시키는 장치가 정전압회로이다.

정답 다

전력변환장치의 종류와 특징

변환장치	특 징
인버터	직류를 교류로 변환하는 장치
컨버터	직류를 직류로 변환하는 장치
정류기	교류를 직류로 변환하는 장치
UPS	무정전 전원장치

36 FM변조에는 직접 FM변조방식과 간접 FM방식 중 직접 FM변조방식의 특징이 아닌 것은?

가. 중심주파수(반송파)의 안정도가 나쁘다.
나. AFC 회로가 불필요하다.
다. FM변조가 비교적 간단하다.
라. 발진주파수를 높게 하면 체배단수를 어느 정도 줄일 수 있다.

정답 나

FM변조방식의 특징

직접 FM 방식	간접 FM방식
• FM변조가 간단 • 주파수안정도 저하 • AFC회로 요구됨 • 변조직진성 양호	• FM변조가 복잡 • 전치보상회로 이용 • AFC회로 요구 안됨 • 스퓨리어스에 유의

37 다음 중 무정전 전원장치(UPS)방식이 아닌 것은?

가. ON-LINE 방식
나. OFF-LINE방식
다. Hybrid 방식
라. LINE 인터랙티브 방식

정답 다

UPS((Uninterruptible Power Supply))의 종류

On-Line 방식	• 정상 전원시에 상시인버터 방식 • 신뢰성을 요구하는 중용량 이상
Off-Line 방식	• 전시에 인버터를 동작하는 방식 • 서버전용 (소용량)
Line Interactive 방식	• 축전지와 인버터 부분이 항상 접속

38 10시간 방전율인 50[AH](암페어시)의 용량을 갖는 축전지를 10시간 방전한다고 할 때 방전전류는 몇 [A]로 사용할 수 있는가?

가. 0.5[A]   나. 1[A]
다. 5[A]   라. 20[A]

정답 다

$$방전\ 전류 = \frac{방전율}{방전시간} = \frac{50[AH]}{10[H]} = 5[A]$$

39 QAM 복조기에서 In-Phase 기준신호가 I성분을 뽑아내는데 사용되는 것은?

가. 동조회로   나. 위상검출기
다. 저역통과필터   라. 전압제어 발진기

정답 나

QAM복조기 정의
: QAM복조기는 동기검파를 수행하며, 이를 위해 반송파가 요구된다. 이때 위상검출기를 이용하여 반송파복구에 사용된다.

2011년 무선설비기사 기출문제

40 대역폭이 B[Hz]인 기저대역 신호 $m(t)$를 변조한 SSB 신호의 설명으로 가장 먼 것은?
가. SSB 변조신호의 대역폭은 B[Hz]이므로 SSB 방식으로는 한정된 주파수대역에서 두 배의 신호를 다중화 하여 송신할 수 있다.
나. DSB 변조 신호를 만들고 이를 단측파대만을 통과시키는 필터를 통과 시키면 SSB변조 신호를 만들 수 있다.
다. $m(t)$에 반송파를 곱한 신호 $u(t)+m(t)$와 반송파를 각각 -90도 위상천이 한 신호들을 곱하여 $v(t)$를 만들고 $u(t)+v(t)$하여 SSB 변조신호를 발생시킬 수 있다.
라. 기저대역 신호의 대역폭이 넓은 경우 SSB 변조에는 필터방법보다는 위상천이 방법이 더 경제적이고 효율적이다.

정답 라

해설 SSB변조기의 구성
1. 필터법 :
DSB변조신호를 만들고 단측파대(상측 또는 하측) 필터를 이용하여 SSB변조 신호를 만듦
2. 위상천이법 :
위상을 천이(-90°)시켜 만드는 방법으로 구성이 간단하지만, 기저대역신호의 대역폭이 넓어지면 위상천이법으로 구현하기가 어렵다.

제3과목 안테나공학

41 다이폴의 길이가 λ/100이고, 손실저항이 10[Ω]인 안테나의 효율은 얼마인가?
가. 40[%]   나. 50[%]
다. 60[%]   라. 70[%]

정답 다

해설 반파장($\frac{\lambda}{2}$) 다이폴의 복사저항 = 73.13[Ω]
1. $\frac{\lambda}{10}$ 일 때 복사저항 = $\frac{73.13}{5}$ = 14.626[Ω]
2. 안테나 효율

$$\frac{복사저항}{복사저항 + 손실저항} \times 100[\%] ≒ 60[\%]$$

42 변화하고 있는 자계는 전계를 발생시키고 또 반대를 변화하고 있는 전계는 자계를 발생시키는 사실을 나타내고 있는 것은?
가. Maxwell 방정식   나. Lentz 방정식
다. Poynting 정리   라. Lapalace 방정식

정답 가

해설 맥스웰 방정식의 정의 :
전자기파의 현상을 방정식으로 표현한 것이다.
1. 암페어 주회 법칙 ($\nabla \times H = J + \frac{\partial D}{\partial t}$) :
시간적으로 변화되는 전계는 자계를 발생시킴
2. 페러데이 전자유도 법칙 ($\nabla \times E = -\frac{\partial B}{\partial t}$) :
시간적으로 변화되는 자계는 전계를 발생시킴

43 라디오 덕트에 대한 설명으로 틀린 것은?
가. 덕트 내에서 초굴절 현상이 생긴다.
나. 가시거리보다 훨씬 먼 거리를 전파할 수 있다.
다. 도파관과 같이 차단 주파수 이하의 주파수만 통과시킨다.
라. 역전층에 의해 발생한다.

정답 다

해설 라디오덕트(Radio Duct) 특징
1. 대류권 상공에서 역전층이 생길 때 존재함
2. 도파관과 같이 차단주파수 이상만 통과
3. 초가시거리 통신 가능
4. 기상상태에 따라 변화됨

44 다음 중 도파관 내부에 빗물이 침투하였을 때 발생하는 손실은?

가. 도체 손실   나. 유전체 손실
다. 저항 손실   라. 유도 손실

정답 나

해설 도파관손실
: 유전체손실은 도파관 내부에 빗물 등이 침투하여 유전체 쌍극자의 변위에 의해 고주파 손실이 발생 되는 손실을 말한다.

45 자유공간에서, 전파가 20 마이크로 초 동안 전파되었을 때 진행한 거리는 어느 정도인가?

가. 2[km]   나. 6[km]
다. 20[km]   라. 60[km]

정답 나

해설 속도 = $\frac{거리}{시간}$, 거리 = 속도 × 시간

∴ 거리 = $3 \times 10^8 \times 20 \times 10^{-6} = 60 \times 10^2 [m]$

46 주파수 1[MHz] 안테나 전류 10[A]의 수직접지 안테나를 세웠다고 하면 안테나에서 300[km]의 거리의 지점의 전계강도 3[mV/m]를 얻으려면 안테나의 실효고는 얼마가 필요한가?

가. 71.7[m]   나. 84.7[m]
다. 95[m]   라. 100[m]

정답 가

해설

복사전계강도	실효고
$E = \frac{120\pi I h_e}{\lambda d}$	$h_e = \frac{E \lambda d}{120\pi I}$

∴ $\frac{3 \times 10^{-3} \times 300 \times 300 \times 10^3}{120\pi \times 10} = \frac{270000}{120\pi \times 10}$

≒ 71.7[m]

47 지상파와 공간파가 간섭을 일으키면 어떤 현상이 일어나는가?

가. 델린저 현상   나. 에코우 현상
다. 소실 현상   라. 페이딩 현상

정답 라

해설 지상파(지표파, 직접파, 반사파, 회절파) 와 공간파(대류권파, 전리층파)간 상호 간섭으로 Fading 현상이 발생된다.

48 다음 중 수평편파 dipole안테나와 수직편파 dipole안테나의 비교 항목에서 틀린 항목은 어느 것인가?

항 목	수평편파 dipole	수직편파 dipole
가. 공중선의 높이	낮게 설치	높게 설치
나. 수평면내 지향특성	8자형	무지향성
다. 잡음방해	작다	크다
라. 정합방법	불편	편리

정답 라

해설 반파장 다이폴안테나의 편파 특징

특 징	수직편파 안테나	수평편파 안테나
정 합	불편	편리
수평지향성	무지향성	8 자형
수직지향성	8 자형	무지향성

49 다음은 동축케이블에 관한 설명으로 틀린 것은?

가. 외부도체가 차폐역할을 하므로 방사손실이 거의 없다.
나. 평형상태는 불평형이다.
다. UHF대 이하의 고정국의 수신용 급전선으로 사용된다.
라. 감쇠정수(α)는 주파수(f)에 반비례한다.

정답 라

해설 동축케이블의 특징
1. 특성임피던스 $Z_0 = \dfrac{138}{\sqrt{\varepsilon_s}} \log_{10} \dfrac{D}{d}$

   (D : 선간거리, d : 선 직경, ε_s = 유전율)
2. UHF 이하의 고정국의 수신용 급전선으로 사용
3. 감쇠정수 α 는 $\sqrt{f}$ 에 비례함
4. 불평형 급전선
5. 외부도체는 접지로 사용하여 외부잡음영향 없고 방사손실도 적음

50 전압정재파비(VSWR)와 반사계수에 대한 설명으로 맞는 것은?
가. 임피던스 정합의 정도를 알 수 있다.
나. 동조급전방식에서 동조점을 찾는데 꼭 필요하다.
다. 반사계수는 ∞에 가까울수록 양호한 것이다.
라. 전압정재파비가 1에 가까울수록 반사손실이 크다.

정답 가

해설 전압정재파비(VSWR)의 정의
: 임피던스 정합의 정도를 나타내는 지표이다.

전압정재파비 $VSWR = \dfrac{1+|\Gamma|}{1-|\Gamma|}$

∴ 반사계수 $\Gamma = 0$ 이면, 완전정합이므로

$VSWR = 1$ 임.

51 특성임피던스가 600[Ω] 및 150[Ω]인 선로를 임피던스 변성기로 정합시키고자 한다. 파장이 λ 일 때 삽입해야 할 선로의 특성 임피던스와 길이는?
가. 75[Ω], λ/2
나. 300[Ω], λ/2
다. 300[Ω], λ/4
라. 377[Ω], λ/4

정답 다

해설 임피던스 변성기 길이 = $\dfrac{\lambda}{4}$ 가 사용되며,

임피던스 변성기 임피던스 =
$Z_0 = \sqrt{Z_1 \cdot Z_2} = \sqrt{600 \times 150} = 300[\Omega]$

52 지표파에 대한 설명으로 틀린 것은?
가. 장·중파대에서는 지표파가 직접파에 비해 우세하다.
나. 지표파의 전파속도는 공간파보다 늦다.
다. 수평편파의 지표파가 수직편파에 비해 감쇠가 적다.
라. 초단파대에서는 지표파에 비해 직접파가 유용하다.

정답 다

해설 지표파의 특징
1. 장·중파대의 주전파임
2. 대지의 도전율이 클수록 유전율이 낮을수록 감쇠가 적음
3. 전계강도의 감쇠는 해수, 습지, 건지 순임
4. 주파수가 낮을수록 감쇠가 적음
5. 수평편파보다 수직편파가 감쇠 적음

53 공전잡음을 줄이기 위한 방법으로 적절하지 않은 것은?
가. 지향성 안테나를 사용한다.
나. 접지 안테나를 사용한다.
다. 초단파 이상의 높은 주파수를 사용한다.
라. 수신기의 선택도를 높인다.

정답 나

해설 공전잡음 경감대책
1. 비접지 안테나 / 지향성 안테나 를 사용함
2. 송신기의 대역폭을 줄이고 선택도 향상
3. 수신기에 억제회로를 적용
4. 송신전력을 크게 함
5. 높은 주파수를 사용 함

54 차단파장 $\lambda_c=10[cm]$ 인 구형 도파관에 5[GHz]의 전파를 전송할 때 관내파장 λ_g는 몇 [cm]인가?

가. 5.0[cm] 나. 6.0[cm]
다. 7.5[cm] 라. 10.0[cm]

정답 다

해설 도파관내의 파장과 속도

관내파장	위상속도	군속도
λ_g	V_p	V_g
$\dfrac{\lambda}{\sqrt{1-(\dfrac{\lambda}{\lambda_c})^2}}$	$\dfrac{c}{\sqrt{1-(\dfrac{\lambda}{\lambda_c})^2}}$	$c\sqrt{1-(\dfrac{\lambda}{\lambda_c})^2}$
자유공간보다 길어짐	반송파위상 전달	에너지전달

$$\therefore \lambda_g = \frac{6}{\sqrt{1-(\frac{6}{10})^2}} = \frac{6}{0.8} = 7.5[cm]$$

$*\ (\lambda = \dfrac{c(3\times10^8)}{f(5\times10^9)}[m] = 6[cm])$

55 다음 중 전파에 관한 설명으로 맞는 것은?
가. 진행 방향에는 전계와 자계가 없고 직각인 방향에만 전계와 자계 성분이 있는 경우를 구면파라고 한다.
나. 매질의 종류에 관계없이 속도는 광속과 같다.
다. 전파는 종파이다.
라. 군속도 × 위상속도 = (광속도)²

정답 라

해설 전파의 특징
1. 진행방향에 전계 와 자계가 없고 수직방향에 전계와 자계가 존재하는 경우는 TEM파 임
2. 전파는 매질에 따라 속도가 변화됨
 $v = \dfrac{1}{\sqrt{\mu\varepsilon}}$ (μ : 투자율, ε : 유전율)
3. 전파는 횡파, 음파는 종파임
4. 군속도 × 위상속도 = (광속도)2

56 극초단파 대역의 신호를 사용하여 200~1,500 [km]정도 떨어져 있는 두 지점간에 통신을 할 때 주로 사용하는 전파는?
가. 대류권 산란파 나. 지표파
다. 전리층 산란파 라. 회절파

정답 가

해설 대류권산란파의 특징
1. 초단파대 초가시거리 통신에 적합
2. 시간적, 공간적, 지리적 제한이 없음
3. 전파손실이 커서 대출력 송신기가 요구됨
4. 짧은 주기를 갖는 Fading(Short Term) 발생됨
5. 대류권 산란파 통신은 200[MHz]~3000[MHz], 200[km] ~ 1500[km] 통신에 적합함.

57 선박용 레이더에서 마이크로파를 사용하는 이유로 틀린 것은?
가. 광의 특성과 유사하게 직진하기 때문이다.
나. 파장이 짧아 안테나를 소형으로 만들 수 있기 때문이다.
다. 파장이 짧아 적은 표적에서도 반사가 되기 때문이다.
라. 비나 눈에 의한 영향이 적기 때문이다.

정답 라

해설 선박용 레이더(Radar)의 특징
1. 파장이 짧아 안테나를 소형화 할 수 있음
2. 분해능이 좋으며, 전파반사가 잘되어 정확한 거리측정이 가능
3. 비나 눈에 의한 전파손실의 우려가 있음

58 안테나에 광대역성을 갖게 하는 방법으로 틀린 것은?
가. 보상회로를 사용하는 방법이 있다.
나. 자기 상사형으로 하는 방법이 있다.
다. 안테나의 Q를 높이는 방법을 사용한다.
라. 상호 임피던스 특성을 이용하는 방법이다.

정답 다

해설 안테나 광대역화 방안
1. 안테나의 Q 값을 낮추는 방법
$$BW = \frac{f_0}{Q} \quad (f_0 = 공진주파수)$$
2. 진행파 안테나로 만드는 방법
3. 보상회로를 이용한 방법
4. 자기상사 원리를 이용하는 방법
5. 상호 임피던스특성을 이용하는 방법

59 다음 중 텔레비전 방송의 송신용으로 적당하지 않은 안테나는?
가. 슈퍼던 스타일(Super Turn stile) 안테나
나. 쌍루프 안테나
다. 슈퍼게인(Super gain) 안테나
라. U라인 안테나

정답 라

해설 텔레비전 방송의 송신용 안테나
1. 슈퍼턴 스타일 안테나
2. 슈퍼게인 안테나
3. 쌍루프 안테나
 * U라인 안테나는 광대역 안테나수신용 안테나임

60 다음 중 전리층의 높이가 지상 약 100[km] 정도로 발생지역과 장소가 불규칙한 전리층은?
가. E층   나. E_s층
다. F_1층   라. F_2층

정답 나

해설 Es(Sporadic(산재) E층)은 태양의 흑점주기와 관계가 없지만, 시간/공간적으로 전리층이 불균일하여 초단파대역(30[MHz] ~ 300[MHz])도 반사한다.

제4과목 무선통신시스템

61 슈퍼헤테로다인 수신기에서 중간 주파수를 낮게 선정할 때의 장점에 해당되지 않는 것은?
가. 충실도가 좋아진다.
나. 근접 주파수 선택도가 개선된다.
다. 단일 조정이 쉬워진다.
라. 감도 및 안정도가 향상된다.

정답 가

해설 슈퍼헤테로다인 수신기의 정의
 : 중간주파수(IF)로 변환하여 수신하는 수신기

중간주파수 높은때	중간주파수 낮을때
• 충실도 향상	• 선택도 향상
• 영상주파수영향 개선	• 단일조정이 쉬움
• 인입현상 개선	• 감도 및 안정도 향상

 * FM 라디오 중간주파수 : 10.7[MHz]

62 저전력 근거리 무선통신 방식 중에서 초 광대역 전파(GHz대)를 이용하여 10[m]~20[m]의 거리에서 수 100[Mbps]를 전송하는 방식은?
가. ZigBee   나. W-LAN
다. Bluetooth   라. UWB

정답 라

해설 WPAN(근거리 무선통신)규격(IEEE 802.15)

규격	특징
Zigbee(802.15.4)	저속, 센서제어규격
Bluetooth(802.15.1)	저속,저가격,음성,데이타규격
UWB(802.15.3)	광대역특성의 고속전송규격

 * WLAN(802.11)은 근거리 무선랜 규격이다.

63 검파 중계방식에 대한 설명으로 잘못된 것은?
가. 다른 중계방식에 비해 통화로의 삽입 및 분기가 간단하다.
나. 장거리 중계방식으로 적당하다.
다. 변복조장치가 부가되어 있어 장치가 복잡하다.
라. 변복조장치의 비직선성으로 인한 특성의 열화가 생긴다.

정답 나

해설 검파중계방식의 특징
1. 마이크로웨이브 중계방식의 하나임
   (IF중계, 직접중계, 무급전중계 가 있음)
2. 근거리 중계에 이용
3. 변복조 장치가 있어 복잡하고, 특성열화가 있음
4. 중계국이 적은경우에 유리함

64 통신시스템이 고장이 난 시점부터 그 다음 고장이 나는 시점까지의 평균시간을 무엇이라고 하는가?
가. MTTC
나. MTTR
다. MTBF
라. MTAF

정답 다

해설 MTBF (Mean Time Between Failure)
: 고장난 시점부터 다음 고장이 나는 시점까지의 균시간 (평균동작시간)
MTTR (Mean Time To Repair)
: 고장난 상태에서 수리된 시간까지의 평균시간 (평균 수리시간)

65 PLL에 대한 설명으로 잘못된 것은?
가. AM 및 ASK의 복조에 이용된다.
나. 위상비교기의 출력신호가 0일 때 위상이 lock되었다고 한다.
다. 루프필터는 위상비교기의 출력을 평활하여 직류전압으로 바꾼다.
라. PLL은 위상비교기, 루프필터, VCO로 구성된다.

정답 가

해설 PLL의 구성
: 위상검출기, 전압제어발진기, Loop Filter로 구성되는 부궤환 회로로 주파수합성기, 주파수체배기, FM 및 FSK 동기복조 등에 사용된다.

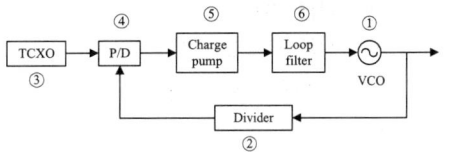

① VCO(전압제어발진기)
② Divider(분배기)
③ 기준신호(TCXO: Temperature Compensated X-tal Oscillator)
④ P/D(위상비교기)
⑤ Charge Pump
⑥ Loop Filter(LPF)
 * AM 과 ASK 는 비동기복조 방식임

66 다음 중 하위계층의 기능을 이용하여 종단점간(end-to-end)에 신뢰성 있는 데이터 전송을 수행하기 위해 종단점간의 오류 복원과 흐름제어를 수행하는 계층은?
가. 데이터링크 계층
나. 전달 계층
다. 네트워크 계층
라. 세션 계층

정답 나

2011년 무선설비기사 기출문제

해설 OSI 7Layer의 구조

계층	명 칭	기 능
7	응용계층	응용프로그램
6	프리젠테이션계층	데이터 압축 및 암호화
5	세션계층	응용프로세스 간 통신
4	전달계층	End to End 제어 혼잡, 에러 제어
3	네트워크계층	패킷전송 , 경로제어
2	데이터링크계층	동기, 에러, 흐름제어 Node to Node
1	물리계층	물리적 인터페이스

67 위성통신에서 각 지구국에 채널을 할당하는 방식이 아닌 것은?
가. 고정(사전) 할당 방식
나. 요구(동적) 할당 방식
다. 임의 할당 방식
라. 적응 할당 방식

정답 라

해설 위성통신에서 각 지구국에 채널을 할당하는 방식에는 고정할당(FAMA)방식과 요구할당(DAMA), 임의할당(RAMA)방식이 있다.

68 OSI 참조 모델의 각 계층과 그에 해당하는 역할을 잘못 짝지은 것은?
가. 물리계층 - 안테나의 모양 규정
나. 링크계층 - 데이터 링크 오류 제어
다. 네트워크계층 - 네트워크 구성 정보 전달
라. 응용계층 - 사용자 인터페이스 규정

정답 가

해설 물리계층 (Physical)
: 통신장비간의 물리적인 인터페이스 규격을 정의하고, 전압레벨, 타이밍, 물리매체의 종속적인 규칙을 제공한다.

69 다음 중 상위의 계층에서 주어진 정보를 공통으로 이해할 수 있는 표현 형식으로 변환하는 기능을 제공하는 기능을 제공하는 계층은??
가. 네트워크 계층
나. 세션 계층
다. 표현 계층
라. 응용 계층

정답 다

해설 표현계층(Presentation)
정보의 Format 및 Syntax(데이터 구조 나 형식)의 변환기능을 수행하거나 정보의 압축 및 암호화를 수행한다.

70 다음 중 통신 프로토콜에 대한 개념으로 가장 옳은 것은?
가. 두 통신시스템상의 개체(entity)간에 정확하고 효율적인 정보전송을 위한 일련의 규약이다.
나. 하나의 통신로를 다수의 가입자들이 동시에 사용 가능하게 하는 기능이다.
다. 전송도중에 발생 가능한 오류들을 검출하고 정정하는 기능이다.
라. IP주소를 할당 분배하는 기능이다.

정답 가

해설 프로토콜은 두 지점 간의 통신을 원활히 수행할 수 있도록 하는 통신상의 규약들의 집합이다.

71 이득지수가 10 이고 잡음지수가 8 인 증폭기 후단에 잡음지수가 12 인 증폭기가 있는 경우 종합잡음지수는 얼마인가?
가. 8.5   나. 8.7
다. 9.1   라. 9.5

정답 다

해설 종합잡음지수
$$= 8 + \frac{12-1}{10} = 8 + 1.1 = 9.1$$
$$F = F_1 + \frac{F_2 - 1}{G1} + \frac{F_3 - 1}{G1 \cdot G2} \cdots$$
(F_1 = 초단 잡음지수, G_1 = 초단의 이득)

72. 기지국 통화량 분산을 위하여 필요한 최적화 작업이 아닌 것은?
   가. 섹터간 커버리지 조정
   나. 기지국간 Hand off 조정
   다. 인접 셀 간 커버리지 조정
   라. 기지국 이설 및 추가

   정답 나

   해설 기지국간 핸드오프조정은 이동단말기의 Seamless 통신을 위한 기능중 하나이다.

73. 다음 중 RFID에 대한 설명으로 틀린 것은 무엇인가?
   가. Electro Magnetic Wave 방식은 근거리용 RFID에 사용된다.
   나. Inductive Coupled 방식은 저주파 RFID에 사용된다.
   다. 저주파 RFID태그는 수동형이다.
   라. Load Modulation 방식은 리더와 태그 사이의 거리가 근접하여야 인식한다.

   정답 가

   해설 RFID방식중 Electro Magnetic Wave방식은 마이크로파 RFID시스템으로 장거리용에 사용된다.

74. 지정된 공중선 전력을 400[W]로 하고 허용편파를 상한 10[%], 하한 5[%]로 하면 전파를 발사할 경우에 허용되는 공중선전력의 범위는?
   가. 380[W] ~ 440[W]
   나. 360[W] ~ 420[W]
   다. 380[W] ~ 420[W]
   라. 360[W] ~ 440[W]

   정답 가

   해설 상한 10[%] 하한 5[%] 이면 공중전전력 범위는 380[W] ~ 440[W] 범위이다.

75. OSI참조모델에서 컴퓨터 네트워크의 요소가 아닌 것은?
   가. 개방형 시스템   나. 물리매체
   다. 응용 프로세스.   라. 접속 매체

   정답 라

   해설 OSI참조모델에서 컴퓨터네트워크의 요소
   1. 개방형 시스템
   2. 물리매체
   3. 응용프로세스

76. 데이터 전송률을 54[Mbps]까지 올리는 802.11a 무선랜의 물리계층에서 사용하는 전송방식은?
   가. DSSS   나. FHSS
   다. OFDM   라. Infra-Red

   정답 다

   해설 OFDM(다중직교반송다중화)방식은 저속 데이터를 병렬의 Sub Carrier로 전송하여 고속전송이 가능하고 주파수스펙트럼 효율이 우수하다.

WLAN	전송속도	다중화	주파수
802.11b	11Mbps	DSSS	2.4GHz
802.11g	54Mbps	OFDM	2.4GHz
802.11a	54Mbps	OFDM	5GHz
802.11n	200Mbps	OFDM	2.4GHz/5GHz

77. CDMA 통신에서의 순방향 채널 구성 요소로 맞게 나열된 것은?
   가. 파일럿 채널, 동기 채널, 액세스 채널, 트래픽 채널
   나. 파일럿 채널, 비동기 채널, 페이징 채널, 트래픽 채널
   다. 파일럿 채널, 동기 채널, 페이징 채널, 데이터 채널
   라. 파일럿 채널, 동기 채널, 페이징 채널, 트래픽 채널

   정답 라

2011년 무선설비기사 기출문제

[해설] CDMA이동통신 채널의 구분

순방향채널	역방향채널
기지국 → 이동국	이동국 → 기지국
. Pilot 채널 . Sync 채널 . Paging 채널 . Traffic 채널	. Access 채널 . Traffic 채널

78 CDMA 시스템에서 발생하는 근거리/원거리 문제(Near-far problem)에 대한 설명으로 옳은 것은?
  가. 페이딩 현상이 주원인이다.
  나. 단말기의 송신전력 제어로 해결할 수 있다.
  다. 도플러 효과에 의해 발생한다.
  라. 확산이득을 증가시키면 근거리/원거리 문제는 경감된다.

정답 나

[해설] CDMA 근거리/원거리 문제 :
CDMA통신은 DSSS대역확산 통신시스템으로 사용 자간 전력제어가 중요한 요소이다. 통신용량을 균일하게 사용하기 위해서는 기지국을 기준으로 근거리와 원거리의 전력이 동일해야 한다. 이를 해결하기 위하여 전력제어(순방향/역방향)를 실시한다.
  * CDMA통신은 전력제한시스템이다.

79 주파수 145[MHz]용 트랜시버에 있는 HIGH/LOW 스위치는 어느 경우에 사용하는 것인가?
  가. 송신시에 톤 주파수를 부가할 때 사용한다.
  나. 메모리를 이동시킬 때 사용한다.
  다. 주파수를 메모리 시킬 때 사용한다.
  라. 인근에 있는 아마추어국과 교신 할 때 사용한다.

정답 라

[해설] 주파수 145[MHz]용 트랜시버에 있는 High/Low 스위치 중 인근에 있는 아마추어국과 교신할 때 Low 스위치가 작동된다.

80 다음 중 802.1X 인증프레임워크와 관련이 없는 것은?
  가. RADIUS   나. EAP
  다. AAA   라. WEP

정답 라

[해설] IEEE802.1x 의 인증 프레임워크
  1. AAA(인증, 권한, 과금)프로토콜 인 Radius 서버를경유하는 방법
  2. EAP(Extensible Authentication Protocol)을 이용 하는 방법 (RFC3748)
     * WEP 는 무선랜의 비밀키암호화 기법임

제5과목 전자계산기일반 및 무선설비기준

81 송신설비의 전력은 주로 무엇으로 표시하는가?
  가. 공중선이득   나. 반송파전력
  다. 공중선전력   라. 평균전력

정답 다

[해설] 무선설비규칙
  1. 송신설비의 전력은 공중선전력으로 표시한다.

82 마이크로프로세서로 구성된 중앙처리장치는 명령어의 구성방식에 따라 2가지로 나누어 볼 수 있는데 이중 연산 속도를 높이기 위해 처리할 수 있는 명령어의 수를 줄였으며, 단순화된 명령구조로 속도를 최대한 높일 수 있도록 한 것은?
  가. SCSI   나. MISC
  다. CISC   라. RISC

정답 라

[해설] RISC와 CISC
1. RISC(Reduced Instruction Set Computer)로 단순한 고정길이의 명령어 집합을 제공하여 속도향상을 목표로한 CPU 임
2. CISC(Complex Instruction Set Computer)로 가변 길이의 다양한 명령어를 갖는 CPU종류임

83 화소(Pixel)의 색상을 나타내기 위하여 RGB(Red, Green, Blue)로 표현하고 있다. 한 화소의 색상을 각 색상(R, G, B)마다 256가지로 분류를 한다면 한 화소에 대한 저장장소는 얼마가 필요하며 나타낼 수 있는 색상은 몇 가지인가?
  가. 저장장소 : 8비트, 색상 수 : 2^8
  나. 저장장소 : 16비트, 색상 수 : 2^{16}
  다. 저장장소 : 24비트, 색상 수 : 2^{24}
  라. 저장장소 : 32비트, 색상 수 : 2^{32}

  정답 다

[해설] RGB색상
1. RED, GREEN, BLUE로 색을 표현하는 방법임
2. 각 칼라는 8bit로 표현이 가능하여 총24bit로 구현할 수 있어 "True Color"라고 함
   * 그 외 이동통신용 Display에 사용되는, 압축율을높인 방법으로 YCbCr(4:1:1)방식이 있음

84 초단파 방송국에서 송신 장치의 신호대잡음비는 1,000[Hz]의 변조 주파수에서 최대 주파수 편이를 한 경우 얼마 이상이 되어야 하는가?
  가. 60[dB]   나. 70[dB]
  다. 80[dB]   라. 90[dB]

  정답 가

[해설] 무선설비규칙
1. 초단파 방송국에서 송신장치의 신호대 잡음비는 1,000[Hz]의 변조주파수에서 최대 주파수 편이를 한 경우 60[dB] 이상이 되어야한다.

85 무선국의 허가 신청 단위는?
  (단, 휴대용 무선기기는 제외)
  가. 무선국의 분류에 따라 송신설비의 설치장소 별
  나. 주파수의 분류에 따라 사용 주파수 대역 별
  다. 무선국이 행하는 업무에 따라 무선통신 업무 별
  라. 무선국의 개설조건에 따라 무선국의 공중선 전력 별

  정답 가

[해설] 전파법
1. 무선국의 허가신청은 전파법 시행령 제29조의 무선국의 분류에 따라 송신설비의 설치장소(휴대용 무선기기를 이용한 무선국의 경우에는 송신장치)별로 하여야 한다.

86 다중프로그래밍(multi programming)을 위하여 시스템이 갖추어야 할 것 중 관계가 가장 적은 것은?
  가. 인터럽트(interrupt)
  나. 가상메모리(virtual memory)
  다. 시분할(time slicing)
  라. 스풀링(spooling)

  정답 다

[해설] 다중프로그래밍 (Multi Programming)
1. 두 개 이상의 프로그램이 주기억장치에 탑재되어 있어 동시에 시행되는 것을 말함
2. 처리능력을 향상시킬 수 있으며, 시스템은 인터럽트, 가상메모리, 스풀링 등의 기능을 요구함
   * 시분할은 중앙컴퓨터에 접속할 때 시간적으로 분할(slot)하여 전송하는 방식임

87 다음 지문에 들어갈 내용으로 알맞은 용어끼리 짝지어진 것을 고르시오?

> 마이크로 컴퓨터는 연산 및 처리기능을 갖는 (㉠)부분과 연산 처리의 대상이 되며, 목적 기능을 갖는 (㉡)부분으로 나누어 볼 수 있다. (㉠)의 운영을 위해서는 반드시 (㉡)의 지원이 필요하다.

가. ㉠ 하드웨어, ㉡ 소프트웨어
나. ㉠ CPU, ㉡ Memory
다. ㉠ ALU, ㉡ DATA
라. ㉠ CPU, ㉡ 소프트웨어

정답 가

해설 컴퓨터 시스템의 구성
마이크로컴퓨터는 연산 및 처리기능을 갖는[하드웨어] 부분과 연산처리의 대상이 되며, 목적 기능을 갖는 [소프트웨어] 부분으로 나누어 볼 수 있다. [하드웨어] 운용을 위해서는 반드시 [소프트웨어]의 지원이 필요하다.

88 다음 중 평균전력을 나타내는 기호는?
가. P_X　　나. P_Y
다. P_Z　　라. P_R

정답 나

해설 전력표시기호

용어	내용
평균전력(P_Y)	변조신호의 1주기 평균
첨두포락선 전력(P_X)	변조포락선의 1주기 평균
반송파전력(P_Z)	무변조신호의 1주기 평균
규격전력(P_R)	종단증폭기의 정격출력

89 다음 지문에서 설명하고 있는 소프트웨어의 종류는?

> 컴퓨터의 작업처리 과정 동안에 동적으로 변경이 불가능한 기억장치에 적재된 프로그램 또는 자료를 말하며, 이를 사용자가 변경할 수 없다. 이러한 프로그램 또한 자료를 소프트웨어로 분류하고, 프로그램 또는 자료가 들어 있는 전기 회로를 하드웨어로 분류한다.

가. 펌웨어　　나. 시스템 소프트웨어
다. 응용 소프트웨어　라. 디바이스 드라이버

정답 가

해설 Firmware (펌웨어)
1. 하드웨어 + 소프트웨어의 기능을 가진 것으로 최소한의 동작(기능)을 할 수 있도록 제작한 모듈임
2. 펌웨어는 시스템의 효율을 향상시키기 위해 기억장치(ROM)에 적재된 프로그램을 말함.

90 다음 지문에 해당하는 것은?

> 이것은 연산과 제어 기능을 갖고 있으며, 소형 컴퓨터나 전자제품 등에 활용된다. 또한 중앙장치의 한 개의 칩으로 구현하였고, 내부에 소형 기억장치를 포함하고 있다.

가. 마이크로프로세서　나. 마이크로컴퓨터
다. 연산장치　　라. 마더보드

정답 가

해설 마이크로프로세서
1. CPU(중앙처리장치)를 단일 Chip와 시킨 반도체 소자임
2. 주기억장치를 제외한 연산장치, 제어장치, 레지스터를 집적한 것으로 기본적인 연산, 제어, 판단, 기억 의 처리기능을 가짐

91 모노포닉 방송을 하는 AM방송용 무선설비의 송신장치는 몇[%]까지 직선적으로 변조할 수 있어야 하는가?
가. 80[%]　　나. 90[%]
다. 95[%]　　라. 100[%]

정답 다

해설 무선설비규칙
1. 모노포닉 방송을 행하는 송신장치 등은 적어도 95[%]까지 직선적으로 변조할 수 있어야 한다.

92 적합성평가를 받는 자에게 사후관리 대상기자재의 제출을 요구할 경우에 반입수량은 몇 대까지로 하는가?
가. 2대 이하   나. 3대 이하
다. 5대 이하   라. 10대 이하

정답 나

해설 적합성평가에 관한 고시
1. 적합성 평가를 받은 자에게 사후관리 대상기자재의 제출을 요구할 경우에 반입 수량은 3대 이하까지로 한다.

93 다음 중 전파법상 무선국의 분류에 있어서 방송국으로 분류하고 있지 않은 것은?
가. 지상파방송국
나. 위성방송국
다. 지상파방송보조국
라. 종합유선방송국

정답 라

해설 전파법의 방송국 분류
1. 지상파 방송국 : 지상파방송 업무를 하는 무선국
2. 위성방송국 : 위성방송 업무를 하는 무선국
3. 지상파 방송 보조국 : 지상파방송보조 업무를 하는 무선국
4. 위성방송 보조국 : 위성방송보조 업무를 하는 무선국

94 자원을 효율적으로 관리하기 위한 운영체제의 추가관리기능들로 올바르게 나열 된 것은?
가. 프로세스관리기능-명령해석기시스템-보호시스템
나. 명령해석기시스템-보호시스템-네트워킹
다. 주기억장치관리-네트워킹-명령해석기시스템
라. 주변장치관리기능-보호시스템-네트워킹

정답 나

해설 운영체제의 구성

시스템구성요소	추가구성요소
• 메모리 및 프로세스 • 장치 및 파일	• 보호시스템 • 네트워킹 • 명령해석기 시스템

95 데이터 및 통신메세지의 입력·출력·저장·검색·전송 또는 제어 등의 주요기능과 정보 전송용으로 작동되는 1개 이상의 터미널 포트를 갖춘 기기로서 600볼트이하의 공급 전압을 가진 기기의 정의로 가장 가까운 것은?
가. 정보기기   나. 전송기기
다. 통신기기   라. 방송통신기기

정답 가

해설 적합성평가
1. 정보기기는 데이터 및 통신 메시지의 입력·출력·저장·검색·전송 또는 제어 등의 주요기능과 정보 전송용으로 작동되는 1개 이상의 터미널포트를 갖춘 기기로 정의한다.

96 마이크로프로세서를 구성하는 요소 장치로 데이터 처리과정에서 필수적으로 요구되는 것끼리 올바르게 짝지어진 것은?
가. 제어장치, 저장장치
나. 연산장치, 제어장치
다. 저장장치, 산술장치
라. 논리장치, 산술장치

정답 나

2011년 무선설비기사 기출문제

해설 마이크로프로세서의 구성

제어장치	연산장치
• 시스템의 동작 및 감독 • 컴퓨터의 제반사항 제어	• 수치연산 및 논리연산

97 다음의 그림을 CPU의 기능 블록도를 나타낸 것이다. 빈칸에 들어갈 용어는?

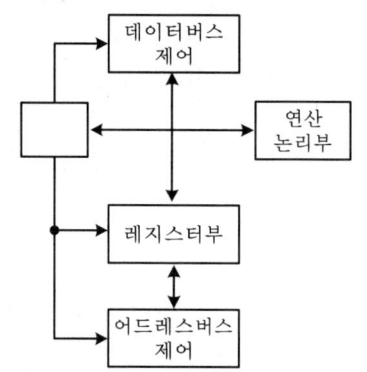

가. 제어부 나. 프로그램 카운터
다. 메모리 주소부 라. 명령어 해석부

정답 가

해설 제어부
1. CPU는 제어부, 연산부, 레지스터로 구성

CPU	기능
제어부	메모리 와 I/O포트의 데이터 입·출력
연산부	사칙연산, 논리연산을 수행
레지스터	데이터를 "등록" 함 연산도중의 결과를 일시적으로 기억함

98 다음 중 "전자파적합성평가" 대상기자재가 아닌 것은?
가. 정보기기류
나. 방송수신기기류
다. 코드 없는 전화기
라. 라디오 로보트의 기기

정답 라

해설 전자파 적합성평가 대상기기
1. 산업·과학 또는 의료용 등으로 사용되는 고주파 이용기기류
2. 자동차 및 불꽃점화 엔진 구동기기류
3. 방송수신기기류
4. 가정용 전기기기 및 전동기기류
5. 형광등 등 조명기기류
6. 전압설비 및 그 부속기기류
7. 정보 기기류
8. 고속철도 기기류
9. 전선로에 주파수가 9[kHz]이상의 전류가 통하는 통신설비의 기기
10. 코드 없는 전화기 (Codeless Phone)

99 이진수를 1의 보수로 표현하는 컴퓨터가 있다. 연산 중 negate(피연산자의 부호변경) 연산과 같은 것은 무엇인가?
가. NOT 연산 나. SKIP 연산
다. SHIFT 연산 라. ROTATE 연산

정답 가

해설 Not연산
1. 인버터(Inverter)를 사용하여 1의 보수를 취할 수 있음
2. Not연산은 "1"을 "0"으로, "0"을 "1"로 변환하는 것을 말함

100 선박 운항 해역을 4가지로 구분하는데 다음 중 A2 해역이라 함은 어떤 것을 의미하는가?
가. 디지털선택호출경보를 이용할 수 있는 최소한 하나의 초단파대 해안국의 무선전화 통신범위 한의 해역
나. 디지털선택호출경보를 이용할 수 있는 최소한 하나의 중단파대 해안국의 무선전화 통신범위한의 해역
다. 국제이동위성기구의 위성통신범위안의 해역
라. A1해역을 포함한 해역

정답 나

해설 국제해상인명안전협약(SOLAS)
1. A2 해역이란 디지털선택호출경보를 이용할 수 있는 최소한 하나의 중단파대 해안국의 무선전화 통신범위 안의 해역으로 A1 해역을 제외한 해역을 말한다.

국가기술자격검정 필기시험문제

2011년 기사2회 필기시험

국가기술자격검정 필기시험문제

2011년 기사2회 필기시험

자격종목 및 등급(선택분야)	종목코드	시험시간	형 별	수검번호	성 별
무선설비기사		2시간 30분	2형		

제1과목 / 디지털 전자회로

01 다음 회로의 명칭은?

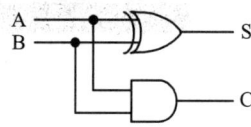

가. 반가산기   나. 반감산기
다. 전가산기   라. 전감산기

정답 가

해설) 반가산기
1. 반가산기(Half-Adder) 회로에서 출력 D는 합(sum), C는 캐리(carry)이다.
$S = A \oplus B$
$C = A \cdot B$

02 다음 중 드모르간의 법칙에 해당하는 것은?

가. $\overline{A * B} = \overline{A} + \overline{B}$
나. $A * B = B * A$
다. $A * (B + C) = A * B + A * C$
라. $A(A + B) = A$

정답 가

해설) 드모르간의 법칙
$\overline{A + B} = \overline{A} \cdot \overline{B}$
$\overline{A \cdot B} = \overline{A} + \overline{B}$

03 다음 회로에서 R의 용도로 가장 적합한 것은?

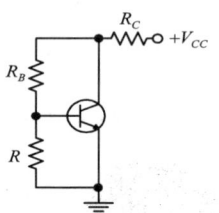

가. 전류 부궤환 된다.
나. 교류 이득이 증가한다.
다. 동작점이 안정화 된다.
라. 신호 이득을 방지한다.

정답 다

해설) 전류분배를 위한 저항 "R"은 Bleeder저항으로 부하전류가 변화할 때 동작점이 변동되는 것을 방지하기 위하여 사용하는 저항이다.

04 진폭변조에서 변조도에 대한 설명 중 틀린것은?

가. 변조도가 1일 때 신호파가 일그러짐 없이 반송파에 실릴 때의 최대 전력을 가진다.
나. 변조도가 1보다 작으면 파형의 일부가 잘려 일그러짐이 생긴다.
다. 변조도는 신호파의 진폭과 반송파의 진폭의 비로 나타낸다.
라. 변조도가 1보다 큰 경우를 과변조라 한다.

정답 나

해설) AM변조도
$m = \dfrac{V_S (신호파)}{V_C (반송파)}$

m > 1	m = 1	m < 1
과변조(찌그러짐)	100%변조	정상변조

05 부궤환 증폭기의 특징이 아닌 것은?
  가. 부하변동에 의한 이득변동이 감소한다.
  나. 일그러짐과 잡음이 감소한다.
  다. 주파수 특성이 좋다.
  라. 증폭도가 증가한다.

  정답 라

해설 부궤환 증폭기의 특성
  1. 이득이 감소한다
  2. 안정도가 개선된다.
  3. 주파수 특성이 개선된다.
  4. 일그러짐과 잡음이 감소한다.
  5. 주파수 특성이 개선된다.
  6. 입출력 임피던스가 변화된다.

06 지연 시간 50[ns]의 플립플롭을 사용한 5단의 리플 카운터가 있다. 카운터의 동작 최고 주파수는 얼마인가?
  가. 1[MHz]   나. 4[MHz]
  다. 10[MHz]   라. 20[MHz]

  정답 나

해설 각 플립플롭의 50[ns]이고, 5단을 사용하므로 총 250[ns]의 지연시간이 발생된다.
최고 클럭주파수는 다음과 같다.
$$f_m = \frac{1}{250[\text{ns}]} = 4[\text{MHz}]$$

07 정궤환(positive feedback)을 사용하는 발진회로에서 발진을 위한 궤환루프(feedback loop)의 조건은?
  가. 궤환루프의 이득은 없고, 위상천이가 180° 이다.
  나. 궤환루프의 이득은 1보다 작고, 위상천이가 90° 이다.
  다. 궤환루프의 이득은 1이고, 위상천이는 0° 이다.
  라. 궤환루프의 이득은 1보다 크고, 위상천이는 180° 이다.

  정답 다

해설 정궤환(positive feedback) 발진조건

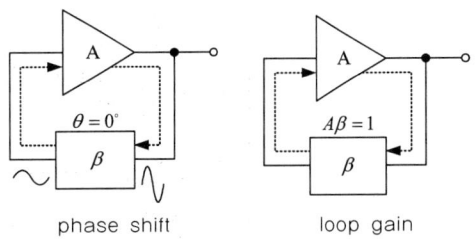

① loop gain($A\beta$)=1
② phase shift =0°

08 교류입력에 대해 브리지 정류기의 다이오드 동작 조건에 대한 설명으로 적절한 것은?
  가. 한 개의 다이오드가 순방향 바이어스이다.
  나. 두 개의 다이오드가 순방향 바이어스이다.
  다. 모든 다이오드가 순방향 바이어스이다.
  라. 모든 다이오드가 역방향 바이어스이다.

  정답 나

해설 브리지(Bridge) 정류 회로
교류 입력 전압의 (+) 반주기가 동안에는 D_2 과 D_3 가 동작하고, (−) 반주기 동안에는 D_1 와 D_4 로 동작하여 전류가 흐른다.

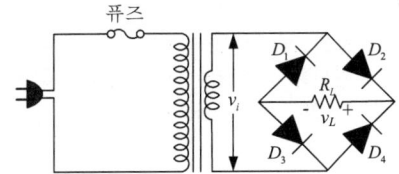

09 16진수 1A6을 2진수로 표시하면?
  가. 0001 0001 0110   나. 0001 1010 0110
  다. 0010 1100 1111   라. 0011 0110 0010

  정답 나

해설 16진수 1A6을 2진수 표현

16진수	1	A	6
2진수	0001	1010	0110

10 다음의 회로는 무엇을 가리키는가?

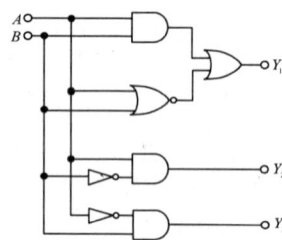

가. 비교회로   나. 다수결회로
다. 일치회로   라. 반일치회로

정답 가

해설 입력 데이타를 비교하여 판정하는 비교기회로이다.
$Y_1 = AB + \overline{(A+B)} = AB + \overline{A}\overline{B}$ (A = B)
$Y_2 = A\overline{B}$ (A > B)
$Y_3 = \overline{A}B$ (A < B)

11 궤환증폭기에서 전달이득이 A, 궤환율은 β일때, $|1-\beta A|=0$이었다. 이 때 $|\beta A|=1$이면 증폭기의 증폭도는 어떤 동작을 하나?
가. 정류   나. 부궤환
다. 발진   라. 증폭

정답 다

해설 바크하우젠 발진조건
궤환 발진기에서 $\beta A = 1$을 만족하면 지속적인 발진출력 파형을 내게 되는데 이를 바크하우젠의 발진 조건이라 한다.

12 다음 회로의 종류는?

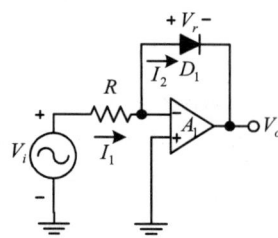

가. 반파정류회로   나. 전파정류회로
다. 피크검출기   라. 대수 증폭기회로

정답 라

해설 대수 증폭기회로
출력전압은 입력전압의 자연대수(ln)의 값으로 출력되는 대수 증폭 회로이다.

13 그림의 브리지 정류회로에서 부하(R_L) 10[Ω]에 평균 직류 출력전압이 10[V]일 때 각 Diode에 흐르는 피크전류값(I_m)은?

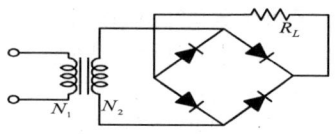

가. 0.79[A]   나. 1.57[A]
다. 1.79[A]   라. 3.14[A]

정답 나

해설 첨두 전압값
$V_{dc} = \dfrac{2V_m}{\pi}$이므로
$V_m = \dfrac{\pi}{2} V_{dc} = \dfrac{\pi}{2} \times 10 = 5\pi$[V]
첨두 전류값
$I_m = \dfrac{V_m}{R_L} = \dfrac{5\pi}{10} = 0.5\pi = 1.57$[V]

14 다음 중 변조방식과 복조방식의 조합이 잘못된 것은?
가. FSK-포락선검파
나. DPSK-동기검파
다. QAM-동기검파
라. QPSK-동기검파

정답 나

해설 디지털변조방식의 검파 종류

FSK	DPSK	QAM	QPSK
동기/비동기	비동기검파	동기	동기

15 멀티바이브레이터 회로의 외부에서 가해지는 트리거(trigger)입력이 없이 스스로 반전하는 회로는?
가. 단안정 멀티바이브레이터
나. 비안정 멀티바이브레이터
다. 쌍안정 멀티바이브레이터
라. 슈미터 트리거

정답 나

해설 멀티바이브레이터(M/V)
비안정 M/V는 안정된 상태가 없어, 외부트리거 입력 없이 스스로 반전하면서 발진.
단안정 M/V는 하나 RC회로를 이용, 외부트리거 입력에 의해 안정상태와 불안정상태를 반복하면서 발진.
쌍안정 M/V는 두개 RC회로를 이용, 외부트리거 입력시 마다 2개의 안정상태로 발진

16 발진회로와 증폭회로의 특성을 나타낸 것이다. 적절하지 않은 것은?
가. 발진회로와 증폭회로는 적절한 직류전원이 공급되어야 한다.
나. 발진회로는 증폭회로 모두 적절한 궤환회로를 적용할 수 있다.
다. 발진회로와 증폭회로는 출력파형에 왜곡이 발생할 수 있다.
라. 발진회로와 증폭회로는 외부에서 입력되는 교류신호가 필요하다.

정답 라

해설 발진회로와 증폭회로
1. 발진회로는 정궤환을 이용하며, 증폭회로는 부궤환을 이용하여 특성을 개선한다.
2. 발진회로는 외부에서 입력신호없이 자체적으로 발진하지만 증폭회로는 외부 입력신호가 있어야 증폭이 된다.

17 그레이 코드(Gray Code) 1110을 2진수로 변환하면?
가. 1110 나. 1100
다. 1011 라. 0011

정답 다

해설
```
1 1 1 0  (G)
↓↙↓↙↓↙↓
1 0 1 1  (2)
```

18 슈미트 트리거 회로의 출력 파형은?
가. 방형파 나. 정현파
다. 삼각파 라. 램프파

정답 가

해설 슈미트 트리거 응용
1. 펄스 구형파(방형파)발생
2. 전압 비교 회로(Voltage Comparator)
3. 쌍안정 멀티바이브레이터 회로
4. A/D 변환 회로

19 정전압 안정화 회로의 규격으로 적절하지 않은 것은?
가. 직류 출력전압의 허용범위
나. 직류 출력전류의 허용범위
다. 입력 및 출력 임피던스의 허용범위
라. 부하 전류 변화에 따른 출력전압의 변동범위

정답 다

해설 전압 안정화 회로의 규격
1. 정격 출력전압
2. 정격 출력전류
3. 출력 전압의 허용범위

20 4개의 플립플롭으로 구성된 카운터의 모듈러스(modulus)는 얼마인가?
가. 14 나. 15
다. 16 라. 17

정답 다

해설 플립플롭의 수를 n이면 2^n개까지의 상태의 수를 가진 계수기 구성이 가능하다.
∴ $2^4 = 16$

4. 2011년 무선설비기사 기출문제

제2과목 무선통신기기

21 단상 전파 브리지 정류회로에서 각 다이오드에 걸리는 최대 역전압의 크기는?(단, 1차측 입력전압 100[V], 트랜스포머의 권선비는 $n_1 : n_2 = 10 : 1$)

가. 10[V]   나. 14.1[V]
다. 100[V] 라. 141[V]

정답 나

해설 전파 브리지 정류회로의 다이오드에 걸리는 역전압(PIV)는 2차측 전압의(V_2)의 최대치인 V_m 이다.

2차측 전압 = 10[V]

$\dfrac{n_1}{n_2} = \dfrac{V_1}{V_2}$ 이므로, $V_2 = \dfrac{n_2}{n_1} V_1 = \dfrac{1}{10} \times 100 = 10[V]$

$\therefore V_m = \sqrt{2}\, V_2 = \sqrt{2} \times 10 = 14.1[V]$

* 단상 전파정류회로의 특성

	출력특성
I_{dc} (평균전류)	$\dfrac{2Im}{\pi}$
V_{dc} (평균전압)	$\dfrac{2Vm}{\pi}$
I_{rms} (실효치 전류)	$\dfrac{Im}{\sqrt{2}}$
V_{rms} (실효치 전압)	$\dfrac{Vm}{\sqrt{2}}$

* V_m : 전압최대치

22 AM수신기에서 수신주파수를 중간주파수로 변환함으로서 근접(인접)주파수선택도가 향상되는 이유는?

가. 낮은 중간주파수로 변환함으로서 이조도 (분리도)가 낮아지기 때문이다.
나. 낮은 중간주파수에서 Q가 동일한 경우라면 3[dB] 대역폭이 작게 되기 때문이다.
다. 희망파의 측파대를 제거함과 동시에 리플이 큰 것을 사용하기 때문이다.
라. 낮은 중간 주파수가 일정하여 대역폭의 특성이 좋지 않은 BPF도 사용할 수 있기 때문이다.

정답 나

해설 중간주파수(IF Intermediate Frequency)는 반송파를 믹서(Mixer)를 통해 낮은 주파수로 만들어낸 주파수이다. 낮은 주파수는 Q(첨예도)가 증가되어 선택도가 3[dB] 향상된다.

23 전지의 내부저항을 측정하기 위해 전압계와 전류계를 사용하는 경우, 전압계와 전류계의 내부저항은 전지의 내부저항에 비해 어떻게 되어야 하는가?

가. 전압계의 내부저항은 아주 작고 전류계의 내부저항은 아주 커야 한다.
나. 전압계의 내부저항은 아주 크고 전류계의 내부저항은 아주 작아야 한다.
다. 전압계의 내부저항과 전류계의 내부저항은 아주 커야 한다.
라. 전압계의 내부저항과 전류계의 내부저항은 아주 작아야 한다.

정답 나

해설 전지의 내부저항을 측정하기 위해서는

1. 전압계의 내부저항은 아주 커야함

   전압계 지시치 = $\dfrac{\text{전압계 내부저항}}{\text{전지 내부저항} + \text{전압계 내부저항}} \times \text{측정전압}$

2. 전류계의 내부저항은 아주 작아야함

   전류계 지시치 = $\dfrac{\text{측정전압}}{\text{전지내부저항} + \text{전류계 내부저항} + \text{부하저항}}$

24 PSK변조방식에서 위상상태의 개수가 증가함에 때라 나타나는 현상은 다음 중 어느 것인가?

가. 비트율이 감소한다.
나. 보오율이 증가한다.
다. 데이터율 증가에 대해서는 BER(bit error rate)을 유지하기 위해 SNR이 증가된다.
라. 이득이 증가 한다.

정답 다

해설 PSK(Phase Shift Keying)으로 위상을 변화시켜 변조시키는 방식이다. 위상의 상태 개수가 증가하게 되면 심볼(symbol) 당 비트(Bit)수가 증가하게 되어 BER (오류확률)이 커지게 된다. 이는 SNR을 증가시켜야 하는 원인이 된다.

25 단상 반파 정류회로에서 직류 출력전류의 평균치를 측정하면 어떤 값이 얻어지는가? (단, I_m은 입력 교류전류의 최대치이다.)

가. $\dfrac{I_m}{2}$ 나. I_m

다. $\dfrac{I_m}{\pi}$ 라. $\sqrt{\dfrac{I_m}{2}}$

정답 다

해설 단상 반파정류회로의 특성

	출력특성
I_{dc} (평균전류)	$\dfrac{Im}{\pi}$
V_{dc} (평균전압)	$\dfrac{Vm}{\pi}$
I_{rms} (실효치 전류)	$\dfrac{Im}{2}$
V_{rms} (실효치 전압)	$\dfrac{Vm}{2}$

* 반파정류의 맥동율 (ripple) $r = 1.21 (121\%)$

26 전원회로에서 요구하는 일반적인 성능요구조건으로 부적합한 것은?
가. 충분한 전력용량을 가질 것
나. 출력 임피던스가 높을 것
다. 전압이 안정할 것
라. 리플이나 잡음이 적을 것

정답 나

해설 전원회로(Power Supply)의 조건
1. 충분한 전력용량을 가질 것
2. 출력임피던스가 낮을 것
3. 리플이나 잡음이 안정적일 것
4. 리플이나 잡음이 적을 것

27 디지털 변조에서 반송파의 형태는 $A(t)\cos(2\pi ft + p(t))$와 같다. 여기서 A는 진폭, f는 주파수, p는 위상을 의미한다. 변조 시 크기와 위상 정보를 동시에 이용하는 변조방식은?
가. ASK   나. QPSK
다. QAM   라. OQPSK

정답 다

해설 QAM(Quadrature Amplitude Modulation)변조 방식은 진폭(거리)과 위상(각도)를 사용한 고효율변조방식
1. QAM신호는 2개의 직교성 DSB-SC신호를 선형적으로 합성한 것임
2. QAM의 소요대역폭은 신호파의 2배임
3. M진 QAM의 대역폭 효율은 log₂M[bps/Hz]임
4. 동일 진수일 경우 M-PSK 보다 M-QAM이 오류확률이 낮음

28 OFDM은 어느 변조 방식의 일종이라고 볼 수 있는가?
가. M-ary ASK (MASK)
나. M-ary FSK (MFSK)
다. M-ary PSK (MPSK)
라. M-ary QAM (MQAM)

정답 나

해설 OFDM(Orthogonal Frequency Division Multiplex)로
직교주파수다중화 방식이다. 서로 완전히 직교하는 다수의 부반송파(Sub Carrier)로 데이터가 나뉘어져
병렬로 전송되어 고속화가 가능하다. 이는, 일종의 FSK 계열로 볼 수 있다.
1. 혼신에 강하고, 지역확산의 영향이 감소됨
2. 스펙트럼 이용효율을 높일 수 있음
3. 전송률을 적응적으로 조절할 수 있음
4. 송·수신단에 FFT(Fast Fourier Transform)을 이용하여 고속의 신호처리가 가능
5. 송·수신단에 주파수 Offset이 존재하는 경우 S/N비가 크게 감소됨
6. PAPR(Peak to Average Power Ratio)가 커서 전력증폭기의 효율이 떨어짐

29
주파수 90[MHz]의 반송파를 6[kHz]의 정현파 신호로 FM 변조했을 때 최대주파수 편이가 ±76[kHz]이다. 이 때 점유주파수대폭은 몇 [kHz]인가?
가. 12[kHz] 나. 82[kHz]
다. 152[kHz] 라. 164[kHz]

정답 라

해설 FM 신호의 대역폭 (카슨의 대역폭)
$B = 2(f_m + \triangle f) = 2(6[\text{KHz}] + 76[\text{KHz}])$
$= 164[\text{KHz}]$

30
QPSK(Q phase shift keying) 전송 시스템에 관한 신호 성상도를 보이고 있다. 전송 신호의 전력을 높였을 때 신호 성상도는 어떻게 변화 되겠는가?

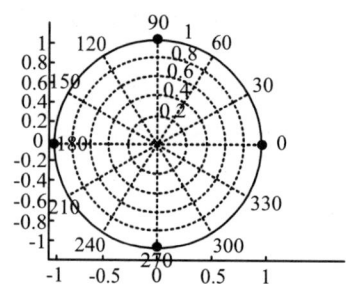

가. 신호점들 사이의 각이 좁혀진다.
나. 신호점들이 원점에서 멀어진다.
다. 신호점들이 오른쪽으로 45도 이동한다.
라. 신호점들이 왼쪽으로 45도 이동한다.

정답 나

해설 QPSK는 위상의 변화를 주어 변조하는 방식으로 2Bit 1Symbol 방식이다. 심볼의 위치는, 위상이 변화하게 되면 M(진수)가 많아지게 되고, 전력이 증가하게 되면 원점으로부터 거리가 멀어지게 된다.

31
전원회로에서 일반적으로 최대 출력 전류를 얻기 위한 방법으로 적합한 것은?
가. 전원 내부 저항보다 부하 저항이 커야 한다.
나. 전원 내부 저항보다 부하 저항이 작아야 한다.
다. 전원 내부 저항과 부하 저항이 같아야 한다.
라. 전원 내부 저항이 0 이어야 한다.

정답 다

해설 전원회로에서 최대 출력전류를 얻어 부하에 전달하기 위해서는 전원의 내부저항과 부하저항이 같아야 임피던스 정합이 이루어진다.

32
부하시 직류 출력전압이 100[V], 무부하시 직류 출력전압이 120[V]일 때 전압 변동율은 몇[%]인가?
가. 5[%] 나. 10[%]
다. 15[%] 라. 20[%]

정답 라

해설 전압변동율
$= \dfrac{\text{무부하 전압} - \text{부하시 전압}}{\text{부하시 전압}} \times 100[\%]$
$= \dfrac{120 - 100}{100} \times 100[\%] = 20[\%]$

33
다음 중 디지털 변조 방법은?
가. PAM 나. PCM
다. PPM 라. PWM

정답 나

해설 PCM(Pulse Code Modulation)
표본화-양자화-부호화를 거쳐 디지털신호로 바꾸어 전송하므로 디지털 변조방식에 해당된다.

34 페이징 기능은 이동통신 단말기에 착신호가 발생 하였을 때 단말기가 있는 위치구역의 기지국 제어장치를 통하여 단말기를 호출하는 것이다. 페이징 구역은 단말기가 가장 최근에 등록을 한 위치구역이며 이 정보는 어디에 저장되어 있는가?

가. MSC 나. VLR
다. EIR 라. BSC

정답 나

[해설] CDMA 이동통신 시스템의 구성과 역할

시스템 구성	역할
MS (Mobile Station)	이동전화
BTS (Base Transceiver System)	기지국
BSC (Base Station Controller)	지지국 제어
MSC (Mobile Switching Center)	이동 교환기
HLR (Home Location Register)	가입자정보
VLR (Visitor Location Register)	방문자정보 로밍, Paging
EIR (Equipment ID Register)	단말인증

35 DC-DC컨버터의 구성요소가 아닌 것은?

가. 구형파 발생기   나. 정류회로
다. 정전압회로   라. 버퍼회로

정답 라

[해설] DC-DC Converter는 DC전압을 다른 DC전압으로 변경시켜주는 회로이다.
1. Converter의 구성도
   [DC-구형파발생-변압기-정류기-평활-정전압-DC]

36 무손실 선로에서의 특성 임피던스를 바르게 나타낸 것은?

가. C/L   나. L/C
다. $\sqrt{L/C}$ 라. $\sqrt{C/L}$

정답 다

[해설] 선로의 특성임피던스 $(Z_0) = \sqrt{\dfrac{Z}{Y}} = \sqrt{\dfrac{R+jwL}{G+jwC}}$

무손실 선로에서는 R=G=0 이므로 $Z_0 = \sqrt{\dfrac{L}{C}}$ 임.

37 다음 중 레이더 시스템의 구성요소가 아닌 것은?

가. 송신기(transmitter)
나. 수신기(receiver)
다. 안테나(antenna)
라. 블랙박스(black box)

정답 라

[해설] 레이다(Radar)시스템의 구성요소
1. 송신부 / 송신전환부
2. 수신부
3. 안테나부
4. 부속회로 (STC 해면반사 억제회로, FTC 비 또는 눈 반사제거회로)

38 정류회로에서 정류효율을 나타낸 식은?

가. η = 출력직류전력/입력직류전력
나. η = 출력직류전력/입력교류전력
다. η = 출력교류전력/입력직류전력
라. η = 출력교류전력/입력교류전력

정답 나

[해설] 정류기(Rectifier)
: 교류(AC)를 직류(DC)로 만드는 장치(회로)이다.
정류효율 = $\dfrac{\text{출력 직류전력}}{\text{입력 교류전력}}$

39. 납축전지의 구성으로 맞지 않는 것은?
가. 양극판 나. 염산액
다. 음극판 라. 전해액

정답 나

납축전지의 구성

구성	특징
양극판	납축전지의 수명을 결정
음극판	순납(Pb)를 사용
전해액	묽은 황산을 사용 (1.22 비중사용)

40. 다음 내용을 나타내는 용어는?

> "통과대역 밖에 존재하는 강력한 방해파가 통과대역내의 희망파에 방해를 미쳐 통과대역 밖의 방해파에 의해 통과대역내의 희망파가 영향을 받게 되는 현상"

가. 스퓨리어스 레스폰스
나. 혼변조
다. 잡음감도
라. 감도 억압효과

정답 나

혼변조(Cross Modulation)의 정의
: 통과대역 밖에 존재하는 강력한 방해파가 통과대역내의 희망파에 대해 간섭으로 작용하여 상호변조되는 변조를 혼변조라 한다. (상호변조(IM)도 있음)

제3과목 안테나공학

41. 페이딩을 방지하기 위해 둘 이상의 수신 안테나를 서로 다른 장소에 설치하여 두 수신 안테나의 출력을 합성하거나 양호한 출력을 선택하여 수신하는 방법이 사용되는 페이딩은?
가. 간섭성 페이딩 나. 편파성 페이딩
다. 흡수성 페이딩 라. 선택성 페이딩

정답 가

페이딩(Fading)의 정의
: 두 신호의 간섭에 의해 수신신호가 시간적으로 흔들리는 현상을 페이딩이라고 한다.
전리층페이딩의 종류 및 방지대책

페이딩종류	방지대책
간섭성페이딩	공간다이버시티
흡수성페이딩	AGC(Automatic Gain Control)
선택성페이딩	주파수다이버시티, SSB
도약성페이딩	주파수다이버시티

42. 라디오 덕트를 발생시키는 원인으로 볼 수 없는 것은?
가. 육상의 건조한 공기가 해상으로 흘러 들어갈 때
나. 야간에 지표면 쪽의 공기가 상층부의 공기보다 빨리 냉각될 때
다. 고기압권에서 발생한 하강기류가 해면으로 내려올 때
라. 온난기단이 한랭기단 아래쪽으로 끼어 들어갈 때

정답 라

라디오덕트(Radio Duct)의 정의
: 대기 중 굴절률이 높이에 따라 선형적으로 감소하지 않고 굴절률이 역전되면서 덕트를 형성한다.

덕트 종류	특징
이류에 의한 덕트	온도의 역전층
야간 냉각에 의한 덕트	지표의 온도차이
대양성의 덕트	무역풍 원인
침강에 의한 덕트	한랭한 공기의 증발

43 인공잡음의 설명으로 틀린 것은?
  가. 자동차에서 발생하는 잡음은 점화장치로부터의 잡음이 가장 강하며, 잡음 스펙트럼은 장파(LF)에서부터 극초단파(UHF)까지 광대역상에 존재한다.
  나. 소형 정류자 모터를 사용하는 기기로부터 발생하는 잡음 스펙트럼은 장파(LF)에서부터 초단파(VHF)까지 광대역상에 존재함.
  다. 컴퓨터의 클럭 펄스에 의한 잡음 스펙트럼은 기본파만 있고 고주파 성분은 포함하지 않는다.
  라. 고압 송배전선로에서의 코로나 방전으로 발생한 잡음에 수신 장해를 받는 것은 주로 중파(MF) 대역의 라디오방송이며 TV 및 FM 방송은 거의 방해를 받지 않는다.

  정답 다

  해설) 컴퓨터의 클럭 펄스에 의한 잡음스팩트럼은 기본파와 고주파 성분을 포함하고 있다. 클럭펄스는 구형파 형태이기 때문이다.

44 도파관의 임피던스 정합방법 중 반사파를 흡수하는 방법은?
  가. 무반사 종단기
  나. 아이솔레이터
  다. 테이퍼형 변성기
  라. 도체봉에 의한 정합

  정답 가

  해설) 도파관의 임피던스 정합 방법
  1. 무반사 종단회로에 의한 정합
  2. 도파관창에 의한 정합
  3. Taper 나 도체봉 의한 정합
  4. Isolator 나 Stub(분기)에 의한 정합
  5. $\frac{\lambda}{4}$ 변성기($\frac{\lambda}{4}$ 도파관 삽입법)에 의한 정합
  * 무반사 종단회로(저항접속법)에 의한 방법은 도파관의 특성임피던스 와 같은 값을 가지는 부하 저항을 도파관내에 삽입하여 반사파가 생기지 않게(반사파를 흡수)임피던스 정합을 한다.

45 다음 중 슬롯 어레이(Slot array)안테나에 대한 설명으로 적합하지 않은 것은?
  가. 소형 경량이다.
  나. 전기적 특성이 좋다.
  다. 고이득이지만 부엽이 많다.
  라. UHF TV방송, 선박용 레이더 안테나 등에 사용된다.

  정답 다

  해설) 슬롯어레이 안테나 특성
  1. 수평편파를 복사하며 수평면내 예리한 빔을 얻을 수 있어 선박용 레이다 안테나로 사용됨
  2. 소형, 경량이며 평형을 유지하기 용이함
  3. 전기적 특성이 좋으며 고이득 가능
  4. 부엽이 적고, 효율이 좋음
  5. 급전은 안테나의 중앙부 또는 Edge

46 공전잡음의 종류가 아닌 것은?
  가. 클릭(click) 잡음
  나. 그라인더(grinder) 잡음
  다. 히싱(hissing) 잡음
  라. 산탄(shot) 잡음

  정답 라

  해설) 공전잡음의 종류

잡음	특성
클릭 잡음	짧고 날카로운 소리(충격성잡음)
글라인더 잡음	긴 연속음 (큰 수신 장애)
히싱 잡음	연속적인 잡음 ("Shu~Shu")

47 제1종 전리층 감쇠에 대한 설명 중 틀린 것은?
  가. 전자밀도에 비례한다.
  나. 굴절률에 비례한다.
  다. 평균 충돌 횟수에 비례한다.
  라. 주파수의 제곱에 반비례한다.

  정답 나

해설 1종 전리층 감쇠의 정의
: 전리층 반사파가 전리층을 통과(위에서 아래) 하면서 생기는 감쇠이다.
1. 전자밀도에 비례함
2. 사용주파수의 제곱에 비례함
3. 평균충돌 횟수에 비례함
4. 전리층을 비스듬히 통과할수록 큼

해설 안테나를 광대역화 하는 방안
1. 안테나의 Q 값을 낮추는 방법
$$BW = \frac{f_0}{Q} \ (f_0 = 공진주파수)$$
2. 진행파 안테나로 만드는 방법
3. 보상회로를 이용한 방법
4. 자기상사 원리를 이용하는 방법
5. 상호 임피던스특성을 이용하는 방법

48 다음 중 포인팅 벡터의 크기를 나타내는 것은? (단, E : 전계의 세기, H : 자계의 세기, μ ; 투자율, ε : 유전율)
가. EH
나. $\mu\varepsilon$
다. H/E
라. $\sqrt{\mu/\varepsilon}$

정답 가

해설 폐곡면의 단위면적당 출력을 측정하면 그 값은 포인팅 벡터(Poynting Vector) 또는 포인팅 전력(Poynting Power)P로 표시되는 값을 전력밀도라 한다.
$$P = E \times H [W/m^2]$$
한편, $Zo = \frac{E}{H}$ 관계에서 $H = \frac{E}{Zo} = \frac{E}{120\pi}$ 이므로 이를 포인팅전력($P=EH[W/m^2]$)에 대입하면,
$$P = E \times H = E \times \frac{E}{120\pi} = \frac{E^2}{120\pi} [W/m^2]$$ 로 나타낼 수 있다.

50 대지면을 완전도체라고 가정하고, 송수신 안테나의 거리가 충분히 멀리 떨어져 있는 경우 수평편파의 송수신 안테나의 높이를 각각 2배 증가시키면 수신 전계강도의 변화는?
가. 변화가 없다.
나. $\sqrt{2}$ 배 증가한다.
다. 2배 증가한다.
라. 4배 증가한다.

정답 라

해설 안테나의 전계강도
$$E = \frac{7\sqrt{Pr}\,h_1 \cdot h_2}{d}$$ (반파장다이폴안테나)
(h_1 : 송신안테나높이, h_2 : 수신안테나높이)
∴ 송·수신안테나의 높이가 2배씩 증가되어 수신전계강도는 4배 증가된다.

49 다음 중 안테나 특성을 광대역으로 하기 위한 방법으로 적합하지 않은 것은?
가. 안테나의 Q를 적게 한다.
나. 진행파 안테나로 한다.
다. 안테나 도선의 직경이 가늘어야 한다.
라. 자기상사형으로 한다.

정답 다

51 가장 이상적인 VSWR(정재파비)의 값은?
가. 0
나. ∞
다. 1
라. 10

정답 다

해설 전압정재파비(VSWR)의 정의
: 임피던스 정합의 정도를 나타내는 지표
전압정재파비 $VSWR = \frac{1+|\Gamma|}{1-|\Gamma|}$
∴ 반사계수 $\Gamma = 0$ 이면, 완전정합이므로 $VSWR = 1$ 임.

52 접지안테나 복사저항이 36.6[Ω]고, 접지저항이 7[Ω]이며, 그 외의 손실저항이 4[Ω]이다. 안테나 효율은?

가. 75.4[%]   나. 76.8[%]
다. 78.6[%]   라. 79.2[%]

정답 나

안테나효율

$= \dfrac{복사저항}{복사저항 + 손실저항} \times 100[\%]$

$= \dfrac{36.6}{36.6 + (7+4)} \times 100[\%] = 76.8[\%]$

* 손실저항 = 접지저항 + 손실저항

53 다음 중 비동조 급전선의 설명으로 옳지 않은 것은?

가. 급전선의 길이에는 사용파장과 무관하다.
나. 급전선상에 정재파가 없고 진행파만 존재한다.
다. 정합장치가 필요하다.
라. 전송효율이 동조 급전선보다 나쁘다.

정답 라

비동조급전 과 동조급전 비교

	비동조급전	동조 급전
정합회로	필요함	필요 없음
급 전 선	파장과 상관없음	파장과 상관
전송효율	우수	낮음
전파특성	진행파	정재파(진행+반사)
응 용	원거리 전송	근거리 전송

54 스포라딕(E_s) 전리층에 대한 설명으로 틀린 것은?

가. E층보다 전자밀도가 높다.
나. E층과 거의 같은 높이에 형성된다.
다. 발생지역이 광범위하며, 발생 주기는 불규칙하다.
라. 발생 원인이 명백하게 밝혀지지 않고 있다.

정답 다

Es(Sporatic(산재) E층)은 태양의 흑점주기와 관계가 없지만, 시간/공간적으로 전리층이 불균일하여 초단파대역(30[MHz] ~ 300[MHz])도 반사한다.
1. E층과 동일한 100[km] 상공에 위치함
2. E층보다 전자밀도가 높음
3. 초단파대 초가시거리 통신용으로 사용
4. 발생 원인이 명확치 않음(태양활동과 무관)

55 비유전율(ε_s)이 10이고 비투자율(μ_s)이 9인 매질 내를 전파하는 전자파의 속도는 자유공간을 전파할 때와 비교해서 몇 배의 속도가 될까?

가. 2배
나. 1/2배
다. 3배
라. 1/3배

정답 라

전파속도

$v = \dfrac{c}{\sqrt{\mu_s \varepsilon_s}}[\text{m/sec}]$

$= \dfrac{c}{\sqrt{1 \times 9}} = \dfrac{c}{3} = \dfrac{1}{3}$ ($c = 3 \times 10^8[\text{m/s}]$)

56 다음 중 도파관에 대한 설명으로 옳지 않은 것은?
가. 도파관은 차단 주파수 이하의 주파수는 통과시키지 않는다.
나. 저항손실이 적다.
다. TE mode는 진행방향에 대해 전계 E는 나란하고 자계 H는 직각인파를 말한다.
라. 도파관에서는 변위전류의 흐름이 관내에서만 발생하므로 전자파를 외부에 방사하거나 수신하는 일이 없다.

정답 다

해설 도파관의 특징
1. 유전체손실 및 저항손실이 작음
2. 복사손실이 없고, 외부의 전자계영향이 없음
3. 대전력을 취급할 수 있음
4. HPF로 동작되어, 차단주파수를 이하를 통과시키지 않음
5. TE Mode와 TM Mode가 존재함

TE Mode	TM Mode
진행방향 E(전계)수직	진행방향 H(자계) 수직

* TEM Mode는 진행방향에 E(전계), H(자계) 수직

57 Beam안테나의 이점이 아닌 것은?
가. 지향성이 예민하다.
나. 단파와 초단파대 저이득
다. 송신출력이 적어도 되고 전력이 경제적이다.
라. 반파장 안테나 소자를 규칙적으로 배열한다.

정답 나

해설 빔(Beam)안테나의 장점
1. 안테나소자의 배열간격을 $\frac{\lambda}{2}$로 배열 함
2. 고이득 과 지향성을 얻을 수 있음
3. 사용주파수 범위를 광대역화
4. 지향성이 우수하여 혼신/잡음에도 우수

58 Trap 정합회로(stub 정합)가 잘 사용되는 급전선은?
가. 동축케이블 방식
나. 차폐 2선식
다. 평행 2선식
라. 평행 4선식

정답 다

해설 Trap(Stub)정합을 사용하는 급전선은 평형2선식을 주로 사용한다.

59 다음 설명 중 옳지 않은 것은?
가. 주엽- 최대복사 방향 빔패턴
나. 부엽-주엽외의 작은 빔패턴
다. 전계패턴- 최대 전계 복사각도 1/2되는 두 점 사이 각도
라. 전후방비- 주엽전계강도의 최대값도 후방 부엽 전계강도의 최대값의 비

정답 다

해설 안테나 복사파라미터의 특징

파라미터	특징
주엽	최대 복사방향의 빔패턴
부엽	주 복사방향 이외의 패턴
전계패턴	전계[T]가 발생되는 원형패턴(고주파)
전후방비	$\frac{전방복사전계}{후방복사전계}$ (클수록 좋음)

60 밀리미터파에 해당되는 주파수는?
가. 3[GHz] -30[GHz]
나. 30[GHz] - 300[GHz]
다. 300[MHz] - 3000[MHz]
라. 1[GHz] -15[GHz]

정답 나

해설

파 장	주파수대역
VHF	30[MHz] ~ 300[MHz]
UHF	300[MHz] ~ 3[GHz]
SHF	3[GHz] ~ 30[GHz]
EHF	30[GHz] ~ 300[GHz]

제4과목 무선통신시스템

61 OFDM(Orthogonal Frequency Division Multiplexing)방식의 설명으로 틀린 것은?
가. 다중 반송파 변조라고도 한다.
나. 다중경로 환경에서 심볼간 간섭(ISI)의 영향을 받는다.
다. 일반적으로 직교위상편이변조(QPSK)가 사용된다.
라. 다른 주파수에서 다수의 반송파 신호를 사용하여 각 채널상에 비트를 실어 보낸다.

정답 나

해설 OFDM(Orthogonal Frequency Division Multiplex)로 직교주파수다중화 방식이다. 서로 완전히 직교하는 다수의 부반송파(Sub Carrier)로 데이터가 나뉘어져 병렬로 전송되어 고속화가 가능하다. 이는, 일종의 FSK 계열로 볼 수 있다.
1. 혼신에 강하고, 지역 확산의 영향이 감소됨
2. 스팩트럼 이용효율을 높일 수 있음
3. 전송율을 적응적으로 조절할 수 있음
4. 송·수신단에 FFT(Fast Fourier Transform)을 이용하여 고속의 신호처리가 가능
5. 송·수신단에 주파수 Offset이 존재하는 경우 S/N비가 크게 감소됨
6. PAPR(Peak to Average Power Ratio)가 커서 전력증폭기의 효율이 떨어짐

62 다음 중 디지털통신에서 펄스성형(pulse shaping)을 하는 주된 이유로 가장 적합한 것은?
가. 노이즈를 줄이기 위함
나. 다중접속을 용이하게 하기 위함
다. 심볼간 간섭(ISI)를 줄이기 위함
라. 채널 대역폭을 증가시키기 위함

정답 다

해설 펄스성형(Pulse Shaping)의 정의
: 디지털 펄스(구형파)를 Shaping(필터링)하여 고주파성분을 제거함으로써, 수신시 심볼간 간섭 ISI를 줄일 수 있다.
* 펄스성형 필터의 대표는 Raised Cosine필터

63 다음 중 통신분야의 표준화 기구가 아닌 것은?
가. ETSI   나. 3GPP
다. ANSI   라. ATIS

정답 다

해설 표준화 기구

영문	기구명칭
ETSI	유럽 전기통신 표준협회
3GPP	이동통신 관련 국제표준화기구
ATIS	통신 및 관련 정보기술 표준개발기구
ANSI	미국의 산업 분야 표준화기구

64 다음 중 주파수 확산 기법을 사용하는 CDMA 방식의 특징으로 틀린 것은 무엇인가?
가. TDMA 혹은 FDMA 보다 낮은 C/N에서도 동작한다.
나. 통화 채널당 통화자수에 대한 이론적인 제한은 없다.
다. 채널 상호간의 간섭이 한정되어 주파수 재 사용률이 좋다.
라. 가입자가 증가하여도 서비스 품질이 떨어지지 않는다.

정답 라

해설 대역확산방식에는 Direct Sequence(직접 확산), Frequency Hopping(주파수도약), Time Hopping(시간도약) 방식이 있다. 국내에서는 DS방식의 CDMA 방식을 사용하고 있다.
* CDMA는 가입자증가에 따라 서비스품질이 저하됨

2011년 무선설비기사 기출문제

65 다음 중 전송속도가 상대적으로 가장 빠른 통신표준은?
가. IEEE 802.11n 나. IEEE 802.15.4a
다. HSDPA 라. 1 x EVDO rev.A

정답 가

해설 통신별 전송속도 비교

서비스	전송속도	표준
IEEE 802.11n	300Mbps	WLAN
IEEE 802.15.4a	250Kbps	Zigbee(WPAN)
HSDPA	14.4Mbps	3GPP
1xEVDO rev.A	2.4Mbps	IS-95

66 백색 가우시안 잡음의 특징으로 틀린 것은?
가. 전대역에 걸쳐 전력 스펙트럼 밀도가 일정한 크기를 가진다.
나. 백색가우시안 잡음은 신호에 더해지는 형태다.
다. 열잡음(thermal noise)이 대표적인 백색 가우시안 잡음이다.
라. 레일리 분포 특성을 보인다.

정답 라

해설 백색가우시안 잡음(AWGN)의 특징
1. 전 주파수대에 걸쳐 전력밀도스팩트럼이 일정함
2. 통계적 성질이 시간에 따라 변하지 않음
3. 평균전력이 무한대이므로 실현 불가
4. 잡음특성은 가우시안분포 특성을 가짐
5. 가장 근사한 잡음이 열잡음 임

67 다음 중 Bluetooth에 대한 설명으로 틀린 것은 무엇인가?
가. ISM(Industrial Scientific and Medical) 대역에서 사용한다.
나. 간섭과 페이딩에 저항하기 위하여 Direct Sequence 기술을 사용한다.
다. TDD(Time Division Duplex)기술을 사용한다.
라. 비동기 데이터 채널과 동기음성채널을 동시에 제공 가능하다.

정답 나

해설 블루투스(Bluetooth)의 특징
1. 사용주파수 대역은 ISM밴드를 사용함
2. 다양한 Profile(OBEX, FTP, A2DP)을 제공함
3. 네트워크 구성은 피코넷 과 스캐터넷으로 구성
4. 전송방식은 TDD/FDMA를 사용하며, 변조방식은 GFSK를 사용함
5. 비동기식 데이터 채널 과 동기식 음성채널 제공함

68 OSI 참조모델에서 전송제어, 흐름제어, 오류제어 등의 역할을 수행하는 계층은?
가. 세션 계층
나. 네트워크 계층
다. 물리 계층
라. 데이터링크 계층

정답 라

해설 OSI 7Layer의 구조

계층	명칭	기능
7	응용계층	응용프로그램
6	프리젠테이션계층	데이터압축 및 암호화
5	세션계층	세션 설정, 해제
4	전달계층	End to End 제어
3	네트워크계층	패킷전송, 경로제어
2	데이터링크계층	동기, 에러, 흐름제어 Node to Node
1	물리계층	물리적 인터페이스

69 다음 중 TCP/IP 프로토콜의 계층별 기능을 옳게 연결한 것은?
가. IP 계층 – 통신전담 프로세서간의 네트워크를 통한 패킷교환
나. 응용 프로세스 계층 – 호스트간의 정보 교환 및 관리
다. 전달계층(TCP/UDP) – 응용 프로세스간의 응용 서비스 제공
라. 네트워크 접속 계층 – 논리적인 계층 연결

정답 가

해설 TCP/IP 와 OSI모델의 비교

TCP/IP	OSI 7Layer
응용계층	응용계층
	표현계층
	세션계층
전달(TCP)계층	전달계층
네트워크(IP)계층	네트워크계층
데이터링크(접속)계층	데이터링크계층
물리계층	물리계층

70 단파통신에서 전파의 페이딩 방지책이 아닌 것은?
가. 주파수 합성법을 사용한다.
나. 공간 다이버시티를 사용한다.
다. 지향성이 날카로운 안테나를 사용한다.
라. 송신 주파수를 높인다.

정답 라

해설 단파통신의 페이딩 및 대책

페이딩 원인	대 책
간섭성페이딩	공간합성 또는 주파수합성
편파성페이딩	편파합성법
흡수성페이딩	수신기 AGC사용
선택성페이딩	SSB변조 또는 주파수합성
도약성페이딩	주파수합성

71 무선 LAN의 특성에 해당하지 않는 것은?
가. 전파를 이용해 데이터를 송수신
나. 배선으로부터 해방
다. 단말기 설치의 자유도 향상
라. 공간을 초월한 통신 방식

정답 라

해설 무선랜(WLAN)의 특성
1. 무선이므로 외부잡음영향 이나 신호간섭에 민감
2. 복잡한 배선이 요구되지 않음(망구성 용이)
3. 매체접근제어는 CSMA/CA 방식을 사용함
4. DSSS(직접확산)방식(IEEE 802.11b) 과 OFDM (IEEE 802.11b,g,n)을 사용함

72 위성과 지구국의 위치를 이용해 궤도 역학으로부터 지연(Delay)을 계산하여 동기(Sync)를 맞추는 망동기 방식은?
가. Local Loop Control 방식
나. Remote Loop Control 방식
다. Open Loop Control 방식
라. Close Loop Control 방식

정답 다

해설 위성의 동기제어 방식

Open Loop Control	Close Loop Control
위성 과 지구국의 위치를 이용해 궤도역학으로 Delay 계산	지구국에서 전파를 발사하여 되돌아오는 반사파로 Delay 계산

73 통신망관리(NMS) 기능에 해당하지 않는 것은?
가. 장애관리기능 나. 성능관리기능
다. 구성관리기능 라. 인사관리기능

정답 라

해설 통신망 관리(NMS)의 기능
: 장애관리, 성능관리, 구성관리, 보안관리, 과금관리

74 AM송신기에서 부궤환 방식을 채용하여 얻어지는 특성이 아닌 것은?
가. 이득향상 나. 잡음감소
다. 주파수특성 개선 라. 발진주파수 개선

정답 라

해설 부궤환회로의 정의
: 증폭기 이득보다는 안정도를 향상시키기 위한 회로
1. 증폭기가 안정화 됨
2. 비직선 일그러짐의 감소
3. 주파수특성의 개선
4. 증폭기의 이득은 감소됨

2011년 무선설비기사 기출문제

75 다음 중 지표파에서 가장 중요한 전파 전파특성을 가지는 주파수 대역은 어느 대역인가?
가. 극초단파대 나. 초단파대
다. 단파대 라. 장파, 중파대

정답 라

해설 전파의 전파특성

전 파	주 전파
장파 · 중파	지표파
단 파	전리층 반사파
초단파	직접파
극초단파	직접파

76 IS-95 CDMA 이동통신 시스템에서 왈시 코드(Walsh code) W_o를 사용하는 채널은?
가. Pilot(파일롯) 채널
나. Paging(호출) 채널
다. Synch(동기) 채널
라. Traffic(통화) 채널

정답 가

해설 IS-95 CDMA의 순방향 왈시코드 채널번호(64채널)

왈시코드	용 도
Pilot 채널	0번 채널
Paging 채널	1번~7번 채널
Sync 채널	32번 채널
Traffic채널	나머지 채널

77 프로토콜에 대한 아래의 설명 중에서 잘못된 것은?
가. 통신하려는 상대방과 미리 정해진 약속을 프로토콜이라고 한다.
나. 통신이 이루어지기 위해서는 상위와 하위 레벨 사이의 프로토콜이 일치되어야 한다.
다. 통신규약이라고도 한다.
라. 프로토콜은 자신과 상대방의 동일한 레벨 사이에 적용된다.

정답 나

해설 프로토콜(Protocol)이란 통신 회선을 이용하여 컴퓨터와 컴퓨터, 컴퓨터와 단말 사이 (통신 하는 두점 사이)에서 데이터를 주고받기위해 정한 통신 규약이다.

78 3단 증폭 회로에서 각 단위 증폭도를 각각 G_1, G_2, G_3라 하고 잡음지수를 F_1, F_2, F_3라 하면 종합잡음지수(F)의 식은?
가. $F = F_1 + G_1 + F_2 G_2 + F_3 G_3$
나. $F = F_1 + \dfrac{F_2 - 1}{G_1} + \dfrac{F_3 - 1}{G_1 G_2}$
다. $F = F_1 + \dfrac{F_2 - 1}{G_2} + \dfrac{F_3 - 1}{G_3}$
라. $F = F_1 + \dfrac{F_2 + 1}{G_1} + \dfrac{F_3 + 1}{G_3}$

정답 나

해설 종합잡음지수
$$F = F_1 + \dfrac{F_2 - 1}{G_1} + \dfrac{F_3 - 1}{G_1 \cdot G_2} \cdots$$
(F_1 = 초단잡음지수, G_1 = 초단의 이득)

79 PCM 다중통신에서 발생하는 지터(Jitter)현상에 대한 설명으로 잘못된 것은?
가. 펄스열이 왜곡되어 타이밍 펄스가 흔들려서 발생한다.
나. 타이밍 회로의 동조가 부정확하여 발생한다.
다. 타이밍 편차 또는 지터 잡음이라 한다.
라. 양자화 오차에서 발생되는 잡음이다.

정답 라

해설 양자화오차에서 생기는 잡음은 양자화 잡음이다.

80 다음 중 프로토콜이 수행하는 임무가 아닌 것은?
가. 송신 시스템에서 통신경로를 활성화시키거나 통신하기를 원하는 목표 시스템의 정보를 통신망으로 알려준다.
나. 수신 시스템이 데이터를 수신할 준비가 되었는지 송신 시스템이 확인한다.
다. 송신 시스템의 파일전달 어플리케이션이 수신 시스템의 파일 관리 프로그램의 특정 사용자 파일 관리를 확인한다.
라. 송신 시스템과 수신 시스템 사이의 상호 운용성을 확인하다.

정답 라

[해설] 프로토콜(Protocol)이란 통신 회선을 이용하여 컴퓨터 와 컴퓨터 , 컴퓨터와 단말 사이 (통신 하는 두점 사이)에서 데이터를 주고받기위해 정한 통신 규약이다.
* 송신시스템 과 수신시스템 사이의 상호 운용성을 확인하는 시스템은 시스템 운영자 또는 시스템 관리자이다.

제5과목 전자계산기일반 및 무선설비기준

81 주소영역(address space)이 1[GB]인 컴퓨터가 있다. 이 컴퓨터의 MAR(memory address register)의 크기는 얼마인가?
가. 30비트
나. 30바이트
다. 32비트
라. 32바이트

정답 가

[해설] 메모리 위치의 주소 공간
1. MAR이 n 비트인 경우 주소공간은 2^n이 됨
2. 주소공간이 1[GB]이면 2^{30}[Byte] 임

82 전파를 이용하여 모든 종류의 기호·신호·문언·영상·음향 등의 정보를 보내거나 받는 것을 무엇이라 하는가?
가. 유무선통신   나. 무선설비
다. 무선통신   라. 유선통신

정답 다

[해설] ① "무선설비"라 함은 전파를 보내거나 받는 전기적 시설을 말한다.
② "무선통신"이란 전파를 이용하여 모든 종류의 기호·신호·문언·영상·음향 등의 정보를 보내거나 받는 것을 말한다.

83 운영체제가 추구하는 목적의 짝이 제대로 지어진 것은?
가. 사용자의 독점성과 자원의 효율적 이용
나. 사용자의 편리성과 자원의 독점적 이용
다. 사용자의 독점성과 자원의 독점적 이용
라. 사용자의 편리성과 자원의 효율적 이용

정답 라

[해설] OS(Operation System) 운영체제

사용자의 편의성	시스템의 성능향상
• 다양한 자원을 효율적으로 관리할 수 있음	• 처리능력의 향상 • 응답시간의 단축 • 신뢰성의 향상 • 사용가능도의 향상

84 다음 출력 장치들 중 인쇄활자를 이용하는 것은 무엇인가?
가. 라인 프린터(line printer)
나. 도트 매트릭스 프린터(dot matrix printer)
다. 레이저 프린터(laser printer)
라. 잉크젯 프린터(inkjet printer)

정답 가

[해설] 프린터

프린터	특 징
라인 프린터	활자식 라인프린터
도트 매트릭스 프린터	충격식 프린터
레이저 프린터	비충격식 프린터
잉크젯 프린터	비충격식 프린터

2011년 무선설비기사 기출문제

85 공중선에 공급되는 전력과 등방성 공중선에 대한 임의의 방향에 있어서의 공중선이득의 곱을 의미하는 전력은?
가. 반송파전력(PZ)
나. 등가등방복사전력(EIRP)
다. 규격전력(PR)
라. 평균전력(PY)

정답 나

해설 "등가등방복사전력(EIRP)"이라 함은 공중선에 공급되는 전력과 등방성 공중선에 대한 임의의 방향에 있어서의 공중선이득(등방이득)의 곱을 말한다.

86 주파수할당대가의 산정 및 부과에 관한 세부사항은 누가 정하여 고시하는가?
가. 한국방송통신전파진흥원장
나. 중앙전파관리소장
다. 방송통신위원회
라. 지식경제부장관

정답 다

해설 주파수할당대가의 산정 및 부과에 관한 세부사항은 방송통신위원회가 정하여 고시한다.

87 제어장치(control unit)를 마이크로프로그래밍(micro-programming)으로 구현 하였을 때 하드와이어(hardwired) 제어장치보다 장점이 아닌 것은?
가. 제어 속도가 빠르다.
나. 제어 장치의 설계를 단순화할 수 있다.
다. 오류 발생률이 낮다.
라. 구현 비용이 적게 든다.

정답 가

해설 제어장치
1. 제어장치를 구현하는 방법으로는 논리회로 기법을 이용하는 와이어기법 과 마이크로프로그래밍 기법이 있음

고정배선방식	마이크로프로그램방식
• 게이트, 플립플롭 등의 디지털회로를 이용함	• 제어 메모리에 저장된 제어정보를 이용함
• 속도가 빠름	• 속도가 느림
• 구조변경이 어려움	• 구조변경이 간단함

88 인터럽트 수행과정 중, CPU 내부에 있는 특수목적용 레지스터들 가운데 하나로, 원래의 프로세스가 수행될 수 있도록 프로그램 카운터의 주소를 임시로 저장하는 레지스터를 무엇이라 하는가?
가. 명령 레지스터
나. 기억장치 주소 레지스터
다. 기억장치 버퍼 레지스터
라. 스택 포인터

정답 라

해설 인터럽트
1. 시스템의 예기치 않은 상황이 발생한 것을 인터럽트라고 하며 인터럽트 복귀주소 저장은 스택 포인터에 한다.
2. 인터럽트 처리과정
　(가) 인터럽트 발생
　(나) Program Counter값을 제어스택에 저장
　(다) 서브루틴의 시작주소 값을 PC에 적재
　(라) 인터럽트 처리
　(마) 스택에 저장했던 정보 로드
　(바) 저장했던 Program counter값 복구

89 다음 중 무선국의 개설 허가 시 심사하는 사항이 아닌 것은?
가. 주파수지정이 가능한지 여부
나. 무선설비가 기술기준에 적합한지 여부
다. 재허가가 가능한지 여부
라. 무선종사자의 배치계획이 자격·정원배치에 적합한지 여부

정답 다

해설 무선국 개설허가 심사항목
1. 주파수지정이 가능한지의 여부
2. 설치·운용할 무선설비가 가능한지의 여부
3. 무선종사자의 배치계획이 자격·정원배치기준에 적합한지 여부
4. 무선국의 개설조건에 적합한지의 여부

90. 다음 사항 중 위탁운용 또는 공동 사용할 수 있는 무선설비에 해당되지 않는 것은?
   가. 송신설비 및 수신설비
   나. 방송통신위원회가 정하는 실험국의 무선설비
   다. 무선국의 공중선주
   라. 시설자가 동일한 무선국의 무선설비

   정답 나

   해설 무선국의 위탁운용 또는 공동사용
   1. 시설자가 동일한 무선국의 무선설비
   2. 송신설비 및 수신설비
   3. 무선국의 공중선주

91. 다음 마이크로프로세서의 명령인출 과정을 올바르게 나열한 것은?

   ㉠ 기억장치 버퍼레지스터(MBR) ㉡ 기억장치 주소 레지스터(MAR) ㉢ 프로그램 카운터(PC) ㉣ 명령 레지스터(IR)

   가. IR→ MBR→ MAR→ PC
   나. PC→ MBR→ MAR→ IR
   다. PC→ MAR→ MBR→ IR
   라. IR→ MAR→ MBR→ PC

   정답 다

   해설 명령인출(Fetch Cycle)
   1. 기억장치내의 지정된 주소에서 명령어가 제어장치에 호출되어 해독되는 과정임
      (가) PC → MAR
         : PC의 내용을 MAR로 전송
      (나) MAR → MBR (PC+1 → PC)
         : 주소가 지정하는 기억장치로부터 읽혀진
           명령어가 MBR에 적재
      (다) MBR → IR
         : MBR의 명령어가 레지스터(IR)로 이동

92. 다음 지문은 운영체제의 4가지 목적 중 한 가지를 설명한 것이다. 어떠한 것에 대한 설명인가?

   > 컴퓨터 시스템 사용 시 어느 정도로 빨리 이용할 수 있는지를 나타내는 것으로서, 시스템 자체에 이상이 생겼을 경우, 즉시 회복하여 사용할 수 있는지를 알 수 있다.

   가. 응답시간의 단축
   나. 처리 능력 향상
   다. 사용가능성
   라. 자원 스케줄링 기능

   정답 다

   해설 운영체제의 목적

사용자의 편의성	시스템의 성능향상
처리시간의 향상	단위시간당 처리량 많음
응답시간의 단축	결과의 응답시간 단축
신뢰성의 향상	올바른 결과를 낼 수 있음
사용가능도의 향상	컴퓨터의 재이용성 향상

93. 우주국과 통신을 하기 위하여 지구에 개설한 무선국은?
   가. 우주국   나. 위성국
   다. 지구국   라. 지구우주국

   정답 다

   해설 위성 우주통신
   1. "지구국"이라 함은 우주국과 통신을 하기 위하여 지구에 개설한 무선국을 말한다.
   * 위성안테나, 송신기, 제어기(증폭기)로 구성됨

2011년 무선설비기사 기출문제

94 전파법에 따라 적합성평가를 받은 기자재가 적합성평가 기준대로 조사 또는 시험하는 행위는 다음 중 어느 것에 해당되는가?
가. 사전관리   나. 사후관리
다. 인증관리   라. 기기관리

정답 나

해설 전파법
1. 인증관리
   : 형식검정 또는 형식등록 및 전자파적합등록을 행사는 (무선기기) 관리업무임
2. 사후관리
   : 전파법에 따라 기기의 인정에 관한 사항의 이행 여부를 조사 또는 시험하는 행위를 말한다.

95 전파형식의 표시 "16K0G3EJN"에서 기호 및 문자의 설명이 틀린 것은?
가. 16K0는 필요주파수대폭을 나타냄
나. G는 주반송파가 위상변조된 발사전파를 나타냄
다. 3은 주반송파를 변조시키는 신호특성이 아날로그정보를 포함하는 단일채널 나타냄
라. E는 송신할 정보의 전신 형태를 나타냄

정답 라

해설 전파형식
1. $16K0$는 필요주파수대폭을 나타냄
2. G는 주반송파가 위상 변조된 발사전파를 나타냄
3. 3은 주반송파를 변조시키는 신호특성이 아날로그 정보를 포함하는 단일채널을 나타냄
4. E는 송신할 정보가 전화(음향방송포함)의 형태임을 나타냄

96 가상기억장치 구현방법의 한 가지로, 기억 장치를 동일한 크기의 페이지 단위로 나누고 페이지 단위로 주소 변환 및 대체를 하는 방식은??
가. 논리 메모리 분할 기법
나. 페이징 기법
다. 스케줄링 기법
라. 세그먼테이션 기법

정답 나

해설 기억장치 관리
1. 다중프로그래밍의 정도를 높이고 효율적으로 주기억장치를 관리하여 시스템 성능을 향상
2. 가상기억장치 관리기법
   (가) 페이징 기법
      : 페이지단위(블록크기 일정)로 기억장치를 구성하는 방식임
   (나) 세그먼테이션 기법
      : 세그먼테이션(블록크기 다름)로 기억장치를 구성하는 방식임

97 대기 중인 프로세서가 요청한 자원들이 다른 대기 중인 프로세스에 의해서 점유되어 다시 프로세스 상태를 변경시킬 수 없는 경우가 발생하게 되는데 이러한 상황을 무엇이라고 하는가?
가. 한계 버퍼문제   나. 교착상태
다. 페이지 부재상태 라. 스래싱(Thrashing)

정답 나

해설 교착상태(Deadlock)
1. 프로세스가 작업을 계속할 수 없는 상태를 말함
2. 다중프로그램 상에서 자원을 공유할 때, 프로세스간의 충돌 또는 지연되는 현상을 말함
3. 교착상태를 해결하기 위해 교착상태예방, 교착상태 회피 방법을 사용함

98. 항공기가 활주로에 착륙을 하고자 할 때 활주로로부터 떨어진 거리정보를 항공기에 제공하는 무선설비를 무엇이라 하는가?
   가. 로컬라이저(Localizer)
   나. 글라이드패스(Glide pass)
   다. 마커비콘(Marker beacon)
   라. 계기착륙시설(ILS)

   정답 다

   해설 항공기설비

설 비	정 의
로컬라이저	활주로 중심선의 연장면(VHF이용)
글라이드패스	착륙시 올바른 코스 지시(UHF이용)
마커비콘	착륙준비시 활주로까지 거리통보
계기착륙시설	ILS(항공기에 정보제공) GCA(지상조정을 위한 레이더장치)

99. 다음 보기의 기억장치들을 속도가 가장 빠른 것에서 느린 순서대로 나열하고 있는 것은?

   (1)캐쉬 (2)보조기억장치 (3)주기억장치
   (4)레지스터 (5)디스크 캐쉬

   가. (4)-(3)-(1)-(5)-(2)
   나. (4)-(5)-(3)-(1)-(2)
   다. (4)-(1)-(3)-(5)-(2)
   라. (4)-(5)-(1)-(3)-(2)

   정답 다

   해설 기억장치 접근속도
   1. 레지스터 > 캐시메모리 > 주기억장치 > 버퍼 > 보조기억장치 > 자기테이프 순으로 "레지스터"가 가장 빠름
   2. 기억장치의 용량은 보조기억장치(자기테이프) > 주기억장치(DRAM) > 캐시메모리(SRAM) > 레지스터 순으로 "보조기억장치"가 가장 큼
   * '디스크캐시'는 '디스크버퍼'로도 불린다.

100. 무선설비의 기술기준에 있어서 공중선계가 충족하지 않아도 되는 것은?
   가. 공중선 이득이 높을 것
   나. 신호의 반사손실이 최소화 되도록 할 것
   다. 신호의 흡수손실이 최소화 되도록 할 것
   라. 지향성은 복사되는 전력이 목표하는 방향을 벗어나지 않도록 안정적일 것

   정답 다

   해설 공중선계의 조건
   1. 공중선은 이득이 높을 것
   2. 정합은 신호의 반사손실이 최소화되도록 할 것
   3. 지향성은 복사되는 전력이 목표하는 방향을 벗어나지 아니하도록 안정적일 것

국가기술자격검정 필기시험문제

2011년 기사4회 필기시험

국가기술자격검정 필기시험문제

2011년 기사4회 필기시험

자격종목 및 등급(선택분야)	종목코드	시험시간	형 별	수검번호	성 별
무선설비기사		2시간 30분	1형		

제1과목 디지털 전자회로

01 교류입력에 대해 브리지 정류기의 다이오드 동작 조건에 대한 설명으로 적절한 것은?
가. 한 개의 다이오드가 순방향 바이어스이다.
나. 두 개의 다이오드가 순방향 바이어스이다.
다. 모든 다이오드가 순방향 바이어스이다.
라. 모든 다이오드가 역방향 바이어스이다.

정답 나

[해설] 브리지(Bridge) 정류 회로
교류 입력 전압의 (+) 반주기 동안에는 D_2 과 D_3 가 동작하고, (−) 반주기 동안에는 D_1와 D_4 로 동작하여 전류가 흐른다.

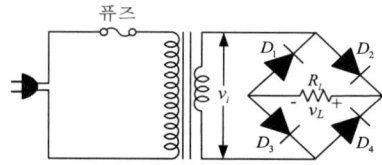

02 다음 회로에서 맥동률을 개선하고자 한다. 가장 관련 있는 것은?

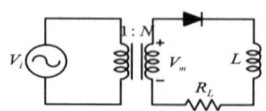

가. R_L 나. N
다. V_i 라. V_m

정답 가

[해설] 맥동률(Ripple Factor)
$$r \propto \frac{1}{L, R_L, f}$$

03 정류회로의 부하에 병렬로 연결한 용량성 평활 회로에서 부하저항의 감소에 따른 리플 전압의 변화로 적절한 것은?
가. 리플의 증가
나. 리플의 감소
다. 리플의 증가와 감소가 반복
라. 변화가 없다.

정답 가

[해설] 용량성 평활회로의 맥동률
$$r \propto \frac{1}{L, C, R_L, f}$$

04 다음 등가회로와 관련된 트랜지스터 증폭기 회로의 특징으로 틀린 것은?

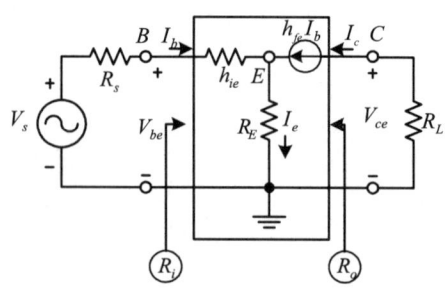

가. 전압이득은 공통 이미터 증폭기 회로와 동일하다.
나. 전류이득은 공통 이미터 증폭기 회로와 동일하다.
다. 입력저항 R_i가 매우 크다.
라. 출력저항 R_o가 매우 크다.

정답 가

[해설] R_E 저항을 갖는 CE 증폭회로의 전압이득
$$A_v = \frac{V_0}{V_i} = \frac{-h_{fe}I_b \cdot R_L}{h_{ie}I_b + (1+h_{fe})R_E I_b}$$
$$= \frac{-h_{fe}R_L}{h_{ie}+(1+h_{fe})R_E} \fallingdotseq \frac{R_L}{R_E}(h_{fe} \gg h_{ie})$$

CE 회로에 비해 전압 이득은 감소한다.

05 다음은 BJT 증폭기 회로를 나타내었다. 커패시터 C_E를 사용한 목적으로 적절한 것은?

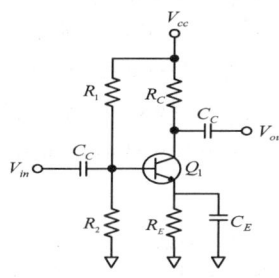

가. 증폭기의 이득을 증가시킨다.
나. 리플성분을 감소시킨다.
다. 직류성분을 통과시킨다.
라. 병렬궤환을 발생한다.

정답 가

[해설] Emitter측의 By-Pass 콘덴서 C_E 는 Emitter 저항에 나타난 전압에 의해 일어나는 부궤환으로 전압이득 저하가 발생하는 것을 방지하는데 있다.

06 다음은 궤환율이 0.04인 부궤환 증폭기 회로이다. 저항 R_f는?

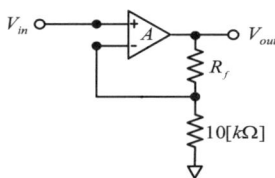

가. 200[kΩ]   나. 20[kΩ]
다. 24[kΩ]   라. 240[kΩ]

정답 라

[해설] 비반전 증폭기 궤환율
$$\beta = \frac{V_f}{V_0} = \frac{R}{R+R_f}$$
$$= \frac{10[kΩ]}{10[kΩ]+R_f} = 0.04 \text{ 이므로}$$
$$\therefore R_f = 240[kΩ]$$

07 이상적인 차동증폭기의 동상제거비(CMRR)는?
가. 0   나. 1
다. -1 라. ∞

정답 라

[해설] 이상적인 연산 증폭기의 동상(잡음)제거비
$$CMRR = \frac{A_d(\text{차동신호이득})}{A_c(\text{동상신호이득})}$$
차동 신호의 전압 이득 $A_d = \infty$
동상 신호에 대한 전압 이득 $A_c = 0$
동상(잡음)제거비 CMRR $= \infty$

08 그림과 같은 회로에 대한 설명 중 옳은 것은?

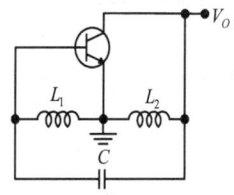

가. 콜피츠 발진회로이다.
나. VHF대나 UHF대에서 많이 사용된다.
다. 부궤환을 적용하였다.
라. 하틀리 발진회로이다.

정답 라

[해설] 궤환회로가 L_2, L_3 나 C_2 로 구성된 하틀리 발진회로로 장중파, 단파 대역에서 주로 사용된다.

09 다음 그림은 콜피츠발진회로를 변형한 클랩발진회로이다. 안정주파수를 열기 위해 C_1, C_2를 C_3에 비해 매우 크게 하였을 때 발진회로의 발진주파수는?
(단, $C_3 = 0.001[\mu F]$, $L = 1[mH]$)

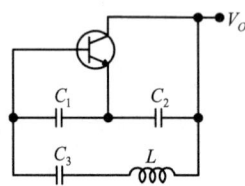

가. 약 150[kHz] 나. 약 153[kHz]
다. 약 156[kHz] 라. 약 159[kHz]

정답 라

해설 클랩(Clap) 발진기 발진주파수

$$f_o = \frac{1}{2\pi\sqrt{LC_3}} = \frac{1}{2\pi\sqrt{(1\times 10^{-3})\times(0.001\times 10^{-6})}}$$

$= 159[KHz]$

10 변조도 80[%]로 진폭 변조한 피변조파에서 반송파의 전력 P_C와 상측파대 또는 하측파대의 전력 P_S와의 비율은?
가. 1 : 0.8   나. 1 : 0.55
다. 1 : 0.33   라. 1 : 0.16

정답 라

해설 AM(DSB-LC)변조의 출력전력

$$P_m = (1 + \frac{m^2}{2})P_C$$

반송파 : 상측파 : 하측파 전력비

반송파전력	상측파전력	하측파전력
P_C	$(\frac{m^2}{4})P_C$	$(\frac{m^2}{4})P_C$

m = 0.8 일때, 반송파대 상측파, 하측파의 전력비는 1 : 0.16 : 0.16이다.

11 DPSK 복조에 주로 이용되는 방식은?
가. 포락선 검파   나. 동기검파
다. 비동기식 검파 라. 차동위상 검파

정답 라

해설 DPSK는 비동기 복조가 가능한 차동위상검파 방식을 사용한다.

12 다음 회로 중 결합 상태가 직류로 구성된 멀티바이브레이터 회로는?
가. 비안정 멀티바이브레이터
나. 단안정 멀티바이브레이터
다. 쌍안정 멀티바이브레이터
라. 비쌍안정 멀티바이브레이터

정답 다

해설 멀티 바이브레이터(Multivibrator)
멀티바이브레이터는 결합회로의 구조에 따라 다음 3가지로 구분된다.

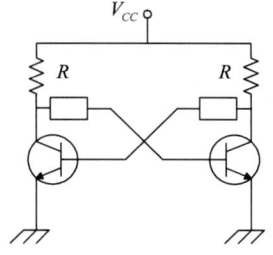

구분	결합소자	결합상태	안정
쌍안정 MV	R+R	DC적+DC적	2개
단안정 MV	R+C	DC적+AC적	1개
비안정 MV	C+C	AC적+AC적	없음

13 그림과 같은 클램핑 회로의 출력 파형은?

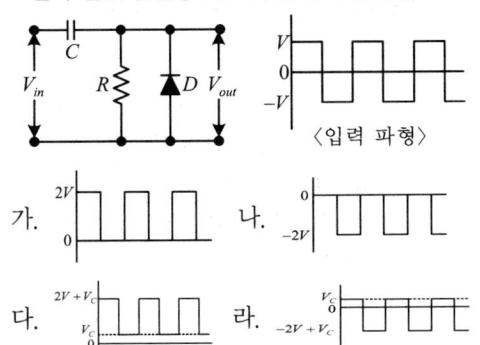

정답 가

해설 정의 클램프 회로

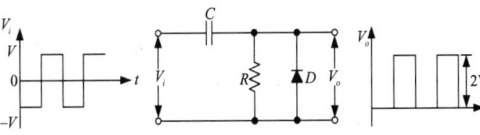

14 그림과 같은 다이오드 게이트의 출력값은?

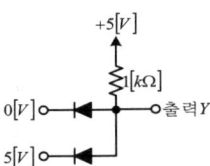

가. 0[V] 나. 5[V]
다. 약4.3[V] 라. 10[V]

정답 가

해설 AND 논리게이트

A	B	Y
0	0	0
0	1	0
1	0	0
1	1	1

15 불 대수식 $A(\overline{A}+B)$를 간단히 하면?
가. A 나. B
다. AB 라. $A+B$

정답 다

해설 부울식 간소화
$A(\overline{A}+B) = A\overline{A} + AB = AB$

16 다음 중 플립플롭과 관계가 없는 것은?
가. Decoder 나. RAM
다. Register 라. Counter

정답 가

해설 플립플롭은 카운터, 레지스터, RAM 등에 사용된다.
디코더는 게이트만으로 구성된 조합논리회로이다.

17 8[MHz] 구형파를 카운터의 입력으로 인가할 때 250[kHz]를 얻기 위해 필요한 카운터의 비트수는 얼마인가?
가. 2비트 나. 3비트
다. 5비트 라. 4비트

정답 다

해설 분주비 $M = \dfrac{8[\text{MHz}]}{250[\text{KHz}]} = 32$
$n = \log_2 32 = 5$
분주비가 32이므로 필요한 카운터의 비트수는 5비트가 필요하다.

18 다음 논리도는 무슨회로인가?

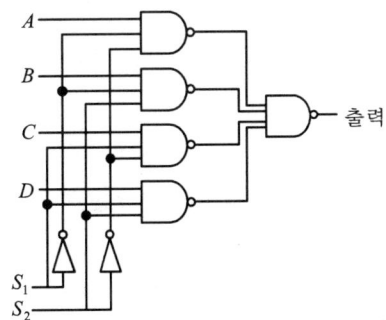

가. 멀티플렉서(multiplexer)
나. 디멀티플렉서(demultiplexer)
다. 인코더(encoder)
라. 디코더(decoder)

정답 가

[해설] 멀티플렉서는 몇 개의 입력 신호 가운데서 하나를 선택하여 출력회로에 접속하는 역할을 하는 데이터 선택회로 (data selector)이다.

19 다음 회로는 무엇을 가리키는가?

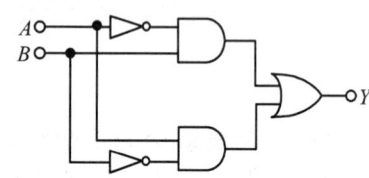

가. 배타적 논리합 회로(Exclusive-OR)
나. 감산기(Subtractor)
다. 반가산기(Half adder)
라. 전가산기(Full adder)

[정답] 가

[해설] 배타적 논리합 회로(Exclusive-OR)
$Y = (A+B)\overline{(AB)} = A\overline{B} + \overline{A}B = A \oplus B$

A	B	Y
0	0	0
0	1	1
1	0	1
1	1	0

20 다음 중 보수 발생기가 필요한 회로는?
가. 일치 회로   나. 가산 회로
다. 나눗셈 회로   라. 곱셈 회로

[정답] 다

[해설] 2의 보수를 이용해 나눗셈 연산을 수행한다.

제2과목 무선통신기기

21 AM송신기에서 원 발진 주파수가 30[MHz]이고 3단의 체배단을 사용할 때 제1단은 doubler, 제2단은 tripler, 제3단은 push-pull 전력 증폭회로를 사용하면 출력단의 반송파 주파수는?
가. 90[MHz]   나. 180[MHz]
다. 360[MHz]   라. 540[MHz]

[정답] 라

[해설] 30[MHz] 입력 → Doubler → 60[MHz] → Tripler
→180[MHz] → Push-Pull → 540[MHz]
* Push-Pull 증폭기는 우수고조파(2차, 4차)가 상쇄되므로, 3차(540[MHz]), 5차(900[MHz])가 발생

22 수신 주파수가 850[kHz]이고 국부발진주파수가 1,305[kHz]일 때 영상 주파수는 몇[kHz]인가?
가. 790[kHz]   나. 1,020[kHz]
다. 1,760[kHz]   라. 2,155[kHz]

[정답] 다

[해설] 영상주파수(Image Frequency)의 정의
: 중간주파수의 2배에 해당하는 반송파가 입력되면 가상의 영상주파수(Image Frequency)가 출력되는 슈퍼헤테로다인 수신기의 가장 큰 단점이다.

* 영상주파수 = 수신주파수 + (2×중간주파수)
* 중간주파수 = 국부발진주파수 - 수신주파수

∴ 영상주파수 = 850+(2×455) = 1,760[KHz]

23 수퍼헤테로다인 수신기의 특징 중 옳은 것은?
　가. 수신기의 이득이 낮다.
　나. 회로가 간단하고 조정이 쉽다.
　다. 국부 발진기의 안정도가 저주파에서 저하된다.
　라. 영상신호의 방해를 받을 수 있다.

　　　　　　　　　　　　　　　정답 라

[해설] 슈퍼 헤테로다인 수신기의 가장 큰 단점은 영상주파수(Image Frequency)가 발생되는 것이다.

24 다음중 PLL(Phase Locked Loop)의 용도가 아닌 것은?
　가. AM 신호의 복조
　나. FSK 변·복조회로
　다. PCM 신호의 복조
　라. FM 신호의 복조

　　　　　　　　　　　　　　　정답 다

[해설] PLL은 발진기, Loop Filter, Phase Detector로 구성되어 동기복조기 와 주파수합성기로 사용된다.
PLL은 AM변조의 SSB, FSK, FM, PSK 복조에 사용
* PCM신호의 복조는 가산기를 사용함

25 주파수가 50[kHz]인 정현파 신호를 100[MHz]의 반송파로써 주파수 변조하여 최대주파수편이가 500[kHz]가 되었다고 하자. 발생된 FM 신호의 대역폭과 FM 변조지수는 각각 얼마인가?
　가. 1,100[kHz], 10　　나. 1,200[kHz], 15
　다. 0[kHz], 20　　　　라. 1,800[kHz], 20

　　　　　　　　　　　　　　　정답 가

[해설] FM 변조지수
$$\beta_f = \frac{\triangle f}{f_m} = \frac{500[KHz]}{50[KHz]} = 10$$

FM 신호의 대역폭 (카슨의 대역폭)
$$B = 2(f_m + \triangle f) = 2(50 + 500) = 1,100[KHz]$$

26 FM 수신기의 구성에 해당되지 않는 것은?
　가. 주파수 변별기
　나. 스켈치 회로
　다. 프리 엠퍼시스 회로
　라. 진폭제한기

　　　　　　　　　　　　　　　정답 다

[해설] FM수신기의 구성요소
: FM수신기는 고주파증폭기, 진폭제한기, 주파수 변별기, 디엠파시스, 스켈치회로, 저주파증폭기로 구성된다.
* 프리엠파시스 회로는 송신기 회로임

27 CDMA(Code Division Multiple Access)의 특징 중 맞는 것은?
　가. 수신기의 하드웨어가 단순해진다.
　나. 고도의 전압제어 기술이 요구된다.
　다. 주파수 및 timing 계획이 필요하며 주파수 사용효율이 높다.
　라. 서로 직교관계에 있는 부호를 할당한다.

　　　　　　　　　　　　　　　정답 라

[해설] CDMA방식의 특징
1. 수신기의 하드웨어가 복잡해 짐
2. 고도의 전력제어 기술이 요구됨
3. 주파수 재사용 계수=1 (주파수 사용효율이 높음)
4. 완전히 직교하는 코드를 할당하여 사용함
5. 광대역특성이 요구되며, 잡음에 강인함

28 다음 중 레이더를 설명한 것으로 가장 적합한 것은?
　가. 이동통신용으로 많이 이용한다.
　나. 항공기나 선박 등에서 많이 이용한다.
　다. 관제용으로 많이 이용하였으나 요즘에는 사용하지 않는다.
　라. 데이터 통신을 이용한다.

　　　　　　　　　　　　　　　정답 나

해설 레이다는 송신기, 수신기, 안테나로 구성된다. 송신기는 출력이 큰 마그네트론을 이용하고, 안테나는 지향성이 좋은 안테나를 사용한다. 레이다는 구현방식에 따라 펄스폭 레이다와 지속파 레이다로 구분된다.
주로, 항공기나 선박 등에서 사용된다.

29 다음은 축전지의 용량을 설명한 것이다. 올바른 것은?
  가. 극판의 면적이 넓으면 커진다.
  나. 전해액의 농도가 낮으면 커진다.
  다. 전해액의 온도가 낮으면 커진다.
  라. 극판의 수를 적게 할수록 커진다.

정답 가

해설 축전지 용량
  : 극판의 면적 클수록 커지고, 온도 및 전해액의 농도가 높을수록 커진다.

30 축전지 취급상의 주의할 점이 아닌 것은?
  가. 방전한 상태로 방치하지 말 것
  나. 충전은 규정 전류로 규정 시간에 할 것
  다. 축전지의 전압이 약 1.0[V], 비중 0.5가 되면 방전을 정지시키고 곧 충전을 할 것
  라. 극판이 전해액 면에서 노출하지 않을 정도로 전해액을 보충해 둘 것

정답 다

해설 축전지 취급시 주의사항
  1. 방전직후 곧 충전 해야 함
  2. 충전할 때 온도와 비중에 주의해야 함
  3. 충전은 규정전류로 규정시간동안 해야 함
  4. 전해액은 언제나 극판위에 차이게 해야 함
  5. 극판이 전해액 면에서 노출하지 않을 정도로 전해액을 보충해야 함

31 다음 중 UPS의 구성요소가 아닌 것은?
  가. 증폭부   나. 정류부
  다. 인버터부   라. 축전지

정답 가

해설 UPS(Uninterruptible Power Supply)의 정의
  : 전압변동 및 주파수 변동 등 각종 장애로부터 기기를 보호하고 양질의 전기를 공급하는 전원설비이다. 정류부, 인버터부, 축전지로 구성된다.

32 다음은 UPS의 On-Line 방식에 대해 설명한 것이다. 잘못된 것은?
  가. 상용전원을 그대로 출력으로 내보내며 축전지는 충전회로를 통해 충전한다.
  나. 상시 인버터 방식이라고도 한다.
  다. 항상 인버터 회로를 경유하여 출력으로 내보낸다.
  라. 출력이 안정되며 높은 정밀도를 가진다.

정답 가

해설 UPS((Uninterruptible Power Supply))의 종류

On-Line	• 정상 전원시에 상시인버터 방식 • 신뢰성을 요구하는 중용량 이상
Off-Line	• 정전시에 인버터를 동작하는 방식 • 서버전용 (소용량)
Line Interactive	• 축전지와 인버터 부분 항상접속

33 정격부하일 때 전압이 200[V], 무부하시 전압이 220[V]인 전원이 있을 때 전압 변동율은?
  가. 1[%]   나. 5[%]
  다. 10[%]   라. 20[%]

정답 다

해설 전압변동율
$$= \frac{\text{무부하시 출력전압} - \text{부하시 출력전압}}{\text{부하시 출력전압}} \times 100[\%]$$
$$= \frac{220-200}{200} \times 100[\%] = 10[\%]$$

34 단상 반파 정류 회로에서 출력전력에 대한 설명 중 올바른 것은?
가. 입력 전압의 제곱에 비례한다.
나. 입력전압에 비례한다.
다. 부하저항의 제곱에 반비례한다.
라. 부하저항의 제곱에 비례한다.

정답 가

해설 단상반파정류 회로특성

직류전류 $(I_{dc}) = \dfrac{V_m}{\pi(r_f + R_L)}$

(r_f : 다이오드순방향내부저항, R_L : 부하저항)

출력전력 $(P_{dc}) = I_{dc}^2 \cdot R_L = \left[\dfrac{V_m}{\pi(r_f + R_L)}\right]^2 \cdot R_L$

35 FM수신기의 감도 측정에는 어떤 측정 방법이 사용되는가?
가. 잡음 증가감도에 의한 측정방법
나. 이득 증가감도에 의한 측정방법
다. 잡음 억압감도에 의한 측정방법
라. 이득 억압감도에 의한 측정방법

정답 다

해설 FM수신기 감도측정방법
: 잡음 억압감도에 의한 측정방법을 사용한다.

36 무선 수신기에 수신되는 신호 중 원하는 신호를 끌어내는 능력에 해당하는 것은?
가. 선택도   나. 이득
다. 잡음   라. 감도

정답 가

해설 무선수신기 4대 특성

감 도	미약한 전파를 잘 수신할 수 있는 능력
선택도	혼신, 잡음 등을 분리하여 원하는 신호만 선택할 수 있는 능력
충실도	원신호를 정확하게 재생할 수 있는 능력
안정도	오랜 시간 동안 일정한 출력을 유지할 수 있는 능력

37 BER(Bit Error Rate)에 대한 다음 설명 중 틀린 것은?
가. 디지털 변복조 시스템의 성능을 평가하는 중요한 지표이다.
나. 채널의 잡음특성과도 관계가 깊다.
다. BER은 SNR과 정비례 관계를 갖는다.
라. 디지털 신호를 어떠한 방법으로 변조하느냐에 따라서도 차이가 많이 발생한다.

정답 다

해설 BER(Bit Error Rate)의 특성

1. 비트에러율 = $\dfrac{발생에러 비트수}{전송비트수}$
2. 디지털 변복조시스템의 성능평가 요소임
3. S/N이 높으면 BER이 증가되어 반비례 관계임

38 총 전송한 비트수가 10^7개이고 이중에 두 개의 비트에서 에러가 발생한 경우 BER은 얼마인가?
가. 10^{-5} 나. 5×10^{-6}
다. 2×10^{-7} 라. 10^{-8}

정답 다

해설 BER(Bit Error Rate)의 특성

1. 비트에러율 = $\dfrac{발생에러 비트수}{전송비트수}$

$\therefore \dfrac{2}{10^7} = 2 \times 10^{-7}$

39 안테나의 실효고를 바르게 설명한 것은?
가. 전류분포가 일정한 안테나 높이
나. 복사전력이 가장 작은 안테나 높이
다. 공전잡음이 가장 작은 안테나 높이
라. 전압분포가 0이 되는 안테나 높이

정답 가

해설 안테나 실효고의 정의
: 안테나의 전류분포가 일정한 안테나의 높이

수직접지안테나 실효고	다이폴 안테나 실효고
$\dfrac{\lambda}{2\pi}$	$\dfrac{\lambda}{\pi}$

40 축전지에 사용되는 AH(암페어시)는 무엇을 나타내는데 사용되는가?
  가. 축전지의 방전전류
  나. 축전지의 방전시간
  다. 축전지의 방전전압
  라. 축전지의 용량

정답 라

해설 축전지 용량
  1. AH(암페어/시) = 방전전류 x 방전시간
  2. WH(와트/시) = 방전전압 x 방전전류 x 방전시간

제3과목 안테나공학

41 전자파 발생 원리 중 "자계의 세기를 변화시키면 그 주위에 전류가 발생되고 발생된 전류는 자계의 변화를 방해하는 방향으로 흐른다." 이 문장에는 두 개의 법칙이 존재 한다. 맞는 것은?
  가. 오옴의 법칙, 나이퀘스트 정의
  나. 델린저 현상, 페이딩
  다. 패러데이 법칙, 렌츠의 법칙
  라. 암페어의 오른나사 법칙, 렌츠의 법칙

정답 다

해설

패러데이 법칙	렌츠의 법칙
$E = -\frac{\partial B}{\partial t}$ 시간적으로 변화 ($-\frac{\partial B}{\partial t}$) 되는 자계에 의해 전계(E,전류)발생	발생되는 전류는 자계의 변화를 방해 하는 방향으로 흐름 (렌츠의 힘)

42 다음 중 전파의 성질에 관한 설명 중 잘못된 것은?
  가. 전파는 횡파이다.
  나. 균일 매질 중을 전파하는 전파는 직진한다.
  다. 굴절률이 다른 매질의 경계면에서는 빛과 같이 굴절과 반사 작용이 있다.
  라. 주파수가 높을수록 회절 작용이 심하다.

정답 라

해설 전파의 성질
  1. 진행방향에 전계 와 자계가 없고 수직방향에 전계와 자계가 존재하는 경우는 TEM파 임
  2. 전파는 매질에 따라 속도가 변화됨
     $v = \frac{1}{\sqrt{\mu\varepsilon}}$ (μ : 투자율, ε : 유전율)
  3. 전파는 횡파, 음파는 종파임
  4. 군속도 x 위상속도 = (광속도)^2

43 다음 중 파장이 가장 짧은 주파수대는?
  가. UHF   나. VHF
  다. SHF   라. EHF

정답 라

해설 주파수대역

주파수대	주파수대역
VHF	30[MHz] ~ 300[MHz]
UHF	300[MHz] ~ 3[GHz]
SHF	3[GHz] ~ 30[GHz]
EHF	30[GHz] ~ 300[GHz]

* 파장은 $\frac{c}{f}$ 이므로 주파수가 높을수록 짧음

44 진행파에 관한 특징으로 옳지 않은 것은?
  가. 선로의 특성 임피던스와 부하가 정합되어 있을 때 진행파가 발생한다.
  나. 전송손실이 매우 적다.
  다. 전류, 전압의 분포는 선로상의 어느 위치에서나 대체로 동일하다.
  라. 전류, 전압의 위상은 선로상의 어느 위치에서나 대체로 동일하다.

정답 라

해설 진행파의 특징
1. 선로 특성임피던스와 부하임피던스가 정합시 발생
2. 정합이 되어 전송손실이 매우적음
3. 진행파는 반사파가 존재하지 않음
4. 전류, 전압의 분포는 선로상의 어느 위치에서나 대체로 동일함

45 다음 중 스미스 차트를 이용하여 구할 수 있는 것은?
가. 의율 계산   나. 데시벨 계산
다. 증폭도 계산   라. 어드미턴스 계산

정답 라

해설 Smith Chart를 사용하여 구할 수 있는 것은 반사계수, 전압정재파비, 정규화 임피던스 이다.

  * 어드미턴스 = 임피던스의 역수

46 비동조급전의 특징으로 옳지 않은 것은?
가. 급전선상에 진행파만 존재하도록 한다.
나. 장거리 전송에도 손실이 적고 전송 효율이 높다.
다. 송신기와 안테나와 거리가 멀 때 사용된다.
라. 정합장치가 필요 없다.

정답 라

해설 동조 급전선과 비동조 급전선의 비교
1. 동조 급전선 : 정재파가 분포되어 있는 급전선
  ① 급전선이 짧을 때 사용된다.
  ② 급전선상에 정재파를 발생시켜서 급전
  ③ 정합장치를 필요로 하지 않는다.
  ④ 전송효율은 급전선이 길어지면 나빠진다.

2. 비동조 급전선 : 진행파로 여진되는 급전선
  ① 급전선이 길이가 길 때 사용된다.
  ② 급전선 상에 정재파가 생기지 않도록 급전
  ③ 정합장치를 필요로 한다.
  ④ 정재파가 없어 손실 적고, 전송효율 양호

47 다음 중 진행파와 반사파가 모두 존재하는 급전선은?
가. 반사계수가 1인 급전선
나. 정규화 부하 임피던스가 1인 급전선
다. VSWR=1인 급전선
라. 무한장 급전선

정답 가

해설 반사계수 = 0 일 때 정합이며, 이때, 정재파비는 1이다. 반사계수=1 로 존재한다는 의미는 정재파 (진행파 + 반사파)가 존재함을 나타낸다.

48 도파관의 임피던스 정합 방법에 해당하지 않는 것은?
가. Stub에 의한 정합
나. 무반사 종단회로에 의한 정합
다. 도체 봉(post)에 의 한 정합
라. 방향성 결합기에 의한 정합

정답 라

해설 도파관의 임피던스 정합
1. λ/4 임피던스 변환기[Q 변성기]에 의한 정합
2. Stub에 의한 정합
3. 도파관창에 의한 정합
4. 도체봉에 의한 정합
5. 무반사 종단회로
6. 테이퍼(Taper)에 의한 정합
7. 아이솔레이터(Isolator)에 의한 정합

49 접지안테나의 손실저항 종류가 아닌 것은?
가. 접지저항
나. 도체저항
다. 유전체손실
라. 부하저항

정답 라

해설 안테나 효율 $\eta = \dfrac{복사저항}{복사저항 + 손실저항}$
손실저항이 작을수록 안테나능률이 향상 된다.

손실저항	특 징
접지저항	대지 와 안테나의 접촉저항
도체저항	안테나 도체 자신의 고주파저항
유전체손실	안테나주변의 유도체에 의한 손실
와전류손실	안테나주변의 도체내에 유기되는 고주파 와 전류에 의한 손실

50 길이 20[m]의 λ/4 수직 공중선의 고유파장과 고유주파수는 얼마인가?
가. λ : 40[m], f : 12[MHz]
나. λ : 80[m], f : 3,750[kHz]
다. λ : 40[m], f : 7,500[kHz]
라. λ : 80[m], f : 20[MHz]

정답 나

해설 수직 접지 안테나의 고유 파장 λ 는
$l = \dfrac{\lambda}{4}$, $20 = \dfrac{\lambda}{4}$ 따라서, $\lambda = 80[m]$
고유주파수 f 는
$\therefore f = \dfrac{c}{\lambda} = \dfrac{3 \times 10^8}{80[m]} = 3750[KHz]$

51 다음 중 수직편파 안테나가 아닌 것은?
가. 휩(Whip) 안테나
나. 브라운 안테나
다. 슈퍼 게인(Gain) 안테나
라. 원판 슬롯 안테나

정답 다

해설 슈퍼 게인(Super Gain)안테나
: TV송신용 안테나로 수평편파용 무지향성 안테나

52 이동체 움직임에 따라 수신신호 주파수가 변화하는 현상을 무엇이라 하는가?
가. 도플러현상   나. 채널간섭현상
다. 지역확산현상 라. 음영현상

정답 가

해설 도플러 효과의 정의
: 이동체의 움직임에 따라 주파수가 변화되는 현상을 도플러 효과라 한다. 이때 천이된 주파수의 편차를 도플러편이라 한다.
  * 레이다는 이를 역으로 이용한 장비임

53 수직편파 수평면내 무지향성 안테나로서 이득이 좋아서 이동통신 기지국용 안테나로 많이 사용하는 안테나는?
가. Alford 안테나
나. Braun 안테나
다. 환상 Slot 안테나
라. Collinear array 안테나

정답 라

해설 Collinear Array 안테나
: 다이폴안테나를 수직으로 array한 안테나 구조이다.

1. 동진폭, 동위상으로 여진함
2. 지향특성

수직면내 지향성	수평면내 지향성
8자 특성	무지향성

3. 안테나의 지향성을 예민하게 할 수 있음
4. 협대역 특성을 가짐
5. VHF대역 기지국 및 중계국용 안테나로 사용함

54 마이크로파 대역에서 주로 사용하는 지상파는?
가. 지표파   나. 직접파
다. 대지 반사파 라. 회절파

정답 나

[해설] 주파수 대역별 주전파

주파수	주 전파
장·중파	지표파
단파	전리층 반사파
극초단파	직접파 + 반사파
마이크로웨이브	직접파

55 지표파 전파의 특징과 관계없는 것은?
가. 지표면 요철에 별로 영향을 받지 않는다.
나. 대지의 도전율이 클수록 멀리 전파한다.
다. 주파수가 높을수록 멀리 전파한다.
라. 수직편파가 잘 전파한다.

정답 다

[해설] 지표파의 특성
1. 대지의 도전율이 클수록 감쇠가 적어진다.
2. 유전율이 작을수록 감쇠가 적어진다.
3. 전파는 해상에서 가장 잘 전파하여 평지, 구릉, 산악, 시가지, 사막 순으로 감쇠가 커진다.
4. 지표파는 장·중파대에서 감쇠가 적다.
5. 수평편파는 대지에서 단락되기 때문에 큰 감쇠를 받는다.

56 산악주위에서 AM방송이 FM방송보다 수신 상태가 좋은 것은 전파의 어떤 현상 때문인가?
가. 직진 나. 회절
다. 산란 라. 반사

정답 나

[해설] 회절현상은 파장이 긴 장중파에서 심하나 파장이 짧은 초단파에서도 볼 수 있다. 전파는 그 통로상의 장애물에 의해서 회절작용을 받아 수신전계는 그 장애물의 크기와 파장에 의해 강약을 나타낸다.
이런 영향을 미치는 장애물 구간의 거리를 Fresnel zone이라고 한다. 회절파는 직접파보다 전계강도가 작다. AM방송 (625KHz~1605KHz)은 FM방송(88MHz~108MHz)보다 낮은 주파수를 사용함

57 대기 중에서 비, 구름, 안개 등에 의한 전자파의 흡수 또는 산란 상태가 변화하기 때문에 발생하는 페이딩은?
가. 신틸레이션 페이딩
나. K형 페이딩
다. 감쇠형 페이딩
라. 산란형 페이딩

정답 다

[해설] 대류권 페이딩의 종류

페이딩 종류	특 징
K형 페이딩	대기높이의 굴절율 원인
덕트형 페이딩	전송로 상에 라디오덕트 형성
신틸레이션 페이딩	와류에 의한 공기뭉치 원인
감쇠형 페이딩	비,구름,안개 및 대기의 흡수
산란형 페이딩	전파의 퍼짐(Scattering)

58 전리층의 임계주파수가 4[MHz]이고 송수신점 간의 거리가 500[km]이며, 전리층의 겉보기 높이가 250[km] 일 때 MUF는 대략 얼마인가?
가. 4.3 [MHz] 나. 5.6[MHz]
다. 8.4[MHz] 라. 10.8[MHz]

정답 나

[해설] MUF(Maximum Usable Frequency) :

$$f_0 \sqrt{1+(\frac{d}{2h})^2}$$

(h : 겉보기 높이, f_0 : 임계주파수, d : 거리)

$$MVF = f_0 \sqrt{1+\left(\frac{d}{2h}\right)^2} = 4 \times 10^6 \sqrt{1+\left(\frac{500 \times 10^3}{2 \times 250 \times 10^3}\right)^2}$$
$$= 5.6[MHz]$$

59 전자파가 전리층을 통과하게 되면 지구 자계의 영향으로 편파면이 회전을 하게 되는데 이러한 현상을 무엇이라 하는가?
가. 도플러 효과 나. 패러데이 회전
다. 델린저 현상 라. 룩셈부르크 효과

정답 나

해설 ▸ 페러데이 회전
: 전자파가 전리층을 통과할 때 지구 자계의 영향으로 편파(수직, 수평, 우선, 좌선)면이 회전하는 현상을 말한다.
* 지상에서 수평/수직 편파를 발사하면 전리층을 통과하면서 타원편파로 변형됨(편파성 페이딩)

해설 ▸ 고조파의 방지책
1. 종단과 공중선계와의 결합회로는 고조파에 대하여 결합도가 떨어지도록 한다.
2. 동조회로의 Q를 될 수 있는 대로 크게 한다.
3. LPF, Trap 사용 또는, P-P 증폭회로 사용
4. 여진전압을 크게 하지 않는다.
5. π형 안테나 결합회로를 사용한다.

60 다음 중 백색잡음에 대한 설명으로 적합하지 않은 것은?
가. 레일리 분포특성을 보인다.
나. 열잡음이 대표적인 예이다.
다. 백색잡음은 신호에 더해지는 형태이다.
라. 주파수 전 대역에 걸쳐 전력스펙트럼밀도가 거의 일정하다.

정답 가

해설 ▸ 백색잡음의 정의
: 잡음 전력스펙트럼 밀도[W/Hz]가 전주파수에 걸쳐 균일하게 분포하는 잡음을 백색잡음이라 한다. 백색잡음의 대표적인 예는 AWGN(열잡음)으로 신호에 더해지는 잡음이다.
* 레일리분포 특성은 다중경로페이딩의 특성임

62 PCM에서 양자화 시 계단의 크기(step size)를 작게 하는 경우 양자화 잡음과 경사(구배)과부하 잡음은 각각 어떻게 되는가?
가. 양자화 잡음과 경사(구배)과부하 잡음 모두 작아진다.
나. 양자화 잡음과 경사(구배)과부하 잡음 모두 커진다.
다. 양자화 잡음은 작아지고 경사(구배)과부하 잡음은 커진다.
라. 양자화 잡음은 커지고 경사(구배)과부하 잡음은 작다.

정답 다

해설 ▸ 양자화 잡음 과 양자화 Step(2^n)의 관계
: 양자화 Step의 크기(Step Size)를 작게 할수록 양자화잡음은 작아지고, 경사과부하 잡음은 커진다.

제4과목 무선통신시스템

61 송신기에서 발사되는 고조파의 방사를 적게 하기 위한 방법이 아닌 것은?
가. 송신기 종단 동조 회로의 Q를 될 수 있는 대로 낮게 한다.
나. 종단과 공중선 사이에 결합회로(π)를 사용한다.
다. 급전선에 고조파에 대항 Trap 회로를 설치한다.
라. 여진 전압을 크게 하지 않는다.

정답 가

63 64진 QAM의 대역폭 효율은 얼마인가?
가. 2[bps/Hz] 나. 4[bps/Hz]
다. 6[bps/Hz] 라. 8[bps/Hz]

정답 다

해설 ▸ 대역폭 효율
$$n(전송비트수) = \frac{r_b(데이타신호속도)}{B(대역폭)}[bps/Hz]$$
$$n = \log_2 M$$
$$n = \log_2 64 = \log_2 2^6 = 6[bps/Hz]$$
∴ $6Bit\ 1Symbol$ 구조임

64 어떤 지역에 200개의 기지국이 시설되어 운용 중에 있다고 가정한다면 1.8[Ghz]대의 트래픽 수용용량은?
(단, 1FA당 트래픽 수용용량은 2,294이다)
가. 4,129   나. 45,850
다. 458,800   라. 1,032,300

정답 다

해설 트래픽 수용용량 = 기지국 수 × 1FA당 수용용량
= 200 × 2,294 = 458,800명

65 위성 통신의 다중 접속 방식 중 간섭 및 방해에 가장 강한 방식은?
가. 부호분할 다중접속(CDMA)
나. 주파수분할 다중접속(FDMA)
다. 시분할 다중접속(TDMA)
라. 임의 접속 방식(RDMA)

정답 가

해설 CDMA(코드분할 다중접속)정의
: 각 사용자가 고유의 확산부호를 할당받아 송신 신호를 스펙트럼 확산 부호화 하여 전송하면, 사용자 확산부호를 알고 있는 수신기에서 이를 복원하는 방식으로 확산대역 다중접속(SSMA : Spread Spectrum Multiple Access) 이라고도 한다.

66 정지 위성 통신 시스템의 특징이 아닌 것은?
가. 고품질, 광대역 통신에 적합하다.
나. 극지방을 포함한 전 세계 서비스 가능하다.
다. 에러율이 작아 안정된 대용량 통신이 가능
라. 24시간 연속 통신이 가능하다.

정답 나

해설 정지위성통신의 특징
1. 광역 통신에 적합하다.
2. 고품질 광대역 통신에 적합하다.
3. 다원 접속이 가능하다.
4. 전파손실이 크다. (단점)
5. 전파 지연 시간이 문제가 된다.(단점) [0.25(sec)]
6. 극지방을 제외한 전세계 서비스가 가능하다.

67 이동전화망에서 단말기가 한 셀에서 다른 셀로 이동할 때 통신하던 기지국과의 통신을 끊고 새로운 기지국과 통신을 시작하게 되는데, 이런 상황을 무엇이라고 하는가?
가. 전력제어   나. 핸드오프
다. 페이딩 현상   라. 도플러 현상

정답 나

해설 핸드오프의 정의
: 일반적으로 도심의 기지국은 3섹터로 구성되는데 섹터간 전파가 겹치는 지역에서 통화가 이루어지면 한 기지국의 두 섹터를 통해 통화가 이루어지는데 이를 소프터 핸드오프라고 한다.

셀(Cell)간 핸드오프	섹터(Sector)간 핸드오프
소프트 핸드오프	소프터 핸드오프

68 다음 스펙트럼 확산(spread spectrum) 변조방식에 관한 설명 중 틀린 것은?
가. 혼신, 방해, 페이딩 등에 강하다.
나. 복조는 일반적으로 비동기 방식을 사용한다.
다. 확산계수가 클수록 비화성이 우수하다.
라. 확산된 신호의 전력밀도가 낮다.

정답 나

해설 스펙트럼 확산기술의 종류에는 직접확산(DS), 주파수호핑(FH), 시간호핑(TH), chirp방식이 있음.
1. 직접확산 다원접속(DSSS)의 특징
  - 혼신, 방해 및 잡음 등에 강함
  - 확산된 신호의 전력밀도가 낮음
  - 확산계수가 클수록 비화성이 우수함
  - 주로 이동통신 CDMA방식에서 사용됨

69 CDMA 이동통신 시스템이 주파수 재사용 계수가 1이고, 25[MHz]의 대역폭, 1.25[MHz]의 채널 대역폭, RF 채널당 38개의 호 등이 주어졌을 때 셀당 허용 가능한 최대 호(call) 수는?
가. 380   나. 570
다. 760   라. 950

정답 다

해설) $\dfrac{사용대역폭}{채널대역폭} = \dfrac{25[MHz]}{1.25[MHz]} = 20[채널]$

최대호수 = 채널수 × 채널당 호수 × 주파수 재사용 계수
= 20 × 38 × 1 = 760[호]

주요요소	특징
구문(Syntax)	데이터의 구조 나 형식, 부호화의 방법 등 정의함
의미(Semantics)	오류제어, 동기제어, 흐름제어 같은 제어절차를 정의함
타이밍(Timing)	양단(end to end)의 통신 속도나 순서 등을 정의함

70 다음 중 무선 LAN의 특징으로 적합하지 않은 것은?

가. 복잡한 배선이 필요 없다.
나. 단말기의 재배치가 용이하다.
다. 일반적으로 유선 LAN에 비하여 상대적으로 높은 전송속도를 낸다.
라. 신호간섭이 발생할 수 있다.

정답 다

해설) 무선랜(WLAN)의 특성
1. 무선이므로 외부잡음영향 이나 신호간섭에 민감
2. 복잡한 배선이 요구되지 않음(망구성 용이)
3. 매체접근제어는 CSMA/CA 방식을 사용함
4. DSSS(직접확산)방식(IEEE802.11b) 과 OFDM (IEEE802.11b,g,n)을 사용함

71 프로토콜에 대한 다음 설명 중 빈 칸에 적당한 것은?

프로토콜은 두 지점 간의 통신을 원활히 수행할 수 있도록 하는 통신상의 ( )들의 집합이다.

가. 규약 나. 링크
다. 요소 라. 기능

정답 가

해설) 프로토콜(Protocol)의 정의
: 통신 회선을 이용하여 컴퓨터 와 컴퓨터 사이에서 데이터를 주고받기 위해 정한 통신규약이다.

72 WCDMA 채널 구조 중에 무선인터페이스 프로토콜의 설명이다. 다음 중 해당하는 것은?

이 프로토콜은 단말과 무선액세스 네트워크 사이의 패킷의 분할과 재전송을 담당한다.

가. RLC(Radio Local Control)
나. RRC(Radio Radio Control)
다. RLC(Radio Link Control)
라. RRC(Radio Resource Control)

정답 다

해설) RLC의 정의
: WCDMA채널구조에서 단말과 무선엑세스 네트워크 사이의 패킷의 분할과 재전송을 담당하는 무선링크 제어 프로토콜이다.

73 다음 중 하나의 통신 경로를 다수의 사용자들이 동시에 사용할 수 있게 해주는 프로토콜 기능은?

가. 주소 결정 나. 캡슐화
다. 접속 제어 라. 다중화

정답 라

해설) 다중화(Multiplexing),의 정의
: 하나의 통신경로를 다수의 사용자에게 효율적으로 분배해 주기위한 기능이다. CDMA, FDMA, TDMA 방식이 대표적이다.

74 다음의 설명에 해당되는 프로토콜 요소는 어느 것인가?

> 효율적이고 정확한 전송을 위한 개체간 제어와 오류 복원을 위한 제어 정보 등을 규정한다.

가. 의미(semantics) 나. 구문(syntax)
다. 순서(timing)   라. 연결(connection)

정답 가

해설 프로토콜(Protocol)의 정의
: 통신 회선을 이용하여 컴퓨터와 컴퓨터, 컴퓨터와 단말 사이 (통신 하는 두점 사이)에서 데이터를 주고받기위해 정한 통신규약이다.

75 다음의 ASCII 제어문자 중에서 수신기로부터 송신기로 긍정적인 응답을 보내기 위한 것은?

가. NAK   나. ENQ
다. ACK   라. EOT

정답 다

해설 문자방식 프로토콜의 전송제어문자

부호	명칭	기능
SYN	Synchronous Idle	문자동기
SOH	Start Of Heading	시작
STX	Start of Text	종료
ETX	End of Text	Text 끝
ETB	End of Transmission Block	Block 끝
EOT	End Of Transmission	전송 끝
ENQ	Enquiry	회선사용요구
DLE	Data Link Escape	Option 제어
ACK	Acknowledge	긍정응답
NAK	Negative Acknowledge	부정응답

76 애드혹 네트워크(Ad-hoc Network)에 대한 설명이 옳은 것은?

가. 네트워크의 구성 및 유지를 위한 기지국이 필요
나. 독립형 네트워크를 구성할 수 없음
다. 특정 호스트가 라우팅 기능 담당
라. 네트워크 토폴로지가 동적으로 변함

정답 라

해설 Ad-Hoc 네트워크의 정의
: 네트워크 토폴로지가 동적으로 변화하는 망을 말한다.

77 방송국의 공중선 전력이 5[kW]에서 20[kW]로 증가되면 전계 강도는 몇 배가 되는가?

가. 16배   나. $\frac{1}{16}$배
다. 2배   라. $\frac{1}{4}$배

정답 다

해설 자유공간의 전계강도 $E = \frac{K\sqrt{P}}{d}$ 이므로
$E \propto \sqrt{P}$
P가 4배 증가되면, E는 2배 증가한다.

78 무선통신시스템에서 전송용량이 10,000[bps]이고, 신호대 잡음 비(S/N)가 15일 때 필요한 대역폭은 몇 [Hz]인가?

가. 2,000[Hz]   나. 2,500[Hz]
다. 3,000[Hz]   라. 3,500[Hz]

정답 나

해설 샤논의 전송용량 $C = B\log_2(1+\frac{S}{N})$ [bps]
(S/N 가 존재하는 잡음채널)

$\therefore 10000 = B\log_2(1+15)$ [bps]

$B = \frac{10000}{\log_2 16} = 2500[Hz]$

79 중·장파 대역이 지표파에 의해 전파되는 과정에서 다음 중 어디에서 가장 감쇠가 많이 일어나는가?

가. 강, 호수   나. 바다
다. 습지   라. 사막

정답 라

해설 지표파는 도전율이 클수록 유전율이 작을수록 멀리 전파되므로 해상에서 가장 멀리 전파된다.
* 사막 〉 산악〉 습지 〉 바다

80 통신시스템의 장애를 극복하기 위한 H/W redundancy 방안이 아닌 것은?
가. duplex
나. active/standby
다. N-version program
라. spare redundancy

정답 다

해설 H/W Redundancy 방안
: H/W적인 여유도를 말한다.

H/W Redundancy	S/W Redundancy
Duplex	N-Version Programming
Active/Standby 전환	Recovery Block
Active/Active 전환	
Spare Redundancy	

제5과목 전자계산기일반 및 무선설비기준

81 16진수의 값 "12345678"을 기억장치에 저장하려고 한다. Little Endian 방식으로 저장된 것은 어느 것인가?

가.
주소	0	1	2	3
내용	12	34	56	78

나.
주소	0	1	2	3
내용	21	34	65	87

다.
주소	0	1	2	3
내용	78	56	34	12

라.
주소	0	1	2	3
내용	87	65	43	21

정답 다

해설 네트워크 바이트 순서(Network-byte order)
1. 모든 프로세스는 가장우선으로 메모리에 데이터가 적재되어 있어야만 한다.

Big Endian	Little Endian
상위 바이트의 값이 메모리상에 먼저 (LSB : 번지수가 작은 위치)표시되는 방법 * Motorora 6800	하위 바이트의 값이 메모리상에 먼저 (LSB : 번지수가 작은 위치)표시되는 방법 * Intel 68 Series

* (가)=Big-Endian방식 임

82 DMA가 CPU에게 버스 사용권을 얻어 한 개의 워드를 전송하는 것을 무엇이라 하는가?
가. 핸드세이킹(handshaking)
나. 데이지체인(daisy chain)
다. 버스 중재(bus arbitration)
라. 사이클 스틸링(cycle stealing)

정답 라

해설 사이클 스틸링
1. CPU 와 DMA가 동시에 BUS를 사용하고자 할 때, 속도가 빠를 CPU가 느린 DMA에서 BUS의 사용권한을 먼저 주는 것을 말함

83 두 개의 레지스터에 십진수의 1과 -1에 해당하는 이진수가 저장되어 있다. 이 두 레지스터에 덧셈 연산을 수행한 결과는 다음의 어느 것인가?
가. 결과 값은 0이고, 캐리(carry)가 발생하지 않는다.
나. 결과 값은 0이고, 캐리가 발생한다.
다. 오버플로우(overflow)와 캐리가 발생한다.
라. 오버플로우는 발생하나 캐리는 발생하지 않는다.

정답 나

해설 2진수 연산
1. "1" 과 "-1"의 덧셈은 보수를 이용하여 연산함
2. "1"의 2진수(01) 〉 1의 보수 :
   10 〉 2의 보수 : 11
3. "01 + 11 = 100" 이 되어 맨앞의 "1"은 자리올림수(캐리) 임
4. 캐리 "1"을 버리면 결과값은 "0"임

84 시프트 레지스터(shift register)의 내용을 오른쪽으로 2비트 이동시키면 원래 저장되었던 값은 어떻게 변화되는가?

가. 원래 값의 2배 나. 원래 값의 4배
다. 원래 값의 1/2배 라. 원래 값의 1/4배

정답 라

해설 Shift
1. 우측이동에 의한 나눗셈, 좌측이동에 의한 곱셈을 수행하는 결과가 되어 곱셈 과 나눗셈의 보조역할
2. 우측이동 : 원래값 $\div 2^n$ 이동되어 1/4 가 됨
3. 좌측이동 : 원래값 $\times 2^n$

85 두 이진수 01101101 과 11100110 을 연산하여 결과가 10011011 이 나왔다. 다음의 어떤 연산을 한 것인가?

가. AND 연산 나. OR 연산
다. XOR 연산 라. NAND 연산

정답 라

해설 NAND연산
1. AND + NOT 연산으로

A	B	C
0	0	1
0	1	1
1	0	1
1	1	0

〈NAND진리표〉

86 다음 지문에서 설명하고 있는 운영체제의 종류는?

> 서버급 운영체제이면서도 무료 버전이며, 소스가 공개되어 있어 사용자들이 원하는 기능을 추가하거나 변경할 수 있다. 또한 서버용 프로그램들을 기본으로 갖고 있으며, 임베디드에도 널리 응용되고 있다.

가. 유닉스(Unix)
나. 리눅스(Linux)
다. 윈도우즈(Windows)
라. 맥(Mac) O/S

정답 나

해설 리눅스
1. 유닉스 기반의 모델로 다중작업, 다중사용자 시스템으로 설계되었다. 리눅스는 워크스테이션이나 개인용 컴퓨터에서 주요 활용된다.
2. 완전히 공개된 OPEN OS(OPEN Source)로 사용자가 사용하고 쉽고 무료OS임.
3. 사용자 스스로 프로그램에 대한 책임을 져야 하며, 사후관리가 어려운 문제 등이 있음.

87 다음 지문에서 설명하는 운영체제의 유형은?

> 부분적으로 일어나는 장애를 시스템이 즉시 찾아내어 순간적으로 복구함으로써 시스템의 처리중단이나 데이터의 유실과 훼손을 막을 수 있는 시스템방식이다. 특히 자원의 중복성에도 불구하고, 특별한 관리가 필요한 정보처리에 매우 유용하다.

가. 시분할 시스템(Time-sharing system)
나. 다중 처리(Multi-processing)
다. 다중 프로그래밍(Multi-programming)
라. 결함 허용 시스템(Fault-tolerant system)

정답 라

해설 운영체제의 운영방식
1. 다중프로그래밍(Multiprogramming)
  : 한 대의 컴퓨터에 여러 프로그램을 동시에 실행
2. 다중처리(Multiprocessing, 멀티프로세싱)
  : 한대의 컴퓨터에 두개이상의 CPU가 설치 실행
3. 실시간처리(Real Time Processing)
  : 즉시 처리하는 시스템
4. 일괄처리(Batch Processing)
  : 데이터가 일정양 모이거나 일정시간이 되면 한꺼번에 처리
5. 시분할시스템(TSS: Time Sharing System)
  : 시간을 분할하여 다수의 작업을 실행하는 시스템

88 다음 지문이 의미하는 소프트웨어는 무엇인가?

> 상하 관계나 동종 관계로 구분할 수 있는 프로그램들 사이에서 매개역할을 하거나 프레임워크 역할을 하는 일련의 중간 계층 프로그램을 말하며, 일반적으로 응용 프로그램과 운영 체제의 중간에 위치하여 사용자에게 시스템 하부에 존재하는 하드웨어, 운영 체제, 네트워크에 상관없이 서비스를 제공한다.

가. 유틸리티   나. 디바이스 드라이버
다. 응용소프트웨어   라. 미들웨어

정답 라

[해설] 미들웨어(middleware)
1. 미들웨어는 여러 운영 체제(Unix, Windows 등)에서 응용 프로그램들 사이에 위치한 소프트웨어를 말한다.
2. 미들웨어는 각기 분리된 두 개의 프로그램 사이에서, 매개 역할을 하거나 연합시켜주는 프로그램을 지칭하는 용어임.
3. 미들웨어의 종류에는 TP monitors, DCE, RPC, Database access systems, Message Passing 등

89 마이크로프로세서의 시스템 버스에 해당하는 것끼리 올바르게 짝 지어진 것은?

가. 주소, 데이터, 메모리
나. 제어, 데이터, 명령
다. 데이터, 메모리, 제어
라. 주소, 제어, 데이터

정답 라

[해설] 시스템버스(System Bus)
1. 프로세서와 메인 메모리 사이를 연결하여 두 개 사이의 데이터 및 명령의 전송을 관리함

버스	특 징
주소버스	기억장소를 지정하는 주소를 전송
데이터버스	CPU 와 메모리 사이에서 데이터 전송
제어버스	CPU내부요소사이의 제어신호 전송

90 주소 지정방식 중 명령어 내에 오퍼랜드 필드의 내용이 데이터의 유효주소가 되는 주소지정방식은?

가. 직접 주소지정방식
나. 간접 주소지정방식
다. 레지스터 주소지정방식
라. 레지스터 간접 주소지정방식

정답 가

[해설] 주소지정방식 (Addressing Mode)

지정방식	특 징
즉시 주소지정방식	오퍼랜드(주소)가 실제 데이터 값을 지정함
직접 주소지정방식	주소필드가 오퍼랜드의 실제 주소값을 포함함
간접 주소지정방식	오퍼랜드 필드가 메모리의 주소를 참조하여 접근함
레지스터 주소지정방식	직접주소 방식과 유사함 (오퍼랜드는 레지스터 참조)
레지스터 간접 주소지정방식	간접주소 방식과 유사함

91 준공검사를 받지 아니하고 운용할 수 있는 무선국이 아닌 것은?

가. 50와트 미만의 무선설비를 시설하는 어선의 선박국
나. 적합성 평가를 받은 무선기기를 사용하는 아마추어국
다. 국가안보 또는 대통령 경호를 위하여 개설하는 무선국
라. 공해 또는 극지역에 개설한 무선국

정답 가

[해설] 준공검사예외 무선국
1. 30[W] 미만의 무선설비 어선의 선박국
2. 적합성 평가를 받은 무선기기를 사용하는 아마추어국
3. 국가안보 또는 대통령 경호를 위하여 개설하는 무선국
4. 정부 또는 극지역(공해 또는 극지역)에 개설한 무선국
5. 외국에서 운용할 목적으로 개설한 육상이동지구국

92 무선국 정기검사의 유효기간에 대한 설명이다. 맞지 않는 것은?
  가. 실험국 : 1년
  나. 총톤수 40톤인 어선의 의무선박국 : 2년
  다. 기지국 : 5년
  라. 육상이동국 : 5년

정답 나

해설

유효기간	무선국의 종별
1년	실험국 및 실용화 시험국
3년	방송국 기타 무선국
5년	이동국·육상국·육상이동국·기지국·이동중계국·선박국(의무선박국을 제외한다)·선상통신국·무선표지국·우주국·일반지구국·해안지구국·항공지구국·육상지구국·이동지구국·기지지구국·육상이동지구국·아마추어국·간이무선국 및 항공국
무기한	의무선박국·의무항공기국

93 "방송통신위원회는 「외기권에 발사된 물체의 등록에 관한 협약」에 따라 대한민국 국민이 발사한 인공위성을 ( )에 등록하여야 한다." 괄호에 들어갈 말은?
  가. INTELSAT
  나. 국제연합
  다. 국제방송통신연합
  라. 국제인공위성협회

정답 나

해설 인공위성 등록
  1. 방송통신위원회는 "외기권에 발사된 물체의 등록에 관한 협약"에 따라 대한민국 국민이 발사한 인공위성을 [국제연합]에 등록하여야 한다.

94 다음 중 필요주파수대폭 202[MHz]를 바르게 표시한 것은?
  가. M202   나. 2M02
  다. 202M   라. 20M2

정답 다

해설 전파형식
  1. 필요 주파수대폭의 표시는 3개의 숫자와 1개의 문자로서 구성한다.
  2. 표기(H, K, M, G)는 소수점 위치하는 곳에 삽입
  3. 숫자의 3자리 이하는 반올림
  4. 숫자 0과 K, M, G는 첫 번째 자리에 올 수 없고 202[MHz]는 202M으로 나타낸다.

95 다음 중 무선국의 개설허가를 받고자 제출하는 허가 신청서에 첨부하여야 하는 서류는?
  가. 무선국의 운영 상태를 나타내는 재정관련 서류
  나. 무선설비의 주파수 대역별 주파수 이용 허가서류
  다. 무선설비의 공사설계서와 시설개요서
  라. 무선설비의 전파자원이용 중, 장기 계획서

정답 다

해설 무선국의 허가신청서에 첨부서류
  1. 무선설비의 시설개요서와 공사설계서
  2. 법인 등기부등본
  3. 출입국관리법의 규정에 의한 외국인등록증 사본 또는 여권법에 의한 여권의 사본

96 무선통신업무에 종사하는 자는 몇 년마다 1회의 통신보안교육을 받아야 하는가?
  가. 2년   나. 3년
  다. 4년   라. 5년

정답 라

해설 무선통신업무에 종사하는 자는 [5년]마다 1회의 통신보안교육을 받아야 한다.

97. 긴급통신·안전통신 또한 비상통신에 관한 의무를 이행하지 아니한 자에 대한 처분으로 가장 적합한 것은?

가. 200만원 이하의 과태료
나. 300만원 이하의 과태료
다. 1년 이하의 징역 또는 500만원 이하의 벌금
라. 3년 이하의 징역 또는 2,000만원 이하의 벌금

정답 가

해설 "전기통신기본법" 200만원 이하의 과태료
1. 긴급통신, 안전통신 또는 비상통신에 관한 의무를 이행하지 아니한 자.
2. 혼신 등의 방지규정에 위반하여 무선국을 운용한 자
3. 통신보안에 관한 사항을 준수하지 아니한 자
4. 무선설비의 기술기준 또는 안전시설 기준에 적합하지 아니한 무선설비를 운용한 자
5. 전자파강도의 측정결과를 보고하지 아니하거나 허위로 보고한 자
6. 규정에 위반하여 무선설비를 운용하거나 공사를 한 자
7. 업무종사자의 정지를 당한 후 그 기간 중에 무선설비를 운용하거나 그 공사를 한 자

98. 중대한 전파장해를 주거나 전자파로부터 정상적인 동작을 방해 받을 정도의 영향을 받는 방송통신기자재 등에 대하여 인증하는 행위는?

가. 적합등록
나. 적합인증
다. 잠정인증
라. 전자파적합인증

정답 나

해설 인증구분
1. 적합인증
 : 전파환경 및 방송통신망 등에 위해를 줄 우려가 있는 기자재와, 중대한 전자파장해를 주거나 전자파로부터 정상적인 동작을 방해받을 정도의 영향을 받는 방송통신 기자재 등에 대하여 인증하는 행위

2. 적합등록
 : 적합인증 대상이 아닌 방송통신기자재 등에 대하여 인증하는 행위
3. 잠정인증
 : 방송통신기자재 등에 대한 적합성 평가기준이 마련되어 있지 아니하거나 그 밖의 사유로 적합성 평가가 곤란한 경우 국내외 표준, 규격 및 기술기준 등에 따라 적합성 평가를 한 후 지역, 유효기간, 인증조건을 붙여 해당기자재를 인증하는 행위

99. R3E, H3E, J3E 전파형식을 사용하는 모든 무선국의 무선설비 점유주파수대폭의 허용치로 맞는 것을 고르시오.

가. 1[kHz]   나. 3[kHz]
다. 6[kHz]   라. 10[kHz]

정답 나

해설 점유주파수대폭의 허용치

전파형식	무선설비	허용치
R3E, H3E, J3E	무선국 무선설비	3[KHz]
C3F, C9F, F3E G3E, C2W, C7W	텔레비전 무선설비	6[MHz]
F8E, F9W, F9E	초단파방송 무선설비	260[KHz]
F7W, G7W	800[MHz] 휴대전화	1.32[MHz]

100. 무선설비의 공중선계에는 어떤 안전시설을 설치하여야 하는가?

가. 절연체와 절연 차폐체
나. 절연저항 시험기
다. 충전기구와 방전기구
라. 낙뢰보호장치 및 접지시설

정답 라

해설 무선설비의 공중선계
1. 피뢰기 및 접지장치를 설치하여야 하고, 피뢰기에는 별도의 접지장치를 설치하여야 한다.

국가기술자격검정 필기시험문제

2012년 기사1회 필기시험

국가기술자격검정 필기시험문제

2012년 기사1회 필기시험

자격종목 및 등급(선택분야)	종목코드	시험시간	형 별	수검번호	성 별
무선설비기사		2시간 30분	1형		

제1과목 디지털 전자회로

01 다음 그림은 정류회로의 입력파형과 출력파형을 나타내었다. 주어진 입출력 특성을 만족시키는 정류회로는? (단, 다이오드의 문턱전압은 0.7[V]이고, 변압기의 권선비는 1:1이라 가정한다.)

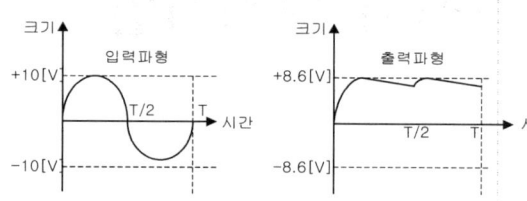

가. 반파정류회로
나. 중간탭 전파정류회로
다. 2배압 정류회로
라. 용량성 필터를 갖는 브리지 전파정류회로

정답 라

해설 출력파형은 정류 다이오드가 2개 사용되어 1.4V전압강하된 브리지 전파정류파형을 콘덴서 필터를 갖는 평활회로로 평활한 파형이다.

02 다음 그림에서 1차측과 2차측의 권선비가 5:1일 때 1차측의 입력전압 Vrms=120[V]이다. 2개의 다이오드가 이상적이라고 가정 할 때 직류 부하 전류의 평균치는 약 얼마인가?

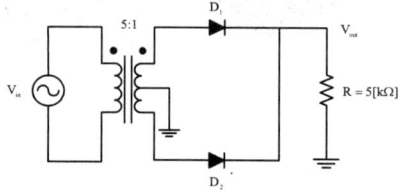

가. 1.74[mA] 나. 2.16[mA]
다. 5.11[mA] 라. 6.82[mA]

정답 나

해설 단상 전파 정류회로의 2차측 전압은 중간탭에서 양분되며 5:1로 강압되므로,

$$V_2 = \frac{V_s}{2 \times 5} = \frac{120}{10} = 12[\text{V}]$$

직류 출력전압
$$V_{dc} = \frac{2V_m}{\pi} = \frac{2\sqrt{2}\,V_2}{\pi}$$
$$= \frac{2\sqrt{2} \times 12}{\pi} = 10.8[V]$$

직류부하전류
$$I = \frac{V_{dc}}{R_L} = \frac{10.8}{5 \times 10^3} = 2.16[\text{mA}]$$

03. 무부하일 때 직류 출력전압이 120[V]인 전원회로의 전압 변동율이 20[%]일 때 이 전원회로의 부하시 직류 출력전압은 얼마인가?
  가. 100[V]
  나. 10[V]
  다. 110[V]
  라. 11[V]

  정답 가

  해설) 전압 변동률
  $$\delta = \frac{V_o - V_L}{V_L} \times 100[\%] = \frac{120 - V_L}{V_L} \times 100[\%] = 20[\%]$$
  이므로 ∴ $V_L = 100[V]$

04. 다음 중 캐스코드 증폭기에 대한 설명으로 틀린 것은?
  가. 입력단은 공통베이스, 출력단은 공통이미터로 구성된 증폭기이다.
  나. 전압 궤환율이 매우 적다.
  다. 공통 베이스 증폭기로 인해 고주파 특성이 양호하다.
  라. 자기 발진 가능성이 매우 적다.

  정답 가

  해설) 캐스코드 증폭기 회로는 CE와 CB가 종속적으로 조합된 다단증폭기로 VHF대역 전치 저잡음 증폭기로 널리 사용된다.

  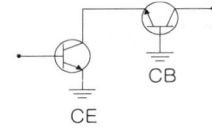

05. 전력증폭기의 직류공급 전압은 12[V], 전류는 400[mA]이고 효율이 60[%]일 때 부하에서의 출력전력은?
  가. 0.7[W]   나. 1.44[W]
  다. 2.88[W]   라. 4.8[W]

  정답 다

  해설) 전력증폭회로의 효율이란 증폭기에 공급된 직류전력 중 얼만큼이 교류 부하전력으로 나났는가의 비율을 나타낸다.
  $$\eta = \frac{P_L}{P_S} \times 100[\%]$$

  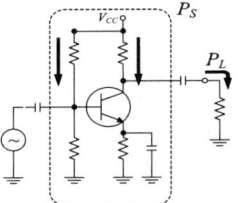

  $$\eta = \frac{P_L}{12 \times 400 \times 10^3} \times 100[\%] = 60[\%]$$ 이므로
  $$\therefore P_0 = \frac{60 \times 12 \times 400 \times 10^{-3}}{100} ≒ 2.88[W]$$

06. 선형 증폭기 동작을 위한 바이어스 조건은?
  가. A급 동작   나. B급 동작
  다. C급 동작   라. D급 동작

  정답 가

  해설) 바이어스에 따른 증폭회로 구분

	A급	B급	C급
동작점	특성곡선의 중앙	특성곡선의 차단점	특성곡선의 차단점 이하
유통각 θ	θ = 2π	θ = π	θ < π
일그러짐	작음	중간	큼
효율	낮음	중간	높음
용도	완충 증폭	저주파 전력 증폭	고주파 전력증폭 및 주파수 체배 증폭

07 이상적인 OP-AMP의 특성으로 틀린 것은?
가. 입력임피던스(Z_i)가 무한대이다.
나. 출력임피던스(Z_o)가 무한대이다.
다. 전압이득이(A_V) 무한대이다.
라. CMRR(동상제거비)는 무한대이다.

정답 나

해설 이상적인 연산 증폭기의 파라미터(Parameter)
1. 차동 신호의 전압 이득 $A = \infty$
2. 동상 신호에 대한 전압 이득= 0,
3. CMRR = ∞
4. 입력 임피던스 $Z_i = \infty$
5. 출력 임피던스 $Z_0 = 0$
6. 주파수 대역폭 = ∞
7. 온도에 의한 드리프트(drift) = 0
8. 입력 바이어스 전류 = 0 ($I_{B1} = I_{B2} = 0$)

08 그림은 윈-브릿지(Wein-bridge) 발진회로이다. R_1, R_2 값이 감소할 경우 발진주파수의 변화는?

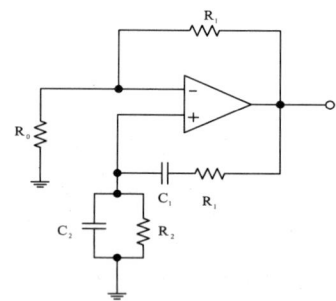

가. 증가한다. 나. 감소한다.
다. 변화없다. 라. 발진이 되지 않는다.

정답 가

해설 윈 브리지 RC발진회로 발진주파수
$$\therefore f_o = \frac{1}{2\pi\sqrt{R_1 R_2 C_1 C_2}}[H_Z]$$

09 발진을 위한 조건으로 적합한 것은?
가. 클리퍼 회로가 필요하다.
나. 증폭기에 부궤환 회로를 부가한다.
다. 공진 결합 회로가 필요하다.
라. 증폭기에 정궤환 회로를 부가한다.

정답 라

해설 바크하우젠 발진조건

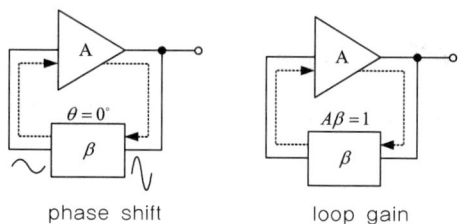

phase shift   loop gain

① loop gain($A\beta$) = 1
② phase shift = 0°

발진회로는 직류전원만 공급하면 지속적으로 일정한 주파수를 발생시키는 회로이다. 증폭기의 출력신호의 일부를 입력측으로 정궤환하여 입력과 동위상이 되게 하면 출력이 성장해 일정 진폭의 정현파 출력을 얻을 수 있다.

10 주파수변조를 진폭변조와 비교할 경우 잘못된 것은?
가. 점유주파수대폭이 넓다.
나. 초단파대의 통신에 적합하다.
다. S/N비가 좋아진다.
라. Echo의 영향이 많아진다.

정답 라

해설 FM의 특징
① 수신측에서 진폭 제한기 (리미터)를 사용하므로 언재나 일정한 저주파 출력을 얻을 수 있다.
② AM 방식에 비하여 신호대 잡음비(S/N)비가 좋다.
③ 점유 주파수 대역폭이 넓다.(단점)
④ 초단파이상의 주파수대에서 많이 사용된다.
⑤ 전력 증폭을 모두 C급 동작으로 하기 때문에 송신기의 효율이 좋다.
⑥ 페이딩(fading), Echo 등의 혼신 방해가 적다.

11 정보 전송의 변복조 기술에서 반복 주기가 일정한 펄스의 시간폭을 신호파의 진폭에 대응하여 변화시키는 방식은?

가. PCM　　　나. PPM
다. PWM　　　라. PAM

정답 다

해설 펄스 변조(Pulse Modulation)의 분류
① 펄스 진폭(Amplitude) 변조 (PAM) :
　신호레벨에 따라 펄스 진폭 변화
② 펄스 폭(Width)변조 (PWM) :
　신호레벨에 따라 펄스 시간폭을 변화
③ 펄스 위상(Phase)변조 (PPM) :
　신호레벨에 따라 펄스 위상을 변화.
④ 펄스 주파수(Frequency)변조(PFM) :
　신호레벨에 따라 펄스 주파수가 변화
⑤ 펄스 수(Number)변조 (PNM) :
　신호레벨에 따라 펄스 수를 변화.
⑥ 펄스 부호(Code)변조 (PCM) :
　신호 레벨에 따라 펄스 열의 유무를 변화.

12 멀티바이브레이터의 단안정, 무안정, 쌍안정의 동작은 어떻게 결정 되는가?

가. 전원 전압의 크기
나. 바이어스 전압의 크기
다. 전원 전류의 크기
라. 결합 회로의 구성

정답 라

해설 멀티바이브레이터의 결합회로 구성
멀티 바이브레이터(Multivibrator)
멀티바이브레이터는 결합회로의 구성에 따라 다음 3가지로 구분된다.

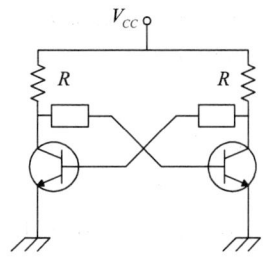

구분	결합소자	결합상태	안정
쌍안정 MV	R+R	DC적+DC적	2개
단안정 MV	R+C	DC적+AC적	1개
비안정 MV	C+C	AC적+AC적	없음

13 그림과 같은 회로에 대한 설명 중 옳은 것은?

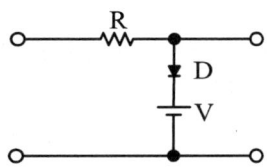

가. 입력 파형의 아랫부분을 잘라내는 베이스 클리퍼 회로이다.
나. 입력 파형의 윗부분을 잘라내는 피크 클리퍼 회로이다.
다. 직렬형 베이스 클리퍼 회로이다.
라. 입력 파형의 위, 아래 부분을 일정하게 잘라내는 클리퍼 회로이다.

정답 나

해설 피크 클리퍼(Peak Clipper)는 파형의 윗부분만을 잘라내는 회로이다.

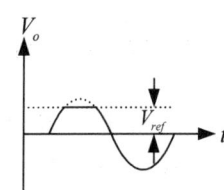

2012년 무선설비기사 기출문제

14 다음 논리 함수 $Y = AB + A\overline{B} + \overline{A}B$를 간소화 하면 옳은 것은?

가. $A+B$
나. $\overline{A}+\overline{B}$
다. $(A+\overline{A})+(B+\overline{B})$
라. $(AB+A\overline{B})+(AB+\overline{A}B)$

정답 가

해설 카르노 맵

A\B	0	1
0	0	1
1	1	1

∴ $Y = A + B$

15 2-out of-5 code에 해당하지 않는 것은?

가. 10010   나. 11000
다. 10001   라. 11001

정답 라

해설 2-out of-5 코드

10진수	2 Out of 5 Code
0	0 0 0 1 1
1	0 0 1 0 1
2	0 0 1 1 0
3	0 1 0 0 1
4	0 1 0 1 0

16 다음 중 두 게이트 입력이 0과 1일 때 1의 출력이 나오지 않는 것은?

가. NOR게이트   나. OR게이트
다. Exclusive OR 게이트   라. NAND 게이트

정답 가

해설 NOR Gate 진리표

입력		출력
A	B	Y
0	0	1
0	1	0
1	0	0
1	1	0

17 30:1의 리플계수기를 설계할 때 최소로 필요한 플립플롭의 수는?

가. 4   나. 5
다. 6   라. 8

정답 나

해설 $2^5 = 32$ 이므로 5개의 플립플롭이 필요

18 반감산기의 동작을 옳게 나타낸 것은?

가. 1자리의 2진수의 감산을 하는 동작을 한다.
나. 2자리의 2진수의 감산을 하는 동작을 한다.
다. 3자리의 2진수의 감산을 하는 동작을 한다.
라. 1자리의 carry를 덧셈과 같이 감산하는 동작을 한다.

정답 가

해설 반감산기

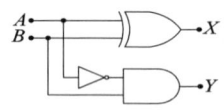

반감산기는 두 Bit를 빼는 회로로 입력 변수 A와 B는 각각 피감수와 감수를 나타내고, 출력 X는 차(difference), Y는 자리 빌림(borrow)를 나타낸다.

19 비동기 카운터와 관계없는 것은?

가. 리플 카운터라고도 한다.
나. 설계가 쉽다.
다. 전단의 출력이 다음 단의 트리거 입력이 된다.
라. 속도가 빠르다.

정답 라

해설 카운터 비교

비동기(리플) 계수기	동기 계수기
. 간단	. 복잡
. 저속	. 고속
. 직렬	. 병렬

20 다음의 디지털 장치에서 디코더(decoder)의 반대 동작을 하는 장치는?
가. 멀티플렉서(multiplexer)
나. 전가산기(full adder)
다. 디멀티플렉서(demultiplexer)
라. 인코더(encoder)

정답 라

해설 디코더와 인코더

디코더	인코더
· 해독기	· 부호화기
· 2진수를 10진수 변환	· 10진수를 2진수 변환
· AND Gate 구성	· OR Gate 구성

제2과목 무선통신기기

21 수정발진기에서 수정진동자의 직렬공진주파수를 f_s, 병렬공진주파수를 f_p라고 할 때 안정된 발진을 위한 동작 출력 주파수 f_o는?
가. $f_o < f_s < f_p$ 나. $f_o = f_p = f_s$
다. $f_s < f_o < f_p$ 라. $f_s > f_o > f_p$

정답 다

해설 수정발진자의 주파수범위는 $f_s < f_o < f_p$일 때 안정된 발진을 유지할 수 있다.

직렬공진주파수
$f_o = \dfrac{1}{2\pi\sqrt{L_s C_s}}$ [Hz]
병렬공진주파수
$f_o = \dfrac{1}{2\pi\sqrt{L_s C_p}}$ [Hz]

22 수신기의 전기적 성능 중 수신기에 일정 주파수 및 일정 진폭의 희망파를 가할 때, 재조정하지 않고 오랜 시간동안 일정 출력을 얻을 수 있는가를 나타내는 지수는?
가. 감도   나. 안정도
다. 충실도   라. 선택도

정답 나

해설 수신기 4대 성능은 감도, 선택도, 충실도, 안정도 이다.

감도	미약한 전파를 잘 수신할 수 있는 능력
선택도	혼신, 잡음 등을 분리하여 원하는 신호만 선택할 수 있는 능력
충실도	원신호를 정확하게 재생할 수 있는 능력
안정도	오랜 시간동안 일정출력을 유지하는 능력

23 페이딩(Fading)에 의한 수신전계강도 변화에 대해 수신기 출력을 일정하게 하기 위한 회로는?
가. 자동주파수제어회로(AFC)
나. 자동이득조정회로(AGC)
다. 자동잡음제어회로(ANL)
라. 자동전력제어회로(APC)

정답 나

해설 AGC(Automatic Gain Control) 자동이득조정회로는 수신신호의 시간적변화(Fading)에 의한 수신신호의 흔들림을 일정하게 유지시키기 위한 수신기 보조회로이다.

자동주파수제어회로(AFC)	자동이득조정회로(AGC)
발진주파수를 자동적으로 조정하여 일정 주파수 유지	검파기출력을 이용 중간주파증폭기의 이득조절

24 위성통신에 사용되는 주파수 대역 중 12.5~18[GHz]를 무엇이라고 하는가?
가. C 나. Ku
다. Ka 라. X

정답 나

각 밴드의 주파수

밴드	주파수 대역
L Band	1[GHz] ~ 2[GHz]
S Band	2[GHz] ~ 4[GHz]
C Band	4[GHz] ~ 8[GHz]
X Band	8[GHz] ~ 12.5[GHz]
Ku Band (under)	12.5[GHz] ~ 18[GHz]
K Band	18[GHz] ~ 26.5[GHz]
Ka Band (above)	26.5[GHz] ~ 40[GHz]

25 다음 중 아날로그 신호의 진폭변조(AM) 방식에 해당되지 않는 것은?
가. DSB-SC(Double Side Band Suppressed Carrier)
나. SSB(Single Side Band)
다. VSB(Vestigial Side Band)
라. PAM(Pulse Amplitude Modulation)

정답 라

진폭변조(AM) 방식은 DSB-LC, DSB-SC, SSB, VSB로 구성할 수 있다.

DSB-LC	반송파, 상측파, 하측파 모두 존재
DSB-SC	상측파, 하측파 존재
SSB	상측파 와 하측파 중 하나만 존재
VSB	반송파와 상측파 또는 하측파중 일정부분 제거

26 100[MHz]의 반송파로 주파수가 50[KHz]의 정현파 신호를 주파수 변조 할 때 주파수 감도계수 $k_f = 100$을 사용한다고 가정하자. 정현파 신호의 진폭을 10으로 하였을 때 FM변조된 신호의 대역폭은?
가. 102[KHz] 나. 120[KHz]
다. 240[KHz] 라. 300[KHz]

정답 가

FM변조신호의 주파수 대역폭(B)는
$B = 2(f_m + \Delta f) = 2(f_m + A_m k_f)$
$= 2(50K + 10*100)$
$= 100K + 2K = 102KHz$

*변조방식별 대역폭 B는

진폭변조방식(AM)	주파수변조방식(FM)
$B=2f_m$	$B=2f_m(m_f+1)$ $=2(\Delta f + f_m)$

27 이진변조에서 M-진변조로 확장할 때 다음 중 주파수 효율이 가장 낮은 변조방식은?
가. M진 ASK 나. M진 FSK
다. M진 PSK 라. M진 QAM

정답 나

FSK는 디지털주파수변조방식으로 진수가 증가되면 반송파의 수가 증가되어 대역폭이 증가한다.

* 주파수효율(스펙트럼효율) = $\frac{전송속도[bps]}{대역폭[Hz]}$

28 다음은 어떤 변조방식의 성상도를 나타낸 것인가?

```
    •  •  •  •
    •  •  •  •
  ─────────────
    •  •  •  •
    •  •  •  •
```

가. 16 PSK   나. 16 ASK
다. 16 QAM   라. 16 FSK

정답 다

해설 QAM(Quadrature Amplitude Modulation)변조 방식은 진폭(거리)과 위상(각도)를 모두 사용한 변조방식 이다. 16QAM은 대역폭효율이 우수하지만, 오류 확률이 높은 단점이 있다.

29 다음은 UPS의 LINE 인터렉티브 방식에 대한 설명이다. 올바른 것은?

가. 상용전원을 컨버터회로에 의해 직류로 바꾸고 이를 축전지에 충전하고 인버터 회로를 통해 교류전원으로 바꾼다.
나. 상용전원은 그대로 출력으로 내보내며 축전지는 충전회로를 통해 충전한다.
다. 축전지와 인버터 부분이 항상 접속되어 서로 전력을 변환하고 있다.
라. 입력 측의 변동된 전원이 부하 측의 출력으로 공급되어 출력에 영향을 줄 수 있다.

정답 다

해설 UPS(Uninterruptible Power Supply)의 종류

On-Line 방식	· 정상 전원시에 상시인버터 방식 · 신뢰성을 요구하는 중용량 이상
Off-Line 방식	· 정전 시에 인버터를 동작하는 방식 · 서버전용 (소용량)
Line Interactive 방식	· 축전지와 인버터 부분이 항상 접속되어 서로 전력을 변환

30 다음은 정류회로에 대한 설명이다. 올바르지 못한 것은?

가. 단상 반파 정류회로의 맥동율은 1.21이다.
나. 단상 전파 정류회로의 맥동율은 0.482이다.
다. 브리지형 단상 전파 정류회로는 중간탭이 없다.
라. 브리지형 단상 전파 정류회로에는 다이오드가 2개 사용된다.

정답 라

해설 브리지형 단상전파 정류회로에는 중간탭이 없으며, 다이오드는 4개가 사용된다.

31 평활회로에서 콘덴서 입력형에 대한 설명으로 적절치 못한 것은?

가. 직류 출력 전압이 높다.
나. 역전압이 높다.
다. 전압 변동율이 크다.
라. 저전압, 대전류에 이용한다.

정답 라

해설 콘덴서 입력형과 쵸크 입력형의 비교

항 목	콘덴서 입력형	쵸크 입력형
맥동률	적 다 (장점)	크 다
출력 직류전압	크 다 (장점)	작 다
전압 변동률	크 다 (단점)	작 다
첨두 역전압	높 다 (단점)	낮 다
가 격	싸 다 (장점)	비싸다
대전류용	부적합	적 합

32 전원회로에 관한 설명 중 서로 관계가 먼 것은?

가. 평활회로 : 저역통과 여과기
나. 전압 변압기 내압 : 코일의 굵기, 횟수
다. 교류 전압 상수 : 리플
라. 평활용 콘덴서 용량 : 주파수

정답 라

해설 평활용 콘덴서의 용량은 출력전압의 파형과 관계가 된다. (용량을 크게 하면 출력리플을 작게 함)
* 평활용 콘덴서 $C = \dfrac{X}{\omega R_L} = \dfrac{X}{2\pi f R_L}$

33 전압형 인버터 시스템의 구성에 대한 설명으로 잘못된 것은?
가. SCR 대신에 3상 다이오드 모듈을 사용하여 교류전압을 직류로 정류시킨다.
나. DC-Link내의 직류전압을 평활용 콘덴서를 이용하여 평활 시킨다.
다. 정류된 직류전압을 PWM 제어방식을 이용하여 인버터부에서 전압과 주파수를 동시에 제어한다.
라. 출력전압파형은 정현파 특성을 얻도록 한다.

정답 라

해설 전압형 인버터 시스템은
1. 컨버터 부 : SCR대신에 3상 Diode Module를 사용하여 교류전압을 직류로 정류시킴
2. DC-Link부 : DC-Link내의 직류전압을 CB(평활용 콘덴서)를 이용하여 평활시킴
3. 인버터 부 : 정류된 직류전압을 PWM 제어방식을 이용하여 인버터부에서 전압과 전류를 동시에 제어함

출력전류파형	출력전압파형
정현파	PWM구형파

34 정전압 회로는 제어부의 연결형태에 따라 분류를 하는데 이에 해당되지 않는 것은?
가. 제너 다이오드 형   나. 가변용량 콘덴서 형
다. 병렬 제어 형   라. 직렬 제어 형

정답 나

해설 정전압회로는 일정한 출력전압을 얻기 위해 사용되는 회로로써 제어방식에 따라 직렬형, 병렬형, 제너다이오드형으로 나눌 수 있다.

직렬형	제어용 트랜지스터가 부하와 직렬로 연결된 정전압 회로
병렬형	제어용 트랜지스터가 부하와 병렬로 연결된 정전압 회로
제너다이오드형	제너 다이오드가 사용되는 정전압회로로 직렬형, 병렬형 모두 제너 다이오드형에 해당

35 단상 전파 정류회로에서 직류 출력전류의 평균치를 측정하면 어떤 값이 얻어지는가? 단 I_m은 입력 교류전류의 최대치이다.
가. $I_m/2$ 나. I_m
다. $2I_m/\pi$ 라. $0.707I_m$

정답 다

해설 단상 전파정류회로의 특성

	출력특성
I_{dc} (평균전류)	$\dfrac{2Im}{\pi}$
V_{dc} (평균전압)	$\dfrac{2Vm}{\pi}$
I_{rms} (실효치 전류)	$\dfrac{Im}{\sqrt{2}}$
V_{rms} (실효치 전압)	$\dfrac{Vm}{\sqrt{2}}$

* 전파정류의 출력전압은 반파정류출력의 2배임

36 송신기의 변조특성은 여러 가지 요소를 이용하여 나타낼 수 있는데 이에 해당되지 않는 것은?
가. 변조의 직선성   나. 공중선 전력
다. 종합왜율   라. 신호대 잡음비

정답 나

해설 송신기의 변조특성은 변조도, 변조의 직선성, 종합왜율, 주파수특성, 신호 대 잡음비로 나타낼 수 있다. 변조특성과 명료도, 오율은 상관관계에 있다.
* 공중선 전력은 송신기의 전기적 특성이다.

37 블리더(bleeder) 저항을 사용하면 어떻게 되는가?
가. 전압 변동율은 개선되나, 리플 함유율은 나빠진다.
나. 리플함유율은 개선되나, 전압 변동율은 나빠진다.
다. 정류효율은 저하되나, 리플 함유율은 개선된다.
라. 정류효율은 높아지나, 전압 변동율은 나빠진다.

정답 가

[해설] 블리더(Bleeder)저항은 부하에 병렬로 접속하기 때문에 부하전류는 증가하지만 부하 전류변화에 의한
전압변동을 억제한다. 단, 리플이 더 많이 나타난다.

38 다음 중 스퓨리어스 발사에 포함되지 않는 것은?
가. 고조파 발사　　나. 저조파 발사
다. 기생발사　　　라. 대역외 발사

정답 라

[해설] 스퓨리어스는 크게 4가지 구분할 수 있다.
1. 고조파 (Higher Harmonic)
 · 원 인 : 증폭기의 비선형성
 · 대 책 : Push-Pull 증폭기, 출력에 π형 결합기
2. 저조파 (Sub-Harmonics)
 · 원 인 : 주파수 체배기의 여진주파수 성분
 · 대 책 : 출력의 결합회로 Q를 높이거나 또는
　　　　　BPF(Band Pass Filter), Trap사용
3. 기생진동 (Parasitic Oscillation)
 · 원 인 : 발진기나 증폭기 부분에서 정상주파수
　　　　　이외의 주파수가 발생하는 현상
 · 대 책 : 발진회로가 생성되지 않도록 부품선정,
　　　　　배선을 짧게 함. 또는 저항을 삽입하
　　　　　여 중화시킬 수 있음
4. 상호변조 (Inter-Modulation)
 · 원 인 : 비선형성을 가진 소자(증폭기,Mixer)에
　　　　　입력된 주파수간에 변조 되어 새로운
　　　　　주파수가 생기는 현상
 · 대 책 : 소자간 간격을 충분히 둠

39 수신기의 성능을 나타내는 요소 중 충실도란, 무엇을 말하는가?
가. 미약 전파 수신 능력
나. 혼신 분리 제거 능력
다. 원음 재생 능력
라. 장시간 일정출력 유지 능력

정답 다

[해설] 수신기 4대 성능은 감도, 선택도, 충실도, 안정도

감 도	미약한 전파를 잘 수신할 수 있는 능력
선택도	혼신, 잡음 등을 분리하여 원하는 신호만 선택할 수 있는 능력
충실도	원신호를 정확하게 재생할 수 있는 능력
안정도	오랜 시간 동안 일정한 출력을 유지할 수 있는 능력

40 이동통신에서 사용되는 디지털 변조방식 중에서 에러 발생확률 측정 시 그 값이 가장 낮은 방식은? 단, 진수는 같은 경우이다.
가. ASK　　　　나. FSK
다. PSK　　　　라. QAM

정답 라

[해설] 에러발생확률
1. 진수가 같은 경우일 때는 (QAM이 가장 낮음)
　M-ASK 〉 M-FSK 〉 M-PSK 〉 M-QAM
2. 진수가 다를 경우일 때는 (진수가 높을수록 높다)
　32-QAM 〉 16-QAM 〉 8-QAM

2012년 무선설비기사 기출문제

제3과목 / 안테나공학

41 평면파의 설명으로 잘못된 것은? (단, ε_o: 진공의 유전율, μ_o: 진공의 투자율, ε_s: 비유전율, μ_s: 비투자율, c: 빛의 속도)

가. 공중선으로부터 방사된 전파는 공중선 부근에서는 구형파이지만 상당히 먼거리에서는 평면파로 된다.

나. 전파속도는 $V = \dfrac{c}{\sqrt{\mu_s \varepsilon_s}}$[m/sec]이다.

다. 자유공간 임피던스는
$Z_o = \sqrt{\dfrac{\mu_o}{\varepsilon_o}} = 120\pi$[Ω]이다.

라. 진행방향에 대해서 전계와 자계가 서로 180[°]를 이룬다.

정답 라

해설 평면파의 특징은

정의	공중선에서 방사된 전파는 공중선 부근에서 구형파, 원거리에서 평면파
전파속도	$v = \dfrac{c}{\sqrt{\mu_s \varepsilon_s}}$[m/sec]
자유공간 임피던스	$Z_o = \sqrt{\dfrac{\mu_o}{\varepsilon_o}} = 120\pi$[Ω]
전계와 자계 관계	진행방향에서 전계와 자계는 수직[90도]

42 비유전율(ε_s)이 1이고 비투자율(μ_s)이 9인 매질 내를 전파하는 전자파의 속도는 자유공간을 전파할 때와 비교해서 몇 배의 속도가 될까?

가. 2배
나. 1/2배
다. 3배
라. 1/3배

정답 라

해설 비유전율(ε_ϵ)= 1, 비투자율(μ_s) = 9 이므로,
$V = \dfrac{c}{\sqrt{9}} = \dfrac{c}{3}$ 임. 따라서 자유공간 상에서와 비교하면 $\dfrac{1}{3}$배가 된다.

전파속도 (c = 자유공간전파속도)
$V = \dfrac{c}{\sqrt{\mu_s \varepsilon_s}}$[m/sec]

43 다음 중 자유공간에서 전력밀도 P를 옳게 표현한 식은? (단, E는 전계의 세기, H는 자계의 세기이다.)

가. $P = \dfrac{H}{E}$

나. $P = \dfrac{E}{H}$

다. $P = \dfrac{1}{2}EH^2$

라. $P = \dfrac{E^2}{120\pi}$

정답 라

해설 폐곡면의 단위면적당 출력을 측정하면 그 값은 포인팅 벡터(Poynting Vector) 또는 포인팅 전력(Poynting Power)P로 표시되는 값을 전력밀도라 한다.

P=EH[W/m2]

한편, $Z_o = \dfrac{E}{H}$ 관계에서 $H = \dfrac{E}{Z_o} = \dfrac{E}{120\pi}$ 이므로 이를 포인팅전력(P=EH[W/m2])에 대입하면,
$P = EH = E \cdot \dfrac{E}{120\pi} = \dfrac{E^2}{120\pi}$[W/m2] 로 나타낼 수 있다.

44 그림과 같은 무손실 급전선에서 정재파 전압의 최대치가 300[V]라면 최소치 전압은 얼마인가?

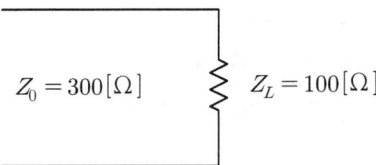

가. 10[V]
나. 50[V]
다. 100[V]
라. 200[V]

정답 다

해설 반사계수
$$\Gamma = \left|\frac{Z_L - Z_0}{Z_L + Z_0}\right| = \left|\frac{100-300}{100+300}\right| = \frac{1}{2} = 0.5$$

정재파비(반사계수비)
$$S = \frac{1+|\Gamma|}{1-|\Gamma|} = \frac{1+0.5}{1-0.5} = 3$$

정재파비(전압비) $S = \dfrac{V_{MAX}}{V_{MIN}}$ 이므로,

$$3 = \frac{300[V]}{X[V]}$$

따라서, 최소전압(VMIN)은 100[V] 이다.

45 스미스 도표에서 그림과 같이 동심원 A에서 동심원 B로 원의 반지름이 커졌을 때 설명이 옳지 않은 것은?

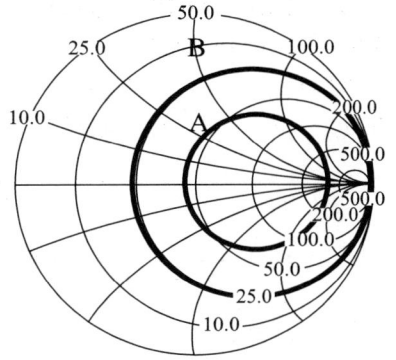

가. 반사계수의 크기가 커진다.
나. 전송전력이 작아진다.
다. 반사파의 크기가 작아진다.
라. 부하 임피던스와 소스 임피던스 차이 값이 커진다.

정답 다

해설 저항이 일정한 원의 반지름이 커지면, 부하임피던스 와 소스임피던스의 차이가 커져 부정합 커진다는 것을 의미한다. 부정합은 반사파/반사계수 의 크기가 커지고, 부하에 전달되는 전력이 작아짐을 나타낸다.

1. Smith chart의 구성
   · 저항이 일정한 원(Circle) 과 리액턴스가 일정한 원(Circle)을 합쳐놓은 chart임

저항이 일정한 원	리액턴스가 일정한 원
중심=1.0(Ω)_정합 우측=Open(Ω) 좌측=Short(Ω)	상단 = Inductive 하단 = Capacitive

2. Smith chart의 용도
   · 반사계수, 정재파비, 입력임피던스, 부하임피던스, 임피던스 정합회로 계산에 사용
3. 원둘레는 선로상의 거리를 파장으로 나눈값임
   (시계방향 : 전원측, 반시계방향 : 부하측)

46 공기로 채운 슬롯(slot)선로에서 정재파비(VSWR)가 4이고, 연속적인 전압의 최대값 사이가 15[cm]의 간격이다. 최초의 전압의 최대값은 부하로부터 7.5[cm] 앞에서 존재한다. 선로의 임피던스가 300[Ω]일 때 부하 임피던스는?

가. 60[Ω] 나. 65[Ω]
다. 70[Ω] 라. 75[Ω]

정답 라

해설

1. 반사계수 $\Gamma = \dfrac{S-1}{S+1} = \dfrac{4-1}{4+1} = 0.6$

2. $\Gamma = \left|\dfrac{Z_L - Z_0}{Z_L + Z_0}\right|$ 로 부터,

$0.6 = \left|\dfrac{Z_L - 300}{Z_L + 300}\right| \to Z_L = 75[\Omega]$

47 그림에서 정규화 임피던스 1-j1[Ω]에 해당하는 지점은 어느 곳인가?

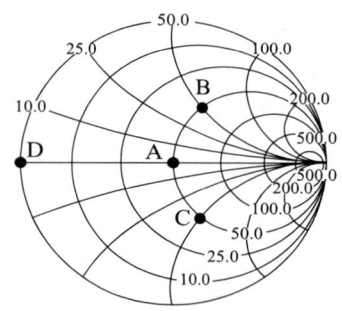

가. 점 A 나. 점 B
다. 점 C 라. 점 D

정답 다

해설 50[Ω]으로 정규화되어 정규화 임피던스 1-j1은 50-j50 에 해당되므로 점C가 이에 해당된다.

점A	점B	점C	점D
1	1+j1	1-j1	0

48 분포정수형 평형-불평형 변환회로가 아닌 것은?

가. 위상변환형
나. 분기도체
다. 반파장 우회선로
라. 스페르토프(sperrtopf)

정답 가

해설 두 개의 전기회로를 연결하여 최대전력전달과 전자계분포를 일정하게 하기 위한 임피던스 정합 소자를 BALUN(Balance and Unbalance)이라 한다. 이는 불평형형 선로와 평형형 선로를 접속하고 정합시키는데 사용된다.

집중정수형 Balun	분포정수형 Balun
L 과 C를 이용	스페르토프 분기도체 반파장우회선로(U자형)

49 개구 면적이 2.5[m²]인 파라볼라 안테나를 2[GHz] 주파수에서 사용할 때 절대이득이 30[dB]이면 이 안테나의 개구효율은 약 얼마인가?

가. 0.65 나. 0.72
다. 0.82 라. 0.91

정답 나

해설

$\eta = \dfrac{G\lambda^2}{4\pi A} = \dfrac{1000 \times (0.15)^2}{4 \times 3.14 \times 2.5} = \dfrac{22.5}{31.4} = 0.716 ≒ 0.72$

($\lambda = \dfrac{c}{f}$, 절대이득(G) 30[dB]=10logG=1000)

파라볼라 안테나이득	개구효율
$G = \eta\dfrac{4\pi A}{\lambda^2}$	$\eta = \dfrac{G\lambda^2}{4\pi A}$

50 주파수가 15[MHz]인 정기적 미소다이폴의 복사전계가 그 정전계보다 이론상 커지는 것은 송신안테나에서 대략 얼마만큼 떨어진 곳에서부터 인가?
가. 3.2[m]   나. 2.2[m]
다. 1.2[m]   라. 0.2[m]

정답 가

해설 $0.16\lambda = 0.16 \times 20 = 3.2[m]$
($\lambda = \dfrac{c}{f} = \dfrac{3 \times 10^8}{15 \times 10^6} = 20[m]$)
송신안테나에서 거리가 0.16λ보다 멀 때 복사전계가 정전계보다 커진다.

51 자유공간에서, 어떤 안테나가 200[W]의 전력을 방사할 때, 최대 방사방향의 송신점으로부터 50[km] 점에서 전기장 세기가 4[mV/m]이다. 이 안테나의 상대이득은 얼마인가?
(단, log2 = 0.3으로 계산한다.)
가. 3[dB]   나. 4[dB]
다. 5[dB]   라. 6[dB]

정답 라

해설 $4 \times 10^{-3} = \dfrac{7\sqrt{Gh \cdot P}}{50 \times 10^3}$ 에서 Gh(상대이득)

$(200)^2 = 49Gh \times 200$, $Gh = \dfrac{4 \times 10^4}{49 \times 200} ≒ 4$

Gh(상대이득)을 dB로 변환하면
$10\log 4 = 10\log 2^2 = 20\log 2 = 20 \times 0.3 = 6[dB]$

안테나 전계강도(전계의세기)
$E = \dfrac{7\sqrt{Gh \cdot P}}{d[m]}$ [mV/m]

52 안테나의 기저부에 콘덴서를 삽입하는 이유는?
가. 고유 주파수 보다 높은 주파수에 공진시킨다.
나. 고유 주파수 보다 낮은 주파수에 공진시킨다.
다. 접지 저항을 감소 시키기 위하여 사용한다.
라. 접지저항을 증가 시키기 위하여 사용한다.

정답 가

해설 고정안테나를 동조할 수 있는 파장이 사용파장보다 길거나, 짧게 할 수 있는 기술을 안테나 로딩(Loading)이라 한다.

Loading	연장선륜 (Coil)	단축용량 (Condenser)
공진 주파수	$f = \dfrac{1}{2\pi\sqrt{(L_e+L)}}$	$f = \dfrac{1}{2\pi\sqrt{L\dfrac{Ce \cdot C}{Ce+C}}}$
고유 주파수	낮아짐	높아짐
안테나 파장	길어짐	짧아짐

53 장중파 안테나에 대한 단파 안테나의 일반적인 특징에 대한 설명으로 틀린 것은?
가. 광대역성의 예민한 지향특성을 갖는다.
나. 파장이 짧으므로 고유파장의 안테나를 얻기 쉽다.
다. 주로 수직편파를 이용하므로, 접지가 불필요하다.
라. 복사 효율이 좋고, 반사기 등을 사용할 수 있다.

정답 다

해설 장중파 안테나 와 단파 안테나

요소	장중파 안테나	단파 안테나
이 득	낮 음	높 음
고유파장	파장이 길다	파장이 짧다
편파	수직편파	수평편파
대역성	협대역	광대역
복사효율	나쁨	좋음
주 전파	지표파	전리층반사파
사용주파수	3KHz~300[KHz]	3MHz~30[MHz]

54 잡음온도가 160[°K]인 안테나에 급전회로를 연결할 때, 200[°K]의 잡음온도가 측정되었다. 이 급전회로의 손실 값은 얼마인가?
(단, 대역폭과 저항은 일정하다.)
가. 0.9   나. 1.1
다. 1.3   라. 1.5

정답 라

해설 잡음온도 200[oK] 일 때 $V = (200)^{\frac{1}{2}} = 14.14$
잡음온도 160[oK] 일 때 $V = (160)^{\frac{1}{2}} = 12.64$
이므로 손실값은 14.14-12.64 = 1.5

열잡음전압(V)
$V = \sqrt{KTBR}$
(K : 열잡음전압, T : 잡음온도, B : 대역폭, R : 저항)

55 대류권 산란파에 대한 설명으로 틀린 것은?
가. 전파 경로 상의 지형에 대한 영향을 별로 받지 않는다.
나. 공간 다이버시티를 이용하면 대류권 산란에 의한 페이딩을 방지 할 수 있다.
다. 짧은 주기를 갖는 페이딩이 발생한다.
라. 전파손실이 자유공간 손실보다 작은 값을 갖는다.

정답 라

해설 대류권산란파의 특징
1. 초단파대 초가시거리 통신에 적합
2. 시간적, 공간적, 지리적 제한이 없음
3. 전파손실이 커서 대출력 송신기가 요구됨
4. 짧은 주기를 갖는 Fading(Short Term) 발생됨
5. 대류권 산란파 통신은 200[MHz]~3000[MHz], 200[km] ~ 1500[km] 통신에 적합함.

56 페이딩과 이에 대한 방지 대책으로 적절하지 못한 것은?
가. 원거리 간섭성 페이딩은 공간 다이버시티를 사용하여 줄일 수 있다.
나. 흡수성 페이딩은 수신기에 AGC를 사용하여 줄일 수 있다.
다. 선택성 페이딩은 주파수 다이버시티를 사용하여 줄일 수 있다.
라. 도약성 페이딩은 MUSA 방식을 사용하여 줄일 수 있다.

정답 라

해설 페이딩(Fading)의 정의
: 수신신호가 시간적으로 흔들리는 현상을 페이딩이라고 한다.

전리층페이딩의 종류 및 방지대책

페이딩종류	방지대책
간섭성페이딩	공간다이버시티
흡수성페이딩	AGC(Auto Gain Control)
선택성페이딩	주파수다이버시티, SSB
도약성페이딩	주파수다이버시티

57 다중경로 페이딩에 의한 에러와 왜곡을 보정하기 위한 방법이 아닌 것은?
가. 순방향 에러정정   나. 적응 등화
다. 다이버시티   라. 도플러 확산

정답 라

해설 다중경로페이딩(Multipath Fading)은 이동통신 시스템에서 주로 발생되며 짧은 주기(Short Term) 페이딩의 대표적임.
다중경로페이딩의 경감방법
1. 적응형 등화기 (Adaptive Equalizer)
2. 다이버시티 기술
3. 순방향 오류정정기술 (FEC)
4. 적응형 오류정정기술 (H-ARQ)
5. Rake Receiver

58 수정 굴절률에 대한 설명 중 틀린 것은?

가. 수정 굴절률을 사용하면 구면 대기층에 대해서도 평면 대기층에 대한 스넬의 법칙을 적용할 수 있다.
나. 표준대기에서 높이 h에 대한 M단위 굴절율의 비 dM/dh는 음수이다.
다. 수정 굴절률의 값은 높이와 비례관계에 있다.
라. 수정 굴절률의 값은 굴절률과 비례 관계에 있다.

정답 나

해설 수정굴절률 특징율의
1. 구면 대기층에서의 스넬의 법칙이 평면대기층에서의 스넬의 법칙으로 간단하게 표현
2. 표준대기에서 높이 h에 대한 M단위 굴절율의 비 $\dfrac{dM}{dh}$은 양수 이다. (단, 굴절률이 역전되는 역전층에서 $\dfrac{dM}{dh}$ 은 음수)
3. 수정굴절률은 굴절률 n 과 높이 h 에 비례함
(수정굴절률 $m = n + \dfrac{h}{ro}$ (ro : 지구반경))

59 굴절률이 서로 다른 인접한 두 전리층간을 아래 그림과 같이 전파가 진행할 때 옳은 것은?

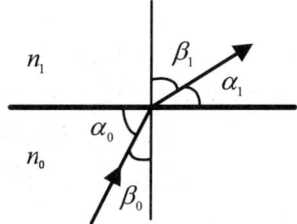

가. $n_0 \sin \alpha_0 = n_1 \sin \alpha_1$
나. $n_0 \sin \beta_0 = n_1 \sin \beta_1$
다. $n_1 \sin \alpha_0 = n_0 \sin \alpha_1$
라. $n_1 \sin \beta_0 = n_0 \sin \beta_1$

정답 나

해설

스넬의 법칙
$n_0 \sin \beta_0 = n_1 \sin \beta_1$
(n_0, n_1 : 전리층굴절율)

60 다음 중 전파예보에서 알아낼 수 없는 것은?

가. 전리층 반사파로 통신할 수 있는 가장 높은 주파수를 알 수 있다.
나. 조건을 대입하여 LUF를 구할 수 있다.
다. 송·수신점과 통신 시각에 따른 최적운용주파수를 구할 수 있다.
라. 전리층과 대기권의 M곡선을 구할 수 있다.

정답 라

해설 전파예보란 전리층 반사파를 이용한 통신에서 두 점간의 통신을 효율적으로 할 수 있도록 최적운용주파수를 예보하는 곡선이다.

전파예보의 종류	특 징
MUF (Maximum Usable Frequency)	사용가능한 최대주파수
LUF (Lowest Usable Frequency)	사용가능한 최저주파수
FOT (Frequency of Optimum Traffic)	MUF x 0.85 최적운용주파수

제4과목 무선통신시스템

61 다음 중 수신전계의 변동에 따른 손실 보상을 하기 위한 것은?
가. AGC회로
나. Pre-emphasis
다. Pre-distorter
라. Limiter

정답 가

해설 수신전계 변동 현상을 페이딩(Fading)이라 하며, 방지대책으로는 AGC(Auto Gain Control), 다이버시티기법이 있다. (Pre-Emphasis, Pre-Distorter, Limiter는 FM 수신기에 사용되는 회로임)

62 송신기의 결합회로 중 π형 결합회로의 특징이 아닌 것은?
가. 조정과 설계가 용이하다.
나. 고주파 신호의 제거가 용이하다.
다. 공중선과의 증폭도 조정이 용이하다.
라. 임피던스 정합이 용이하다.

정답 다

해설 송신기 결합회로는 증폭기와 안테나 사이에 구성되며 π형 결합회로, T형 결합회로, L형 결합회로로 구성된다.
(일반적으로 π형 결합회로를 주로 사용한다.)

결합회로의 특징
· 임피던스 정합이 용이함
· 회로의 조정과 설계가 용이함
· 대역통과필터(π형 결합회로)로 고주파 신호의 제거가 용이함

63 전파의 창(Radio Window)의 범위를 결정하는 요소가 아닌 것은?
가. 우주(대기)잡음의 영향
나. 대류권의 영향
다. 도플러 효과의 영향
라. 전리층의 영향

정답 다

해설 전파의 창(Radio Window)은 1GHz ~ 10GHz 대역으로 잡음 및 대류권이나 전리층의 영향이 최소화되는 상한주파수 와 하한주파수를 말한다. 전파의 창의 범위를 결정하는 요소로는,
1. 우주잡음의 영향
2. 전리층의 영향
3. 대류권의 영향
4. 통신정보의 양
5. 송수신계의 문제

64 다른 주파수에서 다수의 반송파 신호를 사용하여 각 채널상에 비트를 실어 보내는 방식은?
가. 위상분할 다중화
나. 시분할 다중화
다. 파장분할 다중화
라. 직교주파수 분할 다중화

정답 라

해설 다중화방식에는 시분할다중화, 파장분할다중화, 직교주파수 분할 다중화 방식이 있다.

	시분할 다중화	파장분할 다중화	직교주파수 분할다중화
방식	TDM	WDM	OFDM
다중화	시간	파장	다수의 반송파
특징	비대칭 서비스	초고속 광대역	주파수효율 우수

65 다음 중 위성체에 사용되는 무지향성 안테나의 용도로 가장 적합한 것은?

가. 11[GHz]대역에서 무선측위용으로 주로 사용된다.
나. Pencil Beam을 얻을 수 있어서 중계용으로 사용된다.
다. 위성체의 명령이나 원격제어에 관한 데이터 전송을 위한 것이다.
라. 차세대 위성 안테나 기술 중의 하나로 Multi Beam용으로 사용된다.

정답 다

해설 위성안테나의 종류

안테나종류	특징
혼 안테나	넓은 지역을 커버함
파라볼라 안테나	좁은 지역을 커버함
무지향성 안테나	위성체 명령이나 원격제어
헬리컬 안테나	UHF통신을 위한 특수목적용

66 다음 중 우리나라의 디지털 이동전화에서 대역확산 통신방식을 사용하는 방식은?

가. CDMA(Code Division Multiple Access)
나. TDMA(Time Division Multiple Access)
다. FDMA(Frequency Division Multiple Access)
라. AMPS(Advanced Mobile Phone System)

정답 가

해설 대역확산방식에는 Direct Sequence(직접 확산), Frequency Hopping(주파수도약), Time Hopping(시간도약) 방식이 있다. 국내에서는 DS방식의 CDMA 방식을 사용하고 있다.

67 무선 근거리통신망의 ISM 대역에 대한 설명으로 적합하지 않은 것은?

가. ISM대역은 ITU에서 국제적으로 지정하였다.
나. 산업·과학·의료 대역이라 불리우는 주파수 대역이다.
다. ISM대역을 사용하기 위해서는 별도의 무선국 허가절차가 필요하다.
라. 우리나라가 해당하는 제3지역에서는 2.4~2.5[GHz] 등 10여개 대역이 지정되어 있다.

정답 다

해설 ISM(Industrial Scientific and Medical)은 산업, 과학, 의료용 주파수 대역으로 별도의 허가 없이 사용할 수 있는 대역을 말한다. ITU(국제전기통신연합)에서 10개의 지역을 선정하고 있으며 국내는 제3지역으로 2.4GHz ~ 2.5GHz 대역이 지정되어 있다. (Bluetooth, Zigbee, WIFI 등이 사용 중)

68 위성의 다원 접속 방식이 아닌 것은?

가. FDMA 나. TDMA
다. CDMA 라. WDMA

정답 라

해설 위성의 다원접속은 FDMA, CDMA, FDMA, SDMA 기술이 있다. 주파수효율성, 공간효율성을 고려하여 선택적으로 사용한다.

69 다중경로에 의한 시간 지연을 갖고 도달하는 각 반사파를 독립적으로 분리하여 복조할 수 있게 구성된 수신기는?

가. 헤테로다인 수신기
나. 호모다인 수신기
다. 레이크 수신기
라. 린 콤백스 수신기

정답 다

해설 이동통신시스템에서 다중경로에 의해 수신된 신호를 완벽히 분리할 수 있는 수신기를 레이크 수신기(Rake Receiver) 라 한다.

레이크수신기의 특징은,
1. Finger(상관기)를 이용 수신신호의 완벽한 분리(이동국은 3개, 기지국은 4개의 Finger를 가짐)
2. 시간다이버시티 효과를 얻을 수 있음
3. 최대비합성법을 이용하여 수신신호를 합성함

70 프로토콜에 관련된 다음의 설명들 중 올바르게 기술된 것은?
가. 통신하는 두 지점 사이에 적용되는 규칙이다.
나. 통신 연결에서 상하위 레벨사이에만 적용된다.
다. 소프트웨어 레벨에서만 프로토콜이 적용된다.
라. 주로 기술문서 형태로 작성된다.

정답 가

해설 프로토콜(Protocol)이란 통신 회선을 이용하여 컴퓨터와 컴퓨터, 컴퓨터와 단말 사이(통신하는 두 점 사이)에서 데이터를 주고받기위해 정한 통신 규약이다.

71 다음 중 프로토콜의 주요 요소가 아닌 것은?
가. 개체(entity) 나. 구문(syntax)
다. 의미(semantics) 라. 타이밍(timing)

정답 가

해설 프로토콜의 주요요소에는,

주요요소	특 징
구문 (Syntax)	데이터의 구조 나 형식, 부호화의 방법 등 정의함
의미 (Semantics)	오류제어, 동기제어, 흐름제어 같은 제어절차를 정의함
타이밍 (Timing)	양단(end to end)의 통신속도나 순서 등을 정의함

72 IPv6에 대하여 바르게 설명되지 않은 것은?
가. 패킷 형식은 40[Bytes]로 고정된다.
나. 주소체계는 16[Bytes]이다.
다. 사용가능한 주소수는 약 43억 개이다.
라. flow label을 이용하여 QoS를 보장한다.

정답 다

해설 IPv6와 IPv4의 비교

	IPv6	IPV4
패킷형식	40byte 확장헤더	40byte 고정헤더
주소체계	16byte(128bit)	4byte(32bit)
주소수	무한개	43억개
QOS	보장	Option
IPSEC	보장	Option
Casting Mode	Unicast Multicast Anycast	Broadcast Unicast Multicast

73 다음 중 통신 프로토콜의 일반적 기능과 관계가 없는 것은?
가. 연결 제어
나. 흐름 제어
다. 상태 제어
라. 다중화

정답 다

해설 통신프로토콜의 기능은,
1. 정보의 분할 및 조립(Fragmentation)
   : 단편화(Segmentation) 와 조립(Reassembly)
2. 정보의 캡슐화(Encapsulation)
   : 데이터의 앞/뒤에 헤더와 트레일러를 첨가
3. 연결제어(Connection Control)
   : 노드간의 연결확립, 데이터전송, 연결해제
4. 흐름제어(Flow Control)
   : 수신지에서 발송데이타의 양 과 속도를 제한
5. 오류제어(Error Control)
   : 오류검출 및 정정하는 기능(FEC , ARQ)

6. 동기화(Synchronization)
   : 송수신기 사이에 같은 상태를 유지
7. 순서지정(Sequencing)
   : 패킷망에서 패킷단위로 분할/전송
8. 주소지정(Addressing)
   : 네트워크가 인식가능한 주소부여
9. 다중화(Multiplexing)
   : 한정된 링크를 다수의 사용자가 공유하도록 함

74 TCP/IP 프로토콜의 계층구조는 OSI모델의 계층구조와 정확하게 일치하지 않는다. TCP/IP 프로토콜의 5개 계층구조에 속하지 않는 것은?
가. 물리 계층   나. 데이터링크 계층
다. 세션계층   라. 응용계층

정답 다

해설 TCP/IP 와 OSI모델의 비교

TCP/IP	OSI 7Layer
응용계층	응용계층
	표현계층
	세션계층
전달계층	전달계층
네트워크계층	네트워크계층
데이타링크계층	데이터링크계층
물리계층	물리계층

75 다음의 HDLC 프로토콜에 대한 설명 중 맞는 것은?
가. 전달 계층의 정보 전달을 위한 프로토콜이다.
나. 문자 방식의 프로토콜이다.
다. point-to-point 방식만 사용 가능하다.
라. Go-back-N ARQ 방식의 에러 제어를 사용한다.

정답 라

해설 HDLC(High Level Data Link control)의 특징
1. 비트방식 프로토콜임
2. 데이터링크계층(2계층) 프로토콜임
3. Simplex, Half-Duplex, Full-Duplex 가능
4. Point to Point, MultiPoint, Loop 방식가능
5. 에러제어방식은 GO-Back-N-ARQ 사용

76 무선 통신 기술과 관계 되지 않은 것은?
가. IEEE 802.11b   나. IEEE 802.15.1
다. IEEE 802.15.3 라. IEEE 1394

정답 라

해설 무선통신기술 표준명은

표준명	응용서비스
IEEE 802.11b	WLAN (WIFI) 규격
IEEE 802.15.1	WPAN (Bluetooth) 규격
IEEE 802.15.3	WPAN (UWB) 규격
IEEE 1394	유선 Cable 규격

77 전파의 회절 현상에 대한 다음 설명 중에서 잘못된 것은?
가. 파장이 길수록 적게 일어난다.
나. 주파수가 낮을수록 많이 일어난다.
다. 중/장파 대역에서 많이 일어난다.
라. 초단파 대역에서도 발생할 수 있다.

정답 가

해설 전파는 빛과 같이 전송로 상에서 다른 매질을 만나면 회절, 반사, 굴절 하는 특징이 있음. 회절현상은 호이겐스의 원리에 의해 장애물을 넘어서 수신점에 도달하거나, 산악회절과 초단파대역에서도 회절이득을 얻기도 한다. 회절현상은 주파수가 낮을수록(파장이 길수록) 많이 발생된다. (800MHz 이동통신시스템이 1800MHz 시스템 보다 기지국 수를 적게 할 수 있는 이유이다.)

2012년 무선설비기사 기출문제

78 최적의 무선 환경을 구축할 수 있도록 하기 위한 기지국 통화량 분산의 방법이 아닌 것은?
  가. 섹터간 커버리지 조정
  나. 인접 셀간 커버리지 조정
  다. 기지국 이설 및 추가
  라. 커버리지를 위한 안테나 조정

  정답 라

  해설 안테나 조정(Tilting 기계적, 전기적)은 커버리지를 확장할 때 사용된다.

79 무선통신시스템 설계 시 단파가 중장파보다 불리한 점은 어느 것인가?
  가. 복사 능률이 더 낮다.
  나. 페이딩의 영향이 더 크다.
  다. 안테나 설치가 어렵다.
  라. 원거리 통신에 불리하다.

  정답 나

  해설 단파의 특징은,
  1. 소출력 전송이 가능 (장점)
  2. 지향성 통신이 가능 (장점)
  3. 공전방해에 민감 (단점)
  4. 페이딩 영향이 크다 (단점)
  5. 불감지대가 생김 (단점)

80 텔레비전 방송국에서 무선설비의 점유주파수대폭 허용치는 다음 중 어느 것인가?
  가. 3[MHz]   나. 4[MHz]
  다. 5[MHz]   라. 6[MHz]

  정답 라

  해설 국내의 텔레비전방송을 하는 방송국의 무선설비의 점유주파수 대역폭은 6[MHz]이다. 변조방식은 VSB를 사용하며 전파형식은 C3F, F3E, G3E, C7W 등이 있다.

제5과목 전자계산기일반 및 무선설비기준

81 다중프로그래밍(multi-programming)을 위하여 시스템이 갖추어야 할 것 중 관계가 가장 적은 것은?
  가. 인터럽트(interrupt)
  나. 가상메모리(virtual memory)
  다. 시분할(time slicing)
  라. 스풀링(spooling)

  정답 다

  해설 다중프로그래밍
  1. 두 개 이상의 프로그램이 주기억장치에 적재됨
  2. 컴퓨터가 다중프로그래밍으로 인해 처리능력을 향상시킴
  * 시분할 : 중앙컴퓨터에 다수의 Host가 접근할 시간적으로(slot)분할하여 접근하는 방식임

82 자외선을 이용하여 지울 수 있는 메모리는 어느 것인가?
  가. PROM
  나. EPROM
  다. EEPROM
  라. 플래쉬 메모리(Flash memory)

  정답 나

  해설 판독전용 기억장치(ROM)

기억장치	특 징
ROM	제조 시 저장하여 수정이 불가능함
PROM	한번만 사용자가 수정가능
EPROM	자외선으로 지울 수 있고 쓸 수 있음
EEPROM	전기신호를 이용하여 지울 수 있음

83 I/O 채널(channel)의 설명 중 맞지 않는 것은?
  가. CPU는 일련의 I/O동작을 지시하고 그 동작 전체가 완료된 시점에서만 인터럽트를 받는다.
  나. 입출력 동작을 위한 명령문 세트를 가진 프로세서를 포함하고 있다.
  다. 선택기 채널(selector channel)은 여러 개의 고속 장치들을 제어한다.
  라. 멀티플렉서 채널(multiplex channel)에는 보통 하드디스크 장치들을 연결한다.

정답 라

해설 I/O Channel
1. 입출력 채널은 입출력장치 와 주기억장치 사이에서 데이터 전송을 담당하는 전용처리기임.

종류	특징
셀렉터 채널	고속 입출력장치 채널
멀티 플렉서 채널	저속 입출력장치 채널
블록 멀티 플렉서 채널	여러 대의 고속장치 채널

84 마이크로컴퓨터의 기본 정보는 '0'과 '1'로만 표현되며, 이러한 부호의 조합을 명령(instruction)이라고 한다. 그리고 명령들은 어떤 목적과 규칙에 따라 나열되고, 메모리에 저장되는데 이것을 무엇이라 하는가?
  가. 데이터(DATA)
  나. 소프트웨어(Software)
  다. 신호(Signal)
  라. 2진 코드

정답 나

해설 소프트웨어(Software)
1. 하드웨어를 지시/명령할 수 있도록 만들어진 컴퓨터 언어임 (최근은 UI포함)
2. 소프트웨어는 어떤 목적과 규칙을 항상 가지고 있음

85 0-주소 명령어(zero-address insturction)에서 사용하는 특정한 기억장치 조직은 무엇인가?
  가. 그래프(graph)   나. 스택(stack)
  다. 큐(queue)   라. 트리(tree)

정답 나

해설 명령어 형식
1. 명령부 와 주소부로 구성됨
2. 0-주소방식
   (가) 주소부분이 없는 명령어
   (나) 스택을 사용하는 컴퓨터에서 사용됨
   (다) 모든 연산은 피연산자를 이용하여 수행함

86 다음 중 입력 장치에 사용되는 매체가 아닌 것은?
  가. 천공 카드(punch card)
  나. 사운드 카드(sound card)
  다. OMR 카드
  라. 바 코드(bar code)

정답 나

해설 입력장치(Input Device)
1. 문자, 기호, 그림들을 컴퓨터에 입력할 수 있는 외부 장치임
   * 사운드 카드는 오디오 출력장치임

87 다음 중 순차파일(sequential file)의 특징이 아닌 것은?
  가. 새로운 레코드를 삽입하는데 효율적이다.
  나. 레코드 탐색시 선형탐색을 해야 한다.
  다. 이전의 레코드를 탐색하려면 파일을 되돌리면 된다.
  라. 레코드를 삭제하려면 새로운 파일을 작성해야 한다.

정답 다

해설 순차파일(Sequential Access Method File)
1. 파일이 만들어 지거나 파일을 검색할 때, 처음부터 끝까지 순서대로 기록되고 검색되어지는 파일접근 형식을 말함
2. 기억장소의 낭비가 없고, 순서대로 자료가 기억되어 취급이 용이함
3. 레코드 삽입/삭제 시 시간이 오래 걸림
   * 천공카드, 프린터, 자기테이프 등

88 메모리관리에서 빈 공간을 관리하는 free 리스트를 끝까지 탐색하여 요구되는 크기보다 더 크며 그 차이가 제일 작은 노드를 찾아 할당해주는 방법은 어느 것인가?
가. 최초적합(first-fit)
나. 최적적합(best-fit)
다. 최악적합(worst-fit)
라. 최후적합(last-fit)

정답 나

해설 Fit의 종류
1. 하드디스크를 할당할 때 빈공간을 찾아주고 할당해 주는 기능을 말함

종류	특징
First Fit	가장 첫 번째 만나는 영역을 할당
Best Fit	메모리 크기에 적응적으로 할당
Worst Fit	최대 가용 공간을 할당

89 디스크를 사용하려면 최초에 반드시 해야 할 사항은 무엇인가?
가. 내용을 지우고 잠근다.
나. 파티션을 만들고 포맷한다.
다. 폴더와 파일들로 채운다.
라. 시분할(time slice)한다.

정답 나

해설 파티션(Partition) 과 포맷(Format)
1. 하드디스크를 처음 사용하기 위해 부팅디스크의 파티션을 나눈 뒤, Format을 해야만 사용가능함

90 운영체제는 컴퓨터 시스템을 구성하는 요소 중의 하나로 시스템에 제공되는 기능(또는 목적)으로 올바르게 짝지어진 것은?
가. 편의성-효율성
나. 청각성-정확성
다. 시각성-편의성
라. 청각성-신속성

정답 가

해설 운영체제(OS Opertating System)
1. 컴퓨터와 하드웨어, 사용자 간의 Interface를 위 통합 소프트웨어 개념임
2. 컴퓨터를 구성하는 각종자원을 효율적으로 관리 할 수 있고, 운영하여 시스템 자원을 향상시키는 시스템프로그램 임

91 주파수대폭의 허용치에 있어서 무선설비규칙에 규정되어 있지 않은 사항에 대하여는 어떠한 것을 적용하는가?
가. 방송통신위원회 별도 지침에 따른다.
나. 국제전기통신연합(ITU)에서 정하는 바에 따른다.
다. 실제 측정하여 자체 공시 후 적용한다.
라. 전파지정기준에 따른다.

정답 나

해설 무선설비규칙에 규정에 없는 경우의 조건
1. 국제전기통신연합(ITU)에서 정하는 바에 따른다. (ITU-R, ITU-T)

92 소출력 텔레비전 방송국의 무선설비로서 470[MHz] 초과 960[MHz]이하의 주파수대역에서 영상 첨두포락선전력이 1[W]이하인 무선설비의 주파수허용편차는 다음 중 얼마인가?
가. 10[Hz] 나. 100[Hz]
다. 10[kHz] 라. 100[kHz]

정답 다

해설 주파수 허용편차
1. 소출력 텔레비전 방송국의 무선설비
 : 470[MHz]초과 960[MHz] 이하의 주파수 대역에서 영상 첨두포락선전력이 1[W]이하인 무선설비의 주파수 허용편차는 10[kHz]이다.

93 방송통신위원회가 전파자원의 공평하고 효율적인 이용을 촉진하기 위하여 필요한 경우에 시행하여야 할 사항으로 적합하지 않은 것은?
가. 주파수 회수
나. 주파수 분배의 변경
다. 주파수의 단독 사용
라. 새로운 기술 방식으로의 전환

정답 다

해설 방송통신위원회의 역할
1. 주파수분배의 변경
2. 주파수회수 또는 주파수재배치
3. 새로운 기술방식으로의 전환
4. 주파수의 공동 사용

94 다음 중 방송국 개설허가 심사사항이 아닌 것은?
가. 당해 법인의 설립이 확실한지의 여부
나. 송신소 시설의 보유여부
다. 연주소 시설의 보유여부
라. 운용할 수 있는 기술적 능력의 보유여부

정답 나

해설 방송국 개설허가 심사사항
1. 당해 법인 설립이 확실한지의 여부
2. 연주소 시설의 보유여부(연주소란 무선전화에 의하여 강연, 음악, 시사 등을 방송하게 된 곳으로 방송국 안에 설치되어 있음)
3. 운용할 수 있는 기술적 능력의 보유여부

95 초단파 방송용 무선설비의 신호 대 잡음비는 1,000[Hz]의 변조주파수에 따라 최대주파수편이로 변조하나 송신장치는 75[μs]의 시정수를 가진 임피던스 주파수 특성의 회로에 따라 디엠파시스를 행한 경우 몇 데시벨 이상이어야 하는가?
가. 60[dB] 나. 70[dB]
다. 80[dB] 라. 90[dB]

정답 가

해설 무선설비규칙
1. 초단파 방송국에서 송신장치의 신호 대 잡음비는 1000[Hz]의 변조주파수에서 최대주파수편이를 한 경우 60[dB]이상이 되어야 한다.

96 통신설비인 전파응용설비 중 유도식통신설비에서 발사되는 주파수 범위는 얼마이어야 하는가?
가. 9[kHz] ~ 450[kHz]
나. 9[kHz] ~ 350[kHz]
다. 9[kHz] ~ 250[kHz]
라. 9[kHz] ~ 150[kHz]

정답 다

해설 유도식 통신설비에서 발사되는 주파수 범위는 [9[kHz]~250[kHz]] 이다.

97 방송통신위원회의 허가를 받아야 하는 전력선통신설비의 주파수대역과 고주파출력이 맞게 짝지어진 것은?
가. 9[kHz]이상 30[MHz]까지, 10와트 이하
나. 3[kHz]이상 60[MHz]까지, 50와트 이상
다. 9[MHz]이상 30[MHz]까지, 10와트 이상
라. 3[MHz]이상 60[MHz]까지, 50와트 이상

정답 가

해설 방송통신위원회의 허가
1. 전력선 통신설비의 주파수 대역
: 9[kHz]이상 30[MHz]까지 고주파 출력 10[W] 이하는 방송통신 위원회의 허가를 받아야 한다.

98 적합성평가의 전부가 면제되는 기자재가 아닌 것은?
가. 시험연구를 위하여 수입하는 100대 이하의 기자재
나. 외국의 기술자가 국내산업체 등의 필요에 따라 일정기간 내에 반출하는 조건으로 반입하는 면제확인 수량만큼의 기자재
다. 전시회, 경기대회 등 행사에서 판매를 하기 위한 정보통신기자재
라. 기간통신사업자·별정통신사업자 또는 전송망사업자가 해당역무에 사용하는 기자재

정답 다

해설 적합성 평가의 전부가 면제기기
1. 시험연구를 위하여 수입하는 100대 이하의 기자재
2. 외국의 기술자가 국내 산업체 등의 필요에 따라 일정기간 내에 반출하는 조건으로 반입하는 면제확인 수량만큼의 기자재
3. 전시회, 경기대회 등 행사에 사용하기 위한 것으로서 판매를 목적으로 하지 아니하는 기자재
4. 기간통신사업자, 별정통신사업자 또는 전송망사 업자가 해당역무에 사용하는 기자재

99 무선설비의 변조특성 등에 대한 기술기준으로 적합하지 않은 것은?
가. 진폭변조되는 송신장치는 변조도가 100[%] 초과하지 아니하여야 한다.
나. 주파수변조되는 송신장치는 최대주파수편이의 범위를 초과하지 아니하여야 한다.
다. 무선설비는 최고 변조주파수에서 안정적으로 동작하여야 한다.
라. 편향변조에 의하여 점유주파수대폭이 충분하여야 한다.

정답 라

해설 변조특성
1. 변조신호에 의하여 반송파가 진폭변조되는 송신장치는 변조도가 100[%]를 초과하지 못함
2. 반송파가 주파수 변조되는 송신장치는 최대 주파수편이의 범위를 초과하지 아니하여야 함
3. 무선설비는 최고통신속도 또는 최고변조주파수에서 안정적으로 동작하여야 한다.

100 미약 전계강도 무선기기의 기술기준에서 322[MHz] 미만의 주파수를 사용하는 무선기기는 3[m] 거리에서 측정한 전계강도가 얼마 이하이어야 하는가?
가. $100[\mu V/m]$ 이하
나. $500[\mu V/m]$ 이하
다. $1[mV/m]$ 이하
라. $10[mV/m]$ 이하

정답 나

해설 미약전계강도 기술기준
1. 322[MHz]미만의 주파수를 사용하는 무선기기는 3[m]거리에서 전계강도가 $500[\mu V/m]$ 이하이어야 한다.

2012년 기사2회 필기시험

국가기술자격검정 필기시험문제

2012년 기사2회 필기시험

자격종목 및 등급(선택분야)	종목코드	시험시간	형 별	수검번호	성 별
무선설비기사		2시간 30분	1형		

제1과목 디지털 전자회로

01 다음 중 전원회로의 교류입력단과 직류부하단 사이의 기본구성으로 적절한 것은?

가. 교류입력단-정류회로-변압기-평활회로-
  정전압회로-직류부하단
나. 교류입력단-변압기-정류회로-평활회로-
  정전압회로-직류부하단
다. 교류입력단-정류회로-변압기-정전압회로
  -평활회로-직류부하단
라. 교류입력단-변압기-정류회로-정전압회로
  -평활회로-직류부하단

정답 나

해설 전원회로의 기본구성
교류 → 변압기 → 정류기 → 평활회로 → 정전압회로

02 정전압 회로의 특성으로 가장 알맞은 것은?

가. 입력전류가 변할 때 출력 전압은 일정하지 않다.
나. 출력전압이 변할 때 부하 전류는 일정하다.
다. 주위온도가 상승할 때 출력 전압은 일정하다.
라. 부하가 변할 때 입력 전압은 일정하다.

정답 다

해설 정전압회로는 부하조건이나 온도변화에 대하여 직류출력전압을 일정하게 만들어 주는 회로이다.

03 정전압 안정화 회로의 규격으로 적절하지 않은 것은?

가. 직류 출력전압의 허용범위
나. 직류 출력전류의 허용범위
다. 입력 및 출력 임피던스의 허용범위
라. 부하전류 변화에 따른 출력전압의 변동범위

정답 다

해설 정전압회로의 전기적 특성
1. 출력전압   2. 전압변동률
3. 부하변동률   4. 맥동제거율

04 다음 그림과 같은 바이어스 회로에서 I_c가 2[mA] 이고 β 가 50일 때 R_b의 값은?
(단, V_{cc}=10[V] 이고 V_{BE}=0.7[V]이다.)

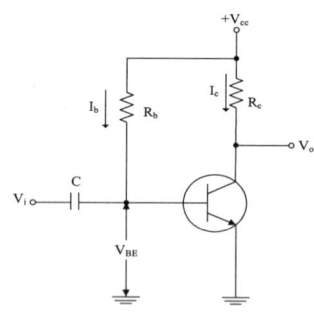

가. 132.5[kΩ]   나. 232.5[kΩ]
다. 265[kΩ]   라. 465[kΩ]

정답 나

해설 고정바이어스 회로
$V_{CC} = R_B I_B + V_{BE}$ 에서, $R_B = \dfrac{V_{CC} - V_{BE}}{I_B}$
여기서, $I_C \fallingdotseq \beta I_B$ 이므로
$I_B = (2 \times 10^{-3})/50 = 0.04[mA]$
$R_B = \dfrac{10 - 0.7}{0.04 \times 10^{-3}} = 232.5[k\Omega]$

05 다음 회로의 정현파 입력 시 출력파형은 어느 것인가?

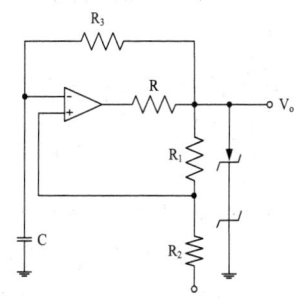

가. 구형파　　　나. 삼각파
다. 톱니파　　　라. 사인파

정답 가

해설 반전 슈미트트리거 구형파 발생회로이다.

06 다음은 부궤환 증폭 회로의 기본형이다. 옳은 명칭은 다음 중 어느 것인가?

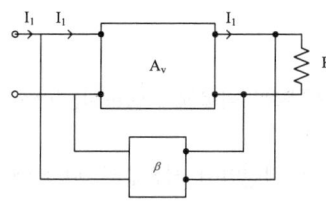

가. 직렬 전압 궤환　　나. 직렬 전류 궤환
다. 병렬 전압 궤환　　라. 병렬 전류 궤환

정답 다

해설 부궤환 증폭기의 입출력 임피던스 변화

궤환	직렬전압	직렬전류	병렬전압	병렬전류
입력임피던스	증가	증가	감소	감소
출력임피던스	감소	증가	감소	증가

07 푸시풀(push-pull) 전력증폭회로의 가장 큰 장점은?

가. 우수 고조파 상쇄로 왜곡이 감소한다.
나. 직류 성분이 없어지기 때문에 효율이 크다.
다. A급 동작 시 크로스오버(cross over)왜곡이 감소한다.
라. 기수와 우수 고조파 상쇄로 효율이 증가한다.

정답 가

해설 푸시풀(push-pull)전력증폭회로는 우수차 고조파 성분은 서로 상쇄되어 출력단에 나타나지 않아 왜곡이 감소한다.

08 발진회로와 관계가 없는 것은?

가. 부성저항　　나. 정궤환
다. 부궤환　　　라. 재생회로

정답 다

해설 부궤환은 증폭기 특성 개선을 위하여 사용된다.

09 그림과 같은 수정편의 등가회로에서 $L_0=25$[mH], $C_0=1.6$[pF], $R_0=5$[Ω], $C_1=4$[pF]때, 직렬공진주파수는? (단, $\pi=3.14$)

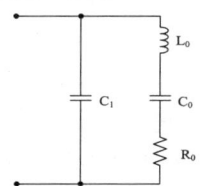

가. 약 766.2[KHz]　　나. 약 776.2[KHz]
다. 약 786.2[KHz]　　라. 약 796.2[KHz]

정답 라

해설 수정발진기 공진주파수

직렬공진주파수	병렬공진주파수
$f_s = \dfrac{1}{2\pi\sqrt{L_0 C_0}}$	$f_p = \dfrac{1}{2\pi\sqrt{L_0(\dfrac{C_0 C_1}{C_0+C_1})}}$

직렬공진주파수

$$f_s = \frac{1}{2\pi\sqrt{L_0 C_0}} = \frac{1}{2\pi\sqrt{(25\times 10^{-3})(1.6\times 10^{-12})}}$$
$$= 796.2[KHz]$$

10. AM 복조(검파) 회로에서 직전 검파회로의 RC(시정수)가 반송파의 주기보다 짧은 경우에 일어나는 현상은?

　가. 충방전 특성이 늦어진다.
　나. 출력은 입력 전압의 반송파 진폭의 제곱에 비례하게 되며, 검파 감도가 높아지게 된다.
　다. 방전이 빨리 일어나서 저항 R의 단자 전압 변동이 크게 일어난다.
　라. 포락선의 변화에 추종하지 못한다.

　　　　　　　　　　　　　　　　정답 다

해설 직선검파(포락선검파)
AM파의 입력 전압(v_i)이 가해지면 검파 전류가 흐르면 방전 시정수 CR을 이용해 피변조파의 포락선을 재현하게 된다.

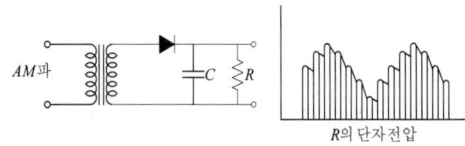

R의 단자전압파형

저항 R의 단자에는 충전과 방전의 결과 점선과 같은 포락선의 출력파형이 나타난다. RC(시정수)가 반송파의 주기보다 짧은 경우에 방전이 빨리 일어나서 저항 R의 단자 전압 변동이 크게 일어난다.

11. 그림과 같은 변조파형을 얻을 수 있는 변조 방식에 대한 설명 중 옳은 것은?

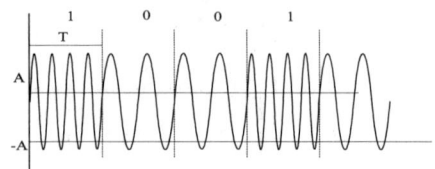

　가. 정현파의 주파수에 정보를 싣는 FSK방식으로 2가지 주파수를 이용한다.
　나. 정현파의 진폭에 정보를 싣는 ASK방식으로 2가지 진폭을 이용한다.
　다. 정현파의 진폭에 정보를 싣는 QAM 방식으로 2가지 진폭을 이용한다.
　라. 정현파의 위상에 정보를 싣는 2위상 편이 변조방식이다.

　　　　　　　　　　　　　　　　정답 가

해설 FSK변조방식은 입력신호에 따라 반송파의 주파수를 변화시키는 디지털 변조방식이다.

12. CR충방전 회로에서 상승시간(rise time)은 무엇인가?

　가. 출력전압이 최종값의 90[%]에로부터 10[%]에 이르기까지 소요되는 시간
　나. 스위치를 넣은 후 출력전압이 최종값의 10[%]에서 90[%]까지 소요되는 시간
　다. 스위치를 넣은 후 출력전압이 최종값의 90[%]에서 100[%]까지 소요되는 시간
　라. 스위치를 넣은 후 출력 전압이 최종값의 10[%]에 이르는데 소요되는 시간.

　　　　　　　　　　　　　　　　정답 나

해설 펄스의 상승시간

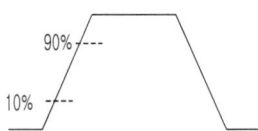

펄스	특징
상승시간	펄스가 10[%]에서 90[%] 상승시간
하강시간	펄스가 90[%]에서 10[%] 하강시간
지연시간	입력진폭이 10[%]될 때 까지 시간
축적시간	출력펄스가 최대진폭의 90[%]까지
턴온시간	상승시간 + 지연시간
턴오프시간	하강시간 + 축적시간

13 단안정 멀티바이브레이터는 다음 중 어떤 결합을 이용하는가?

가. DC 결합   나. AC결합
다. AC와 DC 결합   라. 무결합

정답 다

해설 멀티바이브레이터의 결합회로 구성
비안정 MV : AC 결합 회로 구성
단안정 MV : AC와 DC 결합 회로 구성
쌍안정 MV : DC 결합 회로 구성

14 십진수 10.375를 2진수로 변환하면?

가. 1011.101$_{(2)}$ 나. 1010.101$_{(2)}$
다. 1010.011$_{(2)}$ 라. 1011.110$_{(2)}$

정답 다

해설 10진수를 2진수로 변환은 Weight Value를 이용해서 변환한다.

8	4	2	1	.	0.5	0.25	0.125
1	0	1	0	.	0	1	1

∴ $(10.375)_{10} = (1010.011)_2$

15 논리식 $A(A+B+C)$를 간단히 하면?

가. A 나. 1
다. 0   라. $A+B+C$

정답 가

해설 논리식의 간략화
$A(A+B+C) = A + AB + AC$

카르노맵으로 정리하면

BC \ A	00	01	11	10
0				
1	1	1	1	1

∴ 출력 $Y = A$

16 다음 게이트 중에서 fan-out이 가장 큰 것은?

가. RTL 게이트   나. TTL 게이트
다. DTL 게이트   라. DL 게이트

정답 나

해설 논리 IC회로의 비교
Fan out 수(입출력 분기수)
CMOS 〉 ECL 〉TTL 〉HTL 〉DTL 〉RTL
소비전력
CMOS 〈 TTL 〈 DTL〈 RTL 〈 HTL 〈 ECL
동작속도
ECL 〉 TTL 〉 RTL 〉 CMOS 〉 HTL

17 비동기식 직렬 전송(UART) 시 start bit와 stop bit의 신호 상태는?

가. start bit : low, stop bit : high
나. start bit : high, stop bit : low
다. start bit : low, stop bit : low
라. start bit : high, stop bit : high

정답 가

해설 UART(Universal Asynchronous Receiver and Transmitter)는 컴퓨터의 시리얼 포트 등에 사용되는 통신회로로 Start Bit(0)와 Stop Bit(1)를 사용하여 동기를 유지한다.

18 십진 BCD코드를 LED 출력으로 표시하려면 어떤 디코더 드라이브가 필요한가?

가. BCD-10세그먼트　나. Octal-10세그먼트
다. BCD-7세그먼트　　라. Octal-7세그먼트

정답 다

해설 BCD-7세그먼트 디코더 드라이버는 0-9까지 숫자표현이 가능해, BCD코드를 LED 출력으로 표시할 수 있다.

19 여러 개의 회로가 단일 회선을 공동으로 이용하여 신호를 전송하는데 필요한 장치는?

가. 멀티 플렉서　나. 디멀티플렉터
다. 인코더　　　라. 디코더

정답 가

해설 멀티플랙서(MUX)는 $N=2^n$개의 입력 중 하나를 선택해 단일 채널로 전송하는 데이터 선택회로이다.

20 다음 기억 장치 중 보조 기억 장치가 아닌 것은?

가. 자기 디스크　나. RAM
다. 자기 드럼　　라. 자기 테이프

정답 나

해설 주기억 기억장치와 보조기억장치

주기억장치	보조기억장치
ROM	자기디스크
RAM	자기드럼
자기코어	자기테이프

제2과목　무선통신기기

21 200[W] 전력의 반송파를 사용하여 신호를 변조도 80[%]로 진폭변조하여 전송하고자 할 때 소요되는 총 전력은 몇 [W]인가?

가. 218[W]　　나. 264[W]
다. 286[W]　　라. 342[W]

정답 나

해설 피변조파전력 $P_m = P_c(1+\dfrac{m^2}{2}) = 200(1+\dfrac{0.8^2}{2})$

$= 200 \times 1.32 = 264[W]$

22 정보신호가 $m(t) = \cos(2\pi f_m t)$인 정현파를 반송파 f_c를 사용하여 SSB 변조하는 경우 변조된 신호의 스펙트럼을 모두 나타낸 것은?

가. $f_c + f_m, f_c - f_m$
나. $f_c + f_m, -f_c - f_m$
다. $f_c + f_m, f_c - f_m, -f_c - f_m$
라. $f_c + f_m, f_c, f_c - f_m,$
　　$-f_c + f_m, -f_c, -f_c - f_m$

정답 나

해설 SSB(Single Side Band)은 DSB-SC(AM)변조에서 한쪽 측파대(상측파 또는 하측파) 만을 필터링해서 취한 변조방식이다.

$v(t) = \cos 2\pi f_c t \cdot \cos 2\pi f_m t$

$= \dfrac{1}{2}[\cos 2\pi(f_c+f_m)t + \cos 2\pi(f_c-f_m)t]$

상측파		하측파	
$f_c + f_m$	$-f_c - f_m$	$f_c - f_m$	$-f_c + f_m$

23 FM신호에서 진폭의 변화를 제거하기 위한 방법으로 사용하는 것은?

가. 경사 검파기(slope detector)
나. 리미터(limiter)
다. 위상동기루프(PLL)
라. 등화기

정답 나

해설 리미터(Limiter)의 정의
: FM수신기에서 일정진폭 이상을 제한함으로써 수신대역폭이 넓어지는 것을 방지할 수 있다. FM대역폭은 진폭의 크기에 비례한다.

24 DPSK(Differential Phase Shift Keying)방식에 대한 설명으로 틀린 것은?

가. BPSK방식에 비해 BER(Bit Error Rate)성능이 우수하다.
나. 인코히어런트 방식의 일종이다.
다. 인접데이터 간의 동일성 여부에 따라 변조파형이 정해진다.
라. carrier 동기부(synchronize부)가 불필요하다.

정답 가

해설 DPSK(Differential Phase Shift Keying)의 정의
: PSK방식의 동기검파 문제를 해결하기 위하여 1구간(t초)이전의 PSK신호를 기준파로 사용하여 검파할 수 있는 "비동기검파"가 가능한 변조방식
 * 인코히어런트 검파 = 비동기검파

DPSK의 특징
1. DPSK는 BPSK보다 오류확률이 1[dB] 높음
2. 오류확률이 높아 전력제한시스템(위성통신, 이동통신) 등에서는 사용하지 않음

25 구형파에서 펄스폭을 τ, 펄스주기를 T, 주파수를 f, 펄스의 첨두치를 P, 평균치를 A라고 하면 충격계수(duty factor) D의 관계가 틀린 것은?

가. $D = \dfrac{\tau}{T}$ 나. $D = \tau f$
다. $D = A^f$ 라. $D = \dfrac{A}{P}$

정답 다

해설 충격계수 $D = \dfrac{펄스폭(\tau)}{펄스주기(T)}$

$= 펄스폭(\tau) \times 주파수(f)$

$= \dfrac{펄스의 평균(A)}{펄스의 첨두치(P)}$

26 다음 펄스식 레이더를 널리 사용하는 이유가 아닌 것은?

가. 출력의 능률을 올릴 수 있다.
나. 저주파로 이용할 수 있기 때문이다.
다. 예민한 빔을 얻을 수 있어 방위 분해능을 높게 할 수 있다.
라. 송신 펄스의 유지 시간 내에 반사 펄스를 수신할 수 있어 상호 간섭이 없다.

정답 나

해설 펄스식 레이다와 지속파 레이다의 비교

특 징	펄스식 레이다	지속파 레이다
안 테 나	1개	2개
사용밴드	X Band	X Band
탐지거리	펄스폭	송신출력
출력능률	향상가능	검출거리향상
지 향 성	분해능향상	검출거리향상
상호간섭	없 음	안테나와 상관
이동체검출	어렵다	가능

27. 100[Watt]의 출력신호를 isotropic 안테나로 방사한 후, 100[m] 떨어진 곳에서 수신하였다. 만약 0.1 Watt의 출력으로 송신하는 경우 같은 거리에서 같은 정도의 수신전력을 얻고자 한다면 송신 안테나의 이득은 얼마가 되어야 하는가?

가. 100[dB]
나. 10[dB]
다. 30[dB]
라. 20[dB]

정답 다

해설 100[W]와 0.1[W]는 1000배 차이
송신전력 $P = 10\log 1000 = 30[dB]$
∴ 안테나 이득은 30[dB]가 되어야 함

28. 다음 그림은 입력신호에서 주파수와 위상을 추출하는 위상동기루프(PLL)를 나타낸다. 괄호에 들어가는 내용의 조합으로 적절한 것은?

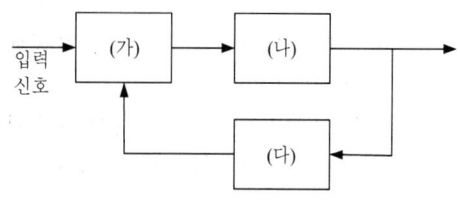

가. (가) 위상검출기 (나) 저역통과 필터
　　(다) 전압제어발진기
나. (가) 위상검출기 (나) 전압제어발진기
　　(다) 저역통과 필터
다. (가) 전압비교기 (나) 고역통과필터
　　(다) 전압제어발진기
라. (가) 전압비교기 (나) 전압제어발진기
　　(다) 저역통과필터

정답 가

해설 PLL의 구성
: 위상검출기, 전압제어발진기, Loop Filter로 구성되는 부궤환 회로로 주파수합성기, 주파수체배기, FM 및 FSK 동기복조 등에 사용된다.

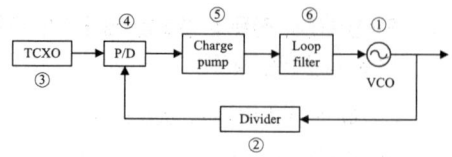

① VCO(전압제어발진기)
② Divider(분배기)
③ 기준신호(TCXO: Temperature Compensated X-tal Oscillator)
④ P/D(위상비교기)
⑤ Charge Pump
⑥ Loop Filter(LPF)
* AM 과 ASK 는 비동기복조 방식임

29. 심볼간 간섭(Intersymbol Interference)이 수신기에서 문제가 되는 상황은?

가. 심볼지연확산이 심볼시간 보다 같거나 이보다 긴 경우
나. 심볼지연확산이 심볼시간 보다 훨씬 짧은 시간인 경우
다. 심볼지연확산이 0인 경우
라. 심볼지연확산 시간을 알 수 없는 경우

정답 가

해설 ISI(Inter Symbol Interference)는 심볼의 지연확산에 의해 원심볼에 간섭을 일으키는 현상을 말한다.
* 대역 제한된 채널을 통과하면서 ISI발생됨

30. 다음 중 레이더 시스템의 구성요소가 아닌 것은?

가. 송신기(transmitter)
나. 수신기(receiver)
다. 안테나(antenna)
라. 블랙박스(black box)

정답 라

해설 레이다는 송신기, 수신기, 안테나로 구성된다. 송신기는 출력이 큰 마그네트론을 이용하고, 안테나는 지향성이 좋은 안테나를 사용한다. 레이다는 구현방식에 따라 펄스폭레이다 와 지속파레이다로 구분된다.

31 축전지 용량 감퇴의 직접적인 원인이 아닌 것은?

가. 충전 전류나 방전 전류의 과대
나. 충전의 불충분
다. 백색 황산납의 발생
라. 장기간 사용

정답 라

해설 축전지의 용량감퇴 원인
1. 전해액의 부족
2. 전해액 비중의 과소
3. 극판의 만곡 및 그에 따른 단락
4. 극판의 부식 및 균열
5. 충방전 전류의 과대
6. 백색 황산납의 발생
7. 충전의 불충분

32 다음 중 UPS의 구성요소에 속하지 않는 것은?

가. 출력필터부   나. 증폭부
다. 비상바이패스부   라. static 스위치부

정답 나

해설 UPS(Uninterruptible Power Supply)의 정의
: 무정전장치로써 불시에 정전되었을 때도 안정적으로 전기를 공급해주는 역할을 한다.
UPS의 구성요소
1. Static 스위치부
2. 비상 By-Pass부
3. 출력필터부

33 다음 중 축전지의 백색 황산납 발생의 원인이 아닌 것은?

가. 극판에 불순물이 혼합되었을 때
나. 과도하게 충전할 때
다. 방전한 대로 방치 할 때
라. 전해액의 비중이 너무 클 때

정답 가

해설 축전지의 백색 황산납 발생원인
1. 방전상태로 장기간 방치할 땔
2. 과대한 전류로 단기간 방전할 때
3. 소전류로 장기간 방전할 때
4. 불충분한 충전을 할 때
5. 전해액의 비중이 너무 클 때
6. 충전 후 오랫동안 방치할 때
7. 전해액의 온도상승과 하강이 자주일어 날 때

34 다음 중 전원을 끊김없이 공급할 수 있는 장치는?

가. TRANSFORMER   나. AVR
다. CONVERTER   라. UPS

정답 라

해설 UPS(Uninterruptible Power Supply)의 정의
: 무정전장치로서 불시에 정전되었을 때도 안정적으로 전기를 공급해주는 역할을 한다.

35 무선 전송 시스템에서 페이드 마진(fade margin)을 측정하는데 필요하지 않은 것은?

가. 무선 전송장치   나. BER tester
다. 멀티미터   라. 컴퓨터 및 측정용 엑서서리

정답 나

해설 페이드마진 (Fade Margin)
: 무선전송시스템에서 전송에러에 대한 Margin 중 Fading에 의한 Margin을 두는 것을 Fade Margin이라 한다. 이때, 디지털정보에 대한 측정은 BER(Bit Error Rate)로 측정한다.

36. 다음 중 수신기의 전기적 성능을 나타내는 지표로서 가장 적합한 것은?

가. 변조도, 왜율, 안정도
나. 감도, 선택도, 충실도
다. 감도, 변조도, 점유주파수대폭
라. 변조도, 왜율, 점유주파수대폭

정답 나

해설 수신기 성능을 나타내는 4대 성능

감 도	미약한 전파를 잘 수신할 수 있는 능력
선택도	혼신, 잡음 등을 분리하여 원하는 신호만 선택 할 수 있는 능력
충실도	원신호를 정확하게 재생할 수 있는 능력
안정도	오랜 시간 동안 일정한 출력을 유지할 수 있는 능력

37. 접지저항에 대한 다음 설명 중 틀린 것은?

가. 공중선을 대지에 접지시킬 때 공중선과 대지 사이에 존재하게 되는 접촉저항이다.
나. 접지저항을 크게 하기 위해 다점 접지를 사용한다.
다. 접지 공중선의 효율을 결정하는 중요한 요소이다.
라. 코올라우시 브리지를 이용하여 측정할 수 있다.

정답 나

해설 접지저항을 낮게 하기위해서는 다점(Multi Point) 접지를 사용한다.
* 접지저항은 0[Ω]이 가장 이상적인 값임

38. 안테나 실효고 측정방법중 하나인 표준 안테나에 의한 방법에서 표준 안테나로 주로 사용되는 안테나는?

가. 롬빅 안테나
나. 야기 안테나
다. 루프 안테나
라. 브라운 안테나

정답 다

해설 안테나의 실효고 측정방법
1. 전계강도 측정방법
  : $V = E \cdot h_e$ 이므로 $h_e = \dfrac{V}{E}$ 로부터 h_e (실효고) 를 구할 수 있다.
2. 표준안테나에 의한 방법
  : 피측정 안테나의 실효고 $h_e = \dfrac{I_s R_s}{I_l R_l} h_l$ 이다.
  I_l = 루프안테나에 흐른 전류
  R_l = 루프안테나의 실효 저항
  I_s = 피측정 안테나에 흐른 전류
  R_s = 피측정 안테나의 실효저항
  h_l = 루프안테나의 실효고
3. 표준안테나 와 전계강도를 이용하는 방법
  : 두 가지를 모두 이용하여 측정함

39. 정류회로에서 평균값을 지시하는 가동코일형 직류 전류계를 사용하여 평균값을 측정하였더니 2.82 [A]였고 맥류의 실효값을 지시하는 열전형 전류계를 사용하여 실효값을 측정하였더니 3.14[A]였다면 파형율은 얼마가 되는가?

가. 0.9
나. 1.1
다. 0.32
라. 6

정답 나

해설 파형률 = $\dfrac{\text{실효값}}{\text{평균값}} = \dfrac{3.14}{2.82} = 1.1$

40. 부하 시 직류 출력전압이 100[V], 무부하시 직류 출력전압이 120[V]일 때 전압 변동율은 몇[%]인가?

가. 5[%]
나. 10[%]
다. 15[%]
라. 20[%]

정답 라

[해설] 전압변동률

$$= \frac{\text{무부하시 직류 출력전압} - \text{부하시 직류출력전압}}{\text{부하시 직류 출력전압}} \times 100[\%]$$

$$= \frac{120-100}{100} \times 100[\%] = 20[\%]$$

제3과목 안테나공학

41 위상속도에 대한 설명으로 맞지 않은 것은?

가. 일정 위상자리가 이동하는 속도를 말한다.
나. 위상 속도와 군속도의 곱은 광속의 자승이 된다.
다. 도파관 내에서 위상속도는 광속도보다 빠르다.
라. 매질의 굴절률이 커지면 위상속도는 빨라진다.

정답 라

[해설] 위상속도의 정의
: 매질 내에서 단일 주파수의 동일 위상을 가진 전파가 동시에 진행하는 속도이다.
　예를 들어, 도파관내 전자파는 도파관 벽을 반사하며 앞으로 나가므로 관내파장을 λ', 주파수를 f

$\nu_p = \dfrac{\lambda'}{f}$ 로 되어 자유공간 전파속도(3×10⁸[m/s]) 보다 빠르게 전달되나 에너지를 전달하지 않는다.

* 위상속도 = $\dfrac{\text{광속}}{\text{매질의 굴절률}}$ 이므로 매질의 굴절률이 커지면 위상속도는 느려진다.

42 전자계에서 전계의 세기를 E, 자계의 세기를 H, 전계와 자계 사이의 값을 $\theta(\theta < 90°)$라고 할 때 포인팅(Poynting) 벡터의 크기는 어떻게 표시되는가?

가. $EH\sin\theta$
나. $EH\cos\theta$
다. $EH\tan\theta$
라. EH

정답 가

[해설] 폐곡면의 단위면적당 출력을 측정하면 그 값은 포인팅 벡터(Poynting Vector) 또는 포인팅 전력(Poynting Power)P로 표시되는 값을 전력밀도라 한다.

$$P = EH [W/m2]$$

($P = EH\sin\theta\ (\theta < 90°)$, 단, $\theta = 0$인경우 $P = EH$)

한편, $Z_o = \dfrac{E}{H}$ 관계에서 $H = \dfrac{E}{Z_o} = \dfrac{E}{120\pi}$ 이므로 이를 포인팅전력(P=EH[W/m2])에 대입하면,

$P = EH = E \cdot \dfrac{E}{120\pi} = \dfrac{E^2}{120\pi}$ [W/m2] 로 나타낼 수 있다.

43 유전체에서 변위전류를 발생하는 것은?

가. 분극 전하밀도의 시간적 변화
나. 분극 전하밀도의 공간적 변화
다. 전속밀도의 시간적 변화
라. 전속밀도의 공간적 변화

정답 다

[해설] 변위전류의 정의
: 유전체를 통해 흐르는 전류로 (전자파의 전류)
$i = \dfrac{dQ}{dt} = S\dfrac{dD}{dt}$　(D : 전속밀도) 이므로, 전속밀도(D)의 시간적 변화에 의해 흐르는 전류.

44 손실을 가진 전송선로의 전파정수 $r=1+j3$이고, 각속도 $\omega=1[\text{Mrad/s}]$이다. 선로의 특성 임피던스 $Z_0=30+j0[\Omega]$이었을 때, 저항 R과 인덕턴스 L의 값을 계산하면?

가. $R=20[\Omega/m], L=80[\mu/m]$
나. $R=20[\Omega/m], L=90[\mu/m]$
다. $R=30[\Omega/m], L=80[\mu/m]$
라. $R=30[\Omega/m], L=90[\mu/m]$

정답 라

해설 $Z_o = \dfrac{Z}{\gamma}$ 로부터 (Z_o : 특성임피던스, γ : 전파정수)

$Z = Z_o \cdot \gamma = 30(1+j3) = 30+j90$

또한, $Z = R+jwL$ 이므로, $30+j90 = R+jwL$로부터

$R = 30[\Omega]$, $90 = wL$

$L = \dfrac{90}{w} = \dfrac{90}{1 \times 10^6} = 90 \times 10^{-6} = 90[\mu H]$

45 급전선의 임피던스 $Z_0 = R_0 + jX_0$와 부하의 임피던스 $Z_L = R_L + jX_L$에서 R_0, R_L, X_0, X_L이 어떤 관계에 있을 때 임피던스 정합이 됐다고 하는가?

가. $R_0 = R_L, X_0 = X_L$
나. $R_0 = R_L, X_0 = -X_L$
다. $R_0 = -R_L, X_0 = X_L$
라. $R_0 = -R_L, X_0 = -X_L$

정답 나

해설 임피던스 정합의 정의
: 선로가 가지는 특성임피던스와 부하임피던스를 같게 하는 것이 임피던스 정합이다. 이때, 최대 전력전송이 가능하게 된다. 특성임피던스 $Z_0 = R_0 + jX_0$ 와 부하임피던스 $Z_L = R_L + jX_L$ 에서 임피던스 정합 조건 = $R_0 = R_L, X_0 = -X_L$이다.

46 도파관의 임피던스 정합방법으로 맞지 않는 것은?

가. 스터브에 의한 방법
나. 창에 의한 방법
다. 1/2 파장 변성기에 의한 방법
라. 도체봉에 의한 방법

정답 다

해설 도파관의 임피던스 정합 방법
1. 무반사 종단회로에 의한 정합
2. 도파관창에 의한 정합
3. Taper에 의한 정합
4. 도체봉에 의한 정합
5. Isolator나 Stub(분기)에 의한 정합
6. $\dfrac{\lambda}{4}$ 변성기($\dfrac{\lambda}{4}$ 도파관 삽입법)에 의한 정합

47 다음 중 스미스 선도(Smith chart)로서 구할 수 있는 것은?

가. 증폭도 계산
나. 데시벨 계산
다. 직선성 계산
라. 임피던스 정합회로 계산

정답 라

해설 스미스차트의 정의
: 1939년 필립스미스가 전송선로 (Transmission Line)의 편리한 계산을 위해 고안한 것으로, 복소임피던스를 시각화한 원형의 도표이다.
스미스 차트의 기본식은,

$$\Gamma = \dfrac{z_L - 1}{z_L + 1}$$

(Γ 는 복소반사계수 (산란계수S 또는 S11), z_L 은 정규화임피던스 라 함)

1. Smith chart의 구성
   · 저항이 일정한 원(Circle) 과 리액턴스가 일정한 원(Circle)을 합쳐놓은 chart임

저항이 일정한 원	리액턴스가 일정한 원
중심=1.0(Ω)_정합 우측=Open(Ω) 좌측=Short(Ω)	상단 = Inductive 하단 = Capacitive

2. Smith chart의 용도
   사계수,정재파비,입력임피던스,부하임피던스, 임피던스정합회로 계산에 사용
3. 원둘레는 선로상의 거리를 파장으로 나눈값임
   (시계방향 : 전원측, 반시계방향 : 부하측)

48 지름 3[mm], 선 간격 30[cm]의 평행 2선식 급전선의 특성 임피던스는 얼마인가?(단, 비유전율은 1이다.)

가. 약 300[Ω]
나. 약 530[Ω]
다. 약 637[Ω]
라. 약 723[Ω]

정답 다

해설 평형 2선식 급전선의 특성임피던스

$$Z_o = \frac{277}{\sqrt{\varepsilon_s}} \log \frac{2D}{d} = 277 \log \frac{2D}{d}$$
$$= 277 \log \frac{2 \times 30 \times 10^{-2}}{3 \times 10^{-3}}$$
$$= 277 \log 200 = 277 \times 2.3 = 637[\Omega]$$

(D : 도체 사이의 간격, d : 도체 직경)

49 수평면내 지향특성은 단향성이며, 광대역이고, 수신주파수가 변화되어도 지향성은 변화하지 않으며, 주로 수신용으로 사용하는 안테나는?

가. 야기 안테나   나. 수평 Dipole 안테나
다. 빔안테나   라. 웨이브안테나

정답 라

해설 웨이브 안테나의 정의
: 장중파, 광대역 지향성 수신 안테나로서 진행파 안테나의 일종이다.
1. 하나의 안테나 여러 주파수 사용가능(광대역)
2. 단방향성 이고 효율이 낮음
3. 구조가 간단하고 이득이 큼.
4. 도선의 길이가 사용파장에 비해 짧을수록 빔 폭이 넓어짐

50 수직접지 안테나의 높이가 $\lambda/4$보다 높다. 이 경우 안테나의 방사저항은 어떻게 될까?

가. $\lambda/4$인 경우보다 커진다.
나. $\lambda/4$인 경우보다 작아진다.
다. $\lambda/4$와 같다.
라. 0

정답 가

해설 수직접지안테나의 방사(복사저항)은
$$R_r = 160\pi^2 \left(\frac{l}{\lambda}\right)^2 \quad (l : 안테나 길이)$$

51 다음은 파라볼라 안테나의 이득에 대한 설명이다. 틀린 것은?

가. 이득은 개구면에 비례한다.
나. 개구면적과 이득과는 전혀 관계가 없다.
다. 파장이 짧을수록 이득은 커진다.
라. 개구효율이 클수록 이득도 커진다.

정답 나

해설 파라볼라안테나의 정의
: 마이크로파 안테나로 접시형 안테나 이다.
1. 이득은 개구면에 비례함
2. 파장이 짧을수록 이득은 상승
3. 개구효율이 커지면 이득도 상승

파라볼라 안테나이득	개구효율
$G = \eta \dfrac{4\pi A}{\lambda^2}$	$\eta = \dfrac{G\lambda^2}{4\pi A}$

52 안테나 파라미터와 가장 관계가 적은 것은?

가. 고유주파수
나. 안테나 효율
다. 실효고 및 복사저항
라. 공진주파수

정답 라

해설 안테나 파라미터
1. 고유주파수 와 고유파장
2. 안테나 효율
3. 실효고 와 복사저항, 이득
4. 지향성 패턴 과 복사 패턴
5. 반치각 과 전후방비

53 다음 중 VHF 대역에서, 통신 가능 거리를 증가시키기 위한 방법으로 적합하지 않은 것은?

가. 안테나 높이를 높인다.
나. 이득이 높은 안테나를 사용한다.
다. 지향성이 예리한 안테나를 사용한다.
라. 안테나의 방사각도를 크게 한다.

정답 라

해설 VHF대역(30MHz~300MHz)에서 통신거리증가
1. 안테나의 높이
(가시거리 $d = 4.11(\sqrt{h_1} + \sqrt{h_2})[km]$)
2. 이득이 높은 안테나 사용
3. 지향성이 예민한 안테나 사용
4. 안테나의 방사각도를 작게 함

54 다음 중 절대이득과 상대이득, 지상이득과의 관계를 옳게 표현한 것은?

가. 절대이득(dB) = 상대이득(dB) ×1.64
나. 절대이득(dB) = 상대이득(dB) ×2.56
다. 절대이득(dB) = 상대이득(dB) ×3.68
라. 절대이득(dB) = 상대이득(dB) ×5.15

정답 가

해설 절대이득 = 상대이득 × 1.64 배
* 절대이득[dB] = 상대이득[dB] +2.15[dB]

55 자기람 현상에 대한 설명으로 틀린 것은?

가. F_2층의 임계 주파수에 영향을 미친다.
나. 극지방에서부터 발생하여 저위도 지방으로 서서히 퍼진다.
다. 10~20[MHz]의 단파통신에 영향을 준다.
라. 주야간 구분 없이 나타난다.

정답 다

해설 자기람현상의 정의
: 태양활동에 따라 방출된 하전미립자가 지구로 날아와 지구의 자계에 현저한 혼란을 일으키는 것을 자기폭풍(자기람) 이라 한다.
1. 주야구분 없이 지구 전역에서 발생 (고위도)
2. 느린 하전미립자 영향으로 수일동안 지속
3. 20[MHz] 이상의 주파수에 큰 영향
4. 전리층 F_2층의 임계주파수를 낮추고, 흡수도 증가 하게 됨
5. 태양폭발이 선행되므로 예측이 가능함

56 지표면에서 전리층을 향해 수직으로 펄스파를 발사한 후 2[ms]후에 생기는 반사파는 어느 전리층에서 반사한 것인가?

가. D층   나. E층
다. E_s층   라. F층

정답 라

해설 속도 = $\frac{거리}{시간}$, 거리 = 속도×시간 (반사된신호이므로)

$\frac{속도 \times 시간}{2} = \frac{3 \times 10^8 \times 2 \times 10^{-3}}{2} = 3 \times 10^5 [m]$

	D층	E층	F층
높이	70~90[km]	100[km]	200~400[km]
주간	D층 존재	전자밀도	높이 낮다
야간	D층 소멸	높음	높이 높다
반사	장파	중파	단파

57 다음 중 전자파 잡음 방해의 개선방법으로 적합하지 않은 것은?

가. 인공잡음을 경감시킨다.
나. 내부잡음 전력을 감소 시킨다.
다. 수신기의 대역폭을 넓힌다.
라. 지향성 안테나의 사용등에 의한 수신 신호 전력을 크게 한다.

정답 다

해설 전자파잡음방해 개선방법
1. 송신전력을 크게 함
2. 수신 S/N비를 개선 (수신이득, 내부잡음개선)
   (내부잡음 : PN접합잡음, 산탄잡음)
3. 수신기의 실효대역폭을 좁힘
4. 수신기에 잡음억제회로 사용

58 회절이 발생하지 않았을 때의 수신 전계강도를 E_0, 회절이 발생했을 때의 수신 전계강도를 E_d라 하면, 회절계수는?

가. E_0/E_d
나. E_d/E_0
다. $(E_0/E_d)^2$
라. $(E_d/E_0)^2$

정답 나

해설 전파는 빛과 같이 전송로상에서 다른 매질을 만나면 회절, 반사, 굴절 하는 특징이 있음. 회절현상은 호이겐스의 원리에 의해 장애물을 넘어서 수신점에 도달하거나, 산악회절과 초단파대역에서도 회절이득을 얻기도 한다. 회절현상은 주파수가 낮을수록(파장이 길수록) 많이 발생된다.

회절계수 = $\dfrac{\text{회절이 발생할때 전계강도}(E_d)}{\text{회절이 발생하지 않을때 전계강도}(E_0)}$

59 초가시거리 전파의 종류로 옳지 않은 것은?

가. Radio duct전파
나. 전리층 산란파 전파
다. 산악 회절 전파
라. 이상파

정답 라

해설 초가시거리전파의 정의
: 1,000[km] 이상의 거리를 통신할 수 있는 전파 특성을 가진 전파를 말한다.
1. Radio Duct파, 전리층 산란파, 산악회절파, Sporadic E층 파, 대류권 산란파 등이 있다.

60 겉보기 높이가 2배가 될 때 도약거리의 변화는?

가. 불변
나. 제곱 비례
다. 정비례
라. 반비례

정답 다

해설 도약거리(Skip Distance)의 정의
: 전리층의 1회 반사에 의해 진행한 거리로 E층 반사파의 경우는 약 2,000[km], F층 반사파의 경우는 약 4,000[km]가 된다.

$$\text{도약거리 } d = 2h'\sqrt{\left(\dfrac{f}{f_0}\right)^2 - 1}$$

(h' : 전리층 겉보기 높이)
(f_0 : 임계주파수, f : 발사주파수)

제4과목 무선통신시스템

61 다음 중 디지털 통신에서 펄스 성형(Pulse shaping)을 하는 주된 이유로 가장 적합한 것은?

가. 노이즈를 줄이기 위함
나. 다중접속을 용이하게 하기 위함
다. 심볼간 간섭(ISI)를 줄이기 위함
라. 채널 대역폭을 증가시키기 위함

정답 다

2012년 무선설비기사 기출문제

[해설] 펄스성형(Pulse Shaping)의 정의
: 디지털 펄스(구형파)를 Shaping(필터링)하여 고주파성분을 제거함으로써, 수신 시 심볼간 간섭 ISI를 줄일 수 있다.
* 펄스성형 필터의 대표는 Raised Cosine필터

62 슈퍼헤테로다인 수신기에서 중간 주파수를 낮게 선정할 때의 장점에 해당 되지 않는 것은?

가. 충실도가 좋아진다.
나. 근접 주파수 선택도가 개선된다.
다. 단일조정이 쉬워진다.
라. 감도 및 안정도가 향상된다.

정답 가

[해설] 슈퍼헤테로다인 수신기의 정의
: 중간주파수(IF)로 변환하여 수신하는 수신기

중간주파수 높은 때	중간주파수 낮을 때
· 충실도 향상 · 영상주파수영향 개선 · 인입현상 개선	· 선택도 향상 · 단일조정이 쉬움 · 감도 및 안정도 향상

* FM 라디오 중간주파수 : 10.7[MHz]

63 다음 중 디지털 통신시스템의 성능 평가에 가장 적합한 것은?

가. 왜율   나. C/I
다. BER   라. S/N

정답 다

[해설] 디지털 통신시스템의 성능평가는 BER(Bit Error Rate)을 사용한다.

$$BER = \frac{총\ Error\ Bit}{총\ 전송\ Bit}$$

64 다음은 W-CDMA 망구성 중 무엇에 대한 설명인가?

> 이것은 RAN의 제어 시스템으로, BTS와 CN 사이에 위치하여 WCDMA 무선 가입자 호를 처리한다. 이를 위해 이것은 호 흐름 제어, SF(Selector Function) 처리, 무선 접속 프로토콜 처리, 무선 자원의 관리, 핸드오프 제어, 전력 제어, BTS 인터페이스, CN 인터페이스 등 의 기능을 수행한다.

가. URM(UTMS RAN Manager)
나. BTS
   (Base station Transceiver System): Node B
다. CN-EMS
   (Core Network-Element Management System)
라. RNC (Radio Network Controller)

정답 라

[해설] RNC(Radio Network Controller) 정의
: 1개 이상의 Node-B를 제어하는 PLMN의 네트워크 구성요소이다. RNC는 자신이 속한 Domain의 Radio 자원을 제어하는 역할을 한다.

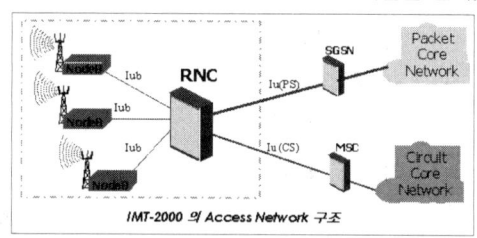

IMT-2000 의 Access Network 구조

65 PCM 다중통신에서 발생하는 지터(Jitter)현상에 대한 설명으로 잘못된 것은?

가. 펄스열이 왜곡되어 타이밍 펄스가 흔들려서 발생한다.
나. 타이밍 회로의 동조가 부정확하여 발생한다.
다. 타이밍 편차 또는 지터 잡음이라 한다.
라. 양자화 오차에서 발생되는 잡음이다.

정답 라

[해설] 양자화 오차에서 발생되는 잡음은 양자화 잡음임

66 다음 중 CDMA 시스템 용량에 대한 설명으로 틀린 것은 무엇인가?

가. 동시 사용자 수는 시스템 처리 이득에 비례한다.
나. 적절한 품질을 유지하기 위한 통신로의 E_b/N_0 기준값이 증가할수록 시스템 용량은 증가한다.
다. 인접 셀의 사용자의 부하를 줄일수록 시스템 용량은 증가한다.
라. 음성활성화 계수가 작을수록 시스템 용량은 증가한다.

정답 나

해설 CDMA의 가입자 수용용량

$$N = \frac{1}{\frac{E_b}{N_o}} \cdot \frac{B_c}{\gamma_b} \cdot \frac{1}{D_v} \cdot G_s \cdot F$$ 의 관계를 갖음

$\frac{E_b}{N_o} \propto BER$ 개념 (낮을수록 채널용량 증가)

$\frac{B_c}{\gamma_b} = \frac{확산대역폭}{시스템대역폭}$

D_v = 음성활성화 계수 (0.5)

$G_s = Sector$ 이득

F = 주파수 재사용 효율

67 4세대 이동통신 시스템이 효율성과 차별성을 위해 고려하고 있지 않은 것은?

가. 셀 커버리지 증대 나. 주파수 효율성
다. 전송율 최적화 라. 좁은 대역폭 추구

정답 라

해설 4세대 이동통신 시스템의 요구사항
1. 셀커버리지 증대 (Smart ANT)
2. 주파수 효율성 증대 (OFMD)
3. 전송율 최적화 (AMC , Link Adaptation)
4. 광대역 (UWB , Carrier Aggration)

68 위성 통신에서 하나의 트랜스폰더를 여러 지구국이 공용할 수 있도록 트랜스폰더의 주파수 대역폭을 분할하여 지구국이 서로 다른 주파수 채널을 사용하도록 하여 여러 지구국이 위성을 공유하는 방식의 다원 접속 방식은?

가. FDMA 나. TDMA
다. CDMA 라. SDMA

정답 가

해설 위성통신 다원접속방식의 종류에는,

다원접속방식	특징
Frequency Division Multiple Access	주파수분할
Time Division Multiple Access	시간분할
Code Division Multiple Access	부호분할
Spatial Division Multiple Access	공간분할

69 WCDMA 시스템에서 기지국은 핸드오버를 위하여 인접 셀의 정보를 단말에게 통지한다. 이 경우 통지 가능한 최대 셀의 개수는 몇 개인가?

가. 15개 나. 20개
다. 31개 라. 63개

정답 다

해설 셀의 개수 = $2^5 - 1 = 31$
WCDMA 시스템에서 기지국은 핸드오버를 위해 인접 셀의 정보를 단말에 통지하는데, 이때 통지 가능한 셀의 수는 최대 31개이다.

70 현재 사용되고 있는 RFID 주파수대역이 아닌 것은?

가. 13.56[MHz] 나. 900[MHz]
다. 2.1[GHz] 라. 2.45[GHz]

정답 다

해설 RFID의 정의
: RFID는 Tag와 Reader를 이용한 센서네트워크이다.

주파수	특징
135[KHz]	동물인식
13.56[MHz]	출입통제
860[MHz]~960[MHz]	물류망 관리
2.45[GHz]	위조방지

71. 다음 중 전송속도가 상대적으로 가장 빠른 통신 표준은?

가. IEEE 802.11n 나. IEEE 802.15.4a
다. HSDPA 라. 1xEV DO rev.A

정답 가

전송방식	전송속도	표준
IEEE 802.11n	300[Mbps]	WLAN
IEEE 802.15.4a	250[Kbps]	WPAN
HSDPA	14.4[Mbps]	3GPP
1xEVDO Rev.A	2.4[Mbps]	IS-95

72. 다음 중 전송할 데이터를 같은 크기의 작은 블록(block)으로 잘라주고 분리된 데이터를 원래 메시지로 복원하는 프로토콜 기능은 어느 것인가?

가. 순서결정(sequencing)
나. 세분화와 재합성(segmentation and reassembly)
다. 구분과 결합(delineation and combination)
라. 전송 서비스(transmission service)

정답 나

전송할 데이터를 같은 크기의 작은 Block으로 잘라주고 분리된 데이터를 원래의 메시지로 복원하는 기능을 세분화와 재결합(재합성)이라 한다.

73. 다음 중 OSI 7계층에서 데이터링크계층의 역할(기능)이 아닌 것은?

가. 오류제어 나. 흐름제어
다. 경로설정 라. 데이터의 노드 대 노드 전달

정답 다

OSI 7 Layer의 구조

계층	명칭	기능
7	응용계층	응용프로그램
6	프리젠테이션계층	데이터압축 및 암호화
5	세션계층	세션 설정, 해제
4	전달계층	End to End 제어
3	네트워크계층	패킷전송, 경로제어
2	데이터링크계층	동기, 에러, 흐름제어 Node to Node
1	물리계층	물리적 인터페이스

74. 무선랜 단말기 상호간 무선 구간에서의 충돌 방지를 위해 사용하는 IEEE 802.11의 방식은?

가. CSMA/CD 나. CSMA/CA
다. TDMA/TDD 라. Token Passing

정답 나

매체접근기술에 따른 서비스방식

CSMA/CD	CSMA/CA	TDMA/TDD	Token Passing
IEEE802.3	WLAN	DECT	IEEE802.4

75. 다음 중 통신 프로토콜에 대한 개념으로 가장 옳은 것은?

가. 두 통신시스템상의 개체(entity)간에 정확하고 효율적인 정보전송을 위한 일연의 규약이다.
나. 하나의 통신로를 다수의 가입자들이 동시에 사용 가능하게 하는 기능이다.
다. 전송도중에 발생 다능한 오류들을 검출하고 정정하는 기능이다.
라. IP주소를 할당 및 분배하는 기능이다.

정답 가

프로토콜(Protocol)이란 통신 회선을 이용하여 컴퓨터와 컴퓨터, 컴퓨터와 단말 사이(통신 하는 두 점 사이)에서 데이터를 주고받기 위해 정한 통신 규약이다.

주요요소	특 징
구문 (Syntax)	데이터의 구조나 형식, 부호화의 방법 등 정의함
의미 (Semantics)	오류제어, 동기제어, 흐름제어 같은 제어절차를 정의함
타이밍 (Timing)	양단(end to end)의 통신 속도나 순서 등을 정의함

76 OSI 7계층 중 하나인 데이터링크계층에서 사용되는 데이터 전송단위는?
가. bit   나. frame
다. packet   라. message

정답 나

해설 계층별 데이터 전송형태

계층	명칭	기능
4	TCP계층	세그먼트 (Segment)전송
3	IP계층	패킷 (Packet) 전송
2	데이터링크계층	프레임 (Frame) 전송
1	물리계층	전기적 신호(1, 0)

77 방송국의 공중선 전력이 5[kW]에서 20[kW]로 증가되면 전계 강도는 몇 배가 되는가?
가. 16배   나. $\frac{1}{16}$배
다. 2배   라. $\frac{1}{4}$배

정답 다

해설 전계강도 E 와 전력 P 의 관계는 $E \propto \sqrt{P}$

$$\frac{E_2}{E_1} = \frac{\sqrt{P_2}}{\sqrt{P_1}} = \frac{\sqrt{20}}{\sqrt{5}} = \sqrt{4} = 2 \text{배}$$

78 다음 중 무선망 최적화 수행사항이 아닌 것은?
가. 커버리지 확보   나. 절단율 개선
다. 기지국 용량 증대   라. 통화량 균등 분배

정답 다

해설 무선망 최적화 수행과정
1. 커버리지 확보
2. 절단율(Call Drop)율 개선
3. 통화량 균등분배
4. Handover Flow
 * 기지국 용량증대를 위하여 무선망 최적화 수행

79 전기 전자장비로부터 불요전자파가 최소화 되도록 함과 동시에 어느 정도의 외부 불요전자파에 대해서는 정상동작을 유지할 수 있는 능력을 갖고 있는지 설명하는 용어는?
가. EMI   나. EMP
다. EMC   라. EMS

정답 다

해설 EMC(전자파양립성)
① EMI(전자파방해정도)
② EMS(전자파내성정도)
 * EMC : 외부의 불요전자파에 대한 내성과, 불요전자파가 최소가 되도록 하는 전자파 양립성

80 통신시스템이 고장이 난 시점부터 그 다음 고장이 나는 시점까지의 평균 시간을 무엇이라고 하는가?
가. MTTC   나. MTTR
다. MTBF   라. MTAF

정답 다

해설 MTBF (Mean Time Between Failure)
 : 고장난 시점부터 다음 고장이 나는 시점까지의 평균시간 (평균동작시간)
MTTR (Mean Time To Repair)
 : 고장난 상태에서 수리된 시간까지의 평균시간 (평균 수리시간)

2 2012년 무선설비기사 기출문제

제5과목 전자계산기일반 및 무선설비기준

81 마이크로프로그램에 의한 각 기계어 명령들은 제어 메모리에 있는 일련의 마이크로 오퍼레이션의 동작을 시작하는데 다음 중 맞지 않는 동작은?

가. 주기억 장치에서 명령어 인출하는 동작
나. 오퍼랜드의 유효 주소를 계산하는 동작
다. 지정된 연산을 수행하는 동작
라. 다음 단계의 주소를 결정하는 동작

정답 라

해설 마이크로 오퍼레이션

1. 마이크로 오퍼레이션은 명령어의 실행 과정에서 한 단계씩 이루어지는 동작이다.
2. 마이크로 오퍼레이션 기능

기능	특징
전송기능	레지스터와 레지스터간의 데이타전송
연산기능	레지스터의 정보가 연산장치에 전달
제어기능	제어기능에 의해 정보전달

82 2진수 0000000001111100의 2의 보수 값은 얼마인가?

가. 1111111110000100 나. 111111111000001
다. 1111111110000110 라. 1111111110000010

정답 가

해설 보수(Complement)

1. 2진수의 1의 보수는 "0"을 "1"로 변경하고, "1"은 "0"으로 바꿈으로써 구함
2. 2진수의 2의 보수는 1의 보수에다 $(1)_2$를 더함으로써 구할 수 있다.

∴ $(0000000001111100)_2$의 1의 보수

$= (1111111110000011)_2$

∴ $(0000000001111100)_2$의 2의 보수

$= (1111111110000011)_2 + (1)_2$

$= (1111111110000100)_2$

83 다음 보기는 프로그램 종류에 관련된 문항이다. 틀린 것은?

가. 베타버전이란 개발자가 상용화하기 전에 테스트용으로 배포하는 것을 말한다.
나. 쉐어웨어란 기간이나 기능 제한 없이 무료로 사용하는 것을 말한다.
다. 데모버전이란 기간이나 기능의 제한 없이 무료로 사용하는 것을 말한다.
라. 테스트버전이란 데모버전 이전에 오류를 찾기 위해 배포하는 것을 말한다.

정답 나, 다

해설 셰어웨어(Share Ware/Trial version)

1. 소프트웨어 제조사들이 정품 구매를 확대하기 위해 공급하는 일종의 샘플로, 자유롭게 사용하거나 복사할 수 있지만 판권은 공개한 쪽에 남아 있으며 일정기간 사용한 뒤에는 대금을 지불하고 정식 사용자로 등록해야한다.

84 CPU가 무엇인가를 하고 있는가를 나타내는 상태를 메이저 상태라고 하는데 다음 중 메이저 상태의 종류에 해당되지 않는 것은?

가. Fetch 상태   나. Indirect 상태
다. Timing 상태   라. Interrupt 상태

정답 다

해설 Major State

1. 현재 CPU의 상태를 나타냄

명령사이클	역할
호출(Fitch)	명령을 기억장치에서 읽음
간접(Indirect)	주소를 기억장치에서 읽음
실행(Execute)	데이터를 기억장치에서 읽음
인터럽트(Interrupt)	프로그램내용을 스택에 저장

85 다음 지문의 괄호 안에 들어갈 용어는?

> 컴퓨터는 (　　) 요청신호가 입력되면 프로그램 실행 중에 있는 CPU가 정상적인 처리를 멈추고, (　　)에 대한 처리를 마친 후, 정상적인 처리를 다시 수행하게 된다.

가. Recursive　　나. DUMP
다. DMA　　라. Interrupt

정답 라

해설 인터럽트(Interrupt)
1. 시스템의 예기치 않은 상황이 발생한 것을 인터럽트라고 하며 인터럽트 복귀주소 저장은 스택포인터에 한다.

86 주소영역(address space)이 1[GB]인 컴퓨터가 있다. 이 컴퓨터의 MAR(memory address register)의 크기는 얼마인가?

가. 30 비트　　나. 30 바이트
다. 32 비트　　라. 32 바이트

정답 가

해설 메모리 주소 레지스터
1. MAR은 실행에 필요한 프로그램이나 데이터가 저장되어 있는 주기억장치의 주소를 기억한다.
2. 주소선이 N개(MAR = N[bit])라면 기억용량,
$M[bit] = 2^{(MAR\ bit\ 수)} \times (word\ 길이)$
Giga byte=2^{30}[byte] = $2^{30} \times 8$[bit]
∴ MAR의 크기는 30[bit]이다.

87 인터럽트의 처리과정에서 인터럽트 처리 프로그램(interrupt handling program)으로 이전하기 전에 시스템 제어 스택(system control stack)에 저장해야 할 정보는 무엇인가?

가. 현재의 프로그램 계수기(program counter)의 값
나. 이전에 수행하던 프로그램의 명칭
다. 인터럽트를 발생시킨 장치의 명칭
라. 인터럽트 처리 프로그램의 시작주소

정답 가

해설 인터럽트
1. 시스템의 예기치 않은 상황이 발생한 것을 인터럽트라고 하며 인터럽트 복귀주소 저장은 스택 포인터에 한다.
2. 인터럽트 처리과정
   (가) 인터럽트 발생
   (나) Program Counter값을 제어스택에 저장
   (다) 서브루틴의 시작주소 값을 PC에 적재
   (라) 인터럽트 처리
   (마) 스택에 저장했던 정보 로드
   (바) 저장했던 Program counter값 복구

88 16진수 BEAD에서 숫자 E자리의 가중치(weighted value)는 얼마인가?

가. 10　　나. 16
다. 32　　라. 256

정답 라

해설 16진수(Hexadecimal Numbers)변환
1. 모든 진법(2진, 8진, 10진, 16진)에서 각 숫자의 위치는 가중치(Weight Value)를 갖는다.
$(BEAD)_{16} = B \times 16^3 + E \times 16^2 + A \times 16^1 + D \times 16^0$
즉 E의 가중치는 $16^2 = 256$이다.

89 다음 중 주소지정방식에 대한 설명으로 틀린 것은?

가. 직접주소지정방식에서 오퍼랜드는 실제 주소 값이다.
나. 간접주소지정방식은 최소 두 번 메모리에 접속해야 실제 데이터를 가져온다.
다. 즉시주소지정방식에서 오퍼랜드는 실제 데이터 값이다.
라. 레지스터주소지정방식은 프로그램카운터(PC)와 관련이 있다.

정답 라

해설 주소지정방식(Addressing Mode)의 종류

방식	특징
직접(Direct) 주소지정	실제 Data의 주소가 있음
간접(Indirect) 주소지정	Pointer의 주소가 있음
즉시(Immediate) 주소지정	실제 Data가 기록되어 있음
레지스터(Register) 주소시정	주소부의 레지스터를 지정 * PC와는 관련 없음

90 마이크로프로세서의 명령어 실행과정 중, 데이터가 기억장치에 저장되어 있다면, 명령어는 데이터가 저장된 기억장치 주소를 포함한다. 그러나 명령어에 포함되는 주소가 데이터의 주소를 저장하고 있는 기억장치 주소라고 한다면 실행되기 전에 주소를 기억장치로부터 읽어 와야 한다. 이러한 과정을 무엇이라고 하는가?

가. 인출 사이클　　나. 실행 사이클
다. 간접 사이클　　라. 직접 사이클

　　　　　　　　　　　　　　　정답 다

해설 간접 사이클
1. 명령사이클은 간접사이클(Indirect Cycle)과 인터럽트 사이클(Interrupt Cycle)이 있다.
2. 간접 사이클은 주기억장치에서 판독한 명령어가 간접 주소지정방식일 때 유효 주소를 주기억장치에서 읽어내는 기능을 수행한다.
3. 인터럽트 사이클은 명령어를 실행 도중에 인터럽트가 발생하면 그에 합당하는 인터럽트 처리를 수행한다.

91 다음 ( ) 안에 들어갈 내용으로 가장 적합한 것은?
"무선설비(방송수신만을 목적으로 하는 것은 제외한다.)는 주파수 허용편차와 공중선전력 등 ( ) 고시로 정하는 기술기준에 적합하여야 한다."

가. 교육과학기술부장관
나. 한국방송통신전파진흥원장
다. 방송통신위원회
라. 지식경제부 장관

　　　　　　　　　　　　　　　정답 다

해설 방송통신위원회 고시
1. 무선설비(방송수신만을 목적으로 하는 것은 제외한다)는 방송통신 위원회 고시로 정하는 기술기준에 적합하여야 한다.

92 다음 중 "지구국"에 대한 전파법의 정의로 맞는 것은?

가. 인공위성을 개설하기 위해 필요한 무선국
나. 우주국 및 지구국으로 구성된 통신망의 총체
다. 우주국과 통신을 하기 위하여 지구에 개설한 무선국
라. 지구를 둘러싼 전리층에서 지구 표면으로 전파를 발사하는 무선국

　　　　　　　　　　　　　　　정답 다

해설 전파법
1. 우주국 : 인공위성에 개설한 무선국을 말한다.
2. 지구국 : 우주국과 통신을 하기 위하여 지구에 개설한 무선국을 말한다.
3. 위성망 : 우주국 및 지구국으로 구성된 통신망의 총체를 말한다.

93. 심사에 의한 주파수 할당 시 고려사항과 거리가 먼 것은?

  가. 전파자원 이용의 효율성
  나. 전파자원 이용의 편리성
  다. 신청자의 재정적 능력
  라. 신청자의 기술적 능력

  정답 나

해설 주파수 할당 시 고려사항
  1. 전파자원 이용의 효율성
  2. 전파자원 이용의 공평성
  3. 신청자의 당해 주파수에 대한 필요성
  4. 신청자의 기술적·재정적 능력

94. "30[GHz]를 초과하고 300[GHz]이하"인 주파수대를 미터법에 의해 구분하면 무엇인가?

  가. 데시미터파   나. 센티미터파
  다. 밀리미터파   라. 데시밀리미터파

  정답 다

해설 주파수의 미터법

주파수	약칭	미터법
30MHz를 초과 300MHz 이하	VHF	미터파
300MHz를 초과 3,000MHz 이하	UHF	데시미터파
3GHz를 초과 30GHz 이하	SHF	센티미터파
30GHz를 초과 300GHz 이하	EHF	밀리미터파

95. 다음 중 지상파 DMB 방송용 무선설비의 기술기준에서 방송신호구성요소에 해당하지 않는 것은?

  가. 오디오 서비스 신호
  나. 비디오 서비스 신호
  다. 데이터 서비스 신호
  라. 파이롯 서비스 신호

  정답 라

해설 DMB 무선설비 기준
  1. 지상파 DMB 방송의 방송신호 구성요소
    (가) 오디오 서비스 신호
    (나) 비디오 서비스 신호
    (다) 데이터 서비스 신호

96. "주파수를 회수하고 이를 대체하여 주파수를 할당, 주파수 지정 또는 주파수 사용 승인을 하는 것"을 무엇이라 하는가?

  가. 주파수 사용승인   나. 주파수 재배치
  다. 주파수 회수   라. 주파수 분배

  정답 나

해설 주파수재배치
  1. 주파수 회수를 하고 이를 대체하여 주파수 할당, 주파수 지정, 또는 주파수 사용승인을 하는 것을 말한다.

97. 방송통신위원회가 전파자원을 확보하기 위하여 시책의 마련 및 시행하는 사항과 가장 거리가 먼 것은?

  가. 주파수의 국제등록
  나. 이용중인 주파수의 이용효율 향상
  다. 국가 간 전파 혼신의 해소와 방지를 위한 협의 조정
  라. 국가 간 무선국 현황 파악 및 통계조사

  정답 라

해설 방송통신위원회의 역할(주파수확보 측면)
  1. 새로운 주파수의 이용기술 개발
  2. 이용중인 주파수의 이용효율 향상
  3. 주파수의 국제등록
  4. 국가간 전파혼신의 해소와 이의 방지를 위한 협의·조정
  5. 등록대상 주파수, 등록비용 및 등록절차 등에 관하여 필요한 사항은 대통령령으로 정한다.

98 위상변조(PM)에 의한 무선전화를 나타내는 것은?

가. G3C   나. G3E
다. P3E   라. P3C

정답 나

해설 전파형식
1. 첫째 기호
   : 주반송파의 변조형식으로 G는 위상변조, P는 무변조 연속펄스를 말한다.
2. 둘째 기호
   : 주반송파를 변조시키는 신호의 특징으로 3은 아날로그 정보를 포함하는 단일채널을 말한다.
3. 셋째 기호
   : 소신할 정보형태로 C는 팩시밀리, E는 전화(음성방송 포함)를 말한다. 따라서 위상변조에 의한 무선전화의 전파형식은 G3E이다.

99 무선국 정기검사 시 대조검사 사항이 아닌 것은?

가. 시설자
나. 설치장소
다. 무선종사자의 배치
라. 점유주파수대폭

정답 라

해설 정기검사

성능검사	대조검사
· 공중선전력 · 주파수 · 불요발사 · 점유주파수대폭 · 등가등방복사전력 · 실효복사전력 · 변조도 등	· 시설자 / 무선설비와 설치장소 및 무선종사자배치 등이 무선국허가 및 신고사항 등과 일치하는지 여부를 대조 및 확인하는 검사

100 무선설비의 운용을 위한 전원의 전압변동률은 정격전압의 몇[%] 이내로 유지하여야 하는가?

가. ±1[%]   나. ±5[%]
다. ±10[%]   라. ±15[%]

정답 다

해설 무선설비 기술기준
1. 무선설비의 전압 변동률은 정격전압의 ±10[%]이내를 유지해야 한다.

국가기술자격검정 필기시험문제

2012년 기사4회 필기시험

국가기술자격검정 필기시험문제

2012년 기사4회 필기시험

자격종목 및 등급(선택분야)	종목코드	시험시간	형 별	수검번호	성 별
무선설비기사		2시간 30분			

제1과목 디지털 전자회로

01 n개의 입력으로부터 2진 정보를 2^n개의 독자적인 출력으로 변환이 가능한 것은?
가. 멀티플렉서   나. 디코더
다. 계수기   라. 비교기

정답 나

해설 디코더
1. n개의 입력과 2^n개의 출력선을 가진 논리회로

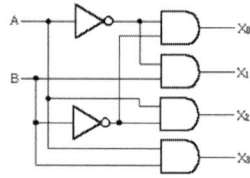

02 다음 하틀리 발진회로에서 커패시턴스 $C=200$ [pF], 인덕턴스 $L_1=180[\mu H]$, $L_2=20[\mu H]$이며, 상호인덕턴스 $M=90[\mu H]$의 값을 가질 때 발진 주파수는 약 얼마인가?

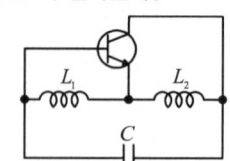

가. 517[kHz]   나. 537[kHz]
다. 557[kHz]   라. 577[kHz]

정답 라

해설 하틀리발진기의 발진주파수
$$f = \frac{1}{2\pi\sqrt{(L_1+L_2+2M)C}} \quad (M: 상호인덕턴스)$$
$= 577.6[kHz]$

03 진폭변조에서 80[%] 변조하였을 때 상측파대의 전력은 반송파 전력의 몇[%]인가?
가. 16[%]
나. 32[%]
다. 40[%]
라. 48[%]

정답 가

해설 AM 변조전력의 구성

반송파전력	상측파전력	하측파전력
P_c	$(\frac{m^2}{4})P_c$	$(\frac{m^2}{4})P_c$

$P_{USB} = (\frac{m^2}{4})P_c$ 에서 $m=0.8$ 이므로
$\therefore P_{USB} = (\frac{0.8^2}{4})P_c = 0.16P_c$

04 구형파를 발생시키는 발진기는 무엇인가?
가. 수정발진기
나. 멀티바이브레이터
다. 플레이트 동조 발진기
라. 다이네트론발진기

정답 나

해설 비안정 멀티바이브레이터는 외부에서 어떠한 트리거 신호가 없이도 2개의 트랜지스터를 정궤환 접속하여 구형파 발진이 가능하다.

05 평활회로의 기능에 대해 바르게 설명한 것은?
   가. 콘덴서나 인덕터를 통해 파형을 평탄하게 하여 일정한 크기의 전압을 만든다.
   나. 트랜지스터를 통해(-)성분을 제거시켜서 평균값을 발생시킨다.
   다. 제너다이오드를 통해 출력전압을 안정화 시켜준다.
   라. 트랜지스터를 통해 출력전압을 안정화 시켜준다.

   정답 가

   해설 정류회로의 출력 전원은 직류 성분 이외에 고조파 성분을 포함한 맥류이기 때문에 교류 성분을 제거하여 직류 성분만을 얻는 회로를 평활회로라고 한다.
   평활회로는 콘덴서나 인덕터를 사용하여 LPF로 구현한다.

06 어떤 정류회로의 맥동률이 1[%]인 정류회로의 출력 직류전압이 400[V]일 때 이 회로의 리플 전압은 얼마인가?
   가. 4[V]
   나. 40[V]
   다. 20[V]
   라. 2[V]

   정답 가

   해설 맥동률(Ripple Factor)
   정류된 직류출력에 포함되어 있는 교류분의 정도
   $$\gamma = \frac{\text{교류분의 실효치}(V_{rms})}{\text{직류분의 평균치}(V_{dc})}$$
   $$\therefore V_{rms} = \gamma \times V_{dc} = 0.01 \times 400 = 4[V]$$

07 다음의 달링턴 회로에서 직류 바이어스 전류 I_E를 계산하면 약 얼마인가?
   (단, $I_{B1} = 2.56[\mu A]$, $\beta_1 = 100$, $\beta_2 = 100$)

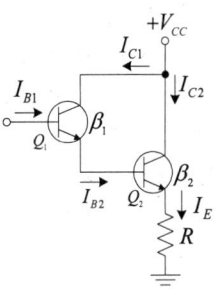

   가. 2.61[mA]   나. 26.1[mA]
   다. 261[mA]   라. 2.61[A]

   정답 나

   해설 $I_{B2} = (1+\beta_1)I_{B1}$, $I_{C2} = \beta_2 I_{B2}$
   $I_E = (1+\beta_1)I_{B1} + \beta_2(1+\beta_1)I_{B1}$
   $I_E = (1+\beta_1)(1+\beta_2)I_{B1}$
   $\quad = (100+1)(100+1) \times (2.56 \times 10^{-6})$
   $\quad = 26.1[mA]$

08 다음 중 반가산기의 구성요소로 알맞은 것은?
   가. 배타적OR(XOR) 게이트와 AND 게이트
   나. JK플립플롭
   다. 2개의 OR게이트
   라. RS 플립플롭과 D플립플롭

   정답 가

   해설 반가산기(HA : Half Adder)
   두 개의 2진수 A, B 를 더한 경우 그 합계 S 와 자리 올림수 C가 발생하는데 이 때 이 두 출력을 동시에 나타내는 회로이다.
   반가산기 = XOR gate + AND gate로 구성됨

   A ──┐
   B ──┤ XOR ── S = A⊕B
       └─ AND ── C = A·B

09 다음 중 멀티플렉서(multiplexer)의 설명으로 잘못된 것은?

가. 멀티플렉서는 전환 스위치(selector SW)의 기능을 갖는다.
나. N개의 입력데이터에서 1개 입력씩만 선택하여 단일 통로로 송신하는 것이다.
다. 특정한 입력을 몇 개의 코드화된 신호의 조합으로 바꾼다.
라. 4×1의 멀티플렉서의 경우에는 2개의 선택신호가 필요하다.

정답 다

[해설] 멀티플렉서
2^n개의 입력선과 n개의 선택선, 그리고 1개의 출력선으로 구성된다.
몇 개의 입력 신호 가운데서 하나를 선택하여 출력회로에 접속하는 역할을 하는 것으로 데이터 선택회로 (data selector)라고 한다.

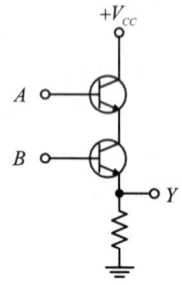

* (다)는 Encoder에 관한 내용이다.

10 다음 회로가 수행할 수 있는 논리 기능은?

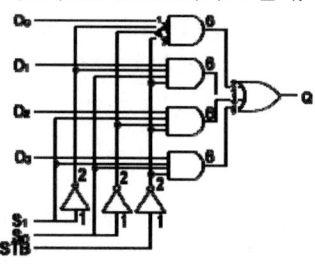

가. NOT 나. OR
다. AND 라. XOR

정답 다

[해설] A 와 B의 입력이 모두 High일 때, 출력 Y에 "High"가 출력되는 AND게이트회로이다.

A	B	Y
0	0	0
0	1	0
1	0	0
1	1	1

11 $(347)_{10}$을 BCD(Binary Coded Decimal)코드로 표시하면?

가. 0011 0100 0111 나. 0001 0101 0010
다. 1010 1010 0110 라. 0110 1101 1000

정답 가

[해설] 10진수를 BCD코드(8421)로 변환

3	4	7
0011	0100	0111

12 다음은 디멀티플렉서 회로의 일부분이다. 점선 안에 공통으로 들어갈 게이트는?
(단, S_0, S_1은 선택신호 1은 데이터 입력이다.)

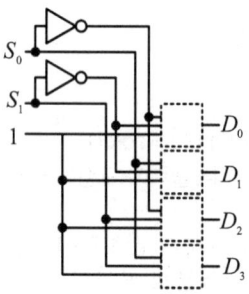

가. OR 게이트   나. AND 게이트
다. XOR 게이트 라. NOT 게이트

정답 나

디멀티플렉서는 멀티플렉서의 역기능을 수행하는 장치로 하나의 입력을 여러 개의 출력선 중에서 선택하여 정보를 전송하는 회로이며 이렇게 하나의 입력정보를 여러 개의 출력선 중의 하나에 분배하므로 데이터 분배기(Data distributer)라고도 한다. 디멀티플렉서의 구성은 하나의 입력, 그리고 2^n 개의 출력선과 n 개의 선택선으로 구성된다. ($n = 1, 2, 3, \cdots\cdots$)
점선안 AND Gate의 입력이 모두 "1" 인 출력선에 데이터가 분배된다.

13 슈미트 트리거 회로의 출력 파형은?
가. 방형파 나. 정현파
다. 삼각파 라. 램프파

정답 가

슈미트 트리거회로는 구형파(방형파)출력을 얻기 위해 사용되는 회로이다.

14 다음 그림의 회로에서 근사적으로 베이스전압 V_B를 구하기 위한 부분적인 바이어스 회로이다. V_B의 값을 구하면?

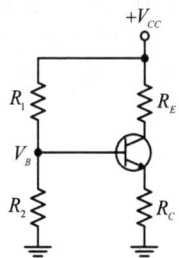

가. $\dfrac{R_2 V_{CC}}{R_1 + R_2}$ 나. $R_2 V_{CC}$

다. $\dfrac{R_1 + R_2}{R_1 V_{CC}}$ 라. $R_1 V_{CC}$

정답 가

전압분배 바이어스 회로
$$V_B = \left(\dfrac{R_2}{R_1 + R_2}\right) V_{CC}$$

15 다음 회로에서 R의 용도로 가장 적합한 것은?

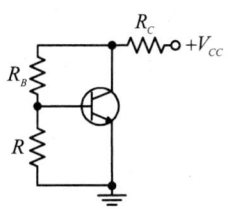

가. 전류 부궤환 된다.
나. 교류 이득이 증가한다.
다. 동작점이 안정화 된다.
라. 신호 이득을 방지한다.

정답 다

블리더 저항은 증폭기의 안정적인 동작을 위해서 트랜지스터 증폭기와 병렬로 사용하는 저항이다.

16 다음 중 드모르간의 법칙에 해당하는 것은?
가. $\overline{AB} = \overline{A} + \overline{B}$
나. $AB = BA$
다. $A(B + C) = AB + AC$
라. $A(A + B) = A$

정답 가

드모르간의 법칙
$$\overline{A + B} = \overline{A} \cdot \overline{B}$$
$$\overline{A \cdot B} = \overline{A} + \overline{B}$$

17 부궤환 증폭기의 특징에 대한 설명으로 틀린 것은?
가. 주파수 대역폭이 증대된다.
나. 이득이 증가한다.
다. 주파수 일그러짐이 감소된다.
라. 안정도가 향상된다.

정답 나

부궤환 증폭기의 특성
1. 이득이 감소한다.
2. 일그러짐이 감소된다.
3. 잡음이 감소한다.
4. 주파수 특성이 개선된다.
5. 안정도가 개선된다.
6. 입력 및 출력저항이 변화한다.

18. 다음 중 증폭기의 종류에 해당하지 않는 것은?
   가. A급 증폭기   나. AB급 증폭기
   다. C급 증폭기   라. AC급 증폭기

   정답 라

   해설 아날로그 증폭기의 최대효율

   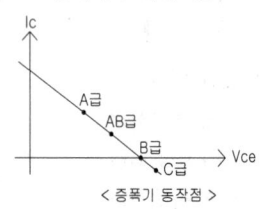
   < 증폭기 동작점 >

A급	AB급	B급	C급
50[%]	78.5[%] 이하	78.5[%]	78.5[%] 이상

19. 인가되는 역전압의 직류전압에 의해 커패시턴스가 가변되는 소자를 이용하여 발진주파수를 가변하는 발진회로는?
   가. 윈-브리지 발진회로
   나. 위상천이 발진회로
   다. 전압제어 발진회로
   라. 비안정멀티바이브레이터

   정답 다

   해설 전압제어 발진회로(VCO:Voltage Control Oscillator)는 외부에서 인가되는 전압에 따라 가변용량이 변화되어, 발진 주파수가 가변되는 발진기이다.

20. 다음 회로에서 맥동률을 개선하고자 한다. 가장 관련 있는 것은?

   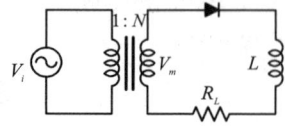

   가. R_L 나. N
   다. V_i 라. V_m

   정답 가

   해설 맥동률
   $$r \propto \frac{1}{L, R_L, f}$$

제2과목 무선통신기기

21. 축전지의 초충전을 설명한 것으로 가장 적합한 것은?
   가. 축전지를 제조한 후 마지막으로 걸어주는 충전이다.
   나. 충전 시작하자마자 가스가 발생한다.
   다. 충전전류는 10% 내외로 발생한다.
   라. 온도 상승을 피하기 위해 충전시간은 70~80시간 정도로 한다.

   정답 라

   해설 초충전(Initial Charge)정의
   : 축전지를 조립한 후 처음 하는 충전을 말한다.
   1. 충전이 완료되면 가스가 발생됨
   2. 충전전류는 10시간율 전류의 10[%]~30[%]
   3. 온도상승을 피하기 위해 충전시간은 70~80시간

22. 상업용 FM 방송에서는 기저대역 신호의 대역을 15~30[km]로 하고, 최대 주파수 편이를 $\triangle f = 75$[KHz]로 제한하고 있다. 전송대역폭을 각 채널당 200[kHz]로 할당하는 경우 FM방송에서의 신호 대역폭은 얼마인가?
   가. 150[kHz]
   나. 160[kHz]
   다. 180[kHz]
   라. 200[kHz]

   정답 다

   해설 카슨의 대역폭
   : $B = 2(f_m + \triangle f) = 2(15 + 75) = 180[kHz]$

23 진폭편이변조(ASK) 신호에 대한 설명으로 적합하지 않은 것은?
가. 정보비트를 양극성 NRZ로 부호화한 기저대역 신호를 DSB변조하여 얻는다.
나. 데이터가 1인 구간에서는 반송파가 있고, 0인 구간에서는 반송파를 보내지 않는다.
다. ASK의 전력 스펙트럼은 양측파대 특성을 가진다.
라. ASK신호의 복조에는 아날로그 AM통신에서의 복조방식을 사용할 수 있다.

정답 가

해설 ASK는 디지털 정보신호에 따라 반송파의 진폭을 변화시켜 전송하는 진폭편이변조 방식이다. (정보비트를 양극성 NRZ부호화는 베이스밴드전송)

24 무정전 전원공급장치(UPS)의 On-LINE 방식에 대한 설명으로 적합하지 않은 것은?
가. 사용전원을 그대로 출력으로 내보내며 축전지는 충전회로를 통해 충전한다.
나. 상시 인버터 방식이라고도 한다.
다. 항상 인버터 회로를 경유하여 출력으로 내보낸다.
라. 출력이 안정되며 높은 정밀도를 가진다.

정답 가

해설 UPS의 종류

On-Line 방식	· 정상 전원시에 상시인버터 방식 · 신뢰성을 요구하는 중용량 이상
Off-Line 방식	· 정전 시에 인버터를 동작하는 방식 · 서버전용 (소용량)
Line Interactive 방식	· 축전지와 인버터 부분이 항상 접속

25 전원 회로에 사용되는 금속 정류기의 종류가 아닌 것은?
가. 아산화동 정류기   나. 셀렌 정류기
다. 산화 정류기   라. 반도체 정류기

정답 다

해설 금속정류기의 정의
: 금속과 반도체를 접속시켜 그 사이의 전기저항을 측정하면 가한 전압의 방향에 따라 통과 방향이 결정되는데, 이를 이용한 정류기(교류→직류)라 한다. 아산활동 정류기, 센렌정류기, 반도체정류기, 실리콘 정류기가 있다. (현재는 실리콘정류기 거의 사용)

26 다음 중 SSB 송신기에 해당하는 전파 형식으로 적합한 것은?
가. J3E   나. A3E
다. A1A   라. A2A

정답 가

해설 전파형식

전파형식	형식명칭
A1A	모르스 부호 (Continuous)
A3E	AM (Amplitude Modulation)
J3E	Single Side Band
F3E	Frequency Modulation
F2B	Packet 통신

27 단상 반파 정류회로에서 직류 출력전류의 평균치를 측정하면 어떤 값이 얻어지는가?
(단, I_m은 입력교류전류의 최대치이다.)

가. $\dfrac{I_m}{2}$ 나. I_m

다. $\dfrac{I_m}{\pi}$ 라. $\sqrt{\dfrac{I_m}{2}}$

정답 다

[해설] 단상 반파정류회로의 특성

	출력 특성
I_{dc} (평균전류)	$\dfrac{I_m}{\pi}$
V_{dc} (평균전압)	$\dfrac{V_m}{\pi}$
I_{rms} (실효치 전류)	$\dfrac{I_m}{2}$
V_{rms} (실효치 전압)	$\dfrac{V_m}{2}$

* 반파정류의 맥동률 (ripple) r = 1.21(121%)

28 정류회로에서 초크(L)입력형 과 콘덴서(C)입력형을 설명한 것으로 적합하지 않은 것은?

가. 콘덴서 C 입력형은 부하 전류의 평균치와 최대치의 차가 크다.
나. 콘덴서 C 입력형은 맥동률이 크다.
다. 초크 L 입력형은 정류 소자 전류가 연속적이다.
라. 초크 L 입력형은 전압 변동률이 작다.

정답 나

[해설] 콘덴서 입력형 과 쵸크 입력형의 비교

항 목	콘덴서 입력형	쵸크 입력형
맥동률	적 다 (장점)	크 다
출력 직류전압	크 다 (장점)	작 다
전압 변동률	크 다 (단점)	작 다
첨두 역전압	높 다 (단점)	낮 다
가 격	싸 다 (장점)	비싸다
대전류용	부적합	적 합

29 다음 중 전지의 내부저항을 측정하기 위해 사용되는 브리지로 적합한 것은?

가. 맥스웰(MaxWell)브리지
나. 헤이(Hey)브리지
다. 헤비사이드(Heaviside)브리지
라. 코올라우시(Kohlrausch)브리지

정답 라

[해설] 브리지 회로의 종류 와 특징

브리지 회로	측정항목
맥스웰 브리지	코일의 자기인덕턴스 와 저항
헤이 브리지	코일의 자기인덕턴스 와 저항
헤비사이드 브리지	코일의 자기인덕턴스 와 저항
코올라우시 브리지	전지의 내부저항 측정

30 ASK, FSK, BPSK의 성능에 대한 비교 설명으로 적합하지 않은 것은?

가. 비동기식 ASK보단 우수한 것은 동기식 BPSK이다.
나. 가장 성능이 우수한 것은 동기식 BPSK이다.
다. 동기식ASK와 동기식FSK의 성능은 동일하다.
라. 비동기식 BPSK는 동기식 FSK와 성능이 거의 동일하다.

정답 라

[해설] 비동기식 BPSK는 동기식 FSK보다 성능이 우수하다.

* 성능은 오류발생확률, 피변조파가 정 포락선을 유지하는가를 포함

31 무선통신에서 변조를 하는 이유로 가장 적합하지 않은 것은?

가. 장거리 통신을 수행하기 위해 실시한다.
나. 안테나 제작문제를 해결하기 위해 실기 한다.
다. S/N비를 개선시키기 위해 실시한다.
라. 시분할 다중통신을 수행하기 위해 실시한다.

정답 라

[해설] 변조의 목적
1. 주파수 할당 과 다중 분할을 하기 위함
2. 안테나를 작게 만들어 복사를 용이하게 하기 위함
3. 원거리 전송을 하기 위함
4. 신호 대 잡음비를 향상시키기 위함

32 변조도 $m = 1(100[\%])$인 경우 SSB 송신출력과 DSB 송신출력과의 비는 어떻게 되는가?
가. 8배(4.8dB) 나. 6배(7.8dB)
다. 9배(9.5dB) 라. 12배(10.8dB)

정답 나

해설 AM(DSB-LC)변조의 출력전력

반송파전력	상측파전력	하측파전력
P_c	$\left(\dfrac{m^2}{4}\right)P_c$	$\left(\dfrac{m^2}{4}\right)P_c$

* 피변조파 전력 = $\left(1 + \dfrac{m^2}{2}\right)P_c$

출력비 = $\dfrac{\text{피변조파 송신출력}}{SSB\text{송신출력(상측파 또는 하측파)}}$

33 오실로스코프의 용도로 적합하지 않는 것은?
가. 스펙트럼 분석
나. 주파수 및 주기 측정
다. 파형관측 및 비교
라. 위상차 측정

정답 가

해설 장비의 용도

오실로스코프	스펙트럼 아날라이져	네트워크 아날라이져
주파수 및 주기 파형측정	주파수 및 진폭 스펙트럼 분석	S-Parameter 측정

34 축전지에서 백색 황산납 발생의 직접적인 원인이 아닌 것은?
가. 소전류로 장시간에 걸쳐서 방전할 때
나. 방전 후 곧바로 충전하였을 때
다. 불충분한 충전을 할 때
라. 전해액의 온도의 상승과 하강의 빈번히 일어날 때

정답 나

해설 축전지의 백색 황산납 발생원인
1. 방전상태로 장기간 방치할 때
2. 과대한 전류로 단기간 방전할 때
3. 소전류로 장기간 방전할 때
4. 불충분한 충전을 할 때
5. 전해액의 비중이 너무 클 때
6. 충전 후 오랫동안 방치할 때
7. 전해액의 온도상승과 하강이 자주일어 날 때

35 웨버법에 의 한 SSB 파 발생 회로의 구성요소가 아닌 것은?
가. 평형 변조기   나. 90° 이상 회로
다. 합성 회로   라. 고역 필터

정답 라

해설 SSB(Sigle Side Band)의 구성
: SSB발생은 Filter법, 위상천이법(이상기법), 웨버법이 있다. 웨버법은 필터법 + 이상기법을 조합한 구조로 되어 있다. 평형변조기, 이상기(90°), 합성회로, 저역필터로 구성되어 있다.

36 오실로스코프의 수직축에는 피변조파, 수평축에는 이상기를 걸친 변조신호를 인가하면 사다리꼴의 출력 파형이 나타난다. A가 B의 3배일 때 변조도는 몇[%]인가?

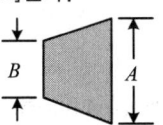

가. 50[%]   나. 60[%]
다. 80[%]   라. 100[%]

정답 가

해설 변조도 =
$\dfrac{A-B}{A+B} = \dfrac{3B-B}{3B+B} = \dfrac{2B}{4B} = \dfrac{1}{2} = 0.5$
* $A = 3B$ (A가 3배 이므로)

4 2012년 무선설비기사 기출문제

37 64[kbps] 이진 PCM 신호를 ISI(심볼 간 간섭) 없이 수신할 수 있도록 하는 시스템의 최소 대역폭은 얼마인가?
가. 8[kHz]   나. 16[kHz]
다. 32[kHz] 라. 64[kHz]

정답 다

해설 ISI없이 수신할 수 있는 최소대역폭

$$최소대역폭 = \frac{전송속도}{2} = \frac{64 \times 10^3}{2} = 32[kHz]$$

38 주파수가 50[kHz]인 정형파 신호를 100[kHz]의 반송자로 주파수 변조하여 최대 주파수 변이가 500[kHz]가 되었다고 하자. 발생된 FM 신호의 대역폭과 FM변조지수는 각각 얼마인가?
가. 1,100[kHz], 10   나. 1,200[kHz], 15
다. 1,500[kHz], 20   라. 1,800[kHz], 20

정답 가

해설 FM 변조지수
$$\beta_f = \frac{\Delta f}{f_m} = \frac{500[kHz]}{50[kHz]} = 10$$
FM 신호의 대역폭 (카슨의 대역폭)
$$B = 2(f_m + \Delta f) = 2(50 + 500) = 1,100[kHz]$$

39 다음 중 레이더(Radar)를 설명한 것으로 가장 적합한 것은?
가. 자이로를 이용하여 스스로 위치와 방향을 알 수 있다.
나. 방향만 알 수 있고 거리는 파악이 어렵다.
다. 펄스를 보내 물체로부터 반사된 펄스가 수신될 때까지의 시간을 측정한다.
라. 상대방이 위치를 알려주는 시스템이다.

정답 다

해설 레이더(Radar)의 정의
: 펄스를 보내 물체로부터 반사된 펄스가 수신될 때 까지의 시간을 측정하는 PulseRadar 방식 과 두 개의 안테나를 사용하여 이동 물체를 측정 가능한 CW Radar 방식이 있다.

40 진폭변조(AM) 송신기의 전력 측정방법으로 적합하지 않은 것은?
가. 실효 저항법
나. 의사 공중선법
다. 전구의 조도비교법
라. 볼로메터 브리지법

정답 라

해설 진폭변조(AM)의 송신기 전력측정방법
1. 수부하법 (대전력측정)
2. 양극 손실 측정법 (대전력측정)
3. 의사 공중선 법
4. 전구의 조도 비교법
5. 진공관 전력계 법
6. C-C형 전력계 법

제3과목 안테나공학

41 어떤 전자파의 전계의 세기는 $E = 10\cos(10^9 t + 30z)$와 같다. 이 전자파의 위상속도는 얼마인가?
가. $\frac{1}{9} \times 10^8 [m/sec]$
나. $\frac{1}{3} \times 10^8 [m/sec]$
다. $3 \times 10^8 [m/sec]$
라. $9 \times 10^8 [m/sec]$

정답 나

해설 전파의 위상속도

$v = \dfrac{w}{\beta}$ 이므로

$E = 10\cos(10^9 t + 30z)$ 에서

$w = 10^9$, $\beta = 30$

$\therefore \dfrac{10^9}{30} = \dfrac{1}{3} \times 10^8 \,[\text{m/s}]$

42 부하의 정규화 임피던스가 $Z_n = 1.5 + j0$인 무손실 급전선의 전압 정재파비를 구하면 얼마인가?

가. 1.0 나. 1.5
다. 2.0 라. 3.0

정답 나

해설 정재파비 $S = \dfrac{1 + |\Gamma|}{1 - |\Gamma|}$ 이고,

반사계수 $\Gamma = \left| \dfrac{Z_L - Z_o}{Z_L + Z_o} \right| = \left| \dfrac{\text{정규화임피던스} - 1}{\text{정규화임피던스} + 1} \right|$

$\therefore \Gamma = \left| \dfrac{Z_n - 1}{Z_n + 1} \right| = \left| \dfrac{1.5 + j0 - 1}{1.5 + j0 + 1} \right| = \dfrac{0.5}{2.5} = \dfrac{1}{5} = 0.2$

$S = \dfrac{1 + 0.2}{1 - 0.2} = \dfrac{1.2}{0.8} = 1.5$

43 마이크로파의 전송선로로서 도파관을 사용하는 이유로 가장 적절한 것은?

가. 취급전력이 작고 방사손실이 없다.
나. 유전체 손실이 적다.
다. 부하와의 정합상태가 불량하여도 정재파가 발생하지 않는다.
라. 외부 전자계와 완전하게 격리가 불가능하다.

정답 나

해설 도파관의 사용이유
1. 유전체손실이 작음
2. 저항손실이 작음
3. 복사손실이 없고, 외부의 전자계영향이 없음
4. 대전력을 취급할 수 있음
5. HPF로 동작되어, 차단주파수가 있음

44 다음 평행 2선식 급전선 중 특성 임피던스가 가장 높은 것은 어느 것인가?
가. 선직경 1.2[mm] 선간격 20[mm]
나. 선직경 1.2[mm] 선간격 30[mm]
다. 선직경 2.4[mm] 선간격 30[mm]
라. 선직경 2.4[mm] 선간격 20[mm]

정답 나

해설 동축급전선의 특성임피던스

$Z_0 = \dfrac{277}{\sqrt{\varepsilon_s}} \log \dfrac{2D}{d}$

(D : 선간거리, d : 선 직경, ε_s = 유전율)

45 Top Loading의 효과로 적절한 것은?
가. 실효길이의 증가   나. 고유주파수의 증가
다. 방사저항의 감소   라. 방사효율의 감소

정답 가

해설 안테나로딩(Loading)

단축콘덴서	연장코일	Top Loading
안테나길이 단축	안테나 길이 연장	실효길이의 증가

2012년 무선설비기사 기출문제

46 두 개의 금속판을 마주보게 놓고 전압을 인가했을 때 극판 사이의 전속밀도 (D)는 얼마인가? (단, 극판에 축적된 전하를 Q[C], 극판 연적을 S[m²], 극판 사이의 유전율을 ε이라 한다.)

가. $\dfrac{Q}{S}$ [C/m²] 나. $\dfrac{D}{\varepsilon}$ [V/m]

다. $\dfrac{dQ}{dt}$ [A] 라. $\varepsilon \dfrac{dE}{dt}$ [A/m²]

정답 가

해설 전속밀도의 정의
: 단위면적당 전속을 나타내며 D 로 표시한다. 전속이란 전기력선의 다발로 1[C]에서 하나의 전속이 나오므로, 전속 과 전하 는 같다

전속밀도 = $\dfrac{전속}{면적} = \dfrac{전하}{면적} = \dfrac{Q}{S}$ [C/m²]

47 안테나의 구조에 의한 분류 중 극초단파(UHF)용 판상안테나에 속하지 않는 것은 어느 것인가?

가. 슈퍼 턴 스타일(super turn style) 안테나
나. 슬롯(slot) 안테나
다. 빔(Beam) 안테나
라. 코너 리플렉터(corner reflector) 안테나

정답 다

해설 극초단파용(300MHz ~ 3GHz) 안테나
1. 슈퍼 턴 스타일 안테나
2. 슬롯 안테나
3. 코너 리플렉터 안테나

48 λ/4 수식 접지식 안테나의 복사전계강도를 나타내는 식으로 올바른 것은? (단, P_r : 복사전력, r : 안테나로부터의 거리)

가. $\dfrac{6.7\sqrt{P_r}}{r}$ 나. $\dfrac{\sqrt{9.9P_r}}{r}$

다. $\dfrac{\sqrt{6.7P_r}}{r}$ 라. $9.9\dfrac{\sqrt{P_r}}{r}$

정답 라

해설 안테나에 따른 복사강도

헤르츠 안테나	반파장안테나	수직접지안테나
$\dfrac{6.7\sqrt{P_r}}{d}$ [V/m]	$\dfrac{7\sqrt{P_r}}{d}$ [V/m]	$\dfrac{9.9\sqrt{P_r}}{d}$ [V/m]

49 다음 중 산악회절파의 특성으로 적합하지 않은 것은?

가. 조건에 맞도록 설계하면 전파손실이 적은 강한 수신전계를 얻을 수 있다.
나. 페이딩의 영향을 많이 받는다.
다. 초단파대 초가시거리 통신의 수행 할 수 있다.
라. 지리적 제한을 받는다.

정답 나

해설 산악회절파의 특징
1. 페이딩이 적고 안정함
2. 지리적 제한을 받음 (송수신점 사이 지리적 요건)
3. 시설이 간단하고 운용비가 작음
4. 송수신점 사이에 산악이 존재할 때 이득이 큼

50 중파 방송국의 안테나 전력을 10[KW]에서 40[KW]로 증가하면 동일지점의 전계강도는 몇 배로 되는가?

가. 변화가 없다. 나. $\sqrt{2}$ 배 증가한다.
다. 2배 증가한다. 라. 4배 증가한다.

정답 다

해설 전계강도 E 와 안테나전력 P_r의 관계
$$E \propto \sqrt{P_r}$$
∴ 4배 증가시키면 $\sqrt{4} = 2$배 증가됨

51. 다음 중 지표파에 대한 설명으로 적합하지 않은 것은?
   가. 대지의 도전율과 유전율이 작을수록 감쇠가 적다.
   나. 주파수가 낮을수록 멀리 전파한다.
   다. 사막지대보다 해안지역에서 멀리 전파한다.
   라. 수평편파보다 수직편파에서 감쇠가 적다.

   정답 가

   해설 지표파의 특징
   1. 장·중파대의 주전파임
   2. 대지의 도전율이 클수록 유전율이 낮을수록 감쇠가 적음
   3. 전계강도의 감쇠는 해수, 습지, 건지 순임
   4. 주파수가 낮을수록 감쇠가 적음
   5. 수평편파보다 수직편파가 감쇠 적음

52. 다음 중 파장이 가장 짧은 주파수대는 어느 것인가?
   가. UHF
   나. VHF
   다. SHF
   라. EHF

   정답 라

   해설 주파수대 와 주파수 대역

주파수대	주파수대역
VHF	30[MHz] ~ 300[MHz]
UHF	300[MHz] ~ 3[GHz]
SHF	3[GHz] ~ 30[GHz]
EHF	30[GHz] ~ 300[GHz]

53. 등방성안테나를 기준 안테나로 하는 이득은?
   가. 절대이득
   나. 상대이득
   다. 지상이득
   라. 최대이득

   정답 가

   해설 안테나이득

절대이득	상대이득	지상이득
등방성 안테나 기준	반파장 다이폴 안테나 기준	수직접지 안테나 기준
G_a[dBi]	G_h[dBd]	G_v[dB]
EIRP	ERP	
G_a[dBi] = G_h[dBd] + 2.15[dB]		

54. 송수신 안테나 높이가 9[m]로 동일하게 놓여 있는 경우 직접파 통신이 가능한 전파 가시거리는 약 얼마인가?
   가. 8.22[km]
   나. 12.44[km]
   다. 24.66[km]
   라. 32.88[km]

   정답 다

   해설 전파가시거리
   $$d = 4.11(\sqrt{h_1} + \sqrt{h_2})\,[km]$$
   $$= 4.11(\sqrt{9} + \sqrt{9}) = 24.66[km]$$

55. 접지저항이 큰 순서로 올바르게 나열한 것은?

   ㄱ. 심굴접지 방식
   ㄴ. 다중접지 방식
   ㄷ. 방사상 접지방식

   가. ㄱ > ㄴ > ㄷ
   나. ㄷ > ㄱ > ㄴ
   다. ㄴ > ㄱ > ㄷ
   라. ㄱ > ㄷ > ㄴ

   정답 라

   해설 장·중파대 안테나 접지의 종류

종류	특징	접지저항
심굴접지	목탄을 사용 (소전력)	10[Ω]
방사상접지	동선을 사용 (중전력)	5[Ω]
다중접지	병렬 접지 (대전력)	1[Ω]
카운터포이즈	암반, 건조지 사용	수[Ω]

56 전리층의 불균일성 및 시간적인 변동 등으로 전리층 반사파의 위상이 변하게 되어 전리층 반사파 상호간의 간섭을 일으켜서 페이딩이 일어나는 경우가 있다. 이것에 대한 설명으로 틀린 것은?
가. 간섭성 페이딩의 일종이다.
나. 공간 다이버시티를 사용하여 줄일 수 있다.
다. 원거리 페이딩이라고도 한다.
라. AGC를 사용하여 줄일 수 있다.

정답 라

해설 페이딩(Fading)의 정의
: 수신신호가 시간적으로 흔들리는 현상을 페이딩 이라고 한다. 전리층의 불균일성 및 시간적인 변동 등으로 전리층 반사파의 위상이 변하게 되어 상호간섭을 일으키는 페이딩을 간섭성페이딩 또는 원거리 페이딩이라 한다.

전리층페이딩의 종류 및 방지대책

페이딩종류	방지대책
간섭성페이딩	공간다이버시티
흡수성페이딩	AGC(Auto Gain Control)
선택성페이딩	주파수다이버시티, SSB
도약성페이딩	주파수다이버시티

57 진행파형 안테나에 속하지 않는 것은 어느 것인가?
가. Fish bone 안테나
나. Rhombic 안테나
다. Beverage 안테나
라. Beam 안테나

정답 라

해설 진행파 안테나의 종류
1. 장중파 안테나
   : 베버리지 안테나 또는 WAVE안테나
2. 단파대 안테나
   : 롬빅안테나, 진행파 V형 안테나, 어골형(Fish Bone) 안테나
3. 초단파대 안테나
   : 헬리컬 안테나

58 가장 이상적인 VSWR(정재파비)의 값은 얼마인가?
가. 0 나. ∞
다. 1 라. 10

정답 다

해설 전압정재파비 $VSWR = \dfrac{1+|\Gamma|}{1-|\Gamma|}$
∴ 반사계수 $\Gamma = 0$이면, 완전정합이므로 $VSWR = 1$임.

59 대지면에 설치된 수직 접지 안테나로부터 지표면을 따라 전파가 진행할 때 감쇠가 적은 순서대로 바르게 배열한 것은?
가. 해면, 평지, 산악, 사막
나. 사막, 산악, 평지, 해면
다. 해면, 사막, 평지, 산악
라. 사막, 평지, 산악, 해면

정답 가

해설 수직접지 안테나의 주전파는 지표이다.
지표파의 특징
1. 장·중파대의 주전파임
2. 대지의 도전율이 클수록 유전율이 낮을수록 감쇠가 적음
3. 전계강도의 감쇠는 해면, 평지, 산악, 사막 순임
4. 주파수가 낮을수록 감쇠가 적음
5. 수평편파보다 수직편파가 감쇠 적음

60 공중선계에 대한 설명으로 적합하지 않은 것은?
가. 공중선 전류의 파복에서 급전하는 것은 전류급전 이라 한다.
나. 같은 길이의 안테나에서도 전압급전인가. 전류급전인가에 따라 특성 임피던스가 달라진다.
다. 동조 급전선인 때에만 전압급전과 전류급전의 구별이 있다.
라. 안테나의 길이가 λ/2이더라도 중앙에서 급전하면 전류급전이고, 끝단에서 급전하면 전압급전이다.

정답 다

해설 동조급전 이든 비동조 급전이든 전류급전과 전압 급전의 구별이 있다. 반파장 다이폴안테나는 중앙에서 급전하는 전류급전이고, 제펠린 안테나는 끝단에서 급전하는 전압급전이다.

제4과목　무선통신시스템

61 OSI 참조모델의 계층과 프로토콜에 대한 설명으로 적합하지 않은 것은?

가. 임의의 계층은 바로 아래 계층의 사용자이다.
나. 임의의 계층은 바로 위 계층에게 서비스를 제공한다.
다. 프로토콜은 상대 시스템의 피어 계층과의 통신에 대한 규약이다
라. 상대 시스템의 피어 계층으로 프로토콜 정보를 직접 전달한다.

정답 라

해설 프로토콜은 상대시스템의 피어(Peer)계층으로 프로토콜 정보를 직접 전달하는 것이 아니고, 아래계층으로 내려가면서 프로토콜 정보(제어정보)가 붙고 상대시스템에서는 프로토콜 정보(제어정보)가 이용되면서 위 계층으로 서비스가 제공된다.

62 위성통신시스템에서 지구국 장비의 구성 요소가 아닌 것은?

가. 변복조기　　나. 저잡음 증폭기
다. 주파수 변환기　라. 페이로드 시스템

정답 라

해설 위성통신의 장비구성

지구국 장비	위성체 장비	
	BUS부	Payload 부
추미계(위성추적)	전력제어계	안테나 계
송·수신계	구체계/추진계	중계부
통신관제 서브시스템	열제어계	
지상 인터페이스	자세제어계	
안테나계	텔레메트리계	

63 OSI 7계층 중 응용 프로세스 간 통신을 관장하는 역할을 하는 계층은?

가. 응용계층　　나. 표현계층
다. 세션계층　　라. 전달계층

정답 다

해설 OSI 7Layer의 구조

계층	명칭	기능
7	응용계층	응용프로그램
6	프리젠테이션계층	데이터 압축 및 암호화
5	세션계층	응용프로세스 간 통신
4	전달계층	End to End 제어
3	네트워크계층	패킷전송, 경로제어
2	데이터링크계층	동기, 에러, 흐름제어 Node to Node
1	물리계층	물리적 인터페이스

64 마이크로파 시설 설계 시 작성해야 할 도면으로 적합하지 않은 것은?

가. 철탑시설 단면도　나. 공조시설 배치도
다. 접지선 포설도　　라. 케이블 포설도

정답 가

해설 마이크로웨이브 무선설비공사

기계시설 설계 시	공중선시설 설계 시
· 기초 철가도	· 부지 평면도
· 기기 배치도	· 철탑 시설도
· 케이블 배선도	· 철탑 응력도
· 케이블 포설도	· 철탑 블록도
· 실장도	· 안테나 취부도
· 공조시설 배치도	· 접지도 및 피뢰침도
· 접지선 포설도	· 실장도

2012년 무선설비기사 기출문제

65 DS(Direct Sequence)는 코드분할다중접속(CDMA)을 구현하기위해 사용되는 대역확산통신방식 중의 하나이다. 다음 중 DS방식을 수행하기 위해 필요한 구성요소가 아닌 것은?
가. PSK변조기 나. 동기검파기
다. 주파수합성기 라. PN부호 발생기

정답 다

해설 대역확산통신의 정의
: 전송정보를 변조 후 피변조파의 스펙트럼을 확산부호(Spreading Code)를 이용하여 확산시켜 전송하는 방식이다. 복조 시에는 역확산 과정을 거쳐 전송정보를 취할 수 있다. 대역확산통신의 종류에는 DS(직접확산), FH(주파수 도약), TH(시간도약), Chirp 방식이 있다.
* DS(Direct Sequence)의 구성

[신호-BPSK-곱셈-전송-곱셈-동기검파-신호]
      ↑   ↑
   PN발생기   PN발생기

66 위성 통신에서 정지 위성 궤도에 대한 설명으로 적합하지 않은 것은?
가. 지구 적도 상공 약 35,789[km]에 존재하는 궤도이다.
나. 하나의 위성은 궤도상에서 지구표면의 약 50[%] 시각성을 갖는다.
다. 지구의 자전주기와 위성의 회전주기가 같은 궤도이다.
라. 궤도 1주기는 약 24시간이다.

정답 나

해설 정지위성의 특징
1. 정지궤도는 지상 35,786[km]상공에 위치함
2. 지구표면의 1/3 약 40[%]의 통신범위를 커버함
3. 전파경로가 길어 평균 0.25[sec]
4. 전파손실이 발생
5. 국내 및 국제통신용으로 사용

67 프로토콜에 대한 다음 설명 중 빈칸( )에 적합한 것은?

> 프로토콜은 두 지점 간의 통신을 원활히 수행할 수 있도록 하는 통신상의 (　　)들의 집합이다.

가. 규약 나. 링크
다. 요소 라. 기능

정답 가

해설 프로토콜은 두 지점 간의 통신을 원활히 수행할 수 있도록 하는 통신상의 규약들의 집합이다.

68 데이터통신에서 바이트 방식 프로토콜로 적합한 것은?
가. ADCCP 나. HDLC
다. DDCMP 라. SDLC

정답 다

해설 전송제어 프로토콜의 종류

프로토콜	종류
문자방식 프로토콜	BSC, BASIC
바이트방식 프로토콜	DDCMP
비트방식 프로토콜	SDLC, HDLC, ADCCP, LAP-B

69 통신 프로토콜의 계층화 개념에서 데이터가 상위계층에서 하위계층으로 내려가면서 데이터에 제어정보를 덧붙이게 되는데 이를 무엇이라 하는가?
가. framing
나. flow control
다. encapsulation
라. transmission control

정답 다

해설 통신프로토콜의 기능은,
1. 정보의 분할 및 조립(Fragmentation)
   : 단편화(Segmentation) 와 조립(Reassembly)
2. 정보의 캡슐화(Encapsulation)
   : 데이터의 앞/뒤에 헤더와 트레일러를 첨가
3. 연결제어(Connection Control)
   : 노드간의 연결확립, 데이터전송, 연결해제
4. 흐름제어(Flow Control)
   : 수신지에서 발송데이터의 양과 속도를 제한
5. 오류제어(Error Control)
   : 오류검출 및 정정하는 기능(FEC, ARQ)
6. 동기화(Synchronization)
   : 송수신기 사이에 같은 상태를 유지
7. 순서지정(Sequencing)
   : 패킷망에서 패킷단위로 분할/전송
8. 주소지정(Addressing)
   : 네트워크가 인식가능한 주소부여
9. 다중화(Multiplexing)
   : 한정된 링크를 다수의 사용자가 공유하도록 함

70 위성통신회선의 다원 접속방식이 아닌 것은?
가. WDMA   나. FDMA
다. TDMA   라. CDMA

정답 가

해설 위성통신회선의 다원접속 방식
: FDMA, CDMA, TDMA, SDMA가 있다.

71 OSI 참조 모델의 계층과 이에 관련된 프로토콜이나 기술을 잘못 짝지은 것은?
가. 데이터링크 계층 - LLC
나. 전달계층 - FTP
다. 물리계층 - IrDA
라. 네트워크 계층 - OSPF

정답 나

해설 전달계층에는 TCP, UDP가 있다.
* FTP는 파일전송프로토콜 (응용계층 프로토콜임)

72 정현파 신호를 반송파를 이용하여 60[%] 진폭변조(AM) 한 경우 반송파 전력이 1,000[W]라면, 이때의 피변조파 전력은 얼마인가?
가. 1,180[W]   나. 1,036[W]
다. 936[W]   라. 890[W]

정답 가

해설 AM변조의 피변조파 전력
$$P_m = (1 + \frac{m^2}{2})P_c = (1 + \frac{0.6^2}{2})1000 = 1,180[W]$$
(m : 변조도, P_c : 반송파전력)

73 이동통신에서 원래 등록한 서비스 관리지역을 벗어나 다른 서비스 지역에 들어가서도 통화할 수 있도록 해주는 서비스를 무엇이라 하는가?
가. 주파수 재사용
나. 로밍(Roaming)
다. 핸드오프(Hand-off)
라. 번호이동

정답 나

해설 이동통신 용어정리

용어	특징
주파수 재사용	간섭이 없도록 동일주파수를 재사용 (CDMA = 1)
로밍	서비스지역이 다른 지역에서도 통화 가능토록 해주는 서비스 (국제로밍)
핸드오프	주파수, Sector로 구분된 Cell을 이동하면서 Seamless한 서비스 제공
번호이동	동일한 번호로 다른 사업자로 이동하는 서비스

74 무선설비의 기본 설계에 포함되어야 할 사항이 아닌 것은?
가. 자재 명세서   나. 공사의 목적
다. 주요 공정   라. 설계 기준

정답 다

[해설] 무선설비의 기본설계 정의
: 예비 타당성조사를 근거로 기본설비/기본경비/목적/설계기준에 근거하여 설계하는 과정이다.
기본설계의 산출물
1. 자재명세서 / 공사의 목적
2. 설계기준
3. 개략공사비
4. 공사기간 및 방법

75 어느 ADC(Analog-to Digital Converter)가 $-5 \sim +5[V]$의 입력을 가지며 한 샘플은 4비트로 양자화 된다. 이 경우 발생한 양자화잡음전력은 얼마인가?

가. $\frac{1}{12}(\frac{12}{4})^2$
나. $\frac{1}{12}(\frac{10}{2^4})$
다. $\frac{1}{12}(\frac{10}{2^4})^2$
라. $\frac{1}{12}(\frac{10}{4})$

정답 다

[해설] 양자화잡음전력(N_q)

$$N_q = (\frac{\frac{\Delta}{2}}{\sqrt{3}})^2 = \frac{\Delta^2}{12}$$

여기서 △는 양자화의 1개 Step임

$$S(\Delta) = \frac{V_{p-p}}{M} = \frac{V_{p-p}}{2^n} = \frac{5-(-5)}{2^4} = \frac{10}{2^4}$$

$$\therefore N_q = \frac{S^2}{12} = \frac{1}{12}(\frac{10}{2^4})^2$$

76 이동통신에서 사용되는 대역확산 변조 방식의 DS-CDMA에서는 확산코드로 정보 비트를 확산한다. 전송 정보 비트와 확산코드가 아래 그림과 같다면 확산이득은 얼마인가?

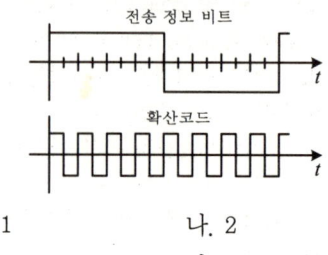

가. 1 나. 2
다. 4 라. 8

정답 라

[해설] 확산이득(Processing Gain)
$$= \frac{확산코드(칩\ Rate)}{정보코드(Bit\ Rate)} = \frac{8}{1} = 8$$

(원래의 대역폭 보다 8배 대역폭이 증가됨)

77 검파중계방식에 대한 설명으로 적합하지 않은 것은?
가. 다른 중계방식에 비해 통화로의 삽입 및 분기가 간단하다.
나. 장거리 중계방식으로 널리 사용된다.
다. 변복조방치가 부가되어 있어 장치가 복잡하다.
라. 변복조장치의 비직선성으로 인한 특성 열화가 발생한다.

정답 나

[해설] 검파중계방식의 특징
1. 마이크로웨이브 중계방식의 하나임
   (IF중계, 직접중계, 무급전중계 가 있음)
2. 근거리 중계에 이용
3. 변복조 장치가 있어 복잡하고, 특성열화가 있음
4. 중계국이 적은경우에 유리함

78 다단 증폭시스템에서 종합 잡음지수를 가장 효과적으로 개선할 수 있는 시스템 구성요소로 적합한 것은?
가. 전치 증폭기　나. 자동 이득 조절기
다. 대역 통과 필터　라. 검파기

정답 가

해설 종합잡음지수
$$F = F_1 + \frac{F_2-1}{G1} + \frac{F_3-1}{G1 \cdot G2} \cdots$$
(F_1 = 초단잡음지수, G_1 = 초단의 이득)
따라서 초단에 잡음을 억제할 수 있는 전치증폭기 (LNA)를 사용해야 한다.

79 통신망관리 기본 기능으로 가장 적합하지 않은 것은?
가. 장애관리기능　나. 성능관리기능
다. 구성관리기능　라. 연구관리기능

정답 라

해설 통신망관리(NMS)의 기본기능
1. 구성관리기능　2. 성능관리기능
3. 장애관리기능　4. 보안관리기능
5. 장치관리기능

80 M/W 통신에서 송신출력이 1[w], 송수신 안테나 이득이 각각 30[dBi], 수신 입력 레벨이 −30[dBm]일 때 자유공간 손실은 몇 [dB]인가? (단, 전송선로 손실 및 기타손실은 무시한다.)
가. 112[dB]　나. 117[dB]
다. 120[dB]　라. 123[dB]

정답 다

해설 프리스(Friis) 전력전달 공식
$P_r[\text{dBm}] = P_t[\text{dBm}] + G_t[\text{dBi}] + G_r[\text{dBi}] - F_{Loss}[\text{dB}]$
$-30[\text{dBm}] = 30[\text{dBm}] + 30[\text{dBi}] + 30[\text{dBi}] - F_{Loss}[\text{dB}]$
∴ $F_{Loss}[\text{dB}] = 120[\text{dB}]$
$(1[\text{W}] = 30[\text{dBm}], 10\log\frac{1[\text{W}]}{1[\text{mW}]} = 30[\text{dB}])$

제5과목　전자계산기일반 및 무선설비기준

81 다음 중 무선국 시설자 등이 준수하여야 할 통신보안에 관한 사항에 해당하지 않는 것은?
가. 통신보안교육 등에 관한 사항
나. 통신보안책임자의 지정에 관한 사항
다. 통신 시 기록할 통신내용에 관한 사항
라. 무선국 허가 시 통신보안 조치에 관한 사항

정답 다

해설 무선국 시설자 의 통신보안
1. 통신보안 교육 등에 관한 사항
2. 통신보안 책임자의 지정에 관한 사항
3. 통신보안 조치에 관한 사항(무선국 허가 시)

82 무선국에서 사용하는 주파수마다의 중심 주파수를 무엇이라 하는가?
가. 기준주파수　나. 지정주파수
다. 특성주파수　라. 필요주파수

정답 나

해설 주파수의 정의

주파수	정의
기준주파수	지정주파수에 대하여 특정한 위치에 고정되어 있는 주파수
지정주파수	무선국에서 사용하는 주파수마다의 중심주파수
특성주파수	주어진 발사에서 용이하게 식별되고 측정할 수 있는 주파수

83 무선설비의 안전시설기준에서 정하는 발전기, 정류기 등에 인입되는 고압전기는 절연차폐체 내에 수용하여야 한다. 다음 중 고압전기에 포함되는 것은?
가. 220 볼트를 초과하는 교류전압
나. 220 볼트를 초과하는 직류전압
다. 500 볼트를 초과하는 교류전압
라. 750 볼트를 초과하는 직류전압

정답 라

해설 무선설비의 안전시설기준
1. 무선설비의 안전시설 기준에 의한 고압 전기로는 [600볼트]를 초과하는 고주파 및 교류전압과 [750볼트]를 초과하는 직류전압을 말한다.

84 방송통신기자재 등의 적합성 평가 중에서 적합인증을 받아야 하는 대상기자재가 아닌 것은?
가. 라디오부이의 기기
나. 무선 CATV용 무선설비의 기기
다. 간이무선국용 무선설비의 기기
라. 방송수신기기

정답 라

해설 적합성평가 적합인증 기자재
[전파법제58조의2(방송통신기자재 등의 적합성 평가)]
1. 라디오 부이(Radio buoy)의 기기
2. 간이 CATV용 무선설비의 기기
3. 간이무선국용 무선설비의 기기 외 47종
   * 방송수신기기 는 적합등록 사항임
   * 별첨 (형식승인, 형식등록에서 변경)

인 증	정 의
적합인증	통신기자재에 대한 전자파 인증
적합등록	적합인증 대상기기가 아닌 장비인증
잠정인증	대상기기에 정의되지 않은 장비인증

85 무선설비규칙에서 정의한 "불요발사"로서 적합한 것은?
가. 대역외발사 및 스퓨리어스 발사
나. 대역내발사를 말한다.
다. 필요주파수대폭의 바로 안쪽 발사 에너지
라. 스퓨리어스발사 및 저감반송파

정답 가

해설 무선설비규칙
1. "불요발사"라 함은 대역외 발사 및 스퓨리어스(Spurious)발사를 말한다.

86 전파응용설비의 고주파출력측정 및 산출방법은 누가 정하여 고시하는 바에 의하는가?
가. 방송통신위원회
나. 한국전자통신연구원장
다. 중앙전파관리소장
라. 한국방송통신전파진흥원장

정답 가

해설 방송통신위원회 역할 (전파응용설비 관련)
1. 고주파출력 측정 및 산출방법은 방송통신위원회가 정하여 고시한다.

87 전파형식이 F3E인 초단파 방송국의 무선설비의 점유주파수대폭의 허용치는?
가. 16[kHz]   나. 180[kHz]
다. 200[kHz]   라. 400[kHz]

정답 나

해설 전파형식이 F3E, G3E인 초단파 방송국의 무선설비의 점유주파수 대폭의 허용치는 180[kHz]이다.

88 한국방송통신전파진흥원이 수행하는 사업과 거리가 먼 것은?
가. 전파이용 촉진에 관한 연구
나. 전파관련 산업의 실태조사
다. 방송·통신·전파 관련 국내외 기술에 관한 정보의 수집·조사 및 분석
라. 방송·통신·전파에 관한 연구지원

정답 나

해설 한국방송통신전파진흥원
1. 전파이용 촉진에 관한 연구
2. 방송·통신·전파 관련 국내외 기술에 관한 정보의 수집·조사 및 분석
3. 방송·통신·전파에 관한 연구지원 및 교육
4. 그 밖에 다른 법령에서 진흥원의 업무로 정하거나 위탁한 사업 또는 방송통신 위원회가 위탁한 사업

89 무선설비는 전원이 정격전압의 얼마 이내의 범위에서 안정적으로 동작할 수 있어야 하는가?
　가. ±5[%]
　나. ±10[%]
　다. ±15[%]
　라. ±20[%]

　　　　　　　　　　　　　　　　정답 나

[해설] 무선설비의 전압변동률은 정격전압의 ±10[%] 이내를 유지해야 한다.

90 적합성평가 대상기자재에 대하여 적합인증을 신청 시 제출할 서류가 아닌 것은?
　가. 기본모델의 개요, 사양, 구성, 조작방법 등이 포함된 설명서
　나. 외관도 및 부품의 배치도
　다. 기본모델의 기기의 제작공정
　라. 회로도

　　　　　　　　　　　　　　　　정답 다

[해설] 적합성평가 적합인증 신청 시 제출서류
　1. 적합인증 신청서
　2. 사용자 설명서(한글본) : 기본모델의 제품개요, 사양, 구성, 조작방법 등이 포함되어야 한다.
　3. 시험성적서
　4. 외관도
　5. 부품 배치도 또는 사진
　6. 회로도

91 부동 소수점 표현의 수들 사이에서 곱셈 알고리즘 과정에 해당하지 않은 것은?
　가. 0(zero)인지의 여부를 조사한다.
　나. 가수의 위치를 조정한다.
　다. 가수를 곱한다.
　라. 결과를 정규화 한다.

　　　　　　　　　　　　　　　　정답 나

[해설] 부동 소수점 연산(Floating-point operation)
　1. 부동 소수점 연산 방식을 사용하면 매우 작은 수나 매우 큰 수가 경제적으로 기억될 수 있으며 일관되게 정확도가 높은 계산이 가능하다.
　2. 부동소수점 곱셈의 예 :
　　$(0.1011 \times 2^3) \times (0.1001 \times 2^5)$
　　(가) 가수 곱하기 :
　　　$1011 \times 1001 = 01100011$
　　(나) 지수 더하기 : $3+5=8$
　　(다) 정규화 :
　　　$0.01100011 \times 2^8 = 0.1100011 \times 2^7$

92 16비트 명령어 형식에서 연산코드 5비트, 오퍼랜드 1은 3비트, 오퍼랜드 2는 8비트일 경우, ⓐ 연산종류와 사용할 수 있는 ⓑ 래지스터의 수를 올바르게 나열한 것은?
　가. ⓐ 32가지 ⓑ 512
　나. ⓐ 31가지 ⓑ 8
　다. ⓐ 32가지 ⓑ 8
　라. ⓐ 8가지 ⓑ 511

　　　　　　　　　　　　　　　　정답 다

[해설]
명령어 형식(Instruction format)
　1. 명령어 내 필드들의 수 와 배치방식 및 각 필드의 비트 수를 나타냄
　2. 명령어의 구성은
　　연산코드(5[bit])+오퍼랜드1(3[bit])+오퍼랜드2(8[bit]) = 16-bit 명령어이다.
　3. 연산코드= 5[bit]이므로 $2^5=32$ 연산종류 가능
　4. 오퍼랜드1= 3[bit]이므로 $2^3=8$ 레지스터를 사용
　5. 오퍼랜드2= 8[bit]이므로, 기억장치 주소범위는 0~255번지 임

93. 상대 주소지정(relative addressing)에서 사용하는 레지스터는 무엇인가?
가. 일반 레지스터(general register)
나. 색인 레지스터(index register)
다. 프로그램 계수기(program counter)
라. 메모리 주소 레지스터(memory address register)

정답 다

해설 상대 주소 지정 방식(Relative addressing mode)
1. 프로그램 계수기(Program Counter)의 내용을 명령어의 피연산자에 더하여 유효 주소를 계산하는 방식임
2. 전체 주기억장치의 주소를 나타내는 데 필요한 비트들의 수에 비교할 때보다 적은 수의 비트를 가지고 주소를 지정할 수 있는 방식이다.

94. 다음 지문이 의미한 소프트웨어는 무엇인가?

> 상하 관계나 동종 관계로 구분할 수 있는 프로그램들 사이에서 매개 역할을 하거나 프레임워크 역할을 하는 일련의 중간 계층 프로그램을 말하며, 일반적으로 응용 프로그램과 운영 체제의 중간에 위치하여 사용자에게 시스템 하부에 존재하는 하드웨어, 운영 체제, 네트워크에 상관없이 서비스를 제공한다.

가. 유틸리티 나. 디바이스 드라이버
다. 응용소프트웨어 라. 미들웨어

정답 라

해설 미들웨어(middleware)
1. 미들웨어는 여러 운영 체제(Unix, Windows 등)에서 응용 프로그램들 사이에 위치한 소프트웨어를 말한다.
2. 미들웨어는 각기 분리된 두 개의 프로그램 사이에서, 매개 역할을 하거나 연합시켜주는 프로그램을 지칭하는 용어임.
3. 미들웨어의 종류에는 TP monitors, DCE, RPC, Database access systems, Message Passing 등

95. 다음 문장의 결과 값은?

```
mov cx, 4
mov dx, 7
sub dx, cx
```

가. 3 나. 4
다. 5 라. 2

정답 가

해설 어셈블리어(Assembly Language)
1. 어셈블리어는 기계어를 인간이 기억하기 쉬운 기호로 바꾸어 놓은 기호식 언어임
2. 어셈블리어 문장

명령어	의 미
mov cx, 4	cx 레지스터에 4를 저장
mov dx, 7	dx 레지스터에 7을 저장
sub dx, cx	dx에서 cx를 뺀 후 내용을 dx에 저장한다. ∴ 7 − 4 = 3

96. 다음 중 16비트 마이크로프로세서에 속하지 않는 것은?
가. 인텔(Intel) 8088 나. Zilog Z-8000
다. Motorola 68020 라. 인텔(Intel) 80286

정답 다

해설 마이크로프로세서(Micro-processor)
1. 마이크로프로세서는 컴퓨터의 중앙처리장치(CPU)를 단일 IC칩에 집적시켜 만든 반도체 소자임

프로세서	종 류	용 도
16 − bit	Intel 8088, 80286, Zilog Z8000, Motorola M6800	개인컴퓨터용
32 − bit	Zilog Z80000, Motorola 68020	속도향상 (33[MHz])
64 − bit	IBM686, ALPHA CHIP	워크스테이션, 서버용

97 다음 중앙처리장치의 명령어 사이클 중 (가)에 알맞은 것은?

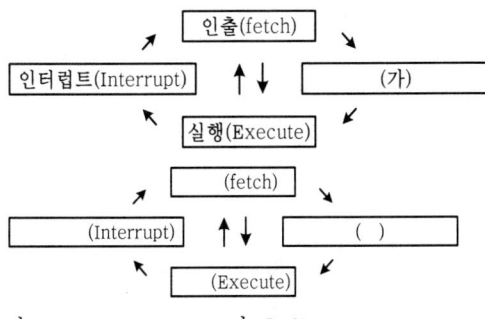

가. Instruction 나. Indirect
다. Counter 라. Control

정답 나

해설 Major State
1. 현재 CPU의 상태를 나타냄

명령 사이클	역 할
호출(Fitch)	명령을 기억장치에서 읽음
간접(Indirect)	주소를 기억장치에서 읽음
실행(Execute)	데이터를 기억장치에서 읽음
인터럽트(Interrupt)	프로그램 내용을 스택에 저장

98 다음 중 10진수 56789에 대한 BCD코드(Binary Coded Decimal)는 어느 것인가?
가. 0101 0110 0111 1000 1001
나. 0011 0110 0111 1000 1001
다. 0111 0110 0111 1000 1001
라. 1001 0110 0111 1000 1001

정답 가

해설 BCD(Binary Coded Decimal, 2진화 10진수코드)

```
 5     6     7     8     9    - 10진수
0101  0110  0111  1000  1001  - 8421 코드
```

99 다음 중 RISC의 특징이 아닌 것은?
가. 고정된 길이의 명령어 형식으로 디코딩이 간단하다.
나. 단일 사이클의 명령어 실행
다. 마이크로프로그램 된 제어보다는 하드와이어된 제어를 채택한다.
라. CISC보다 다양한 어드레싱 모드

정답 라

해설 RISC 와 CISC
1. RISC(Reduced Instruction Set Computer)로 단순한 고정길이의 명령어 집합을 제공하여 속도향상을 목표로 한 CPU 임

100 다음 중 마이크로 명령어에 대한 설명으로 틀린 것은?
가. OP코드와 오퍼랜드로 구분한다.
나. 오퍼랜드에는 주소, 데이터 등이 저장된다.
다. 오퍼랜드는 오직 한 개의 주소만 존재한다.
라. 컴퓨터 기계어 명령을 실행하기 위해 수행되는 낮은 수준의 명령어이다.

정답 다

해설 명령어
1. 명령어는 크게 명령코드(Operation code)와 오퍼랜드(Operand)의 2부분으로 구성된다.
2. 명령어는 하나의 명령코드(OP code) 부분과 몇 개의 address 부분으로 구성되는데 이 address가 몇 개인가에 따라 1번지 명령, 2번지 명령 등으로 나뉜다.

01 2013년 기사1회 필기시험

국가기술자격검정 필기시험문제

2013년 기사1회 필기시험

자격종목 및 등급(선택분야)	종목코드	시험시간	형 별	수검번호	성 별
무선설비기사		2시간 30분	2형		

제1과목 디지털 전자회로

01 무부하시의 직류 출력 전압이 300[V]이고 전부하시 직류 출력 전압이 250[V]이었다면 전압 변동률은?
가. 10[%] 나. 20[%]
다. 30[%] 라. 40[%]

정답 나

해설 전압변동률
$$= \frac{\text{무부하시 직류 출력전압} - \text{부하시 직류출력전압}}{\text{부하시 직류출력전압}} \times 100[\%]$$
$$= \frac{300-250}{250} \times 100[\%] = 20[\%]$$

02 전파 중간탭 정류기를 이용한 전파정류회로에서 맥동률에 대한 설명으로 옳지 않은 것은?
가. 주파수에 비례한다.
나. 부하저항에 반비례한다.
다. 콘덴서 C의 정전용량에 반비례한다.
라. 부하저항과 정전용량의 곱에 반비례한다.

정답 가

해설 맥동률
$$r \propto \frac{1}{L, C, R, f}$$

03 다음 회로에서 제너다이오드의 특성으로 옳은 것은? (단, Vs는 제너다이오드의 동작을 위한 정격전압보다 크다.)

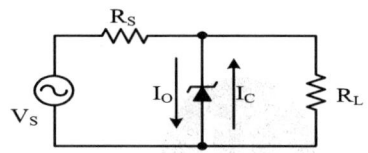

가. 일정한 신호를 증폭 시킨다.
나. 사용하기 적당한 교류전압으로 변환한다.
다. 리플 성분을 제거시킨다.
라. 일정한 직류 출력전압을 제공한다.

정답 라

해설 제너다이오드를 사용한 정전압회로이다

04 다음 그림과 같은 회로의 입력에 계단전압(step voltage)을 인가할 때 출력에는 어떤 파형의 전압이 나타나겠는가?(단, A는 이상적인 연산 증폭기이다.)

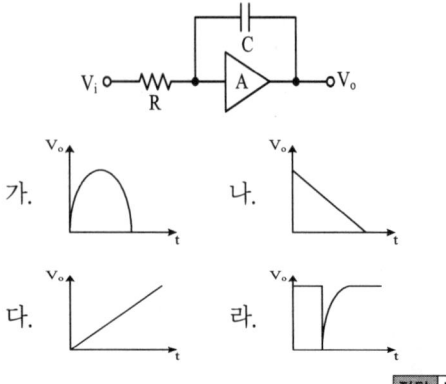

정답 다

해설 RC회로로 구성된 적분기이므로 입력에 계단전압(step voltage)을 인가되면 출력에는 램프파형이 나타난다.
RC 시정수 크기에 따라 기울기를 조절할 수 있다.

05 아래의 괄호 안에 들어갈 알맞은 말을 앞에서부터 순서에 맞게 나열한 것은?

> 궤환전압 또는 전류가 원래의 입력신호와 동위상일 때 ( )이라 하고, 역위상이 될 때( )이라 하며 궤환율을 가한 증폭기를 ( )라 한다.
> ㉮ Feedback Amplifier
> ㉯ Positive Feedback
> ㉰ Negative Feedback

가. ㉮㉯㉰   나. ㉯㉰㉮
다. ㉰㉮㉯   라. ㉰㉯㉮

정답 나

해설 궤환되는 전압 또는 전류가 원래의 입력신호와 동위상일 때 Positive Feedback이라 하고, 역위상이 될 때Negative Feedback이라 하며 궤환율을 가한 증폭기를 Feedback Amplifier라 한다.

06 이상적인 A급 증폭기의 최대 효율은?
가. 18[%]   나. 35[%]
다. 50[%]   라. 100[%]

정답 다

해설 증폭기별 최대효율

A급 전력증폭기	B급 전력증폭기	C급 전력증폭기
50[%]	78.5[%]	78.5[%]이상

07 다음 중 증폭기에 대한 설명으로 알맞은 것은?
가. 교류(AC)를 직류(DC)로 바꾸는 여러 과정 가운데 맥류를 완전한 직류로 바꾸어 준다.
나. 입력 신호가 출력단에 확대되어 나타난다.
다. 교류 성분을 직류성분으로 변환하기 위한 전기 회로이다.
라. 다이오드를 사용하여 교류 전압원의(+) 또는 (-)의 반 사이클을 정류하고, 부하에 직류 전압을 흘리도록 한다.

정답 나

해설 증폭기는 입력신호를 증폭시키는 역할을 한다.

08 다음 그림은 수정진동자의 등가회로를 나타내었다. 수정진동자의 직렬 공진주파수는?

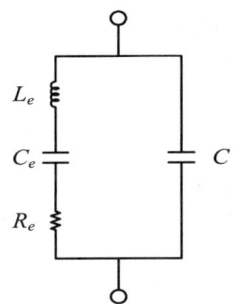

가. $f_c = \dfrac{1}{2\pi\sqrt{L_e(\dfrac{C_e \cdot C}{C_e + C})}}$

나. $f_c = \dfrac{1}{2\pi\sqrt{\dfrac{1}{L_e}(\dfrac{C_e \cdot C}{C_e + C})}}$

다. $f_c = \dfrac{1}{2\pi\sqrt{L_e C_e}}$

라. $f_c = \dfrac{1}{2\pi R_e\sqrt{L_e C_e}}$

정답 다

해설 수정발진기 공진주파수

직렬공진주파수	병렬공진주파수
$f_s = \dfrac{1}{2\pi\sqrt{LC}}$	$f_p = \dfrac{1}{2\pi\sqrt{L(\dfrac{C_0 C}{C_0 + C})}}$

09 수정발진기는 임피던스가 어떤 조건일 때 가장 안정된 발진을 하는가?
가. 저항성
나. 용량성
다. 유도성
라. 유도성과 용량성 결합

정답 다

해설 수정발진기는 리액턴스가 유도성이 $f_0 < f < f_p$인 범위에서 매우 안정된 발진을 한다.

10. 일정시간동안 200개의 비트가 전송되고 전송된 비트 중 15개의 비트에 오류가 발생하면 비트 에러율(BER)은?
   가. 7.5[%]
   나. 15[%]
   다. 30[%]
   라. 40.5[%]

   정답 가

   해설
   $$BER = \frac{에러발생 비트수}{총 전송 비트수} \times 100[\%]$$
   $$= \frac{15}{200} \times 100[\%] = 7.5[\%]$$

11. 간접 FM 변조방식(Armstrong방식)에서의 필수 요소가 아닌 것은?
   가. 가산기(adder)
   나. 평형 변조기(balanced modulation)
   다. 위상 천이기(90° phase shifter)
   라. 진폭 제한기(limiter)

   정답 가

   해설 간접 FM변조방식은 적분기, 위상변조기(위상천이, 평형변조기, 진폭제한기)이용하는 변조방식이다.

12. 다음 중 병렬 클리핑 회로에서 클리핑 특성을 좋게 하기 위하여 사용되는 저항 R의 조건으로 옳은 것은?
   (단, R_d는 다이오드의 순방향 저항이다.)
   가. $R = R_d$
   나. $R = 1/R_d$
   다. $R < R_d$
   라. $R \gg R_d$

   정답 라

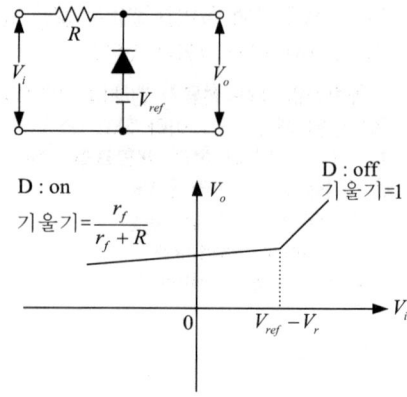

파형의 아래 부분만을 잘라 내는 피크 클리퍼(Peak Clipper)회로의 경우, $R \gg r_f$일수록 이상적인 전달특성을 나타낸다.

13. 다음 중 슬라이서 회로에 대한 설명으로 옳은 것은?
   가. 입력전압이 어느 기준 레벨 이하일 대 출력을 증강시키는 회로
   나. 입력이 어느 레벨 이상이 될 때 깎아내어 레벨을 낮추는 회로
   다. 입력 파형을 일정 레벨로 고정시키는 회로
   라. 서로 반대 방향으로 바이어스 된 클리퍼를 연속 연결한 회로

   정답 라

   해설 슬라이서 회로는 서로 반대 방향으로 바이어스 된 병렬 클리퍼를 연속하여 연결하는 회로이다.

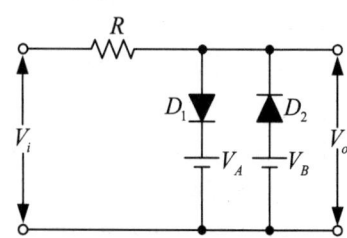

14 다음 중 틀린 것은?
   가. $A+B=B+A$
   나. $A \cdot B = B \cdot A$
   다. $A+0=0$
   라. $A \cdot 1 = A$

   정답 다

   해설 $A+0=A$

15 JK Flip-flop에서 현재 상태의 출력 Q_n을 1로 하고, J입력과 K입력이 1일 때, 클럭 펄스 CP에 신호가 인가되면 다음 상태의 출력은 Q_{n+1}은? (단, 플립플롭의 setup time과 holding time은 만족한다고 가정함)

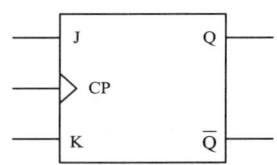

   가. 부정   나. 1
   다. 0   라. $\overline{Q_t}$

   정답 다

   해설 RS 플립플롭에서는 세트 펄스와 리셋 펄스가 동시에 오면 불안정 상태를 나타내지만, JK 플립플롭에서는 그런 경우 출력이 반전하도록 되어 있다.

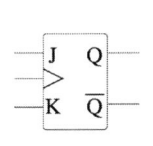

J	K	$Q_{(t+1)}$	
0	0	$Q_{(t)}$	unchanged
0	1	0	reset
1	0	1	set
1	1	$\overline{Q}_{(t)}$	output inversion

16 다음 진리표에 해당하는 논리회로도는?

입력((A)	입력(B)	출력(F)
0	0	1
0	1	1
1	0	1
1	1	0

   가. [NAND] 나. [NOR]
   다. [NOR] 라. [AND]

   정답 가

   해설 주어진 진리표는 NAND에 해당하는 진리표이다.

17 그림과 같은 논리 회로는?

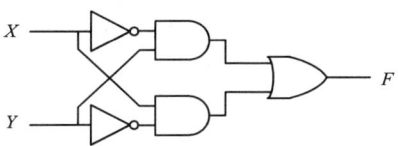

   가. XOR   나. XNOR
   다. AND   라. OR

   정답 가

   해설 $F = \overline{X}Y + X\overline{Y} = X \oplus Y$

18 10진 BCD코드를 LED출력으로 표시하려면 어떤 디코더 드라이브가 필요한가?
   가. BCD-10세그먼트
   나. Octal-10세그먼트
   나. BCD-7 세그먼트
   라. Octal-7세그먼트

   정답 다

   해설 BCD-7 Segment를 사용하면 10진 BCD코드를 LED출력으로 표시가능하다.

19 다음 그림의 회로 명칭은?

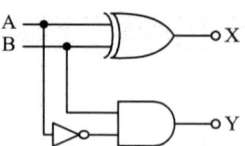

가. 가산기   나. 감산기
다. 반감산기   라. 비교기

정답 다

해설 2진수 1자리 2개 비트를 빼서 그 차를 산출하는 반감산기회로이다.

20 다음 중 특정 비트의 값을 무조건 0으로 바꾸는 연산은?

가. XOR연산
나. 선택적-세트(selective-set)연산
다. 선택적-보수(selective complement)연산
라. 마스크(mask)연산

정답 라

해설 마스크(Mask) 연산
원하는 비트들을 선택적으로 clear(0)하는데 사용하는 연산으로 데이터 A의 비트들을 0으로 바꾸기 위해서 원하는 특정 비트위치가 0으로 세트된 데이터 B와 AND 연산을 수행한다.

제2과목 무선통신기기

21 심볼 간 간섭(Inter Symbol Interference)이 수신기에서 문제가 되는 상황은?

가. 심볼지연확산이 심볼시간과 같거나 이보다 긴 경우
나. 심볼지연확산이 심볼시간 보다 훨씬 짧은 시간인 경우
다. 심볼지연확산이 0인 경우
라. 심볼지연확산 시간을 알 수 없는 경우

정답 가

해설 ISI는 전송채널이 협대역이거나, 전송지연에 의해 심볼 간 간섭이 발생되는 현상임. 심볼지연시간이 데이터 심볼시간과 같거나 이보다 길 때 발생됨

22 OFDM은 어느 변조 방식의 일종이라고 볼 수 있는가?

가. M-ary ASK(MASK)
나. M-ary FSK(MFSK)
다. M-ary PSK(MPSK)
라. M-ary QAM(MQAM)

정답 나

해설 OFDM은 직교주파수분할다중화 방식으로 주파수간(subcarrier) 직교성을 확보하여 전송하는 변조+다중화 방식임.

23 5[kHz]의 신호주파수를 900[kHz]의 반송파로 진폭 변조한 경우 피변조파에 나타나는 주파수 성분이 아닌 것은?

가. 900[kHz]
나. 895[kHz]
다. 905[kHz]
라. 890[kHz]

정답 라

해설 진폭변조(AM)방식의 회로 구성방식에 따라 DSB-LC, DSB-SC, SSB, VSB방식 변조가 가능함.
DSB-LC일 때 출력은 (반송파), (반송파 + 신호파), (반송파 - 신호파) 출력이 나옴

24 GPS에서 대역확산을 이용하는 것은 무엇을 달성하기 위한 것인가?
가. 위성체로부터의 신호가 비공인 사용으로부터 보호될 수 없다는 것이다.
나. 대역확산의 본질적인 처리이득이 사용되는 전력을 높은 수준으로 허용한다는 것이다.
다. 각 위성체가 각 사용자 신호의 직교성에 의해 다른 신호와 간섭 없이 동일 주파수 대역을 사용할 수 있다는 것이다.
라. 위성체 가격은 그 무게에 비례하기 때문에 가능한 요구전력을 증가시키는 것이 바람직하다.

정답 다

해설 대역확산(DSSS, FHSS, THSS)을 통해 다른 사용자와 동일한 주파수내에서 직교성을 유지할 수 있음

25 QAM 신호는 정보데이터에 의하여 반송파의 무엇을 변경하여 얻는 신호인가?
가. 주파수   나. 위상
다. 진폭   라. 위상과 진폭

정답 라

해설 ASK = 진폭변조
FSK = 주파수변조
PSK = 위상변조
QAM = 진폭변조 + 위상변조

26 FM신호의 포락선에는 정보가 실어있지 않으므로 잡음으로 인한 포락선의 변화를 균일화 시킬 수 있는데 이러한 기능을 수행하는 것은 어느 것인가?
가. 기저대역 필터   나. 변별기
다. 진폭제한기   라. 반송파 필터

정답 다

해설 진폭제한기(Limiter)를 이용해 잡음으로 인한 반송파의 포락선변화를 균일하게 유지 할 수 있음

27 아래 그림과 같이 FM 변조기를 이용하여 PM 변조를 하고자 한다. 괄호에 들어갈 내용으로 적합한 것을 고르시오?

가. (가) 없음   (나) 적분기
나. (가) 적분기   (나) 없음
다. (가) 없음   (나) 미분기
라. (가) 미분기   (나) 없음

정답 라

해설 입력신호 - 적분기 - PM변조기 -〉 간접 FM파 출력
입력신호 - 미분기 - FM변조기 -〉 간접 PM파 출력

28 고조파의 방지 대책이 아닌 것은?
가. 출력증폭기로 push-pull증폭기 사용한다.
나. 양극 동조 회로의 실효 Q를 높게 한다.
다. 여진(bias) 전압을 깊게 걸지 않는다.
라. 고조파에 대해 밀 결합 한다.

정답 라

해설 고조파는 출력증폭기의 하모닉 성분으로, 출력증폭기의 성능파라미터로 고조파 방지 대책으로는,
1. push-pull증폭기 사용
2. 동조회로에 Q값을 높게
3. bias전압을 얕게
4. 트랩(Trap)설치 (중화회로)

29 다음 중 정류회로의 특성에 관한 설명이 잘못된 것은?
가. 전압변동률은 부하전류가 커지면 커질수록 증가하게 된다.
나. 맥동률은 부하전류가 작아지면 작을수록 감소하게 된다.
다. 파형률은 백분율로 하지 않으며, 부하전류가 증가하면 커진다.
라. 정류효율의 값이 크면 교류가 직류로 변환되는 과정에서 손실이 적게 된다.

정답 나

해설 맥동률
1. 출력의 직류에 포함됨 교류성분 과 입력직류성분의 비 나타냄 (Ripple Factor)
2. 맥동률은 부하저항(R_L)의 용량에 반비례 하고, 쵸크코일(L)의 용량에 비례함

해설 브리지형 정류회로
1. 전파정류방식에 비해 2배 가까운 전압을 얻음
2. 10[V] , 10[Ω] 일 때는 1A 이므로 $\pi/2$ [A]
   (if) 10[V] , 5[Ω] 일 때는 2A 이므로 π[A]

30 전압 변동 요인으로 보기 어려운 것은?
가. 오랜 사용 시간
나. 부하 변동
다. 교류 입력전압 변동
라. 온도에 따른 소자 특성 변화

정답 가

33 다음 중에서 수전설비에 해당하지 않는 것은?
가. 비교기
나. 유입개폐기
다. 단로기
라. 자동 전압 조정기

정답 가

해설 전압변동요인
1. 부하의 변동에 의함
2. 교류 입력전압의 변동에 의함
3. 온도특성변화로 인한 변동에 의함

해설 수전설비
1. 전기를 받는데 필요한 설비를 수전설비라 함
2. 전력차단설비, 보호설비, 측정설비, 변압설비 등이 필수적으로 요구됨

31 전원회로에서 요구하는 일반적인 성능 요구조건으로 부적합한 것은?
가. 충분한 전력용량을 가질 것
나. 출력 임피던스가 높을 것
다. 전압이 안정할 것
라. 리플이나 잡음이 적을 것

정답 나

34 다음 전원회로의 설명에서 잘못된 것은?
가. 단상 전파 정류회로의 최대 역전압은 $2V_m$ 이다.
나. 단상 전파 정류회로의 맥동 주파수는 전원 주파수 f 이다.
다. 단상 전파 정류회로의 변동률은 48.2[%]이다.
라. 단상 전파 정류회로의 정류 효율은 81.2[%] 이다.

정답 나

해설 전원회로의 성능요구 조건
1. 충분한 전력용량 가짐
2. 출력임피던스가 낮음
3. 전압이 안정(부하 또는 온도변화에)
4. 리플 또는 잡음이 적음

해설 정류회로비교

항목 방식	맥동 주파수	맥 동 률	최대 정류효율
단상 반파	f[60Hz]	121%	40.6%
단상 전파	2f[120Hz]	48.2%	81.2%
3상 반파	3f[180Hz]	18.3%	96.8%
3상 전파	6f[360Hz]	4.2%	99.8%

32 브리지형 정류회로에서 직류 출력전압이 10[V] 이고, 부하가 10[Ω]이라고 하면 각 정류소자에 흐르는 첨두 전류값은?
가. $\pi/2$[A]　　나. π[A]
다. 2π[A]　　라. 4π[A]

정답 가

35 쵸크입력형 평활회로와 비교하여 콘덴서입력형 평활회로에 대한 다음 설명 중 틀린 것은?

가. 변동률이 적다.
나. 전압 변동률이 크다.
다. 직류 출력전압이 크다.
라. 정류소자의 이용률이 높다.

정답 라

평활회로
① 정류회로 뒷단에서 Ripple을 제거하기 위해 사용되는 회로임
② LPF(Low Pass Filter) 구조임

	콘덴서입력형 (π)	쵸크입력형 (L)
맥동율	적다	크다
출력직류전압	크다	작다
전압 변동률	크다	작다
최대 역전압	높다(단점)	낮다
가격	싸다	고가격

36 급전선상에 반사파가 없을 때 전압 정재파비는 얼마가 되는가?

가. 0 나. 1/2
다. 1 라. ∞

정답 다

정재파는 (진행파 + 반사파)를 말함, 반사파가 없다는 의미는 정합이 되었다는 의미임.

전압정재파비 $VSWR = \dfrac{1+|\Gamma|}{1-|\Gamma|}$

∴ 반사계수 $\Gamma = 0$ 이 되어, 완전정합이므로 $VSWR = 1$

37 다음 중 수신기의 전기적 성능을 나타내는 지표로서 가장 적합한 것은?

가. 변조도, 왜율, 안정도
나. 감도, 선택도, 충실도
다. 감도, 변조도, 점유주파수대폭
라. 변조도, 왜율, 점유주파수대폭

정답 나

수신기의 전기적 4대 성능
1. 감도
2. 선택도
3. 안정도
4. 충실도

38 전압 변동률을 d, 부하 시 직류 출력전압을 V_n, 무부하시 직류 출력전압을 V_o라 할 때 V_o를 바르게 구한 것은?

가. $V_n(1+d)$
나. $V_n(1-d)$
다. $V_n/(1+d)$
라. $V_n/(1-d)$

정답 가

전압변동률

$= \dfrac{무부하\ 전압 - 부하시\ 전압}{부하시\ 전압} \times 100[\%]$

$= \dfrac{V_o - V_n}{Vn} = d$

$\to V_o = V_n * d + Vn$
$ = V_n(1+d)$

39 단상 전파 정류회로의 직류 출력전압과 직류 출력전력은 단상 반파 정류회로와 비교하여 각각 몇 배인가?

가. 1배, 2배 나. 1배, 4배
다. 2배, 2배 라. 2배, 4배

정답 라

단상전파 정류회로 출력   단상반파 정류회로 출력

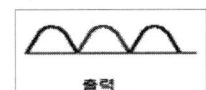   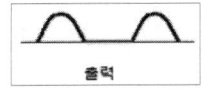

출력전압은 2배 차이, 전력(P)=V^2 이므로 4배

40 다음 중 AM송신기의 전력 측정방법에 속하지 않는 것은?
　가. 수부하법　　　나. 전구의 조도 비교법
　다. 의사 공중선법　라. 열량계법

　　　　　　　　　　　　　　　　정답 라

해설 AM송신기의 전력측정방법
　1. 전구의 조도 비교법 (부하에 의한 전력측정)
　2. 의사 공중선법
　3. 열량계법 (양극손실 측정법)
　4. 수부하법

제3과목 안테나공학

41 변화하고 있는 자계는 전계를 발생시키고 또 반대로 변화하고 있는 전계는 자계를 발생시키는 사실을 나타내고 있는 것은?
　가. Maxwell 방정식　나. Lentz 방정식
　다. Poynting 정리　　라. Laplace 방정식

　　　　　　　　　　　　　　　　정답 가

해설 맥스웰방정식은 패러데이 전자유도법칙, 암페어법칙, 가우스 법칙으로 전자파의 현상을 증명

42 다음 중 전파의 성질에 관한 설명으로 적합하지 않은 것은?
　가. 전파는 횡파이다.
　나. 균일한 매질 중에 전파하는 전파는 직진한다.
　다. 반사와 굴절 작용이 있다.
　라. 주파수가 높을수록 회절 작용이 심하다.

　　　　　　　　　　　　　　　　정답 라

해설 전파법에서 전파는 3000[GHz]이하의 주파수를 전파로 정의하고 있음. 주파수가 낮을수록 회절 현상이 심하며, 전기적으로 횡파임(음파는 종파임)

43 레이더의 공중선에서 송신된 펄스가 $6[\mu s]$후에 목표물로부터 반사되어 수신되었다면 목표물까지의 거리[m]는?
　가. 450　　　나. 900
　다. 1800　　라. 3600

　　　　　　　　　　　　　　　　정답 나

해설 속도 = $\frac{거리}{시간}$ 이므로, 거리[m] = 속도 × 시간
∴ 거리 = $(3\times10^8) \times (6[\mu s] \times 0.5) = 900[m]$

44 가장 이상적인 VSWR(정재파비)의 값은 얼마인가?
　가. 0　　　나. ∞
　다. 1　　　라. 10

　　　　　　　　　　　　　　　　정답 다

해설 전압정재파비 $VSWR = \frac{1+|\Gamma|}{1-|\Gamma|}$
∴ 반사계수 $\Gamma = 0$이면, 완전정합은 $VSWR = 1$

45 다음 중 $\lambda/2$ 다이폴과 동축케이블 사이의 정합회로에 사용되는 것은?
　가. Trap 회로
　나. T형 정합
　다. Gamma 정합
　라. Y형 정합

　　　　　　　　　　　　　　　　정답 다

해설 반파장다이폴의 임피던스 정합회로
다이폴안테나(75옴)을 50옴으로 정합하기 위해서 감마정합을 주로 사용함.

46 마이크로파의 전송선로로서 도파관을 사용하는 이유로 가장 적절한 것은?
가. 취급전력이 작고 방사손실이 없다.
나. 유전체 손실이 적다.
다. 부하와의 정합상태가 불량하여도 정재파가 발생하지 않는다.
라. 외부전자계와 완전하게 격리가 불가능하다.

정답 나

해설 도파관은 전파의 전반사특성을 이용한 전송선로로써
① 취급전력이 크고, 방사손실이 적음
② 유전체 손실이 적음
③ 외부 전자계와 완전하게 격리가능

47 다음 중 정재파를 설명하는데 옳지 못한 것은?
가. 한쪽 방향으로만 진행하는 파이다.
나. 정합이 되어있지 않았을 때 생긴다.
다. 정재파가 클수록 전송손실이 크다.
라. 전류 전압의 위상은 선로 상 어느 점에서도 동일하다.

정답 가

해설 정재파 = 진행파 + 반사파를 말함.
정합이 되었다는 의미는 반사파가 발생되지 않음을 나타냄.

48 Balun에 대한 설명으로 옳지 않은 것은?
가. λ/2 다이폴을 동축 급전선으로 급전할 때 사용하면 좋다.
나. 안테나와 급전선의 전자계 모드가 다른 경우에 사용한다.
다. 집중 정수형과 분포정수형이 있다.
라. λ/2 다이폴을 평행 2선식으로 급전할 때 필요하다.

정답 라

해설 평형·불평형 변환회로(Balun)
평형형(Balanced)인 평행2선식 급전선과 불평형형(Unbalanced)인 동축급전선을 정합시키는 장치를 Balun(Balanced to Unbalanced)이라 한다.
* 폴디드 다이폴안테나는 평형2선식으로 급전할 때 매칭회로가 불필요하다.

49 공진에서의 고유주파수란 무엇인가?
가. 안테나 여진 시 안테나의 공진주파수 중에서 가장 낮은 주파수
나. 안테나 여진 시 안테나의 공진주파수 중에서 가장 높은 주파수
다. 안테나 여진 시 안테나의 공진주파수 중에서 1/2보다 낮은 주파수
라. 안테나 여진 시 안테나의 공진주파수 중에서 1/2보다 높은 주파수

정답 가

해설 공진주파수란 안테나 여진 시 안테나의 공진주파수 중에서 가장 낮은 주파수임

50 단파대에서 주로 사용되는 안테나는?
가. 롬빅안테나   나. T형안테나
다. 우산형안테나   라. 역L형안테나

정답 가

해설 단파대 안테나 : 롬빅안테나, 진행파 V형, 반파장다이폴
장/중파대 안테나 : 수직접지, 역 L형, T형, 우산형
초단파 안테나 : 폴디드 다이폴, 야기안테나, Whip

2013년 무선설비기사 기출문제

51 사용주파수가 20[MHz] 이고, 복사저항이 73.13[Ω]인 반파장 다이폴 안테나의 실효길이는 약 얼마인가?
　가. 2.4[m]　　　나. 3.6[m]
　다. 4.8[m]　　　라. 5.2[m]

정답 다

해설 반파장 다이폴안테나의 실효길이
실효고 = $\frac{\lambda}{\pi}[m]$ 이므로, 약 4.8[m]
파장 = (3×10^8) / (20×10^6) = 15[m]

52 다음 중 접지 안테나의 손실저항에 해당되지 않는 것은?
　가. 와전류저항　　나. 코로나 누설저항
　다. 유전체손실　　라. 표피저항

정답 라

해설 접지안테나(수직접지안테나)의 손실저항은 와전류, 코로나, 유전체손실 등이 있으며, 표피저항은 도선의 표피효과에 의한 손실저항임.

53 안테나 지향성을 높이는 방법이 아닌 것은?
　가. 도파기 사용
　나. 반사기 사용
　다. 반파장 다이폴을 평면상에 배열한다.
　라. 연장 선륜은 고유주파수 보다 높은 주파수로 공진시킨다.

정답 라

해설 지향성은 특정한 방향으로 기준안테나 대비 이득이 높은 것을 말하며, 도파기, 반사기, 어레이 안테나 등을 이용해서 향상시킬 수 있음

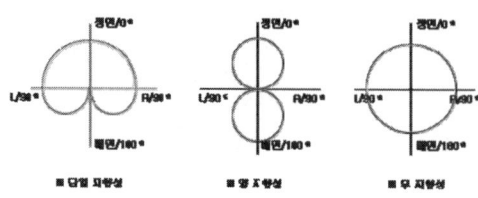

54 페이딩을 방지하기 위해 둘 이상의 수신 안테나를 서로 다른 장소에 설치하여 두 수신 안테나의 출력을 합성하거나 양호한 출력을 선택하여 수신하는 방법이 사용되는 페이딩은?
　가. 간섭성 페이딩
　나. 편파성 페이딩
　다. 흡수성 페이딩
　라. 선택성 페이딩

정답 가

해설 둘이상의 안테나를 이용한 공간다이버시티 기술은 간섭성페이딩을 극복하기 위한 방법임

55 무선 수신기의 잡음 개선방법으로 틀린 것은?
　가. 수신 전력의 감소
　나. 내부 잡음전력의 억제
　다. 수신기의 실효 대역폭의 축소
　라. 통신방식의 적당한 선택

정답 가

해설 수신전력이 감소되면 신호의 크기 작아져 잡음이 증가될 수 있음.

56 모든 스펙트럼 영역에 균일하게 펴져있는 연속성 잡음은?
　가. 인공잡음
　나. 대기잡음
　다. 백색잡음
　라. 우주잡음

정답 다

해설 백색잡음(White Noise)은 전체주파수 대역에 걸쳐 균일한 전력 스펙트럼을 가지는 잡음을 말함.

57 페이딩 현상과 관련된 설명 중 틀린 것은?
   가. 두 개 이상의 전파가 서로 간섭을 일으켜 진폭 및 위상이 불규칙해지는 현상이다.
   나. 다중 경로 페이딩에 대한 대책으로 다이버시티가 활용된다.
   다. 직접파 보다 간섭파가 우세할 경우 Rayleigh 페이딩으로 모델링한다.
   라. 다중 경로 페이딩 환경에서는 레이크 수신기는 적절하지 않다.

   정답 라

   해설 CDMA방식에서 다중경로 페이딩에 의한 ISI를 최소화하기 위해서 레이크수신기(Rake Receiver)를 사용함.

58 초단파 및 극초단파가 가시거리 이상까지 전파하는 원인에 해당되지 않는 것은?
   가. 산악회절 현상에 의한 원거리 전파
   나. 전리층 투과에 의한 원거리 전파
   다. 라디오 덕트에 의한 원거리 전파
   라. 스포라딕 E층에 의한 원거리 전파

   정답 나

   해설 초가시거리 통신의 종류
   ① 산악회절 통신
   ② 라디오덕트 통신
   ③ 스포라딕 E층 통신
   ④ 산란통신(Scatter)

59 대류권파의 페이딩 생성원인에 의한 분류에 속하는 것으로 옳은 것은?
   가. 신틸레이션 페이딩
   나. 동기성 페이딩
   다. 선택성 페이딩
   라. 근거리 페이딩

   정답 가

해설 대류권에서 생기는 페이딩 종류
① K형 페이딩
② 덕트형 페이딩
③ 신틸레이션 페이딩
④ 감쇠형 페이딩
⑤ 산란형 페이딩
* 페이딩: 수신전계가 시간에 따라 변화하는 현상.

60 대기 굴절률에 대한 설명 중 틀린 것은?
   가. 대기의 온도, 기압 및 습도에 따라 굴절률이 달라진다.
   나. 일반적으로 높이 올라갈수록 대기의 굴절률이 작아진다.
   다. 전자파의 전파 속도는 상층부에 비해 대지면에 가까워질수록 빨라진다.
   라. 대기 굴절률은 대기의 유전율에 비례한다.

   정답 다

   해설 대지에서 전파속도는 느리고, 상층부에서는 빠르다.

제4과목 무선통신시스템

61 다음 설명은 어떤 다이버시티에 대해 설명하고 있는가?

   > 다이버시티는 2개의 수신안테나를 공간상으로 이격시키는 방법으로 이격 거리는 보통 $10 \sim 20\lambda$ 정도이다. 서로 이격된 안테나로부터 수신되는 신호들은 서로 다른 위상 변화를 겪기 때문에 각각 서로에 대해 낮은 상관 특성을 가지게 된다.

   가. 사이트 다이버시티 기법(Site Diversity)
   나. 공간 다이버시티 기법(Space Diversity)
   다. 시간 다이버시티 기법(Time Diversity)
   라. 편파 다이버시티 기법(Polarization Diversity)

   정답 나

2013년 무선설비기사 기출문제

[해설] 다이버시티는 페이딩에 대한 대책으로 공간, 시간, 주파수, 편파, 사이트 다이버시티 기술이 있음

62 AM송신기에서 부궤환 방식을 채용하여 얻어지는 특성이 아닌 것은?
가. 이득향상 나. 잡음감소
다. 주파수특성 개선 라. 발진주파수 개선

정답 라

[해설] AM송신기 부궤환방식
① 이득향상
② 송신기 출력의 잡음을 경감시키는 방법
③ 주파수특성 개선

63 다음의 대역확산 방식 중 PN코드에 의해 확산이 용이하여 변복조 과정이 다른 방식에 비해 우수하며 페이딩에 의한 수신신호의 판별력이 좋은 것은?
가. 직접 도약(DS) 나. 주파수 도약(FH)
다. 시간 도약(TH) 라. 간접 도약(IS)

정답 가

[해설] 대역확산방식에는 직접확산(DS), 주파수도약(FH), 시간도약(TH) 방식이 있음.

64 다음 중 하드 핸드오프의 종류가 아닌 것은?
가. 교환기간 하드 핸드오프
나. 프레임 offset 간 핸드오프
다. Dummy 파이롯 핸드오프
라. Softer 핸드오프

정답 라

[해설] 핸드오프의 종류
① 하드 핸드오프 - 셀 간 주파수변환(FDMA, CDMA)
② 소프트 핸드오프 - 셀 간 핸드오프(CDMA)
③ 소프터 핸드오프 - 섹터 간 핸드오프(CDMA)

65 CDMA시스템에서 발생하는 근거리/원거리 문제(Near Far Problem)에 대한 설명으로 옳은 것은?
가. 페이딩 현상이 주원인이다.
나. 단말기의 송신전력 제어로 해결할 수 있다.
다. 도플러 효과에 의해 발생한다.
라. 확산이득을 증가시키면 근거리/원거리 문제는 경감된다.

정답 나

[해설] CDMA는 간섭제한시스템으로 단말기 간 간섭제어를 통해서 통화용량을 극대화 할 수 있음. 근거리/원거리 문제도 전력제어를 통해 해결할 수 있음.

66 OFDM(Orthogonal Frequency Division Mutiplexing) 방식의 장점에 해당하지 않는 것은?
가. 혼신에 대해 강하다.
나. 낮은 속도의 다중 채널에 정보를 전송할 수 있다.
다. 송·수신단간 반송파 주파수의 오프셋이 존재할 경우에도 신호 대 잡음비가 크게 감소하지 않는다.
라. 스펙트럼 대역의 사용 효율을 최대한 높일 수 있다.

정답 다

[해설] OFDM의 장점
① GI(Guard Interval)/CP(Cyclic Prefix) 기술을 이용해 혼신에 매우 강함
② 다수의 채널(서브캐리어)를 통해 병렬 전송함
③ 스펙트럼 사용효율이 FDM대비 매우 좋음
④ PAR(Peak Average Ratio)가 높은 단점이 있음
⑤ 주파수 옵셋(offset)이 틀어지면 동기확보가 되지 않아 SNR이 매우 나빠짐.

67 RFID기술의 기본구성이 아닌 것은?
   가. Tag   나. Reader
   다. Antenna   라. Sensor

   정답 라

   해설 RFID(Radio Frequency ID)로 무선으로 다수의 Tag를 인식하는 기술임. Tag-안테나-Reader 구성됨.
   Sensor는 WSN(Wireless Sensor Network)에서 사용되는 최하위 노드임.

68 다음 중 RFID에서 자체에 전원은 없지만 피에조 전기(Piezo Electric)효과를 이용하여 태그를 동작시키는 것을 무엇인가?
   가. Close Coupling
   나. Inductive Coupling
   나. Load Modulation
   라. Surface Acoustic Wave

   정답 라

   해설 압전효과(피에조효과)는 어느 축을 따라 인장력을 가하면 전하 유도되는 현상. SAW필터가 이를 이용함

69 다음 근거리 무선기술 중 최대전송속도를 제공해 줄 수 있는 것은?
   가. ZigBee   나. W-LAN
   다. BlueTooth   라. UWB

   정답 라

   해설 WPAN(IEEE802.15.x)계열에서 최대전송속도를 제공하는 기술은 IEEE802.3의 UWB기술임.

70 다음 중 무선랜의 전송방식에 해당하지 않는 것은?
   가. 적외선 방식
   나. 확산 스펙트럼 방식
   다. 초 광대역 무선통신 방식
   라. 협대역 마이크로웨이브 방식

   정답 다

   해설 초광대역 무선통신 방식은 UWB(Ultra Wide Band)로 500MHz 이상 또는 중심주파수의 25% 이상 대역폭을 가지는 시스템을 말함.

71 다음 중 인접계층 간 통신을 위한 인터페이스는?
   가. SAP(Service Access Point)
   나. PDU(Protocol Data Unit)
   다. SDU(Service Data Unit)
   라. PCI(Programmable Communication Interface)

   정답 가

   해설

   (N+1)계층이 N계층의 서비스를 제공받는 점을 SAP라 함.

72 데이터 전송률을 54[Mbps]까지 올리는 802.11a 무선랜의 물리계층에서 사용하는 전송방식은?
   가. DSSS
   나. FHSS
   다. OFDM
   라. Infra-Red

   정답 다

   해설 IEEE802.11a는 OFDM방식 과 5GHz대역을 사용하여 최대전송률을 54Mbps까지 올릴 수 있음.

2013년 무선설비기사 기출문제

73 다음 기술 중 2.4[GHz] 대역폭을 사용하며, 50m 거리 내에 있는 최대 127개까지의 기기 간을 연결하는 홈 RF 네트워크 기술은?
가. IEEE1394   나. IEEE 802.3
다. Bluetooth   라. SWAP

정답 라

해설) SWAP(shared wireless access protocol)는 2.4GHz 주파수 대역을 사용해 가정의 개인용 컴퓨터 나 전화를 연결하기 위한 무선전송용 프로토콜임.

74 OSI 참조모델에서 전송제어, 흐름제어, 오류제어 등의 역할을 수행하는 계층은?
가. 세션 계층
나. 네트워크 계층
다. 물리 계층
라. 데이터링크 계층

정답 라

해설) OSI참조모델에서 데이터링크계층의 기능은 전송제어, 흐름제어, 오류제어를 하며 Frame단위로 전송함

75 이동 통신 시스템에서 무선 교환국의 기능으로 볼 수 없는 것은?
가. 통화 절체(Hand-off) 기능
나. 과금과 관련된 정보 저장 기능
다. 위치 검출 및 등록 기능
라. 발착신 신호 송출 기능

정답 라

해설) 무선교환국(MSC)는 핸드오프, 과금정보, 위치 검출 및 등록(HLR, VLR) 등의 기능을1 수행하고, 발착신되는 신호를 처리한다.

76 다음 중 FEC(Forward Error Correction)에 대한 설명이 잘못된 것은?
가. 데이터 비트 프레임에 잉여 비트를 추가해 에러를 검출, 수정하는 방식이다.
나. 연속적인 데이터흐름 외에 역채널이 필요
다. 에러율이 낮은 경우 효과적이다.
라. 잉여 비트를 첨가하므로 전송 효율이 떨어진다.

정답 나

해설) FEC는 전송데이터와 에러제어비트를 통해 수신 측에서 에러를 복구할 수 있는 채널코딩방식임. 따라서 역채널은 별도로 구성할 필요 없음
* 역채널이 필요한 방식은 ARQ방식.

77 백색 가우시안 잡음의 특징으로 틀린 것은?
가. 전 대역에 걸쳐 전력 스펙트럼 밀도가 일정한 크기를 가진다.
나. 백색가우시안 잡음은 신호에 더해지는 형태
다. 열잡음(thermal noise)이 대표적인 백색 가우시안 잡음이다.
라. 레일리 분포 특성을 보인다.

정답 라

해설) 백색가우시안잡음(AWGN)은 가우시안분포특성을 가지고 있으며, 전 대역에서 일정한 스펙트럼 크기를 가지고 있음. 다른 잡음과 더해져 전체 잡음레벨을 올리는 문제점을 가짐.

78 전기 전자장비로부터 불요전자파가 최소화 되도록 함과 동시에 어느 정도의 외부 불요전자파에 대해서는 정상동작을 유지할 수 있는 능력을 갖고 있는지 설명하는 용어는?
가. EMI   나. EMP
다. EMC   라. EMS

정답 다

해설) EMC는 전자파양립성 으로 EMI(방해파), EMS(내성) 특성을 모두 만족해야함

79. 무선통신망을 구축함으로서 얻어지는 장점이 아닌 것은?
   가. 사회 경제 문화 등의 발전기여
   나. 통신비용의 절감 효과
   다. 통신의 고신뢰성 실현
   라. 다양한 통신서비스의 공유

   정답 나

   해설 통신의 고신뢰성을 실현하기 위해서는 유선통신망을 구축하는 것이 좋음. 무선통신망은 신속성, 유선대비 저비용, 다양한 서비스 창출효과를 얻을 수 있음
   (출제의 의도가 모호함. "다"가 정답에 가까움)

80. 마이크로파 중계국소의 올바른 설치 계획에 해당되지 않는 것은?
   가. 산 정상에 설치
   나. 원격감시제어장비 구비
   다. 비가시권 확보
   라. 정전압장치구비

   정답 다

   해설 마이크로파 중계국은 LOS (Line Of Site)환경에서 구축해야 하므로 가시권 보장이 중요한 Factor임

제5과목 전자계산기일반 및 무선설비기준

81. 순차탐색(sequential search)에서 n개의 자료에 대해 평균 키 비교 횟수는 얼마인가?
   가. $n/2$ 나. n
   다. $(n+1)/2$ 라. $n+1$

   정답 다

   해설 일렬로 된 자료를 처음부터 마지막까지 순서대로 검색하는 방법을 순차검색이라 함. 순차검색의 평균 비교횟수는 $(n+1)/2$ 임.

82. 다음 중 그레이 코드 10110110을 2진수로 변환한 것으로 맞는 것은?
   가. 11011011   나. 10101101
   다. 01001100   라. 01101011

   정답 가

   해설 그레이 코드를 2진수로 변환
   ① Gray Code에서 2진수의 변환 (EX-OR 동작)

83. 프로그램에서 함수들을 호출하였을 때 복귀주소(return address)들을 보관하는 데 사용하는 자료구조는 어느 것인가?
   가. 스택(stack)   나. 큐(queue)
   나. 트리(tree)   라. 그래프(graph)

   정답 가

   해설 스택(stack)은 프로그램에서 함수들을 호출할 때 복귀주소를 보관하는 자료구조를 말함.

84. CPU가 어떤 프로그램을 순차적으로 수행하는 도중에 외부로부터 인터럽트 요구가 들어오면, 원래의 프로그램을 중단하고, 인터럽트를 위한 프로그램을 먼저 수행하게 되는데 이와 같은 프로그램을 무엇이라 하는가?
   가. 명령 실행 사이클
   나. 인터럽트 서비스 루틴
   다. 인터럽트 사이클
   라. 인터럽트 플래그

   정답 나

   해설 인터럽트란 시스템의 예기치 않은 상황이 발생한 것을 인터럽트라고 하며 인터럽트 복귀주소 저장은 스택포인터에 한다. 인터럽트 발생 시 인터럽트를 위한 프로그램을 먼저 수행하는 것을 인터럽트서비스루틴이라 함.

85 다음 괄호 안에 들어갈 알맞은 것은?

> 소프트웨어는 프로그래밍 언어를 통해 개발되는데, 여기에는 소스코드를 모두 기계코드로 변환하고, 하나의 실행파일을 만들어 목적코드를 출력하는 (ⓐ)와(과) 한 번에 한 라인씩 그 프로그램의 각 라인을 번역하고 나서 실행하는 (ⓑ)이(가) 있다.

가. ⓐ 컴파일러　ⓑ 인터프리터
나. ⓐ 인터프리터　ⓑ 컴파일러
다. ⓐ 어셈블리어　ⓑ 컴파일러
라. ⓐ 인터프리터　ⓑ 어셈블리어

정답 가

해설 컴파일러 와 인터프리터에 대한 설명임.

86 다음 중 자바(java) 언어의 특징으로 옳지 않은 것은?
가. 객체지향언어의 장점을 가지고 있다.
나. 컴파일러 언어이다.
다. 분산 환경에 알맞은 네트워크 언어이다.
라. 플랫폼에 무관한 이식이 가능한 언어이다.

정답 나

해설 자바는 객체 지향적이며, 분산 환경을 지원함. 이식성이 매우 높으며, 웹을 기본환경으로 하고 있음. 자바는 인터프리터 언어임.

87 운영체제에서 컴퓨터 시스템 내의 물리적인 장치인 CPU, 메모리, 입출력장치 등과 논리적 자원인 파일들이 효율적으로 고유의 기능을 수행하도록 관리하고 제어하는 부분은 다음 중 무엇인가?
가. 메모리　　나. GUI
다. 커널　　　라. I/O

정답 다

해설 커널은 하드웨어와 운영체제 사이에서 핵심자원들을(메모리, Processor)관리해 주는 핵심적인 역할을 함.

88 깊이(depth)가 4인 정 이진트리(full binary tree)를 배열로 표현하고자 한다. 배열의 시작 색인(index)이 0으로 시작된다면 마지막 색인의 값은 얼마인가?
가. 13　　　나. 14
다. 15　　　라. 16

정답 나

해설 레벨 4일 때 최대 노드 수 = $2^4 - 1 = 15$
0에서 시작하면 마지막은 14임.

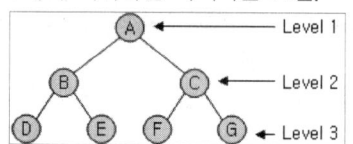

89 마이크로컴퓨터의 기본 정보는 '0'과 '1'로만 표현되며, 이러한 부호의 조합을 명령(instruction)이라고 한다. 그리고 명령들은 어떤 목적과 규칙에 따라 나열되고, 메모리에 저장되는데 이것을 무엇이라 하는가?
가. 데이터(DATA)
나. 소프트웨어(Software)
다. 신호(Signal)
라. 2진 코드

정답 나

해설 소프트웨어에 대한 설명임.

90 주소 지정방식 중 명령어 내에 오퍼랜드 필드의 내용이 데이터의 유효 주소가 되는 주소지정방식은?
가. 직접 주소지정방식
나. 간접 주소지정방식
다. 레지스터 주소지정방식
라. 레지스터 간접 주소지정방식

정답 가

해설 직접주소방식은 오퍼랜드의 내용으로 실제 Data의 주소가 들어 있는 방식임. 실제 Data에 접근하기 위해 주기억장치를 참조해야 하는 횟수는 1번 뿐 임.

91 전파형식의 표시에 있어서 등급을 표시하는 셋째기호 중 텔레비전(영상)을 나타내는 기호는?
가. N 나. E
다. W 라. F

정답 라

해설 전파형식
1. 첫째 기호
 : 주반송파의 변조형식으로 G는 위상변조, P는 무변조 연속펄스를 말한다.
2. 둘째 기호
 : 주반송파를 변조시키는 신호의 특징으로 3은 아날로그 정보를 포함하는 단일채널을 말한다.
3. 셋째 기호
 : 송신할 정보형태로 C는 팩시밀리, E는 전화(음성방송 포함), 텔레비전(영상)는 F임.

92 "무선통신의 송신을 위한 고주파 에너지를 발생하는 장치와 이에 부가되는 장치"는 무엇을 설명한 내용인가?
가. 송신장치 나. 송신설비
다. 송신공중선계 라. 무선통신

정답 가

해설 전파법 시행령의 용어
① 송신장치 : 무선통신의 송신을 위한 고주파 에너지를 발생하는 장치 와 이에 부가되는 장치
② 송신설비 : 전파를 보내는 설비로서 [송신장치 + 송신공중선계]로 구성되는 설비

93 무선국은 허가증에 기재된 사항의 범위 내에서 운용하여야 한다. 다음 중 예외적으로 허용되는 통신이 아닌 것은?
가. 조난통신 나. 긴급통신
다. 안전통신 라. 제3자에 의한 통신

정답 라

해설 전파법 25조
조난통신, 긴급통신, 안전통신, 비상통신, 기타 대통령이 정하는 통신은 예외적으로 허용함.

94 지상파디지털 텔레비전방송용 무선설비의 변조방식은?
가. 8-VSB방식 나. QPSK방식
다. QPSK 및 BPSK 라. BPSK

정답 가

해설 Digital TV의 변조방식은 8-VSB방식 임.

95 "공중선 전력에 주어진 방향에서의 반파다이폴의 상대이득을 곱한 것"으로 정의되는 것은?
가. 규격전력 나. 실효복사전력
다. 첨두포락선전력 라. 등가등방복사전력

정답 나

해설 전파법 시행령 제2조(용어정의)
실효복사전력이란 공중선전력에 주어진 방향에서의 반파다이폴의 상대이득을 곱한 것.

96 주파수할당을 받은 자가 주파수이용기간이 만료되어 주파수를 재할당 받고자 하는 경우에 주파수이용기간 만료 몇 개월 전에 신청하여야 하는가?
가. 12개월 전 나. 6개월 전
다. 4개월 전 라. 3개월 전

정답 나

해설 전파법 시행령 제18조
주파수이용기간 6개월 전에 재할당 신청을 해야 한다.

2013년 무선설비기사 기출문제

97 무선종사자 시험 종료 후 한국방송통신전파진흥원은 며칠 이내에 합격자 명단을 게시하거나 합격자에게 개별 통지해야 하는가?
  가. 7일　　나. 10일
  다. 15일　　라. 30일

정답 라

해설 전파법 시행령 제111조
합격자의 공고방법에서 시험 종료 후 30일 이내에 원서접수처에서 합격자 명단을 게시하거나 합격자에게 개별 통지를 하여야 한다.

98 전파를 이용하여 모든 종류의 기호·신호·문언·영상·음향 등의 정보를 보내거나 받는 것을 무엇이라 하는가?
  가. 유무선통신　　나. 무선설비
  다. 무선통신　　라. 유선통신

정답 다

해설 전파법 용어의 정의
전파를 이용하여 모든 종류의 기호·신호·문언·영상·음향 등의 정보를 보내거나 받는 것을 말한다.

99 다음 중 평균전력을 나타내는 기호는?
  가. PX　　나. PY
  다. PZ　　라. PR

정답 나

해설 무선설비규칙 용어의 정의
"평균전력(PY)"이란 정상동작상태에서 송신장치로부터 송신공중선계의 급전선에 공급되는 전력으로서 변조에 사용되는 최저주파수의 1주기와 비교하여 충분히 긴 시간동안에 걸쳐 평균한 것을 말한다.

100 전파를 직접 공중에 발사하지 않고 열에너지 등으로 변환하는 장치로서 송신기의 조정, 시험 등에 사용되는 것은?
  가. 기준공중선　　나. 의사공중선
  다. 대수주기공중선　　라. 수직편파공중선

정답 나

해설 무선설비규칙 제25조
방송국에는 송신기의 기기조정 및 시험을 하는 데 필요한 의사공중선을 구비하여야 한다.

국가기술자격검정 필기시험문제

2013년 기사2회 필기시험

국가기술자격검정 필기시험문제

2013년 기사2회 필기시험

자격종목 및 등급(선택분야)	종목코드	시험시간	형 별	수검번호	성 별
무선설비기사		2시간 30분	2형		

제1과목 디지털 전자회로

01 정류회로에서 직류전압이 200[V]이고 리플(ripple) 전압 실효 값이 4[V]였다면 리플율은 얼마인가?
가. 1[%]   나. 2[%]
다. 10[%]   라. 20[%]

정답 나

해설 리플율
$$r = \frac{4}{200} \times 100[\%] = 2[\%]$$

02 다음 그림과 같은 평활회로에서 출력 맥동률을 최소화하기 위한 방법으로 옳은 것은?

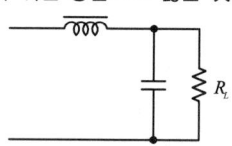

가. L과 C 값을 적절하게 감소시킨다.
나. L값은 증가, C값은 감소시킨다.
다. L값은 감소, C값은 증가시킨다.
라. L과 C 값을 적절하게 증가시킨다.

정답 라

해설 맥동률
$$r \propto \frac{1}{L, C, R, f}$$

03 교류 입력의 반주기에 대해 브리지 정류기의 다이오드 동작 조건에 대한 설명으로 적절한 것은?
가. 한 개의 다이오드가 순방향 바이어스이다.
나. 두 개의 다이오드가 순방향 바이어스이다.
다. 모든 다이오드가 순방향 바이어스이다.
라. 모든 다이오드가 역방향 바이어스이다.

정답 나

해설 브리지 정류기구조

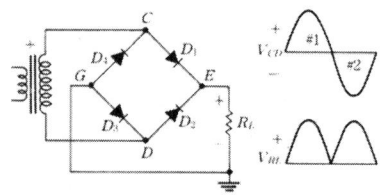

입력 반주기마다 2개의 다이오드가 순방향 바이어스가 된다.

04 전압 이득이 60[dB]인 저주파 증폭기에 궤환율 0.08인 부궤환을 걸면 비직선 왜곡의 개선율은 얼마나 되는가?
가. 0.11[%]   나. 0.99[%]
다. 1.23[%]   라. 8.77[%]

정답 다

해설 부궤환증폭기의 비직선 왜곡의 개선율
$$D_f[\%] = \frac{D}{1 + A\beta} \times 100$$
전압이득 60[dB](A=1000)이므로
$$\text{개선율} = \frac{1}{1 + A\beta} \times 100[\%]$$
$$= \frac{1}{1 + 1000 \times 0.08} \times 100[\%]$$
$$= 1.23[\%]$$

05 다음 그림은 JFET 소자의 직류전달특성을 나타내었다. 소자의 포화전류 I_{DS}와 컷오프 전압 $V_{GS}(\text{off})$은 얼마인가?

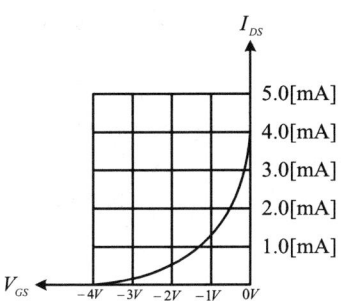

가. $I_{DS}=4.0[\text{mA}], V_{GS}(\text{off})=3.0[\text{V}]$
나. $I_{DS}=5.0[\text{mA}], V_{GS}(\text{off})=3.0[\text{V}]$
다. $I_{DS}=4.0[\text{mA}], V_{GS}(\text{off})=4.0[\text{V}]$
라. $I_{DS}=1.0[\text{mA}], V_{GS}(\text{off})=4.0[\text{V}]$

정답 다

해설 N채널 JFET의 전달특성 곡선
게이트 전압에 의해 드레인 전류가 제어된다. 특성곡선에서 포화전류 I_{DS}는 4[mA]이며, 드레인 전류 I_D가 0[A]가 되는 컷오프 전압 $V_{GS}(\text{off})$는 −4[V]가 된다.
∴ $V_{GS}=4[\text{V}]$

06 트랜지스터의 컬렉터 누설전류가 주위온도의 변화로 15[μA]에서 150[μA]로 증가되었을 때 컬렉터 전류는 9[mA]에서 9.5[mA]로 변화하였다. 이 트랜지스터의 안정계수[S]는 약 얼마인가?
가. 9.3 나. 8.4
다. 4.5 라. 3.7

정답 라

해설 안정계수
$S = \dfrac{\triangle I_c}{\triangle I_{co}} = \dfrac{(9.5-9)\times 10^{-3}}{(150-15)\times 10^{-6}} = \dfrac{0.5}{135\times 10^{-3}} = 3.7$

07 다음 중 이상적인 연산 증폭기의 특성이 아닌 것은?
가. 전압증폭도가 무한대
나. 입력 임피던스가 무한대
다. 출력 임피던스가 무한대
라. 주파수 대역폭이 무한대

정답 다

해설 이상적인 연산증폭기 특성
① 전압증폭도 = 무한대
② 대역폭 = 무한대
③ 입력임피던스 = 무한대
④ 출력임피던스 = 0
⑤ CMRR(공통 모드 제거비) = 무한대
⑥ 전원 전압 제거기 = 무한대

08 궤환 증폭기에서 전달이득이 A, 궤환율 β일때, $|1-\beta A|=\infty$이었다. 이 때 $|\beta A|=1$이면 증폭기의 증폭도는 어떤 동작을 하는가?
가. 정류   나. 부궤환
다. 발진   라. 증폭

정답 다

해설 바크하우젠 발진조건
$|\beta A|=1$

09 수정편에 기계적인 압력을 가하면 표면에 전하가 나타나 전압이 발생하는 현상을 무엇이라 하는가?
가. 압전기 현상   나. 부성저항 현상
다. 자기 왜형 현상 라. 인입 현상

정답 가

해설 압전기 현상(압전효과)이란 어떤 물질에 기계적 일그러짐을 가함으로써 유전분극을 일으키는 현상을 말한다.

10 다음 중 주파수 변조에 대한 설명으로 옳지 않은 것은?
가. 협대역 FM과 광대역 FM방식이 있다.
나. 변조신호에 따라 반송파의 주파수를 변화시 킨다.
다. 선형 변조방식이다.
라. 반송파로 cos이나 sin 함수와 같은 연속함수를 사용한다.

정답 다

해설 FM변조방식은 비선형 변조방식이다.

11 변조신호 주파수 400[Hz], 전압 3[V]로 주파수를 변조하였을 때 변조지수가 50이었다. 이 때 최대주파수편이 $\triangle f$는 얼마인가?
가. 20[KHz] 나. 40[KHz]
다. 80[KHz] 라. 100[KHz]

정답 가

해설 $m_f = \dfrac{\Delta f}{f_s}$ 에서
$\therefore \Delta f = m_f \cdot f_s = 50 \times 400 = 20000[\text{Hz}] = 20[\text{kHz}]$

12 Duty cycle 0.1이고 주기가 40[μs]인 펄스의 폭은?
가. 1[μs] 나. 2[μs]
다. 3[μs] 라. 4[μs]

정답 라

해설 충격계수 $D = \tau/T$
펄스폭 $\tau = D \times T = 0.1 \times 40\mu s = 4[\mu s]$

13 다음 그림과 같은 회로에서 콘덴서 양단의 스텝 응답에 대한 상승시간(rise time)은?
(단, RC 시정수는 2[μs])

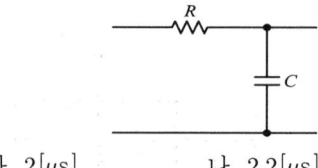

가. 2[μs] 나. 2.2[μs]
다. 4[μs] 라. 4.4[μs]

정답 라

해설 상승시간(Rise Time)은 펄스가 최대 진폭의 10[%]에서 90[%]까지 상승하는데 걸리는 시간이다
$\therefore t_r = 2.2\tau = 2.2 \times 2[\mu s] = 4.4[\mu s]$

14 그레이 코드(Gray Code) 1110을 2진수로 변환하면?
가. 1110 나. 1100
다. 1011 라. 0011

정답 다

해설 Gray Code에서 2진수의 변환 (EX-OR동작)
```
1 1 1 0  (G)
↓↗↓↗↓↗↓
1 0 1 1  (2)
```

15 다음 그림의 회로는 어떤 동작을 하는가?

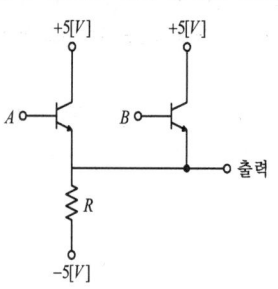

가. OR   나. NOR
다. AND 라. NAND

정답 가

[해설] OR는 논리합에 해당하는 연산으로 하나 이상의 입력이 1이면 출력이 1이 된다.

A	B	출력
0	0	0
0	1	1
1	0	1
1	1	1

16 다음 그림의 논리회로에 대한 논리식은?

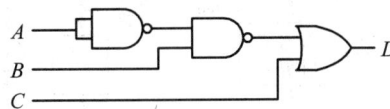

가. $D=(\overline{A}+B)C$ 나. $D=(A+\overline{B})+C$
다. $D=(\overline{A+B})+C$ 라. $D=(A+B)+\overline{C}$

정답 나

[해설] $D = (\overline{AB}) + C = (A + \overline{B}) + C$

17 다음 그림과 같은 회로의 명칭은?

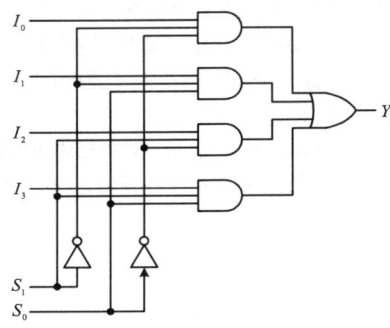

가. 병렬가산기 나. 멀티플렉서
다. 디멀티플렉서 라. 디코더

정답 나

[해설] 멀티플렉서는 복수개의 입력선으로부터 필요한 데이터를 선택하여 하나의 출력선으로 내보내는 회로이다

18 다음 그림과 같이 $2n$개 (0 ~ 7)의 십진수 입력을 넣었을 때 출력이 2진수 (000 ~ 111)로 나오는 회로의 명칭은?

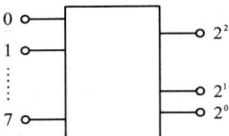

가. 디코더 회로 나. A-D 변환회로
다. D-A 변환회로 라. 인코더 회로

정답 라

[해설] 인코더는 2^n개의 서로 다른 정보를 입력받아 n bit의 2진 코드 값으로 변경해 주는 회로이다.

19 다음 그림과 같은 회로의 명칭은?

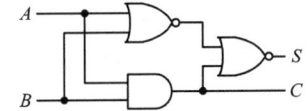

가. 동시회로 나. 반동시회로
다. Full Adder 라. Half Adder

정답 라

[해설] 반가산기(Half Adder)
두 Bit를 더하는 회로로 올림수(Carry)를 고려하지 않는 가산기를 반가산기라 한다.
$S = \overline{A}B + A\overline{B} = A \oplus B$
$C = AB$

20 다음 계수기(counter)의 명칭으로 알맞은 것은?

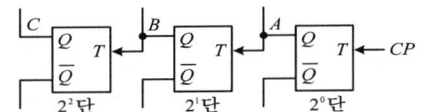

가. 상향 4진 계수기 나. 하향 4진 계수기
다. 상향 8진 계수기 라. 하향 8진 계수기

정답 다

[해설] 3개의 Flip Flop을 가지고 있으므로 ($2^3 = 8$) 8진 계수기이며, 펄스가 인가됨에 따라 출력값이 증가하는 상향 8진 계수기회로이다.

제2과목 무선통신기기

21 진폭변조파의 변조도(m)에 대한 설명 중 틀린 것은?
  가. 변조도 m = 1이면 피변조파(신호파)전력은 반송파 전력의 1.5배가 된다.
  나. 변조도 m이 낮을수록 측파대 전력은 감소한다.
  다. 변조도 m < 1 면 타 통신에 혼신을 준다.
  라. 변조도 m > 1면 신호의 진폭이 찌그러진다.

  정답 다

  해설 AM변조방식의 변조도(m) = (A−B / A+B) × 100
  1. m=1 일 때 100%변조, 피변조파전력 $P=Pc(1+\frac{m^2}{2})$
  2. M > 1 이면 과변조 되어 신호가 일그러짐
  3. M < 1 이면 일 때 신호왜곡이 발생되지 않음

22 다음 중 QAM의 특징에 대한 설명으로 적합하지 않은 것은?
  가. QAM 신호는 2개의 직교성 DSB-SC 신호를 선형적으로 합성한 것으로 볼 수 있다.
  나. M진 QAM의 대역폭 효율은 M진 PSK의 대역폭 효율과 동일하다.
  다. QAM은 비동기 검파 또는 비동기 직교 검파 방식을 사용하여 신호를 검출한다.
  라. QAM은 APK 변조방식으로 잡음과 위상 변화에 우수한 특성을 가진다.

  정답 다

  해설 QAM은 진폭변조 + 위상변조를 동시에 사용하는 방식으로 동기검파방식을 사용함.

23 다음 중 3세대 이후 (3.5세대)의 무선통신 시스템에 사용하는 다중화방식은?
  가. CDMA   나. OFDM
  다. TDMA   라. FDMA

  정답 나

  해설 OFDM(직교주파수분할다중화방식)은 스펙트럼 효율이 우수한 방식으로 3.5G / 4G 이상에서 사용중임

24 다음은 64QAM의 블록도를 나타낸다. 괄호에 들어가는 내용으로 적절한 것은?

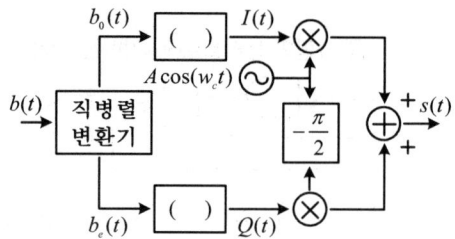

  가. 2−to−4 레벨변환기
  나. 3−to−8 레벨변환기
  다. 4−to−16 레벨변환기
  라. 5−to−32 레벨변환기

  정답 나

  해설 레벨변환기는 진폭변조기와 같음
  1. 16QAM은 2 to 4 레벨변환기를 이용하여 2bit를 이용해서 4개의 신호레벨(진폭)을 발생시킴.
  2. 64QAM은 3 to 8 레벨변환기를 이용하여 3bit를 이용해서 8개의 신호레벨(진폭)을 발생시킴.

25 FSK 신호는 정보 데이터에 의하여 반송파의 무엇을 변경하여 얻는 신호인가?
  가. 주파수   나. 위상
  다. 진폭   라. 위상과 진폭

  정답 가

  해설 FSK는 디지털 신호을 입력받아 반송파의 주파수를 변화시키는 방식임.

26. 구형파에서 펄스폭을 τ, 펄스주기를 T, 주파수를 f, 첨두치를 P, 평균치를 A 라고 하면 충격계수(Duty Factor) D의 관계가 틀린 것은?

가. $D = \dfrac{\tau}{T}$　　나. $D = \tau f$

다. $D = Af$　　라. $D = \dfrac{A}{P}$

정답 다

해설 Duty Factor

$D = \dfrac{\tau}{T} = \dfrac{A}{P}$, $T = \dfrac{1}{f}$, $\tau = \dfrac{1}{T}$

27. 이상형 CR 발진기 중 병렬 C형 발진기의 발진 주파수를 나타내는 식은?

가. $f = \dfrac{1}{2\pi\sqrt{C_1 C_2 R_1 R_2}}$

나. $f = \dfrac{1}{2\pi RC\sqrt{6}}$

다. $f = \dfrac{C_2 C}{2\pi\sqrt{C_1 R_1}}$

라. $f = \dfrac{\sqrt{6}}{2\pi RC}$

정답 라

해설 이상형 CR 발진회로는 C와 R을 3계단형으로 조합 시켜 컬렉터측과 베이스측의 총위상 편차가 180° 되게 설계 된 것으로 발진주파수 f_0 는,

1. 이상형 병렬 R형　$f_0 = \dfrac{1}{2\pi\sqrt{6}\,CR}$ [Hz]

2. 이상형 병렬 C형　$f_0 = \dfrac{\sqrt{6}}{2\pi CR}$ [Hz]

28. QPSK 신호의 전송속도가 4000 bps 이면 보(baud) 속도는 얼마인가?

가. 1,000 baud　　나. 2,000 baud
다. 8,000 baud　　라. 1,600 baud

정답 나

해설 전송속도 = 변조속도[baud] × bit
4000[bps] = B [baud] × 2bit 이므로,
B [baud] = $\dfrac{4000[bps]}{2[bit]}$ = 2000[baud]

29. 수신 주파수가 850[KHz]이고 국부발진주파수가 1,305[KHz]일 때 영상주파수는 몇 [KHz]인가?

가. 970[KHz]
나. 1,020[KHz]
다. 1,760[KHz]
라. 2,155[KHz]

정답 다

해설 영상주파수(Image Frequency)

1. 슈퍼헤테로다인 수신기에서 생기는 가상의 주파수로 (중간주파수 × 2) + 수신주파수로 표현됨

∴ (455[KHz] × 2) + 850[KHz] = 1760[KHz]

2. 중간주파수 = 국부발진주파수 – 수신주파수

30. 다음의 그림에 나타낸 파형은 어떤 변조방식에 대한 신호파형 인가?

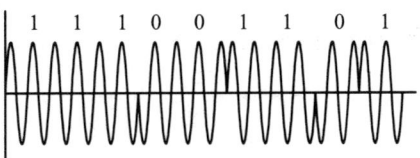

가. PSK　　나. ASK
다. FSK　　라. QAM

정답 가

해설 PSK(Phase Shift Keying)
1. 디지털신호 입력을 받아 반송파의 위상을 변화시키는 변조방식

31 단상 전파 브리지 정류회로에서 각 다이오드에 걸리는 최대 역전압의 크기는?
(단, 1차측 입력전압 100[V], 트랜스포머의 권선비 $n_1 : n_2 = 10 : 1$)

가. 10[V]
나. 14.1[V]
다. 100[V]
라. 141[V]

정답 나

해설 최대역전압(PIV)
1. $PIV = V_m$

100[V]가 트랜스포머(10:1)를 통과하면 10[V]
$V_m = 10\sqrt{2} = 10\sqrt{2}$ [V] = 14.1[V]
($V_{rms} = \dfrac{V_m}{\sqrt{2}}$)

32 정전압 회로(Regulator circuit)에서 경부하시 효율이 병렬 제어형 보다 크고, 출력전압의 안정 범위가 넓은 것은?

가. 제너 다이오드형 정전압 회로
나. 병렬 제어형 정전압 회로
다. 직렬 제어형 정전압 회로
라. IC형 정전압 회로

정답 다

해설 직렬 제어형 정전압 회로

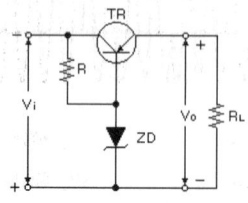

직렬 제어형 정전압의 기본 회로

33 정류회로에서 정류효율을 나타낸 식은?

가. η = 출력직류 전력 / 입력직류 전력
나. η = 출력직류 전력 / 입력교류 전력
다. η = 출력교류 전력 / 입력직류 전력
라. η = 출력교류 전력 / 입력교류 전력

정답 나

해설 정류효율 = 출력 직류전력 / 입력 교류전력
1. 정류기에 입력교류전력은 그 모두가 출력직류전력으로 전달되지 못하고 정류기 자체에서 소비됨.

34 다음 중 UPS의 구성에 대한 설명으로 적합하지 않은 것은?

가. 입력 필터부 : 고조파 성분을 없애는 장치
나. 정류부 : 교류전원을 직류전원으로 변환하는 장치
다. Static 스위치부 : 장비에 문제가 발생 되었을 때 출력측으로 전원이 공급되지 않을시 출력으로 전원을 공급할 수 있는 비상전원 공급용 스위치부
라. 축전지 : 전원을 충전하는 장치

정답 다

해설 UPS(무정전 전원장치) 구성
1. 순변환부 및 충전부(Rectifier/Charger), 제어부
2. 역변환부(Inverter), 축전지(Battery), 출력필터부
3. 동기절체부(StaticSwitch)-유지보수, 과부하 대비용
* (다)는 비상바이패스부에 관한 설명이다.

35 페이징 기능은 이동통신 단말기에 착신호가 발생 하였을 때 단말기가 있는 위치구역의 기지국 제어장치를 통하여 단말기를 호출하는 것이다. 페이징 구역은 단말기가 가장 최근에 등록을 한 위치구역이며 이 정보는 어디에 저장되어 있는가?
  가. MSC 나. VLR
  다. EIR 라. BSC

정답 나

해설 VLR(Visitor Location Register)
: 가입자의 현재 위치한 정보를 저장하는 장치 (가입자가 페이징구역을 벗어나면 삭제됨)

36 안테나의 실효고를 바르게 설명한 것은?
  가. 전류분포가 일정한 안테나의 높이
  나. 복사전력이 가장 작은 안테나 높이
  다. 공전잡음이 가장 작은 안테나 높이
  라. 전압분포가 0 이 되는 안테나 높이

정답 가

해설 안테나실효고
  1. 전류분포가 일정한 안테나의 높이로, 높을수록 안테나 효율이 우수함

37 어떤 선로의 출력을 개방시키고 입력 임피던스를 측정 하였더니 Z_1이고, 출력을 단락시키고 입력 임피던스를 측정하였더니 Z_2일 때 이 선로의 특성 임피던스는?
  가. $Z_1 Z_2$ 나. $\dfrac{Z_2}{Z_1}$
  다. $\dfrac{Z_1}{Z_2}$ 라. $(Z_1 Z_2)^{\frac{1}{2}}$

정답 라

해설 특성임피던스 = $\sqrt{Z_1 \times Z_2}$

38 전계강도 측정기를 이용하여 큰 전계강도를 측정할 때 오차가 발생하는 가장 큰 이유는?
  가. 전계강도 측정기의 직선성이 나쁠 때
  나. 전계강도 측정기의 감도가 나쁠 때
  다. 전계강도 측정기의 이득이 나쁠 때
  라. 전계강도 측정기의 주파수 특성이 나쁠 때

정답 가

해설 전계강도 측정기의 직선성이란 Dynamic Range를 말하며, DR이 클수록 큰 신호부터 작은 신호까지 측정이 가능함

39 공중선의 실효 인덕턴스가 $2[\mu H]$, 실효 정전용량이 $2[pF]$일 때 이 공중선의 고유 주파수는 약 몇 [MHz]인가?
  가. 60[MHz] 나. 80[MHz]
  다. 100[MHz] 라. 120[MHz]

정답 나

해설 공중선의 고유주파수
$$f = \dfrac{1}{2\pi\sqrt{LC}} \text{ 이므로}$$
$$\therefore f = \dfrac{1}{2\pi\sqrt{LC}} = \dfrac{1}{2 \times 3.14 \sqrt{(2 \times 10^{-6}) \times (2 \times 10^{-9})}}$$
$$\fallingdotseq 80[MHz]$$

40 마이크로파 통신에 있어 수신전력 P_r 을 바르게 나타낸 것은?
(단, d는 송수신점간 거리, P_t는 송신전력, G_t는 송신 안테나 이득, G_t는 송신 안테나 이득, G_r 은 수신 안테나 이득이다.)
  가. $(\lambda/2\pi d)^2 P_t G_t G_r$
  나. $(2\pi d/\lambda)^2 P_t G_t G_r$
  다. $(\lambda/4\pi d)^2 P_t G_t G_r$
  라. $(4\pi d/\lambda)^2 P_t G_t G_r$

정답 다

해설 프리스(Friss) 전력전송방정식
1. $Pr[w] = (\lambda/4\pi d)^2 P_t G_t G_r$
2. $Pr[dB] = P_t + G_t + G_r + 20\log\dfrac{4\pi d}{\lambda}$

해설 전계와 자계와의 관계를 전압과 전류의 관계와 유사하게 전기회로의 임피던스 개념을 전자파에 적용한 것을 "파동임피던스"라 함.
파동임피던스는 $\sqrt{\dfrac{\mu_0}{\varepsilon_0}}[\Omega]$, $\dfrac{E}{H}[\Omega]$ 이고, 자유공간에서는 $120\pi[\Omega]$임

제3과목 안테나공학

41 다음 중 전파의 성질에 대한 설명으로 적합하지 않은 것은?
가. 송신측에서 수직 다이폴을 사용하면 수신측에서도 수직편파 안테나를 사용하여야 한다.
나. Snell의 법칙은 매질의 경계면에서 일어나는 회절현상을 분석할 때 사용한다.
다. 도체에 전파가 진입할 때의 감쇠정도는 표피작용의 깊이 (skin depth)로 알 수 있다.
라. 주파수가 높을수록 직진성이 강하고 낮을수록 회절이 잘 된다.

정답 나

해설 스넬의 법칙은 $(n_1 \cdot Sin\theta_1 = n_2 \cdot Sin\theta_2)$, 매질의 경계면에서 일어나는 전파의 굴절을 해석할 때 사용함.

42 자유공간의 파동 임피던스를 나타내는 것 중에서 틀린 것은? (단, ε_0은 유전율, μ_0는 투자율, E는 전계, H는 자계로서 모두 자유 공간에서의 값이다.)
가. $120\pi[\Omega]$
나. $\sqrt{\dfrac{\mu_0}{\varepsilon_0}}[\Omega]$
다. $\dfrac{E}{H}[\Omega]$
라. $\mu_0 H^2[\Omega]$

정답 라

43 다음 중 극초단파대 (UHF) 주파수 범위를 바르게 나타낸 것은?
가. 30 ~ 300[MHz]
나. 300 ~ 3,000[MHz]
다. 3 ~ 30[GHz]
라. 30 ~ 300[GHz]

정답 나

해설 주파수 범위

대역기호	대역명	대역번호	주파수대역	파장	비고
ELF	초저주파		20 ~ 300 Hz		
VF	음성		300 ~ 3000 Hz		음성대역
VLF	초장파	4	3 ~ 30 kHz		선박
LF	장파	5	30 ~ 300 kHz	10 ~ 1 km	항해용
MF	중파	6	300 ~ 3,000 kHz	1,000 ~ 100 m	항공,AM방송
HF	단파	7	3 ~ 30 MHz	100 ~ 10 m	단파방송,HAM
VHF	초단파	8	30 ~ 300 MHz	10 ~ 1 m	TV,FM방송
UHF	극초단파	9	300 ~ 3,000 MHz	1 ~ 0.1 m	마이크로파 (TV방송,이동천이)
SHF	센티미터파	10	3 ~ 30 GHz	10 ~ 1 cm	마이크로파 (위성통신)
EHF	밀리파	11	30 ~ 300 GHz	10 ~ 1 mm	미사일,우주통신
THF	서브밀리파	12	300 ~ 3,000 GHz	1 ~ 0.1 mm	

44 무손실 선로의 특성 임피던스 (Z_0) 식을 옳게 표시한 것은?
가. $Z_0 = \sqrt{\dfrac{L}{C}}$
나. $Z_0 = \sqrt{\dfrac{C}{L}}$
다. $Z_0 = \sqrt{\dfrac{2L}{C}}$
라. $Z_0 = \sqrt{\dfrac{C}{2L}}$

정답 가

해설) 전송선로의 특성임피던스 $Z_0 = \sqrt{\dfrac{R+jwL}{G+jwC}}$

- R=G=0 일때 무손실 특성을 가짐.
따라서, 무손실선로의 특성임피던스
$Z_0 = \sqrt{\dfrac{L}{C}}$

45 다음 중 급전선에 관한 설명으로 잘못된 것은?
가. 동축 케이블은 불평형 이다.
나. 평행 2선식은 Folded 다이폴과 직접 연결하여 많이 사용한다.
다. 동축 케이블이 굵으면 손실도 적다.
라. 평행 2선식 급전선의 특성 임피던스는
$Z_0 = \dfrac{277}{\sqrt{\varepsilon_s}} log_{10} \dfrac{D}{2d}[\Omega]$ 이다.

(단, ε_s : 비유전율, D : 선의 간격, d : 선지름)

정답 라

해설) 평행 2선식의 특성임피던스
$Z_0 = \dfrac{277}{\sqrt{\epsilon_s}} log_{10} \dfrac{2D}{d}(\Omega)$
동축케이블의 특성임피던스
$Z_0 = \dfrac{138}{\sqrt{\epsilon_s}} log_{10} \dfrac{D}{d}(\Omega)$

46 다음 중 급전선에 요구되는 사항으로 틀린 것은?
가. 전송효율이 높을 것
나. 특성 임피던스가 높을 것
다. 절연내력이 클 것
라. 유도방해를 받거나 주지 말 것

정답 나

해설) 급전선의 요구사항
① 전송효율이 높을 것
② 절연내력이 클 것
③ 유도방해를 받거나 주지 말 것
④ 가격이 저렴하고, 보수가 간편할 것
⑤ 공중선의 입력임피던스 와 송신기 출력임피던스가 같아야 함

47 도파관의 임피던스 정합 방법에 해당하지 않는 것은?
가. Stub에 의한 정합
나. 무반사 종단회로에 의한 정합
다. 도체 봉(post)에 의한 정합
라. 방향성 결합기에 의한 정합

정답 라

해설) 도파관은 전파의 전반사특성을 이용한 급전선으로 고주파 및 대출력 시스템에 사용이 적합함.
도파관의 임피던스 정합방법
① Stub에 의한 정합
② 무반사 종단회로에 의한 정합
③ 도체봉에 의한 정합
④ Q 변성기를 이용한 정합
⑤ 도파관 창에 의한 정합

48 무손실 급전선로 상에서 입사파 전압의 실효치가 150[V]이고, 전압정재파비가 2일 때, 반사파 전압의 실효치는 얼마인가?
가. 50[V]   나. 60[V]
다. 70[V]   라. 80[V]

정답 가

해설) 정재파비와 전압의 관계
$S = \dfrac{V_{max}}{V_{min}} = \dfrac{I_{max}}{I_{min}} = \dfrac{V_f + V_r}{V_f - V_r}$

49 다음 중 진행파형 안테나로서 전리층 반사를 이용해 원거리 통신에 적합한 단파용 안테나는?
가. 루프(Loop) 안테나
나. 더블렛(Doublet) 안테나
다. 디스콘(Discone) 안테나
라. 롬빅(Rhombic) 안테나

정답 라

[해설] 단파용 안테나 (롬빅안테나)

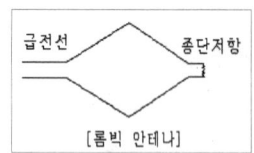

50 다음 중 수평편파 dipole 안테나와 수직편파 dipole 안테나의 비교 항목 중 잘못된 것은?

항 목	수평편파 dipole	수직편파 dipole
가. 공중선높이	낮게 할 수 있다.	비교적 높게 한다.
나. 수평면내 지향특성	8자형	무지향성
다. 잡음 방해	적다.	크다.
라. 정합 방법	불편	편리

정답 라

[해설] 다이폴안테나는 평형2선식 급전선과 정합이 편리함

51 수평 반파장 다이폴 안테나를 만들어 20[MHz]인 전파를 발사 하고자 할 때 안테나의 한쪽 (급전점을 중심으로 좌측 또는 우측) 길이는 약 몇 [m]로 하면 좋겠는가?
(단, 단축률은 5[%]로 한다.)

가. 3.6[m]   나. 3.8[m]
다. 7.1[m]   라. 7.5[m]

정답 가

[해설] 주파수와 파장의 관계

$$\lambda = \frac{c}{f} = \frac{3 \times 10^8}{20 \times 10^6} = 15[m] \times \frac{1}{4} = 3.75[m]$$

$3.75 \times (1 - 0.05) \fallingdotseq 3.6[m]$

52 안테나 손실저항 중 코로나 손실에 대한 설명으로 맞는 것은?

가. 코로나 방전등에 의해 생기는 손실
나. 안테나 지시물이나 안테나 주변의 유도체에 의한 고주파 손실
다. 대지와 안테나의 접촉 저항
라. 안테나 주변의 도체내에 유기되는 고주파와 전류에 의한 손실

정답 가

[해설] 코로나손실은 코로나방전등에 의해 생기는 손실임.
코로나방전이란 도체 주위의 유체의 이온화로 인해 발생하는 전기적 방전임

53 정전계와 방사계의 크기가 같아지는 지점은?
(단, λ는 파장이다.)

가. λ   나. 3.14λ
다. λ/2   라. 0.16λ

정답 라

[해설] 정전계와 방사계의 크기가 같아지는 지점은 0.16λ 지점임.

54 다음 중 Beam 안테나의 특징이 아닌 것은?

가. 지향성이 예민하다.
나. 단파 및 초단파대에서 저 이득이다.
다. 송신출력이 적어도 되고 전력이 경제적이다.
라. 반파장안테나 소자를 규칙적으로 배열한다.

정답 나

[해설] 빔안테나는 단파용 안테나로, 지향성이 예민하고, 고이득을 가지고 있어 적은 송신출력으로 송신이 가능함. 반파장다이폴안테나를 Array해서 제작함

55 자동이득 조절장치 (AGC)를 이용하여 방지할 수 있는 페이딩으로 가장 적절한 것은?
가. 도약성 페이딩   나. 선택성 페이딩
다. 간섭성 페이딩   라. 흡수성 페이딩

정답 라

해설 전리층페이딩과 방지대책
① 간섭성페이딩 – 주파수/공간 다이버시티
② 편파성페이딩 – 주파수 다이버시티
③ 선택성페이딩 – 주파수다이버시티, SSB
④ 도약성페이딩 – 주파수 다이버시티
⑤ 흡수성페이딩 – AGC

56 자기람 현상에 대한 설명으로 틀린 것은?
가. 고위도 지방이 심하게 나타난다.
나. 야간 보다 주간에 많이 나타난다.
다. 지자계의 급격한 변동을 발생시킨다.
라. 태양표면의 폭발에 의해 방출된 다량의 대전입자가 지구에 도달하기 때문에 야기된다.

정답 나

해설 자기람현상
① 고위도지방에서 발생(오로라현상)
② 태양폭발로 인한 대전입자영향으로 발생
③ 태양 폭발 후 수일 후에 발생됨(예측가능)
④ 주야간 구분 없이 발생
⑤ 20MHz이상의 높은 주파수에서 영향 받음

57 MUF가 5[MHz]일 때 전리층 반사를 사용하여 통신을 수행하기에 가장 적합한 주파수는?
가. 2,125[MHz]   나. 4.25[MHz]
다. 8.5[MHz]   라. 17[MHz]

정답 나

해설 전리층반사파의 최적주파수 = MUF x 0.85 이므로
4.25[MHz]

58 등가지구 반경계수가 K일 때 송수신 안테나간의 기하학적 가시거리 (d_1)와 전파 가시거리 (d_2)의 관계를 바르게 나타낸 것은?
가. $d_2 = K d_1$ 나. $d_2 = \sqrt{K} d_1$
다. $d_2 = (1/K) d_1$ 라. $d_2 (1/\sqrt{K}) d_1$

정답 나

해설 기하학적 가시거리
$d_1 = 3.55(\sqrt{h_1} + \sqrt{h_2})\,[km]$
전파 가시거리 $d_2 = 4.12(\sqrt{h_1} + \sqrt{h_2})\,[km]$
$\dfrac{d_2}{d_1} = \dfrac{4.12}{3.55} \fallingdotseq \sqrt{\dfrac{4}{3}}\,[km] = \sqrt{K}$

(K: 표준대기에서의 등가지구 반경계수)

59 무선통신 시스템에서 공전으로 인한 잡음을 경감시키기 위한 대책으로 적합하지 못한 것은?
가. 지향성이 예민한 안테나를 사용한다.
나. 다이버시티 수신기법을 이용한다.
다. 수신기의 선택도를 높이도록 한다.
라. 진폭제한회로가 부가된 수신기를 설치한다.

정답 나

해설 공전잡음 대책
① 지향성 공중선 사용
② Q를 높게, 대역폭 좁게 사용
③ 비접지 공중선 사용
④ 잡음 억제회로 사용

60 초단파대 통신에서 전파 가시거리에 영향을 미치지 않는 요소는?
가. 등가 지구 반경계수
나. 송신 안테나 높이
다. 수신 안테나 높이
라. 사용 주파수

정답 라

해설 전파가시거리 $d_2 = 4.12(\sqrt{h_1} + \sqrt{h_2})\,[km]$ 에 등가 지구반경계수를 곱하여 구 할 수 있음.

제4과목 무선통신시스템

61 비트율(bit rate)이 일정한 경우 16진 PSK의 전송 대역폭은 2진 PSK(BPSK) 전송 대역폭의 몇 배인가?
  가. 1/4배 나. 1/2배
  다. 2배   라. 4배

정답 가

해설 R(전송율) = n(bit) × B(대역폭)으로 표현할 수 있음.
$B = \dfrac{R(bps)}{n(bit)}$ 에서 R은 일정하므로 1/4배 임.
16진-PSK : 4bit 1 Symbol, B-PSK : 1bit 1 Symbol

62 다음 중 백색잡음(White Noise)에 대한 설명으로 적합하지 않은 것은?
  가. 열잡음이 대표적인 예이다.
  나. 레일리(Rayleigh) 분포특성을 보인다.
  다. 백색 잡음은 신호에 더해지는 형태이다.
  라. 주파수 전 대역에 걸쳐 전력 스펙트럼 밀도가 거의 일정하다.

정답 나

해설 백색잡음(AWGN)
  ① Additive - 다른 잡음과 더해지는 잡음으로
  ② White - 전 대역에 걸쳐 스펙트럼이 밀도가 균일한
  ③ Gaussian - 가우시안분포를 가진
  ④ Noise - 잡음으로 대표적인 잡음은 열잡음임.

63 FM 통신방식이 AM방식에 비해 S/N비가 좋은 이유는?
  가. 리미터(Limiter)를 사용한다.
  나. 점유 주파수대폭이 좁다.
  다. 깊은 변조를 할 수 있다.
  라. 클래리파이어(Clarifier)를 사용한다.

정답 가

해설 FM통신방식의 특징
  ① 리미터를 사용하여 S/N를 향상시킴
  ② FM신호는 Capture Effect로 하나의 신호만 수신
  ③ 수신 S/N이 9[dB] 이상에서는 SNR이 급격히 향상(AM대비)
  ④ FM변조는 각도 변조를 통해 주파수대역이 넓어짐

64 PCM 32채널 방식 설명 중 옳은 것은?
  가. 각 채널은 4개의 비트로 구성된다.
  나. 프레임 당 비트 수는 256개다.
  다. 전송속도는 1,024[Mbit/s]이다.
  라. 멀티 프레임 수(주기)는 8(4.0ms)이다.

정답 나

해설 PCM-32채널 방식은 E1 전송방식임
  ① 전송속도는 2.048Mbps
  ② 프레임당 Bit수는 256bit

65 스펙트럼 확산통신 시스템 중 직접 확산 DS (Direct Sequence) 방식의 특징이 아닌 것은?
  가. 간섭(재밍)에 강하다.
  나. 신호 검출이 용이하다.
  다. 다중경로에 강하다.
  라. PN부호 발생기가 필요하다.

정답 나

해설 스펙트럼 확산방식은 DSSS, FHSS, THSS 가 있음.
DSSS의 특징
  ① 잡음레벨 이하통신으로 간섭(재밍)에 강함
  ② 동기가 정확히 맞아야 신호검출이 가능함
  ③ PN부호발생기를 이용하여 확산코드를 생성함
  ④ Rake수신기를 이용해 다중경로에 강함

66. FDMA로 구성된 이동통신 시스템에서 총 33[MHz]의 대역이 할당되고, 하나의 쌍방향 이동전화 서비스를 위하여 25[KHz]의 단신채널 2개를 할당하고 있는 경우, 셀 당 동시에 제공할 수 있는 최대 호(call) 수를 계산하면?
   가. 330   나. 660
   다. 990   라. 1,320

   정답 나

   해설) 총대역폭 = 33[MHz]
   채널대역폭 = 25[KHz] x 2 = 50[KHz]
   ∴ 최대 호수 = 33MHz / 50KHz = 660호

67. 무선통신 시스템에서 기지국과 이동국과의 다중경로로 인하여 신호가 통달되는 거리의 차가 2[Km]이고 전송속도가 512[Kbps]일 때 최소 보호 비트는 얼마인가?
   가. 2 비트   나. 4 비트
   다. 6 비트   라. 8 비트

   정답 나

   해설) 1bit의 주기 = 1/512Kbps = 약 1.95us 이므로, 1bit 당
   최대거리 = 시간 x 속도 = $(3 \times 10^8) \times (1.95 \times 10^{-6})$ = 약 585m 임
   ∴ 통달거리 2[Km]일 때 최소보호비트 = 4bit(2.3Km)
   * 최소보호비트(Guard Time)은 TDD방식에서 송신과 수신사이의 시간간격으로 셀 크기 결정의 중요요소임.

68. 와이브로(Wibro)의 시스템 구성을 단말, 기지국, ACR, 서버로 구분할 수 있다. 이중 IP라우팅과 이동성을 관리하는 시스템은 무엇인가?
   가. 단말   나. 기지국
   다. ACR   라. 서버

   정답 다

   해설) ACR(Access Control Router)로써 IP라우팅과 이동성 관리를 하는 시스템임

   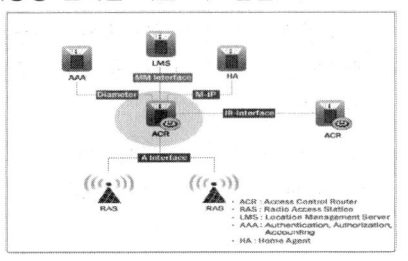

69. 2세대 CDMA 이동통신 시스템 및 W-CDMA 시스템에서 주파수 확산된 채널의 대역폭은 각각 얼마인가?
   가. 2.5[MHz], 3[MHz]
   나. 2.5[MHz], 2.5[MHz]
   다. 1.25[MHz], 5[MHz]
   라. 1.25[MHz], 4[MHz]

   정답 다

   해설) CDMA: 1.2288Mcps로 확산 -> 1.25MHz대역폭 사용
   WCDMA: 3.84Mcps로 확산 -> 5MHz대역폭 사용

70. 이동통신에서 사용하는 중계기중에서 주파수 발진 가능성이 있는 중계기는 무엇인가?
   가. 광 중계기
   나. RF 중계기
   다. LASER 중계기
   라. 주파수변환 중계기

   정답 나

   해설) 발진은 출력신호가 입력으로 FeedBack되어 출력신호가 급격히 커지는 현상. 이동통신중계기 중 RF중계기의 가장 큰 단점임.

2013년 무선설비기사 기출문제

71 노트북 컴퓨터와 PDA, 디지털 카메라, 휴대폰 등의 대중화에 따라 주로 짧은 거리에서 적외선을 이용하는 무선 데이터 통신 시스템으로 홈네트워킹 무선기술에서 중요한 역할을 하는 것은?
가. bluetooth 나. Home-RF
다. IrDA 라. VoIP

정답 다

[해설] 적외선을 이용한 근거리 통신기술 : IrDA (Infrared Data Association)

72 인터넷이 전세계의 컴퓨터를 접속된 망이 될 수 있게 된 이유로 가장 적당한 것은?
가. Windows 운영체제가 전세계에 걸쳐 사용되고 있어서 컴퓨터를 사용하는 인구가 증대되었기 때문
나. 국제간 협력에 의해 전세계를 연결해주는 네트워크를 일괄로 구축하였기 때문
다. 전화망의 수요가 포화되어 새로운 시장 개척을 위해 통신사업자들이 인터넷 구축에 적극적으로 참여했기 때문
라. 인터넷이 Host-to-Host 프로토콜인 TCP/IP를 이용하고 있어서 호스트간에 접속된 네트워크의 종류에 무관하게 호스트간 통신이 가능하기 때문

정답 라

[해설] ALL-IP의 기반기술인 TCP/IP Protocol의 확산으로 인터넷의 급격한 발전이 이뤄지고 있음. 다만, TCP/IP의 보안문제가 최근에 화두가 되고 있음.

73 다음 중 Mobile IP의 Discovery 능력을 지원해주는 프로토콜은?
가. ICMP 나. BGP
다. OSPF 라. UDP

정답 가

[해설] Discovery는 이동성이 제공되는 Agent(Node)를 탐색하는 기능을 말하며, 이때 ICMP Protocol을 이용하여 탐색을 지원해줌.
* BGP와 OSPF는 라우팅 프로토콜
* UDP는 전달계층 비연결형 프로토콜

74 다음 중 Mobile IP가 가지는 기본적인 능력이 아닌 것은?
가. Discovery 나. Forwarding
다. Registration 라. Tunneling

정답 나

[해설] Mobile IP는 TCP/IP기반의 무선이동단말의 이동성을 보장하기 위한 기술임. Discovery(탐색), Registration (등록), Tunneling(암호화)등의 기술이 요구됨.

75 다음의 ASCII 제어문자 중에서 수신기로부터 송신기로 긍정적인 응답을 보내기 위한 것은?
가. NAK 나. ENG
다. ACK 라. EOT

정답 다

[해설] NAK - 부정응답, ENG - 조회, STX - 데이터 시작
ACK - 긍정응답, EOT - 전송 끝

76 다음 중 TCP/IP 프로토콜의 네트워크 계층과 관련이 없는 것은?
가. DNS 나. OSPF
다. ICMP 라. RIP

정답 가

[해설] DNS(Domain Name System)으로 IP주소와 URL을 Mapping시킨 테이블을 저장하는 서버임.

77 다음 중 무선통신 네트워크의 유지보수에서 쓰이는 용어인 SINAD와 거리가 먼 것은?
  가. Signal to Noise And Distortion의 약어.
  나. 무선통신 기지국의 기본적인 측정항목이다.
  다. SINAD를 측정하기 위해서 별도의 신호 발생기와 SINAD 계측기가 있어야 한다.
  라. 음성의 압축률을 측정할 때 이용되는 방법

  정답 라

  해설 SINAD는 신호와 잡음/왜곡 비를 측정하는 파라미터로 음성압축율과는 상관이 없음.

78 다음 중 안테나의 적절한 분리도를 성취할 수 있는 방법인 것은?
  가. 낮은 전후방비를 갖는 저 이득 안테나 사용
  나. 중계기의 도너 및 커버리지 안테나 사이의 이격거리를 작게 한다.
  다. 안테나 사이(도너 안테나와 커버리지 안테나)에 외부 차폐를 시킨다.
  라. 중계기 수신레벨보다 3[dB]이하로 안테나 분리도를 유지시킨다.

  정답 다

  해설 중계기에서 발진이 문제가 되므로, 안테나 간 분리도(Isolation)는 중요한 Factor임. 도너안테나(기지국 to 중계기)와 커버리지 안테나(셀 확장) 사이를 차폐시켜 분리도를 향상 시킬 수 있음.

79 스펙트럼 분석기(Spectrum Analyzer)의 용도로서 맞지 않는 것은?
  가. 변조의 직진성 측정
  나. 안테나의 pattern 측정
  다. RF 간섭 시험
  라. FM 편차 측정

  정답 나

  해설 스펙트럼분석기는 RF신호를 분석하는 장비로 안테나 패턴, RF간섭, 변조도 및 FM 주파수 편이, 주파수대역폭등을 측정할 수 있다. 반면, 안테나의 복사 패턴은 네트워크분석기로 가능하다.

80 무선통신시스템의 유지보수 기능에 해당하지 않는 것은?
  가. 무선통신망 보안관리 기능
  나. 무선통신망 상태관리 기능
  다. 무선통신망 고장관리 기능
  라. 무선통신망 고객관리 기능

  정답 라

  해설 통신시스템의 유지보수(시스템관리) 목표
  ① 구성관리   ② 성능관리(고장관리)
  ③ 장애관리   ④ 보안관리
  ⑤ 장치관리(상태관리)

제5과목 전자계산기일반 및 무선설비기준

81 16진수 값 " 12345678 "을 기억장치에 저장하려고 한다. Little Endian 방식으로 저장된 것은 어느 것인가?

  가.
주소	0	1	2	3
내용	12	34	56	78

  나.
주소	0	1	2	3
내용	21	43	65	87

  다.
주소	0	1	2	3
내용	78	56	34	12

  라.
주소	0	1	2	3
내용	87	65	43	21

  정답 다

[해설] Little-Endian 방식은 시작주소에 하위 바이트부터 기록하는 방식임.
* Big-Endian 방식은 시작주소에 상위 바이트부터 기록하는 방식으로 (가)방식이 Big-Endian 방식임.
* 인텔 계열 CPU는 Little-Endian 방식을 사용하고 있고, 유닉스 머신들은 Big-Endian 방식을 사용하고 있음.

82
컴퓨터의 운영체제에서 로더(loader)란 실행 프로그램 혹은 데이터를 주기억 장치내의 일정한 번지에 저장하는 작업을 말하는 것이다. 다음 중 로더의 주요 기능이 아닌 것은?

가. 프로그램과 프로그램 간의 연결(Linking)을 수행한다.
나. 출력 데이터에 대해 일시 저장(spooling) 기능을 수행한다.
다. 프로그램이 실행될 수 있도록 번지수를 재배치(relocation) 한다.
라. 프로그램 또는 데이터가 저장된 번지수를 계산하고 할당(allocation)한다.

[정답] 나

[해설] 로더의 주요기능
① 컴퓨터 운영체제의 일부분임
② 하드디스크에 저장되어있는 특정 프로그램을 찾아 주기억장치에 적재하고, 실행하도록 하는 역할
③ 컴퓨터 시스템 소프트웨어는 운영체제, 컴파일러, 어셈블러, 로더 등으로 구성됨.

83
다음 중 중앙처리장치 (CPU)의 기능이 아닌 것은?

가. 명령어 생성(Instruction Create)
나. 명령어 인출(Instruction Fetch)
나. 명령어 해독(Instruction Deecode)
라. 데이터 인출(Data Fetch)

[정답] 가

[해설] CPU(중앙처리장치)의 기능
① 명령어 인출
② 명령어 해독
③ 데이터 인출
④ 데이터 처리
⑤ 데이터 쓰기

84
대기 중인 프로세서가 요청한 자원들이 다른 대기 중인 프로세서에 의해서 점유되어 다시 프로세서 상태를 변경시킬 수 없는 경우가 발생하게 되는데 이러한 상황을 무엇이라 하는가?

가. 한계 버퍼 문제
나. 교착 상태
다. 페이지 부재상태
라. 스레싱(Thrahing)

[정답] 나

[해설] 교착상태(Deadlock)
양보하지 않고 길을 비켜주기만을 무한히 기다림. 교착상태는 4가지조건이 동시에 만족될 때 발생됨.
① 상호배제
② 점유와 대기
③ 비선점
④ 순환대기

85
다음 중 10진수 47.625를 2진수로 변환한 것으로 옳은 것은?

가. 101111.111
나. 101111.010
다. 101111.001
라. 101111.101

[정답] 라

해설 BCD코드를 이용해 변환
1. 정수부분
   47 ÷ 2 = 23 .. 1
   23 ÷ 2 = 11 .. 1
   11 ÷ 2 = 5 .. 1
   5 ÷ 2 = 2 .. 1
   2 ÷ 2 = 1 .. 0
   2 ÷ 1 = 0 .. 1

2. 소수부분

.	6	2	5
.	1	0	1

* BCD 코드법칙
소수 첫째자리 : 0.5
소수 둘째자리 : 0.25
소수 셋째자리 : 0.125

따라서, $(47.625)_{10} = (101111.101)_2$

86 다음 중 BCD 코드 1001에 대한 해밍 코드를 구하면? (단, 짝수 패리티 체크를 수행한다.)
가. 0011001 나. 1000011
다. 0100101 라. 0110010

정답 가

해설 해밍비트 길이
$2^p \geq n + p + 1$ (n정보비트, p 해밍비트)
데이터bit가 4bit이므로, 해밍비트(H)는 3bit.

1	2	3	4	5	6	7
H₁	H₂	1	H₃	0	0	1

```
  7 -> 1  1  1
  3 -> 0  1  1
짝수패리티 1  0  0
  (XOR)  (H₃)(H₂)(H₁)
```

따라서 [0011001]이 해밍코드가 된다.

87 다음 중 2진수 $(100011)_2$의 2의 보수는 얼마인가?
가. 100011 나. 011100
다. 011101 라. 011110

정답 다

해설 2의 보수는 1의 보수를 구한 뒤 결과값에 1을 더함.
$(100011)_2$의 1의 보수는 011100 + 1 = 011101`

88 다음 중 선형 자료구조가 아닌 것은?
가. 배열   나. 스택
다. 그래프 라. 큐

정답 다

해설 자료구조는 자료를 기억장치 내에 저장하는 방법임
① 선형구조 : 스택 , 큐 , 데크 , 배열
② 비선형구조 : Tree , Graph

89 가상 기억장치 구현방법의 한 가지로, 기억 장치를 동일한 크기의 페이지 단위로 나누고 페이지 단위로 주소 변환 및 대체를 하는 방식은?
가. 논리 메모리 분할 기법
나. 페이징 기법
다. 스케줄링 기법
라. 세그먼테이션 기법

정답 나

해설 페이징기법
① 기억 장치를 동일한 크기의 페이지 단위로 나누고 페이지 단위로 주소 변환 및 대체를 하는 방식임

90 8비트로 된 레지스터에서 첫째 비트는 부호비트로 0,1로 양, 음을 나타낸다고 할 때 2의 보수(2's Complement)로 숫자를 표시한다면 이 레지스터로 표현할 수 있는 10진수의 범위로 올바른 것은?
가. $-256 \sim +256$ 나. $-128 \sim +127$
다. $-128 \sim +128$ 라. $-256 \sim +127$

정답 나

해설 $2^8 = 256$ 이므로 2의보수로 표현할 때 10진수 범위는 $-128 \sim +127$ 임.

91 방송국의 허가를 받은 자는 방송국 운용 개시 후, 3개월 이내에 방송구역 전계강도 실측자료를 누구에게 제출해야 하는가?
가. 문화관광부장관
나. 미래창조과학부장관
다. 국립전파연구원장
라. 중앙전파관리소장

정답 나

해설 전파법 시행령 제58조(방송구역)
① 방송국의 허가를 받은 자는 방송국 운용개시 후 3개월 이내에 방송구역 전계강도 실측자료를 방송통신위원회에 제출하여야 한다.

92 무선설비 등에서 발생하는 전자파가 인체에 미치는 영향을 고려하여 제정한 기준이 아닌 것은?
가. 전자파 장해검정기준
나. 전자파 인체보호기준
다. 전자파 강도측정기준
라. 전자파 흡수율측정기준

정답 가

해설 "전자파 장해"라 함은 전자파 방사 또는 전자파 전도에 의하여 다른 기기의 성능에 영향을 주는 것을 말한다.

93 다음 중 적합인증 대상기자재가 아닌 것은?
가. 구내 교환기
나. 광통신용 회선종단장치
다. 과학용 고주파 이용기기
라. 생활무선국용 무선설비의 기기

정답 다

해설 국가법령정보센터 - 방송통신기자재 등의 적합성 평가에 관한 고시
: 과학용 고주파이용 기기는 '적합등록 대상 기자재'로 분류한다.

94 다음 중 준공검사를 받은 후 운용하여야 하는 무선국은?
가. 국가안보 또는 대통령 경호를 위하여 개설하는 무선국
나. 공해 또는 극지역에 개설하는 무선국
다. 외국에서 운용할 목적으로 개설한 육상이동 지구국
라. 도로관리를 위하여 개설하는 기지국

정답 라

해설 전파법 시행령 제45조의 2(준공검사를 받지 아니하고 운용할 수 있는 무선국)
① 30와트 미만의 무선설비를 시설하는 어선의 선박국
② 아마추어국(적합성평가를 받은 무선기기를 사용하는 경우만 해당한다)
③ 국가안보 또는 대통령 경호를 위하여 개설하는 무선국
④ 정부 또는 「전기통신사업법」에 따른 기간통신사업자 (이하 "기간통신사업자"라 한다.)가 비상통신을 위하여 개설한 무선국으로서 상시 운용하지 아니하는 무선국
⑤ 공해 또는 극지역에 개설한 무선국
⑥ 외국에서 운용할 목적으로 개설한 육상이동 지구국

95. 다음 중 무선국 검사에 있어서 성능검사 항목에 포함되지 않는 것은?
    가. 공중선 전력
    나. 변조도
    다. 무선종사자의 배치
    라. 실효복사전력

    정답 다

    해설 전파법 시행령 제45조(정기검사의 시기 및 방법 등)
    ① 성능검사항목
    공중선전력 · 주파수 · 불요발사 · 점유주파수대폭 · 등가등방복사전력 · 실효복사전력 · 변조도 등 무선설비의 성능에 대하여 행하는 검사

96. 다음 중 신고로서 무선국 개설이 가능한 경우가 아닌 것은?
    가. 적합성평가를 받은 무선설비를 사용하는 아마추어국
    나. 발사하는 전파가 미약한 무선국 또는 무선설비의 설치공사가 필요 없는 무선국
    다. 수신전용의 무선국
    라. 대가에 의한 주파수 할당 규정에 의하여 주파수할당을 받은 자가 전기통신역무 등을 제공하기 위하여 개설하는 무선국

    정답 가

    해설 전파법 시행령 제24조(신고하고 개설 할 수 있는 무선국)
    ① 간이무선국용 무선설비 중 휴대용 무선기기. 다만, 차량 · 선박 등 이동체에 설치하는 경우는 제외한다.
    ② 전파천문업무를 하는 수신전용 무선기기
    ③ 육상국 · 기지국 또는 이동중계국을 설치하는 자가 해당 무선국과 통신하기 위하여 개설하는 이동국 · 육상이동국용 무선설비 중 휴대용 무선기기. 다만, 차량 · 선박 등 이동체에 설치하는 경우는 제외한다.

97. 다음 중 고시대상 무선국을 허가한 경우 고시하여야 할 사항이 아닌 것은?
    가. 시설자의 성명 또는 명칭
    나. 허가의 유효기간
    다. 무선국의 명칭 및 종별과 무선설비의 설치장소
    라. 주파수, 전파의 형식, 점유주파수대폭 및 공중선 전력

    정답 나

    해설 전파법 시행령 제35조(무선국의 고시사항)
    ① 허가연월일 및 허가번호
    ② 시설자의 성명 또는 명칭
    ③ 무선국의 명칭 및 종별과 무선설비의 설치장소
    ④ 주파수, 전파의 형식, 점유주파수대폭 및 공중선전력

98. 긴급통신 · 안전통신 또는 비상통신에 관한 의무를 이행하지 아니한 자에 대한 처분으로 가장 적합한 것은?
    가. 200만원 이하의 과태료
    나. 300만원 이하의 과태료
    다. 1년 이하의 징역 또는 500만원 이하의 벌금
    라. 3년 이하의 징역 또는 2000만원 이하의 벌금

    정답 가

    해설 전파법 제91조(과태료) - 200만원 이하의 과태료
    ① 긴급통신 · 안전통신 또는 비상통신에 관한 의무를 이행하지 아니한 자
    ② 통신보안에 관한 사항을 준수하지 아니한 자
    ③ 무선설비의 기술기준 또는 안전시설기준에 적합하지 아니한 무선설비를 운용한 자

2013년 무선설비기사 기출문제

99 미래창조과학부장관이 주파수 회수 또는 주파수 재배치를 시행할 경우 이의 가장 주된 목적은?
가. 전파자원의 공평하고 효율적인 이용을 촉진하기 위하여
나. 전파이용 및 전파에 관한 기술의 개발을 촉진하기 위하여
다. 전파의 진흥을 도모하고 공공복리의 증진을 도모하기 위하여
라. 무선국 개설의 결격사유가 발견되어 무선국의 허가를 취소시키기 위하여

정답 가

해설 전파법 제6조 (전파자원 이용효율의 개선)
미래창조과학부장관은 전파자원의 공평하고 효율적인 이용을 촉진하기 위하여 필요한 경우에는 다음 각 호의 사항을 시행하여야 한다.
① 주파수분배의 변경
② 주파수회수 또는 주파수재배치
③ 새로운 기술방식으로의 전환
④ 주파수의 공동사용

100 "방송통신기자재 등의 적합성 평가에 관한 고시"에 의한 용어 정의 중에서 기본모델과 전기적인 회로·구조·기능이 유사한 제품군으로 기본모델과 동일한 적합성 평가번호를 사용하는 기자재"는 무엇이라 하는가?
가. 기본모델   나. 변경모델
다. 동일모델   라. 파생모델

정답 라

해설 방송통신기자재 등의 적합성평가에 관한 고시 제2조
(정의)
"파생모델"이란 기본모델과 전기적인 회로·구조·기능이 유사한 제품군으로 기본모델과 동일한 적합성 평가번호를 사용하는 기자재를 말한다.

2013년 기사4회 필기시험

국가기술자격검정 필기시험문제

2013년 기사4회 필기시험

자격종목 및 등급(선택분야)	종목코드	시험시간	형 별	수검번호	성 별
무선설비기사		2시간 30분	2형		

제1과목 디지털 전자회로

01 정류회로 출력 성분 중 교류인 리플을 제거하기 위해 정류회로 다음 단에 접속되는 회로는 무엇인가?

가. 평활회로 나. 클램핑회로
다. 정전압회로 라. 클리핑회로

정답 가

해설 평활회로는 교류를 직류로 바꾸는 과정 가운데 맥류를 깨끗한 직류로 바꿔주는 역할을 한다.

02 반파정류회로를 사용한 전원설비를 전파정류회로로 변경하면 리플율은 어떻게 변화되는가?

가. 약 1.5배 증가한다.
나. 약 2.5배 감소한다.
다. 약 3.5배 증가한다.
라. 약 4.5배 증가한다.

정답 나

해설 전파정류회로의 리플율이 48.1%이고, 반파정류회로의 리플율이 121%이므로 반파정류회로를 사용한 전원설비를 전파정류회로로 변경하면 리플율은 약 2.5배 감소한다.

03 다음 중 정전압 회로의 안정도 파라미터에 해당되지 않는 것은?

가. 전압안정계수 나. 온도안정계수
다. 출력저항 라. 출력직류전압

정답 라

해설 정전압 전원의 안정도를 나타내는 파라미터
① 전압 안정 계수
$$S_v = \frac{\partial V_L}{\partial V_s} = \frac{\Delta V_L}{\Delta V_s}\bigg|_{\Delta V_L = \Delta T = 0}$$
② 온도 안정 계수
$$S_T = \frac{\partial V_L}{\partial T} = \frac{\Delta V_L}{\Delta T}\bigg|_{\Delta V_L = \Delta I_L = 0}$$
③ 출력 저항
$$R_o = \frac{\partial V_L}{\partial I_L} = \frac{\Delta V_L}{\Delta I_L}\bigg|_{\Delta V_s = \Delta T = 0}$$

정전압 회로는 S_V, R_0, S_T 값이 적게 되도록 설계를 하는 것이 바람직하다.

04 다음 주어진 회로에서 점선으로 표시된 회로의 기능이 아닌 것은?

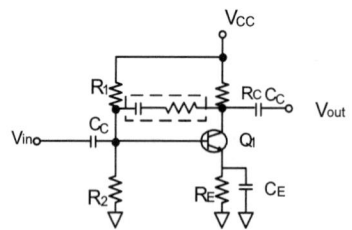

가. 증폭 이득을 조절할 수 있다.
나. 입출력 임피던스를 조절할 수 있다.
다. 대역폭을 조절할 수 있다.
라. 온도 특성을 조절할 수 있다.

정답 라

해설 점선으로 표시된 회로를 통해 부궤환이 구성되어 부궤환 증폭기의 특성을 갖는다.
1. 이득이 감소한다.
2. 일그러짐이 감소된다.
3. 잡음이 감소한다.
4. 주파수 특성이 개선된다.
5. 안정도가 개선된다.

6. 입력 및 출력저항이 변화한다.

05 다음과 같은 연산증폭기 회로의 출력 전압은?

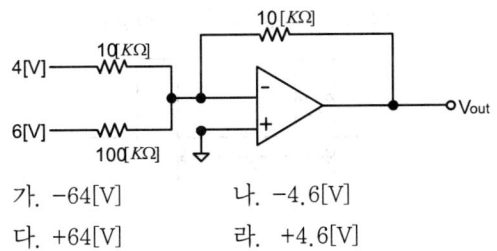

가. -64[V] 나. -4.6[V]
다. +64[V] 라. +4.6[V]

정답 나

해설
$$V_{OUT} = -피드백저항\left(\frac{V_1}{R_1} + \frac{V_2}{R_2}\right)$$
$$= -10[K\Omega]\left(\frac{4}{10[K\Omega]} + \frac{6}{100[K\Omega]}\right)$$
$$= -4.6[V]$$

06 그림과 같은 에미터폴로우 회로에서 h-파라메타가 $h_{ie} = 2.1[k\Omega]$, $h_{fe} = 100$이고, $R_1 = 10[k\Omega]$, $R_2 = 10[k\Omega]$, $R_e = 4[k\Omega]$일 때, 입력저항은 약 얼마인가?

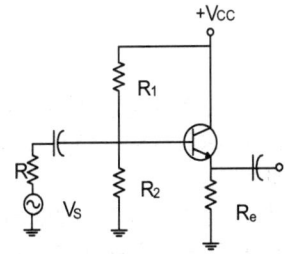

가. 402[kΩ]   나. 204[kΩ]
다. 406[kΩ]   라. 408[kΩ]

정답 다

해설 입력저항
$$R_i = h_{ie} + (1+h_{fe})R_e$$
$$= 2.1[K\Omega] + (1+100) \times 4[K\Omega]$$
$$≒ 406[K\Omega]$$

07 다음 FET(Field Effect Transistor)에 대한 설명으로 옳지 않은 것은?

가. 입력저항이 수 [MΩ]으로 매우 크다.
나. 다수 캐리어에 의해 동작하는 단극성 소자이다.
다. 접합트랜지스터(BJT)보다 잡음이 심하다.
라. 이득대역폭이 좁다

정답 다

해설 FET의 주요 특징
① 입력임피던스가 높다.
② 다수 carrier만의 동작
③ 잡음이 적다.
④ 이득, 대역폭이 BJT보다 적다.

08 다음 중 발진조건에 대한 설명으로 틀린 것은?

가. 궤환증폭기의 이득(A)과 궤환율(β)의 곱이 1보다 작으면 발진 진폭이 감소한다.
나. 궤환증폭시 입력신호와 궤환신호의 위상이 180° 차이가 난다.
다. 증폭된 출력의 일부를 입력 쪽으로 정궤환 시켜야 한다.
라. 발진이 지속될 수 있는 상태를 유지하기 위해서는 $\beta A = 1$ 조건을 만족해야 한다.

정답 나

해설 바크하우젠 발진조건

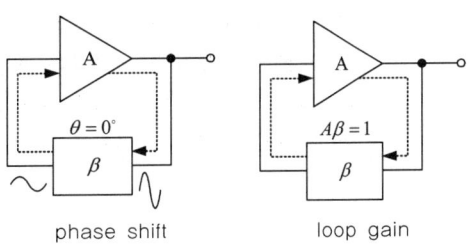

phase shift   loop gain

① loop gain($A\beta$)=1
② phase shift =0°

궤환 발진기에서 $\beta A = 1$을 만족하면 지속적으로 발진이 되는데 이를 바크하우젠의 발진 조건이라 한다.

09 수정발진기는 어떤 효과를 이용한 것인가?

가. 차폐효과
나. 압전기 효과
다. 홀 효과
라. 제에벡 효과

정답 나

해설 수정발진기는 압전효과를 이용한 발진기이다.

10 다음 중 위상변조에 대한 설명으로 틀린 것은?

가. 위상을 변조신호에 의해 직선적으로 변하게 하는 방식이다.
나. 변조지수는 위상감도계수에 비례한다.
다. PM방식을 사용해 FM신호를 만들 수 있다.
라. 반송파를 중심으로 3개의 측파대를 가지며 그 크기는 변조지수에 관계한다.

정답 라

해설 반송파를 중심으로 2개의 측파대를 가지는 것은 AM DSB-LC 변조방식이다.

11 펄스부호변조(PCM) 방식에서 아날로그 신호를 디지털 신호로 변환시키는 과정을 바르게 나타낸 것은?

가. 표본화 → 양자화 → 부호화 → 압축
나. 표본화 → 부호화 → 양자화 → 압축
다. 표본화 → 양자화 → 압축 → 부호화
라. 표본화 → 압축 → 양자화 → 부호화

정답 라

해설 PCM 변조방식은 아날로그 신호를 표본화 - 압축 - 양자화 - 부호화의 단계를 거쳐 디지털펄스로 변환하는 펄스 디지털 변조방식이다.

12 그림과 같은 주기적인 펄스파형의 듀티비(Duty Ratio)는 얼마인가?

(단, $t_o = 30[\mu s]$, $T = 150[\mu s]$)

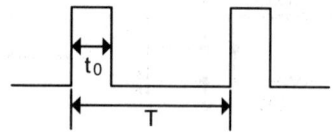

가. 10[%]   나. 12[%]
다. 20[%]   라. 22[%]

정답 다

해설 Duty비(충격계수)

$$D = \frac{t_0}{T} \times 100 = \frac{30}{150} \times 100 = 20[\%]$$

13 RC회로의 출력에서 최종치의 10[%]~90[%]까지 얻는데 소요되는 시간을 무엇이라 하는가?

가. 지연 시간   나. 하강 시간
다. 상승 시간   라. 전이 시간

정답 다

해설
① t_r : 펄스의 상승 시간(Rise Time)
펄스가 최대 진폭의 10[%]에서 90[%]까지 상승하는 시간
② t_f : 펄스의 하강 시간(Fall Time)
펄스가 최대 진폭의 90[%]에서 10[%]까지 하강하는 시간
③ t_d : 펄스의 지연 시간(Delay Time)
입력 펄스가 들어온 후, 출력 펄스의 최대 진폭의 10[%]까지의 지연 시간
④ t_s : 펄스의 축적 시간(Storage Time)
입력 펄스가 끝난 후 출력 펄스가 최대 진폭의 90[%]까지 감소하는 시간
⑤ t_{on} : 턴 온 시간(Turn-On Time)= 상승시간 + 지연시간
⑥ t_{off} : 턴 오프 시간(Turn-Off Time)= 하강시간 + 축적시간

14 십진수 10.375를 2진수로 변환하면?

가. 1011.101₍₂₎   나. 1010.101₍₂₎
다. 1010.011₍₂₎   라. 1011.110₍₂₎

정답 다

해설 10진수를 2진수로 변환은 Weight Value를 이용해서 변환한다.

8	4	2	1	.	0.5	0.25	0.125
1	0	1	0	.	0	1	1

∴ $(10.375)_{10} = (1010.011)_2$

15 다음 그림에서 정논리의 경우 게이트 명칭은?

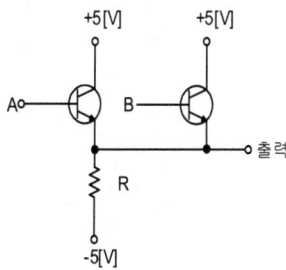

가. AND 게이트   나. OR 게이트
다. NAND 게이트 라. NOR 게이트

정답 나

해설 OR는 논리합에 해당하는 연산으로 하나 이상의 입력만 1이면 출력이 1이 된다.

16 플립플롭은 몇 개의 안정 상태를 갖는가?

가. 1   나. 2
다. 4   라. ∞

정답 나

해설 플립플롭은 2개의 안정상태를 기억하도록 구성된 일시 기억소자이다.

17 다음 중 계수형 전자 계산기(Digital Computer)의 보조 기억 장치가 아닌 것은?

가. 자기 드럼(Magnetic Drum)
나. 자기 테이프(Magnetic Tape)
다. 자기 디스크(Magnetic Disk)
라. 자기 코어(Magnetic Core)

정답 라

해설 자기코어는 세라믹코어를 이용한 메모리로 전원을 꺼도 내용이 사라지지 않아 주기억장치에 사용된다.

18 다음 회로는 어떤 회로인가?

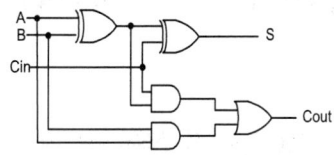

가. 반가산기 2개와 OR게이트를 이용한 전가산기 회로
나. 반가산기 3개와 OR게이트를 이용한 전가산기 회로
다. 반가산기 2개와 NOR게이트를 이용한 전가산기 회로
라. 반가산기 3개와 NOR게이트를 이용한 전가산기 회로

정답 가

해설 반가산기 2개와 OR게이트를 이용하여 구성한 전가산기회로이다.

19 조합 논리 회로 중 0과 1의 조합으로 부호화를 행하는 회로로 2^n개의 입력선과 n개의 출력선으로 구성된 것은?

가. 디코더(Decoder)   나. DEMUX
다. MUX   라. 인코더(Encoder)

정답 라

해설 인코더 : 2^n개의 입력선과 n개의 출력선으로 구성
디코더 : n개의 2진 코드를 2^n 정보로 변경

20 플립플롭 4개로 구성된 계수기가 가질 수 있는 최대의 2진 상태는 몇 가지인가?

가. 8가지　　나. 12가지
다. 16가지　　라. 20가지

정답 다

해설 계수기에서 플립플롭 회로의 수를 n이라 한다면 2^n개까지의 상태의 수를 가진 계수기 구성이 가능하다.
∴ $2^4 = 16$

제2과목 무선통신기기

21 다음 중 ILS의 구성요소가 아닌 것은?

가. Localizer (방위각 제공 시설)
나. Glide Path (활공각 제공 시설)
다. MLS(초고주파 착륙 시설)
라. Marker Beacon(마커 비콘)

정답 다

해설 ILS(계기착륙시설)는 공항진입 및 착륙유도시설임
① 방위각 표시장치
② 활공각 표시장치
③ 마커(Marker)

22 ASK와 BPSK를 비교하여 설명한 것으로 틀린 것은?

가. 단극성NRZ 신호를 DSB변조한 것은 ASK.
나. 양극성NRZ 신호를 DSB변조한 것은 BPSK
다. ASK와 BPSK의 신호의 전력 스펙트럼은 다른 모양을 갖는다.
라. ASK 신호의 스펙트럼에는 직류성분이 있고 BPSK 신호의 스펙트럼에는 직류성분이 없다.

정답 다

해설 ASK와 BPSK의 대역폭은 같음
① ASK 스펙트럼 (DC Level 존재(단극 NRZ))

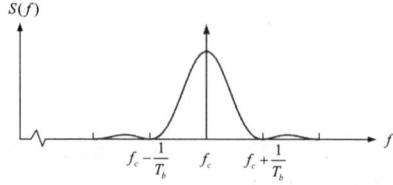

② BPSK 스펙트럼 (DC Level 없음(양극 NRZ))

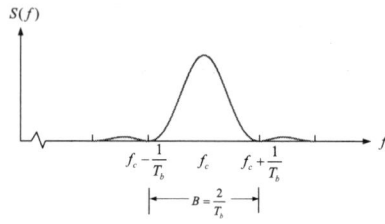

23 다음의 그림에 나타낸 성상도는 어떤 변조방식에 대한 성상도 인가?

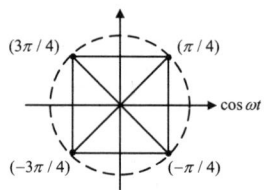

가. BPSK　　나. QPSK
다. 8PSK　　라. 16PSK

정답 나

해설 4개의 심볼로 이루어진 QPSK변조방식임.
(2bit 1Symbol 구조)

24 이득 및 잡음지수가 각각 $G_1, G_2 \cdots$ 와 $F_1, F_2, \cdots$ 인 부품들이 직렬로 연결 되어 있을 때, 전체 잡음지수는 어떻게 되는가?

가. $G_1 F_1 + G_2 F_2 + G_3 F_3 \cdots$
나. $F_1 + \dfrac{F_2 - 1}{G_1} + \dfrac{F_3 - 1}{G_1 G_2} \cdots$
다. $\dfrac{F_1 - 1}{G_1} + \dfrac{F_2 - 1}{G_2} + \dfrac{F_3 - 1}{G_3}$
라. $F_1 + G_1 F_2 + G_1 G_2 F_3 \cdots$

정답 나

해설 종합잡음지수 (F 잡음 , G 이득)
$= F_1 + \dfrac{F_2-1}{G_1} + \dfrac{F_3-1}{G_1 G_2} \cdots$

25 다음 중 FSK 방식에 대한 설명으로 옳은 것은?

가. 2진 정보를 AM 변조한 것
나. 2진 정보를 FM 변조한 것
다. 2진 정보를 PM 변조한 것
라. 2진 정보를 PCM 변조한 것

정답 나

해설 FSK : 2진 정보를 FM변조 한 것
ASK : 2진 정보를 AM변조 한 것
PSK : 2진 정보를 PM변조 한 것
QAM : ASK+PSK

26 정보신호가 $m(t) = \cos(2\pi f_m t)$ 인 정현파를 반송파 f_c를 사용하여 SSB 변조하는 경우 변조된 신호의 스펙트럼을 모두 나타낸 것은?

가. f_c+f_m, f_c-f_m
나. $f_c+f_m, -f_c-f_m$
다. $f_c+f_m, -f_c-f_m, -f_c-f_m$
라. $f_c+f_m, f_c, f_c-f_m, -f_c+f_m, -f_c, -f_c-f_m$

정답 나

해설 SSB변조는 Single Side Band로 AM변조에 대한 상측파, 하측파중 하나를 선택함.

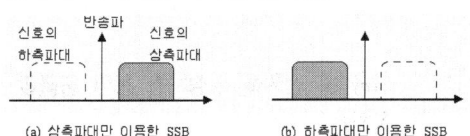
(a) 상측파대만 이용한 SSB   (b) 하측파대만 이용한 SSB

27 AM에서 가장 좁은 대역폭을 사용하는 것은?

가. DSB-SC   나. DSB-TC
다. VSB   라. SSB

정답 라

해설 SSB변조는 Single Side Band로 AM변조에 대한 상측파, 하측파 중 하나를 선택함.

28 다음은 GPS를 설명한 것이다. 잘못된 것은?

가. 여러 개의 위성으로부터 시간 정보를 받는다.
나. GPS 수신기는 위성의 위치에 대한 데이터를 받는다.
다. 삼각 측량법에 의해 자신의 위치를 계산하는 원리이다.
라. GPS서비스는 다수의 위성 중 4개 이상의 위성으로부터 정보를 받는다.

정답 나

해설 GPS는 4개 이상의 시간정보를 받아야 위치/고도를 삼각측량법에 의해서 측정할 수 있음.
GPS제원
① 고도 : 20,200Km
② 궤도 : 6궤도
③ 개수 : 24개
④ 주기 : 12시간
⑤ 구성 : 지구국, 위성, 기준국 등

29 다음 중 레이더 시스템의 구성요소가 아닌 것은?

가. 송신기(transmitter)
나. 수신기(receiver)
다. 안테나(antenna)
라. 블랙박스(black box)

정답 라

해설 RADAR (Radio Detection and Ranging)으로 무선을 이용해 대상물까지의 거리를 측정하는 장치임.
구성요소는 송신기, 수신기, 안테나가 있고, 동작에 따라 펄스방식, CW방식이 있음.

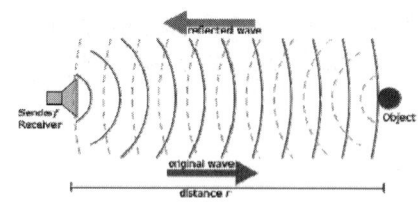

30 다음 중 디지털송신설비에 대한 설명으로 틀린 것은?

  가. 적은 전력으로 광범위한 서비스지역을 확보할 수 있다.
  나. 전계강도가 낮은 지역도 선명한 화질을 얻는다.
  다. 디지털 송신설비는 좁은 면적에 시설할 수 있다.
  라. 디지털 송신설비는 단순한 편이나 운용 비용이 비싸다.

  정답 라

  해설) 디지털 송신설비는 낮은 전력, 낮은 전계강도 등에 유리한 중계방식이므로 운용비용(OPEX)가 저렴함.

31 다음 중 태양전지의 최대 전력량을 생산하기 위한 컨트롤 기술은?

  가. 접지기술
  나. 솔라셀 설치 기술
  다. 인공강우기술
  라. 인버터 컨트롤기술

  정답 라

  해설) 인버터는 직류를 교류로 만들어주는 전기적 장치로 태양전지기술에 핵심 요소임

32 다음 중 축전지 용량 감퇴의 직접적인 원인이 아닌 것은?

  가. 충전 전류나 방전 전류의 과다
  나. 충전의 불충분
  다. 백색 황산 납의 발생
  라. 장기간 사용

  정답 라

  해설) 축전지용량 감퇴의 직접적 원인
  ① 충전전류나 방전전류의 과다 와 충전 불충분
  ② 백색 황산 납의 발생
  ③ 방전상태로 장기간 방치

33 정류회로에서 직류전압이 200[V]이고, 리플전압이 2[V]라면 맥동률(리플)은 얼마인가?

  가. 1[%]
  나. 2[%]
  다. 5[%]
  라. 10[%]

  정답 가

  해설) 정류회로의 맥동률

  $$맥동률 = \frac{맥동신호의\ 실효값}{출력신호의\ 평균값} \times 100[\%]$$

  $$= \frac{2}{200} \times 100 = 1[\%]$$

34 다음 중 전원을 일정시간 동안 공급할 수 있는 장치는?

  가. Transformer
  나. AVR
  다. Converter
  라. UPS

  정답 라

해설 UPS의 종류

On-Line 방식	· 정상 전원시에 상시인버터 방식 · 신뢰성을 요구하는 중용량 이상
Off-Line 방식	· 정전 시에 인버터를 동작하는 방식 · 서버전용 (소용량)
Line Interactive 방식	· 축전지와 인버터 부분이 항상 접속

35 평활회로는 어떤 필터의 역할을 수행하는가?

가. LPF
나. HPF
다. BPF
라. BEF

정답 가

해설 평활회로는 잡음을 제거하는 회로로, LPF(Low PAss Filter)특성을 가짐

36 반사계수가 0.2일 때 정재파비는 얼마인가?

가. 1.0
나. 1.5
다. 2.0
라. 2.5

정답 나

해설 전압 정재파비 $VSWR = \dfrac{1+|\Gamma|}{1-|\Gamma|}$

$\Gamma=0.2$ 이므로 ∴ $VSWR = \dfrac{1+0.2}{1-0.2} = 1.5$

37 안테나 실효고 측정방법중의 하나인 표준 안테나에 의한 방법에서 표준 안테나로 주로 사용되는 안테나는?

가. 롬빅 안테나
나. 야기 안테나
다. 루프 안테나
라. 브라운 안테나

정답 다

해설 루프안테나는 수직면에서 무지향성 안테나 특성을 가지고 있어, 실효고 측정 시 기준안테나로 사용됨

38 다음 중 전지의 내부저항을 측정하기 위해 사용되는 브리지로 적합한 것은?

가. 맥스웰(Maxwell)브리지
나. 헤이(Hey)브리지
다. 헤비사이드(Heaviside)브리지
라. 코올라우시(Kohlrausch)브리지

정답 라

해설 브리지 회로의 종류 와 특징

브리지 회로	측정항목
맥스웰 브리지	코일의 자기인덕턴스 와 저항
헤이 브리지	코일의 자기인덕턴스 와 저항
헤비사이드 브리지	코일의 자기인덕턴스 와 저항
코올라우시 브리지	전지의 내부저항 측정

39 다음 중 상호변조의 방지대책에 해당되지 않는 것은?

가. 증폭기를 비선형 영역에서 동작시키지 않는다.
나. 필터를 이용하여 통과대역 밖의 신호를 잘라낸다.
다. 다중화 방식으로 FDM을 사용한다.
라. 입력신호의 레벨을 너무 크게 하지 않는다.

정답 다

해설 상호변조(Inter Modulation)는 두 신호가 상호변조 되어 제3의 주파수를 만들어 내는 것으로, 증폭기에서는 왜곡으로 나타남.
(Mixer(믹서)는 상호변조를 이용하는 소자임)

40 수신기의 안정도는 수신기를 구성하는 어떤 구성요소의 주파수 안정도에 의해 결정되는가?

가. 동조회로
나. 고주파 증폭기
다. 국부 발진기
라. 검파기

정답 다

해설 수신기의 4대 특성
① 안정도 (국부발진기의 안정도 중요)
② 감도 (최소수신전력레벨 과 대역폭 중요)
③ 충실도 (수신소자들의 특성 중요)
④ 선택도 (필터특성이 중요)

제3과목 안테나공학

41 평면파의 설명으로 잘못된 것은? (단, ϵ_0 : 진공의 유전율, μ_0 : 진공의 투자율 ϵ_s : 비유전율, μ_s : 비투자율, C : 빛의 속도)

가. 공중선으로부터 방사된 전파는 공중선부근에서는 구형파이지만 상당히 먼 거리 에서는 평면파로 된다.
나. 전파 속도는 $V = \dfrac{c}{\sqrt{\mu_s \epsilon_s}}[m/sec]$
다. 자유공간임피던스는
$Z_o = \sqrt{\dfrac{\mu_o}{\epsilon_o}} = 120\pi[\Omega]$
라. 진행 방향에 대해서 전계와 자계가 서로 180[°]를 이룬다.

정답 라

해설 진행방향에 전계와 자계는 90도 위상차를 가짐

42 자유 공간의 특성 임피던스는 근사치로 약 얼마인가?

가. 60[Ω]
나. 75[Ω]
다. 377[Ω]
라. 600[Ω]

정답 다

해설 자유 공간 임피던스는 $Z_o = \sqrt{\dfrac{\mu_o}{\epsilon_o}} = 120\pi[\Omega]$
이므로 약 377옴

43 자유공간에서, 전파가 20[μs] 동안 전파되었을 때 진행한 거리는 어느 정도인가?

가. 2[km]
나. 6[km]
다. 20[km]
라. 60[km]

정답 나

해설 거리 = 속도 × 시간
= $(3 \times 10^8) \times (20 \times 10^{-6})$ =6000[m]

44 다음 중 정재파에 대한 설명으로 맞지 않는 것은?

가. 한 방향으로 진행하는 파이다.
나. 정합이 되어 있지 않았을 때 생긴다.
다. 정재파가 크면 클수록 전송 손실이 크다.
라. 전류 전압의 위상은 선로 상 어느 점 에서도 동일하다.

정답 가

해설 정재파 = 진행파 + 반사파
① 진행파 - 한 방향으로 진행하는 파
② 반사파 - 반사되어 나오는 파
③ 정합시에는 진행파만 존재함

45 마이크로파 송신기의 전력 측정에 사용되는 방향성 결합기로 측정할 수 없는 것은?

가. 정재파비   나. 위상차
다. 반사계수   라. 방향성

정답 나

해설 방향성결합기(Directional Coupler)는 반사계수, 방향성, Insertion Loss(삽입 손실)등을 측정할 수 있음. 위상차는 오실로스코프 나 네트워크 애널라이저로 측정할 수 있음

46 다음 중 비 동조 급전선의 설명으로 옳지 않은 것은?

가. 급전선의 길이는 사용파장과 일정한 비례관계를 갖지 않는다.
나. 급전선상에 정재파가 없고 진행파만 존재한다.
다. 정합장치가 필요하다.
라. 전송효율이 동조 급전선보다 나쁘다.

정답 라

해설 비동조 급전방식은 매칭소자를 사용해 급전선 상에 진행파만 존재하게 됨.
① 급전선의 길이와 파장은 비례하지 않음
② 정합장치가 필요함
③ 전송효율이 우수함
④ 급전선상에 진행파만 존재함

47 다음 중 급전선의 필요조건이 아닌 것은?

가. 송신용일 때는 절연내력이 클 것
나. 급전선의 파동 임피던스가 높을 것
다. 전송효율이 좋을 것
라. 유도방해를 주거나 받지 않을 것

정답 나

해설 급전선의 필요조건
① 전송효율이 우수할 것
② 유도방해를 주거나 받지 않을 것
③ 임피던스는 송신출력 = 안테나입력 되어야 함
④ 절연내력이 클 것

48 그림은 $\lambda/4$ 결합기를 나타낸 것이다. 알맞은 조건식은?

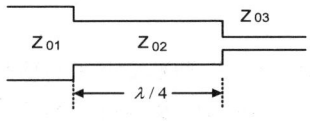

가. $Z_{03} = \sqrt{Z_{02} \cdot Z_{01}}$
나. $Z_{02} = \sqrt{Z_{01} \cdot Z_{03}}$
다. $Z_{01} = \sqrt{Z_{02} \cdot Z_{03}}$
라. $Z_{01} = \sqrt{Z_{01} \cdot Z_{03}}$

정답 나

해설 $\lambda/4$ 결합기를 이용한 매칭조건식
$Z_{02} = \sqrt{Z_{01} \cdot Z_{03}}$

49 다음 중 절대이득을 측정 할 수 있는 표준형 안테나로 사용할 수 있는 안테나는?

가. 혼(Horn) 안테나
나. 웨이브(Wave) 안테나
다. 루프 안테나
라. 롬빅 안테나

정답 가

해설 안테나이득
① 절대이득 (등방성안테나 기준안테나 , dBi)
② 상대이득 (다이폴안테나 기준안테나, dBd)
③ 지상이득 (수직접지안테나 기준안테나)

50 다음 중 다중 접지방식에 대한 설명으로 틀린 것은?

가. 한 점의 접지만으로는 불충분한 경우, 여러 점을 직렬로 접속하여 접지 저항을 줄이는 방식이다.
나. 안테나 전류가 기저부 부근에 밀집하는 것을 피하고 접지저항을 감소시키기 위해 사용한다.
다. 접지 저항은 1~2[Ω]정도 이다.
라. 대전력 방송국의 안테나 접지에 이용한다.

정답 가

해설 다중접지는 병렬로 연결하여 접지저항을 줄이는 방식을 말하며, 1~2옴 정도 접지저항을 가짐. (대전력용)

51 방사효율이 0.7 인 안테나에서 손실전력이 3[W] 일 때, 이 안테나에서 방사되는 전력은?

가. 4[W] 나. 7[W]
다. 10[W] 라. 12[W]

정답 나

해설 방사효율은 입력전력 대 방사전력의 비로 나타냄 효율이 0.7이고 손실이 3[W] 이므로 출력은 7[W]

52 미소다이폴을 수직으로 놓았을 때 수평면의 지향성 계수는?

가. 1 나. 2
다. 1.5 라. 2.5

정답 가

해설 안테나 지향성 계수

구분	수직면 지향성계수 $D(\theta)$	수평면 지향성계수 $D(\phi)$
미소 다이폴	$\sin\theta$	1
반파 다이폴	$\dfrac{\cos(\frac{\pi}{2}\cos\theta)}{\sin\theta}$	1

53 전송선로의 특성에 의한 분류 중 전자계모드의 분류로 옳지 않은 것은?

가. 평형형 나. 동조형
다. 도파관형 라. 불평형형

정답 나

해설 전송선로의 전자계모드는 평형, 불평형, 도파관형으로 분류되며, 급전선과 안테나연결방식에 따라 동조급전, 비동조 급전방식으로 분류함.
*동조급전 : 전압급전, 전류급전(다이폴안테나 등)

54 안테나 Q(Quality Factor)의 파라미터에 해당하지 않는 것은?

가. 선택도 나. 첨예도
다. 양호도 라. 안정도

정답 라

해설 대역폭 $= \dfrac{f_o}{Q}$ (f_o : 공진주파수)로 표현할 수 있다.
Q는 선택도, 첨예도, 양호도를 나타내는 파라미터 이다.

55 지표면에서 전리층을 향해 수직으로 펄스파를 발사한 후 2[ms] 후에 생기는 반사파는 어느 전리층에서 반사한 것인가?

가. D층 나. E층
다. Es층 라. F층

정답 라

해설 전리층은 태양복사에너지와 공기중입자가 이온화되어 층을 형성하는 것을 말함
① D층 – 50km ~ 90km
② E층 – 90km ~ 120km
③ F층 – 200km ~ 400km
∴ 거리 $= (3\times 10^8) \times (1\times 10^{-3}) = 300000[m]$

56 라디오 덕트를 발생시키는 원인으로 볼 수 없는 것은?

가. 육상의 건조한 공기가 해상으로 흘러 들어갈 때
나. 야간에 지표면 쪽의 공기가 상층부의 공기보다 빨리 냉각될 때
다. 고기압권에서 발생한 하강기류가 해면으로 내려 올 때
라. 온난기단이 한랭기단 아래쪽으로 끼어 들어갈 때

정답 라

해설 라디오덕트 발생조건
① 이류-육상의 건조한 공기가 해상으로 이동할때
② 야간냉각-야간에 지표가 먼저 냉각될 때
③ 침강-고기압권에서 하강기류가 해면으로 이동할때
④ 대양성-무역풍이 부는 대양에서 발생

57 신틸레이션 페이딩에 대한 설명 중 틀린 것은?

가. 대기 중의 산란파와 직접파의 간섭에 의해 발생되는 페이딩이다.
나. 전계변동 폭은 파장이 짧을수록 크게 된다.
다. 여름보다 겨울에 많이 발생한다.
라. 방지대책으로 AGC(자동이득조절회로)를 사용한다.

정답 다

해설 대류권에서 생기는 페이딩에는 신틸레이션, 덕트형, K형, 감쇠형 페이딩이 있음. 신틸레이션 페이딩은 대기굴절율이 미세하게 변동하여 굴절파와 직접파가 간섭하여 발생됨 (여름에 많이 발생됨)

58 송·수신점간의 거리가 정해졌을 때 LUF를 결정하는 요인과 거리가 먼 것은?

가. 전리층의 높이
나. 송수신 안테나 이득
다. 수신점에서의 잡음 강도
라. 통신방식

정답 가

해설 LUF(Lowest Usable Frequency)최저사용주파수 임.
송수신안테나이득, 송신전력, 수신점 잡음강도, 통신방식 등이 LUF를 결정하는 요소임

59 지표파 전파의 특징과 관계없는 것은?

가. 지표면 요철에 큰 영향을 받지 않는다.
나. 대지의 도전율이 클수록 멀리 전파한다.
다. 주파수가 높을수록 멀리 전파한다.
라. 수직편파가 잘 전파한다.

정답 다

해설 지표파는 지상파의 주전파임.
주파수가 낮을수록 멀리전파되며, 대지의 도전율이 클수록 멀리 전파됨. 주로 수직편파를 사용함.

60 다음 중 우주잡음에 대한 설명으로 틀린 것은?

가. 태양잡음은 태양의 흑점폭발 등과 같은 열교란에 의해 발생한다.
나. 은하 잡음은 200[MHz] 이상의 주파수를 사용하는 통신에 문제가 된다.
다. 태양잡음을 관측하여 자기폭풍이나 델린져 현상의 예보에 이용할 수 있다.
라. 우주잡음은 태양잡음과 은하잡음으로 분류할 수 있다.

정답 나

해설 우주잡음 중 은하잡음은 빛으로 보이는 은하에서 발생되는 잡음으로 30MHz ~ 수 GHz에 이르는 대역에 영향을 줌.
* 태양잡음 - 장파에서 밀리미터파 까지 모두 영향

해설 영상주파수(Image Frequency)는 중간주파수(IF)에 해당하는 주파수간격에 가상의주파수를 말하며, 중간 주파수를 높게 설정하면 영상주파수 영향은 작아짐.

제4과목 무선통신시스템

61 다음 중 이동통신 고속데이터 전송을 위해 사용되는 터보코드에 대해 잘못 설명한 것은?

가. 터보코드는 콘볼루션 코드를 병렬형태로 구현한 것으로 성능이 매우 좋은 편이다.
나. 별도의 터보 인터리버가 필요하며, 이것은 입력데이터를 랜덤하게 하는 특성이 있어서 좋은 점이 된다.
다. 별도의 터보 인터리빙 수행으로 처리 지연시간이 짧아지는 장점이 있다.
라. 터보코드는 콘볼루션 코드보다 구현 및 처리면에서 복잡하나 특성면에서는 우수하다

정답 다

해설 터보코드는 콘볼루션 코드를 병렬로 구성하여 고속처리가 가능한 채널코딩방식임. 다만, 회로 구성이 복잡하여 지연시간이 발생되는 단점이 있음.

62 다음 중 슈퍼헤테로다인(Superheterodyne) 수신기에서 영상 주파수 방해를 경감하는 방법으로 적합하지 않은 것은?

가. 동조 회로의 Q를 높인다.
나. Trap회로를 사용한다.
다. 고주파 증폭기를 부가한다.
라. 중간 주파수를 낮게 선정한다.

정답 라

63 무선통신의 다중 엑세스(다중접속) 방식에 대한 설명으로 잘못된 것은?

가. 다중 엑세스는 여러 사용자들이 동시에 통화할 수 있도록 하기 위해 공용 자원을 공유하는 것을 말하고, 이 공용 자원은 무선주파수이다.
나. 전통적인 FDMA방식에서 각각의 사용자는 신호를 전송할 수 있는 특정 주파수 대역을 할당 받는다.
다. TDMA방식에서 각 사용자는 전송하기 위한 서로 다른 타임 슬롯을 할당 받는데, 사용자 구분은 시간영역에서 이루어진다.
라. CDMA방식에서 각 사용자의 협대역 신호는 보다 넓은 대역폭으로 확산 되며, 넓은 대역폭은 정보를 전송하기 위해 요구되는 최소 대역폭보다 좁다.

정답 라

해설 다중접속방식에는 FDMA, CDMA, TDMA방식이 있음.
CDMA는 협대역신호를 광대역신호로 직접확산하는 방식으로 정보전송 최소대역보다 광대역특성을 가짐.
직접확산에 사용되는 확산코드는 PN코드 또는 Walsh코드를 이용함.

64 양측파대(DSB)로부터 단일 측파대(SSB)를 얻기 위하여 사용하는 여파기(Filter)는?

가. 고역 여파기   나. 저역 여파기
다. 대역 통과 여파기   라. 대역 제거 여파기

정답 다

해설 AM(진폭변조)를 통해서 얻을 수 있는 출력은 DSB-LC, DSB-SC, SSB, VSB가 있음. SSB는 Single Side Band로 하나의 측파대만을 선택하여 전송하는 방식으로 대역통과필터(BPF)를 이용하여 하나의 측파대를 선택함.

65 다음 중 우리나라에서 사용하고 있는 지상파 디지털TV 전송 표준은?
   가. NTSC   나. ATSC
   다. DVB-T   라. ISDB-T

정답 나

해설 NTSC : 아날로그 TV 표준(북미, 한국)
ATSC : 디지털 TV 표준(북미, 한국)
DVB-T : 이동형 디지털TV 표준(유럽)
ISDB-T : 이동형 디지털TV 표준(일본)

66 DMB(Digital Multimedia Broadcast) 시스템에 대한 설명으로 적합하지 않은 것은?
   가. DMB는 전송수단에 따라 지상파 DMB와 위성 DMB로 구분한다.
   나. CD 수준의 음질과 데이터 또는 영상서비스가 가능하다.
   다. 다양한 디지털콘텐츠를 이동중인 휴대단말기 가입자에게만 서비스가 가능하다.
   라. 고정수신자 및 이동수신자에게 고품질로 제공되는 디지털 멀티미디어 방송서비스를 의미한다.

정답 다

해설 DMB는 고정수신자 및 이동수신자에게 고품질로 제공되는 디지털 멀티미디어 방송서비스를 의미함. 국내에서는 T-DMB 표준으로 이동형단말기에서만 서비스 되고 있음.

67 다음 중 RFID 기술의 특성 설명으로 틀린 것은?
   가. 주파수 대역에 따른 인식성능과 응용범위가 다르다.
   나. 태그(Tag)내 배터리 유무에 따라 액티브 태그 및 패시브 태그로 나눈다.
   다. 저주파일수록 태그 인식속도가 빠르고 고주파일수록 인식속도가 느리다.
   라. 태그 크기는 저주파에서보다 고주파일수록 적은 편이다.

정답 다

해설 RFID는 Tag 와 Reader간의 근거리무선통신 방식으로 Bar Code를 대체할 수 있는 수단으로 표준화 되고 있음. 고주파일수록 인식속도가 빠르지만 전송거리가 짧아지는 단점이 있음.

68 다음 중 Bluetooth에 대한 설명으로 틀린 것은 무엇인가?
   가. ISM (Industrial Scientific Medical)대역에서 사용한다.
   나. 간섭과 페이딩에 저항하기 위하여 Direct Sequence 기술을 사용한다.
   다. TDD (Time Division Duplex) 기술을 사용한다.
   라. 비동기 데이터 채널과 동기음성채널을 동시에 제공 가능하다.

정답 나

해설 Bluetooth(IEEE802.15.1)은 근거리 무선통신기술임
① ISM밴드를 사용함
② 간섭과 비화성유지를 위해서 FHSS방식 사용
③ TDD방식을 사용함
④ 비동기 데이터채널, 동기 음성채널을 모두 제공
⑤ 다양한 기능(음성, 데이터, 멀티미디어)제공

69 다음 중 마이크로웨이브 중계 전송로 설계시 고려 사항이 아닌 것은?

가. Fresnel Zone의 계산
나. 안테나 높이의 결정
다. 반사파 고려
라. 수신 입력단의 소요 C/N비

정답 나

해설 마이크로웨이브 중계설계 시 고려사항
① 프레즈넬존 계산
② 반사파를 고려한 설계
③ 수신입력단의 C/N비
④ 중계방식에는 검파중계, 헤테로다인중계, 직접중계, 무급전중계 방식이 있음

70 우리나라의 3세대 디지털 이동전화에서 사용하는 다원 접속 방식은?

가. CDMA(Code Division Multiple Access)
나. TDMA(Time Division Multiple Access)
다. FDMA(Frequency Division Multiple Access)
라. AMPS(Advanced Mobile Phone System)

정답 가

해설 세대별 기술 및 다원접속방식
2세대 CDMA : CDMA
3세대 WCDMA(UMTS) : CDMA
4세대 LTE : OFDM

* CDMA
다수의 이용자가 서로 다른 코드를 사용하여 하나의 기지국에 다중접속하는 방식으로 대역확산(직접확산)기술을 사용함.
장점으로는 비화성을 유지할 수 있으며, 다른 전파의 간섭이나 혼신방해에도 강함. 주파수 재사용 계수=1 로 주파수계획이 요구되지 않아 주파수사용 효율이 매우 우수. 핵심요구사항으로는 전력제어, Rake수신기, 핸드오버(소프트, 소프터) 기술이 있음.
단점으로는 PN코드발생기, 전력제어기술이 필요해 H/W적인 구현이 매우 복잡함.

71 이동통신에서 사용되는 대역확산 변조 방식인 DS-CDMA에서는 확산코드로 정보 비트를 확산한다. 전송 정보 비트와 확산코드가 아래 그림과 같다면 확산이득은 얼마인가?

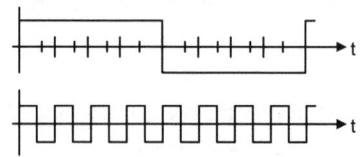

가. 1 나. 2
다. 4 라. 8

정답 라

해설 확산이득(Processing Gain)은
$= \dfrac{\text{확산신호주기}}{\text{신호주기}} = \dfrac{8}{1} = 8$

72 다음 중 통신 프로토콜의 주요 특징에 대한 설명으로 틀린 것은?

가. Syntax: 데이터 블록의 형식 규정
나. Semantics: 에러처리를 위한 제어 정보의 규정
다. Timing: 전송속도의 동기나 순서 등의 규정
라. Format : 프로토콜의 각 상태의 동작 규정

정답 라

해설 프로토콜이란 송수신간의 약속을 말하며, 프로토콜의 기능은 구문, 의미, 타이밍으로 나타낼 수 있음

73 다음 중 계층과 관련기술을 잘못 짝지은 것은?

가. 물리 계층 - DTE/DCE
나. 데이터링크 계층 - HDLC
다. 네트워크 계층 - LDAP
라. 전달계층 - TCP

정답 다

해설 LDAP은 응용계층 프로토콜로 디렉토리 서비스를 조회하고 수정하는 프로토콜임.

74 다음 중 모바일 IP의 구성요소가 아닌 것은?

가. 모바일 노드   나. 홈 에이전트
다. 외부 에이전트   라. 무선 랜카드

정답 라

Mobile IP는 TCP/IP 프로토콜을 사용하는 이동 단말 간의 이동성 제어기능을 함.

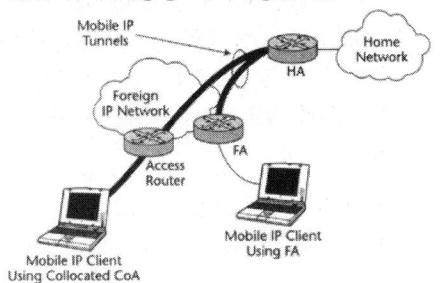

75 다음 중 프로토콜에 관한 설명으로 옳은 것은?

가. 통신하는 두 지점 사이에 적용되는 규칙이다.
나. 통신 연결에서 상하위 레벨사이에만 적용된다.
다. 소프트웨어 레벨에서만 프로토콜이 적용된다.
라. 주로 기술문서 형태로 작성된다.

정답 가

프로토콜이란 송수신간의 약속을 말하며, 프로토콜의 기능은 구문, 의미, 타이밍으로 나타낼 수 있음.
WLAN 프로토콜 = IEEE802.11
WPAN 프로토콜 = IEEE802.15
WMAN 프로토콜 = IEEE802.16

76 다음 중 상위의 계층에서 주어진 정보를 공통으로 이해할 수 있는 표현형식으로 변환하는 기능을 제공하는 계층은?

가. 네트워크 계층   나. 세션 계층
다. 표현 계층   라. 응용 계층

정답 다

OSI 7Layer의 구조

계층	명 칭	기 능
7	응용계층	응용프로그램
6	프리젠테이션계층	데이터 압축 및 암호화
5	세션계층	응용프로세스 간 통신
4	전달계층	End to End 제어
3	네트워크계층	패킷전송, 경로제어
2	데이타링크계층	동기, 에러, 흐름제어 Node to Node
1	물리계층	물리적 인터페이스

77 다음 중 무선국의 무선설비에 비치하여야 할 예비품이 아닌 것은?

가. 브레이크인 릴레이
나. 고정측정기
다. 공중선용 단자
라. 가변저항기

정답 다

무선국 무선설비에 비치할 항목
(무선설비규칙, 10[W] 이상의 무선설비에 적용)
① 브레이크인 릴레이
② 고정측정기
③ 가변저항기
④ 퓨즈
⑤ 증류수
⑥ 송신용 진공관과 정류관
⑦ 송신용 수정발진자
⑧ 공중선용 선조
⑨ 공중선용 애자

78 다음 중 무선통신시스템의 유지보수 기능이 아닌 것은?

가. 무선통신망 보안관리 기능
나. 무선통신망 상태관리 기능
다. 무선통신망 고장관리 기능
라. 무선통신망 고객관리 기능

정답 라

[해설] 통신시스템의 유지보수(시스템관리) 목표
① 구성관리
② 성능관리 (고장관리)
③ 장애관리
④ 보안관리
⑤ 장치관리 (상태관리)

79 다음 중 잡음방해의 개선 방법으로 적합하지 않은 것은?

가. 수신 전력을 크게 한다.
나. 수신기의 실효대역폭을 넓게 한다.
다. 적절한 통신방식을 선택한다.
라. 송신전력을 크게 하고 수신기를 차폐한다.

정답 나

[해설] 잡음방해 개선방법
① 수신전력을 크게 함
② 수신기의 실효대역폭을 좁게 함
③ 적절한 통신방식을 선택
④ 송신전력을 크게 하고 수신기를 차폐

80 저주파 전력증폭기의 출력측 기본파 전압이 80[V], 제2, 제3 고조파 전압이 각각 8[V], 6[V]라면 왜율은 얼마인가?

가. 12.5 [%]
나. 16.5[%]
다. 25.0[%]
라. 33.0[%]

정답 가

[해설] $K = \dfrac{\sqrt{V_2^2 + V_3^2}}{V_1} = \dfrac{10}{80} \times 100 = 12.5\%$

제5과목 전자계산기일반 및 무선설비기준

81 다음 문장이 설명하는 시스템은 무엇인가?

> 시스템 내에 여러 프로세서를 통해 처리 작업을 분담하여 동시에 처리 할 수 있다. 따라서 많은 양의 데이터를 처리하고 빠르게 작업을 완료할 수 있으며 많은 입출력 장치의 요구를 수용할 수 있다.

가. 병렬 처리 시스템   나. 혼합 시스템
다. 데이터 시스템   라. 직렬 시스템

정답 가

[해설] 많은 수의 프로세서들로 하나의 시스템을 구성할 수 있도록 작고 저렴하면 고속인 프로세서들의 사용이 가능해야 병렬처리의 조건이 됨.

82 메모리 인터리빙(Memory Interleaving)의 사용 목적은?

가. 메모리의 저장 공간을 높이기 위해서
나. CPU의 Idle Time을 없애기 위해서
다. 메모리의 Access 횟수를 줄이기 위해서
라. 명령들의 Memory Access 충돌을 막기 위해서

정답 라

[해설] 메모리 인터리빙이란 주기억장치를 접근하는 속도를 빠르게 하는데 사용됨. 복수의 메모리와 CPU간의 주소버스가 하나로 구성되어 충돌방지 가능.

83 다음 중 기계어로 번역된 프로그램은?

가. 목적 프로그램(Object Program)
나. 원시 프로그램(Source Program)
다. 컴파일러(Compiler)
라. 로더(Loader)

정답 가

해설 원시프로그램 - 컴파일러 - 목적프로그램
① 원시프로그램이란 임의의 언어로 쓰여진 프로그램
② 컴파일러는 기계어코드로 변환시켜주는 프로그램
③ 목적프로그램은 기계어코드를 말함

84 두 2진수 A, B에 대하여, 'A - B'는 다음의 어느 연산과정과 같은가? (단, 2진수는 2의 보수로 표현한다.)

가. 각 A의 비트 값들에 NOT 연산을 한 후 B를 더한다.
나. 각 B의 비트 값들에 NOT 연산을 한 후 A를 더한다.
다. 각 A의 비트 값들에 NOT 연산을 한 후 B를 더하고 1을 더한다.
라. 각 B의 비트 값들에 NOT 연산을 한 후 A를 더하고 1을 더한다.

정답 라

해설 A-B는 2진 뺄셈기로 [A + (B에 대한 2의 보수)]
* 1의 보수에 의한 뺄셈을 할 때, Carrier가 발생되면 +1 을 더해 줌.

85 운영체제에서 폴더와 파일들은 어떤 구조로 구성되어 있는가?

가. 트리(Tree) 나. 큐(Queue)
다. 스택(Stack) 라. 배열(Array)

정답 가

해설 운영체제의 폴더와 파일은 Tree구조로 구성됨.

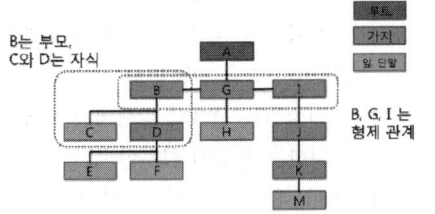

* A 와 B, G, I 는 부모자식 관계.
* B, G, I 는 서로 형제 관계.
* B와 M 은 아무 관계도 아님

86 다음 중 자기 디스크의 특징이 아닌 것은?

가. 자기 드럼보다 Access Time이 빠르다
나. 자기 드럼보다 기억용량이 매우 크다.
다. 각각의 트랙에는 데이터가 고정 크기의 블록 단위로 저장된다.
라. 고속, 대용량의 보조기억장치로 널리 이용된다.

정답 가

해설 자기디스크
① 고정길이 블록으로 트랙에 저장
② 고속, 대용량 보조기억장치임
③ 자기드럼 보다 기억용량이 큼
④ 단, 자기드럼은 Access Time이 매우 빠름

87 2진수 101110011에 대해 BCD 코드로 변환되고, 이를 3-초과 코드와 그레이 코드로 표현한 것으로 옳은 것은?

[BCD코드 : 3-초과 코드 : 그레이 코드]

가. 0001 1000 0111 : 0100 1011 1010 : 0001 1010 0100
나. 0001 1000 0111 : 0100 1011 1100 : 0001 1010 0100
다. 0001 1000 0111 : 0100 1011 1010 : 0001 1100 0100
라. 0001 1000 0111 : 0100 1011 1100 : 0001 1100 1001

정답 다

해설
BCD코드 : 8421코드
2진수 : 10111011 :   1   8   7
 sol1〉 BCD코드 : 0001 1000 0111
 sol2〉 3초과코드 : 0100 1011 1010
 sol3〉 gray코드 : 0001 1100 0100

```
2진 코드    0 ⊕ 1 ⊕ 1 ⊕ 1
            ↓   ↓   ↓   ↓
그레이 코드  0   1   0   0
```

88 다음 문장의 괄호 안에 들어갈 용어는?

> 컴퓨터는 ( ) 요청신호가 입력되면 프로그램 실행 중에 있는 CPU가 정상적인 처리를 멈추고 ( )에 대한 처리를 마친 후 정상적인 처리를 다시 수행하게 된다.

가. Recursive 나. DUMP
다. DMA   라. Interrupt

정답 라

해설 인터럽트에 대한 설명임.

89 디스크를 사용하려면 최초에 반드시 해야 할 사항은 무엇인가?

가. 내용을 삭제 후 잠근다.
나. 파티션을 만들고 포맷한다.
다. 폴더와 파일들로 채운다.
다. 시분할(Time Slice)한다.

정답 나

해설 디스크를 사용하기 전 파티션을 만들고 포맷을 한 후에 사용할 수 있음.

90 다음 중 설명이 틀린 것은?

가. 하드웨어가 이해할 수 있는 언어를 기계어라고 부른다.
나. 기계어에 대응되어 만들어지는 어셈블리어는 각각 다르다.
다. C,PASCAL,FORTRAN 등은 고급언어이다.
라. 어셈블리어는 기계어라고 부른다.

정답 라

해설 기계어는 0과 1로 표현되는 언어(Low Level)임. 어셈블리어는 명령어를 가진 프로그래밍언어임. 프로그래밍 언어를 좀더 쉽고 간편하게 만든 것이 C, PASCAL, FORTRAN 등이 있음.

91 심사에 의한 주파수 할당 시 고려사항과 거리가 먼 것은?

가. 전파자원 이용의 효율성
나. 전파자원 이용의 편리성
다. 신청자의 재정적 능력
라. 신청자의 기술적 능력

정답 나

해설 전파법 제12조(심사에 의한 주파수할당)
① 전파자원 이용의 효율성
②. 신청자의 재정적 능력
③ 신청자의 기술적 능력
④ 할당하려는 주파수의 특성이나 그 밖에 주파수 이용에 필요한 사항

92 특정한 주파수를 이용할 수 있는 권리를 특정인에게 부여하는 것은 무엇인가?

가. 주파수분배
나. 주파수할당
다. 주파수지정
라. 주파수부여

정답 나

해설 전파법 제2조 (정의)
" 주파수할당 "이란 특정한 주파수를 이용할 수 있는 권리를 특정인에게 주는 것을 말한다.

93 다음 중 무선국이 갖추어야 할 개설조건에 속하지 않는 것은?

가. 통신사항이 개설목적에 적합할 것
나. 개설목적의 달성에 필요한 최소한의 공중선전력을 사용할 것
다. 무선설비는 선박의 항행에 지장을 주지 아니하는 장소에 설치할 것
라. 이미 개설되어 있는 다른 무선국의 운용에 지장을 주지 아니할 것

정답 다

해설 전파법 제20조의 2(무선국의 개설조건)
① 통신사항이 개설목적에 적합할 것
② 시설자가 아닌 타인에게 그 무선설비를 제공하는 것이 아닐 것.
③ 개설목적 · 통신사항 및 통신상대방의 선정이 법령에 위반되지 아니할 것
④ 개설목적의 달성에 필요한 최소한의 주파수 및 공중선 전력을 사용할 것
⑤ 무선설비는 인명 · 재산 및 항공의 안전에 지장을 주지 아니하는 장소에 설치할 것
⑥ 이미 개설되어 있는 다른 무선국의 운용에 지장을 주지 아니할 것

94 전파법에 따라 적합성평가를 받은 기자재를 적합성평가 기준대로 조사 또는 시험하는 행위는 다음 중 어느 것에 해당되는가?
가. 사전관리
나. 사후관리
다. 인증관리
라. 기기관리

정답 나

해설 전파법 의거 "방송통신기자재등의 적합성 평가에 관한 고시 제2조 (정의)
"사후관리"라 함은 적합성평가를 받은 기자재가 적합성평가기준대로 제조·수입 또는 판매되고 있는지 조사 또는 시험하는 것을 말한다.

95 다음 중 적합등록 대상기자재는?
가. 디지털 선택호출 전용수신기
나. 이동가입무선전화장치
다. 수색구조용 위치정보 송신장치의 기기
라. 네비텍스 수신기

정답 나

해설 답이 없음.
보기는 모두 "적합인증 대상기자재" 내역임.
* 적합인증 : 무선전화경보자동수신기, 선박국용 레이더, 전화기, 모뎀 등
* 적합등록 : 컴퓨터기기 및 주변기기, 방송수신기기, 계측기, 산업용기기, 콘넥터 등
* 잠정인증 : 적합성평가기준이 마련되지 않은 신규 개발기기

96 무선설비 각 공사에 있어서 기술적 공법, 작업방법 등 공사 특별사항을 작성한 시방서를 무엇이라고 하는가?
가. 공사시방서
나. 표준시방서
다. 전문시방서
라. 특별시방서

정답 라

해설 시방서의 종류에는 일반시방서와 특별시방서가 있음.

97 송신설비의 공중선 등 고압전기를 통하는 장치는 사람이 보행하거나 기거하는 평면으로부터 몇 미터 이상의 높이에 설치하여야 하는가?
가. 2[m]   나. 2.5[m]
다. 3[m]   라. 3.5[m]

정답 나

해설 무선설비규칙 제4장 안전시설기준 제18조(무선설비의 안전시설)
① 송신설비의 공중선 · 급전선 등 고압전기를 통하는 장치는 사람이 보행하거나 기거하는 평면으로부터 2.5m 이상의 높이에 설치되어야 한다. 다만, 다음 각 호의 어느 하나에 해당하는 경우에는 그러하지 아니하다.

98 전자파 장해를 일으키는 기자재가 '전자파 적합'의 판정을 받으려면 다음 중 어느 기준에 적합 하여야 하는가?

가. 전기통신설비에 관한 기술기준
나. 정보통신기기 인증규칙
다. 전자파장해 방지기준
라. 전자파강도 측정기준

정답 다

해설 전자파장해방지기준(전파연구소전자파시험과) 제2조(적용범위)
① 전자파장해방지기준은 방송통신 기자재 등의 적합성 평가에 관한 고시 제3조에 따른 대상 기자재(이하 "대상기기"라 한다)에 적용한다.

99 주파수허용편차에 대하여 올바르게 설명한 것은?

가. 일반적으로 백분율로 표시한다.
나. 전파를 발사하는 발사전력의 99[%]를 포함하는 주파수
다. 주어진 발사에서 용이하게 식별되고 측정할 수 있는 주파수
라. 발사에 의하여 점유하는 주파수대의 중심주파수와 지정주파수 사이에서 허용될 수 있는 최대편차

정답 라

해설 주파수허용편차
① 발사에 의하여 점유하는 주파수대의 중심주파수와 지정주파수 사이에서 허용될 수 있는 최대편차

100 다음 중 감리사의 주요 임무 및 책임사항으로 옳지 않은 것은?

가. 감리사는 설계 감리 업무를 수행함에 있어 발주자와 계약에 따라 발주자는 설계 감독 업무를 수행한다.
나. 감리사는 해당 설계용역의 설계용역 계약문서, 설계 감리 파업내용서, 그 밖의 관계 규정 내용을 숙지하고 해당 설계용역의 특수성을 파악한 후 설계 감리 업무를 수행하여야 한다.
다. 감리사는 설계용역 성과검토를 통한 검토 업무를 수행하기 위해 세부 검토사항 및 근거를 포함한 설계 감리 검토목록을 작성하여 관리 하여야 한다.
라. 감리사는 설계자의 의무 및 책임을 면제시킬 수 있으며, 임의로 설계용역의 내용이나 범위를 변경시키거나 기일 연장 등 설계용역 계약조건과 다른 지시나 결정을 하여서는 안 된다.

정답 라

해설 감리사는 설계자의 의무 및 책임을 면제시킬 수 없으며, 임의로 설계를 변경시키거나, 기일연장 등 공사 계약조건과 다른 지시나 결정을 하여서는 안 된다.

2014년 기사1회 필기시험

국가기술자격검정 필기시험문제

2014년 기사1회 필기시험

자격종목 및 등급(선택분야)	종목코드	시험시간	형 별	수검번호	성 별
무선설비기사		2시간 30분			

제1과목 디지털 전자회로

01 다음과 같은 용량성 캐패시터를 이용한 평활 회로의 특징으로 옳지 않은 것은?

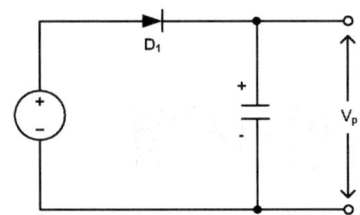

가. 정류파형의 주파수가 높을수록 맥동률은 적어진다.
나. 부하저항이 클수록 맥동률은 적어진다.
다. 정류파형의 주파수는 맥동률과 무관하다.
라. 캐패시터 용량값이 클수록 맥동률은 적어진다.

정답 다

해설 용량성(콘덴서) 평활 회로
$$r = \frac{1}{2\sqrt{3}fCR_L}$$

02 다음 중 정류회로를 평가하는 파라미터에 해당되지 않는 것은?

가. 최대역전압 나. 궤환율
다. 전압변동률 라. 정류효율

정답 나

해설 궤환율은 증폭기나 발진기에서 사용하는 파라미터이다.

03 정류회로에서 다이오드를 병렬로 여러 개 접속시킬 경우에 나타나는 특성으로 옳은 것은?

가. 과전압으로부터 보호할 수 있다.
나. 과전류로부터 보호할 수 있다.
다. 정류기의 역방향 전류가 감소한다.
라. 부하출력에서 맥동률을 감소시킬 수 있다.

정답 나

해설 다이오드를 직렬로 연결하면 과전압 보호
다이오드를 병렬로 연결하면 과전류 보호

04 다음 증폭기 회로에서 $\beta = 200$인 경우 컬렉터 전류 I_C는 얼마인가?

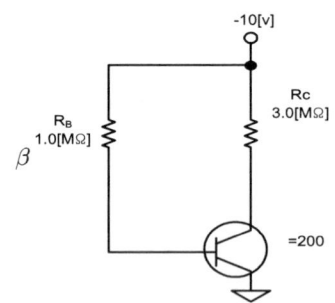

가. 1.25[mA]
나. 2.00[mA]
다. 10.1[mA]
라. 1.86[mA]

정답 라

해설 컬렉터 전류
$I_B = \dfrac{V_{CC} - V_{BE}}{R_B} = \dfrac{10 - 0.7}{1 \times 10^6} = 9.3[\mu A]$
② $I_C = \beta I_B = 200 \times 9.3 \times 10^{-6} = 1.86[mA]$

05 다음 중 트랜지스터 증폭 특성에 대한 설명으로 틀린 것은?

가. 공통 베이스 회로의 입력 임피던스는 작고 출력 임피던스는 크다.
나. 공통 베이스 회로의 전류 이득과 공통 컬렉터 회로의 전압 이득은 모두 1보다 크다.
다. 공통 컬렉터 회로의 입력 임피던스는 크고 출력 임피던스는 작아 임피던스 매칭 회로로 사용된다.
라. 증폭 회로의 입출력 위상관계는 공통 베이스 및 컬렉터 회로의 경우 동일 위상이고 공통 이미터의 경우 반전된 위상이다.

정답 나

해설

구 분	베이스 접지	에미터 접지	콜렉터 접지 (에미터 플로어)
전류이득 A_i	최소	중간	최대
전압이득 A_v	최대	중간	최소
입력저항 R_i	최소	중간	최대
출력저항 R_o	최대	중간	최소
입·출력 위상	동상	역상	동상

06 잡음지수가 3[dB]이고 증폭도가 20[dB]인 전치 증폭기를 잡음지수가 5[dB]인 종속 증폭기에 연결하면 종합잡음지수는 얼마가 되는가?

가. 3[dB]　　나. 3.2[dB]
다. 5[dB]　　라. 5.2[dB]

정답 나

해설

$$F = F_1 + \frac{F_2 - 1}{G_1} \fallingdotseq F_1.$$

종합잡음지수를 계산하기 위해서는 dB로 된 값을 자연수로 바꾸어야 함.
즉, 3dB →2, 20dB→100, 5dB →3.16

따라서 $total\ F = 2 + \dfrac{3.16 - 1}{100} = 2.02$
$NF = 10\log 2.02 = 3.05 dB \cong 3.2 dB$

07 다음 중 증폭기에 대한 설명으로 옳은 것은?

가. 교류성분을 직류성분으로 변환하기 위한 전기 회로다.
나. 다이오드를 사용하여 교류 전압원의 (+) 또는 (-)의 반 사이클을 정류하고, 부하에 직류 전압을 흘리도록 한다.
다. 교류(AC)를 직류(DC)로 바꾸는 여러 과정 가운데 맥류를 완전한 직류로 바꾸어 준다.
라. 입력의 신호변화 형상이 출력단에 확대되어 복사시킨다.

정답 라

해설 증폭기는 입력의 신호가 출력단에 확대되어 나타난다.

08 외부로부터의 전기적인 신호가 없어도 회로 내에서 전기진동을 발생하는 회로를 무엇이라 하는가?

가. 발진회로　　나. 변조회로
다. 정류회로　　라. 전원회로

정답 가

해설

회 로	특 징
발진회로	지속적인 전기진동을 발생
변조회로	정보를 반송파에 실어주는 회로
정류회로	AC전원을 DC전원으로 변환
전원회로	안정적인 DC 출력을 발생

09 발진회로에서 발진을 지속하기 위해 필요한 과정은?

가. 출력신호의 일부분을 부궤환시킨다.
나. 출력신호의 일부분을 정궤환시킨다.
다. 외부로부터 지속적으로 입력신호를 제공한다.
라. L과 C 성분을 제거한다.

정답 나

🔍 해설

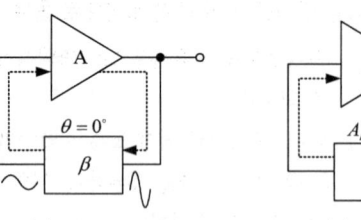

(a) phase shift　　　(b) loop gain
발진의 조건

① loop gain($A\beta$)=1
② phase shift =0° (입력신호 정궤환)

10 다음 중 변조과정에 대한 설명으로 옳은 것은?

가. 반송파에 정보신호(음성·화상·데이터 등)를 싣는 것을 변조라 한다.
나. 변조된 높은 주파수의 파를 반송파라 한다.
다. 변조는 소신호로 대전류를 제어하는 것이다.
라. 저주파는 음성 신호파를 운반하는 역할을 하므로 피변조파라 한다.

정답 가

🔍 해설 변조는 반송파에 정보신호를 싣는 과정을 말한다.

11 FM에서 최대 주파수편이가 60[kHz]이고 최대 변조 주파수가 6[kHz]라 하면 변조도는 얼마인가? (단, 변조지수는 8이다)

가. 6[%]　　　나. 60[%]
다. 80[%]　　　라. 120[%]

정답 다

🔍 해설 FM 변조도
$k_f = \dfrac{변조주파수 \times 변조지수}{최대\ 주파수편이(\Delta f)} \times 100[\%]$
$= \dfrac{6 \times 8}{60} \times 100[\%] = 80[\%]$

12 다음 그림은 이상적인 펄스를 나타낸 것이다. 펄스의 듀티 싸이클(Duty Cycle) D의 식으로 맞는 것은?

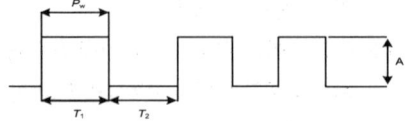

가. $D = \dfrac{P_w}{T_2} \times 100[\%]$

나. $D = \dfrac{P_w}{T_1 + T_2} \times 100[\%]$

다. $D = \dfrac{A}{T_1} \times 100[\%]$

라. $D = \dfrac{A}{T_1 + T_2} \times 100[\%]$

정답 나

🔍 해설 듀티사이클은 펄스 주기에서 펄스폭이 점유하는 시간의 비이다.

13 트랜지스터의 스위칭 시간에서 Turn-on 시간은?

가. 하강시간
나. 하강시간 + 축적시간
다. 축적시간
라. 상승시간 + 지연시간

정답 라

🔍 해설 펄스의 특징

펄스	특 징
상승시간	펄스가 10[%]에서 90[%] 상승시간
하강시간	펄스가 90[%]에서 10[%] 하강시간
지연시간	입력진폭이 10[%]될 때 까지 시간
축적시간	출력펄스가 최대진폭의 90[%]까지
턴온시간	상승시간 + 지연시간
턴오프시간	하강시간 + 축적시간

14 0과 1의 조합에 의하여 어떠한 기호라도 표현될 수 있도록 부호화를 행하는 회로를 무엇이라고 하는가?

가. Decoder
나. Detector
다. Encoder
라. Comparator

정답 다

해설 신호를 0과 1로 부호화를 행하는 회로를 Encoder라 하며, 부호화된 신호를 다시 원신호로 복호화 하는 과정을 Decoder라 한다.

15 다음 그림과 같은 논리회로 출력의 값과 그 기능은?

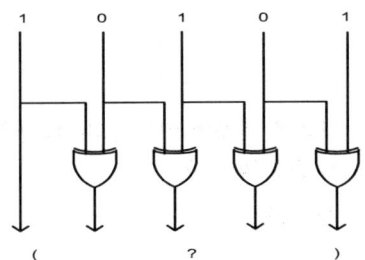

가. 11011, 패리티 점검
나. 11000, 양수, 음수 점검
다. 11111, 코드 변환
라. 10000, 패리티 변환

정답 다

해설 두 입력을 EX-OR과정을 거쳐 그레이 코드로 변환하는 회로이다.

16 3_{10}을 Gray Code로 변환하면?

가. 0010
나. 0001
다. 0100
라. 0110

정답 가

해설 3_{10} = 0011_2
2진수에서 Gray Code 변환 (EX-OR 동작)

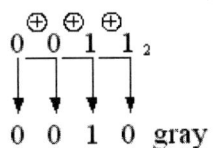

17 기억된 내용을 자외선을 비추어 소거시키는 ROM은?

가. EPROM
나. EAROM
다. MASK ROM
라. EEPROM

정답 가

해설 ROM(Read Only Memory)

종류	특징
ROM	읽기만 할 수 있음
EPROM	자외선으로 지울 수 있음
EEPROM	전기적으로 지울 수 있음

18 다음 중 환형 계수기(Ring Counter)와 같은 기능을 갖는 것은?

가. BCD 계수기
나. 가역 계수기
다. 시프트 레지스터
라. 순환 시프트 레지스터

정답 라

해설 시프트 레지스터(Shift Register)를 응용한 카운터를 시프트 레지스터형 카운터 또는 시프트 카운터(Shift Counter)라고도 한다. 이것은 동기식 카운터의 일종이며 두 가지 종류가 있는데, 그 하나는 링 카운터(Ring Counter)이고, 또 다른 하나는 존슨 카운터(Johnson Counter)이다.

2014년 무선설비기사 기출문제

19 디지털 논리 소자에서 회로 동작을 손상시키지 않으면서 출력에 연결할 수 있는 동일한 논리 게이트의 수를 무엇이라고 하는가?

가. Settling
나. Fan-Out
다. Hold
라. Setup

정답 나

해설 디지털 IC 특성

① 팬아웃(Fan Out) : 한 개의 게이트 출력단자에 연결하여 무리 없이 구동할 수 있는 표준 부하 수
"C-MOS 〉 ECL 〉 TTL 〉 HTL"

② 전력소모(Power dissipation) : 게이트 구동을 위해 게이트 자체에서 소모되는 전력
"C-MOS 〈 TTL 〈 HTL 〈 ECL"

③ 전파지연시간(Propagation delay) : 입력 신호레벨이 변할 때 출력 신호레벨이 변하는데 걸리는 시간
"ECL 〉 TTL 〉 C-MOS 〉 HTL"

④ 잡음여유(Noise margin) : 출력회로가 오동작하지 않는 범위에서 허용할 수 있는 잡음 전압여유
"HTL 〉 C-MOS 〉 TTL 〉 ECL"

20 카운터(Counter)를 이용하여 컨베이어 벨트를 통과하는 생산품의 개수를 파악하려고 한다. 최대 500개의 생산품을 카운트하기 위한 카운터를 플립플롭을 이용 제작할 때 최소한 몇 개의 플립플롭이 필요한가?

가. 5
나. 7
다. 9
라. 11

정답 다

해설 필요한 플립플롭의 개수를 n 이라고 하면 $2^{n-1} \leq N \leq 2^n$ 이어야 한다.
문제에서 $2^{n-1} \leq 500 \leq 2^n$ 이므로 $n=9$, 즉 9개의 플립플롭이 필요하다.

제2과목 무선통신기기

21 심볼 간격이 T인 펄스신호를 Nyquist 기저대역(baseband) 채널을 통해 전송하고자 한다. 이 때 요구되는 기저대역 채널대역폭은?

가. $\dfrac{1}{2T}$
나. $\dfrac{2}{T}$
다. $\dfrac{1}{T}$
라. $\dfrac{3}{2T}$

정답 가

해설 Nyquist 채널대역폭은 $\dfrac{1}{2T}$ 로 (1/주기)로 나타낼 수 있음. Nyquist 채널대역폭 이상의 대역폭을 확보해야만 전송에러 없이 전송할 수 있음.

22 다음 중 정보에 따라 주파수를 변환시키는 디지털 변조 방식은?

가. ASK
나. FSK
다. PSK
라. QAM

정답 나

해설 FSK는 주파수를 변화시키는 디지털변조방식이다.
ASK(진폭변화), PSK(위상변화), QAM(진폭+위상변화) 시키는 디지털 변조방식임.

23 다음 중 수신기의 성능 지수인 선택도를 나타내는 주파수 특성에서 얻을 수 없는 것은?

가. 대역폭
나. 옥타브 감쇄 경도
다. 평균 감쇄 정도
라. 스퓨리어스 응답

정답 라

해설 스퓨리어스 응답특성은 수신기 성능이 아닌, 송신기에서 발생되는 2차,3차 하모닉 성분의 크기를 나타내는 수치를 나타냄. 수신기 성능지수는 감도, 선택도, 안정도, 충실도를 말함.

24 위성 통신에 사용되는 주파수 대역 중 12.5 ~ 18 [GHz]를 무엇이라고 하는가?
가. C 나. Ku
다. Ka 라. X

정답 나

해설 위성통신에서 가장 많이 사용하는 주파수 대역은 Ku밴드로 12.5[GHz] ~ 18[GHz]를 말함.

C	4[GHz] ~ 8[GHz]
X	8[GHz] ~ 12.5[GHz]
Ku	12.5[GHz] ~ 18[GHz]
K	18[GHz] ~ 26.5[GHz]
Ka	26.5[GHz] ~ 40[GHz]

25 다음 중 FM 수신기에 대한 설명으로 틀린 것은?
가. 점유주파수 대역폭이 AM 방식보다 넓다.
나. 잡음에 의한 찌그러짐이 AM 방식보다 많다.
다. 신호대 잡음비가 AM 방식에 비해 양호하다.
라. 진폭 제한기에 의해 진폭성분의 잡음을 감소시킬 수 있다.

정답 나

해설 FM은 AM방송보다 다양한 장점을 가지고 있음.

장점	잡음에 강인함
장점	잡음에 의한 왜곡에 강함
장점	신호대잡음비(S/N)가 우수함
장점	음성품질이 우수함
단점	대역폭이 넓어짐

26 다음 중 레이더 기술에 대한 설명으로 틀린 것은?
가. 야간이나 시계가 불량한 경우 레이더를 사용하면 안전한 항해를 할 수 있다.
나. 거리와 방위를 구할 수 있으므로 목표물의 위치 및 상대속도 등을 구할 수 있다.
다. 특수레이더의 경우 강렬한 열대성 폭풍(태풍)의 위치와 강우의 이동 등 다양한 용도로 사용할 수 있다.
라. 기상조건에 영향을 많이 받으므로 주로 가시거리 내에서 사용된다.

정답 라

해설 레이다(Radar)는 초고주파를 이용해 직진성이 우수해 기상조건에 큰 영향을 받지 않으며, 송신기 출력, 수신기 안테나 이득에 따라 원거리 측정도 가능함.

27 통신위성이나 방송위성의 중계기(트랜스폰더)에 사용되는 중계방식은?
가. 헤테로다인 중계방식
나. 재생 중계방식
다. 무급전 중계방식
라. 직접 중계방식

정답 라

해설 마이크로웨이브에서 사용하는 중계방식의 종류이다. 트랜스폰더(중계기)에서는 직접중계방식을 주로 사용함.

헤테로다인 중계	가장 효율적임
재생 중계	가장 비싼방식(성능 최우수)
무급전 중계	가장 저렴함(성능 최하)
직접 중계	트랜스폰더에서 주로 사용

2014년 무선설비기사 기출문제

28 FSK신호의 전송속도가 1,200[bps]이면 보(baud) 속도는 얼마인가?

가. 300[baud]
나. 400[baud]
다. 600[baud]
라. 1,200[baud]

정답 라

해설) 신호속도 = [bps] × [Baud]임.
1200[bps] = 1bit × Baud 이므로 1200[Baud] 임.
- ASK, FSK, BPSK는 1bit 1symbol
- QPSK, QAM 은 2bit 1symbol

29 다음 중 OFDM에 대한 설명으로 틀린 것은?

가. 다수 반송파 시스템으로서 반송파 사이에 직교성이 보장되도록 한다.
나. 주파수 선택성 페이딩이나 협대역 간섭에 강인하게 사용할 수 있다.
다. 송수신단에서 복수의 반송파를 변복조하기 위해 IFFT/FFT를 사용할 수 있으므로 간단한 구조로 고속 구현이 가능하다.
라. 부반송파들을 분리하기 위해 보호대역이 필요하다.

정답 라

해설) OFDM은 부반송파들을 분리하기 위해 직교하는 코드를 사용하므로 부반송파간 겹쳐서 사용할 수 있음.
보호대역(Guard Band)이 필요한 방식은 FDM 방식임.

30 다음 중 단측파대(SSB) 송수신기의 설명으로 틀린 것은?

가. 송신기가 소형이고 무게가 가볍다.
나. 적은 송신전력으로 통신이 가능하다.
다. 송수신기의 회로구성이 단순하다.
라. 점유주파수대역폭이 1/2로 축소된다.

정답 다

해설) SSB방식은 양측파대(상측파, 하측파)중 하나를 선택(필터방식, Phase Shift방식)해 전송하는 방식으로 소형, 저전력, 대역폭축소의 장점은 있지만, 송수신기 회로가 복잡한 단점이 있음.

31 다음 중 정류회로의 종류가 아닌 것은?

가. 반파 정류회로
나. 전파 정류회로
다. 평활회로
라. 배전압 정류회로

정답 다

해설) 정류기(AC를 DC로변환해 주는장치)는 정류회로 + 평활회로 + 정전압회로 로 구성됨.

정류회로	반파, 전파, 배전압 정류회로
평활회로	L형, π형 평활회로
정전압회로	제너다이오드

32 제어부의 연결 형태에 따른 정전압 회로의 종류에 해당되지 않는 것은?

가. 제너 다이오드형
나. 가변용량 콘덴서형
다. 병렬 제어형
라. 직렬 제어형

정답 나

해설) 가변용량 콘덴서형(Varactor Diode)로 발진회로에서 캐패시터 용량을 변화시킬 때 주소 사용됨.

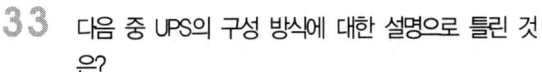

33 다음 중 UPS의 구성 방식에 대한 설명으로 틀린 것은?

가. ON-LINE 방식 : 상용전원을 컨버터회로에 의해 직류로 바꾸고 이를 축전지에 충전하고 인버터 회로를 통해 교류전원으로 바꾼다.
나. Hybrid 방식 : 상용전원은 그대로 출력으로 내보내며 축전지는 충전회로를 통해 충전한다.
다. LINE 인터랙티브 방식 : 축전지와 인버터 부분이 항상 접속되어 서로 전력을 변환하고 있다.
라. OFF-LINE 방식 : 입력측의 변동된 전원이 부하측의 출력으로 공급되어 출력에 영향을 줄 수 있다.

정답 나

해설 PS(Uninterruptible Power Supply)의 종류

On-Line	• 정상 전원시에 상시인버터 방식 • 신뢰성을 요구하는 중용량 이상
Off-Line	• 정전시에 인버터를 동작하는 방식 • 서버전용 (소용량)
Line Interactive	• 축전지와 인버터 부분이 항상 접속

34 다음 중 축전지에 대한 설명으로 틀린 것은?

가. 축전지는 한번 충전하여 반영구적으로 사용하는 전지이다.
나. 1차 전지는 한번 사용하면 다시 사용할 수 없는 전지이다.
다. 2차 전지는 충전과 방전을 몇 번이고 반복하여 계속 사용할 수 있는 전지이다.
라. 축전지의 종류에는 납축전지 와 알칼리 축전지 등이 있다.

정답 가

해설 축전지는 충전과 방전을 지속적으로 할 수 있음. 잦은 충전과 방전은 축전지의 수명을 짧게 함.

35 송신전력 10[W]는 몇 [dBm]인가? (단, 송신전력이 1[mW]일 때 0[dBm]이다.)

가. 40[dBm]
나. 60[dBm]
다. 80[dBm]
라. 100[dBm]

정답 가

해설 $dBm = 10\log\dfrac{x[W]}{1[mW]}$ 로 1[mW]를 기준으로 측정 된 값을 말함.

dBW	$10\log\dfrac{x[W]}{1[W]}$
dBuV	$20\log\dfrac{x[W]}{1[uV]}$
dB	$10\log\dfrac{P2}{P1}$

36 다음 중 송신기의 변조특성을 나타내는 요소가 아닌 것은?

가. 변조의 직선성
나. 공중선 전력
다. 종합왜율
라. 신호대 잡음비

정답 나

해설 공중선전력은 안테나의 송신특성을 나타내는 파라미터임.

37 전지의 내부저항을 측정하기 위해 전압계와 전류계를 사용하는 경우 전압계와 전류계의 내부저항은 전지의 내부저항에 비해 어떻게 되어야 하는가?

가. 전압계의 내부저항은 아주 작고 전류계의 내부저항은 아주 커야 한다.
나. 전압계의 내부저항은 아주 크고 전류계의 내부저항은 아주 작아야 한다.
다. 전압계의 내부저항과 전류계의, 내부저항은 아주 커야 한다.
라. 전압계의 내부저항과 전류계의 내부저항은 아주 작아야 한다.

정답 나

해설 전압 측정장비는 내부저항이 클수록 전압이 크게 나오고, 전류 측정장비는 내부저항이 작을수록 폐회로에 흐르는 전류가 차이가 생기지 않으므로 작을수록 좋다.

38 어떤 동축 케이블의 종단 개방 시 입력 임피던스가 30[Ω]일 때 이 동축 케이블의 특성 임피던스는 몇 [Ω]인가?

가. 50[Ω] 나. 65[Ω]
다. 75[Ω] 라. 80[Ω]

정답 다

39 전력 변환장치인 인버터(Inverter)의 기능을 바르게 나타낸 것은?

가. DC를 DC로 변환하는 장치이다.
나. DC를 AC로 변환하는 장치이다.
다. AC를 DC로 변환하는 장치이다.
라. AC를 AC로 변환하는 장치이다.

정답 나

해설 인버터는 출력이 AC일 때, 컨버터는 출력이 DC 일 때 를 말함. 단, AC입력을 AC출력으로 나타내는 장비는 컨버터라 함.

40 무손실 선로에서의 특성 임피던스를 바르게 나타낸 것은?

가. $\dfrac{C}{L}$ 나. $\dfrac{L}{C}$
다. $\sqrt{\dfrac{L}{C}}$ 라. $\sqrt{\dfrac{C}{L}}$

정답 다

해설 무손실선로의 특성임피던스 = $\sqrt{\dfrac{L}{C}}$ 이고, 무왜곡 전송조건은 RC = LG 일 때를 말함.

제3과목 안테나공학

41 비유전율(ϵ_s)이 10이고 비투자율(μ_s)이 9인 매질 내를 전파하는 전자파의 속도는 자유공간을 전파할 때와 비교해서 몇 배의 속도가 되는가?

가. 2배 나. 1/2배
다. 3배 라. 1/3배

정답 라

해설 자유공간에서 전파속도(c)= $\sqrt{\epsilon_o \cdot \mu_o}$ = $3 \times 10^8 [m/s]$ 이고, 비유전율과 비투자율이 존재하는 공간에서는

$\dfrac{C}{\sqrt{\epsilon_s \cdot \mu_s}}$ 로 나타낼 수 있다. 즉, 매질 내에서는 전파속도가 느려지게 된다.

42 다음 중 전파에 관한 설명으로 맞는 것은?

가. 진행 방향에는 전계와 자계가 없고 직각인 방향에만 전계와 자계 성분이 있는 경우를 구면파라고 한다.
나. 매질의 종류에 관계없이 속도는 광속과 같다.
다. 전파는 종파이다.
라. 군속도×위상속도=(광속도)^2

정답 라

해설 가 - TEM파를 말함
나 - 매질에 따라 전파속도는 다름(41번 참조)
다 - 전파는 횡파이고, 음파는 종파임

43 다음 중 포인팅 벡터의 크기를 나타내는 것은? (단, E : 전계의 세기, H : 자계의 세기, μ : 투자율, ε : 유전율)

가. EH 나. $\mu\varepsilon$
다. H/E 라. $\sqrt{\mu/\varepsilon}$

정답 가

해설 포인팅 벡터(P) = EH [w/m^2] 단위면적당 전력밀도를 말함. (P = $\frac{E^2}{120\pi}$[A/m] 로 나타낼 수 있다.)

44 다음 중 임피던스 정합회로가 아닌 것은?
  가. 테이퍼 선로
  나. Y형 정합
  다. T형 정합
  라. 슈페르토프(Sperrtopf)

정답 라

해설 슈페르토프는 평형2선식 과 동축선로를 접속한 경우, 접속점에서 불평형 전류가 흐르므로 평형 2선 쪽에서 복사가 일어난다. 이것을 저지하기 위한 것임

45 다음 중 급전선에 관한 설명으로 틀린 것은?
  가. 사용 주파수에 따라 무손실 급전선의 특성 임피던스는 달라진다.
  나. 급전선의 길이가 길면 손실도 커진다.
  다. 도선의 굵기와 간격의 비율이 같으면 임피던스도 같다.
  라. 급전선에서의 손실은 $\sqrt{F}$에 비례하여 커진다.

정답 가

해설 무손실 급전선 (R=G=0)인 조건일 때 특성임피던스= $\sqrt{\frac{L}{C}}$ 로 사용주파수, 무한장선로 일 때에서도 임피던스는 변화되지 않음

46 다음 중 진행파와 반사파가 모두 존재하는 경우는?
  가. 무한장 급전선
  나. 정재파비가 1인 급전선
  다. 정규화 부하 임피던스가 1인 급전선
  라. 반사계수가 1인 급전선

정답 라

해설 진행파와 반사파가 존재하는 파는 정재파라 함. 정재파가 존재한다는 의미는 반사파가 존재(임피던스매칭이 안됨)함을 말함. 가장 이상적인 (정합)조건은 정재파비 = 1 , 반사계수 = ∞ 로 진행파만 존재함.

47 다음 중 스미스 차트에 대한 설명으로 틀린 것은?
  가. 스미스 차트상의 용량성, 유도성 리액턴스 값은 표시할 수 있지만 저항성 임피던스는 표시할 수 없다.
  나. 전송선로 상의 한 점에서의 임피던스를 알면 스미스 차트를 이용하여 임의의 지점에서의 선로 임피던스를 계산할 수 있다.
  다. 스미스 차트의 정 중앙은 순수한 저항성 임피던스값을 나타낸다.
  라. 스미스 차트상의 한 점에 의해 반사계수와 임피던스 값을 확인할 수 있다.

정답 가

해설 스미스 차트의 기본식은,
$$\Gamma = \frac{z_n - 1}{z_n + 1}$$
(Γ 는 복소반사계수 (산란계수S 또는 S_{11}), z_n 은 정규화임피던스 라 함)

① Smith chart의 구성
  저항이 일정한 원(Circle) 과 리액턴스가 일정한 원(Circle)을 합쳐놓은 chart임

저항이 일정한 원	리액턴스가 일정한 원
중심=1.0(Ω)_정합 우측=Open(Ω) 좌측=Short(Ω)	상단 = Inductive 하단 = Capacitive

② Smith chart의 용도
  반사계수,정재파비,입력임피던스,부하임피던스, 임피던스정합회로 계산에 사용
③ 원둘레는 선로상의 거리를 파장으로 나눈 값
  (시계방향 : 전원측, 반시계방향 : 부하측)

48 다음 중 비동조 급전선에 관한 설명으로 틀린 것은?

가. 비동조급전선의 예로는 도파관, 동축케이블 등이다.
나. 송신부와 안테나의 거리가 가까울 때 사용한다.
다. 급전선상에 진행파만 존재하도록 정합장치가 필요하다.
라. 동조급전선에 비해 효율이 양호하고 외부방해가 없다.

정답 나

해설 동조급전선 과 비동조급전선

	동조급전선	비동조급전선
매칭	불필요	필요
전파	정재파	진행파
효율	낮음	우수
거리	거리가 가까울 때	거리가 멀 때

49 다음 중 Loop안테나의 설명으로 틀린 것은?

가. 급전선과 정합이 어렵다.
나. 효율이 나쁘다.
다. 수평면내 8자형 지향특성을 갖는다.
라. 대형으로 이동이 어렵다.

정답 라

해설 Loop안테나는 소형화가 가능한 수평면내에서 8자 지향성을 가진 안테나임. 방향성을 나타낼 수 있음.

50 다음 중 Friis의 전달공식을 바르게 표현한 것은? (단, P_t:송신전력, P_r:수신전력, G_t:송신 안테나의 이득, G_r:수신 안테나의 이득, L_s:자유공간손실이다.)

가. $P_r[dB]=P_t[dB]+G_t[dB]+G_r[dB]-L_s[dB]$
나. $P_r[dB]=P_t[dB]-G_t[dB]-G_r[dB]-L_s[dB]$
다. $P_r[dB]=P_t[dB]+G_t[dB]-G_r[dB]-L_s[dB]$
라. $P_r[dB]=P_t[dB]-G_t[dB]+G_r[dB]-L_s[dB]$

정답 가

해설 프리스(Friss)의 전달공식은 송신과 수신점 사이에서 손실을 계산할 수 있는 공식임. 중요한 포인트는 자유공간에서의 손실을 계산하는 것이 중요함.

(자유공간손실 = $20\log\dfrac{4\pi d}{\lambda}$[dB]로 계산가능)

51 다음 중 안테나정수에 해당되지 않는 것은?

가. 지향성
나. 복사저항
다. 복사전압
라. 이득

정답 다

해설 안테나정수(파라미터)는 지향성, 복사저항, 이득, 효율, 임피던스, 지향성 이 있음

52 길이 30[m]인 수직 공중선의 고유파장과 고유주파수는 얼마인가?

가. λ : 120[m], f : 2,500[MHz]
나. λ : 80[m], f : 3,750[MHz]
다. λ : 120[m], f : 2,500[kHz]
라. λ : 80[m], f : 3,750[kHz]

정답 다

해설
① $\lambda = \dfrac{c(\text{전파속도})}{f(\text{주파수})}$, 전파속도 = 3×10m/s
② 수직공중선은 $\dfrac{\lambda}{4}$ 길이로 설계
③ 다이폴안테나는 $\dfrac{\lambda}{2}$ 길이로 설계

- $30m = \dfrac{3 \times 10^8 m/s}{f(\text{주파수})} = 10[MHz]$
- 30m 에 대한 고유파장은 120[m]
- 120[m]에 따른 고유주파수는 2500[KHz]

53. 다음 로딩(Loading) 다이폴안테나의 설명에서 괄호 안에 맞는 말을 순서대로 배열한 것은?

> 로딩의 종류에는 (　)를(을) 로딩하여 다이폴안테나의 광대역 특성을 얻는 것과 (　)를(을) 로딩하여 길이가 1/2파장보다 짧아져 용량성으로 되는 다이폴안테나를 공진시켜 정합하는 것과 (　)를(을) 로딩하여 다이폴안테나를 소형화하는 것이 있다.

가. 저항-인덕터-커패시터
나. 인덕터-커패시터-저항
다. 커패시터-저항-인덕터
라. 커패시터-인덕터-저항

정답 가

해설 로딩이란 인덕터나 커패시터를 이용해 안테나의 공진주파수를 조절할 수 있는 장치를 말함.

	인덕터	캐패시터
특 징	안테나대형화	안테나소형화
고유파장	길어짐	짧아짐

* 저항은 광대역특성을 향상시킬 수 있음

54. 등방성안테나를 기준 안테나로 하는 이득은?

가. 절대이득　　나. 상대이득
다. 지상이득　　라. 최대이득

정답 가

해설 안테나이득은 기준안테나를 기준으로 실제안테나의 상대적인 이득으로 계산하는 것임

	절대이득	상대이득	지상이득
기준	등방성 안테나	다이폴 안테나	수직접지 안테나
기호	Gh	Ga	Gv
관계	Gh = Ga + 2.15[dB]		

55. 다음 중 지상파에 대한 설명으로 틀린 것은?

가. 수평 및 수직편파에 따라 대지 반사계수가 달라진다.
나. 안테나가 충분히 높으면 직접파와 대지 반사파의 합성파가 지표파보다 크다.
다. 장파 또는 중파대 이하 지상파에서는 지표파가 주요 전파로 사용된다.
라. 지표파는 대지 도전율이 작을수록 감쇠가 적다.

정답 라

해설 지상파의 주전파는 지표파로 도전율이 클수록 감쇠가 적어짐. 감쇠량은 습지대 < 도심지 < 사막으로 감쇠가 커짐.
- 전파에 따른 주전파

지상파	공간파	마이크로파
지표파	반사파	직접파

56. 다음 중 전리층에 대한 설명으로 틀린 것은?

가. D층은 야간에 장파대의 전파를 반사시킬 수 있다.
나. E층은 주간에 약 10[MHz]의 단파를 반사시킬 수 있다.
다. F층은 단파대의 전파를 반사시킬 수 있다.
라. Es층은 80[MHz] 정도의 초단파를 반사시킬 수 있다.

정답 가

해설 전리층특징

	D층	E층	F층	Es층
높이	<90km	<200km	<400km	<200km
반사	장파	중파	단파	초단파
생성	주간	주야	주야	랜덤

57. 전리층의 높이가 지상 약 100[km] 정도이며 발생지역과 장소가 불규칙한 전리층은?

가. E층　　나. Es층
다. F₁층　　라. F₂층

정답 나

[해설] 스포라딕 E층은 장소와 시간이 불규칙하게 발생되어 80[MHz]정도의 초단파대역도 반사시킬 수 있음.

58 중파 방송국의 안테나 전력을 10[kW]에서 40[kW] 로 증가시키면 동일지점의 전계강도는 몇 배로 되는가?

가. 변화가 없다.
나. $\sqrt{2}$ 배 증가한다.
다. 2배 증가한다.
라. 4배 증가한다.

[정답] 다

[해설] ∴ E_θ 는 $\sqrt{P_r}$ 에 비례한다.

59 다음 중 전리층 전파에 관한 제1종 감쇠와 제2종 감쇠의 설명으로 틀린 것은?

가. 제1종 감쇠는 전파가 전리층(D층 및 E층)을 통과할 때 받는 감쇠이다.
나. 제1종 감쇠의 감쇠량은 주파수의 제곱에 비례한다.
다. 제2종 감쇠는 전파가 전리층(E층 및 F층)에서 반사할 때 받는 감쇠이다.
라. 제2종 감쇠의 감쇠량은 주파수가 높아질수록 커진다.

[정답] 나

[해설] 1종 전리층 감쇠의 정의
: 전리층 반사파가 전리층을 통과(위에서 아래)하면서 생기는 감쇠이다.
1. 전자밀도에 비례함
2. 사용주파수의 제곱에 반비례함
3. 평균충돌 횟수에 비례함
4. 전리층을 비스듬히 통과할수록 큼

60 다음 중 대류권 산란파에 대한 설명으로 틀린 것은?

가. 전파 경로 상의 지형에 대한 영향을 적게 받는다.
나. 공간 다이버시티를 이용하면 대류권 산란에 의한 페이딩을 방지 할 수 있다.
다. 짧은 주기를 갖는 페이딩이 발생한다.
라. 전파손실이 자유공간 손실보다 작은 값을 갖는다.

[정답] 라

[해설] 대류권은 지상 1km 이하의 층으로 대류현상(눈, 비, 안개, 바람, 구름)이 발생되는 지역으로 구름뭉치에 의해 전파가 산란되어 초가시거리 통신에 이용되기도 함. 다만, 전파손실이 많아 사용 용도가 많지는 않음.

제4과목 무선통신시스템

61 다음 중 무선통신 시스템에 가장 영향을 미치는 요소는?

가. 변조방식
나. 회선용량
다. 설치비용
라. 외부잡음

[정답] 라

[해설] 무선통신시스템의 가장 중요한 Factor는 잡음(Noise)으로 내부잡음(산탄잡음, 열잡음), 외부잡음(우주잡음, 인공잡음)이 있음. 또한, 채널용량 = $10\log_2\left(1+\frac{s}{n}\right)$ 으로 계산할 수 있음.

($\frac{s}{n}$ 는 신호대 잡음비)

62 무선 수신기의 특성 중 변조 내용을 수신기의 출력 측에서 어느 정도 재현 할 수 있는가의 능력을 나타 내는 것은?

가. 충실도(Fidelity)
나. 안정도(Stability)
다. 선택도(Selectivity)
라. 감도(Sensitivity)

정답 가

해설 수신기 4대 특성

특 징	
충실도	수신기의 데이터 재현능력
안정도	온도, 습도 등 외부에 안정한 능력
선택도	원하는 채널만 수신할 수 있는 능력
감 도	낮은 레벨까지 수신할 수 있는 능력

63 이득 40[dB]의 저주파 증폭기가 10[%]의 찌그러짐율을 가지고 있을 때 이를 1[%] 이내로 하기 위해 필요한 조치는?

가. 20[dB]의 정궤환을 걸어 준다.
나. 전압변동률을 10[%]로 조절한다.
다. 40[dB]의 이득을 낮춘다.
라. 20[dB]의 부궤환을 걸어 준다.

정답 라

해설
$40dB = 20\log A_v$ 이므로
∴ A_v(전압이득) = 100.
부궤환의 이득 $A_f = \dfrac{A}{1+A\beta}$, 왜율 $d = \dfrac{1}{1+A\beta}$ 임

왜율 1% = $\dfrac{1}{1+100*\beta}$ *10% 를 계산하면,
$\beta = 0.1$ 임.
∴ $20\log 0.1 = -20dB$, 즉 $20dB$ 부궤환이 필요.

64 다단 증폭시스템에서 종합 잡음지수를 가장 효과적으로 개선할 수 있는 시스템 구성요소로 적합한 것은?

가. 전치 증폭기
나. 자동 이득 조절기
다. 대역 통과 필터
라. 검파기

정답 가

해설 종합잡음지수
$= NF_1 + \dfrac{NF_2-1}{G_1} + \dfrac{NF_3-1}{G_1 \cdot G_2} \cdots$
초단의 잡음지수가 전체 종합잡음지수를 결정하는 중요한 요소이다. 이를 위해 전치 증폭기(LNA, 저잡음 증폭기)를 사용한다.

65 다음 중 CDMA 시스템 용량에 대한 설명으로 틀린 것은?

가. 동시 사용자수는 시스템 처리이득(PG)에 비례한다.
나. 적절한 품질을 유지하기 위한 통신로의 E_b/N_0 기준값이 증가할수록 시스템 용량은 증가한다.
다. 인접 셀의 사용자의 부하를 줄일수록 시스템 용량은 증가한다.
라. 음성활성화 계수가 작을수록 시스템 용량은 증가한다.

정답 나

해설 CDMA 채널용량
$= \dfrac{PG}{E_b/N_o} \times \dfrac{1}{음성활성화계수} \times \dfrac{1}{셀분할}$
이므로,
E/N는 낮을수록 채널용량은 커지지만, 잡음에 민감한 특성이 있음. PG는 Processing Gain(처리이득)으로 대역확산에 따라 이득이 차이가 발생함. 대역확산이 넓을수록 처리이득은 커짐.
예> CDMA는 12.2KHz의 음성을 1.5MHz대역으로 확산시키므로 확산이득 = $10\log\dfrac{1.5MHz}{12.2KHz} = 20.8[dB]$ 임.

66 다음 중 PN(Pseudo-Noise) 코드의 특성이 아닌 것은?

가. 평형(Balanced) 특성
나. 런(Run) 특성
다. 천이(Shift) 특성
라. 최소길이(Minimal length) 특성

정답 라

[해설] PN코드는 CDMA시스템에서 사용되는 확산코드로서 Long PN(단말기 암호화), Short PN(기지국 암호화) 로 구분됨. PN코드는 불규칙하지만 정형화된 잡음으로 다수의 Shift Resister를 이용해서 만든다.
PN(Pseudo-Noise) 코드의 특성
① 평형 특성
② RUN 특성
③ 천이와 가산성
④ 발생의 용이성
⑤ 낮은 상호상관 특성, 높은 자기상관 특성

67 다음 중 CDMA이동전화 시스템의 전력제어 종류가 아닌 것은?
가. 폐루프 전력제어
나. 순방향 전력제어
다. 외부 루프 전력제어
라. 기지국 통화 셀 전력제어

[정답] 라

[해설] 전력제어는 CDMA시스템에서 Near Far Problem을 해결하기 위한 핵심기술임. 그 종류에는 순방향전력제어, 역방향전력제어, Outer Loop전력제어, Inner Loop전력제어 가 있음.

68 다음 중 대역확산을 사용하는 다중화 방식은 무엇인가?
가. FDMA   나. TDMA
다. CDMA   라. SDMA

[정답] 다

[해설] 대역확산에는 직접확산(DSSS), FHSS, THSS 방식이 있으며, CDMA시스템은 DSSS방식을 사용함.

69 다음 중 IS-95 CDMA 기술을 사용하는 이동전화 시스템에 대한 설명으로 틀린 것은?
가. 확산코드로 사용되는 Walsh 코드는 코드 간 직교성을 갖는다.
나. 레이크 수신기의 사용으로 페이딩에 대한 영향을 줄일 수 있다.
다. 주파수 도약 방식으로 인해 암호화 기능이 있어 감청이 쉽지 않다.
라. 전력 제어를 통해 셀 내의 사용자로부터 기지국에 수신되는 신호 강도를 균일하게 유지한다.

[정답] 다

[해설]

	IS-95 CDMA	Bluetooth
대역확산	DSSS	FHSS
전력제어	사 용(지능적)	사 용
특 징	.레이크수신기 .왈쉬코드사용 .PSK변조	.Scatter-Net .GMSK변조

70 인공위성 통신망을 이용하여 가장 넓은 지역을 커버하는 광대역 서비스는?
가. Mega Cell   나. Macro Cell
다. Micro Cell   라. Pico Cell

[정답] 가

[해설] 셀 크기 와 용도

명칭	셀 크기	용도
Mega	100km 이상	위성통신
Macro	10Km 이하	TRS통신
Micro	1Km 이하	이동통신
Pico	30m 이하	중계통신
Femto	10m 이하	초소형 Cell

71 다음 중 WCDMA의 USIM에 대한 설명으로 틀린 것은?

가. 가입자 인증 기능
나. 고정사용번호 서비스
다. ESN(Electronic Serial Number) 내장
라. 개인 고유번호 서비스

정답 다

해설 USIM은 가입자정보를 담은 플라스틱 카드를 말하며, 휴대폰에 장착하는 방식으로 사용됨. ESN은 휴대폰 제조 시에 생성되는 번호로 제조사에서 관리하는 번호임.

72 다음 중 통신망 구조를 나타낼 때 통신망의 기능들을 계층으로 나누는 이유가 아닌 것은?

가. 각 계층들이 모듈러 구조로 정의되어 호환성이 잘 유지될 수 있다.
나. 상위 계층 기능을 하위 계층의 기능이 지원하는 경우를 잘 나타낼 수 있다.
다. 상위 계층의 정보가 하위 계층에서는 내용으로 전달되는 경우를 잘 나타낼 수 있다.
라. 상위 계층일수록 더욱 물리적이고 실제의 정보 전달 기능을 제시할 수 있다.

정답 라

해설 상위계층일수록 사용자인터페이스(UI)에 가깝고, 하위계층일수록 물리적이고 실제적인 정보 전달기능을 제시할 수 있음.

73 기지국 장치로부터의 RF신호 입력을 Slave장치로 공급하기 위해 RF신호를 분기하는 유니트는 어느 것인가?

가. COME(Combiner : 결합기)
나. SPLT(Splitter : 분배기)
다. NMS(Network Management System : 망 관리 시스템)
라. Duplex(방향성 결합기)

정답 나

해설

명칭	특징
결합기	두 개의 신호를 하나로 결합
분배기	하나의 신호를 여러 개로 분기
NMS	네트워크 관리 시스템
Duplex	입력에 대해 출력, 커플링출력, Isolate출력을 만듦.

74 우리나라의 LTE 이동통신시스템에서 한정된 주파수 자원을 주어진 시간에 여러 사용자들에 할당하여 기지국과 단말기간의 무선 구간을 연결하는 다중접속방식으로 사용되는 것은 무엇인가?

가. FDMA
나. TDMA
다. CDMA
라. OFDMA

정답 라

해설

시스템	다중접속방식
LTE	OFDMA
CDMA	DSSS
Bluetooth	FHSS
AMPS	FDMA
GSM	TDMA

75. 다음 중 프로토콜의 주요 요소가 아닌 것은?

가. 개체(Entity)
나. 구문(Syntax)
다. 의미(Semantics)
라. 타이밍(Timing)

정답 가

해설 프로토콜이란 송신과 수신점 사이의 약속(규약)을 말하며 구문, 의미, 타이밍 3요소로 구성됨

76. OSI 참조 모델의 각 계층과 그에 해당하는 역할을 잘못 짝지은 것은?

가. 물리계층-안테나의 모양 규정
나. 링크계층-데이터 링크 오류 제어
다. 네트워크계층-네트워크 구성 정보 전달
라. 응용계층-사용자 인터페이스 규정

정답 가

해설 물리계층은 전송방식(RZ, NRZ등), 케이블(동축, UTP, 광)을 규정함

77. FM 수신기에서 반송파가 없으면 잡음이 증가하는데, 이때 잡음 전압을 이용하여 저주파 증폭기의 동작을 정지시켜 출력을 차단하는 회로를 무엇이라 하는가?

가. 스켈치 회로
나. 프리 엠퍼시스 회로
다. 디 엠퍼시스 회로
라. 주파수 변별기

정답 가

해설 FM송수신회로의 기능별 특징

회로	위치	특징
IDC	송신	입력 전압 조절
스켈치	수신	증폭기 On/Off
프리-엠파시스	송신	신호증폭
디-엠파시스	수신	신호감쇄
변별기	수신	FM신호 판별기

78. 다음 중 위성통신회선의 다원 접속방식이 아닌 것은?

가. WDMA
나. FDMA
다. TDMA
라. CDMA

정답 가

해설 다원접속방식에는 WDMA, FDMA, CDMA, TDMA, SDMA방식이 있음.

유선통신	무선통신	위성통신
WDMA	TDMA	SDMA
TDMA	FDMA	TDMA
FDMA	CDMA	FDMA
OFDMA	OFDMA	CDMA
		OFDMA

79. 스퓨리어스 방사의 종류 중에서 전도성이 의미하는 것은?

가. 기지국의 RF 출력단에서 측정한 것
나. RF 출력단을 종단시키고 전자파 무반사실 내에서 측정한 것
다. 단말기의 RF 입력단에 측정한 것
라. RF 출력단을 종단시키고 전자파 반사실 내에서 측정한 것

정답 가

해설 스퓨리어스 방사란 기지국 또는 무선단말기에서 RF출력단에서 측정한 값을 말함. 스퓨리어스 방사는 낮을 수록 좋으며 증폭기의 비선형성에 의해 발생됨.

80 다음 중 무선망 최적화 수행사항이 아닌 것은?

가. 커버리지 확보
나. 절단율 개선
다. 기지국 용량 증대
라. 통화량 균등 분배

정답 다

해설 무선망 최적화
① 커버리지 확보
② 절단률 개선(Call Drop)
③ 통화량 균등 분배
④ 핸드오버 최적화
⑤ Pilot신호(3~4개) 최적화

제5과목 전자계산기일반 및 무선설비기준

81 다음 중 인터넷 응용에 적합한 객체지향 언어는?

가. Fortran
나. Ada
다. Java
라. Lisp

정답 다

해설 인터넷 응용프로그램 개발에 가장 많이 사용되고 있는 언어는 JAVA, PHP, C# 등이 있음.

82 다음 진수 표현 중 가장 큰 수는?

가. EE$_{(16)}$
나. 257$_{(10)}$
다. 11111111$_{(2)}$
라. 377$_{(8)}$

정답 나

해설

	2진수로 변환	10진수
EE$_{(16)}$	11101110	238
257$_{(10)}$	-	257
11111111$_{(2)}$	11111111	255
377$_{(8)}$	011111111	255

83 다음 중 I/O 채널(Channel)에 대한 설명으로 틀린 것은?

가. CPU는 일련의 I/O 동작을 지시하고 그 동작 전체가 완료된 시점에서만 인터럽트를 받는다.
나. 입출력 동작을 위한 명령문 세트를 가진 프로세서를 포함하고 있다.
다. 선택기 채널(Selector Channel)은 여러 개의 고속 장치들을 제어한다.
라. 멀티플렉서 채널(Multiplexer Channel)은 복수개의 입·출력 장치를 동시에 제어할 수 없다.

정답 라

해설 멀티플렉서 채널(Multiplexer Channel)은 복수개의 입·출력 장치를 동시에 제어할 수 있는 장점이 있음.

84 다음 중 컴퓨터에서 수를 표현하는 방식이 아닌 것은?

가. 양자화 표현
나. 1의 보수 표현
다. 2의 보수 표현
라. 부호화 - 절대치 표현

정답 가

해설 양자화는 아날로그 신호를 디지털 신호로 변환할 때 필요한 단계로 컴퓨터가 인식하는 0 과 1의 신호라고 볼 수 없음. PCM Code에서 사용되는 표현방법.

85 다음 프로세서간 통신에 있어서 직접통신 과 관련이 없는 사항은?

가. 각 쌍의 프로세스에 대해서 정확히 하나의 통로만 존재한다.
나. 한 통로는 두 개 이상의 프로세스와 연관될 수 있다.
다. 프로세스들이 서로 통신을 하기 위해서는 상대방의 이름만 알면 된다.
라. 통로는 보통 단일 방향이거나 양쪽 방향일 수 있다.

정답 나

해설 한 통로는 한 개의 프로세스와 연관 됨.

IPC(Inter Process Communication)는 프로세스들의 실행 과정에서 서로간 데이터를 주고 받을 필요가 있는 경우, 클라이언트 프로세서와 서버 프로세서 간에 요구 내용을 전달하고 그 결과를 반송하기도 하고, 프로세서들이 병행 실행하면서 서로간에 필요한 데이터를 교환하는 경우도 있음.
IPC종류에는 공유 메모리 방식 과 메시지 전달 방식이 있음.

86 최근 운영체제들은 다양한 기능과 사용자의 편의성을 개선한 GUI가 개발되고 있으며 컴퓨터 시스템의 운영에 필요한 자원관리기능을 향상시키기 위한 연구도 진행되고 있다. 이와 같은 운영체제의 지원관리기능에 속하지 않는 것은?

가. 메모리   나. 컴파일러
다. 주변장치   라. 데이터

정답 나

해설 컴파일러는 기계어를 응용프로그램으로 변환시켜주는 일종의 변환기임. Language를 이용해 Coding한
내용을 실제 사용 할 수 있도록 변환시켜 줌.
"코딩→원시프로그램→컴파일러→목적프로그램"

87 다음 중 운영체제에 대한 설명으로 틀린 것은?

가. 시스템을 관리하고 제어하는 기능을 가진다.
나. 윈도우나 유닉스는 명령어 실행과 수행 방법이 같다.
다. 대표적인 운영체제는 윈도우 XP, 윈도우 7, 리눅스 등이 있다.
라. 컴퓨터와 사용자 간에 중재적인 역할을 한다.

정답 나

해설 대표적인 운영체제는 윈도우 와 리눅스가 있음. 윈도우는 GUI형태이지만 리눅스는 Commend 형태로 사용됨. (리눅스 도 GUI버젼이 있음)

88 10진수 56789에 대한 BCD코드(Binary Coded Decimal)은 어느 것인가?

가. 0101 0110 0111 1000 1001
나. 0011 0110 0111 1000 1001
다. 0111 0110 0111 1000 1001
라. 1001 0110 0111 1000 1001

정답 가

해설 8421코드(BCD코드)

5	6	7	8	9
0101	0110	0111	1000	1001

89 마이크로프로세서를 구성하는 요소 장치로 데이터 처리과정에서 필수적으로 요구되는 것끼리 올바르게 짝지어진 것은?

가. 제어장치, 저장장치
나. 연산장치, 제어장치
다. 저장장치, 산술장치
라. 논리장치, 산술장치

정답 나

해설 마이크로프로세서는 연산기능(반가산기, 전가산기, 반감산기, 전감산기)과 제어기능이 핵심 기능임

90. 제어장치를 마이크로프로그래밍(Microprogramming)으로 구현하였을 때 하드와이어(Hardwired) 제어장치에 비하여 장점이 되지 않는 것은?
   가. 제어 속도가 빠르다.
   나. 제어 장치의 설계를 단순화할 수 있다.
   다. 오류 발생률이 낮다.
   라. 구현 비용이 적게 든다.

   정답 가

   해설) 마이크로프로그래밍은 설계단순, 낮은 오류율, 낮은 설계비용을 목표로 만든 제어장치임. 하드와이어 제어는 고속이긴 하지만 오류가 높고 설계가 복잡한 단점이 있음.

91. 무선설비규칙에서 정의한 '불요발사'로서 적합한 것은?
   가. 대역 외 발사 및 스퓨리어스 발사
   나. 대역 내 발사
   다. 필요주파수대폭의 바로 안쪽 발사 에너지
   라. 스퓨리어스발사 및 저감반송파

   정답 가

   해설) 무선설비규칙 "불요발사"
   불요파는 스퓨리어스 발사와 대역외발사(하모닉) 성분을 말하며 유무선단말기의 EMI(간섭)특성으로 낮을수록 우수함.

92. 수신설비가 충족하여야 하는 조건이 아닌 것은?
   가. 수신주파수의 운용범위 이내일 것
   나. 내부잡음이 적을 것
   다. 감도는 높은 신호입력에서도 양호할 것
   라. 선택도가 크고 명료도가 충분할 것

   정답 다

   해설) 감도는 가장 낮은 레벨까지 수신기가 복조할 수 있는 능력을 말하며 신호입력이 높고 양호한 상태에서는 복조가 원활함.

93. 다음의 통신 보안 방법 중에서 보안도가 가장 높은 것은 어느 것인가?
   가. 약어
   나. 암호
   다. 음어
   라. 약호

   정답 나

   해설) 암호(Encryption)는 일반평문을 암호키와 암호알고리즘을 이용해 암호문으로 만드는 과정임. 암호화를 통해서 정보의 기밀성을 확보할 수 있음.

94. 다음 중 특정한 주파수의 용도를 정하는 것으로 정의되는 것은?
   가. 주파수분배
   나. 주파수할당
   다. 주파수지정
   라. 주파수재배치

   정답 가

   해설) 주파수 분배
   :특정한 주파수의 용도를 정하는 것
   주파수 할당
   :주파수를 다양한 시스템에 배정하는 것
   주파수 지정
   :고정주파수를 시스템에 배정하는 것
   주파수 재배치
   :주파수를 수거해 다시 재배치하는 것

95. 다음 중 방송통신기자재 지정시험기관이 발행한 시험성적서의 기재사항이 아닌 것은?
   가. 시험신청인의 성명 및 주소
   나. 성적서 발급번호 및 페이지 일련번호
   다. 시험결과에 대한 담당 시험원의 의견
   라. 품질책임자의 의견 및 서명

   정답 라

2014년 무선설비기사 기출문제

해설 방송통신기자재 등의 적합성 평가에 관한 고시
"지정시험기관"
① 시험신청인의 성명 및 주소
② 성적서 발급번호 및 페이지 일련번호
③ 시험결과에 대한 담당 시험원의 의견

96 다음 중 무선국 시설자 등이 준수하여야 할 통신보안에 관한 사항으로 틀린 것은?

가. 통신보안교육 등에 관한 사항
나. 통신보안책임자의 지정에 관한 사항
다. 통신시 기록할 통신내용에 관한 사항
라. 무선국 허가시 통신보안 조치에 관한 사항

정답 다

해설 무선국 시설자들은 무선국의 전파환경, 장애, 유지보수 등을 행하는 것으로 보안교육, 보안책임자 지정, 무선국허가에 대한 업무를 진행함

97 무선종사자가 2차 이상 통신보안교육을 받지 않거나 통신보안사항을 준수하지 아니한 경우 벌칙은?

가. 3개월 이내의 업무정지
나. 6개월 이내의 업무정지
다. 1년 이내의 업무정지
라. 2년 이내의 업무정지

정답 다

해설 무선설비규칙
1년 이내의 업무정지를 받을 수 있음

98 다음 중 변경허가를 받아야 할 사항이 아닌 것은?

가. 무선설비의 설치장소 변경
나. 공중선전력 변경
다. 공중선의 형식·구성 및 이득 변경
라. 무선국의 폐지

정답 라

해설 무선국의 폐지는 변경허가 사항이 아닌, 재승인 절차에 해당함. 무선설비(방송안테나, 이동통신 기지국 등)변경허가는 설치장소변경, 공중선전력 변경, 공중선의 형식변경 등이 발생될 때 사용됨.

99 156[MHz]~174[MHz] 주파수대를 사용하는 선박국 및 생존정의 송신설비의 주파수 허용편차는 백만분의 얼마인가?

가. 10
나. 30
다. 50
라. 100

정답 가

해설 VHF대역을 사용하는 선박국의 주파수 허용편차는
10/1000000 이내로 규정함

100 필요주파수대 바깥쪽에 위치한 하나 이상의 주파수에서 발생하는 발사로서 정보전송에 영향을 미치지 아니하고 그 강도를 저감시킬 수 있는 것으로 고조파발사, 기생발사, 상호변조 및 주파수 변환 등에 의한 발사를 무엇이라 하는가?

가. 스퓨리어스 발사
나. 대역 외 발사
다. 점유주파수 발사
라. 혼변조 발사

정답 가

해설 무선설비규칙
불요발사 또는 스퓨리어스 발사에 대한 내용임.

국가기술자격검정 필기시험문제

2014년 기사2회 필기시험

국가기술자격검정 필기시험문제

2014년 기사2회 필기시험

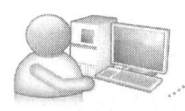

자격종목 및 등급(선택분야)	종목코드	시험시간	형 별	수검번호	성 별
무선설비기사		2시간 30분			

제1과목 디지털 전자회로

01 정류회로의 리플률을 바르게 나타낸 식은?

가. 리플률 = $\dfrac{\text{맥동신호의 평균전압}}{\text{출력신호의 실효전압}} \times 100[\%]$

나. 리플률 = $\dfrac{\text{맥동신호의 실효전압}}{\text{출력신호의 실효전압}} \times 100[\%]$

다. 리플률 = $\dfrac{\text{맥동신호의 실효전압}}{\text{출력신호의 평균전압}} \times 100[\%]$

라. 리플률 = $\dfrac{\text{맥동신호의 평균전압}}{\text{출력신호의 평균전압}} \times 100[\%]$

정답 다

해설 맥동률(Ripple Factor)
정류된 직류출력에 포함되어 있는 교류분의 정도이다
리플률 = $\dfrac{\text{맥동신호의 실효전압}}{\text{출력신호의 평균전압}} \times 100$

02 120[V], 60[Hz]의 정현파가 전파정류회로에 인가되었을 때 출력신호의 주파수는?

가. 30[Hz]　　나. 60[Hz]
다. 90[Hz]　　라. 120[Hz]

정답 라

해설 정류회로 출력신호의 주파수

입력	반파정류회로	전파정류회로
60Hz	60Hz	120Hz

03 반도체 다이오드의 두 가지 바이어스(Bias)조건으로 맞는 것은?

가. 발진과 증폭
나. 블록과 비블록
다. 유도와 비유도
라. 순방향과 역방향

정답 라

해설 다이오드는 전기적 스위치 소자로 사용 시 순방향바이어스는 ON, 역방향바이어스는 Off로 사용된다.

04 다음 부궤환 방식 중 입력 임피던스는 감소하고 출력 임피던스가 증가하는 방식은?

가. 전류 병렬 궤환회로
나. 전압 병렬 궤환회로
다. 전류 직렬 궤환회로
라. 전압 직렬 궤환회로

정답 가

해설 궤환회로의 특징

	직렬 전압	직렬 전류	병렬 전압	병렬 전류
출력 임피던스	감소	증가	감소	증가
입력 임피던스	증가	증가	감소	감소
주파수 대역폭	증가	증가	증가	증가
비직선 왜곡	감소	감소	감소	감소

05 다음 증폭기 회로에서 $\beta_{DC}=75$인 경우 컬렉터 전압 V_C는 약 얼마인가? (단, $V_{BC}=0.7[V]$ 이다.)

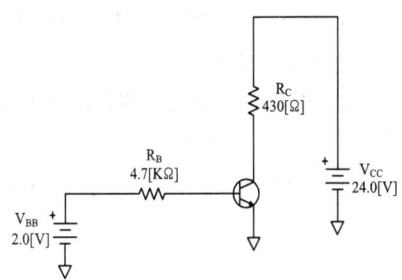

가. 15.1[V]
나. 20.1[V]
다. 19.1[V]
라. 16.1[V]

정답 가

해설 입력회로에 KVL적용
$$I_B = \frac{V_{BB}-V_{BE}}{R_B} = \frac{2-0.7}{4.7[k\Omega]} = 0.276[mA]$$
콜렉터 전류
$$I_C = \beta \cdot I_B$$
$$= 75 \times 0.276 \times 10^{-3} = 20.74[mA]$$
$$V_C = V_{CC} - (I_C R_C)$$
$$= 24 - (20.74 \times 10^{-3} \times 430) = 15.1[V]$$

06 차동증폭기의 동위상 신호제거비(CMRR)를 표현한 식으로 맞는 것은?

가. CMRR=차동이득+동위상이득
나. CMRR=차동이득−위상이득
다. CMRR=동위상이득÷차동이득
라. CMRR=차동이득÷동위상이득

정답 라

해설 이상적인 연산 증폭기의 동위상 신호제거비 (CMRR)
$$CMRR = \frac{A_d(차동신호이득)}{A_c(동상신호이득)}$$

07 3단 종속 전압증폭기 이득이 각각 10배, 20배, 50배 일 때 종합증폭도와 종합이득은 각각 얼마인가?

가. 종합증폭도는 10배, 종합이득은 20[dB]
나. 종합증폭도는 100배, 종합이득은 40[dB]
다. 종합증폭도는 1,000배, 종합이득은 60[dB]
라. 종합증폭도는 10,000배, 종합이득은 80[dB]

정답 라

해설 종합 증폭도 $= 10 \times 20 \times 50 = 10,000$
종합 이득 $= 20\log_{10}10,000 = 80[dB]$

08 병렬저항 이상형 발진회로에서 캐패시터 값이 0.01[μF]일 경우 1,500[Hz]의 발진주파수를 얻으려면 R값은 약 얼마인가?

가. 1.51[kΩ]
나. 2.52[kΩ]
다. 3.23[kΩ]
라. 4.33[kΩ]

정답 라

해설 병렬R형 발진주파수
$$f = \frac{1}{2\pi\sqrt{6}\,CR}\,[Hz]$$
$$R = \frac{1}{2\pi\sqrt{6}\,Cf}$$
$$= \frac{1}{2\pi\sqrt{6}\,(0.01\times 10^{-6})\times 1,500}$$
$$\fallingdotseq 4.33[k\Omega]$$

09 다음 중 수정 발진기에서 주파수 변동이 발생하는 원인이 아닌 것은?

가. 전원 전압의 변동
나. 주위 온도의 변화
다. 부궤환 계수의 변동
라. 발진기 부하의 변동

정답 다

해설 수정발진기의 주파수 변동원인과 그 대책
1) 주파수 변동 원인
① 부하 변동
대책 : 발진부 후단에 완충 증폭단 설치
소결합 차폐를 충실히 한다.
② 온도변화
대책 : 항온조 사용
온도 계수가 작은 수정 공진자를 사용
온도 계수가 작은 부품 사용
온도 영향을 보상하는 소자사용
③ 전원 전압의 변동
대책 : 정전압 회로 사용
발진 회로 부분을 독립 전원으로 한다.
④ 외부의 기계적 진동
대책 : 방진 장치(보안 장치를 한다.)
⑤ 부품의 불량
대책 : 부품 교환 또는 접속 불량 등이 생기는 일이 없도록 한다.
⑥ 동조점의 불안정
대책 : 동조점에서 약간 벗어난 곳에 조정 사용

10 디지털 데이터를 전송하기 위해 입력신호에 따라 반송파의 위상을 변화시키는 변조방식은?
가. ASK
나. QAM
다. FSK
라. PSK

정답 라

해설 디지털 변조방식
ASK(진폭변화),FSK(주파수변화)PSK(위상변화), QAM(진폭+위상변화)

11 다음 중 AM방식의 변조도에 대한 설명으로 틀린 것은?
가. 변조도가 1일 때 완전변조라 한다.
나. 변조도가 1보다 작으면 파형의 일부가 잘려 일그러짐이 생긴다.
다. 변조도는 신호파의 진폭과 반송파의 진폭의 비로 나타낸다.
라. 변조도가 1보다 큰 경우를 과변조라 한다.

정답 나

해설 과변조(변조도가 1이상)때 신호가 일그러진다.

12 클리퍼(clipper) 회로에서 입력 파형과 출력 파형간의 관계를 결정하는 소자는?
가. 다이오드
나. 트랜지스터
다. 콘덴서
라. 코일

정답 가

해설 임의의 입력파형에 대하여 다이오드의 스위칭 상태에 따라 특정한 기준전압 레벨의 윗부분 또는 아래 부분을 절단하는 회로를 클리퍼라 한다.

13 저역 통과 RC회로에서 시정수가 의미하는 것은?
가. 응답의 위치를 결정해준다.
나. 입력의 주기를 결정해준다.
다. 입력의 진폭 크기를 표시한다.
라. 응답의 상승속도를 표시한다.

정답 라

해설 펄스의 상승 시간(Rise Time)은 펄스가 최대 진폭의 10[%]에서 90[%]까지 상승하는 시간을 말한다.
상승시간 = 2.2 × CR

14 다음 중 Schmitt Trigger(슈미트 트리거)회로에 대한 설명으로 틀린 것은?

가. 1개의 안정상태를 갖는 회로이다.
나. 입력전압의 크기가 ON, OFF상태를 결정한다.
다. A/D 변환기 또는 비교회로에 응용되고 있다.
라. 구형펄스 발생회로에 이용된다.

정답 가

해설 슈미트 트리거 회로는 입력신호의 진폭에 따라서 2가지의 안정된 상태를 가지게 한 펄스발생 회로이다.

슈미트 트리거 용도
① 전압비교회로
② 쌍안정회로
③ 구형파 펄스 발생회로
④ A/D 변환기

15 16진수 1A를 2진수로 표시하면?

가. 00001110
나. 10100001
다. 11111100
라. 00011010

정답 라

해설 16진수 1자리는 2진수 4자리와 같다
$1 \rightarrow 0001$, $A \rightarrow 1010$

16 다음 중 논리방정식이 잘못된 것은?

가. $A+1=A$
나. $A \cdot 0 = 0$
다. $A+A \cdot B=A$
라. $A \cdot (A+B) = A$

정답 가

해설 $A+1=1$

17 다음 진리표는 어떤 논리회로에 대한 진리표인가?

A	B	Q(t+1)
0	0	Q(t) 불변
1	0	1
0	1	0
1	1	부정

가. 전가산기
나. 반가산기
다. JK 플립플롭
라. RS 플립플롭

정답 라

해설 RS Flip-Flop 논리회로의 진리값

SR	Q_{n-1}
00	Q_n 불변
01	0
10	1
11	부정

18 십진 BCD 계수가 출력으로 그림과 같은 표시를 이용하려면 어떤 디코더 드라이버가 필요한가?

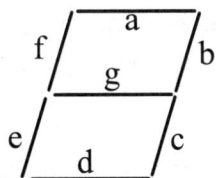

가. BCD-10 세그먼트
나. Octal-10 세그먼트
다. BCD-7 세그먼트
라. Octal-7 세그먼트

정답 다

해설 a~g까지 7개의 세그먼트로 숫자를 표현하는 BCD-7 세그먼트 드라이버를 사용한다.

19 다음 그림의 회로 명칭은 무엇인가?

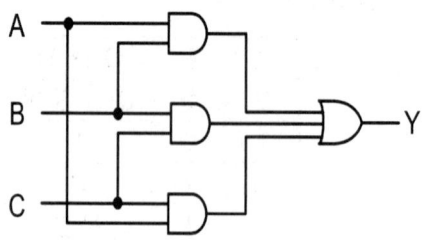

가. 일치 회로
나. 반 일치 회로
다. 다수결 회로
라. 비교 회로

정답 다

3개의 입력 가운데서 2개 이상 1일 때만 출력을 얻는 다수결회로이다.

20 다음 중 비동기식 카운터에 대한 설명으로 틀린 것은?

가. 리플 카운터라고도 한다.
나. 고속 카운팅에 주로 사용된다.
다. 전단의 출력이 다음 단의 트리거 입력이 된다.
라. 회로가 단순하므로 설계가 쉽다.

정답 나

비동기식 카운터는 전단에 있는 플립플롭의 출력을 받아 다음 단의 Flip-Flop을 동작시키도록 연결되어 있어 회로는 간단하나 동작속도는 느린 단점이 있다.

제2과목 무선통신기기

21 다음 중 스펙트럼 확산(Spread Spectrum) 변조 방식에 대한 설명으로 틀린 것은?

가. 복조는 비동기 검파방식만 사용한다.
나. 전송 중의 신호전력 스펙트럼 밀도가 낮다.
다. 확산계수가 클수록 비화성이 우수하다.
라. 혼신이나 페이딩 등에 강하다.

정답 가

스팩트럼 확산은 신호파를 넓은대역의 확산신호로 만드는 과정을 말하며 CDMA, TDMA, FDMA방식이 있음. 스팩트럼확산은 변조(Modulation)와는 다름.
스팩트럼확산의 특징
① 전송신호의 신호전력 스팩트럼밀도가 낮아짐
② 확산계수가 클수록 비화성이 우수(광대역)
③ 혼신이나 페이딩에 강함
④ 송/수신기의 구성이 복잡함
⑤ CDMA통신방식(IS-95)에서 사용되고 있음

22 PCM 시스템에서 발생되는 위상의 흔들림을 무엇이라고 하는가?

가. 엘리어싱(Aliasing)
나. 양자화 잡음(Quantizing Noise)
다. 등화(Equalization)
라. 지터(Jitter)

정답 라

디지털신호의 잡음(망동기 품질요소)

잡 음	특 징
지터	신호위상의 흔들림으로 발생
Slip	Overflow에 의해 발생

23 다음 중 직교진폭변조(QAM)에 대한 설명으로 적합하지 않은 것은?

  가. APK(Amplitude-Phase Keying)의 한 형식이다.
  나. 4진 QAM은 4진 PSK와 대역폭 효율은 동일하다.
  다. 반송파의 진폭과 위상이 베이스밴드 신호에 따라 변하는 디지털 변조시스템에 사용된다.
  라. M진 QAM의 대역폭 효율은 $\log M$[bps/Hz]이다.

  정답 라

  해설 QAM의 특징
  ① PSK + ASK방식으로 APK라 함
  ② M-QAM의 대역폭 효율 $\log_2 M$[bps/Hz]임
  ③ M 진수가 증가되면 오율(Pe)이 증가됨

24 다음 중 VHF를 사용하지 않는 항법 장치는?

  가. DME
  나. VOR
  다. ILS
  라. RMI

  정답 가

  해설 DME(Distance Measuring Equipment)는 거리측정 장비로 UHF밴드(1000MHz)를 사용함.
  ① ADF : 지상으로부터 송신된 전파를 이용 항공기에서 수신하여 자동으로 방향탐지
  ② VOR : 초단파를 이용해 ADF보다 정확
  ③ RMI : 자국방향에 대해 VOR상호 방향과의 각도 및 항공기의 방위각을 표시
  ④ ILS : 착륙을 위한 진행방향, 자세, 활강각도 등을 정확하게 제공함 (HF, VHF사용)

25 다음 중 SSB 방식을 DSB 방식과 비교한 설명으로 맞는 것은?

  가. 송신기의 소비전력은 SSB 방식이 적다.
  나. 송수신기의 회로는 SSB 방식이 간단하다.
  다. SSB 방식이 낮은 주파수 안정도를 필요로 한다.
  라. SSB 방식은 간섭성 페이딩에 의한 영향이 적다.

  정답 가

  해설 DSB 와 SSB 비교

	DSB	SSB
대역폭	넓음	좁음
송신전력	매우큼	작음
신호대잡음	낮음	큼
복잡도	간단함	복잡함
복조	비동기	동기

26 다음 중 GPS에 대한 설명으로 틀린 것은?

  가. PZ-90 geometric 좌표계 시스템을 사용한다.
  나. 24개의 위성을 이용한다.
  다. 반송파는 1575.42[MHz]를 사용한다.
  라. 위성 고도는 약 20,200[km]이다.

  정답 가

  해설 GPS의 특징
  ① WGS-84(UTM)좌표계를 사용함
  ② 24개의 위성을 6궤도에서 사용함
  ③ 20,200[km] 고도 사용
  ④ 반송파는 1574.42MHz (L1) 사용
  ⑤ 삼각측량법을 이용해 위치계산

27 FM신호의 포락선에는 정보가 실려 있지 않으므로 잡음으로 인한 포락선의 변화를 균일화시킬 수 있는데 이러한 기능을 수행하는 것은?

  가. 기저대역 필터
  나. 변별기
  다. 진폭제한기
  라. 반송파 필터

  정답 다

2 2014년 무선설비기사 기출문제

해설 FM변조는 입력신호의 크기에 따라 대역폭이 결정되어 진폭제한기를 이용해 신호를 제한해줄 필요가 있음. 이는 균일한 포락선을 유지할 수 있음.

28 정보신호의 기저대역 신호대역폭을 B라 할 때, 협대역 위상변조의 소요 대역폭은 얼마인가?

가. B
나. 2B
다. 3B
라. 4B

정답 나

해설 위상변조는 기저대역신호 대역폭의 2배를 요구함.
이는 나이키스트의 최소대역폭에 의함.

29 다음 중 레이더의 기능에 의한 오차에 속하지 않는 것은?

가. 해면반사
나. 거리오차
다. 방위오차
라. 선박 경사에 의한 오차

정답 가

해설 레이더는 마이크로웨이브 주파수를 이용해 직진성이 매우 우수하고, 송신안테나를 이용해 발사된 신호가 반사판을 맞고 반사된 신호를 수신안테나로 수신해 시간차를 계산하여 거리를 측정함.
(거리[m] = 속도[m/s] x 시간[s])
속도(전파속도) = $3 \times 10^8 [m/s]$
* 송수신안테나를 하나로 사용하는 방식도 있음

30 정현파 신호를 반송파를 이용하여 60[%] 진폭변조(AM)한 경우 반송파 전력이 600[W]라면, 피변조파 전력은 얼마인가?

가. 908[W]
나. 808[W]
다. 708[W]
라. 608[W]

정답 다

해설 진폭변조전력

신호	신호전력
상측파, 하측파	$\frac{m^2}{4}Pc$
반송파	Pc
피변조파 (상측파+ 하측파+ 반송파)	$(1 + \frac{m^2}{2})Pc$

(m : 변조도 , Pc : 반송파 전력)
m = 0.6 , Pc = 600[w] 이므로,
$(1 + \frac{(0.6)^2}{2})600 = 708[w]$

31 다음 중 전원회로에서 요구하는 일반적인 성능 요구조건으로 틀린 것은?

가. 충분한 전력용량을 가질 것
나. 출력 임피던스가 높을 것
다. 전압이 안정할 것
라. 리플이나 잡음이 적을 것

정답 나

해설 전원회로(정류기)특징
① 충분한 전력용량
② 안정적인 전압(정전압)
③ 리플이나 낮은 잡음
④ 낮은 출력임피던스

32 다음 중 가정용 태양전지 시스템 구성 요소가 아닌 것은?

가. PV(Photovoltaic) Array
나. Converter
다. 반전계량
라. 접지

정답 나

해설 태양전지 시스템의 구성도
태양열 ⇒ 태양전지판 ⇒ 인버터 ⇒ 정류기 ⇒ DC

* 태양전지 시스템의 핵심은 인버터 기술이 핵심으로 인버팅 효율 + 태양전지판 효율이 중요함. 인버터는 DC를 AC로 변환시켜주는 장치임.

33 다음 중 단상 브리지형 전파 정류회로에 대한 설명으로 틀린 것은?

가. 최대 역전압은 Vm 이다.
나. 맥동 주파수는 전원 주파수 f와 같다.
다. 맥동율은 48.2[%]이다.
라. 정류 효율은 81.2[%]이다.

정답 나

해설 정류된 직류성분에 포함된 교류성분의 크기

반파정류	브릿지형 전파정류
입력교류의 반주기 동작	입력교류의 한주기 동작
리플률 : 1.21	리플률 : 0.482
효 율 : 40.6[%]	효 율 : 81.2[%]
PIV : Vm	PIV : Vm

34 다음 중 무정전 전원공급장치(UPS)의 On-Line 방식에 대한 설명으로 틀린 것은?

가. 상용전원을 그대로 출력으로 내보내며 축전지는 충전회로를 통해 충전한다.
나. 상시 인버터 방식이라고도 한다.
다. 항상 인버터 회로를 경유하여 출력으로 내보낸다.
라. 출력이 안정되며 높은 정밀도를 가진다.

정답 가

해설 UPS의 종류

On-Line 방식	· 정상 전원시에 상시인버터 방식 · 신뢰성을 요구하는 중용량 이상
Off-Line 방식	· 정전 에 인버터를 동작하는 방식 · 서버전용 (소용량)
Line Interactive 방식	· 축전지와 인버터 부분이 항상 접속

35 어떤 주파수의 교류를 직류 회로로 변환하지 않고 그 주파수의 교류로 변환하는 직접 주파수 변환 장치를 무엇이라 하는가?

가. 쵸퍼(Chopper)
나. 정류기(Rectifier)
다. 사이클로 컨버터(Cyclo Converter)
라. 인버터(Inverter)

정답 다

해설 ① DC 출력은 컨버터 (DC to DC, AC to DC)
② AC 출력은 인버터 (DC to AC)
③ 단, AC to AC장비를 사이클로 컨버터라 함

36 다음 중 접지저항에 대한 설명으로 틀린 것은?
가. 공중선을 대지에 접지시킬 때 공중선과 대지 사이에 존재하게 되는 접촉저항이다.
나. 접지저항을 크게 하기 위해 다점접지를 사용한다.
다. 접지 공중선의 효율을 결정하는 중요한 요소이다.
라. 코올라우시 브리지를 이용하여 측정할 수 있다.

정답 나

해설 접지저항은 0[Ω]에 가까울수록 좋음. 다점접지(다중접지) 또는 Mash접지 등을 이용하면 접지저항을 낮출 수 있음.

37 레헤르(Lecher)선에 미지의 전파를 인가했을 때 전압이 최대로 나타나는 두 점 사이의 거리가 3[m]일 경우 미지 전파의 주파수는 몇[MHz]인가?
가. 30[MHz]
나. 50[MHz]
다. 70[MHz]
라. 90[MHz]

정답 나

해설 한파장의 거리가 3[m]이므로 $\lambda = \dfrac{c}{f}$ 를 이용해 구할 수 있다. $f = \dfrac{3 \times 10^8 m/s}{3m} = 100[MHz]$ 의 절반(1/2)인 50[MHz]가 미지의 전파 주파수가 된다.

38 다음 중 축전지에 백색 황산연이 발생하는 원인이 아닌 것은?
가. 불충분한 충전
나. 방전상태로 방치
다. 전해액의 비중이 너무 작을 때
라. 전해액 온도상승과 하강 등이 빈번히 일어날 때

정답 다

해설 과충전(Over Charge)의 조건
1. 규정용량 이상으로 방전 시
2. 방전 후 즉시 충전하지 않았을 경우
3. 축전지를 오랫동안 사용치 않을 경우
4. 측판에 백색 황산연이 생겼을 경우

39 필터법을 이용한 왜율 측정 시 필요하지 않은 구성요소는?
가. 저주파 발진기
나. 감쇠기
다. 저역통과필터
라. 미분기

정답 라

해설 왜율(Distortion)은 저주파발진기, 감쇠기, 저역통과필터를 이용해 측정할 수 있음. 미분기는 C와 R을 이용해 HPF형태의 회로를 만들 수 있음.

40 FM수신기의 감도 측정에는 어떤 측정 방법이 사용되는가?
가. 잡음 증가감도에 의한 측정방법
나. 이득 증가감도에 의한 측정방법
다. 잡음 억압감도에 의한 측정방법
라. 이득 억압감도에 의한 측정방법

정답 다

해설 FM변조는 낮은 신호를 높은 신호가 억압하는 억압 효과(Capture Effect) 특징이 있음. 이를 이용해 수신기의 감도 측정으로 응용할 수 있음.

제3과목 안테나공학

41 다음 중 거리에 따라 가장 감쇠가 급격하게 발생하는 것은 어느 것인가?

가. 정전계   나. 유도체
다. 복사전계 라. 복사자계

정답 가

해설) 전계의 손실 특징 (r = 거리)

정전계	유도전계	복사전계
$\frac{1}{r^3}$	$\frac{1}{r^2}$	$\frac{1}{r}$

42 다음 중 전자계 현상에 대한 설명으로 틀린 것은?

가. 유전율이 커지면 파장은 길어진다.
나. 전계 벡터가 X축과 Y축으로 구성되어 크기가 같은 경우를 원형 편파라고 한다.
다. 복사 전계의 크기는 거리에 반비례한다.
라. 전파의 주파수가 높을수록 직진성이 강하다.

정답 가

해설) 전자계 현상
① 전파속도 = $\frac{1}{\sqrt{\varepsilon_s \cdot \mu_s}}$ (유전율과 투자율)
② 원형편파(X축 Y축이 크기 같음) 선형편파가 있음
③ 전계의 크기는 거리에 반비례 함
④ 주파수가 높으면 직진성, 낮으면 회절성 우수

43 다음 중 파장이 가장 짧은 주파수대는 어느 것인가?

가. UHF   나. VHF
다. SHF   라. EHF

정답 라

해설) 파장과 주파수는 반비례함

기호	주파수	파장
LF	30KHz ~ 300KHz	100m
MF	300KHz ~ 3MHz	10m
HF	3MHz ~ 30MHz	1m
VHF	30MHz ~ 300MHz	10cm
UHF	300MHz ~ 3GHz	1cm
SHF	3GHz ~ 30GHz	1mm
EHF	30GHz ~ 300GHz	0.1mm

44 초고주파 대역에서 사용하는 마이크로스트립(Microstrip) 전송선로가 비유전율 ε_r=6.9을 가지며, 기판의 폭(w)과 두께(h)의 비가 w/h=4.2 일 때, 특성 임피던스는 얼마인가?

가. 17.8[Ω]   나. 19.8[Ω]
다. 21.8[Ω]   라. 23.8[Ω]

정답 라

해설) 마이크로스트립 구조와 임피던스

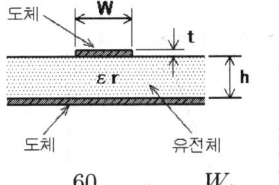

$Z_o = \frac{60}{\sqrt{\varepsilon_r}} \ln(0.25 \frac{W}{h})$ = 약 23.8옴

45 다음 중 도파관에 대한 설명으로 틀린 것은?

가. 도파관은 차단주파수 이하의 주파수는 통과시키지 않는다.
나. 저항손실이 적다.
다. TE mode는 진행방향에 대해 전계 E는 나란하고 자계 H는 직각인파를 말한다.
라. 도파관에서는 변위전류의 흐름이 관내에서만 발생하므로 전자파를 외부에 방사하거나 수신하는 일이 없다.

정답 다

해설 도파관의 특징
① 외부 전자기파의 영향이 없음
② 도파관 내부에서 전파가 반사되며 TE, TM모드를 형성함
③ 저항손실이 매우 적음
④ 도파관은 차단주파수 이상을 통과시킴(HPF)
⑤ TE모드 와 TM모드

	TE모드	TM모드
진행방향	자계(H)	전계(E)
직각방향	전계(E)	자계(H)

46 복사저항 450[Ω]인 폴디드다이폴 안테나 두 개를 λ/4 임피던스 변환기를 사용하여 100[Ω]의 평행 2선식 급전선에 정합시키고자 한다. 이 때 변환기의 임피던스 값은?

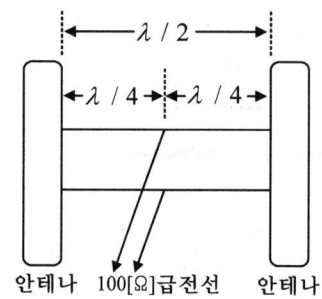

가. 212[Ω]
나. 424[Ω]
다. 300[Ω]
라. 600[Ω]

정답 다

해설 다이폴안테나를 평형2선식 급전선에 정합하기 위해서는 300[Ω]의 임피던스 변환기가 요구됨.

47 U자형 Balun을 이용한 정합시 동축 급전선과 평행 2선식 급전선간의 임피던스 변환비로 올바른 것은?

가. 1:1 나. 1:2
다. 1:4 라. 1:8

정답 다

해설 발룬(Balun)은 임피던스변환기로 서로다른 전송매체를 연결할 때 사용함. 동축 급전선의 전송매체는 1선, 평형2선식의 전송매체는 2선으로 1:4 변환비.

48 다음 중 동조 급전선에 대한 설명으로 틀린 것은?

가. 급전선상에 정재파가 존재한다.
나. 급전선의 길이가 길 때 사용한다.
다. 임피던스 정합장치가 불필요하다.
라. 전송효율이 비동조 급전선보다 낮다.

정답 나

해설 동조급전선 과 비동조급전선

	동조급전선	비동조급전선
매칭	불필요	필요
전파	정재파	진행파
효율	낮음	우수
거리	거리가 가까울 때	거리가 멀 때

49 다음 중 극초단파대용 안테나는?

가. Whip안테나 나. Slot안테나
다. Adcock안테나 라. Beam안테나

정답 나

해설 안테나 종류

파장	안테나 종류
중파	주상안테나, 루프안테나
단파	반파장다이폴, 진행파 V형, 빔 안테나
초단파	휩, 브라운, 야기, 턴스타일
극초단	슈퍼턴스타일, 단일 슬롯(slot), 코너리플렉트, 파라볼라, 혼

50 복사저항이 200[Ω]이고, 손실저항이 35[Ω]이라고 할 때 안테나의 복사효율은?

　가. 65[%]　　　　나. 75[%]
　다. 85[%]　　　　라. 95[%]

　　　　　　　　　　　　　　　정답 다

[해설] 복사효율은 복사저항과 손실저항에 의해 외부로 방사되는 실제 효율을 나타냄.

복사효율 = $\dfrac{복사저항}{복사저항 + 손실저항}$ × 100

51 다음 중 안테나 특성을 광대역으로 하기 위한 방법으로 적합하지 않은 것은?

　가. 안테나의 Q를 적게 한다.
　나. 진행파 안테나로 한다.
　다. 안테나 도선의 직경이 가늘어야 한다.
　라. 자기상사형으로 한다.

　　　　　　　　　　　　　　　정답 다

[해설] 안테나 광대역방안

① 안테나의 Q Factor를 작게 (B = $\dfrac{1}{Q}$)
② 진행파 안테나 (반사파 없음)
③ 안테나 도선을 굵게 함
④ 자기상사형 으로 함
⑤ Array형태로 구성함

52 다음 중 심굴접지에 대한 설명으로 틀린 것은?

　가. 대지의 도전율이 좋은 경우에 사용한다.
　나. 수분을 잘 흡수하는 목탄을 사용하여 접지저항을 줄인다.
　다. 고주파에 대한 큰 효과가 없으므로 가접지 또는 보조접지에 이용된다.
　라. 접지저항을 1[Ω] 이하로 하려면 접지를 3개~30개 정도의 개수로 적당한 위치에서 접속한다.

　　　　　　　　　　　　　　　정답 라

[해설] 장중파 안테나의 종류와 특징

	특 징
심굴 접지	도전율 낮을 때 목탄 사용 접지저항은 100옴 이하
방사상 접지	방사형으로 접지 접지저항은 10옴 이하
다중 접지	다수의 접지봉으로 접지 접지저항은 1옴 이하
카운터포이즈	대지가 불균일할 때 사용

53 다음 중 수직 접지 안테나의 일반적인 특징으로 틀린 것은?

　가. 수직편파
　나. 수직면내 쌍반구형 지향특성
　다. 방송용
　라. 수평면내 8자 지향 특성

　　　　　　　　　　　　　　　정답 라

[해설] 수직접지안테나 특징

① $\dfrac{\lambda}{4}$ 길이를 사용하며, 수직편파발생
② 수직면에서 쌍반구형 지향성
③ 수평면에서 원형 지향성
④ 주로 방송용으로 사용됨

54 다음 중 다중경로 페이딩에 의한 에러와 왜곡을 보정하기 위한 방법이 아닌 것은?

　가. 순방향 에러정정
　나. 적응 등화
　다. 다이버시티
　라. 도플러 확산

　　　　　　　　　　　　　　　정답 라

[해설] 다중경로 페이딩 보정방법
① 순방향 에러정정(FEC)
② 적응형 등화기
③ 다이버시티
④ 레이크수신기

55 다음 중 임계 주파수에 대한 설명으로 틀린 것은?

가. 전리층에 수직으로 입사하는 전자파의 반사와 투과의 경계가 되는 주파수이다.
나. 전리층의 임계주파수를 알면 최대 전자밀도를 알 수 있다.
다. 전리층의 전자밀도가 높아지면 임계 주파수는 낮아진다.
라. 전리층의 굴절률이 0일 때의 주파수이다.

정답 다

해설 임계주파수란 전리층통신을 할 때 사용되는 주파수를 말함. 전리층의 전자밀도가 높아지면 높은 주파수를 사용해야 함. 따라서 임계주파수가 높아짐.
임계주파수
$f_o = 9\sqrt{N}$ (N: 전리층의 전자밀도)

56 송수신 안테나 높이가 9[m]로 동일하게 놓여 있는 경우 직접파 통신이 가능한 전파 가시거리는 약 얼마인가?

가. 8.22[km]   나. 12.44[km]
다. 24.66[km]   라. 32.88[km]

정답 다

해설 전파가시거리
$4.11(\sqrt{h_1} + \sqrt{h_2})$ (h는 송수신 안테나 높이)

57 다음 중 선박용 레이더에서 마이크로파를 사용하는 이유로 틀린 것은?

가. 광의 특성과 유사하게 직진하기 때문이다.
나. 파장이 짧아 안테나를 소형으로 만들 수 있기 때문이다.
다. 파장이 짧아 적은 표적에서도 반사가 되기 때문이다.
라. 비나 눈에 의한 영향이 적기 때문이다.

정답 라

해설 마이크로파는 직진성이 매우 우수해 선박용 레이더 주파수로 많이 사용됨.

58 다음 중 전파의 수신율이 매질의 상태에 따라 변화하는 전파전파(電波傳播)현상이 아닌 것은?

가. 야간 오차에 의한 현상
나. 델린저 현상
다. 전파의 회절 현상
라. 자기람(Magnetic Storm)

정답 다

해설 공기매질의 온도변화(야간오차등) → 라디오 덕트 태양폭팔로 전리층매질변화 → 델린저, 자기람
* 직진, 회절, 반사, 굴절은 전파와 빛의 성질임

59 다음 중 잡음에 대한 설명으로 틀린 것은?

가. 장중파대에서는 공전 잡음이 우주 잡음에 비해 문제가 된다.
나. 마이크로파대에서는 자연잡음은 수신기의 내부 잡음에 비해 작다.
다. 인공잡음은 시외지역보다 시내지역에서 많이 발생한다.
라. 공전잡음은 접지 안테나를 사용하여 줄일 수 있다.

정답 라

해설 공전잡음은 낙뢰에 의해 발생되는 잡음으로 비접지, 지향성안테나, 대전력송신 등으로 개선할 수 있음

60 다음 중 제1종 전리층 감쇠에 대한 설명으로 틀린 것은?

가. 전자밀도에 비례한다.
나. 굴절률에 비례한다.
다. 평균 충돌 횟수에 비례한다.
라. 주파수의 제곱에 반비례한다.

정답 나

[해설] 1종 전리층 감쇠의 정의
: 전리층 반사파가 전리층을 통과(위에서 아래) 하면서 생기는 감쇠이다.
1. 전자밀도에 비례함
2. 사용주파수의 제곱에 반비례함
3. 평균충돌 횟수에 비례함
4. 굴절률에 반비례함

[해설] 코딩기술

코딩기술	특징
소스코딩	데이터 압축용 데이터량이 줄어듦 PCM, DPCM 등
채널코딩	데이터 에러제어용 데이터량 커짐(리던던시 추가) 컨볼루션, CRC코딩 등
암호코딩	데이터 암호용 데이터량이 커짐 인터리빙, PN코딩 등

제4과목 무선통신시스템

61 전파의 성질 중 지구 등가 반경과 가장 관계가 깊은 것은?
가. 반사 나. 굴절
다. 감쇠 라. 회절

정답 나

[해설] 등가지구반경은 원형인 지구를 평면으로 도식화 할 때 사용하는 Factor로 전파는 굴절한다는 성질을 이용함.

62 다음 중 이동통신에서 사용되는 코딩기술에 대한 설명으로 틀린 것은?
가. 이동통신 코딩의 분류는 전송구간에서 오류를 극복하거나 효율을 증대시키는 채널 코딩과 소스 코딩이 있다.
나. 소스 코딩은 전송대상 데이터의 양을 축소하여 전송효율을 증대시키는 것으로 이것은 한정된 자원을 최대한 사용하기 위한 것이다.
다. 일반적인 소스 코딩은 메시지의 리던던시를 증대시키는 역할을 한다.
라. 채널 코딩방식인 콘볼루션 코딩방식은 원래 데이터를 이용하여 중간중간에 오류를 정정하거나 검색하기 위하여 추가하는 방식이다.

정답 다

63 어떤 증폭기의 증폭도가 80일 때 왜율이 3[%]이다. 궤환율 $\beta=0.05$의 부궤환을 할 때 왜율은?
가. 0.2[%]
나. 0.4[%]
다. 0.6[%]
라. 0.8[%]

정답 다

[해설] $\dfrac{(왜율)}{1+\beta A} = \dfrac{0.03}{1+(0.05)(80)} = 0.006\,(0.6\%)$

64 다음 중 LTE 상향링크 전송방식 DFT-Spread OFDM 방식의 특징이 아닌 것은?
가. 송신신호의 순시 전력이 크게 변동하지 않는다.
나. 주파수 영역 상에서의 복잡도가 낮고 성능이 좋은 이퀄라이저의 사용이 가능하다.
다. 유연한 대역폭 할당을 위한 FDMA방식이 가능하다.
라. 순시 송신전력의 변동이 높아서 전력증폭기의 효율을 높일 수 있다.

정답 라

[해설] OFDM의 단점
① PAPR(Peak to Average Power Ratio)이 높아 전력증폭기 효율이 떨어짐
② 위상잡음에 매우 민감
③ 주파수 Offset에 매우 민감
④ DSP(Digital Signal Processing)를 이용해 송수신기 가격이 높음

65 다음 중 무선 근거리통신망의 ISM 대역에 대한 설명으로 틀린 것은?

가. ISM대역은 ITU에서 국제적으로 지정하였다.
나. 산업·과학의료 대역이라 불리우는 주파수 대역이다.
다. ISM 대역을 사용하기 위해서는 별도의 무선국 허가절차가 필요하다.
라. 우리나라가 해당하는 제3지역에서는 2.4~2.5[GHz]등을 사용한다.

정답 다

[해설] ISM은 의료, 과학, 산업분야에서 별도의 허가 없이 사용할 수 있 대역을 말함(출력은 제한적)

66 SDTV에서 HDTV로 발전하면서 해상도가 우수해짐으로 인해 가장 많은 영향을 받는 무선 전송 변수는?

가. 전송 주파수
나. 다중화 방식
다. 안테나 크기
라. 대역폭

정답 라

[해설] HDTV는 전송해야할 전송량이 많아 큰 대역폭이 요구됨. HDTV는 19.39Mbps의 전송량이 요구되며 6MHz대역폭에 전송하기 위해 MPEG-2(영상)압축을 사용함.

67 RF 수신단에서 수신된 신호가 감쇄 및 잡음의 영향으로 인해 매우 낮은 전력레벨을 갖을 경우 잡음을 억제하면서 신호가 증폭될 수 있도록 해주는 RF 부품은?

가. 대역 선택 필터(Band Select Filter)
나. 아이솔레이터(Isolator)
다. 저잡음증폭기(Low Noise Amplifier)
라. 믹서(Mixer)

정답 다

[해설] 저잡음증폭기는 수신단에서 잡음을 억제해 주고 신호를 증폭시켜 주는 역할을 함. 안테나 와 수신기 사이에 사용해 입력초단의 잡음지수를 최소화 함.

68 다음 중 변조의 기능으로 틀린 것은?

가. 신호파를 반송파에 실어 보낸다.
나. 여러 신호를 다중화해서 전송한다.
다. 신호의 교류 성분을 직류 성분으로 변환한다.
라. 전송매체에 따라 전송에 알맞도록 신호의 형태를 변환한다.

정답 다

[해설] 변조의 기능
① 신호파를 반송파에 싣는 과정
② 높은 반송파로 천이되어 다중화 가능
③ 전송매체에 알맞도록 신호를 변환
④ 높은 반송파 사용으로 RF부품 소형화
⑤ 높은 반송파 사용으로 잡음에 강인

69. M/W 통신에서 송신출력이 1[W], 송수신 안테나 이득이 각각 30[dBi], 수신 입력 레벨이 -30[dBm]일 때 자유공간 손실은 몇 [dB]인가? (단, 전송선로 손실 및 기타손실은 무시한다.)

가. 112[dB]
나. 117[dB]
다. 120[dB]
라. 123[dB]

정답 다

해설 송신출력레벨: 30[dBm] (1[W])
송신안테나이득: 30[dBi]
수신안테나이득: 30[dBi]
자유공간손실: x
수신입력레벨: -30[dBm]
-30[dBm] = 30[dBm] + 30[dBi] + 30[dBi] - x
∴ x = 120[dB]

70. 다음 중 현재 운영되고 있는 셀에 늘어나는 가입자 수와 사용자의 고속 데이터 요구사항이 증대되었을 경우 시스템의 용량을 증대하는 방법으로 적절하지 않은 것은?

가. 중계기 설치
나. 섹터 증설
다. 셀 분리
라. 주파수 증설

정답 가

해설 중계기는 셀의 크기를 크게 하거나 음영지역을 해소할 목적으로 사용됨.

71. 다음 중 이동무선전화 시스템의 BTS가 수행하는 일이 아닌 것은?

가. 단말기의 동기 유지
나. 단말기의 무선접속 기능 수행
다. 통화채널 할당/해제
라. 단말기의 위치 추적

정답 라

해설 이동통신시스템 구성도
단말기 → BTS → BSC → MSC → 타 교환기
단말기 위치추적은 MSC(교환기)에서 수행함

72. 다음 통신 프로토콜 특징 중 상호 연결성이 없는 것은?

가. 직렬/병렬(Serial/Parallel)
나. 단일체/구조적(Monolithic/Structured)
다. 대칭/비대칭(Symmetric/Asymmetric)
라. 표준/비표준(Standard/Nonstandard)

정답 가

해설 직렬/병렬은 프로토콜 특징 보다는 전송특성에 해당.
프로토콜이란 송수신간의 규약으로 구문, 의미, 타이밍 3요소로 구성됨.

73. 다음 중 하나의 통신 경로를 다수의 사용자들이 동시에 사용할 수 있게 해주는 프로토콜 기능은?

가. 주소 결정
나. 캡슐화
다. 흐름 제어
라. 다중화

정답 라

해설 다중화에 대한 설명으로 다중화 기술에는 FDM, CDM, TDM, WDM 이 있음.

74. 다음 중 MAC 계층에서 ACK 신호를 만들어 내

는 경우에 해당하지 않는 것은?

가. 유용한 프레임을 수신할 경우
나. 송신 단말이 프레임이 깨지지 않았거나 충돌상태가 아닌 경우
다. 정해진 시간 주기 내에서 수신되어지거나 재전송이 발생될 경우
라. 정보를 재전송 할 경우

정답 라

해설 ACK는 긍정응답으로 정보수신이 정상적일 때 사용하는 신호이고, NAK은 부정응답으로 재전송, 에러발생 등일 때 사용하는 신호임.

75 OSI 참조 모델의 계층과 이에 관련된 프로토콜이나 기술을 잘 못 짝지은 것은?

가. 데이터링크 계층 – LLC
나. 전달계층 – FTP
다. 물리계층 – IrDA
라. 네트워크 계층 – OSPF

정답 나

해설 FTP는 파일전송 프로토콜로 전송계층에서는 20번 21번 포트를 사용하며, 네트워크계층에서는 TCP를 사용함. FTP는 응용프로그램 형태로 응용계층 프로토콜임.

76 사람과 사람 사이의 대화도 음파를 통한 일종의 통신이라고 볼 수 있다. 이 경우, 통신 프로토콜의 관점에서 아래의 설명 중 틀린 것은?

가. 두 사람이 사용하는 언어가 서로 다르면 통신이 불가능하다.
나. 두 사람이 사용하는 언어를 일종의 프로토콜로 볼 수 있다.
다. 두 사람이 대화하는 음성의 주파수가 일치되어야 한다.
라. 두 사람 모두 음파를 사용하여 의사를 전달해야 한다.

정답 다

해설 송신과 수신의 주파수가 달라도 통신은 가능함. 사람의 음성도 300Hz ~ 1.5KHz 사이에서 진동함.

77 다음 중 WPA(Wi-Fi Protected Access)의 요소가 아닌 것은?

가. TKIP   나. MIC
다. 802.1X   라. PDU

정답 라

해설 PDU(Packet Data Unit)는 동일 전송계층 간에 전달되는 단위를 말함. 예를 들어 데이터링크 계층 간의 PDU는 Frame임.
WPA = TKIP+MIC+Radius+802.1x+EAP로 구성.

78 무선통신시스템에서 전송용량이 10,000[bps]이고, 신호 대 잡음 비(S/N)가 15일 때 필요한 대역폭은 몇 [Hz]인가?

가. 2,000[Hz]   나. 2,500[Hz]
다. 3,000[Hz]   라. 3,500[Hz]

정답 나

해설 채널용량(C) = $B\log_2\left(1+\dfrac{s}{n}\right)$ ⟨B : 대역폭⟩

79 전기 전자장비로부터 불요전자파가 최소화 되도록 함과 동시에 어느 정도의 외부 불요전자파에 대해서는 정상동작을 유지할 수 있는 능력을 갖고 있는지 설명하는 용어는?

가. EMI   나. EMP
다. EMC   라. EMS

정답 다

해설 EMC(양립성) = EMI(방해) + EMS(내성)
EMC가 전혀 없는 시스템은 없음. 비용과 성능을 감안해 최소화 시키는 것이 중요함.

80. 텔레비전 방송에서 한 채널의 대역폭은?

가. 3[MHz]
나. 4[MHz]
다. 5[MHz]
라. 6[MHz]

정답 라

시스템별 대역폭 정리

시스템	대역폭	특징
AMPS	30KHz	아날로그
CDMA	1.5MHz	이동통신
WCDMA	5MHz	이동통신
LTE	5MHz	데이타통신
아날로그 TV	6MHz	NTSC
디지털 TV	6MHz	ATSC
Wibro	10MHz	데이타통신

제5과목 전자계산기일반 및 무선설비기준

81. 0-주소 명령어(zero-address instruction)에서 사용하는 특정한 기억 장치 조직은 무엇인가?

가. 그래프(graph)
나. 스택(stack)
다. 큐(queue)
라. 트리(tree)

정답 나

용어해설

용어	특징
그래프	Display 방법 중에 하나임
스택	특정한 기억장치 조직
큐	수신부에서 수신버퍼 정의
트리	디렉토리 또는 DB저장 방식

82. 다음 보기의 기억장치 중 속도가 가장 빠른 것에서 느린 순서대로 나열한 것으로 맞는 것은?

(1) 캐쉬
(2) 보조 기억장치
(3) 주 기억장치
(4) 레지스터
(5) 디스크 캐쉬

가. (4)-(3)-(1)-(5)-(2)
나. (4)-(5)-(3)-(1)-(2)
다. (4)-(1)-(3)-(5)-(2)
라. (4)-(5)-(1)-(3)-(2)

정답 다

기억장치 속도

순서	이름	특징 또는 종류
1	레지스터	연산장치(고속)
2	캐쉬	임시 저장장치
3	주기억장치	ROM, RAM저장
4	디스크 캐쉬	디스크 임시저장
5	보조기억장치	HDD 저장(저속)

83. 다음 그림은 마이크로컴퓨터의 동작 원리를 나타내는 것이다. 빈칸에 들어갈 알맞은 용어는?

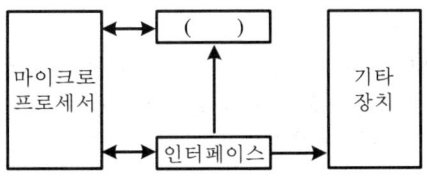

가. RAM
나. 중앙처리장치
다. 플로피 디스크 드라이버
라. 하드디스크

정답 가

중앙처리장치는 마이크로프로세서, 하드디스크와 플로피 디스크는 기타장치 이며, RAM은 저장장치로 하드디스크의 처리속도를 향상시키기 위해 사용되는 임시저장장치임.

84 다음 중 인터럽트의 발생 원인에 대한 설명으로 틀린 것은?

가. 컴퓨터 구성품의 물리적 결함
나. 주변 장치들의 동작에 따른 중앙처리장치에 대한 기능 요청
다. 프로그램 내 A 루틴에서 B 루틴으로의 연결
라. 긴급 정전사태 발생으로 인한 컴퓨터 전원 OFF

정답 다

해설 인터럽트란 물리적, 논리적인 문제로 인해 컴퓨터가 일시적으로 이상 동작하는 현상을 말함. 인터럽트가 발생되면 중앙처리장치에 현재까지의 기능이 저장되며 재사용 시 중앙처리장치로부터 Reload 함.

85 다음 중 공개 소프트웨어에 대한 설명으로 틀린 것은?

가. 무료의 의미보다는 개방의 의미가 있다.
나. 라이센스(License) 정책을 만들어 유지하도록 한다.
다. 모든 상업적인 목적에 사용은 불가하다.
라. 공개 소스 소프트웨어와 같은 의미로 사용한다.

정답 다

해설 공개소프트웨어는 누구나 사용 할 수 있도록 배포되는 소프트웨어를 말함. 상업 및 비상업용으로 사용할 수 있음.

86 다음은 전감산기의 진리표이다. 이 진리표를 이용하여 두 개의 차 D의 불 함수에 대한 표현으로 옳은 것은?

입력(Input)			출력(Output)	
X	Y	B_0	D	B_1
0	0	0	0	0
0	0	1	1	1
0	1	0	1	1
0	1	1	0	1
1	0	0	1	0
1	0	1	0	0
1	1	0	0	0
1	1	1	1	1

가. $D = X + Y \oplus B_0$
나. $D = X \oplus Y + B_0$
다. $D = X \oplus Y \oplus B_0$
라. $D = \overline{X} \oplus Y \oplus B_0$

정답 다

해설 EX-OR 회로
1. $Y = (A+B)(\overline{A}+\overline{B}) = A\overline{B} + \overline{A}B = A \oplus B$
2. 입력 1의 개수가 홀수이면 1, 짝수이면 0이 출력
3. EX-OR 진리표

A	B	출력
0	0	0
0	1	1
1	0	1
1	1	0

87 다음 문장에서 설명하는 운영체제의 유형은?

> 부분적으로 일어나는 장애를 시스템이 즉시 찾아내어 순간적으로 복구함으로써 시스템의 처리중단이나 데이터의 유실과 훼손을 막을 수 있는 시스템 방식으로 특히 자원의 중복성에도 불구하고 특별한 관리가 필요한 정보처리에 매우 유용하다.

가. 시분할 시스템(Time-sharing System)
나. 다중 처리(Multi-processing)
다. 다중 프로그램(Multi-programming)
라. 결함허용 시스템(Fault-tolerant System)

정답 라

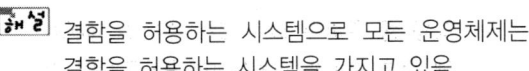

해설 결함을 허용하는 시스템으로 모든 운영체제는 결함을 허용하는 시스템을 가지고 있음.

88 다음 중 그레이 코드(Gray code)의 특징이 아닌 것은?

가. 2비트 변환되는 코드이다.
나. 4칙 연산에 사용되는 것은 적합하지 않다.
다. A/D변환기에 사용한다.
라. 입출력 코드와 주변장치용으로 이용한다.

정답 가

해설 그레이 부호는 이진법 부호의 일종으로, 연속된 수가 1개의 비트만 다른 특징을 가짐. 연산에는 쓰이지 않고 주로 데이터 전송, 입출력 장치, 아날로그-디지털 간 변환과 주변장치에 쓰임.

89 32비트의 데이터에서 단일 비트 오류를 정정하려고 한다. 해밍 오류 정정 코드(Hamming Error Correction Code)를 사용한다면 몇 개의 검사 비트들이 필요한가?

가. 4비트 나. 5비트
다. 6비트 라. 7비트

정답 다

해설 해밍비트 p는 $2^p \geq D + p + 1$로 계산할 수 있음. D(data)=32이므로 p는 최소한 6bit 이상이어야 함.

90 다음 중 운영체제의 기능이 아닌 것은?

가. 파일 관리
나. 장치 관리
다. 메모리 관리
라. 자료 관리

정답 라

해설 운영체제의 기능
① 파일관리
② 장치관리
③ 메모리관리
④ 시스템관리
⑤ 메모리 및 저장장치 관리

91 방송통신기자재 등의 적합성평가 표시기준으로 볼 수 없는 것은?

가. 적합인증 표시
나. 제조공정적합 표시
다. 적합등록 표시
라. 잠정인증 표시

정답 나

해설 적합성평가 적합인증 기자재
[전파법제58조의2(방송통신기자재 등의 적합성평가)]
1. 라디오 부이의 기기
2. 간이 CATV용 무선설비의 기기
3. 간이무선국용 무선설비의 기기 외 47종
   * 방송수신기기는 적합등록 사항임
   * 별첨 (형식승인, 형식등록에서 변경)

인 증	정 의
적합인증	통신기자재에 대한 전자파 인증
적합등록	적합인증 대상기기가 아닌 장비인증
잠정인증	대상기기에 정의되지 않은 장비인증

92 다음 중 무선국 개설허가의 유효기간이 5년이 아닌 것은?

가. 실험국   나. 기지국
다. 간이무선국 라. 아마추어국

정답 가

해설 무선국 개설허가 기준

유효기간	무선국의 종별
1년	실험국, 실용화 시험국
3년	방송국 또는 무선국
5년	이동국, 육상국, 육상이동국, 기지국, 선박국, 선상통신국, 무선측위국, 우주국, 이동지구국, 간이무선국 및 항공국, 아마추어국, 해안지구국, 육상지구국 등
무기한	의무선박국, 의무항공기국

93 방송통신기자재 지정시험기관의 지정기준 중 서류심사 항목에 해당되지 않는 것은?

가. 구비서류의 적정성
나. 조직 및 인력의 적정성
다. 조직의 재정적 적정성
라. 품질관리규정의 적정성

정답 다

해설 조직의 재정적 적정성은 서류심사항목에 해당되지 않음.

94 다음 중 지상파 DMB방송용 무선설비의 기술수준에서 방송신호 구성요소에 해당하지 않는 것은?

가. 오디오 서비스 신호
나. 비디오 서비스 신호
다. 데이터 서비스 신호
라. 파일롯 서비스 신호

정답 라

해설 파일롯(Pilot)신호는 방송구역의 크기를 결정하는 신호로 중계국에서 송출한 파일롯 신호를 단말기가 받아 서비스 area를 결정할 수 있음.

95 다음 중 주파수 회수 또는 주파수 재배치 규정에 따른 주파수 이용실적의 판단기준이 아닌 것은?

가. 해당 주파수의 이용현황 및 수요전망
나. 새로운 서비스 도입 동향
다. 국가안보 또는 인명안전 등의 공익적 필요성
라. 국제적인 주파수의 사용동향

정답 나

해설 전파법 시행령 6조
1. 해당주파수의 이용현황 및 수요전망
2. 전파이용기술의 발전추세
3. 국제적인 주파수의 사용동향
4. 국가안보 또는 인명안전 등의 공익적 필요성

96 다음 중 전파감시 업무 수행 목적이 아닌 것은?

가. 혼신의 신속한 제거
나. 전파의 효율적 이용을 촉진
다. 전파응용설비의 인증
라. 전파 이용질서의 유지 및 보호

정답 다

해설 전파감시 조사 및 행정처분 등에 관한 업무처리 규정
제 5조
1. 조난통신 · 긴급통신 · 안전통신 · 비상통신 등 인명 · 재산에 중대한 영향이 있다고 인정되는 통신
2. 혼신을 주고 있다고 인정되는 통신
3. 전파법령에 위반된다고 인정되는 통신
4. 무선국의 허가취소 · 운용정지 · 운용제한 등 행정상의 제재조치에 따라 감시를 요하는 통신
5. 기타 위원회가 지시하는 통신

97 전파법령에서 정의하는 '지구국'에 대한 설명으로 맞는 것은?

가. 인공위성을 개설하기 위해 필요한 무선국
나. 우주국 및 지구국으로 구성된 통신망 총제
다. 우주국과 통신을 하기 위하여 지구에 개설한 무선국
라. 지구를 둘러싼 전리층에서 지구표면으로 전파를 발사하는 무선국

정답 다

해설 전파법 "지구국"
우주국과 통신을 하기 위하여 지구에 개설한 무선국(위성통신은 지구국(증폭기, 트래킹, 안테나), 위성체(트랜스폰더, 안테나, 태양전지판)등으로 구성됨)

98 선박의 조난시 구조선박의 레이더 화면상에 자신의 위치를 여러 개의 점으로 표시하여 구조활동을 용이하게 하기 위한 설비는?

가. 라디오부이(radio buoy)
나. 수색구조용 레이더 트랜스폰더
다. 디지털 선택호출장치
라. 비상위치지시용 무선표지설비

정답 나

해설 수색구조용 레이더 트랜스폰더
선박용 조난 자동 통보 설비로, 선박이 조난됐을 경우에 레이더에서 발사되는 전파를 수신하면 응답 전파를 발사하여 레이더의 표시기상에서 그 위치가 표시되도록 하는 장치. 구명정(survival craft)이나 구명 뗏목(survival raft), 또는 해면 위에서 사용할 수 있다. 전지의 용량은 96시간 대기 상태 후 1ms의 주기로 레이더 전파를 수신하는 경우, 연속하여 8시간 동작할 수 있다. 의무 선박국에 설비하도록 의무화되어 있으며 무선 기기 형식 검정에 합격한 것을 사용해야 한다.

99 무선설비의 주요 기자재를 검수하는 방법 중 시험에 의한 방법의 검수 내용으로 틀린 것은?

가. 검수방법은 감리사가 입회하여 재료제작사의 시험설비나 공장시험장에서 시험을 실시하고 그 결과로 얻은 성적표로 검수한다.
나. 감리사가 공공시험기관에 시험을 의뢰 요청하여 실시하고 그 시험성적 결과에 의하여 검수한다.
다. 규격을 증명하는 KS 등의 마크가 표시되어 있는 규격품이나 적절하다고 인정할 수 있는 품질증명이 첨부되어 있는 제품을 대상으로 한다.
라. 대상 기자재의 범위는 공사상 중요한 기자재 또는 특별 주문품, 신제품등으로써 품질 성능을 판정할 필요가 있는 기자재로 한다.

정답 다

해설 KS이외의 제품이라도 제품의 특허, 특별한 기능을 가진 장비에 대해서는 검사를 시행함.

100 무선설비의 안전시설기준에서 정하는 발전기, 정류기 등에 인입되는 고압전기는 절연 차폐체 내에 수용하여야 한다. 다음 중 고압전기에 포함되는 것은?

가. 220 볼트를 초과하는 교류전압
나. 220 볼트를 초과하는 직류전압
다. 500 볼트를 초과하는 교류전압
라. 750 볼트를 초과하는 직류전압

정답 라

해설 무선설비의 안전시설기준 제4조
① 무선설비에 전원의 공급을 위하여 고압전기(600V를 초과하는 고주파 및 교류전압과 750V를 초과하는 직류전압을 말한다. 이하 같다)를 발생시키는 발전기나 고압전기가 인입되는 변압기, 정류기 등을 이용할 경우에는 해당 기기들은 외부에서 용이하게 닿지 아니하도록 절연차폐체내 또는 접지된 금속차폐체내에 수용되어 있어야 한다. 다만, 취급자외의 자가 출입하지 못하도록 된 장소에 설치되는 경우에는 그러하지 아니하다.

국가기술자격검정 필기시험문제

2014년 기사4회 필기시험

국가기술자격검정 필기시험문제

2014년 기사4회 필기시험

자격종목 및 등급(선택분야)	종목코드	시험시간	형 별	수검번호	성 별
무선설비기사		2시간 30분			

제1과목   디지털 전자회로

01 정류회로의 부하에 병렬로 콘덴서를 연결한 용량성 평활회로의 경우 부하저항이 감소하면 리플 전압은 어떻게 변화하는가?

가. 리플이 증가한다.
나. 리플이 감소한다.
다. 리플의 증가와 감소가 반복한다.
라. 변화가 없다.

정답 가

해설 용량성 평활회로의 경우 부하저항이 감소하면 리플 전압은 증가한다.

$$r \propto \frac{1}{L, C, R_L, f, m}$$

L : 인덕턴스
C : 커패시턴스
R_L : 부하저항
f : 신호의 주파수
m : 신호의 상 개수

02 다음 중 스위칭 정전압 회로에 대한 설명으로 틀린 것은?

가. 스위칭 정전압 회로는 직렬 정전압회로에 비하여 소형·경량이나, 트랜지스터의 콜렉터 손실이 크게 되어 효율성이 나쁘다.
나. 스위칭 정전압회로를 흔히 SMPS (Switching Power Supply)라고 부르기도 한다.
다. 직렬 정전압회로와 차이점은 제어 트랜지스터가 연속적인 전류를 흘리는 것이 아니라 단속(On-Off)적으로 전류를 흘린다.
라. 스위칭 트랜지스터의 이미터에 흐르는 전류는 펄스 형태로 나타난다.

정답 가

해설

항목	직렬형 방식	스위칭 방식
전환 변환 효율	나쁘다(<50%)	좋다(약 85%)
중량	무겁다	가볍다
형상	대형	소형
전원 잡음	작다	크다
복수 전원 구성	불편하다	간단하다
프리볼트	불편	간단

03 다음 중 아래 그림과 같은 입·출력 파형 특성을
만족시키는 정류 회로는?
(단, 다이오드의 장벽전압은 0.7[V]이고, 변압기의 권선비는 1:1로 가정한다.)

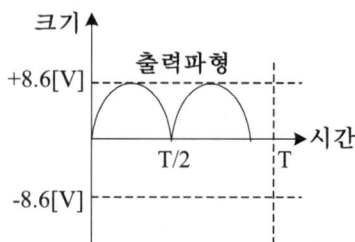

가. 반파정류회로   나. 배전압정류회로
다. 전파정류회로   라. 출력정류회로

정답 다

해설 전파정류회로의 일종인 브리지 정류회로는 다이오드가 2개 사용되어 1.4[V]의 전압강하가 발생, 10[V] 입력 시 8.6[V]가 출력된다.

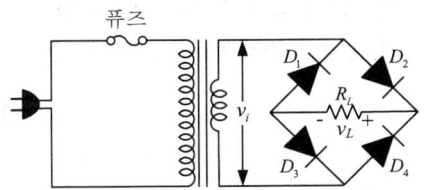

해설 이상적인 연산 증폭기의 파라미터(Parameter)
① 차동 신호의 전압 이득 $A = \infty$
② 동상 신호에 대한 전압 이득= 0,
③ CMRR = ∞
④ 입력 임피이던스 $Z_i = \infty$
⑤ 출력 임피이던스 $Z_0 = 0$
⑥ 주파수 대역폭 = ∞
⑦ 온도에 의한 드리프트(drift) = 0
⑧ 입력 바이어스 전류 = 0 ($I_{B1} = I_{B2} = 0$)

04 다음 중 영 바이어스(Zero Bias)된 B급 푸시풀(Push-Pull) 증폭기에서 발생되는 왜곡의 원인으로 가장 적합한 것은?

가. 주파수 일그러짐
나. 진폭 일그러짐
다. 교차 일그러짐
라. 위상 일그러짐

정답 다

해설 B급 PP전력 증폭회로에서는 바이어스는 불필요한 것처럼 생각되나, 트랜지스터의 $V_{BE} - I_C$ 특성의 상승부분의 비직선성에 의해서, 입력신호가 정현파라도 출력전류의 파형은 이상적인 정현파로는 되지 않고 왜곡을 일으킨다. 이것을 크로스오버 왜곡(crossover distortion)이라 하며 이 왜곡을 없애려면 무신호 시에도 콜렉터 전류가 조금 흐르도록 약간의 바이어스를 가해서 사용해야 한다.(AB급 바이어스 동작)

05 다음 중 이상적인 연산증폭기에 대한 설명으로 틀린 것은?

가. 입력 임피던스는 무한대(∞)이다.
나. 출력 임피던스는 0이다.
다. 공통모드제거비(CMRR)는 0이다.
라. 대역폭이 무한대(∞)이다.

정답 다

06 전압 이득이 40[dB]이고 차단주파수가 40[kHz]인 개루프(Open Loop) 증폭기에 부궤환 회로를 사용하여 전압이득이 20[dB]로 감소되었을 경우 폐루프(Closed-Loop) 증폭기의 차단주파수는?

가. 800[kHz] 나. 600[kHz]
다. 400[kHz] 라. 200[kHz]

정답 다

해설 증폭기의 이득 대역폭적은 일정하므로 전압이득이 증가하면 대역폭은 감소하게 된다.
즉, G·B=const이므로 전압 이득이 40[dB]이고 차단주파수가 40[kHz]인 개루프(Open Loop) 증폭기에 부궤환 회로를 사용하여 전압이득이 20[dB]로 감소되었을 경우 폐루프(Closed-Loop) 증폭기의 차단주파수는 400[kHz]가 된다.

07 다음 중 전치 증폭기에 대한 설명으로 틀린 것은?

가. 출력신호를 1차 증폭시킨다.
나. 초기신호를 정형한다.
다. 고출력 증폭용으로 사용된다.
라. 일반적으로 종단 증폭기에 비해 증폭률이 낮다.

정답 다

해설 전치증폭기(Pre-Amp)는 잡음 특성을 개선하기 위하여 사용하는 저잡음 증폭기이며, 고출력 증폭용으로 사용되는 증폭기는 전력증폭기(Power-Amp)라 한다.

08 다음 중 발진회로를 구성하는 요소가 아닌 것은?
  가. 위상천이회로
  나. 정궤환회로
  다. RC타이밍회로
  라. 감쇄회로

정답 라

해설 발진회로는 정궤환이 되도록 위상천이회로를 이용한다. 위상천이회로로는 RC회로, LC회로, 수정발진회로 등을 사용한다. 특히, 이완발진기는 RC timing 회로와 Switching 회로로 구성된다.

09 다음 그림과 같은 회로에서 결합계수가 0.5이고, 발진주파수가 200[kHz]일 경우 C의 값은 얼마인가?
  (단, $\pi = 3.14$이고, $L_1 = L_2 = 1[mH]$로 가정)

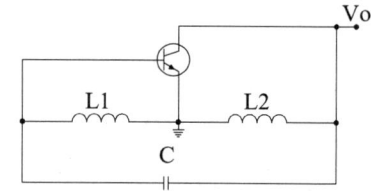

  가. 211.3[μF]   나. 211.3[pF]
  다. 422.6[μF]   라. 422.6[pF]

정답 나

해설 결합계수와 상호 인덕턴스
$$k = \frac{M}{\sqrt{L_1 L_2}},$$
$$M = k\sqrt{L_1 L_2} = 0.5\sqrt{(1 \times 10^{-3})^2} = 0.5 \times 10^{-3}$$
하틀리 발진회로의 발진 주파수
$$f = \frac{1}{2\pi\sqrt{(L_1 + L_2 + 2M)C}}$$
$$C = \frac{1}{4\pi^2 f^2 (L_1 + L_2 + 2M)}$$
$$= \frac{1}{4\pi^2 (200 \times 10^3)^2 \times (2 \times 10^{-3} + 1 \times 10^{-3})}$$
$$= 211.3 \, [pF]$$

10 다음 중 단측파대 변조 방식의 특징으로 틀린 것은?
  가. 점유주파수 대역폭이 매우 작다.
  나. 복조를 할 경우 반송파의 동기가 필요하다.
  다. 송신출력이 비교적 적어도 된다.
  라. 전송 도중에 복조되는 경우가 있다.

정답 라

해설 단측파대(SSB) 변조방식은 DSB방식에 비하여 비화성이 우수하다.

11 다음 중 디지털 변조방식에 대한 설명으로 틀린 것은?
  가. ASK 방식은 반송파의 진폭을 변화시키는 방식으로 장거리 및 대용량 전송에는 적합하지 않다.
  나. FSK 방식은 반송파의 주파수를 변화시키는 방식으로 전송로의 영향을 많이 받기 때문에 전송로 상태가 열악한 통신에는 적합하지 않다.
  다. PSK 방식은 반송파의 위상을 변화시키는 방식으로 심볼 에러가 우수하고 전송로 등에 의한 레벨 변동에 영향을 적게 받는다.
  라. QAM 방식은 반송파의 진폭과 위상을 상호 변환하여 싣는 방식으로 제한된 전송 대역 내에서 고속 전송에 유리하다.

정답 나

해설 FSK 방식은 반송파의 주파수를 변화시키는 방식이므로 비선형 전송로의 영향을 적게 받아 전송로 상태가 열악한 통신에 적합하다.

12 다음 중 단안정 멀티바이브레이터에 대한 설명으로 틀린 것은?
   가. 두 증폭단 사이에 AC 결합과 DC 결합이 함께 쓰인다.
   나. 회로의 시정수로 주기가 결정된다.
   다. 정상 상태에서 한 개의 TR이 On이면 다른 TR은 Off이다.
   라. 1개의 펄스가 인가되면 2개의 안정 상태를 유지한다.

   정답 라

   해설 단안정 M/V는 하나 RC회로를 이용, 외부트리거 입력에 의해 안정상태와 불안정상태를 반복하면서 발진한다.

13 다음 중 펄스에 대한 설명으로 틀린 것은?
   가. 짧은 시간에 전압 또는 전류의 진폭이 급격하게 변화하는 파형이다.
   나. 충격파, 직사각형파, 톱날파, 계단파 등이 있다.
   다. 전압이나 전류의 성분이 양인 양(+) 펄스와 음인 음(-) 펄스가 있다.
   라. 펄스에는 고조파가 포함되지 않는다.

   정답 라

   해설 펄스파는 고조파(하모닉)의 합으로 만들어진 파이다.

14 JK Flip Flop을 그림과 같이 결선하였을 경우 클럭 펄스가 인가 될 때마다 Q의 출력상태는 어떻게 동작하는가?

   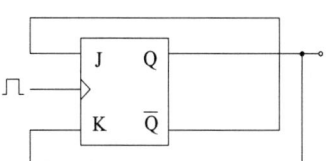

   가. Toggle   나. Reset
   다. Set   라. Race 현상

   정답 가

   해설 RS 플립플롭에서는 세트 펄스와 리셋 펄스가 동시에 오면 불안정 상태를 나타내지만, JK 플립플롭에서는 출력이 반전(Toggle)된다.

   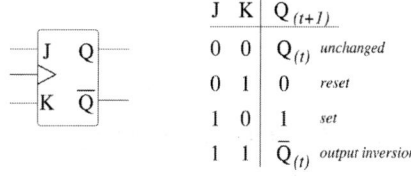

15 다음 중 부울 대수의 정리가 성립되지 않는 것은?
   가. A + B = B + A
   나. A · B = A(A+B)
   다. A(B+C)=AB+AC
   라. A+(B · C)=(A+B)(A+C)

   정답 나

   해설 A · B = B · A

16 2진수 1110을 2의 보수로 변환한 것으로 맞는 것은?
   가. 1010   나. 1110
   다. 0001   라. 0010

   정답 라

   해설 2의 보수는 1의 보수를 구한 다음 1을 더하면 된다. 1110의 1의 보수는 0001이다. 1을 더하면 0010이 된다.

17 비동기식 5진 계수회로는 최소 몇 개의 플립플롭이 필요한가?
   가. 4   나. 3
   다. 2   라. 1

   정답 나

해설) 필요한 플립플롭의 개수를 n 이라고 하면, $2^{n-1} \leq N \leq 2^n$이어야 한다. 문제에서 $2^{n-1} \leq 5 \leq 2^n$이므로 $n=3$, 즉 3개의 플립플롭이 필요하다.

18 다음 그림의 회로명칭은 무엇인가?

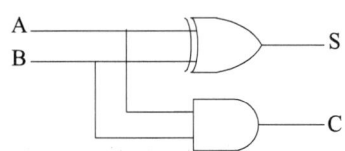

가. 반가산기 나. 반감산기
다. 전가산기 라. 전감산기

정답 가

해설) 반가산기

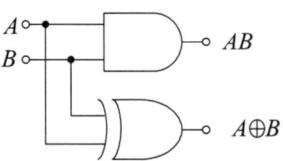

두 Bit를 더하는 회로로 올림수(Carry)를 고려하지 않는 가산기를 반가산기라 한다.
$S = \overline{A}B + A\overline{B} = A \oplus B$
$C = AB$

19 10진 BCD 코드를 LED 출력으로 표시하려면 어떤 디코더 드라이브가 필요한가?

가. BCD-10세그먼트
나. Octal-10세그먼트
다. BCD-7세그먼트
라. Octal-7세그먼트

정답 다

해설) 10진 BCD 코드는 0~9까지를 표현할 수 있으며, 7-세그먼트 드라이버로 표현 가능하다.

20 다음 중 디지털 컴퓨터(Digital Computer)의 보조 기억 장치가 아닌 것은?

가. 자기 드럼(Magnetic Drum)
나. 자기 테이프(Magnetic Tape)
다. 자기 디스크(Magnetic Disk)
라. 자기 코어(Magnetic Core)

정답 라

해설) 자기코어는 보조기억장치가 아닌 주기억장치의 일종이다.

제2과목 무선통신기기

21 대역폭이 45[kHz]인 방송 프로그램 신호를 PCM 방식으로 전송하고자 할 때 필요한 최소 표본화 주파수는 얼마인가?

가. 30[kHz] 나. 45[kHz]
다. 90[kHz] 라. 65[kHz]

정답 다

해설) 나이퀴스트 표본화정리에 의해 신호파의 2배 이상 표본화 주파수로 fs = 신호파 x 2 임.

22 다음 중 선박에서 위성을 이용하여 위치를 측정할 수 있는 장치는?

가. 로란(LORAN) C
나. 데카(DECCA)
다. GPS
라. RDF

정답 다

해설) 로란, 데카는 비행기의 항법장치임. GPS는 선박, 차량, 휴대폰, 비행기 등 다양한 분야에서 위치측정시스템으로 응용되고 있음.

23 FSK 신호는 정보데이터에 의하여 반송파의 무엇을 변경하여 얻는 신호인가?

가. 주파수
나. 위상
다. 진폭
라. 위상과 진폭

정답 가

해설 디지털변조방식

변조방식	반송파변화	특징
FSK	주파수 변화	광대역
PSK	위상 변화	고속
ASK	진폭 변화	저속
QAM	진폭 + 위상 변화	APK

24 수신 주파수가 850[kHz]이고 국부발진주파수가 1,305[kHz]일 때 영상 주파수는 몇 [kHz]인가?

가. 790[kHz]
나. 1,020[kHz]
다. 1,760[kHz]
라. 2,155[kHz]

정답 다

해설 영상주파수(Image Frequency)는 슈퍼헤테로다인 수신기에서 발생되는 가상의 주파수임.
① 영상주파수 = 국부발진주파수 + 중간주파수
  (중간주파수 = 국부발진주파수 - 수신주파수)
② 영상주파수 = 1305KHz + 455KHz = 1760KHZ

25 다음 중 전력증폭기의 무선 규격과 관련이 없는 것은?

가. IMD(Intermodulation Distortion) 특성
나. ACPR(Adjacent Channel Power Ratio) 특성
다. 1[dB] Compression Point 특성
라. NF(Noise Figure) 특성

정답 라

해설 전력증폭기 파라미터

파라미터	특징
IMD	두 신호 입력에 대한 상호변조
ACPR	주파수 offset에서 잡음크기
P1dB	증폭기의 선형 최대출력점

* NF는 저잡음증폭기 또는 수신기 특성임

26 다음 중 무선 항법 장치가 아닌 것은?

가. VOR 나. DME
다. ILS 라. NBDP

정답 라

해설 무선항법장치는 비행기에서 사용되는 네비게이션(항법)이라 생각할 수 있음.
NBDP(Narrow Band Direct Telegraphy)는 협대역 직접전신통신을 나타내는 방식임.

27 다음 중 DSB 방식에 비하여 SSB 방식의 장점으로 틀린 것은?

가. 송신기의 소비전력이 약 30[%] 정도 줄어든다.
나. 선택성 페이딩의 영향이 6[dB] 정도 개선된다.
다. SNR 개선이 첨두 전력이 같을 때 약 12[dB] 정도 개선된다.
라. 대역폭이 축소되어 주파수 이용률이 개선된다.

정답 나

해설 DSB와 SSB 비교

	DSB	SSB
대역폭	넓음	좁음
송신전력	매우 큼	작음
신호대잡음	낮음	큼
복잡도	간단함	복잡함
복조	비동기	동기

* 선택성페이딩 3[dB]개선, 잡음전력 3[dB]개선, 신호전력(Peak전력) 6[dB]개선, S/N비가 약 12[dB] 정도 개선효과가 있음.

28. 다음 그림은 어떤 변조방식의 성상도를 나타낸 것인가?

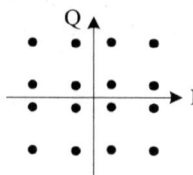

가. 16PSK 나. 16ASK
다. 16QAM 라. 16FSK

정답 다

해설) 16QAM의 성상도로 QAM은 진폭과 위상을 동시에 변조할 수 있음.

29. 다음 중 초단파대 이하의 무선송신기에서 종단 전력증폭기를 안테나와 결합시킬 경우 주로 π형 결합회로가 사용되는 이유가 아닌 것은?

가. 반사파가 제거된다.
나. 정합회로 설계가 용이하다.
다. 스퓨리어스 발사 억제에 효과적이다.
라. 멀티밴드(Multi Band) 조정이 용이하다.

정답 가

해설) π형은 정합회로설계가 용이하고, Notch필터(Band Stop Filter)로 설계하여 스퓨리어스 억제 회로로 구성이 가능하고, 멀티밴드 조정이 용이함. 회로 구성이 많은 단점이 있음.

30. 2진 ASK 신호의 전송속도가 1,200[bps]일 경우 보[Baud] 속도는 얼마인가?

가. 300[Baud/초] 나. 400[Baud/초]
다. 600[Baud/초] 라. 1,200[Baud/초]

정답 라

해설) 신호속도[bps] = bit × 변조속도[Baud] 임.
ASK는 1bit 1Symbol 방식이므로,
1200[bps] = 1bit × 1200[Baud]로 구할 수 있음.

31. 다음 중 납축전지의 단자 전압 변화 원인으로 옳은 것은?

가. 외부 충격
나. 단자 접촉 불량
다. 전해액의 비중
라. 양극판 재질

정답 다

해설) 납축전지의 전해액의 비중에 따라 단자 전압이 변화 될 수 있음.

32. 전원장치에 사용되는 평활회로의 역할은 무엇인가?

가. 저역여파기
나. 고역여파기
다. 대역여파기
라. 대역소거여파기

정답 가

해설) 전원장치(AC를 DC로 변환시키는 컨버터)는 정류기, 평활회로, 정전압회로로 구성됨. 평활회로는 π형, L형 등으로 구성되며 저역여파기(LPF)특성을 가짐.

33. 다음 중 정류회로의 특성에 관한 설명이 잘못된 것은?

가. 전압변동률은 부하 전류가 커지면 커질수록 증가하게 된다.
나. 맥동률은 부하 전류가 작아지면 작을수록 감소하게 된다.
다. 파형률은 백분율로 하지 않으며, 부하전류가 증가하면 커진다.
라. 정류효율의 값이 크면 교류가 직류로 변환 되는 과정에서 손실이 적게 된다.

정답 나

해설 맥동률(ripple율)은 부하전류가 작아지면 커지게 됨.

34 다음 중 정류회로의 전압 변동 원인으로 적합하지 않은 것은?

  가. 오랜 사용 기간
  나. 부하 변동
  다. 교류 입력전압 변동
  라. 온도에 따른 소자 특성 변화

정답 가

해설 정류회로는 AC를 DC로 변환시키는 장치로써, 정류기+평활회로+정전압회로 등으로 구성됨. 장시간 사용에 의한 전압변동현상은 없음.

35 다음 중 UPS의 구성에 대한 설명으로 옳지 않은 것은?

  가. 입력 필터부 : 고조파 성분을 없애는 장치
  나. 정류부 : 교류전원을 직류전원으로 변환하는 장치
  다. Static 스위치부 : 장비문제로 출력에 전원이 공급되지 않을 경우 출력으로 전원을 공급할 수 있는 비상 전원 공급용 스위치부
  라. 축전지 : 전원을 충전하는 장치

정답 다

해설 Static 스위치부
인버터 이상시, 과부하시, 완전 동기방식으로 Bypass절체시, 무중단으로 안정된 전원을 공급하는 역할

36 희망신호 근처에 방해파가 있을 경우 수신기의 감도가 저하되는 현상을 무엇이라 하는가?

  가. 혼변조
  나. 상호변조
  다. 감도억압효과
  라. 스퓨리어스 레스폰스

정답 다

해설 통신용어정리

	특 징
혼변조	시스템 내에서 신호 간 변조
상호변조	시스템 외에서 신호 간 변조
감도억압	방해파에 의한 감도 저하
Spurious	송신기에서 발생되는 잡음신호

37 정류회로에서 평균값을 지시하는 가동 코일형 직류 전압계를 이용하여 직류 전압을 측정한 결과값이 100[V]이고, 실효값을 지시하는 전류력계형 전압계를 이용하여 교류 전압을 측정한 결과값이 2[V]일 경우 리플률은 몇 [%]인가?

  가. 1[%]   나. 2[%]
  다. 4[%]   라. 10[%]

정답 나

해설 리플율 DC출력전압의 잡음(변동정도)을 나타냄. 100[V] 출력전압에서 2[V]변동 이므로, 리플율은 2% 임.

38 다음 중 AM 송신기의 전력측정 방법으로 적합하지 않은 것은?

  가. 공중선의 실효 저항에 의한 측정
  나. 볼로미터 브리지에 의한 전력측정
  다. 의사 공중선을 사용하는 방법
  라. 전구 부하에 의한 방법

정답 나

해설 AM송신기 전력측정방법
① 공중선 기지의 실효저항 이용
② 의사공중선 이용
③ 전구의 조도비교법
FM송신기 전력측정방법
① 볼로미터 브리지
② 열량계법
③ C-M형 전력계법

2014년 무선설비기사 기출문제

39 기준 안테나로 무손실 반파장 다이폴 안테나와 등방성 안테나를 사용하여 피측정 안테나의 이득을 측정한 경우 각각의 이득을 무엇이라고 하는가?

가. 상대이득, 절대이득
나. 상대이득, 지상이득
다. 절대이득, 지상이득
라. 절대이득, 상대이득

정답 가

해설 안테나이득은 기준안테나를 기준으로 실제안테나의 상대적인 이득으로 계산하는 것임

기준	절대이득	상대이득	지상이득
	등방성 안테나	다이폴 안테나	수직접지 안테나
기호	Gh	Ga	Gv
관계	Gh = Ga + 2.15[dB]		

40 단상 전파 정류회로의 직류 출력전압 과 직류출력 전력을 단상 반파 정류회로와 비교하여 각각 몇 배인가?

가. 1배, 2배
나. 1배, 4배
다. 2배, 2배
라. 2배, 4배

정답 라

해설 정류회로의 특성

	단상반파	단상전파
I_{dc} (평균전류)	$\dfrac{I_m}{\pi}$	$\dfrac{2I_m}{\pi}$
V_{dc} (평균전압)	$\dfrac{V_m}{\pi}$	$\dfrac{2V_m}{\pi}$
I_{rms} (실효치 전류)	$\dfrac{I_m}{2}$	$\dfrac{I_m}{\sqrt{2}}$
V_{rms} (실효치 전압)	$\dfrac{V_m}{2}$	$\dfrac{V_m}{\sqrt{2}}$

전력(P) = $\dfrac{V^2}{R} = I^2 R$

제3과목 안테나공학

41 유전체에서 변위전류를 발생하는 것은?

가. 전속밀도의 공간적 변화
나. 분극 전하밀도의 공간적 변화
다. 전속밀도의 시간적 변화
라. 분극 전하밀도의 시간적 변화

정답 다

해설 변위전류란 공간상에서 발생되는 전류를 말하며, 두 개의 도선(판)사이에서 발생되어 다이폴 안테나 해석에 사용됨. 두 개의 도선 사이에서는 전속밀도가 시간적으로 변화되어 전류가 발생하게 됨.

42 다음 지문에서 설명하는 두 개의 법칙으로 맞는 것은?

> 자계의 세기를 변화시키면 그 주위에 전류가 발생되고, 발생된 전류는 자계의 변화를 방해하는 방향으로 흐른다.

가. 옴의 법칙, 나이퀘스트 정의
나. 델린저 현상, 페이딩
다. 패러데이 법칙, 렌츠의 법칙
라. 암페어의 오른나사 법칙, 렌츠의 법칙

정답 다

해설 맥스웰방정식

방정식	설명
페러데이 전자유도	자계의 변화로 전계발생
암페어 법칙	전계의 변화로 자계발생
가우스법칙	1법칙, 2법칙

* 렌츠의 법칙은 발생된 전류는 자계의 변화를 방해하는 방향으로 흐름을 나타냄

43 다음 중 전자파에 대한 설명으로 틀린 것은?

가. 전계와 자계가 이루는 평면에 수직으로 진행하는 파
나. 진동 방향에 평행인 방향으로 진행하는 파
다. 전계와 자계가 서로 얽혀 고리 모양으로 진행하는 파
라. TE(횡전파), TM(횡자파), TEM(횡전자파)의 합성파

정답 나

해설 전자파는 상하 수직방향으로 진동하는 횡파이고, 음파는 진동방향에 으로 밀어내는 종파임.

44 다음 중 동축급전선에 대한 설명으로 잘못된 것은?(단, f : 주파수, D : 외부도체 직경, d : 내부도체 직경)

가. 전송손실은 f^2에 비례하여 커진다.
나. 전송손실이 최소로 되는 내경과 외경의 비(D/d)가 존재한다.
다. 내부도체 직경과 외부도체 직경의 비(D/d)가 같으면 특성 임피던스는 내경과 외경에 의해 결정된다.
라. 특성 임피던스가 같은 경우에 케이블이 굵으면 손실이 적다.

정답 가

해설 감쇠정수(열손실) : f(주파수)/D(외부도체의 내경)에 비례한다. (주파수가 높으면 큼)
동축급전선의 특성 임피던스

$$Z_o = \frac{138}{\sqrt{\epsilon_r}} log \frac{D}{d}$$

45 다음 중 급전선에 대한 설명으로 틀린 것은?

가. 정재파가 분포되어 있는 급전선을 동조 급전선이라 한다.
나. 비동조 급전선은 동조 급전선 보다 전력의 손실이 적다.
다. 동조 급전선은 거리가 짧을 때, 비동조 급전선은 길 때 사용한다.
라. 비동조 급전선은 정합장치가 불필요하다.

정답 라

해설 동조급전선과 비동조급전선

	동조급전선	비동조급전선
매칭	불필요	필요
전파	정재파	진행파
효율	낮음	우수
거리	거리가 가까울 때	거리가 멀 때

46 다음 중 도파관에 대한 설명으로 옳은 것은?

가. 차단파장이 가장 짧은 모드를 기본자태(Dominant Mode)라고 한다.
나. 도파관내에서의 파장(관내파장)은 자유공간에서의 파장보다 길다.
다. 기본적으로 TEM 자태(TEM Mode)를 사용한다.
라. 관벽전류에 의한 감쇠가 크다.

정답 나

해설 도파관의 특징
1. 저항손실이 적다.
2. 유전체 손실이 적다.
3. 대전력을 취급할 수 있다.
4. 외부 전자계와 완전차폐
5. 차단파장 이하만 전송(HPF 구조임)
6. 복사손실이 없다.

47 전송선로의 인덕턴스가 $2[\mu H/m]$, 커패시턴스가 $50[pF/m]$일 때 이 선로에 대한 위상속도는?

가. $0.1 \times 10^8 [m/sec]$
나. $1 \times 10^8 [m/sec]$
다. $10 \times 10^8 [m/sec]$
라. $100 \times 10^8 [m/sec]$

정답 나

해설 위상속도는 실제 에너지가 전달되는 속도를 말하며,

위상속도 $= \dfrac{1}{\sqrt{LC}} = 1 \times 10^8 [m/sec]$

48 다음 중 S-파라미터(Scattering parameter)의 물리적 의미로 틀린 것은? (단, Zo는 전송선로의 특성 임피던스이다.)

가. S_{11}는 Zo에 정합된 출력을 갖는 입력 반사 계수이다.
나. S_{21}는 순방향 전송 계수이다.
다. S_{12}는 역방향 전송 계수이다.
라. S_{22}는 Zo에 정합된 입력을 갖는 출력 전파 계수이다.

정답 라

해설 S-파라미터

파라미터	설명
S11	입력 반사계수
S21	순방향 전송계수(삽입손실)
S12	역방향 전송계수(삽입손실)
S22	출력 반사계수

49 야기안테나 소자 중 가장 긴 소자의 역할과 리액턴스 성분은 무엇인가?

가. 복사기, 용량성
나. 지향기, 유도성
다. 반사기, 유도성
라. 도파기, 용량성

정답 다

해설 야기 안테나 각 소자의 길이

1. 반사기 : $\dfrac{\lambda}{2}$ 보다 길고 투사기 보다 길다. (유도성)
2. 투사기 : 약 $\dfrac{\lambda}{2}$
3. 도파기 : $\dfrac{\lambda}{2}$ 보다 짧고 투사기 보다 짧다. (용량성)

50 $50[\Omega]$의 무손실 전송선로에서 부하 임피던스가 $Z_L = 50 - j65[\Omega]$일 경우 입력전력이 100[mW]이면 부하에 의해 소모되는 전력은 얼마인가?

가. $67[mW]$
나. $70[mW]$
다. $73[mW]$
라. $77[mW]$

정답 나

해설 반사계수

$\varGamma = \left|\dfrac{Z_L - Z_0}{Z_L + Z_0}\right| = \left|\dfrac{50 - 50 - j65}{50 + 50 - j65}\right| = \left|\dfrac{0 - j65}{100 - j65}\right|$

$= \left|\dfrac{(0 - j65)(100 + j65)}{(100 - j65)(100 + j65)}\right|$

$= \left|\dfrac{4225}{10000 + 4225}\right| = 0.297$

$100[mW] \times (1 - 0.297) ≒ 70[mW]$

51 다음 중 선로를 분포정수로 해석하였을 경우 전파정수와 특성 임피던스의 관계를 설명한 것으로 틀린 것은?

가. 특성 임피던스는 길이와 관계없이 일정하다.
나. 전파속도는 주파수와 반비례한다.
다. 감쇠정수는 주파수와 무관하다.
라. 위상정수는 주파수에 비례한다.

정답 나

해설 분포정수 파라미터 (무손실 선로, R=G=0)

파라미터	설 명
특성임피던스	$Z_o = \sqrt{\dfrac{L}{C}}$
전파속도(위상)	$v = \dfrac{1}{\sqrt{LC}}$
감쇠정수	$\alpha = 0$
위상정수	$\beta = \omega\sqrt{LC}$

52 다음 중 접지 안테나의 손실저항에 해당되지 않는 것은?

가. 와전류저항
나. 코로나 누설저항
다. 유전체손실
라. 표피저항

정답 라

해설 표피저항은 도체의 전도성에 의한 저항손실로 금 < 은 < 구리 등으로 저항값이 커짐. 접지저항과는 연관성이 없음.

53 $10[\mu V/m]$의 전계강도를 dB 단위로 변환한 값은 얼마인가? (단, $1[\mu V/m]$를 0[dB]로 한다.)

가. 10[dB]
나. 20[dB]
다. 30[dB]
라. 40[dB]

정답 나

해설 dB 변환

단위	설 명
dBm	$dBm = 10\log_{10}\dfrac{[x]W}{1mW}$
dBuV	$dBuV = 20\log_{10}\dfrac{[x]V}{1uV}$

54 안테나의 구조에 의한 분류 중 극초단파(UHF)용 판상안테나에 속하지 않는 것은?

가. 슈퍼 턴 스타일(Super Turn Style) 안테나
나. 슬롯(Slot) 안테나
다. 빔(Beam) 안테나
라. 코너 리플렉터(Corner Reflector) 안테나

정답 다

해설 안테나 종류

파장	안테나 종류
중파	주상안테나, 루프안테나
단파	반파장다이폴, 진행파, 빔 안테나
초단파	휩, 브라운, 야기, 턴스타일
극초단	슈퍼턴스타일, 슬롯, 코너리플렉트, 파라볼라, 혼

55 임계 주파수는 전자밀도가 2배 증가할 경우 어떻게 변화하는가?

가. 2배 감소한다.
나. 2배 증가한다.
다. $\sqrt{2}$ 배 증가한다.
라. $\sqrt{2}$ 배 감소한다.

정답 다

해설 전리층 반사파 통신은 전리층의 전자밀도가 매우 중요한 파라미터임. 임계주파수는 전자밀도에 따라 통신이 가능한 최적의 주파수를 말함.
임계주파수
$f_o = 9\sqrt{N}$ (N: 전리층의 전자밀도)

2014년 무선설비기사 기출문제

56 다음 중 전파투시도(Profile map)에 대한 설명으로 틀린 것은?

가. 전파투시도에서 전파 통로는 곡선으로 나타낸다.
나. 송수신점을 포함하여 대지와 수직인 지형의 단면도를 나타낸다.
다. 전파투시도를 그릴 때 등가지구 반경계수를 고려한다.
라. 전파경로상의 수직 장애물의 효과를 연구하는데 유용하다.

정답 가

해설 전파투시도는 곡선의 전파면을 평면으로 나타낸 MAP형태의 지도임.

57 모든 스펙트럼 영역에 균일하게 퍼져있는 연속성 잡음을 무엇이라 하는가?

가. 인공잡음   나. 대기잡음
다. 백색잡음   라. 우주잡음

정답 다

해설 백색잡음(AWGN)은 모든 스펙트럼 영역(주파수 영역)에서 스펙트럼밀도가 균일한 잡음을 말함. 이는 무선채널의 잡음을 해석할 때 사용됨.

58 다음 중 전자파 잡음 방해의 개선방법으로 적합하지 않은 것은?

가. 인공잡음을 경감시킨다.
나. 내부잡음 전력을 감소시킨다.
다. 수신기의 대역폭을 넓힌다.
라. 지향성 안테나의 사용 등에 의한 수신 신호 전력을 크게 한다.

정답 다

해설 전자파 잡음방해 개선방법
① 인공잡음/우주잡음을 경감
② 내부잡음전력을 감소
③ 수신기의 대역폭을 좁게 함
④ 안테나 지향성을 크게 함
⑤ 송신전력을 크게 함

59 다음 중 MUF(최고사용주파수)를 결정하는 요소에 해당되지 않는 것은?

가. 입사각
나. 송신전력
다. 전리층의 높이
라. 송수신점 간의 거리

정답 나

해설 전리층 반사파을 이용한 통신은 전리층 밀도에 따라 FOT(최적주파수) =0.85 × MUF를 결정하는 것이 매우 중요함. 송신전력은 중요 변수가 아님.

$$MF = f_0 \sqrt{1 + (\frac{d}{2h'})^2}$$

d : 송수신점 사이의 거리
h' : 전리층의 이론상 높이

60 다음 중 델린저 현상에 대한 설명으로 틀린 것은?

가. 태양의 흑점 폭발 시 발생된 다량의 자외선에 의해 야기된다.
나. 주로 저위도 지방에서 주간에 발생한다.
다. 1.5~20[MHz]의 단파통신에 영향을 준다.
라. F층의 전자밀도가 순간적으로 증가하게 된다.

정답 라

해설 태양폭발에 의한 현상은 델린져 현상, 자기람 현상이 있음. 델린져는 다량의 자외선에 의해 E층, D층의 전리층 전자밀도가 증가되어 저위도 지방에서 20MHz이하 단파통신에 영향을 줌. 단기간에 발생되어 예측이 어려움. F층의 전자밀도는 변화 없다.

제4과목 무선통신시스템

61 비트율(Bit Rate)이 일정한 경우 16진 PSK의 전송 대역폭은 2진 PSK(BPSK) 전송 대역폭의 몇 배인가?

가. 1/4배   나. 1/2배
다. 2배   라. 4배

정답 가

해설) 진수가 올라갈수록 대역폭효율은 우수해지지만 오류확률(P_e)이 높아지는 단점이 있음.
대역폭효율(스펙트럼효율) = $\log_2 M$ (M : 진수개수)

62 FM통신방식이 AM통신방식에 비해 S/N비가 좋은 이유는?

가. 리미터(Limiter)를 사용하기 때문에
나. 점유주파수대폭이 좁기 때문에
다. 깊은 변조를 할 수 있기 때문에
라. 클래리파이어(Clarifier)를 사용하기 때문에

정답 가

해설) FM통신방식의 장점 (S/N비 관점)
① 수신기에 리미터 사용
② 송신기에 IDC 사용
③ Capture Effect(반송파억압)효과
④ 한계레벨에 대한 효과

63 18[kHz]까지 전송할 수 있는 PCM 시스템에서 요구되는 표본화 주파수는?

가. 9[kHz]   나. 18[kHz]
다. 36[kHz]   라. 72[kHz]

정답 다

해설) 표본화주파수 = 2 × 신호파 주파수
엘리어싱을 방지하기 위해서 나이퀴스트의 샘플링 이론 $f_s \geq 2f_m$ 을 만족해야 함.

64 다음 중 장파대용 무선 시스템에서 지표파의 전계 강도가 가장 큰 곳은?

가. 평야   나. 산악
다. 시가지   라. 해상

정답 라

해설) 지상파의 주 전파는 지표파로써 도전율이 클수록 전계강도가 큼.
해상 > 평야 > 산악지 > 시가지 > 사막

65 다음 중 정지위성에 대한 설명으로 적합하지 않은 것은?

가. 정지위성의 주기는 12시간이다.
나. 적도 상공 약 36,000[km]에 위치하고 있다.
다. 1개 정지위성의 통신 범위는 지표의 약 40[%] 정도이다.
라. 전파경로가 길어 평균 0.25초 정도의 전파 지연이 발생한다.

정답 가

해설) 정지위성의 특징
① 주기는 24시간 주기임
② 3개의 위성을 이용해 전체커버 가능
③ 36,000[km] 고도 사용
④ 주파수는 Ku, K, Ka 밴드를 사용함
⑤ 전파경로에서 240ms의 전파지연 발생

66 M/W 통신에서 송신출력이 1[W], 송수신 안테나 이득이 각각 30[dBi], 수신 입력 레벨이 −30[dBm] 일 때 자유공간 손실은 몇 [dB]인가? (단, 전송선로 손실 및 기타 손실은 무시한다.)

가. 112[dB]   나. 117[dB]
다. 120[dB]   라. 123[dB]

정답 다

해설 자유공간손실

$= 20\log \frac{4\pi d}{\lambda}$ 로 나타내며, 수치로 환산하면
$92.45 + 20\log f[GHz] + 20\log d[km]$ [dB]

$-30[dBm] = 1[W] + 30[dB] + 30[dB] +$ 자유공간손실 이므로, 자유공간손실은 120[dB]임.

여기서 1[W] = 30[dBm]임.
($30[dBm] = 10\log \frac{1[W]}{1[mW]}$)

67 다음 중 기지국에서 단말로 전송하는 하향링크 전송에 다수 개의 안테나로 송신하여 공간다이버시티를 얻는 기술에 대한 설명으로 옳지 않은 것은?

가. 수신 오류율이 줄어든다.
나. 하나의 안테나로 송신하는 것에 비해 최대 전송속도가 송신안테나 수의 비만큼 증가한다.
다. 수신기의 안테나 수가 증가할 필요는 없다.
라. 송신에 필요한 대역폭은 변화가 없다.

정답 나

해설 공간다이버시티 기술은 전송속도 향상보다는 수신 오류감소, 페이딩영향 감소 등의 효과가 있음.

68 한 지점에서 송신한 신호의 전력이 수신 지역에서 6[dB] 감소되어 수신 되었다면 전력이 몇 배 감소한 것인가?

가. 4배 감소
나. 6배 감소
다. 8배 감소
라. 64배 감소

정답 가

해설 전력으로 3[dB]감소는 수신전력은 2배 감소함을 나타냄. 즉, 6[dB]감소는 4배의 수신전력이 감소됨을 나타냄.

69 다음 중 마이크로파 중계방식에 대한 설명으로 옳지 않은 것은?

가. 직접 중계 방식은 통화로의 삽입 및 분기가 곤란하다.
나. 검파 중계 방식은 변복조장치가 부가되어 있어 장치가 복잡하다.
다. 무급전 중계 방식에 있어서는 반사판의 크기가 클수록 손실이 크다.
라. 헤테로다인 중계방식은 장거리 중계 방식에 적당하다.

정답 다

해설 마이크로웨이브에서 사용하는 중계방식의 종류이다. 트랜스폰더(중계기)에서는 직접중계방식을 주로 사용함.

헤테로다인 중계	. 가장 효율적임
재생 중계	. 가장 비싼방식(성능 최우수)
무급전 중계	. 가장 저렴함(성능 최하)
	. 반사판이 클수록 손실최소
직접 중계	. 트랜스폰더에서 주로 사용

70 다중경로에 의한 시간 지연을 갖고 도달하는 각 반사파를 독립적으로 분리하여 복조할 수 있게 구성된 수신기는?

가. 헤테로다인 수신기
나. 호모다인 수신기
다. 레이크 수신기
라. 린 콤팩스 수신기

정답 다

해설 레이크수신기는 CDMA시스템에서 필수적인 요소로 다중반사파 입력신호를 독립적 분리해 줄 수 있는 상관기와 Tab을 가지고 있음. 단말기는 3개, 기지국은 4개의 Finger(상관기+Tab)를 가짐.

71 다음 중 무선 LAN의 특징이 아닌 것은?

가. 설치, 유지보수, 재배치가 간편하다.
나. 긴급, 임시 네트워크 구축 필요 시 효율적으로 설치 가능하다.
다. 단말의 이동성 보장, 네트워크 구축 필요 시 효율적으로 설치 가능하다.
라. 주파수 자원이 한정되어 신뢰성과 보안성이 우수하다.

정답 라

해설] 무선랜 (WiFi)의 가장 큰 단점은 보안에 취약한 구조를 가지고 있다는 것임. 무선랜은 고속무선망 기술로 점점 활성화 되고 있음. 보안기술도 IEEE802.11i 로 향상되고 있음.

72 무선 인터넷 기술 중 하나로 무선 단말기 및 무선망에서 무선 응용서비스를 사용할 수 있도록 하는 프로토콜은 무엇인가?

가. RADIUS
나. HDLC
다. WAP
라. CHAP

정답 다

해설] WAP은 국내기술로 휴대단말의 무선인터넷 플랫폼으로 개발되었지만 스마트폰 보급, 아이폰의 등장, 해외단말기 보급 등의 이유로 폐지되었음.

73 OSI 참조모델에서 전송제어, 흐름제어, 오류제어 등의 역할을 수행하는 계층은?

가. 세션 계층
나. 네트워크 계층
다. 물리 계층
라. 데이터링크 계층

정답 라

해설] OSI-7계층의 특징

계 층	특 징
응용계층	응용프로그램
어플리케이션계층	압축 및 암호화
세션계층	세션 연결 및 해제
전달계층	End to End 전달
네트워크계층	네트워크 전달
데이터링크계층	오류, 흐름, 전송제어
물리계층	물리적 회선 (RS-232)

74 다음 중 프로토콜에 대한 설명으로 틀린 것은?

가. 효율적이고 정확한 정보전송을 위한 정보기기간의 필요한 규약들의 집합이다.
나. 두 지점간의 통신을 원활히 수행할 수 있도록 하는 통신상의 규약 내용을 포함한다.
다. 데이터통신에서 사용되는 프로토콜은 같은 계층으로 구분되고 있다.
라. 컴퓨터 시스템 사이의 정보교환을 관리하는 규약(규칙, 절차, 약속) 들의 집합이다.

정답 다

해설] 데이터통신에서 사용되는 프로토콜은 서로 다른 계층으로 구분됨.

75 다음 중 통신망의 계층구조에 대한 설명으로 옳지 않은 것은?

가. 하나의 계층은 소프트웨어 관점에서 하나의 모듈에 해당되며 계층 사이에 적용되는 규칙이나 절차를 최대화한다.
나. 계층은 물리적인 단위가 아니다.
다. 통신이 성립하려면 대상 시스템의 같은 계층끼리 프로토콜이 준수되어야 한다.
라. ISO에서 일곱 계층으로 나누어진 참조모델을 제안했다.

정답 가

해설] 하나의 계층은 소프트웨어 관점에서 하나의 모듈에 해당되며 계층 사이에 적용되는 규칙이나 절차를 최적화 한다.

76. 다음 중 FEC(Forward Error Correction)에 대한 설명으로 옳지 않은 것은?

가. 데이터 비트 프레임에 잉여 비트를 추가해 에러를 검출, 수정하는 방식이다.
나. 연속적인 데이터 흐름 외에 역채널이 필요하다.
다. 에러율이 낮은 경우 효과적이다.
라. 잉여 비트를 첨가하므로 전송 효율이 떨어진다.

정답 나

해설 오류제어의 종류

BEC	FEC
Backward Error Correction	Forward Error Correction
오류체크 + 재전송	에러제어비트추가 + 수신측에서 에러정정
CRC, ARQ	컨벌루션코드 터보코드

77. 다음 중 통신망 설계 시 기본 설계 내용에 포함되지 않는 것은?

가. 공사기간   나. 설계기준
다. 시공방법   라. 감리방법

정답 라

해설 기본설계는 타당성조사를 기준으로 개략적인 설계기준, 공사기간, 시공방법 등을 정의하는 것을 말함.

78. 다음 중 선박국의 디지털 선택 호출장치의 기술적 조건으로 틀린 것은?

가. 송신하는 통신 내용을 표시할 수 있을 것
나. 정상적으로 작동 중임을 알리는 기능이 있을 것
다. 점검 및 보수를 쉽게 할 수 있을 것
라. 식별 부호를 쉽게 변경할 수 있을 것

정답 라

해설 식별 부호는 매우 중요한 것으로 쉽게 변경할 수 없어야 함.

79. 다음 중 무선 LAN 보안에 대한 설명으로 옳지 않은 것은?

가. IEEE802.11b의 원래의 보안 메커니즘은 Static WEP이다.
나. Static WEP은 40 또는 104비트 암호키를 사용한다.
다. Static WEP은 802.1X를 이용한 상호인증을 포함한다.
라. IEEE 무선 보안 표준은 Static WEP외에 IV, Dynamic WEP, WPA 까지 포함한다.

정답 다

해설 Static WEP과 802.1x는 별개의 암호인증 방법임. 802.1x는 송수신 사이에 인증키 교환 등을 이용해 좀 더 강화된 인증을 제공함.

80. 다음 중 시스템의 고장(Malfunction)의 유형이 아닌 것은?

가. Permanent   나. Intermittent
다. Frequent   라. Transient

정답 다

제5과목 전자계산기일반 및 무선설비기준

81. 기억 장치를 동일한 크기의 페이지 단위로 나누고, 페이지 단위로 주소 변환 및 대체를 하는 가상 기억장치 구현방식은 무엇인가?

가. 논리 메모리 분할 기법
나. 페이징 기법
다. 스케줄링 기법
라. 세그먼테이션 기법

정답 나

해설 페이징 기법
가상기억장치를 모두 같은 크기의 블록으로 편성하여 운용하는 기법이다. 이때의 일정한 크기를 가진 블록을 페이지(page)라고 한다.

82 8비트로 된 레지스터에서 첫째 비트는 부호비트로 0, 1로 양, 음을 나타낸다고 할 때 2의 보수(2's Complement)로 숫자를 표시한다면 이 레지스터로 표현할 수 있는 10진수의 범위로 올바른 것은?

가. $-127 \sim +127$
나. $-128 \sim +127$
다. $-128 \sim +128$
라. $-128 \sim +129$

정답 나

해설 $2^8 = 256$ 으로 $-127 \sim +127$ 범위에서 표현 가능

83 운영체제는 동일하지 않은 시스템 구조를 지원하기 위해 여러 시스템의 구성요소들을 제공한다. 이러한 시스템의 구성요소 중 지문에 해당하는 용어로 맞는 것은?

> 운영체제의 구성에서 가장 많이 사용되는 요소 중 하나로 일반적인 저장 형태로 정보를 저장할 수 있고, 이를 대용량 저장장치들에 저장 및 관리함으로써 쉽게 사용할 수 있도록 한다.

가. 파일 관리 나. 프로세스 관리
다. 주변장치 관리 라. 레지스터 관리

정답 가

해설 운영체제의 기능

기능	특징
파일관리	정보의 저장방법에 대한 기능
프로세스관리	인터럽트등에 대한 대응
주변장치관리	프린터, HDD등 주변장치 대응
레지스터관리	연산장치에 대한 대응

84 자외선을 이용하여 지울 수 있는 메모리로 맞는 것은?

가. PROM
나. EPROM
다. EEPROM
라. 플래쉬 메모리(Flash Memory)

정답 나

해설 ROM (Read Only Memory)

기능	특징
PROM	1회에 한해 지울 수 있음
EPROM	자외선을 이용해 지울 수 있음
EEPROM	전기를 이용해 지울 수 있음 (Electrically Erasable Programmable Rom)

85 다음 문장이 의미하는 소프트웨어는 무엇인가?

> 상하 관계나 동종 관계로 구분할 수 있는 프로그램들 사이에서 매개 역할을 하거나 프레임워크 역할을 하는 일련의 중간 계층 프로그램을 말하며, 일반적으로 응용 프로그램과 운영 체제의 중간에 위치하여 사용자에게 시스템 하부에 존재하는 하드웨어, 운영 체제, 네트워크에 상관없이 서비스를 제공한다.

가. 유틸리티
나. 디바이스 드라이버
다. 응용소프트웨어
라. 미들웨어

정답 라

해설 미들웨어에 대한 설명임.

86. 10진수 47.625를 2진수로 변환한 것으로 옳은 것은?

가. 101111.111
나. 101111.010
다. 101111.001
라. 101111.101

정답 라

해설

10단위 변환

4	7
8421코드 이용	8421코드 이용
100	111

소수단위 변환

0.5	0.25	0.125
1	0	1
0.5 + 0.125 = 0.625로 계산		

87. 다음 중 소프트웨어의 유형과 특징이 올바른 것은?

가. 베타버전 : 개발 중인 하드웨어/소프트웨어에 붙는 제품 버전으로 개발 초기 단계에서 개발 기업 내 또는 일반의 사용자에게 배포하여 시험하는 초기 버전
나. 알파버전 : 소프트웨어를 정식으로 발표하기 전에 발견하지 못한 오류를 찾아내기 위해 회사가 특정 사용자들에게 배포하는 시험용 소프트웨어
다. 프리웨어 : 별도로 판매되는 제품들을 묶어 하나의 패키지로 만들어 판매하는 형태로, 컴퓨터 시스템을 구입할 때 컴퓨터 시스템을 구성하는 하드웨어 장치와 프로그램 등을 모두 하나로 묶어 구입하는 방법
라. 공개소프트웨어 : 누구나 자유롭게 사용하고 수정하거나 재배포 할 수 있도록 공개하는 소프트웨어로, 누구에게나 이용과 복제, 배포가 자유롭다는 뜻의 소프트웨어

정답 라

해설 "라"에 대한 설명(공개소프트웨어)이 정상적임.

88. 다음 문장의 괄호 안에 들어갈 용어로 올바른 것은?

> PC에서 사용되는 대부분의 프로세서는 (ⓐ) 기술에 기반을 둔다. (ⓑ) 프로세서와 다른 종류의 컴퓨터에 사용되는 프로세서는 (ⓒ) 기술에 기반을 둔다. (ⓒ) 프로세서는 더 적은 수의 명령을 가지고 있으며, (ⓐ) 프로세서 보다 더 빠르게 수행된다.

가. ⓐ CISC   ⓑ PowerPC   ⓒ RISC
나. ⓐ PowerPC   ⓑ CISC   ⓒ RISC
다. ⓐ RISC   ⓑ PowerPC   ⓒ CISC
라. ⓐ CISC   ⓑ RISC   ⓒ PowerPC

정답 가

해설 PC에서 사용되는 대부분의 프로세서는 CISC 기술에 기반을 둔다. PowerP C프로세서와 다른 종류의 컴퓨터에 사용되는 프로세서는 RISC 기술에 기반을 둔다. RISC 프로세서는 더 적은 수의 명령을 가지고 있으며, CISC 프로세서 보다 더 빠르게 수행된다.

89. CPU 내부에 있는 특수 목적용 레지스터 중 하나로, 인터럽트 수행과정에서 원래의 프로세스가 수행될 수 있도록 프로그램 카운터의 주소를 임시로 저장하는 레지스터를 무엇이라 하는가?

가. 명령 레지스터
나. 상태 레지스터
다. 기억장치 버퍼 레지스터
다. 스택 포인터

정답 라

해설 스택 포인터
스택은 먼저 입력된 데이터가 나중에 출력되는 구조(LIFO-Last In First Out)를 갖고 있음. 스택에 데이터를 입력하는 것을 PUSH라 하고, 스택에서 데이터를 출력하는 것을 POP이라 함. 스택의 꼭대기를 가리키는 것이 스택 포인터(SP)임.

90. 다음 중 인터럽트의 우선순위가 가장 높은 것은?
    가. 기계착오 나. 외부신호
    다. SVC 라. 전원이상

    정답 라

    해설) 인터럽트 우선순위
    둘 이상의 외부 장치가 끼어들기 요구 신호를 동시에 보낼 때, 어느 외부 장치가 끼어들기 명령(IACK : interrupt acknowledge)을 얻는가를 결정하는 순위. 전원이상이 우선순위가 가장 높음.

91. 무선설비의 변조특성 등에 대한 기술기준으로 적합하지 않은 것은?
    가. 변조신호에 의하여 반송파가 진폭변조되는 송신장치는 변조도가 100[%]를 초과하지 아니하여야 한다.
    나. 반송파가 주파수변조되는 송신장치는 최대주파수편이의 범위를 초과하지 아니하여야 한다.
    다. 무선설비는 최고 변조주파수에서 안정적으로 동작하여야 한다.
    라. 편향변조에 의하여 점유주파수대폭이 충분하여야 한다.

    정답 라

    해설) 편향변조는 강제적으로 변조주파수를 틀어주는 것으로 기술기준에는 정의되어 있지 않음.

92. 다음 중 특정소출력무선국의 종류가 아닌 것은?
    가. 무선조정용
    나. 데이터전송용
    다. 안전시스템용
    라. 자계유도용

    정답 라

    해설) 자계유도용은 포함되지 않음.

93. 미래창조과학부장관이 전파자원의 공평하고 효율적인 이용을 촉진하기 위하여 시행하는 내용이 아닌 것은?
    가. 주파수 분배의 변경
    나. 주파수의 공동사용
    다. 주파수 이용권의 양도, 임대
    라. 주파수 회수 또는 재배치

    정답 다

    해설) 전파법 시행령 제6조
    ① 주파수 분배의 변경
    ② 주파수회수 또는 주파수재배치
    ③ 새로운 기술방식으로의 전환
    ④ 주파수 공동사용

94. 다음 중 "인체, 기자재, 무선설비 등을 둘러싸고 있는 전파의 세기, 잡음 등 전자파의 총체적인 분포상황"으로 정의되는 것은?
    가. 전파환경 나. 전자파분포
    다. 전파자원 라. 전자파환경

    정답 가

    해설) 전파법 용어해설
    "전파환경"이란 인체, 기자재, 무선설비 등을 둘러싸고 있는 전파의 세기, 잡음 등 전자파의 총체적인 분포 상황을 말한다.

95. 데이터 및 통신메세지의 입력·출력·저장·검색·전송 또는 제어 등의 주요 기능과 정보 전송용으로 작동되는 1개 이상의 터미널 포트를 갖춘 기기로서 600볼트 이하의 공급 전압을 가진 기기를 무엇이라 하는가?
    가. 정보기기 나. 전송기기
    다. 통신기기 라. 방송통신기기

    정답 가

해설 방송통신기기 형식검정·형식등록 및 전자파적합등록용어해설
"정보기기"라 함은 데이터 및 통신메세지의 입력·출력·저장·검색·전송 또는 제어 등의 주요기능과 정보 전송용으로 작동되는 1개 이상의 터미널 포트를 갖춘 기기로서 600볼트 이하의 공급전압을 가진 기기를 말한다.

96 무선설비 공사의 품질확보 차원에서 미흡 또는 중대한 위해를 발생시킬 수 있다고 판단될 경우 공사 중지를 지시할 수 있다. 다음 중 공사의 전면중지에 해당되는 사항은?

가. 재시공 지시가 이행되지 않는 상태에서는 다음 단계의 공정이 진행됨으로써 하자발생이 될 수 있다고 판단될 때
나. 안전시공 상 중대한 위험이 예상되어 물적, 인적 중대한 피해가 예견될 때
다. 동일 공정에서 3회 이상 시정지시가 이행되지 않을 때
라. 천재지변 등 불가항력적이니 사태가 발생하여 공사를 계속할 수 없다고 판단 될 때

정답 라

해설 "공사중지" 지시
천재지변 등 불가항력적이니 사태가 발생하여 공사를 계속할 수 없다고 판단 될 때

97 다음 중 준공검사를 받지 아니하고 운용할 수 있는 무선국에 속하지 않는 것은?

가. 적도 지역에 개설한 무선국
나. 대통령 경호를 위하여 개설하는 무선국
다. 30와트 미만의 무선설비를 시설하는 어선의 선박국
라. 외국에서 운용할 목적으로 개설한 육상이동지구국

정답 가

해설 적도지역은 국외지역으로 설비되는 국가의 준공검사를 받아야 함.

98 다음 중 적합인증을 받아야 하는 대상기기가 아닌 것은?

가. 무선방위측정기
나. 경보자동 전화장치
다. 전계강도측정기
라. 네비텍스수신기

정답 다

해설 방송통신기자재 적합성 평가
"전계강도측정기"는 적합인증 대상기기가 아님

99 전력선통신설비 및 유도식통신설비의 주파수 허용편차로 맞는 것은?

가. 0.1[%]
나. 0.3[%]
다. 0.5[%]
라. 1[%]

정답 가

해설 전파응용설비의 기술기준 제5조
유도식 통신설비에서 발사되는 주파수허용편차는 0.1%로 한다.

100. 무선설비 기성 및 준공검사 처리절차가 순서대로 바르게 나열된 것은?

가. 검사원 및 감리조서 → 검사원 임명 → 검사실시 → 검사결과 통보 및 검사조서 → 발주자 결재 → 대가지급
나. 검사원 임명 → 검사원 및 감리조서 → 검사실시 → 검사결과 통보 및 검사조서 → 발주자 결재 → 대가지급
다. 검사원 임명 → 검사원 및 감리조서 → 발주자 결재 → 검사실시 → 검사결과 통보 및 검사조서 → 대가지급
라. 검사원 및 감리조서 → 검사원 임명 → 발주자 결재 → 검사실시 → 검사결과 통보 및 검사조서 → 대가지급

정답 가

해설 기성검사는 공사단계 중간에 비용을 정산하는 것을 말하며, 준공검사는 준공 완료 후 정상적인 동작, 인증여부 등에 대한 사항을 검사하는 것을 말함.
"처리절차"
검사원 및 감리조서 → 검사원 임명 → 검사실시 → 검사결과 통보 및 검사조서 → 발주자 결재 → 대가지급

국가기술자격검정 필기시험문제

2015년 기사1회 필기시험

국가기술자격검정 필기시험문제

2015년 기사1회 필기시험

자격종목 및 등급(선택분야)	종목코드	시험시간	형 별	수검번호	성 별
무선설비기사		2시간 30분	1형		

제1과목 디지털 전자회로

01 정류회로 출력 성분 중 교류인 리플을 제거하기 위해 정류회로 다음 단에 접속되는 회로는 무엇인가?

가. 평활회로   나. 클램핑회로
다. 정전압회로   라. 클리필회로

정답 가

[해설] 정류회로의 출력 전원은 직류 성분 이외에 고조파 성분을 포함한 맥류이기 때문에 교류 성분을 제거하여 직류 성분만을 얻는 회로를 평활회로라고 한다.
평활회로는 적분회로로서 저역통과 필터(LPF)이다.

02 다음 그림은 정류회로의 입력파형과 출력파형을 나타내었다. 주어진 입출력 특성을 만족시키는 정류회로는? (단, 다이오드의 문턱전압은 0.7[V]이고, 변압기의 권선비는 1:10라 가정한다.)

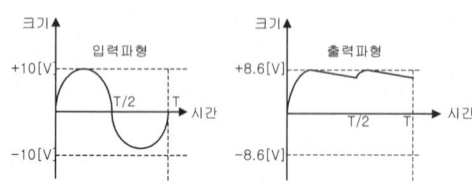

가. 반파정류회로
나. 유도성 중간탭 전파정류회로
다. 2배압 정류회로
라. 용량성 필터를 갖는 브리지 전파정류회로

정답 라

[해설] 입력전압이 10[V]인가되어 출력에 1.4[V] 전압강하되어 8.6[V]가 나타나는 용량성 필터를 갖는 브리지 전파 정류회로이다.

03 다음 중 전력증폭기에 대한 설명으로 틀린 것은?

가. 대신호 동작으로 사용된다.
나. 증폭기의 선형동작에 의해 고조파 왜곡이 생긴다.
다. 고출력 증폭을 위해 사용된다.
라. 부궤환 회로를 적용하면, 저왜곡 출력이 가능하다.

정답 나

[해설] 증폭기의 비선형동작에 의해 고조파 왜곡이 생긴다.

04 다음 궤환회로에 대한 설명으로 틀린 것은?

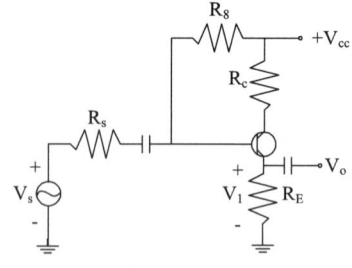

가. 궤환으로 입력 임피던스는 감소한다.
나. 궤환으로 전체 이득은 감소한다.
다. 궤환으로 주파수 일그러짐이 감소한다.
라. 궤환으로 출력 임피던스는 감소한다.

정답 가

해설 직렬전압 궤환회로의 입력 임피던스는 증가한다.
부궤환 증폭기의 입출력 임피던스 변화

궤 환	직렬전압	직렬전류	병렬전압	병렬전류
입력임피던스	증가	증가	감소	감소
출력임피던스	감소	증가	감소	증가

05 입력 저항이 20[kΩ]인 증폭기에 직렬 전류 궤환회로를 적용할 경우 입력 저항값은 얼마가 되는가? (단, $\beta A = 9$이다.)

가. 0.1[MΩ] 나. 0.2[MΩ]
다. 0.3[MΩ] 라. 0.4[MΩ]

정답 나

해설 직렬전류궤환회로의 입력저항값은 $(1+A\beta)$배 만큼 증가한다.
$$R_{if} = (1+A\beta)R_e$$
$$= (1+9) \times 2 \times 10^3 = 0.2[\text{M}\Omega]$$

06 주어진 그림은 N-채널 FET 소자의 직류전달특성을 나타냈었다. 이 소자의 트랜스컨덕턴스는?

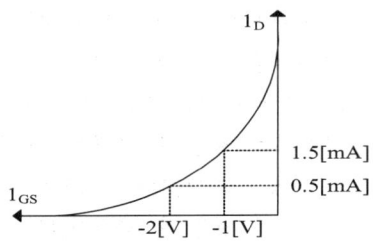

가. 1.0[mS] 나. 2.0[mS]
다. 10[mS] 라. 20[mS]

정답 가

해설 전달콘덕턴스 : $g_m = \dfrac{\Delta I_D}{\Delta V_{GS}} = \dfrac{1}{0.5} = 2[mS]$

07 다음 그림과 같은 발진회로의 명칭은 무엇인가?

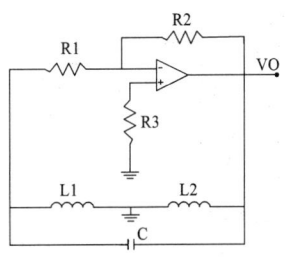

가. 콜피츠발진회로 나. LC발진회로
다. 하틀리발진회로 라. 클랩발진회로

정답 다

해설 3소자형 발진기의 종류

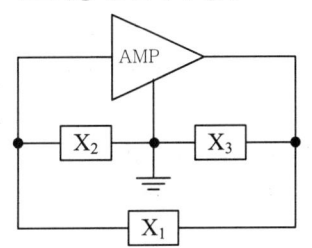

구분	리액턴스 소자		
	X_1	X_2	X_3
Hartley Oscillator	C	L	L
Colpitts Oscillator	L	C	C

08 정궤환(Positive Feedback)을 사용하는 발진회로에서 발진을 위한 궤환루프(Feedback Loop)의 조건은?

가. 궤환루프의 이득은 없고, 위상천이가 180°이다.
나. 궤환루프의 이득은 1보다 작고, 위상천이가 90°이다.
다. 궤환루프의 이득은 1이고, 위상천이는 0°이다.
라. 궤환루프의 이득은 1보다 크고, 위상천이는 180°이다.

정답 다

[해설] 발진회로 발진 조건

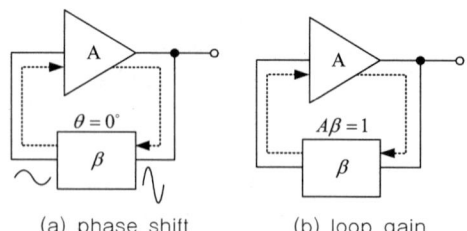
(a) phase shift   (b) loop gain

① loop gain($A\beta$)=1
② phase shift =0°

09 FM 변조에서 최대 주파수 편이가 80[kHz]일 때 주파수 변조파의 대역폭은 얼마인가?

가. 40[kHz] 나. 60[kHz]
다. 80[kHz] 라. 160[kHz]

정답 라

[해설] FM방식의 근사 주파수 대역
$B ≒ 2\triangle f = 2 \times 80 kHz = 160[kHz]$

10 다음 중 정보 전송에서 반송파로 사용되는 정현파의 위상에 정보를 싣는 변조 방식은?

가. PSK 나. FSK
다. PCM 라. ASK

정답 가

[해설] 정현파 변조방식의 종류

구분		아날로그 변조	디지털 변조
진폭 변조		DSB(양측파대 변조)	
		SSB(단측파대 변조)	ASK(진폭편이 변조)
		VSB(잔류측파대 변조)	
각도 변조		FM(주파수 변조)	FSK(주파수 편이 변조)
		PM(위상 변조)	PSK(위상 편이 변조)
			DPSK(차동 위상 편이 변조)
			MSK(Minimum Shift Mode)
복합 변조		AM-PM (진폭 위상 변조)	QAM(직교 진폭 변조)
		SCFM(진폭 주파수 2중 변조)	APSK(진폭 위상편이 변조)

11 다음 그림과 같은 단안정 멀티바이브레이터 회로에서 콘덴서 C_2의 역할은 무엇인가?

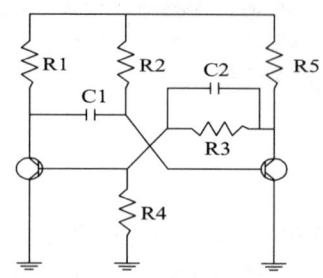

가. 스위칭 속도를 빠르게 한다.
나. 상태를 저장하는 메모리 기능을 한다.
다. 트랜지스터의 베이스 전위를 일정하게 한다.
라. 출력 파형의 진폭크기를 결정한다.

정답 가

[해설] Speed 콘덴서(가속 콘덴서)는 Base 영역 내 존재하는 과잉 캐리어 축적지연시간을 짧게 하여 스위칭 속도를 향상시키는 역할을 한다.

12 RC 충·방전 회로에서 상승시간(Rise Time)이란 무엇인가?

가. 출력전압이 넣은 후 출력전압이 최종값의 10[%]에 이르기까지 소요되는 시간
나. 스위치를 넣은 후 출력전압이 최종값의 10[%]에서 90[%]까지 소요되는 시간
다. 스위치를 넣은 후 출력전압이 최종값의 90[%]에서 100[%]까지 소요되는 시간
라. 스위치를 넣은 후 출력전압이 최종값의 10[%]에 이르는데 소요되는 시간

정답 나

[해설] 펄스의 상승 시간(Rise Time) : t_r
펄스가 최대 진폭의 10[%]에서 90[%]까지 상승하는 시간
$t_r = 2.2 \times 시정수 = \dfrac{0.35}{f_H}$, ($f_H = \dfrac{1}{2\pi CR}$)

13 다음 논리 함수 $Y = AB + A\overline{B} + \overline{A}B$ 를 간략화한 것으로 옳은 것은?

가. $A + B$
나. $\overline{A} + \overline{B}$
다. $(A + \overline{A}) + (B + \overline{B})$
라. $(AB + A\overline{B}) \cdot (AB + \overline{A}B)$

정답 가

해설

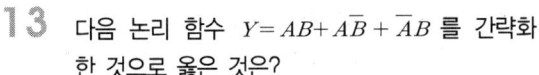

카르노 맵에 각 항을 표시한 후 간략화하면
$Y = AB + A\overline{B} + \overline{A}B = A + B$

14 2진법 곱셈 1010 × 0101의 계산값은?

가. 0110010   나. 1110001
다. 0111001   라. 0110001

정답 가

해설 10진법으로 변환해 곱셈처리 후 2진수로 변경하면 빠르게 계산할 수 있다.
$1010 = 2^3 + 2^1 = 10$
$0101 = 2^2 + 2^0 = 5$
$10 \times 5 = 50$ 이므로 2진수로 변경하면
$(50)_{10} = (0110010)_2$

15 10진수 45를 2진수로 변환한 값으로 맞는 것은?

가. 101100
나. 101101
다. 101110
라. 101111

정답 나

해설 정수 45를 2로 나눈 나머지만 역순으로 기재하면 2진수를 얻을 수 있다.
$(45)_{10} = (101101)_2$

16 JK-Flip Flop에서 J입력과 K입력이 모두 1이고 CP=1 일 때 출력은?

가. 출력은 반전한다.
나. Set 출력은 1, Reset 출력은 0이다.
다. Set 출력은 0, Reset 출력은 1이다.
라. 출력은 1이다.

정답 가

해설 JK 플립-플롭 동작
① $J=0$, $K=0$ 일 때 : 현재 상태 $Q(t)$ 유지
② $J=0$, $K=1$ 일 때 : 리세트 $Q(t+1) = 0$
③ $J=1$, $K=0$ 일 때 : 세트 $Q(t+1) = 1$
④ $J=1$, $K=1$ 일 때 : 반전 $Q(t+1) = \overline{Q}(t)$

17 25진 리플 카운터를 설계할 경우 최소한 몇 개의 플립플롭이 필요한가?

가. 4개   나. 5개
다. 6개   라. 7개

정답 나

해설 $2^{n-1} \leq N \leq 2^n$의 식으로 구한다. 25진 카운터이므로 $n=5$가 된다.

18 다음 중 리플 카운터(Ripple Counter)에 대한 설명으로 틀린 것은?

가. 비동기 카운터이다.
나. 카운트 속도가 동기식 카운터에 비해 느리다.
다. 최대 동작 주파수에 제한을 받지 않는다.
라. 회로 구성이 간단하다.

정답 다

해설 비동기식 계수기
비동기식 카운터는 리플 카운터라 하며, 이 카운터는 전단에 있는 플립플롭(F/F)의 출력을 받아 다음 단 플립플롭을 동작시키도록 연결되어 있다. 회로는 간단하나 동작속도는 느린 단점이 있다. 최대 동작 주파수는 다음과 같이 구해진다.
$$f_{\max} = \frac{1}{F/F \text{개수} \times \text{각} F/F \text{의 전파지연}}$$

19 여러 개의 회로가 단일 회선을 공동으로 이용하여 신호를 전송하는데 필요한 장치는?
가. 멀티플렉서 나. 디멀티플렉서
다. 인코더   라. 디코더

정답 가

해설 멀티플렉서란 많은 수의 정보를 적은 수의 채널이나 출력선을 통하여 전송하는 것을 의미하며, 일반적으로 멀티플랙서는 2^n개의 데이터 입력선과 n개의 선택선, 그리고 1개의 출력선으로 구성되며($n=1,2,3,......$)
데이터가 여러 개의 입력선으로부터 선택(Selector) 신호에 따라 출력단에 보내지는 장치로 데이터 선택기(Data selector)라고도 한다.

20 반가산기(Half Adder)에서 A=1, B=1 일 경우 S(Sum)의 값은?
가. -1   나. 1
다. 0   라. 2

정답 다

해설 반가산기 Sum
$S = A \oplus B = \overline{A}B + A\overline{B} = 0 \cdot 1 + 1 \cdot 0 = 0$

제2과목 무선통신기기

21 다음 그림에 나타낸 성상도는 어떤 변조방식에 대한 성상도인가?

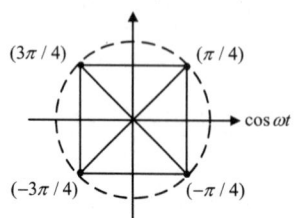

가. BPSK   나. QPSK
다. 8PSK   라. 16PSK

정답 나

해설 QPSK는 위상의 변화를 주어 변조하는 방식으로 2Bit 1 Symbol 방식이다. 심볼의 위치는, 위상이 변화하게 되면 M(진수)가 많아지게 되고, 전력이 증가하게 되면 원점으로부터 거리가 멀어지게 된다.

22 다음 중 전파 지연시간을 이용하는 항법 장치는?
가. VOR(Very High Frequency Omnidirectional Range)
나. INS(Inertial Navigation System)
다. DME(Distance Measuring Equipment)
라. GPS(Global Positioning System)

정답 다

해설 DME(Distance Measuring Equipment)는 거리 측정장비로 UHF밴드(1000MHz)를 사용함.
① ADF : 지상으로부터 송신된 전파를 이용 항공기에서 수신하여 자동으로 방향탐지
② VOR : 초단파를 이용해 ADF보다 정확
③ RMI : 자국방향에 대해 VOR상호 방향과의 각도 및 항곡기의 방위각을 표시
④ ILS : 착륙을 위한 진행방향, 자세, 활강각도 등을 정확하게 제공함 (HF, VHF사용)

23 이동전화 시스템에서 사용하고 있는 핸드오프(Hand-Off) 기능에 대해 맞게 설명한 것은?
가. 이동전화단말기와 기지국간의 통화종료를 의미한다.
나. 이동전화교환국과 기지국간의 정보전송속도의 변경을 의미한다.
다. 이동 전화단말기가 통화 중에 이동시 통화채널이 인접기지국에 자동 절환되는 것을 의미한다.
라. 발신과 착신의 신호송출 기능을 의미한다.

정답 다

[해설] 핸드오프
① 소프트 핸드오프(Soft Hand off)
통화중인 단말기가 동일한 교환국의 기지국에서 다른 기지국으로 이동할 경우에 수행하는 make and break 방식(이동 셀에 접속하고 이동전의 셀을 끊는 방식)의 핸드오프로 주로 CDMA 시스템에서 이용하고 있다.
② 소프터 핸드오프(Softer Hand off)
단말기가 섹터 간 이동시에 수행하는 핸드오프를 소프터 핸드오프라 한다. 일반적으로 도심의 기지국은 섹터로 구성되며 각 섹터의 안테나는 120°씩 커버하게 된다. 소프트 핸드오프는 Rake receiver에 의해 수행되는 기지국 내의 핸드오프이다.
③ 하드 핸드오프(Hard Hand off)
FDMA, TDMA 또는 CDMA 방식 등과 같이 서로 다른 교환국 사이를 이동하는 경우에 수행하는 break and make 방식의 핸드오프로 주로 아날 로그방식에서 사용하는 방식이다.

24 QAM(Quadrature Amplitude Modulation) 신호는 정보데이터에 의하여 반송파의 무엇을 변경하여 얻는 신호인가?

가. 주파수 나. 위상
다. 진폭 라. 위상과 진폭

정답 라

[해설] QAM: APK라 하며 진폭과 위상을 동시에 변화시키는 방식을 말함. Array수가 늘어날수록 스펙트럼효율이 우수하지만 오류율이 커지는 문제가 있음.

25 200[V] 전력의 반송파를 사용하여 신호를 변조도 80[%]로 진폭변조하여 전송하고자 할 때 소요되는 총 전력은 약 몇[W] 인가?

가. 218[W] 나. 264[W]
다. 286[W] 라. 342[W]

정답 나

[해설] 피변조파 전력 Pm은,
$$P_m = P_c(1+\frac{m^2}{2}) = 200(1+\frac{0.8^2}{2})$$
$$= 200 \times 1.32 = 264[W]$$

26 페이딩을 방지하기 위하여 동일한 통신정보를 여러 개의 주파수에 실어서 전송하는 다이버시티 방식은 무엇인가?

가. 공간 다이버시티
나. 편파 다이버시티
다. 주파수 다이버시티
라. 시간 다이버시티

정답 다

[해설] 페이딩(Fading)의 정의: 두 신호의 간섭에 의해 수신신호가 시간적으로 흔들리는 현상을 페이딩이라고 한다.
① 공간 다이버시티: 2개의 수신안테나를 이격.
② 편파 다이버시티: 편파가 다른 안테나를 설치.
③ 주파수 다이버시티: 2개 이상의 주파수를 이용한 방식.
④ 시간 다이버시티: 시간상 간격을 두고 송수신하는 방식.

27 다음 중 레이더(Radar)에 대한 설명으로 옳은 것은?

가. 자이로를 이용하여 스스로 위치와 방향을 알 수 있다.
나. 방향만 알 수 있고 거리를 파악이 어렵다.
다. 펄스를 보내 물체로부터 반사된 펄스가 수신될 때까지의 시간을 측정한다.
라. 상대방의 위치와 속도를 알 수 없다.

정답 다

[해설] 레이다(Radar)의 정의
: 펄스를 보내 물체로부터 반사된 펄스가 수신될 때까지의 시간을 측정하는 PulseRadar 방식과 두 개의 안테나를 사용하여 이동 물체를 측정 가능한 CW Radar 방식이 있다.

28. 다음 중 GPS를 이용하여 위치 측정 시 발생하는 오차가 아닌 것은?

가. 대류층의 굴절오차 나. 위성시계오차
다. 온도상승오차 라. 다중경로오차

정답 다

[해설] GPS 위성신호의 오차.
① 전리층 영향
② 대류권 영향
③ 잡음의 영향
④ 정보 전송량의 문제
⑤ 위성시계의 오차.

29. 다음 중 SSB 신호에 대한 설명으로 틀린 것은?

가. SSB 신호는 DSB-SC와 같이 동기검파를 수행하여 원래의 변조 신호를 얻을 수 있다.
나. SSB 신호는 DSB의 두 개 측파를 모두 전송하는 것이 아니고 한쪽만 전송하는 것이므로 신호의 분리에 날카로운 차단 특성을 가진 필터를 사용해야 한다.
다. 변조하는 신호에 DC성분이 있는 경우 SSB를 사용할 수 없다.
라. SSB 신호는 복조기에서의 주파수 및 위상의 오차에 대한 영향이 DSB에 영향을 미치는 정도와 유사하다.

정답 라

[해설] SSB통신 방식의 특징
1) SSB통신 방식의 장점
   ① 점유 주파수대 폭이 1/2로 축소된다.(주파수 이용 효율이 높다.)
   ② 적은 송신전력으로 양질의 통신이 가능하다.
      (평균전력 대비 1/6, 공칭 전력 대비 1/4)
   ③ 송신기의 소비전력이 적다.
      (변조시에만 송신하므로 DSB의 30%)
   ④ 선택성 페이딩의 영향이 적다.(3[dB] 개선)
   ⑤ S/N비가 개선된다.(평균전력이 같다고 했을 때 전체 10.8[dB] 개선, 첨두 전력이 같다고 했을 때 전체 12[dB] 개선)
   ⑥ 비화성을 유지할 수 있다. (DSB수신기로 수신 불가)
2) SSB통신 방식의 단점
   ① 송수신기 회로구성이 복잡하며 가격이 비싸다.
   ② 높은 주파수 안정도를 필요로 한다.
   ③ 수신부에 국부발진기가 필요하며 동기장치(Speech clarifier)가 있어야 한다.
   ④ 반송파가 없어 AGC회로 부가가 어렵다.

30. 다음 그림과 같은 다수의 반송파 주파수를 가지고 변조하는 변조방식과 다중화하는 방식을 바르게 짝지은 것은?

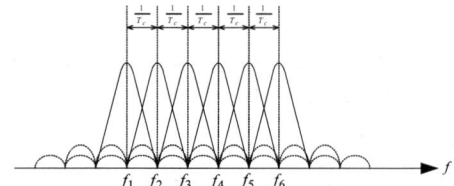

가. MFSK - OFDM 나. MPSK - OFDM
다. MFSK - FDM 라. MPSK - TDM

정답 가

[해설] OFDM방식은 고속 전송률(high-rate)을 갖는 직렬 데이터열(data stream)을 낮은 전송률을 갖는 병렬 데이터열로 나누고 이들을 다수의 협대역 부반송파(Subcarrier)를 사용하여 동시에 심볼단위로 전송하는 방식이다.
변조방식은 MFSK 방식을 사용한다.

31 다음 중 정전압 안정화회로에 대한 설명으로 잘못된 것은?

가. 전압안정계수는 낮을수록 좋다.
나. 출력저항은 작을수록 유리하다.
다. 온도계수는 높을수록 좋다.
라. 회로구성에 제너다이오드가 많이 사용된다.

정답 다

해설 정전압회로는 부하조건이나 온도변화에 대하여 직류 출력전압을 일정하게 만들어 주는 회로이다. 전압 안정화 회로의 규격은 다음과 같다.
1. 정격 출력전압
2. 정격 출력전류
3. 출력 전압의 허용범위

32 다음 중 정력장치인 수전설비에 해당하지 않는 것은?

가. 비교기   나. 유입개폐기
다. 단로기   라. 자동 전압 조정기

정답 가

해설 수전설비
1. 전기를 받는데 필요한 설비를 수전설비라 함
2. 전력차단설비, 보호설비, 측정설비, 변압설비 등이 필수적으로 요구됨

33 다음 중 충전의 종류가 아닌 것은?

가. 속충전   나. 저충전
다. 균등충전   라. 부동충전

정답 나

해설 충전의 종류
① 부동충전 : 자기방전을 보충, 충전기 + 축전지 동시 부담하여 충전
② 세류충전 : 자기방전량 만 충전
③ 급속충전 : 충전전류의 2~3배 로 충전
④ 초기충전 : 축전지에 전해액 주입 후 처음으로 충전하는 것

34 다음 중 납 축전지의 구성요소와 재료의 연결이 잘못된 것은?

가. 양극판 – 이산화납
나. 격리판 – 니켈
다. 음극판 – 납
라. 전해액 – 묽은 황산

정답 나

해설 납 축전지의 특징
1. 기전력은 전해액의 비중과 온도에 비례
2. 내부저항은 온도가 높을 때 작아짐
3. 방전이 되면 내부저항이 증가됨

구성요소	특징
양극판	납축전지의 수명결정
음극판	순납(Pb)를 사용함
전해액	묽은 황산(H2SO4)을 사용

35 안테나 실효고 측정방법 중의 하나인 표준 안테나에 의한 방법에서 표준 안테나로 주로 사용되는 안테나는?

가. 롬빅 안테나   나. 야기 안테나
다. 루프 안테나   라. 브라운 안테나

정답 다

해설 안테나의 실효고 측정방법
1. 전계강도 측정방법
 : $V = E \cdot h_e$ 이므로 $h_e = \dfrac{V}{E}$ 로부터 h_e (실효고)를 구할 수 있다.
2. 표준안테나에 의한 방법
 : 피측정 안테나의 실효고 $h_e = \dfrac{I_s R_s}{I_l R_l} h_l$ 이다.

 I_l = 루프안테나에 흐른 전류
 R_l = 루프안테나의 실효저항
 I_s = 피측정 안테나에 흐른 전류
 R_s = 피측정 안테나의 실효저항
 h_l = 루프안테나의 실효고
3. 표준안테나 와 전계강도를 이용하는 방법
 : 두 가지를 모두 이용하여 측정함

36 직류 출력 전압이 무부하시 220[V]이고 전부하시의 출력전압이 220[V]일 때 전압 변동률은?
가. 22[%]   나. 20[%]
다. 12[%]   라. 10[%]

정답 라

해설 전압변동율

$$= \frac{\text{무부하시 단자전압} - \text{부하시 단자전압}}{\text{부하시 단자전압}}$$

$$= \frac{220 - 220}{220} \times 100\%$$

$$= 10\%$$

37 접지저항이 큰 순서로 올바르게 나열한 것은?

| ㄱ. 심굴접지 방식 | ㄴ. 다중접지 방식 |
| ㄷ. 방사상접지방식 | |

가. ㄱ > ㄴ > ㄷ   나. ㄷ > ㄱ > ㄴ
다. ㄴ > ㄱ > ㄷ   라. ㄱ > ㄷ > ㄴ

정답 라

해설 장·중파대 안테나 접지의 종류

종류	특징	접지저항
심굴접지	목탄을 사용 (소전력)	10[Ω]
방사상접지	동선을 사용 (중전력)	5[Ω]
다중접지	병렬 접지 (대전력)	1[Ω]
카운터포이즈	암반, 건조지 사용	수[Ω]

38 다음 중 평활회로에 대한 설명으로 틀린 것은?
가. 쵸크 입력형 평활회로의 경우 부하전류가 작을수록 맥동률이 크다.
나. 콘덴서 입력형 평활회로의 경우 콘덴서 용향이 작을수록 맥동률이 작다.
다. 쵸크 입력형 평활회로의 경우 단상반과 및 배전압 정류회로에 주로 적용된다.
라. 콘덴서 입력형 평활회로의 경우 부하전류의 최대치와 평균치와의 차가 크다.

정답 나

해설 평활용 콘덴서의 용량은 출력전압의 파형과 관계가 된다. (용량을 크게 하면 출력리플을 작게 함)

39 수신기의 성능을 나타내는 요소 중 충실도에 대한 설명으로 맞는 것은?
가. 미약 전파 수신 능력
나. 혼신 분리 제거 능력
다. 원음 재생 능력
라. 장시간 일정출력 유지 능력

정답 다

해설 충실도는 증폭기의 주파수 특성, 왜곡, 잡음 등에 의해서 좌우된다. 이는 원음(원신호)의 재생 능력과 상관성이 있다.

40 송신기에 의사 공중선 대신 16[Ω]의 무유도 저항을 연결한 후, 측정한 전류값이 5[A]일 경우 송신기의 출력 값은 얼마인가?
가. 300[W]   나. 400[W]
다. 500[W]   라. 600[W]

정답 나

해설 의사공중선(Dummy antenna): 공중선의 성능을 측정하고, 실제 공중선에 의한 입력회로와 등가회로로 구성한 가짜 안테나.
송신출력 $P = I^2 R = 5^2 \times 16$
$= 25 \times 16 = 400 [W]$

제3과목 안테나공학

41 다음 중 파장이 가장 짧은 주파수 대역은 어느 것인가?

가. HF(High Frequency)
나. SHF(Super High Frequency)
다. EHF(Extremely High Frequency)
라. VHF(Very High Frequency)

정답 다

해설 주파수 대역

기호	주파수 대역	파장
HF	3[MHz] ~ 30[MHz]	100 ~ 10m
VHF	30[MHz] ~ 300[MHz]	10 ~ 1m
UHF	300[MHz] ~ 3[GHz]	1 ~ 0.1m
SHF	3[GHz] ~ 30[GHz]	10 ~ 1Cm
EHF	30[GHz] ~ 300[GHz]	1 ~ 0.1Cm

42 다음 중 TEM파(Transverse Electromagnetic Wave)에 대한 설명으로 옳은 것은?

가. 전파 진행방향에 전계성분만 존재하고 자계성분은 존재하지 않는다.
나. 전파 진행방향에 자계성분만 존재하고 전계성분은 존재하지 않는다.
다. 전파 진행방향에 전계, 자계 성분이 모두 존재하지 않는다.
라. 전파 진행방향에 전계, 자계 성분이 모두 존재한다.

정답 다

해설 전자파는 횡파 이며 TEM (진행방향에 전계/자계 수직인 파)모드로 동작함.

TEM	TE	TM
진행방향에 대해서 전계, 자계가 수직	진행방향에 대해서 전계가 수직	진행방향에 대해서 자계가 수직

43 비유전율이 9이고 비투자율이 1인 매질을 전파하는 전자파의 속도는 자유공간을 전파할 때와 비교하여 약 몇 배의 속도인가?

가. 3.33배
나. 2.33배
다. 1.33배
라. 0.33배

정답 라

해설 전파속도
$$v = \frac{c}{\sqrt{\mu_s \epsilon_s}} [m/s]$$
$$= \frac{c}{\sqrt{9 \times 1}} = \frac{c}{3}$$

44 특성임피던스가 각각 200[Ω]과 800[Ω]인 선로를 λ/4 임피던스 변환기를 이용하여 정합하고자 할 경우 삽입선로의 특성임피던스 값은?

가. 600[Ω]
나. 500[Ω]
다. 400[Ω]
라. 300[Ω]

정답 다

해설 (1) Q변성기($\frac{\lambda}{4}$ 임피던스 변환기)에 의한 정합

① 급전선과 부하사이에 $\frac{\lambda}{4}$ 길이의 도선을 삽입하여 임피던스를 정합시키는 방법으로 평행 2선식, 동축 급전선 모두 사용
② 급전선과 부하의 정합일 경우
$$Z_o' = \sqrt{Z_o R}$$
$$= \sqrt{800 \times 200} = 400 \, ohm$$
(참고) 급전선과 급전선의 정합일 경우
$$Z_o' = \sqrt{Z_o \frac{Z_o^2}{R}} = Z_o \sqrt{\frac{Z_o}{R}}$$

45 부하의 정규화 임피던스가 Z_n=1.5+j0인 무손실 급전선의 전압 정재파비는 얼마인가?

가. 1.0
나. 1.5
다. 2.0
라. 3.0

정답 나

[해설] 정재파비 $S = \dfrac{1+|\Gamma|}{1-|\Gamma|}$ 이고,

반사계수 $\Gamma = \left|\dfrac{Z_L - Z_o}{Z_L + Z_o}\right| = \left|\dfrac{정규화임피던스-1}{정규화임피던스+1}\right|$

$\therefore \Gamma = \left|\dfrac{Z_n - 1}{Z_n + 1}\right| = \left|\dfrac{1.5+j0-1}{1.5+j0+1}\right| = \dfrac{0.5}{2.5} = \dfrac{1}{5} = 0.2$

$S = \dfrac{1+0.2}{1-0.2} = \dfrac{1.2}{0.8} = 1.5$

① 특성임피던스 (Z_o)

$Z_o = \sqrt{\dfrac{L}{C}} = \dfrac{277}{\sqrt{\epsilon_s}} \log_{10} \dfrac{2D}{d} [\Omega]$

② 동축급전선에 비해 특성 임피던스가 높다.
③ 나선 상태로 공기 중에 설치하므로 외부로 부터의 유도방해가 있다.
④ 동일 전력을 전송시 동축 급전선보다 선간전압이 높아야 한다.
⑤ 내압이 높아 대전력에서도 사용할 수 있다.
⑥ 건설비가 싸고 유지보수가 용이하다.

46 다음 중 안테나 정합회로가 아닌 것은?

가. 테이퍼 정합 회로
나. ∅형 정합회로
다. T형 정합회로
라. Y형 정합회로

정답 나

[해설] ① Q변성기($\dfrac{\lambda}{4}$임피던스 변환기)에 의한 정합
② Stub에 의한 정합
③ Y형 정합
④ 테이퍼 선로에 의한 정합
⑤ T형 정합

47 다음 중 전송효율이 낮고 전송거리가 짧아 일반적으로 매우 낮은 주파수대역이나 전화선 등에 사용하기 적합한 급전선은 무엇인가?

가. 도파관석 급전선
나. 비동조 급전선
다. 동축케이블형 급전선
라. 평행이선식 급전선

정답 라

[해설] 평행 2선식 급전선

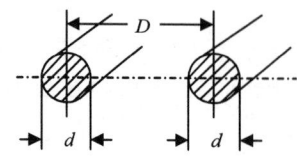

그림 평행 2선식 급전선

48 다음 중 도파관에 대한 설명으로 틀린 것은?

가. 도파관내의 전파속도에는 위상속도와 군속도가 있다.
나. 고역통과 필터의 일종이다.
다. 도파관에 전송할 수 있는 파장은 모드에 따라 다르다.
라. 주파수가 높을수록 저항손실과 유전체 손실이 커진다.

정답 라

[해설] 도파관이 마이크로파 전송로로서 우수한 점
① 저항(Ohm) 손실이 적다.
② 유전체 손실이 적다.
③ 방사손실이 없다.
④ 고역 Filter로서 작용한다.
⑤ 취급할 수 있는 전력이 크다.
⑥ 외부 전자계와 완전히 격리할 수가 있다.

49 다음 중 TV 수신용 광대역 야기 안테나의 종류로 적합하지 않은 것은?

가. 슬롯(Slot)형 안테나
나. 코니컬(Conical)형 안테나
다. U라인(U-line)형 안테나
라. 인라인(In-line)형 안테나

정답 가

[해설] TV 수신용 안테나 종류
① U라인 안테나
② Inline형 안테나
③ Conical형 안테나
④ 복합형 안테나

50 반치각이란 주엽의 최대 복사 강도(방향)에 대해 몇 [dB]가 되는 두 방향 사이의 각을 말하는가?

가. 0[dB] 나. −3[dB]
다. −6[dB] 라. −12[dB]

정답 나

[해설] 반치각
① 전계 패턴 : 최대 전계 복사 각도의 $\frac{1}{\sqrt{2}}$ 되는 두 점 사이의 각도
② 전력 패턴 : 최대 전력 복사 각도의 $\frac{1}{2}$ 되는 두 점 사이의 각도 (3dB 되는 각도)
③ 미소 다이폴은 90°, 반파 다이폴은 78°

51 제1종 접지는 몇 옴[Ω] 이하를 요구하는가?

가. 10[Ω] 나. 20[Ω]
다. 30[Ω] 라. 40[Ω]

정답 가

[해설] 통신기기는 1종 접지 (10옴 이하)와 3종 접지 (100옴 이하)를 주로 사용함.

52 다음 중 절대이득의 기준 안테나는 무엇인가?

가. 무손실 등방성 안테나
나. 무손실 반파 다이폴 안테나
다. 무손실 혼(Horn) 안테나
라. λ/4 보다 극히 짧은 수직접지 안테나

정답 가

[해설] ① 절대이득(G_a): 무 손실 등방성 안테나에 대한 전력이득으로 마이크로파용 입체안테나에 사용한다.
② 상대이득 (G_h): 무 손실 반파 다이폴 안테나에 대한 전력이득으로 초단파 이하의 선형 안테나에 사용한다.
③ 지상이득(G_v): $\frac{\lambda}{4}$ 보다 극히 짧은 수직접지 안테나에 대한 전력이득으로 접지 안테나에 사용한다.
④ 절대이득(G_a), 상대이득(G_h), 지상이득(G_v)의 관계
$G_a = 1.64 \times G_h = 3 \times G_v$

53 다음 중 안테나 파라미터와 관계없는 것은?

가. 편파 나. 방사패턴
다. 이득 라. 반사손실

정답 라

[해설] 안테나 파라미터
1. 고유주파수 와 고유파장
2. 안테나 효율
3. 실효고 와 복사저항, 이득
4. 지향성 패턴 과 복사 패턴
5. 반치각 과 전후방비

54 다음 중 사용파장이 λ이고 공진파장을 λ_0라고 할 경우, $\lambda > \lambda_0$ 조건이라면 최적의 안테나 공진을 위하여 안테나에 삽입해야 할 것으로 적합한 것은?

가. 저항 나. 절연체
다. 연장코일 라. 압축콘덴서

정답 다

[해설] 안테나로딩(Loading)

단축 콘덴서	연장코일	Top loading
안테나 길이를 단축	안테나 길이를 연장	실효길이를 증가.

55 다음 중 자연잡음인 공전 잡음을 효과적으로 방지하기 위한 대책이 아닌 것은?

가. 지향성 공중선 사용
나. 수신기의 수신대역폭을 넓히고 선택도를 개선
다. 송신 출력을 높여 수신 S/N비를 증대
라. 비접지 공중선 사용

정답 나

해설 공전잡음 경감대책
1. 비접지 안테나 / 지향성 안테나 를 사용함
2. 송신기의 대역폭을 줄이고 선택도 향상
3. 수신기에 억제회로를 적용
4. 송신전력을 크게 함
5. 높은 주파수를 사용 함

56 다음 중 라디오 덕트를 발생시키는 원인으로 볼 수 없는 것은?

가. 육상의 건조한 공기가 해상으로 흘러 들어 갈 때
나. 야간에 지표면 쪽의 공기가 상층부의 공기보다 빨리 냉각될 때
다. 고기압권에서 발생한 하강기류가 해면으로 내려 올 때
라. 온난기단이 한랭기단 아래쪽으로 끼어 들어갈 때

정답 라

해설 라디오 덕트 생성원인은 다음과 같다.
① 전선에 의한 덕트 : S형 덕트 발생
② 대양상 덕트 (또는 건조 덕트)
③ 이류성 덕트 : 해안선에 많이 발생
④ 야간 냉각에 의한 덕트 : 접지 덕트 발생

57 다음 중 페이딩(Fading) 현상에 대한 설명으로 틀린 것은?

가. 두 개 이상의 전파가 서로 간섭을 일으켜 진폭 및 위상이 불규칙해지는 현상이다.
나. 단시간 내에서 일어나는 전하의 감쇠로 여러 가지 요인에 의해 발생된다.
다. 간섭파만 존재할 경우 레일러(Rayleigh) 페이딩으로 모델링한다.
라. 전파의 반사, 산란 등으로 인해 전파의 경로가 여러 경로로 흩어지는 것을 간섭성(Interference) 페이딩이라고 한다.

정답 라

해설 페이딩이란 수신신호가 여러 방향에서 도달하여 전계가 시간적으로 흔들리는 현상을 말함. 페이딩방지를 위한 다이버시티기법에는 공간, 주파수, 시간, 편파, 각도 다이버시티 기법이 있음.

58 다음 중 지표파의 대지에 대한 영향으로 틀린 것은?

가. 지표파의 전계강도 감쇠가 커지는 순서는 "해상 → 해안 → 평야 → 구릉 → 산악 → 시가지" 이다.
나. 주파수가 낮을수록 멀리 전파된다.
다. 대지의 비유전율이 클수록 멀리 전파된다.
라. 수평편파보다 수직편파 쪽이 감쇠가 작다.

정답 다

해설 지표파의 특성
① 대지의 도전율이 클수록 감쇠가 적어진다.
② 유전율이 작을수록 감쇠가 적어진다.
③ 전파는 해상에서 가장 잘 전파하여 평지, 구릉, 산악, 시가지, 사막 순으로 감쇠가 커진다.
④ 지표파는 장·중파대에서 감쇠가 적다.
⑤ 수평편파는 대지에서 단락되기 때문에 큰 감쇠를 받는다.(지표파에서 전파해가는 것은 거의 수직 성분이다.)

59 태양 표면의 폭발로 인하여 20[MHz] 이상의 높은 주파수에서 전파 장해가 심하게 나타나며 위도가 높은 지방일수록 영향이 더 큰 것은 어떤 현상 때문인가?

가. 자기 폭풍(Magnetic Storm)
나. 델린저 현상(Delinger Phenomenon)
다. 코로나 손실(Corona Loss)
라. 룩셈부르크 효과(Luxemburg Effect)

정답 가

해설 자기람현상의 정의
: 태양활동에 따라 방출된 하전미립자가 지구로 날아와 지구의 자계에 현저한 혼란을 일으키는 것을 자기폭풍(자기람) 이라 한다.
1. 주야구분 없이 지구 전역에서 발생 (고위도)
2. 느린 하전미립자 영향으로 수일동안 지속
3. 20[MHz] 이상의 주파수에 큰 영향
4. 전리층 층의 임계주파수를 낮추고, 흡수도 증가하게 됨
5. 태양폭발이 선행되므로 예측이 가능함

60 마이크로파 대역에서 주로 사용하는 지상파는?

가. 지표파   나. 직접파
다. 대직 반사파   라. 회절파

정답 나

해설 지상파의 종류
① 지표파 : 장·중파대에서는 지표파가 주요 전파
② 회절파 : 전파의 통로에 장애물이 있을 경우 가시거리보다 먼 곳의 기하학적 음영부분까지 도달되는 전자파
③ 대지 반사파 : 초단파 통신에 있어서 대지 반사파의 영향이 크다.
④ 직접파 : VHF대의 이상에서 주로 사용된다.

제4과목 무선통신시스템

61 다음 중 이동통신 고속데이터 전송을 위해 사용되는 터보코드에 대해 잘못 설명한 것은?

가. 터보코드는 콘볼루션 코드를 병렬형태로 구현한 것으로 성능이 매우 좋은 편이다.
나. 별도의 터보 인터리버가 필요하며, 이것은 입력데이터를 랜덤하게 하는 특성이 있어서 좋은 점이 된다.
다. 별도의 터보 인터리빙 수행으로 처리 지연 시간이 짧아지는 장점이 있다.
라. 터보코드는 콘볼루션 코드보다 구현 및 처리면에서 복잡하나 특성면에서는 우수하다.

정답 다

해설 터보코드
① 채널부호로써 기본적으로 콘벌루션(길쌈) 부호를 병렬 연접한 것
② 길쌈부호들 중에서 쉽게 부호화할 수 있는 것들을 조합하여 랜덤하게 부호를 구성

62 다음 중 주로 SSB(Single Side Band) 통신방식을 사용하는 기기는 어떤 것인가?

가. AM 송신기
나. FM 송신기
다. PSK 송신기
라. FSK 송신기

정답 가

해설 SSB통신
① AM(DSB-SC)변조에서 필터를 사용하여 한쪽 측파대만을 사용하는 변조방식임
② SSB신호 방식에는 억압반송파 SSB방식(J3E), 저감반송파 SSB방식(R3E), 전반송파 SSB방식(H3E) 방식이 있음.

63 디지털 중계 전송에서 재생 펄스의 흔들림 현상을 무엇이라고 하는가?

가. Distortion 나. Bit error
다. jitter 라. timing

정답 다

해설 지터(Jitter)
① 펄스열이 왜곡되어 타이밍 펄스가 흔들려서 발생한다.
② 타이밍 회로의 동조가 부정확하여 발생한다.
③ 타이밍 편차 또는 지터 잡음이라 한다.

64 이동통신시스템의 다원접속방식 중 다수의 가입자가 하나의 반송파를 공유하여 사용하면서, 시간 축을 여러 개의 시간간격(대역)으로 구분하여 여러 가입자가 자기에게 할당된 시간의 대역을 사용하여 다른 가입자와 겹치지 않도록 하는 다중접속방식은?

가. FDMA 나. TDMA
다. CDMA 라. CSMA

정답 나

해설 TDMA 방식은 동일한 주파수대역을 여러 개의 시간구간(time slot)으로 나누어 다원접속하는 방식으로 유럽의 GSM, 북미 표준방식(IS-54, IS-136), 일본의 PDC(Personal Digital Cordless phone) 방식 등이 있다.

65 다음 중 RFID(Radio Frequency Identification) 기술에 대한 설명으로 틀린 것은?

가. 주파수 대역에 따른 인식성능과 응용범위가 다르다.
나. 태그(Tag)내 배터리 유무에 따라 액티브 태그 및 패시브 태그로 나눈다.
다. 저주파일 경우의 태그 인식속도와 고주파일 경우의 태그 인식속도는 같다.
라. 태그 크기는 저주파에서보다 고주파일수록 적은 편이다.

정답 다

해설
① RFID는 RF(Radio Frequency) 기술을 이용하여 개개의 아이템을 자동으로 식별해주는 기술이다.
② RFID 태그는 메모리칩이 내장되어 태그의 정보를 읽거나 쓸 수 있으며, 비가시적으로 인식이 가능하고 동시에 여러 개를 인식할 수 있어 물류, 택배 시스템 등에 활용이 가능하다.
③ RFID의 가장 큰 장점은 태그라고 불리는 아주 작고 가벼운 전자 방식의 '쓰기읽기' 기록 저장장치에 비교적 많은 양의 데이터를 저장할 수 있다는 점이다.

66 다음 중 마이크로파 통신 방식의 일반적인 특성이 아닌 것은?

가. 가시거리 통신이며 원거리 통신이 가능하다.
나. 광대역 통신이 가능하다.
다. 외부 잡음의 영향이 적다.
라. 전리층 반사파를 이용하여 전파한다.

정답 다

해설 마이크로파 통신의 특징
1) 장점
 ① 광대역성
 ② 고이득, 예민한 지향성
 ③ 1W 이하의 적은 전력 통신 가능
 ④ 열잡음, 혼변조 잡음과 같은 외부잡음 등에 강하다.
 ⑤ S/N 개선도가 크다
 ⑥ 가시거리 내 통신방식이다
 ⑦ 전리층을 통과해서 전파
 ⑧ 천재지변 등의 재해에 강하다
 ⑨ 회선건설기간이 짧고 경제적이다
2) 단점
 ① 무선통신이기 때문에 보안에 취약
 ② 기상 상태에 따라 전송 품질이 변화 한다.

67 다음 중 셀(Cell) 방식 이동통신의 문제점이 아닌 것은?

가. 다중경로 페이딩(Multipath Fading)
나. 동일채널 간섭(Co-Channel Interference)
다. 채널간 간섭(Inter Channel Interference)
라. 대류권 산란(Tropospheric Scatter)

정답 라

해설 ① 이동통신의 환경에서는 수신된 신호의 세기가 시간에 따라 변화하는 현상인 페이딩(fading)이 발생한다.
② 페이딩은 수신측에서 받는 신호가 직접파 이외에 주변 장애물에 의하여 시간 지연된 반사파들이 합쳐져서 수신되기 때문에 발생한다.
③ 페이딩은 이동국과 기지국 사이에서 건물 등의 차폐물에 의해 일어나는 음영효과(shadowing)와 다중경로파에 의하여 발생하는 다중경로 페이딩(multipath fading), 직접파와 반사파가 동시에 존재할 때 발생하는 Racian fading로 분류할 수 있다.
④ 인접셀에 의한 동일채널 간섭(Co-Channel Interfer- ence), 채널간 간섭(Inter Channel Inter- ference)이 발생

68 우리나라 지상파 DMB의 데이터 다중화 기술로 사용되고 있는 방식은?

가. CDMA   나. CSMA-CD
다. OFDM   라. TDMA

정답 다

해설 Eureka-147 DAB 전송 규격(DMB)은 서비스 목적에 따라 선택 가능한 채널 부호화 기술, 시간 및 주파수 영역의 인터리빙 기술, 그리고 다중경로에 강한 OFDM 전송 기술 및 1/5에 해당하는 심벌간 보호구간 등의 사용으로 뛰어난 이동 수신 성능을 가지고 있다.

69 기지국 전력증폭기에 두 개의 주파수 신호를 입력하였을 경우, 입력 신호가 커질수록 제3의 주파수성분이 크게 출력된다면 무엇 때문인가?

가. 증폭기 내 열잡음
나. 기기 내 간섭 증가
다. 회로의 전력 손실
라. 증폭기의 비선형성

정답 라

해설 상호 변조 (Inter modulation) 특성
동시에 2개 이상의 강력한 방해신호를 수신기에 가했을 때 두 주파수의 합 또는 차의 주파수가 희망 신호의 주파수 또는 중간 주파수와 같게 되면 수신기의 증폭기 비직선 특성 때문에 방해신호 출력이 나타나는 현상을 말한다.

70 다음 중 TCP/IP 프로토콜의 네트워크 계층과 관련이 없는 것은?

가. DNS   나. OSPF
다. ICMP   라. RIP

정답 가

해설 네트워크계층의 개념
① 데이터 링크 계층의 기능을 이용하여 하나 또는 여러 개의 통신망(전화 교환망, 패킷 교환망, 회선 교환망)을 통하여 컴퓨터와 터미널 등 시스템 상호간의 데이터를 전송할 수 있도록 통신망내 및 통신망 사이의 경로선택(routing)과 중계기능(relay)을 수행함.
② 주요 프로토콜: IP, RIP, OSPF 등
(참고) DNS는 7계층 프로토콜임.

71 FDMA로 구성된 이동통신 시스템에서 총 33[MHz]의 대역이 할당되고, 하나의 쌍방향 이동전화 서비스를 위하여 25[kHz]의 단신 채널 2개를 할당하고 있는 경우, 셀당 동시에 제공할 수 있는 최대 호(Cell) 수를 계산하면?

가. 330   나. 660
다. 990   라. 1,320

정답 나

해설 총대역폭 = 33[MHz]
채널대역폭 = 25[KHz] × 2 = 50[KHz]
∴ 최대 호수 = 33MHz / 50KHz = 660호

72 어떤 지역에 200개의 기지국이 시설되어 운용 중에 있다고 가정한다면 1.8[GHz]애의 1FA당 트래픽 수용용량은? (단, 1FA당 트래픽 수용 용량은 2,294이다.)

가. 4,129   나. 45,850
다. 458,800   라. 1,032,300

정답 다

해설 트래픽 수용용량
= 기지국 수 × 1FA당 수용용량
= 200 × 2,294 = 458,800명

73 이동통신 시스템에서 단말기의 전원을 켰을 때 단말기가 가장 먼저 수행하는 일은 무엇인가?

가. 위치 등록   나. 시스템 동기 획득
다. 호출 감시   라. 접속 시도

정답 나

해설 이동단말의 초기화
- 휴대전화 사용자가 이동단말기 전원을 켤때 등의 경우에 이동통신 망에 접속하는 절차를 실행하고 대기상태(Idle State)로 들어가는 동작

74 다음 중 하위 계층의 기능을 이용하여 종단점간(End-To-End)에 신뢰성있는 데이터 전송을 수행하기 위해 종단점간의 오류 복원과 흐름 제어를 수행하는 계층은?

가. 데이터링크 계층   나. 전달 계층
다. 네트워크 계층   라. 세션 계층

정답 나

해설 트랜스포트 계층의 역할
① 종단간(end-to-end) 메시지 전달
  한 컴퓨터의 응용 프로그램(프로세스)에서 다른 컴퓨터의 응용 프로그램(프로세스)으로의 전달을 의미
② 서비스 포트 주소 지정
  응용 프로그램을 실행 중인 컴퓨터에서 하위 계층으로부터 수신된 메시지를 해당되는 응용으로 전달하는 것을 보장
③ 분할과 재조합
  전송 가능한 크기로 나누고(Segmentation) 각 세그먼트에 순서 번호(Sequence Number)를 표시

75 다음 중 OSI(Open System Interconnection) 참조모델의 계층과 프로토콜에 대한 설명으로 적합하지 않은 것은?

가. 임의의 계층은 바로 아래 계층의 사용자이다.
나. 임의의 계층은 바로 위 계층에게 서비스를 제공한다.
다. 프로토콜은 상대 시스템의 피어(Peer) 계층과의 통신에 대한 규약이다.
라. 상대 시스템의 피어(Peer) 계층으로 프로토콜 정보를 직접 전달한다.

정답 라

해설 OSI(Open System Interconnection) 참조모델
① 시스템 상호 접속을 위한 개념을 규정
② OSI 규격을 개발하기 위한 범위를 규정
③ 관련 규격의 적합성을 조정하기 위한 공동적인 기반을 제공

76 다음 중 무선통신시스템의 통신 프로토콜(Protocol)이 수행하는 임무가 아닌 것은?

가. 송신 시스템에서 통신경로를 활성화시키거나 통신하기를 원하는 목표 시스템의 정보를 통신망으로 알려준다.
나. 수신 시스템이 데이터를 수신 할 준비가 되었는지 송신 시스템이 확인한다.
다. 송신 시스템이 파일전달 어플리케이션이 수신 시스템의 파일 관리 프로그램의 특정 사용자 파일 관리를 확인한다.
라. 송신 시스템과 수신 시스템 사이의 상호 운용성을 확인한다.

정답 라

해설 프로토콜(Protocol)의 정의
: 통신 회선을 이용하여 컴퓨터 와 컴퓨터 , 컴퓨터와 단말 사이 (통신 하는 두 점 사이)에서 데이터를 주고받기위해 정한 통신규약이다.
* 송신시스템 과 수신시스템 사이의 상호 운용성을 확인하는 시스템은 시스템 운영자 또는 시스템 관리자이다.

77 저주파 전력증폭기의 출력 측 기본파 전압이 80[V], 제2, 제3고조파 전압이 각각 8[V], 6[V]라면 왜율은 얼마인가?

가. 12.5[%] 나. 16.5[%]
다. 25.0[%] 라. 33.0[%]

정답 가

해설 왜율(Distortion)은 증폭기 특성이 비선형적일 때 나타나는 일그러짐 정도를 나타낸다.

$$K = \frac{고조파\,실효값}{기본파\,실효값} = \frac{\sqrt{V_2^2 + V_3^2}}{V_1}$$
$$= \frac{\sqrt{8^2 + 6^2}}{80} \times 100 = 12.5\%$$

78 다음 중 송신장비의 주파수 안정을 위한 조건으로 맞지 않은 것은?

가. 무선국의 송신장치는 실제 야기될 수 있는 충격이 없는 상태를 기준으로 주파수를 허용편차 내로 유지한다.
나. 발진회로의 방식은 될 수 있는 한 주위 온도의 영향을 받지 않아야 한다.
다. 가능한 한 전원 전압 또는 부하의 변화에 의해 발진 주파수에 영향을 받지 않아야 한다.
라. 송신장치의 발진 주파수는 미리 시험하여 결정한다.

정답 라

해설 주파수 안정을 위한 발진회로는 다양한 충격, 온도변화, 부하변화에 대비하여 항상 일정한 범위내의 허용편차를 가져야 함.
송신장치의 발진주파수는 사전에 결정된 발진회로를 사용함.

79 통신망시스템이 고장이 난 시점부터 수리가 완료되는 시점까지의 평균 시간을 의미하는 것을 무엇이라고 하는가?

가. MTTF(Mean Time To Failurer)
나. MTTR(Mean Time To Repair)
다. MTBF(Mean Time Between Failurer)
라. MTBSI(Mean Time Between System Incident)

정답 나

해설 MTBF (Mean Time Between Failure)
: 고장난 시점부터 다음 고장이 나는 시점까지의 평균시간 (평균동작시간)
MTTR (Mean Time To Repair)
: 고장난 상태에서 수리된 시간까지의 평균시간 (평균 수리시간)

2015년 무선설비기사 기출문제

80 다음 중 WPA(Wi-Fi Protected)가 등장하게 된 이유를 맞게 설명한 것은?

가. 802.1X 프레임워크가 일부이기 때문이다.
나. WEP가 심각하게 취약한 보안성을 지녔기 때문이다.
다. 애초부터 IEEE 802.11의 보안 메커니즘이기 때문이다.
라. LAN카드에 내장되어 누구나 사용하기 때문이다.

정답 나

해설
① WPA = TKIP+ MIC + Radious + 802.1x + EAP로 구성
② TKIP를 사용해 WEP의 암호키 약점 해결

제5과목 전자계산기일반 및 무선설비기준

81 다음 지문에서 설명하고 있는 운영체제의 종류는?

> 서버급 운영체제이면서도 무료 버전이며, 소스가 공개되어 있어 사용자들이 원하는 기능을 추가하거나 변경할 수 있다. 또한 서버용 프로그램들이 기본으로 갖고 있으며, 임베디드에도 널리 응용되고 있다.

가. 유닉스(Unix)
나. 리눅스(Linux)
다. 윈도우즈(Windows)
라. 맥(Mac) O/S

정답 나

해설 같은 운영체제이지만 리눅스는 무료 버전이고 유닉스는 유료 버전이다.

82 다음 지문은 인터럽트 처리과정을 나타낸 것이다. 처리과정의 순서를 올바르게 나열한 것은?

> ⓐ 주변장치로부터 인터럽트 요구가 들어옴
> ⓑ PC 내용을 스택에서 꺼냄
> ⓒ 본 프로그램으로 복귀
> ⓓ 인터럽트 서비스 루틴의 시작번지로 점프해서 프로그램 수행
> ⓔ PC 내용을 스택에 저장
> ⓕ 중단했던 원래의 프로그램반지로부터 수행

가. ⓐ → ⓓ → ⓑ → ⓒ → ⓕ → ⓔ
나. ⓐ → ⓔ → ⓓ → ⓑ → ⓒ → ⓕ
다. ⓔ → ⓐ → ⓓ → ⓑ → ⓒ → ⓕ
라. ⓔ → ⓐ → ⓑ → ⓓ → ⓒ → ⓕ

정답 나

해설 인터럽트 처리 순서
① 인터럽트 요청 신호
② 인터럽트 처리 루틴
③ 인터럽트 서비스 루틴

83 프로그램에서 함수들을 호출하였을 때 복귀주소(Return Address)를 보관하는데 사용하는 자료구조는 어느 것인가?

가. 스택(Stack)
나. 큐(Queue)
다. 트리(Tree)
라. 그래프(Ggraph)

정답 가

해설 함수를 연속적으로 호출을 할 경우 되돌아가는 순서는 호출의 역순이므로 스택에 보관하여 운영하면 편리하다.
스택 = LIFO(Last In First Out) 구조
큐 = FIFO(First In First Out) 구조
트리 = 1 : n 구조
그래프 = m : n 구조

84 아래 스위칭 회로의 논리식으로 옳은 것은?

가. F = A + B
나. F = A · B
다. F = A − B
라. F = A / (B + A)

정답 나

해설 스위치 A 와 B 가 동시에 닫혀져야 F 의 결과가 1이 된다. 즉, AND 회로이다.

85 다음 중 중앙처리장치에서 사용하고 있는 버스(BUS)의 형태에 속하지 않는 것은?

가. Address Bus
나. Control Bus
다. Data Bus
라. System Bus

정답 라

해설 버스의 종류
① Data Bus : Word 크기를 가진다.(양방향 버스)
② Address Bus : 메모리 용량과 관계있는 크기를 갖는다.(단방향 버스)
③ Control Bus(단방향 버스)

86 다음 중 1비트(1Bit)를 저장할 수 있는 기억장치는?

가. Register
나. Accumulator
다. Flip − Flop
라. Delay

정답 다

해설 Flip-Flop : 1 비트 기억 소자
Register, Accumulator : Word 크기의 임시 기억 소자

87 대기 중인 프로세서가 요청한 자원들이 다른 대기 중인 프로세스에 의해서 점유되어 다시 프로세스 상태를 변경시킬 수 없는 경우가 발생하게 되는데 이러한 상황을 무엇이라 하는가?

가. 한계 버퍼 문제   나. 교착상태
다. 페이지 부재상태   라. 스레싱(Thrashing)

정답 나

해설 교착상태(Deadlock) : 무한정 기다림을 의미한다.
스레싱 : 페이지 교체가 빈번하게 일어나는 현상을 의미한다.

88 2진수 0.111의 2의 보수는 얼마인가?

가. 0.001   나. 0.010
다. 0.011   라. 1.001

정답 가

해설 소수 이하의 수는 1보다 작은 수이므로 2의 보수는 1 − 0.111 = 0.001 이 된다.

89 다음 중 프로그램의 종류에 대한 설명으로 틀린 것은?

가. 베타버전이랑 개발자가 사용화하기 전에 테스트용으로 배포하는 것을 말한다.
나. 쉐어웨어란 기간이나 기능 제한 없이 무료로 사용하는 것을 말한다.
다. 데모버전이란 기간이나 기능을 제한을 두고 무료로 사용하는 것을 말한다.
다. 테스트버전이란 데모버전이나 오류를 찾기 위해 배포하는 것을 말한다.

정답 나

해설 쉐어 웨어 : 일정 기간 동안 사용해 본 후 필요시 구매하여 사용하는 소프트웨어이다.
프리 웨어 : 기간이나 기능 제한 없이 무료로 사용하는 소프트웨어이다.

2015년 무선설비기사 기출문제

90 다음 중 컴파일러(Compiler) 언어에 대한 설명으로 틀린 것은?

가. 문제 중심의 고급언어
나. 프로그램 작성과 수정이 용이
다. 기계중심의 언어
라. 컴퓨터 기종에 관계없이 공통사용

정답 다

해설 기계 중심의 언어는 기계어나 어셈블리어가 있다.

91 방통통신기자재 지정시험기관의 장이 시험업무를 1월 이상 중지하고자 할 경우 변경신청서를 국립전파연구원장에게 제출하여 승인을 얻어야 한다. 이 경우 최대 중지기간으로 맞는 것은?

가. 6개월   나. 1년
다. 2년   라. 3년

정답 나

해설 제9조(업무의 중지 및 폐지신청 등) ① 지정시험기관의 장이 시험업무를 1월 이상 중지하거나 일부 또는 전부를 폐지하고자 하는 때에는 중지 또는 폐지예정일 30일전까지 별지 제3호서식의 변경신청서를 원장에게 제출하여야 한다.
② 제1항에 따른 중지기간은 1년을 초과할 수 없으며, 지정시험기관의 장은 그 업무를 전부폐지한 때에는 지정서를 지체없이 반납하여야 한다.

92 다음 중 주파수분배의 고려사항이 아닌 것은?

가. 국방·치안 및 조난구조 등 국가안보·질서유지 또는 인명안전이 필요성
나. 주파수의 이용현황 등 국내의 주파수 이용 여건
다. 전파를 이용하는 서비스에 대한 수요
라. 과거의 주파수 이용 동향

정답 라

해설 주파수 분배시 고려사항
1. 주파수의 이용 형황 등 국내의 주파수 이용 여건
2. 전파이용 기술의 발전 추세
3. 전파를 이용하는 서비스에 대한 수요
4. 국제적인 주파수 사용 동향
5. 국방, 치안 및 조난구조 등 국가안보, 질서유지 또는 인명안전의 필요성

93 거짓이나 그 밖의 부정한 방법으로 적합성평가를 받은 경우 어떠한 행정처분을 받는가?

가. 시정명령   나. 개선명령
다. 적합성 평가의 취소   라. 판매중지

정답 다

해설 적합성 평가취소.

94 다음 중 감리사의 주요 임무 및 책임사항으로 옳지 않은 것은?

가. 감리사는 설계감리 업무를 수행함에 있어 발주자와 계약에 따라 발주자의 설계감독 업무를 수행한다.
나. 감리사는 해당 설계용역의 설계용역 계약문서, 설계감리 과업 내용서, 그 밖의 관계 규정 내용을 숙지하고 해당 설계용역의 특수성을 파악한 후 설계감리 업무를 수행하여야 한다.
다. 감리사는 설계용역 성과검토를 통한 검토업무를 수행하기 위해 세부 검토사항 및 근거를 포함한 설계감리 검토목록을 작성하여 관리하여야 한다.
라. 감리사는 설계자의 의무 및 책임을 면제시킬 수 있으며, 임의로 설계용역의 내용이나 범위를 변경시키거나 기일 연장 등 설계용역 계약조건과 다른 지시나 결정을 하여서는 안 된다.

정답 라

해설 감리사는 설계자의 의무 및 책임을 면제시킬 수 없으며, 임의로 설계를 변경시키거나, 기일연장 등 공사 계약조건과 다른 지시나 결정을 하여서는 안 된다.

95 의료용 전파응용설비에서 전계강도의 최대 허용치는 얼마인가?

가. 10미터의 거리에서 50[μV/m] 이하일 것
나. 10미터의 거리에서 100[μV/m] 이하일 것
다. 30미터의 거리에서 50[μV/m] 이하일 것
라. 30미터의 거리에서 100[μV/m] 이하일 것

정답 라

해설 전파강도의 허용치

산업용 전파응용설비	의료용 전파응용설비
100 m 거리에서 100uV 이하일 것.	30 m 거리에서 100uV 이하일 것.

96 다음 중 전파법의 규정에 의한 적합인증 대상기자재가 아닌 것은?

가. 네비텍스수신기
나. 무선호출국용 무선설비의 기기
다. 주파수공용 무선전화장치
라. 영상전송기

정답 라

해설 형식등록 대상기기
① 특정소출력무선국용 무선설비의 기기
② 이동가입무선전화장치
③ 생활무선국용 무선설비의 기기
④ 간이무선국용 무선설비의 기기
⑤ 주파수공용 무선전화장치
⑥ 라디오부이의 기기
⑦ 위성휴대통신무선국용 무선설비의 기기
⑧ 개인휴대통신용 무선설비의 기기

97 일반적인 경우 무선통신업무에 종사하는 자는 몇 년마다 1회의 통신 보안교육을 받아야 하는가?

가. 2년   나. 3년
다. 4년   라. 5년

정답 라

해설 전파법의 의거
① "무선통신업무에 종사하는 자는 [5년] 마다 1회의 통신보안교육을 받아야 한다."

98 무선설비의 운용을 위한 전원의 전압변동률은 정격전압의 몇 [%] 이내로 유지하여야 하는가?

가. ±1[%]   나. ±5[%]
다. ±10[%]   라. ±15[%]

정답 다

해설 무선설비의 전압변동률은 정격전압의 ±10% 이내를 유지해야 한다.

99 무선설비의 안전시설기준에서 정의한 고압전기의 범위로 맞는 것은?

가. 550[V]를 초과하는 고주파 및 교류전압과 770[V]를 초과하는 직류전압
나. 600[V]를 초과하는 고주파 및 교류전압과 750[V]를 초과하는 직류전압
다. 650[V]를 초과하는 고주파 및 직류전압과 800[V]를 초과하는 교류전압
라. 700[V]를 초과하는 고주파 및 직류전압과 850[V]를 초과하는 교류전압

정답 나

해설 고압전기: 600V를 초과하는 고주파전압 및 교류전압과 750V를 초과하는 직류전압을 말한다.

2015년 무선설비기사 기출문제

100. 주파수허용편차가 100이라면, 500[kHz]를 사용하는 경우 이 무선국의 주파수 허용범위는?

가. 499.9[kHz]~500.1[kHz]
나. 499.95[kHz]~500.05[kHz]
다. 499.95[kHz]~501.5[kHz]
라. 499.9[kHz]~501.5[kHz]

정답 나

[해설] 주파수 허용편차가 100/1,000,000 이면, 500*1000/1,000,000, 즉 0.5KHz 임.
따라서 499.95 ~ 500.05KHz

2015년 기사2회 필기시험

국가기술자격검정 필기시험문제

2015년 기사2회 필기시험

자격종목 및 등급(선택분야)	종목코드	시험시간	형 별	수검번호	성 별
무선설비기사		2시간 30분			

제1과목 / 디지털 전자회로

01 무부하시 직류출력전압이 $12[mV]$인 정류회로의 전압 변동률이 10[%]일 경우 전부하시의 단자전압은 약 얼마인가?

가. 9.9[V] 나. 10.9[V]
다. 11.9[V] 라. 12.9[V]

정답 나

해설
$$\delta = \frac{V_o - V_L}{V_L} \times 100[\%]$$

$$V_L = \frac{V_0}{1+\delta} = \frac{12mV}{1+0.1} = 10.9[mV]$$

02 다음 중 정류회로에 대한 설명으로 틀린 것은?

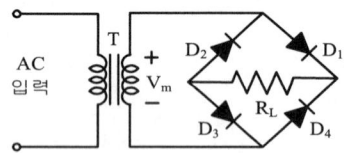

가. (+) 반주기에는 D_1과 D_3되어 정류작용을 한다.
나. 고압 정류회로에 적합하다.
다. Tap형 전파정류회로에 비해 정류효율이 낮고 전압 변동률이 크다.
라. 중간 Tap이 있어 소형 변압기로 사용할 수 있다.

정답 라

해설 중간 Tap이 없어 소형 변압기로 사용할 수 있다.

03 이상적인 차동증폭기의 동상제거비(CMRR)는?

가. 0 나. 1
다. -1 라. ∞

정답 라

해설 잡음은 대개 두 입력단자에 공통으로 들어오므로 차동모드로 증폭기를 동작시키게 되면 잡음을 제거할 수 있게 된다. 이러한 동작을 공통모드제거비(Common Mode Rejection Ratio) CMRR이라 한다.

$$\therefore CMRR = \frac{차동이득(A_d)}{동상이득(A_c)}$$

차동 증폭기의 동상 제거비 CMRR은 클수록 잡음신호 제거 능력이 우수해진다.
즉, CMRR = ∞가 이상적이다.

04 다음 중 드레인 접지형 FET 증폭기에 대한 특성으로 틀린 것은?

(단, FET의 파라미터 g_m은 상호 전도도이다.)

가. 입력 임피던스는 매우 크다.
나. 전압 이득은 약 1이다.
다. 출력은 입력과 역위상이다.
라. 출력 임피던스는 약 $\frac{1}{g_m}$이다.

정답 다

[해설] FET 증폭회로 비교

	게이트 접지	소스 접지	드레인 접지
입출력 위상	동상	역상	동상
출력 임피던스	약 r_d	r_d	약 $1/g_m$
전압 이득	약 $g_m R_L$	약 $g_m R_L$	약 1
용 도	주로 고주파용	증폭용	임피이던스 변환용

여기서 $R_L = R_d // r_d$

05 다음 주어진 회로에서 점선으로 표시된 회로의 기능이 아닌 것은?

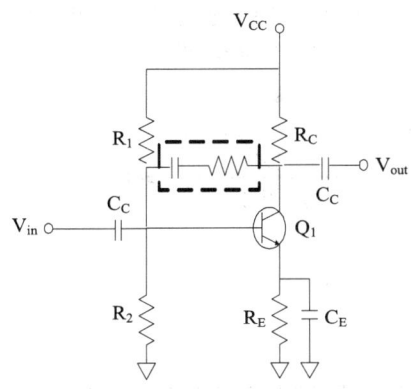

가. 증폭 이득을 조절할 수 있다.
나. 입출력 임피던스를 조절할 수 있다.
다. 대역폭을 조절할 수 있다.
라. 온도 특성을 조절할 수 있다.

정답 라

[해설] 점선으로 표시된 회로는 부궤환 회로로 부궤환 증폭기는 다음과 같은 특성을 가진다.
① 주파수 특성이 개선된다.
② 비직선 일그러짐이 감소된다.
③ 잡음이 감소한다.
④ 이득이 감소한다.
⑤ 입력 및 출력저항이 변화한다.

06 이득이 100인 저주파 증폭기가 10[%]의 왜율을 가질 경우, 왜율을 1[%]로 개선하기 위해서는 얼마의 전압 부궤환을 걸어 주어야 하는가?

가. 0.01   나. 0.09
다. 99   라. 100

정답 나

[해설] $D_f = D/(1+\beta A)$의 식에서
$\dfrac{D_f}{D} = \dfrac{1}{1+\beta A} = \dfrac{1}{10}$, $1+\beta A = 10$
$A = 100$이므로 $1+100\beta = 10$에서
$\beta = 0.09$

07 다음 중 주파수변조(FM)에서 신호대 잡음비(S/N)를 개선하기 위한 방법이 아닌 것은?

가. 디엠파시스(De-Emphasis) 회로를 사용한다.
나. 주파수대역폭을 넓게 한다.
다. 변조지수를 크게 한다.
라. 증폭도를 크게 높인다.

정답 라

[해설] FM방식 S/N비 개선방법
① 변조 지수 m_f를 크게 한다.
② 최대 주파수 편이를 크게 한다.
  (주파수 대역폭을 크게 한다.)
③ 변조 신호의 주파수를 작게 한다.
④ 변조 신호의 진폭을 크게 한다.
⑤ 주파수 감도 계수를 크게 한다.
⑥ 반송파의 진폭을 크게 한다.
⑦ pre-emphasis 회로를 사용한다.

08 DPSK 복조에 주로 이용되는 검파방식은?

가. 포락선 검파   나. 동기검파
다. 동기직교 검파   라. 차동위상 검파

정답 라

[해설] DPSK 복조방식은 PSK의 동기 검파만 가능한 단점을 보완한 비동기 검파 방식(위상 정보 불필요)으로 1구간(T초)전의 PSK신호를 기준파로 사용하여 검파하는 차동위상 검파 방식이다.

09 다음 회로는 어떤 발진회로인가?

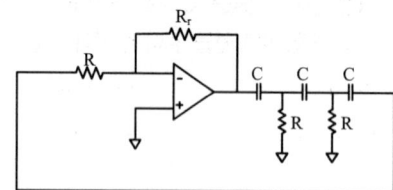

가. 윈-브리지 발진회로
나. 위상천이 발진회로
다. 클랩 발진회로
라. 피어스 발진회로

정답 나

해설 증폭기의 출력측에 CR 회로를 여러 단 접속하고 출력 위상을 차례로 바꾸어서 전체적인 위상을 180° 바꾼 다음 입력측에 반결합 시킨 발진기를 위상천이(Phase shift type)발진기라고 한다.

10 다음 중 발진에 대한 설명으로 틀린 것은?
가. 발진회로는 전기적인 에너지를 받아서 지속적인 전기적 진동을 일으킨다.
나. 발진이 지속되려면 출력신호의 일부를 정궤환 시켜야 한다.
다. 외부로부터 일정한 입력신호를 제공해주어야 발진과정을 지속할 수 있다.
라. 발진회로는 정현파 발생회로와 비정현파 발생회로가 있다.

정답 다

해설 발진기가 시동 하는 데는 아무런 입력 신호가 없어도, 기본 증폭기와 궤환 회로를 조절하여 βA의 값과 위상이 $v_f = v$가 되도록 조정하면 발진이 지속된다.

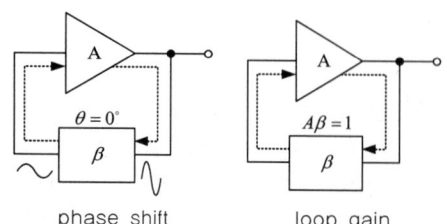

11 다음 중 그림과 같은 회로에 대한 설명으로 옳은 것은?

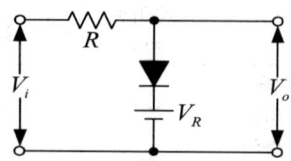

가. 입력 파형의 아랫부분을 잘라내는 베이스 클리퍼 회로이다.
나. 입력 파형의 윗부분을 잘라내는 피크 클리퍼 회로이다.
다. 직렬형 베이스 클리퍼 회로이다.
라. 입력 파형의 위, 아래 부분을 일정하게 잘라내는 클리퍼 회로이다.

정답 나

해설 파형의 아래 부분만을 잘라 내는 베이스 클리퍼(Base Clipper) 회로이다.

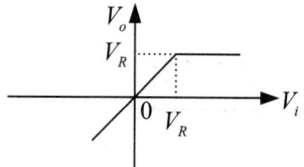

12 다음 중 멀티바이브레이터의 특징으로 옳은 것은?
가. 고차의 고조파를 포함하고 있다.
나. 부성 저항을 이용한 발진기이다.
다. 발진 출력이 크다.
라. 극초단파의 발생에 적합하다.

정답 가

해설 멀티바이브레이터의 출력파형은 구형파이므로 고조파가 포함되어 있다.

13 논리식 $Y = ABC + \overline{A}BC + A\overline{B}C + B\overline{C}$를 간단히 하면?

가. $AB+C$ 나. $AC+B$
다. ABC 라. $A+BC$

정답 나

해설 Karnaugh map을 이용해 간략화한다.

A\BC	00	01	11	10
0			1	1
1		1	1	1

$Y = ABC + \overline{A}BC + A\overline{B}C + B\overline{C} = AC + B$

14 다음 중 0에서 9까지의 십진수를 표현하는 데 사용되는 2진수 체계는?

가. ASCII 코드 나. 그레이 코드
다. 해밍 코드 라. BCD 코드

정답 라

해설 BCD(Binary Code Decimal)코드는 0진수를 2진수로 표시하기 위하여 4비트를 이용한다

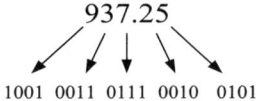

937.25
1001 0011 0111 0010 0101

15 다음 중 전가산기(Full Adder)에 대한 설명으로 옳은 것은?

가. 아랫자리의 자리올림을 더하여 그 자리 2진수의 덧셈을 완전하게 하는 회로이다.
나. 아랫자리의 자리올림을 더하여 홀수의 덧셈을 하는 회로이다.
다. 아랫자리의 자리올림을 더하여 짝수의 덧셈을 하는 회로이다.
라. 자리올림을 무시하고 일반계산과 같이 덧셈을 하는 회로이다.

정답 가

해설 세 Bit를 더하는 논리회로를 올림수(Carry)를 고려한 가산기를 전가산기라 하며 2개의 반가산기와 1개의 OR Gate로 구성된다.

16 다음 회로가 수행할 수 있는 논리 기능은?

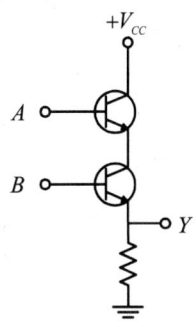

가. NOT 나. OR
다. AND 라. XOR

정답 나

해설 OR 게이트 진리표

A	B	$Z = A \cdot B$
0	0	0
0	1	0
1	0	0
1	1	1

17 다음 진리표를 부울 대수식으로 표시하면?

A	B	Y
0	0	1
0	1	0
1	0	1
1	1	1

가. $Y = \overline{A} + \overline{B}$ 나. $Y = \overline{A} + B$
다. $Y = A * B$ 라. $Y = A + \overline{B}$

정답 라

해설 출력 Y에 1이 나오는 입력변수를 최소항의 곱으로 표현하면 다음과 같다.

$Y = \overline{A}\overline{B} + A\overline{B} + AB = \overline{B}(\overline{A} + A) + AB$

$= \overline{B} + AB = (\overline{B} + A)(\overline{B} + B)$

$= \overline{B} + A$

18 다음 그림과 같이 2^n개(0~7)의 십진수 입력을 넣었을 때 출력이 2진수(000~111)로 나오는 회로의 명칭은?

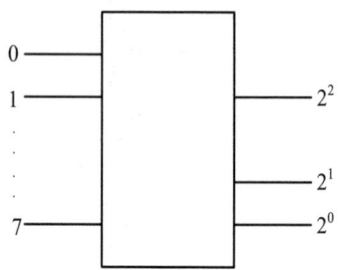

가. 디코더(Decoder) 회로
나. A-D 변환회로
다. D-A 변환회로
라. 인코더(Encoder) 회로

정답 라

인코더는 디코더의 역기능을 수행하는 것으로 10진수나 8진수를 입력으로 받아들여 2진수 BCD와 같은 코드로 변환해주는 장치로 부호기라고도 하며 이는 2^n개의 입력선과 n개의 출력선을 가지며 OR게이트로 구성된다.

19 30:1의 리플계수기를 설계할 때 최소로 필요한 플립플롭의 수는?

가. 4 나. 5
다. 6 라. 8

정답 나

필요한 플립플롭의 개수를 n이라고 하면 $2^{n-1} \leq N \leq 2^n$이어야 한다.
문제에서 $2^{n-1} \leq 30 \leq 2^n$이므로 $n = 5$, 즉 5개의 플립-플롭이 필요하다.

20 다음 중 동기식 3진 카운터에 대한 설명으로 틀린 것은?

가. 병렬 카운터라고도 한다.
나. 각 단에 클럭펄스가 인가되는 회로이다.
다. 동시에 Trigger 입력이 인가되기 때문에 여러 단이 동시에 동작되므로 고속으로 동작되는 회로에 많이 이용된다.
라. 전단의 출력이 Trigger 입력으로 들어온다.

정답 라

전단의 출력이 Trigger 입력으로 들어오는 카운터는 비동기식 리플 카운터이다.

제2과목   무선통신기기

21 AM(Amplitude Modulation)에서 반송파 전압이 10[V], 변조도가 40[%]일 때 상측파대 전압은 몇 [V]인가?

가. 2[V] 나. 4[V]
다. 6[V] 라. 8[V]

정답 나

AM 변조도
$m_a = \dfrac{A_m}{A_C}$ 이므로, $40\% = \dfrac{A_m}{10}$
$\therefore A_m = 4\,V$

22 다음 중 마이크로웨이브 통신이나 밀리미터파를 사용하는 다중 통신에 사용되는 중계방식이 아닌 것은?

가. 검파 중계 방식 나. 재생 중계 방식
다. 무급전 중계 방식 라. 반파 중계 방식

정답 라

해설 마이크로웨이브에서 사용하는 중계방식의 종류이다.
트랜스폰더(중계기)에서는 직접중계방식을 주로 사용함.
헤테로다인 중계 : 가장 효율적임
재생 중계 : 가장 비싼방식(성능 최우수)
무급전 중계 : 가장 저렴함(성능 최하)
직접 중계 : 트랜스폰더에서 주로 사용

23 다음 중 GPS에 대한 설명으로 틀린 것은?
가. 여러 개의 위성으로부터 시간 정보를 받는다.
나. GPS 수신기는 위성의 거리에 대한 데이터를 받는다.
다. 삼각 측량법에 의해 자신의 위치를 계산하는 원리이다.
라. GPS 서비스는 다수의 위성 중 4개 이상의 위성으로부터 정보를 받는다.

정답 나

해설 GPS의 특징
① WGS-84(UTM)좌표계를 사용함
② 24개의 위성을 6궤도에서 사용함
③ 20,200[km] 고도 사용
④ 반송파는 1574.42MHz (L1) 사용
⑤ 삼각측량법을 이용해 위치계산

24 다음 중 레이더 기술에 대한 설명으로 틀린 것은?
가. 야간이나 시계가 불량한 경우 레이더를 사용하면 안전한 항해를 할 수 있다.
나. 거리와 방위를 구할 수 있으므로 목표물의 위치 및 상대속도 등을 구할 수 있다.
다. 특수레이더의 경우 강렬한 열대성 폭풍(태풍)의 위치와 강우의 이동 등 다양한 용도로 사용할 수 있다.
라. 기상조건에 영향을 많이 받으므로 주로 가시거리 내에서 사용된다.

정답 라

해설 레이다(Radar)는 초고주파를 이용해 직진성이 우수해 기상조건에 큰 영향을 받지 않으며, 송신기 출력, 수신기 안테나 이득에 따라 원거리 측정도 가능하다.

25 채널간 간섭 등 급격한 위상 변화에 의한 문제들을 해결하기 위해 QPSK의 위상을 연속적으로 변하도록 하는 변조방식은?
가. BPSK   나. PSK
다. MPSK   라. MSK

정답 라

해설 MSK:
FSK의 위상불연속성(주파수 Switching) 을 개선하기 위하여 CPFSK(Continuous Phase FSK) → MSK → GMSK 방식으로 변화되었다.
MSK는 Sine Filterd OQPSK와 같은 방식으로, MSK는 FSK 또는 PSK 계열로 볼 수 있다.

26 다음 중 거리측정장치(DME)에 대한 설명으로 틀린 것은?
가. 지상국 안테나는 무지향성 안테나를 사용한다.
나. DME 동작원리는 전파의 전파속도를 이용한 것이다.
다. DME는 보통 VOR 또는 ILS와 함께 설치된다.
라. 지상 DME국은 질문신호를 송신하고 항공기는 응답신호를 송신한다.

정답 라

해설 DME(Distance Measuring Equipment)는 거리측정
장비로 UHF밴드(1000MHz)를 사용함.
① ADF : 지상으로부터 송신된 전파를 이용 항공기에서 수신하여 자동으로 방향탐지
② VOR : 초단파를 이용해 ADF보다 정확
③ RMI : 자국방향에 대해 VOR상호 방향과의 각도 및 항곡기의 방위각을 표시
④ ILS : 착륙을 위한 진행방향, 자세, 활강각도 등을 정확하게 제공함 (HF, VHF사용)

27 다음 그림은 어떤 변조방식의 블록도를 나타내는가? (단, 그림에서 $m(t)$는 입력정보이고, f_c는 반송주파수이다.)

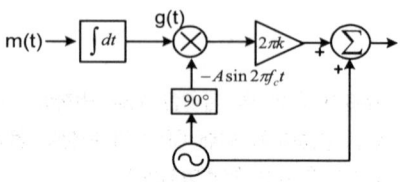

가. 협대역 각변조(Narrow Band PM)
나. 협대역 주파수변조(Narrow Band FM)
다. DSB-TC
라. VSB

정답 나

해설 블록도를 수식으로 표현하면
$A\cos 2\pi f_c t + 2\pi K[-A\sin 2\pi f_c t \cdot g(t)]$
$= A\cos 2\pi f_c t - g(t) 2\pi KA\sin 2\pi f_c t$
FM변조에서 K(t)< 1 (K: 감도계수[Hz/V]) 일 때, 협대역 조건이다.

28 다음 중 ASK와 FSK 방식에 대한 비교 설명으로 틀린 것은?

가. 동기식 정합필터 수신기의 성능은 동일하다.
나. 고정된 SNR 환경에서 비동기식 수신기의 성능은 근사적으로 동일 하다.
다. 비트 판정을 위한 최적 문턱값은 FSK 방식의 경우 고정되고, ASK 방식이 경우 SNR에 따라 변한다.
라. 진폭의 반으로 문턱값을 설정한 비동기식 ASK 방식 복조의 경우 1을 0으로 판정하는 오류확률과 0을 1로 판정하는 오류확률이 동일하다.

정답 라

해설 ASK 정합필터 :
- 동기식 정합필터 : 최적 표본화시점에서 크기의 1/2 을 기준으로 1 또는 0 을 판정.
- 비동기식인 경우, 상황에 따라 크기가 달라지므로 ASK 인 경우 크기가 존재하면 1, 존재하지 않으면 0으로 판정 함.

29 다음 중 VSB 변조에 대한 설명으로 틀린 것은?

가. 양 측파대 중 원하지 않는 측파대를 완전히 제거하지 않고 그 일부를 잔류시켜 원하는 측파대와 함께 전송한다.
나. VSB 변조는 SSB 변조에 비해 25~33[%] 정도의 대역폭을 넓게 사용하지만 간단히 만들 수 있다.
다. 원하지 않는 측파대를 완벽히 제거하지 않아야 하므로 필터 설계 조건이 까다롭다.
라. DSB 변조와 SSB 변조를 절충한 방식으로 텔레비전 방송에 사용되고 있다.

정답 다

해설 ① VSB란 Vestigial side band로 잔류측파대 진폭변조라 하며 SSB(Single Side Band)방식의 장점인 대역폭과 전력에 대한 장점을 살리고 DSB(Double Side Band)의 장점인 포락선 검파(비동기검파)를 할 수 있는 변조방식이다.
② DSB 장점은 피변조파내에 반송파가 포함되어 있으므로 검파하기 쉽고, SSB는 한쪽 대역만 사용하므로 전력이나 점유 주파수 대역이 적게 된다.
③ 필터의 설계 또는 적용이 단순하다.

30 다음 중 QAM 변조의 특징에 대한 설명으로 틀린 것은?

가. QAM 신호는 2개의 직교성 DSB-SC 신호를 선형적으로 합성한 것으로 볼 수 있다.
나. M진 QAM의 대역폭 효율은 M진 PSK의 대역폭 효율과 동일하다.
다. QAM은 비동기 검파 또는 비동기 직교 검파 방식을 사용하여 신호를 검출한다.
라. QAM은 APK 변조방식으로 잡음과 위상변화에 우수한 특성을 가진다.

정답 다

[해설] QAM은 PSK와 ASK의 변조의 장점만 합쳐 놓은 방식으로 정보신호에 따라 반송파의 진폭과 위상을 동시에 변화시키는 APK(Amplitude Phase Keying)의 한 종류이다.
동기 검파 방식만 사용 가능하다.

31 다음 중 UPS의 구성요소가 아닌 것은?

가. 증폭부
나. 정류부
다. 인버터부
라. 축전지

정답 가

[해설] UPS(Uninterruptible Power Supply)의 정의
: 전압변동 및 주파수 변동 등 각종 장애로부터 기기를 보호하고 양질의 전기를 공급하는 전원설비이다.
정류부, 인버터부, 축전지로 구성된다.

32 다음 중 단상 반파 정류회로에 대한 설명으로 잘못된 것은?

가. 단상 반파 정류회로의 최대 역전압은 $2[V_m]$이다. (단, V_m은 교류전압의 최대치이다.)
나. 단상 반파 정류회로의 맥동 주파수는 전원주파수 f이다.
다. 단상 반파 정류회로의 맥동률은 121[%]이다.
라. 단상 반파 정류회로의 최대 정류효율은 40.6[%]이다.

정답 가

[해설] 정류된 직류성분에 포함된 교류성분의 크기

반파정류	브릿지형 전파정류
입력교류의 반주기 동작	입력교류의 한주기 동작.
리플률 = 121%	리플률 = 48.2%
효율 40.6%	효율 81.2%
PIV: Vm	PIV: Vm

33 다음 중 납 축전지의 용량이 감소하는 원인이 아닌 것은?

가. 전해액 비중 과소
나. 극판의 만곡 및 균열
다. 충방전 전류의 과다
라. 백색 황산연의 제거

정답 라

[해설] 축전지의 용량감퇴 원인
1. 전해액의 부족
2. 전해액 비중의 과소
3. 극팍의 만곡 및 그에 따른 단락
4. 극판의 부식 및 균열
5. 충방전 전류의 과대
6. 백색 황산납의 발생
7. 충전의 불충분

34 다음 중 전력변환장치가 아닌 것은?

가. 인버터(Inverter)
나. 컨버터(Converter)
다. 정류기(Rectifier)
라. 무정전 전원 공급장치(UPS)

정답 모두정답

[해설] 전력변환장치

장치	특징
인버터	직류(DC)를 교류(AC)로 변환
컨버터	직류(DC)를 직류(DC)로 변환
UPS	무정전 전원공급장치 임
정류기	교류(AC)를 직류(DC)로 변환

무정전 전원공급장치는 전력변환 장치라기 보다는 정전을 대비한 전원공급장치 임.

35. 측정물의 작용에 의하여 계측기의 지침이 변위를 일으켜, 이 변위를 눈금과 비교하여 측정치를 얻는 측정방식은 무엇인가?

가. 편위법 나. 영위법
다. 보정법 라. 치환법

정답 가

해설
① 편위법 (Deflective Method): 측정량 크기에 비례하여 지시계를 편위시켜 그 편위 정도로 측정(例) 저울 지시 눈금으로 무게 측정
② 영위법 (Null Method, Zero Method, Null Balanced Method): 어느 측정량과 같은 크기로 조정된 기준량으로부터 측정, (例) 휘스톤 브리지 등

36. 축전지 극판에 백색 황산연이 생겼을 때 실시하는 충전방식으로 옳은 것은?

가. 초충전 나. 속충전
다. 부동충전 라. 과충전

정답 라

해설 과충전(Over Charge)의 조건
1. 규정용량 이상으로 방전시
2. 방전 후 즉시 충전하지 않았을 경우
3. 축전지를 오랫동안 사용치 않을 경우
4. 측판에 백색 황산연이 생겼을 경우

37. 어떤 동축 케이블의 종단 개방식 입력 임피던스가 30 [ohm] 이고 종단 단락시 입력 임피던스가 187.5 [ohm] 일 때 이 동축 케이블의 특성 임피던스는 몇 [Ω]인가?

가. 50[Ω] 나. 65[Ω]
다. 75[Ω] 라. 80[Ω]

정답 다

해설 선로의 특성 임피던스
$$Z_o = \sqrt{개방시 임피던스 \times 단락시 임피던스}$$
$$= \sqrt{30 \times 187.5} = 75 [\Omega]$$

38. 다음 중 전원장치에 사용되는 평활회로에 대한 설명으로 옳지 않은 것은?

가. 일종의 저역통과 필터이다.
나. 콘덴서 입력형과 초크 입력형이 있다.
다. 맥동률을 줄이기 위해서는 콘덴서나 초크코일의 값을 크게 한다.
라. 초크 입력형의 맥동률은 부하저항이 클수록 좋다.

정답 라

해설 평활회로는 정류회로 뒷단에서 콘덴서 등을 사용하여 정류회로에 포함된 리플(교류성분)을 제거하기 위해 사용되는 LPF 회로이다.

39. 실효높이가 10[m]인 안테나 0.08[V]의 전압이 수신 되었을 때 이 지점의 전계강도는 약 몇 [dB]인가? (단, $1[\mu V/m]$를 $0[dB]$로 한다.)

가. 78[dB] 나. 88[dB]
다. 98[dB] 라. 108[dB]

정답 가

해설 전계강도
$$E = \frac{V}{h_e} = \frac{0.08}{10} = 0.008 [V/m]$$
$$= 8 [mV/m]$$

따라서 $dB = 20\log\frac{8mV}{1uV} = 20\log\frac{8\times10^{-3}}{1\times10^{-6}}$
$$= 78 dB$$

40. AM송신기의 신호대 잡음비 측정에 필요하지 않는 것은?

가. 저주파 발진기 나. 감쇠기
다. 전력계 라. 직선 검파기

정답 다

해설 신호대 잡음비(s/n): 신호대 잡음비는 전력비 임

제3과목 안테나공학

41 전파의 속도는 매질의 어떤 양에 따라 변화하는가?

가. 점도와 밀도
나. 밀도와 도전율
다. 도전율과 유전율
라. 유전율과 투자율

정답 라

해설 전파의 속도
$$v = f\lambda = \frac{\omega}{\beta} = \frac{1}{\sqrt{\epsilon\mu}}$$
① 파장과 속도는 비례함
② 파장이 길어지면 회절이 우수함

42 다음 중 전파의 성질에 대한 설명으로 옳지 않은 것은?

가. 송신측에서 수직 다이폴을 사용하면 수신측에서도 수직편파 안테나를 사용하여야 한다.
나. Snell의 법칙은 매질의 경계면에서 일어나는 회절현상을 분석할 때 사용한다.
다. 도체에 전파가 진입할 때의 감쇠되는 정도는 표피작용의 깊이(Skin Depth)로 알 수 있다.
라. 주파수가 높을수록 직진성이 강하고 낮을수록 회절이 잘 된다.

정답 나

해설 Snell의 법칙은 매질의 경계면에서 일어나는 굴절현상을 분석할 때 사용한다.

43 간격 d인 두 개의 평행 전극판 사이에 유전율 ϵ의 유전체가 있을 때, 전극 사이에 전압 $V_m \cos wt$를 가한 경우의 변위 전류밀도는?

가. $\frac{\epsilon}{d} V_m \cos wt$ 나. $-\frac{\epsilon}{d} V_m w \sin wt$

다. $\frac{\epsilon}{d} w V_m \sin wt$ 라. $-\frac{\epsilon}{d} V_m w \cos wt$

정답 나

해설 변위전류(Displacement Current)
① 공간을 통해 흐르는 전류: 공기, 진공, 절연체 등으로 이루어진 공간을 흐르는 전류 (例) 전기 회로 일부에 진공, 유전체 등으로 채워진 콘덴서가 삽입되는 경우에 나타남
② 시간에 따라 변화하는 장(場)에서 흐르는 전류 (例) 이때의 변위전류는 공간에서 송신 안테나와 수신 안테나를 결합시켜줌
③ 변위 전류밀도: 전속밀도(전기변위 밀도)의 시간적 변화

44 그림과 같이 도선의 길이가 λ/4인 선단을 단락할 경우 ab점에서 본 임피던스는? (단, l는 전류의 파장이다.)

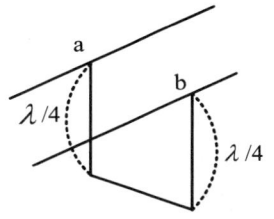

가. 0 나. 유도성
다. 용량성 라. ∞

정답 라

해설 λ/4위치에서 전압은 최대이고, 전류는 최소가 되며, 이때 임피던스는 $R = \frac{v_{max}}{i_{min}} = \infty$

따라서 야기안테나 경우, λ/4 간격으로 소자를 배열하면 전기적으로는 분리된 것과 같은 효과를 가짐.

45 다음 중 도파관이 마이크로파 전송로로서 갖는 특징에 대한 설명으로 틀린 것은?

가. 방사 손실이 없다.
나. 유전체 손실이 적다.
다. 저역 통과 여파기로서 작용을 한다.
라. 표피작용에 의한 도체의 저항손실이 매우 적다.

정답 다

해설 도파관의 특징
① 외부 전자기파의 영향이 없음
② 도파관 내부에서 전파가 반사되며 TE, TM모드를 형성함
③ 저항손실이 매우 적음
④ 도파관은 차단주파수 이상을 통과시킴(HPF)
⑤ TE모드 와 TM모드

46 특성 임피던스가 Z_0인 선로에 부하 임피던스 Z_L이 연결되었을 때 부하단에서 1/4 떨어진 선로상의 점에서 부하를 바라본 임피던스는?

가. Z_L/Z_0 나. Z_0/Z_L
다. Z_0^2/Z_L 라. Z_L^2/Z_0

정답 다

해설 2개의 급전선을 연결했을 때 특성 임피던스는, $Z_o = \sqrt{Z_S Z_L}$ 이므로
$Z_o^2 = Z_S Z_L \rightarrow Z_S = \dfrac{Z_o^2}{Z_L}$

47 다음 중 비동조 급전선의 특징에 대한 설명으로 옳은 것은?

가. 동조 급전선에 비해 전송효율이 나쁘다.
나. 정합장치가 불필요하다.
다. 급전선 상의 전송파는 정재파이다.
라. 급전선의 길이와 파장은 관계가 없다.

정답 라

해설 비동조급전 과 동조급전 비교

항목	비동조	동조
정합회로	필요	필요없음
급전선	파장과 관계없음.	파장과 관계
전송효율	우수	낮음
전파특성	진행파	정재파
응용	원거리용	근거리

48 다음 중 동축 급전선의 특징으로 옳은 것은?

가. SHF 대역에서는 유전체 손실이 감소한다.
나. TEM 모드의 전송이 가능하다.
다. Stub에 의해 정합이 이루어진다.
라. 평형형 급전선이다.

정답 나

해설 ① 특성임피던스가 50옴, 75옴 등으로 낮다.
② 평행2선식 급전선에 비해 특성 임피던스가 낮다.
③ 외부도체를 접지에서 사용하므로 외부에서의 유도방해는 거의 없다.
④ 동일전력인 경우 특성임피던스가 낮아 선간 전압이 낮아도 된다.
⑤ 대전력용으로 사용시 내압을 높게 하기 위해 외경 및 내경이 크게 되어 값이 비싸지며 접속도 곤란하게 되어 특수하게 만들어야 한다.
⑥ 자유롭게 굴곡할 수 있으므로 설치에 편리하다.
참고: Stub에 의해 정합은 도파관 정합시 사용.

49 다이폴의 길이가 $\lambda/10$이고, 손실저항이 $10[\Omega]$인 안테나의 효율[%]은 약 얼마인가?

가. 40[%] 나. 50[%]
다. 60[%] 라. 70[%]

정답 다

해설 반파장($\dfrac{\lambda}{2}$) 다이폴의 복사저항 = 73.13[Ω]

1. $\dfrac{\lambda}{10}$ 일 때 복사저항 = $\dfrac{73.13}{5}$ = 14.626[Ω]

2. 안테나 효율

$\dfrac{\text{복사저항}}{\text{복사저항 + 손실저항}} \times 100[\%] ≒ 60[\%]$

50 다음 중 수직편파 수직면내 무지향성 안테나로서 이득이 좋아 이동통신 기지국용 안테나로 많이 사용하는 안테나는?

가. Alford 안테나
나. Dipole 안테나
다. 환상 Slot 안테나
라. Collinear Array 안테나

정답 라

해설 Collinear Array 안테나
: 다이폴안테나를 수직으로 array한 안테나 구조이다.
1. 동진폭, 동위상으로 여진함
2. 지향특성

수직면내 지향성	수평면내 지향성
8자 특성	무지향성

3. 안테나의 지향성을 예민하게 할 수 있음
4. 협대역 특성을 가짐
5. VHF대역 기지국 및 중계국용 안테나로 사용함

51 다음 중 소형·경량으로 부엽이 적고 이득이 높아 선박용 레이더 안테나로 가장 적합한 것은?

가. 헤리컬 안테나
나. 슬롯 어레이 안테나
다. 혼 리플렉터 안테나
라. 전자나팔 안테나

정답 나

해설 Slot Array 안테나 특성
① 소형, 경량, 풍압에 강하고 회전 중심에 대해 평형 유지가 용이하다.
② 부엽이 작고 고이득
③ 효율이 높다.
④ 전기적 특성이 좋음
⑤ 선박용 레이더, 항공기용 레이더로 사용됨

52 다음 중 브라운(Brown) 안테나의 특징에 대한 설명으로 틀린 것은?

가. λ/4 수직접지 안테나와 등가이다.
나. GP(Grorund Plane) 안테나의 일종이다.
다. 수평면내 지향성은 8자형 특성을 갖는다.
라. VHF대 기지국용 안테나로 많이 사용한다.

정답 다

해설 ① 4분의 1파장 길이의 수직 안테나 소자를 동축 급전선의 내부 도체에 접속하고, 다른 4분의 1파장 길이의 도체 막대를 2~3개 수평으로 설치하여 동축 급전선의 외부 도체에 접속한 수평면 내 무지향성의 초단파용 단극 안테나.
② 수평의 도체 막대를 지선 또는 접지선이라고 한다.
③ 지선을 아래쪽으로 향하면 급전선의 임피던스는 증가한다.

53 Friis의 전달공식에서 송신기와 수신기 안테나 간의 거리가 2배 증가 할수록 수신전력은 어떻게 되는가?

가. 2[dB]로 증가한다.
나. 3[dB]로 증가한다.
다. 4[dB]로 감소한다.
라. 6[dB]로 감소한다.

정답 라

해설 Friis 전송방정식은 수신안테나의 전력과 송신안테나의 전력비로 나타내며 아래 식과 같다.
$$\frac{P_R}{P_T} = G_T G_R \left(\frac{\lambda}{4\pi d}\right)^2$$
거리가 2배 증가하면 수신전력은 6dB 감소함.

54 초단파 및 극초단파가 가시거리 이상까지 전파하는 원인에 해당되지 않는 것은?

가. 산악회절 현상에 의한 원거리 전파
나. 전리층 투과에 의한 원거리 전파
다. 라디오 덕트에 의한 원거리 전파
라. 스포라딕 E층에 의한 원거리 전파

정답 나

해설 초가시거리 전파의 종류
1. 산악 회절 전파
2. Radio Duct 전파
3. 대류권 산란파 전파
4. 전리층 산란파 전파
5. 산재 E층에 의한 전파

55 다음 로딩(Loading) 다이폴안테나에 대한 설명에서 괄호 안에 맞는 말을 순서대로 배열한 것은?

로딩의 종류에는, ( )를(을) 로딩하여 다이폴안테나의 광대역 특성을 얻는 것과, 길이가 1/2 파장보다 짧아져 용량성으로 되는 다이폴 안테나에 ( )를(을) 로딩하여 공진시켜 정합하는 것과, ( )를(을) 로딩하여 다이폴안테나를 소형화하는 것이 있다.

가. 저항-인덕터-커패시터
나. 인덕터-커패시터-저항
다. 커패시터-저항-인덕터
라. 커패시터-인덕터-저항

정답 가

해설 로딩이란 인덕터나 커패시터를 이용해 안테나의 공진주파수를 조절할 수 있는 장치를 말함.

56 다음 중 전파의 창(Radio window)의 범위를 결정하는 주요 요소에 해당하지 않는 것은?

가. 전파 잡음의 영향
나. 대류권의 영향
다. 전리층의 영향
라. 도플러 효과의 영향

정답 라

해설 전파의 창(1GHz ~ 10GHz) 결정요인
① 우주잡음 영향
② 대류권 영향
③ 전리층의 영향
④ 송수신계의 문제(이득, 손실)

57 다음 중 임계 주파수에 대한 설명으로 틀린 것은?

가. 전리층에 수직으로 입사하는 전자파의 반사와 투과의 경계가 되는 주파수 이다.
나. 전리층의 임계주파수를 알면 최대 전자밀도를 알 수 있다.
다. 전리층의 전자밀도가 높아지면 임계 주파수는 낮아진다.
라. 전리층의 굴절률이 0일 때의 주파수이다.

정답 다

해설 ① 전리층에서의 최대 전자밀도를 N_{max} 이라 할 때 전리층에 수직입사한파의 임계주파수
② $f_c = 9\sqrt{N_{max}}$ 의 관계가 있으므로 전자밀도가 가장 작은 D 층이 임계주파수가 가장 낮다.

58 다음 중 도약성 페이딩에 대한 설명으로 틀린 것은?

가. 도약거리 부근에서 일어나는 페이딩이다.
나. 일출, 일몰시 많이 발생한다.
다. 전파가 전리층을 따라 반사하거나 투과함으로서 발생한다.
라. 공간 다이버시티로 방지할 수 있다.

정답 라

도약성 페이딩
① 일출, 일몰시의 급격한 전자밀도 변동으로 도약 거리 부근에서 도약성 fading이 발생된다.
② 도약성 페이딩을 방지하기 위해서 주파수 다이버시티 기법을 사용함

59 다음 중 공전잡음에 대한 설명으로 틀린 것은?

가. 장파보다 단파에서 영향이 더 심하다.
나. 적도부근에서 많이 발생한다.
다. 지향성 안테나를 사용하여 영향을 경감시킬 수 있다.
라. 뇌방전에 의해 공전잡음이 발생한다.

정답 가

공전잡음: 번개와 같은 임펄스 신호에 의한 잡음으로 넓은 주파수 범위에서 잡음전력이 균일한 잡음이 발생됨. 해결 방안으로 수신기의 대역폭을 좁게하고, 송신기 출력을 크게, 안테나 지향성을 예리하게, 무접지 안테나를 사용해 개선할 수 있음

60 대지면을 완전 도체라고 가정하고, 송수신 안테나의 거리가 충분히 멀리 떨어져 있는 경우 수직 편파 송수신 안테나의 높이를 모두 2배로 증가시키면 수신 전계강도의 변화는?

가. 변화가 없다.
나. 1.14배 증가한다.
다. 2배 증가한다.
라. 4배 증가한다.

정답 가

안테나의 전계강도
$$E = \frac{7\sqrt{P_r}\, h_1 h_2}{d}$$ (반파장다이폴안테나)
h_1 송신안테나높이 h_2 수신안테나높이
∴ 송수신 안테나의 높이가 2배씩 증가되어 수신 전계강도는 4배 증가된다.

제4과목 무선통신시스템

61 다음 중 시분할 다원접속(TDMA) 방식의 장점이 아닌 것은?

가. 듀플렉서가 필요 없다.
나. 상호변조가 줄어든다.
다. 기지국 및 이동국을 소형화할 수 있다.
라. 채널을 사용하지 않을 때는 신호를 송신하지 않는다.

정답 라

TDMA방식에서 각 사용자는 전송하기 위한 서로 다른 타임 슬롯을 할당 받는데, 사용자 구분은 시간영역에서 이루어진다.
TDMA 장점
① 듀플렉서없이 사용가능 (시분할 스위치는 필요)
② 가드밴드 불필요 (주파수 효율성 증대)
③ 시간슬롯 할당이 용이하여 데이터 통신망에 유리.

62 DSSS(Direct Sequence Spread Spectrum) 시스템에서 한 비트에 코드 길이가 8인 PN시퀀스를 곱해 스펙트럼을 확산시켰을 경우 수신 단에서의 처리 이득(Processing Gain)으로 가장 근사한 값은 얼마인가?

가. 2[dB] 　　나. 5[dB]
다. 9[dB] 　　라. 12[dB]

정답 다

해설 코드길이가 8로 증가되면서 처리이득은 다음과 같음.

$$처리이득 = 10\log\frac{확산된 신호}{원래신호} = 10\log\frac{8}{1}$$
$$= 9\,[dB]$$

63 음성 신호(최대 주파수는 3.3[kHz])를 표본화할 경우, 표본주파수가 $f_s = 8[kHz]$일 경우 보호대역은 얼마인가?

가. 4.7[kHz] 　　나. 3.3[kHz]
다. 1.4[kHz] 　　라. 0.7[kHz]

정답 다

해설 나이퀴스트 표본화정리에 의해 신호파의 2배 이상 표본화 주파수로 fs = 신호파 x 2 임.
음성신호(3.3KHz)의 표본화주파는 6.6KHz, 실제 표본화 주파수는 8KHz 이므로,
보호대역 = 8KHz − 6.6KHz = 1.4KHz
즉, 8KHz 로 표본화하는 경우, 음성신호와 음성신호의 간격이 1.4KHz 간격이 되므로 필터 설계 등이 용이해짐.

64 다음 중 GPS의 정확도에 미치는 영향이 가장 큰 요인은?

가. 대류권
나. 전리층
다. 수신기 잡음
라. 다중경로 페이딩 및 섀도잉 효과

정답 나

해설
- 전리층의 영향: ± 5 미터
- 천체력 오차: ± 2.5 미터
- 위성의 시계 오차: ± 2 미터
- 전파 경로에 따른 오차: ± 1 미터
- 대류권의 영향: ± 0.5 미터
- 수치 오차: ± 1 미터 이하

65 다음 중 정지위성 통신 시스템의 특징이 아닌 것은?

가. 고품질, 광대역 통신에 적합하다.
나. 극 지방을 포함한 전세계 서비스 가능하다.
다. 에러율이 작아 안정된 대용량 통신이 가능하다.
라. 24시간 연속 통신이 가능하다.

정답 나

해설 정지위성통신의 특징
1. 광역 통신에 적합하다.
2. 고품질 광대역 통신에 적합하다.
3. 다원 접속이 가능하다.
4. 전파손실이 크다. (단점)
5. 전파 지연 시간이 문제가 된다.(단점) [0.25(sec)]

66 다음 위성통신의 다원접속 방식 중 CDMA 방식의 간섭 방지 방법으로 옳은 것은?

가. Guard Band 할당
나. Guard Time 할당
다. 직교 Code 사용
라. Guard Space 사용

정답 다

해설 다원접속 방식의 간섭방지 기술.
① FDMA : 가드밴드
② TDMA : 가드타임
③ CDMA : PN 직교성
④ OFDMA: 가드 인터벌

67 어떤 셀(Cell) 내의 통화량이 39.5[Erl], 1호당 평균점유시간은 100초일 때 이 Cell에 1시간당 발생하는 호(Call)의 수는 몇 호인가?

가. 711[호/시간]
나. 1,422[호/시간]
다. 2,133[호/시간]
라. 2,844[호/시간]

정답 나

해설 얼 랑 = Call 수 x (점유시간/3600초)이므로
39.5 = Call 수 x 100/3600
그러므로, Call 수 = 39.5 x 36 = 1,422 call

68 다음 디지털변조방식 중 진폭과 위상을 모두 이용하여 변조하는 방식은?

가. 8-PSK
나. 16-QAM
다. OQPSK
라. ASK

정답 나

해설 변조방식의 종류
① ASK(진폭편이변조): 디지털 정보신호 0과 1에 따라 진폭을 변화시켜 전송하는 방식
② FSK(주파수 편이변조): 디지털 정보신호 0과 1에 따라 반송파의 주파수를 변화시켜 전송하는 방식
③ PSK(위상 편이변조): 디지털 정보신호 0과 1에 따라 반송파의 위상을 변화시켜 전송하는 방식
④ QAM(직교진폭변조): 디지털 정보신호 0과 1에 따라 반송파의 진폭과 위상을 변화시켜 전송하는 방식

69 다음 LAN 전송방식 중 베이스밴드(Base Band) 방식의 특징에 해당되는 것은?

가. 주파수분할다중화(FDM) 방식을 이용한다.
나. 한 회선에 여러 개의 신호를 보낼 수 있다.
다. 원래의 신호를 변조하지 않고 그대로 전송하는 방식이다.
라. 통신경로를 여러 개의 주파수 대역으로 나누어 쓰는 방식이다.

정답 다

해설 베이스밴드 전송방식의 정의
: 디지털신호를 그대로 보내거나 전송로의 특성에 알맞은 전송부호로 변환하여 전송하는 방식이다.

70 다음 중 OFDM(Orthogonal Frequency Division Multiplexing)방식의 설명으로 틀린 것은?

가. 다중 반송파 변조라고도 한다.
나. 다중경로 환경에서 심볼간 간섭(ISI)의 영향에 약하다.
다. 스펙트럼 이용 효율을 최대한 높일 수 있다.
라. 다른 주파수에서 다수의 반송파 신호를 사용하여 각 채널상에 비트를 실어 보낸다.

정답 나

해설 OFDM의 정의
: OFDM은 다수의 Sub-carrier에 직교성을 유지하도록 한 직교주파수분할 다중방식 이다.
1. 복수의 Sub-Carrier를 사용하므로 주파수이용 효율이 우수함.
2. 저속의 데이터를 병렬 전송 하여 고속화 가능
3. QAM 변조방식 과 Mapping이 가능함
4. Cycle Prefix를 이용하여 ICI(Inter Channel Interference를 개선할 수 있음
5. 최대 전송지연에 해당하는 지연 시간 만큼 Delay를 두어(Guard Interval) Fading에 강함

2015년 무선설비기사 기출문제

71 다음 중 CDMA 시스템의 기지국 용량 증대 방법으로 맞는 것은?

가. 기지국의 다중 섹터화
나. 기지국 안테나의 높이 조절
다. 기지국 위치 변경
라. 셀(Cell) 내의 중계기 추가 설치

정답 가

해설 CDMA 시스템의 기지국 용량 증대 방법
1) 협대역화: 점유대역을 가능한 좁게 하여 주파수 이용효율을 높이는 기술
2) 주파수 공용: 무선 존 내에서 다수의 이동체가 서로 같은 무선 채널을 공용하는 기술
3) 주파수 재이용: 한 기지국이 사용한 주파수를 일정 거리 이상 떨어진 다른 기지국에서 재이용하는 기술
4) 소셀화 (다중 섹터화): 각 기지국의 셀 반경을 작게 하여 통화용량을 증대시키는 기술
5) 대역 확산: 광대역에 데이터를 확산하여 잡음레벨처럼 낮은 스펙트럼으로 주파수 대역을 공유하는 기술(UWB 기술)

72 다음 중 HDLC(High Level Data Link Control) 프로토콜에 대한 설명으로 옳은 것은?

가. 전달 계층의 정보 전달을 위한 프로토콜이다.
나. 문자 방식의 프로토콜이다.
다. Point-To-Point 방식만 사용 가능하다.
라. Go-Back-N ARQ 방식의 에러 제어를 사용한다.

정답 라

해설 HDLC(High Level Data Link control)의 특징
1. 비트방식 프로토콜임
2. 데이터링크계층(2계층) 프로토콜임
3. Simplex, Half-Duplex, Full-Duplex 가능
4. Point to Point, MultiPoint, Loop 방식가능
5. 에러제어방식은 GO-Back-N-ARQ 사용

73 다음 프로토콜 기능 중 오류제어에 대한 설명으로 틀린 것은?

가. 프로토콜 기능 중의 하나이다.
나. 전송 중에서 발생한 오류를 검출하는 기능이다.
다. 전송 이전에 예측하여 오류를 방지하는 기능이다.
라. 전송 시 발생한 오류를 복원하는 기능이다.

정답 다

해설 오류제어:
데이터 전송 중 발생되는 에러를 검출(에러검출), 보정(에러정정)하는 메커니즘

74 다음 중 무선인터넷 액세스와 관련이 없는 것은?

가. CSMA/CD
나. IEEE 802.11
다. Wi-Fi
라. Wi-Bro

정답 가

해설 유선랜(802.3): CSMA/CD
무선랜(802.11): CSMA/CA (= WiFi)
와이브로(802.16e): 무선 이동 데이터망

75 다음 중 인터넷에 접속 할 수 있는 새로운 단말기기를 개발하는 경우 단말기 특성을 반영해서 반드시 개발해야 하는 최소한의 프로토콜(Protocol) 계층은 무엇인가?

가. 트랜스포트층
나. 데이터링크층
다. 네트워크층
라. 애플리케이션층

정답 나

해설 데이터 링크 계층의 개념
데이터 링크 계층은 물리 계층이 제공하는 '비트열의 전송 기능'을 이용하여 인접한 개방형 시스템 사이에서 원활한 데이터 전송을 수행하도록 하는 것이 데이터링크 계층의 역할이다.
무선접속을 위한 WiFi, Wibro, OFDM 등 기술이 필요.

76 다음 중 OSI 참조모델에서 컴퓨터 네트워크의 요소가 아닌 것은?
가. 개방형 시스템
나. 물리매체
다. 응용 프로세스
라. 접속매체

정답 라

해설 OSI 구성 기본 요소
System간의 접속을 논리적으로 모델화 하는 것
1) 개방형 시스템(Open systm): OSI에서 규정하는 프로토콜에 따라 서로 통신할 수 있는 시스템
2) 응용개체(Application entity): 각 계층의 통신 기능을 실행하는 기능 모듈로, 각각의 물리적 시스템상에서 동작하는 업무 프로그램과 시스템 운영 관리 프로그램, 단말기 운용자 등의 응용프로세서를 개방형 시스템상의 요소로써 모델화한 것
3) 접속(Connection): 같은 계층의 엔티티 시이에서 이용자 정보를 교환하기 위한 논리적인 통신 회선
4) 물리 매체(Physical media): 시스템간에 정보를 교환할 수 있도록 해주는 전기통신 매체로, 통신회선, 통신채널 등이 이에 해당된다.

77 다음 중 시스템 운용계획의 보안설계에 해당하지 않는 것은?
가. 우발적 사고 대책으로 원격지 보관
나. 두 시스템에서의 상호 백업 설치
다. 액세스 컨트롤(Access Control)
라. 데이터 베이스의 분산화

정답 라

해설 시스템 보안설계 정의: 외부로부터의 침입을 방지하거나 재해/재난으로부터 시스템을 보호하기 위한 설계.
주요 방안.
① 방화벽, IDS, IPS 등 네트워크 보안.
② 웹방화벽, 안티 바이러스 등 탑재.
③ 백업센터 구축.
④ 데이터베이스 이중화.

78 다음 중 무선통신시스템에서 보안에 위협이 되는 요소의 종류가 아닌 것은?
가. 피상적 공격(Superficial Attack)
나. 수동적 공격(Passive Attack)
다. 능동적 공격(Active Attack)
라. 비인가 사용(Unauthorized Usage)

정답 가

해설 보안 위협의 종류
① 해킹 : 외부로부터 내부를 침입하는 행위.
② 스푸핑: IP 등을 도용하여 내부로 침입 (능동적 공격)
③ 스니핑: IP 등을 알아내기 위해 탐색하는 행위 (수동적 공격)
④ 비인가 공격: 인증되지 않은 사용자가 접속하는 공격.

79 통신시스템이 고장 난 시점부터 그 다음 고장이 나는 시점까지의 평균시간을 의미하는 약어로 맞는 것은?

　가. MTTC　　　나. MTTR
　다. MTBF　　　라. MTAF

정답 다

해설 MTBF(Mean Time Between Failure) 정의
: 시스템이 고장난후, 다음 고장날 때 까지의 시간으로 길수록 좋다.

80 다음 중 최적의 무선 환경을 구축하기 위한 기지국 통화량 분산 방법이 아닌 것은?

　가. 섹터간 커버리지 조정
　나. 인접 셀간 커버리지 조정
　다. 기지국 이설 및 추가
　라. 안테나의 각도 조정

정답 라

해설 기지국 통화량 분산 방법
① 셀 커버리지 조정
② 섹터 커버리지 조정
③ 기지국 출력조정
④ 기지국 추가 (이동 기지국, 펨토셀 등)
참고:
안테나 각도조정: 셀 영역을 넓히거나 좁힐 때 사용(틸트 기술)하며, 셀의 용량은 정해져 있으므로 안테나 각도로 통화량 분산을 할 수 없음.

제5과목 전자계산기일반 및 무선설비기준

81 다음 중 여러 I/O 모듈들이 인터럽트를 발생시켰을 때 CPU가 확인하는 시간이 가장 긴 것은?

　가. 다수 인터럽트 선(Multiple Interrupt Lines)
　나. 소프트웨어 폴(Software Poll)
　다. 데이지 체인(Daisy Chain)
　라. 버스 중재(Bus Arbitration)

정답 나

해설 하드웨어적인 우선순위보다 소프트웨어적인 우선순위 방법이 느리다.

82 다음 명령의 수행 결과 값은?

```
mov  cx,  4
mov  dx,  7
sub  dx,  cx
```

　가. 1.75　　　나. 3
　다. 11　　　　라. 28

정답 나

해설
mov cx,4 　　CX에 4를 저장
mov dx,7 　　DX에 7을 저장
sub dx,cx 　　DX = DX − CX
　　　　　　　　 = 7 − 4 = 3

83 다음 지문이 설명하고 있는 것은?

> 인출할 명령어의 주소를 가지고 있는 레지스터로, 명령어가 인출된 후, 내용이 자동적으로 1 또는 명령어 길이만큼 증가하며, 분기 명령어가 실행될 경우, 목적지 주소로 갱신한다.

　가. 기억장치 버퍼 레지스터
　나. 누산기
　다. 프로그램 카운터
　라. 명령 레지스터

정답 다

해설
① 프로그램 카운터 : 다음에 실행할 명령어의 번지를 기억하는 레지스터
② 기억장치버퍼레지스터 : 메모리와 CPU 사이의 버퍼
③ 누산기 : 연사 시 피가수 및 연산의 결과를 일시적으로 보관하는 레지스터
④ 명령 레지스터 : 명령어를 기억하고 있는 레지스터

84 500가지의 색상을 나타낼 정보를 저장하고자 할 경우, 최소 몇 비트가 필요한가?
가. 6비트
나. 7비트
다. 8비트
라. 9비트

정답 라

해설 500 = 2p
p = 8.xxxx 가 된다. 그러므로 p가 가지는 최소 비트는 9비트이어야 한다.

85 다음 중 기계어로 번역된 프로그램은?
가. 목적 프로그램(Object Program)
나. 원시 프로그램(Source Program)
다. 컴파일러(Compiler)
라. 로더(Loader)

정답 가

해설 원시 프로그램을 컴파일러나 어셈블러에 의해 번역하면 목적 프로그램이 만들어 진다.
목적 프로그램은 링커에 의해 실행 가능한 프로그램을 만들어진다.
컴파일러 : 고급언어로 작성된 원시 프로그램을 번역해주는 번역기이다.
로더 : 실행 가능한 프로그램을 메모리에 적재시키는 소프트웨어이다.

86 다음 중 2의 보수를 사용하여 "A-B" 연산을 수행하는 것은?
가. $A + 1$
나. $\overline{A} - 1$
다. $A - \overline{B} + 1$
라. $A + \overline{B} + 1$

정답 라

해설 A에서 B를 빼는 의미는 A에서 B의 2의 보수를 더하는 의미와 같다. B에 대한 2의 보수는 $\overline{B}+1$ 이다.

87 다음 중 언어번역 프로그램에 속하지 않는 것은?
가. Assembler
나. Compiler
다. Generator
라. Supervisor

정답 라

해설 Supervisor는 OS의 제어 프로그램에 속한다.

88 다음 중 비동기 인터페이스(Asynchronous Interface)에 대한 설명으로 틀린 것은?
가. 컴퓨터와 입출력 장치가 데이터를 주고받을 때 일정한 클록 신호의 속도에 맞추어 약정된 신호에 의해 동기를 맞추는 방식이다.
나. 동기를 맞추는 약정된 신호는 시작(Start), 종료(Stop) 비트 신호이다.
다. 컴퓨터 내에 있는 입출력 시스템의 전송 속도와 입출력 장치의 속도가 현저하게 다를 때 사용한다.
라. 일반적으로 컴퓨터 본체와 주변 장치 간에 직렬 데이터 전송을 하기 위해 사용된다.

정답 가

해설 비동기 처리 방법은 독립적인 처리 방법을 의미한다. 클럭 신호에 맞춰서 처리하는 하는 방법은 동기 방법을 의미한다.

2015년 무선설비기사 기출문제

89 OS(Operating System) 기능 중 자원 관리에 속하지 않는 것은?
가. 기억장치 관리
나. 프로세스 관리
다. 파일 관리
라. 시스템 관리

정답 라

해설 OS : 자원의 관리이다. Computer라는 자원은 크게 두 가지로 구성되어 있다.
1. Hardware : CPU, Memory, 주변 장치
2. Software : Process, Program, File
관리 대상은 Process 관리, Memory 관리, File 관리이다.

90 산술 결과 값이 오버플로(Overflow)가 일어났을 때 제어의 흐름이 계속되지 않고 고정된 기억위치로 스위치되어 오버플로(OverFlow)에 대한 적절한 처리를 하도록 하는 경우를 무엇이라고 하는가?
가. 서브틴
나. 분기
다. 인터럽트
라. 트랩

정답 라

해설 트랩(Trap) : 내부(CPU 내부) 인터럽트를 의미한다.

91 무선설비규칙에서 정의한 공중선계이 충족조건이 아닌 것은?
가. 선택도가 작을 것
나. 공중선의 이득이 높을 것
다. 정합은 신호의 반사손실이 최소화되도록 할 것
라. 지향성은 복사되는 전력이 목표하는 방향을 벗어나지 아니하도록 안정적일 것

정답 가

해설 선택도는 수신기의 성능기준임.

92 무선설비는 전원이 정격전압의 얼마 이내의 범위에서 안정적으로 동작할 수 있어야 하는가?
가. ± 5[%]
나. ± 10[%]
다. ± 15[%]
라. ± 20[%]

정답 나

해설 무선설비 기술기준: 무선설비의 전압 변동률은 정격전압의 ±10% 이내를 유지해야 한다.

93 무선설비 설계변경 및 계약금액 조정관련 감리업무 내용으로 잘못된 것은?
가. 감리사는 설계변경 지시내용의 이행가능 여부를 당시의 공정, 자재수급 상황 등을 검토하여 확정하고, 만약 이행이 불가능하다고 판단될 경우에는 그 사유와 근거자료를 첨부하여 시공자에게 보고하여야 한다.
나. 발주자가 설계변경 도서를 작성할 수 없을 경우에는 설계변경 개요서만 첨부하여 설계변경지시를 할 수 있다.
다. 설계변경 도서작성에 소요되는 비용은 원칙적으로 발주자가 부담하여야 한다.
라. 감리사는 설계변경 등으로 인한 계약금액의 조정을 위한 각종서류를 시공자로부터 제출받아 검토한 후 감리업자 대표자에게 보고하여야 한다.

정답 가

해설 감리사는 설계자의 의무 및 책임을 면제시킬 수 없으며, 임의로 설계를 변경시키거나, 기일연장 등 공사 계약조건과 다른 지시나 결정을 하여서는 안 된다.

94 다음 중 적합인증 대상기자재에 해당되지 않는 것은?

가. 디지털선택호출장치의 기기
나. 자동음성처리시스템
다. 키폰시스템
라. 전기가열기

정답 라

해설
* 적합인증 : 무선전화경보자동수신기, 선박국용 레이다, 전화기, 모뎀 등
* 적합등록 : 컴퓨터기기 및 주변기기, 방송수신기기, 계측기, 산업용기기, 콘넥터 등
* 잠정인증 : 적합성평가기준이 마련되지 않은 신규 개발기기

95 방송통신기자재 등의 적합인증의 대상, 절차 및 방법 등에 관하여 필요한 세부사항은 누가 고시하는가?

가. 관할 우체국장
나. 중앙전파관리소장
다. 한국방송통신전파진흥원장
라. 국립전파연구원장

정답 라

해설 적합인증은 전파연구원에서 고시함.

96 중파방송을 행하는 방송국의 개설조건으로 맞는 것은?

가. 블랭킷에어리어내의 가구수는 방송구역내 가구수의 0.30[%] 이상일 것
나. 블랭킷에어리어내의 가구수는 방송구역내 가구수의 0.35[%] 이하일 것
다. 블랭킷에어리어내의 가구수는 방송구역내 가구수의 0.45[%] 이상일 것
라. 블랭킷에어리어내의 가구수는 방송구역내 가구수의 0.035[%] 이하일 것

정답 나

해설 제56조(중파방송을 행하는 방송국의 개설조건)
① 중파방송을 행하는 방송국의 송신공중선의 설치장소는 다음 각 호의 개설조건에 적합하여야 한다.
1. 개설하려는 방송국의 블랭킷에어리어 내의 가구 수는 그 방송국의 방송구역 내 가구 수의 0.35퍼센트 이하일 것

97 156[MHz] ~ 174[MHz] 주파주대를 사용하는 선박국 및 생존정의 송신설비의 주파수 허용편차는 백만분의 얼마인가?

가. 10
나. 30
다. 50
라. 100

정답 가

해설 VHF대역을 사용하는 선박국 의 주파수 허용편차는 10/1000000 이내로 규정함

98 무선설비 각 공사에 있어서 기술적 공법, 작업방법 등 공사 특별사항을 작성하는 시방서를 무엇이라고 하는가?

가. 공사시방서
나. 표준시방서
다. 전문시방서
라. 특별시방서

정답 라

해설 특별(전문)시방서라 함은 시설물별 표준시방서를 기본으로 모든 공종을 대상으로 하여 특정한 공사의 시공 또는 공사시방서의 작성에 활용하기 위한 종합적인 시공 기준을 말한다.

2015년 무선설비기사 기출문제

99 다음 중 고시대상 무선국을 허가한 경우 고시하여야 할 사항이 아닌 것은?

가. 시설자의 성명 또는 명칭
나. 허가의 유효기간
다. 무선국의 명칭 및 종별과 무선설비의 설치장소
라. 주파수, 전파의 형식, 점유주파수대폭 및 공중선전력

정답 나

해설 전파법 시행령 제35조(무선국의 고시사항)
① 허가연월일 및 허가번호
② 시설자의 성명 또는 명칭
③ 무선국의 명칭 및 종별과 무선설비의 설치장소
④ 주파수, 전파의 형식, 점유주파수대폭 및 공중선전력

100 무선방위측정장치 보호구역에 전파를 방해할 우려가 있는 건축물 등을 건설하려는 경우 승인을 얻어야 할 건조물 또는 공작물에 해당하지 않는 것은?

가. 무선방위측정장치의 설치장소로부터 500미터 이내의 지역에 매설하는 수도관
나. 무선방위측정장치의 설치장소로부터 500미터 이내의 지역에 매설하는 가스관
다. 무선방위측정장치의 설치장소로부터 1킬로미터 이내의 지역에 건설하고자 하는 송신공중선
라. 무선방위측정장치의 설치장소로부터 1킬로미터 이내의 지역에 매설하는 통신용 케이블

정답 라

해설 무선방위측정장치의 설치장소로부터 1킬로미터 이내의 지역을 말한다)에 전파를 방해할 우려가 있는 건축물 또는 공작물로서 대통령령이 정하는 것을 건설하고자 하는 자는 미래창조과학부장관의 승인을 얻어야 한다.

국가기술자격검정 필기시험문제

2015년 기사4회 필기시험

국가기술자격검정 필기시험문제

2015년 기사4회 필기시험

자격종목 및 등급(선택분야)	종목코드	시험시간	형 별	수검번호	성 별
무선설비기사		2시간 30분			

제1과목 디지털 전자회로

01 다음 중 정류회로에서 다이오드를 병렬로 여러 개 접속시킬 경우에 나타나는 특성으로 옳은 것은?

가. 과전압으로부터 보호할 수 있다.
나. 정류회로의 전류용량이 커진다.
다. 정류기의 역방향 전류가 감소한다.
라. 부하출력에서 맥동률을 감소시킬 수 있다.

정답 나

해설 정류회로에서 다이오드를 병렬로 여러 개 접속시키면 정류회로의 전류용량이 커진다.
정류회로에서 다이오드를 직렬로 여러 개 접속시키면 과전압으로부터 부호할 수 있다.

02 다음 정전압 회로에서 전압 안정도를 0.05로 하기 위해서 R_S의 값은? (단, $r_d = 10[\Omega]$)

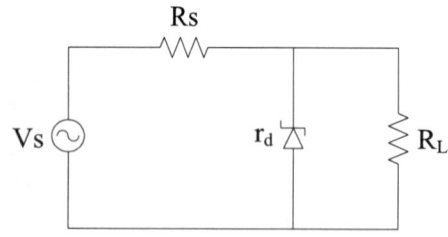

가. 190[Ω] 나. 260[Ω]
다. 290[Ω] 라. 330[Ω]

정답 가

해설 전압 안정도
$$S_v = \frac{\partial V_L}{\partial V_S} = \frac{r_d}{R_s + r_d} = 0.05$$
$r_d = 10[\Omega]$이므로 $R_s = 190[\Omega]$

03 다음 증폭기 회로에서 $B_{DC} = 75$인 경우 컬렉터 전압 V_C는 약 얼마인가? (단, $V_{BE} = 0.7[V]$이다.)

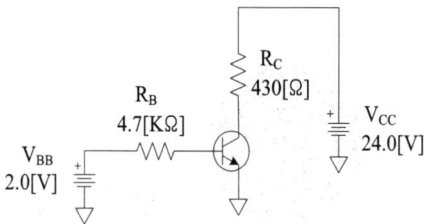

가. 15.1[V] 나. 17.1[V]
다. 18.1[V] 라. 20.1[V]

정답 가

해설
$$I_B = \frac{V_{BB} - V_{BE}}{R_B} = \frac{2 - 0.7}{4.7k\Omega} = 0.28[mA]$$
$$I_C = \beta I_B = 75 \times 0.28[mA] = 20.74[mA]$$
$$V_C = V_{CC} - I_C R_C$$
$$= 24 - (20.74 \times 10^{-3} \times 430 \times 10^3)$$
$$= 15.1[V]$$

04 전류 궤환 증폭기의 출력 임피던스는 궤환이 없을 경우에 비해 어떻게 변화하는가?

가. 변화가 없다. 나. 0이 된다.
다. 감소한다. 라. 증가한다.

정답 라

해설

회로 성분	직렬전압 궤환	직렬전류 궤환	병렬전압 궤환	병렬전류 궤환
입력임피던스	$1+\beta A$ 배증가	$1+\beta A$ 배 증가	$1/(1+\beta)$ 배 만큼 감소	$1/(1+\beta A)$ 배 만큼 감소
출력임피던스	$1/(1+\beta)$ 배 만큼 감소	$1+\beta A$ 배 증가	$1/(1+\beta)$ 배 만큼 감소	$1+\beta A$ 배 증가

05 다음 증폭기 회로의 특성에 대한 설명으로 틀린 것은?

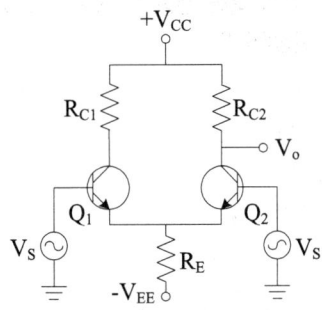

가. 동상신호 제거비(CMRR)를 높게 하기 위해 h_{fe}가 높은 트랜지스터를 사용한다.
나. 동상신호 제거비(CMRR)를 높게 하기 위해 R_E 값을 감소시킨다.
다. 동상이득을 높게 하기 위해 R_{C1}과 R_{C2} 값을 감소시킨다.
라. 차등이득을 높게 하기 위해 R_E 값을 감소시킨다.

정답 다

해설 동상이득 A_c
$$A_c = \frac{V_o}{V_S} \simeq \frac{h_{fe}R_C}{h_{ie}+(1+h_{fe})2R_E} \simeq -\frac{R_C}{2R_E}$$

차동이득 A_d
$$A_d = \frac{V_o}{V_i} \simeq -\frac{h_{fe}R_C}{h_{ie}} = -g_m R_C \simeq -\frac{R_C}{r_e}$$

차동 증폭기의 동상모드 제거비 CMRR
$$CMRR = \left|\frac{A_d}{A_c}\right| = \frac{h_{ie}+(1+h_{fe})2R_E}{h_{ie}} \simeq 2g_m R_E$$
$$= \frac{2R_E}{r_e}$$

06 입력신호의 전주기에 대하여 선형영역에서 동작하는 증폭기는?

가. A급 증폭기   나. B급 증폭기
다. C급 증폭기   라. D급 증폭기

정답 가

해설

	A급	B급	C급
동작점	특성곡선의 중앙	특성곡선의 차단점	특성곡선의 차단점 이하
유통각 θ	$\theta = 2\pi$	$\theta = \pi$	$\theta < \pi$
일그러짐	小	中(P-P의 경우 小)	大
효율	낮음	중간	높음
용도	완충 증폭	저주파 전력 증폭	고주파 전력증폭 및 주파수 체배 증폭

07 발진회로에서 발진을 지속하기 위해 필요한 과정은?

가. 출력신호의 일부분을 부궤환시킨다.
나. 출력신호의 일부분을 정궤환시킨다.
다. 외부로부터 지속적으로 입력신호를 제공한다.
라. L과 C성분을 제거한다.

정답 나

해설 발진회로는 직류전원만 공급하면 지속적으로 일정한 주파수를 발생시키는 회로이다. 증폭기의 출력신호의 일부를 입력측으로 정궤환하여 입력과 동위상이 되게 하면 출력이 성장해 일정 진폭의 정현파 출력을 얻을 수 있다.

08 그림과 같은 발진회로에서 높은 주파수의 동작에 적절한 발진회로 구현을 위한 리액턴스 조건은 무엇인가?

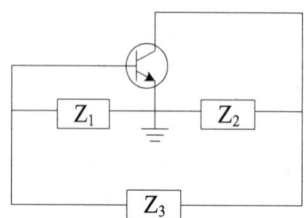

가. Z_1= 용량성, Z_2= 용량성, Z_3= 용량성
나. Z_1= 유도성, Z_2= 유도성, Z_3= 유도성
다. Z_1= 유도성, Z_2= 용량성, Z_3= 용량성
라. Z_1= 용량성, Z_2= 용량성, Z_3= 유도성

정답 라

해설 콜피츠 발진회로는 높은 주파수에도 안정된 출력을 갖는 초단파 발진회로 등에 적용된다.

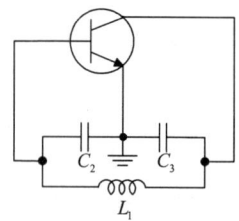

09 변조도가 '1'이라는 의미는 무엇인가?
가. 1[%] 변조   나. 무변조
다. 과변조   라. 100[%] 변조

정답 라

해설 변조도 m은 반송파와 신호파의 진폭의 비로 변조도(Modulation Factor)라고 하며 다음 식으로 표현된다.
$$m = \frac{V_s}{V_c}$$
변조도 m을 백분율로 나타낸 것을 변조도라고 한다.

10 디지털 신호의 정보 내용에 따라 반송파의 위상을 변화시키는 변조 방식으로 2원 디지털 신호를 2개씩 묶어 전송하는 QPSK 변조방식의 반송파 위상차는?
가. 45[°]
나. 90[°]
다. 180[°]
라. 270[°]

정답 나

해설 QPSK 변조방식의 반송파 위상차
$$\theta = \frac{2\pi}{M} = \frac{2\pi}{4} = \frac{\pi}{2}$$

11 다음 그림과 같은 회로에서 콘덴서 양단의 스텝 응답에 대한 상승 시간(Rise Time)은 약 얼마인가? (단, RC 시정수는 2[μs])

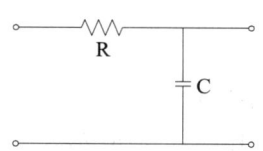

가. 2[μs]   나. 2.2[μs]
다. 4[μs]   라. 4.4[μs]

정답 라

해설 펄스의 상승 시간(Rise Time)은 펄스가 최대 진폭의 10[%]에서 90[%]까지 상승하는 시간이다.
t_r = 2.2×시정수
    = 2.2×2[μs] = 4.4[μs]

12 병렬 클리핑 회로에서 클리핑 특성을 좋게 하기 위하여 사용되는 저항 R의 조건으로 옳은 것은? (단, Rd는 다이오드의 순방향 저항이다.)
가. R = R_4 나. R = $1/R_4$
다. R < R_4 라. R > R_4

정답 라

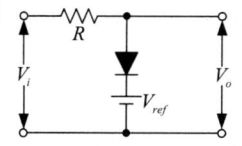

병렬 클리핑회로의 이상적인 기울기가 되기 위한 조건은 $R > r_f$ 이다.

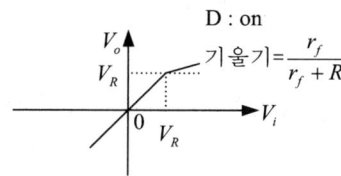

병렬 클리핑회로의 이상적인 기울기가 되려면 $R > r_f$ 조건을 만족해야 한다.

13 BCD 코드 1001에 대한 해밍 코드를 구하면?

가. 0011001 나. 1000011
다. 0100101 라. 0110010

정답 가

해밍코드(Hamming code)
오류 검출뿐만 아니라 자체적인 오류교정도 가능하도록 구성한 코드로 왼쪽부터 1,2,4째 번에 패리티 비트를 두고 3,5,6,7째 번에 비트에 정보 비트를 삽입하여 구성한다.

행:	1	2	3	4	5	6	7
비트:	P_1	P_2	D_1	P_3	D_2	D_3	D_4
	0	0	1	1	0	0	1

1. P1은 1,3,5,7 행에 대해서 짝수 패리티가 되도록 한다.
2. P2는 2,3,6,7 행에 대해서 짝수 패리티가 되도록 한다.
3. P3은 4,5,6,7 행에 대해서 짝수 패리티가 되도록 한다.

14 다음 중 2-out of-5 code에 해당하지 않는 것은?

가. 10010 나. 11000
다. 10001 라. 11001

정답 라

2-out of-5 code는 부호내 1인 비트가 항상 2개인 부호이다.

15 숫자 0에서 9까지를 나타내기 위해 BCD 코드는 몇 비트가 필요한가?

가. 4 나. 3
다. 2 라. 1

정답 가

BCD(binary code decimal)는 한 자리의 10진수를 2진수로 표시하기 위하여 4비트를 사용한다.

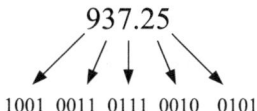

16 다음 중 Master-Slave 플립플롭은 어떠한 현상을 해결하기 위한 플립플롭인가?

가. 지연 현상 나. Race 현상
다. Set 현상 라. Toggle 현상

정답 나

마스터 슬레이브(Master/Slave)플립플롭은 2개의 RS 플립플롭이 직렬로 연결된 회로로서 출력은 클럭펄스가 0으로 복귀할 때까지는 변화되지 않는다. 이 회로는 클럭펄스가 1일 때 출력 상태가 변화되면 입력 측에 변화를 일으켜 오동작이 발생되는 현상 Race현상을 해결 할 수 있다.

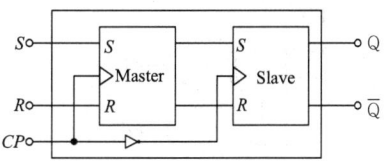

17 다음 중 디코더(Decoder)에 대한 설명으로 틀린 것은?

가. 출력보다 많은 입력을 갖고 있다.
나. 한 번에 하나의 출력만이 동작한다.
다. N 비트의 2진 코드 입력에 의해 최대 2^N개의 출력이 나온다.
라. 인코더의(Encoder)의 역기능을 수행한다.

정답 가

해설 디코더는 2진 코드나 BCD 코드를 입력으로 하여 우리가 사용하기 쉬운 10진수로 변환해 주는 장치로 해독기라고도 한다. 이는 n 개의 2진 코드로 받아 최대 2^n 개의 출력을 갖는 조합 논리 회로이다.

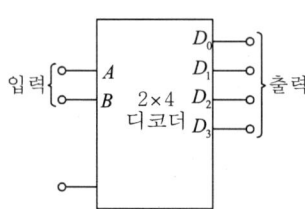

18 반가산기에서 입력이 A, V일 경우, 반가산기의 합(S)에 대한 출력 논리식으로 옳은 것은?

가. $A \oplus B$
나. $(\overline{AB}) \cdot (AB)$
다. $(\overline{A}+\overline{B})+(A+B)$
라. $\overline{AB} + AB$

정답 가

해설 두 Bit를 더하는 회로로 올림수(Carry)를 고려하지 않는 가산기를 반가산기라 한다.
$S = \overline{A}B + A\overline{B} = A \oplus B$
$C = AB$

19 다음 중 특정 비트의 값을 무조건 0으로 바꾸는 연산은?

가. XOR 연산
나. 선택적 - 세트(Selective-Set) 연산
다. 선택적-보수(Selective-Complement)
라. 마스크(Mask) 연산

정답 라

해설 마스크(Mask) 연산은 0비트값의 AND연산을 통하여 특정 비트의 값을 무조건 0으로 바꾸는 연산이다.

20 다음 그림과 같은 회로의 명칭은?

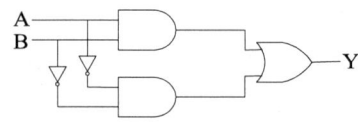

가. 일치 회로
나. 시프트 회로
다. 카운터 회로
라. 다수결 회로

정답 가

해설 일치 회로

A	Z
0	0
0	0
1	0
1	1

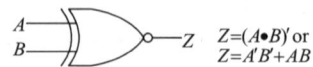

$Z=(A \bullet B)'$ or
$Z=A'B'+AB$

제2과목 무선통신기기

21 진폭 12[V], 주파수 10[MHz]의 반송파를 진폭 6[V], 주파수 1[kHz]의 변조파 신호로 진폭 변조할 대 변조율은?

가. 25[%] 나. 50[%]
다. 75[%] 라. 100[%]

정답 나

해설 변조도 $m_a = \dfrac{A_m}{A_c} = \dfrac{6}{12} * 100\% = 50\%$

22 다음 중 SSB 변조기를 구성하는 방식이 아닌 것은?

가. 필터(Filter)법
나. 위상천이방법
다. 웨버(Weaver)법
라. 압신법

정답 라

해설 SSB 방법
- 필터법: 정확한 BPF필터로 한쪽 측파만 통과
- 위상천이법: 힐버트 변환방법을 이용
- 웨버법: 필터법가 위상천이법을 혼용

23 주파수 90[MHz]의 반송파를 6[kHz]의 정현파 신호로 FM 변조했을 때 최대주파수 편이가 ±76[kHz]일 경우, 점유주파수대폭은 몇 [kHz]인가?

가. 12[kHz] 나. 82[kHz]
다. 152[kHz] 라. 164[kHz]

정답 라

해설 FM 신호의 대역폭 (카슨의 대역폭)
$B = 2(f_m + \triangle f) = 2(6[KHz] + 76[KHz])$
$= 164[KHz]$

24 다음 그림은 입력신호에서 주파수와 위상을 추출하는 위상동기루프(PLL)을 나타낸 것이다. (가), (나)에 들어갈 명칭으로 맞는 것은?

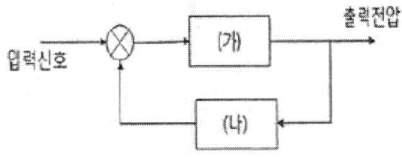

가. (가) 위상검출기, (나) 저역통과필터
나. (가) 위상검출기, (나) 전압제어발진기
다. (가) 전압제어발진기, (나) 저역통과필터
라. (가) 저역통과필터, (나) 전압제어발진기

정답 라

해설 PLL의 구성
: 위상검출기, 전압제어발진기, Loop Filter로 구성되는 부궤환 회로로 주파수합성기, 주파수체배기, FM 및 FSK 동기복조 등에 사용된다.

[기준신호-위상비교기-Loop Filter-VCO-출력]
↑ [분배기 Divider]

25 다음 중 무선통신 시스템의 수신신호 전력에 대한 설명으로 틀린 것은?

가. 송신전력의 크기에 비례한다.
나. 안테나 유효 개구면(Aperture)에 비례한다.
다. 자유공간에서 송신부까지의 거리 제곱에 반비례한다.
라. 신호 파장에 비례한다.

정답 라

해설 프리스(Friss) 전력전송방정식
1. $Pr[w] = (\lambda/4\pi d)^2 P_t G_t G_r$
2. $Pr[dB] = P_t + G_t + G_r + 20\log\dfrac{4\pi d}{\lambda}$

따라서 수신전력은 송신전력, 안테나 개구면적에 비례하고, 파장에는 반비례한다. (고주파 일수록 수신전력은 낮아짐)

26. 다음 중 BPSK 변조방식에 대한 설명으로 틀린 것은?

가. 정보 데이터의 심볼값에 따라 반송파의 위상이 변경되는 변조방법이다.
나. 이진 신호의 $s_1(t)$와 $s_2(t)$의 위상차가 $180°$가 될 때 성능이 최대가 된다.
다. 정보 데이터의 심볼값에 따라 부호가 반대로 되는 결과를 얻는다.
라. BPSK신호는 기저대역 단극성 NRZ(Non Return to Zero) 신호를 DSB변조하여 발생 할 수 있다.

정답 라

해설 BPSK의 특징
① 점유대역폭은 ASK와 같으나 전송로 등의 잡음, 레벨 변동 영향에 강해 심볼 오류확률이 적다.
② 비동기식 포락선 검파방식은 사용이 불가능하며 동기 검파 방식만 사용이 가능해 구성이 비교적 복잡하다
③ M진 PSK의 경우 M의 증가에 따라 스펙트럼 효율 증가해 고속 데이터 전송이 가능하다
④ BPSK 심볼 오류 확률은 QPSK 심볼 오류 확률의 $\frac{1}{2}$이지만 비트 오류 확률(P_b)은 동일하다.

27. 전송 할 신호의 주파수에 비해 높은 주파수의 반송파를 이용하여 1과 0을 진폭, 주파수 및 위상에 대응하여 전송하는 방식은?

가. 문자 동기 전송 방식
나. 대역 전송 방식
다. 차분 방식
라. 다이코드 방식

정답 나

해설 변조란,
- 정현파 또는 펄스파를 반송파로 사용하고, 저주파 대역의 음성, 정보를 높은 주파수 대역으로 옮기는 과정이나 채널의 특성에 맞게 변환하는 것을 말함.
- 대역전송방식과 기저대역 전송방식이 있음.

28. 다음 중 눈다이어그램(Eye Diagram)에 대한 설명으로 틀린 것은?

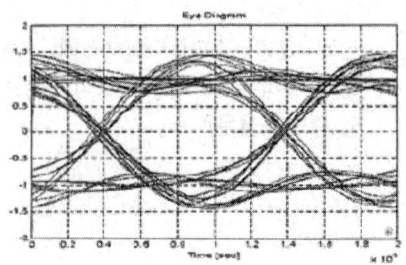

가. 데이터 전송과정에서 발생하는 신호의 손상을 그림으로 살펴볼 수 있다.
나. 부호간 간섭 또는 잡음이 증가할수록 눈 모양이 더욱 열려 진다.
다. 수신된 펄스열을 비트주기 동안 계속 중첩하여 그린 파형이다.
라. 수신기에서 1과 0을 판정하기 위하여 시호를 표본화하는 최적의 시간은 바로 눈이 가장 크게 열리는 순간이다.

정답 나

해설 아이패턴(Eye pattern)
- 심볼의 전송상태 및 ISI 상태를 파악하는 방법.
- 간섭 및 잡음이 증가할수록 눈 모양이 감기게 됨.

29. 다음 중 무선방위 측정에서 전파전파에 따른 오차에 해당하지 않은 것은?

가. 야간오차
나. 해안선의 오차
다. 대류현상
라. 산란현상

정답 다

해설 전파전파에 따른 오차종류
- 야간오차.
- 해안선 오차.
- 델린저 현상
- 회절현상
- 페이딩 현상
- 수분, 구름 등에 의한 산란현상

30 다음 중 DGPS(Differential Global Positioning System)에 대한 설명으로 틀린 것은?

가. 라디오 비컨을 통해서 방송한다.
나. 관측 가능한 모든 위성을 모니터링한다.
다. DFPS의 정확도는 100[m] 내외이다.
라. 관측에 의한 위치와 이미 알고 있는 기준국의 위치를 비교하여 보정값을 산출한다.

정답 다

해설 DGPS
① 단독 측위 기법의 정밀도를 향상시키기 위해 개발된 것으로 2대 이상의 수신기(기준국 수신기와 이용자 수신기)와 통신 매체가 필요.
② 기준국에 설치된 1대의 수신기에서 이미 알고 있는 기준점의 위치 정보를 이용하여 각 위성의 거리 오차 계산, 보정치로 환산해서 이동체에 전달.
③ 이동체에서는 저가의 항법용 수신기를 가지고도, 이동시 수m, 정지시 1m 이내의 실시간 위치 측정 가능.

31 다음 중 상요부하에 대한 전력공급은 충전기가 담당하고, 충전기가 부담하기 어려운 대전류 부하는 축전지가 부담하게 하는 충전방식을 무엇이라 하는가?

가. 초충전(Initial Charge)
나. 균등충전(Equality Charge)
다. 부동충전(Floating Charge)
라. 평상충전(Normal Charge)

정답 다

해설 충전의 종류
① 부동충전 : 자기방전을 보충, 충전기 + 축전지 동시 부담하여 충전
② 세류충전 : 자기방전량 만 충전
③ 급속충전 : 충전전류의 2~3배 로 충전
④ 초기충전 : 축전지에 전해액 주입 후 처음으로 충전하는 것

32 다음 중 무정전 전원장치(UPS) 방식이 아닌 것은?

가. ON-LINE 방식
나. OFF-LINE 방식
다. Hybrid 방식
라. LINE 인터랙티브 방식

정답 다

해설 UPS((Uninterruptible Power Supply))의 종류

On-Line 방식	• 정상 전원시에 상시인버터 방식 • 신뢰성을 요구하는 중용량 이상
Off-Line 방식	• 전시에 인버터를 동작하는 방식 • 서버전용 (소용량)
Line Interactive 방식	• 축전지와 인버터 부분이 항상 접속

33 다음 중 초크 L 입력형과 콘덴서 C 입력형 정류회로에 대한 비교 설명으로 틀린 것은?

가. 콘덴서 C 입력형은 부하 전류의 평균치와 최대치의 차가 크다.
나. 콘덴서 C 입력형은 맥동율이 크다.
다. 초크 L 입력형은 정류 소자 전류가 연속적이다.
라. 초크 L 입력형은 전압 변동율이 작다.

정답 나

해설 콘덴서 입력형과 초크 입력형의 비교

항 목	콘덴서 입력형	쵸크 입력형
맥동률	적 다 (장점)	크 다
출력 직류전압	크 다 (장점)	작 다
전압 변동률	크 다 (단점)	작 다
첨두 역전압	높 다 (단점)	낮 다
가 격	싸 다 (장점)	비싸다
대전류용	부적합	적 합

34 단상 전파 브리지 정류회로에서 각 다이오드에 걸리는 최대 역전압은 약 얼마인가?(단, 1차측 입력실효전압 100[V], 트랜스포머의 권선비는 $n_1 : n_2 = 10 : 1$)

가. 10[V] 나. 14.1[V]
다. 100[V] 라. 141[V]

정답 나

해설 전파 브리지 정류회로의 다이오드에 걸리는 역전압(PIV)는 2차측 전압의(V_2) 의 최대치인 V_m 이다.

2차측 전압 = 10[V]

$\frac{n_1}{n_2} = \frac{V_1}{V_2}$ 이므로, $V_2 = \frac{n_2}{n_1} V_1 = \frac{1}{10} \times 100 = 10[V]$

$\therefore V_m = \sqrt{2} \, V_2 = \sqrt{2} \times 10 = 14.1[V]$

* 단상 전파정류회로의 특성

	출력특성
I_{dc} (평균전류)	$\frac{2I_m}{\pi}$
V_{dc} (평균전압)	$\frac{2V_m}{\pi}$
I_{rms} (실효치 전류)	$\frac{I_m}{\sqrt{2}}$
V_{rms} (실효치 전압)	$\frac{V_m}{\sqrt{2}}$

* V_m : 전압최대치

35 다음 중 태양전지 구조에 대한 설명으로 틀린 것은?

가. 일반적인 태양전지는 3층 구조로 되어 있다.
나. 태양건전지는 N형과 P형 반도체로 구성되어 있다.
다. 가장 많이 보급되는 태양전지 재료는 실리콘결정형이다.
라. 실리콘원자의 최외각 전자의 개수는 4개이다.

정답 가

해설 (1) 구조

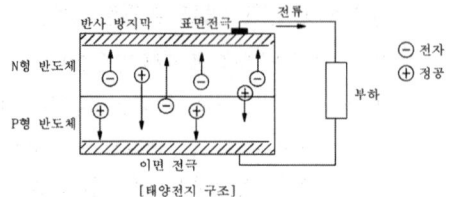

[태양전지 구조]

(2) 원리
① 빛이 PN 접합부에 닿으면 에너지를 얻은 전자가 접합부에서 튀어나와 N형 반도체 쪽으로 향하고, 정공은 P형 반도체 쪽으로 향하여 양 전극간에는 전압이 발생한다.
② 여기에 외부부하가 접속되면 전류는 P형 반도체에서 N형 반도체 쪽으로 흐른다.

36 다음 중 송신기의 변조특성을 나타내는 요소가 아닌 것은?

가. 변조의 직선성
나. 선택도
다. 종합왜율
라. 신호대 잡음비

정답 나

해설 선택도는 수신기의 특성임.

37 다음 중 진폭변조(AM) 송신기의 전력 측정방법으로 적합하지 않은 것은?

가. 실효 저항법
나. 의사 공중선법
다. 전구의 조도비교법
라. 볼로메터 브리지법

정답 라

해설 진폭변조(AM)의 송신기 전력측정방법
1. 수부하법 (대전력측정)
2. 양극 손실 측정법 (대전력측정)
3. 의사 공중선 법
4. 전구의 조도 비교법
5. 진공관 전력계 법
6. C-C형 전력계 법

볼로메타(Bolometer)의 정의
: 볼로미터는 반도체 또는 금속이 전력을 흡수하면 온도가 상승하여 전기저항이 변화하는 것을 이용한 소자인데 주로 1[W] 이하의 소전력 측정에 사용한다. 볼로미터 소자에는 서미스터와 바리스터가 있다.

38 다음 중 급전선(선로)에 나타나는 정재파의 전류, 전압의 분포와 위상에 대한 설명으로 옳은 것은?

가. 전류, 전압의 분포는 선로상의 어디서나 같으며, 위상은 선로의 각 점에 따라 다르다.
나. 전류, 전압의 분포는 선로상의 어디서나 같으며, 위상도 선로의 어디서나 같다.
다. 전류, 전압의 분포는 λ/2마다 최대와 최소가 있고 위상은 선로의 각 점에 따라 다르다.
라. 전류, 전압의 분포는 λ/2마다 최대와 최소가 있고 위상은 선로의 어디서나 같다.

정답 가

해설 정재파:
– 일반적으로 급전선의 특성 임피던스가 급전선의 종단에 접속된 부하의 임피던스와 같지 않으므로 급전선상에는 진행파와 반사파가 공존한다. 그리고 진행파 전압(전류)과 반사파 전압(전류)의 위상이 동상이 되는 점에서는 전압(전류)은 최대가 되고, 역상이 되는 점에서는 최소가 된다.
– 최대점과의 최소점과의 간격은 λ/4가 되고 교대로 나타남.

39 급전선의 특성 임피던스 Z_o와 급전선을 통과하는 전파의 전파속도 v를 알면 급전선이 가지는 인덕턴스 값(L)을 알 수 있다. 다음 중 인덕턴스 값(L)을 구하는 식으로 맞는 것은?

가. Z_o/v
나. v/Z_o
다. $v \times Z_o$
라. $1/(v \times Z_o)$

정답 가

해설 전파속도 $v = \dfrac{\lambda}{T} = f\lambda = \dfrac{w}{\beta} = \dfrac{1}{\sqrt{LC}}$

$Z_o = \dfrac{V_x}{I_x} = \sqrt{\dfrac{R+j\omega L}{G+j\omega C}} \fallingdotseq \sqrt{\dfrac{L}{C}}\,[\Omega]$

$Z_o^2 = \dfrac{L}{C} \to C = \dfrac{L}{Z_o^2}$

따라서, $v = \dfrac{1}{\sqrt{L*\dfrac{L}{Z_o^2}}} = \dfrac{1}{\dfrac{L}{Z_o}} = \dfrac{Z_o}{L}$

$\therefore L = \dfrac{Z_o}{v}$

40 인버터의 주파수가 2[kHz]가 되려면 인버터의 On, Off 주기는 몇 [ms]로 해야 하는가?

가. 0.1[ms]
나. 0.5[ms]
다. 1[ms]
라. 10[ms]

정답 나

해설 주파수 $f = 2000 = \dfrac{1}{T}$

$T = \dfrac{1}{2000} = 0.5\,mS$

제3과목 안테나공학

41 레이더의 안테나에서 송신된 펄스가 $6[\mu s]$ 후에 목표물로부터 반사되어 수신되었다면 목표물까지의 거리는?

가. 450[m] 나. 900[m]
다. 1,800[m] 라. 3,600[m]

정답 나

해설 속도 = $\frac{거리}{시간}$ 이므로, 거리[m] = 속도 × 시간임
따라서 거리 = (3×10^8) × (6[us] × 0.5) = 900[m]

42 수직 안테나에서 방사되는 수직 편파가 지구 자계의 영향을 받는 전리층에서 반사되면 어떠한 편파가 되는가?

가. 수직 편파 나. 수평 편파
다. 원 편파 라. 타원 편파

정답 라

해설 전리층에서 전파가 발사될 때 지구자계의 영향으로 타원 편파가 됨. (편파성 페이딩 참조)

43 다음 중 평면파에 대한 설명으로 틀린 것은? (단, ϵ_o: 진공의 유전율, μ_o: 진공의 투자율, ϵ_s: 비유전율, μ_s: 비투자율, c: 빛의 속도)

가. 공중선으로부터 방사된 전파는 공중선 부근에서는 구형파이지만 상당히 먼거리에서는 평면파로 된다.
나. 전파 속도는 $v = \frac{c}{\sqrt{\mu_s \epsilon_s}}[m/sec]$이다.
다. 자유 공간 임피던스는 $Z_o = \sqrt{\frac{\mu_o}{\epsilon_o}} = 120\pi[\Omega]$이다.
라. 진행 방향에 대해서 전계와 자계가 서로 180[°]를 이룬다.

정답 라

해설 TEM파(횡전자파)
전계와 자계가 직각을 이루면서 진행방향의 직각방향에 존재하는 파로 평면파라고도 한다. 평면파는 진행 방향에 수직인 평면상의 모든 점에서 크기와 위상이 동일한 전자파이다.

44 다음 중 정재파비가 1일 때 선로에는 어떤 성분의 파가 실리게 되는가?

가. 정재파 나. 반사파
다. 진행파 라. 원편파

정답 다

해설 진행파와 반사파가 존재하는 파는 정재파라 함. 정재파가 존재한다는 의미는 반사파가 존재(임피던스매칭이 안됨)함을 말함. 가장 이상적인 (정합)조건은 정재파비 = 1, 반사계수 = ∞로 진행파만 존재함.

45 안테나의 급전점 임피던스가 75[Ω]인 반파장 안테나와 특성 임피던스가 600[Ω]인 평행2선식 선로를 $\lambda/4$ 임피던스 변환기로서 정합시키고자 할 때, 이 변환기의 특성 임피던스는 약 얼마인가?

가. 112[Ω] 나. 212[Ω]
다. 312[Ω] 라. 412[Ω]

정답 나

해설
(1) Q변성기($\frac{\lambda}{4}$ 임피던스 변환기)에 의한 정합

① 급전선과 부하사이에 $\frac{\lambda}{4}$ 길이의 도선을 삽입하여 임피던스를 정합시키는 방법으로 평행 2선식, 동축 급전선 모두 사용
② 급전선과 부하의 정합일 경우
$Z_o' = \sqrt{Z_o R}$
$= \sqrt{600 \times 75} = 212\, ohm$
(참고) 급전선과 급전선의 정합일 경우
$Z_o' = \sqrt{Z_o \frac{Z_o^2}{R}} = Z_o \sqrt{\frac{Z_o}{R}}$

46 비동조 급전선의 급전점에 정합회로를 설정하는 이유는?

가. 급전선의 파동 임피던스를 감소시키기 위하여
나. 급전선의 파동 임피던스를 일정하게 하기 위하여
다. 급전선에 정재파가 실리지 않게 하기 위하여
라. 안테나의 고유파장을 조절하기 위하여

정답 다

[해설] 비동조 급전방식
- 급전선상에 진행파만 있고 정재파는 생기지 않도록 한 급전방식
- 안테나의 특성임피던스와 급전선의 특성임피던스를 정합하여 진행파로 하기 위함.

47 다음 중 Balun을 사용하는 이유로 알맞은 것은?

가. 불평형 전류를 흐르지 못하도록 하고 평형형 전류만 흐르도록 하기 위해서이다.
나. 안테나의 임피던스를 부정합시키기 위해서이다.
다. 안테나의 손실을 줄이고 정재파비를 크게 하기 위해서이다.
라. 안테나의 대역폭을 크게 하기 위해서이다.

정답 가

[해설] 두 개의 전기회로를 연결하여 최대전력전달과 전자계분포를 일정하게 하기 위한 임피던스 정합 소자를 BALUN(Balance and Unbalance)이라 한다. 이는 불평형형 선로와 평형형 선로를 접속하고 정합시키는데 사용된다.

48 다음 중 구형 도파관에 대한 설명으로 틀린 것은?

가. TE₁₀ 모드인 경우 차단파장(λ_c)은 4a이다.
나. 전계는 Y방향 성분만 존재한다.
다. 자계는 XZ방향 성분만 존재한다.
라. 구형 도파관의 기본 모드는 TE₁₀ 모드이다.

정답 가

[해설] TE mode 일 경우 TE_{10},
TM mode 일 경우 TM_{11}
도파관의 특징
① 저항손실이 적다.
② 유전체 손실이 적다.
③ 복사(방사)손실이 적다.
④ 외부 전자계와 완전히 격리할 수 있다.
⑤ HPF(고역통과필터)로 동작 된다.
구형 도파관의 차단 파장
$$\lambda_c = \frac{2\sqrt{\epsilon_s \mu_s}}{\sqrt{(\frac{m}{a})^2 + (\frac{n}{b})^2}}$$

49 사용주파수가 20[MHz]이고, 복사저항이 73.13[Ω]인 반파장 다이폴 안테나의 실효길이는 약 얼마인가?

가. 2.4[m]   나. 3.6[m]
다. 4.8[m]   라. 5.2[m]

정답 다

[해설] 반파장 다이폴안테나의 실효길이
실효고 = $\frac{\lambda}{\pi}$[m] 이므로, 약 4.8[m]
파장 = (3×10^8) / (20×10^6) = 15[m]

50 다음 중 접지안테나 손실의 대부분을 차지하는 것은?

가. 도체저항   나. 유전체 손실
다. 접지저항   라. 코로나 손실

정답 다

[해설] 안테나 효율

$$\frac{복사저항}{복사저항 + 손실저항} \times 100[\%] ≒ 60[\%]$$

손실저항은 대부분 접지저항이 차자하며, 따라서 대지면 선택이 중요함.

51 송신출력이 1[W], 송수신 안테나 이득이 각각 20[dBi]이고 수신입력 레벨이 −30[dBm]일 경우 자유공간손실은 몇 [dB]인가?
(단, 전송선로 손실 및 기타 손실은 무시한다.)

가. 30[dB] 나. 70[dB]
다. 100[dB] 라. 120[dB]

정답 다

해설 프리스(Friss)전력전달 공식
$P_r[dBm] = P_t[dBm] + G_t[dBi] + G_r[dBi] - F_{Loss}[dB]$
$-30[dBm] = 30[dBm] + 20[dBi] + 20[dBi] - F_{Loss}[dB]$
$\therefore F_{Loss}[dB] = 100[dB]$

52 다음 중 철탑의 높이가 같은 경우에 일반적으로 방사 효율이 가장 낮은 안테나는?

가. 연장코일을 사용하는 안테나
나. 역 L형 안테나
다. 우산형 안테나
라. 원정관(Top Ring) 안테나

정답 가

해설 연장코일을 사용하는 부분에 해당하는 전류분포 면적은 무효전력으로 작용하여 효율이 떨어짐.

53 Phased Array 안테나의 각 안테나 소자에 공급하는 전류의 위상을 조정하면 어떤 특성을 얻을 수 있는가?

가. 복사전력이 증가한다.
나. 급전선의 VSWR이 낮아진다.
다. 복사패턴의 방향을 바꿀 수 있다.
라. 위상을 바꾸지 않을 때 보다 임피던스 정합이 용이하다.

정답 다

해설 Phased array
안테나 배열 소자의 위상차를 조절하여 최대 복사 방향의 각을 0°~180° 사이에서 변화시킬 수 있는 안테나

54 다중 접지의 접지 저항과 용도로 각각 옳은 것은?

가. 약 1~2[Ω] 정도, 대전력용
나. 약 5[Ω] 정도, 소전력용
다. 약 10[Ω] 정도, 중파 방송용
라. 약 20[Ω] 정도, 단파 방송용

정답 가

해설 (1) 심굴접지
① 공중선에 가까운 지점에 지하수가 나올 정도의 깊이에 동판을 매설하여 그 주위에 수분을 잘 흡수하는 목탄을 넣어 접촉 저항을 작게한 방식
② 접지 저항은 10[Ω]전후
③ 소전력 송신기에 사용
(2) 방사상 접지(Radial earth)
① 지하 50~100[cm] 정도에 2.9[mm]정도의 동선을 공중선 높이와 같은 정도의 길이로 수십 중 (보통 120줄 정도)을 방사상으로 매설하는 방식. 지선망 방식이라고도 한다.
② 접지저항은 5[Ω] 전후
③ 중파 방송용으로 사용
(3) 다중접지
① 공중선 전류를 지선망의 각 분구에 똑같이 흘려서 공중선 전류가 기저부에 밀집하는 것을 피하여 접지 저항을 감소시키는 방식
② 접지 저항은 1~2[Ω] 정도
③ 대전력 방송국에 사용
(4) 카운터 포이즈(counter poise)
① 대지의 도전율이 나쁜 경우 방사상의 지선망을 공중선 높이의 약 5[%] (1~2m 정도)의 지상에 대지와 절연하여 설치하는 용량 접지 방식
② 접지저항은 1~2[Ω] 정도
③ 건조지, 암산, 수목이 많은 곳, 건물의 옥상 등에 사용
(5) 어스 스크린(Earth screen)
① 동선을 방사상으로 치는 대신 공중선 투영 면적 아래에 대략 실효높이 정도의 면적에 Screen을 묻어 접지하는 방식
② 눈금 간격은 실효고의 $\frac{1}{10}$ 보다 작게 한다.

55 대지면에 설치된 수직 접지 안테나로부터 지표면을 따라 전파가 진행할 때 감쇠가 적은 순서대로 바르게 배열한 것은?

가. 해면, 평지, 산악, 도심지
나. 도심지, 산악, 평지, 해면
다. 해면, 도심지, 평지, 산악
라. 도심지, 평지, 산악, 해면

정답 가

해설) 지상파의 주 전파는 지표파로써 도전율이 클수록 전계강도가 큼.
해상 〉 평야 〉 산악지 〉 시가지 〉 사막

56 다음 중 수정 굴절률에 대한 설명으로 틀린 것은?

가. 수정 굴절률을 사용하면 구면 대기층에 대해서도 평면 대기층에 대한 스넬의 법칙을 적용할 수 있다.
나. 표준대기에서 높이 h에 대한 M단위 수정 굴절률이 비 dm/dh 는 음수이다.
다. 수정 굴절률의 값은 높이와 비례 관계에 있다.
라. 수정 굴절률의 값은 굴절률과 비례 관계에 있다.

정답 나

해설) 수정굴절 특징율
1. 구면 대기층에서의 스넬의 법칙이 평면대기층에서의 스넬의 법칙으로 간단하게 표현
2. 표준대기에서 높이 h에 대한 M단위 굴절율의 비 $\dfrac{dM}{dh}$은 양수 이다. (단, 굴절율이 역전되는 역전층에서 $\dfrac{dM}{dh}$은 음수)
3. 수정굴절율은 굴절율 n 과 높이 h 에 비례함
(수정굴절율 $m = n + \dfrac{h}{ro}$ (ro : 지구반경))

57 주간에 20[MHz]의 신호로 원양에서 조업 중인 선박과 통신을 하고자 할 때 이용되는 전리층은?

가. D층
나. Es층
다. E층
라. F층

정답 라

해설) 단파(3MHz~30MHz)는 파장이 짧으므로 지표파는 감쇠가 심해 거의 실용성이 없다. 그러나 전리층 반사파는 F 층 반사로 전파되는데 제1종 감쇠가 적으므로 소전력으로 원거리 통신이 가능하다. 편의상 도약거리 이내를 근거리, 그 밖을 원거리라고 한다.

58 다음 중 송·수신점간의 거리가 정해졌을 때 LUF를 결정하는 요인이 아닌 것은?

가. 전리층의 높이
나. 송수신 안테나 이득
다. 수신점에서의 잡음 강도
라. 통신 전송 형태

정답 가

해설) LUF(Lowset Useable Frequency)최저사용주파수 임.
송수신 안테나이득, 송신전력, 수신점 잡음강도, 통신방식 등이 LUF를 결정하는 요소임

59 페이딩을 방지하기 위해 둘 이상의 수신 안테나를 서로 다른 장소에 설치하여 두 수신 안테나의 출력을 합성하거나 양호한 출력을 선택하여 수신하는 방법이 사용되는 페이딩은?

가. 간섭성 페이딩
나. 편파성 페이딩
다. 흡수성 페이딩
라. 선택성 페이딩

정답 가

[해설] (가) 간섭성 페이딩
: 동일 송신 전파를 수신하는 경우에 전파의 통로가 둘 이상인 경우 이들 전파가 간섭하여 일으키는 페이딩 이다.
(나) 편파성 페이딩
: 전리층 반사에 의해 도래한 전파가 지구자계의 영향으로 정상파와 이상파로 되고 이에 의해 타원 편파가 된다. 이 페이딩은 단파대에서 심하며, 그 주기가 빠르다.
(다) 도약성 페이딩
: 도약성 페이딩은 일출, 일몰시의 급격한 전자밀도 변동으로 도약거리 부근에서 발생된다.
(라) 흡수성 페이딩
: 전파가 전리층을 통과하거나 반사될 때에 전자와 공기분자와의 충돌 때문에 그 세력의 일부가 흡수되므로 전파의 에너지는 감쇄를 받는다.
(마) 선택성 페이딩
: 전리층을 통과하는(1종감쇠) 주파수마다 감쇠 량이 달라서 생기는 페이딩임

60 다음 중 자기람 현상에 대한 설명으로 틀린 것은?
가. 고위도 지방이 심하게 나타난다.
나. 야간 보다 주간에 많이 나타난다.
다. 지자계의 급격한 변동을 발생시킨다.
라. 태양 표면의 폭발에 의해 방출된 다량의 대전입자가 지구에 도달하기 때문에 야기된다.

정답 나

[해설] 자기람현상의 정의
: 태양활동에 따라 방출된 하전미립자가 지구로 날아와 지구의 자계에 현저한 혼란을 일으키는 것을 자기폭풍(자기람) 이라 한다.
1. 주야구분 없이 지구 전역에서 발생 (고위도)
2. 느린 하전미립자 영향으로 수일동안 지속
3. 20[MHz 이상의 주파수에 큰 영향
4. 전리층 F_2층의 임계주파수를 낮추고, 흡수도 증가하게 됨
5. 태양폭발이 선행되므로 예측이 가능함

제4과목 무선통신시스템

61 다음 중 무선 송신기에서 발생하는 스퓨리어스의 발사 방지 방법이 아닌 것은?
가. 전력 증폭단의 바이어스를 취한다.
나. 급전선에 트랩(Trap)을 삽입한다.
다. 증폭단과 공중선 결합회로에 π 형 회로를 사용한다.
라. 전력 증폭단을 Push-Pull로 접속한다.

정답 가

[해설] 스퓨리어스는 크게 4가지 구분할 수 있다.
1. 고조파 (Higher Harmonic)
 · 원 인 : 증폭기의 비선형성
 · 대 책 : Push-Pull 증폭기, 출력에 π 형 결합기
2. 저조파 (Sub-Harmonics)
 · 원 인 : 주파수 체배기의 여진주파수 성분
 · 대 책 : 출력의 결합회로 Q를 높이거나 또는 BPF(Band Pass Filter), Trap사용
3. 기생진동 (Parasitic Oscillation)
 · 원 인 : 발진기나 증폭기 부분에서 정상주파수 이외의 주파수가 발생하는 현상
 · 대 책 : 발진회로가 생성되지 않도록 부품선정, 배선을 짧게 함. 또는 저항을 삽입하여 중화시킬 수 있음
4. 상호변조 (Inter-Modulation)
 · 원 인 : 비선형성을 가진 소자(증폭기,Mixer)에 입력된 주파수간에 변조 되어 새로운 주파수가 생기는 현상
 · 대 책 : 소자간 간격을 충분히 둠

62 30개의 구간을 망형으로 연결하기 위해 필요한 회선 수는 몇 개인가?
가. 435개   나. 400개
다. 380개   라. 200개

정답 가

[해설] 회선수 $= \dfrac{n(n-1)}{2} = \dfrac{30(30-1)}{2} = 435$

63 QPSK 변조방식을 사용하는 통신에서 데이터 전송속도가 9,600[bps] 일 때, 변조속도는 얼마인가?

가. 1,600[baud] 나. 2,400[baud]
다. 3,200[baud] 라. 4,800[baud]

정답 라

해설 전송속도 $R = B * \log_2 M$
$\therefore B = \dfrac{R}{\log_2 M} = \dfrac{9600}{\log_2 4} = 4,800 \, [baud]$

64 다음 중 마이크로 웨이브(Microwave) 통신에 대한 설명으로 틀린 것은?

가. 사용주파수의 범위가 넓다.
나. PTP(Point to Point) 통신이 가능하다.
다. 중계 없이 원거리 통신이 가능하다.
라. 외부잡음의 영향이 적다.

정답 다

해설 장점.
① 가시거리 통신(장거리 시 중계통신)
② 안정된 전파 특성(손실, 간섭, 잡음 등 감소) (전파손실이 적어 1[W] 정도의 작은 출력으로 통신이 가능함)
③ 외부잡음 영향을 덜 받으므로 S/N비 개선도 향상
④ 예민한 지향성과 고이득 안테나를 (소형으로) 얻을 수 있음.
⑤ 광대역성 가능(초다중 통신, TV 중계, 고속 Data 전송 등)
⑥ 전리층을 통과하여 전파(우주통신 가능)
⑦ 회선건설이 짧고, 그 경비가 저렴하며 재해 등의 영향이 적음.
⑧ PTP(점 대 점) 통신이 가능
단점
① 유지보수 곤란
② 보안성 취약
③ 기상 상태(비, 구름, 안개 등)에 따라 전송품질 변동
④ 송·수신 간 연결 직선상의 높고 큰 건축물 등으로 통신 장애 현상 등

65 이동통신시스템 기지국의 최번 시(Busy Hour Traffic) 1시간 동안 총 통화 호수가 1,650호이고 평균 통화 시간이 2분일 때 통화량은?

가. 42[Erl]
나. 55[Erl]
다. 68[Erl]
라. 74[Erl]

정답 나

해설 얼 랑 = Call 수 x (점유시간/3600초)
= 1650 x (2분/60분)
= 55 [Erl]

66 다음 중 이동통신시스템에서 전방향 채널에 해당되지 않는 것은?

가. Sync channel
나. Paging Channel
다. Traffic Channel
라. Access Channel

정답 라

해설 순방향 링크(기지국에서 이동 단말기로의 접속) 에서 사용되는 채널
① 1개의 파일롯 채널(Pilot Channel)
② 1개의 동기 채널(Sync Channel)
③ 7개의 호출 채널(Paging Channel)
④ 55개의 통화 채널(Traffic Channel)
2) 역방향 링크(이동 단말기에서 기지국으로의 접속)에서 사용되는 채널
① 접속 채널(Access Channel)
② 통화 채널(Traffic Channel)

4 2015년 무선설비기사 기출문제

67 무선통신시스템에서 기지국과 이동국과의 다중경로로 인하여 신호가 통달되는 거리의 차가 최대 2[km]이고 전송속도가 512[kbps] 일 대 최소 보호 비트는 얼마인가?

가. 2비트   나. 4비트
다. 6비트   라. 8비트

정답 나

해설 1bit의 주기 = 1/512Kbps = 약 1.95us,
1bit 당 최대거리
= 시간 * 속도 = $3*10^8*1.95*10^{-6} \approx 585 mS$

∴ 통달거리 2[Km]일 때
최소보호비트 = 4bit*585mS=2.3Km
즉, 4bit 일때 2.3Km 까지 보호가 가능.
* 최소보호비트(Guard Time)은 TDD방식에서 송신과 수신사이의 시간간격으로 셀크기 결정의 중요요소임.

68 다음 중 CDMA 시스템의 용량을 결정하는 주요 파라미터가 아닌 것은?

가. 채널간 간섭
나. 음성 활성화율
다. 주파수 재사용 효율
라. 낮은 호 손실률

정답 라

해설 CDMA의 가입자 수용용량

$$N = \frac{1}{\frac{E_b}{N_o}} \cdot \frac{B_c}{\gamma_b} \cdot \frac{1}{D_b} \cdot G_s \cdot F$$

의 관계를 갖음

$\frac{E_0}{N_b} = BER$ 개념 (낮을수록 채널용량증가)

$\frac{B_c}{\gamma_b} = \frac{\text{확산대역폭}}{\text{시스템대역폭}}$

$\frac{1}{D_b}$ = 음성활성화 계수 (0.5)

$G_s = Sector$ 이득

F = 주파수 재사용 효율

69 다음 중 디지털TV 변조장식인 8VSB의 성상도(Constellation)으로 맞는 것은?

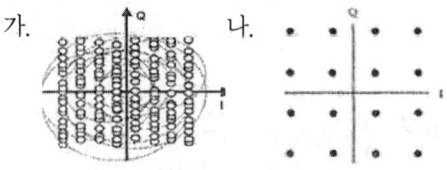
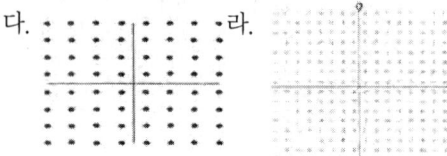

정답 가

해설 보기 나, 다, 라는 QAM 변조에 대한 성상도임.

70 다음 중 브로드밴드(Broad Band) 전송 방식의 특징이 아닌 것은?

가. 통신경로를 여러 개의 주파수 대역으로 나누어 이용한다.
나. 한 회선으로 하나의 신호만 전송한다.
다. Audio/Video 등에 대한 전송도 가능하다.
라. 주파수 분할 다중화 방식을 이용한다.

정답 나

해설
- 브로드밴드 전송방식은 신호파를 이용해 반송파를 변조시켜 전송하는 방식을 말함.
- 다중화가 용이 (하나의 회선에 다수의 신호를 전송)

71 다음 중 블루투스(Bluetooth)의 특징이 아닌 것은?

가. 데이터 전송 거리는 10[m] 정도이며 최대 100[m]까지 가능하지만 이 경우 파워의 소모가 크다.
나. 전송방식은 주파수 이동 대역 확산 방식을 사용하였으며 간섭과 페이딩에 강인하도록 설계되었다.
다. 유선 네트워크를 구성할 수 있다.
라. 사용주파수 대역은 2.4[GHz]의 ISM (Industrial Scientific Medical) 대역을 사용한다.

정답 다

해설 블루투스(Bluetooth)의 특징
1. 사용주파수 대역은 ISM(2.4GHz)밴드를 사용함
2. 다양한 Profile(OBEX, FTP, A2DP)을 제공함
3. 네트워크 구성은 피코넷과 스캐터넷으로 구성
4. 전송방식은 TDD/FDMA를 사용하며, 변조방식은 GFSK를 사용함
5. 비동기식 데이터 채널 과 동기식 음성채널 제공함
6. 최대 100m 이내 통신
7. FHSS 방식사용.

72 다음 중 링크를 경유하는 통신에서 MAC(Media Access Control) 프로토콜이 필요한 이유가 아닌 것은?

가. 매체를 공유하여 사용하는 경우에 여러 단말 사이의 경합이 불가피 하여 조정이 필요하다.
나. 매체에서 문제가 발생하여 전송에서 오류가 발생하였을 때 이를 극복하기 위한 방안이 필요하다.
다. 매체의 특성에 적합한 경로로 정보가 전달될 수 있도록 하는 방안이 필요하다.
라. 매체에서 문제가 발생하여 전송에서 오류가 발생하는 것을 예방하기 위한 방안이 필요하다.

정답 다

해설 MAC(Media Access Control)
- 물리적 주소를 결정하고 1계층 간에 연결을 도와주는 역할
- 네트워크 매체에 접근 통제
- 매체 접근 제어 CSMA/CD

73 다음의 문제가 발생하는 것을 막아주는 프로토콜 기능은 어느 것인가?

> PDU마다 중간에 거쳐오는 경로가 다를 경우에는 소스에서 먼저 송출되었던 PDU 보다 나중에 송출된 PDU가 먼저 목적지에 도착 할 수 있다.

가. 동기화　　　나. 순서결정
다. 주소기능　　라. 다중화

정답 나

해설 순서 결정(Sequencing)
통신 개시에 앞서 논리적인 통신 경로인 데이터 링크를 설정하고 순서에 맞는 전달 흐름 제어 및 에러 제어를 결정한다.

74 다음 중 인접 계층간 통신을 위한 인터페이스는?

가. SAP(Service Access Point)
나. PDU(Protocol Data Unit)
다. SDU(Service Data Unit)
라. PCI(Programmable Communication Interface)

정답 가

해설
(N+1)계층이 N계층의 서비스를 제공받는 점을 SAP라 함.

75 다음 중 OSI 7계층에서 메시지 형식 변환, 암호화, 텍스트 압축 등의 역할을 하는 계층은?

가. 표현 계층
나. 세션 계층
다. 네트워크 계층
라. 데이터링크 계층

정답 가

해설 OSI 7Layer의 구조

계층	명칭	기능
7	응용계층	응용프로그램
6	프리젠테이션계층	데이터 압축 및 암호화
5	세션계층	응용프로세스 간 통신
4	전달계층	End to End 제어
3	네트워크계층	패킷전송, 경로제어
2	데이타링크계층	동기, 에러, 흐름제어 Node to Node
1	물리계층	물리적 인터페이스

76 다음 중 HDLC(High-Level Data Lick Control)에 대한 설명으로 틀린 것은?

가. CRC 방식의 오류 검출을 수행한다.
나. 임의의 비트 패턴 전송이 불가능하다.
다. 신뢰성이 높은 전송이 가능하다.
라. 수신측의 응답을 기다리지 않고 연속으로 데이터를 전송할 수 있다.

정답 나

해설 HDLC 특징
① 비트 방식 프로토콜
② 단방향, 반이중, 전이중 통신방식 모두 가능해 전송효율 향상
③ 포인 투 포인트, 멀티 포인트, 루프 방식이 모두 가능
④ Go-back-N ARQ 방식을 사용
⑤ HDLC는 전송제어상의 제한을 받지 않고 자유롭게 정보를 전송
⑥ 통신을 위한 명령과 응답 모든 정보에 대하여 오류검출(신뢰성)

77 다음 중 근거리 통신망 시스템 구축 계획 설계 시 요구되는 네트워크 서비스의 종류가 아닌 것은?

가. 데이터그램 서비스(Datagram Service)
나. 가상회선 서비스(Connection Oriented Service)
다. 패킷 전달 서비스(Packet Translation Service)
라. 회선 연결 서비스(Circuit Connection Service)

정답 다

해설 회선설계시 교환방법
1. 회선교환
2. 메시지교환
3. 패킷교환 (데이타그램 방식, 가상회선 방식)

78 다음 중 무선통신시스템 설계 시 단파가 중장파보다 불리한 점으로 옳은 것은?

가. 복사효율이 나쁘다.
나. 페이딩의 영향이 더 크다.
다. 안테나 설치가 어렵다.
라. 원거리 통신에 불리하다.

정답 나

해설 단파의 특징은,
1. 소출력 전송이 가능 (장점)
2. 지향성 통신이 가능 (장점)
3. 공전방해에 민감 (단점)
4. 페이딩 영향이 크다 (단점)
5. 불감지대가 생김 (단점)

79 다음 중 통신시스템의 장애를 극복하기 위한 H/W Redundancy 방안이 아닌 것은?

가. Duplex
나. Active/Standby
다. N-version Program
라. Spare Redundancy

정답 다

[해설] H/W Redundancy 방안
: H/W적인 여유도를 말한다.

H/W Redundancy	S/W Redundancy
Duplex	N-Version Programming
Active/Standby 전환	Recovery Block
Active/Active 전환	
Spare Redundancy	

80 다음 중 무선통신 네트워크의 유지보수에서 쓰이는 용어인 SINAD에 대한 설명으로 틀린 것은?

가. Signal to Noise And Distortion의 약어이다.
나. 무선통신 기지국의 기본적인 측정항목이다.
다. SINAD를 측정하기 위해서 별도의 신호 발생기와 SINAD 계측기가 필요하다.
라. 음성의 압축률을 측정할 때 이용되는 방법이다.

정답 라

[해설] SINAD는 신호와 잡음/왜곡 비를 측정하는 파라미터로 음성압축율과는 상관이 없음.

제5과목 전자계산기일반 및 무선설비기준

81 상대 주소지정(Relative Addressing)에서 사용하는 레지스터는 무엇인가?

가. 일반 레지스터(General Register)
나. 색인 레지스터(Index Register)
다. 시프트 레지스터(Shift Register)
라. 메모리 주소 레지스터(Memory Address Register)

정답 모두정답

[해설] 상대 주소 = 현재 명령어의 번지(Program Counter) + 변위(Displacement)

82 다음 중 콘솔(Console)에 대한 설명으로 옳은 것은?

가. 컴퓨터의 상태를 감시하고, 운용자의 필요에 의해서 동작에 개입할 수 있도록 설치된 단말기이다.
나. 주 기억 장치의 용량 부족을 보충하기 위해 외부에 부착하는 저장용 단말기이다.
다. 타자기와 비슷한 형태의 입력 장치로서, 문자나 숫자의 키(Key)를 눌러서 컴퓨터에 입력시키는 단말기이다.
라. 컴퓨터에서 처리된 결과를 인쇄하는 데 사용되는 단말기이다.

정답 가

[해설] 콘솔(Console) =
표준 입출력 장치 = Keyboard + Monitor

83 시프트 레지스터(Shift Register)의 내용을 오른쪽으로 2비트 이동시키면 원래 저장되었던 값은 어떻게 변화되는가?

가. 원래 값의 2배   나. 원래 값의 4배
다. 원래 값의 1/2배 라. 원래 값의 1/4배

정답 라

[해설] 시프트(Shift)
① 논리 시프트
② 산술 시프트
　　왼쪽 산술 시프트 = 곱셈
　　오른쪽 산술 시프트 = 나눗셈

84 다음 중 후입선출(LIFO) 처리제어 방식은?

가. 스택   나. 선형리스트
다. 큐   라. 원형 연결 리스트

정답 가

[해설] 스택(stack) : LIFO
(Last In First Out : 후입 선출)
큐(Queue) : FIFO
(First In First Out : 선입 선출)

85. 다음 중 다중프로그래밍(Multi-Programming)을 위하여 시스템이 갖추어야 할 것으로 관계가 가장 적은 것은?

    가. 인터럽트(Interrupt)
    나. 가상메모리(Virtual Memory)
    다. 시분할(Time Slicing)
    라. 스풀링(Spooling)

    정답 다

    해설 다중 프로그램 = 다중 사용자
    다중 프로그래밍 기법은 가상 메모리 시스템에 사용하는 기법이다. 다수의 프로그램이 메모리에 올라온 상태에 처리는 인터럽트에 의해 공정하게 처리된다. 이때 보조 기억장치에 버퍼가 필요한데 스풀(Spool)이라고 한다. 다중 프로그램의 처리는 반드시 시분할 방식으로만 해야하는 것이 아니라 여러 가지의 처리 방법이 존재한다.

86. 다음 중 운영체제의 프로세스 관리기능에 속하지 않는 것은?

    가. 사용자 및 시스템 프로세스의 생성과 제거
    나. 프로그램내 명령어 형식의 변경
    다. 프로세스 동기화를 위한 기법 제공
    라. 교착상태 방지를 위한 기법 제공

    정답 나

    해설 프로세스(Process) : 현재 CPU에 의해 실행 중인 프로그램
    프로그램 내의 명령어 형식을 변경하는 일은 없다.

87. 프로그램 구현 시 목적파일(Object File)을 실행파일(Execute File)로 변환해 주는 프로그램은?

    가. 링커(Linker)
    나. 프리프로세서(Preprocessor)
    다. 인터프리터(Interpreter)
    라. 컴파일러(Compiler)

    정답 가

    해설 프리프로세서와 인터프리터와 컴파일러는 언어 번역기 이다.

88. 객체지향 언어의 세 가지 언어적 주요 특징이 아닌 것은?

    가. 추상 데이터 타입   나. 상속
    다. 동적 바인딩   라. 로더(Loader)

    정답 라

    해설 객체지향 언어의 특징
    ① 상속성 : 재사용의 의미
    ② 캡슐화 : 정보 숨김의 의미
    ③ 다형성 : 오버로딩과 오버라이딩 동적 바인딩의 의미
    로더는 보조기억장치에 저장된 파일을 메모리에 적재시키는 기능이다.

89. 다음 중 ROM(Read-Only Memory)에 저장하기 가장 적합한 것은?

    가. 사용자 프로그램
    나. BIOS(Basic Input Output System)
    다. 인터럽트 벡터
    다. 사용자 데이터

    정답 나

    해설 ROM 은 Read Only Memory로서 내용이 불변인 software를 저장한다. 대표적으로 BIOS가 있다.

90. CPU가 어떤 프로그램을 순차적으로 수행하는 도중에 외부로부터 인터럽트 요구가 들어오면, 원래의 프로그램을 중단하고, 인터럽트를 위한 프로그램을 먼저 수행하게 되는데 이와 같은 프로그램을 무엇이라 하는가?

    가. 명령 실행 사이클
    나. 인터럽트 서비스 루틴
    다. 인터럽트 사이클
    라. 인터럽트 플래그

    정답 나

[해설] 인터럽트에 필요한 기능
① 요청 신호
② 인터럽트 처리 루틴
③ 인터럽트 서비스 루틴

91 정부가 전파자원의 이용촉진에 필요한 시책을 수립하고 시행하여야 하는 목적은?

가. 한정된 전파자원을 공공복리의 증진에 최대한 활용하기 위함이다.
나. 무한한 전파자원을 개발하고 전파통신을 비롯한 과학기술 발전을 촉진하기 위함이다.
다. 새로운 전파자원의 이용기술을 개발하여 국제간 주파수 할당 분배를 확보하기 위함이다.
라. 전파자원에 대한 이용기술을 원활히 개발하고 효율적으로 이용하기 위함이다.

정답 가

[해설] (전파법 설립배경)
전파의 효율적인 이용 및 관리에 관한 사항을 정하여 전파이용 및 전파에 관한 기술의 개발을 촉진함으로써 <u>전파의 진흥을 도모하고 공공복리의 증진에 이바지함을 목적</u>으로 하며, 정부는 전파자원의 이용촉진에 필요한 시책을 수립·시행하기 위하여 2000년 1월 21일 전문개정을 하였으며, 현재 총 9장 93조와 부칙으로 구성되어 있다

92 다음 중 준공검사를 받은 후 운용하여야 하는 무선국은?

가. 국가안보 또는 대통령 경호를 위하여 개설하는 무선국
나. 공해 또는 극지역에 개설하는 무선국
다. 외국에서 운용할 목적으로 개설한 육상이동지구국
라. 도로관리를 위하여 개설하는 기지국

정답 라

[해설] 전파법 시행령 제45조의 2(준공검사를 받지 아니하고 운용할 수 있는 무선국)
① 30와트 미만의 무선설비를 시설하는 어선의 선박국
② 아마추어국(적합성평가를 받은 무선기기를 사용하는 경우만 해당한다)
③ 국가안보 또는 대통령 경호를 위하여 개설하는 무선국
④ 정부 또는 「전기통신사업법」에 따른 기간통신 사업자(이하 "기간통신사업자"라 한다.)가 비상통신을 위하여 개설한 무선국으로서 상시 운용하지 아니하는 무선국
⑤ 공해 또는 극지역에 개설한 무선국
⑥ 외국에서 운용할 목적으로 개설한 육상이동지구국

93 전파형식의 표시방법 중 등급의 기본 특성에 대한 표현으로 옳은 것은?

가. 첫째기호는 주반송파의 변조형식
나. 둘째기호는 다중화 특성
다. 셋째기호는 주반송파를 변조시키는 신호의 특성
라. 넷째기호는 송신할 정보

정답 가

[해설] 전파형식 표시 例) 12K5G3EJN (①12K5 ②G ③3 ④E ⑤J ⑥N)
① 필요주파수대폭 : 12K5 =〉 12.5 kHz
② 주반송파의 변조형식 : G =〉 위상변조
③ 주반송파를 변조시키는 신호의 특성 : 3 =〉 아날로그 정보를 포함하는 단일채널
④ 송신될 정보의 형식 : E =〉 전화(음성방송포함)
⑤ 취사형 추가특성 : J =〉 상용음성
⑥ 다중화 특성 : N =〉 다중화가 아닌 것
⑤,⑥은 기호를 생략시에 그냥 하이픈(-)으로만 표시

94 의료용 전파응용설비는 몇 와트를 초과하는 경우 허가를 받아야 하는가?

가. 30와트 나. 50와트
다. 80와트 라. 100와트

정답 나

[해설] 전파법 제58조 제1항 규정
주파수가 9킬로헤르츠(KHz) 이상인 고주파 전류를 발생시키는 설비로서 50와트를 초과하는 고주파 출력을 사용하는 산업용 전파응용설비, 의료용 전파응용설비, 그 밖에 고주파의 에너지를 직접 부하(負荷)에 가하여 가열 또는 전리 등의 목적에 이용하는 설비

95 다음 중 적합인증 대상기자재에 해당되지 않는 것은?

가. PCM 단국장치
나. 위성비상위치지시용 무선표지설비의 기기
다. 레벨조정기(전송망 기자재)
라. 자동차 장착 디지털기기

정답 라

[해설]
* 적합인증 : 무선전화경보자동수신기, 선박국용 레이다, 전화기, 모뎀 등
* 적합등록 : 컴퓨터기기 및 주변기기, 방송수신기기, 계측기, 산업용기기, 콘넥터 등
* 잠정인증 : 적합성평가기준이 마련되지 않은 신규개발기기

96 전자파 장해를 일으키는 기자재가 '전자파 적합'의 판정을 받으려면 다음 중 어느 기준에 적합 하여야 하는가?

가. 전기통신설비에 관한 기술기준
나. 정보통신기기 인증 규칙
다. 전자파장해 방지기준
라. 전자파강도 측정기준

정답 다

[해설] 전자파해방지기준(전파연구소전자파시험과) 제2조(적용범위)
① 전자파장해방지기준은 방송통신 기자재 등의 적합성 평가에 관한 고시 제3조에 따른 대상기자재(이하 "대상기기"라 한다)에 적용한다.

97 송신장치의 종단증폭기의 정격출력을 의미하는 것은?

가. 평균전력(PY)
나. 첨두포락선전력(PX)
다. 반송파전력(PZ)
라. 규격전력(PR)

정답 라

[해설] 무선설비규칙 제2조(정의)
2. "평균전력(PY)"이란 정상동작상태에서 송신장치로부터 송신공중선계의 급전선에 공급되는 전력으로서 변조에 사용되는 최저주파수의 1주기와 비교하여 충분히 긴 시간동안에 걸쳐 평균한 것을 말한다.
3. "첨두포락선전력(PX)"이란 정상동작상태에서 송신장치로부터 송신공중선계의 급전선에 공급되는 전력으로서 변조포락선의 첨두에서 무선주파수 1주기 동안에 걸쳐 평균한 것을 말한다.
4. "반송파전력(PZ)"이란 무변조상태에서 송신장치로부터 송신공중선계의 급전선에 공급되는 전력으로서 무선주파수의 1주기 동안에 걸쳐 평균한 것을 말한다.
5. "규격전력(PR)"이란 송신장치의 종단증폭기의 정격출력을 말한다.
6. "등가등방복사전력(EIRP)"이란 공중선에 공급되는 전력과 등방성 공중선에 대한 임의의 방향에 있어서의 공중선이득(절대이득 또는 등방이득)의 곱을 말한다.

98. 무선설비에 전원을 공급하는 고압전기용 전기설비에는 안전시설을 하도록 하고 있다. 여기에서 고압전기란?

　가. 600[V]를 초과하는 고주파 및 교류전압과 750[V]를 초과하는 직류전압
　나. 750[V]를 초과하는 고주파 및 교류전압과 750[V]를 초과하는 직류전압
　다. 100[V]를 초과하는 고주파 및 교류전압과 직류전압
　라. 220[V]를 초과하는 고주파 및 교류전압

정답 가

해설 고압전기: 600V 를 초과하는 고주파전압 및 교류전압과 750V 를 초과하는 직류전압을 말한다.

99. 무선설비의 주요 기자재를 검수하는 방법 중, 시험에 의한 방법의 검수 내용으로 틀린 것은?

　가. 검수방법은 감리사가 입회하여 재료제작자의 시험설비나 공장시험장에서 시험을 실시하고 그 결과로 얻은 성적표로 검수한다.
　나. 감리사가 공공시험기관에 시험을 의뢰 요청하여 실시하고 그 시험 성적 결과에 의하여 검수한다.
　다. 규격을 증명하는 KS 등의 마크가 표시되어 있는 규격품이나 적절하다고 인정할 수 있는 품질증명이 첨부되어 있는 제품을 대상으로 한다.
　라. 대상 기자재의 범위는 공사상 중요한 기자재 또는 특별 주문품, 신제품 등으로써 품질 성능을 판정할 필요가 있는 기자재로 한다.

정답 다

해설 KS 이외의 제품이라도 제품의 특허, 특별한 기능을 가진 장비에 대해서는 검사를 시행함.

100. 다음 중 무선설비 기성부분검사와 준공검사에 대한 설명으로 알맞은 것은?

　가. 공사현장에 주요공사가 완료되고 현장이 정리단계에 있을 때에는 준공 6개월 전에 준공기한 내 준공 가능여부 및 미진사항의 사전 보완을 위해 최종 준공검사를 실시하여야 한다.
　나. 감리사는 시공자로부터 시험운용계획서를 제출받아 검토·확정하여 시험 운용 5일 전까지 발주자에게만 통보하여야 한다.
　다. 예비준공검사는 감리사가 확인한 정산설계도서 등에 의거 검사하여야 하며, 그 검사 내용은 준공검사에 준하여 철저히 시행하여야 한다.
　라. 감리업자 대표자는 기성부분검사원 또는 준공계를 접수하였을 때는 10일 안에 소속 감리사 중 특급감리사급 이상의 자를 검사자로 임명하며, 이 사실을 즉시 본인과 발주자에게 통보하여야 한다.

정답 다

해설 예비준공검사 : 공사준공 2개월 전에 준공기한 내 준공 가능여부 및 미진사항의 사전보완을 위하여 행하는 검사

2016년 기사1회 필기시험

국가기술자격검정 필기시험문제

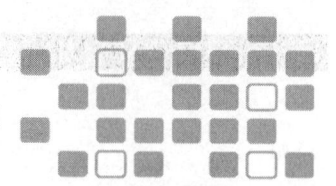

2016년 기사1회 필기시험

자격종목 및 등급(선택분야)	종목코드	시험시간	형 별	수검번호	성 별
무선설비기사		2시간 30분	1형		

제1과목 디지털 전자회로

01 다음 중 교류입력의 반주기에 대해 브리지 정류기의 다이오드 동작 조건에 대한 설명으로 옳은 것은?

가. 한 개의 다이오드가 순방향 바이어스이다.
나. 두 개의 다이오드가 순방향 바이어스이다.
다. 모든 다이오드가 순방향 바이어스이다.
라. 모든 다이오드가 역방향 바이어스이다.

정답 나

02 다음 정전압회로에서 제너 다이오드의 내부저항(r_d)는 2[Ω]이고, 입력직렬저항(R_s)는 500[Ω]일 경우 전압 안정계수(S)는 약 얼마인가?

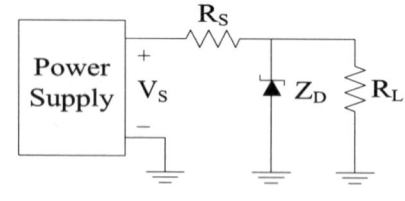

가. 0.004   나. 0.005
다. 0.006   라. 0.007

정답 가

03 다음 정류회로의 명칭은?

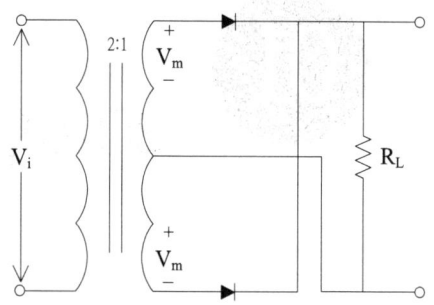

가. 단상반파 정류회로
나. 3상반파 정류회로
다. 단상전파 정류회로
라. 브릿지전파 정류회로

정답 다

04 다음 중 베이스 접지 증폭기에 대한 설명으로 틀린 것은?

가. 다른 접지증폭 방식에 비해 전압이득을 크게 할 수 있다.
나. 출력임피던스가 다른 접지증폭 방식에 비해 높다.
다. 전류이득은 대략 1이다.
라. 입력과 출력간의 위상은 반전이다.

정답 라

05 다음 중 트랜지스터(Transistor)를 달링턴 접속하였을 경우에 대한 설명으로 틀린 것은?
  가. 전류이득이 높아진다.
  나. 입력임피던스가 낮아진다.
  다. 전압이득은 1보다 작다.
  라. 출력임피던스가 낮아진다.

  정답 나

06 다음 그림에서 입력전압 V_i는? (단, $R_1 = 2R_2$)

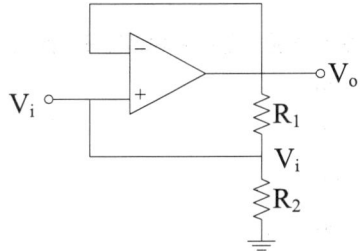

  가. $V_i = V_o$
  나. $V_i = 2V_o$
  다. $V_i = \dfrac{V_o}{3}$
  라. $V_i = 3V_o$

  정답 다

07 다음 중 부궤환 증폭기의 장점이 아닌 것은?
  가. 주파수 특성이 개선된다.
  나. 부하변동에 의한 이득 변동의 감소로 동작이 안정된다.
  다. 일그러짐이 감소한다.
  라. 전력효율이 좋아진다.

  정답 라

08 다음 중 발진을 유지하기 위한 조건이 아닌 것은?
  가. 증폭기의 출력이 유지되는 방향으로 궤환이 일어나야 한다.
  나. 궤환루프의 위상천이가 0°이어야 한다.
  다. 전체 폐루프의 전압이득이(A_d)이 0 이어야 한다.
  라. 발진의 안정조건은 $|A\beta| = 1$이어야 한다.
  (A:증폭기 증폭도, β: 궤환율)

  정답 다

09 다음 중 정현파 발진기의 종류가 아닌 것은?
  가. CR 발진기
  나. LC 발진기
  다. 수정발진기
  라. 멀티바이브레이터

  정답 라

10 다음 중 주파수변조를 진폭변조와 비교한 설명으로 틀린 것은?
  가. 점유주파수대폭이 넓다.
  나. 초단파대의 통신에 적합하다.
  다. S/N비가 좋아진다.
  라. Echo의 영향이 많아진다.

  정답 라

11. 다음 중 슈퍼헤테로다인(Superheterodyne) 검파 방식의 주파수 성분을 구하는 방법으로 틀린 것은?

　가. 영상주파수 = 수신주파수+(2×중간주파수)
　나. 국부발진주파수=수신주파수-중간주파수
　다. 혼신주파수=영상주파수-국부발진주파수
　라. 중간주파수=국부발진주파수+영상주파수

　　　　　　　　　　　　　　　　　정답 라

12. 일정시간 동안 200개의 비트가 전송되고, 전송된 비트 중 15개의 비트에 오류가 발생하면 비트 에러율(BER)은?

　가. 7.5[%]
　나. 15[%]
　다. 30[%]
　라. 40.5[%]

　　　　　　　　　　　　　　　　　정답 가

13. 다음 중 멀티바이브레이터의 동작과 관계가 없는 것은?

　가. 전원전압이 변동해도 발진주파수에는 변화가 없다.
　나. 출력에 고차의 고조파를 포함한다.
　다. 회로의 시정수로 출력파형의 주기가 결정된다.
　라. 부궤환으로 이루어진 회로이다.

　　　　　　　　　　　　　　　　　정답 라

14. 다음 중 입력 신호에서 어떤 특정된 제어 시간의 신호만 출력되도록 할 목적으로 사용하는 회로는?

　가. 슬라이싱(Slicing)회로
　나. 클램퍼(Clamper)회로
　다. 클리핑(Clipping)회로
　라. 게이트(Gate)회로

　　　　　　　　　　　　　　　　　정답 라

15. 8진수 $(67)_8$을 16진수로 바르게 표기한 것은?

　가. $(43)_{16}$
　나. $(37)_{16}$
　다. $(55)_{16}$
　라. $(34)_{16}$

　　　　　　　　　　　　　　　　　정답 나

16. 논리식 A(A+B+C)를 간단히 하면?

　가. A
　나. 1
　다. 0
　라. A+B+C

　　　　　　　　　　　　　　　　　정답 가

17 다음 논리 회로는 어떤 논리 게이트(Logic Gate)로 동작하는가?

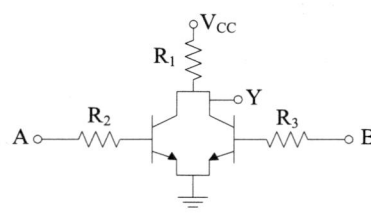

가. OR
나. NOR
다. NAND
라. AND

정답 나

18 5비트 2진 카운터의 입력에 4[MHz]의 정방형 펄스가 가해질 때 출력 펄스의 주파수는?

가. 25[kHz]
나. 50[kHz]
다. 250[kHz]
라. 125[kHz]

정답 라

19 비동기식 5진 카운터(Counter) 회로는 최소 몇 개의 플립플롭(Flip-Flop)이 필요한가?

가. 4   나. 3
다. 2   라. 1

정답 나

20 다음 그림과 같은 회로의 명칭은?

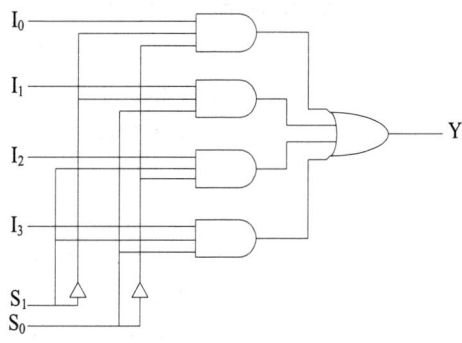

가. 병렬가산기
나. 멀티플렉서
다. 디멀티플렉서
라. 디코더

정답 나

제2과목 무선통신기기

21 다음 중 레이더의 기능에 의한 오차에 속하지 않는 것은?

가. 해면반사
나. 거리오차
다. 방위오차
라. 선박 경사에 의한 오차

정답 가

2016년 무선설비기사 기출문제

22 다음 중 OFDM(Orthogonal Frequency Division Multiplexing)에 대한 설명으로 틀린 것은?

가. 다수 반송파 시스템으로서 반송파 사이에 직교성이 보장되도록 한다.
나. 주파수 선택성 페이딩이나 협대역 간섭에 강인하게 사용할 수 있다.
다. 송수신단에서 복수의 반송파를 변복조하기 위해 IFFR/FFR를 사용할 수 있으므로 간단한 구조로 고속 구현이 가능하다.
라. 부반송파들을 분리하기 위해 보호대역이 필요하다.

정답 라

23 다음 중 Microwave 무선 중계방식에서 폭우의 영향이 가장 크게 나타나는 주파수대는?

가. 10[GHz]
나. 8[GHz]
다. 6[GHz]
라. 4[GHz]

정답 가

24 다음 중 AM 수신기에서 사용되는 잡음 억제 회로의 종류가 아닌 것은?

가. ANL(Automatic Noise Limiter) 회로
나. 스퀠치(Squelch) 회로
다. 뮤팅(Muting) 회로
라. AGC(Automatic Gain Control) 회로

정답 라

25 다음 중 송신 전력과 전송로 환경이 같을 때, 비트 에러확률이 8PSK와 16PSK 사이에 해당되는 변조방식은?

가. 8QAM
나. 16QAM
다. 32QAM
라. 256QAM

정답 나

26 다음 중 단측파대(SSB) 송수신기에 대한 설명으로 틀린 것은?

가. 송신기가 소형이고 무게가 가볍다.
나. 적은 송신전력으로 통신이 가능하다.
다. 송수신기의 회로구성이 단순하다.
라. 점유주파수대폭이 1/2로 축소된다.

정답 다

27 QPSK(Quadrature Phase Shift Keying) 신호의 전송속도가 4,000[bps]이면 보(Baud) 속도는 얼마인가?

가. 1,000[Baud]
나. 2,000[Baud]
다. 4,000[Baud]
라. 8,000[Baud]

정답 나

28 위성 통신에 사용되는 주파수 대역 중 12.5~18[GHz]를 무엇이라고 하는가?

가. C 나. Ku
다. Ka 라. X

정답 나

29 다음 중 수신기에서 고주파 증폭회로의 역할로 적합하지 않은 것은?

가. 수신기의 감도 개선
나. 불필요한 전파발사 억제
다. 근접주파수 선택도 개선
라. 안테나와의 정합 용이

정답 다

30 다음 중 정지궤도위성을 이용한 통신방식의 장점이 아닌 것은?

가. 3개의 위성으로 극지방을 제외한 전 세계 통신망 구성이 가능하다.
나. Point To Point 네트워크 구성이 가능하다.
다. 전파지연이 크지만 전송손실은 거의 없어 효율이 높다.
라. 위성을 추적할 필요가 없다.

정답 다

31 다음 중 DC-DC 컨버터의 구성요소가 아닌 것은?

가. 구형파 발생기
나. 정류회로
다. 정전압회로
라. 버퍼회로

정답 라

32 평활회로에서 콘덴서 입력형에 대한 설명으로 적절히 못한 것은?

가. 직류 출력 전압이 높다.
나. 역전압이 높다.
다. 전압 변동률이 크다.
라. 저전압, 대전류에 이용한다.

정답 라

33 다음 중 UPS(Uninterruptible Power Supply)의 구성 방식에 대한 설명으로 틀린 것은?

가. On-Line 방식 : 상용전원을 컨버터 회로에 의해 직류로 바꾸고 이를 축전지에 충전하고 인버터 회로를 통해 교류전원으로 바꾼다.
나. Hybrid 방식 : 상용전원은 그대로 출력으로 내보내며 축전지는 충전회로를 통해 충전한다.
다. LINE 인터랙티브 방식 : 축전지와 인버터 부분이 항상 접속되어 서로 전력을 변환하고 있다.
라. OFF-LINE : 입력측의 변동된 전원이 부하측의 출력으로 공급되어 출력에 영향을 줄 수 있다.

정답 나

34 다음 중 교류성분인 맥동(리플)을 제거함으로써 직류성분만을 얻게하기 위해 사용하는 회로는 무엇인가?

가. 정류회로
나. 중계회로
다. 평활회로
라. 정전압회로

정답 다

35 수신기의 안정도는 수신기를 구성하는 어떤 구성요소의 주파수 안정도에 의해 결정되는가?

가. 동조회로
나. 고주파 증폭기
다. 국부 발진기
라. 검파기

정답 다

36 전압 변동률을 d, 부하시 직류 출력전압을 V_n, 무부하시 직류 출력 전압을 V_0라 할 때 V_0를 바르게 나타낸 것은?

가. $V_0 = V_n(1+d)$
나. $V_0 = V_n(1-d)$
다. $V_0 = V_n/(1+d)$
라. $V_0 = V_n(1-d)$

정답 가

37 다음 중 니켈-카드뮴 축전지에 대한 설명으로 틀린 것은?

가. 알칼리 축전지의 한 종류이다.
나. 부하가 작은 용도에 주로 사용된다.
다. 과충전 및 과방전에 약하다.
라. 대부분 밀폐형으로 저에너지밀도이다.

정답 다

38 다음 중 FM수신기의 감도 측정 방법으로 적합한 것은?

가. 잡음 증가감도에 의한 측정방법
나. 이득 증가감도에 의한 측정방법
다. 잡음 억압감도에 의한 측정방법
라. 이득 억압감도에 의한 측정방법

정답 다

39 다음 중 안테나의 접지저항을 측정하는 방법으로 적합하지 않은 것은?

가. Q메터법
나. 비헤르트법
다. 코올라우시 브리지법
라. 휘스톤 브리지법

정답 가

40 기본파 전압이 10[V], 제2고조파 전압이 4[V], 제3고조파 전압이 3[V] 일 때 전압왜율은 몇 [%]인가?

가. 10[%]   나. 25[%]
다. 50[%]   라. 80[%]

정답 다

제3과목 안테나공학

41 자유공간에서 전파가 20[μs] 동안 전파되었을 때 진행한 거리는?

가. 2[km]
나. 6[km]
다. 20[km]
라. 60[km]

정답 나

42 변화하고 있는 자계는 전계를 발생시키고 또 반대로 변화하고 있는 전계는 자계를 발생시키는 사실을 나타내고 있는 것은?

가. Maxwell 방정식
나. Lantz 방정식
다. Poynting 정리
라. Laplace 방정식

정답 가

43 다음 중 전자파의 설명으로 틀린 것은?

가. 전계와 자계가 이루는 평면에 수직으로 진행하는 파
나. 전동 방향에 평행인 방향으로 진행하는 파
다. 전계와 자계가 서로 얽혀 도와가며 고리 모양으로 진행하는 파
라. TE(횡전파), TM(횡자파), TEM(횡전자파)의 합성파

정답 나

44 가장 이상적인 VSWR(Voltage Standing Wave Radio)의 값은 얼마인가?

가. 0
나. ∞
다. 1
라. 10

정답 다

45 다음 중 N개의 Port가 있는 N-Port 소자의 입출력 특성을 알고자 할 때 고주파 파라미터로 사용되는 것은?

가. Impedance Matrix
나. Admittance Matrix
다. Scattering Matrix
라. Trasmission(ABCD) Matrix

정답 다

46 다음 중 근접선과 안테나 사이에 임피던스 정합을 하는 이유로 적합하지 않은 것은?

가. 최대 전력을 전송한다.
나. 급전선에서의 손실 증가를 방지한다.
다. 정재파비를 크게 한다.
라. 부정합 손실이 적다.

정답 다

47 다음 평행 2선식 급전선 중 특성 임피던스가 가장 높은 것은 어느 것인가?

가. 선직경 1.2[mm], 선간격 20[cm]
나. 선직경 1.2[mm], 선간격 30[cm]
다. 선직경 2.4[mm], 선간격 30[cm]
라. 선직경 2.4[mm], 선간격 20[cm]

정답 나

48 다음 중 안테나의 급전선에 스터브(Stub)를 부착하는 이유는?

가. 안테나의 서셉턴스 성분을 제거하여 대역폭을 증가시키기 위하여
나. 복사전력을 증폭시키기 위하여
다. 안테나의 지향성을 높이기 위하여
라. 안테나 리액턴스 성분을 제거하여 임피던스를 정합시키기 위하여

정답 라

49 다음 중 빔(Beam) 안테나에 대한 설명으로 틀린 것은?

가. 마르코니형, 텔레푼켄형 및 스텔바형 등이 있다.
나. 지향성이 예리하다.
다. 큰 복사전력을 얻을 수 있다.
라. 주로 낮은 주파수(LF 대역 이하)에서 사용된다.

정답 라

50 10[μV/m]의 전계강도를 dB 단위로 표시하면 얼마인가? (단, 1[μV/m]를 0[dB]로 한다.)

가. 10[dB] 나. 20[dB]
다. 30[dB] 라. 40[dB]

정답 나

51 다음 중 방사상 접지에 대한 설명으로 틀린 것은?

가. 지중 동관식이라고도 한다.
나. 접지 저항은 약 5[Ω] 정도이다.
다. 중파 방송용 안테나에 주로 사용된다.
라. 여러 동선을 안테나를 중심으로 방사형으로 땅속에 매설한다.

정답 가

52 자유공간에서 주파수 15[MHz]의 전파를 방사하는 미소 다이폴안테나로부터 거리 d[m]인 곳의 복사전계와 유도전계의 세기가 같아졌다면, 이때의 거리 d는 몇 [m]인가?

가. 0.6[m]
나. 1.6[m]
다. 3.2[m]
라. 6.4[m]

정답 다

53 다음 중 가상접지에 대한 설명으로 틀린 것은?

가. 대지의 도전율이 나쁜 곳에서 사용된다.
나. 지상고 2.5[m] 이상에 도체망을 설치하는 방식이다.
다. 도체망과 대지사이에 변위전위가 흐르게 하여 접지한다.
라. 도체망의 가설 면적을 작게 해야 좋은 효과를 얻을 수 있다.

정답 라

54. 야기안테나의 소자 중 가장 긴 소자의 역할과 리액턴스 성분은 무엇인가?

가. 복사기, 용량성
나. 지향기, 유도성
다. 반사기, 유도성
라. 도파기, 용량성

정답 다

55. 등가지구 반경계수가 K일 때 송수신 안테나간의 기하학적 가시거리(d_1)와 전파 가시거리(d_2)의 관계를 바르게 나타낸 것은?

가. $d_2 = K d_1$
나. $d_2 = \sqrt{K} d_1$
다. $d_2 = (1/K) d_1$
라. $d_2 = (1/\sqrt{K}) d_1$

정답 나

56. 마이크로파 송신전력이 1[W](+30[dBm]), 송·수신 안테나 이득이 각각 40[dB], 수신입력 레벨이 -27[dBm]일 때 자유공간 손실은 얼마인가? (단, 도파관 손실 및 기타 손실은 무시한다.)

가. -140[dB]
나. -130[dB]
다. -137[dB]
라. -160[dB]

정답 다

57. 다음 중 전파예보 곡선으로부터 알 수 없는 정보는?

가. MUF(Maximum Usable Frequency)
나. 주파수의 사용 가능 시간
다. 사용 가능 주파수
라. 임계 주파수

정답 라

58. 다음 중 신틸레이션(Scintillation) 페이딩에 대한 설명으로 틀린 것은?

가. 대기 중 공기의 와류에 의한 직접파와 산란파의 간섭으로 발생한다.
나. 수신 전계강도의 평균 레벨은 페이딩에 의해 변동이 심하다.
다. 겨울보다 여름에 많이 발생한다.
라. AGC(Automatic Gain Control)를 이용하여 방지할 수 있다.

정답 나

59. 다음 중 지상에 수직으로 설치된 송수신 안테나 간의 거리가 충분히 멀고, 낮은 초단파대 주파수를 사용하는 경우에 수신 전계에 대한 설명으로 틀린 것은?

가. 안테나에 흐르는 전류에 비례한다.
나. 안테나의 실효고에 비례한다.
다. 송수신 안테나 간의 거리에 반비례한다.
라. 송신 안테나의 높이에 비례한다.

정답 라

60 다음 중 전리층의 주간 및 야간의 변화에 대한 설명으로 틀린 것은?

가. D층은 야간에 장파대의 전파를 반사시킬 수 있다.
나. E층은 주간에 약 10[MHz]의 단파를 반사시킬 수 있다.
다. F층은 단파대의 전파를 반사시킬 수 있다.
라. Es층은 80[MHz] 정도의 초단파를 반사시킬 수 있다.

정답 가

제4과목 무선통신시스템

61 증폭기의 증폭도(A)가 80, 왜율이 3[%]일 때, 궤환율(β)이 0.05의 부궤환을 한다면 왜율은 얼마인가?

가. 0.2[%]
나. 0.4[%]
다. 0.6[%]
라. 0.8[%]

정답 다

62 다음 중 백색잡음(White Noise)에 대한 설명으로 적합하지 않은 것은?

가. 열 잡음이 대표적인 예이다.
나. 레일리(Rayleigh) 분포 특성을 보인다.
다. 백색잡음은 신호에 더해지는 형태이다.
라. 주파수 전 대역에 걸쳐 전력스펙트럼 밀도가 거의 일정하다.

정답 나

63 이득이 12[dB]이고 잡음지수가 14[dB]인 증폭기의 후단에 잡음지수가 16[dB]인 증폭기를 연결할 경우 종합잡음지수는 약 얼마인가?

가. 15.25[dB]
나. 16.25[dB]
다. 17.25[dB]
라. 18.25[dB]

정답 가

64 대역폭이 20[kHz]인 5개의 신호를 SSB(single side band) 변조 후 FDM(frequency division multiplexing)으로 다중화하였다. 이 때 다중화된 신호를 전송하기 위한 최소 대역폭은?

가. 75[kHz]
나. 100[kHz]
다. 125[kHz]
라. 150[kHz]

정답 나

65 다음 중 이동통신 방식에서의 통화는 서로 간에 이동 중에도 통화가 가능해야 하는데 이 때 한 셀(기지국)에서 다른 셀(기지국)과의 통화를 이어주는 역할은 무엇인가?

가. 주파수 변환
나. 로밍(Roaming)
다. 핸드 오프(Hand Off)
라. 주파수 재사용

정답 다

66 다음 중 무선채널 파라미터 종류 중 안테나의 위치, 간격 및 이동국의 이동방향 등 주로 공간정보에 따라 그 특성이 변화하는 무선채널은 무엇인가?

가. 전파채널(Propagational Channel)
나. 공간채널(Spatial Channel)
다. 주파수채널(Frequency Channel)
라. 이동채널(Mobile Channel)

정답 나

67 다음 마이크로파 중계방식 중 송수신기의 중간 주파수가 동일하기 때문에 회선의 상호접속과 분기가 용이한 방식은?

가. 직접 중계방식
나. 무급전 중계방식
다. 헤테로다인 중계방식
라. 검파중계방식

정답 다

68 한 지점에서 송신한 신호의 전력이 수신 지역에서 6[dB] 감소되어 수신되었다면 수신지점은 송신지점과 비교해 전력이 몇 배 감소한 것인가?

가. 4배 감소
나. 6배 감소
다. 8배 감소
라. 64배 감소

정답 가

69 다음 중 소비 전력이 가장 작은 무선통신 시스템은?

가. Wi-Fi
나. Wibro
다. Bluetooth
라. Wimax

정답 다

70 SDTV(Standard-Definition Television)에서 HDTV(High Definition Television)로 발전하면서 해상도가 우수해짐으로 인해 가장 많은 영향을 받는 무선 전송 변수는?

가. 전송 주파수
나. 다중화 방식
다. 안테나 크기
라. 대역폭

정답 라

71 인공위성 통신망을 이용하여 가장 넓은 지역을 커버하는 광대역 서비스는?

가. Mega Cell
나. Macro Cell
다. Bluetooth
라. Pico Cell

정답 가

72 다음 중 통신망의 계층구조에 대한 설명으로 잘못된 것은?

가. 하나의 계층은 소프트웨어 관점에서 하나의 모듈에만 해당된다.
나. 계층은 물리적인 단위가 아니다.
다. 통신이 성립하려면 대상 시스템의 같은 계층끼리 프로토콜이 준수되어야 한다.
라. ISO에서 일곱 계층으로 나누어진 참조모델을 제안했다.

정답 가

73 통신 프로토콜의 계층화 개념 중 데이터가 상위계층에서 하위계층으로 내려가면서 데이터에 제어정보를 덧붙이게 되는데 이를 무엇이라 하는가?

가. Framing
나. Flow Control
다. Encapsulation
라. Transmission Control

정답 다

74. 다음 중 프로토콜(Protocol)에 관한 설명으로 옳은 것은?

가. 통신하는 두 지점 사이에 적용되는 규칙이다.
나. 통신 연결에서 상/하위 레벨 사이에만 적용된다.
다. 소프트웨어 레벨에서만 프로토콜이 적용된다.
라. 주로 기술문서 형태로 작성된다.

정답 가

75. 다음 중 TCP over Wireless 기술에 해당되지 않는 것은?

가. End-to End Solutions
나. Dynamic Host Configuration
다. Link Layer Protocols
라. Split TCP Approach

정답 나

76. 다음 중 하위 계층을 사용하여 응용 프로그램간의 통신에 대한 제어 기능을 수행하며, 상호 대응하는 응용 프로그램 간의 연결의 개시, 관리, 종결을 담당하는 계층은?

가. 응용 계층
나. 표현 계층
다. 세션 계층
라. 전달 계층

정답 다

77. 다음 중 잡음방해의 개선 방법으로 적합하지 않은 것은?

가. 수신 전력을 크게 한다.
나. 수신기의 실효대역폭을 넓게 한다.
다. 적절한 통신방식을 선택한다.
라. 송신전력을 크게 하고 수신기를 차폐한다.

정답 나

78. 다음 무선망 설계 시 필요한 품질목표 중 사용자가 서비스 접속가능 지역에서 호 시도를 하여 호가 완료될 때까지 통화중단 없이 호가 유지될 수 있는 신뢰성에 대한 확률을 표현하는 것은?

가. 통화 커버리지(Call Coverage)
나. 서비스 등급(Grade of Service)
다. 통화 품질(Quality of Telephone Call)
라. 수신감도(Receiving Sensitivity)

정답 나

79. 다음 중 무선통신시스템의 설계 계획 시 요구되는 시스템의 암호화 도입 방식이 아닌 것은?

가. 링크 대 링크(Link – by – Link) 방식
나. 트리 대 트리(Tree – by – Tree) 방식
다. 엔드 대 엔드(End – by – End) 방식
라. 노드 대 노드(Node – by – Node) 방식

정답 나

80. 다음 중 시스템의 고장(Malfunction) 유형이 아닌 것은?

가. 영구적인(Permanent) 고장
나. 간헐적인(Intermittent) 고장
다. 빈번한(Frequent) 고장
라. 일시적인(Transient) 고장

정답 다

제5과목 전자계산기일반 및 무선설비기준

81. 다음 중 운영체제(Operating System)의 성능을 극대화하기 위한 조건이 아닌 것은?

가. 사용 가능도 증대
나. 신뢰도성 향상
다. 처리능력 증대
라. 응답시간(Turn Around Time) 연장

정답 라

82. 16비트 명령어 형식에서 연산코드 5비트, 오퍼랜드1은 3비트, 오퍼랜드2는 8비트일 경우, ⓐ 연산종류와 사용할 수 있는 ⓑ 레지스터의 수를 올바르게 나열한 것은?

가. ⓐ 32가지, ⓑ 512
나. ⓐ 31가지, ⓑ 8
다. ⓐ 32가지, ⓑ 8
라. ⓐ 8가지, ⓑ 511

정답 다

83. 다음 중 DMA(Direct Memory Access)에 대한 설명으로 틀린 것은?

가. 주변장치와 기억장치 등의 대용량 데이터 전송에 적합하다.
나. 프로그램방식보다 데이터의 전송속도가 느리다.
다. CPU의 개입 없이 메모리와 주변장치 사이에서 데이터 전송을 수행한다.
라. DMA 전송이 수행되는 동안 CPU는 메모리 버스를 제어하지 못한다.

정답 나

84. 다음의 데이터 코드 중 가중치 코드가 아닌 것은?

가. 8421 코드
나. 바이퀴너리(Biquinary) 코드
다. 그레이(Gray) 코드
라. 링 카운터(Ring Counter) 코드

정답 다

85. 다음 중 논리회로에 의해 계산된 결과 X는?

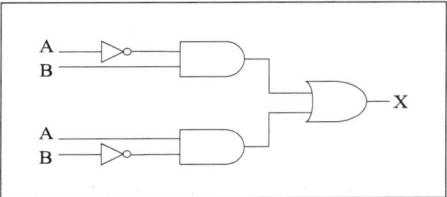

가. $\overline{A \oplus B}$
나. $\overline{A} \oplus \overline{B}$
다. $A \oplus B$
라. $A \cdot B$

정답 다

86. 다음 내용은 어떤 용어에 대한 설명인가?

> 가상기억장치 시스템에서, 프로그램이 접근한 페이지나 세그먼트를 디스크에서 주기억 장치로 로드(Load)하기 위한 과정에서 페이지 부재(Page Fault)가 빈번히 발생하여 프로그램의 처리속도가 급격히 떨어지는 상태를 말하며, 이러한 상태는 시스템이 처리할 수 있는 것보다 더 많은 작업을 실행시킬 경우 발생한다.

가. 오버레이(Overlay)
나. 스래싱(Thrashing)
다. 데드락(Deadlocks)
라. 덤프(Dump)

정답 나

87. 다음 내용이 의미하는 소프트웨어는 무엇인가?

> 상하 관계나 동종 관계로 구분할 수 있는 프로그램들 사이에서 매개 역할을 하거나 프레임워크 역할을 하는 일련의 중간 계층 프로그램을 말하며, 일반적으로 응용 프로그램과 운영체제의 중간에 위치하여 사용자에게 시스템 하부에 존재하는 하드웨어, 운영체제, 네트워크에 상관없이 서비스를 제공한다.

가. 유틸리티
나. 디바이스 드라이버
다. 응용소프트웨어
라. 미들웨어

정답 라

88. 다음 프로그램 언어 중 구조적 프로그래밍(Structured Programming)에 적합한 기능과 구조를 갖는 것은?

가. BASIC   나. FORTRAN
다. C   라. RPG

정답 다

89. 다음 중 마이크로프로세서에 대한 설명으로 틀린 것은?

가. 마이크로프로세서는 데이터를 시스템 메모리에 쓰거나 시스템 메모리로부터 읽어 들일 수 있다.
나. 마이크로프로세서는 데이터를 입출력장치에 쓰거나 입출력장치로부터 읽어 들일 수 있다.
다. 마이크로프로세서는 시스템 메모리로부터 명령어를 읽어 들일 수 없다.
라. 마이크로프로세서는 데이터를 가공할 수 있다.

정답 다

90. 다음 중 CPU의 하드웨어(Hardware) 요소들을 기능별로 분류할 경우 포함되지 않는 것은?

가. 연산 기능
나. 제어 기능
다. 입출력 기능
라. 전달 기능

정답 다

91. R3E, H3E, J3E 전파형식을 사용하는 모든 무선국의 무선설비 점유 주파수대폭의 허용치로 옳은 것은?

가. 1[kHz]   나. 3[kHz]
다. 6[kHz]   라. 10[kHz]

정답 나

92 무선설비 기성 및 준공검사 처리절차가 순서대로 바르게 나열된 것은?

가. 검사원 및 감리조서 - 검사원 임명 - 검사 실시 - 검사결과 통보 및 검사조서 - 발주자 결재 - 대가지급
나. 검사원 임명 - 검사원 및 감리조서 - 검사 실시 - 검사결과 통보 및 검사조서 - 발주자 결재 - 대가 지급
다. 검사원 임명 - 검사원 및 감리조서 - 발주자 결재 - 검사실시 - 검사결과 통보 및 검사조서 - 대가지급
라. 검사원 및 감리조서 - 검사원 임명 - 발주자 결재 - 검사실시 - 검사결과 통보 및 검사조서 - 대가지급

정답 가

93 470[MHz] 초과 24,500[MHz] 이하의 지상파 디지털 텔레비전방송국의 무선설비의 주파수 허용편차는(백만분율)?

가. 1   나. 10
다. 100 라. 1,000

정답 가

94 다음 중 용어의 정의에 대한 설명으로 틀리는 것은?

가. '우주국'이라 함은 우주에 개설한 무선국을 말한다.
나. '주파수분배'라 함은 특정한 주파수의 용도를 정하는 것을 말한다.
다. '무선국'이라 함은 무선설비와 무선설비를 조작하는 자의 총체를 말한다.
라. '실효복사전력'이라 함은 공중선 전력에 주어진 방향에서의 반파 다이폴의 상대이득을 곱한 것을 말한다.

정답 가

95 공중선에 공급되는 전력과 등방성 공중선에 대한 임의의 방향에 있어서의 공중선이득의 곱을 의미하는 전력은?

가. 방송파전력(PZ)
나. 등가등방복사전력(EIRP)
다. 규격전력(PR)
라. 평균전력(PY)

정답 나

96 방송통신기자재의 지정시험기관으로 지정신청을 받은 때, 국립전파연구원장은 며칠 이내에 지정여부를 결정하여야 하는가?

가. 10일   나. 30일
다. 60일   라. 90일

정답 다

97 무선설비 공사가 품질확보 상 미흡 또는 중대한 위해를 발생시킬 수 있다고 판단될 때 공사 중지를 지시할 수 있으며, 공사 중지에는 부분 중지와 전면중지로 구분되는데 전면중지에 해당되는 경우는?

가. 재시공 지시가 이행되지 않는 상태에서는 다음 단계의 공정이 진행됨으로써 하자발생이 될 수 있다고 판단될 때
나. 안전시공 상 중대한 위험이 예상되어 물적, 인적 중대한 피해가 예견될 때
다. 동일 공정에서 3회 이상 시정지시가 이행되지 않을 때
라. 천재지변 등 불가항력적인 사태가 발생하여 공사를 계속할 수 없다고 판단될 때

정답 라

2016년 무선설비기사 기출문제

98 적합성평가의 취소처분을 받은 자는 취소처분을 받은 날로부터 얼마의 범위에서 해당 기자재에 대한 적합성평가를 받을 수 없는가?
  가. 6개월
  나. 1년
  다. 1년 6개월
  라. 2년

  정답 나

99 전자파 장해를 주거나 전자파로부터 영향을 받는 기자재를 제조 또는 판매하거나 수입하려는 자가 받아야 하는 절차가 아닌 것은?
  가. 적합등록
  나. 적합인증
  다. 잠정인증
  라. 형식등록

  정답 라

100 미래창조과학부장관이 주파수회수 또는 주파수 재배치를 함에 있어 당해 시설자에게 통상적으로 발생하는 손실을 보상하여야 하는 경우는?
  가. 시설자의 요청에 의한 경우
  나. 전자파 장해로 인한 혼신을 받는 경우
  다. ITU에서 모든 국가가 공통적으로 수용하여야 할 주파수 국제분배 변경에 따라 주파수 분배를 변경한 경우
  라. 주파수의 용도가 제2순위 업무인 주파수를 사용하는 경우

  정답 나

2016년 기사2회 필기시험

국가기술자격검정 필기시험문제

2016년 기사2회 필기시험

자격종목 및 등급(선택분야)	종목코드	시험시간	형 별	수검번호	성 별
무선설비기사		2시간 30분	1형		

제1과목 디지털 전자회로

01 다음 중 아래 그림과 같은 입·출력 파형 특성을 만족시키는 정류 회로는?

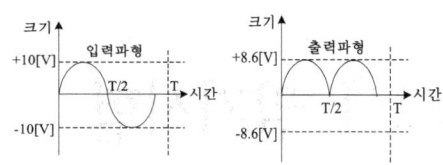

(단, 다이오드의 장벽전압은 0.7[V]이고, 변압기의 권선비는 1:1로 가정한다.)

가. 반파정류회로
나. 유도성 중간탭 전파정류회로
다. 2배압 정류회로
라. 용량성 필터를 갖는 브리지 전파정류회로

정답 라

02 바이어스(Bias) 전압에 따라 정전 용량이 달라지는 다이오드는?

가. 제너 (Zener) 다이오드
나. 포토 (Photo) 다이오드
다. 바렉터 (Varactor) 다이오드
라. 터널 (Tunnel) 다이오드

정답 다

03 다음 회로의 직류 부하선로로 적합한 것은?

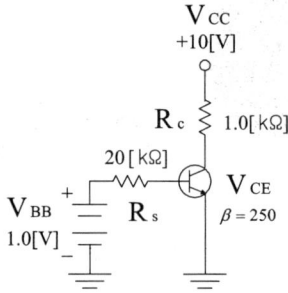

가.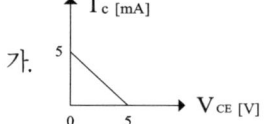

나.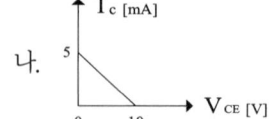

다.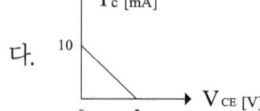

라.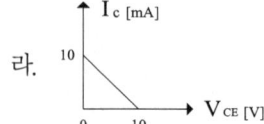

정답 가

04 부궤환 증폭기에서 부궤환량을 증가시켰을 때 증폭기의 대역폭은?

가. 감소한다.
나. 증가한다.
다. 영향을 받지 않는다.
라. 왜곡이 발생한다.

정답 나

05 다음 중 차동증폭기(Differential Amplifier)의 특징에 대한 설명으로 틀린 것은?

가. 직류와 교류 모두 증폭할 수 있다.
나. 부품의 절대치가 변동하여도 증폭이 거의 안정적이다.
다. 작은 온도 변화에서도 동작이 안정적이다.
라. 종합증폭도는 에미터 접지방식보다 크다.

정답 라

06 전력증폭기의 출력 측 기본파 전압이 50[V]이고, 제 2 및 제 3 고조파의 전압이 각각 4[V]와 3[V]일 때 왜율은?

가. 5[%]   나. 10[%]
다. 15[%]   라. 20[%]

정답 나

07 발진회로의 궤환루프의 감쇠가 0.5인 경우 발진을 유지하기 위한 증폭회로의 전압이득은?

가. 전압이득은 2.0이어야 한다.
나. 전압이득은 1.5이어야 한다.
다. 전압이득은 1.0이어야 한다.
라. 전압이득은 0.5보다 적어야 한다.

정답 가

08 궤환에 의한 발진회로에서 증폭기의 이득을 A, 궤환 회로의 궤환율을 β라고 할 때 발진이 지속되기 위한 조건은?

가. $\beta A = 1$
나. $\beta A < 1$
다. $\beta A < 0$
라. $\beta A = 0$

정답 가

09 다음의 FM 변조지수 중 대역폭이 가장 넓은 것은?

가. 1
나. 2
다. 3
라. 4

정답 라

10. AM변조에서 100[%] 변조인 경우 그 변조 출력 전력이 6[kW]일 때, 반송파 성분의 전력은 얼마인가?

가. 1[kW]
나. 1.5[kW]
다. 2[kW]
라. 4[kW]

정답 라

11. 다음 중 정보 전송 기술에서 디지털 신호 재생 중계기의 기능에 해당되지 않는 것은?

가. 타이밍
나. 에러 정정
다. 파형 등화
라. 식별 재생

정답 나

12. 이상적인 펄스 파형에서 펄스폭이 30[μs]이고, 펄스의 반복 주파수가 1[kHz]일 때 점유율은?

가. 3[%]
나. 7[%]
다. 30[%]
라. 70[%]

정답 가

13. 펄스의 중요한 변위에 있어 상승 모서리에서 잠시 흔들리는 일그러짐을 무엇이라고 하는가?

가. Overshoot
나. Undershoot
다. Sag
라. Spark

정답 가

14. 다음 회로에서 $V_{cc} = 5[V]$일 때 출력 전압은?
(단, A = 5[V], B = 0[V] 이다.)

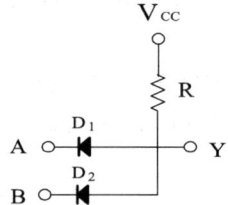

가. 0[V]
나. 2.5[V]
다. 5[V]
라. 7.5[V]

정답 가

15 다음 회로에서 정논리의 경우 게이트 명칭은?

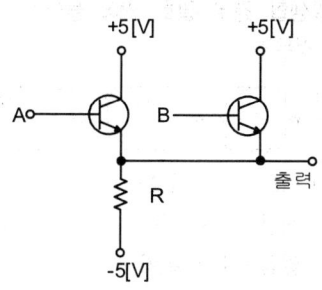

가. AND 게이트
나. OR 게이트
다. NAND 게이트
라. NOR 게이트

정답 나

16 논리식 $(A+B) \cdot (\overline{A}+B)$를 간단히 하면?

가. $\overline{A}B$
나. $A\overline{B}$
다. B
라. A

정답 다

17 J/K Flip-Flop에서 J 입력과 K 입력이 모두 1이고 CP=1일 때 출력은?

가. 출력은 반전한다.
나. Set 출력은 1, Reset 출력은 0이다.
다. Set 출력은 0, Reset 출력은 1이다.
라. 출력은 1이다.

정답 가

18 25진 리플 카운터를 설계할 경우 최소한 몇 개의 플립플롭이 필요한가?

가. 4개
나. 5개
다. 6개
라. 7개

정답 나

19 다음 소자 중에서 n개의 입력을 받아서 제어 신호에 의해 그 중 1개만을 선택하여 출력하는 것은?

가. Multiplexer   나. Demultiplexer
다. Encoder   라. Decoder

정답 가

20 다음 중 전감산기의 입력과 관계 없는 것은?

가. 감수
나. 피감수
다. 상위에서 자리 빌림
라. 하위에서 자리 빌림

정답 라

제2과목 무선통신기기

21 정현파 신호의 반송파를 60[%] 진폭변조(AM)한 송신기의 반송파 전력이 600[W]일 경우 피변조파 전력은 얼마인가?
가. 908[W] 나. 808[W]
다. 708[W] 라. 608[W]

정답 다

22 다음 중 수신기의 동작상태가 얼마나 안정한가를 나타내는 안정도에 미치는 영향이 아닌 것은?
가. 국부발진 주파수의 변동
나. 증폭도의 변동
다. 부품의 경년변화에 의한 성능열화
라. 변조도의 변동

정답 라

23 다음 중 FM 수신기에 대한 설명으로 틀린 것은?
가. 점유주파수대역폭이 AM 방식보다 넓다.
나. 잡음에 의한 일그러짐이 AM 방식보다 많다.
다. 신호대 잡음비가 AM 방식에 비해 양호하다.
라. 진폭 제한기에 의해 진폭성분의 잡음을 감소시킬 수 있다.

정답 나

24 그림과 같이 FM 변조기를 이용하여 PM 변조신호를 발생할 경우 괄호 안에 들어갈 내용으로 적합한 것은?

가. (가) 미분기 (나) 없음
나. (가) 적분기 (나) 없음
다. (가) 없음 (나) 미분기
라. (가) 없음 (나) 적분기

정답 가

25 다음 중 FSK(Frequency Shift Keying) 신호에 대한 설명으로 부적절한 것은?
가. FSK 신호는 진폭이 일정하기 때문에 채널의 진폭변화에 덜 민감하다.
나. FSK는 정보 데이터에 따라서 반송파의 순시주파수가 변경되는 방식이다.
다. FSK 신호는 주파수가 다른 2개의 OOK(On/Off Keying) 신호의 합으로 볼 수 있다.
라. FSK 신호의 대역폭은 ASK(Amplitude Shift Keying)나 PSK(Phase Shift Keying)에 비하여 좁다.

정답 라

26 수신된 펄스열의 눈 형태(Eye Pattern)을 관찰하면 수신기의 오류확률을 짐작할 수 있다. 수신된 신호를 표본화하는 최적의 시간은 언제인가?
가. 눈의 형태(Eye Pattern)가 가장 크게 열리는 순간
나. 눈의 형태(Eye Pattern)가 닫히는 순간
다. 눈의 형태(Eye Pattern)가 중간 크기인 순간
라. 눈의 형태(Eye Pattern)가 여러 개 겹치는 순간

정답 가

27 QAM(Quadrature Amplitude Modulation) 복조기에서 In-Phase 기준 신호가 I성분을 뽑아내는 데 사용되는 것은?
가. 동조회로
나. 위상검출기
다. 저역통과필터
라. 전압제어 발진기

정답 나

28 다음 중 NTSC 방식의 TV가 사용하는 주사방식은?
가. 순차주사   나. 비월주사
다. 수직주사   라. 수평주사

정답 나

29 다음 중 전파 지연시간을 이용하는 항법 장치는?
가. VOR(Very High Frequency mnidirectional Range)
나. INS(Inertial Navigation System)
다. DME(Distance Measuring Equipment)
라. GPS(Global Positioning System)

정답 다

30 다음 중 계기 착륙방식인 ILS (Instrument Landing System)의 구성요소가 아닌 것은?
가. Localizer(방위각 제공 시설)
나. Glide Path(활공각 제공 시설)
다. MLS(초고주파 착륙 시설)
라. Marker Beacon(마커 비콘)

정답 다

31 다음 중 축전기의 초충전에 대한 설명으로 옳은 것은?
가. 속충전
나. 저충전
다. 균등충전
라. 부동충전

정답 나

32 다음 중 축전지의 초충전에 대한 설명으로 옳은 것은?
가. 축전지를 제조한 후 마지막으로 걸어주는 충전이다.
나. 초충전 시 12[V] 정도에서 온도를 급상승시킨다.
다. 충전 전류는 10[%] 내외로 한다.
라. 충전시간은 70~80시간 정도로 한다.

정답 라

33 다음 중 정류회로의 특성에 대한 설명으로 틀린 것은?
가. 전압변동률은 부하전류가 커지면 커질수록 증가하게 된다.
나. 맥동률은 부하전류가 작아지면 작을수록 감소하게 된다.
다. 파형률은 백분율로 하지 않으며, 부하전류가 증가하면 커진다.
라. 정류효율의 값이 크면 교류가 직류로 변환되는 과정에서 손실이 적게 된다.

정답 나

34 다음 중 상호변조(Intermodulation)의 방지대책에 대한 설명으로 틀린 것은?
가. 증폭기를 비선형 영역에서 동작시키지 않는다.
나. 필터를 이용하여 통과대역 밖의 신호를 잘라낸다.
다. 다중화 방식으로 FDM(Frequency Division Multiplexing)을 사용한다.
라. 입력신호의 레벨을 너무 크게 하지 않는다.

정답 다

35 송신기에 안테나 대신 16[Ω]의 무유도 저항을 연결한 후, 측정한 전류값이 5[A]일 경우 송신기의 출력 값은 얼마인가?
가. 300[W]　　나. 400[W]
다. 500[W]　　라. 600[W]

정답 나

36 다음 중 스퓨리어스 발사에 포함되지 않는 것은?
가. 고조사 발사　　나. 저조파 발사
다. 기생발사　　라. 대역외 발사

정답 라

37 LC 회로에서 공진 주파수가 1,200[kHz]일 때 고주파 1[A]가 흐르고, 980[kHz]와 1,020[kHz]에서 $1/\sqrt{2}$ [A]의 전류가 흘렀을 경우 코일의 Q 값은?
가. 30　　나. 40
다. 50　　라. 60

정답 가

38 다음 중 안테나 실효고 측정방법 중의 하나인 표준 안테나에 의한 방법에서 표준 안테나로 사용되는 안테나는?
가. 롬빅 안테나　　나. 야기 안테나
다. 루프 안테나　　라. 브라운 안테나

정답 다

39 다음 중 축전지 용량이 감소하는 원인으로 적합하지 않은 것은?
가. 전해액의 부족
나. 전해액 비중의 감소
다. 극판의 부식 및 균열
라. 백색 황산연의 제거

정답 라

40 기전력이 2[V]인 2차 전지 60개를 직렬로 접속한 전원에서 20[A]의 방전전류를 얻고자 한다. 전원단자의 전압은 몇 [V]가 되는가?
(단, 2차 전지 1개당 내부저항은 0.01[Ω]이다.)
가. 108[V]   나. 110[V]
다. 112[V]   라. 114[V]

정답 가

42 다음 중 TEM파(Transverse Electromagnetic Wave)에 대한 설명으로 옳은 것은?
가. 전파 진행방향에 전계성분만 존재하고 자계성분은 존재하지 않는다.
나. 전파 진행방향에 자계성분만 존재하고 전계성분은 존재하지 않는다.
다. 전파 진행방향에 전계, 자계성분이 모두 존재하지 않는다.
라. 전파 진행방향에 전계, 자계 성분이 모두 존재한다.

정답 다

43 비유전율이 25이고, 비투자율이 1인 매질 내를 전파하는 전자파의 속도는 자유공간을 전파할 때와 비교하여 약 몇 배의 속도인가?
가. 0.1배   나. 0.2배
다. 0.3배   라. 0.5배

정답 나

제3과목 안테나공학

41 다음 중 거리에 따라 가장 감쇠가 급격하게 발생하는 것은?
가. 정전계   나. 유도계
다. 복사전계   라. 복사자계

정답 가

44 다음 중 자유공간에서 전력밀도 P를 옳게 표현한 식은? (단, E는 전계의 세기, H는 자계의 세기이다.)
가. $P = \dfrac{H}{E}$ 나. $P = \dfrac{E}{H}$
다. $P = \dfrac{1}{2}EH^2$ 라. $P = \dfrac{E^2}{120\pi}$

정답 라

45 다음 중 정재파에 대한 설명으로 틀린 것은?
  가. 진행파와 반사파가 합성된 파를 말한다.
  나. 전압 분포상태가 ($\lambda/2$)거리마다 최대치가 있다.
  다. 전압·전류의 위상은 선로상의 각 점에 따라 서로 다르다.
  라. 진행파와 비교할 때 전송손실이 크다.

  정답 다

46 다음 중 동조 급전선과 비동조 급전선에 대한 설명으로 틀린 것은?
  가. 정재파가 분포되어 있는 급전선을 동조 급전선이라 한다.
  나. 비동조 급전선은 동조 급전선보다 전력의 손실이 적다.
  다. 동조 급전선은 거리가 짧을 때, 비동조 급전선은 길 때 주로 사용한다.
  라. 비동조 급전선은 정합장치가 불필요하다.

  정답 라

47 그림과 같이 도선의 길이가 $\lambda/4$인 선단을 단락할 경우 ab점에서 본 임피던스는?

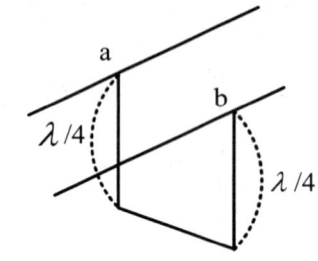

  가. 0   나. 유도성
  다. 용량성 라. ∞

  정답 라

48 다음 중 도파관은 어떠한 특성을 가진 여파기(Filter)로 볼 수 있는가?
  가. 대역소거여파기(Band Rejection Filter)
  나. 저역통과여파기(Low Pass Filter)
  다. 고역통과여파기(High Pass Filter)
  라. 대역통과여파기(Band Pass Filter)

  정답 다

49 반치각이란 주엽의 최대 복사 강도(방향)에 대해 몇 [dB]가 되는 두 방향 사이의 각을 말하는가?
  가. 0 [dB]   나. -3 [dB]
  다. -6 [dB]   라. -12 [dB]된다.

  정답 나

50 다음 중 안테나의 Top Loading 효과에 대한 설명으로 옳은 것은?
  가. 실효길이의 증가   나. 고유주파수의 증가
  다. 방사저항의 감소   라. 방사효율의 감소

  정답 가

51 다음 중 VHF 대역에서 통신 가능 거리를 증가시키기 위한 방법으로 틀린 것은?
  가. 안테나 높이를 높인다.
  나. 이득이 높은 안테나를 사용한다.
  다. 지향성이 예리한 안테나를 사용한다.
  라. 안테나의 방사각도를 크게 한다.

  정답 라

52 복사저항이 200[Ω]이고, 손실저항이 35[Ω]인 안테나의 복사효율은 약 얼마인가?
가. 65[%] 나. 75[%]
다. 85[%] 라. 95[%]

정답 다

53 다음 중 절대이득을 측정할 수 있는 표준형 안테나로 사용할 수 있는 안테나는?
가. 혼(Horn) 안테나
나. 웨이브(Wave) 안테나
다. 루프(Loop) 안테나
라. 롬빅(Rhombic) 안테나

정답 가

54 다음 중 방사상 접지의 접지저항과 용도로 각각 옳은 것은?
가. 약 1~2[Ω] 정도, 단파 방송용
나. 약 5[Ω] 정도, 중전력국용
다. 약 10[Ω] 정도, 소전력용
라. 약 20[Ω] 정도, 대전력용

정답 나

55 송신안테나와 수신안테나의 높이가 각각 9[m]로 동일하게 놓여 있는 경우 직접파 통신이 가능한 전파 가시거리는 약 얼마인가?
가. 8.22[km] 나. 12.44[km]
다. 24.66[km] 라. 32.88[km]

정답 다

56 다음 중 지표파의 대지에 대한 영향으로 틀린 것은?
가. 지표파의 전계강도 감쇠가 커지는 순서는 해상 →해안 →평야 →구릉 →산악 →시가지 "이다.
나. 주파수가 낮을수록 멀리 전파된다.
다. 대지의 유전율이 클수록 멀리 전파된다.
라. 수평편파보다 수직편파 쪽이 감쇠가 작다.

정답 다

57 다음 중 대류권전파에서 라디오덕트가 생성되는 조건에 대한 표현으로 옳은 것은? (단, M:수정굴절율, h:송신안테나 높이)
가. $\dfrac{dM}{dh} < 1$ 나. $\dfrac{dM}{dh} < 0$
다. $\dfrac{dM}{dh} > 1$ 라. $\dfrac{dM}{dh} > 0$

정답 나

58 다음 중 전리층의 종류에 대한 설명으로 틀린 것은?
가. D층은 태양의 고도와 밀접한 관계가 있어 야간에는 사라진다.
나. F층은 주간에는 2개의 층으로 분리되어 있다가 야간에는 두 층이 합쳐진다.
다. Es층은 9~11월 중에 생기며, 야간에 주로 발생한다.
라. E층의 전자밀도의 최대는 주간에 발생한다.

정답 다

59 지표면에서 전리층을 향해 수직으로 펄스파를 발사한 후 2[ms] 후에 생기는 반사파는 어느 전리층에서 반사된 것인가?
가. D층　　　나. E층
다. Es층　　라. F층

정답 라

60 다음 중 전파의 손실 예측과 관계가 없는 것은?
가. 전파의 형식
나. 전파통로의 거리
다. 송수신 안테나의 높이
라. 전파통로의 지형조건

정답 가

제4과목　무선통신시스템

61 다음 중 디지털 통신에서 사용하는 채널코딩(Channel Coding)에 대한 설명으로 옳은 것은?
가. 공간영역에서의 중복성을 제거하여 영상신호를 압축하는 것이다.
나. 정보신호에 따라 반송파의 진폭 또는 주파수를 변화시키는 것이다.
다. 데이터 전송 중에 발생하는 다양한 채널오류를 방지하여 통신능률을 향상시키는 것이다.
라. 수신된 정보를 송신측에 되돌려주어 송신측에서 착오발생을 점검하는 것이다.

정답 다

62 다음 중 18[kHz]까지 전송할 수 있는 PCM(Pulse Code Modulation) 시스템에서 요구되는 표본화 주파수로 적합한 것은?
가. 9[kHz]　　나. 18[kHz]
다. 30[kHz]　라. 36[kHz]

정답 라

63 다음 전파의 성질 중 지구 등가 반경과 가장 관계가 깊은 것은?
가. 반사　　　나. 굴절
다. 감쇠　　　라. 회절

정답 나

64 다음 중 다중경로 페이딩 등에 의해 수신된 신호가 ISI(Inter Symbol Interference) 현상이 발생될 경우 이를 보정하기 위해 필요한 것은?
가. SAW 필터　　나. 등화기
다. Expander　　라. Diversity 컴바이너

정답 나

65 다음 중 마이크로파 통신망 치국 계획시 고려 사항으로 틀린 것은?
가. 총 경로 손실　　나. 전력 소모율
다. 통신망의 성능　　라. 총 장비 이득

정답 나

66. 다음 주파수 밴드 중 주파수가 낮은 것에서 높은 순서로 바르게 나열한 것은?
   가. C-I-X-Ka   나. S-X-Ka-Ku
   다. L-C-K-Ka   라. X-L-K-Ku
   정답 다

67. 지상에서 통신위성으로 통신하는 경우 통화지연은 약 얼마인가?
   (단, 위성고도는 35,863[km]이다.)
   가. 0.12초   나. 0.24초
   다. 0.36초   라. 0.48초
   정답 나

68. 이동통신에서 "단말이 현재 셀에서 다른 셀로 이동할 때, 현재 셀의 채널 연결을 해제한 후에 이동할 셀과 채널 연결하는 기술"을 무엇이라고 하는가?
   가. 소프트 핸드오프(Soft Hand-off)
   나. 소프터 핸드오프(Softer Hand-off)
   다. 하드 핸드오프(Hard Hand-off)
   라. 로밍(Roaming)
   정답 다

69. CDMA 이동통신 시스템에서 주파수 재사용 계수가 1, 주파수 대역폭 25[MHz], 채널 대역폭 1.25[MHz] 및 RF 채널당 38개 호일 경우 셀당 허용 가능한 최대 호(Call) 수는?
   가. 380   나. 570
   다. 760   라. 950
   정답 다

70. 우리나라 지상파 DMB의 데이터 다중화 기술로 사용되고 있는 방식은?
   가. CDMA   나. CSMA-CD
   다. OFDM   라. TDMA
   정답 다

71. 방송미디어로 초고속인터넷을 통해 통신과 방송이 융합된 형태로 서비스를 제공하는 것은?
   가. DMB   나. IPTV
   다. BcN   라. D-TV
   정답 나

72. 다음 중 오류제어, 동기제어, 흐름제어 등의 각종 제어 절차에 관한 제어 정보에 대해 정의하는 프로토콜의 기본요소는?
   가. 포맷(Format)   나. 구문(Syntax)
   다. 의미(Semantics)   라. 타이밍(Timing)
   정답 다

73. 다음 중 2개의 프로토콜 개체(Entity)가 초기의 시작, 중간의 체크포인트 기능, 통신 종료 등을 수행할 수 있도록 두 개체를 같은 상태로 유지시키는 프로토콜 기능은?
   가. 동기화(Synchronization)
   나. 순서결정(Sequencing)
   다. 주소지정(Addressing)
   라. 다중화(Timing)
   정답 가

74. 다음 중 무선 프로토콜의 계층관점에서 캡슐화(Encapsulation)에 대한 설명으로 옳은 것은?
   가. 상위 계층으로 정보를 올려 보내기 전에 캡슐화를 수행한다.
   나. 하위 계층으로 정보를 내려 보내기 전에 캡슐화를 수행한다.
   다. 상위나 하위 계층으로 정보를 보내기 전에 캡슐화를 수행한다.
   라. 상대방의 동일 계층으로 정보를 보내기 전에 캡슐화를 수행한다.

   정답 나

75. 다음 중 데이터링크 계층에서 기기를 식별할 때 사용하는 것은?
   가. IP 주소   나. MAC 주소
   다. 포트번호   라. 시리얼번호

   정답 나

76. 다음 중 애드혹 네트워크(Ad-hoc Network)에 대한 설명으로 옳은 것은?
   가. 네트워크의 구성 및 유지를 위한 기지국이 필요하다.
   나. 독립형 네트워크를 구성할 수 없다.
   다. 특정 호스트가 라우팅 기능을 담당한다.
   라. 네트워크 토폴로지가 동적으로 변한다.

   정답 라

77. 다음 중 이동통신 시스템에서 중계기 발진을 방지하기 위한 기지국 수신 레벨과 중계기 수신 레벨간 최소한의 편차로 적합한 것은?
   가. 3[dB] 이상   나. 5[dB] 이상
   다. 9[dB] 이상   라. 13[dB] 이상

   정답 라

78. 대한민국 지상파 디지털TV 전송방식의 한 채널당 대역폭은?
   가. 3[MHz]   나. 4[MHz]
   다. 5[MHz]   라. 6[MHz]

   정답 라

79. 통신 시스템의 장애(Fault)에 대처하는 단계 중 다음 괄호 안에 적합한 것은?

   (1) 장애의 탐지
   (2) 장애 위치 파악
   (3) (   )
   (4) 시스템 재구성
   (5) 장애 상황으로부터 복구
   (6) 수리 및 재구축

   가. 장애의 제거   나. 장애의 보류
   다. 장애의 격리   라. 장애의 분류

   정답 다

80. 다음 중 WPA(Wi-Fi Protected Access)의 요소가 아닌 것은?
   가. TKIP(Temporal Key Integrity Protocol)
   나. EAP(Extensible Authentication Protocol)
   다. 802.1X
   라. WEP(Wire Equivalent Privacy)

   정답 라

제5과목 전자계산기일반 및 무선설비기준

81 다음 스위칭 회로의 논리식으로 옳은 것은?

A —o o— B —o o— F

가. F = A + B 나. F = A · B
다. F = A + B 라. F = A / (B + A)

정답 나

82 2진수 7비트로 표현하는 경우 −9에 대해 부호화 절댓값, 부호화 1의 보수 및 부호화 2의 보수로 변환한 것으로 옳은 것은?

가. 0001001, 0110110, 0110111
나. 1001001, 0110110, 1110111
다. 1001001, 1110110, 1110111
라. 1001001, 0110110, 0110111

정답 다

83 다음 중 자료의 논리적 구성에 대한 설명으로 틀린 것은?

가. 필드(Field) : 자료처리의 최소단위이다.
나. 파일(File) : 동일한 성질이나 유형을 지닌 레코드들의 집합이다.
다. 레코드(Record) : 하나 이상의 필드가 모여 구성된다.
라. 데이터베이스(Database) : 조직내의 응용 프로그램들이 공동으로 사용하기 위한 공동의 파일집합이다.

정답 라

84 다음 중 ASCII 코드에 대한 설명으로 틀린 것은?

가. 미국표준협회에서 만든 미국 표준 코드이다.
나. 7비트의 데이터 비트에 패리티 비트 1비트를 추가한다.
다. 7비트의 데이터 비트 중 앞의 7, 6, 5, 4비트는 존비트로 사용된다.
라. 데이터 통신용 문자 코드로 많이 사용되고 128문자를 표시한다.

정답 다

85 다음 중 스케줄링에 대한 설명으로 틀린 것은?

가. 스케줄링이란 프로세스들의 자원 사용 순서를 결정하는 것을 말한다.
나. 선점 기법은 프로세스가 점유하고 있는 자원을 다른 프로세스가 빼앗을 수 있는 기법을 말한다.
다. 선점 기법은 우선순위가 높은 프로세스가 급히 수행되어야 할 경우 사용된다.
라. 비선점 기법은 실시간 대화식 시스템에서 주로 사용된다.

정답 라

86 일정시간 모여진 변동 자료를 어느 시기에 일괄해서 처리하는 방법은?

가. 리얼 타임 프로세싱(Real Time Processing) 방식
나. 배치 프로세싱(Batch Processing) 방식
다. 타임 세어링 시스템(Time Sharing System) 방식
라. 멀티 프로그래밍(Multi Programming) 방식

정답 나

87 다음 중 소프트웨어의 유형과 특징에 대한 설명으로 옳은 것은?
가. 베타버전 : 개발 도중의 하드웨어/소프트웨어에 붙는 제품 버전. 개발 초기 단계에서 개발 기업 내 또는 일부의 사용자에게 배포하여 시험하는 초기 버전
나. 알파버전 : 소프트웨어를 정식으로 발표하기 전에 발견하지 못한 오류를 찾아내기 위해 회사가 특정 사용자들에게 배포하는 시험용 소프트웨어
다. 프리웨어 : 별도로 판매되는 제품들을 묶어 하나의 패키지로 만들어 판매하는 형태. 컴퓨터 시스템을 구입할 때 컴퓨터 시스템을 구성하는 하드웨어 장치와 프로그램 등을 모두 하나로 묶어 구입하는 방법
라. 공개소프트웨어 : 누구나 자유롭게 사용하고 수정하거나 재 배포할 수 있도록 공개하는 소프트웨어. 누구에게나 이용과 복제, 배포가 자유롭다는 뜻의 소프트웨어

정답 라

88 다음 중 운영체제가 제공하는 소프트웨어 프로그램이 아닌 것은?
가. 스택(Stack)
나. 컴파일러(Compiler)
다. 로더(Loader)
라. 응용 패키지(Application Package)

정답 가

89 마이크로프로세서를 구성하는 요소 장치로 데이터 처리과정에서 필수적으로 요구되는 것들로 올바르게 짝지어진 것은?
가. 제어장치, 저장장치
나. 연산장치, 제어장치
다. 저장장치, 산술장치
라. 논리장치, 산술장치

정답 나

90 다음 중 레지스터에 대한 설명으로 틀린 것은?
가. 레지스터는 프로세서 내부에 위치한 저장소(Storage)이다.
나. 어커뮬레이터(Accumulators)는 레지스터의 일종이다.
다. 특정한 주소를 지정하기 위한 레지스터를 스테터스(Status) 레지스터라 부른다.
라. 레지스터는 실행과정에서 연산결과를 일시적으로 기억하는 회로이다.

정답 다

91 중파방송의 경우 블랭킷에어리어는 지상파 전계강도가 미터마다 몇 볼트 이상인 지역을 말하는가?
가. 10볼트　　나. 5볼트
다. 3볼트　　라. 1볼트

정답 라

92 다음 중 무선국을 개설한자가 무선설비를 위탁운용하거나 공동으로 사용하는 경우에 대한 조건으로 적합하지 않은 것은?
  가. 전파가 능률적으로 발사될 수 있는 곳에 설치할 것
  나. 고주파응용기기와 같이 사용할 경우 차단벽을 설치할 것
  다. 이미 시설된 무선국의 운용에 지장을 주지 아니할 것
  라. 무선설비로부터 발사되는 전파가 인근 주택가의 방송수신에 장애를 주지 아니할 것

  정답 나

93 "방송통신기자재 등의 적합성 평가에 관한 고시"에 의한 용어 정의 중에서 "기본모델과 전기적인 회로·구조·기능이 유사한 제품군으로 기본모델과 동일한 적합성평가번호를 사용하는 기자재"는 무엇이라 하는가?
  가. 기본모델   나. 변경모델
  다. 동일모델   라. 파생모델

  정답 라

94 적합성평가를 받은 사항을 변경하고자 할 때 변경신고서 제출에 대한 처리기간으로 옳은 것은?
  가. 5일   나. 7일
  다. 10일   라. 15일

  정답 가

95 "거짓이나 그 밖의 부정한 방법으로 적합성평가를 받은 경우"에 해당되는 법령 처분기준은?
  가. 적합성평가 취소   나. 업무중지 6개월
  다. 생산중지   라. 수입중지

  정답 가

96 DSC(Digital Selective Calling)의 수신메세지는 정보를 읽기 전까지 저장되고, 수신 후 몇 시간이 지난 후에 삭제될 수 있어야 하는가?
  가. 12시간   나. 24시간
  다. 48시간   라. 72시간

  정답 다

97 다음 문장의 괄호 안에 적합한 것은?

> "반송파 전력(PZ)"이라 함은 ( )에서 송신장치로부터 송신공중선계의 급전선에 공급되는 전력으로서 무선주파수의 1주기 동안에 걸쳐 평균한 것을 말한다.

  가. 정상동작 상태
  나. 무변조 상태
  다. 송신장치의 급전 상태
  라. 정격 출력 상태

  정답 나

98 전력선 통신설비 및 유도식 통신설비에서 발사되는 고조파·저조파 또는 기생발사강도는 기본파에 대하여 몇 데시벨 이하이어야 하는가?
  가. 10데시벨   나. 30데시벨
  다. 50데시벨   라. 60데시벨

  정답 나

99. 다음 문장의 괄호 안에 들어갈 용어들로 맞게 짝지어진 것은?

> (가)란 공사의 조사·계획 및 설계가 관련법의 기술기준에 따라 품질 및 안전을 확보하여 시행될 수 있도록 관리하는 것을 말하며, (나)란 공사의 설계감리를 위탁하는 자를 말한다.

가. 가 : 설계감리, 나 : 시공자
나. 가 : 설계감리, 나 : 발주자
다. 가 : 시공감리, 나 : 발주자
라. 가 : 시공감리, 나 : 시공자

정답 나

100. 다음 중 무선설비 설계업무 수행절차의 수행업무 내용으로 틀린 것은?

가. 착수단계의 활동내용은 설계목적과 목표, 추진방안, 설계개요 및 법령 등 각종 기준을 검토한다.
나. 준비단계의 활동내용은 예비타당성조사, 기술적 대안 비교·검토, 기본 공정표 작성을 행한다.
다. 설계단계는 기본설계와 실시설계로 분류하며, 실시설계의 활동내용으로는 기본설계 결과의 검토, 설계요강의 결정 및 설계지침을 작성한다.
라. 설계심의단계의 활동내용은 설계목적 적합성 여부 심의, 자문단의 의견 수렴 및 반영을 행한다.

정답 나

2016년 기사4회 필기시험

국가기술자격검정 필기시험문제

2016년 기사4회 필기시험

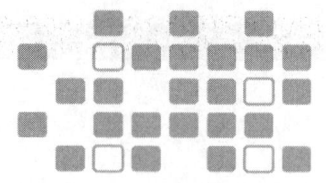

자격종목 및 등급(선택분야)	종목코드	시험시간	형 별	수검번호	성 별
무선설비기사		2시간 30분	1형		

제1과목 디지털 전자회로

01 60[Hz]의 정현파 신호가 전파정류기에 입력될 경우 출력신호의 주파수는 얼마인가?
가. 10[Hz]
나. 30[Hz]
다. 60[Hz]
라. 120[Hz]

정답 라

02 변압기의 입력단 1차 권선비와 출력단 2차 권선비가 1:2일 때, 출력전압은 입력전압의 몇 배인가?
가. 0.5배   나. 1배
다. 1.5배   라. 2배

정답 라

03 스위칭 정전압 제어기에서 제어 트랜지스터가 도통되는 시간은?
가. 부하 변동에 대응하는 펄스 유지 기간 동안
나. 항상
다. 과부하가 걸린 동안
라. 전압이 정해진 제한을 넘은 동안

정답 가

04 다음과 같은 증폭기의 교류 입력전압의 크기가 20 [mV]일 때 교류 출력전압의 크기는 약 얼마인가?

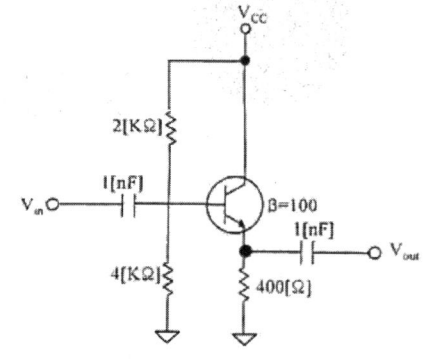

가. 20 [mV]   나. 30 [mV]
다. 40 [mV]   라. 50 [mV]

정답 가

05 다음 중 FET(Field Effect Transistor)에 대한 설명으로 틀린 것은?
가. 입력저항이 수 [$M\Omega$]으로 매우 크다.
나. 다수 캐리어에 의해 동작하는 단극성 소자이다.
다. 접합트랜지스터(BJT)보다 동작속도가 빠르다.
라. 전압제어용 소자이다.

정답 다

06. 다음 그림과 같은 부궤환 증폭기 회로의 궤환율은?

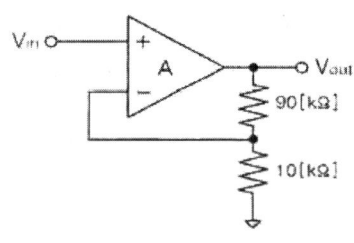

가. 10 나. 1.1
다. 0.5 라. 0.1

정답 라

07. 다음 그림과 같은 연산증폭 회로의 전압이득(V_o/V_s)은? (단, 증폭기는 이상적이라고 가정하며, $R_1 = R_2 = R_3 = 30[k\Omega]$, $R_4 = 2[k\Omega]$이다.)

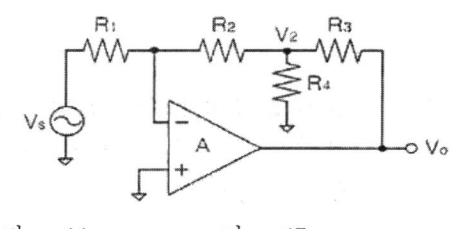

가. -14 나. -17
다. -20 라. -23

정답 나

08. 발진기에서 기본 증폭기의 전압증폭도가 A이고, 궤환율을 β라고 했을 때 발진이 발생되는 조건은?

가. A=100, $\beta = 1$
나. A=100, $\beta = 0.1$
다. A=100, $\beta = 0.01$
라. A=100, $\beta = 0$

정답 다

09. RC 발진회로에서 RC 시정수를 높게 할 경우 발진주파수는 어떻게 변하는가?

가. 발진주파수가 높아진다.
나. 발진주파수가 낮아진다.
다. 무한대가 된다.
라. 아무런 변화가 없다.

정답 나

10. 400[Hz]의 정현파 변조신호로 주파수 변조를 하였을 때 변조지수가 50이었다. 이때 최대주파수편이 $\triangle f$는 얼마인가?

가. 20 [kHz] 나. 40 [kHz]
다. 80 [kHz] 라. 100 [kHz]

정답 가

11. FM 검파 방식 중 주파수 변화에 의한 전압 제어 발진기의 제어 신호를 이용하여 복조하는 방식은?

가. 계수형 검파기 나. PLL형 검파기
다. 포스터-실리 검파기 라. 비 검파기

정답 나

12 다음 중 그림과 같은 변조파형을 얻을 수 있는 변조방식에 대한 설명으로 옳은 것은?

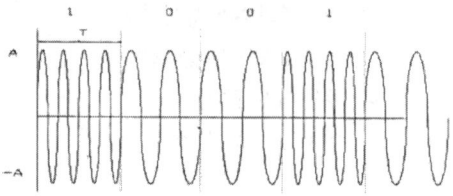

가. 정현파의 주파수에 정보를 싣는 FSK 방식으로 2가지 주파수를 이용한다.
나. 정현파의 진폭에 정보를 싣는 ASK 방식으로 2가지의 진폭을 이용한다.
다. 정현파의 진폭에 정보를 싣는 QAM 방식으로 2가지의 진폭을 이용한다.
라. 정현파의 위상에 정보를 싣는 2위상 편이 변조방식이다.

정답 가

13 비안정 멀티바이브레이터 회로에서 콜렉터 전압의 파형은?
가. 구형파   나. 스텝파
다. 임펄스파   라. 정현파

정답 가

14 RL 회로에서 시정수는 어떻게 정의하는가?
가. RL   나. L/R
다. R/L   라. 1/(RL)

정답 나

15 2진수 $(101101)_2$을 10진수로 올바르게 표시한 것은?
가. 40   나. 45
다. 50   라. 55

정답 나

16 그레이 코드(Gray Code) 1110을 2진수로 변환하면?
가. 1110   나. 1100
다. 1011   라. 0011

정답 다

17 RS 플립플롭 회로의 출력 Q 및 $\overline{Q}$는 리셋(Reset) 상태에서 어떠한 논리값을 가지는가?
가. $Q=0, \overline{Q}=0$
나. $Q=1, \overline{Q}=1$
다. $Q=0, \overline{Q}=1$
라. $Q=1, \overline{Q}=0$

정답 다

18 다음 중 동기식 카운터에 대한 설명으로 옳은 것은?
가. 플립플롭의 단수는 동작 속도와 무관하다.
나. 논리식이 단순하고 설계가 쉽다.
다. 전단의 출력이 다음 단의 트리거 입력이 된다.
라. 동영상 회로에 많이 사용된다.

정답 가

19 지연 시간 50[ns]의 플립플롭을 사용한 5단 리플 카운터의 동작 최고 주파수는?
가. 1 [MHz] 나. 4 [MHz]
다. 10 [MHz] 라. 20 [MHz]

정답 나

20 조합 논리 회로 중 0과 1의 조합으로 부호화를 행하는 회로로 2^n 개의 입력선과 n개의 출력 선으로 구성된 것은?
가. 디코더(Decoder) 나. DEMUX
다. MUX 라. 인코더(Encoder)

정답 라

제2과목 무선통신기기

21 다음 중 아날로그 신호의 진폭변조(AM) 방식에 해당되지 않는 것은?
가. DSB-SC(Double Side Band Suppressed Carrier)
나. SSB(Single Side Band)
다. VSB(Vestigial Side Band)
라. ASK(Amplitude Shift Keying)

정답 라

22 변조도 m=1(100[%])인 경우 SSB(Single Side Band) 송신기의 평균전력은 DSB-LC(Double Side Band - Large Carrier) 송신기 평균전력에 비해 어느 정도 소요되는가?
가. 1/2배 나. 1/3배
다. 1/4배 라. 1/6배

정답 라

23 다음 그림은 어떤 변조방식의 블록도를 나타내는 것인가? (단, $m(t)$는 입력정보이고, f_c는 반송주파수이다.)

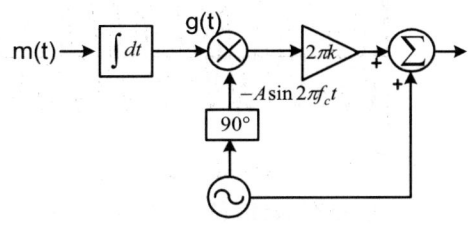

가. Narrow Band PM(Phase Modulation)
나. Narrow Band FM(Frequency Modulation)
다. DSB-TC(Double Side Band - Transmitted Carrier)
라. VSB(Vestigial Side Band)

정답 나

24 다음 중 직접 FM 변조방식이 아닌 것은?
가. 콘덴서 마이크로폰을 이용한 변조
나. 가변용량 다이오드를 이용한 변조
다. 리액턴스관 변조
라. 암스트롱 변조

정답 라

25 다음 중 FSK(Frequency Shift Keying) 변조방식과 ASK(Amplitude Shift Keying) 변조방식에 대한 설명으로 틀린 것은?
가. FSK 변조방식이 ASK 변조방식에 비해 점유대역폭이 더 넓다
나. FSK 변조방식은 ASK 변조방식에 비해 오류확율이 낮다.
다. 두 변조방식 모두 비동기 검파 및 동기 검파가 가능하다.
라. ASK 변조방식이 FSK 변조방식 보다 비선형 전송채널 환경에 적합하다.

정답 라

26 다음의 그림에 나타낸 파형은 어떤 변조방식에 대한 신호파형인가?

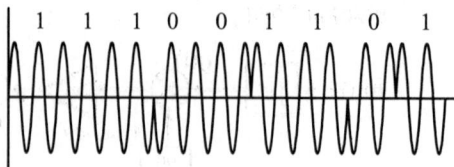

가. PSK(Phase Shift Keying)
나. ASK(Amplitude Shift Keying)
다. FSK(Frequency Shift Keying)
라. QAM(Quadrature Amplitude Modulation)

정답 가

27 다음 중 디지털 신호에 따라 반송파의 진폭과 위상을 동시에 변화시키는 변조방식은?
가. ASK(Amplitude Shift Keying)
나. QPSK(Quadrature Phase Shift Keying)
다. QAM(Quadrature Amplitude Modulation)
라. OQPSK(Offset Quadrature Phase Shift Keying)

정답 다

28 100[kbps] 데이터율로 디지털 데이터를 전송할 경우 16-ary QAM의 심볼전송률[sps]은?
가. 25 [ksps]   나. 50 [ksps]
다. 80 [ksps]   라. 160 [ksps]

정답 가

29 다음 중 레이다 기술에 대한 설명으로 틀린 것은?
가. 야간이나 시계가 불량한 경우 레이더를 사용하면 안전한 항해를 할 수 있다.
나. 거리와 방위를 구할 수 있으므로 목표물의 위치 및 상대속도 등을 구할 수 있다.
다. 특수 레이다의 경우 열대성 폭풍(태풍)의 위치와 강우의 이동 파악 등 다양한 용도로 사용할 수 있다.
라. 기상조건에 영향을 많이 받으므로 주로 가시거리 내에서 사용된다.

정답 라

30 다음 중 위성을 이용하여 선박에서 위치를 측정할 수 있는 장치는?
가. LORAN C
나. DECCA
다. GPS
라. Localizer

정답 다

31 다음 중 납 축전지의 단자 전압 변화 원인은?
가. 외부 충격   나. 단자 접촉 불량
다. 전해액의 비중 라. 양극판 재질

정답 다

32 다음 중 충전 종료시 축전지의 상태로 옳은 것은?
가. 전해액의 비중이 낮아진다.
나. 단자 전압이 하강한다.
다. 가스(물거품)가 발생한다.
라. 전해액의 온도가 낮아진다.

정답 다

33. 다음 중 전력장치인 수전설비에 해당하지 않는 것은?
   가. 비교기
   나. 유입개폐기
   다. 단로기
   라. 자동 전압 조정기

   정답 가

34. 다음 중 태양전지의 전력량을 제어하기 위한 기술은?
   가. 접지 기술
   나. 솔라셀 설치 기술
   다. 인공강우 기술
   라. 인버터 컨트롤 기술

   정답 라

35. 다음 중 AM송신기의 전력 측정방법이 아닌 것은?
   가. 진공관 전력계법   나. 전구 부하법
   다. 안테나 실효저항법 라. 열량계법

   정답 라

36. 다음 중 필터법을 이용한 송신기의 왜율 측정에 필요하지 않는 것은?
   가. LPF(Low Pass Filter)
   나. BPF(Band Pass Filter)
   다. HPF(High Pass Filter)
   라. 감쇠기

   정답 나

37. 실효높이가 10[m]인 안테나에 0.08[V]의 전압이 수신되었을 때 이 지점의 전계강도는 약 몇 [dB]인가? (단, 1[$\mu V/m$]를 0[dB]로 한다.)
   가. 78 [dB]   나. 88 [dB]
   다. 98 [dB]   라. 108 [dB]

   정답 가

38. 다음 중 급전선의 특성 임피던스 Z_o와 급전선을 통과하는 전파의 전파속도 V로 표현할 경우 급전선이 가지는 인덕턴스값(L)을 구하는 식으로 맞는 것은?
   가. Z_o / V 나. V / Z_o
   다. $V \times Z_o$ 라. $1/(V \times Z_o)$

   정답 가

39. 인버터의 스위칭 주파수가 2 [kHz]가 되려면 주기는 몇 [ms]로 해야 하는가?
   가. 0.1 [ms]   나. 0.5 [ms]
   다. 1 [ms]   라. 10 [ms]

   정답 나

40. 어떤 주파수의 교류를 다른 주파수의 교류로 변환하는 주파수 변환장치를 무엇이라 하는가?
   가. 쵸퍼(Chopper)
   나. 정류기(Rectifier)
   다. 사이클로 컨버터(Cyclo Converter)
   라. 인버터(Inverter)

   정답 다

제3과목 안테나공학

41 비유전율(ε_e)이 1이고 비투자율(μ_s)이 9인 매질 내를 전파하는 전자파의 속도는 자유공간을 전파할 때와 비교해서 몇 배의 속도가 되는가?
가. 2배
나. 1/2배
다. 3배
라. 1/3배

정답 라

42 유전체에서 변위전류를 발생하는 것은?
가. 분극 전하밀도의 시간적 변화
나. 분극 전하밀도의 공간적 변화
다. 전속밀도의 시간적 변화
라. 전속밀도의 공간적 변화

정답 다

43 자유공간에서 단위 면적당 단위 시간에 통과하는 전자파 에너지가 3[W/m^2]일 경우 전계강도는 약 얼마인가?
가. 8.45[V/m]
나. 16.81[V/m]
다. 33.63[V/m]
라. 45.65[V/m]

정답 다

44 다음 중 동조 급전선에 대한 설명으로 틀린 것은?
가. 급전선상에 정재파가 존재한다.
나. 급전선의 길이가 길 때 사용한다.
다. 임피던스 정합장치가 불필요하다.
라. 전송효율이 비동조 급전선보다 낮다.

정답 나

45 다음 중 진행파 안테나의 특징으로 옳은 것은?
가. 임피던스 부정합 상태
나. 양방향성
다. 진행파와 반사파의 합성파
라. 단일 지향성

정답 라

46 정재파비가 1일 때 선로에는 어떤 성분의 신호가 존재하는가?
가. 정재파
나. 반사파
다. 진행파
라. 원편파

정답 다

47 다음 중 VHF(Very High Frequency)대에서 가장 많이 사용되는 급전선은?
가. 평행 4선식
나. 동축케이블
다. 도파관
라. 평행 3선식

정답 나

48 다음 중 도파관의 특징으로 틀린 것은?
가. 방사 손실이 없다.
나. 유전체 손실이 적다.
다. 저역 통과 여파기로서 작용을 한다.
라. 표피작용에 의한 도체의 저항손실이 매우 적다.

정답 다

49 반치각이란 주엽의 최대 복사 강도(방향)에 대해 몇 [dB]가 되는 두 방향사이의 각을 말하는가?
가. 0 [dB]   나. -3 [dB]
다. -6 [dB]   라. -12 [dB]

정답 나

50 미소다이폴로부터 발생하는 전자계 중 근거리에서 주가 되는 성분은?
가. 복사계   나. 유도계
다. 정전계   라. 전류계

정답 나

51 다음 중 절대이득과 상대이득, 지상이득과의 관계를 옳게 표현한 것은?
가. 절대이득 = 상대이득 × 1.64
나. 절대이득 = 상대이득 × 2.56
다. 절대이득 = 지상이득 × 3.68
라. 절대이득 = 지상이득 × 5.15

정답 가

52 다음 중 철탑의 높이가 같은 경우에 일반적으로 방사 효율이 가장 낮은 안테나는?
가. 연장코일을 사용하는 안테나
나. 역 L형 안테나
다. 우산형 안테나
라. 원정관(Top Ring) 안테나

정답 가

53 다음 중 애드콕(Adcock) 안테나의 특징이 아닌 것은?
가. 야간오차 방지효과가 있다.
나. 수평면내 8자형 지향성을 갖는다.
다. 방향탐지용 안테나이다.
라. 수직편파 성분은 결합코일에서 서로 상쇄된다.

정답 라

54 다음 중 다중 접지 방식에 대한 설명으로 틀린 것은?
가. 한 점의 접지만으로는 불충분한 경우, 여러 점을 직렬로 접속하여 접지 저항을 줄이는 방식이다.
나. 안테나 전류가 기저부 부근에 밀집하는 것을 피하고 접지저항을 감소시키기 위해 사용한다.
다. 접지 저항은 1~2[Ω] 정도이다.
라. 대전력 방송국의 안테나 접지에 이용한다.

정답 가

55 다음 중 지표파 전파의 특징으로 틀린 것은?
- 가. 지표면 요철에 큰 영향을 받지 않는다.
- 나. 대지의 도전율이 클수록 멀리 전파한다.
- 다. 주파수가 높을수록 멀리 전파한다.
- 라. 수직편파가 잘 전파한다.

정답 다

56 다음 중 라디오 덕트에 대한 설명으로 틀린 것은?
- 가. 덕트 내에서 초굴절 현상이 생긴다.
- 나. 가시거리보다 훨씬 먼 거리를 전파할 수 있다.
- 다. 도파관과 같이 차단 주파수 이하의 주파수만 통과시킨다.
- 라. 역전층에 의해 발생한다.

정답 다

57 다음 중 전리층의 종류에 대한 설명으로 틀린 것은?
- 가. D층의 전자밀도는 다른 전리층에 비해 낮다.
- 나. E층은 야간에 장파를 반사시킨다.
- 다. F층은 다른 전리층보다 높은 곳에 위치한다.
- 라. E_s층은 E층보다 전자밀도가 낮다.

정답 라

58 다음 중 전리층의 급격한 이동으로 반송파와 측파대가 받는 감쇠의 정도가 달라져서 생기는 페이딩에 대한 설명으로 틀린 것은?
- 가. 선택성 페이딩이다.
- 나. 주파수 다이버시티를 사용하여 방지할 수 있다.
- 다. SSB(Single Side Band) 통신 방식을 사용하면 발생하지 않는다.
- 라. AGC(Automatic Gain Control) 장치를 사용하여 방지할 수 있다.

정답 라

59 태양 표면의 폭발로 인하여 20[MHz] 이상의 높은 주파수에서 전파장해가 심하게 나타나며 위도가 높은 지방일수록 영향이 더 큰 것은 어떤 현상 때문인가?
- 가. 자기 폭풍(Magnetic Storm)
- 나. 델린저 현상(Delinger Phenomenon)
- 다. 코로나 손실(Corona Loss)
- 라. 룩셈부르크 효과(Luxemburg Effect)

정답 가

60 100[MHz]의 신호를 송신안테나를 통해 100[km] 떨어진 수신 안테나로 전송할 때 자유공간 전파 손실은 얼마인가?
- 가. 92.45[dB]
- 나. 102.45[dB]
- 다. 112.45[dB]
- 라. 122.45[dB]

정답 다

제4과목 무선통신시스템

61 50[MHz]의 반송파가 10[kHz]의 정현파에 FM 변조되어 최대주파수 편이가 50[kHz]일 경우에 FM신호의 대역폭은?
- 가. 60[kHz]
- 나. 80[kHz]
- 다. 120[kHz]
- 라. 240[kHz]

정답 다

62 30개의 구간을 망형으로 연결하기 위해 필요한 회선 수는 몇 개인가?

가. 435개 나. 400개
다. 380개 라. 200개

정답 가

63 다음 중 디지털 통신시스템의 성능 평가에 가장 적합한 것은?

가. 왜율 나. SINAD
다. BER 라. S/N

정답 다

64 다음 중 무선통신의 다중접속 방식에 대한 설명으로 틀린 것은?

가. 다중접속 방식은 여러 사용자들이 동시에 통화할 수 있도록 하기 위해 공용 자원을 공유하는 것을 말하고, 이 공용 자원은 무선 주파수이다.
나. 전통적인 FDMA(Frequency Division Multiple Access)방식에서 각각의 사용자는 신호를 전송할 수 있는 특정 주파수 대역을 할당 받는다.
다. TDMA(Time Division Multiple Access)방식에서 각 사용자는 전송하기 위한 서로 다른 타임 슬롯을 할당 받는데, 사용자 구분은 시간영역에서 이루어진다.
라. CDMA(Code Division Multiple Access) 방식에서 각 사용자의 협대역 신호는 보다 넓은 대역폭으로 확산 되며, 넓은 대역폭은 정보를 전송하기 위해 요구되는 최소 대역폭 보다 좁다.

정답 라

65 다음 중 마이크로파 통신 방식의 일반적인 특성이 아닌 것은?

가. 가시거리 통신이다.
나. 광대역 통신이 가능하다.
다. 외부 잡음의 영향이 적다
라. 전리층 반사파를 이용하여 전파한다.

정답 라

66 다음 중 위성통신 주파수를 업 링크와 다운 링크로 다른 주파수를 사용하는 주된 이유는?

가. 주파수 충돌 나. 주파수 간섭
다. 주파수 잡음 라. 주파수 반사

정답 나

67 어떤 셀(Cell) 내의 통화량이 39.5[Erl]이고, 1호당 평균점유시간은 100초일 때 이 Cell에 1시간당 발생하는 호(Call)의 수는?

가. 711[호/시간]
나. 1,422[호/시간]
다. 2,133[호/시간]
라. 2,844[호/시간]

정답 나

68. 다음 중 CDMA(Code Division Multiple Access) 이동통신 시스템에서 전력제어 기술에 대한 설명으로 틀린 것은?
   가. 원근문제(Near-Far Problem)을 해결하여 시스템 용량을 증대시킨다.
   나. Closed Loop 전력제어 기술은 빠른 레일리 페이딩을 보상하기 위하여 사용한다.
   다. Closed Loop 전력제어 기술은 기지국이 상향링크의 PER(Packet Error Rate)을 측정한다.
   라. Closed Loop 전력제어 기술은 기지국과 단말기 모두가 개입하여 동작한다.

   정답 다

69. 다음 중 우리나라에서 사용하고 있는 지상파 디지털 TV 전송 표준은?
   가. NTSC   나. ATSC-T
   다. DVB-T   라. ISDB-T

   정답 나

70. 우리나라의 지상파 DMB에 할당된 주파수 대역과, 한 채널당 사용가능한 주파수 블록 개수가 맞게 짝지어진 것은?
   가. VHF, 2개   나. VHF, 3개
   다. UHF, 4개   라. UHF, 5개

   정답 나

71. 다음 중 근거리 통신망(LAN)을 사용한 시스템을 정량적으로 평가하는 요소가 아닌 것은?
   가. 턴 어라운드 타임(Turn-Around Time)
   나. 응답 시간(Response Time)
   다. 전송 효율(Throughput)
   라. 인터네트워킹(Inter-Networking)

   정답 라

72. 사람과 사람 사이의 대화도 음파를 통한 일종의 통신이라고 볼 수 있다. 통신 프로토콜의 관점에서 잘못된 것은?
   가. 두 사람이 사용하는 언어가 서로 다르면 통신이 불가능하다.
   나. 두 사람이 사용하는 언어를 일종의 프로토콜로 볼 수 있다.
   다. 두 사람이 대화하는 음성의 주파수가 일치 되어야 한다.
   라. 두사람 모두 음파를 사용하여 의사를 전달한다.

   정답 다

73. 다음 중 통신 프로토콜의 주요 특징에 대한 설명으로 틀린 것은?
   가. Syntax : 데이터 블록의 형식 규정
   나. Semantics : 에러처리를 위한 제어 정보의 규정
   다. Timig : 전송속도의 동기나 순서 등의 규정
   라. Format : 프로토콜의 각 상태의 동작 규정

   정답 라

74 다음 중 TCP/IP 계층이 아닌 것은?
가. 네트워크계층 나. 전송계층
다. 표현계층 라. 응용계층

정답 다

75 다음 중 OSI(Open System Interconnection) 참조 모델의 각 계층에서 수행하는 기능들에 대한 설명으로 틀린 것은?
가. 데이터 링크 계층 : 물리적 전송오류 감지
나. 네트워크 계층 : 경로 선택
다. 전송계층 : 송신 프로세스와 수신 프로세스 간의 연결
라. 응용계층 : 암호화 압축

정답 라

76 다음 중 무선 LAN 시스템에서 채널을 예약하고 확인하는 등의 과정을 거치기 위해서 사용하는 기법은 무엇인가?
가. RTS/CTS
나. FHSS
다. Back-off
라. DFS(Dynamic Frequency Selection)

정답 가

77 다음 중 최적의 무선 환경을 구축하기 위한 기지국 통화량 분산 방법이 아닌 것은?
가. 섹터 간 커버리지 조정
나. 인접 셀 간 커버리지 조정
다. 기지국 이설 및 추가
라. 안테나의 각도 조정

정답 라

78 다음 중 부표 등에 탑재되어 위치 또는 기상 자료 등을 자동으로 송출하는 무선설비는?
가. 텔레미터(Telemeter)
나. 라디오 부이(Radio Buoy)
다. 라디오존데(Radiosonde)
라. 트랜스폰더(Transponder)

정답 나

79 다음 중 통신시스템의 장애를 극복하기 위한 Hardware Redundancy 방안이 아닌 것은?
가. Dupex
나. Active/Standby
다. N-version Program
라. Spare Redundancy

정답 다

80 다음 중 무선통신시스템에서 보안에 위협이 되는 요소의 종류가 아닌 것은?
가. 피상적 공격(Superficial Attack)
나. 수동적 공격(Passive Attack)
다. 능동적 공격(Active Attack)
라. 비인가 사용(Unauthorized Usage)

정답 가

제5과목 전자계산기일반 및 무선설비기준

81 다중 IP 주소를 사용하여 동종 또는 이종 링크에 다중 접속을 실현 할 수 있는 것은?
가. Roaming 나. Multihoming
다. Hand-Off 라. Uni-Casting

정답 나

4 2016년 무선설비기사 기출문제

82 다음 중 자외선을 이용하여 지울 수 있는 메모리는 어느 것인가?
가. PROM 나. EPROM
다. EEPROM 라. Flash Memory

정답 나

83 컴퓨터가 8비트 점수 표현을 사용할 경우 −25를 부호와 2의 보수로 올바르게 표현한 것은?
가. 11100111 나. 11100011
다. 01100111 라. 01100011

정답 가

84 다음 중 2진수 덧셈연산에서 오버플로우(Overflow)가 되는 조건은?
가. 두 수에서 부호 자리의 값이 서로 같을 때이다.
나. 두 수에서 부호 자리의 값이 서로 다를 때이다.
다. 부호자리에서 캐리(Carry)가 있고, 부호 다음 자리(MSB)에서 캐리(Carry)가 있을 때이다.
라. 부호자리에서 캐리(Carry)가 있고, 부호 다음 자리(MSB)에서 캐리(Carry)가 없을 때이다.

정답 라

85 메모리관리에서 빈 공간을 관리하는 Free 리스트를 끝까지 탐색하여 요구되는 크기보다 더 크되, 그 차이가 제일 작은 노드를 찾아 할당해주는 방법은?
가. 최초적합(First-Fit)
나. 최적적합(Best-Fit)
다. 최악적합(Worst-Fit)
라. 최후적합(Last-Fit)

정답 나

86 다음 중 컴퓨터의 운영체제에서 로더(Loader)의 주요 기능이 아닌 것은?
가. 프로그램과 프로그램 간의 연결(Linking)을 수행한다.
나. 출력 데이터에 대해 일시 저장(Spooling) 기능을 수행한다.
다. 프로그램이 실행될 수 있도록 번지수를 재배치(Relocation)한다.
라. 프로그램 또는 데이터가 저장될 번지수를 계산하고 할당(Allocation)한다.

정답 나

87 몇 개의 관련 있는 데이터 파일을 조직적으로 작성하여 중복된 데이터 항목을 제거한 구조를 무엇이라 하는가?
가. Data File
나. Data Base
다. Data Program
라. Data Link

정답 나

88 다음 중 컴파일러(Compiler)에 대한 설명으로 옳은 것은?
가. 고급(High Level) 언어를 기계어로 번역하는 언어번역 프로그램이다.
나. 일정한 기호형태를 기계어와 일대일로 대응시키는 언어번역 프로그램이다.
다. 시스템이 취급하는 여러 가지의 데이터를 표준적인 방법으로 총괄 관리하는 프로그램이다.
라. 프로그램과 프로그램 간에 주어진 요소(Factor)들을 서로 연계시켜 하나로 결합하는 기능을 수행하는 프로그램이다.

정답 가

89 다음 중 RISC(Reduced Instruction Set Computer)에 대한 설명으로 틀린 것은?
가. CISC(Complex Instruction Set Computer)는 RISC 보다 많은 양의 레지스터를 필요로 한다.
나. 명령어의 길이가 일정하다.
다. 대부분의 명령어들은 한 개의 클럭 사이클로 처리된다.
라. 소수의 주소 기법(Addressing Mode)을 사용한다.

정답 가

90 인터럽트의 우선 순위를 바르게 나열한 것은?
가. 전원이상 → 기계착오 →외부신호 → 입·출력 → 명령의 잘못 사용 → 슈퍼바이저 호출(SVC)
나. 슈퍼바이저 호출(SVC) → 전원이상 → 기계착오 →외부신호 → 입·출력 → 명령의 잘못 사용
다. 슈퍼바이저 호출(SVC) → 입·출력 → 외부신호 → 기계착오 → 전원 이상 → 명령의 잘못 사용
라. 기계착오 → 외부신호 → 입·출력 → 명령의 잘못 사용 → 전원 이상 → 슈퍼바이저 호출(SVC)

정답 가

91 주어진 발사에서 용이하게 식별되고, 측정할 수 있는 주파수를 무엇이라 하는가?
가. 기준주파수   나. 지정주파수
다. 특성주파수   라. 필요주파수

정답 다

92 무선설비 등에서 발생하는 전자파가 인체에 미치는 영향을 고려하여 제정한 기준이 아닌 것은?
가. 전자파 장해검정기준
나. 전자파 인체보호기준
다. 전자파 강도 측정기준
라. 전자파 흡수율 측정기준

정답 가

93 무선설비의 공동사용 시 무선국 검사수수료 20퍼센트 감면대상 무선국에 해당하지 않는 것은?
가. 고정국   나. 기지국
다. 육상국   라. 이동국 계국

정답 다

94 다음 중 적합성평가의 전부가 면제되는 기자재가 아닌 것은?
가. 외국에 납품할 목적으로 주문제작하는 선박에 설치하기 위해 수입되는 기자재
나. 외국으로부터 도입, 임대, 용선 계약한 선박 또는 항공기에 설치된 기자재
다. 전시회, 경기대회 등 행사에서 판매를 하기 위한 정보통신기자재
라. 판매를 목적으로 하지 아니하고 본인자신이 사용하기 위하여 제작하는 아마추어무선국용 무선설비

정답 다

95 다음 중 적합인증 대상기자재에 해당되지 않는 것은?
가. 디지털선택호출장치의 기기
나. 자동음성처리시스템
다. 키폰시스템
라. 전기가열기

정답 라

96 다음 중 송신설비의 전력을 규격전력으로 표시하지 않는 것은?
가. 아마추어국의 송신설비
나. 방송을 행하는 실험국의 송신설비
다. 생존정에 사용되는 비상위치지시용 무선표지설비
라. 500[MHz] 이하의 주파수의 전파를 사용하는 송신설비로서 정격출력 1와트 이하의 진공관을 사용하는 것

정답 나

98 안테나공급전력이 얼마를 초과하는 무선설비에 사용하는 전원회로는 퓨즈 또는 자동차단기를 갖추어야 하는가?
가. 5 [W]   나. 10 [W]
다. 30 [W]   라. 50 [W]

정답 나

99 다음 중 무선설비의 안전시설과 관계 없는 것은?
가. 절연차폐체
나. 금속차폐체
다. 안테나계의 낙뢰보호장치 및 접지시설
라. 피뢰침 보호장치

정답 라

100 다음 중 감리사의 주요 임무 및 책임사항으로 틀린 것은?
가. 감리사는 설계감리 업무를 수행함에 있어 발주자와 계약에 따라 발주자의 설계감독 업무를 수행한다.
나. 감리사는 해당 설계용역의 설계용역 계약문서, 설계감리 과업내용서, 그 밖의 관계 규정 내용을 숙지하고 해당 설계용역의 특수성을 파악한 후 설계감리 업무를 수행하여야 한다.
다. 감리사는 설계용역 성과검토를 통한 검토 업무를 수행하기 위해 세부 검토사항 및 근거를 포함한 설계감리 검토목록을 작성하여 관리하여야 한다.
라. 감리사는 설계자의 의무 및 책임을 면제시킬 수 있으며, 임의로 설계용역의 내용이나 범위를 변경시키거나 기일 연장 등 설계용역 계약조건과 다른 지시나 결정을 하여서는 안된다.

정답 라

100 무선설비의 주요 기자재를 검수하는 방법 중 시험에 의한 방법의 검수 내용으로 틀린 것은?
가. 검수방법은 감리사가 입회하여 재료제작자의 시험설비나 공장시험장에서 시험을 실시하고 그 결과로 얻은 성적표로 검수한다.
나. 감리사가 공공시험기관에 시험을 의뢰 요청하여 실시하고, 그 시험성적 결과에 의하여 검수한다.
다. 규격을 증명하는 KS 등의 마크가 표시되어 있는 규격품이나 적절하다고 인정할 수 있는 품질증명이 첨부되어 있는 제품을 대상으로 한다.
라. 대상 기자재의 범위는 공사상 중요한 기자재 또는 특별 주문품, 신제품 등으로써 품질성능을 판정할 필요가 있는 기자재로 한다.

정답 다

국가기술자격검정 필기시험문제

2017년 기사1회 필기시험

국가기술자격검정 필기시험문제

2017년 기사1회 필기시험

자격종목 및 등급(선택분야)	종목코드	시험시간	형 별	수검번호	성 별
무선설비기사		2시간 30분			

제1과목 : 디지털 전자회로

01 전원 주파수 60[Hz]를 사용하는 정류회로에서 120[Hz]의 맥동 주파수를 나타내는 정류방식은?

가. 단상 반파 정류
나. 단상 전파 정류
다. 3상 반파 정류
라. 3상 전파 정류

정답 나

02 다음과 같은 정전압 회로에서 입력전압 V_{in}이 15[V] ~ 18[V]의 범위로 변동하는 경우 제너다이오드 전류 I_D의 변화는 얼마인가?
(단, $R_L = 1[K\Omega]$, $V_L = 10[V]$이다.)

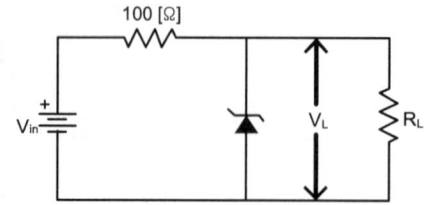

가. 20 ~ 50[mA]   나. 30 ~ 60[mA]
다. 40 ~ 60[mA]   라. 40 ~ 70[mA]

정답 라

03 다음 중 공통 이미터(CE) 증폭기회로에 대한 설명으로 옳은 것은?

가. 출력신호는 입력신호와 위상이 같다.
나. 출력신호는 입력신호와 위상이 다르다.
다. 출력신호는 입력신호에 비해 작다.
라. 출력신호는 입력신호와 크기가 같다.

정답 나

04 그림과 같은 부궤환 증폭기의 폐루프(Closed-Loop) 차단 주파수는?
[단, 개루프(Open Loop)일 때, 이득-대역폭 곱은 1×10^6[Hz]이다.]

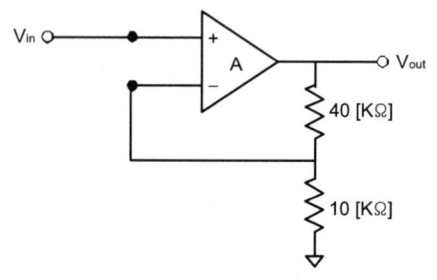

가. 200[kHz]   나. 100[kHz]
다. 50[kHz]   라. 10[kHz]

정답 가

05 다음 중 차동증폭기의 동상신호제거비 (Common-Mode Rejection Ratio)에 대한 설명으로 틀린 것은?
  가. 동상신호제거비가 작을수록 간섭신호 제거 특성이 좋다.
  나. 개루프 전압이득이 100,000이고 공통-모드 이득이 0.2인 연산증폭기의 공통신호제거비는 500,000이다.
  다. 동상신호제거비는 동상신호를 제거할 수 있는 성능척도이다.
  라. 입력 동상신호에 대한 오차를 나타내는 성능척도이다.

  정답 가

06 다음 중 푸시 풀(Push-Pull)증폭기에서 출력파형의 찌그러짐이 작아지는 이유는?
  가. 기수고조파가 상쇄되기 때문이다.
  나. 우수고조파가 상쇄되기 때문이다.
  다. 기수차 및 우수차 고조파가 상쇄되기 때문이다.
  라. 직류성분이 없어지기 때문이다.

  정답 나

07 발진회로에서 발진을 지속하기 위해 필요한 과정은?
  가. 출력신호의 일부분을 부궤환시킨다.
  나. 출력신호의 일부분을 정궤환시킨다.
  다. 외부로부터 지속적으로 전원과 입력신호를 제공한다.
  라. L과 C성분을 제거한다.

  정답 나

08 하틀리 발진회로에서 커패시턴스 $C=200[pF]$, 인덕턴스 $L_1=180[\mu H]$, $L_2=20[\mu H]$ 및 상호인덕턴스 $M=90[\mu H]$의 값을 가질 때 발진주파수는 약 얼마인가?
  가. 517[kHz]   나. 537[kHz]
  다. 557[kHz]   라. 577[kHz]

  정답 라

09 다음 중 주파수변조(FM)에서 신호대 잡음비(S/N)를 개선하기 위한 방법으로 틀린 것은?
  가. 디엠파시스(De-Emphasis) 회로를 사용한다.
  나. 잡음지수가 낮은 부품을 사용한다.
  다. 변조지수를 크게 한다.
  라. 증폭도를 크게 높인다.

  정답 라

10 다음 중 FM에 대한 특징으로 틀린 것은?
  가. 단파 대역에 적당하지 않다.
  나. 수신의 충실도를 향상시킬 수 있다.
  다. 잡음을 보다 감소시킬 수 있다.
  라. 피변조파의 점유주파수대역이 좁아진다.

  정답 라

11 QAM 변조방식은 디지털 신호의 전송 효율향상, 대역폭의 효율적 이용, 낮은 에러율, 복조의 용이성을 위해 어떤 변조 방식을 결합한 것인가?
  가. FSK+PSK   나. ASK+PSK
  다. ASK+FSK   라. QPSK+FSK

  정답 나

12. 정보 전송에서 800[Baud]의 변조 속도로 4상 차분 위상 변조된 데이터 신호 속도는 얼마인가?
    가. 600[bps]
    나. 1,200[bps]
    다. 1,600[bps]
    라. 3,200[bps]

    정답 다

13. 다음 중 높은 주파수 성분에 공진하기 때문에 생기는 펄스 상승부분의 진동 정도를 무엇이라 하는가?
    가. 새그(Sag)
    나. 링깅(Ringing)
    다. 언더슈트(Undershoot)
    라. 오버슈트(Overshoot)

    정답 나

14. 멀티바이브레이터의 단안정, 무안정, 쌍안정의 동작은 어떻게 결정 되는가?
    가. 전원 전압의 크기
    나. 바이어스 전압의 크기
    다. 전원 전류의 크기
    라. 결합 회로의 구성

    정답 라

15. 숫자 0에서 9까지를 나타내기 위해 BCD 코드는 몇 비트가 필요한가?
    가. 4
    나. 3
    다. 2
    라. 1

    정답 가

16. 다음 중 드모르간(De Morgan)의 정리를 옳게 나타낸 것은?
    가. $A+B = \overline{A}+B$
    나. $A+B = A \cdot B$
    다. $\overline{A+B} = \overline{A} \cdot \overline{B}$
    라. $A+B = \overline{A}+\overline{B}$

    정답 다

17. 다음 중 Master-Slave 플립플롭은 어떤 현상을 해결하기 위해 사용되는가?
    가. Race 현상
    나. Toggle 현상
    다. 펄스 지연 현상
    라. 반전 현상

    정답 가

18. 다음 중 동기식 카운터와 비동기식 카운터를 설명한 것으로 옳은 것은?
    가. 동기식 카운터를 직렬형, 비동기식 카운터를 병렬형 카운터라고도 한다.
    나. 같은 수의 플립플롭을 갖는 경우 비동기식 카운터보다 동기식카운터가 더 높은 입력 주파수를 사용하는 곳에 이용된다.
    다. 비동기식 키운터는 동기식 키운터와는 달리 시간 지연이 누적되지 않는다.
    라. 비동기식 카운터는 동기식 카운터보다 더 많은 회로 소자가 필요하다.

    정답 나

19 다음 중 디코더(Decoder)에 대한 설명으로 틀린 것은?

  가. 출력보다 많은 입력을 갖고 있다.
  나. 한번에 하나의 동작을 수행한다.
  다. N 비트의 2진 코드 입력에 의해 최대 2^N개의 출력이 나온다.
  라. 인코더(Encoder)의 역기능을 수행한다.

  정답 가

20 다음 중 전가산기(Full Adder)의 구성으로 옳은 것은?

  가. 1개의 반가산기와 1개의 OR게이트
  나. 1개의 반가산기와 1개의 AND게이트
  다. 2개의 반가산기와 1개의 OR게이트
  라. 2개의 반가산기와 1개의 AND게이트

  정답 다

제2과목   무선통신기기

21 다음 중 슈퍼헤테로다인 수신기의 특징으로 옳은 것은?

  가. 수신기의 이득이 낮다.
  나. 회로가 간단하고 조정이 쉽다.
  다. 국부 발진기의 안정도가 저주파에서 저하된다.
  라. 영상신호의 방해를 받을 수 있다.

  정답 라

22 주파수가 50[kHz]인 정현파 신호를 100[MHz]의 반송파로 주파수변조하여 최대 주파수 편이가 50[kHz]로 되었을 경우, 발생된 FM 신호의 대역폭과 FM 변조 지수는 각각 얼마인가?

  가. 1,100[kHz],   10
  나. 1,200[kHz],   15
  다. 1,500[kHz],   20
  라. 1,800[kHz],   20

  정답 가

23 다음 중 PLL(Phase-Locked Loop)방식의 응용분야와 이에 대한 설명으로 틀린 것은?

  가. TV수상기에서 수평주사와 수직주사를 동시에 맞추기 위해 사용된다.
  나. FM 스테레오 튜너의 성능을 개선하기 위함이다.
  다. 인공위성으로부터의 신호를 추적하는 데 사용된다.
  라. FM수신기의 이득을 높이기 위함이다.

  정답 라

24. 진폭편이변조(ASK) 신호에 대한 설명으로 적합하지 않은 것은?

가. 정보비트를 양극성 NRZ(Non Return To Zero)으로 부호화한 기저대역 신호를 DSB(Double Side Band)변조하여 얻는다.
나. 데이터가 1인 구간에서는 반송파가 있고, 0인 구간에서는 반송파를 보내지 않는다.
다. ASK의 전력스펙트럼은 양측파대 특성을 가진다.
라. ASK신호의 복조에는 아날로그 AM 통신에서의 복조방식을 사용할 수 있다.

정답 가

25. 다음 중 전송속도와 보[Baud]속도가 항상 같은 변조방식은 무엇안가?

가. FSK(Frequency Shift Keying)
나. QPSK(Quadrature Phase Shift Keying)
다. QAM(Quadrature Amplitude Modulation)
라. OQPSK(Offset QPSK)

정답 가

26. 아래 그림과 같은 QPSK(Quadrature Phase Shift Keying) 전송 시스템 신호 성상도에서 전송 신호의 전력을 높였을 때 신호 성상도는 어떻게 변화 되는가?

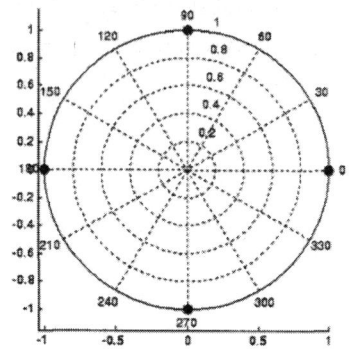

가. 신호점들 사이의 각이 좁혀진다.
나. 신호점들이 원점에서 멀어진다.
다. 신호점들이 오른쪽으로 45도 이통한다.
라. 신호점들이 왼쪽으로 45도 이동한다.

정답 나

27. 다음 중 QPSK(Quadrate Phase Shift Keying) 대신 OQPSK(Offset QPSK) 방식을 사용하는 이유로 적합한 것은?

가. 전송률을 높이기 위해서이다.
나. 같은 전송률로 BER(Bit Error Rate)을 낮추기 위해서이다.
다. 180° 위상변화를 제거하기 위해서이다.
라. 수신기 복잡도를 줄이기 위해서이다.

정답 다

28. 전송대역폭이 일정하다고 하자. 고정된 SNR값에서 M진 디지털통신 시스템에서 동기식 수신 시스템을 적용한다고 한다. 이때, M의 값을 증가시킬 때 이를 가장 잘 설명한 것은?
   가. 고정된 SNR에서는 M이 증가하더라도 오류비트율(BER)은 거의 일정하다.
   나. 고정된 SNR에서는 M이 증가하면 BER은 감소한다.
   다. 고정된 SNR에서는 M이 증가하면 BER도 증가한다.
   라. 고정된 SNR에서는 M이 증가함에 따라서 BER이 감소하다가 최적 M값보다 커지면 BER이 반대로 증가한다.

   정답 다

29. 위성 통신에 사용되는 주파수 대역 중 12.5~18[GHz] 대역을 무엇이라고 하는가?
   가. C 밴드   나. Ku 밴드
   다. Ka 밴드 라. X 밴드

   정답 나

30. 거리측정장치(DME : Distance Measurement Equipment)에 설명으로 틀린 것은?
   가. 지상국 안테나는 무지향성 안테나를 사용한다.
   나. DME 동작원리는 전파의 전파속도를 이용한 것이다.
   다. DME는 보통 VOR(VHF Omnidirectional Radio Range) 또는 ILS(Instrument Landing System)와 함께 설치된다.
   라. 지상 DME국은 질문신호를 송신하고 항공기는 응답신호를 송신한다.

   정답 라

31. 다음 중 축전지 용량에 대한 설명으로 옳은 것은?
   가. 극판의 면적이 넓으면 커진다.
   나. 전해액의 농도가 낮으면 커진다.
   다. 전해액의 온도가 낮으면 커진다.
   라. 극판의 수를 적게 할수록 커진다.

   정답 가

32. 다음 중 UPS(Uninterruptible Power Supply)의 구성요소에 속하지 않는 것은?
   가. 출력 필터부
   나. 증폭부
   다. 비상 바이패스부
   라. Static 스위치부

   정답 나

33. 다음 중 전압형 인버터 시스템의 구성에 대한 설명으로 틀린 것은?
   가. SCR대신에 3상 다이오드 모듈을 사용하여 교류전압을 직류로 정류시킨다.
   나. DC-Link내의 직류전압을 평활용 콘덴서를 이용하여 평활시킨다.
   다. 정류된 직류전압을 PWM(Pulse Width Modulation)제어방식을 이용하여 인버터부에서 전압과 주파수를 동시에 제어한다.
   라. 출력전압파형은 정현파 특성을 얻도록 한다.

   정답 라

34 태양광 발전시스템에서 필요 배터리 용량(Ah)을 구하는 수식으로 옳은 것은?

가. 필요배터리용량(AH)=1 주일 소비전력×배터리전압×부조일수
나. 필요배터리용량(AH)=15일 소비전력×배터리전압×부조일수×1.25 (방전손실보정계수)
다. 필요배터리용량(AH)=1일 소비전력÷배터리전압×부조일수×1.25 (방전손실보정계수)
라. 필요배터리용량(AH)=15일 소비전력÷배터리전압×부조일수×1.25 (방전손실보정계수)

정답 다

35 다음 중 FM송신기의 주파수 특성 측정에 사용되지 않는 것은?

가. 공동 주파수계   나. 감쇠기(ATT)
다. 저역여파기(LPF) 라. 저주파 발진기

정답 가

36 기본단위인 길이, 질량, 시간 등을 측정하여 피측정량을 알아내는 측정을 무엇이라 하는가?

가. 절대측정   나. 직접 측정
다. 간접 측정 라. 비교 측정

정답 가

37 무선 수신기에 수신되는 신호 중 원하는 신후를 골라내는(수신하는)능력에 해당하는 것은?

가. 이득   나. 감도
다. 선택도 라. 잡음

정답 가

38 다음 중 접지저항에 대한 설명으로 틀린 것은?

가. 안테나를 대지에 접지시킬 때 안테나와 대지 사이에 존재하게 되는 접촉저항이다.
나. 접지저항을 크게 하기 위해 다점접지를 사용한다.
다. 접지 안테나의 효율을 결정하는 중요한 요소이다.
라. 코올라우시 브리지를 이용하여 측정할 수 있다.

정답 나

39 어떤 동축 케이블의 종단 개방 시 입력 임피던스가 30[Ω]이고 종단 단락 시 입력 임피던스가 187.5[Ω]일 때 이 동축 케이블의 특성 임피던스는 몇 [Ω]인가?

가. 50[Ω]   나. 75[Ω]
다. 65[Ω]   라. 80[Ω]

정답 다

40 다음 중 직렬형 정전압 회로에 대한 설명으로 틀린 것은?

가. 효율이 좋아 소형 전자기기의 전압 안정화 회로로 널리 사용된다.
나. 증폭단을 증가시킴으로써 전압 안정계수를 작게 할 수 있다.
다. 단속제어방식의 정전압 회로이다.
라. 출력전압의 넓은 범위에서도 설계가 용이하다.

정답 다

제3과목　안테나공학

41 다음 중 포인팅 벡터의 단위는?

가. J/m^2　　나. W/m^2
다. J/m^3　　라. W/m^3

정답 나

42 다음 중 극초단파(UHF) 주파수 범위를 바르게 나타낸 것은?

가. 30 – 300 [MHz]
나. 3 – 30[GHz]
다. 300 – 3,000[MHz]
라. 30 – 300[GHz]

정답 나

43 다음 중 전자파의 성질에 대한 설명으로 틀린 것은?

가. 전자파는 횡파이다.
나. 전자파는 편파성이 없다.
다. 전계나 자계의 진동방향과 직각인 방향으로 진행하는 파이다.
라. 전계와 자계가 서로 얽혀 도와가며 고리모양으로 진행하는 파이다.

정답 나

44 다음 중 안테나 정합회로가 아닌 것은?

가. 테이퍼 정합 회로
나. ϕ형 정합회로
다. T형 정합회로
라. Y형 정합회로

정답 나

45 다음 중 분포 정수형_Balun이 아닌 것은?

가. 스페르토프(Sperrtopf) Balun
나. 분기 도체에 의한 Balun
다. U자형 Balun
라. Taper에 의한 Balun

정답 라

46 RF 및 마이크로웨이브에서 사용되는 s-파라미터에 대한 설명으로 틀린 것은?

가. 2-단자 회로망의 완전한 특성을 제공할 수 있다.
나. 단락 및 개방 회로 종단을 넓은 범위의 주파수에는 구현하기 쉽다.
다. 입출력 단자에서 정합된 부하 사용을 요구한다.
라. 회로망 전압(또는 전류)은 둘 또는 그 이상의 진행파들의 전압(또는 전류)의 조합이 된다.

정답 가

47 다음 중 구형 도파관에 대한 설명으로 틀린 것은?

가. TE_{10} 모드인 경우 차단파장(λ_c)은 4a(a는 장변의 길이)이다.
나. 전계는 Y 방향 성분만 존재한다.
다. 자계는 XZ 방향 성분만 존재한다.
라. 구형 도파관의 기본 모드는 TE_{10} 모드이다.

정답 가

48 도파관의 임피던스 정합방법 중 반사파를 흡수하는 방법은?
가. 무반사 종단기
나. 테이퍼형 변성기
다. 아이솔레이터
라. 도체봉에 의한 정합

정답 가

49 길이가 0.4[m]이고, 사용 주파수가 50[MHz]인 미소다이폴 안테나에 전류 9[A]를 흘렸을 때 복사전력은 약 얼마인가?
가. 355
나. 255
다. 455
라. 555

정답 나

50 1/4파장 수직접지 안테나에 있어서 실제 안테나 길이가 13[m]일 경우 이 안테나의 실효 높이는 약 얼마인가?
가. 10.3[m]
나. 8.3[m]
다. 9.3[m]
라. 7.3[m]

정답 다

51 다음 중 대지와 안테나와의 접촉저항을 무엇이라 하는가?
가. 접지저항
나. 도체저항
다. 유전체손실
라. 코로나손실

정답 가

52 송신출력이 1[W], 송수신 안테나 이득이 각각, 20[dBi]이고 수신입력레벨이 −30[dBm]일 경우 자유공간손실은 몇 [dB]인가? (단, 전송선로 손실 및 기타 손실은 무시한다.)
가. 30[dB]
나. 70[dB]
다. 100[dB]
라. 120[dB]

정답 다

53 다음 중 단파대에서 주로 사용되는 안테나는?
가. 롬빅 안테나
나. T형 안테나
다. 우산형 안테나
라. 역L형 안테나

정답 가

54 안테나에서 가까운 지점에 지하수가 나올 정도의 깊이에 동판(동봉)을 매설하고 그 주위에 수분 흡수를 위해 목탄을 묻어서 접촉저항을 감소시키는 접지방식은?
가. 다중 접지
나. 심굴 접지
다. 가상접지
라. 어스 스크린 접지

정답 다

55 다음 중 지구등가 반경계수에 대한 설명으로 틀린 것은?
가. 전파투시도를 그릴 때 고려되는 요소이다.
나. 지구상의 어느 위치에서나 일정한 값을 갖는다.
다. 실제 지구 반경에 대한 등가지구 반경의 비로 정의된다.
라. 전파 가시거리에 영향을 미친다.

정답 나

56 다음 중 극초단파(UHF) 신호의 통달거리에 큰 영향을 주지 않는 것은?
   가. 공전   나. 지형
   다. 복사전력   라. 안테나 높이

   정답 가

57 다음 중 임계 주파수에 대한 설명으로 틀린 것은?
   가. 전리층에 수직으로 입사하는 전자파의 반사와 투과의 경계가 되는 주파수이다.
   나. 전리층의 임계주파수를 알면 최대 전자밀도를 알 수 있다.
   다. 전리층의 전자밀도가 높아지면 임계 주파수는 낮아진다.
   라. 전리층의 굴절률이 0일 때의 주파수이다.

   정답 다

58 지향성이 예민한 빔 안테나를 사용하여 최대 전계강도가 도래하는 방향으로 안테나를 지향하도록 하여 페이딩을 줄이는 방식으로 방지할 수 있는 페이딩은?
   가. 선택성 페이딩
   나. 도약성 페이딩
   다. 간섭성 페이딩
   라. 편파성 페이딩

   정답 나

59 다음 중 우주잡음에 대한 설명으로 틀린 것은?
   가. 태양잡음은 태양의 흑점폭발 등과 같은 열교란에 의해 발생한다.
   나. 은하잡음은 200[MHz]이상의 주파수를 사용하는 통신에 문제가 된다.
   다. 태양잡음을 관측하여 자기폭풍이나 델린져 현상의 예보에 이용할 수 있다.
   라. 우주잡음은 태양잡음과 은하잡음으로 분류할 수 있다.

   정답 나

60 무선 수신기의 잡음 개선방법으로 틀린 것은?
   가. 수신 전력의 감소
   나. 내부 잡음전력의 억제
   다. 수신기의 실효 대역폭의 축소
   라. 적정한 통신방식의 선택

   정답 가

제4과목 무선통신시스템

61 다음 중 무선통신 송신시스템이 갖추어야 할 요건이 아닌 것은?
  가. 송신되는 주파수의 안정도가 높을 것
  나. 송신되는 주파수의 영상혼신이 적을 것
  다. 송신되는 주파수 외의 불요파 방사가 적을 것
  라. 송신되는 전자파의 점유주파수 대역폭이 가능한 좁을 것

  정답 라

62 다음 중 증폭기를 광대역폭(성)으로 하는 방법이 아닌 것은?
  가. 증폭기의 다단 접속
  나. 스태거(Stagger)의 동조 방식 설계
  다. 보상 회로 첨가
  라. 부궤환 방식 응용

  정답 가

63 64진 QAM(Quadrature Amplitude Modulation)의 대역폭 효율은 얼마인가?
  가. 2 [bps/Hz]   나. 4 [bps/Hz]
  다. 6 [bps/Hz]   라. 8 [bps/Hz]

  정답

64 DS(Direct Sequence)대역확산 통신방식에서 정보율(Bit Rate)과 PN부호율(Chip Rate)이 같다면 처리이득은 몇 [dB]인가?
  가. 0 [dB]   나. 1 [dB]
  다. 10 [dB]   라. 20 [dB]

  정답 가

65 다음 중 마이크로파 중계 회선의 주파수 배치 방법은?
  가. 5주파 방식
  나. 3주파 방식
  다. 6주파 방식
  라. 4주파 방식

  정답 다

66 다음 중 위성체에 사용되는 무지향성 안테나의 용도로 적합한 것은?
  가. 11 [GHz] 대역에서 무선측위용으로 사용된다.
  나. Pencil Beam을 얻을 수 있어 중계용으로 사용된다.
  다. 위성체의 명령이나 원격제어에 관한 데이터 전송용으로 사용된다.
  라. Multi Beam용으로 사용된다.

  정답 다

67 다음 중 이동통신 방식을 동기식과 비동기식으로 구문할 때 동기식 방식은?
  가. HSUPA(High Speed Uplink Packet Access)
  나. EV-DV(Evolution Data & Voice)
  다. GPRS(General Packet Radio Service)
  라. UMTS(Universal Mobile Telecommunications System)

  정답 나

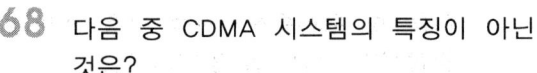

68 다음 중 CDMA 시스템의 특징이 아닌 것은?
가. 혼신 및 페이딩에 강하다.
나. 주파수 및 시간 계획이 필요치 않아 통일 주파수 및 통일 시간에 여러 채널을 전송할 수 있다.
다. 고도의 전력 제어 및 에러 정정 부호를 사용하므로 전송 품질이 좋다.
라. 동기가 필요하지 않아 채널 할당이 간단하고 용이하다.

정답 라

69 지상파 UHDTV(4K)는 지상파 HDTV(Full HD)보다 몇 배의 해상도인가?
가. 2배
나. 4배
다. 8배
라. 16배

정답 나

70 다음 중 무선 LAN(Local Area Network)의 특징이 아닌 것은?
가. 설치,유지보수,재배치가 간편하다.
나. 긴급,임시 Network 구축 필요 시 효율적으로 설치 가능하다.
다. 단말의 이동성 보장, Network 구축 필요 시 효율적으로 설치 가능하다.
라. 주파수 자원이 한정되어 신뢰성과 보안성이 우수하다.

정답 라

71 저전력 근거리 무선통신 방식 중에서 초 광대역 전파(GHz대)를 이용하여 10[m]-20[m]의 거리에서 수 백[Mbps]를 전송하는 방식은?
가. ZigBee
나. WLAN(Wireless Local Area Network)
다. Bluetooth
라. UWB(Ultra Wide Band)

정답 라

72 다음 중 통신 프로토콜의 일반적 기능과 관계없는 것은?
가. 연결 제어   나. 흐름- 제어
다. 상태 제어   라. 다중화

정답 다

73 FDM 하이어라키(Hierarchy)는 아날로그 신호의 다중화를 효율적으로 수행하기 위한 계층구조이다. 기초주군(BM G : Basic Master Group)대역을 이용하는 경우 몇 개의 음성채널을 전송 할 수 있는가?
가. 12개   나. 60개
다. 300개   라. 900개

정답 가

74 다음 중 무선통신설비의 동작계통 시스템의 연결 및 단말기의 접속에 관련된 내용을 표시하는 설계도서는?
가. 배관도   나. 상세도
다. 계통도   라. 배선도

정답 가

75. 다음 중 TCP/IP 프로토콜의 응용계층에 대응하지 않는 OSI (Open System Interconnection) 계층은?
   가. 전송계층(Transport Layer)
   나. 세션계층(Session Layer)
   다. 표현계층(Presentation Layer)
   라. 응용계층(Application Layer)

   정답 가

76. 다음 중 HDLC(High-Level Data Unk Control)에 대한 설명으로 틀린 것은?
   가. CRC 방식의 오류 검출을 수행한다.
   나. 임의의 비트 패턴 전송이 불가능하다.
   다. 신뢰성이 높은 전송이 가능하다.
   라. 수신측의 응답을 기다리지 않고 연속으로 데이터를 전송할 수 있다.

   정답 나

77. 다음 중 FEC(Forward Error Correction)에 대한 설명으로 틀린 것은?
   가. 데이터 비트 프레임에 잉여 비트를 추가해 에러를 검출, 수정하는 방식이다.
   나. 연속적인 데이터 흐름 외에 역채널이 필요하다.
   다. 에러율이 낮은 경우 효과적이다.
   라. 잉여 비트를 첨가하므로 전송 효율이 떨어진다.

   정답 나

78. 다음 중 무선통신시스템 구축 계획 시 종합적인 신뢰도를 높이기 위한 사항이 아닌 것은?
   가. MTTR(Mean Time To Repair)
   나. MTBF(Mean Time Between Failures)
   다. TWTA(Travelling Wave Tube Amplifier)
   라. Redundancy

   정답 다

79. 다음 중 무선통신 실시설계의 산출물로 적합하지 않은 것은?
   가. 공사비 산출서
   나. 설계 계획서
   다. 실시설계 설계도서
   라. 전송용량 계산서

   정답 나

80. 무선국 허가증에 등가등방복사전력(EIRP)이 3.28[dB]로 기재되어 있을 때 실효복사전력(ERP) 몇 [dB]인가? (단, 반파장 다이폴안테나를 기준으로 한다)
   가. 2.0[dB]   나. 5.43[dB]
   다. 3.28[dB] 라. 6.56[dB]

   정답 다

제5과목 전자계산기 일반 및 정보설비기준

81 다음 중 누산기(Accumulator)에 대한 설명으로 옳은 것은?

가. 연산장치에 있는 레지스터의 하나로서 연산결과를 기억하는 장치이다.
나. 기억장치 주변에 있는 회로인데 가감승제 계산 논리 연산을 행하는 장치이다
다. 일정한 입력 숫자들을 더하여 그 누계를 항상 보존하는 장치이다
라. 정밀 계산을 위해 특별히 만들어 두어 유효 숫자 개수를 늘리기 위한 것이다.

정답 가

82 다음 중 병렬 입출력 방식(Parallel Input Output)에 대한 설명이 아닌 것은?

가. 입·출력 제어장치와 입?출력 장치 사이에 데이터 1~N 바이트(byte)씩 병렬로 전송하는 방식이다.
나. 고속 데이터 전송에 적합하다
다. 단거리 전송에 이용된다.
라. 데이터 각 byte의 시작과 끝을 인식하도록 시작과 정지 비트를 사용한다.

정답 라

83 8비트로 된 레지스터에서 첫째 비트는 부호비트로 0, 1로 양, 음을 나타낸다고 할 때 2의 보수(2's Complement)로 숫자를 표시한다면 이 레지스터로 표현할 수 있는 10진수 범위로 올바른 것은?

가. −256 ~ +256
나. −128 ~ +127
다. −128 ~ +128
라. −256 ~ +127

정답 나

84 두 이진수 01101101 과 11100110을 연산하여 결과가 100110011이 나왔다. 다음의 어떤 연산을 한 것인가?

가. AND 연산
나. OR 연산
다. XOR 연산
라. NAND연산

정답 라

85 다음 체제에서 설명하는 운영체제 유형은?

> 여러 사용자들이 직접 컴퓨터를 사용하면서 처리하는 방식으로 사용자 위주의 처리방식이다. 중앙의 대형 컴퓨터에 여러 개의 단말기를 연결하여 여러 사용자들의 요구를 처리한다. 예를 들면 은행의 현금 자동 출납기로서 통상 실시간(온라인)처리 시스템이 있다.

가. 시분할 시스템 (Time-Sharing System)
나. 다중 처리 (Multi-Processing)
다. 대화 처리 (Interactive Processing)
라. 분산 시스템 (Distributed System)

정답 다

86 다음 중 운영체제에 대한 특징으로 틀린 것은?

가. 유닉스(Unix) : 네트워크 기능이 강력하며, 다중 사용자 지원이 가능하고, PC에서도 설치 및 운용이 가능한 버전이 있다
나. 리눅스(Linux) : 무료로 다운받아 모든 분야에 무료로 널리 사용할 수 있으며, 윈도우즈와 동일한 환경을 제공한다.
다. 윈도우즈(Windows) : 소스가 공개되어 있지 않으며, 많은 사용자들이 보편적으로 사용하고 있다. 서버급 보다는 클라이언트 용으로 주로 사용되고 있다.
라. 도스(DOS) : 명령어를 입력방식으로 불편하며, DOS지원을 위해 메모리와 디스크의 용량에 한계가 있다. 여러 사람이 작업을 할 수 없다.

정답 나

87 다음중 C언어의 특징으로 틀린것은?

가. C언어자체는 입? 출력 기능이 없다.
나. C언어는 포인터의 주소를 계산할 수 있다.
다. C언어는 연산자가 풍부하지 못하다.
라. 데이터에는 반드시 형(type)선언을 해야 한다.

정답 다

88 다음 중 시스템 소프트웨어에 대한 설명으로 틀린것은?

가. 시스템 소프트웨어와 응용 소프트웨어로 구별할 수 있다.
나. 시스템 소프트웨어는 관리, 지원, 개발 등으로 분류할 수 있다.
다. 스프레드시트, 데이터베이스 등은 대표적인 시스템 소프트웨어이다.
라. 운영체제는 대표적인 시스템 소프트웨어이다.

정답 다

89 다음중 마이크로컴퓨터에서 주소(Address) 설계 시 고려사항이 아닌 것은?

가. 주소와 기억공간을 독립한다.
나. 가상기억방식만 채택한다.
다. 번지는 효율적으로 표현한다.
라. 사용하기 편해야 한다.

정답 나

90 다음 중 지문에 있는 명령어와 종류가 다른 것은?

> 마이크로소프트세서를 구동하는 명령어에는 데이터전송 명령어, 처리명령어 및 제어 명령어로 나누어 볼 수 있다.

가. Move 나. Store
다. Push 라. Add

정답 라

91 "안테나공급전력"이라 함은 안테나의 ( )에 공급되는 전력을 말한다. 괄호 안에 들어갈 적합한 말은?

가. 접지선 나. 급전선
다. 송신장치 라. 단말기

정답 나

92 할당 받은 주파수의 이용기간 중 대가에 의한 주파수 할당과 심사에 의한 주파수 할당의 이용기간의 범위가 맞게 짝지어진 것은?

가. 10년, 20년 나. 20년, 10년
다. 5년, 10년 라. 10년, 5년

정답 나

93. 항공법의 규정에 의한 경량항공기의 의무 항공기국은 정기검사 유효기간이 얼마인가?
   가. 1년   나. 2년
   다. 3년   라. 4년

   정답 나

94. 다음 중 무선국 개설허가의 유효기간이 5년이 아닌 것은?
   가. 실험국   나. 기지국
   다. 간이무선국   라. 아마추어국

   정답 가

95. 중파방송을 행하는 방송국의 개설조건으로 맞는 것은?
   가. 블랭킷에어리어 내의 가구 수는 방송구역 내 가구 수의 0.30[%] 이상일 것
   나. 블랭킷에어리어 내의 가구 수는 방송구역 내 가구 수의 0.35[%] 이상일 것
   다. 블랭킷에어리어 내의 가구 수는 방송구역 내 가구 수의 0.45[%] 이상일 것
   라. 블랭킷에어리어 내의 가구 수는 방송구역 내 가구 수의 0.035[%] 이상일 것

   정답 나

96. 다음 공사 중 감리대상에서 제외되는 공사의 범위가 아닌 것은?
   가. 6층 미만으로서 연면적 5천 제곱미터 미만의 건축물에 설치되는 정보통신설비의 설치공사
   나. 철도, 도시철도 설비의 정보제어 등 안전관리를 위한 공사로서 총 공사금액이 1억원 미만인 공사
   다. 방송, 항공 설비의 정보제어 등 안전관리를 위한 공사로서 총 공사금액이 1억원 이상인 공사
   라. 전기통신사업자가 전기통신역무를 제공하기 위한 공사로서 총 공사금액이 1억원 미만인 공사

   정답 다

97. 다음 중 방송통신기술의 진흥을 통한 방송통신서비스 발전을 위하여 시행하여야 하는 시책 수립 사항이 아닌 것은?
   가. 방송통신 인력양성에 관한 사항
   나. 방송통신기술의 국제협력에 관한 사항
   다. 방송통신 기술정보의 원활한 유통을 위한 사항
   라. 방송통신 기술협력, 기술지도 및 기술이전에 관한 사항

   정답 가

98. 다음 중 적합인증 대상기자재가 아닌 것은?
   가. 구내교환기
   나. 관통신용 회선종단장치
   다. 과학용 고주파 이용기기
   라. 생활무선국용 무선설비의 기기

   정답 다

2016년 무선설비기사 기출문제

99 다음 중 평균전력을 나타내는 기호는?

가. PX 나. PY
다. PZ 라. PR

정답 나

100 R3E, H3E, J3E 전파형식을 사용하는 모든 무선국의 무선설비 점유 주파수대폭의 허용치로 옳은 것은?

가. 1[kHz] 나. 3[kHz]
다. 6[kHz] 라. 10[kHz]

정답 나

국가기술자격검정 필기시험문제

2017년 기사2회 필기시험

국가기술자격검정 필기시험문제

2017년 기사2회 필기시험

자격종목 및 등급(선택분야)	종목코드	시험시간	형 별	수검번호	성 별
무선설비기사		2시간 30분			

제1과목 디지털 전자회로

01 다음과 같은 정류회로에 대한 설명으로 틀린 것은?

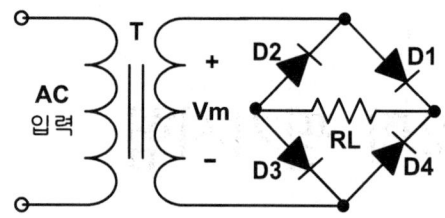

가. (+) 반주기에는 D1과 D3가 On되어 정류작용을 한다.
나. 고압 정류회로에 적합하다.
다. Tap형 전파정류회로에 비해 정류효율이 낮고 전압 변동률이 크다.
라. 중간 Tap이 있어 대형 변압기로 사용할 수 있다.

정답 다

02 다음 중 직류 전압 또는 직류 전류의 맥동률을 감소시키기 위한 회로가 아닌 것은?

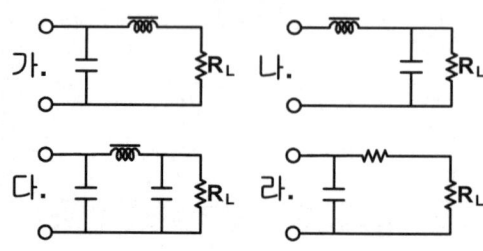

정답 라

03 고주파 증폭회로에서 중화 조정을 수행하는 목적은?

가. 이득의 증가   나. 주파수의 안정
다. 전력 효율의 증대   라. 자기 발진의 방지

정답 라

04 다음은 궤환율이 0.04인 부궤환 증폭기 회로이다. 저항 R_f의 값은?

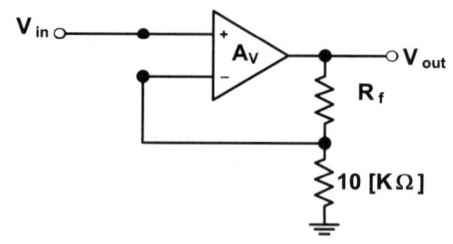

가. $120[k\Omega]$ 나. $180[k\Omega]$
다. $220[k\Omega]$ 라. $240[k\Omega]$

정답 라

05 다음과 같은 연산증폭기 회로의 출력 전압은?

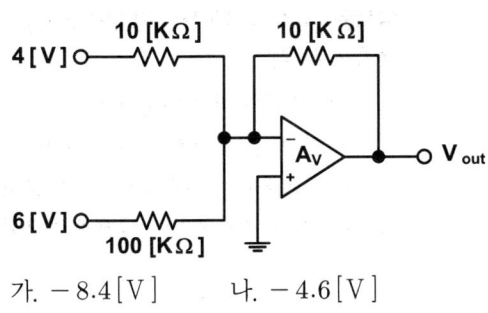

가. $-8.4[V]$ 나. $-4.6[V]$
다. $-2.3[V]$ 라. $-1.6[V]$

정답 나

06 다음 중 푸시 풀(Push-Pull) 전력증폭회로의 가장 큰 장점은?

가. 우수 고조파 상쇄로 왜곡이 감소한다.
나. 직류성분이 없어지기 때문에 효율이 크다.
다. A급 동작 시 크로스오버(Cross Over) 왜곡이 감소한다.
라. 기수와 우수 고조파 상쇄로 효율이 증가한다.

정답 가

07 다음 회로는 빈-브릿지(Wien-Bridge) 발진회로이다. R_1, R_2 값이 감소할 경우 발진주파수의 변화는?

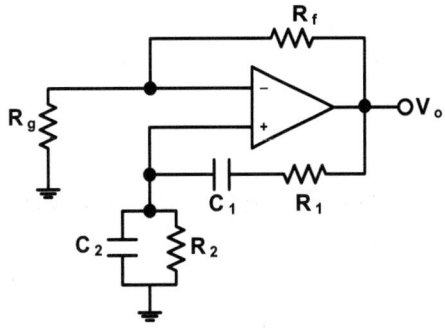

가. 증가한다. 나. 감소한다.
다. 변화없다. 라. 발진이 되지 않는다.

정답 가

08 병렬저항형 이상형 발진회로에서 $1.6[kHz]$의 주파수를 발진하는데 필요한 저항 값은 약 얼마인가? (단, $C = 0.01[\mu F]$)

가. $2[k\Omega]$ 나. $4[k\Omega]$
다. $6[k\Omega]$ 라. $8[k\Omega]$

정답 나

09 $1,000[kHz]$의 반송파를 $5[kHz]$의 신호주파수로 진폭 변조할 경우 출력 측에 나타나는 주파수가 아닌 것은?

가. $995[kHz]$ 나. $1,000[kHz]$
다. $1,005[kHz]$ 라. $1,990[kHz]$

정답 라

10 진폭 변조파의 전압이
$e = (200 + 50\sin 2\pi 100t)\sin 2\pi \times 10^8 t [V]$
로 표시 되었을 때 변조도는 약 몇 [%]인가?

가. 25 나. 50
다. 75 라. 95

정답 가

11 다음 중 디지털 복조에 대한 설명으로 틀린 것은?

가. ASK(Amplitude Shift Keying)에 대한 복조는 비동기식 포락선 검파만을 이용한다.
나. 동기 검파는 송신신호의 주파수와 위상에 동기된 국부발진 신호와 입력 신호를 곱하게 하는 곱셈 검파기이다.
다. 비동기식 포락선 검파방식은 PSK(Phase Shift Keying)의 복조에는 이용되지 않는다.
라. 비동기식 검파는 동기 검파보다 시스템은 간단하지만 효율이 떨어진다.

정답 가

12 정보 전송 기술에서 다음 그림과 같은 변조 파형을 얻을 수 있는 변조 방식은?

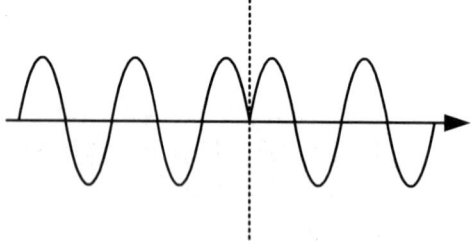

가. ASK(Amplitude Shift Keying)
나. PSK(Phase Shift Keying)
다. FSK(Frequency Shift Keying)
라. QASK(Quadrature Amplitude Shift Keying)

정답 나

13 다음 중 트랜지스터의 스위칭 작용에 의해서 발생된 펄스 파형에서 링깅(Ringing) 현상이 생기는 이유는?

가. 낮은 주파수 성분 때문이다.
나. 직류분이 잘 통하지 않기 때문이다.
다. 높은 주파수 성분에 공진하기 때문이다.
라. 증폭기의 저역 특성이 나쁘기 때문이다.

정답 다

14 다음 중 슈미트 트리거회로(Schmitt Trigger Circuit)에 대한 설명으로 틀린 것은?

가. 구형파 펄스 발생회로로 사용된다.
나. 비안정 멀티바이브레이터 회로이다.
다. 입력전압의 크기가 출력의 On, Off 상태를 결정해 준다.
라. 두 개의 안정상태를 갖는 회로이다.

정답 나

15 RS 플립플롭 회로의 출력 Q 및 $\overline{Q}$ 는 리셋(Reset) 상태에서 어떠한 논리 값을 가지는가?

가. $Q = 0$, $\overline{Q} = 0$ 나. $Q = 1$, $\overline{Q} = 1$
다. $Q = 0$, $\overline{Q} = 1$ 라. $Q = 1$, $\overline{Q} = 0$

정답 다

16 다음 그림과 같이 RS 플립플롭에서 R 입력과 S 입력 사이에 NOT 게이트를 추가하면 어떤 기능을 갖는 플립플롭인가?

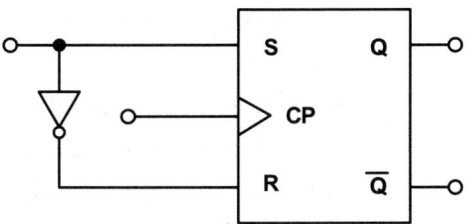

가. T형 플립플롭   나. N형 플립플롭
다. JK형 플립플롭   라. D형 플립플롭

정답 라

17 J-K 플립플롭은 두 개의 입력 데이터(Data)에 의하여 출력에서 몇 개의 조합(Combination)을 얻을 수 있는가?

가. 2   나. 4
다. 8   라. 16

정답 나

18 25진 리플 카운터를 설계할 경우 최소한 몇 개의 플립플롭이 필요한가?

가. 3개   나. 4개
다. 5개   라. 6개

정답 다

19 서로 다른 2개 이상의 신호를 하나의 통신 채널로 전송하는데 필요한 장치는?

가. 멀티플렉서   나. 비교기
다. 인코더   다. 디코더

정답 가

20 반가산기(Half Adder)에서 A = 1, B = 1일 경우 S(Sum)의 값은?

가. -1   나. 1
다. 0   라. 2

정답 다

제2과목 무선통신기기

21 어떤 AM송신기의 안테나 전류가 무변조되었을 때 11.75[A]이지만 변조되었을 때는 14.14[A]까지 증가하였다면 변주율은 약 몇 [%] 인가?
   가. 54[%] 나. 74[%]
   다. 84[%] 라. 94[%]

   정답 라

22 다음 중 영상 주파수를 개선하기 위한 방법으로 틀린 것은?
   가. 중간 주파수를 낮게 정함으로써 영상 주파수에 의한 혼신을 감소시킨다.
   나. 특정한 영상 주파수에 대한 Trap 회로를 입력 회로에 넣는다.
   다. 고주파 증폭단을 두고 동조회로 Q를 크게 한다.
   라. 고주파 동조 증폭단을 증설한다.

   정답 가

23 다음 중 DPSK(Differential Phase Shift Keying) 방식에 대한 설명으로 틀린 것은?
   가. BPSK(Binary Phase Shift Keying) 방식에 비해 S/N 값이 우수하다.
   나. 회로가 간단해 무선 LAN(Local Area Network) 분야의 변조 방식으로 사용된다.
   다. PSK 동기 검파만 가능한 단점을 보완한 차동 위상 검파 방식이다.
   라. Delay 회로가 필요하다.

   정답 가

24 다음 중 BPSK(Binary Phase Shift Keying) 변조방식에 대한 설명으로 틀린 것은?
   가. 정보 데이터의 심볼값에 따라 반송파의 위상이 변경되는 변조 방법이다.
   나. 이진 신호의 $S_1(t)$와 $S_2(t)$의 위상차가 180[°]가 될 때 성능이 최대가 된다.
   다. 점유대역폭은 ASK(Amplitude Shift Keying)와 같으나 심볼 오류 확률은 낮다.
   라. M진 PSK 방식의 대역폭 효율은 변조방식의 영향을 받는다.

   정답 라

25 QPSK(Quadrature Phase Shift Keying) 신호의 보(Baud)속도가 400[bps]이면 데이터 전송속도는 얼마인가?
   가. 100[bps] 나. 400[bps]
   다. 800[bps] 라. 1,600[bps]

   정답 다

26 진폭 변조와 위상 변조를 결합하여 위상선도 상에서 점들의 위치를 달리하는 변조 방식은?
   가. QAM(Quadrature Amplitude Modulation)
   나. DPSK(Differential Phase Shift Keying)
   다. CPFSK(Continuous Phase Frequency Shift Keying)
   라. GMSK(Gaussian Filtered Minimum Shift Keying)

   정답 가

27. 다음접속 기술 방식 중 OFDMA(Orthogonal Frequency Division Multiple Access) 방식의 단점으로 옳은 것은?

가. 타임슬롯 동기화가 어렵다.
나. 주파수 자원의 이용 효율이 낮다.
다. 복잡한 전력제어 알고리즘이 필요하다.
라. 시간동기와 주파수동기에서 오류가 발생하면 성능저하가 심각하다.

정답 라

28. 전송할 신호의 주파수에 비해 높은 주파수의 반송파를 이용하여 1과 0을 진폭, 주파수 및 위상에 대응하여 전송하는 방식은?

가. 문자 동기 전송 방식
나. 대역 전송 방식
다. 차분 방식
라. 다이코드 방식

정답 나

29. 다음 중 표본화 오차의 발생 원인에 해당되지 않는 것은?

가. 반올림(Round-Off) 오차
나. 절단(Truncation) 오차
다. 엘리어싱(Aliasing) 오차
라. 과부하(Overload) 오차

정답 라

30. 다음 중 GPS(Global Positioning System)를 이용하여 위치 측정 시 발생하는 오차가 아닌 것은?

가. 위성 시계의 오차
나. 위성 궤도의 오차
다. 온도 상승의 오차
라. 다중경로 등으로 인한 거리 오차

정답 다

31. 다음 중 축전지 취급상의 주의할 점에 대한 설명으로 틀린 것은?

가. 방전한 상태로 방치하지 말 것
나. 충전은 규정 전류로 규정 시간에 할 것
다. 축전지의 전압이 약 1.0[V], 비중 0.5가 되면 방전을 정지시키고 곧 충전할 것
라. 극판이 전해액 면에서 노출하지 않을 정도로 전해액을 보충해 둘 것

정답 다

32. 다음 중 쵸크 입력형 평활회로에 대한 설명으로 틀린 것은?

가. 정류기에 충격전류의 모양으로 전류가 흐르지 않는다.
나. 큰 직류출력을 얻을 수 있다.
다. 전압 변동률이 작다.
라. 높은 출력전압과 작은 맥동률이 요구될 때 사용된다.

정답 라

33 무부하시 직류 출력전압이 10[V]인 정류회로의 전압 변동률이 10[%]일 경우, 부하시 직류 출력전압은 약 얼마인가?

가. 7.09[V] 나. 8.09[V]
다. 9.09[V] 라. 10.09[V]

정답 다

34 다음 전원 공급 장치의 설비 중 수변전설비의 종류에 적합하지 않은 것은?

가. 단로기 나. 피뢰기
다. 분전반 라. 배전용 변압기

정답 다

35 기본파 전압이 10[V], 제2고조파 전압이 4[V], 제3고조파 전압이 3[V]일 때 전압왜율은 몇 [%]인가?

가. 10[%] 나. 25[%]
다. 50[%] 라. 80[%]

정답 다

36 다음 중 계수형 주파수계에 대한 설명으로 잘못된 것은?

가. ±1 Count 오차는 계수시간과 피측정 신호의 상대 위상 관계 때문에 발생한다.
나. ±1 Count 오차를 작게 하기 위해 게이트 시간을 짧게 한다.
다. 매초당 반복되는 파의 수를 펄스로 변환하여 계수한 후 표시하는 방식이다.
라. 측정범위를 확대하기 위해서는 비트다운(Beat Down)방식을 사용한다.

정답 나

37 전원회로의 부하에 병렬로 블리더(Bleeder) 저항을 사용하면 전원 특성은 어떻게 되는가?

가. 전압변동률이 개선된다.
나. 리플함유율이 개선된다.
다. 정류효율이 저하된다.
라. 최대역전압이 증가한다.

정답 가

38 정재파 전압의 최대치를 V_{max}, 정재파 전압의 최소치를 V_{min} 이라 할 때 정재파비를 구하는 식을 바르게 나타낸 것은?

가. V_{max}/V_{min}
나. V_{min}/V_{max}
다. $(V_{max}+V_{min})/(V_{max}-V_{min})$
라. $(V_{max}-V_{min})/(V_{max}+V_{min})$

정답 가

39 단상 전파 정류회로의 직류 출력전압과 직류 출력전력은 단상 반파 정류회로와 비교하여 각각 몇 배인가?

가. 1배, 2배 나. 1배, 4배
다. 2배, 2배 라. 2배, 4배

정답 라

40 평활회로는 어떤 필터의 역할을 수행하는가?

가. LPF(Low Pass Filter)
나. HPF(High Pass Filter)
다. BPF(Band Pass Filter)
라. BRF(Band Rejection Filter)

정답 가

제3과목 안테나공학

41 두 개의 금속판을 마주보게 놓고 전압을 인가했을 때 극판 사이의 전속밀도(D)는 얼마인가? (단, 극판에 축전된 전하를 Q[C], 극판 면적을 S[m²], 극판 사이의 유전율을 ε[F/m]라 한다.)

가. $\dfrac{Q}{S}$[C/m²] 나. $\dfrac{D}{\varepsilon}$[V/m]

다. $\dfrac{dQ}{dT}$[A] 라. $\varepsilon\dfrac{dE}{dt}$[A/m²]

정답 가

42 다음 중 포인팅 벡터의 크기를 나타내는 것은? (단, E : 전계의 세기, H : 자계의 세기, μ : 투자율, ε : 유전율)

가. EH 나. $\mu\varepsilon$
다. H/E 라. $\sqrt{\mu/\varepsilon}$

정답 가

43 다음 중 거리에 따라 가장 감쇠가 급격하게 발생하는 것은?

가. 정전계 나. 유도계
다. 복사전계 라. 복사자계

정답 가

44 다음 중 분포정수형 평형 – 불평형 변환회로가 아닌 것은?

가. 위상변환형
나. 분기 도체
다. 반파장 우회선로
라. 스페르토프(Sperrtopf)

정답 가

45 복사저항 450[Ω]인 폴디드다이폴 안테나 두 개를 $\lambda/4$ 임피던스 변환기를 사용하여 100[Ω]의 평행 2선식 급전선에 정합시키고자 한다. 이 때 변환기의 임피던스 값은?

가. 212[Ω] 나. 275[Ω]
다. 300[Ω] 라. 425[Ω]

정답 다

46 다음 중 산란행렬(Scattering Matrix)의 구성요소인 S-파라미터의 설명으로 옳은 것은?

가. 반사 계수와 전송 계수를 나타낸다.
나. 전압과 전류의 관계로 4단자 회로의 특성을 나타낼 수 있다.
다. 입·출력 단자를 개방하거나 단락해서 파라미터를 정의한다.
라. 고주파 회로에서 사용할 수 없다.

정답 가

47 다음 중 마이크로파의 전송선로로서 도파관을 사용하는 이유로 가장 적합한 것은?
가. 취급전력이 작고 방사손실이 없다.
나. 유전체 손실이 적다.
다. 부하와의 정합상태가 불량하여도 정재파가 발생하지 않는다.
라. 저역 여파기(LPF) 역할을 한다.

정답 나

48 다음 중 도파관의 여진의 종류가 아닌 것은?
가. 정전적 결합에 의한 여진
나. 분기적 결합에 의한 여진
다. 작은 루프 안테나에 의한 여진
라. 전자적 결합에 의한 여진

정답 나

49 미소다이폴을 수직으로 놓았을 때 수평면의 지향성 계수는?
가. 1   나. 1.5
다. 2   라. 2.5

정답 가

50 접지저항이 큰 순서로 올바르게 나열한 것은?

| ㄱ. 심굴접지 방식 | ㄴ. 다중접지 방식 |
| ㄷ. 방사상 접지방식 | |

가. ㄱ > ㄴ > ㄷ   나. ㄷ > ㄱ > ㄴ
다. ㄴ > ㄱ > ㄷ   라. ㄱ > ㄷ > ㄴ

정답 라

51 복사저항이 200[Ω]이고, 손실저항이 -35[Ω]인 안테나의 복사효율은 약 얼마인가?
가. 65(%)   나. 75(%)
다. 85(%)   라. 95(%)

정답 다

52 같은 전력을 급전할 때 $\lambda/4$수직 접지 안테나에서 발생되는 전계는 $\lambda/2$다이폴 안테나에 비하여 약 몇 배인가?
가. 0.4   나. 1.4
다. 1.9   라. 2.5

정답 나

53 다음 중 진행파형 안테나로서 예리한 지향특성을 가지며 주로 단파 고정국 또는 해안국의 송·수신용으로 사용되는 안테나는?
가. 루프(Loop) 안테나
나. 더블렛(Doublet) 안테나
다. 디스콘(Discone) 안테나
라. 롬빅(Rhombic) 안테나

정답 라

54 장·중파대의 송신안테나 중 수분이 많고 대지의 도전율이 양호한 경우에 사용하고 소전력의 송신 안테나에 사용되는 가장 적합한 접지방식은?
가. 다중 접지   나. 심굴 접지
다. 가상 접지   라. 방사상 접지

정답 나

55 다음 중 지표파에 대한 설명으로 틀린 것은?

가. 장중파대에서는 지표파가 직접파에 비해 우세하다.
나. 대지의 도전율이 작을수록, 유전율이 클수록 감쇠가 커진다.
다. 수평 편파의 지표파가 수직 편파에 비해 감쇠가 적다.
라. 주파수가 낮을수록 감쇠가 적다.

정답 다

56 다음 중 수정 굴절률에 대한 설명으로 틀린 것은?

가. 수정 굴절률을 사용하면 구면 대기층에 대해서도 평면 대기층에 대한 스넬의 법칙을 적용할 수 있다.
나. 표준대기에서 높이 h에 대한 M단위 수정 굴절률의 비 dM/dh는 음수이다.
다. 수정 굴절률의 값은 높이와 비례 관계에 있다.
라. 수정 굴절률의 값은 굴절률과 비례 관계에 있다.

정답 나

57 다음 중 전리층에 대한 설명으로 틀린 것은?

가. 임계주파수보다 낮은 주파수는 단파의 근거리 통신에 사용할 수 있다.
나. 야간에는 D층이 높아지고 E층 반사파가 강해진다.
다. 단파통신은 주간과 야간의 주파수를 다르게 사용하는 것이 좋다.
라. MUF(Maximum Usable Frequency)는 임계주파수보다 낮고 입사각과 관계가 있다.

정답 나

58 이동통신 채널의 특징은 반사, 회절, 산란에 의한 다경로 페이딩채널의 특징을 지닌다. 이 다경로 페이딩 상황하에서 수신 성능을 개선하기 위한 방법이 아닌 것은?

가. RAKE Receiver
나. Transmit Diversity
다. Quick Paging
라. Adaptive Equalizer

정답 다

59 전리층을 이용한 통신에서 자동이득 조절장치(AGC)를 활용하여 방지할 수 있는 페이딩으로 가장 적합한 것은?

가. 도약성 페이딩   나. 선택성 페이딩
다. 간섭성 페이딩   라. 흡수성 페이딩

정답 라

60 다음 중 전자파적합(EMC)에 대한 설명으로 가장 적합한 것은?

가. 전자파 양립성이라고도 한다.
나. 전자파내성(EMS) 분야와 전자파기록(EMR) 분야로 구분할 수 있다.
다. 전기·전자기기가 외부로부터 전자파 간섭을 받을 때 영향 받는 정도를 나타낸다.
라. 발생 원인으로는 자연적인 발생원인(대기잡음, 우주잡음, 태양방사 등)과 인공적인 발생원인(의도적인 잡음, 비의도적인 잡음)으로 크게 구분한다.

정답 가

제4과목 무선통신시스템

61 다음 중 도체 내 자유전자의 랜덤 운동에 의해 발생하며, 전 주파수 대역에 걸쳐 나타나므로 백색잡음이라고 불리는 잡음은?

가. 충격성 잡음(Impulse Noise)
나. 열 잡음(Thermal Noise)
다. 누화(Crosstalk)
라. 상호변조왜곡(Inter-Modulation Distortion)

정답 나

62 슈퍼헤테로다인 수신기에서 수신하고자 하는 주파수가 612[kHz]이고, 중간주파수가 455[kHz]일 경우 영상주파수 (Image Frequency)는? (단, 상측 헤테로다인 방식으로 동작한다.)

가. 1,067[kHz]   나. 1,224[kHz]
다. 1,522[kHz]   라. 1,679[kHz]

정답 다

63 다음 중 PCM(Pulse Code Modulation) 다중통신의 특징이 아닌 것은?

가. 전송로의 잡음이나 누화 등의 방해가 적다.
나. 중계시마다 잡음이 누적되지 않는다.
다. 경로(Route) 변경이나 회선 변환이 쉽다.
라. 협대역 전송로가 필요하다.

정답 라

64 다음 중 송신측에서 콘볼루션 채널 코딩률을 결정할 때, 수신자의 전파 상태가 좋은 경우 가장 많은 정보 비트를 보낼 수 있는 코딩률은? (단, CC : Convolution Code)

가. 4/5 CC   나. 3/5 CC
다. 2/5 CC   라. 1/5 CC

정답 가

65 다음 중 레이더의 탐지 거리를 결정하는 요인이 아닌 것은?

가. 유효 반사 면적이 큰 목표일수록 멀리 탐지된다.
나. 레이더 송신기 출력의 2승근에 비례하여 멀리 탐지된다.
다. 출력 및 수신감도를 올리면 탐지 거리가 증대된다.
라. 이득이 큰 안테나를 사용하고 짧은 파장을 사용한다.

정답 나

66 다음 중 위성통신에 대한 설명으로 틀린 것은?

가. 정지궤도 위성통신의 경우 도플러 주파수 천이에 대한 보상이 매우 중요하다.
나. 이동 위성 서비스도 정지궤도 위성을 이용할 수 있다.
다. 저궤도 위성통신의 경우는 지연시간이 매우 짧다.
라. VSAT(Very Small Aperture Terminal)은 고정 위성 서비스의 일종이다.

정답 가

67. 다음 중 CDMA(Code Division Multiple Access) 방식의 장점은?
   가. 전력효율과 회선효율이 타 방식에 비해 가장 양호하다.
   나. 접속국의 수가 증가하여도 전송용량은 감소하지 않는다.
   다. 신호의 전송속도가 달라도 회선 설정과 변경이 용이하다.
   라. 전파의 간섭이나 변동, 혼신방해에 강하며 비화성이 있다.

   정답 라

68. DS(Direct Sequence)는 코드분할다중접속(CDMA)을 구현하기 위해 사용되는 대역확산 통신방식 중의 하나이다. 다음 중 DS방식을 수행하기 위해 필요한 구성요소가 아닌 것은?
   가. BPSK(Binary Phase Shift Keying) 변조기
   나. 상관검파기
   다. 주파수합성기
   라. PN(Pseudo Noise)부호 발생기

   정답 다

69. VHF(Very High Frequency)대역 2개 채널을 사용하여 국내 지상파DMB(Digital Multimedia Broadcasting)를 송출할 때 사용할 수 있는 채널 블록의 수는?
   가. 2블록   나. 4블록
   다. 6블록   라. 12블록

   정답 다

70. 다음 중 브로드밴드(Broad Band) 전송 방식의 특징이 아닌 것은?
   가. 통신경로를 여러 개의 주파수 대역으로 나누어 이용한다.
   나. 디지털 신호로 변조하여 전송하는 방식이다.
   다. Audio / Video 등에 대한 전송도 가능하다.
   라. 주파수 분할 다중화 방식을 이용한다.

   정답 나

71. 다음 프로토콜 중 사용되는 기술(HomeRF, Bluetooth)이 다른 1개의 프로토콜은?
   가. LMP(Link Manager Protocol)
   나. L2Cap(Logical Link Control and Adaptation Protocol)
   다. SDP(Service Delivery Protocol)
   라. SWAP(Shared Wireless Access Protocol)

   정답 라

72. 다음의 설명에 해당되는 프로토콜 기능은 어느 것인가?

   > 긴 메시지 블록을 전송에 용이하도록 작은 블록으로 나누는 과정과 분리된 데이터 블록을 원래 메시지로 변환시키는 기능을 한다.

   가. 분리(Separation)와 캡슐화(Encapsulation)
   나. 세분화(Segmentation)와 재합성(Reassembly)
   다. 분할(Division)과 재결합(Recombination)
   라. 분리(Separation)와 연결(Connection)

   정답 나

73 다음의 설명에 해당되는 프로토콜 요소는?

> 효율적이고 정확한 전송을 위한 개체간 제어와 오류 복원을 위한 제어 정보 등을 규정한다.

가. 의미(Semantics) 나. 구문(Syntax)
다. 순서(Timing) 라. 연결(Connection)

정답 가

74 다음 중 계층과 관련기술을 잘못 짝지은 것은?

가. 물리 계층 - DTE / DCE
나. 데이터링크 계층 - HDLC
다. 네트워크 계층 - LDAP
라. 트랜스포트 계층 - TCP

정답 다

75 위성통신에서 각 지구국에 채널을 할당하는 방식이 아닌 것은?

가. 고정(사전) 할당 방식
나. 요구(동적) 할당 방식
다. 임의 할당 방식
라. 적응 할당 방식

정답 라

76 다음 중 무선 랜의 전송방식에 해당하지 않는 것은?

가. 적외선 방식
나. 확산 스펙트럼 방식
다. 초 광대역 무선통신 방식
라. 협대역 마이크로웨이브 방식

정답 다

77 다음 중 무선통신시스템 설계 시 단파가 중장파보다 불리한 점으로 옳은 것은?

가. 복사효율이 나쁘다.
나. 페이딩의 영향이 더 크다.
다. 안테나 설치가 어렵다.
라. 원거리 통신에 불리하다.

정답 나

78 전파가 자유공간에서 전파할 때 거리가 2배로 증가하면 손실은 약 얼마나 증가하는가?

가. 2[dB] 나. 3[dB]
다. 6[dB] 라. 9[dB]

정답 다

79 다음 표에서 정의하는 것은 무엇인가?

> ○ 계약상대자는 계약된 공사에 적격하고 관계법령에 의하여 기술자로 인정하는 자를 지명하여 계약담당공무원에게 통지 하여야 한다.
> ○ 공사현장에 상주하여 계약문서와 공사감독관의 지시에 따라 공사현장의 단속 및 공사에 관한 모든 사항을 처리한다.

가. 공사감독 나. 공사안전관리자
다. 공사현장소장 라. 공사현장대리인

정답 라

80 통신망시스템이 고장이 난 시점부터 수리가 완료되는 시점까지의 평균시간을 의미하는 것을 무엇이라 하는가?

가. MTTF(Mean Time To Failure)
나. MTTR(Mean Time To Repair)
다. MTBF(Mean Time Between Failure)
라. MTBSI(Mean Time Between System Incident)

정답 나

제5과목 전자계산기일반 및 무선설비기준

81 기억된 내용의 일부를 이용하여 기억되어 있는 데이터에 직접 접근하여 정보를 읽어내는 장치는?

가. 가상기억장치(Virtual Memory)
나. 연관기억장치(Associative Memory)
다. 캐시 메모리(Cache Memory)
라. 보조기억장치(Auxiliary Memory)

정답 나

82 다음 중 동적 RAN(Dynamic RAM)의 특징에 대한 설명으로 틀린 것은?

가. 전하의 양을 측정하여 저장 논리 값을 판단한다.
나. 전하의 방전 때문에 주기적으로 재충전(Refresh)해야 한다.
다. 1비트를 구성하는 소자가 적어서 단위 면적에 많은 저장장소를 만들 수 있다.
라. 1비트를 구성하는 소자가 적어서 메모리 액세스 속도가 정적 RAM(Static RAM)보다 빠르다.

정답 라

83 다음 중 순차파일(Sequential File)의 특징이 아닌 것은?

가. 레코드가 키 순서로 편성되므로 처리 속도가 빠르다.
나. 어떠한 입·출력 매체에서도 처리가 가능하다.
다. 이전의 레코드를 탐색하려면 파일을 되돌리면 된다.
라. 필요한 레코드를 추가하는 경우 파일 전체를 복사해야 한다.

정답 다

84 다음 논리회로에 의해 계산된 결과 X는?

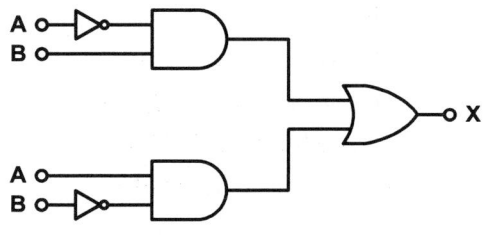

가. $\overline{A \oplus B}$
나. $\overline{A} + \overline{B}$
다. $A \oplus B$
라. $A \cdot B$

정답 다

85 효율적인 입·출력을 위하여 고속의 CPU와 저속의 입·출력장치가 동시에 독립적으로 동작하게 하여 높은 효율로 여러 작업을 병행 수행할 수 있도록 해줌으로써 다중 프로그래밍 시스템의 성능 향상을 가져올 수 있게 하는 방법은?

가. 페이징(Paging)
나. 버퍼링(Buffering)
다. 스풀링(Spooling)
라. 인터럽트(Interrupt)

정답 다

86 다음 중 선점형 스케줄링 (Preemptive Process Scheduling)에 해당하지 않는 것은?

가. SJF(Shortest Job First) 스케줄링
나. RR(Round Robin) 스케줄링
다. SRT(Shortest Remaining Time) 스케줄링
라. MFQ(Multi-level Feedback Queue) 스케줄링

정답 가

87 다음 중 파일(File)의 개념을 바르게 표현한 것은?

가. Code의 집합을 말한다.
나. Character의 수를 말한다.
다. Database의 수를 말한다.
라. Record의 집합을 말한다.

정답 라

88 다음 명령의 수행 결과값은?

```
mov cx, 4
mov dx, 7
sub dx, cx
```

가. 1.75　　나. 3
다. 11　　　라. 28

정답 나

89 마이크로프로세서로 구성된 중앙처리장치는 명령어의 구성방식에 따라 2가지로 나눌 수 있다. 이중 연산 속도를 높이기 위해 처리할 수 있는 명령어 수를 줄였으며, 단순화된 명령구조로 속도를 최대한 높일 수 있도록 한 것은?

가. SCSI(Small Computer System Interface)
나. MISC(Micro Instruction Set Computer)
다. CISC(Complex Instruction Set Computer)
라. RISC(Reduced Instruction Set Computer)

정답 라

90 다음 중 컴퓨터 프로그램의 명령에서 연산자의 기능이 아닌 것은?

가. 함수연산 기능　　나. 전달 기능
다. 제어 기능　　　　라. 인터럽트 기능

정답 라

91 다음 중 무선국에 대한 설명으로 틀린 것은?

가. 실험국은 외국의 실험국과 통신을 하여서는 아니 된다.
나. 아마추어국은 비상·재난구조를 위한 중계통신을 할 수 있다.
다. 아마추어국은 제3자를 위한 통신을 하여서는 아니 된다.
라. 실험국이 통신을 하는 때에는 암어를 사용하여야 한다.

정답 라

92 전파사용료 납부기한이 1주일 경과된 경우 추가되는 가산금의 비율은?

가. 체납된 전파사용료의 100분의 1
나. 체납된 전파사용료의 100분의 2
다. 체납된 전파사용료의 100분의 3
라. 체납된 전파사용료의 100분의 5

정답 라

93 무선통신업무에 종사하는 자는 원칙적으로 몇 년마다 통신보안교육을 받아야 하는가?

가. 10년　　나. 5년
다. 3년　　　라. 2년

정답 나

94 다음 문장의 괄호 안에 들어갈 내용으로 가장 적합한 것은?

> 발주자는 (　　)에게 공사의 감리를 발주하여야 한다.

가. 도급업자　　나. 수급인
다. 용역업자　　라. 공사업자

정답 다

95 공사를 설계한 용역업자는 그가 작성한 실시설계도서를 해당공사가 준공된 후 몇 년간 보관하여야 하는가?

가. 1년　　나. 3년
다. 5년　　라. 7년

정답 다

96 다음 중 정보통신공사업자 외의 자가 시공할 수 있는 경미한 공사가 아닌 것은?

가. 간이무선국의 무선설비설치공사
나. 건축물에 설치되는 5회선 이하의 구내통신선로 설비공사
다. 연면적 3천 제곱미터 이하의 건축물의 구내방송설비공사
라. 아마추어국 무선설비설치공사

정답 다

97 다음 중 적합인증 대상기자재가 아닌 것은?

가. 물체감시센서용 무선기기
나. 광통신용 회선중단장치
다. 과학용 고주파이용기기
라. 주파수변조기(전송망 기자재)

정답 다

98 적합성평가의 취소처분을 받은 자는 취소처분을 받은 날로부터 얼마의 범위에서 해당 기자재에 대한 적합성평가를 받을 수 없는가?

가. 6개월　　나. 1년
다. 1년 6개월　　라. 2년

정답 나

99 전파형식이 F3E인 초단파 방송국의 무선설비의 점유주파수대역폭의 허용치는?

가. 16[kHz]　　나. 180[kHz]
다. 200[kHz]　　라. 400[kHz]

정답 나

100 다음 무선설비의 안전시설에 대한 설명 중 괄호 안에 들어갈 내용으로 가장 적합한 것은?

> 송신설비의 안테나・급전선 등 고압전기가 통과하는 장치는 사람이 보행 하거나 생활하는 평면으로부터 (　　)미터 이상의 높이에 설치하여야 한다.

가. 1.5　　나. 2
다. 2.5　　라. 3

정답 다

2017년 기사4회 필기시험

국가기술자격검정 필기시험문제

2017년 기사4회 필기시험

자격종목 및 등급(선택분야)	종목코드	시험시간	형 별	수검번호	성 별
무선설비기사		2시간 30분			

제1과목 디지털 전자회로

01 정류회로 중 평활회로에서 커패시터 입력형에 비해 인덕터 입력형의 특성으로 옳은 것은?

가. 최대 역전압(Peak Inverse Voltage)이 높다.
나. 소전류에 적합하다.
다. 전압변동률이 양호하다.
라. 출력직류전압이 크다.

정답 다

02 다음은 트랜지스터 직렬전압안정회로를 나타내었다. 부하전압을 5[V]로 유지하기 위한 제너다이오드의 항복전압은 얼마인가? (단, 트랜지스터의 베이스 - 이미터 전압 V_{BE} = 0.7[V]이고, 입력전압 V_{in} = 10[V]~20[V] 까지 변한다고 가정한다.)

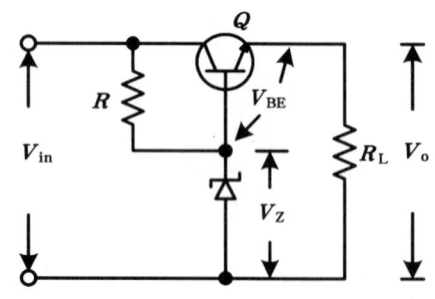

가. 5[V] 나. 5.7[V]
다. 10[V] 라. 10.5[V]

정답 나

03 공통 베이스(Common Base) 증폭기 회로에서 컬렉터 전류가 4.9[mA]이고, 이미터 전류가 5[mA]이었을 때 직류전류 증폭률은?

가. 0.98 나. 1.02
다. 1.27 라. 1.31

정답 가

04 다음 중 드레인 접지형 FET 증폭기에 대한 특성으로 틀린 것은? (단, FET의 파라미터 A_m은 상호 전도도이다.)

가. 입력 임피던스는 매우 크다.
나. 전압 이득은 약 1이다.
다. 출력은 입력과 역위상이다.
라. 출력 임피던스는 약 $1/A_m$이다.

정답 다

05 B급 푸시풀 증폭기의 최대 직류공급전력은? (단, I_m은 최대 콜렉터 전류, V_{CC}는 공급전압이다.)

가. $I_m V_{CC}$ 나. $2I_m V_{CC}$
다. $I_m V_{CC}/\pi$ 라. $2I_m V_{CC}/\pi$

정답 라

06 다음 B급 SEPP(Single-Ended Push-Pull) 증폭기에서 트랜지스터 1개당 최대 전력 손실은 약 몇 [W]인가?

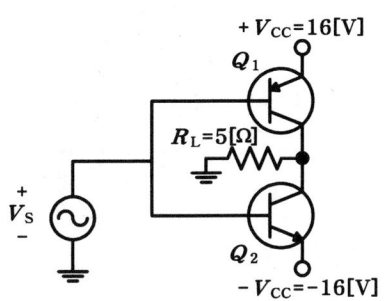

가. 1.5[W]   나. 2.5[W]
다. 3.5[W]   라. 4.5[W]

정답 다

07 정궤환(Positive Feedback)을 사용하는 발진회로에서 발진을 위한 궤환루프(Feedback Loop)의 조건은?

가. 궤환루프의 이득은 없고, 위상천이가 180°이다.
나. 궤환루푸의 이득은 1보다 작고, 위상천이가 90°이다.
다. 궤환루프의 이득은 1이고, 위상천이는 0°이다.
라. 궤환루프의 이득은 1보다 크고, 위상천이는 180°이다.

정답 다

08 다음 그림과 같은 발진회로에서 높은 주파수의 동작에 적절한 발진회로 구현을 위한 리액턴스 조건은 무엇인가?

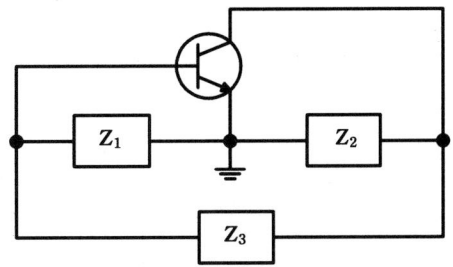

가. Z_1 = 용량성, Z_2 = 용량성, Z_3 = 용량성
나. Z_1 = 유도성, Z_2 = 유도성, Z_3 = 유도성
다. Z_1 = 유도성, Z_2 = 용량성, Z_3 = 용량성
라. Z_1 = 용량성, Z_2 = 용량성, Z_3 = 유도성

정답 라

09 다음 중 변조과정에 대한 설명으로 옳은 것은?

가. 반송파에 정보신호(음성·화상·데이터 등)를 싣는 것을 변조라 한다.
나. 변조된 높은 주파수의 파를 반송파라 한다.
다. 변조는 소신호로 대전류를 제어하는 것이다.
라. 저주파는 음성 신호파를 운반하는 역할을 하므로 피변조파라 한다.

정답 가

10 다음 중 반송파를 제거하는 변조방식은?

가. 진폭 변조   나. 펄스 변조
다. 위상 변조   라. 평형 변조

정답 라

11 BPSK(Binary Phase Shift Keying) 변조방식의 에러 확률은 QPSK(Quadrature Phase Shift Keying) 변조방식의 에러 확률의 몇 배인가?

가. 1/2배 나. 1/4배
다. 2배   라. 4배

정답 가

12 다음 중 불연속 펄스 변조방식의 종류가 아닌 것은?

가. PAM(Pulse Amplitude Modulation)
나. PNM(Pulse Number Modulation)
다. ΔM(Delta Modulation)
라. PCM(Pulse Code Modulation)

정답 가

13 다음 그림과 같은 주기적인 펄스파형의 듀티비(Duty Ratio)는 얼마인가? (단 $t_o = 30\,[\mu s]$, $T = 150\,[\mu s]$)

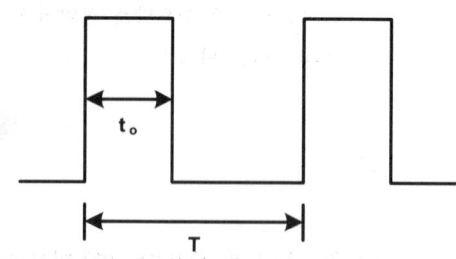

가. 10 [%]   나. 12 [%]
다. 20 [%]   라. 22 [%]

정답 다

14 다음 그림과 같은 회로의 명칭은?

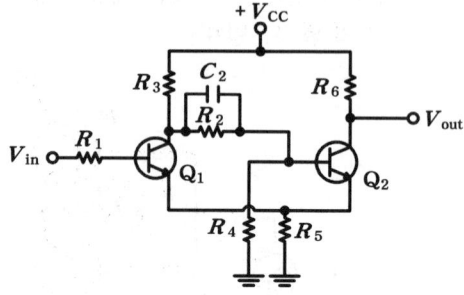

가. 슈미트 트리거(Schmitt Trigger) 회로
나. 차동증폭회로
다. 푸시풀(Push-Pull) 증폭회로
라. 부트스트랩(Bootstrap) 회로

정답 가

15 다음 중 2-out of-5 Code에 해당하지 않는 것은?

가. 10010   나. 11000
다. 10001   라. 11001

정답 라

16 8진수 $(67)_8$을 16진수로 바르게 표기한 것은?

가. $(43)_{16}$ 나. $(37)_{16}$
다. $(31)_{16}$ 라. $(25)_{16}$

정답 나

17 불 대수식 $A(\overline{A}+B)$를 간단히 하면?

가. A   나. B
다. AB   라. A+B

정답 다

18 카운터(Counter)를 이용하여 컨베이어 벨트를 통과하는 생산품의 개수를 파악하려고 한다. 최대 500개의 생산품 개수를 계산하기 위한 카운터를 플립플롭을 이용하여 제작할 경우 최소한 몇 개의 플립플롭이 필요한가?
  가. 5   나. 7
  다. 9   라. 11

  정답 다

19 다음 소자 중에서 n개의 입력을 받아서 제어신호에 의해 그 중 1개만을 선택하여 출력하는 것은?
  가. Multiplexer   나. Demultiplexer
  다. Encoder   라. Decoder

  정답 가

20 다음 그림과 같은 회로의 명칭은?

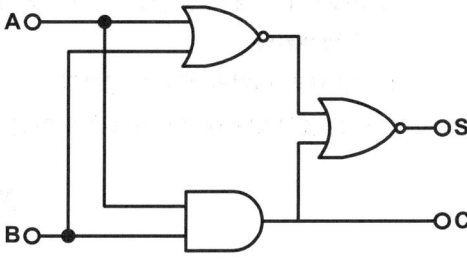

  가. 동시회로   나. 반동시회로
  다. Full Adder   라. Half Adder

  정답 라

제2과목 무선통신기기

21 수신 주파수가 850 [kHz]이고 국부발진주파수가 1,350 [kHz]일 때 영상 주파수는 몇 [kHz]인가?
  가. 790 [kHz]   나. 1,020 [kHz]
  다. 1,760 [kHz]   라. 2,155 [kHz]

  정답 다

22 정보신호가 $m(t) = \cos(2\pi f_m t)$인 정현파를 반송파 f_c를 사용하여 DSB – TC 변조하는 경우 변조된 신호의 스펙트럼을 모두 나타낸 것은?
  가. f_m, f_{-m}, f_c, f_{-c}
  나. $f_c + f_m$, $-f_c - f_m$
  다. $f_c + f_m$, $f_c - f_m$, $-f_c + f_m$, $-f_c - f_m$
  라. $f_c + f_m$, f_c, $f_c - f_m$, $-f_c + f_m$, $-f_c$, $-f_c - f_m$

  정답 라

23 49 [kHz]와 50 [kHz]의 버스트(Burst)로 구성된 BFSK(Binary Frequency Shift Keying) 시스템의 대역폭은? (단, 비트율은 2 [kbps]이다.)
  가. 1 [kHz]   나. 2 [kHz]
  다. 4 [kHz]   라. 5 [kHz]

  정답 라

24. 다음 중 이진변조에서 M-진 변조로 확장할 때 주파수 효율이 가장 낮은 변조방식은?

가. M-진 ASK(Amplitude Shift Keying)
나. M-진 FSK(Frequency Shift Keying)
다. M-진 PSK(Phase Shift Keying)
라. M-진 QAM(Quadrature Amplitude Modulation)

정답 나

25. 다음 중 DPSK(Differential Phase Shift Keying) 신호의 복조에 대한 설명으로 틀린 것은?

가. DPSK 신호의 복조는 동기 검파방식을 사용한다.
나. DPSK 신호는 수신기에서 반송파 복구를 하지 않고 복조가 가능하다.
다. DPSK 신호에는 위상에 정보를 실어서 송신하므로 위상오차 없이 정확히 검출해야 한다.
라. DPSK에서 위상왜곡 영향이 유사할 것으로 가정된 연속된 두 심볼 수신 신호를 곱하는 방법을 사용한다.

정답 다

26. 다음 중 PSK(Phase Shift Keying) 변조방식에 대한 설명으로 틀린 것은?

가. PSK복조방식은 FSK(Frequency Shift Keying)복조방식 보다 소요 대역폭이 좁다.
나. PSK복조방식은 비동기검파방식 보다 성능이 3[dB] 정도 S/N비가 개선된다.
다. PSK 복조방식은 FSK 복조방식에 비해 경제적이다.
라. PSK 복조방식은 동기검파방식만 지원한다.

정답 다

27. 다음 중 PSK(Phase Shift Keying) 변조방식에서 위상상태의 개수가 증가함에 따라 나타나는 현상은 무엇인가?

가. 비트율이 감소한다.
나. 보오율이 증가한다.
다. 데이터율 증가에 대해서는 BER(Bit Error Rate)을 유지하기 위해 SNR(Signal to Noise Rate)이 증가된다.
라. 이득이 증가한다.

정답 다

28. 다음 중 QAM(Quadrature Amplitude Modulation)에 대한 설명으로 틀린 것은?

가. MASK(Multiple Amplitude Shift Keying)와 MPSK(Multiple Phase Shift Keying)를 결합한 변조방식이다.
나. 반송파의 진폭과 위상을 변화시키는 방식이다.
다. 16QAM의 경우 성상도에서 신호점이 16개가 발생된다.
라. QAM의 레벨의 개수가 많아질수록 전력효율은 높아지나 대역폭 효율은 떨어진다.

정답 라

29. 다음 중 Microwave 주파수대에서 폭우의 영향이 가장 크게 나타나는 주파수대는?

가. 10[GHz]   나. 8[GHz]
다. 6[GHz]   라. 4[GHz]

정답 가

30 다음 중 레이더의 기능에 의한 오차에 속하지 않는 것은?

가. 해면반사
나. 거리오차
다. 방위오차
라. 선박 경사에 의한 오차

정답 가

31 다음 중 축전지의 초충전에 대한 설명으로 옳은 것은?

가. 축전지를 제조한 후 마지막으로 걸어주는 충전이다.
나. 초충전 시 12[V] 정도에서 온도를 급상승시킨다.
다. 충전 전류는 10[%] 내외로 한다.
라. 충전시간은 70~80시간 정도로 한다.

정답 라

32 다음 중 초크 L 입력형과 콘덴서 C 입력형 정류회로에 대한 비교 설명으로 틀린 것은?

가. 콘덴서 C 입력형은 부하 전류의 평균치와 최대치의 차가 크다.
나. 콘덴서 C 입력형은 맥동률이 크다.
다. 초크 L 입력형은 정류 소자 전류가 연속적이다.
라. 초크 L 입력형은 전압 변동률이 작다.

정답 나

33 다음 중 무정전 전원장치(UPS) 방식이 아닌 것은?

가. ON-LINE 방식
나. OFF-LINE 방식
다. Interleaving 방식
라. LINE Interleaving 방식

정답 다

34 다음 중 가정용 태양전지 시스템의 구성 요소가 아닌 것은?

가. PV(Photovoltaic) Array
나. Converter
다. 발전계량
라. 접지

정답 나

35 다음 중 AM 송신기의 전력측정 방법이 아닌 것은?

가. 안테나의 실효 저항에 의한 측정
나. 볼로미터 브리지에 의한 전력측정
다. 의사안테나를 사용하는 방법
라. 전구 부하에 의한 방법

정답 나

36 수신기의 성능을 나타내는 요소 중 충실도에 대한 설명으로 옳은 것은?

가. 미약 전파 수신 능력
나. 혼신 분리 제거 능력
다. 원음 재생 능력
라. 장시간 일정출력 유지 능력

정답 다

37 무선통신망의 측정 단위로 등방성 안테나(전 방향에 균등한 전파를 방사하는 가상의 안테나)를 기준으로 한 안테나의 상대적 이득 특성 단위를 표시한 것은?

가. dBm 나. dBi
다. dBd 라. dBc

정답 나

38 다음 중 급전선의 필요조건으로 적합하지 않은 것은?

가. 전송효율이 좋을 것
나. 유도방해를 주거나 받지 않을 것
다. 송신용의 경우 절연내력이 작을 것
라. 급전선의 파동 임피던스가 적당할 것

정답 다

39 브리지형 전파 정류회로에 인가도니 교류 입력전압의 최대치가 200[V]일 때 각 다이오드에 걸리는 최대 역전압(Peak Inverse Voltage)은 몇 [V]인가?

가. 100[V] 나. 200[V]
다. 400[V] 라. 800[V]

정답 나

40 축전지 극판에 배색 황산연이 생겼을 때 실시하는 충전방식으로 옳은 것은?

가. 초충전 나. 속충전
다. 부동충전 라. 과충전

정답 라

제3과목 안테나공학

41 비유전율이 9이고 비투자율이 1인 매질을 전파하는 전자파의 속도는 자유공간을 전파할 때와 비교하여 약 몇 배의 속도인가?

가. 3.33배 나. 2.33배
다. 1.33배 라. 0.33배

정답 라

42 변화하고 있는 자계는 전계를 발생시키고 또 반대로 변화하고 있는 전계는 자계를 발생시키는 사실을 나타내고 있는 것은?

가. Maxwell 방정식 나. Lentz 방정식
다. Poynting 정리 라. Laplace 방정식

정답 가

43 전파를 상공에 수직으로 발사하여 0.004초 후에 그 전파가 수신되었다면 전리층의 높이는 약 얼마인가?

가. 100[km] 나. 300[km]
다. 600[km] 라. 900[km]

정답 다

44 다음 중 진행파와 반사파가 모두 존재하는 경우는?

가. 무한장 급전선
나. 정재파비가 1인 급전선
다. 정규화 부하 임피던스가 1인 급전선
라. 반사계수가 1인 급전선

정답 라

45 다음 중 Trap 정합회로(Stub 정합)를 사용하기 가장 적합한 급전선은?

가. 동축케이블 방식　　나. 차폐 2선식
다. 평행 2선식　　　　라. 평행 4선식

정답 다

46 다음 중 발룬(Balun)을 사용하는 이유로 옳은 것은?

가. 불평형 전류를 흐르지 못하도록 하고 평형형 전류만 흐르도록 하기 위해서 이다.
나. 안테나의 임피던스를 부정합시키기 위해서 이다.
다. 안테나의 손실을 줄이고 정재파비를 크게 하기 위해서이다.
라. 안테나의 대역폭을 크게 하기 위해서이다.

정답 가

47 다음 중 도파관의 종류가 아닌 것은?

가. 구형 도파관　　나. 원형 도파관
다. 타원형 도파관　라. 루프형 도파관

정답 라

48 다음 중 도파관의 임피던스 정합 방법으로 적합하지 않은 것은?

가. Stub에 의한 정합
나. 도파관 창에 의한 정합
다. 커플러에 의한 정합
라. Q 변성기에 의한 정합

정답 다

49 다음 중 설명이 틀린 것은?

가. 정전계와 유도전계가 같아지는 거리는 약 0.16λ이다.
나. UHF(Ultra High Frequency)란 파장이 $0.1 \sim 1\,[m]$인 범위를 말한다.
다. 복사전계의 크기는 파장에 비례한다.
라. 정전계에 수반하는 자계 성분은 없다.

정답 다

50 다음 중 안테나 파라미터와 관계 없는 것은?

가. 고유주파수　　나. 안테나 효율
다. 실효고 및 복사저항　라. 수신전력

정답 라

51 다음 중 용어에 대한 설명으로 틀린 것은?

가. 주엽 : 최대복사 방향 빔패턴
나. 부엽 : 주엽 외의 작은 빔패턴
다. 전계패턴 : 최대 전계 복사각도 1/2되는 두점 사이 각도
라. 전후방비 : 주엽 전계강도의 최대값과 후방 부엽 전계강도의 최대값의 비

정답 다

52 안테나의 구조에 의한 분류 중 극초단파(UHF)용 판상안테나에 속하지 않는 것은 어느 것인가?

가. 슈퍼 턴 스타일(Super Turn Style) 안테나
나. 슬롯(Slot) 안테나
다. 빔(Beam) 안테나
라. 코너 리플렉터(Corner Reflector) 안테나

정답 다

53 다음 중 절대이득을 측정할 수 있는 표준형 안테나로 사용할 수 있는 안테나는?

가. 혼(Horn) 안테나
나. 웨이브(Wave) 안테나
다. 루프(Loop) 안테나
라. 롬빅(Rhombic) 안테나

정답 가

54 장·중파대의 송신 안테나의 접지방식 중 접지저항이 약 5[Ω] 정도이고 중파 방송용 안테나에 주로 사용되는 접지방식으로 가장 적합한 것은?

가. 다중 접지   나. 가상 접지
다. 방사상 접지   라. 어스 스크린 접지

정답 다

55 대지면을 완전도체라고 가정하고, 송수신 안테나의 거리가 충분히 멀리 떨어져 있는 경우 수평 편파의 송수신 안테나의 높이를 각각 2배 증가시키면 수신 전계강도의 변화는?

가. 변화가 없다.
나. 약 1.414배 증가한다.
다. 2배 증가한다.
라. 4배 증가한다.

정답 라

56 다음 중 선박용 레이다에서 마이크로파를 사용하는 이유로 틀린 것은?

가. 광의 특성과 유사하게 직진하기 때문이다.
나. 파장이 짧아 안테나를 소형으로 만들 수 있기 때문이다.
다. 파장이 짧아 적은 표적에서도 반사가 되기 때문이다.
라. 비나 눈에 의한 영향이 적기 때문이다.

정답 라

57 MUF(Maximum Usable Frequency)가 5[MHz]일 때 전리층 반사파를 사용하여 통신을 수행하기에 가장 적합한 주파수는?

가. 2.125[MHz]   나. 4.25[MHz]
다. 8.5[MHz]   라. 17[MHz]

정답 나

58 전자파가 전리층을 통과하게 되면 지구 자계의 영향으로 편파면이 회전을 하게 되는데 이러한 현상을 무엇이라 하는가?

가. 도플러(Doppler) 효과
나. 패러데이(Faraday)
다. 델린저(Dellinger)
라. 룩셈부르크(Luxembourg) 효과

정답 나

59 다음 중 자연잡음인 공전 잡음을 효과적으로 방지하기 위한 대책이 아닌 것은?

　가. 지향성 안테나 사용
　나. 수신기의 수신대역폭을 넓히고 선택도를 개선
　다. 송신 출력을 높여 수신 S/N비를 증대
　라. 비접지 안테나 사용

　　　　　　　　　　　　　　정답 나

60 전자파 인체보호 관련 용어 설명 중 전자파흡수율(SAR)에 대한 설명으로 가장 적합한 것은?

　가. 전기장 내의 한 점에 있는 단위 양전하에 작용하는 힘
　나. 생체조직의 단위 질량당 흡수되는 에너지의 비율(W/kg)
　다. 전자파의 진행 방향에 수직인 단위 면적을 통과하는 전력
　라. 전자파 인체보호기준에서 정한 전기장의 세기(V/m), 자기장의 세기(A/m), 전력밀도(W/평방미터) 등을 실제 측정

　　　　　　　　　　　　　　정답 나

제4과목　무선통신시스템

61 다음 중 입력되는 신호의 주파수가 3.5 [GHz], 4.5 [GHz]일 때, 제곱의 비선형항만이 고려되는 비선형 소자에서 출력 가능한 신호의 주파수가 아닌 것은?

　가. 1 [GHz]　　　나. 7 [GHz]
　다. 8 [GHz]　　　라. 10 [GHz]

　　　　　　　　　　　　　　정답 라

62 50개의 국간을 성형으로 연결하기 위하여 필요한 회선 수는?

　가. 49개　　　나. 50개
　다. 51개　　　라. 52개

　　　　　　　　　　　　　　정답 가

63 전위강하법으로 접지를 측정하여 전류가 2 [A]이고, 전압계의 지시치가 7 [V]라면 접지저항은 몇 [Ω]인가?

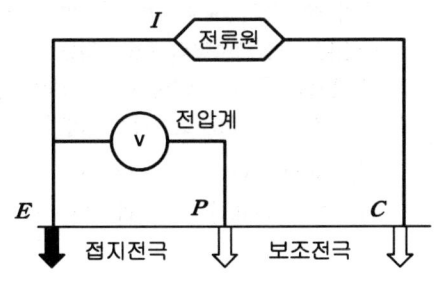

　가. 3.5 [Ω]　　　나. 4.0 [Ω]
　다. 7.0 [Ω]　　　라. 21.0 [Ω]

　　　　　　　　　　　　　　정답 가

64. 다음 중 비동기 다중화 접속방식인 WCDMA (Wideband Code Division Multiple Access) 방식에 대한 설명으로 옳은 것은?

가. Spreading Factor는 심볼의 대역폭을 몇 배의 타임슬롯으로 할당시키는가를 나타내는 인자이다.
나. WCDMA OVSF(Orthogonal Variable Spreading Factor) 트리 구조의 기본적인 원리와 특징은 동기식 CDMA와 동일함.
다. 길이가 같은 OVSF 코드들 간에 이론적으로 서로 간섭이 없으며, 모든 OFDM (Orthogonal Frequency Division Multiplexing)방식 시스템의 하향링크 다중화의 기본 원리가 된다.
라. 같은 주파수를 사용하는 신호라도 길이가 같은 다른 직교코드가 시작점을 일치하여 각각 곱하여졌다면 직교코드의 상호간에 상관도가 1인 특성에 의하여 서로 간섭이 발생하지 않는다.

정답 나

65. 다음 중 마이크로웨이브 링크에서 전방향 송신빔을 간섭으로부터 격리 또는 보호하기 위해 통상 중계기 안테나의 전후방비(Front-To-Back Ratio)로 가장 적합한 구간은?

가. 5[dB] 이하
나. 10 ~ 15[dB]
다. 15 ~ 20[dB]
라. 20 ~ 30[dB]

정답 라

66. 다음 마이크로웨이브 중계 방식 중 펄스부호변조(Pulse Code Modulation)통신 시 S/N비가 가장 좋은 중계 방식은?

가. 헤테로다인 중계 방식
나. 검파 중계 방식
다. 무급전 중계 방식
라. 직접 중계 방식

정답 나

67. 다음 중 VSAT(Very Small Aperture Terminal)의 특징이 아닌 것은?

가. 소형 출력과 소형 안테나를 갖는 위성통신용 지상 장치이다.
나. 설비가 간단하며, 고속 데이터 통신용에 사용한다.
다. 12~18[GHz] 주파수를 사용, 안테나의 이득이 크다.
라. HUB Station을 사용하여 위성과 연결함으로써 VSAT와 VSAT 사이의 통신이 가능하다.

정답 나

68. 다음 중 와이브로 웨이브 2 (Wibro Wave-II)에서 Down Link의 전송속도 증가를 위하여 사용되는 "동일 주파수와 시간에 2개 이상의 독립 데이터를 2개 이상의 송신 안테나를 이용하여 전송하는 기술"은 무엇인가?

가. Adaptive Antenna System
나. MMR (Mobile Multi-hop Relay)
다. Spatial Multiplexing
라. Space-Time Trellis Coding

정답 다

69 스펙트럼 확산통신 시스템 중 직접확산 DS (Direct Sequence) 방식의 특징이 아닌 것은?

가. 간섭(재밍)에 강하다.
나. 신호 검출이 용이하다.
다. 다중경로에 강하다.
라. PN부호 발생기가 필요하다.

정답 나

70 한 지점에서 송신한 신호의 전력이 수신 지역에서 6[dB] 감소되어 수신되었다면 수신지점은 송신지점과 비교해 전력이 몇 배 감소한 것인가?

가. 4배 감소
나. 6배 감소
다. 8배 감소
라. 64배 감소

정답 가

71 무선랜인 IEEE 802.11b와 Bluetooth는 동일한 대역인 2.4[GHz] ISM(Industrial Scientific Medical) 대역에서 통신을 하고 있다. 두 시스템 간의 충돌 영향을 완화하기 위해 Bluetooth가 채택한 방식은?

가. CSMA/CA(Carrier Sense Multiple Access with Collision Avoidance)
나. AFH(Adaptive Frequency Hopping)
다. CDM(Code Division Multiplexing)
라. CSMA/CD(Carrier Sense Multiple Access with Collision Detection)

정답 나

72 다음 중 링크를 경유하는 통신에서 MAC (Media Access Control) 프로토콜이 필요한 이유가 아닌 것은?

가. 매체를 공유하여 사용하는 경우에 여러 단말 사이의 경합이 불가피하여 조정이 필요하다.
나. 매체에서 문제가 발생하여 전송에서 오류가 발생하였을 때 이를 극복하기 위한 방안이 필요하다.
다. 매체의 특성에 적합한 경로로 정보가 전달될 수 있도록 하는 방안이 필요하다.
라. 매체에서 문제가 발생하여 전송에서 오류가 발생하는 것을 예방하기 위한 방안이 필요하다.

정답 다

73 다음 중 동작을 위해 Sliding Window 기법이 사용되는 프로토콜 기능은?

가. 흐름제어(Flow Control)
나. 세분화(Segmentation)
다. 오류제어(Error Control)
라. 동기제어(Synchronization)

정답 가

74 통신 프로토콜의 계층화 개념 중 데이터가 상위계층에서 하위계층으로 내려가면서 데이터에 제어정보를 덧붙이게 되는데 이를 무엇이라 하는가?

가. Framing
나. Multiplexing
다. Encapsulation
라. Transmission Control

정답 다

75. 다음 중 마스터 스테이션으로부터 슬레이브 스테이션에게 전송할 데이터가 있는지 물어보는 방식은?

가. Contention
나. Polling
다. Selection
라. Detection

정답 나

76. 우리나라의 LTE(Long Term Evolution) 이동통신시스템에서 한정된 주파수 자원을 주어진 시간에 여러 사용자들에게 할당하여 기지국과 단말기간의 무선 구간을 연결하는 다중접속방식으로 사용되는 것은 무엇인가?

가. FDMA(Frequency Division Multiple Access)
나. TDMA(Time Division Multiple Access)
다. CDMA(Code Division Multiple Access)
라. OFDMA(Orthogonal Frequency Division Multiple Access)

정답 라

77. 다음 중 상세 설계에 포함되어야 할 사항이 아닌 것은?

가. 표지 및 목차
나. 예산서
다. 예정 공정표
라. 타당성 조사

정답 라

78. 다음 무선망 설계 시 필요한 품질목표 중 사용자가 서비스 접속가능 지역에서 호 시도를 하여 호가 완료될 때까지 통화중단 없이 호가 유지될 수 있는 신뢰성에 대한 확률을 표현하는 것은?

가. 통화 커버리지(Call Coverage)
나. 서비스 등급(Grade Of Service)
다. 통화 품질(Quality of Telephone Call)
라. 수신감도(Receiving Sensitivity)

정답 나

79. 다음 중 무선 통신시스템 설치 구축공사의 착공 전 검토 사항이 아닌 것은?

가. 감리원의 공정별 입회에 대한 확인
나. 시공하기 전에 설계도서와 현장의 일치 여부 검토
다. 설계도서에 맞게 장비의 입고 일정과 일치 여부 검토
라. 이동통신시스템 장비를 작동하는데 필요한 전원설비 및 냉방기 시설 검토

정답 가

80. 다음 중 백색 가우시안 잡음의 특징으로 틀린 것은?

가. 전 대역에 걸쳐 전력 스펙트럼 밀도가 일정한 크기를 가진다.
나. 백색 가우시안 잡음은 신호에 더해지는 형태다.
다. 열잡음(Thermal Noise)이 대표적인 백색 가우시안 잡음이다.
라. 레일리 분포 특성을 보인다.

정답 라

제5과목 전자계산기일반 및 무선설비기준

81 CPU가 명령문을 수행하는 순서는?

㉠ 인터럽트 조사 ㉡ 명령문 해독
㉢ 명령문 인출 ㉣ 피연산자 인출
㉤ 실행

가. ㉢ - ㉠ - ㉡ - ㉣ - ㉤
나. ㉢ - ㉡ - ㉣ - ㉤ - ㉠
다. ㉡ - ㉢ - ㉣ - ㉤ - ㉠
라. ㉣ - ㉢ - ㉡ - ㉤ - ㉠

정답 나

82 주소영역(Address Space)이 1[GB]인 컴퓨터가 있다. 이 컴퓨터의 MAR(Memory Address Register)의 크기는 얼마인가?

가. 30[bit]   나. 30[Byte]
다. 32[bit]   나. 32[Byte]

정답 가

83 8비트에 저장된 값 10010111을 16비트로 확장한 결과 값은? (단, 가장 왼쪽의 비트는 부호(Sign)를 나타낸다.)

가. 0000000010010111
나. 1000000010010111
다. 1001011100000000
라. 1111111110010111

정답 라

84 다음 중 오류검출과 오류교정까지도 가능한 코드는?

가. Hamming Code
나. Biquinary Code
다. 2-out of-5 Code
라. EBCDIC Code

정답 가

85 다음 중 사용자가 단말기에서 여러 프로그램을 동시에 실행시키는 기법은?

가. 스풀링(Spooling)
나. 다중 프로그래밍(Multi-programming)
다. 다중 처리기(Multi-processor)
라. 다중 태스킹(Multi-tasking)

정답 라

86 다음 문장에서 설명하는 운영체제의 유형은?

> 부분적으로 일어나는 장애를 시스템이 즉시 찾아내어 순간적으로 복구함으로써 시스템의 처리중단이나 데이터의 유실과 훼손을 막을 수 있는 시스템 방식이다. 특히, 자원의 중복성에도 불구하고 특별한 관리가 필요한 정보처리에 매우 유용하다.

가. 시분할 시스템(Time-sharing System)
나. 다중 처리(Multi-processing)
다. 다중 프로그래밍(Multi-programming)
라. 결함허용 시스템(Fault-tolerant System)

정답 라

87. 다음 지문에서 설명하고 있는 소프트웨어의 종류는?

> 컴퓨터의 작업처리 과정 동안에 동적으로 변경이 불가능한 기억 장치에 적재된 프로그램 또는 자료를 말하며, 이를 사용자가 변경할 수 없다. 이러한 프로그램 또는 자료를 소프트웨어로 분류하고, 프로그램 또는 자료가 들어 있는 전기 회로를 하드웨어로 분류한다.

가. 펌웨어
나. 시스템 소프트웨어
다. 응용 소프트웨어
라. 디바이스 드라이버

정답 가

88. 다음 지문의 괄호 안에 들어갈 용어를 올바르게 나열한 것은?

> 소프트웨어는 (㉠)와/과 (㉡)으로 나누어 볼 수 있으며, (㉠)에는 (㉢)와/과 운영체제가 있고, (㉡)에는 (㉣)와/과 주문형 소프트웨어가 있다.

가.
㉠ 응용소프트웨어 ㉡ 시스템소프트웨어
㉢ 유틸리티 ㉣ 패키지

나.
㉠ 시스템소프트웨어 ㉡ 응용소프트웨어
㉢ 유틸리티 ㉣ 패키지

다.
㉠ 시스템소프트웨어 ㉡ 유틸리티
㉢ 응용소프트웨어 ㉣ 패키지

라.
㉠ 응용소프트웨어 ㉡ 시스템소프트웨어
㉢ 패키지 ㉣ 유틸리티

정답 나

89. 다음 지문이 설명하고 있는 것은?

> 인출할 명령어의 주소를 가지고 있는 레지스터로 명령어가 인출된 후 내용이 자동적으로 1 또는 명령어 길이만큼 증가하며, 분기 명령어가 실행될 경우 목적지 주소로 갱신한다.

가. 기억장치 버퍼 레지스터
나. 누산기
다. 프로그램 카운터
라. 명령 레지스터

정답 다

90. 다음 중 마이크로프로그램에 의한 마이크로 오퍼레이션의 동작으로 틀린 것은?

가. 주기억 장치에서 명령어 인출하는 동작
나. 오퍼랜드의 유효 주소를 계산하는 동작
다. 지정된 연산을 수행하는 동작
라. 다음 단계의 주소를 결정하는 동작

정답 라

91. 전파법에서 규정한 "특정한 주파수의 용도를 정하는 것"은 어떤 용어에 대한 정의인가?

가. 주파수분배
나. 주파수할당
다. 주파수 지정
라. 주파수편차

정답 가

92. 다음 중 준공검사를 받지 아니하고 운용할 수 있는 무선국에 속하지 않는 것은?
   가. 공해 지역에 개설한 무선국
   나. 국가안보를 위하여 개설하는 무선국
   다. 외국에서 운용할 목적으로 개설한 육상이동지구국
   라. 30와트 이상의 무선설비를 시설하는 어선의 선박국

   정답 라

93. 의료용 전파응용설비는 고주파출력이 몇 와트 초과인 경우 과학기술 정보통신부의 허가를 받아야 하는가?
   가. 10 [W]　　나. 20 [W]
   다. 30 [W]　　라. 50 [W]

   정답 라

94. 거짓으로 적합성평가를 받은 후 그 적합성평가의 취소처분을 받은 경우에 해당 기자재는 얼마 이내의 기간 동안 적합성평가를 받을 수 없는가?
   가. 1년　　나. 2년
   다. 3년　　라. 5년

   정답 가

95. 다음 중 무선설비 설계변경 및 계약금액 조정 관련 감리업무 내용으로 틀린 것은?
   가. 감리사는 설계변경 지시내용의 이행가능 여부를 당시의 공정, 자재수급 상황 등을 검토하여 확정하고, 만약 이행이 불가능하다고 판단될 경우에는 그 사유와 근거자료를 첨부하여 시공자에게 보고하여야 한다.
   나. 발주자가 설계변경 도서를 작성할 수 없을 경우에는 설계변경 개요서만 첨부하여 설계변경지시를 할 수 있다.
   다. 설계변경 요청은 발주자 혹은 시공자 제안으로 할 수 있다.
   라. 감리사는 설계변경 등으로 인한 계약금액의 조정을 위한 각종서류를 시공자로부터 제출받아 검토한 후 감리업자 대표자에게 보고하여야 한다.

   정답 가

96. 무선설비 기성 및 준공검사 처리절차가 올바르게 나열된 것은?
   가. 검사원 및 감리조서 – 검사원 임명 – 검사 실시 – 검사결과 통보 및 검사조서 – 발주자 결재 – 대가지급
   나. 검사원 임명 – 검사원 및 감리조서 – 검사 실시 – 검사결과 통보 및 검사조서 – 발주자 결재 – 대가지급
   다. 검사원 임명 – 검사원 및 감리조서 – 발주자 결재 – 검사 실시 – 검사결과 통보 및 검사조서 – 대가지급
   라. 검사원 및 감리조서 – 검사원 임명 – 발주자 결재 – 검사 실시 – 검사결과 통보 및 검사조서 – 대가지급

   정답 가

97
" 방송통신기자재 등의 적합성 평가에 관한 고시 "에 의한 용어 정의 중에서 " 기본모델과 전기적인 회로·구조·기능이 유사한 제품군으로 기본모델과 동일한 적합성평가번호를 사용하는 기자재 "를 무엇이라 하는가?

가. 기본모델　　나. 변경모델
다. 동일모델　　라. 파생모델

정답 라

98
방송통신기자재 등의 적합성평가 개별 적용기준이 아닌 것은?

가. 유선분야
나. 무선분야
다. 전자파 인체보호분야
라. 전자파 장해방지분야

정답 라

99
DSC(Digital Selective Calling)의 수신메시지는 정보를 읽기 전까지 저장되고, 수신 후 몇 시간이 지난 후에 삭제될 수 있어야 하는가?

가. 12시간　　나. 24시간
다. 48시간　　라. 72시간

정답 다

100
수신설비가 충족하여야 하는 조건이 아닌 것은?

가. 수신주파수의 운용범위 이내일 것
나. 내부잡음이 적을 것
다. 감도는 높은 신호입력에서도 양호할 것
라. 선택도가 크고 명료도가 충분할 것

정답 다

답이 보이는
무선설비 산업기사
기출문제풀이

2010년 산업기사1회 필기시험

국가기술자격검정 필기시험문제

2010년 산업기사1회 필기시험

자격종목 및 등급(선택분야)	종목코드	시험시간	형 별	수검번호	성 별
무선설비산업기사		2시간			

제1과목 디지털 전자회로

01 다음 중 배타적 논리합(EX-OR)을 나타내는 논리식이 아닌 것은?

가. $Y=(A+B)\overline{AB}$
나. $Y=AB+\overline{AB}$
다. $Y=A\oplus B$
라. $Y=A+B(\overline{A}+\overline{B})$

정답 나

[해설] 배타적 논리합(Exclusive-OR, EX-OR)
① EX-OR은 두 입력값 중 어느 하나가 참인 경우 결과값이 참이 되는 연산이다.
② 논리식 $Y=\overline{A}B+A\overline{B}=(A+B)\cdot(\overline{AB})$
　　　　　　$=(A+B)(\overline{A}+\overline{B})=A\oplus B$
③ 진리표

A B	Y
0 0	0
0 1	1
1 0	1
1 1	0

02 다음 중 FM 복조회로가 아닌 것은?

가. Slope detector
나. Foster-seeley detector
다. Ratio detector
라. De-emphasis detector

정답 라

[해설] FM파의 복조용 회로
① 경사형 검파기(slope detector)
② 포스터-실리 변별기(Foster-Seely discriminator)
③ 비검파기(ratio detector)
④ PLL(Phase Locked Loop) 방식
[참고]
FM에서는 고역 S/N비를 개선하기 위하여 송신단에서 pre-emphasis회로를 사용하며 수신측에서는 de-emphasis회로를 사용한다.

03 다음 중 클리핑회로에 대한 설명으로 틀린 것은?

가. 파형 변환회로의 일종이다
나. 직렬형과 병렬형이 있다.
다. 적분기의 일종이다.
라. 진폭 조작회로의 종류이다.

정답 다

[해설] 클리핑(Clipping)회로
① 클리퍼(clipper)회로라고도 하며 클리퍼회로의 출력은 입력신호의 한 부분을 잘라 버린 파형을 나타낸다.
② 신호를 전송할 때 기준 값보다 높은 부분 또는 낮은 부분 등 원하는 부분만을 전송하기위해서 사용하기 때문에 클리핑회로는 리미터(limitter), 진폭 선택회로(amplitude selector) 또는 슬라이서(slicer)라고도 부른다.
③ 클리퍼회로는 다이오드와 저항, 직류전지로 구성된다.
④ 다이오드가 신호 전송회로와 직렬로 연결되어 있으면 직렬 클리퍼라고 부르고, 다이오드가 신호 전송회로와 병렬로 연결되어 있으면 병렬 클리퍼라고 부른다.

04 신호를 양자화하기 전에 미약한 신호는 진폭을 크게 하고 진폭이 큰 신호는 진폭을 줄이는 기능은?

가. 프리엠퍼시스(Pre-emphasis)
나. 압신(Compression-expansion)
다. 디엠퍼시스(De-emphasis)
라. FM 복조시의 리미팅(Limiting)

정답 나

해설 압신기(Compander)
① 압신기는 압축기(compressor)와 신장기(expander)의 합성어이다.
② 압신기는 전송시의 레벨 범위를 좁게 함으로써 잡음이나 누화를 경감하기 위하여 사용한다.

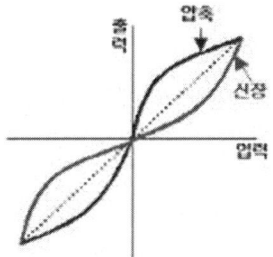

05 컬렉터 또는 베이스 동조형 발진회로에서 동조회로의 공진 주파수와 이들 발진회로의 발진 주파수는 어떤 관계에 있어야 하는가?

가. 공진 주파수와 발진 주파수는 같아야 한다.
나. 공진 주파수는 발진 주파수보다 약간 높아야 한다.
다. 공진 주파수는 발진 주파수보다 약간 낮아야 한다.
라. 공진 주파수와 발진 주파수는 아무런 관계가 없다.

정답 나

해설 동조회로는 모두 유도성이 되어야만 안정한 발진을 하며, 공진 주파수는 발진 주파수보다 약간 높아야 한다.

06 다음 중 논리식 $Y=\overline{A}B+A\overline{B}+\overline{A}\overline{B}$를 간략화하면?

가. $Y=\overline{A}B$
나. $Y=\overline{A}$
다. $Y=\overline{B}$
라. $Y=\overline{AB}$

정답 라

해설 $\therefore Y=\overline{A}+\overline{B}=\overline{AB}$

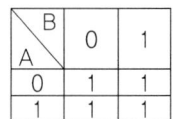

07 시프트 레지스터 출력을 입력에 되먹임시킴으로써 클록펄스가 가해지면 같은 2진수가 레지스터 내부에서 순환하도록 만든 계수기는?

가. 링 계수기
나. 2진 리플 계수기
다. 동기형 계수기
라. 업/다운 계수기

정답 가

해설 링 카운터는 시프트 레지스터(shift register)의 일종이며, 가장 간단한 형태이다. 마지막의 값을 처음 플립플롭으로 시프트 할 수 있도록 연결된 순환형이다.

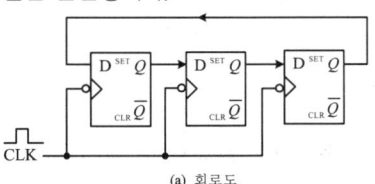

(a) 회로도

08 다음 중 시미트 트리거회로와 가장 거리가 먼 것은?

가. 전압비교회로
나. 구형파회로
다. 쌍안정회로
라. 증폭회로

정답 라

해설
① 시미트 트리거 회로 특징
   ㉠ 쌍안정 멀티바이브레이터의 일종
   ㉡ 입력파형에 관계없이 출력은 항상 구형파
   ㉢ 입력전압의 크기로서 회로의 개폐를 결정
   ㉣ 궤환 효과는 공통 이미터 저항을 통하여 이루어진다.
② 응용 회로
   ㉠ 전압 비교회로(comparator)
   ㉡ 쌍안정회로
   ㉢ 펄스파 발생회로

09 다음 그림의 회로는 어떤 궤환에 속하는가?

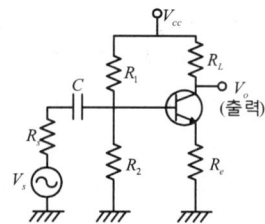

가. 직렬전류 부궤환   나. 병렬전류 부궤환
다. 병렬전압 부궤환   라. 직렬전압 부궤환

정답 가

해설 출력의 전류가 궤환되며 입력단은 직렬로 결합되므로 직렬-전류 궤환방식이다.

10 다음 중 이미터 플로어(emitter follower) 증폭기의 일반적인 특징이 아닌 것은?

가. 전류이득이 크다.
나. 입력 임피던스가 높다.
다. 출력 임피던스가 높다
라. 전압이득은 1보다 작다.

정답 다

해설 컬렉터 접지회로(CC : Common Collector)
① 이미터 플로어(emitter follower)라고 불린다.
② 전압이득은 거의 1에 가깝다
③ 입력 임피던스는 대단히 높고 출력 임피던스는 대단히 낮다.
④ 전류이득이 크다.

11 25:1의 리플 카운터를 설계하고자 한다. 최소한 몇 개의 플립플롭이 필요한가?

가. 4개   나. 5개
다. 6개   라. 7개

정답 나

해설 리플 카운터를 이용한 N진 카운터 설계에서 필요한 F/F수 n은 $2^{n-1} \leq N \leq 2^n$ 관계에서 $2^4 \leq 25 \leq 2^5$이므로 최소한 5개의 플립플롭이 필요하다.

12 접합 트랜지스터의 스위칭 속도를 빠르게 하기 위한 방법으로 옳은 것은?

가. 베이스회로에 직렬로 저항을 접속한다.
나. 베이스회로에 인덕턴스를 접속한다.
다. 베이스회로에 저항과 콘덴서를 병렬 접속하여 연결한다.
라. 베이스회로에 제너다이오드를 접속한다.

정답 다

해설 트랜지스터가 포화되면 스위칭 속도가 떨어지는데, I_B를 작게 하거나, Speed-up 콘덴서를 사용하여 switching 속도를 높인다.

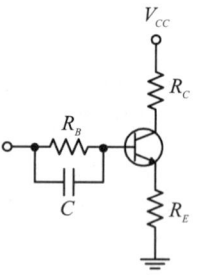

13 다음 중 차동증폭기회로에서 이미터 저항 대신 정전류원을 사용하는 주된 이유는?

가. 전류이득을 크게 하기 위해서
나. 전압이득을 크게 하기 위해서
다. 바이어스전압을 크게 하기 위해서
라. CMRR을 크게 하기 위해서

정답 라

해설 정전류원-전류미러(Current Mirror)
① 차동증폭기의 특성을 개선하는 한 방법으로 그 전압이득과 동상신호제거비를 증가시키는 방법이 있다.
② 전압이득과 CMRR을 증가시키기 위한 목적이다.
③ 전류미러는 꼬리전류를 공급한다.

14 다음의 회로에서 입력전압 $V_i = 100\sin wt$ [V]일 때 출력전압 V_o의 크기는?

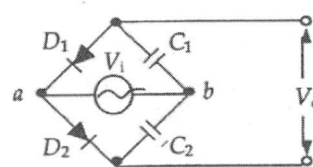

가. 100[V] 나. 141[V]
다. 200[V] 라. 282[V]

정답 다

해설 전파 배전압 정류회로
① $V_i > 0$일 때는 D_2를 통하여 C_2에 V_i의 최대값 $V_m = -100$[V]까지 충전된다.
② $V_i < 0$일 때는 D_1을 통하여 C_1에 V_i의 최대값 $V_m = -100$[V]까지 충전된다.
∴ 출력, V_o는 V_m의 2배인 $2V_m$의 전압을 얻을 수 있다.
∴ $V_o = 2V_m = 2 \times 100 = 200$[V]

15 반송파 $v_c(t) = V_c\cos w_c t$, 신호파 $v_s(t) = V_s\cos w_s t$ 라 할 때, FM 피변조파 $v_m(t)$를 표시한 것은?

가. $v_m(t) = V_c(1 + m_f\cos w_s t)\cos w_c t$
나. $v_m(t) = V_c\cos(w_c t + m_f\sin w_s t)$
다. $v_m(t) = V_c\cos(w_c t + \frac{d}{dt}v_s(t))$
라. $v_m(t) = V_c\cos(w_c t + \frac{\Delta w}{w_s}V_s\cos w_s t)$

정답 나

해설 피변조파
$$v_m(t) = V_c\cos(w_c t + k_f\int_{-\infty}^{t} V_s\cos w_s t\, dt)$$
$$= V_c\cos(w_c t + \frac{k_f V_s}{w_s}\sin w_s t)$$
$$= V_c\cos(w_c t + m_f\sin w_s t)$$

여기서, m_f는 변조지수이다.
$$m_f = \frac{최대주파수편이}{변조주파수} = \frac{\Delta w}{w_s} = \frac{\Delta f}{f_s}$$

16 다음 중 회로내의 분포용량, 표유 인덕턴스 또는 회로 정수의 불평형에 의해서 다른 주파수의 발진이 생기는 현상은?

가. 고유진동발진   나. 이완발진
다. 다이나트론발진 라. 기생발진

정답 라

해설 기생발진(Parasitic Oscillation)
기생진동이라고도 하며, 장비 또는 시스템에서 그 동작 주파수나 요구되는 발진에 관련이 있는 주파수들과는 무관한 주파수에서 발생하는 불필요한 발진을 말한다.

17 다음 중 궤환발진기에서 궤환율 $\beta = 0.05$일 때 발진조건이 성립하려면 증폭도(A)의 크기는?

가. 0.5
나. 5
다. 10
라. 20

정답 라

해설 발진조건 $A\beta = 1$
여기서 A : 증폭기의 증폭도, β : 궤환량
$\beta = 0.05$인 경우
∴ $A = \frac{1}{\beta} = \frac{1}{0.05} = 20$

18 다음 중 논리식 $\overline{A}+\overline{B}$와 등가인 회로는?

가. (NAND gate A,B) 나. (NOR gate A,B)

다. (AND gate A,B) 라. (OR gate A,B)

정답 가

해설 드모르간 정리는 불 함수식에서 모든 OR연산은 AND로, 모든 AND연산은 OR로 바꾸어 주고, 함수 내의 각 변수를 보수화하면 된다.

$\therefore \overline{A}+\overline{B} = \overline{AB}$

19 다음 중 디코더(decoder)에 대한 설명이 아닌 것은?

가. AND회로의 집합으로 구성되어 있다.
나. 2진수를 10진수로 변환하는 회로이다.
다. 10진수를 BCD로 표현할 때 사용한다.
라. 명령 해독이나 번지를 해독할 때 사용한다.

정답 다

해설 Encoder
인코더는 우리가 일상적으로 사용하는 10진수 등을 입력으로 받아들여 2진(BCD)코드의 형태로 변환하여 출력해주는 장치를 말하며 '부호기'라고도 한다.

20 전압이득이 40[dB]인 저주파 증폭기에 전압 부궤환율 0.098로 걸어줄 때, 왜율의 개선율[%]은 약 얼마인가?

가. 6.26 나. 7.25
다. 8.25 라. 9.26

정답 라

해설 $K_2 = \dfrac{K_1 1}{1+A\beta}$, K_1 : 원래왜율, K_2 : 궤환시 왜율

$\therefore K_2 = \dfrac{100}{1+0.098 \times 100}[\%] = \dfrac{100}{10.8}[\%] \fallingdotseq 9.26[\%]$

제2과목 무선통신기기

21 이동 통신 시스템에서는 셀과 셀을 오가면서 통화를 할 수 있도록 해주는 것은 핸드오프(Hand-Off)라고 하는데 그 종류가 아닌 것은?

가. 하드 핸드오프(Hard Hand-Off)
나. 하더 핸드오프(harder Hand-Off)
다. 소프트 핸드오프(Soft Hand-Off)
라. 소프터 핸드오프(Softer Hand-Off)

정답 나

해설 핸드오프의 종류
① 소프트 핸드오프(Soft Hand off)
 : 동일한 교환국의 기지국에서 다른 기지국으로 이동할 경우에 수행(make and break 방식)
② 소프터 핸드오프(Softer Hand off)
 : 단말기가 섹터 간 이동시에 수행(도심의 기지국은 3섹터로 구성됨)
③ 하드 핸드오프(Hard Hand off)
 : 서로 다른 교환국 사이를 이동하는 경우 (break and make 방식)

22 FM 수신기의 주파수 변별기의 특성을 측정하는 방법은 어느 것인가?

가. 입력 전압의 변화에 대한 직류 출력 전압의 변화
나. 입력 주파수 변화에 대한 직류 출력 전압의 변화
다. 입력 전압의 변화에 대한 출력 주파수의 변화
라. 입력 주파수 변화에 대한 출력 주파수의 변화

정답 나

해설 FM수신기의 주파수 변별기
① 원래의 아날로그 정보신호를 얻기 위해서 사용되는 FM복조기를 말함
② 입력주파수 변화에 대한 직류출력전압의 변화를 S-Curve를 이용하여 복조함

23. UPS도 일종의 인버터 방식을 이용한 것인데 이중 인버터의 유형을 구분하는 요소에 해당하지 않는 것은?

가. 전원의 형태
나. 전원의 구성 방식
다. 제어 방식
라. 출력 상수

정답 나

해설 UPS(무정전 전원장치) 구성
① 순변환부 및 충전부(Rectifier/Charger)
② 역변환부(Inverter)
③ 축전지(Battery)
④ 출력필터부
⑤ 제어부(Control)
⑥ 동기절체부(Static Switch)

24. 다음 그림에서 (A), (B), (C)에 들어갈 파형의 종류를 올바르게 나타낸 것은? (단, (C)는 출력제어방식이 PWM인 인버터 출력이다.)

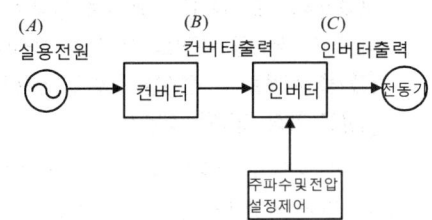

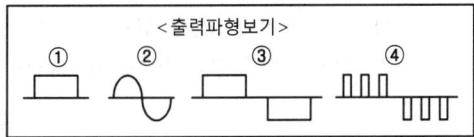

가. (A) = ①, (B) = ②, (C) = ③
나. (A) = ②, (B) = ①, (C) = ④
다. (A) = ①, (B) = ②, (C) = ④
라. (A) = ②, (B) = ①, (C) = ③

정답 나

해설 PWM
① Pulse Width Modulation으로 펄스폭을 이용한 변조방식임. LED 밝기, 화면 밝기 등을 제어할 때 많이 사용됨

25. 위상 변조를 하고자 하는 경우, 주파수 변조 회로를 사용한다면 어떤 회로가 더 필요한가?

가. 미분 회로   나. 정류 회로
다. 디엠퍼시스 회로   라. 리미터 회로

정답 가

해설 간접 FM 변조
① Armstrong 방식의 FM 변조 회로
② AM-C 합성 방식에 의한 FM 변조 회로
③ AM-AM 합성 방식에 의한 FM 변조 회로 (벡터 합성에 의한 PM 변조 회로)
④ Serrasoid 방식에 의한 FM 변조 회로
⑤ 이상법에 의한 FM 변조 회로
⑥ 변조시에 미분기를 사용함

26. 위성통신에서 다원접속에 해당되지 않는 것은?

가. TDMA   나. FDMA
다. CDMA   라. WDMA

정답 라

해설 위성통신

다원접속방식	채널할당방식
CDMA	PAMA
FDMA	RAMA
TDMA	DAMA
SDMA	

27. 무선 송신기의 신호대잡음비(S/N) 측정시 요하지 않는 측정기는?

가. 변조도계   나. 오실로스코프
다. 직선 검파기   라. 저주파 발진기

정답 나

해설 신호대 잡음비(s/n)
① 신호대 잡음비는 전력비 임
② 오실로스코프는 신호의 파형(주파수 또는 주기)의 검증할 때 사용되는 장비 임

28. 축전지에서의 백색 황산연의 발생 방지 방법 중 틀린 것은?

가. 충전 후 오래 방치하지 않아야 한다.
나. 과 충전을 하지 않아야 한다.
다. 충전이 완전히 되도록 한다.
라. 과대한 전류로 방전하지 말아야 한다.

정답 나

해설 백색 황산연의 발생방지 방법
① 충전 후 오래 방치 하지 않을 것
② 방전 상태로 장기간 방치하지 않을 것
③ 충전이 완전히 되도록 할 것
④ 과전류로 방전하지 않을 것

29. 다음 중 이동 통신 시스템의 송신기의 상호 변조 특성을 경감하는 방법 중 해당되지 않는 것은?

가. 상호간의 결합 감쇠량을 크게 정한다.
나. 상호간의 반사특성을 증폭시킨다.
다. 동일 건물 내에서 송신기군의 주파수 간격을 넓게 정한다.
라. 아이솔레이터 등을 삽입하여 혼입 장애파의 레벨은 저하시킨다.

정답 나

해설 상호변조특성 경감방법
① 상호간의 결합 감쇠량을 크게 함(Isolation)
② 상호간의 반사특성을 감쇠시킴
③ 주파수 간의 간격을 넓게 함

30. 반파 정류회로의 출력단에 부하를 연결하고 오실로스코프를 이용하여 파형을 측정하였더니, 다음과 같이 DC전압 출력파형이 측정되었다고 하면 이 정류회로의 맥동률은 얼마인가?

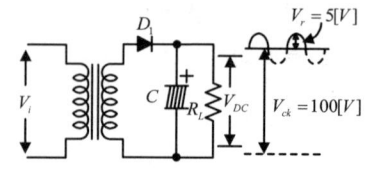

가. 약 2.8[%]   나. 약 3.5[%]
다. 약 4.3[%]   라. 약 5.0[%]

정답 나

해설 맥동율(Ripple)
$$= \frac{\text{직류 출력전압/전류의 교류성분 실효치}}{\text{직류 출력 전압/전류 의 평균치}}$$
$$= \frac{\frac{5}{\sqrt{2}}}{100} \times 100 [\%] ≒ 3.5[\%]$$

31. 코올라우시 브리지를 사용하여 전해액의 저항이나 접지 저항을 측정할 때 직류 전원대신 교류 전원을 사용한다. 전원을 직류로 사용하지 않는 이유로 가장 알맞은 것은?

가. 전극 내부 저항이 감소하기 때문에
나. 전극 표면에서 정전기 발생을 막기 위해서
다. 전극 표면의 발열을 방지하기 위해서
라. 전극 표면의 분극 작용을 방지하기 위해서

정답 라

해설 코올라우시 브리지
① 전해액의 저항이나 접지저항을 측정하기 위해 사용되는 회로임

직류전원사용시	교류전원사용시
분극(polarization) 때문에 측정오차 발생함	분극작용을 방지 할 수 있음

32. 그림과 같은 신호 공간 다이아그램을 나타내는 변조방식은 어느 것인가?

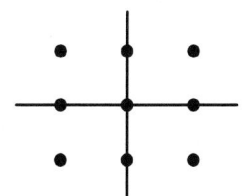

가. ASK
나. BPSK
다. FSK
라. QAM

정답 라

QAM
① 위상과 진폭을 모두 변화시키는 변조방식임
② 8-QAM 방식임 (8-PSK는 원형 형태)

33. 코드분할 다원 접속에서 최대 전송률을 증가시키기 위해서는 무엇을 해야 하나?

가. 신호 전력 또는 주파수 대역폭을 증가시켜야 한다.
나. 신호 전력 또는 주파수 대역폭을 감소시켜야 한다.
다. 신호 전력을 감소시키고 주파수 대역폭을 증가시켜야 한다.
라. 신호 전력을 증가시키고 주파수 대역폭은 감소시켜야 한다.

정답 가

최대전송율
① 샤논(C. E. Shannon)의 전송로 용량식
$C = W \log_2 \left(1 + \dfrac{S}{N}\right)$ [bps]
② 채널의 대역폭과 S/N을 향상시켜야 함
(신호전력을 크게 하면 S/N 향상)

34. 어느 수신기의 입력에 $10[\mu V]$의 전압을 인가했더니, 출력 전압이 $10[V]$였다. 이 때 수신기의 감도는 몇 [dB]인가?

가. 60[dB] 나. 80[dB]
다. 100[dB] 라. 120[dB]

정답 라

수신기 감도(전압 증폭도)
① $20\log \dfrac{V_0}{V_i} = 20\log \dfrac{10}{10 \times 10^{-6}} = 120[dB]$

35. CDMA 및 WCDMA 휴대단말기를 포함한 대부분의 송수신기에서 사용되는 것으로서 수신신호의 레벨변화와 온도 등에 의한 출력레벨의 변동이 없도록 제어하는 장치는 무엇인가?

가. AVR 나. AGC
다. LNA 라. PLL

정답 나

AGC(Auto Gain Control)
① 자동이득제어회로는 수신신호를 검출하여 자동으로 이득을 조절할 수 있음
② 이는 Fading방지 되고 수신신호의 안정적인 신호를 유지하도록 도와줌

36. 다음은 접지공중선의 실효 저항 측정 방법이다. 맞지 않은 것은?

가. 의사 공중선법 나. 저항삽입법
다. Q미터법 라. 실효리액턴스법

정답 라

실효저항측정방법
① 저항 삽입법 ② 작도법
③ 치환법(의사공중선법) ④ Q미터법

37 DSB와 비교했을 때 SSB 통신 방식의 특징이 아닌 것은?

가. 점유 주파수 대역폭이 반으로 감소한다.
나. S/N비가 개선된다.
다. 적은 송신 전력으로 통신이 가능하다.
라. 선택성 페이딩 및 근접 주파수의 영향이 많다.

정답 라

해설 SSB 통신 방식
장점
① 점유주파수 대폭이 1/2로 축소된다.
② 적은 송신전력으로 양질의 통신이 가능하다.
③ 송신기의 소비전력이 적다.
④ 선택성 페이딩의 영향이 적다
⑤ 수신측에서 S/N비가 개선된다.
⑥ 비화성을 유지할 수 있다.
⑦ 송신기가 소형경량이다.
단점
① 회로구성이 복잡하다.
② 높은 주파수 안정도를 필요로 한다.
③ 수신부에 동기장치 (Speech Clarifier)등이 필요하다.
④ 반송파가 없어 AGC 부가 곤란.

38 주파수 변조(FM) 통신 방식에서 변조지수는 어떻게 표현되는가? (단, 정보신호주파수 $= f_m$, 최대주파수편이 $= \triangle f$)

가. $\triangle f / f_m$
나. $f_m / \triangle f$
다. $2 \triangle f / f_m$
라. $2 f_m / \triangle f$

정답 가

해설 FM변조의 변조지수
① $\beta_f = \dfrac{\triangle f}{f_m}$ 로 나타낼 수 있음
② $\beta_f \geq 1$ 광대역 FM , $\beta_f \leq 1$ 협대역 FM

39 수신기의 종합 특성을 결정하는 것 파라미터로서 혼신 및 간섭 등을 어느 정도까지 분리 및 제거할 수 있는가의 능력을 나타내는 것은 무엇인가?

가. 감도
나. 선택도
다. 충실도
라. 안정도

정답 나

해설 수신기의 파라미터
① 수신기 성능을 나타내는 4대 성능은 감도, 선택도, 충실도, 안정도 이다.

감 도	미약한 전파를 잘 수신할 수 있는 능력
선택도	혼신, 잡음 등을 분리하여 원하는 신호만 선택할 수 있는 능력
충실도	원신호를 정확하게 재생할 수 있는 능력
안정도	오랜 시간동안 일정한 출력을 유지할 수 있는 능력

40 다음 중 축전지의 충전의 종류가 아닌 것은?

가. 단순 충전   나. 평상 충전
다. 균등 충전   라. 부동 충전

정답 가

해설 충전의 종류
① 부동충전 : 자기방전을 보충, 충전기 + 축전지 동시 부담하여 충전
② 세류충전 : 자기방전량 만 충전
③ 급속충전 : 충전전류의 2-3배 로 충전
④ 초기충전 : 축전지에 전해액 주입 후 처음으로 충전하는 것

제3과목 안테나공학

41 다음 중 마이크로스트립 안테나에 대한 설명으로 옳지 않은 것은?

가. 이득이 크다.
나. 선형 및 원형 편파가 가능하다.
다. 대역폭이 작다.
라. 제작비용이 적게 든다.

정답 가

해설 마이크로스트립 안테나의 특성
① 장점
  - 작고 가벼움.
  - 집적화가 용이해 대량 생산이 가능함.
  - 어레이 안테나 구현이 쉬움.
  - 기판특성으로 임의현태로 제작가능.
② 단점
  - 높은 전력을 다룰 수 없음.(저전력)
  - 전송 가능한 대역폭이 좁음.
  - 상대적으로 기판값이 비쌈.

42 특성 임피던스가 $200[\Omega]$인 동축케이블의 무손실 선로에서 $50[\Omega]$의 부하를 접속할 때 이 선로의 정재파 비는?

가. 4   나. 1.6
다. 0.6   라. 3.2

정답 가

해설
반사계수 $\Gamma = \left|\dfrac{Z_L - Z_0}{Z_L + Z_0}\right| = \left|\dfrac{50-200}{50+200}\right| = 0.6$

정재파비 $S = \dfrac{1+|\Gamma|}{1-|\Gamma|} = \dfrac{1+0.6}{1-0.6} = 4$

43 급전선의 필요조건에 대한 설명이다. 틀린 것은?

가. 전송효율이 좋을 것
나. 송신용의 경우 절연내력이 클 것
다. 유도 방해를 주거나 받지 않을 것
라. 급전선의 파동 임피던스가 가급적 클 것

정답 라

해설 급전선의 필요조건
① 전송효율이 높아야 함
② 송신용의 경우 절연내력이 커야함
③ 유도방해를 받거나 주지 말아야 함

44 다음 중 대류권 산란파 전파의 특징에 해당되지 않는 것은?

가. 소출력의 송신기가 필요하다.
나. 지리적 조건에 영향을 받지 않는다.
다. 수신전계는 불규칙하게 변하나 비교적 안정하다.
라. 기본 전파 손실은 매우 크다.

정답 가

2010년 무선설비산업기사 기출문제

[해설] 대류권 산란파 통신방식의 특징
① 초단파대 초가시 거리 광대역 통신에 적합
② 시간적, 공간적, 지리적 제한을 받지 않음
③ 전파손실이 커 대 출력송신기가 필요함
④ 예민한 지향성 공중선을 사용해서는 안 됨
⑤ Fading이 발생하며, Space diversity를 이용하여 방지할 수 있음
⑥ 대류권 산란파 통신을 하기에 적당한 주파수는 200~3,000[MHz] 임
⑦ 대류권 산란파 통신을 하기에 적당한 거리는 200~1,500[km]임 (한일통신)

45 $\lambda/4$ 수직 접지 안테나에 대한 설명으로 틀린 것은?

가. 안테나의 길이는 $\lambda/4$이다.
나. 방사저항은 반파장 다이폴 안테나와 같다.
다. 전류분포는 접지점에서 최대이다.
라. 전류분포는 안테나 선단에서 최소이다.

정답 나

[해설] $\lambda/4$ 수직접지 안테나
① 수직면내 쌍반구형이며, 수평면내 무지향성
② 전류 분포 : $i_x = I_o \cos\frac{2\pi}{\lambda}x$
③ 실효고 : $h_e = \frac{\lambda}{2\pi}$
④ 전계강도 :
$$E = \frac{120\pi I_o h_e}{\lambda d} = \frac{60 I_o}{d} = \frac{9.9\sqrt{\eta P}}{d}$$
⑤ 복사저항 : $R_r = 160\pi^2(\frac{h_e}{\lambda})^2 = 36.56[\Omega]$
⑥ 복사전력 :
$P_r = 160\pi^2(\frac{h_e}{\lambda})^2 I_o^2 = 36.56 I_o^2 [\text{W}]$
⑦ 상대이득 : $G_h = 2$
⑧ 수직편파의 전파 및 지표파를 복사한다.
⑨ 장·중파대의 방송용 및 이동 무선용

46 다음 중 야기안테나에 대한 설명으로 적합하지 않은 것은?

가. 단방향의 예리한 지향성을 갖는다.
나. 도파기 수를 증가하면 광대역성을 갖는다.
다. 반사기는 $\frac{\lambda}{2}$보다 길게 되므로 유도성분을 갖는다.
라. 도파기의 길이는 투사기의 길이보다 짧다.

정답 나

[해설] 야기 안테나 특성
① 단향성으로 예민한 지향성을 갖는다.
② 이득 $G \simeq \frac{10L}{\lambda}$ (L: 안테나 소자 간의 거리)
③ 소자수가 증가하면 이득이 증가한다.
④ 각 소자의 길이, 굵기, 간격에 따라 이득, 지향성이 변화한다.
⑤ 구조는 간단하나 이득이 크다.
⑥ 협대역 특성을 갖는다.

47 전리층에 수직으로 입사한 전파의 반사와 투과의 경계주파수를 무엇이라 하는가?

가. 최고 사용주파수   나. 전리층 주파수
다. 최저 사용주파수   라. 임계주파수

정답 라

[해설] 임계주파수
① 전리층에서 반사와 투과의 경계상에 있는 주파수로 반사되는 주파수 가운데 가장 낮은 주파수를 말함
② 각 전리층 마다 임계주파수는 다름
③ 임계주파수 $= 9\sqrt{N}$ (N : 전자밀도)

48 미소 다이폴 안테나에서 복사되는 전자기파를 안테나 부근에서 가장 주가되는 성분으로부터 순서대로 기술한 것은?

가. 준정전계, 유도계, 복사계
나. 유도계, 중전정계, 복사계
다. 준정전계, 복사계, 유도계
라. 유도계, 복사계, 준정전계

정답 가

해설 미소다이폴 안테나 전계특성
① 정전계, 유도전계, 복사전계는
$d = \dfrac{\lambda}{2\pi} = 0.16\lambda$에서 모두 같아지고 이보다 가까운 거리에서는
정전계 〉 유도전계 〉 복사전계가 된다.

49 스미스(Smith) 차트의 궤적에 대한 설명으로 바르지 못한 것은?

가. 어드미턴스 챠트의 원을 따라 중심선 위쪽에서 시계 반대 방향으로 회전하면 회로 상에 병렬 인덕터가 삽입된 경우이다.
나. 임피던스 챠트의 원을 따라 중심선 위쪽에서 시계방향으로 회전 이동하면 회로 상에 직렬 인덕터가 삽입된 경우이다.
다. 어드미턴스 챠트 원을 다라 중심선 아래에서 시계방향으로 회전 이동하면 병렬 캐패시터가 삽입된 경우이다.
라. 임피던스가 "0"에 가까울수록 회로는 거의 open상태로 되어 전류가 잘 흐를 수 있다.

정답 라

해설 스미스차트의 특징
① 저항이 일정한 원(Circle)과 리액턴스가 일정한 원(Circle)을 하나의 반사계수 평면에 중첩한 것이다. 반사계수, 정재파비, 입력임피던스, 부하임피던스, 임피던스 정합 등에 이용된다.

50 사용하고자 하는 주파수의 파장을 λ, 안테나의 공진파장을 λ_o라고 할 때, $\lambda > \lambda_o$인 경우에는 무엇을 삽입하여 안테나를 공진시키는가?

가. 의사 안테나   나. R, L, C
다. 단축 콘덴서   라. 연장 코일

정답 라

해설 안테나 로딩

연장코일	단축콘덴서
$\lambda > \lambda_o$	$\lambda < \lambda_o$

51 공간의 어느 점에 있어서 자속 밀도 B가 시간적으로 변화하는 경우에 성립하는 식은? (단, E는 그 근방에 발생하는 전계이다.)

가. $rot E = \dfrac{\partial B}{\partial t}$ 나. $rot E = \dfrac{\partial H}{\partial t}$
다. $rot E = -\dfrac{\partial H}{\partial t}$ 라. $rot E = -\dfrac{\partial B}{\partial t}$

정답 라

해설 맥스웰의 제2방정식
① 페러데이 전자유도법칙
$rot E = -\dfrac{\partial B}{\partial t} = -\mu\dfrac{\partial H}{\partial t}$

52 우주통신에서 전파의 창 범위를 결정하는 요소로 적합하지 않은 것은?

가. 우주잡음의 영향
나. 전리층의 영향
다. 정보 전송량의 문제
라. 도플러 효과의 영향

정답 라

해설 전파의창 결정요인
① 우주잡음 영향 ② 대류권 영향
③ 전리층의 영향 ④ 송수신계의 문제(이득, 손실)

53 초단파대 전파가 전파될 때 그 사이에 존재하는 산악 회절파의 특징 중 잘못된 것은?

　가. 아주 적은 손실로 초단파대 초가시 거리 통신을 수행 할 수 있다.
　나. Fading이 적고 안정하다.
　다. 지리적 제한을 받지 않는다.
　라. 간편하고 시설 및 운영비의 점에서 유리하다.

정답 다

해설 산악회절파
① 산악 회절파 통신은 전파통로 중간의 산악지점에서 발생되는 회절현상을 이용하는 방식으로 지리적 제한이 있으나 페이딩이 적고 안정하며 간편한 시설로 운용 가능하다

54 단파 무선통신에서 페이딩(fading)방지 또는 경감방법과 관계가 없는 것은?

　가. 공간 다이버시티 수신법
　나. AGC회로 부가
　다. 톱로딩(Top loading) 공중선
　라. 주파수 다이버시티 수신법

정답 다

해설 단파 무선통신의 페이딩 방지대책
① 공간 다이버시티 : 서로 다른 공간에 수신점을 설치하여 합성하는 방식
② AGC회로 : 수신이득을 적응적으로 조절
③ 주파수 다이버시티 : 서로 다른 주파수를 사용하여 송수신하는 방식
④ Top Loading : 고각도 복사를 방지하여 근거리에서 생기는 간섭성페이딩을 방지함
(단파 대역이 아닌 장중파 대역에서 사용함)

55 도파관을 이용한 마이크로파 전송의 특징으로 바르지 못한 것은?

　가. 도체 저항 손실이 적다.
　나. 방사 손실이 적다.
　다. 전송 전력이 크다.
　라. 외부 전자계의 차폐가 어렵다.

정답 라

해설 도파관의 특징
① 저항손실이 적다.　② 유전체 손실이 적다.
③ 대전력을 취급　　④ 외부전자계와 차폐
⑤ 차단파장 이하만 전송(HPF)
⑥ 복사손실이 없다.

56 단파통신에서 주로 이용되는 전리층 영역은?

　가. F층　　　　　나. E층
　다. D층　　　　　라. E_s층

정답 가

해설 전리층통신

	D층	E층	F층
높이	100[km]	200[km]	400[km]
통신	장파	중파	단파

57 급전선의 무왜곡 조건식을 옳게 표시한 것은?

　가. $C/G=R/L$　　나. $G/C=R/L$
　다. $2C/G=R/L$　　라. $C/2G=R/L$

정답 나

해설 무왜곡 전송조건
① 급전선은 R, L, C, G로 모델링 될 수 있으며 일반적인 전송로 특성은 $RC > LG$ 임
② 무왜곡 전송을 위해서는 $RC=LG$ 조건이고, Heaviside조건이라 말함

58 전리층의 높이를 측정하기 위해 지상에서 임펄스 파를 상공으로 발사한 후 0.001[초]후에 반사파를 수신하였다. 반사층의 높이는 얼마인가?

　가. 250[km]　　나. 200[km]
　다. 150[km]　　라. 100[km]

정답 다

해설 전리층 높이측정

① $h = \dfrac{ct}{2} = \dfrac{(3 \times 10^8) \times 0.001[\sec]}{2} = 150[km]$

59 다음 중 지상파에 포함되지 않는 것은?
- 가. 직접파
- 나. 대지 반사파
- 다. 지표파
- 라. 전리층 반사파

정답 라

해설 전파통로에 의한 구분

전파
- 지상파
  - 직접파
  - 대지반사파
  - 지표파
  - 회절파
- 공간파
  - 대류권파
    - 대류권 굴절파
    - 대류권 반사파
    - 대류권 산란파
  - 전리층파
    - 전리층 반사파
    - 전리층 산란파

60 다음 중 위상속도와 군속도의 관계로 가장 적합한 것은? (단, v_p : 위상속도, v_q : 군속도, c : 광속도이다.)
- 가. $v_p \cdot v_q = c$
- 나. $v_p \cdot v_q = c^2$
- 다. $\dfrac{v_p}{v_q} = c$
- 라. $\dfrac{v_p}{v_q} = c^2$

정답 나

해설 위상속도와 군속도
① 위상속도 : 전파의 위상이 전파되는 속도
　　　　　(도파관에서 광속도보다 빠름)
② 군 속 도 : 전파의 에너지 전달속도
　　　　　(도파관에서 광속도보다 느림)
③ 위상속도 * 군속도 = (광속도)^2 관계 성립

제4과목 전자계산기일반 및 무선설비기준

61 마이크로프로세서의 정상적인 프로그램의 진행을 벗어나게 하는 여러 가지 문제들을 다루는 것을 무엇이라고 하는가?
- 가. 프로그램 인터럽트
- 나. 버퍼링
- 다. 백업
- 라. 필터링

정답 가

해설 프로그램 인터럽트
① 시스템의 예기치 않은 상황이 발생한 것을 인터럽트라고 하며 인터럽트 복귀주소 저장은 스택포인터에 한다.

62 스택 연산장치를 사용할 경우에 관한 설명 중 틀린 것은?
- 가. 주소를 디코딩하고 호출하는 과정이 많다.
- 나. 기억장치에 접근하는 횟수가 줄어든다.
- 다. 실행속도가 빠르다.
- 라. 명령어 길이가 짧아진다.

정답 가

해설 스택(Stack) 연산
① 한 프로그램에서 서브프로그램(Subprogram)을 부를 때(Call) 되돌아 올 주소를 기억시켜 놓기 위해 쓰인다.
② 기억장치에 접근하는 횟수가 줄고, 실행속도를 향상 시킬 수 있다.
③ 명령어의 길이가 짧아진다.

2010년 무선설비산업기사 기출문제

63 다음 중 의무항공기국은 주 전원설비의 고장 시 예비전원은 항공기의 항행안전을 위하여 무선설비를 몇 분 이상 동작시킬 수 있어야 하는가?

가. 10분   나. 20분
다. 30분   라. 40분

정답 다

해설 전파법
① 의무항공기국은 주 전원설비의 고장시 예비전원은 항공기의 항해안전을 위하여 무선설비를 위하여 [30분]이상 동작시킬 수 있어야 한다.

64 다음 중 무선설비의 공중선전력은 ( )와트 초과시 전원회로에 퓨즈 또는 자동차단기를 갖추어야 하는가?

가. 50   나. 30
다. 20   라. 10

정답 라

해설 무선설비의 자동차단기
① 공중선전력이 10[W]를 초과할시 자동차단기를 설비해야 함.

65 2진수 0111을 그레이코드를 변환한 것 중 맞는 것은?

가. 1110   나. 0110
다. 0100   라. 1001

정답 다

해설 그레이코드
① Binary Code → Gray Code

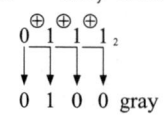

66 운영체제가 관리하는 자원이 아닌 것은?

가. 프로세서 관리
나. 기억장치 관리
다. 입출력 장치 관리
라. 데이터베이스 관리

정답 라

해설 운영체제
① 처리량 증가, 응답시간단축, 사용기능도 향상, 신뢰도 향상 등의 목적을 가진 컴퓨터에서 동작되는 메인프로그램 이다.
② 운영체제 자원관리 기능
  (가) 프로세서 관리
  (나) 메모리 관리
  (다) 보조기억장치 관리
  (라) 입출력장치 관리 및 파일관리

67 다음 중 전파사용료 부과를 면제할 수 있는 대상에 해당하지 않는 무선국은?

가. 실험만을 위한 무선국
나. 국가가 개설한 무선국
다. 지방자치단체가 개설한 무선국
라. 방송을 목적으로 하는 무선국 중 영리를 목적으로 하지 아니하는 무선국

정답 가

해설 전파사용료
① 방송통신위원회는 시설자에 대하여 당해 무선국이 사용하는 전파에 대한 사용료를 부과할 수 있다.
② 다만 아래무선국은 제외가능
  (가) 국가 또는 지방자치단체가 개설한 무선국
  (나) 방송국 중 영리목적으로 하지 않는 방송국
  (다) 방송발전기금을 납부하는 위성/종합유선국

68. 다음 설명에 해당하는 것은 무엇인가?

> 작업의 연속 처리를 위한 스케줄 및 시스템 자원 할당의 기능을 수행한다.

가. Job Control Program
나. Service Program
다. Data Management Program
라. Problem Processing Program

정답 가

【해설】 제어프로그램
① 운영체제는 제어프로그램과 처리프로그램으로 구분할 수 있음

제어프로그램	처리프로그램
·감시 프로그램 ·데이터관리 프로그램 ·작업관리 프로그램 ·통신제어	·언어번역 프로그램 ·서비스 프로그램 ·사용자 프로그램

69. 정규화된 부동 소수점(floating point)방식으로 표현된 두수의 덧셈과정을 보기에서 골라 올바르게 나열한 것은?

A : 정규화	C : 가수의 정립
B : 가수의 덧셈	D : 지수의 비교

가. A-B-C-D 나. A-C-D-B
다. D-B-C-A 라. D-C-B-A

정답 라

【해설】 부동소수점표현의 곱셈알고리즘의 순서
① 수가 0인지 여부를 조사한다.
② 지수를 더한다.
③ 가수를 곱한다.
④ 결과를 정규화 한다.

70. 주파수할당을 받은 자가 주파수 이용기간이 만료되어 주파수재할당을 받으려면 주파수 이용기간 만료 몇 개월 전에 재할당 신청을 하여야 하는가?

가. 1개월   나. 2개월
다. 3개월   라. 4개월

정답 다

【해설】 주파수 재할당 기간은 만료 후 "3개월" 전에 재할당 신청을 해야 한다.

71. 중앙처리장치가 기억장치 혹은 I/O장치와의 사이에 신호를 전송하기 위한 신호선들의 집합은?

가. 시스템버스(system bus)
나. 주소버스(address bus)
다. 데이터버스(data bus)
라. 제어버스(control bus)

정답 다

【해설】 신호전송 회선

회선종류	회선 특징
주소버스	I/O장치와 Memory의 번지지정 회선
자료버스	Address Bus에 의해 저장된 I/O장치와 메모리 번지에 데이터를 R/W 하는 회선
제어버스	CPU내부요소와 외부장치 사이에서 제어신호를 전달하기 위한 회선

72. 다음 중 무선국 개설의 결격사유가 아닌 것은?

가. 대한민국 국적을 가지지 아니한 자
나. 전파법을 위반하여 금고 이상의 실형을 선고 받고 그 집행이 끝나거나 집행을 받지 아니하기로 확정된 날부터 2년이 경과한 자
다. 외국 정보 또는 그 대표자
라. 금고 이상의 형의 집행유예를 선고 받고 그 유예 기간 중에 있는 자

정답 나

[해설] 무선국 개설 결격사유
① 대한민국의 국적을 가지지 아니한 자
② 외국정부 또는 그 대표자
③ 외국의 법인 또는 단체
④ 금고이상의 실형을 선고 받고 집행이 종료되거나 집행을 받지 아니하다고 확정한 날부터 2년을 경과하지 아니한 자
⑤ 금고이상의 형의 집행유예를 선고 받고 그 유예기간 중에 있는 자

73 다음 ( )안에 들어갈 내용으로 적합한 것은?

> "정격전압"이라 함은 기기의 정상적인 동작에 필요한 전원전압으로서 신청된 설계전압의 ( )%이내의 전압을 말한다.

가. ±2   나. ±4
다. ±6   라. ±8

정답 가

[해설] "정격전압"이라 함은 기기의 정상적인 동작에 필요한 전원전압으로서 신청된 설계전압의 [±2(%)] 이내의 전압을 말한다.

74 다음 중 "방송통신기기 형식검정·형식등록 및 전자파 적합등록"에서 규정하고 있는 방송통신기기가 아닌 것은?

가. 방송에 사용하는 기기
나. 무선설비의 기기
다. 전자파장해기기
라. 정보통신설비의 기기

정답 라

[해설] 방송통신기기의 정의
① 방송에 사용하는 기기, 무선설비의 기기, 전자파방해기기 및 전자파로부터 영향을 받는 기기를 말한다.
  * 정보통신기기(유선기기)는 형식승인 항목임

75 다음 중 무선설비산업기사의 기술운용 범위로 틀린 것은?

가. 공중선전력 3킬로와트 이하의 무선전신 및 팩시밀리
나. 공중선전력 1.5킬로와트 이하의 무선전화
다. 레이더
라. 공중선전력 500와트 이하의 부선전신 및 팩시밀리

정답 라

[해설] 무선설비산업기사의 기술운용범위
① 아래항목의 무선설비의 기술조작
  (가) 공중선전력 3[kW] 이하의 무선전신 및 팩시밀리
  (나) 공중선전력 1.5[kW] 이하의 무선전화
  (다) 레이다

76 주소 형식에 따른 컴퓨터 구조에서 0-주소 명령어 형식은?

가. 어큐뮬레이터(accumulator) 구조
나. 범용 레지스터(GPR) 구조
다. 큐(queue) 구조
라. 스택(stack) 구조

정답 라

[해설] 명령어형식
① 명령어 처리방식은 주소의 개수에 따라 3/2/1/0 주소방식이 있다.
② 0-주소명령 방식은 주소부분이 없는 명령어로, Stack을 사용하는 컴퓨터에서 사용됨

77 코드화된 2진수의 각 코드에 가중치를 두는 형태로 표시한 코드인 것은?

가. 억세스-3 코드
나. 그레이 코드
다. 시프트 카운터 코드
라. 8421 코드

정답 라

해설 8421 코드
① 대표적인 가중치(Weighted Code)이다.
② 2진화 10진수 코드 형식으로서, 4개의 2진수로 표현됨 ($1_{10} = 0001_2$)

78 은행, 식당 또는 버스 정류장에서 서비스를 받기 위해 줄을 서 있는 원리와 같은 자료구조는?

가. 스택(stack)
나. 큐(queue)
다. 데크(deque)
라. 배열 순례(array traversal)

정답 나

해설 자료구조의 형식

형식	특징
큐(Queue)	선입선출(FIFO) 구조를 가짐
스택(Stack)	정보를 일시적으로 저장함 후입선출(LIFO) 구조를 가짐
데큐(Deque)	양쪽 끝에서 삽입과 삭제 가능 Stack과 Queue를 혼합한 방식

79 다음 중 무선국 개설허가의 유효 기간으로 틀린 것은?

가. 기지국 : 5년
나. 실험국 : 1년
다. 소출력방송국(초단파, 1[W] 미만) : 1년
라. 항공기국 : 1년

정답 라

해설 무선국 개설허가의 유효기간

유효기간	무선국의 종별
1년	실험국, 실용화시험국, 소출력방송국(1[W] 미만)
3년	방송국, 기타 무선국
5년	이동국, 육상국, 육상이동국, 기지국, 이동중계국, 선박국, 선상통신국, 우주국, 일반지구국, 아마추어국, 육상이동기지국, 항공국 등
무기한	의무선박국, 의무항공기국

80 다음 중 무선국 시설자는 통신보안용 약호를 정한 후 누구의 승인을 얻은 후 사용하여야 하는가?

가. 방송통신위원장
나. 전파연구소장
다. 중앙전파관리소장
라. 한국전파진흥원

정답 다

해설 무선국 시설자는 통신보안용 약호를 정한 후 "중앙 전파관리소장"의 승인을 득해야 한다.

2010년 산업기사2회 필기시험

국가기술자격검정 필기시험문제

2010년 산업기사2회 필기시험

자격종목 및 등급(선택분야)	종목코드	시험시간	형 별	수검번호	성 별
무선설비산업기사		2시간			

제1과목 디지털 전자회로

01 다음 회로의 명칭은?

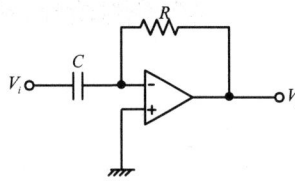

가. 미분기　　나. 적분기
다. 가산기　　라. 증폭기

정답 가

해설 미분연산회로
① OP-AMP를 이용한 미분회로의 출력 전압
$V_o = -RC\dfrac{d}{dt}V_i$
② 출력전압의 파형은 시정수($v = CR$)와 입력의 펄스폭의 관계에 따라 출력파형이 달라지게 된다.

02 다음과 같은 논리회로의 출력 X는?

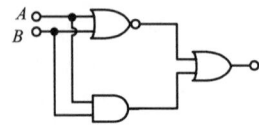

가. $X = \overline{(A+B)} \cdot \overline{(A \cdot B)}$
나. $X = (A+B) \cdot \overline{(A \cdot B)}$
다. $X = \overline{(A+B)} + (A \cdot B)$
라. $X = (A \cdot B) + (A+B)$

정답 다

해설 $X = X_1 + X_2 = \overline{(A+B)} + A \cdot B$

03 진폭변조에서 변조도가 1인 경우 피변조파 출력은 반송파 전력의 몇 배가 되는가?

가. 1　　나. 1.5
다. 2　　라. 2.5

정답 나

해설 진폭변조(AM : Amplitude Modulation)
① 진폭변조(AM)에 반송파 전력을 P_c, 피변조파 전력을 P_m, 변조도를 m_a라 하면
$P_m = P_c(1 + \dfrac{m_a^2}{2})$
② 변조도가 1인 경우 $P_m = \dfrac{3}{2}P_c = 1.5P_c$

04 다음 연산 증폭회로에서 출력전압 V_o는?(단, $R_2/R_1 = R_4/R_3$이다.)

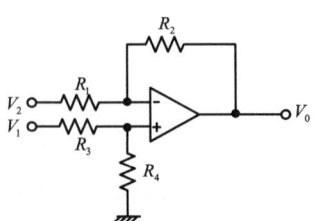

가. $V_0 = \dfrac{R_4}{R_3}(V_2 - V_1)$

나. $V_0 = \dfrac{R_2}{R_1}(V_1 - V_2)$

다. $V_0 = \dfrac{R_1}{R_2}(V_1 - V_2)$

라. $V_0 = V_1 - V_2$

정답 나

해설 차동증폭기(감산기)
① V_1과 V_2의 차에 의해서 동작한다.
② $R_1 = R_3, R_2 = R_4$이다.
$$V_o = (\frac{R_1 + R_2}{R_1})(\frac{R_4}{R_3 + R_4})V_1 - \frac{R_2}{R_1}V_2$$
$$= \frac{R_2}{R_1}V_1 - \frac{R_2}{R_1}V_2$$
$$= \frac{R_2}{R_1}(V_1 - V_2)$$

05 다음 중 불 대수식 $RST + RS(\overline{T} + V)$를 간략화하면?

가. $RS\overline{T}$ 나. RSV
다. RST 라. RS

정답 라

해설 논리식의 간략화
$RST + RS\overline{T} + RSV = RS(T + \overline{T}) + RSV$
$= RS + RSV = RS(1 + V) = RS$
여기서 $x + \overline{x} = 1, 1 + x = 1$을 이용하였다.

06 다음 중 반가산 논리회로의 게이트 구성이 옳은 것은?

가. AND 게이트와 OR 게이트
나. AND 게이트와 EX-OR 게이트
다. OR 게이트와 EX-OR 게이트
라. OR 게이트와 NOR 게이트

정답 나

해설 반가산기(Half Adder)
① 2개의 2진수 A와 B를 더한 합(Sum)과 자리올림(Carry)을 얻는 회로이다.
∴ $S = A \oplus B, C = A \cdot B$
② 반가산회로는 배타적 논리합(EXOR)회로와 AND회로로 구성된다.

07 다음 중 RLC직렬공진회로에서 선택도 Q는? (단, w_o는 공진시 각주파수이다.)

가. $\frac{R}{w_o C}$ 나. $\frac{L}{RC}$
다. $\frac{1}{R}\sqrt{\frac{C}{L}}$ 라. $\frac{w_o L}{R}$

정답 라

해설 $R-L-C$ 직렬회로의 선택도
① 입력 임피던스 : $Z(w) = R + j(wL - \frac{1}{wC})$
② 공진 조건 : $wL = \frac{1}{wC}$
③ 공진회로의 선택도(selectivity), 즉 Peak 값의 첨예도를 나타내는 척도로서 양호도(Quality factor) Q를 사용한다.
$Q = \frac{w_o L}{R} = \frac{1}{w_o CR} = \frac{1}{R}\sqrt{\frac{L}{C}}$

08 다음 중 직류 전원회로의 구성 순서로 옳은 것은?

가. 정류회로→변압회로→평활회로→정전압회로
나. 변압회로→정류회로→평활회로→정전압회로
다. 변압회로→평활회로→정류회로→정전압회로
라. 변압회로→정류회로→정전압회로→평활회로

정답 나

해설 직류 전원회로의 구성
① 정류회로 : 다이오드 등을 이용하여 교류를 한쪽 방향의 전류로 변환
② 평활회로 : 변환된 전류 속에 포함된 교류성분을 제거하여 직류성분을 얻는다.
③ 정전압 전원회로 : 정전압회로를 달아서 일정한 직류전압을 얻는다.
∴ 직류 전원회로 : (전원)변압회로 → 정류회로 → 평활회로 → 정전압회로

09 그림과 같은 회로의 입력에 정현파(V_i)를 인가했을 때의 전달 특성은?(단, 다이오드의 컷인전압은 무시하며, 순방향 저항은 R_f이며, $R_f < R$이다.)

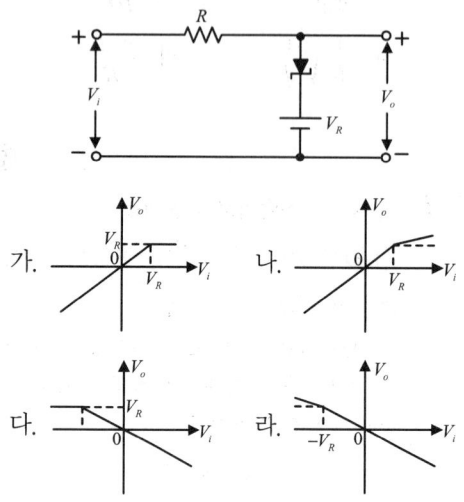

정답 나

해설 피크 클리퍼(Peak Clipper)
① $V_i < V_R$인 경우, 다이오드는 도통하지 않으므로 $V_o = V_i$가 된다. 이 상태에서 V_i가 (+)일 때 V_o가 (+)가 나온다고 하는 것은 기울기가 1이라는 것을 의미한다.
② $V_i = V_R$인 경우, 다이오드가 도통하지 않으므로 $V_o = V_R$가 된다.
③ $V_i > V_R$인 경우, 다이오드가 도통하므로 $V_o = V_R + R_f$에 강하되는 전압이 된다.

10 그림과 같은 회로의 명칭은?

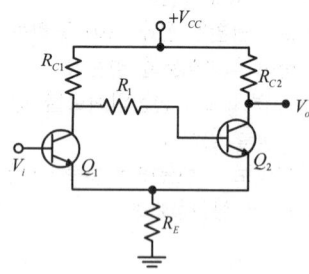

가. 시미트 트리거회로 나. 차동 증폭회로
다. 푸시풀 증폭회로 라. 부트스트랩회로

정답 가

해설 시미트 트리거회로(Schmitt trigger circuit)
① 시미트 트리거회로는 안정된 두 가지의 상태를 가지고 있고, 쌍안정 멀티바이브레이터와 같이 상반된 두 가지의 동작 상태를 가지며, 파형 발생에 사용된다.
② 시미트 트리거회로는 전압비교회로(comparator), 쌍안정회로, 펄스발생회로, A/D변환기 등으로 사용된다.

11 주파수 변조에서 반송파의 전력이 10[W], 최대 주파수편이 $\Delta f = 5[\text{kHz}]$, 신호파의 주파수 $f_s = 1[\text{kHz}]$인 경우 변조지수 m_f는?

가. 3 나. 4
다. 5 라. 6

정답 다

해설 최대 주파수편이(Δf), 변조주파수(f_s), 변조지수(m_f)의 관계

$$m_f = \frac{\text{최대 주파수편이}}{\text{변조주파수}} = \frac{\Delta w}{w_s} = \frac{\Delta f}{f_s}$$

$$\therefore m_f = \frac{5[\text{kHz}]}{1[\text{kHz}]} = 5$$

12 그림과 같은 D형 플립플롭으로 구성된 카운터회로의 명칭은?

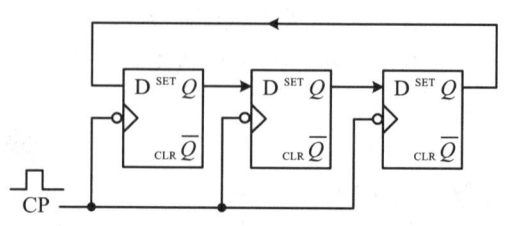

가. 3진 링카운터 나. 6진 링카운터
다. 7진 시프트카운터 라. 8진 시프트카운터

정답 가

해설 3진 링카운터(Ring Counter)
① 하나의 고리모양으로 연결되는 형식의 카운터를 링카운터라 한다.
② 링카운터는 연속적인 논리펄스를 발생시키기 위한 제어회로에 응용된다.
③ 링카운터의 각 D 플립플롭은 자신의 왼쪽에 있는 플립플롭의 출력을 입력으로 받아들이도록 차례로 연결되어 있으며 맨 오른쪽 플립플롭의 출력은 맨 왼쪽 플립플롭의 입력으로 연결되어 있다.

13 차동증폭기에서 CMRR에 대한 설명으로 틀린 것은?

가. CMRR=차동이득/동상이득으로 정의된다.
나. 차동증폭기의 성능을 나타내는 기준이다.
다. 차동증폭기의 CMRR은 클수록 좋다.
라. CMRR은 동상이득이 무한대에 가까울수록 좋다.

정답 라

해설 차동증폭기(Differential Amplifier)
① 차동증폭기는 2개로 된 반전 및 비반전 입력 단자로 들어간 입력신호의 차(difference)가 출력으로 나오는 동작을 하는 증폭기
② 동상신호제거비(CMRR, Common Mode Rejection Ratio)는 동위상 이득에 대한 차동이득의 비를 말한다.
$$\therefore CMRR = \frac{차동이득}{동위상이득}$$
③ 동상 신호를 제거하는 척도를 말하면 연산증폭기의 성능척도의 중요한 요소이다.

14 반송파주파수 1,000[kHz]를 1~5[kHz] 주파수 대의 음성신호로 진폭 변조한 경우 상측파대의 주파수 대역은?

가. 995~999[kHz]   나. 1001~1005[kHz]
다. 999~1005[kHz]   라. 996~1000[kHz]

정답 나

해설 AM에서 측대파 신호
① 반송파를 $I_c \sin w_c t$, 신호파를 $I_s \sin w_s t$ 라면 피변조파는 다음과 같다.
$$i(t) = (I_c + I_s \sin w_s t) \sin w_c t$$
$$= I_c(1 + \frac{I_s}{I_c} \sin w_s t) \sin w_c t$$
$$= I_c(1 + m \sin w_s t) \sin w_c t$$
$$= I_c \sin 2\pi f_c t + \frac{m}{2} I_c \cos 2\pi (f_c - f_s)t$$
$$+ \frac{m}{2} I_c \cos 2\pi (f_c + f_s)t$$
② 상측파의 주파수 대역의 범위
$$\therefore f_c + f_s \Rightarrow 1001 \sim 1005[kHz]$$

15 JK플립플롭에서 토글(Toggle)이 기능이 되기 위한 J, K의 각각 입력은?

가. $J=0, K=0$ 나. $J=0, K=1$
다. $J=1, K=0$ 라. $J=1, K=1$

정답 라

해설 J-K F/F

J_n	K_n	Q_n+1
0	0	Q_n(불변)
0	1	0(Clear)
1	0	1(Set)
1	1	$\overline{Q_n}$(반전, Toggle)

16 다음 중 수정발진기에서 안정된 발진을 하기 위한 수정편의 임피던스는?

가. 유도성   나. 용량성
다. 유도성 + 저항성 라. 용량성 + 저항성

정답 가

해설 수정발진회로
① 수정발진회로는 수정공진자의 압전효과를 이용한 것으로 발진주파수의 안정도가 매우 높다는 특징이 있다.
② 수정발진기에서 발진자가 유도성 임피던스일 때 가장 안정된 발진상태를 나타낸다.
③ 수정진동자는 Q가 크기 때문에 수정발진기의 주파수가 안정된다.

17 트랜지스터에서 α가 0.99일 때 β는?

가. 96　　나. 97
다. 98　　라. 99

정답 라

해설 베이스 접지 증폭회로에서 전류증폭률(α)와 이미터 접지 증폭회로에서 전류증폭률(β)와의 관계는 다음과 같다.

$\beta = \dfrac{\alpha}{1-\alpha},\ \alpha = \dfrac{\beta}{1+\beta}$

$\therefore \beta = \dfrac{\alpha}{1-\alpha} = \dfrac{0.99}{1-0.99} = 99$

18 그림과 같은 콜피츠 발진기의 발진주파수는 (f_o)는?

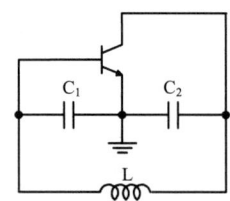

가. $f_0 = \dfrac{1}{2\pi\sqrt{L\left(\dfrac{C_1+C_2}{C_1 C_2}\right)}}$

나. $f_0 = \dfrac{1}{2\pi\sqrt{L\left(\dfrac{1}{C_1+C_2}\right)}}$

다. $f_0 = \dfrac{1}{2\pi\sqrt{L(C_1+C_2)}}$

라. $f_0 = \dfrac{1}{2\pi\sqrt{L\left(\dfrac{C_1 C_2}{C_1+C_2}\right)}}$

정답 라

해설 발진주파수 (f_o)
$Z_1 + Z_2 + Z_3 = 0$에서
$\dfrac{1}{jwC_1} + \dfrac{1}{jwC_2} + jwL = 0$
$\therefore f = \dfrac{1}{2\pi}\sqrt{\dfrac{C_1+C_2}{L \cdot C_1 \cdot C_2}} = \dfrac{1}{2\pi\sqrt{L\left(\dfrac{C_1 C_2}{C_1+C_2}\right)}}$

19 다음 그림과 같은 회로의 기능은?

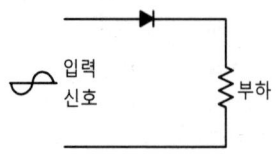

가. 반파정류　　나. 전파정류
다. 증폭　　　라. 발진

정답 가

해설 반파정류회로(Half-wave rectifier)
① 반파정류회로는 교류파의 반주기만을 정류하는 회로이다.
② 정류회로 교류를 직류로 하기 위한 회로로서 한쪽 방향으로만 전류를 흘리는 정류기(다이오드)를 사용해서 구성한다.

20 5비트 리플 카운터(ripple counter)의 입력에 4[MHz]의 구형파를 인가할 때, 최종단 플립플롭의 주파수는?

가. 125[kHz]　　나. 250[kHz]
다. 500[kHz]　　라. 800[kHz]

정답 가

해설 $\therefore$ 출력 주파수
= 입력주파수($4[\text{MHz}] \div 2^5 = 125[\text{kHz}]$)

제2과목　무선통신기기

21 다음은 QAM의 특징을 열거한 것이다. 틀린 것은?

가. 2개의 직교성 DSB-SC를 선형적으로 합성한 것이다.
나. QAM의 대역폭 효율은 2[bps/Hz]이다.
다. ASK와 FSK를 혼합한 기술이다.
라. QAM의 소요 전송 대역은 정보 신호 대역폭의 2배이다.

정답 다

[해설] QAM 특징
① 2개의 직교성 DSB-SC 신호를 선형적으로 합한 것과 같음
② 소요전송대역이 정보신호 대역폭의 2^2배로 DSB-SC 의 경우와 동일함
③ 동기 검파 방식만 사용 가능함
④ M진 QAM의 대역폭 효율은 $\log_2 M$ [bps/Hz]임
⑤ 동일 심볼을 갖는 M진 PSK와 스펙트럼 및 대역폭 효율이 동일함

22 마이크로파 통신의 설명 중 옳지 않은 것은?
가. 공중선 이득을 크게 할 수 있다.
나. 외부잡음의 영향에 약하다.
다. 광대역 전송이 가능하다.
라. 주로 가시거리 통신이 행해진다.

정답 나

[해설] 마이크로파 통신은 고주파를 사용하여 외부잡음에 강함.

23 CDMA시스템에서의 채널 구분은 Walsh Code를 이용하는데 분류가 맞는 것은?
가. 파일롯 : Walsh 1, 동기채널 : Walsh 64, 페이징 : 최대7개, 트래픽 : 나머지
나. 파일롯 : Walsh 0, 동기채널 : Walsh 32, 페이징 : 최대7개, 트래픽 : 나머지
다. 파일롯 : Walsh 0, 동기채널 : Walsh 48, 페이징 : 최대7개, 트래픽 : 나머지
라. 파일롯 : Walsh 0, 동기채널 : Walsh 32, 페이징 : 최대9개, 트래픽 : 16

정답 나

[해설] Walsh Code
① CDMA이동통신 시스템에서 채널구분을 위해 사용되는 코드임
② 순방향 채널구조

파일롯 채널	동기 채널	페이징 채널	트래픽 채널
0번	32번	1-7번	나머지

24 다음 중 전원설비의 측정기기에 대한 설명으로 잘못된 것은?
가. 전류계는 전원출력단에 직렬로, 전압계는 병렬로 연결한다.
나. 전류계는 전원출력단에 병렬로, 전압계는 직렬로 연결한다.
다. 전류계는 내부저항이 작아야 한다.
라. 전압계는 내부저항이 커야 한다.

정답 나

[해설] 전원설비 측정기기

기기	설명
전류계	전원출력에 직렬 연결(내부저항 최소)
전압계	전원출력에 병렬 연결(내부저항 최대)

25 다음 중 무선수신기의 종합특성에서 실효선택도에 해당되지 않는 것은?
가. 혼변조
나. 상호변조
다. 감도억압효과
라. 스퓨리어스 응답

정답 라

[해설] 실효선택도
① 희망신호를 얼마만큼 간섭 및 잡음으로부터 잘 분리하고 선택할 수 있는가를 나타내는 것
② 혼변조 선택도
③ 상호변조 선택도
④ 감도 억압효과 (Capture Effect)

2010년 무선설비산업기사 기출문제

26 이동통신 단말기에서 수신성능을 측정하는 대표적인 파라메터로서 RSSI(Received Signal Strength Indicator, 수신전계강도)가 사용되는데, 이것에 대한 설명으로 틀린 것은?

가. RSSI는 수신대역폭내에 들어온 희망신호전력뿐만 아니라 간섭신호 전력도 포함하고 있다.
나. RSSI가 높으면 간섭신호에 관련 없이 수신환경이 좋은 것으로 볼 수 있다.
다. RSSI는 디지털 및 아날로그 통신시스템에서 사용된다.
라. RSSI가 낮으면 약전계지역으로 볼 수 있다.

정답 나

해설 RSSI
① 수신신호의 절대적인 크기를 나타내는 지표임
② 단, 신호 와 간섭이 함께 유입되어 정확하게 수신성능(BER)을 판단하는 근거는 아님
③ RSSI가 낮으면 약전계 (이동통신 $-95[dB]$ 이하) 지역으로 판단하고 있음

27 전압변동율이 10[%]이고 정격부하 연결시의 출력전압이 220[V]였다면 무부하시 출력전압은 몇 [V]인가?

가. 221
나. 232
다. 242
라. 253

정답 다

해설 전압변동율

$$= \frac{\text{무부하시 직류출력전압} - \text{부하시 직류출력전압}}{\text{부하시 직류출력전압}}$$

∴ 무부하시 직류출력전압 $= 220(1+0.1) = 242[V]$

28 수신기의 감도측정에서 무유도 부하저항이 20[kΩ]일대 규격출력 20[mW]보다 0[dB] 낮은 출력 전압으로 조정하고자 한다. 적합한 조정 전압은 몇 [V]인가?

가. 1[V] 나. 2[V]
다. 3[V] 라. 5[V]

정답

해설 * 정답이 없음 (모두정답처리)

29 다음의 디지털 변조방식 중 채널조건이 동일할 대 비트오율(BER)이 가장 높은 변조 방식은?

가. BPSK 나. QPSK
다. 8PSK 라. 16QAM

정답 라

해설 디지털변조 오율특성
① 진수가 증가할수록 오율특성이 높아짐
② 따라서 16QAM이 비트오율이 가장 높음
③ 단, 동일한 진수라면 QAM방식이 가장 낮음
(M-ASK > M-FSK > M-PSK - MQAM)

30 무선통신에서 FM 방식이 AM 방식에 비해 신호대 잡음비가 좋은 이유로 가장 적합한 것은?

가. 리미터(Limiter)를 사용하므로
나. 클라리파이어(Clarifier)를 사용하므로
다. ACC 회로를 사용하므로
라. 깊은 변조를 할 수 있으므로

정답 가

해설 FM방식이 S/N이 좋은 이유
① 진폭제한기(Limiter)를 사용함
② 넓은 주파수대역을 사용 함
③ Emphasis회로를 사용하여 신호강조
④ 단, 한계레벨(9dB)이하에서는 AM보다 나쁨

31 다음 중 수신기의 잡음 발생을 감소시키기 위한 방법이 아닌 것은?

가. 대역폭을 감소시킨다.
나. 입력 임피던스를 올린다.
다. 저잡음 소자를 사용한다.
라. 증폭기의 동작 온도를 내린다.

정답 나

수신기의 잡음발생감소 방법
① 수신 대역폭 또는 선택도를 향상
② 수신기를 차폐 시킨다
③ 저잡음소자를 사용하고 증폭기는 동작온도를 내린다.
④ 전원측에 필터(Bead)를 사용한다.
⑤ 수신기내에 잡음 억제회로를 사용한다.

32 다음 중 무선수신기에서 고주파 증폭부를 두는 이유로 가장 적합하지 않은 것은?

가. 감도를 좋게 하기 위하여
나. 충실도를 좋게 하기 위하여
다. 안테나를 통한 불요파의 복사를 줄이기 위하여
라. 영상주파수 선택도의 개선을 위하여

정답 나

무선수신기의 고주파증폭부
① 수신이득과 감도를 높여 줌
② S/N를 향상시켜 선택도를 향상시킴
③ 영상주파수 선택도를 개선할 수 있음
④ 수신 안테나와 수신기와의 결합을 용이하게 함

33 GPS에서 사용하는 P코드는 C/A코드보다 비트율이 몇 배 높은가?

가. 2배   나. 5배
다. 10배   라. 20배

정답 다

GPS
① 24개의 위성을 이용하여 위치/고도를 측정할 수 있는 시스템임
② 두 개의 코드 P Code(군용), C/A Code(민간용)을 사용하고 있음
③ P-Code 1.023[Mbps], C/A-Code 10.23[Mbps]

34 다음은 PLL의 기본적인 구성요소를 나타낸 것이다. (A)에 들어갈 요소는 무엇인가?

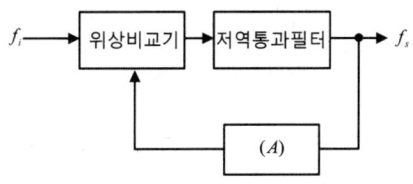

가. 전압제어발진기(VCO)
나. 샘플링(sampling)
다. 증폭기(amplifier)
라. 정류기(regtifier)

정답 가

PLL
① 위상비교기, 저역통과필터, 전압제어발진기로 구성됨

35 다음 중 시분할 다중화 접속 구조의 특징에 해당하는 것은?

가. 심한 심볼간 간섭
나. 높은 기지국 비용
다. 낮은 호 전환
라. 간단한 하드웨어

정답 가

시분할 다중화 접속
① 이동통신 시스템은 심볼간 간섭(ISI)이 심하여 이를 제거하기 위한 기술이 요구됨
② TDMA는 심볼간 간섭제거에 우수한 시스템임

36 CDMA시스템의 OMNI 기지국에서 처리 이득이 128, 에너지 잡음 밀도가 6[dB]일 때 의 채널 수는 얼마인가? (단, 음성화 율 : 0.45, 주파수재 사용 효율 : 0.6)

가. 36[CH] 나. 48[CH]
다. 42[CH] 라. 109[CH]

정답 다

해설 CDMA채널용량

$$N = \frac{1}{\frac{E_b}{N_o}} \cdot \frac{B_c}{r_b} \cdot \frac{1}{D_v} \cdot F$$

($\frac{E_b}{N_o}$(잡음밀도), $\frac{B_c}{r_b}$(처리이득), D_v(음성화율), F(계수))

① 잡음밀도가 6[dB]이므로, $10\log 6[dB] = 3.98$

$$\therefore N = \frac{1}{3.98} \times 128 \times \frac{1}{0.45} \times 0.6 = 42.88$$

37 다음은 소형 저궤도 위성 시스템에 적용된 다중 접속 방식과 맞게 연결된 것은?

가. LEOSAT - FDMA
나. STARSYS - SDMA
다. VITASAT - CDMA
라. ORBCOMM - TDMA

정답 나

해설 소형 저궤도 위성

위성	다원접속	특징
LEOSAT	TDMA	1[GHz]이하
STARSYS	CDMA	지구측위
VITASAT	TDMA	비음성 서비스
ORBCOMM	CDMA	데이터 서비스

38 다음 중 주파수분할방식(FDM)에 대한 시분할방식(TDM)의 특징으로 맞지 않는 것은?

가. 통화로 단 점유주파수 대역폭이 넓다.
나. 회선의 분기가 용이하다.
다. 특성 양호한 필터가 많이 필요하다.
라. 누화잡음을 적게 할 수 있다.

정답 다

해설 TDM의 특징
① 단국장치가 간단
② 회선의 분기가 용이하고 비대칭서비스 가능
③ 누화가 적다.
④ 통화회선이 적을 때 경제적 임
⑤ SAW필터와 같은 우수한 필터가 필요치 않음
⑥ 통화로당 점유주파수 대폭이 넓다.

39 전원설비의 전력변환장치 중 인버터(inverter)에 대한 설명으로 맞는 것은?

가. 직류전원을 다른 크기의 직류전원으로 변환하는 장치
나. 직류전압을 일정한 주파수의 교류전압으로 변환하는 장치
다. 교류전압을 직류전압으로 변환하는 장치
라. 교류전압을 다른 주파수와 크기를 갖는 교류전압으로 변환하는 장치

정답 나

해설 인버터
① 인버터는 발진기가 아니라 DC(직류)을 AC(교류)로 변환시키는 회로이다.
② 컨버터는 DC to DC 장치임
③ 정류기는 AC to DC 장치임

40 다음 중 반송 신호의 순간 주파수가 PCM코드에 응답하여 두 개의 값 사이에서 전환되는 디지털 변조 시스템은 어느 것인가?

가. ASK   나. PSK
다. FSK   라. MSK

정답 다

해설 FSK
① PCM코드와 같이 (+1)과 (0)에 따라 반송파의 주파수를 변화시키는 디지털 변조방식을 FSK라 할 수 있음.

제3과목 안테나공학

41 λ/4의 수직접지안테나에 주파수 2[MHz]이고, 급전선의 최대 전류가 10[A]를 흘렸을 때 도선상의 25[m]인 지점에서의 전류는 얼마인가?

가. 3[A]   나. 5[A]
다. 7[A]   라. 9[A]

정답 나

해설 수직접지 안테나의 전류
$$I = I_0 \cos \frac{2\pi}{\lambda} x$$
$$= 10\cos \frac{2\pi}{150} \cdot 25 = 10\log \frac{\pi}{3} = 10\log 60^\circ = 10 \times 0.5$$
$$= 5.0[A] \quad (\lambda = \frac{c}{f} = \frac{3 \times 10^8}{2 \times 10^6} = 150)$$

42 다음 설명 중 틀린 것은?

가. 전파는 종파이다.
나. 정전계에서는 에너지 이동이 없다.
다. 유도전자계는 거리의 제곱에 반비례하여 감쇠한다.
라. 복사전자계는 거리에 반비례하여 감쇠한다.

정답 가

해설 전자파의 성질
① 전자파는 횡파
② 전자파의 속도는 ε, μ가 클수록 v가 늦어지고 λ는 짧아진다. $(v = \frac{1}{\sqrt{\varepsilon\mu}})$
③ $V_p V_g = c^2$ (일정) (V_p (위상속도), V_g (군속도))
④ 전자파는 편파성을 갖는데 수직 및 수평 편파, 원형 및 타원형 편파 등으로 구분한다.

43 야간에 먼 곳의 라디오가 잘 들리는 이유는 어느 것인가?

가. 지표파가 잘 전파되므로
나. 산란파가 잘 전파되므로
다. D층의 흡수가 적으므로
라. 페이딩 현상이 적으므로

정답 다

해설 야간에는 전리층의 D층(50[km] – 100[Km])이 소멸되어 전파흡수가 생기지 않아 수신전계강도가 커질 수 있음.

44 어떤 급전선의 종단을 단락시켰을 때의 입력 임피던스가 25[Ω]이고 개방했을 때는 100[Ω]이었다. 이 급전선의 특성 임피던스는 얼마인가?

가. 25[Ω]   나. 50[Ω]
다. 100[Ω]   라. 250[Ω]

정답 나

해설 선로의 특성 임피던스
$$Z_0 = \sqrt{\text{개방시 임피던스} \times \text{단락시 임피던스}}$$
$$= \sqrt{25 \times 100} = 50[\Omega]$$

45 특성임피던스가 270[Ω]인 무손실 선로에 흐르는 고주파 전류의 최대값이 0.5[W]이고 최소 전류값이 0.1[W]라 할 때 이 선로에 전송되고 있는 전력은 얼마인가?

  가. 10.8[W] 나. 27[W]
  다. 67.5[W] 라. 13.5[W]

  정답

[해설] * 답 없음 (모두정답처리)

46 인덕턴스 L과 커패시턴스 C의 직렬회로와 등가인 안테나가 있다. 이 안테나에 커패시턴스 C_a를 직렬로 연결하면 공진주파수 f는?

  가. $\dfrac{1}{2\pi\sqrt{L(C+C_a)}}$

  나. $\dfrac{1}{2\pi\sqrt{L\left(\dfrac{CC_a}{C+C_a}\right)}}$

  다. $\dfrac{2\pi}{\sqrt{L(C+C_a)}}$

  라. $\dfrac{2\pi}{\sqrt{L\left(\dfrac{CC_a}{C+C_a}\right)}}$

  정답 나

[해설] 직렬공진주파수
① 단축콘덴서 C_b 삽입시 공진주파수 f는

$$f = \dfrac{1}{2\pi\sqrt{L_e\left(\dfrac{C_e C_b}{C_e + C_b}\right)}}\,[\text{Hz}]$$

47 전파의 파장과 관련이 있는 것은?

  가. 전파의 편파 나. 전파의 속도
  다. 전파의 회절 라. 전파의 간섭

  정답 나, 다

[해설] 전파의 속도

$$v = f\lambda = \dfrac{\omega}{\beta} = \dfrac{1}{\sqrt{\varepsilon\mu}} = \dfrac{1}{\sqrt{LC}}$$

① 파장과 속도는 비례함
② 파장이 길어지면 회절이 우수함

48 등방성 공중선의 방사전력이 P일 때, 공중선으로 $r[m]$ 떨어진 지점에서 전계강도 E는?

  가. $E = \dfrac{\sqrt{30}\,P}{r}\,[\text{V/m}]$

  나. $E = \dfrac{30\sqrt{P}}{r}\,[\text{V/m}]$

  다. $E = \dfrac{\sqrt{30P}}{r}\,[\text{V/m}]$

  라. $E = \dfrac{30P}{r}\,[\text{V/m}]$

  정답 다

[해설] 안테나별 복사전계강도

안테나	복사전계강도
미소다이폴	$E = \dfrac{6.7\sqrt{P_r}}{d}\,[\text{V/m}]$
반파장다이폴	$E = \dfrac{7\sqrt{P_r}}{d}\,[\text{V/m}]$
수직접지	$E = \dfrac{9.9\sqrt{P_r}}{d}\,[\text{V/m}]$
등방성안테나	$E = \dfrac{\sqrt{30 P_r}}{d}\,[\text{V/m}]$

49 전파의 속도는 매질의 어느 것에 의하여 변화되는가?

  가. 유전율과 투자율
  나. 유전율과 도전율
  다. 투자율과 도전율
  라. 도전율과 비유전율

  정답 가

해설 전파의 속도
$$v = f\lambda = \frac{\omega}{\beta} = \frac{1}{\sqrt{\varepsilon\mu}} = \frac{1}{\sqrt{LC}}$$
① 매질의 유전율 과 투자율에 반비례함

50 비동조 급전선에 대한 설명으로 잘못된 것은?
가. 급전선에서의 전송파는 정재파이다.
나. 정합장치가 필요하다.
다. 급전선에서의 손실이 적고 전송효율이 높다.
라. 송신기와 안테나 사이의 거리가 멀 때 적합하다.

정답 가

해설 비동조 급전선
① 급전선이 길이가 길 때 사용된다.
② 급전선 상에 정재파가 생기지 않도록 급전한다.
③ 정합장치를 필요로 한다.
④ 정재파가 없으므로 손실이 적고 전송효율은 양호하다.(진행파로 여진됨)

51 안테나의 공진주파수를 낮추기 위해서는?
가. 안테나에 직렬로 인덕터를 연결한다.
나. 안테나에 직렬로 커패시터를 연결한다.
다. 안테나에 직렬로 저항을 연결한다.
라. 안테나에 직렬로 저항과 커패시터를 연결한다.

정답 가

해설 공진주파수
① R, L, C를 이용하여 특정주파수에 에너지를 집중시키는 것을 공진이라 함
② 공진주파수를 이동시키기 위해서 안테나로딩을 사용하며, 단축콘덴서와 연장코일을 사용함
③ 연장코일을 사용하면 안테나가 길어지는 효과가 있어 공진주파수를 낮추는 것과 같음

52 다음 안테나의 이득에 관한 설명 중 가장 적합한 것은?
가. 지향성이 예민하여야 안테나의 이득이 크다.
나. 개구효율과 안테나의 이득은 관련이 없다.
다. 방사저항이 작아야 안테나의 이득이 크다.
라. 안테나의 이득이 크면 협대역이 된다.

정답 가

해설 안테나 이득
① 안테나가 기준안테나 대비 이득이 얼마나 높은지를 나타내는 것을 안테나 이득이라 함
② 지향성이 예민하면 이득이 커짐
③ 개구면 효율이 크면 이득이 커짐
④ 이득이 커지면 광대역 안테나임

53 안테나 선로의 중간에 코일(loading coil)을 삽입하면 어떤 역할을 하는가?
가. 등가적으로 안테나의 길이가 길어진 것과 같은 효과가 있다.
나. 더 높은 주파수에서 공진하는 효과가 있다.
다. 지향성을 변화시키는 효과가 있다.
라. 임피던스를 정합시키는 작용을 한다.

정답 가

해설 공진주파수
① R,L,C를 이용하여 특정주파수에 에너지를 집중시키는 것을 공진이라 함
② 공진주파수를 이동시키기 위해서 안테나로딩을 사용하며, 단축콘덴서 와 연장코일을 사용함
③ 연장코일을 사용하면 안테나가 길어지는 효과가 있어 공진주파수를 낮추는 것과 같음

54 대기층의 동요, 소기단의 통과 등 기상상태의 소변화에 의하여 발생하는 신틸레이션 페이딩의 특징으로 틀린 것은?

　가. 주기가 빠르고 불규칙하다.
　나. 송수신점 간의 거리가 멀수록 변동주기가 길어진다.
　다. 하계보다 동계가 더 많이 발생한다.
　라. AGG, AVC를 이용하여 방지할 수 있다.

정답 다

해설 신틸레이션 페이딩
① 대류권 페이딩으로 K형, 덕트형, 감쇠형 페이딩으로 종류가 있음
② 전계강도의 변화는 2[dB] ~ 3[dB]
③ 주기가 빠르고 불규칙 함
④ 송수신점간의 거리가 멀수록 변동주기가 길다.
⑤ AGC, AVC를 사용하여 방지함

55 슬롯 안테나의 대역폭을 개선하는 방법으로 가장 타당한 것은?

　가. 슬롯의 폭을 넓게 한다.
　나. 슬롯의 폭을 좁게 한다.
　다. 슬롯을 여러 개 배열한다.
　라. 슬롯에 저항을 설치한다.

정답 가

해설 Slot안테나
① 판상안테나로 Slot안테나를 광대역화 하려면 Slot의 폭을 넓게 하면 됨

56 구형 도파관에 5[GHz]의 전파를 전송할 때 사용된 도파관의 차단 파장이 10[cm]라면 도파관의 관내 파장은 얼마인가?

　가. 15[cm]　　나. 12[cm]
　다. 6[cm]　　라. 7.5[cm]

정답 라

해설 구형도파관의 관내파장
① 관내파장은 자유공간 파장보다 길다
$$\lambda = \frac{c}{f} = \frac{3 \times 10^8}{5000 \times 10^8} = 0.06[m]$$
$$\lambda_g = \frac{\lambda}{\sqrt{1-(\frac{\lambda}{\lambda_c})^2}} = \frac{6}{\sqrt{1-(\frac{6}{10})^2}} = 7.5[cm]$$

57 일반적으로 전리층 통신에서의 최적사용주파수(FOT)는 최고사용주파수(MUF)의 몇[%]인가?

　가. 60[%]
　나. 75[%]
　다. 85[%]
　라. 95[%]

정답 다

해설 최적사용주사수(FOT)
① 최고사용주파수 × 0.85% 임

58 주파수 150[kHz]로 발사하는 무선통신에서 정전계, 유도 전자계, 복사전자계가 같아지는 거리는 안테나로부터 얼마의 거리인가?

　가. 320[m]
　나. 500[m]
　다. 680[m]
　라. 770[m]

정답 가

해설 안테나 전계
① 정전계, 유도전계, 복사전계는 $d = \frac{\lambda}{2\pi} = 0.16\lambda$ 에서 같아진다.
② $d = \frac{\lambda}{2\pi} = 0.16\lambda$, ($\lambda = \frac{c}{f}$)
∴ $2000 \times 0.16 = 320[m]$

59 전자파의 회절현상에 대한 설명으로 적합하지 않은 것은?

가. 전파의 전파통로 상에 산이나 건물 등의 장애물이 있을 때 가시거리의 음영부분까지 전파의 일부가 휘어서 도달하는 현상을 말한다.
나. 주파수가 높을수록 회절현상은 심하다.
다. 프레넬 존(Fresnel zone)의 원인이 된다.
라. 호이겐스 원리의 의하여 설명된다.

정답 나

해설 회절파
① 회절현상은 파장이 긴 장중파에서 심하나 파장이 짧은 초단파에서도 볼 수 있다. 전파는 그 통로상의 장애물에 의해서 회절작용을 받아 수신전계는 그 장애물의 크기와 파장에 의해 강약을 나타낸다. 이런 영향을 미치는 장애물 구간의 거리를 Fresnel zone이라고 한다. 회절파는 직접파보다 전계강도가 작다.

60 다음 중 태양잡음에 대한 설명으로 틀린 것은?

가. 태양 활동이 정온한 때에는 흑채 방사나 흑점 상공의 코로나에서의 방사에 의해 발생한다.
나. 지구상에서 본 태양이 보이는 입체각은 6.8×10[sterad]로 작은 점과 같으나, 여기에서 강력한 잡음 전파가 발사하고 있다.
다. 단파와 마이크로파대에서는 무시된다.
라. 태양활동이 맹렬할 때에는 아웃 버스트(Out burst)나 태양 전파 폭풍우에 의해 잡음이 발생한다.

정답 다

해설 태양잡음
① 태양활동에 의해 지구상에 발생되는 모든 잡음

발생	특징
정온시 발생	초단파대 통신에서 장애로 작용
Outburst	태양폭발로 평상시보다 수천배 잡음이 증가되어, 지구 전역에 걸쳐 수분동안 지속
Burst	단시간에 급격히 발생하고 소멸됨

* 마이크로파에도 영향을 미치고 있음

제4과목 전자계산기일반 및 무선설비기준

61 다음은 프로그램에 대한 설명이다. 틀린 것은?

가. Supervisor Program : 처리 프로그램의 중추적인 역할로, 제어 프로그램의 실행과정과 시스템 전체의 동작 상태를 감시하는 역할을 한다.
나. Job Management Program : 작업의 연속적인 진행을 위한 준비와 처리 기능을 수행한다.
다. Date Management Program : 사용자가 업무적인 필요에 의해서 작성한다.
라. Problem Processing Program : 사용자가 업무적인 필요에 의해서 작성한다.

정답 가

해설 Supervisor Program
① 감시프로그램으로 제어프로그램의 중심이 되는 프로그램이다.
② 처리프로그램의 실행 과정과 시스템 전체의 작동 상태를 감시하는 역할을 한다.

62 다음 설명에 해당하는 것은 무엇인가?

"네트워크로 연결된 컴퓨터에 의해 작업과 지원을 나누어 처리하는 방식으로 자원공유 신속한 처리, 높은 신뢰성을 제공한다."

가. 분산처리 시스템
나. 병렬처리 시스템
다. 다중처리 시스템
라. 듀플렉스 시스템

정답 가

[해설] 운영체제의 운영방식
① 다중프로그래밍(Multiprogramming)
  : 한 대의 컴퓨터에 여러 프로그램을 동시에 실행
② 다중처리(Multiprocessing)
  : 한 대의 컴퓨터에 두개이상의 CPU가 설치 실행
③ 실시간처리(Real Time Processing)
  : 즉시 처리하는 시스템
④ 일괄처리(Batch Processing)
  : 데이터가 일정양 모이거나 일정시간이 되면 한꺼번에 처리
⑤ 시분할시스템(TSS: Time Sharing System)
  : 시간 분할하여 다수의 작업을 실행하는 시스템

63 마이크로프로세서와 함께 구성되는 메모리의 구조 명령어 메모리와 데이터 메모리가 물리적으로 분리되어 있는 구조를 무엇이라고 하는가?

가. von neumann 구조
나. harvard 구조
다. cascade 구조
라. princeton 구조

정답 나

[해설]
하바드 구조(Havard)
① 프로그램 과 데이터를 물리적으로 구분하여 각각 다른 메모리에 저장하는 구조임
② 명령어 구조상 RISC구조를 가지고 있음

64 다음 중 운영체제에 대한 설명으로 틀린 것은?

가. 컴퓨터 시스템 장치를 효율적으로 관리
나. 컴퓨터를 사용자가 편리하게 이용가능
다. 업무를 처리하기 위해 사용자가 개발한 소프트웨어
라. 사용자와 하드웨어 사이의 interface

정답 다

[해설] 운영체제(OS)의 목적
① 사용자에게 최대의 편의성 제공
② 처리량 증가   ③ 응답시간 단축
④ 사용기능도 증대   ⑤ 신뢰도 향상

65 다음 중 형식등록을 하여야 하는 무선설비의 기기로 틀린 것은?

가. 이동가입무선전화장치
나. 개인휴대통신용 무선설비의 기기
다. 위성휴대용통신무선국용 무선설비의 기기
라. 네비텍스수신기

정답 라

[해설] 형식등록 대상기기
① 특정소출력무선국용 무선설비의 기기
② 이동가입무선전화장치
③ 생활무선국용 무선설비의 기기
④ 간이무선국용 무선설비의 기기
⑤ 주파수공용 무선전화장치
⑥ 라디오부이의 기기
⑦ 위성휴대통신무선국용 무선설비의 기기
⑧ 개인휴대통신용 무선설비의 기기

66 인터럽트가 발생하였을 때, 수행되는 프로그램(코드)을 무엇이라고 하는가?

가. ISR   나. IVT
다. IRQ   라. PCI

정답 가

[해설] 인터럽트
① 주 프로그램 수행중에 주프로그램을 일시적으로 중지시키는 조건이나 사건의 발생임
② ISR (Interrupt Service Routine)은 인터럽트 발생시 현재작업을 중단하고 상태저장 후 실행하는 루틴이다.

67 다음 중 전기통신역무를 제공하는 무선국 송신설비의 공중선 전력 허용편차로 맞는 것은?

가. 상환 50[%], 하한 20[%]
나. 상한 10[%], 하한 20[%]
다. 상한 20[%], 하한 없음
라. 상한 20[%], 하한 5[%]

정답 다

[해설] 주요 공중선 전력 허용편차 (상한, 하한)
① 방송국송신설비
   : 5[%], 10[%]
② 초단파방송 또는 텔레비전방송국의 송신설비
   : 10[%], 20[%]
③ 디지털 텔레비전 방송국의 송신설비
   : 5[%], 5[%]
④ 비상위치지시용 무선표지설비
   : 50[%], 20[%]
⑤ 아마추어국의 송신설비
   : 20[%], 제한 없음

68 현재 임베디드시스템에서 주로 사용되는 마이크로프로세서가 채택하는 구조로서 명령어의 셋트와 구조가 단순화된 형태를 일컫는 말은 무엇인가?

가. RAID   나. RISC
다. CISC   라. FIFO

정답 나

[해설] RISC(Reduced Instruction Set Code)
① 마이크로프로세서의 명령어구조에 따른 분류로 나눌 때 RISC와 CISC로 구분됨
② 명령어가 고정된 길이의 명령어 사용
③ 일반적으로 하버드구조임
④ 명령어 개수가 적고, 속도가 빠름

69 다음 중 전파법은?

가. 방송통신위원회 훈령이다.
나. 대통령령이다.
다. 법률이다.
라. 모선통신사업자의 약관이다.

정답 다

[해설] 통신관련법 체계
① 전파법, 방송법, 인터넷 멀티미디어 사업법, 전기통신사업법 이 있음
② 법 〉대통령령 〉고시(기술기준)로 구분할 수 있음

70 커널 공간 내에 할당 받은 PCB에 저장된 프로세서 관련 정보들은 운영체제마다 조금씩 다를 수 있지만 PCB에 유지할 정보가 아닌 것은?

가. PID(Process Identification Number)
나. priority
다. context save area
라. program check interrupts

정답 라

[해설] PCB (Process Control Block)
① 컴퓨터 시스템 내의 프로세스들은 커널(Kunel) 공간에 자신의 프로세스 관리블록, PCB를 가지고 있고, 이것의 관리는 커널이 하게 된다.
② PCB내의 정보
   (가) 프로세스 고유번호(PID)
   (나) 프로세스 우선순위(Priority)
   (다) 프로세스 현재 상태(Current State)
   (라) 메모리 관리정보(Memory Management Information)
   (마) I/O상태정보 및 문맥 저장 영역

2010년 무선설비산업기사 기출문제

71 컴퓨터가 인식하는 명령어를 논리적으로 순서에 맞게 나열하여, 어떤 기능을 처리하게 해주는 것을 무엇이라고 하는가?
   가. 하드웨어   나. 소프트웨어
   다. 부울대수   라. 논리회로

   정답 나

   해설 소프트웨어
   ① 보통 프로그램이라 하며, 어떤 기능을 처리하게 해주는 것을 소프트웨어라 한다.

72 다음 중 심사에 의한 주파수할당 시 고려할 사항이 아닌 것은?
   가. 전파자원 이용의 효율성
   나. 신청자의 주파수 이용 실적
   다. 신청자의 기술적 능력
   라. 할당하려는 주파수의 특성

   정답 나

   해설 주파수 할당시 고려사항
   ① 전파자원 이용의 효율성
   ② 전파자원 이용의 공평성
   ③ 신청자의 당해 주파수에 대한 필요성
   ④ 신청자의 기술적/재정적 능력

73 다음 펌웨어에 대한 설명 중 옳은 것은?
   가. 하드웨어와 소프트웨어의 중간적 성격을 가진다.
   나. 하드웨어의 교체없이 소프트웨어 업그레이드만으로는 시스템 성능을 개선할 수 없다.
   다. RAM에 저장되는 마이크로 컴퓨터 프로그램이다.
   라. 시스템 소프트웨어로서 응용 소프트웨어를 관리하는 것이다.

   정답 가

   해설 펌웨어(FirmWare)
   ① 특정 하드웨어 와 사용자간의 교량적인 역할을 하기 위한 프로그램 임

74 인터럽트의 발생 원인이 아닌 것은?
   가. 전원이상
   나. 오퍼레이터 조작 또는 타이머
   다. 서브프로그램 호출
   라. 제어감시(SVS)

   정답 다

   해설 인터럽트 발생원인

하드웨어 인터럽트	소프트웨어 인터럽트
·정전 및 전원이상 ·기계고장 인터럽트 ·외부 인터럽트 ·입출력 인터럽트	·프로그램 인터럽트 ·SVC 인터럽트 (감시프로그램 호출)

75 다음 중 공중선과 함께 형식검정을 신청한 기기에 대한 공중선 특성 확인 방법으로 틀린 것은?
   가. 공중선과 수신 장치 사이에는 증폭기 등 수동회로가 부가되지 아니한 것일 것
   나. 공중선의 종류 및 형태
   다. 공중선의 이득 및 지향특성
   라. 공중선의 편파 특성

   정답 가

   해설 공중선 특성 확인 방법
   ① 공중선의 종류 및 형태
   ② 공중선의 이득 및 지향특성
   ③ 공중선의 편파특성

76. 다음 중 방송통신기기 지정시험기간이 행하는 시험분야로 틀린 것은?
   가. 유선 시험분야
   나. 무선 시험분야
   다. 전자파내성 시험분야
   라. 전류흡수율 시험분야

   정답 라

   방송통신기기의 시험분야
   ① 유선 시험분야
   ② 무선 시험분야
   ③ 전자파장애 시험분야
   ④ 전자파내성 시험분야
   ⑤ 전기안전 시험분야

77. 다음 중 이미 완제품으로 출시된 프로그램 중에 존재하는 오류 또는 버그를 수정하기 위하여 일부 파일을 변경해 주는 프로그램을 무엇이라 하는가?
   가. bundle 나. freewear
   다. snareware 라. patch

   정답 라

   Patch
   ① 기존 공개된 소프트웨어에 대한 오류의 수정이나 성능향상을 기하기 위해 기존의 일부분을 수정하여 변경해 주는 프로그램 임

78. 다음 중 선박에 설치하는 무선 항행을 위한 레이타의 형식기호로 틀린 것은?
   가. 제2종 레이다 : RB
   나. 제3종 레이다 : RC
   다. 제4종 레이다 : RD
   라. 자동레이다푸롯팅 기능을 가진 제1종 레이다 : RA

   정답 라

   선박의 무선항해 레이다

무선항해 레이다	기호
제1종 표시면의 유효직경 34[cm]이상	RAL
제1종 표시면의 유효직경 25[cm]-34[cm]	RAM
제1종 표시면의 유효직격 18[cm]-25[cm]	RAS
제1종 자동레이더 푸롯팅 기능	RAA
제2종 레이다	RB
제3종 레이다	RC
제4종 레이다	RD

79. 다음 중 방송용 주파수 대역으로 틀린 사항은?
   가. 중파방송 : 300[kHz] ~ 3[MHz]
   나. 단파방송 : 3[MHz] ~ 30[MHz]
   다. 초단파방송 : 30[MHz] ~ 300[MHz]
   라. 극초단파방송 : 300[MHz] ~ 3000[GHz]

   정답 라

   방송용 주파수 대역
   ① 중파방송 : 300[MHz] ~ 3000[GHz]
   ② 단파방송 : 300[MHz] ~ 3000[GHz]
   ③ 초단파방송 : 300[MHz] ~ 3000[GHz]
   ④ 극초단파방송 : 300[MHz] ~ 3000[GHz]

80. 다음은 의료용 전파응용설비의 안전시설기준이다. 괄호에 들어갈 내용으로 적합한 것은?

   "의료전극 및 그 도선과 발진기·출력회로·전력선 등 사이에서의 절연저항은 500[V]용 절연저항시험기에 따라 측정하여 (   ) [MΩ] 이상일 것"

   가. 10 나. 30
   다. 50 라. 70

   정답 다

   "의료전극 및 그 도선 과 발진기/출력회로/전력선 등 사이에서의 절연저항은 500[V]용 절연저항 시험기에 따라 측정하여 50[MΩ]이상일 것"

2010년 산업기사4회 필기시험

국가기술자격검정 필기시험문제

2010년 산업기사4회 필기시험

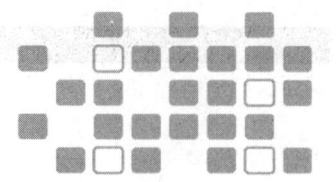

자격종목 및 등급(선택분야)	종목코드	시험시간	형 별	수검번호	성 별
무선설비산업기사		2시간			

제1과목 디지털 전자회로

01 전원이 인가된 상태에서 연속적으로 펄스를 발생시키고자 할 때, 사용되는 것은?

가. 비안정 멀티바이브레이터
나. 쌍안정 멀티바이브레이터
다. 단안정 멀티바이브레이터
라. 클램프회로

정답 가

해설 비안정 멀티바이브레이터
① 비안정 멀티바이브레이터는 이미터 접지 2단의 정궤환 증폭회로로서 발진된다.
② 어떤 폭과 주기의 반복펄스를 발진하는 회로이다.
③ 비안정 멀티바이브레이터는 안정 상태는 없고, 외부의 입력 없이도 스스로 pulse를 발생한다.

02 다음 중 그림 (B)와 같은 회로에 그림 (A)와 같은 파형의 전압을 인가할 경우출력에 나타나는 전압파형으로 가장 적합한 것은?

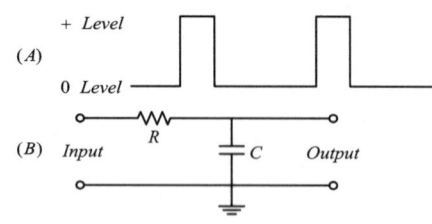

정답 라

해설 저역통과 RC회로
① 적분회로는 RC회로의 조합의 C의 양단에서 출력을 한 회로를 말한다.
$$V_o = \frac{1}{RC}\int V_i dt$$
② 적분회로는 시정수($\tau = RC$)에 따라 구형파를 가하면 삼각파 또는 톱니파 등의 파형을 얻을 수 있다.

03 그림의 논리회로는 어떤 논리작용을 하는가?

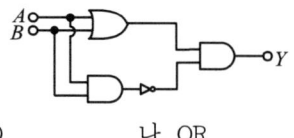

가. AND 나. OR
다. NAND 라. EX-OR

정답 라

해설 $Y = (A+B) \cdot (\overline{AB}) = A\overline{AB} + B\overline{AB}$
여기에 드모르간의 정리를 사용한다.
$Y = A(\overline{A}+\overline{B}) + B(\overline{A}+\overline{B}) = A\overline{A} + A\overline{B} + B\overline{A} + B\overline{B}$
$= 0 + A\overline{B} + \overline{A}B + 0 = A\overline{B} + \overline{A}B$
따라서 문제의 논리회로는 Exclusive-OR로 동작한다.

04 수정 발진회로에서 수정진동자의 전기적 직렬공진 주파수 f_s, 병렬공진주파수 f_p라 할 때, 안정된 발진을 하기 위한 출력 발진 주파수 f_o는?

가. $f_s < f_o < f_p$ 나. $f_s > f_p > f_p$
다. $f_o > f_p$ 라. $f_o < f_s$

정답 가

[해설] 수정진동자가 발진 소자로 사용되는 이유는 유도성이 되는 범위, 즉 $f_s < f < f_p$인 주파수 범위가 좁아 수정발진기의 발진주파수가 매우 안정하기 때문이다.

05 듀얼 J-K플립플롭인 74HC76을 이용한 카운터회로를 제작하여 출입문을 통과하는 인원을 파악하려고 한다. 최대 1000명을 계수하기 위해서 최소한 몇 개의 IC가 필요한가?

가. 4개 나. 5개
다. 8개 라. 10개

정답 나

[해설] 리플 카운터를 이용한 n진 카운터 설계에서 필요한 F/F수 N은 $2^{n-1} \leq N \leq 2^n$ 관계에서 $2^9 \leq 1000 \leq 2^{10}$이므로 최소한 10개의 플립플롭이 필요하다. 1개의 74HC76에는 2개의 J-K F/F가 있기 때문에 최소한 5개의 F/F가 필요하다.

06 신호주파수가 4[kHz], 최대 주파수편이가 20[kHz]인 경우 FM 변조지수는?

가. 0.2 나. 0.4
다. 5 라. 10

정답 다

[해설] 최대 주파수편이(Δf), 변조주파수의 (f_s), 변조지수(m_f)의 관계

$$m_f = \frac{\text{최대 주파수편이}}{\text{변조주파수}} = \frac{\Delta w}{w_s} = \frac{\Delta f}{f_s}$$

$$\therefore m_f = \frac{20[\text{kHz}]}{4[\text{kHz}]} = 5$$

07 다음 중 PNP와 NPN 트랜지스터를 조합하여 이루어진 Push-Pull 증폭회로는?

가. D급 증폭회로 나. C급 증폭회로
다. B급 증폭회로 라. A급 증폭회로

정답 다

[해설] B급 푸시풀 증폭기는 한 쌍의 상보형 트랜지스터로 되어있다.

08 다음 중 단상에서 브리지 정류회로와 동일한 출력 파형을 얻을 수 있는 것은?

가. 클리핑회로 나. 클램핑회로
다. 반파정류회로 라. 전파정류회로

정답 라

[해설] 브리지 정류회로
① 브리지 정류회로는 단상 전파 정류능력을 가진다.
∴ 브리지 정류회로의 부하 R_L에는 전파정류가 흐른다.
② 브리지 정류회로는 전파정류회로 또는 단상 정류회로의 일종으로 가장 널리 이용되고 있는 형태이다. 다이오드 4개를 브리지 모양으로 접속하여 수백[W] 이하의 소용량 전파정류에 쓰이는 회로이다.

09 콜피츠 발진기에서 컬렉터와 베이스 사이 및 이미터와 베이스 사이의 리액턴스 조건이 순서대로 옳은 것은?

가. 유도성, 유도성 나. 용량성, 용량성
다. 유도성, 용량성 라. 용량성, 유도성

정답 다

해설 콜피츠(Colpitts) 발진회로
① 출력의 일부를 콘덴서에서 뽑아내어 입력으로 되돌리는 발진회로이다.
② 콜피츠 발진회로는 접합용량에 의한 이상발진이 생기지 않으므로 비교적 높은 주파수(VHF) 발진에 적합하다.

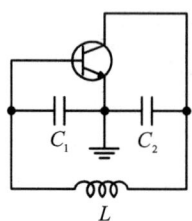

10 다음 중 전가산기(full adder)의 구성으로 옳은 것은?
가. 입력 2개, 출력 4개
나. 입력 2개, 출력 3개
다. 입력 3개, 출력 2개
라. 입력 3개, 출력 3개

정답 다

해설 전가산기(Full Adder)
① 전가산기는 2진수 입력(X_n, Y_n)에 전단의 자리올림수(C_{n-1})까지 가산하여 출력으로 합(Sum)과 자리올림수(Carry)로 표시한다.
$S_n = (X_n \oplus Y_n) \oplus C_{n-1}$
$C_n = (X_n \oplus Y_n) \oplus C_{n-1} + X_n Y_n$
② 전가산기는 3자리의 2진수를 가산할 수 있는 가산기로서 2개의 반가산기(Half Adder)와 1개의 OR-gate로 구성된다.
③ 전가산기는 3개의 입력과 2개의 출력을 갖는다.

11 그림의 회로에 입력으로 단위 계단함수를 입력하였더니 응답이 그림과 같았다. 다음 중 상승시간(t_r)으로 적합한 것은?

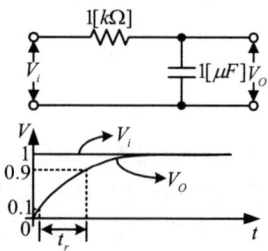

가. 0.8[msec]
나. 1[msec]
다. 2.2[msec]
라. 9[msec]

정답 다

해설 RC 회로 상에서 상승시간(Rise time)은 다음 식으로 표현된다.
$t_r = 2.2RC = 2.2\tau[\sec], \tau:$ 시정수
$\therefore t_r = 2.2 \times (1 \times 10^3) \times (1 \times 10^{-6}) = 2.2[msec]$

12 FET에서 $V_{GS} = 0.7[V]$로 일정히 유지하고 V_{DS}를 6[V]에서 10[V]로 변환시켰을 때, I_D가 10[mA]에서 12[mA]로 변한 경우 드레인 저항(τ_d)은?
가. 0.2[kΩ]
나. 0.5[kΩ]
다. 2[kΩ]
라. 8[kΩ]

정답 다

해설 FET의 삼정수
① 증폭 정수 μ, 드레인 저항 r_d, 전달 컨덕턴스 g_m을 FET의 3정수라 하며 $\mu = g_m r_d$이다.
② 드레인 저항(r_d)
$r_d = \dfrac{\partial V_{DS}}{\partial i_D} = \dfrac{dv_{DS}}{di_d}\bigg|_{V_{GS}=일정} = \dfrac{(10-6)}{(12-10)[mA]}$
$= \dfrac{4}{2 \times 10^{-3}} = 2[k\Omega]$

13 그림의 검파회로에서 입력 V_i에 피변조파가 가해지는 경우 다음 설명 중 옳은 것은?

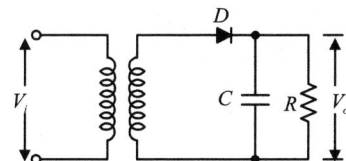

가. FM의 동기 검파회로이다.
나. 시정수 RC의 값은 매우 작아야 한다.
다. 다이오드의 순방향 전압 전류의 특성이 직선적 일수록 좋다.
라. 위상 변조시 복조회로에 주로 사용된다.

정답 다

해설 포락선 복조회로의 특징
① 다이오드의 전압 전류 특성의 직선 부분을 이용하도록 입력전압을 충분히 크게 하여 복조하는 방식이다.
② 입력전압의 피크가 증대할 때 출력전압이 입력전압의 포락선에 충실히 따르려면 시정수 RC를 크게 해주어야 한다.
③ 비직선에 의한 일그러짐이 작다.

14 다음 중 LC병렬 공진회로에서 공진 주파수[Hz]는?

가. $2\pi\sqrt{CL}$ 나. $\dfrac{1}{2\pi\sqrt{CL}}$

다. $4\pi\sqrt{CL}$ 라. $\dfrac{1}{4\pi\sqrt{CL}}$

정답 나

해설 L-C 병렬회로의 어드민턴스(Admintance)는
$Y = \dfrac{1}{jwL} + jwC = j(wC - \dfrac{1}{wL})$
허수부가 0일 때 이 상태를 공진이라 하며, 이때의 주파수를 공진 주파수라 한다.
$\therefore wC = \dfrac{1}{wL}$에서 $f = \dfrac{1}{2\pi\sqrt{LC}}$[Hz]

15 다음 중 카운터에 관한 설명으로 틀린 것은?
가. 토글(T) 플립플롭의 원리를 이용한다.
나. MOD-N 카운터는 모듈러스가 N이다.
다. 동기식 카운터는 고속에 주로 사용된다.
라. 플립플롭이 4개라면 계수는 4가지의 경우가 존재한다.

정답 라

해설 카운터(계수기, counter)
① 카운터란 클록펄스를 세어서 수치를 처리하기 위한 논리회로이다.
② T플립플롭은 펄스가 입력되면 현재와 반대의 상태로 바뀌게 하는 토글(toggle) 상태를 만드는 회로이다.
③ n개의 플립플롭을 연결하면 원래의 상태로 reset되기 전에 2^n까지 카운터할 수 있다.

16 단상 전파정류기의 DC 출력전력은 반파정류기 전력의 몇 배가 되는가?
가. 2   나. 4
다. 8   라. 16

정답 나

해설 단상 반파 정류회로
$I_{dc} = \dfrac{I_m}{\pi}$ 이므로 $P_{dc(반파)} = (\dfrac{I_m}{\pi})^2 \cdot R_L$
단상 전파정류회로
$I_{dc} = \dfrac{2I_m}{\pi}$ 이므로 $\therefore P_{dc(전파)} = (\dfrac{2I_m}{\pi})^2 \cdot R_L$
$= 4 \cdot P_{dc(반파)}$

17 다음 회로에서 $S=1, R=0$이 인가되었을 때 Q와 $\overline{Q}$의 출력 상태는?

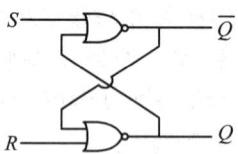

가. $Q=0, \overline{Q}=1$ 나. $Q=1, \overline{Q}=1$
다. $Q=0, \overline{Q}=0$ 라. $Q=1, \overline{Q}=0$

정답 라

해설 S-R 래치 회로

S	R	Q_{n+1}	$\overline{Q_{n+1}}$	
0	0	Q_n	$\overline{Q_n}$	: 변화없음
0	1	0	1	
1	0	1	0	
1	1	부정	부정	: 사용 금지

18 듀티 사이클(duty cycle)이 0.1이고 주기가 30[ms]인 펄스의 폭은?

가. 0.3[ms]   나. 1[ms]
다. 3[ms]   라. 10[ms]

정답 다

해설 충격계수$(D) = \dfrac{\tau}{T} = \dfrac{펄스폭}{펄스의 반복주기}$

$\therefore \tau = (0.1) \times (30[ms]) = 3[ms]$

19 다음 중 부궤환 증폭기의 특징이 아닌 것은?

가. 이득이 증가한다.
나. 안정도가 향상된다.
다. 왜곡이 감소한다.
라. 잡음이 감소한다.

정답 가

해설 부궤환 증폭기의 특징
① 이득은 저하되지만 이득 안정도는 향상
② 주파수 일그러짐과 위상 일그러짐의 감소
③ 비직선 일그러짐의 감소
④ 잡음의 감소
⑤ 입·출력 임피던스의 변화

20 그림과 같은 논리회로와 등가적인 스위치회로는?

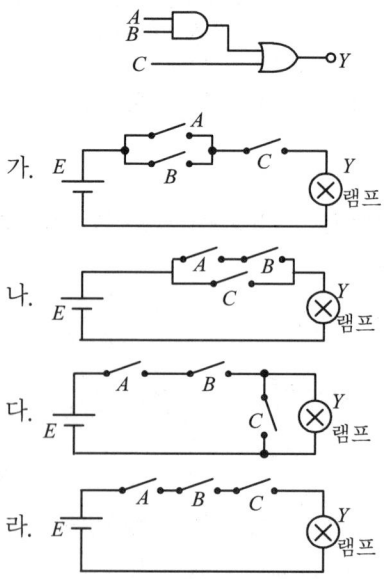

정답 나

해설 스위칭회로
① 직렬 연결된 두 스위치 : AND 논리연산
② 병렬 연결된 두 스위치 : OR 논리연산

제2과목 무선통신기기

21 다음 중 AM송신기의 구성요소로서 맞지 않는 것은?

가. 발진회로
나. 변조회로
다. 검파회로
라. 증폭회로

정답 다

해설 AM송신기의 구성
① 발진회로, 변조회로, 증폭회로 등으로 구성됨
② AM수신기는 동조회로, 주파수변환회로, 복조회로, 증폭회로 등으로 구성됨

22 다음 DSB통신방식과 SSB통신방식의 장점에 대한 설명으로 적합하지 않은 것은?

가. 점유대역폭은 DSB의 반이다.
나. DSB에 비해 장치가 간단하다.
다. DSB에 비해 선택성 페이딩에 강하다.
라. DSB에 비해 작은 송신전력으로 양질의 통신이 가능하다.

정답 나

해설 SSB 통신 방식
장점
① 점유주파수 대폭이 1/2로 축소된다.
② 적은 송신전력으로 양질의 통신이 가능하다.
③ 송신기의 소비전력이 적다.
④ 선택성 페이딩의 영향이 적다
⑤ 수신측에서 S/N비가 개선된다.
⑥ 비화성을 유지할 수 있다.
⑦ 송신기가 소형경량이다.
단점
① 회로구성이 복잡하다.
② 높은 주파수 안정도를 필요로 한다.
③ 수신부에 동기장치(Speech Clarifier)등이 필요하다.
④ 반송파가 없어 AGC 부가 곤란.

23 FM 송신기에서 사용되는 pre-emphasis회로에 관한 설명 중 맞는 것은?

가. S/N비를 향상시키는 효과가 있다.
나. 전력증폭기의 효율을 높이기 위하여 사용한다.
다. 선택도가 개선 된다.
라. 변조신호의 높은 주파수 성분을 낮게 하여 변조한다.

정답 가

해설 Pre-Emphasis
① 사전 강화법으로 송신기에서 신호를 증폭하여 전송하는 방식으로 FM에서 사용함
② 수신 S/N를 향상 시킬 수 있음
③ 수신기에서는 증폭된 신호를 원상태로 하는 De- Emphasis회로를 사용함

24 초단파대(VHF)에서 주파수 변조방식이 사용되는 이유는?

가. 주파수 대역폭이 넓게 취해지므로
나. FM방식 이외에는 없으므로
다. 지향성이 예민하므로
라. 변조가 간단하므로

정답 가

해설 FM변조
① FM변조는 소요주파수 대역폭이 넓어지는 단점이 있음.
② 이런 이유로 VHF대역에서 사용되고 있음

25 방송용 FM수신기에서 비 검파회로가 주로 사용되는 이유는?

가. AFC작용을 갖는다.
나. AVC작용을 갖는다.
다. 디엠퍼시스 작용을 갖는다.
라. 진폭제한작용을 갖는다.

정답 라

2010년 무선설비산업기사 기출문제

해설 비검파기(Radio Decector)
① 두 개의 다른 방향을 가지는 Diode를 이용하여 검파하는 방식으로, 다이오드 사이에는 대용량의 캐패시터가 접속되어 있음
② 검파감도가 나쁘기는 하나 진폭제한기가 필요치 않은 장점이 있음

26 다음 중 수신기 감도를 향상시키는 방법으로 적합하지 않은 것은?

가. 고주파 동조회로의 Q를 크게 한다.
나. IF 대역폭을 가능한 넓게 한다.
다. 내부 잡음이 적은 주파수 변환기를 사용한다.
라. 고주파 증폭부의 이득을 크게 한다.

정답 나

해설 수신기 감도 향상책
① 동조회로의 Q를 크게 한다.
② 고주파 증폭단수를 증가시킨다.
③ 중간주파 증폭단수를 증가시킨다.
④ 공중선회로는 소결합 시킨다. 고주파 증폭기 설치시 영상주파수 선택도를 개선할 수 있다.

27 다음 디지털 변조 통신방식에서 주파수 효율이 높고 고속 통신용으로 가장 적합한 방식은?

가. 폭편이 변조방식
나. 진폭 편이 변조방식
다. 주파수 편이 변조방식
라. 위상 편이 변조방식

정답 라

해설 위상편이변조방식(PSK)
① 위상편이방식은 진폭변화가 없어 변조 후 스펙트럼의 Envelop이 일정하여 고속통신에 유리함
② 주파수변조는 광대역폭이 요구되고, 진폭변조는 증폭기의 효율이 좋지 않음

28 레이더에서 동일거리에 있는 2개의 적은 목표물을 2개로 분리해서 볼 수 있는 능력은 무엇인가?

가. 방위 분해능
나. 거리 분해능
다. 최대 탐지거리
라. 상의 선명도

정답 가

해설 레이더의 성능
① 방위분해능 : 동일 거리에 있는 2개의 적은 목표물을 분리해 낼 수 있는 능력
② 거리분해능 : 브라운관 상에서 2개의 적은 목표물을 분리해 낼 수 있는 능력

29 위성통신에서 사용되는 Circulator의 기능으로 맞는 것은?

가. BPF의 일종이다.
나. 저잡음 증폭기이다.
다. 마이크로웨이브 증폭기이다.
라. 입력과 출력신호를 분리하는 장치이다

정답 라

해설 써큘레이터
① RF신호를 한쪽방향으로만 전달하고, 반사되는 신호를 완벽하게 막아주는 Passive 장치임
② 위성통신뿐 아니라 고출력 RF 장치에서 사용됨

30 GPS위성의 지상고도는 몇 [km]인가?

가. 1,000
나. 10,000
다. 20,200
라. 35,800

정답 다

해설 GPS제원
① 지상 20,200[km]상공에 위치한 24개의 위성을 이용하여 지상의 위치/고도를 삼각측량법에 의해서 측정할 수 있도록 도와주는 장치임
② 11시간 58분 주기로 지구를 공전하고 있음
③ 2개의 정밀한 클럭을 보유하고 있음
④ 두 개의 코드 P-Coce(군용), C/A-Code(민간용)으로 서비스 되고 있음

31 정지위성에서 자세제어는 매우 중요한데 위성에서 사용하는 자세제어방식 중 아닌 것은?

가. 스핀 안정 방식
나. 고정축 안정 방식
다. 3축(Yaw, Roll, Pitch) 안정 방식
라. 디스펀 안테나서비스

정답 나

해설 정지위성의 자세제어

스핀안정방식	3축제어방식
① Single 스핀방식 (무지향성 안테나) ② Dual 스핀방식 (지향성 안테나) (가) 디스펀안테나 형태 (나) 디스펀플래폼 형태	① 위성이 직교하는 3개의 축 YAW, ROLL, PITCH로 3축에서 각 외란 토크를 제거하여 세를 제어함

32 TV 난시청 지역해소를 위해 개발된 서비스로서 방송국에서 위성으로 TV프로그램을 송출하면 위성은 이를 수신하여 증폭한 다음 지상의 아파트, 가정 등에 설치되어 있는 파라볼라 안테나로 전파를 수신하는 것을 무엇이라 하는가?

가. HDTV 서비스
나. 복합 위성방송 서비스
다. VSAT 서비스
라. DBS 서비스

정답 라

해설 DBS서비스
① Direct Broadcasting Service로 지상파 난시청 해소를 위하여 위성을 이용해 서비스 하는 방식임

33 무선채널을 이동국마다 고정적으로 할당하지 않고 호가 발생할 때마다 하나의 무선 채널을 할당하여 서비스를 제공하는 방법은?

가. 단일 엑세스 제어 기술
나. 단일 채널 접속
다. 랜덤 엑세스 제어 기술
라. 다중채널접속

정답 라

해설 다중채널접속
① Multiple Access 은 무선채널을 고정으로 할당하지 않고 호(Call)가 발생할 때 마다 무선채널을 할당하여 서비스함 (무선채널효율 우수)

34 전원회로에서 부하가 있을 때 단자전압이 110[V], 부하가 없을 때 단자전압이 120[V]라면 이 때의 전압 변동률은?

가. 10.1[%]
나. 9.1[%]
다. 8.1[%]
라. 7.1[%]

정답 나

해설 전압변동율
$$= \frac{무부하시\ 단자전압 - 부하시\ 단자전압}{부하시\ 단자전압} \times 100[\%]$$
$$= \frac{120-110}{110} \times 100[\%] = 9.1[\%]$$

35 부하에 일정전압을 공급하게 하는 장치로서 부하 속도 등의 변동에 의한 발전기 단자전압 변동을 자동적으로 보상하는 장치는?

가. UPS
나. AVR
다. AGC
라. AVC

정답 나

[해설] UPS
① 부하에 정전시에도 일정한 전압을 제공하는 장치임
② 역변환부(Inverter)
③ 축전지(Battery)
④ 출력필터부
⑤ 제어부(Control)
⑥ 동기절체부(Static Switch)
⑦ 순변환부 및 충전부(Rectifier/Charger)

36 AM송신기에 대한 전력측정방식이 아닌 것은 무엇인가?

가. 수부하법
나. 양극 손실 측정법
다. 치환법
라. 블로메터브리지법

정답 라

[해설] 송신기의 전력 측정
(1) FM 송신기의 전력 측정
① 볼로메터(Bolometer) 브리지에 의한 측정
② 열량계(Calorimeter)에 의한 측정
③ C-M형 전력계법

37 접지 공중선에서 실효저항 측정법이 아닌 것은 무엇인가?

가. 고유 주파수법   나. 작도법
다. 치환법   라. Q-미터법

정답 가

[해설] 안테나 실효 저항 측정법
① 저항 삽입법(변화법)
② 작도법(Pauli의 방법)
③ 치환법   ④ Q-Meter법

38 수신기 시험에서 의사 공중선을 사용하는 이유는?

가. 표준 입력신호를 공급하기 위하여
나. 수신기의 부차적인 전파발사를 억제하기 위하여
다. 수신기의 입력레벨을 감쇠시키기 위하여
라. 공중선에 의한 입력회로의 등가회로를 구성하기 위하여

정답 라

[해설] 의사공중선(Dummy)
① 공중선의 성능을 측정하고, 실제 공중선에 의한 입력회로와 등가회로를 구성하기 위한 것

39 정재파비 측정에 있어서 고주파 전압계에서 지시하는 전압이 최소점 전압의 2배일 때 정재파비는 얼마인가?

가. 0.5   나. 1
다. 2   라. 4

정답 다

[해설] 정재파비
$$S = \frac{V_{\max}}{V_{\min}} = \frac{V_i + V_r}{V_i - V_r} = \frac{2}{1} = 2$$

40 고주파 회로의 측정 시 측정기의 올바른 사용법이 아닌 것은?

가. 측정기와 접지단자를 접지 시킨다.
나. 측정회로와 거리를 짧게 결선하여 측정한다.
다. 측정기를 차폐시킨다.
라. 편파성을 갖는다.

정답 라

[해설] 고주파회로 측정시 주의사항
① 접지 및 차폐를 정확히 실시함
② 측정 주파수와 용량(전력 등)이 적정한 측정기를 사용
③ 측정회로와 고주파회로의 거리는 짧고, 선로는 굵은 50[Ω]케이블을 사용함
④ 측정기는 항상 예열 후 사용함

제3과목 안테나공학

41 다음 전파의 성질에 관한 설명 중 바른 것은?

가. 전파는 종파이다
나. 주파수는 파장의 크기에 비례한다.
다. 전파의 속도는 유전율이 클수록 빨라진다.
라. 편파성을 갖는다.

정답 라

해설 전자파의 성질
① 전자파는 횡파 (음파는 종파)
② 전자파의 속도는 ε, μ가 클수록 v가 늦어지고 λ는 짧아진다. ($v = \frac{1}{\sqrt{\varepsilon\mu}}$)
③ $V_p V_g = c^2$ (일정) (V_p (위상속도), V_g (군속도))
④ 전자파는 편파성을 갖는데 수직 및 수평 편파, 원형 및 타원형 편파 등으로 구분한다.

42 양도체 내의 전자파의 전파에 대한 설명으로 바르지 못한 것은?

가. 도체내의 모든 점에서 전도전류 밀도는 전계에 비례한다.
나. 전도전류 밀도와 전계의 세기는 도체 내부로 갈수록 지수 함수적으로 감쇠한다.
다. 도체표면에 유도되는 전류는 전류밀도 방향에 수직인 도체 내부로 전파되며 0hm손실로 인하여 감쇠된다.
라. 전자파의 에너지는 도체내부로 전파되기 때문에 도체는 전자파의 도파역할을 하게 된다.

정답 라

해설 전자파의 성질
① 전자파의 에너지는 도체표면(표피효과)으로 전파됨
② 표피깊이 $\delta = \sqrt{\frac{2}{\omega\mu\sigma}} = \sqrt{\frac{1}{\pi f \mu \sigma}}$
(σ는 도전율, μ는 투자율, $\omega = 2\pi f$는 각속도)
③ 표피깊이는 주파수 와 도전율에 반비례함

43 다음 급전선 주 외부 잡음의 영향을 가장 적게 받는 것은?

가. 단선식
나. 평행 2선식
다. 평생 4선식
라. 동축케이블식

정답 라

해설 동축케이블
① 비동조급전선 형태로, 동축케이블 내의 외부 도체를 접지해서 사용하므로 외부로부터 잡음과 간섭이 작음

44 정재파비(VSWR)에 대한 설명으로 바르지 못한 것은?

가. 전압정재파 비는 정재파의 최대 전압과 최소 전압의 비로 정의된다.
나. 전류정재파 비는 정재파의 최대 전류와 최소 전류의 비로 정의된다.
다. 선로상에서 근접한 최대치와 다음 최대치의 간격은 반파장 거리이다.
라. 임피던스가 완전치 정합된 경우 정재파비 S=0의 관계에 있다.

정답 라

해설 정재파비
① 정재파비 VSWR=1인 급전선은 $Z_O = Z_L$인 상태로 진행파만 존재함

2010년 무선설비산업기사 기출문제

45 다음의 급전 방식 설명 중 옳은 것은?

가. 전압 급전은 급전점에서 전압이 최소 전류가 최대이다.
나. 전압 급전일 때 직렬공진회로를 사용하려면 급전선의 길이는 $\lambda/4$의 우수배로 사용한다.
다. 전류 급전일 때 병렬공진회로를 사용하려면 급전선의 길이는 $\lambda/4$의 기수배로 사용한다.
라. 전류 급전일 때 안테나의 길이는 $\lambda/2$이며 급전점에서 진행파가 최대이다.

정답 다

[해설] 전압급전과 전류급전

급전길이	전압급전	전류급전
	안테나 길이 λ	안테나길이 $\lambda/2$
	직렬공진:$\lambda/4$기수배	직렬공진:$\lambda/4$우수배
	병렬공진:$\lambda/4$우수배	병렬공진:$\lambda/4$기수배

46 가로 10[cm], 세로 5[cm]의 구형 도파관을 TE_{10}로 사용할 때 사용 파장이 1,500[MHz]인 경우 위상 속도는?

가. ∞ 나. 0
다. 1 라. 3×10^8

정답 가

[해설] 위상속도
① 도파관내에서 전파의 위상이 전달되는 속도로, 위상속도 〉 광속도 보다 빠름
② 차단파장 TE_{10} ($\lambda_c = 2a = 2 \times 0.1 = 0.2[m]$)
   (장축 10[cm] 이므로)
③ $\lambda = \dfrac{c}{f} = \dfrac{3 \times 10^8}{1500 \times 10^6} = 0.2[m]$

$v_p = \dfrac{c}{\sqrt{1-\left(\dfrac{\lambda}{\lambda_c}\right)^2}} = \dfrac{3 \times 10^8}{\sqrt{1-\left(\dfrac{0.2}{0.2}\right)^2}} = \infty \text{[m/sec]}$

47 다음 중 미소 다이폴 공중선으로부터 발생하는 전자계 중 원거리에서 주가 되는 전자계는 어느 것인가?

가. 정전계   나. 정자계
다. 유도전계 라. 복사전계

정답 라

[해설] 미소다이폴의 전자계
① 정전계, 유도전계, 복사전계는
   $d = \dfrac{\lambda}{2\pi} = 0.16\lambda$에서 같아지고 이보다 가까운 거리에서는 정전계 〉 유도전계 〉 복사전계의 크기가 된다.

48 반파장 다이폴 안테나에 대한 설명으로 잘못된 것은?

가. 안테나의 길이는 $\lambda/2$이다.
나. 전류의 크기는 양쪽 끝에서 최소가 된다.
다. 전압의 크기는 양쪽 끝에서 최대가 된다.
라. 반사형 안테나이다.

정답 라

[해설] $\lambda/2$ (반파장)다이폴 안테나
① $\lambda/2$ 다이폴 안테나의 전압 분포는 cos분포로 나타내고, 전류 분포는 sin분포로 나타낸다.
② 반파장($\lambda/2$) 다이폴 안테나는 비접지 안테나임

49 수직접지안테나에 대한 설명으로서 옳지 않은 것은?

가. 수직 편파를 발사한다.
나. 길이가 $\lambda/4$ 일 때에는 반드시 전압급전을 사용하여야 한다.
다. 수평면내 지향성은 무지향성이다.
라. 길이가 $\lambda/4$보다 긴 경우에는 직렬로 콘덴서를 삽입해서 공진시킨다.

정답 나

[해설] 수직접지 안테나
① 수직접지 안테나는 수직편파를 방사함
② 수평면내 지향성은 무지향성 임
③ 단축콘덴서를 이용하여 안테나 길이가 길 경우 안테나 길이를 조절함
④ 길이가 $\frac{\lambda}{4}$일 때는 전류급전을 사용함

50 다음 중 송신 주파수가 300[MHz]인 전파의 반파장은 얼마인가?

　가. 0.5[m]　　　나. 1[m]
　다. 2[m]　　　라. 4[m]

정답 가

[해설] $\lambda = \frac{c}{f} = \frac{3 \times 10^8}{300 \times 10^6} = 1\,[\text{m}]$, 반파장 = 0.5[m]

51 안테나에 loading coil을 사용하는 목적은?

　가. 안테나의 공진주파수를 높이기 위해서
　나. 고유파장 보다 긴 파장의 전파에 공진시키기 위해서
　다. 지향성을 개선하기 위해서
　라. 방사저항을 줄이기 위하여

정답 나

[해설] 연장선륜(Loading Coil)
① 기저부에 코일을 삽입하면 인덕턴스 값이 커져서 보다 낮은 주파수에 공진을 시킬 수 있다. 즉, 고유파장보다 긴 파장에 공진되므로 등가적으로는 안테나를 연장하는 효과가 있기 때문에 연장선륜이라고 한다.

52 $\frac{\lambda}{4}$ 수직 접지 공중선의 전력이 1[kW]에서 9[kW]로 증가한 경우, 동일한 위치에서 전계강도는 몇 배로 증가하는가?

　가. 9배　　　나. 6배
　다. 3배　　　라. $\sqrt{3}$배

정답 다

[해설] $\frac{\lambda}{4}$ 수직접지안테나 전계특성
① $E = \frac{9.9\sqrt{P}}{d}$ (P : 전력)
② $\sqrt{9} = 3$배 임

53 다음 중 진행파형 공중선의 일반적인 특징으로 적합하지 않은 것은?

　가. 효율이 낮다　　　나. 부엽이 많다
　다. 광대역성이다　　　라. 무지향성이다

정답 라

[해설] 진행파형 안테나의 특징
① 지향성은 단향성을 갖는다.
② 주파수 특성은 광대역이다.
③ 부엽이 많다.
④ 효율이 낮다.
⑤ 구조가 간단하다.
⑥ 이득이 크다

54 다음 중 진행파 안테나는?

　가. Rhombic 안테나
　나. 반파장 다이폴 안테나
　다. 역 L 형 안테나
　라. 야기안테나

정답 가

[해설] 진행파 안테나의 종류

장중파대	단파대	초단파대
웨이브 안테나 (비버리지)	롬빅안테나 진행파 V형 어골형(Fish)형	Helical 안테나

2010년 무선설비산업기사 기출문제

55 마이크로파 안테나의 이득과 관계가 없는 것은?
가. 송신기 출력 나. 안테나 개구면적
다. 주파수   라. 반사면 고르기

정답 가

해설 마이크로파 안테나
① 마이크로파 안테나에서 이득이나 지향성은 안테나의 개구면적에 비례한다.
$$G = \frac{4\pi A_e}{\lambda^2} = \eta \left(\frac{\pi D}{\lambda}\right)^2$$
(η : 개구효율, A : 개구면적, D : 직경)

56 다음 중 지구 표면을 따라서 전파하여 가는 전파는?
가. 직접파   나. 지표파
다. 반사파   라. 회절파

정답 나

해설 지표파
① 지구표면을 따라서 전파하는 전파로 장·중파 대역의 주전파임

57 장중파대에서 지표파에 의해 전파되는 전파 중 감쇠가 가장 적은 것은?
가. 해상   나. 평지
다. 사막   라. 도시지역

정답 가

해설 지표파의 특성
① 대지의 도전율이 클수록 감쇠가 적어진다.
② 유전율이 작을수록 감쇠가 적어진다.
③ 전파는 해상에서 가장 잘 전파하여 평지, 구릉, 산악, 시가지, 사막 순으로 감쇠가 커진다.
④ 지표파는 장·중파대에서 감쇠가 적다.
⑤ 수평편파는 대지에서 단락되기 때문에 큰 감쇠를 받는다.(지표파에서 전파해가는 것은 거의 수직 성분이다)

58 다음 중 전리층 산란파의 특징 중 잘못된 것은?
가. 초단파대 초가시거리 통신을 할 수 있다.
나. 단일 주파수로 24시간 연속통신이 가능하다.
다. 근거리 에코의 원인이 된다.
라. 전송가능한 대역이 넓다.

정답 라

해설 전리층 산란파
① 초단파대 초가시거리 통신을 할수 있음
② 단일 주파수로 24시간 통신 가능
③ 태양폭발현상에 강함
④ 전송가능대역이 좁다 (협대역특성)
⑤ 큰거리 ECHO의 원인임
⑥ 30[MHz] – 50[MHz]에서 2,000[km]전송 가능

59 다음 중 단파가 멀리까지 도달하는 이유는?
가. 감쇠가 적기 때문에
나. 지표파를 이용하기 때문에
다. 전리층 반사파를 이용하기 때문에
라. 굴절되어 전파되기 때문에

정답 다

해설 단파통신
① 단파(3[MHz] – 30[MHz]) 통신은 전리층(F층) 반사를 이용하여 장거리 통신이 가능함
② 소출력 전송이 가능하고, 공전방해를 받음

60 다음 중 델린져 현상에 대한 설명으로 클린 것은?
가. 명확한 주기성은 없으나 보통 27일과 54일을 발생주기로 인정하고 있다.
나. 야간에 고위도 지방에서 발생한다.
다. 돌발적으로 발생하며 10분 또는 수 십분 계속되다가 고위도지방부터 차차 회복된다.
라. 단파통신에 영향을 주며 낮은 주파수 쪽이 영향을 많이 받는다.

정답 나

해설 델린저 현상
① 원인 : 자외선의 이상증가에 의한 D층 또는 E층의 전자 밀도의 증대
② 발생시간 : 태양의 이상이 인지 될 때
③ 계속시간 : 돌발적으로 발생하여 10분 혹은 수 십분 계속되다가 회복
④ 출현주기 : 빈발성이 있다.
 이에 비해 자기람은 주야 불문으로 전 세계에서 발생하며 지속시간은 비교적 길어서 2~3일 정도 때로는 수일에 걸치는 일도 있다.

제4과목 전자계산기일반 및 무선설비기준

61 프로세서의 제어장치에 관한 설명 중 틀린 것은?

가. 순서논리회로에 의한 고정배선방식과 마이크로 프로그램방식이 있다.
나. 마이크로 프로그램방식이 고정배선방식보다 빠르다.
다. 고정배선방식은 부품의 수가 최대화된다.
라. 마이크로 프로그램방식에서는 제어 메모리가 필요하다.

정답 나

해설 프로세스 제어장치
① 고정배선제어 장치와 마이크로프로그램제어 방식의 두 가지가 있음

고정배선제어	마이크로프로그램제어
·순서회로에 의한 제어	·하드웨어가 최소화
·작동 속도의 극대화	·ROM내의 프로그램으로 동작됨
·RISC시스템에 적합	·처리속도가 떨어짐
·시스템이 복잡함	

62 그림과 같은 방식으로 CRT화면에 문자를 표시하기 위하여 사용되는 ROM의 역할로 맞는 것은?

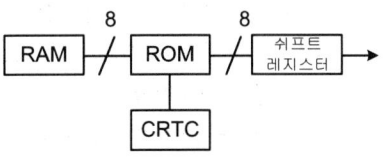

가. 문자패턴을 기억 한다.
나. 제어 프로그램을 기억한다.
다. 화면의 커서위치를 기억한다.
라. ASCII코드를 기억한다.

정답 가

해설 CRT(Cathode Ray Tube)
① 음극선관 방식으로, TV나 컴퓨터모니터 등과 같은 화면 출력장치에서 널리 사용됨
② ROM은 비휘발성메모리이기 때문에 CRT에 표시하기 위한 각종 문자패턴을 기억한다.

63 논리연산 동작을 수행한 후 결과를 축적하는 레지스터는?

가. Accumulator
나. Index register
다. Flag register
라. Shift register

정답 가

해설 누산기(Accumulator)
① 산술 및 논리연산의 결과를 일시적으로 기억하는 레지스터 임
② 기억장치의 일부로서 계산속도가 빨라 질 수 있도록 도와줌
③ 연산장치(ALU)의 구성은 가산기, 보수기, Data 레지스터, 상태 레지스터로 구성된다.

64. 전자계산기 명령의 주소 지정방식 중 간접 주소 지정방식에 대한 설명 중 틀린 것은?

가. 명령의 오퍼랜드가 지정하는 부분에 실제 데이터가 저장된 부분의 주소를 기록하고 있는 주소 지정방식
나. 기억장치에 최소 2번 접근하여 오퍼랜드를 얻을 수 있는 주소 지정방식
다. 처리속도는 느리지만 짧은 길이의 오퍼랜드로 긴 주소에 접근할 수 있는 주소 지정방식
라. 오퍼랜드의 길이가 길어 소용량 기억장치의 주소를 나타내는데 적합한 주소 지정방식

정답 라

해설 접근 방식에 의한 주소지정방식
① 직접주소지정방식(Direct Addressing)
 : 주소부분에 있는 값이 실제 데이터가 있는 주기억장치내의 주소를 지정
② 간접주소지정방식(Indirect Addressing)
 : 주기억장치의 주소부분의 데이터가 실제 데이터가 있는 다른 곳의 주소로 지정, 최소 두 번 이상 메모리에 접근함
③ 즉시주소지정방식(Immediate Addressing)
 : 명령어의 주소부분 실제데이터 값이 들어 있음.
④ 묵시적주소지정방식(Implied Addressing)
 : 주소부분이 묵시적으로 정해짐, 스택구조의 0-주소방식

65. 페이지 Map table의 존재비트로 해당 페이지가 주기억장치에 있는 경우가 맞는 것은?

가. 0   나. 1
다. 2   라. 3

정답 나

해설 존재비트가 주기억장치에 적재되어 있는 경우에는 "1", 존재하지 않을 경우에는 "0"으로 기록한다.

66. 운영체제의 목적에 해당되지 않는 것은?

가. 이용 기능의 확대
나. 처리 능력의 확대
다. 신뢰도 향상
라. 파일 관리 증대

정답 라

해설 운영체제(OS)의 목적
① 사용자에게 최대의 편의성 제공
② 처리량 증가   ③ 응답시간 단축
④ 사용기능도 증대 ⑤ 신뢰도 향상

67. 다음 중 운영체제의 기능에 대한 설명이 아닌 것은?

가. 사용자와 컴퓨터간의 인터페이스 역할을 한다.
나. 소프트웨어의 오류를 처리한다.
다. 사용자간의 지원 사용을 관리한다.
라. 입출력을 지원한다.

정답 나

해설 운영체제의 기능

기능	특징
메모리 관리	메모리 상태와 운영관리
주변장치 관리	하드웨어장치 관리 와 제어
파일과 디스크 관리	프로그램이나 데이터 저장
프로세스 관리	프로그램 수행 제어

68. 다음 중 원시언어로 작성한 프로그램을 컴퓨터가 실행할 수 있는 기계어 프로그램으로 바꾸어 주는 언어 번역 프로그램이 아닌 것은?

가. 어셈블러   나. 컴파일러
다. 매크로 처리기 라. 인터프리터

정답 다

해설 언어번역 프로그램(Language Transfer Program)
① 어셈블러, 컴파일러, 인터프리터가 있으며 작성된 소스코드를 기계어로 번역해 주는 역할을 한다.

69 소프트웨어 제품의 성능평가 기준이 아닌 것은?
    가. 프로그램의 크기.
    나. 처리량
    다. 응답시간
    라. 인터프리터

    정답 가

    소프트웨어의 성능을 시험하는 기준
    ① 효율성 (활용도)   ② 응답속도 (시간)
    ③ 처리량   ④ 처리속도

70 마이크로 프로세서 및 하드웨어의 지원을 관리하고 사용자의 입력을 받거나 결과를 출력하는 일을 담당하는 것을 무엇이라 하는가?
    가. 운영체제
    나. MMU
    다. 컴파일러
    라. BIOS

    정답 가

    운영체제
    ① 마이크로 프로세서 및 하드웨어의 지원을 관리하고 사용자의 입력을 받거나 결과를 출력하는 역할을 한다.
    ② 사용자에게 편의성, 신속성, 신뢰성 등을 제공함

71 마이크로 프로세서가 이해할 수 있는 프로그램 언어를 무엇이라 하는가?
    가. 기계어
    나. 어셈블리어
    다. C언어
    라. Verilog hdl

    정답 가

    기계어(Machine Language)
    ① 기계어는 0 또는 1의 진수로 조합된 언어임

72 "전자파 장해"라 함은 전자파를 발생시키는 기기로부터 전자파가(   ) 또는 (   )되어 다른 기기의 성능에 장해를 주는 것을 말한다. 괄호 내에 들어갈 말로 적합한 것은?
    가. 방사, 간섭   나. 방사, 흡수
    다. 흡수, 전도   라. 방사, 전도

    정답 라

    "전자파 방해"라 함은 전자파를 발생시키는 기기로부터 전자파가 [방사] 또는 [전도] 되어 다른 기기의 성능에 장애를 주는 것을 말한다.

73 다음 중 주파수 할당에 관한 용어로 옳게 설명된 것은?
    가. 특정한주파수를 이용할 수 있는 권리를 부여하는 것을 말한다.
    나. 무선국을 허가함에 있어 당해 무선국이이용할 특정한 주파수를 지정하는 것을 말 한다
    다. 무선국을 운용 할 때 불요한 발사를 억제하기 위한 주파수를 지정하는 것을 말한다.
    라. 설치된 무선설비가 반응 할 수 있도록 필요한 주파수를 지정하는 것을 말한다.

    정답 가

    주파수 할당

용 어	특 징
주파수 분배	특정한 주파수의 용도를 정하는 것
주파수 할당	특정한 주파수의 권리를 부여 함
주파수 지정	무선국이 이용할 특정주파수 지정

74 다음에 열거한 내용 중에서 무선국의 고시사항이 아닌 것은?

가. 무선국의 명칭 및 종별과 무선설비의 설치 장소
나. 무선설비 시공자의 성명 또는 명칭
다. 허가 연월일 및 허가번호
라. 주파수, 전파형식, 점유주파수대폭 및 공중선 전력

정답 나

해설 무선국의 고시사항
① 허가 년월일 및 허가번호
② 시설자의 성명 또는 명칭
③ 무선국의 종별 및 명칭
④ 허가의 유효기간
⑤ 전파의 형식 및 점유주파수 대폭 및 주파수
⑥ 무선국의 준공기한

75 무선국의 정기검사 유효기간이 3년인 무선국은 허가 유효기간 만료일 전후 얼마이내에 정기검사를 받도록 되어 있는가?

가. 1개월   나. 2개월
다. 3개월   라. 6개월

정답 다

해설 전파법
① 무선국의 정기검사 유효기간이 3년인 무선국은 허가 유효기간 만료일 전후 3개월 이내에 정기검사를 받도록 되어있다.

76 다음 중 전파의 효율적 관리 및 진흥을 위한 사업과 정부로부터 위탁받은 업무를 수행토록 하기 위하여 설립한 기관은?

가. 한국전파진흥협회
나. 한국전파진흥원
다. 한국인터넷 진흥원
라. 전파 연구소

정답 나

해설 한국전파진흥원
① 전파이용 촉진에 관한 연구
② 전파/방송 관련 국내외 기술에 관한 정보의 수집/조사 및 분석
③ 전파/방송 관련 연구지원 및 교육
④ 제1호 내지 제3호에 부수되는 사업

77 다음 중 전파 사용료를 부과하기 위해 산정하는 기준으로 틀린 것은?

가. 사용 주파수 대역
나. 사용 전파의 폭
다. 공중선 전력
라. 무선국의 소비전력

정답 라

해설 전파사용료 부과기준
① 사용주파수 대역   ② 사용전파의 폭
③ 공중선 전력

78 의무항공기국 무선설비의 기능 확인은 몇 시간 사용할 때마다 1회 이상 그 성능의 유지여부를 확인하여야 하는가?

가. 200시간   나. 300시간
다. 500시간   라. 1,000시간

정답 라

해설 전파법
① 의무항공기국 무선설비의 기능 확인은 [1,000시간] 사용할 때마다 1회 이상 그 성능의 유지여부를 확인하여야 한다.

79 다음 중 전자파 적합 등록을 해야 하는 기기는?

가. 디지털 선택 호출 전용 수신기
나. 간이 무선국용 무선설비의 기기
다. 자동차 및 불꽃점화 엔진 구동기기류
라. 생활 무선국용 무선설비의 기기

정답 다

해설 전자파적합등록 기기
① 산업/과학 또는 의료용 등으로 사용되는 고주파이용 기기류 등이 해당된다.
② 자동차 및 불꽃점화 엔진구동 기기류
③ 방송수신기기류
④ 가정용 전기기기 및 전동기기류
⑤ 형광등 조명기기류
⑥ 고전압설비 및 부속기기류
⑦ 정보기기류
⑧ 고속철도기기류

80 지정 공중선 전력을 500[W]로 하고, 허용편차가 상한 5[%], 하한 10[%]인 방송국이 실제로 전파를 발사하는 경우에 허용될 수 있는 공중선 전력은?

가. 450 550[W]   나. 450 525[W]
다. 475 550[W]   라. 475 525[W]

정답 나

해설 공중선전력 500[W]의 허용전력

상한 5[%]	하한 10[%]
525[W]	450[W]

2011년 산업기사1회 필기시험

국가기술자격검정 필기시험문제

2011년 산업기사1회 필기시험

자격종목 및 등급(선택분야)	종목코드	시험시간	형 별	수검번호	성 별
무선설비산업기사		2시간			

제1과목 디지털 전자회로

01 B급 푸시풀 전력증폭기(push-pull) power amp) 에서 제거되는 것은?

가. 기본파 　나. 제2고조파
다. 제3고조파 　라. 제5고조파

정답 나

해설 B급 푸시풀 회로의 특징
① B급 동작으로 직류 바이어스 전류가 매우 작다.
② 입력이 없을 때 컬렉터 손실이 작으며 큰 출력을 낼 수 있다.
③ 우수차(짝수) 고조파 성분은 서로 상쇄되어 출력단에 나타나지 않는다..
④ B급 증폭기 특유의 Crossover 일그러짐이 있다.

02 병렬전압 궤환 증폭기의 입력 임피던스는 궤환이 없을 때와 비교하면?

가. 증가한다.
나. 증가 후 감소한다.
다. 감소한다
라. 변함이 없다.

정답 다

해설 병렬전압 궤환증폭회로
① CE증폭기의 출력 과 입력 저항으로 접속한 회로 이다.
② 궤환증폭회로의 일반적 특징

궤 환	직렬전압	직렬전류	병렬전압	병렬전류
입력임피던스	증가	증가	감소	감소
출력임피던스	감소	증가	감소	증가

03 그림과 같이 입력측 V_i에 진폭이 $8[V]$인 정현파를 가했을 때 출력파형(V_0)은?

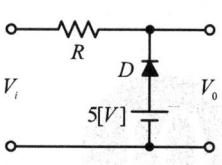

가.

나.

다.

라.

정답 가

해설 Clipping 회로
① 입력파형을 다이오드의 Turn On/Off 전압에 의해서 잘라내는 회로
② 다이오드 직렬 순방향 과 병렬 역방향
　: 입력 파형을 다이오드 On전압 이하 Clipping
③ 다이오드 직렬 역방향 과 병렬 순방향
　: 입력 파형의 다이오드 On전압 이상 Clipping

04 아래와 같은 4변수 카르노도를 간략화 했을 때 논리식은?

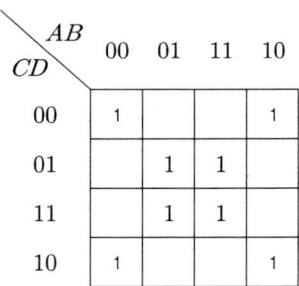

가. $A\overline{C} + \overline{A}C$ 나. $A\overline{D} + \overline{B}C$
다. $A\overline{B} + AC$ 라. $BD + \overline{B}\overline{D}$

정답 라

해설 카르노맵 결과

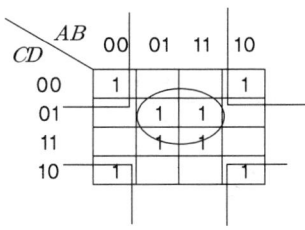

따라서, $BD + \overline{B}\overline{D}$

05 다음 중 클리퍼 회로의 설명으로 옳은 것은?
　가. 입력 파형을 주어진 기준전압 레벨 이상 또는 이하로 잘라내는 회로
　나. 일정한 레벨 내에서 신호를 고정시키는 회로
　다. 특정 시각에 발진 동작을 시키는 회로
　라. 안정 상태와 준안정 상태를 번갈아 동작하는 회로

정답 가

해설 Clipping 회로
① 입력파형을 다이오드의 Turn On/Off 전압에 의해서 잘라내는 회로이다.

06 하틀리(Hartley)형 발진회로에서 콜렉터와 이미터간의 리액턴스는?
　가. 저항성   나. 유도성
　다. 용량성   라. 유도성 + 용량성

정답 나

해설 3소자 발진기의 발진 조건

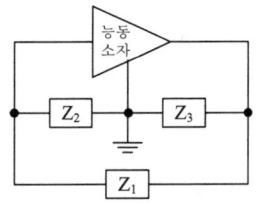

위상조건 $Z_1 + Z_2 + Z_3 = 0$
이득조건 $\mu = \dfrac{Z_3}{Z_2}$

발진조건 $Z_2, Z_3 > 0$ 이고 $Z_1 < 0$ 일 때를 하틀리
$Z_2, Z_3 < 0$ 이고 $Z_1 > 0$ 일 때를 콜피츠

발진기 종류	리액턴스		
	Z_1	Z_2	Z_3
하틀리 발진기	C	L	L
콜피츠 발진기	L	C	C

07 다음 중 FM 검파기의 종류가 아닌 것은?
　가. 비 검파기
　나. 복동조형 검파기
　다. Foster-Seeley형 검파기
　라. 다이오드 검파기

정답 라

해설 FM검파기
① FM복조기는 동기복조기를 사용한다.
② 비검파기, 복동조형 검파기, 포스트-실리 검파기, PLL검파기 등이 사용된다.
　* 다이오드 검파기는 AM검파기이다.

08 다이오드를 사용한 정류회로에서 과부하전류에 의하여 다이오드가 파손될 우려가 있을 경우 이를 방지하기 위한 방법으로 가장 적합한 것은?

가. 다이오드를 병렬로 추가한다.
나. 다이오드를 직렬로 추가한다.
다. 다이오드 양단에 적당한 값의 저항을 추가한다.
라. 다이오드 양단에 적당한 값의 콘덴서를 추가한다.

정답 가

해설 정류회로에서 다이오드 보호
① 다이오드를 병렬로 연결하여 정류전류를 증대시킨다.
② 다이오드를 병렬 연결하면 역내접압이 다이오드 수만큼 증가하게 된다.

09 다음 그림과 같은 연산회로의 명칭은?

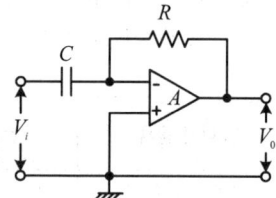

가. 가산기 나. 미분기
다. 적분기 라. 감산기

정답 나

해설 미분연산기
① CR회로를 이용한 미분기 회로이다
② 출력 $V_o = -RC\dfrac{dV_i}{dt}$ 임
 * RC회로를 이용하면 적분기

10 3개의 T 플립플롭이 직렬로 연결되어 있다. 첫 단에 1,000[Hz]의 입력신호를 인가하면 마지막 단 플립플롭의 출력신호는?

가. 3,000[Hz] 나. 333[Hz]
다. 167[Hz]   라. 125[Hz]

정답 라

해설 T형 플립플롭
① T형 플립플롭 한 개는 2진 counter역할을 함
② 3개가 직렬이면
   1000[Hz] (T) 500[Hz] (T) 250[Hz] (T) 125[Hz]
③ 또는 $1000[Hz] \div 2^3 = 125[Hz]$

11 그림과 같은 연산 증폭기의 출력전압 V_0는?
(단, $R_1 = 2[M\Omega]$, $R_2 = 1[M\Omega]$, $C_1 = 1[\mu F]$)

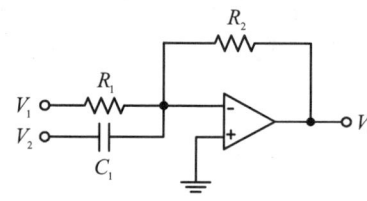

가. $V_0 = -(\dfrac{1}{2}V_1 + \int V_2 dt)$

나. $V_0 = (-2V_1 + \dfrac{dV_2}{dt})$

다. $V_0 = -(\dfrac{1}{2}V_1 + \dfrac{dV_2}{dt})$

라. $V_0 = (-\dfrac{1}{2}V_1 - \dfrac{dV_2}{dt})$

정답 다

해설 회로해석
① V_1에 반전연산기 와 V_2에 미분연산기가 중첩되어 있는 회로이다.
② 반전연산기 $V_o = -\dfrac{R_2}{R_1}V_1 = -\dfrac{1}{2}V_1$
③ 미분연산기

$V_o = -RC\dfrac{dV_2}{dt} = -(1\times10^6 \times 1\times10^{-6})\dfrac{dV_2}{dt}$

$= -\dfrac{dV_2}{dt}$

④ 따라서 출력 = $-\left(\dfrac{1}{2}V_1 + \dfrac{d}{dt}V_2\right)[V]$

12 LC 동조 발진기에 비해 수정 발진기의 특징에 대한 설명으로 틀린 것은?

　가. 안정도가 높다.
　나. Q가 크다.
　다. 발진 주파수를 가변하기가 곤란하다.
　라. 저주파 발진기로 적합하다.

정답 라

해설 수정발진기의 특징
① 주파수 안정도가 좋다.
② 수정 발진기는 발진 주파수를 가변하기 어렵다.
③ 수정 발진기는 고주파 발진기로 적합하다.
④ 수정진동자는 기계적, 물리적으로 안정하다.

13 Diode 직선검파 회로에서 변조도 62[%], 진폭 10[V]인 피변조파(AM)가 인가되었을 때 출력부 하에 나타나는 실효치는?(단, 검파효율은 73[%]이다.)

　가. 약 3.2[V]　　나. 약 1.64[V]
　다. 약 0.32[V]　라. 약 0.16[V]

정답 가

해설 출력전압의 실효치는 $\dfrac{최대치}{\sqrt{2}}$

① 검파효율

$\dfrac{신호파출력전압}{복조기입력전압} = \dfrac{V_0}{ma \cdot Vc}$ (ma : 변조도)

$= Vo(출력전압) = 0.73 \times 0.62 \times 10 ≒ 4.55[V]$

∴ 출력전압의 실효치 $= \dfrac{4.55}{\sqrt{2}} = 3.2[V]$

14 다음 중 단상 전파 정류회로의 무부하시 정류효율(η)은?

　가. 약 24[%]　　나. 약 36[%]
　다. 약 52[%]　　라. 약 81[%]

정답 라

해설 정류효율
① 교류를 직류로 변환할 때 효율을 나타낸다.

단상 반파 정류회로	단상 전파 정류회로
40.6[%]	81.2[%]

15 오실로스코프를 이용하여 진폭 변조된 파형을 관측한 결과 최대진폭이 8[V]이고 최소진폭이 2[V]로 측정되었다면 변조도(m)은?

　가. 20[%]　　나. 25[%]
　다. 40[%]　　라. 60[%]

정답 라

해설 변도도

$m = \dfrac{최대진폭 - 최소진폭}{최대진폭 + 최소진폭} \times 100[\%]$

①

$= \dfrac{8-2}{8+2} \times 100 = 60[\%]$

16 그림과 같은 증폭회로에서 출력전압 V_0는?

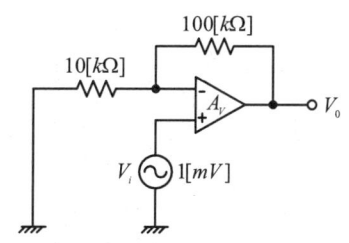

　가. 11[mV]　　나. 51[mV]
　다. 101[mV]　라. 110[mV]

정답 가

해설 회로해석
① 입력이 (−)에 걸린 비반전 연산증폭기 회로이다.
② 전압이득 =

$V_0 = \dfrac{R_f + R_1}{R_1} V_1 = \left(1 + \dfrac{R_f}{R_1}\right)$

$= (1 + \dfrac{100[K]}{10[K]}) \times 1[mV] = 11[mV]$

2011년 무선설비산업기사 기출문제

17 다음의 논리함수를 간략화한 결과는?

$$ABC + \overline{A}B + A\overline{BC} + A\overline{B}C$$

가. $\overline{A}B + BC + A\overline{B}C$
나. $A\overline{C} + BC + AC$
다. $B + AC$
라. $A\overline{B}C$

정답 다

해설 3변수 카르노맵

A\BC	00	01	11	10
0			1	1
1		1	1	1

$Y = B + AC$

18 트랜지스터의 스위칭 동작에서 turn-off 시간은?

가. 지연시간(t_d)
나. 지연시간(t_d) + 상승시간(t_r)
다. 축적시간(t_s)
라. 축적시간(t_s) + 하강시간(t_f)

정답 라

해설 펄스의 특징

펄 tm	특 징
상승시간	펄스가 10[%]에서 90[%] 상승시간
하강시간	펄스가 90[%]에서 10[%] 하강시간
지연시간	입력진폭이 10[%]될 때 까지 시간
축적시간	출력펄스가 최대진폭의 90[%]까지
턴온시간	상승시간 + 지연시간
턴오프시간	하강시간 + 축적시간

19 진폭변조에서 신호파 $x_s(t) = 4\cos 2\pi f_s t$, 반송파 $x_c(t) = 5\cos 2\pi f_c t$로 주어질 때 피변조파 $x(t)$를 나타낸 것은?

가. $x(t) = 4(1 + 0.8\sin 2\pi f_s t)\cos 2\pi f_c t$
나. $x(t) = 4(1 + 0.8\cos 2\pi f_s t)\cos 2\pi f_c t$
다. $x(t) = 5(1 + 0.8\sin 2\pi f_s t)\cos 2\pi f_c t$
라. $x(t) = 5(1 + 0.8\cos 2\pi f_s t)\cos 2\pi f_c t$

정답 라

해설 진폭변조의 피변조파
① $v(t) = (E_c + E_s \cos w_s t)\cos w_c t$
$= E_c(1 + m_a \cos w_s t)\cos w_c t$
$= E_c \cos 2\pi f_c t + \dfrac{m_a E_c}{2}\cos 2\pi (f_c - f_s)t$
$+ \dfrac{m_a E_c}{2}\cos 2\pi (f_c + f_m)t$ (ma = 변조도)
② $v(t) = (5 + 4\cos w_s t)\cos w_c t$
$= 5(1 + \dfrac{4}{5}\cos w_s t)\cos w_c t$
* ($2\pi f_c t = w_c t$)

20 중심 주파수가 455[kHz]이고, 대역폭이 10[kHz]가 되는 단동조 회로를 만들려면 이 회로의 Q는?

가. 42.3
나. 45.5
다. 52.3
라. 55.4

정답 나

해설 동조회로
① 특정주파수에 에너지가 집중되는 현상으로, 동조가 되면 회로에 임피던스는 최대가 되고, 흐르는 전류는 최대가 된다.
② $Q = \dfrac{f_o}{B} = \dfrac{f_o}{f_2 - f_1} = \dfrac{455 \times 10^3}{10 \times 10^3} = 45.5$
* Q값이 높을수록 대역폭은 좁아져, 선택도는 향상된다.

제2과목 무선통신기기

21 일반적인 무선 송·수신기용 발진기의 조건 중 거리가 먼 것은?

가. 주파수 안정도가 높을 것
나. 발진출력이 안정적일 것
다. 고주파 발생이 적을 것
라. 발진출력의 일그러짐이 최소가 될 것

정답 다

해설 송수신기 발진조건
① 송·수신기용 발진기의 발진주파수는 높은 안정도를 가져야 한다.
② 안정도는 주파수, 출력, 일그러짐 등

22 주파수 스펙트럼이 1개의 측파대를 가지며 피변조파에 반송파가 포함되지 않는 진폭변조방식을 무엇이라 하는가?

가. DSB(Double Side Band)
나. SSB(Single Side Band)
다. VSB(Vestigial Side Band)
라. BSB(Bipolar Side Band)

정답 나

해설 SSB
① AM변조(DSB-SC) 신호를 필터링하여 하나의 측파대만을 사용하는 변조방식임
② 대역폭효율이 우수하고, 페이딩영향이 적음
③ 단파대 장거리통신(HAM)등에 사용됨

23 주파수 변조(FM)에 대한 설명 중 틀린 것은?

가. AM 통신방식보다 품질이 우수하다.
나. 선형변조방식에 속한다.
다. 각변조방식의 일종이다.
라. 변조신호를 가지고 반송파의 주파수를 변화시키는 방식이다.

정답 나

해설 FM변조
① AM통신방식 보다 S/N비가 우수함
② 각변조의 일종으로 광대역이 요구됨
③ 변조신호를 이용하여 반송파의 주파수를 변화시키는 방식으로 FM변조는 비선형 변조임

24 FM 송신기에서 최대주파수편이가 규정치를 넘지 않도록 음성신호 등의 진폭을 일정하게 제한하는 회로는?

가. AFC회로   나. IDC회로
다. Squelch회로   라. Limiter회로

정답 나

해설 IDC(순시편이제어회로)
① FM변조는 신호파의 진폭에 비례하여 대역폭이 증가함
② 이를 방지하기 위해 IDC회로를 송신기에 적용하여 임펄스잡음과 같은 신호를 제어함

25 데이터 전송속도는 느리고, 시스템의 효율이 낮으나 잡음에 강한 모뎀의 전송방식은?

가. ASK   나. FSK
다. PSK   라. QAM

정답 나

해설 FSK
① 디지털 신호파형을 이용하여 반송파의 주파수를 변화시키는 디지털 변조방식임
② 광대역특성이 요구되어 시스템의 효율이 낮지만 잡음에 강한 특성이 있음
③ IEEE802.15.1(BT) 등에서 GFSK 방식을 사용함

26 정지위성에 장착하는 안테나가 갖추어야 할 조건으로 적합하지 않은 것은?

가. 고이득일 것   나. 저잡음일 것
다. G/T가 작을것   라. 광대역성일 것

정답 다

해설 정지위성 안테나 조건
① 고이득, 광대역 특성 ② 저잡음 특성
③ 무지향성 또는 고지향성 특성
④ 이득 대 등가잡음온도비 (G/T)가 클 것

27. 위성중계기를 여러 지구국이 공유를 위한 방법으로 통신 영역을 분리하여 한정된 제원을 반복하여 이용하는 방식은?

가. SDMA 나. TDMA
다. FDMA 라. CDMA

정답 가

해설 위성 다중화방식

방식	특징
SDMA	통신영역을 분리하여 다중화 함
TDMA	Time Slot으로 분리하여 다중화 함
FDMA	주파수를 분할하여 다중화 함
CDMA	코드로 분할하여 다중화 함

28. 지상으로부터 약 36,000[km]에 위치하여 지구의 자전주기와 위성의 공전주기를 같게 하여 적도상에 같은 간격으로 3개 정도를 배치하여 전 세계를 커버할 수 있어 경제적인 위성통신을 할 수 있는 방식은?

가. 랜덤위성방식 나. 정지위성방식
다. 위상위성방식 라. 다중위성방식

정답 나

해설 정지위성
① 적도를 기준으로 36,000[km]상공의 정지궤도(원심력, 구심력일치)에서 지구의 자전속도와 동일함
② 정지궤도는 지구 반지름의 6배 거리(표면부터)에 위치하며, 지구와 달 사이의 1/10지점에 위치해 있음
③ 정지궤도는 3개위 위성으로 지구 전체를 Cover할 수 있지만, 81도 이상의 극궤도는 통신 불가

29. Walsh Code에 의해 확산된 신호는 변조하기 전에 I, Q 채널에 각각의 short PN코드를 곱하게 되는데 QPSK변조에서 이 목적은 무엇인가?

가. 호의 설정과정으로 동기를 맞추기 위해
나. 셀과의 간격을 확인하기 위해
다. 변조된 신호 순서를 맞추기 위해
라. 기지국과 섹터를 구분하기 위해

정답 라

해설 PN코드의 목적(IS95 CDMA)

Short PN Code	Long PN Code
기지국 구분용 ($2^{15}-1$개)	단말기 구분용 ($2^{42}-1$개)

30. 다음 중 스펙트럼 확산변조의 종류가 아닌 것은?

가. 직접확산 변조방식
나. 주파수도약 변조방식
다. 주기도약 변조방식
라. 펄스화 주파수변조방식

정답 다

해설 스팩트럼확산 방식

직접 확산	주파수 도약	시간 도약	Chirp 방식
코드 사용	주파수 사용	Hopping	· Sweeping · 펄스화 주파수변조

31. 부동충전방식의 특징에 대한 설명 중 적합하지 않은 것은?

가. 축전지의 충, 방전 전기량이 적어 수명이 짧아진다.
나. 전화국 전원 등에 많이 이용된다.
다. 축전지에 용량이 비교적 적어도 된다.
라. 부하에 대한 전압변동이 적고 직류출력전압이 안정하다.

정답 가

해설 부동충전방식의 특징
① 축전지의 수명이 2배로 된다.
② 전압변동율이 감소한다.
③ 효율이 좋아진다.
④ 맥동율이 감소한다.
⑤ 용량이 비교적 적어도 된다.

32 다음 중 전력변환장치의 종류를 나타낸 것은?
가. 변조기(modulator)와 복조기(demodulator)
나. 정류기(rectifier)와 발전기(generator)
다. 인버터(inverter)와 컨버터(converter)
라. 전원공급기(power supply)와 발진기(oscillator)

정답 다

전력변환장치

인버터	컨버터
AC(교류) to DC(직류)	DC(직류) to DC(직류)

33 수신기에서 이득이 13, 잡음수지가 1.3인 증폭기 후단에 이득이 10, 잡음수지가 1.5인 증폭기가 있다. 이 수신기의 종합잡음지수는 얼마인가?
가. 1.30   나. 1.34
다. 1.85   라. 2.25

정답 나

종합잡음지수
①
$$F = F_1 + \frac{F_2 - 1}{G1} = 1.3 + \frac{1.5 - 1}{13} = 1.3 + 0.038$$
$$≒ 1.34$$

34 다음중 FM 송신기의 전력을 측정하는 방법으로 적당한 것은?
가. 의사공중선에 의한 전력측정
나. 수부하에 의한 전력측정
다. 양극손실에 의한 전력측정
라. 볼로미터 브리지에 의한 전력측정

정답 라

FM 송신기의 전력 측정
① 볼로메터(Bolometer) 브리지에 의한 측정
② 열량계(Calorimeter)에 의한 측정
③ C-M형 전력계법

35 FM 수신기의 선택도 측정은 2개 이상의 신호를 수신기에 동시에 인가하여 ( ), ( ), ( )을 측정한다. 괄호 안에 들어갈 내용으로 적당하지 않은 것은?
가. 감도억압효과 특성
나. 혼변조 특성
다. 상호변조 특성
라. 주파수 안정도 특성

정답 라

두 개의 신호를 Acrive소자(AMP, Mixer)등에 입력 하면 Active소자의 비선형성에 의해서 상호변조(Inter Modualtion) 현상이 발생됨. 이때 혼변조 특성과 감도억압 특성 등을 함께 측정할 수 있음

36 전송로의 진폭왜곡이나 위상왜곡에 의해 발생하는 부호간 간섭의 영향을 감소시킴으로써 주파수 특성 변형을 고르게 보정해 주는 것은?
가. 등화기   나. 대역여파기
다. 진폭제한기   라. 정합필터

정답 가

수신기의 기능

기능	특성
등화기	왜곡보상으로 페이딩 방지용
정합필터	수신 SNR을 극대화 시킬 수 있음
진폭제한기	FM수신기의 입력임펄스잡음 제한
대역여파기	필요대역외의 잡음신호 제거

37 다음 중 전송선로의 정합상태를 나타내는 것은?
가. 정재파비   나. 가변 임피던스
다. 스미스 도표   라. 특성 임피던스

정답 가

정재파비
① 정재파는 진행파 와 반사파의 크기를 수로 표현할 수 있으며, 정재파비 = 1 은 완전정합 상태를 나타냄

38 다음 회로의 출력파형으로 가장 알맞은 것은?
($V_i = V_m \sin(wt)$)

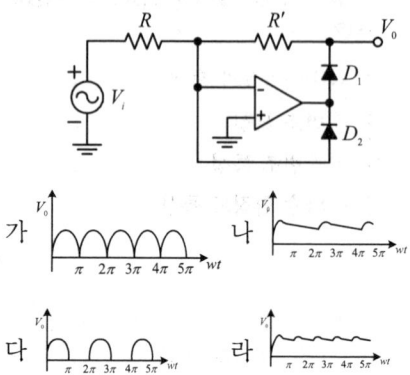

정답 없음

해설 입력파형이 $V_m \sin(wt)$ 이고, 반전 OP-AMP에 의해 입력신호의 (−) 출력만 출력에 나타나야 함.
"때문에, 정답이 없음"

39 연축전지를 과도한 방전상태로 오랫동안 방치하면 축전지를 더 이상 사용할 수 없게 되는 이유는?

가. 전해액의 비중이 너무 낮아졌기 때문에
나. 극판에 영구적인 황산납이 형성되기 때문에
다. 황산이 물로 변했기 때문에
라. 극판에 영구적인 산화납이 형성되기 때문에

정답 나

해설 연축전지를 방전상태로 오래방치하면 극판에 영구적인 황산납이 형성되어 축전지로써의 기능을 상실하게 됨

40 직선 검파기에서 Diagonal clipping이 발생하는 이유는?

가. 직선 검파 외의 출력이 너무 크기 때문에
나. 평균 검파기의 부하에 저항만 접속되어 있기 때문에
다. 검파회로의 시정수가 너무 크기 때문에
라. 직선 검파기의 출력에 직류 성분이 포함되어 있기 때문에

정답 다

해설 Diagonal clipping
① AM복조시 Diode를 사용하는 포락선검파에서 $\tau = RC$가 너무 크게 되면, AM피변조파의 포락선을 제대로 따라가지 못해 원 신호를 정확하게 포착하지 못하는 문제가 발생됨

제3과목 안테나공학

41 유전체에서 발생하는 변위전류에 대한 설명으로 옳은 것은?

가. 변위전류의 크기는 일정 전속밀도의 경우 시간적 변화가 적을수록 커진다.
나. 분극 전하밀도의 시간적 변화에 따라 발생한다.
다. 전속밀도의 공간적 변화를 나타내는 용어이다.
라. 전류의 크기가 유전체의 크기에 따라 변화되는 전류를 말한다.

정답 가

해설 변위전류
① 캐패시터 내의 '유전체에 흐르는 전류'이며, 캐패시터의 단위 면적당 유입되는 전도전류이므로 '전계 또는 전속밀도의 시간적 변화'로서 변위전류밀도라고도 한다.

42 다음 중 원거리 통신 이용에 적합한 것은 어느 성분인가?

가. 정전계 나. 유도계
다. 복사계 라. 저항계

정답 다

해설 원거리 전계
① 복사전계 〉 유도전계 〉 정전계 순이며 변위 전류의 단위는 $[A/m^2]$ 이다.
② 3개의 전계강도가 같아지는 지점은 0.16λ 임

43 다음 중 정재파비의 의미로 맞는 것은?

가. 급전선로 상에서 인덕턴스 값의 최대와 최소의 비
나. 급전선로 상에서 커패시턴스 값의 최대와 최소의 비
다. 급전선로 상에서 임피던스 값의 최대와 최소의 비
라. 급전선로 상에서 전압 값의 최대와 최소의 비

정답 라

해설 전압 정재파비
$$S = \frac{\text{전압 최소치}(V_{\min})}{\text{전압 최대치}(V_{\max})} = \frac{\text{입사파 전압} + \text{반사파 전압}}{\text{입사파 전압} - \text{반사파 전압}}$$
$$= \frac{V_f + V_r}{V_f - V_r} = \frac{|\Gamma|+1}{|\Gamma|-1}$$

반사계수 : $|\Gamma| = \left|\frac{Z_0 - Z_L}{Z_0 + Z_L}\right| = \frac{S-1}{S+1}$

① 정재파비=1 일 때 완전정합이고 반사계수=0 임

44 선로1과 선로2의 결합 부분에서 반사계수가 0.7 이다. 이때 결합부분에서의 손실을 [dB]로 표현하면 가장 근사한 값은 얼마인가?

가. 0.3[dB] 나. 1.5[dB]
다. 3[dB]   라. 6[dB]

정답 다

해설 결합손실
$$L = 10\log\left|\frac{1}{1-|\Gamma|^2}\right| = 10\log\left|\frac{1}{1-(0.7)^2}\right|$$
$$= 10\log 1.96 ≒ 3[dB]$$

45 임피던스 정합을 위한 방법의 하나로 $\lambda/4$ 변환기를 이용해서 복소 부하 임피던스 선로를 실수 임피던스로 변환하여 정합을 할 수 있다. 이때 실수 부하 임피던스로 변환하기 위한 방법으로 활용되는 것이 아닌 것은?

가. 직렬 리액티브 스터브를 적절히 사용한다.
나. 병렬 리액티브 스터브를 적절히 사용한다.
다. 부하와 변환기 사이의 길이를 적절히 조정한다.
라. 공동 공진기를 부착한다.

정답 라

해설 공동공진기
① 마이크로파대의 공진기로 도파관을 이용하여 만들어짐. Q값이 수천, 수만의 수치를 가짐

46 평형·불평형 변환회로(Balun)에 LPF(저역통과필터)와 HPF(고역통과필터)를 사용하는 정합회로와 관련이 없는 것은?

가. 정전 차폐형
나. ±90[°]이상 회로에 의한 정합
다. 위성 변환형
라. 격자형, 사다리형, 위상 반전형

정답 가

해설 정전 차폐형
① 전자결합형에 속하는 정합회로임

47 스페르토프(sperrtopf)형 Balun의 경우 불평형 전류가 흘러 들어오는 것을 저지하기 위한 평행선로 쪽에서 접속점을 본 임피던스는 얼마가 되도록 설계되어야 하는가?

가. ∞(무한대) 나. 0
다. 1   라. 100

정답 가

해설 스페르토프형 발룬(Balun)
① 동축급전선의 외측에 선단이 개방된 $\frac{\lambda}{4}$ 길이의 도체원통을 씌워 동축 급전선의 내부도체와 외부도체를 접속한 형태로, 접속점에서 본 임피던스는 무한대가 되어 전류흐름을 방지함

48 공중선에 직렬로 삽입하는 공중선 부하 코일(loading coil)의 기능은?

가. 등가적으로 공진파장의 연장
나. 등가적으로 공진파장의 단축
다. 등가적으로 공진주파수의 증가
라. 등가적으로 공진주기의 억제

정답 가

해설 연장코일 (Loading coil)
① 안테나의 고유파장이 사용하는 전파의 파장보다 짧을 때 사용된다. ($l < \frac{\lambda}{4}$)

안테나만의 공진주파수 $f_o = \frac{1}{2\pi\sqrt{L_e C_e}}$

연장 코일 L_b 를 넣은 경우 : 공진주파수 f 로 저하($f = \frac{1}{2\pi\sqrt{(L_e+L_b)C_e}}$)로 되어 $f < f_o$임.

$L_b = \frac{1}{\omega^2 C_e} - L_e$ [H]

기저부에 삽입한 인덕턴스 L_b 는 공진주파수를 낮게 하여, 안테나를 길게 한 것과 같은 값이 되므로 "연장코일"이라 한다.

49 입력전력이 10[W], 효율이 80[%]인 안테나의 최대 복사 방향으로 10[km] 지점에서 전계강도가 10[mV/m]이었을 때, 이 안테나의 상대이득은?

가. 7.4   나. 8.4
다. 15.5   라. 25.5

정답 라

해설 상대이득
① 반파장 다이폴안테나를 기준으로 한 이득을 상대이득이 이라함
② 반파장 다이폴의 전계강도 $E = \frac{7\sqrt{P_r G_h}}{r}$
G_h 가 상대이득 임

50 안테나에 반사기를 붙이면 어떤 효과가 나타나는가?

가. 급전선과의 정합이 용이하다.
나. 광대역 특성이 얻어진다.
다. 지향성을 갖도록 만들 수 있다.
라. 접지 저항이 작아진다.

정답 다

해설 안테나에 반사기를 붙여 전파를 한쪽방향으로만 진행시킬 수 있어 지향성을 가질 수 있음

51 벨리니-토시 공중선의 특징 중 틀린 것은?

가. 루프 공중선을 회전시키지 않고 고니오미터의 탐색코일을 회전함으로써 전파의 도래방향을 측정할 수 있다.
나. 탐색(수색, 회전, 가동) 코일을 회전시켜 8자형 지향특성을 나타낸다.
다. 평형형 동조급전선을 사용하기 때문에, 임피던스 정합회로는 필요 없다.
라. 단일방향을 결정하기 위하여 수직 공중선이 필요하며, 감도 0일 때 탐색코일 회전각의 직각방향이 전파의 도래방향이다.

정답 다

해설 벨리니-토시 공중선
① 두 개의 loop안테나를 직교시켜, 고정코일과 탐색코일로 구성된 고니오미터에 연결함
② 자동 방향탐지기에 사용
③ 감도가 0일 때 탐색코일의 직각방향이 전파의 도래방향임
④ 탐색코일을 회전시켜 8자 지향성을 가짐
⑤ 완전한 방향 탐지를 위해 수직안테나와 조합

52. End fire helical 안테나의 특징으로 올바른 것은?
가. 이득이 낮다.
나. 반사파가 존재한다.
다. 단향성을 갖는다.
라. HF대에 이용된다.

정답 다

해설 End Fire Helical 안테나
① 광대역, 고이득, 예민한 지향성의 진행파 안테나.
② 원편파를 가짐
③ 이득 $G_h = 11 \sim 15[dB]$
④ 반치각 : (c : 나선의 원둘레, n : 권수)

$$\theta \approx \frac{52}{\frac{c}{\lambda}\sqrt{\frac{np}{\lambda}}}[°]$$

⑤ 방사저항 $R = 100 \sim 200[\Omega]$

엔드파이어 헤리컬 안테나는 광대역, 고이득 안테나로 원편파 발사가 가능해 위성통신용에 널리 사용된다.

53. 지표파의 성질 중에서 잘못된 것은?
가. 주파수가 높을수록 전파의 감쇠는 크다.
나. 안테나의 지상고가 높을수록 지표파 성분이 적다.
다. 수평편파가 수직편파보다 감쇠가 많다.
라. 대지의 도전율과 유전율에 영향을 받지 않는다.

정답 라

해설 지표파의 특성
① 대지의 도전율이 클수록 감쇠가 적어진다.
② 유전율이 작을수록 감쇠가 적어진다.
③ 전파는 해상에서 가장 잘 전파하여 평지, 구릉, 산악, 시가지, 사막 순으로 감쇠가 커진다.
④ 지표파는 장·중파대에서 감쇠가 적다.
⑤ 수평편파는 대지에서 단락되기 때문에 큰 감쇠를 받는다.(지표파에서 전파해가는 것은 거의 수직 성분이다.)

54. 다음 중 지상파의 장·중파대에서의 주가 되는 전파는?
가. 회절파   나. 대지 반사파
다. 직접파   라. 지표파

정답 라

해설 전파대역별 주전파 특성

장중파	단파	초단파	극초단파
지표파	반사파	직접/회절파	직접파

55. 지표파에 관한 설명으로 옳지 않은 것은?
가. 대지가 완전 도체라고 할 때 전계강도는
$E = 120\pi \frac{Ih_e}{\lambda d}[V/m]$ 이다.
나. 유전율이 작을수록 감쇠가 적어진다.
다. 지표에 가까운 곳에서는 전파의 진행속도가 늦어진다.
라. 수평편파 쪽이 감쇠가 적다.

정답 라

해설 지표파의 주안테나는 수직접지 안테나로 접지를 사용하는 안테나이다. 이는 수직편파가 감쇠가 더 적음을 알 수 있다.

56. 마이크로파대의 통신망에 있어서 특히 문제되는 페이딩(fading)은 어느 형인가?
가. k형   나. 신틸레이션형
다. 선택형   라. 덕트(duct)형

정답 라

해설 덕트형 페이딩
① 덕트는 대기굴절율의 역전현상으로 생기는 터널과 같은 층이 생기는 현상임
② 이 현상으로 인해 장거리 통신이 가능하지만, 마이크로파통신에서는 페이딩현상을 초래함

2011년 무선설비산업기사 기출문제

57 다음 중 전리층에 대한 설명 중 틀린 것은?
가. 자외선이 강할수록 전리 현상이 크게 일어난다.
나. 굴절, 반사, 산란, 감쇠 및 편파 등이 있다.
다. 공기분자가 적을수록 전리현상이 크게 일어난다.
라. 태양 에너지가 강한 주간에는 F층이 F_1, F_2층으로 구분된다.

정답 다

해설 각 전리층에서 전파에 주는 영향
① 태양의 자외선, X선으로 인해 대기(공기분자)가 이온화되어 생기는 층을 말함
② D층 : 장파에 대한 반사층으로서 작용하나, 일반적으로는 감쇠층으로 작용한다.
③ F층 : 단파통신에 유효하게 이용되지만 초단파는 통과한다.
④ E층 : 주간은 중단파까지를 반사하나, 중파는 층내에서 감쇠한다. 장파는 잘 반사되고 단파이상은 통과할 때 감쇠한다. 야간에는 장중파는 잘 반사한다.

58 다음 중 제1종 감쇠의 설명으로 틀린 것은?
가. 사용주파수 f의 제곱에 비례한다.
나. 전자밀도 n에 비례한다.
다. 평균충돌 횟수 즉 대기압에 거의 비례한다.
라. 굴절률에 반비례한다.

정답 가

해설 전리층 제1종 감쇠
① 주파수 f의 제곱에 거의 반비례
② 전자밀도 N, 평균 충돌회수 n에 거의 비례
③ 전리층을 비스듬히 통과할수록 크다.

전리층 1종감쇠	전리층 2종감쇠
전리층 투과감쇠	전리층 반사감쇠
E층반사파는 D층감쇠 F층반사파는 D/E층감쇠	반사되면서 생기는 감쇠

59 다음 중 전리층 전파에서 발생하는 페이딩이 아닌 것은?
가. 편파성 페이딩   나. 흡수성 페이딩
다. 감쇠형 페이딩   라. 간섭성 페이딩

정답 다

해설 전리층페이딩과 대류권페이딩

전리층 페이딩	대류권 페이딩
선택형 페이딩	K형 페이딩
도약성 페이딩	덕트형 페이딩
간섭성 페이딩	신틸레이션 페이딩
편파성 페이딩	감쇠형 페이딩
흡수성 페이딩	산란형 페이딩

60 다음 중 대기 잡음이 아닌 것은?
가. 공전 잡음   나. 침적 잡음
다. 온도 잡음   라. 전류 잡음

정답 라

해설 대기잡음
① 공전잡음
② 침적잡음
③ 온도잡음

제4과목 전자계산기일반 및 무선설비기준

61 인터럽트 구동 입출력 방식에 관한 설명 중 맞는 것은?

가. 프로그램에 의한 입출력 방식보다 비효율적이다.
나. MPU의 능동적인 관여가 요구된다.
다. 오디오 등 동화상을 포함하는 대량 데이터를 고속으로 전송하는 경우 유리하다.
라. MPU의 속도와 무관하게 비동기적으로 동작한다.

정답 나

해설 인터럽트 구동방식
① 주변장치가 프로세서의 도움이 필요한 것을 프로세서가 주변장치를 점검하지 않고 주변장치가 프로세서에게 신호를 주는 방식임
② MPU(Microprocessor Unit)의 능동적인 관여가 요구된다.

62 입출력장치와 메모리 사이의 데이터 전송시 가장 빠른 방식은?

가. 프로그램 I/O 방식
나. 인터럽트 I/O 방식
다. 시리얼 I/O 방식
라. DMA 방식

정답 라

해설 DMA방식
① Direct Memory Access방식으로 어드레스를 프로그램하지 않고 하드웨어로 Call 하는 형태로 입출력속도가 빠른 디스크, 드럼 의 입출력에 사용된다.

63 입출력 포트의 종류 중 병렬 포트(Parallel Port)가 아닌 것은?

가. USB
나. FDD
다. HDD
라. CD-ROM

정답 가

해설 USB
① Universal Serial Bus로 대표적인 직렬포트 임

64 논리적 저장 순서가 필요 없으므로 데이터 저장 시 연속된 공간이 필요 없는 데이터 구조는?

가. array 구조
나. Binary Tree 구조
다. 계층 구조
라. linked linear list 구조

정답 라

해설 연결리스트(Linked List) 장점
① 자료들은 연속된 공간에 저장할 필요가 없음
② 리스트의 연결(Combine) 과 분리(Split)가 용이
③ 원소의 이동이 필요치 않아 삽입, 삭제가 용이
④ 사용후 기억장소의 재사용 가능
⑤ 포인터를 위한 기억장소 필요

65 공집합이 아닌 정점 또는 노드의 집합 V와 두 정점을 연결하는 간선(edge)들의 집합 E로 구성되는 데이터 구조는?

가. 연접 리스트(dense list)
나. 트리(tree)
다. 그래프(graph)
라. 스택(stack)

정답 다

해설 트리(Tree)와 그래프(Graph)

TREE	GRAPH
·정점 과 선분으로 구성된 그래프임 ·가계족보, 조직도 등	·정점(vertex)들의 집합 ·공집합이 아님

2011년 무선설비산업기사 기출문제

66 구조적 프로그램의 기본 구조가 아닌 것은?

가. 순차(sequence) 구조
나. 조건(condition) 구조
다. 반복(repetition) 구조
라. 일괄(batch) 구조

정답 라

해설 구조적 프로그램(Structural Programming)
① 구조적 프로그램은 프로그램의 흐름이 복잡해지는 것을 막는다.
② 주 프로그램을 구성하는 각 요소를 다루기 쉽게 작은 규모로 조직화
③ 구조적 프로그램은 단일 입·출구를 가짐
④ 가능한 Go To 문을 사용하지 않게 함
⑤ 순차, 선택, 반복 논리의 세 가지 논리 구조만으로 구성한다.

67 운영체제 기능 중 파일관리에 대한 설명으로 틀린 것은?

가. 디렉토리 계층구조(hierarchical directory structure)의 개념으로 사용한다.
나. 지정된 파일에 대해 우연히 또는 고의로 적절치 못한 접근이 있을 경우 이를 금지하는 개념으로 사용한다.
다. 파일 시스템 구조는 논리적 구조와 물리적 구조로 구분된다.
라. 다중-사용자 시스템에서 시스템에 저장되어 있는 모든 파일들은 사용자 소유가 된다.

정답 라

해설 운영체제의 파일관리 기능
① 사용자가 컴퓨터 시스템 내의 다수의 파일을 쉽게 다룰 수 있도록 하는 것
② 디랙토리 계층구조의 개념을 이용하여 편리성을 제공함
③ 파일 관리자는 파일에 접근제한을 관리하거나 파일을 열어서 자원을 할당함

68 다음 중 성격이 다른 프로그램은 무엇인가?

가. 감시 프로그램
나. 작업제어 프로그램
다. 데이터관리 프로그램
라. 언어번역 프로그램

정답 라

해설 운영체제의 구분
① 제어프로그램은 운영체제의 중심인 프로그램
② 처리프로그램은 제어프로그램의 제어 하에 실제 데이터를 총괄하여 관리하는 프로그램

제어프로그램	처리프로그램
·감시프로그램	·언어처리 프로그램
·작업 관리 프로그램	·서비스 프로그램
·데이터 관리 프로그램	·문제처리 프로그램

69 다음 중 프로세서의 상태를 나타내는 플래그가 아닌 것은?

가. N(Negative) 나. Z(Zero)
다. B(Branch)   라. C(Carry)

정답 다

해설 플래그 레지스터
① 연산 결과에 대한 상태레지스터에 저장되는 각 비트들을 플래그(Flag)라 한다.
② 제어플래그 와 상태플래그가 있음

제어플래그	상태플래그
·TF (Trap Flag)	·CF (Carry Flag)
·IF (Interrupt Flag)	·PF (Parity Flag)
·DF (Direction Flag)	·AF (Auxiliary Flag)
	·ZF (Zero Flag)
	·SF (Sign Flag)
	·OF (Overflow Flag)

70 대부분의 마이크로프로세서가 사용하는 숫자 체계는 무엇인가?

가. 1's complement
나. 2's complement
다. sign-magnitude
라. signed-digit

정답 나

해설 마이크로프로세서의 연산
① 마이크로프로세서에서는 Adder라는 회로만으로 가산 과 감산을 모두 수행하기 위하여 2의 보수(2's complement)를 사용함

71 허가나 신고로 개설하는 무선국에서 이용할 특정 주파수를 지정하는 것을 무엇이라 하는가?

가. 주파수 할당   나. 주파수 분배
다. 주파수 지정   라. 주파수 용도

정답 다

해설 주파수 할당

용 어	특 징
주파수 분배	특정한 주파수의 용도를 정하는 것
주파수 할당	특정한 주파수의 권리를 부여 함
주파수 지정	무선국이 이용할 특정주파수 지정

72 주파수의 이용현황의 조사·확인은 얼마의 기간마다 실시하는가?

가. 매년   나. 2년
다. 3년   라. 5년

정답 가

해설 전파법
① 주파수 이용현황의 조사/확인은 매년 실시함

73 방송통신위원회가 전파자원의 공평하고 효율적인 이용을 촉진하기 위하여 시행하여야 할 사항과 다른 것은?

가. 주파수 분배의 변경
나. 이용실적이 저조한 주파수의 활용 촉구
다. 새로운 기술방식으로의 전환
라. 주파수의 공동사용

정답 나

해설 전파자원의 공정하고 효율적인 이용촉진 방안
① 주파수분배의 변경
② 주파수 회수 또는 주파수 재배치
③ 새로운 기술방식으로의 전환
④ 주파수의 공동 사용

74 무선국 허가신청시의 심사기준과 틀린 것은?

가. 무선설비가 기술기준에 적합할 것
나. 주파수 분배 및 할당의 회수 또는 재배치가 가능할 것
다. 무선종사자의 배치계획이 자격·정원배치 기준에 적합할 것
라. 무선국 개설조건에 적합할 것

정답 나

해설 무선국 허가 심사기준
① 주파수 지정이 가능한지의 여부
② 설치하거나 운용할 무선설비가 기술기준에 적합한지의 여부
③ 무선종사자의 배치계획이 자격/정원배치기준에 적합한지의 여부
④ 무선국의 개설조건에 적합한지의 여부

2011년 무선설비산업기사 기출문제

75 다음 중 전자파 인체보호기준에 관한 용어의 정의가 틀린 것은?

가. "전자기장"이라 함은 전기장과 자기장의 총칭을 말한다.
나. "전기장"이라 함은 전하에 의해 변화된 그 주위의 공간 상태를 말한다.
다. "전기장강도"라 함은 전기장 내의 한 점에 있는 단위 음전하에 작용하는 힘을 말한다.
라. "전력밀도"라 함은 전자파의 진행방향에 수직인 단위면적을 통과하는 전력을 말한다.

정답 다

해설 전자파 용어

용어	정의
전자기장	전기장 과 자기장의 총칭
전기장	전하에 의해 변화된 주위의 공간
전기장강도	전기장 내의 한 점에 있는 단위 양전하에 작용하는 힘
전력밀도	전자파의 진행방향에 수직인 단위 면적을 통과하는 전력

76 한국방송통신전파진흥원은 국가기술자격시험 종료 후, 며칠 이내에 합격자에게 통지하여야 하는가?

가. 7일   나. 10일
다. 15일   라. 30일

정답 라

해설 시험 종료후 [30일]이내에 원서접수처에 합격자 명단을 게시하거나 통지해야 한다.

77 무선설비의 적합성평가 처리 방법 중 연속동작시험 조건으로 틀린 것은?

가. 통상의 사용조건으로 8시간 동작시켰을 때
나. 통상의 사용조건으로 24시간 동작시켰을 때
다. 통상의 사용조건으로 48시간 동작시켰을 때
라. 통상의 사용조건으로 500시간 동작시켰을 때

정답 다

해설 연속동작시험
① 통신기기의 동작시험의 일종으로 연속하여 동작시키는 시험이다.
② 8시간, 24시간, 500시간 동작을 기준함

78 다음 중 경보자동전화 장치에서 무선전화 경보 신호를 구성하는 음의 주파수 편차와 음의 길이 오차는 얼마 이내이어야 하는가?

가. ±1[%] 이내, ±0.5초 이내
나. ±1.5[%] 이내, ±0.5초 이내
다. ±1.5[%] 이내, ±0.05초 이내
라. ±2[%] 이내, ±0.5초 이내

정답 다

해설 경보자동전화장치
① 음의 주파수 편차는 ±1.5[%] 이내이며, 음의 길이 오차는 ±0.05[초] 이내 이어야 한다.

79 디지털 TV 방송국 송신설비의 공중선전력 허용 편차는?

가. 상한 5[%], 하한 5[%]
나. 상한 5[%], 하한 10[%]
다. 상한 10[%], 하한 20[%]
라. 상한 10[%], 하한 15[%]

정답 가

해설 주요 공중선 전력 허용편차 (상한, 하한)
① 방송국송신설비
: 5[%], 10[%]
② 초단파방송 또는 텔레비전방송국의 송신설비
: 10[%], 20[%]
③ 디지털 텔레비전 방송국의 송신설비
: 5[%], 5[%]
④ 비상위치지시용 무선표지설비
: 50[%], 20[%]
⑤ 아마추어국의 송신설비
: 20[%], 제한 없음

80 전파형식이 C3F, C9F 등인 텔레비전 방송을 하는 방송국의 무선설비의 점유주파수대폭 허용치는?

가. 6[MHz]   나. 60[Hz]
다. 10[MHz] 라. 100[Hz]

정답 가

해설 텔레비전 방송을 하는 방송국의 무선설비
① C3F, C9F, F3E, F8E, G3E 표시형식임
② 점유주파수 대폭의 허용치는 6[MHz] 임

국가기술자격검정 필기시험문제

2011년 산업기사2회 필기시험

국가기술자격검정 필기시험문제

2011년 산업기사2회 필기시험

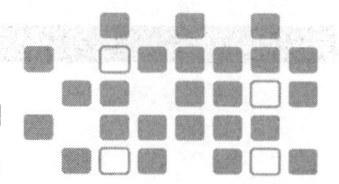

자격종목 및 등급(선택분야)	종목코드	시험시간	형 별	수검번호	성 별
무선설비산업기사		2시간			

제1과목 디지털 전자회로

01 다음 중 FET에 관한 설명으로 틀린 것은?
  가. 일반적으로 FET는 잡음에 대한 방지회로에 많이 사용된다.
  나. 유니폴라(unipolar) 소자이다.
  다. 바이폴라(bipolar) 소자이다.
  라. JFET는 게이트 접합에 순방향으로 바이어스를 걸어준다.

  정답 라

  해설 FET의 특징
  ① 다수 캐리어만으로 동작하는 단극소자(Unipolar Device)이며, 전압 제어형 소자이다.
  ② 입력 임피던스가 높다.
  ③ 바이폴라 트랜지스터보다 잡음이 적다.
  ④ 특성이 열적으로 안정하다.
  ⑤ 드레인 전류가 0일 때 Off-set 전압·전류가 없어 매우 좋은 신호 Chopper로 사용할 수 있다.
  ⑥ 제작이 쉽고 IC화 할 때 작은 공간을 차지한다.
  ⑦ 바이폴라 트랜지스터에 비해 동작속도 느리다.

02 쌍안정 멀티바이브레이터의 결합저항에 병렬로 부가한 콘덴서의 주사용 목적은?
  가. 증폭도를 높인다.
  나. 스위칭 속도를 높인다.
  다. 베이스 전위를 일정하게 유지시킨다.
  라. 이미터 전위를 일정하게 유지시킨다.

  정답 나

  해설 쌍안정 멀티바이브레이터
  ① 두 개의 트랜지스터를 결합방식이 한쪽은 콜렉터-베이스 결합이고 다른 한쪽은 이미터 결합으로 되어 있는 쌍안정 멀티바이브레이터를 슈미트트리거 회로라고 한다. 펄스 구형파를 얻거나 전압 비교 회로, 쌍안정 멀티바이브레이터 및 A/D 변환 회로에서 사용된다.
  ② 콘덴서는 가속콘덴서로 입력 트리거 펄스에 따라 반전 작용을 확실하게 하고 더욱 신속히 행할 수 있도록 하는 역할(스위칭 속도향상)을 한다.

03 신호파의 최고 주파수가 15[kHz]이다. PCM 검파에서 원래의 신호파로 복원하기 위한 표본화 펄스의 최소 주파수[kHz]는?
  가. 45　　　　나. 30
  다. 20　　　　라. 15

  정답 나

  해설 샘플링주파수
  ① 에러 없이 수신 데이타를 복원하기 위해서는 입력 최고신호의 2배($2fm$) 보다 같거나 높아야 한다는 샤논의 샘플링 이론에 만족해야 한다.
  - $fs = 2fm$

04 다음 증폭 회로에서 입력신호와 출력신호 간의 위상차는?

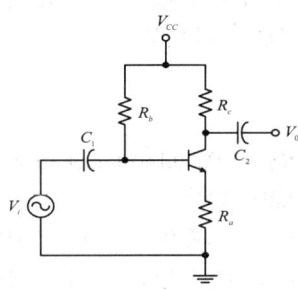

가. 0[°] 나. 90[°]
다. 180[°] 라. 270[°]

정답 다

해설 회로해석
① 부궤환 증폭회로로 출력신호를 입력측으로 되돌려서 증폭하는 회로이다.
② 부궤환 증폭회로는 입력전압 과 출력전압이 역위상을 갖는 Negative Feedback증폭회로 이다.

05 다음 중 진폭변조에서 변조도를 m이라 할 때, 상측파대의 반송파와의 전력비는?

가. m 나. m^2
다. $\frac{1}{2}m^2$ 라. $\frac{1}{4}m^2$

정답 라

해설 AM변조의 전력비

반송파전력	상측파전력	하측파전력
Pc	$\frac{m^2}{4}Pc$	$\frac{m^2}{4}Pc$

06 J-K 플립플롭에서 2개의 입력이 똑같이 1이고 클록펄스가 계속 들어오면 출력은 어떤 상태가 되는가?

가. Set 나. Reset
다. Toggling 라. 동작불능

정답 다

해설 JK 플립플롭
① JK 플립 플롭은 $J=1$, $K=1$일 때는 토글 (Toggle : inversion) 된다.

J	K	Q_{n+1}
L	L	Q_n (유 지)
L	H	0 (리 셋)
H	L	1 (세 트)
H	H	$\overline{Q_n}$ (반전)Toggle

07 다음 중 비정현파 발진기가 아닌 것은?
가. 멀티바이브레이터 발진기
나. 피어스 BE 발진기
다. 블로킹 발진기
라. 톱니파 발진기

정답 나

해설 발진기
① 외부로부터의 입력신호가 없어도 회로 자신이 연속적으로 교류신호를 발생하는 것을 말한다.

발진기	정현파 발진기	LC 발진기	동조형 발진기
			하틀리 발진기
			콜피츠 발진기
		수정 발진기	피어스 BE형 발진기
			피어스 CB형 발진기
		RC 발진기	이상형 발진기
			빈 브리지
	비정형파 발진기		멀티바이브레이터
			블로킹 발진기
			톱니파 발진기

08 다음 h 파라미터 중 단위가 없는 것으로만 짝지어진 것은?
가. h_i, h_r 나. h_r, h_f
다. h_r, h_o 라. h_f, h_o

정답 나

해설 h파라미터
① 트랜지스터를 모델링 할 때 사용되는 파라미터이다.

파라미터	조건	의미	단위
hi	출력단락	입력임피던스	[옴]
hr	입력개방	전압 궤환비	
hf	출력단락	전 방향 전류이득	
ho	입력개방	출력 어드미턴스	[모]

09 RC 회로에 스텝전압 입력시 발생 파형의 상승시간(rise time) t_r과 관계없는 것은? (단, f_H : 상측 3[dB] 주파수, B : 대역폭, τ : 시정수)

가. $t_r = 2.2RC$ 나. $t_r = \dfrac{0.35}{f_H}$

다. $t_r = \dfrac{1}{B}$ 라. $t_r = 1.1\tau$

정답 라

해설 상승시간
① 실제의 펄스의 진폭이 10[%]에서 90[%]까지 상승하는데 걸리는 시간을 말한다.
② RC회로의 특성

상승시간	3[dB]차단	대역폭관계
$t_r = 2.2RC$	$t_r = \dfrac{0.35}{f_H}$	$t_r = \dfrac{1}{B}$

10 다음 그림의 회로 용도로 적합한 것은? (단, 다이오드는 이상적이고, $V_{R1} < V_{R2}$ 이다.)

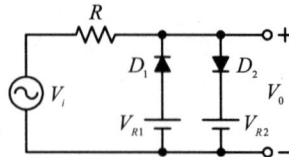

가. 클리퍼 나. 전압배율기
다. 정류기 라. 피크검출기

정답 가

해설 회로해석
① 클리핑(Clipping) 회로로 입력레벨을 적정한 레벨(Diode On Level)로 잘라내는 파형변환 회로의 일종이다.
② Diode On/Off Level 이상/이하를 모두 잘라내는 회로이다.

11 다음 중 PLL(phase-locked loop)의 구성과 관계없는 것은?
가. 위상검출기 나. 저역통과필터
다. 고역통과필터 라. 피크검출기

정답 다

해설 PLL의 구성요소
① 위상 검출기(Phase comparator 또는 detector)
② 저역 통과 필터(Low pass filter)
③ 전압 제어 발진기(Voltage controlled oscillator)

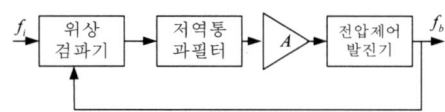

12 다음 연산증폭기에서 입출력 전압의 관계식은?

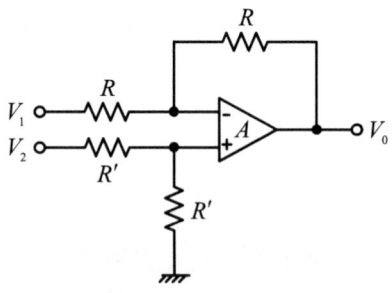

가. $V_0 = V_2 - V_1$
나. $V_0 = V_2 + V_1$
다. $V_0 = R(V_1 - V_2)$
라. $V_0 = (V_2 + V_1)/R$

정답 가

해설 회로해석
① 차동증폭기로써 (−)에 피드백 되는 감산기 회로이다.
② 감산기는 중첩의 원리를 이용해 해석하면
v_o = 반전 amp 출력 + 비반전 amp 출력
$= -\dfrac{R}{R}V_1 + (1+\dfrac{R}{R})(\dfrac{R'}{R+R'})V_2$
$= V_2 - V_1$

13 푸시풀 트랜지스터 전력 증폭기에서 바이어스를 완전 B급으로 하지 않는 이유는?
가. 효율을 높이기 위해
나. 출력을 크게 하기 위해
다. 안정된 동작을 위해
라. Crossover 왜곡을 줄이기 위해

정답 라

해설 B급 푸시풀 회로의 특징
① B급 동작으로 직류 바이어스 전류가 매우 작다.
② 입력이 없을 때 컬렉터 손실이 작으며 큰 출력을 낼 수 있다.
③ 우수차(짝수) 고조파 성분은 서로 상쇄되어 출력단에 나타나지 않는다.
④ B급 증폭기 특유의 Crossover 일그러짐이 있다.

14 증폭기의 전압이득이 1000 ± 100일 때, 이 전압이득의 변화를 $0.1[\%]$로 하기 위하여 부궤환 회로를 구성하려면 궤환율 β는?
가. 0.9　　나. 0.19
다. 0.099　　라. 1.1

정답 다

해설 부궤환 증폭기
① 부궤환 증폭기의 전달함수

$A_f = \dfrac{V_o}{V_i} = \dfrac{A_V}{1+\beta A_V}$
(A_f = 궤환시 전압이득, A_V = 부궤환시 전압이득)

A_V로 양변을 미분하면,

$\dfrac{dA_f}{A_f} = \dfrac{A_V}{1+\beta A_V} \cdot \dfrac{dA_V}{A_V}$

$\dfrac{0.1}{100} = \dfrac{1}{1+\beta A_V} \cdot \dfrac{100}{1000}$ $(1+\beta A_V = 100, \beta A_V = 99)$

$\therefore \beta = \dfrac{99}{A_V} = \dfrac{99}{1000} = 0.099$

15 다음 중 C급 증폭기의 일반적인 특징이 아닌 것은?
가. 효율이 높다.
나. 출력단에 공진회로가 필요하다.
다. 직선성이 좋다.
라. 고출력용으로 많이 사용된다.

정답 다

해설 C급 증폭기
① C급 증폭기는 효율은 우수하지만 찌그러짐이 크다.
② 증폭기의 최대효율
　(가) A급 − 50[%]
　(나) AB급 − 50[%] ~ 78.5[%]
　(다) B급 − 78.5[%]　(라) C급 − 78.5[%] 이상

16 그림의 발진회로에서 Z_3에 수정 발진자를 연결하였을 때 회로의 발진조건은?

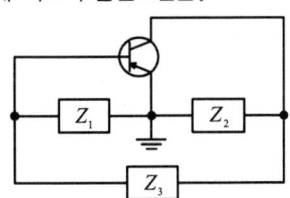

가. Z_1, Z_2 : 유도성
나. Z_1, Z_2 : 용량성
다. Z_1 : 유도성, Z_2 : 용량성
라. Z_1 : 용량성, Z_2 : 유도성

정답 나

해설 3소자 발진기의 발진 조건

① $Z_1 + Z_2 + Z_3 = 0$, 이득조건 $\mu = \dfrac{Z_2}{Z_1}$

② 발진조건

발진기 종류	리액턴스		
	Z_1	Z_2	Z_3
하틀리 발진기	L	L	C
콜피츠 발진기	C	C	L

17 그림의 회로가 정논리일 때, 이는 어떤 게이트인가?

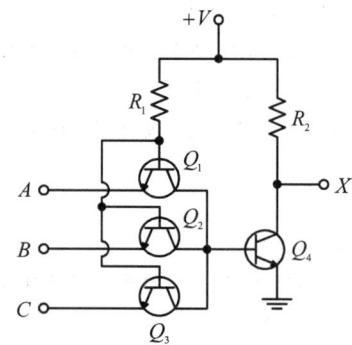

가. AND　　　나. OR
다. NAND　　라. NOR

정답 다

해설 회로해석
① A,B,C 가 (+5) 인 경우 출력 Q4는 (0V) 임
② A,B,C 가 (+0) 인 경우 출력 Q4는 (+5V) 임
③ A,B,C 가 가 모두 (+5) or (1) 인 경우만 (0),
　하나만이라도 (+5) or (1) 인 경우는 (1) 출력
　이므로 NAND Gate 이다.

18 다음 중 TTL 게이트에서 스위칭 속도를 높이기 위해 사용되는 다이오드는?
가. 바랙터 다이오드　나. 제너 다이오드
다. 쇼트키 다이오드　라. 정류 다이오드

정답 다

해설 스위칭 속도
① ECL 〉 Schottky TTL 〉 TTL 〉 C-MOS 로
　ECL(이미터결합논리회로)이 가장 빠르다.

19 슈미트 트리거(Schmitt trigger) 회로의 용도 설명중 틀린 것은?
가. 구형파 펄스 발생회로로 사용된다.
나. 임의의 파형에서 그 크기에 해당하는 펄스 폭의 구형파를 얻기 위해서 사용된다.
다. A-D 변환회로로 사용된다.
라. D-A 변환회로로 사용된다.

정답 라

해설 슈미트 트리거 응용
① 펄스 구형파를 얻기 위하여 사용
② 전압 비교 회로(Voltage Comparator)이다.
③ 쌍안정 멀티바이브레이터 회로이다.
④ A/D 변환 회로이다.

20 다음 중 RC 필터 회로에서 리플 함유율을 작게 하려면?
가. R을 작게 한다.
나. C를 작게 한다.
다. R, C를 모두 작게 한다.
라. R과 C를 크게 한다.

정답 라

해설 RC필터회로
① Ripple이란 직류성분이 흔들리는 정도를 말함.
② Ripple이 적을수록 필터 작용이 더 효율적이다.
③ RC의 용량이 크면 필터작용이 커져 리플을 줄일 수 있다.
　* 단, RC가 크면 Delay가 커진다.

제2과목 무선통신기기

21 수신시에 음량을 조정하기 위하여 사용되는 조정기는?

가. 고주파 이득 조정기
나. 마이크 이득 조정기
다. 고주파 출력 조정기
라. 저주파 이득 조정기

정답 라

해설) 음성은 저주파로서(20[Hz] –4[Khz] _가청대역)으로 저주파 이득 조정기가 필요함

22 AM 수신기에 비해 SSB 수신기가 갖는 특성으로 잘못된 것은?

가. 대역폭이 약 1/2이다.
나. 국부 발진기의 높은 주파수 안정도가 요구된다.
다. 충전 시정수가 짧고 방전 시정수가 긴 자동이득제어 (AGC) 회로가 필요하다.
라. 헤테로다인 검파를 수행할 수 없다.

정답 라

해설) SSB 통신방식의 특징
장점
① 점유주파수 대폭이 1/2로 축소된다.
② 적은 송신전력으로 양질의 통신이 가능하다.
③ 송신기의 소비전력이 적다.
④ 선택성 페이딩의 영향이 적다
⑤ 수신측에서 S/N비가 개선된다.
⑥ 비화성을 유지할 수 있다.
⑦ 송신기가 소형경량이다.
단점
① 회로구성이 복잡하다.
② 높은 주파수 안정도를 필요로 한다.
③ 수신부에 동기장치 (Speech Clarifier)등이 필요하다.
④ 반송파가 없어 AGC 부가 곤란함

23 레이더에서 탐지 거리 결정 요인 중 관계가 가장 먼 것은?

가. 안테나의 높이가 높을수록 멀리 탐지된다.
나. 유효 반사 면적이 큰 목표일수록 멀리 탐지된다.
다. 출력 및 수신 감도를 올리면 탐지 거리가 증대된다.
라. 안테나의 이득이 큰 것을 사용하고 사용 파장을 길게 사용한다.

정답 라

해설) 레이더

최대 탐지거리 결정요인	최소 탐지거리 결정요인
목표물의 반사면적 비례 안테나 높이비례 송신기 출력에 비례	· 펄스파 방식에서 펄스폭과 반비례함 (분해능은 향상)

24 다음 중 DSB 통신방식에 비해 SSB 통신방식의 장점으로 잘못된 것은?

가. 송수신회로 구성이 비교적 간단하다.
나. 적은 소비전력으로 통신이 가능하다.
다. 선택성 Fading의 영향이 적다.
라. 점유주파수대폭을 반으로 줄일 수 있다.

정답 가

해설) SSB통신은 DSB방식에 비해 다양한 장점이 있지만 회로가 복잡하고, 동기식 복조를 해야 하는 단점이 있음

25 주파수 100[MHz]의 반송파를 3[kHz]의 신호파로 FM 변조할 때 최대주파수 편이가 18[kHz]이다. 변조지수는 얼마인가?

가. 3   나. 6
다. 9   라. 42

정답 나

[해설] 변조지수

$$m_f = \frac{\text{최대주파수편이}(\Delta f)}{\text{변조신호주파수}(f_m)} = \frac{18}{3} = 6$$

26 확산 대역 기법은 변조의 일종이며 다음 중 이 기법의 특정에 해당하는 것은?

가. 외부 사용자가 할당된 부호를 모르면 신호 재생이 불가능하다.
나. 여러 이용자가 공통의 확산 부호를 사용하므로 다원 접속이 가능하다.
다. 주파수 대역보다 페이딩 영향이 확산된다.
라. 외부 방해 신호는 확산 부호에 의해 전력 레벨이 높아진다.

정답 가

[해설] 확산대역기법
① 직접확산, 주파수확산, 시간확산, Chirp방식이 있으며 대표적으로 코드(PN코드형태)를 직접 곱하여 확산시키는 직접확산방식을 많이 사용함
② 직접확산방식은 할당된 부호의 정보를 모르면 신호재생이 불가능 함

27 원하는 정보 신호에 의사 잡음을 합쳐서 변조하여 주파수 대역을 확산시키는 방법을 무엇이라 하는가?

가. 주파수 도약   나. 시간 도약
다. 직접 시퀀스   라. 하이브리드

정답 다

[해설] 스팩트럼 확산방식

직접시퀀스	주파수도약	시간도약
PN코드를 직접 곱하여 확산	주파수 Hopping으로 확산	시간 Hopping으로 확산

28 위성통신용 표준 지구국의 기본적인 구성이 아닌 것은?

가. 안테나계   나. 송수신계
다. 감시제어계   라. 자세제어계

정답 라

[해설] 위성통신 장치

지구국 장비	위성체 장비	
	BUS부	Payload 부
추미계(위성추적)	전력제어계	안테나 계
송·수신계	구체계/추진계	중계부
통신관제 서브시스템	열제어계	
지상 인터페이스	자세제어계	
안테나계	텔레메트리계	

29 전압변동율이 10[%]이고 정격부하 연결시의 출력전압이 220[V]였다면 무부하시 출력전압은 몇 [V]인가?

가. 221   나. 232
다. 242   라. 253

정답 다

[해설] 전압변동율 δ

$$\delta = \frac{(\text{무부하시 전압} - \text{부하시 전압})}{\text{부하시 전압}} \times 100\%$$

$10[\%] = \frac{X - 220}{220} \times 100[\%]$ 에서, 무부하시 전압 $= 242[V]$

30 다음 중 직류전압을 교류전압으로 변환하는 장치는?

가. AVR   나. UPS
다. 인버터   라. 변압기

정답 다

[해설] 인버터(Inverter)
① 직류전압(DC)를 교류전압(AC)로 변환시켜주는 장치임
 * DC to DC장치는 컨버터임

31 다음 중 예기치 못한 정전으로부터 시스템 다운을 방지할 수 있는 장치는?

　가. AVR　　　　나. UPS
　다. 계전기　　　라. 정류기

정답 나

해설 UPS(무정전 전원장치) 구성
① 정전시 전원을 안정적으로 공급해 주는 장치임
② 역변환부(Inverter)　③ 축전지(Battery)
④ 출력필터부　　　　⑤ 제어부(Control)
⑥ 동기절체부(Static Switch)
⑦ 순변환부 및 충전부(Rectifier/Charger)

32 2신호법에 의한 수신기의 선택도 측정 중 근접 방해파에 의해 수신기의 비직선 동작으로 인한 선택 희망 신호의 출력 변화 현상은?

　가. 혼변조 특성　　나. 감도억압 효과
　다. 상호변조 특성　라. 인입현상

정답 나

해설 무선통신시스템의 특성

특 성	특 징
혼변조특성	외부신호와 희망파 신호의 간섭
감도억압효과	희망파가 간섭파에 의해 억압됨
상호변조특성	내부신호와 희망파 신호의 간섭
인입현상	국부발진주파수의 희망파 간섭

33 페이딩에 대처하기 위한 방식 중 틀린 것은?

　가. 주파수 도약방식
　나. 광대역 변/복조 방식
　다. 대역확산 통신방식
　라. 적응 등화기 방식

정답 나

해설 페이딩 방지대책
① 페이딩은 수신전계가 시간적으로 흔들리는 현상으로 복조시 오율을 높이는 현상임
② 다이버시티 방식으로 개선
③ 주파수도약 또는 대역확산방식으로 개선
④ 적응형 등화기 방식으로 개선

34 다음 중 CDMA 단말기에서 전원을 ON한 이후 가장 먼저 검색하는 채널은 무엇인가?

　가. 동기 채널
　나. 호출 채널
　다. 파일럿 채널
　라. 통화 채널

정답 다

해설 CDMA시스템 동작절차
① 단말이 Power ON 되면 기지국에서 항상 송출되고 있는 Pilot신호를 검색하여 기지국에 접속을 시도하게 됨
② 이때 동기채널을 이용해 동기 확보를 하고, 완전하게 접속된 이후에는 Paging 채널을 통해서 Sleep 상태로 들어가게 됨

35 실효높이 20[m]인 안테나에 0.08[V]의 전압이 유기되면 수신되는 전계강도는?

　가. $3[\mu V/m]$　　나. $4[\mu V/m]$
　다. $3[mV/m]$　　라. $4[mV/m]$

정답 라

해설 전계강도
$$E = \frac{V}{h_e} = \frac{0.08}{20} = 0.004 = 4[mV/m]$$

36 송신기의 점유주파수대폭 측정법이 아닌 것은?

　가. 필터를 사용하는 방법
　나. 파노라마 수신기를 이용하는 방법
　다. 주파수 편이계를 사용하는 방법
　라. 스펙트럼 분석기를 사용하는 방법

정답 다

[해설] 점유주파수 대역폭
① 점유 주파수 대역폭이란 방사되는 전체전력의 99[%]전력이 차지하는 주파수 대역폭 임.

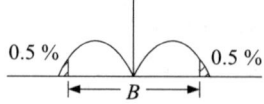

② 측정을 위해서 필터법 이나 파노라마수신기 스팩트럼 아날라이져를 사용하는 방법이 있음

37 다음 그림은 CDMA 단말기에서 사용되는 기본 호처리 (call processing)를 나타낸다. 단말기는 통화가 끝나면 동기 재설정을 하기 위해 (A)는 항상 어느 과정부터 다시 시작하는가?

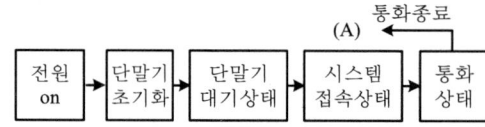

가. 전원 on   나. 단말기 초기화
다. 단말기 대기상태   라. 시스템 접속 상태

정답 나

[해설] CDMA단말기는 통화가 끝난 후(Traffic Channel 종료) 동기확보를 위해 단말기 초기화를 함

38 다음 중 연축전지를 충전할 때 전해액의 비중과 온도에 대한 설명이 맞는 것은?

가. 전해액의 비중은 감소하고 온도는 증가한다.
나. 전해액의 비중은 증가하고 온도는 감소한다.
다. 전해액의 비중과 온도가 모두 감소한다.
라. 전해액의 비중과 온도가 모두 증가한다.

정답 라

[해설] 축전지의 충전시 현상
① 전해액의 비중과 온도가 높아짐
② 단자 전압이 증가됨
③ 극판의 색이 변함

(+) 극판색	(−) 극판색
적갈색으로 변함	회백색으로 변함

④ 내부저항이 감소되고, 물거품이 발생함

39 등화기에 대한 설명 중 옳은 것은?

가. 전송신호의 대역제한을 위해 사용한다.
나. 전송 과정에서 발생하는 신호의 왜곡을 보상하기 위해 사용한다.
다. 수신된 신호가 포함하고 있는 잡음을 제거하기 위해 사용한다.
라. 저역통과 필터의 기능을 한다.

정답 나

[해설] 등화기
① 등화기(equalizer)는 전송로의 왜곡에 의하여 발생되는 심볼간 간섭(Inter symbol interference : ISI)의 영향을 감소시키기 위한 필터이다. 이 필터는 진폭 왜곡과 위상 왜곡 등의 전송로의 왜곡을 보상하기 위해 사용된다.

40 다음은 FM 송신기 블록도의 일부분이다. 3체배한 후 최대주파수편이가 $\pm 6[\text{kHz}]$이면, FM 변조후 3체배하기 전의 최대주파수편이 $[\triangle f]$는 얼마인가?

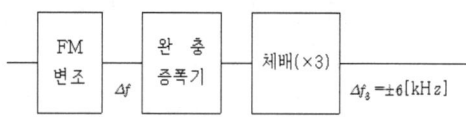

가. $\triangle f = \pm 1[\text{kHz}]$ 나. $\triangle f = \pm 2[\text{kHz}]$
다. $\triangle f = \pm 6[\text{kHz}]$ 라. $\triangle f = \pm 12[\text{kHz}]$

정답 나

[해설] 입력 최대 주파수편이
$$= \frac{\text{출력 최대 주파수편이}}{\text{체배수}} = \frac{\pm 6[\text{kHz}]}{3}$$
$$= \pm 2[\text{KHz}]$$

제3과목 안테나개론

41 전파의 전파속도에 영향을 미치는 요소로 맞는 것은?

가. 유전율과 투자율 나. 점도와 유전율
다. 투자율과 도전율 라. 유전율과 도전율

정답 가

해설 전파의 속도
① $v = f\lambda = \dfrac{\omega}{\beta} = \dfrac{1}{\sqrt{\varepsilon\mu}} = \dfrac{1}{\sqrt{LC}}$
② 투자율(μ), 유전율(ε)

42 전계강도가 3.0[mV/m]인 자유공간의 단위면적당 단위시간에 통과하는 전자파 에너지는 약 얼마인가?

가. $15.14 \times 10^{-2}[\mu F]$
나. $3.77 \times 10^{-2}[\mu W]$
다. $2.39 \times 10^{-2}[\mu W]$
라. $1.44 \times 10^{-2}[\mu W]$

정답 다

해설 포인팅정리
① 단위체적을 단위시간당 통과하는 에너지 흐름을 말하며, 아래와 같이 정의함
$P = E \times H = E^2/Z_0 = \dfrac{E^2}{120\pi}[\text{W/m}^2]$
$= \dfrac{(3 \times 10^{-3})^2}{120\pi} = \dfrac{9 \times 10^{-9}}{377} = 2.39 \times 10^{-2}[\mu\text{W}]$

43 전파의 성질에 대한 설명으로 바른 것은?

가. 균일 매질 중을 전파하는 전파는 회절 한다.
나. 전파는 종파이다.
다. 주파수와 상관없이 회절만 한다.
라. 주파수가 높을수록 직진하며 낮을수록 회절한다.

정답 라

해설 전자파(전파)의 특징
① 전자파는 횡파
② 전자파의 속도는 ε, μ가 클수록 v가 늦어지고 λ는 짧아진다. ($v = \dfrac{1}{\sqrt{\varepsilon\mu}}$)
③ $V_p V_g = c^2$ (일정) (V_p (위상속도), V_g (군속도))
④ 전자파는 편파성을 갖는데 수직 및 수평 편파, 원형 및 타원형 편파 등으로 구분한다.

44 다음 중 도파관에 대한 설명으로 적합하지 않은 것은?

가. 취급할 수 있는 전력이 크다.
나. 외부에 전파를 방사하지 않으므로 유도방해가 적다.
다. 도파관은 내벽에 은 또는 금으로 도금하기에 전도도가 높고 손실이 적다.
라. 차단주파수 이하의 전파만 통과시키므로 저역여파기로 동작한다.

정답 라

해설 도파관의 특징
① 저항손실이 적다.
② 유전체 손실이 적다.
③ 대전력을 취급
④ 외부전자계와 차폐
⑤ 차단파장 이하만 전송(HPF), 차단주파수 이상만 통과시킴
⑥ 복사손실이 없다.

45 동조 급전선에 대한 설명으로 맞는 것은?

가. 정재파를 실어 급전하므로 반사파로 인한 전송효율 저하가 일어난다.
나. 진행파만 존재하므로 장거리 전송에 유리하다.
다. 평형, 불평형 급전선을 모두 사용할 수 있다.
라. 전압 정재파비가 1이다.

정답 가

[해설] 동조 급전선의 특징
① 급전선 상에 정재파 존재
② 정합장치가 불필요
③ 급전선 상에서 손실이 크다.
④ 급전선 길이와 파장을 일정한 관계로 맞춰줌.
⑤ 외부 방해가 많고 위험하다.

46 임피던스 정합에 대한 내용으로 적절하지 않은 것은?

가. 부하가 선로에 정합되었을 때 급전선에서의 전력손실이 최소이다.
나. 수신장치에서 시스템의 S/N비를 향상시킨다.
다. 전력 분배망 회로에서 진폭과 위상의 오차를 감소시킨다.
라. 부하 임피던스 실수부가 "0"인 경우에만 정합회로를 구할 수 있다.

정답 라

[해설] 임피던스 정합
① 정합이 필요한 이유 : 급전선에서 최대 전송 효율을 얻기 위해서 급전선상에 정재파가 발생되지 않도록 한다.
② 정합 방법 : 급전선에서 본 임피던스와 급전선의 파동 임피던스를 같게 하여 급전선상에 정재파가 발생되지 않도록 한다.
③ 부정합일 때의 현상 : 반사에 의한 급전선에 정재파가 발생되어 전력의 손실이 커진다.

47 어떤 급전선의 종단을 단락시켰을 때의 입력 임피던스가 $25[\Omega]$이고 개방했을 때는 $100[\Omega]$이었다. 이 급전선의 특성 임피던스는 얼마인가?

가. $25[\Omega]$ 나. $50[\Omega]$
다. $100[\Omega]$ 라. $250[\Omega]$

정답 나

[해설] 특성임피던스
① $Z_0 = \sqrt{Z_1 \cdot Z_2} = \sqrt{25 \times 100} = 50[\Omega]$

48 정재파(Standing Wave)에 대한 설명으로 바르지 못한 것은?

가. 선로상의 전압과 전류는 입사파 및 반사파의 중첩으로 구성된다.
나. 반사파 전압의 진폭을 입사파 전압의 진폭에 대해서 정규화 시킨 값을 부하 임피던스 값이라 한다.
다. 반사계수가 "0"인 경우 반사파가 존재하지 않는다.
라. 부하 임피던스와 특성 임피던스가 같을 경우 입사파의 반사파가 발생하지 않는다.

정답 나

[해설] 반사파전압의 진폭을 입사파전압의 진폭에 대해서 정규화 시킨 값을 반사계수라 한다. 반사계수=0 일 때 완전정합을 나타낸다.
정재파비(SWR)은 부정합의 정도를 나타내기 위해 사용되는 수치이다.

$$SWR = \frac{V_{\max}}{V_{\min}} = \frac{V_f + V_r}{V_f - V_r} = \frac{1+\frac{V_r}{V_f}}{1-\frac{v_r}{V_f}} = \frac{1+|m|}{1-|m|}$$

$m = \frac{Z_l - Z_0}{Z_l + Z_0}$ (m : 반사계수)

49 다음 중 대수주기 공중선에 대한 설명 중 적합하지 않은 것은?

가. 진행파형 공중선으로 방향 탐지용으로 주로 사용된다.
나. 단파대에서 극초단파대까지 사용되는 광대역 공중선이다.
다. 지향성은 급전점 방향으로 단향성을 나타내며, 이득은 약 $10[dB]$ 정도이다.
라. 공중선의 크기와 모양이 비례적으로 커지는 여러 개의 소자로 구성된다.

정답 가

해설 대수주기 안테나(공중선)
① 안테나의 크기와 모양이 비례적으로 커지는 여러 개의 소자로 구성되며, 각 부분의 치수를 τ배해도 본래의 형과 동일하게 되는 대수주기적 구조의 안테나
② 자기상사의 원리 이용
③ 정임피던스 안테나
④ 초광대역성 안테나
⑤ 단향성
⑥ 이득 : 약 10[dB]정도

50 다음 안테나 중에서 사용주파수 대역이 다른 안테나는?

가. 반파장 다이폴 안테나
나. Cassegrain 안테나
다. Rhombic 안테나
라. Zeppeline 안테나

정답 나

해설 전파 대역별 안테나

장중파	단파	초단파	극초단파
수직접지 WAVE 베버리지 에드콕ANT	반파장 롬빅ANT 제펠린	대수주기 슬롯ANT	파라볼라 카세그레인

51 다음 중 MF~HF 대역을 사용하는 공중선으로 적당한 것은?

가. 대수주기 공중선 나. 슬롯 공중선
다. 혼 공중선   라. 에드콕 공중선

정답 라

해설 MF-HF
① 30[KHz]-3[MHz] 대역으로 장중파대역 임
② 장중파 안테나의 대표적인 안테나는 에드콕 안테나가 있음

52 진행파형 안테나가 갖는 일반적인 성질이 아닌 것은?

가. 광대역   나. 단향성
다. 고효율   라. 부엽이 많음

정답 다

해설 진행파 안테나
① 진행파 안테나 : 반사파가 없이 신행파만이 안테나에 타고 광대역 안테나로서 사용된다. (Wave Antenna, Rhombic Antenna, Helical 안테나 및 유전체 로드 안테나 등이 있다. 단, 안테나 부엽이 많고 효율이 떨어지는 단점이 있음

53 초단파 대역용 안테나로 정합장치가 불필요하며, 실효길이가 반파장 다이폴 안테나의 약 2배가 되는 안테나는?

가. 루프(Loop) 안테나
나. 롬빅(Rhombic) 안테나
다. 폴디드(Folded) 안테나
라. 턴스타일(Turn style) 안테나

정답 다

해설 폴디드(Folded) 안테나
① 반파장 다이폴을 2개 엮어놓은 형태로, 도체의 유효단면적이 커서 Q가 낮아 광대역성을 갖음
② 복사저항이 다이폴안테나의 n^2(4배) = 300[옴]으로 방송용 안테나로 정합장치 없이 바로 연결할 수 있음

54 전리층에서 임계 주파수에 대한 설명으로 틀린 것은?

가. 전리층의 굴절률 $n = \infty$일 때의 주파수
나. 전리층을 반사하는 주파수 중 가장 높은 주파수
다. 전리층을 통과하는 주파수 중 가장 낮은 주파수
라. 전리층에서 수직 입사파의 반사와 투과의 경계 주파수

정답 가

해설 임계주파수
① 전리층에서의 최대 전자밀도를 N_{max} 이라 할 때 전리층에 수직입사파의 임계주파수 f_c 는 $f_c = 9\sqrt{N_{max}}$ 의 관계가 있으므로 전자밀도가 가장 작은 D층이 임계주파수가 가장 낮다.

55 다음 중 MUF(Maximum Usable Frequency)의 설명으로 잘못된 것은?

가. 주간에는 낮고, 야간에는 높다.
나. 여름에 높고, 겨울에 낮다.
다. 송신전력과는 무관하다.
라. 높은 주파수는 전리층을 통과하므로 수신점에 도달하지 못한다.

정답 가

해설 MUF (최고 사용 주파수)
① 단파통신에서 사용되는 최고 주파수이다.
② 송수신점간의 거리와 전리층의 상태에 의해 결정된다.
③ MUF는 시간, 계절, 태양 흑점수에 의해서 변화하며 일반적으로 주간에는 높고 야간에는 낮다.

56 다음 중 지표면에서 가장 가까운 전리층 영역은?

가. A층 영역   나. D층 영역
다. E층 영역   라. F층 영역

정답 나

해설 전리층 영역

특징	D층	E층	F층
높이	100[km] 이하	200[km] 이하	400[km] 이하
반사	장파	중파	단파
밀도	낮음	중간	높음

57 다음 중 지상파 가운데에서 시계 외의 원거리 통신에 사용되는 전파는?

가. 직접파   나. 지면 반사파
다. 표면파   라. 회절파

정답 라

해설 지상파의 종류
① 지표파 : 장·중파대에서는 지표파가 주요 전파
② 회절파 : 전파의 통로에 장애물이 있을 경우 가시거리보다 먼 곳의 기하학적 음영부분까지 도달되는 전자파
③ 대지 반사파 : 초단파 통신에 있어서 대지 반사파의 영향이 크다.
④ 직접파 : VHF대의 이상에서 주로 사용된다.

58 다음 중 대류권파에 해당되지 않는 것은?

가. 대류권 굴절파   나. 대류권 투과파
다. 대류권 반사파   라. 대류권 회절파

정답 나

해설 전파통로에 따른 전파

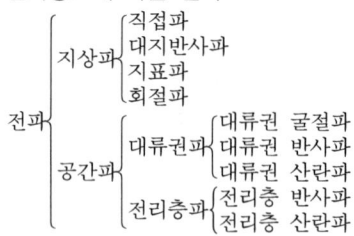

59 다음 중 전파의 도약거리(skip distance)에 대한 것으로 옳지 않은 것은?

가. 전리층의 높이가 높으면 도약거리도 멀어진다.
나. 사용하는 주파수가 임계주파수보다 높을 때 생긴다.
다. 정할의 법칙을 이용하여 구할 수 있다.
라. 불감지대는 도약거리보다 약 2배 먼 곳에 위치한다.

정답 라

[해설] 도약거리
① 전리층 반사파 통신형식(MF, HF)의 도약 거리
$d = 2h'\sqrt{(f/f_c)^2 - 1}$
② 전리층의 겉보기 높이에 비례한다.
③ 사용주파수가 임계주파수보다 높을 때 발생
④ 사용주파수에 비례한다.

60 다음 중 전자밀도의 시간적 변화율이 큰 일출, 일몰 시 현저한 페이딩은?
가. 도약성 페이딩   나. 간섭성 페이딩
다. 흡수성 페이딩   라. 편파성 페이딩

정답 가

[해설] 도약성 페이딩
① 일출, 일몰시의 급격한 전자밀도 변동으로 도약 거리 부근에서 도약성 fading이 발생된다.
② 도약성 페이딩을 방지하기 위해서 주파수 다이버시티 기법을 사용함

제4과목 전자계산기일반 및 무선설비기준

61 김씨는 인터넷에서 소프트웨어를 다운받아 사용하는데, 30일이 되는 날 '프로그램을 실행시키려면 금액을 지불하고 사용하라'는 메시지를 받았다. 김씨가 사용한 소프트웨어는 무엇인가?
가. 데모 프로그램
나. 상용 프로그램
다. 프리웨어 프로그램
라. 셰어웨어 프로그램

정답 라

[해설] 셰어웨어 프로그램
① 일정기간 동안 무료로 사용하고 사용기간 이후에는 비용을 지불하고 사용하는 프로그램.

62 컴퓨터에서 음수를 표현하는 방법이 아닌 것은?
가. signed magnitude 표현법
나. signed-code 표현법
다. signed-1's complement 표현법
라. signed-2's complement 표현법

정답 나

[해설] 음수의 표시

부호화 절대치	부호화 1보수	부호화 2보수
Signed Magnitude	Sighed 1's Complement	Signed 2's Complement

63 선점형 스케줄링 기법의 특징이 아닌 것은?
가. 대화식 시분할 시스템에 유용하다.
나. 많은 오버헤드를 초래한다.
다. 응답 시간의 예측이 어렵다.
라. 모든 프로세스들에 대한 요구를 공정하게 처리한다.

정답 라

[해설] 선점형 스케줄링 기법
① 대화식 시분할 시스템에 유용하다.
② 많은 오버헤드를 초래한다.
③ 응답 시간외 예측이 어렵다
④ 어떤 프로세스가 실행중일때에도, 다른 프로세스가 강제로 멈추고 실행할 수 있다.
⑤ 공정성은 "비선점형 스케줄링 기법이다.

64 마이크로프로세서의 레지스터 중 함수 호출 또는 인터럽트 서비스 루틴을 수행하기 전 현재의 문맥을 저장해두는 용도의 레지스터를 무엇이라고 부르는가?
가. MPP   나. MPR
다. PSW   라. SFR

정답 다

[해설] PSW(Program Status Word)
① 제어장치 내에 있는 8byte로 구성된 레지스터로 컴퓨터 시스템 내부에서 순간순간 상태를 기억하고 있는 레지스터이다

65. IRQ 숫자를 받아 우선순위에 따라 적절한 연산을 할 수 있도록 도와주는 장치를 무엇이라고 하는가?

가. Cache Controller
나. PCI-X
다. Interrupt Controller
라. ALU

정답 다

해설 인터럽트 컨트롤러
① 시스템의 예기치 않은 상황이 발생한 것을 인터럽트라고 하며 인터럽트 복귀주소 저장은 스택포인터에 한다.
② IRQ(Interrupt Request)를 받아 인터럽트 허용여부나 우선순위를 판단한 후에 이를 nFIQ 또는 nIRQ로 프로세서에게 인터럽트를 요청하는 신호를 출력한다.

66. 인터럽트의 발생 원인이 아닌 것은?

가. 전원 이상
나. 오퍼레이터 조작 또는 타이머
다. 서브 프로그램 호출
라. 제어감시(SVC)

정답 다

해설 인터럽트 발생원인

하드웨어 인터럽트	소프트웨어 인터럽트
· 정전 및 전원이상 · 기계고장 인터럽트 · 외부 인터럽트 · 입출력 인터럽트	· 프로그램 인터럽트 · SVC 인터럽트 (감시프로그램 호출)

67. 2진수 0111을 그레이코드로 변환한 것은?

가. 1110
나. 0110
다. 0100
라. 1001

정답 다

해설 그레이코드
① Binary Code -> Gray Code

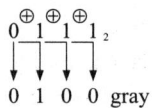

68. 스택 연산장치를 사용할 경우에 관한 설명 중 틀린 것은?

가. 주소를 디코딩하고 호출하는 과정이 많다.
나. 기억장치에 접근하는 횟수가 줄어든다.
다. 실행속도가 빠르다.
라. 명령어 길이가 짧아진다.

정답 가

해설 스택 연산장치
① 0-번지 명령어로써 명령코드로만 구성된 것으로 stack을 이용한 연산이 여기에 포함된다.
② 실행속도가 빠르고, 명령어 길이가 짧아진다.
③ 주소를 디코딩 하고 호출하는 과정이 적어, 기억장치에 접근하는 횟수가 줄어든다.

69. 다음은 소프트웨어에 대한 설명이다. 틀린 것은?

가. 소프트웨어는 시스템 소프트웨어와 응용 소프트웨어로 분류된다.
나. 시스템 소프트웨어는 운영체제, 통신제어 시스템 등이 있다.
다. 응용 소프트웨어는 특정한 업무를 위해 개발된 프로그램이다.
라. 시스템 소프트웨어는 오라클, MySQL 등이 있다.

정답 라

해설 소프트웨어
① 시스템 소프트웨어 와 응용 소프트웨어로 분류된다.

시스템 소프트웨어	응용 소프트웨어
· 운영체제, 유틸리티, 언어프로그램 등	· 오라클, MySQL 등

70 인터넷에서 프로그램을 다운 받아 무료로 자유롭게 복사, 배포하고 있다. 이렇게 사용되도록 허가된 프로그램을 무엇이라 하는가?
  가. 셰어웨어   나. 프리웨어
  다. 데모버전   라. 벤치마크

  정답 나

해설 프리웨어
  ① 인터넷에서 무료로 다운받아 사용할 수 있는 응용프로그램을 말한다.
  ② 일정기간만 사용가능한 것은 셰어웨어 임.

71 다음 중 공중선계의 충족조건으로 틀린 것은?
  가. 공중선의 이득이 높을 것
  나. 정합은 신호의 반사손실이 최소화되도록 할 것
  다. 지향성은 복사되는 전력이 목표하는 방향을 벗어나지 아니하도록 안정적일 것
  라. 고조파 및 기생발사가 적을 것

  정답 라

해설 공중선계의 충족조건
  ① 공중선은 이득이 높을 것
  ② 정합은 신호의 반사손실이 최소화 되도록 할 것
  ③ 지향성은 복사되는 전력이 목표방향을 벗어나지 않도록 안정적일 것

72 초단파방송 또는 텔레비전방송을 행하는 방송국의 송신설비의 공중선전력 허용편차는 상한 ( ), 하한 ( ) 퍼센트인가?
  가. 5, 10   나. 10, 20
  다. 5, 5   라. 20, 50

  정답 나

해설 주요 공중선 전력 허용편차 (상한, 하한)
  ① 방송국송신설비 : 5[%], 10[%]
  ② 초단파방송 또는 텔레비전방송국의 송신설비 : 10[%], 20[%]
  ③ 디지털 텔레비전 방송국의 송신설비 : 5[%], 5[%]
  ④ 비상위치지시용 무선표지설비 : 50[%], 20[%]
  ⑤ 아마추어국의 송신설비 : 20[%], 제한 없음

73 다음 중 전파진흥기본계획에 포함되지 않는 것은?
  가. 전파방송산업육성의 기본방향
  나. 중·장기 주파수 이용계획
  다. 새로운 전파자원의 개발
  라. 국제적인 주파수 사용동향

  정답 라

해설 전파진흥기본계획
  ① 전파산업육성의 기본방향
  ② 새로운 전파자원의 개발
  ③ 전파이용기술 및 시설의 고도화 지원
  ④ 전파매체의 개발 및 보급
  ⑤ 우주통신의 개발
  ⑥ 전파이용질서의 확립

74 무선국의 정기검사에서 성능검사에 해당되지 않는 것은?
  가. 점유주파수대폭
  나. 혼신 및 잡음대역폭
  다. 주파수허용편차
  라. 공중선전력

  정답 나

해설 무선국의 성능검사
  ① 공중선전력, 주파수허용편차, 불요발사, 점유주파수대폭, 등가등방복사전력, 실효복사전력에 대한 성능검사를 실시함

75 다음 중 수신설비의 충족조건으로 틀린 것은?
  가. 수신주파수는 운용범위 이내일 것
  나. 안테나의 이득이 높을 것
  다. 내부잡음이 적을 것
  라. 감도는 낮은 신호입력에서도 양호할 것

  정답 나

해설 수신설비 성능조건
① 내부잡음 적을 것
② 감도가 충분할 것
③ 선택도가 적정할 것
④ 명료도가 충분할 것
  * 안테나 이득은 자유공간손실을 향상 시킴

76 고압전기의 정의로 옳은 것은?
가. 교류전압 600[V] 또는 직류전압 750[V]를 초과하는 직류전압을 말한다.
나. 교류전압 500[V] 또는 직류전압 650[V]를 초과하는 직류전압을 말한다.
다. 교류전압 500[V] 또는 직류전압 750[V]를 초과하는 직류전압을 말한다.
라. 교류전압 600[V] 또는 직류전압 650[V]를 초과하는 직류전압을 말한다.

정답 가

해설 고압전기
① 600[V]를 초과하는 고주파전압 및 교류전압과 750[V]를 초과하는 직류전압을 말한다.

77 다음 중 무선국의 개설허가의 유효기간이 1년인 무선국은?
가. 실험국   나. 기지국
다. 간이무선국 라. 선상통신국

정답 가

해설 무선국 개설허가의 유효기간

유효기간	무선국의 종별
1년	실험국, 실용화시험국, 소출력방송국(1[W]미만)
3년	방송국, 기타 무선국
5년	이동국, 육상국, 육상이동국, 기지국, 이동중계국, 선박국, 선상통신국, 우주국, 일반지구국, 아마추어국, 육상이동기지국, 항공국 등
무기한	의무선박국, 의무항공기국

78 다음 중 적합성평가를 받아야 하는 기기는?
가. 전파환경 및 방송통신망 등에 위해를 줄 우려가 있는 기자재
나. 의료기기법에 의한 품목허가를 받은 의료기기
다. 자동차관리법에 따라 자기인증을 한 자동차
라. 「산업표준화법」 제15조에 따라 인증을 받은 품목

정답 가

해설 적합성평가
① 정보통신기기(유선) 형식승인, 무선기기 형식검 정/형식등록을 득해야 한다.
② 적합성평가는 전파환경 및 방송통신망 등에 위해를 줄 우려가 있는 기자재에 대해서 행한다.

79 다음 중 무선국 검사의 종류가 아닌 것은?
가. 준공검사   나. 정기검사
다. 임시검사   라. 사용전검사

정답 라

해설 무선국 검사
① 무선국 검사는 정기검사, 준공검사, 임시검사를 통해서 인증을 수행함
  * 사용 전 검사는 건축물의 정보통신기기에 대한 사용 전에 검사하는(지자체) 것임

80 전파 법규에서 R3E, H3E, J3E의 전파 형식을 사용하는 모든 무선국의 무선설비에서 점유주파수대폭의 허용치는 얼마인가?
가. 2.5[kHz]   나. 1.5[kHz]
다. 6[kHz]   라. 3[kHz]

정답 라

해설 전파법
① R3E, H3E, J3E의 전파형식(SSB)을 사용하는 무선국의 무선설비의 점유주파수 대폭의 허용치는 3[KHz] 이다.

국가기술자격검정 필기시험문제

2011년 산업기사4회 필기시험

국가기술자격검정 필기시험문제

2011년 산업기사4회 필기시험

자격종목 및 등급(선택분야)	종목코드	시험시간	형 별	수검번호	성 별
무선설비산업기사		2시간			

제1과목 디지털 전자회로

01 하틀레이 발진기에서 궤환 요소에 해당되는 것은?
  가. 콘덴서   나. 저항
  다. 인덕터   라. 능동소자

정답 다

해설 하틀리(Hartley) 발진회로
① 하틀리 발진회로는 L1, L2의 직렬합성과 C로 구성하여 발진한다.
② 하틀리 발진기는 인덕턴스 분할발진기로 코일의 일부분에 걸린 전압이 궤환된다.

02 다음 연산증폭기를 사용한 회로에서 출력파형은?

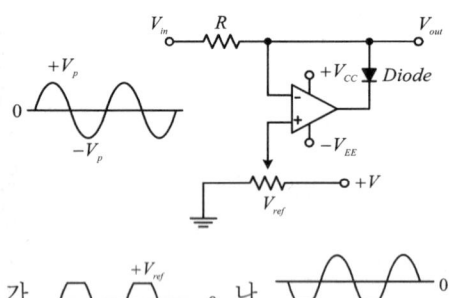

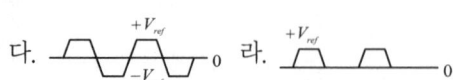

정답 가

해설 회로해석
① 비반전 증폭기 와 반전증폭기가 결합된 클리퍼형 연산증폭기회로 이다.
② 다이오드에 의해 클리핑(Clipping)되어 교류 입력파형에서 얻은 경계값을 기준으로 그 상단이나 하단 파형을 절단 시키는 회로이다.

03 다음과 같은 카르노 도표를 간략화한 것은?

AB\CD	00	01	11	10
00	1	1	0	0
01	1	1	0	1
11	1	1	0	1
10	1	1	0	0

가. $A + BC$ 나. $\overline{B} + AC$
다. $\overline{B} + C\overline{D}$ 라. $\overline{C} + B\overline{D}$

정답 라

해설 카르노 맵
① 출력이 "1"이 되는 경우를 2,4,8 순으로 묶는다.
② 각 그룹을 AND로, 전체를 OR로 결합한다.

AB\CD	00	01	11	10
00	1	1		
01	1	1		1
11	1	1		1
10	1	1		

∴ $Y = \overline{C} + B\overline{D}$

04 시미트 트리거(schmitt trigger) 회로의 설명 중 옳지 않은 것은?

가. 쌍안정 멀티바이브레이터의 일종이다.
나. 구형파 발생기의 일종이다
다. 입력 전압의 크기로서 회로의 ON, OFF를 결정해준다.
라. 외부 클럭 펄스가 필요하다.

정답 라

해설 슈미트 트리거 응용
① 펄스 구형파를 얻기 위하여 사용
② 전압 비교 회로(Voltage Comparator)이다.
③ 쌍안정 멀티바이브레이터 회로이다.
④ A/D 변환 회로이다.

05 주파수변조에서 다음 변조지수 중 대역폭이 가장 넓은 것은?

가. 0.17   나. 2.9
다. 3.1   라. 4.2

정답 라

해설 FM변조지수
① FM대역폭
$= 2(f_m + \triangle f) = 2(m_f+1)f_s$, 변조지수 $m_f = \dfrac{\triangle f}{f_s}$
② 변조지수와 대역폭은 비례

06 다음 중 비동기식 카운터와 관계없는 것은?

가. 고속계수 회로에 적합하다.
나. 리플 카운터라고도 한다.
다. 회로 설계가 동기식보다 비교적 용이하다.
라. 전단의 출력이 다음 단의 트리거 입력이 된다.

정답 가

해설 비동기식 계수기(Counter)
① 비동기식 카운터는 리플 카운터라 하며, 이 카운터는 전단에 있는 플립플롭의 출력을 받아 다음 단 플립플롭을 동작시키도록 연결되어 있다.
　회로는 간단하나 동작속도는 느린 단점이 있다. 회로에서 3개의 플립플롭이 연결되어 있으므로 $N = 2^3 = 8$진 카운터이다.

07 다음 중 그림에서 발진회로로 적합한 것은?

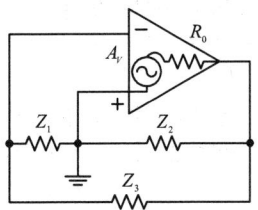

가. Z_1, Z_2 : 유도성, Z_3 : 용량성
나. Z_1, Z_3 : 유도성, Z_2 : 용량성
다. Z_2, Z_3 : 유도성, Z_1 : 용량성
라. Z_1, Z_2, Z_3 : 유도성

정답 가

해설 3소자 발진기의 발진 조건
① $Z_1 + Z_2 + Z_3 = 0$, 이득조건 $\mu = \dfrac{Z_2}{Z_1}$
② 발진조건

발진기 종류	리액턴스		
	Z_1	Z_2	Z_3
하틀리 발진기	L	L	C
콜피츠 발진기	C	C	L

08 다음 중 10진수 342를 BCD 코드로 변환하면?

가. 0101 0100 0010   나. 0011 0100 0011
다. 0101 0101 0010   라. 0011 0100 0010

정답 라

해설 $(342)_{10}$ 각 비트를 4[bit] 8421로 표현함

　3　　4　　2
0011　0100　0010

09 수정발진기는 그 발진주파수가 안정하여 널리 쓰이고 있다. 안정한 이유로서 가장 옳은 것은?

가. 수정은 고유진동을 하고 있기 때문에
나. 수정발진자는 온도계수가 적기 때문에
다. 수정은 피에조 전기현상을 나타내기 때문에
라. 수정발진자는 Q가 매우 높기 때문에

정답 라

[해설] 수정발진기의 특징
① 주파수 안정도가 좋다.
② 수정 발진기는 발진 주파수를 가변하기 어렵다.
③ 수정 발진기는 고주파 발진기로 적합하다.
④ 수정진동자는 기계적, 물리적으로 안정하다.

10 변조도가 50[%]인 진폭변조 송신기에서 반송파의 평균전력이 40[mW]일 때, 피변조파의 평균전력[mW]은?

가. 400 나. 450
다. 500 라. 550

정답 나

[해설] AM변조의 피변조파 평균전력

$$P_m = P_c\left(1 + \frac{m^2}{2}\right)[W]$$

$$\therefore P_m = 400\left(1 + \frac{0.5^2}{2}\right) = 450[mW]$$

11 기억된 정보를 보전하기 위하여 주기적으로 리플레시(refresh)를 해주어야만 하는 기억소자는?

가. Dynamic ROM 나. Static ROM
다. Dynamic RAM 라. Static RAM

정답 다

[해설] Dynamic RAM
① RAM(Read Access Memory)은 DRAM과 SRAM

DRAM	SRAM
휘발성 (소멸성)	휘발성 (소멸성)
집적도가 높다.	집적도가 낮다.
제조가 간편	제조가 어렵다.
Refresh회로가 요구	Refresh회로가 필요 없음

12 트랜지스터의 베이스접지 전류증폭률을 α라고 하면 이미터접지의 전류증폭률 β는?

가. $\beta = \dfrac{\alpha}{\alpha+1}$ 나. $\beta = \dfrac{\alpha}{1-\alpha}$

다. $\beta = \dfrac{\alpha-1}{\alpha}$ 라. $\beta = \dfrac{\alpha+1}{\alpha}$

정답 나

[해설] 증폭회로
① CE증폭회로의 전류증폭율 (β)
② CB증폭회로의 전류증폭율 (α)

$$\beta = h_{fe} = \left|\frac{\Delta I_C}{\Delta I_B}\right|, \alpha = \left|\frac{\Delta I_C}{\Delta I_E}\right|$$

③ 두 전류증폭율의 관계는

$$\beta = \left|\frac{\Delta I_C}{\Delta I_B}\right| = \left|\frac{\Delta I_E}{(1-\alpha)I_E}\right| = \frac{\alpha}{1-\alpha}$$

$$\therefore \beta = \frac{\alpha}{1-\alpha}, \alpha = \frac{\beta}{1+\beta}$$

13 주된 맥동전압주파수가 전원주파수의 6배가 되는 정류 방식은?

가. 단파전파정류   나. 단상브리지정류
다. 3상반파정류   라. 3상전파정류

정답 라

[해설] 각 정류 방식의 비교

(전원 주파수=60[Hz])

항목 방식	맥동 주파수	맥 동 률	최대 정류 효율
단상 반파	f[60Hz]	121%	40.6%
단상 전파	$2f$[120Hz]	48.2%	81.2%
3상 반파	$3f$[180Hz]	18.3%	96.8%
3상 전파	$6f$[360Hz]	4.2%	99.8%

14 다음 중 회로에 구형파 입력 e_i가 인가될 때 출력 e_o의 파형으로 가장 적합한 것은?
(단, $RC \ll t_p$이다.)

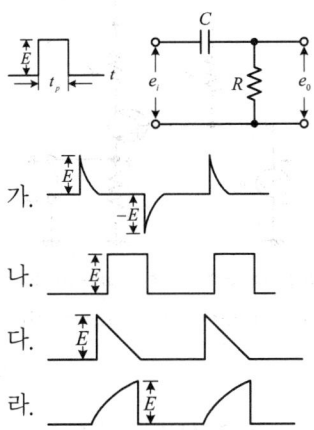

정답 가

해설 CR미분기 회로임
① 구형파를 미분기에 통화시키면 톱니파형태의 출력이 나온다.
* RC적분기 회로

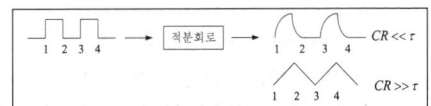

15 그림과 같은 D형 플립플롭으로 구성된 카운터 회로의 명칭은?

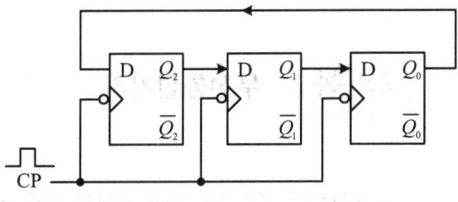

가. 3진 링카운터
나. 6진 링카운터
다. 7진 시프트카운터
라. 8진 시프트카운터

정답 가

해설 Ring Counter
① 쉬프트 레지스터의 마지막단의 출력 Q(t)를 첫 단에 궤환 시킨 것으로 순환 레지스터이다.

16 2진수 $(11010)_2$을 그레이코드(gray code)로 변환하면?

가. $(10011)_G$ 나. $(11011)_G$
다. $(11110)_G$ 라. $(10111)_G$

정답 라

해설 2진수에서 Gray Code의 변환 (EX-OR 동작)
① $(11010)_2$ = $(10111)_G$
② 예를 들면,

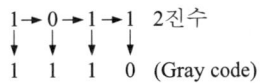

17 신호의 표본값에 따라 펄스의 진폭은 일정하고 그 위상만 변화하는 것은?

가. PCM   나. PPM
다. PWM   라. PFM

정답 나

해설 PPM
① 펄스 폭 변조방식으로 진폭은 일정하고 위상(펄스의 위치)만 변화되는 변조방식 이다.

18 다음 그림과 같은 회로의 출력전압 $V_0[V]$는?

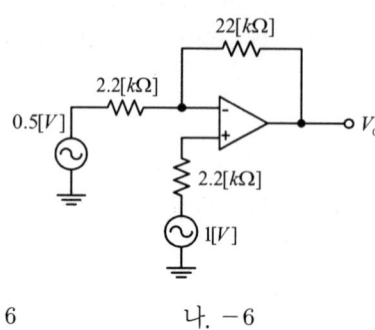

가. 6 나. -6
다. 16 라. -16

정답 가

해설 회로해석
① 반전 연산증폭회로 와 비반전 연산증폭회로를 연결하여 중첩의 원리를 사용한다.
② 출력전압
$$= -\frac{R_f}{R}V_1 + (1+\frac{R_f}{R})V_2$$
$$= -\frac{22[k]}{2.2[k]} \times 0.5 + (1+\frac{22[k]}{2.2[k]}) \times 1$$
$$= -5 + 11 = 6[V]$$

19 전압증폭 이득이 40[dB]인 증폭기에서 10[%]의 잡음이 발생했다. 이것을 1[%]로 개선하기 위한 부궤환율 β는?

가. 0.5 나. 0.09
다. 0.05 라. 0.009

정답 나

해설 부궤환 증폭기
① 부궤환증폭기의 비선형 일그러짐(왜율)은 감소
② 부궤환율(β)
$$K_f = \frac{K}{1+\beta A_V}$$
③ 이득이 40[dB], $20\log A_V = 40[dB]$, $A_V = 100$
$$K_f = \frac{K}{1+\beta A_v}$$
④ 따라서, $1+\beta A_v = \frac{K}{K_f} = \frac{10}{1} = 10$
$\beta A_v = 9$이므로, $\beta = \frac{9}{100} = 0.09$

20 다음 그림과 같은 궤환회로는? (단, 입력이 V_i이고 출력은 V_0이다.)

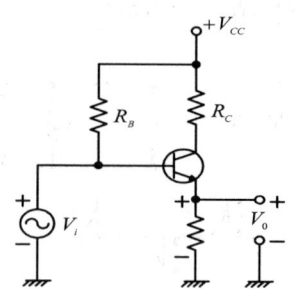

가. Voltage series 나. Current series
다. Voltage shunt 라. Current shunt

정답 가

해설 직렬 전압 궤환 증폭회로의 특징
① 전압 이득은 감소한다.
② 입력 저항은 증가하고 출력 저항은 감소한다.
③ 주파수 대역폭이 증가한다.
④ 비직선 일그러짐이 개선된다.
⑤ 잡음이 감소된다.
⑥ 기본증폭기는 전압증폭기이다.
⑦ R_E 저항이 일정한 출력전압 Vo 가 나오는 출력 단자에 붙어있으면 "전압궤환"이고, R_E 저항이 출력 부하회로와 직렬 이므로 "직렬궤환"이다.

제2과목 무선통신기기

21 슈퍼헤테로다인 수신기에 있어서 고주파 증폭회로의 역할이 아닌 것은?

가. S/N비 개선 나. 주파수안정도 개선
다. 영상혼신 개선 라. 수신기 감도 향상

정답 나

[해설] 고주파증폭기 입력회로 역할
① S/N개선　　　　　② 감도 향상
③ 영상주파수 선택도 개선　　④ 공중선과의 정합 작용
⑤ 불요복사 방지　　⑥ 희망파 선택

22 AM 수신기의 특성을 나타내는 중요 요소로써 적합하지 않은 것은?
가. 감도　　　나. 변조도
다. 선택도　　라. 안정도

정답 나

[해설] 수신기 성능을 나타내는 4대 성능

감도	미약한 전파를 잘 수신할 수 있는 능력
선택도	혼신, 잡음 등을 분리하여 원하는 신호만 선택할 수 있는 능력
충실도	원신호를 정확하게 재생할 수 있는 능력
안정도	오랜시간 동안 일정한 출력을 유지할 수 있는 능력

23 DSB 통신 방식과 비교한 SSB 송신기의 장점이 아닌 것은?
가. 점유주파수대폭이 1/2로 축소된다.
나. 적은 송신 전력으로 통신이 가능하다.
다. 회로 구성이 간단하다.
라. 신호대 잡음비가 개선된다.

정답 다

[해설] SSB 통신 방식의 장점
① 점유주파수 대폭이 1/2로 축소된다.
② 적은 송신전력으로 양질의 통신이 가능하다.
③ 송신기의 소비전력이 적다.
④ 선택성 페이딩의 영향이 적다
⑤ 수신측에서 S/N비가 개선된다.
⑥ 비화성을 유지할 수 있다.
⑦ 송신기가 소형경량이다.

24 주파수 변조(FM) 수신기의 구성 요소가 아닌 것은?
가. 국부 발진기　　나. 진폭 제한기
다. 프리엠퍼시스　　라. 디엠퍼시스

정답 다

[해설] FM송수신기

FM송신기 구성요소	FM수신기 구성요소
프리엠파시스 전치왜곡보상회로 (IDC회로)	국부발진기 진폭제한기 디엠파시스 스켈치회로

25 변조속도가 2,400[Baud]일 때 4상식 위상변조 방식을 사용 하는 경우의 데이터 신호 속도는 몇 [bps]인가?
가. 2,400[bps]
나. 4,800[bps]
다. 7,200[bps]
라. 9,600[bps]

정답 나

[해설] 신호속도 = 변조속도 × Bit 수
= 2400[Baud]× = 2400×2 = 4800[bps]

26 다음 중 주파수분할방식(FDM)에 대한 시분할방식(TDM)의 특징으로 맞지 않는 것은?
가. 통화로당 점유주파수대폭이 넓다.
나. 회선의 분기가 용이하다.
다. 특성이 양호한 필터가 많이 필요하다.
라. 누화잡음을 적게 할 수 있다.

정답 다

[해설] TDM의 특징
① 단국장치가 간단
② FDM에서 문제되는 지연왜곡을 해결할 수 있음
③ 누화가 적다.
④ 통화회선이 적을 때 경제적
⑤ 통화회선을 많게 할 수 없다.
⑥ 통화로당 점유주파수 대폭이 넓다.
⑦ 기존유선망과 간단히 접속할 수 없다.

2011년 무선설비산업기사 기출문제

27 정지궤도(GEO) 위성에 관한 설명으로 바른 것은?
　가. 위성의 고도가 약 500 ~ 2,000[km]이다.
　나. 이동통신 위성에 많이 사용된다.
　다. 극지방통신이 가능하며, 전파지연이 거의 없다.
　라. 대규모 위성안테나와 대형 발사체가 필요하다.

　　　　　　　　　　　　　　　　　　정답 라

해설 정지궤도 위성
　① 위성의 고도는 35,860[km]이다.
　② 전파지연 시간이 문제가 된다.(0.25[sec])
　③ 극지방은 통신서비스 대상지역에서 제외 된다.
　④ 3개위성으로 전세계를 커버할 수 있다.
　⑤ 지구반지름의 6배되는 거리에 위치하며, 적도를 기준으로 지구의 자전속도와 동일함

28 통신시스템에서 신호강도와 전송된 후의 신호강도를 측정하는 단위로 [dB]를 사용하는데 이때 등방성 안테나 이득을 표현할 때의 단위는?
　가. dBi　　　　나. dBm
　다. dBW　　　라. dB

　　　　　　　　　　　　　　　　　　정답 가

해설 dB의 단위표시

dBd	dBi	dBm
상대이득 다이폴안테나	절대이득 등방성안테나	1[mW]기준의 전력크기 비

29 다음 중 위성통신 등에서 하나의 음성채널에 대하여 하나의 단일 반송파를 할당하여 전송하는 방식은?
　가. MCPC　　　나. SCPC
　다. DSI　　　　라. FDMA

　　　　　　　　　　　　　　　　　　정답 나

해설 위성통신
　① FDMA의 운영방식(주파수다중화)

MCPC	SCPC
하나의 반송파에 다수의 채널을 전송함	하나의 반송파에 하나의 채널을 전송함

　* DSI (Digital Speech Interpolation) : 음성 전송시 비 음성영역을 이용하여 전송하는 기술임

30 동일한 CDMA 주파수를 사용하는 동일 기지국내 섹터간 핸드오프에 해당되는 것은?
　가. 중간(middle) 핸드오프
　나. 소프터(softer) 핸드오프
　다. 하드(hard) 핸드오프
　라. 아날로그 핸드오프

　　　　　　　　　　　　　　　　　　정답 나

해설 CDMA 핸드오버기술
　① 하 드 핸드오버 : MSC(교환기)간 핸드오버
　② 소프트 핸드오버 : 기지국간 핸드오버
　③ 소프터 핸드오버 : 섹터간 핸드오버

31 다음 위성통신에 사용되는 전원계의 구성 중 해당되지 않는 것은?
　가. 전원 발생부　　나. 축전지
　다. 전원 공급부　　라. 전원 제어부

　　　　　　　　　　　　　　　　　　정답 라

해설 위성통신 전원계

전원 발생부	전원 공급부
태양전지판 축전지를 이용한 충전	전원변동 방지 트랜스폰더등에 공급

32 다음 중 축전지의 충전의 종류가 아닌 것은?
　가. 단순 충전　　나. 평상 충전
　다. 균등 충전　　라. 부동 충전

　　　　　　　　　　　　　　　　　　정답 가

[해설] 충전의 종류
① 부동충전 : 자기방전을 보충, 충전기 + 축전 지동시 부담 하여 충전
② 세류충전 : 자기방전량 만 충전
③ 급속충전 : 충전전류의 2-3배 로 충전
④ 초기충전 : 축전지에 전해액 주입 후 처음으로 충전하는 것

33 전원 전압의 변동 및 온도 변화 등에 의한 영향을 받지 않도록 하는 회로를 무엇이라 하는가?
가. 안정화 전원 회로 나. 평활 회로
다. 정류 회로   라. 발진 회로
[정답] 가

[해설] 안정화 전원회로
① 외부의 온도변동 및 부하변동 등에 의해 직류 출력의 변화가 될 수 있어, 이를 방지하기 위해 안정화 전원회로가 요구됨
② 평활회로는 Ripple제거, 정류회로는 AC to DC 변환 회로임

34 입력교류전력이 60[W]이고 출력직류전력이 120[W]일 경우 정류효율은 몇 [%]인가?
가. 50   나. 100
다. 200   라. 300
[정답] 다

[해설] 정류효율
$\frac{출력직류전력}{입력교유전력} \times 100[\%] = \frac{120}{60} \times 100 = 200[\%]$

35 120[MHz]인 반송파를 20[kHz]인 신호파로 FM 변조 했을 때 최대 주파수 편이가 100[kHz]이면 변조지수는 얼마인가?
가. 6   나. 5
다. 4   라. 3
[정답] 나

[해설] 변조지수
$m_f = \frac{\Delta f}{f_m} = \frac{100[kHz]}{20[kHz]} = 5$

36 FM 송신기의 주파수 특성 측정에 필요하지 않는 것은?
가. 저주파 발진기   나. 저항 감쇠기
다. 의사 안테나   라. 고주파 출력계
[정답] 라

[해설] FM송신기의 주파수 특성측정
① 저주파 발진기   ② 저항감쇠기
③ 의사공중선   ④ FM변조도계
⑤ FM송신기 및 LPF

37 다음 중 송신기의 RF 간섭 및 변조파 측성을 측정하기에 가장 적합한 계측기는?
가. 오실로스코프   나. 스펙트럼 분석기
다. 레벨미터   라. 멀티미터
[정답] 나

[해설] 스펙트럼 분석기의 용도
① 펄스폭 및 반복률 측정
② RF 증폭기의 동조
③ FM 편차 측정
④ RF 간섭시험
⑤ 안테나 패턴 측정

38 수신기의 종합 특성을 결정하는 파라미터로서 혼신 및 간섭 등을 어느 정도까지 분리 및 제거할 수 있는가의 능력을 나타내는 것은 무엇인가?
가. 감도   나. 선택도
다. 충실도   라. 안정도
[정답] 나

[해설] 수신기 성능을 나타내는 4대 성능

감 도	미약한 전파를 잘 수신할 수 있는 능력
선택도	혼신, 잡음등을 분리하여 원하는 신호만 선택할 수 있는 능력
충실도	원신호를 정확하게 재생할 수 있는 능력
안정도	오랜시간동안 일정한 출력을 유지할 수 있는 능력

39
다음 그림은 FM 송신기의 신호 대 잡음비의 측정구성도를 나타낸 것이다. (A)에 들어가야 하는 것은?

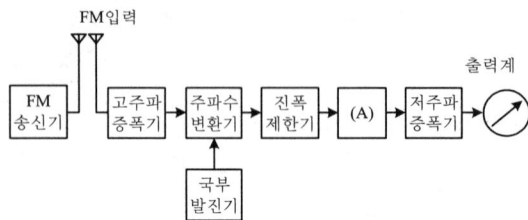

가. 직선검파기   나. 주파수 변별기
다. 가변감쇠기   라. 수신기

정답 나

해설 주파수 변별기
① 진폭제한기 이후 주파수변별기를 사용하여 FM신호를 검출할 수 있음
② 주파수변별기는 주파수변화를 진폭변화로 변환하여 정확한 신호파 검출을 할 수 있음

40
특성임피던스 Z_0가 $75[\Omega]$인 선로 종단에 Z_0보다 적은 부하저항을 접속한 후 송신단자에서 신호를 인가하였다. 이때 선로상의 파형을 측정하였더니 최고전압이 $25[V]$, 최저전압이 $5[V]$이었다. 이 선로의 전압정재파비(VSWR)은 얼마인가?

가. 4   나. 5
다. 6   라. 8

정답 나

해설 정재파비

정재파비 $S = \dfrac{V_{max}}{V_{min}} = \dfrac{V_i + V_r}{V_i - V_r} = \dfrac{25}{5} = 5$

반사계수 $\Gamma = \dfrac{s-1}{s+1} = \dfrac{5-1}{5+1} = 0.67$

반사손실 $= 20\log\Gamma = -3.47[dB]$

* 반사계수 = 0, 정재파비 = 1 일 때 완전 정합
  이때 반사손실 = $\infty[dB]$ 임.

제3과목 안테나공학

41
전계와 자계에 대한 설명으로 바른 것은?
가. 자기력선은 발산이 있으나 전기력선은 없다.
나. 전계와 자계 모두에 에너지 보존법칙이 성립한다.
다. 전계는 전류 및 자하에 의하여 형성된다.
라. 전기력선은 항상 폐곡선을 형성한다.

정답 나

해설 전계와 자계에 관한 설명
① 자계는 보전적이며, 전계는 보존적이거나 보존적이 아닐 수 있다.
② 전계는 전하에 의해서 생성되며, 자계는 전류 및 자하에 의해서 형성된다.
③ 전기력선은 발산이 있으나, 자기력선은 발산이 없다.

42
Maxwell 방정식을 이루는 법칙이 아닌 것은?
가. 페러데이(Faraday) 법칙
나. 암페어(Ampere) 법칙
다. 스넬(Snell) 법칙
라. 가우스(Gauss) 법칙

정답 다

해설 맥스웰방정식

페러데이 법칙	$rot E = -\dfrac{\partial B}{\partial t}$
암페어 법칙	$rot H = i + \dfrac{\partial D}{\partial t}$
가우스 법칙	$div B = 0$ (∵ $B = \mu H$)
가우스 법칙	$div D = \rho$

43 자유 공간에서 단위 면적을 단위 시간에 통과하는 전파 에너지가 $3[\mu W/m^2]$이었다. 이때 자유 공간의 전계강도는 약 얼마인가?

가. 6.45[mV/m]   나. 16.81[mV/m]
다. 33.63[mV/m]   라. 45.65[mV/m]

정답 다

해설 포인팅정리
① 단위체적을 단위시간당 통과하는 에너지 흐름을 말하며, 아래와 같이 정의함
$$P = E \times H = E^2/Z_0 = \frac{E^2}{120\pi}[W/m^2]$$
$$E^2 = 377 \times P = \sqrt{377 \times (3 \times 10^{-6})} = 33.63[mV/m]$$

44 다음 중 공중선과 급전선간 부정합시의 문제점이 아닌 것은 어느 것인가?

가. 송신기의 동작이 불안정해 진다.
나. 반사손실(부정합손실)이 증가한다.
다. 급전선의 절연이 파괴된다.
라. 최대 전송전력이 증가한다.

정답 라

해설 부정합시 문제점
① 정재파가 커짐
② 반사파로 인한 반사손실증가
③ 최대전력전달이 불가능해짐
④ 급전선의 절연이 파괴되고, 송신기 동작불안정

45 특성 임피던스가 $75[\Omega]$인 급전선상의 VSWR(전압정재파비)가 4라면 반사계수는 얼마인가?

가. 0.2
나. 0.4
다. 0.6
라. 0.8

정답 다

해설
정재파비 $S = \frac{V_{max}}{V_{min}} = \frac{V_i + V_r}{V_i - V_r}$

반사계수 $\Gamma = \frac{s-1}{s+1} = \frac{4-1}{4+1} = 0.6$

반사손실 $= 20\log\Gamma = -4.47[dB]$

* 반사계수 = 0, 정재파비 = 1 일 때 완전 정합 이때 반사손실 = $\infty[dB]$ 임.

46 방송 주파수 100[MHz]용 공중선의 비 동조 급전선의 끝을 단락, 접지한 75[Cm]의 트랩을 병렬 접속할 대 일어나는 현상과 관련 없는 것은?

가. 시스템의 신호대 잡음비가 개선된다.
나. 정재파의 발생으로 전송효율이 증가한다.
다. 전력 분배 회로망에서 진폭과 위상의 오차를 감소시킨다.
라. 발사 전파의 세기에 변화는 없다.

정답 나

해설 Stup 또는 Trap 회로 사용
① $\frac{\lambda}{4}$단락 Trap의 입력 측에서 본 임피던스는 평형 전류에 대해서는 ∞, 불 평형 전류에 대해서는 "0" 이 되어 불평형 전류 성분이 제거된다.
② 반사파가 존재하지 않아 시스템 신호대잡음비가 개선됨
③ 진행파만 존재하여 전송효율 증가
④ 임피던스가 정합되어 발사전파의 변동이 없음

47 동축 급전선과 비교한 도파관의 특징이다. 옳지 않는 것은?

가. 차단파장이 없다.
나. 유전체손실이 적다.
다. 방사손실이 없다.
라. 전송전력이 크다.

정답 가

[해설] 도파관의 특징
① 저항손실이 적다.
② 유전체 손실이 적다.
③ 대전력을 취급할 수 있다.
④ 외부전자계와 차폐
⑤ 차단파장 이하만 전송(HPF), 차단주파수 이상만 전송 함
⑥ 복사손실이 없다.

48 아이솔레이터(Isolator)에 대한 설명으로 바르지 못한 것은?

가. 아이솔레이터는 마이크로파 자성재료, 정합용 콘덴서, 자석 케이스, 저항 등으로 구성된다.
나. 집중 정수형 아이솔레이터는 파장에 비례해서 페라이트의 크기를 늘려야 한다.
다. 집중소자 아이솔레이터의 경우 코일의 길이는 아이솔레이터 동작 주파수에서의 파장보다 훨씬 짧아야 한다.
라. 감쇠기 판(Vane)은 저항성 소재의 병렬 구조로 되어있다.

정답 나

[해설] 아이솔레이터(Isolator)
① 아이솔레이터는 진행파만 통과시키고 반사파는 차단시키는 비가역특성을 이용한 정합회로 임
② 마이크로파 자성재료, 정합용 콘덴서, 자석 케이스, 저항 등으로 구성됨
③ 집중형 아이솔레이터는 파장에 반비례하여 페라이트의 크기를 줄여야 함
④ 전송선로중의 반사파에 의한 전송 일그러짐 제거, 임피던스 정합, 혼변조 방지, 발진주파수안정화 등에 이용됨

49 미소 다이폴(hertz dipole)의 전계강도를 구하는 공식으로 맞지 않는 것은? (단, P: 복사전력, L: 안테나 길이, d: 안테나로부터 떨어진 거리)

가. $\dfrac{\sqrt{45P}}{d}$

나. $\dfrac{6.7\sqrt{P}}{d}$

다. $\dfrac{60\pi IL}{\lambda d}$

라. $\dfrac{7\sqrt{P}}{d}$

정답 라

[해설] 안테나별 복사전계강도

안테나	복사전계강도
미소다이폴	$E = \dfrac{6.7\sqrt{P_r}}{d}$ [V/m]
반파장다이폴	$E = \dfrac{7\sqrt{P_r}}{d}$ [V/m]
수직접지	$E = \dfrac{9.9\sqrt{P_r}}{d}$ [V/m]
등방성안테나	$E = \dfrac{\sqrt{30P_r}}{d}$ [V/m]

50 $\lambda/4$의 수직접지안테나에 주파수 2[MHz]이고, 급전점의 최대 전류가 10[A]를 흘렸을 때 도선상의 25[m]인 지점에서의 전류는 얼마인가?

가. 3[A]
나. 5[A]
다. 7[A]
라. 9[A]

정답 나

[해설] 수직접지 안테나의 전류분포
$I = I_0 \cos\dfrac{2\pi}{\lambda}x = 10\cos\dfrac{2\pi}{150} \cdot 25[m] = 10\cos\dfrac{\pi}{3}$
$= 10\cos 60° = 10 \times 0.5 = 5[A]$

51. 다음 중 지향성 공중선의 설명으로 가장 적합한 것은?
    가. 무선전자파 에너지를 모든 방향으로 똑같이 잘 송수신할 수 있는 공중선
    나. 상공파로 전파되는 전자파 에너지를 송수신할 수 없는 공중선
    다. 주로 단일 방향의 전자파 에너지를 송수신하는 공중선
    라. 송신전력을 측정하기 위해 방향성 결합기를 사용하는 공중선

    정답 다

    해설 지향성 공중선
    ① 단일 방향의 전자파에너지를 송수신하는 공중선 또는 특정한 방향으로 전파를 복사하는 복사패턴을 갖는 공중선을 말함

52. 위성 통신 지구국용 고이득 저잡음 안테나로써 회전 쌍곡선 곡면을 부반사경으로 사용하는 안테나는?
    가. Horn-reflector 안테나
    나. Parabolic 안테나
    다. Cassegrain 안테나
    라. Corner reflector 안테나

    정답 다

    해설 카세크레인 안테나
    ① 주반사기와 부반사기 간에 허초점을 지구국용 고이득 저잡음 안테나임
    ② 안테나 크기(주반사기)와 이득이 비례함

53. 지구국 수신기의 수신능력을 나타내는 것은?
    가. 안테나의 실효면적과 실제면적의 비
    나. 반송파 전력과 잡음의 비
    다. 안테나의 이득과 수신기의 잡음온도의 비
    라. 비트에너지대 잡음전력의 비

    정답 다

    해설 G/T
    ① 안테나의 이득 과 수신기 잡음온도의 비를 말하며, 지구국 수신기의 능력을 나타냄
    ② 표준 지구국 의 경우
    $$G/T = 35 + 20\log\frac{f[\text{GHz}]}{45}$$
    이상을 규정하고 있음

54. 다음 중 직접파를 이용하여 통신하는 방식은?
    가. 중파통신
    나. 중단파통신
    다. 단파통신
    라. 마이크로파통신

    정답 라

    해설 전파대역별 주전파 특성

장중파	단파	초단파	마이크로파
지표파	반사파	직접/회절파	직접파

55. 다음 중 VHF와 UHF의 주파수 범위는?
    가. VHF : 300~3000[MHz] UHF : 30~300[MHz]
    나. VHF : 3~30[MHz], UHF : 30~300[MHz]
    다. VHF : 30~300[MHz], UHF : 300~3,000[MHz]
    라. VHF : 30~300[MHz], UHF : 3~300[MHz]

    정답 다

해설

밴드	주파수 대역
VLF(장파)	3[kHz] ~ 30[KHz]
LF(저주파)	30[KHz] ~ 300[KHz]
MF(중파)	300[KHz] ~ 3[MHz]
HF(단파)	3[MHz] ~ 30[MHz]
VHF(초단파)	30[MHz] ~ 300[MHz]
UHF(극초단파)	300[MHz] ~ 3[GHz]
SHF(마이크로웨이브)	3[GHz] ~ 30[GHz]

56 초단파대 전파가 전파될 때 그 사이에 존재하는 산악 회절파의 특징 중 잘못된 것은?

가. 아주 적은 손실로 초단파대 초가시거리 통신을 수행할 수 있다.
나. Fading이 적고 안정하다.
다. 지리적 제한을 받지 않는다.
라. 간편하고 시설 및 운영비의 점에서 유리하다.

정답 다

해설 산악회절파
① 페이딩이 적고 안정적임
② 지리적 제한을 받음 (산악이 존재해야함)
③ 시설도 간단하고 운용비가 적게 소요됨
④ 송수신점 사이에 산악 존재시 회절이득이 최대

57 어느 송·수신소 사이의 MUF(Maximum Useful Frequency)가 10[MHz]일 때 FOT(Frequency of Optimum Transmission)는 얼마인가?

가. 6.55[MHz] 나. 7.5[MHz]`
다. 8.5[MHz] 라. 9.5[MHz]

정답 다

해설 FOT = MUF × 0.85 = 10[MHz] × 0.85 = 8.5[MHz]

58 전리층 반사파는 입사각이 어느 정도 이상으로 커야만 지구로 돌아온다. 이때 전리층 반사파가 최초로 지표면에 도달하는 지점과 송신점 간의 거리를 무엇이라 하는가?

가. 불감지대(Skip Zone)
나. 프리즈넬 존(Fresnel Zone)
다. 블랭킷(blanket) 에리어
라. 도약거리(Skip Distance)

정답 라

해설 도약거리
① 전리층 반사파 통신형식(MF, HF)의 도약 거리
$d = 2h'\sqrt{(f/f_c)^2 - 1}$
② 전리층의 겉보기 높이에 비례한다.
③ 사용주파수가 임계주파수보다 높을 때 발생
④ 사용주파수에 비례한다.

59 단파가 전리층을 통과하거나 반사될 때 전자나 공기분자와 충돌로 인하여 감쇠량이 변하여 발생하는 페이딩은?

가. 간섭성 페이딩 나. 편파성 페이딩
다. 흡수성 페이딩 라. 선택성 페이딩

정답 다

해설 전리층 페이딩
① 페이딩 원인
(가) 간섭성 페이딩
: 동일 송신 전파를 수신하는 경우에 전파의 통로가 둘 이상인 경우 이들 전파가 간섭하여 일으키는 페이딩 이다.
(나) 편파성 페이딩
: 전리층 반사에 의해 도래한 전파가 지구자계의 영향으로 정상파와 이상파로 되고 이에 의해 타원 편파가 된다. 이 페이딩은 단파대에서 심하며, 그 주기가 빠르다.
(다) 도약성 페이딩
: 도약성 페이딩은 일출, 일몰시의 급격한 전자밀도 변동으로 도약거리 부근에서 발생된다.
(라) 흡수성 페이딩
: 전파가 전리층을 통과하거나 반사될 때에 전자와 공기분자와의 충돌 때문에 그 세력의

일부가 흡수되므로 전파의 에너지는 감쇄를 받는다.
(마) 선택성 페이딩
: 전리층을 통과하는(1종감쇠) 주파수마다 감쇠 량이 달라서 생기는 페이딩임
② 방지대책

페이딩	방지대책
간섭성 페이딩	공간 다이버시티 기법사용
편파성 페이딩	편파 다이버시티 기법사용
선택성 페이딩	주파수 다이버시티 기법사용
흡수성 페이딩	AGC회로 기법 사용
도약성 페이딩	주파수다이버시티 또는 AGC

60 다음 중 도약성 페이딩의 방지 방법으로 옳지 않은 것은?

가. 수신기내에 AGC 회로나 진폭 제한기 사용
나. 중파 송신일 때 페이딩 방지용 공중선 사용
다. 다이버시티 수신법 사용
라. 전파 흡수체 사용

정답 라

[해설] 도약성 페이딩
① 도약거리 가 전리층의 전자밀도 변화로 거리가 변동되면서 수신점의 위치가 변화되어 생기는 페이딩임
② 주파수 다이버시티 기법이나 AGC(Auto Gain control) 기법을 사용함

제4과목 전자계산기일반 및 무선설비기준

61 중앙처리장치가 기억장치 혹은 I/O 장치와의 사이에 신호를 전송하기 위한 신호선들의 집합은?

가. 시스템 버스(system bus)
나. 주소 버스(address bus)
다. 데이터 버스(data bus)
라. 제어 버스(control bus)

정답 다

[해설] 시스템버스
① 프로세서와 메인메모리 사이를 연결하여 이들 2개의 컴포넌트 사이의 데이터 및 명령의 전송을 관리한다.

버스	특징
주소버스	CPU가 기억장치로 데이터 읽기/쓰기
데이터버스	CPU와 메모리 사이에 데이터 전달
제어버스	CPU내부요소 사이의 제어신호 전달

62 주소 형식에 따른 컴퓨터 구조에서 0-주소 명령어 형식은?

가. 어큐뮬레이터(accumulator) 구조
나. 범용 레지스터(GPR) 구조
다. 큐(queue) 구조
라. 스택(stack) 구조

정답 라

[해설] 0-주소 명령어 형식
① 명령어는 연산자 부분 과 주소 부분으로 구성됨

〈 연산자부분 〉 〈 주소부분 〉

| 명령코드 | 오퍼랜드 |

② 모든 연산은 피연산자를 이용하여 수행하고, 그 결과를 스택에 저장한다.

2011년 무선설비산업기사 기출문제

63 연산방식에 대한 설명 중 맞는 것은?
가. 직렬 연산 방식은 연산속도가 빠르다.
나. 직렬 연산 방식은 하드웨어(hardware)가 복잡하다.
다. 병렬 연산 방식은 연산 속도가 빠르다.
라. 병렬 연산 방식은 하드웨어(hardware)가 간단하다.

정답 다

해설 연산방식

직렬 연산 방식	병렬 연산 방식
차례대로 연산하는 방법	한꺼번에 연산하는 방법
전가산기만 요구됨 간단한 구현	연산시간이 빠르다
연산시간이 오래 걸림	구성이 복잡함

64 ASCII-8코드에 대한 설명 중 틀린 것은?
가. 컴퓨터의 동작 제어에 관한 코드를 포함하고 있다.
나. 패리티 비트를 포함하지 않고 있다.
다. 8비트의 정수배 길이인 단어를 가지는 컴퓨터에 사용하기 편리하다.
라. 그래픽 기호를 나타내는 코드를 포함하고 있다.

정답 나

해설 ASCII코드
① 문자를 표현하기 위해서는 수치를 표현하기 위한 디짓비트 4비트와 존비트 3비트를 조합하여 사용한다.
② 1의 개수가 짝수개가 되도록 패리티비트를 구성한다.
③ 패리티 비트는 전송오류를 검사하기 위한 것으로 위치는 맨 앞, 또는 맨 뒤에 붙을 수 있으나 일반적으로 맨 뒤에 위치한다.

65 은행, 식당 또는 버스 정류장에서 서비스를 받기 위해 줄을 서 있는 원리와 같은 자료구조는?
가. 스택(stack)
나. 큐(queue)
다. 데크(deque)
라. 배열 순례(array traversal)

정답 나

해설 자료구조

구조	특 징
Queue	한쪽으로 삽입 반대로 제거 선입선출(FIFO)
Stack	한쪽 끝에서만 이루어지는 구조 후입선출(LIFO)
Deque	양쪽 끝에서 삽입과 삭제 가능 (Queue + Stack)

66 컴퓨터 사용자가 컴퓨터의 본체 및 각 주변 장치를 가장 능률적이고 경제적으로 사용 할 수 있도록 하는 프로그램은?
가. Operating System
나. Macro
다. Compiler
라. Loader

정답 가

해설 운영체제(OS)의 목적
① 사용자에게 최대의 편의성 제공
② 처리량 증가   ③ 응답시간 단축
④ 사용기능도 증대   ⑤ 신뢰도 향상

67 다음 중 일반 컴퓨터 형태가 아닌 주로 회로 기판 형태의 반도체 기억 소자에 응용 프로그램을 탑재하여 컴퓨터의 기능을 수행하는 시스템은?
가. 임베디드 시스템
나. 분산처리 시스템
다. 병렬 처리 시스템
라. 멀티 프로세싱 시스템

정답 가

[해설] 임베디드 시스템
① 시스템을 동작시키는 소프트웨어를 하드웨어에 내장하여 특수한 기능만을 가진 시스템이다.
② 어떤 특정한 처리를 하기 위해 전용으로 설계되어 내장된 시스템이라 할 수 있다.

68 다음 스케줄링 기법 중에서 성격이 다른 것은?
가. 라운드 로빈 스케줄링
나. SRT 스케줄링
다. SJF 스케줄링
라. MFQ 스케줄링

정답 다

[해설] 선점형 스케줄링 알고리즘
① 실행중인 프로세스가 있어도 중지시키고 다른 프로세스를 동작 시키는 스케줄링 방식임
② FIFO(First-In First-Out; FCFS): 선입선출
③ SJF(Shortest Job First): 작업시간이 짧은 것부터
④ SRT(Shortest Remaining Time): 남은 작업시간이 짧은 것부터
⑤ 라운드로빈(Round-robin): 시분할시스템에서 사용
  * SJF는 비선점형 스케줄링 알고리즘 임

69 마이크로프로세서의 레지스터 중 현재 수행 중이거나 다음 클럭 사이클에 수행해야 할 명령의 주소를 가리키는 것은 무엇인가?
가. ACC(accumulator)
나. stack
다. PC(program counter)
라. DLL

정답 다

[해설] PC(Program Counter)
① 다음에 실행하게 될 명령어가 기억되어 있는 주기억 장치의 번지를 기억하고 있음
② "명령어 주소 레지스터"라고 한다.

70 다음 중 인터럽트의 우선순위가 가장 높은 것은 무엇인가?
가. 전원 reset 인터럽트
나. 입출력 인터럽트
다. 외부 인터럽트
라. SVC(Supervisor call)

정답 가

[해설] 인터럽트 발생원인
① 하드웨어 인터럽트 〉소프트웨어 인터럽트보다 우선순위가 높음
② 전원이상 〉기계고장 〉외부 〉입출력 〉SVC순으로 인터럽트 우선순위를 결정할 수 있음

하드웨어 인터럽트	소프트웨어 인터럽트
·정전 및 전원이상 ·기계고장 인터럽트 ·외부 인터럽트 ·입출력 인터럽트	·프로그램 인터럽트 ·SVC 인터럽트 (감시프로그램 호출)

71 다음 중 전파법은?
가. 방송통신위원회 훈령이다.
나. 대통령령이다.
다. 법률이다.
라. 무선통신사업자의 약관이다.

정답 다

[해설] 정보통신관련법
① 전파법, 방송법, 전기통신기본법, IPTV법이 있다.
② 법 〉대통령령 〉고시(기술기준)으로 구분됨

2011년 무선설비산업기사 기출문제

72 전파법의 용어 중 틀리게 설명된 것은?
가. 주파수분배라 함은 특정한 주파수의 용도를 정하는 것을 말한다.
나. 우주국이라 함은 인공위성에 개설한 무선국을 말한다.
다. 무선국이라 함은 방송 수신만을 목적으로 하는 것도 포함된다.
라. 위성궤도라 함은 우주국의 위치 도는 궤적을 말한다.

정답 다

해설 전파법
① 무선국
: 무선설비 와 무선설비를 조작하는 사람을 통틀어서 말한다.

73 다음 중 준공검사를 받지 아니하고 운용할 수 있는 무선국으로 틀린 것은?
가. 30와트 미만의 무선설비를 시설하는 어선의 선박국
나. 국가안보 도는 대통령 경호를 위하여 개설하는 무선국
다. 공해 또는 극지역에 개설한 무선국
라. 정부 또는 기간통신사업자가 관련법에 의하여 비상통신을 위하여 개설한 무선국으로서 상시 사용하는 무선국

정답 라

해설 준공검사 없는 무선국
① 30[W]미만 무선시설 어선선박의 선박국
② 아마추어국
③ 국가안보 또는 대통령 경호를 위하여 개설하는 무선국
④ 정부 또는 극지역에 개설한 무선국
⑤ 외국에서 운용할 목적으로 개설한 육상이동지구국

74 40톤 이상의 어선인 의무선박국의 정기검사 시기는 유효기간 만료일 전후 몇 개월 이내에 실시하여야 하는가?
가. 1개월   나. 2개월
다. 3개월   라. 6개월

정답 나

해설 40톤 이상의 어선
① 의무선박국의 정기검사 시기는 유효기간 만료일 전후 [2개월] 이내에 실시하여야 한다.

75 무선국 운용 시 직접 통신보안에 관한 사항을 준수하여야 하는 자로 볼 수 없는 것은?
가. 무선국 허가자
나. 무선국 시설자
다. 무선통신업무에 종사하는 자
라. 무선설비를 이용하는 자

정답 가

해설 무선국 운용시 직접 통신보안을 준수해야할 사람
① 무선국 시설자
② 무선통신업무에 종사하는 자
③ 무선설비를 이용하는 자

76 방송통신위원회가 수행하는 전파 감시의 목적으로 볼 수 없는 것은?
가. 전파의 효율적 이용 촉진을 위하여
나. 혼신의 신속한 제거를 위하여
다. 전파 이용 질서의 유지 및 보호를 위하여
라. 주파수에 대한 사용료를 부과, 징수하기 위하여

정답 라

해설 전파감시의 목적
① 무선국에서 사용하고 있는 주파수의 편차/대역폭 등 전파의 품질측정
② 혼신을 일으키는 전파의 탐지
③ 허가받지 아니한 무선국에서 발사한 전파탐지
④ 전파이용 질서의 유지 및 보호

77 인증이 면제되는 방송통신기자재에서 적합성평가의 전부가 면제되는 기자재에 해당되지 않는 항은?

  가. 판매를 목적으로 하지 않고 전시회, 국제경기대회 진행 등 행사에 사용하기 위한 기자재
  나. 국내에서 사용하지 아니하고 국외에서 사용할 목적으로 제조하거나 수입하는 기자재
  다. 전시회, 국제경기대회 등 행사에 사용하기 위한 것으로서 판매를 목적으로 하는 정보통신기기
  라. 외국의 기술자가 국내산업체등의 필요에 의하여 일정기간 내에 반출하는 조건으로 반입하는 기자재

  정답 다

해설 인증면제 기기
① 시험, 연구를 위하여 제조하거나 수입하는 기기
② 국내에서 판매하지 않는 수출전용 기기
③ 전시회, 경기 대회 등 행사용
④ 외국의 기술자가 국내 산업체 등의 필요에 따라 기간 내에 반출하는 조건으로 반입하는 기기
⑤ 외국으로부터 도입하는 선박 또는 항공기에 설치된 기기 또는 이을 대체하기 위한 동일 기종의 기기

78 다음 중 적합성평가를 받아야 하는 선박국용 양방향 무선전화장치의 전파형식 기호로 맞는 것은?

  가. F3E 및 G3E   나. R3E 및 J3E
  다. A3E 및 R3E   라. G3E 및 A3E

  정답 가

해설 무선전화장치의 전파형식기호
① F3E, G3E
② 첫째 기호 : 주반송파의 변조형식
  둘째 기호 : 주반송파를 변조시키는 신호의 특성
  셋째 기호 : 송신할 정보의 형태

79 무선 설비를 보호하기 위한 보호 장치로서 전원회로의 퓨즈 또는 차단기는 공중선 전력이 얼마 이상일 때 갖추어야 하는가?

  가. 5와트 이상   나. 7.5와트 이상
  다. 10와트 이상   라. 12.5와트 이상

  정답 다

해설 공중선전력 "10[W]"를 초과하는 무선설비에 사용하는 전원회로에는 퓨즈 또는 자동차단기를 갖추어야 한다.

80 무선국의 시설자는 통신상 보안을 요하는 사항에 대하여 통신보안용 약호를 정한 후 누구의 승인을 얻어 사용하여야 하는가?

  가. 전파진흥협회장
  나. 국립전파연구원장
  다. 중앙전파관리소장
  라. 한국방송통신전파진흥원장

  정답 다

해설 중앙전파관리소장
① 무선국 시설자는 통신보안용 약호를 정한 후 중앙전파관리소장의 승인을 얻은 후 사용하여야 한다.

국가기술자격검정 필기시험문제

2012년 산업기사1회 필기시험

국가기술자격검정 필기시험문제

2012년 산업기사1회 필기시험

자격종목 및 등급(선택분야)	종목코드	시험시간	형 별	수검번호	성 별
무선설비산업기사		2시간			

제1과목 디지털 전자회로

01 QPSK에서 반송파 간의 위상차는?
가. $\frac{\pi}{2}$ 나. π
다. 2π 라. $\frac{3\pi}{2}$

정답 가

해설 QPSK
① 2bit 1Symbol구조로 00, 01, 10, 11 4개의 반송파 위상을 가진다.
* 따라서, 반송파간 위상차는 90도.

02 진폭과 위상은 같고 주파수만 다른 방송파가 전송되는 방식은?
가. QAM 나. FSK
다. ASK 라. DPSK

정답 나

해설 FSK
① 디지털입력신호로 아날로그 반송파의 주파수를 변화시키는 방식
② 간섭 등에 강인하지만, 광대역성, 위상불연속 등의 문제점이 있다. (MSK, GMSK로 변천)

03 BCD 부호를 10진수로, 2진수를 8진수나 16진수로 변환하기 위해 사용되는 회로는 다음 중 어느 것인가?
가. 디코더 나. 인코더
다. 멀티플렉서 라. 디멀티플렉서

정답 가

해설 디코더
① 2진수를 10진수로 변환하는 회로이다.
② n비트의 2진코드를 입력받아 2^n의 출력으로 변환시켜주는 회로이다.

04 LC 발진기에 해당되지 않는 것은?
가. 콜피츠 발진기 나. 하틀리 발진기
다. 클랩 발진기 라. 위상천이 발진기

정답 라

해설 발진기
① 외부로부터의 입력신호가 없어도 회로 자신이 연속적으로 교류신호를 발생하는 것을 말한다.

발진기	정현파 발진기	LC 발진기	동조형 발진기
			하틀리 발진기
			콜피츠 발진기
		수정 발진기	피어스 BE형 발진기
			피어스 CB형 발진기
		RC 발진기	이상형 발진기
			빈 브리지
	비정형파 발진기		멀티바이브레이터
			블로킹 발진기
			톱니파 발진기

05 초크 코일과 콘덴서로 구성된 필터 회로에서 리플율을 감소시키는 방법으로 옳은 것은?
가. 인덕턴스 L을 크게 한다.
나. 캐피시턴스 C를 작게 한다.
다. 주파수를 낮춘다.
라. 부하저항 R을 작게 한다.

정답 가

[해설] 필터회로

RC 평활회로	LC필터회로
· LPF 역할의 회로 · AC를 DC로 변환 · Ripple없는 DC화 기능	· RC보다 출력효율우수 · 쵸크코일(L)의 DC 저항이 극히 적다. · 쵸크코일(L)을 크게 하면 리플감소 가능

06 10진수 128을 BCD(Binary Coded Decimal) 부호로 바르게 변환한 것은?
가. 0001 0010 1000   나. 0100 0010 1001
다. 1000 0001 1000   라. 0010 0100 0011

정답 가

[해설] 10진수를 BCD변환
① $(128)_{10}$을 8421 BCD코드화

10진수	1	2	8
BCD	0001	0010	1000

07 60[Hz] 사인파가 단상 전파정류기의 입력에 공급된다. 출력주파수는 얼마인가?
가. 240[Hz]   나. 120[Hz]
다. 60[Hz]   라. 30[Hz]

정답 나

[해설] 상용전원(100[V], 60[Hz]) 정류시 출력주파수

단상반파 정류회로	단상전파 정류회로	3상단파 정류회로	3상전파 정류회로
60[Hz]	120[Hz]	180[Hz]	360[Hz]

08 3개의 입력 A, B, C 중 2개 이상이 1일 때 출력 Y가 1이 되는 다수결 회로의 논리식으로 맞는 것은?
가. Y = AB+BC+AC   나. Y = A⊕B⊕C
다. Y = ABC   라. Y = A+B+C

정답 가

[해설] 다수결 회로
① "0"과 "1"을 입력 값으로 받을 수 있는 A,B,C의 3개 입력과 "1"의 개수가 "0"의 개수보다 많을 때 출력이 True(참)가 되는 회로

A	B	C	Y
0	0	0	0
0	0	1	0
0	1	0	0
0	1	1	1
1	0	0	0
1	0	1	1
1	1	0	1
1	1	1	1

〈 진리표 〉

	00	01	11	10
0	0	0	1	0
1	1	1	1	1

〈 카르노맵 〉 Y = AB + BC + CA

09 그림과 같은 회로에서 RE에 흐르는 전류는 무엇인가?

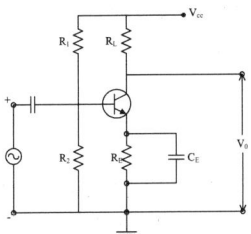

가. 직류성분만 흐르고 교류성분은 거의 흐르지 않는다.
나. 교류성분만 흐르고 직류성분은 거의 흐르지 않는다.
다. 직류성분과 교류성분의 합이 흐른다.
라. 직류성분과 교류성분의 차가 흐른다.

정답 가

해설 이미터 접지회로
① C_E는 By Pass회로를 가진 이미터 접지회로
② C_E를 통해 교류성분을 통과시켜 이득의 저하를 막는다.
③ R_E에는 직류성분만 흐르고, 교류성분은 거의 흐르지 않는다.

10 D 플립플롭을 이용하여 구성된 회로가 아닌 것은?
가. 8비트 레지스터　나. 4비트 쉬프트 레지스터
다. 15진 카운터　　라. BCD 컨버터

정답　라

해설 D-플립플롭
① D Flip-Flop은 입력단자가 하나 있고 출력 Q는 입력보다 1 클럭 늦게 나오는 회로로서 Data 일시 기억장치로 사용된다.
② D Flip-Flop은 레지스터, 카운터 등에 사용

11 다음 중 적분기에 사용하는 콘덴서의 절연저항이 커야하는 이유로 맞는 것은?
가. 연산의 정밀도가 저하되기 때문에
나. 연산이 끝나면 전하가 방전하기 때문에
다. 단락시켜도 잔류전압이 방전되지 않기 때문에
라. 회로 동작이 복잡해지기 때문에

정답　가

해설 적분기
① 적분기는 RC회로로 구성되어, C(캐패시터)의 역할일 매우 크다.
② 캐패시터의 절연저항이 작아지면, 연산의 정밀도가 낮아지므로 절연저항이 큰 캐패시터를 사용해야 한다.
* 절연저항이란 절연물질의 저항(방해성분)을 나타내는 것으로, 절연저항이 낮아지면 누전이 발생된다.

12 클리퍼 회로를 구성하는 부품이 아닌 것은?
가. 저항
나. 캐패시터
다. 다이오드
라. 직류전원

정답　나

해설 Clipper 회로
① 입력파형을 적정한 Level로 잘라내는 파형변환 회로의 일종이다.
② 다이오드와 저항으로 구성된 회로와 직류전원으로 구성된다.

13 다음 식과 같이 주어지는 논리식을 불 대수를 적용하여 간략화한 것은?
$Z=(A+\overline{B}C+D+EF)(A+\overline{B}C+\overline{D+EF})$
가. $Z=D+EF$
나. $Z=\overline{B}C+D+EF$
다. $Z=A+\overline{B}C$
라. $Z=A+D$

정답　다

해설 불 대수를 이용한 논리식의 간소화
① $Z=(A+\overline{B}C+D+EF)(A+\overline{B}C+\overline{D+EF})$ 에서
  〉 $x+y \cdot z = (x+y)(x+z)$ 를 대입하면,
  〉 $Z=(A+\overline{B}C)+(D+EF)(\overline{D+EF})$,
  〉 $x \cdot \overline{x} = 0$ 와 $x+0=x$ 를 대입하면,
  ∴ $Z=(A+\overline{B}C)$

14 이미터 전류를 1[mA] 변화시켰더니 컬렉터 전류의 변화는 0.96[mA]이었다. 이 트랜지스터의 β는 얼마인가?
가. 0.96
나. 1.04
다. 24
라. 48

정답　다

[해설] 트랜지스터
① 베이스접지 전류증폭률
$$\alpha = \frac{\triangle I_C}{\triangle I_E} = \frac{0.96[mA]}{1[mA]} = 0.96$$
② 베이스접지 전류증폭률(α)와 이미터접지 전류증폭율 (β)의 관계
$$\beta = \frac{\alpha}{1-\alpha} = \frac{0.96}{1-0.96} = 24$$

CE방식 전류증폭률	CB방식 전류증폭률
$\beta = \dfrac{\alpha}{1-\alpha}$	$\alpha = \dfrac{\beta}{1+\beta}$

15 최대효율을 얻기 위한 발진기의 동작 방식은 다음 중 어느 것인가?
   가. A급   나. AB급
   다. B급   라. C급

정답 라

[해설] 증폭기별 최대효율

A급전력 증폭기	B급전력 증폭기	C급전력 증폭기
50[%]	78.5[%]	78.5[%]이상

① C급 증폭기는 출력의 왜곡은 크지만, 효율이 높아 전력증폭기로 많이 사용

16 전압 안정계수가 0.1인 정전압회로의 입력전압이 ±5[V] 변화할 때 출력 전압의 변화는?
   가. ±0.05[mA]   나. ±0.5[mA]
   다. ±0.05[V]   라. ±0.5[V]

정답 라

[해설] 정전압회로
① 입력전압, 출력부하 전류 및 온도에 관계없이 일정한 직류 출력전압을 제공하는 전원공급 장치의 일부분 회로
② 출력전압

$$V_L = \frac{r_d}{r_d + R_S} V_S$$

(전압안정계수 = $\dfrac{r_d}{r_d + R_S}$)

∴ 안정계수가 0.1인경우 입력전압이 ±5[V] 변화하면, V_L (출력전압) 은 ±0.5[V] 변화한다.

17 NOR 게이트인 다음 그림의 논리회로 기호와 동일한 것은?

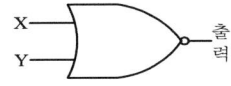

가. 나.

다. 라.

정답 나

[해설] NOR-gate = OR-gate + NOT-gate

18 멀티플렉서에 대한 설명 중 옳지 않은 것은?
   가. 여러 개의 데이터 입력 중 하나를 선택하여 출력단에 연결하는 회로이다.
   나. 2^n개의 입력선과 1개의 출력선이 존재한다.
   다. 8×1 MUX는 4개의 선택신호가 필요하다.
   라. 멀티플렉서는 데이터 선택기라고도 한다.

정답 다

[해설] 멀티플랙서(MUX)
① 데이터 선택회로
② 2^n개의 입력선과 1개의 출력선이 존재
③ 8×1 MUX는 ($2^3 = 8$) 3개의 선택이 요구

19 다음 중 그 값이 작을수록 좋은 특성을 나타내는 것은 무엇인가?

가. 정류기의 정류효율
나. 동상신호 제거비
다. 증폭기의 신호대 잡음비
라. TR 바이어스 회로의 안정계수

정답 라

해설 안정계수
① TR바이어스 회로의 안정계수는 바이어스 포인트의 이동정도를 나타내므로 낮을수록 좋다.

20 위상고정루프(PLL) 회로의 응용 분야로서 틀린 것은?

가. 주파수 합성기
나. FM 복조 회로
다. AM 복조 회로
라. 고역 통과 필터

정답 라

해설 PLL
① PLL은 전압제어발진기, Loop Filter, 위상비교기로 구성된 위상안정화 회로이다.
② 주파수합성기, FM복조기(동기복조), AM복조회로, 모터속도제어기, FSK복조회로 등에 사용

제2과목 무선통신기기

21 AM 수신기에서 중간주파수 선정시 고려해야 할 사항으로 가장 관련이 적은 것은?

가. 인입현상
나. 감도 및 안정도
다. 단일조정
라. 초고주파의 영향

정답 라

해설 중간주파수
① 슈퍼헤테로다인 수신기에서 Down-Convertion(국부발진주파수 − 반송파주파수)된 신호를 중간주파수라 함

높은 중간주파수	낮은 중간주파수
·충실도 향상	·근접주파수선택도 개선
·영상주파수방해 개선	·단일조정 용이
·인입현상 개선	·감도 및 안정도 향상

22 다음 중 단측파대 통신방식(SSB)이 아닌 것은?

가. 억압 반송파 SSB
나. 저감 반송파 SSB
다. 전 반송파 SSB
라. 부 반송파 SSB

정답 라

해설 SSB통신
① AM(DSB-SC)변조에서 필터를 사용하여 한쪽 측파대만을 사용하는 변조방식임
② SSB신호 방식에는 억압반송파 SSB방식(J3E), 저감반송파 SSB방식(R3E), 전반송파 SSB방식(H3E) 방식이 있음.

23 디지털 변복조 기기에서 FSK에 대한 설명 중 잘못 된 것은?

가. 디지털 신호 0일 경우 f_1 신호, 1일 경우 f_2 신호를 전송한다.
나. FSK 복조는 전송되어 온 피변조파에서 원신호인 0과 1을 복원한다.
다. 디지털 데이터를 아날로그 통신망을 사용해 전송하는 기술이다.
라. 일면 On-Off Keying(OOK)라 한다.

정답 라

해설 FSK
① 디지털 신호를 사용하여 반송파의 주파수를 변조시키는 디지털 변조 방식임
② 전송회선은 아날로그 통신망을 이용함
 * OOK는 ASK(진폭변조방식) 임

24 주파수변조(FM) 통신방식에서 변조지수는 어떻게 표현되는가? (단, 정보 신호의 최고주파수 = f_m, 최대 주파수 편이 = Δf)

가. $\Delta f / f_m$ 나. $f_m / \Delta f$
다. $2\Delta f / f_m$ 라. $2f_m / \Delta f$

정답 가

해설 변조지수
① $m_f = \dfrac{\text{최대주파수편이}(\Delta f)}{\text{변조신호주파수}(f_m)}$
② 변조지수 $(m_f) \gg 1$ 광대역 FM
   변조지수 $(m_f) \leq 1$ 협대역 FM

25 디지털 신호의 펄스열을 그대로 또는 다른 형식의 펄스 파형으로 변환시켜 전송하는 방식은?

가. 베이스 밴드 전송 방식
나. 광대역 밴드 전송 방식
다. 협대역 전송방식
라. 반송 대역 전송 방식

정답 가

해설 베이스밴드 전송방식
① 디지털신호 펄스열을 전송로에 그대로 전송하는 방식임
② RZ, NRZ, AMI, AMI, 멘체스터 방식이 있음

26 다음 중 위성에 사용되는 트랜스폰더 구성 부품들에 대한 설명으로 적합하지 않은 것은?

가. 저잡음 증폭기는 미약하게 수신된 신호를 잡음이 적게 증폭시킨다.
나. 다이플렉서는 일종의 방향성 결합기로서 송신 전파와 수신 전파를 분리시킨다.
다. 주파수 변환기는 상향링크의 주파수를 헤테로다인 방식을 사용하여 하향링크의 주파수로 변환시킨다.
라. 전력증폭기는 증폭 특성을 좋게 하기 위해 반드시 선형역영에서만 동작시킨다.

정답 라

해설 위성의 트랜스폰더(중계기)

구성부품	동작특성
저잡음증폭기	수신신호 증폭 과 잡음억제
다이플랙서	송신전파 와 수신전파 분리
주파수변환기	상향링크를 하향링크로 변환
전력증폭기	최대출력을 위해 비선형영역 동작

27 국제 위성통신에 사용되는 C-Band 주파수 대역으로 올바른 것은?

가. 2~4[GHz] 나. 4~8[GHz]
다. 8~12[GHz] 라. 18~27[GHz]

정답 나

해설 각 밴드의 주파수

밴드	주파수 대역
L Band	1[GHz] ~ 2[GHz]
S Band	2[GHz] ~ 4[GHz]
C Band	4[GHz] ~ 8[GHz]
X Band	8[GHz] ~ 12.5[GHz]
Ku Band (under)	
K Band	12.5[GHz] ~ 18[GHz]
Ka Band	18[GHz] ~ 26.5[GHz]
(above)	26.5[GHz] ~ 40[GHz]

28 다음 중 GPS시스템의 위성군에 대한 설명으로 적합하지 않은 것은?

가. 지상고도 약 20,183[km]에서 원에 가까운 타원 궤도를 돌고 있다.
나. 총 6개의 궤도면과 각 궤도면에는 최소 4개의 위성이 존재한다.
다. 각 위성마다 PRN코드를 발생하고 있어 위성들을 구분할 수 있다.
라. 모드 26개의 위성으로 구성되며 이 중 22개는 항법에 사용되고 4개는 예비용이다.

정답 라

해설 GPS (Global Positioning System)
① 위성수는 24개(6궤도면×4개)이고 2개의 예비위성을 가지고 있음
② 위성고도 : 20,200[km]
③ L1 밴드(1,575.42[MHz])에 CDMA방식을 이용하여 전송함(C/A-Code 민간이용, 10.23[Mbps])

29 위성통신시스템에서 통신영역을 편파 또는 여러개의 협소 빔으로 공간 분할하는 다원 접속기술은?
가. SDMA　　나. CDMA
다. TDMA　　라. FDMA

정답 가

해설 위성통신 다원접속기술
① SDMA(공간분할다중화)를 사용하여 각기 다른 편파 또는 지향성빔(Beam)을 이용하여 공간분할하는 접속 기술임
② 고도의 지향성, 정밀한 안테나 성능이 요구됨

30 이동통신 시스템에서는 셀과 셀을 오가면서 통화를 할 수 있도록 해주는 것을 핸드오프(handoff)라고 하는데 그 종류가 아닌 것은?
가. 하드 핸드오프(Hard handoff)
나. 하더 핸드오프(Harder handoff)
다. 소프트 핸드오프(Soft handoff)
라. 소프터 핸드프(Softer handoff)

정답 나

해설 핸드오프
① 소프트 핸드오프(Soft Hand off)
통화중인 단말기가 동일한 교환국의 기지국에서 다른 기지국으로 이동할 경우에 수행하는 make and break 방식(이동 셀에 접속하고 이동전의 셀을 끊는 방식)의 핸드오프로 주로 CDMA 시스템에서 이용하고 있다.
② 소프터 핸드오프(Softer Hand off)
단말기가 섹터 간 이동시에 수행하는 핸드오프를 소프터 핸드오프라 한다. 일반적으로 도심의 기지국은 3섹터로 구성되며 각 섹터의 안테나는 120°씩 커버하게 된다. 소프트 핸드오프는 Rake receiver에 의해 수행되는 기지국 내의 핸드오프이다.
③ 하드 핸드오프(Hard Hand off)
FDMA, TDMA 또는 CDMA 방식 등과 같이 서로 다른 교환국 사이를 이동하는 경우에 수행하는 break and make 방식의 핸드오프로 주로 아날로그방식에서 사용하는 방식이다.

31 전압변동률이 10[%]이고 정격부하 연결시 출력전압이 220[V]였다면, 무부하시 출력 전압은 몇 [V]인가?
가. 221　　나. 232
다. 242　　라. 253

정답 다

해설 전압변동율
$$\delta = \frac{(\text{무부하시 전압} - \text{부하시 전압})}{\text{부하시 전압}} \times 100\%$$

$10[\%] = \dfrac{x - 220}{220} \times 100[\%]$ 에서, $x = 242[V]$

32 등화기에 대한 설명 중 옳은 것은?
가. 전송신호의 대역제한을 위해 사용한다.
나. 전송 과정에서 발생하는 신호의 왜곡을 보상하기 위해 사용한다.
다. 신호의 식별재생을 위해 사용한다.
라. 저역통과 필터의 기능을 한다.

정답 나

해설 등화기
① 등화기(equalizer)는 전송로의 왜곡에 의해 발생되는 심볼간 간섭(Inter symbol interference)의 영향을 감소시키기 위한 필터이다. 이 필터는 진폭 왜곡과 위상 왜곡 등의 전송로의 왜곡을 보상하기 위해 사용된다.

33 다음 중 직류전압을 교류전압으로 변환하는 장치는?

가. AVR 나. UPS
다. 인버터 라. 변압기

정답 다

해설 직류전압(DC)을 교류전압(AC)로 변환하는 장치를 인버터라 한다.
* DC를 DC로 변환하는 장치는 컨버터 임.

34 다음 중 예기치 못한 정전으로부터 시스템 다운을 방지할 수 있는 장치는?

가. AVR 나. UPS
다. 계전기 라. 정류기

정답 나

해설 UPS
① 정전으로부터 안정적인 정원을 공급하기 위한 장치임
② 역변환부(Inverter) ③ 축전지(Battery)
④ 출력필터부 ⑤ 제어부(Control)
⑥ 동기절체부(Static Switch)
⑦ 순변환부 및 충전부(Rectifier/Charger)

35 1:2의 전원변압기를 통하여 AC 100[V] 교류입력이 전파 정류되면 출력의 평균 DC 전압은 약 얼마인가?

가. 300[V] 나. 270[V]
다. 200[V] 라. 180[V]

정답 라

해설 전파정류기
① 직류출력전압평균치 = $\frac{2V_m}{\pi}$ (V_m : 최대치)
② 1:2 변압기 이므로 2차 측에 200[V]의 실효치가 걸리므로,
$V_m = \sqrt{2} \times 200 = 282[V]$
$= \frac{2 \times 282}{\pi} = 180[V]$

36 현재 우리나라에서 상용화된 CDMA 및 WCDMA 시스템에서는 다양한 방법의 BER(비트오율) 개선기법이 사용되고 있다. 다음 중 BER을 개선하는 방법이 아닌 것은?

가. 채널코딩(channel cording)
나. 다이버시티(diversity)
다. 핸드오버(hand over)
라. 이퀄라이저(equalizer)

정답 다

해설 BER(Bit Error Rate)개선
① 디지털통신의 수신 성능을 나타내며, 총전송 비트에 오류 비트량을 나타냄
② 채널코딩을 통해서 채널에러 제어가능
③ 다이버시티를 통해서 페이딩에러 제어가능
④ 이퀄라이저(등화기)를 통해서 왜곡에 의한 에러제어가 가능함

37 다음 중 CDMA 단말기에서 전원을 on 한 이후 가장 먼저 검색하는 채널은 무엇인가?

가. 동기 채널 나. 호출 채널
다. 파일럿 채널 라. 통화 채널

정답 다

해설 CDMA시스템 동작절차
① 단말이 Power ON 되면 기지국에서 항상 송출되고 있는 Pilot신호를 검색하여 기지국에 접속을 시도하게 됨
② 이때 동기채널을 이용해 동기 확보를 하고, 완전하게 접속된 이후에는 Paging 채널을 통해 Sleep 상태로 들어가게 됨

2012년 무선설비산업기사 기출문제

38 다음 중 CDMA 시스템에서 한 개의 셀을 고려할 때 가장 좋은 통화품질을 기대할 수 있는 채널은 무엇인가?

가. 수신전계강도(RSSI)가 높고 BER(비트오율)이 낮고 가입자 수가 많다.
나. 수신전계강도(RSSI)가 낮고 BER(비트오율)이 낮고 가입자 수가 많다.
다. 수신전계강도(RSSI)가 높고 BER(비트오율)이 낮고 가입자 수가 적다.
라. 수신전계강도(RSSI)가 낮고 BER(비트오율)이 낮고 가입자 수가 적다.

정답 다

해설 CDMA
① 전력제한시스템으로 전력제어를 통해서 모든 단말로 부터 동일한 전력을 수신하도록 제어함
② 수신전계강도(RSSI)가 높고 BER은 낮으며 가입자수가 적을 때 통화품질이 가장 우수함

39 다음 중 $\lambda/4$ 수직접지안테나의 실효고를 옳게 나타낸 것은?

가. λ/π　　　나. $\lambda/2\pi$
다. $\lambda/4\pi$　　 라. $\lambda/8\pi$

정답 나

해설 안테나실효고
① 전류분포가 일정한 안테나 높이를 말함

안테나	실효고
$\lambda/4$수직접지안테나	$\dfrac{\lambda}{2\pi}$ [m]
반파장다이폴안테나	$\dfrac{\lambda}{\pi}$ [m]

40 맥동률이 2.3[%]일 때, 교류(리플) 전압이 5.06[V]이면 이 때의 직류 전압은 몇 인가?

가. 110[V]　　나. 220[V]
다. 330[V]　　라. 440[V]

정답 나

해설 맥동율은 직류 전압을 V_d, 맥동분의 전압의 실효치를 V_s 라고 하면 $r = \dfrac{V_{rms}}{V_d} \times 100$ [%]
$r = 2.3[\%]$, $V_s = 5.06[V]$이므로 V_d 는
$V_d = \dfrac{V_{rms}}{r} \times 100 = \dfrac{5.06}{2.3} \times 100 = 220$ [V]

제3과목　안테나개론

41 주파수 150[kHz]로 발사하는 무선통신에서 정전계, 유도 전자계, 복사 전자계가 같아지는 거리는 안테나로부터 얼마의 거리인가?

가. 320[m]
나. 500[m]
다. 680[m]
라. 770[m]

정답 가

해설 정전계, 유도전계, 복사전계는 $d = \dfrac{\lambda}{2\pi} = 0.16\lambda$
에서 같아지고 이보다 가까운 거리에서는 정전계 > 유도전계 > 복사전계의 크기가 된다.
따라서
$\lambda = \dfrac{3 \times 10^8}{150 \times 10^3} = 2,000$[m]
$\therefore 0.16 \times 2000 = 320$[m]

42 무손실 매질 내 비유전율이 5, 비투자율이 5이고 주파수 3[GHz]인 평면파가 전파할 때, 이 파에 대한 파장[m]과 파동 임피던스[Ω]는?

가. 0.01[m], 128[Ω]
나. 0.02[m], 256[Ω]
다. 0.01[m], 256[Ω]
라. 0.02[m], 377[Ω]

정답 라

[해설]
① 전파속도 $v = \dfrac{c}{\sqrt{\varepsilon_s \mu_s}} = \dfrac{3 \times 10^8}{\sqrt{5 \times 5}} = 6 \times 10^7$

파장 $\lambda = \dfrac{6 \times 10^7}{3 \times 10^9} = 0.02 [m]$

② 파동임피던스
$z_o = 377\sqrt{\dfrac{\mu_0}{\varepsilon_0}} = 377\sqrt{\dfrac{5}{5}} = 377 [\Omega]$

43 다음 중 전파의 성질에 대한 설명으로 틀린 것은?
가. 전파는 종파이다.
나. 전파는 균일매질에서는 직진한다.
다. 주파수가 낮을수록 회절하는 성질이 있다.
라. 굴절율이 다른 매질의 경계면에서는 빛과 같이 반사하고 굴절한다.

[정답] 가

[해설] 전자파의 성질
① 전자파는 횡파
② 전자파의 속도는 ε, μ 가 클수록 v 가 늦어지고 λ는 짧아진다. ($v = \dfrac{1}{\sqrt{\varepsilon \mu}}$)
③ $V_p V_g = c^2$ (일정)(V_p (위상속도), V_g (군속도))
④ 전자파는 편파성을 갖는데 수직 및 수평 편파, 원형 및 타원형 편파 등으로 구분한다.

44 평형·불평형 변환회로(Balun)에 대한 설명으로 잘못 설명 된 것은?
가. 평형전류만 흐르게 하며, 초단파대 이상의 정합회로로 사용된다.
나. 스페르토프형 Balun의 경우 단일 주파수 용으로 쓰인다.
다. L, C 소자를 사용하는 것을 분포 정수형 Balun이라 한다.
라. 집중 정수형 Balun으로 위상 반전형과 전자 결합형이 있다.

[정답] 다

[해설] Balun
① 두 개의 전기회로를 접속하여 최대전력을 전송하기 위해서는 임피던스 정합 과 전자계분포가 완전히 일치해야하는데, 이때 사용하는 소자가 발룬(Balun) 소자임

집중정수형 발룬	분포정수형 발룬
· 위상 반전형 발룬	· 스페르토프형 발룬
· 전자 결합형 발룬	· 분기도체에 의한 발룬
· L,C를 이용한 회로	· U자형 발룬
	· 도선이나 도체 이용

45 동조 급전선의 특징에 대한 설명이다. 틀린 것은?
가. 정합장치가 불필요하다.
나. 급전선 상에 정재파를 실어 급전한다.
다. 전송효율이 비동조 급전선보다 좋다.
라. 급전선의 길이와 파장은 일정한 관계가 있다.

[정답] 다

[해설] 동조 급전선의 특징
① 급전선 상에 정재파 존재
② 정합장치가 불필요
③ 급전선 상에서 손실이 크다.
④ 급전선 길이와 파장을 일정한 관계로 맞춤
⑤ 외부 방해가 많고 위험하다.

46 공중선을 도파관에 정합하는 경우 아래의 임피던스 정합 방법 중 적당하지 않은 것은?
가. 도파관 창에 의한 정합
나. 무반사 종단기에 의한 정합
다. 도체봉에 의한 정합
라. 방향성 결합기에 의한 정합

[정답] 라

[해설] 도파관의 임피던스 정합
① $\lambda/4$ 임피던스 변환기[Q 변성기]에 의한 정합
② Stub에 의한 정합　　③ 창에 의한 정합
④ 도체봉에 의한 정합　　⑤ 무반사 종단회로
⑥ 테이퍼(Taper)에 의한 정합
⑦ 아이솔레이터(Isolator)

47 동축케이블 급전선의 내부 도체를 제거한 것과 같이 고역필터로서 작용을 하며 고주파 급전과정에서 방사손실이 거의 없는 특성을 갖는 급전선은?
  가. 도파관   나. 마이크로 스트립
  다. 공동 공진기   라. 평행 5선식 급전선

  정답 가

해설 도파관
  ① 도파관은 도파관 단면의 칫수로 결정되는 차단 주파수가 있어 그 이하의 주파수 성분은 전송되지 않으므로 고역 Filter로서 역할을 한다.

48 선박용 무선송신기의 공중선 결합회로로 가장 많이 사용되는 것은?
  가. T형 결합회로   나. 유도형 결합회로
  다. π형 결합회로   라. 역 L형 결합회로

  정답 다

해설 결합회로
  ① 결합회로(안테나와 증폭기사이의 정합회로)는 용량결합형, 유도결합형, 파이(π)형,T형, L형 등으로 구성할 수 있음
  ② 선박용 무선 조정기에는 결합회로 조정이 용이한 파이(π)형을 주로 사용함

49 다음 중 마이크로파에 이용되는 공중선의 이득에 관계없는 요소는?
  가. 주파수
  나. 송신기 출력
  다. 반사면의 고르기
  라. 공중선의 개구면적

  정답 나

해설 마이크로파 공중선(안테나)이득 요소
  ① 마이크로파 안테나에서 이득이나 지향성은 안테나의 개구면적, 주파수에 비례한다.
  $$G = \frac{4\pi A_e}{\lambda^2} = \eta \left(\frac{\pi D}{\lambda}\right)^2$$

50 수신기에서 수신 전력을 증가시키는 방법으로 옳지 않은 것은?
  가. 상대 송신전력을 증가시킨다.
  나. 지향성이 낮은 안테나를 사용한다.
  다. 이득이 높은 안테나를 사용한다.
  라. 실효고가 높은 안테나를 사용한다.

  정답 나

해설 수신전력 증가방안
  ① 송신측의 송신전력을 증가시킴
  ② 지향성이 우수한 안테나를 사용
  ③ 이득이 높고, 실효고(전류분포 동일)높은 안테나를 사용

51 다음 중 선박용 레이더 안테나로 많이 사용되는 것은?
  가. 루프 안테나
  나. Slot array 안테나
  다. 카세그레인 안테나
  라. Horn reflector 안테나

  정답 나

해설 Slot Array 안테나 특성
  ① 소형, 경량, 풍압에 강하고 회전 중심에 대해 평형 유지가 용이하다.
  ② 부엽이 작고 고이득
  ③ 효율이 높다.
  ④ 전기적 특성이 좋음
  ⑤ 선박용 레이더, 항공기용 레이더로 사용됨

52 전계강도의 단위는?
  가. A/m   나. V/m
  다. F/m   라. C/m

  정답 나

해설 전계강도
  ① 전계강도 = 전압/거리 이므로 [V/m]를 사용함
  * [F/m] 은 유전율 단위임 (Farad)

53 다음 중 장중파용 공중선 특징으로 맞는 것은?

가. 실효고를 높이는 구조의 공중선이 많이 이용된다.
나. 파장이 짧으므로 고유파장의 공중선을 얻기 쉽다.
다. 설치비가 비교적 저렴하다.
라. FM 통신방식, TV방송 등 주파수 대역이 넓은 통신에도 사용되므로 광대역 임피던스특성을 보인다.

정답 가

해설 장 · 중파용 공중선

	장중파용 공중선
설치비 및 대역성	저렴하고 광대역 특성
이 득	이득이 낮음(단파대비)
고유파장	파장이 길어짐
편파 및 접지	수직편파를 사용하여 접지필요
복사효율	복사효율이 나빠, 실효고를 높이는 구조가 사용됨

54 단파통신에서 생기는 페이딩(Fading)에 대한 경감방법으로 적합하지 않은 것은?

가. 간섭성 페이딩은 주파수 합성수신법을 사용한다.
나. 편파성 페이딩은 편파 합성수신법을 사용한다.
다. 도약성 페이딩은 주파수 합성수신법을 사용한다.
라. 흡수성 페이딩은 공간 합성수신법을 사용한다.

정답 라

해설 단파대 페이딩 경감방법

페이딩	방지대책
간섭성 페이딩	공간 다이버시티 기법사용
편파성 페이딩	편파 다이버시티 기법사용
선택성 페이딩	주파수 다이버시티 기법사용
흡수성 페이딩	AGC회로 기법 사용
도약성 페이딩	주파수다이버시티 또는 AGC

55 다음 중 VHF대 이상에서 주로 발생하는 신틸레이션(Scintillation) 페이딩의 특징으로 맞는 것은?

가. 여름보다 겨울에 많이 발생한다.
나. 레벨 변동 폭은 10[dB] 이상이다.
다. 반사수면의 파동으로 발생한다.
라. 발생주기가 아주 짧으며, 전계강도는 수 10[dB] 이상이다.

정답 다

해설 신틸레이션 페이딩
① 대기 중의 와류에 의해 유전율이 불규칙한 공기뭉치가 발생할 때 그 산란파와 직접파의 간섭에 의하여 발생하는 페이딩으로 AGC, AVC로 해소할 수 있다.

56 우주통신에서 전파의 창 범위를 결정하는 요소로 적합하지 않은 것은?

가. 우주잡음의 영향
나. 전리층의 영향
다. 정보 전송량의 영향
라. 도플러 효과의 영향

정답 라

해설 전파의창
① 우주통신에서 사용되어 전리층 및 대류권영향을 고려하여 1[GHz] – 10[GHz]을 전파의 창이라 한다.
② 우주잡음의 영향
③ 전리층의 영향
④ 대류권의 영향
⑤ 송수신계의 문제
⑥ 정보전송량의 문제

2012년 무선설비산업기사 기출문제

57 다음 지상파 중 지표파가 주가 되는 주파수대는 어느 것인가?

가. 장중파대　　나. 단파대
다. 초단파대　　라. 마이크로파대

정답 가

해설 전파대역별 주전파 특성

장중파	단파	초단파	극초단파
지표파	반사파	직접/회절파	직접파

58 송수신점 사이의 거리가 먼데도 불구하고 수신전계가 크게 되는 것을 무엇이라고 하는가?

가. 자기람　　　나. 대척점 효과
다. 룩셈부르크 효과　라. 델린저

정답 나

해설 대척점효과(Anti-Pole Effect)
① 대척점이란 지구상의 정반대에 존재하는 지점을 말하며, 수신점에서 모든 방향으로 부터 수신되어 수신전계가 증가되는 현상임

59 다음 중 단파가 멀리까지 도달하는 이유는?

가. 감쇠가 작기 때문에
나. 지표파를 이용하기 때문에
다. 전리층 반사파를 이용하기 때문에
라. 굴절되어 전파되기 때문에

정답 다

해설 단파통신
① 단파통신은 전리층(E, F층)반사파를 이용하여 장거리 (2,000[km], 4,000[km])통신이 가능

60 다음 중 대기 잡음이 아닌 것은?

가. 공전 잡음　　나. 침적 잡음
다. 온도 잡음　　라. 전류 잡음

정답 라

해설 대기잡음
① 대기(공기)중에서 발생되는 잡음을 말함
② 공전잡음, 침척잡음, 온도잡음 들이 있으며 전류잡음은 전자회로 내부에서 발생되는 잡음

제4과목 전자계산기일반 및 무선설비기준

61 다음 중 운영체제에 대한 설명으로 거리가 먼 것은?

가. 컴퓨터 하드웨어에 대한 자원을 관리하는 소프트웨어이다.
나. 응용 프로그램과 하드웨어 자원에 대한 연계 역할을 수행하는 소프트웨어이다.
다. 컴퓨터에서 항상 수행되고 있으며, 운영체제의 가장 핵심적인 부분은 커널(kernel)이다.
라. 사용자가 필요하다고 생각되는 경우 쉽게 접근하여 운영체제의 프로그램을 변경할 수 있다.

정답 라

해설 운영체제(OS)의 목적
① 사용자에게 최대의 편의성 제공
② 처리량 증가
③ 응답시간 단축
④ 사용기능도 증대
⑤ 신뢰도 향상
⑤ 운영체제는 ROM에 설치되어, 임의변경이 불가

62 다중 프로세서 시스템에 관한 설명 중 맞는 것은?

가. 프로세서나 복잡한 컴퓨터들이 노드를 이루면서 동작하는 시스템
나. 복합적이면서도 밀접한 관계를 유지하면서 동작하는 시스템
다. 병렬적이면서 동기적 컴퓨터 시스템에서 동시에 여러 개의 태스크(task)를 수행하는 시스템
라. 플린(Flynn)의 MIMD 구조로 둘 이상의 프로세스를 가진 시스템

정답 라

해설 프로세서 시스템
① MIMD(Multiple Instruction Multiple Data)는 Flynn의 분류방법에 따라 병렬프로세서를 구분한 것 중의 하나이다.
② 여러 개의 프로세서를 사용하며 각 처리는 나름대로의 명령어 셋을 이용하여 다른 것들과 독립적으로 동시에 수행되는 컴퓨터 아키텍쳐를 말한다.

63 다음 중 괄호 안에 들어갈 용어로 옳은 것은?

원시프로그램을 (㉠)가 목적프로그램으로 번역해주며, 번역된 목적프로그램들을 (㉡) 가 실행 가능한 형태의 모듈로 만드는 역할을 한다.

가. ㉠ 컴파일러,   ㉡ 어셈블러
나. ㉠ 링커,   ㉡ 컴파일러
다. ㉠ 컴파일러   ㉡ 링커
라. ㉠ 링커   ㉡ 어셈블러

정답 다

해설 언어처리기
① 원시프로그램을 [컴파일러]가 목적프로그램으로 번역해주며, 번역된 목적프로그램을 [링커]가 실행 가능한 형태의 모듈로 만드는 역할을 한다.
② 프로그램 번역과정
　가) 원시프로그램 → 언어처리기(번역기)
　　　→ 목적프로그램

64 다음과 같은 운영체제의 운영 기법은?

데이터 발생 또는 처리요구가 발생했을 경우에 즉시, 처리결과를 산출하는 운용기법을 말하며, 처리시간을 단축하고, 비용이 절감되기 때문에 은행과 같이 온라인 업무에 시간 제한을 두고 수행하는 작업 등에 주로 사용된다.

가. 단일 사용자 시스템
나. 실시간 처리 시스템
다. 분산처리 시스템
라. 시분할 시스템

정답 나

해설 운영체제의 운영방식
① 다중프로그래밍(Multiprogramming, 멀티프로그래밍) : 한 대의 컴퓨터에 여러 프로그램을 동시에 실행
② 다중처리(Multiprocessing, 멀티프로세싱) : 한 대의 컴퓨터에 두개이상의 CPU가 설치 실행
③ 실시간처리(Real Time Processing) : 즉시 처리하는 시스템
④ 일괄처리(Batch Processing) : 데이터가 일정양 모이거나 일정시간이 되면 한꺼번에 처리
⑤ 시분할시스템(TSS: Time Sharing System) : 시간을 분할하여 여러 작업을 실행하는 시스템

65 마이크로프로세서와 메인 메모리 사이의 속도 차이로 인한 성능 저하를 방지하기 위해 사용되는 구조는 무엇인가?

가. USB 2.0   나. Boot loader
다. Cache   라. DMA

정답 다

해설 캐쉬 메모리(Cache Memory)
① 주기억장치와 CPU의 속도차이를 줄이기 위해 주기억장치보다 액세스 타임이 빠른 기억소자를 이용하여 총 수행시간을 단축하기 위한 장치이다.

2012년 무선설비산업기사 기출문제

66 입출력 포트의 종류 중 병렬 포트(Parallel Port)가 아닌 것은?

가. USB 나. FDD
다. HDD 라. CD-ROM

정답 가

해설 USB
① Universal Serial Port로써 범용시리얼포트 표준을 말한다.

67 다음 중 정보의 단위가 작은 것에서 큰 순으로 올바르게 나열 된 것은?

가. Bit < Nibble < Byte < Word
나. Bit < Byte < Nibble < Word
다. Nibble < Bit < Word < Byte
라. Nibble < Bit < Byte < Word

정답 가

해설 정보의 물리적 표현단위
① Bit × 4 = Nibble
② Bit × 8 = Byte × 2 = Half Word
③ Byte × 4 = Full Word
④ Byte × 8 = Double Word
⑤ 가장 기본단위는 Bit

68 다음 중 Deadlock을 발생시키는 원인이 아닌 것은?

가. 점유와 대기(Hold and wait)
나. 순환 대기(Circular wait)
다. 상호 배제(Mutual exclusion)
라. 선점(Preemption)

정답 라

해설 Deadlock의 발생 조건
① 상호 배제 조건   ② 점유와 대기조건
③ 비중단 조건   ④ 환형대기 조건

69 마이크로컨트롤러의 주변 장치들을 제어하거나 주변 장치의 상태를 읽기 위해 할당된 특수목적 레지스터를 무엇이라고 하는가?

가. 누산기
나. PC
다. DR
라. SFR

정답 라

해설 SFR(Special Function Register)
① MCU에 특정 기능으로 지정되어 있는 레지스터로 프로그램 제어 및 연산용 레지스터와 마이크로프로세서의 주변의 기능을 제어하는 레지스터를 말한다.

70 다음 중 인터럽트의 처리과정이 옳지 않은 것은?

가. 인터럽트 처리루틴의 시작번지에 점프하여 루틴을 수행한다.
나. 레지스터 내용을 스택에서 Pop한다.
다. 중단했던 점의 이전 명령부터 처리해 간다.
라. 프로그램 카운터의 내용을 스택에 Push한다.

정답 다

해설 인터럽트
① 시스템의 예기치 않은 상황이 발생한 것을 인터럽트라고하며 인터럽트 복귀주소 저장은 스택포인터에 한다.
② 처리과정
 (가) 인터럽트 발생
 (나) 커널은 현재정보를 스택에 저장
 (다) 인터럽트벡터에서 서비스루틴의 주소획득
 (라) 인터럽트 서비스루틴의 실행 후 상태복구
 (마) 중단된 시점부터 나머지 프로그램 실행

71. 방송통신위원회가 전파자원의 공평하고 효율적인 이용을 촉진하기 위하여 시행하여야 할 사항과 다른 것은?
   가. 주파수 분배의 변경
   나. 이용실적이 저조한 주파수의 활용촉구
   다. 새로운 기술방식으로의 전환
   라. 주파수의 공동사용

   정답 나

   해설 전파자원의 공평하고 효율적인 이용촉진방안
   ① 주파수 분배의 변경
   ② 주파수 회수 또는 주파수 재배치
   ③ 새로운 기술방식으로의 전환
   ④ 주파수의 공동이용

72. 방송통신위원회가 무선설비 등에서 발생하는 전자파가 인체에 미치는 영향을 고려하여 고시하는 기준이 아닌 것은?
   가. 전자파 인체보호기준
   나. 전자파 강도 측정기준
   다. 전자파 흡수율 측정기준
   라. 전자파 자원 개발기준

   정답 라

   해설 기술기준의 고시 (전자파의 인체영향)
   ① 전자파 인체보호기준
   ② 전자파강도 측정기준
   ③ 전자파 흡수율 측정 기준 및 측정대상기기와 측정방법

73. 주파수 2.4[kHz]를 필요주파수대폭의 표시방법으로 바르게 표시한 것은?
   가. $K240$ 나. $2K40$
   다. $240K$ 라. $20K4$

   정답 나

   해설 필요주파수 대폭
   ① 3개의 숫자 와 1개의 문자로 표시함
   * 문자는 첫머리에 올수 없음

74. 무선국의 정기검사에서 성능검사 항목에 해당되지 않는 것은?
   가. 점유주파수대폭
   나. 혼선 및 잡음대역폭
   다. 주파수
   라. 공중선전력

   정답 나

   해설 정기검사 항목
   ① 공중선 전력
   ② 주파수
   ③ 불요발사
   ④ 점유주파수대폭
   ⑤ 등가등방복사전력
   ⑥ 실효복사전력
   ⑦ 변조도

75. 다음 중 무선설비산업기사의 기술운용 범위로 틀린 것은?
   가. 공중선전력 3킬로와트 이하의 무선전신 및 팩시밀리
   나. 공중선전력 1.5 킬로와트 이하의 무선전화
   다. 레이더
   라. 공중선전력 3킬로와트 이하의 다중무선설비

   정답 라

   해설 무선설비산업기사의 기술운용범위
   ① 아래항목의 무선설비의 기술조작
   (가) 공중선전력 3[kW]이하의 무선전신 및 팩시밀리
   (나) 공중선전력 1.5[kW]이하의 무선전화
   (다) 레이더

2012년 무선설비산업기사 기출문제

76 다음 중 무선통신업무에 종사하는 자는 (   )년마다 1회의 통신보안교육을 받아야 하는가?
가. 3년　　　나. 4년
다. 5년　　　라. 6년

정답 다

해설 전파법의 의거
① "무선통신업무에 종사하는 자는 [5년] 마다 1회의 통신보안교육을 받아야 한다."

77 중파방송을 하는 방송국의 경우 공중선전력은 원칙적으로 얼마 이하이어야 하는가?
가. 20킬로와트　　　나. 30킬로와트
다. 50킬로와트　　　라. 100킬로와트

정답 다

해설 전파법에 의거
① 중파방송을 하는 방송국의 경우 공중전전력을 50[kW] 이하이어야 한다.

78 다음 중 전파환경측정의 종류에 해당되지 않는 것은?
가. 전파환경의 조사
나. 전파응용설비의 측정
다. 전자파차폐성능 측정
라. 전자파흡수율 측정

정답 나

해설 전파환경측정
① 전파환경조사
② 전자파 차폐성능 측정
③ 시험장 적합성 측정
④ 전자파 흡수율 측정

79 다음 중 전자파적합기기로서 주로 가정에서 사용하는 것을 목적으로 하는 기종은?
가. A급 기기　　　나. B급 기기
다. C급 기기　　　라. D급 기기

정답 나

해설 전자파 적합기기

A급 기기	B급 기기
사무용 기기	가정용 기기

80 다음 중 무선설비 공중선 등의 안전시설기준으로 잘못 된 것은?
가. 공준선계에 피뢰기 및 접지장치를 설치하여야 한다.
나. 송신설비의 공중선 등 고압전기를 통하는 장치는 사람이 보행하거나 기거하는 평면으로부터 2[m] 이상의 높이에 설치하여야 한다.
다. 간이무선국의 공중선계에는 피뢰기를 설치하지 않아도 된다.
라. 공중선은 공중선주의 동요에 따라 절단되지 아니하도록 설치하여야 한다.

정답 나

해설 전파법에 의거
① 송신설비의 공중선·급전선 등 고압전기를 통하는 장치는 사람이 보행하거나 기거하는 평면으로부터 2.5[m] 이상의 높이에 설치되어야 한다.

국가기술자격검정 필기시험문제

2012년 산업기사2회 필기시험

국가기술자격검정 필기시험문제

2012년 산업기사2회 필기시험

자격종목 및 등급(선택분야)	종목코드	시험시간	형 별	수검번호	성 별
무선설비산업기사		2시간			

제1과목 디지털 전자회로

01 10진수 45를 2진수로 변환한 값으로 맞는 것은?
가. 101100   나. 101101
다. 101110   라. 101111

정답 나

해설 $(45)_{10}$ → 2진수 변환
① 10진수를 "0"이 될 때까지 계속 나눈다.
　45 ÷ 2 = 22 − 1
　22 ÷ 2 = 11 − 0
　11 ÷ 2 = 5 − 1
　5 ÷ 2 = 4 − 1
　4 ÷ 2 = 2 − 0
　　　　　　1
② 역으로 표현 $(45)_{10}$ → $(101101)_2$

02 발진주파수에 있어서 주파수 변동의 주된 요인이 아닌 것은?
가. 부하의 변동
나. 전원전압의 변동
다. 출력신호의 불안정
라. 주위 온도의 변화

정답 다

해설 주파수변동의 요인 과 대책

변동의 요인	대 책
부하의 변동	완충증폭회로 사용
전원전압의 변동	정전압 전원회로 사용
주위 온도의 변화	온도 보상회로(항온조)
능동 소자의 상수변화	정전압회로와 항온조

03 차동증폭기에서 두 입력 신호전압이 $V_1 = V_2 = 2[V]$로 같을 때 차신호 이득 A_c는 얼마인가?
가. 0[V]   나. 1[V]
다. 2[V]   라. 4[V]

정답 가

해설 차동증폭기(감산기)
① 2개의 입력단자에 가해진 2개의 신호차를 증폭하여 출력하는 회로이다.
② 차동증폭기의 출력전압은 2개의 입력 전압 차에 의해서 결정
∴ $V_o = V_1 - V_2 = 2 - 2 = 0$

04 다음 중 4×1 멀티플렉서를 구성하기 위하여 필요한 최소 gate 수로서 옳은 것은?
가. Inverter 1개 + and gate 4개 + or gate 1개
나. Inverter 3개 + and gate 3개 + or gate 2개
다. Inverter 1개 + and gate 3개 + or gate 2개
라. Inverter 2개 + and gate 4개 + or gate 1개

정답 라

해설 멀티플렉서(MUX)
① 다중화기, 데이터 선택기 이다
② 많은 입력들 중 하나를 선택, 선택된 입력선의 값을 출력선에 출력시킨다.
③ 인버터 2개, AND gate 4개, OR gate 1개 구성

05 듀티사이클(duty cycle)이 0.1이고, 주기가 40[μs]인 경우 펄스폭은 몇 [μs]인가?

가. 10　　나. 4
다. 3　　라. 1

　　　　　　　　　　　　　　　정답 나

듀티사이클
① Duty cycle = $\frac{펄스폭}{펄스의 반복주기}$
② 펄스폭 = Duty Cycle × 펄스폭의 반복주기 = 4[us]

06 B급 푸시풀 전력증폭기에서 평균 직류 컬렉터 전류는 어떻게 되는가?

가. 입력신호 전압이 커짐에 따라 줄어든다.
나. 입력신호 전압이 작으면 흐르지 않는다.
다. 입력신호 전압이 커짐에 따라 증가된다.
라. 입력전압의 대소에 불구하고 항상 일정하다.

　　　　　　　　　　　　　　　정답 다

B급 푸시풀 회로의 특징
① B급 동작이므로 직류바이어스 전류가 매우 작다.
② 입력이 없을 때 컬렉터 손실이 작으며 큰 출력을 낼 수 있다.
③ 우수차 고조파 성분은 서로 상쇄되어 출력단에 나타나지 않는다.
④ crossover 일그러짐이 있다.
⑤ 평균직류컬렉터 전류는 입력신호에 비례한다.

07 다음 그림과 같은 미분연산기에 V_i 입력파형을 구형파로 인가하였을 때의 출력파형은?

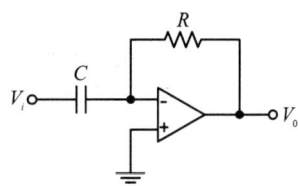

가. ⊓⊓⊓
나. ∧∧∧
다. MMMM
라. ↓↓↓↓

　　　　　　　　　　　　　　　정답 라

CR미분기 회로
① 미분기의 출력전압
$$V_0 = -RC\frac{dV_i}{dt}$$
② 구형파가 미분기를 통과하면 임펄스형태의 출력이 된다.
　* RC회로는 적분기 회로

08 다음 회로에 그림과 같은 펄스를 인가하였을 때 출력 파형은?

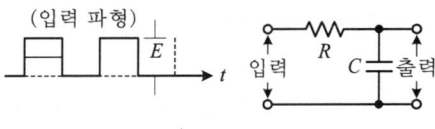

가. (곡선 상승)
나. (E 기준 음의 펄스)
다. (E 기준 양의 펄스)
라. (삼각파)

　　　　　　　　　　　　　　　정답 가

[해설] RC적분기 회로
① 적분기 출력
$$V_0 = -\frac{1}{RC}\int V_i\, dt$$
② RC적분기의 출력은 시정수(τ)에 따라 기울기를 가진 출력이 나타난다.

09 다음 중 정전압회로의 파라미터에 속하지 않는 것은?

가. 전압안정계수(S_V)
나. 온도안정계수(S_T)
다. 출력저항(R_L)
라. 최대제너전류(I_Z)

[정답] 라

[해설] 정전압회로
① 외부조건의 변동에 관계없이 일정한 출력전압을 얻는 회로이다.
② 전압안정계수, 출력저항, 온도계수가 출력파라미터

10 정류회로에서 리플 함유율을 줄이는 방법으로 가장 이상적인 것은?

가. 반파 정류로 하고 평활 회로의 시정수를 크게 한다.
나. 브리지 정류로 하고 필터콘덴서의 용량을 줄인다.
다. 브리지 정류로 하고 필터콘덴서의 용량을 크게 한다.
라. 전파 정류로 하고 평활 회로의 시정수를 작게 한다.

[정답] 다

[해설] 정류회로
① AC입력을 DC출력으로 변환시키는 회로이다.
② Ripple을 줄이기 위해서는 브리지 정류기를 사용하거나 콘덴서의 용량을 증가시킨다.

11 전가산기의 블록도로서 옳은 것은?

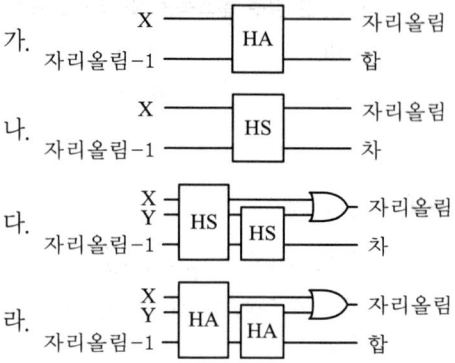

[정답] 라

[해설] 전가산기(Full Adder)
① 2개의 반가산기(HA)와 1개의 OR-gate로 구성된다.

12 다음 중 발진회로에서 수정 진동자를 사용하는 이유는?

가. 발진 주파수의 가변이 쉽기 때문이다.
나. Q가 높기 때문이다.
다. 출력전압이 크기 때문이다.
라. 저주파수 발생에 적합하기 때문이다.

[정답] 나

[해설] 수정 진동자
① 수정진동자의 Q가 높아 주파수 안정도가 좋다.
② 수정진동자가 기계적으로나 물리적으로 안정하다.
③ 수정진동자는 발진조건을 만족하는 유도성 주파수 범위가 매우 좁고 유도성 범위에서 가장 안정된 발진을 한다.
④ 수정발진자의 진동 주파수는 수정발진자의 밀도를 P, 거리를 l 이라고 하면 수정발진자의 고유주파수 f 는 $\frac{1}{2l}\sqrt{\frac{E}{P}}$ 로 나타난다.(여기서 E는 변형률(영률)이라고 한다.)

13 다음 그림과 같은 논리회로의 명칭은 무엇인가? (단, S는 합, C는 자리올림이다.)

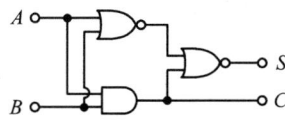

가. Counter 나. Full Adder
다. Exclusive OR 라. Half Adder

정답 라

해설 반가산기(Half Adder)
① 반가산기(Half-Adder) 회로에서 출력 D는 합(sum), C는 캐리(carry)이다.
$D = sum = A \oplus B$
$C = carry = A \cdot B$
② 반가산기는 EOR에서 합(sum), AND에서 캐리(carry)를 얻는다.

14 2진수 코드를 그레이코드(gray code)로 변환하여주는 논리식으로 맞는 것은?

가. OR 나. NOR
다. XOR 라. XNOR

정답 다

해설 2진-그레이코드 변환회로는 XOR(Exclusive-OR)논리로 표시된다.

15 트랜지스터 증폭기의 입력전력이 $1[mW]$이고, 출력전력이 $2[W]$일 때 증폭기의 전력이득은?

가. 12[dB] 나. 23[dB]
다. 33[dB] 라. 45[dB]

정답 다

해설 증폭기 증폭도(전력이득)
① $G_P = 10\log_{10} \dfrac{2[W]}{1[mW]} = 33[dB]$

16 다음의 변조방식 중에서 아날로그 변조방식이 아닌 것은?

가. PPM 나. PAM
다. PCM 라. PWM

정답 다

해설 PCM (Pulse Code Modulation)
① 입력신호를 표본화, 양자화, 부호화 하는 변조 방식으로 불연속 레벨변조의 디지털변조 방식이다.

17 직류 출력전압이 무부하일 때 $300[V]$, 부하일 때 $220[V]$이면 정류기의 전압 변동률은 약 몇 [%]인가?

가. 10.25 나. 22.45
다. 36.36 라. 47.25

정답 다

해설 전압변동율
$= \dfrac{\text{무부하시 출력전압} - \text{부하시 출력전압}}{\text{부하시 출력전압}} \times 100[\%]$
$= \dfrac{300 - 220}{220} \times 100 = 36.36[\%]$

18 다음 논리회로도가 나타내는 카운터는 무엇인가?

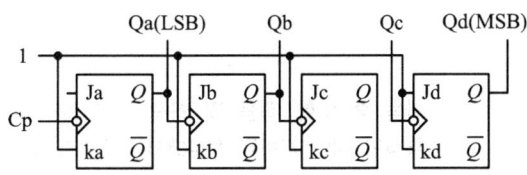

가. 4비트 2진 상향카운터
나. 4비트 2진 하향카운터
다. 4비트 2진 상향/하향카운터
라. 4비트 mod-2진 카운터

정답 가

해설 상향카운터(Up counter)
① 4개의 플립플롭이 연결되어 16진 카운터(4bit)이다.
② 비동기식 카운터(앞의 클럭을 뒤에 사용)
③ 플립플롭의 정상 Q 출력을 다음단계에 사용하면 상향카운터로 동작한다.

19 아래와 같은 4변수 카르노도를 간략화 했을 때 논리식은?

AB\CD	00	01	11	10
00	1			1
01		1	1	
11		1	1	
10	1			1

가. $A\overline{C} + \overline{A}C$ 나. $A\overline{D} + \overline{B}C$
다. $A\overline{B} + AC$ 라. $BD + \overline{B}\overline{D}$

정답 라

해설 카르노 맵

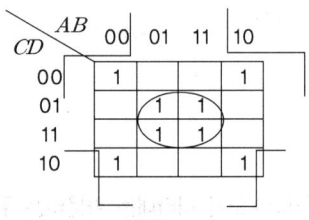

따라서, $BD + \overline{B}\overline{D}$

20 다음 중 누화, 잡음 및 왜곡 등에 강하고 전송 특성의 질이 저하된 선로에서 다중화에 가장 적합한 것은?

가. AM 주파수분할 다중 전송방식
나. FM 주파수분할 다중 전송방식
다. PM 주파수분할 다중 전송방식
라. PCM 시분할 다중 전송방식

정답 라

해설 PCM 시분할 다중 전송방식
① PCM 전송은 누화, 잡음 및 왜곡 등에 강하고 전송 특성의 질이 저하된 선로에서 사용 가능하다.

제2과목 무선통신기기

21 주파수 체배기에서 주로 사용하는 바이어스 방법은?

가. A급
나. AB급
다. B급
라. C급

정답 라

해설 주파수체배기
① 주파수 체배기는 수정편의 기본 진동수보다 높은 주파수를 얻기 위하여 고조파 함유율이 많은 C급 증폭방식을 이용한다.

22 주파수 체배기의 설명 중 맞는 것은?

가. 송신 출력을 증가시키기 위하여
나. 스퓨리어스의 복사를 막기 위하여
다. A급을 주로 이용해서 효율을 개선하기 위하여
라. 수정발진기보다 높은 주파수를 얻기 위하여

정답 라

해설 주파수체배기
① 수정발진기를 이용하여 C급증폭을 하면 다수의 고주파($2f, 3f, 4f, 5f$)가 발생된다. 이중 원하는 주파수를 필터링하여 사용하는 것이 주파수 체배기 회로임

23 Walsh Code에 위해 확산된 신호은 변조하기전에, I, Q채널에 각각의 Short PN 코드를 곱하게 되는데 QPSK 변조에서 이 목적은 무엇인가?

가. 호의 설정 과정으로 동기를 맞추기 위해
나. 셀과의 간격을 확인하기 위해
다. 변조된 신호 순서를 맞추기 위해
라. 기지국과 섹터를 구분하기 위해

정답 라

해설 PN Code
① Pseudo ramdom Noise CODE로 의사잡음 코드라 하며, CDMA방식에서 암호화 및 기지국 구분을 위해서 사용되는 코드임

Short PN Code	Long PN Code
· 2^{15} 길이의 코드임	· 2^{42} 길이의 코드임
· 기지국 섹터 구분용	· 가입자 암호용 코드

24 위성 통신에서 전자 빔과 진행파 전계와의 상호작용에 의해 마이크로파 전력을 증폭하는 기능을 하는 것은 무엇인가?

가. 진행파관(TWT)
나. 클라이스톤(Klystron)
다. 자전관(Magnetron)
라. 반사기

정답 가

해설 진행파관(TWT)
① 고전력 증폭기로는 광대역의 경우 진행파관(TWT)를 사용하는데 TWT는 비선형 특성을 가지고 있다. 따라서, TWT는 포화상태 이하에서 동작시켜야 전력의 감쇠와 혼신을 피할 수 있다.

25 CDMA 시스템에서의 채널 구분은 Walsh Code를 이용하는데 분류가 맞는 것은?

가. 파일롯: Walsh 1, 동기채널: Walsh 64, 페이징: 최대7개, 트래픽: 나머지
나. 파일롯: Walsh 0, 동기채널: Walsh 32, 페이징: 최대7개, 트래픽: 나머지
다. 파일롯: Walsh 0, 동기채널 Walsh 48, 페이징: 최대7개, 트래픽: 나머지
라. 파일롯: Walsh 0, 동기채널: Walsh 32, 페이징: 최대9개, 트래픽: 16

정답 나

해설 Walsh Code
① CDMA이동통신 시스템에서 채널구분을 위해 사용되는 코드임
② 순방향 채널구조

파일롯채널	동기채널	페이징채널	트래픽채널
0번	32번	1~7번	나머지

26 정지위성에 장착하는 안테나가 갖추어야 할 조건으로 적합하지 않은 것은?

가. 고이득일 것
나. 저잡음일 것
다. G/T가 작을 것
라. 광대역성일 것

정답 다

해설 G/T는 이득/온도에 대한 비로 온도에 대한 영향이 적은 것이 좋으므로, 높은 것이 좋음.

27 다음 중 CDMA 방식의 장점이 아닌 것은?

가. 제어와 비화 기술의 적용이 용이하다.
나. 주파수 밀도가 감소된다.
다. 변·복조의 동작 속도가 저속이다.
라. 다중 경로의 영향이 크게 감소된다.

정답 다

해설 CDMA방식은 DSSS(직접확산)을 이용하여 비화성, 저전력(주파수밀도 낮음)특성이 있음. Rake 수신기를 사용하여 다중경로 영향이 감소됨.

28 수신기의 성능 지수로서 잡음 factor가 있다. 이것에 대한 정의로서 바른 것은? (여기서 G는 수신기 이득, Nin는 수신기 내부잡음, Nin은 수신기 입력잡음, Nout은 수신기 출력잡음)

가. SNRout/SNRin
나. Nout/(G*Nin)
다. Nout/(1 +G*Nin)
라. 1 +Nin/Nint

정답 나

해설 잡음지수 = SNRout / SNRin
= Nout / (G*Nin) 으로 표현할 수 있음.

29 UPS를 결정할 때 부하가 RMS(Root Mean Square) 전류와 순간 피크(Peak) 사이의 비율로 정의하는 것을 무엇이라 하는가?

가. 용량
나. 부하
다. 파고률(Crest Factor)
라. 서지율(부하 유입 전류)

정답 다

해설
① 파고율(Crest factor)
 $= \dfrac{최대값}{실효값}$
② 파형율 (Form factor)
 $= \dfrac{실효값}{평균값}$

파형 형태	파고율(C.F.)	AC RMS	AC + DC RMS
사인파	1.414	$\dfrac{V}{1.414}$	$\dfrac{V}{1.414}$
반파	1.732	$\dfrac{V}{1.732}$	$\dfrac{V}{1.732}$
구형파	$\sqrt{\dfrac{T}{t}}$	$\dfrac{V}{C.F.} \times \sqrt{1-\left(\dfrac{1}{C.F.}\right)^2}$	$\dfrac{V}{C.F.}$

30 다음 중 전력변환장치가 아닌 것은?

가. 인버터 (Inverter)
나. 컨버터 (Converter)
다. UPS(Uninterruptible Power Supply)
라. 파워 써플라이(Power Supply)

정답 라

해설 전력변환장치

장치	특징
인버터	직류(DC)를 교류(AC)로 변환
컨버터	직류(DC)를 직류(DC)로 변환
UPS	무정전 전원공급장치 임

* 파워써플라이 : 전원 공급장치임

31 신호 수신시 초단에서의 증폭이 잡음에 가장 영향을 미친다. 이에 관련되는 소자는?

가. Power Amp.   나. LNA.
다. IF Amp.   라. AGC Amp.

정답 나

해설 LNA
① Low Noise Amplifier로써 잡음을 감쇄시키고 신호를 증폭시키는 수신기의 필수소자임
② 종합잡음지수 $= F1 + \dfrac{F2-1}{G1} + \dfrac{F3-1}{G2 \cdot G3}$ 으로 F1(초단잡음)이 중요한 Factor 임

32 다음 중 정류장치에 대한 특성을 해석하는데 이용되는 파라미터가 아닌 것은?

가. 맥동율   나. 전압변동율
다. 정류효율   라. 변조도

정답 라

해설 정류장치
① AC신호를 DC로 변환하기 위한 기본소자로써 다이오드를 이용한 회로임.
② 맥동률(Repple율), 전압변동율, 정류효율 등이 정류장치의 중요 파라미터임
* 변도조는 변조신호의 변조정도를 나타냄

33 다음 그림에서 나타낸 접지안테나에서 $L_1 = 10[\mathrm{mH}]$이고, $L_2 = 52[\mathrm{mH}]$일때 실효인덕턴스는? (단, $f_2 = (1/2)f_1$로 조정하였고 f_1은 S를 ①로 했을 때 공진주파수, f_2는 S를 ②로 했을 때 공진주파수이다.)

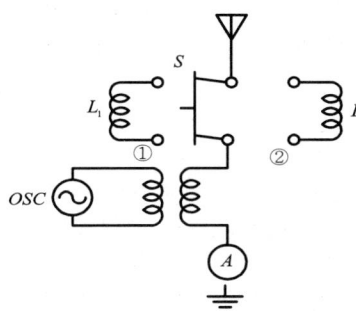

가. 4[mH]   나. 6[mH]
다. 8[mH]   라. 10[mH]

정답 가

해설) 표준인덕턴스 2개를 사용한 공중선의 실효인덕턴스 측정회로로
SW→①시, 공진주파수 f_1은
$$f_1 = \frac{1}{2\pi\sqrt{(L_e + L_1)C_e}}$$
단 L_e, C_e의 공중선 자체의 실효인덕턴스, 실효용량임.

SW→②시, 공진주파수 f_2은
$$f_2 = \frac{1}{2\pi\sqrt{(L_e + L_2)C_e}}$$

만약 $f_1 > f_2$ 이면 $\left(\frac{f_1}{f_2}\right)^2 = \frac{L_e + L_2}{L_e + L_1}$ 가 된다.

따라서, $f_1 = 2f_2$로 하게되면 구하고자 하는 L_e 는

$$L_e = \frac{L_2 - \left(\frac{f_1}{f_2}\right)^2 L_1}{\left(\frac{f_1}{f_2}\right)^2 - 1} = \frac{1}{3}(L_2 - 4L_1)[\mathrm{H}]$$

따라서, 실효인덕턴스
$$L_e = \frac{1}{3}(L_2 - L_1)$$
$$= \frac{1}{3}(52 - 4 \times 10) = 4[\mathrm{mH}]$$

34 다음 중 FM 송신기의 전력 측정 방법으로 적합하지 않은 것은?

가. 열량계에 의한 방법
나. C-M형 전력계에 의한 방법
다. 수부하에 의한 방법
라. 볼로미터 브리지에 의한 방법

정답 다

해설) FM 송신기의 전력 측정
① 볼로미터(Bolometer) 브리지에 의한 측정
② 열량계(Calorimeter)에 의한 측정
③ C-M형 전력계법
* 수부하에 의한 방법은 AM송신기의 전력측정법

35 다음 중 수신한계 레벨이 가장 낮은 조건은?

가. 대역폭이 넓고 수신기 잡음지수(NF)가 큰 것
나. 대역폭이 좁고 잡음지수(NF)가 작은 것
다. 대역폭이 넓고 수신기 잡음지수(NF)가 작은 것
라. 대역폭이 좁고 수신기 잡음지수(NF)가 큰 것

정답 나

해설) 수신한계레벨
① FM수신기에서 한계레벨은 C/N 비가 9[dB] 되는 지점으로, 한계레벨이하에서는 S/N이 급격히 나빠지게 됨
② 대역폭이 넓고 수신기 잡음지수가 클수록 크며, 대역폭이 좁고 수신기 잡음지수가 작을수록 수신한계레벨도 낮아짐

36 실효높이 20[m]인 안테나에 0.08[V]의 전압이 유기되면 수신되는 전계강도는?

가. 3[μV/m]   나. 4[μV/m]
다. 3[mV/m]   라. 4[mV/m]

정답 라

해설) 전계강도
$$E = \frac{V}{h_e} = \frac{0.08}{20} = 0.004 = 4[\mathrm{mV/m}]$$

37 무선송신기의 종합 특성을 나타내는 것으로 적합하지 않은 것은?

가. 점유주파수대폭
나. 스퓨리어스 발사강도
다. 주파수 안정도
라. 영상주파수 선택도

정답 라

해설 무선송신기의 종합특성
① 주파수 허용편차
② 점유주파수대폭 허용치
③ 스퓨리어스 발사
④ 변조특성
⑤ 공중선 전력

38 BPSK의 대역폭 효율이 1일 때 QPSK, 8PSK 및 16QAM에 대한 대역폭 효율은 각각 얼마인가?

가. QPSK=1, 8PSK=2, 16QAM=3
나. QPSK=2, 8PSK=3, 16QAM=4
다. QPSK=3, 8PSK=6, 16QAM=9
라. QPSK=4, 8PSK=8, 16QAM=16

정답 나

해설 대역폭 효율
① 대역폭효율은 $\log_2 M$ (M지수갯수)

변조방식	대역폭 효율
PSK	$\log_2 2 = 1 \, [\text{bps/Hz}]$
QPSK	$\log_2 4 = 2 \, [\text{bps/Hz}]$
8PSK	$\log_2 8 = 3 \, [\text{bps/Hz}]$
16QAM	$\log_2 16 = 4 \, [\text{bps/Hz}]$

* $\log_2 16 = \log_2 2^4 \, [\text{bps/Hz}] = 4 \, [\text{bps/Hz}]$

39 CDMA 시스템에서는 기지국으로부터 단말기가 위치한 거리에 따라 수신전계강도(RSSI)가 변화하면 이에 따른 비트오율(BER: Bit Error Rate) 변화 문제가 발생한다. 이를 해결하기 위해 사용되는 기법은 무엇인가?

가. 전력제어   나. 핸드오버
다. 다이버시티   라. 인터리빙

정답 가

해설 전력제어
① CDMA시스템은 전력제한시스템으로 간섭과 채널용량을 위해서는 전력제어가 필수임
② 순방향 전력제어 : 기지국이 이동국 신호의 FER을 측정하여 3[dB]-4[dB]간격으로 제어
③ 역방향 전력제어 : 이동국은 기지국의 신호를 받아 1[dB]간격으로 정밀하게 제어함

40 다음 중 전원설비의 측정기기에 대한 설명이 잘못된 것은?

가. 전류계는 전원출력단에 직렬로, 전압계는 병렬로 연결한다.
나. 전류계는 전원출력단에 병렬로, 전압계는 직렬로 연결한다.
다. 전류계는 내부저항이 작아야 한다.
라. 전압계는 내부저항이 커야 한다.

정답 나

해설 전류계는 직렬로 연결하여 측정하므로, 내부저항이 작아야 한다.
* 전압계는 병렬로 연결하여 측정하므로 내부저항이 커야 함.

제3과목　안테나공학

41 전파의 전파속도에 영향을 미치는 요소로 맞는 것은?

　가. 유전율과 투자율　나. 점도와 유전율
　다. 투자율과 도전율　라. 유전율과 도전율

　　　　　　　　　　　　　　　　【정답】가

【해설】 전파속도
$$v = f\lambda = \frac{\omega}{\beta} = \frac{1}{\sqrt{\varepsilon\mu}} = \frac{1}{\sqrt{LC}}$$
(ε : 유전율, μ : 투자율)

42 아래의 전파 성질에 대한 내용 중 표현이 바르지 못한 것은?

　가. 굴절률이 서로 다른 매질의 경계 면에서 굴절이 일어난다.
　나. 전파는 횡파 이다.
　다. 전파는 주파수가 낮을수록 직진한다.
　라. 균일 매질 중을 전파하는 전파는 직진한다.

　　　　　　　　　　　　　　　　【정답】다

【해설】 전자파의 성질
① 전자파는 횡파 이고 음파는 종파임
② 전자파의 속도는 ε, μ가 클수록 v가 늦어지고 λ는 짧아진다. ($v = \frac{1}{\sqrt{\varepsilon\mu}}$)
③ $V_p V_g = c^2$ (일정) (V_p (위상속도), V_g (군속도))
④ 전자파는 편파성을 갖는데 수직 및 수평 편파, 원형 및 타원형 편파 등으로 구분한다.
⑤ 전파는 주파수가 낮을수록 회절특성이 우수함

43 다음 중 전류에 의한 자계의 방향을 나타내는 법칙은 어느 것인가?

　가. 렌쯔의 법칙　　나. 암페어의 오른나사법칙
　다. Stokes 정리　　라. 페러데이의 법칙

　　　　　　　　　　　　　　　　【정답】나

【해설】 암페어의 오른나사 법칙
① 전류에 의한 자계의 방향을 나타내는 법칙으로
　엄　지 : 전류의 방향
　손가락 : 자계(H)의 방향

44 다음 중 전압반사계수 계산식으로 맞은 것은?
(단, Z_0=선로의 특성임피던스, Z_R=선로의 수전단에 접속한 부하임피던스)

　가. $\dfrac{Z_0 - Z_R}{Z_R + Z_0}$　　나. $\dfrac{2Z_R}{Z_R + Z_0}$

　다. $\dfrac{Z_R - Z_0}{Z_R + Z_0}$　　라. $\dfrac{2Z_0}{Z_R + Z_0}$

　　　　　　　　　　　　　　　　【정답】다

【해설】 전압반사계수
① $m = \left|\dfrac{V_r}{V_f}\right| = \left|\dfrac{Z_L - Z_o}{Z_L + Z_o}\right|$
② 반사계수 = 0, 정재파비 = 1 일 때 완전정합

45 급전선에 대한 설명 중 가장 적합한 것은?

　가. 전송 효율이 좋고 정합이 용이해야 한다.
　나. 특성임피던스는 길이와 관계가 있다.
　다. 감쇠정수는 특성임피던스와 관계가 없다.
　라. 무왜곡 조건은 $RG = CL$로 정의된다.

　　　　　　　　　　　　　　　　【정답】가

【해설】 급전선
① 전송효율이 좋고 정합이 용이해야함
② 특성임피던스 $Z_o = \sqrt{\dfrac{L}{C}}$ 로 길이 및 주파수와 무관함
③ 감쇠정수 $\alpha = \dfrac{R}{2}\sqrt{\dfrac{C}{L}} + \dfrac{G}{2}\sqrt{\dfrac{L}{C}}$ 로 특성임피던스와 관계가 있음
④ 무왜곡 조건은 RC=LG 임

46 비유전율이 2.3인 동축케이블 중 특성임피던스가 가장 적은 것은?

가. 내경 2[mm], 외경 1[cm]
나. 내경 2[mm], 외경 2[cm]
다. 내경 3[mm], 외경 1[cm]
라. 내경 3[mm], 외경 2[cm]

정답 다

해설 동축케이블
① 특성임피던스
$Z_o = \frac{138}{\sqrt{\varepsilon_s}} \log \frac{D}{d}$ (D : 도체외부, d : 도체내부)

47 다음 급전선 중 외부잡음의 영향을 가장 적게 받는 것은?

가. 단선식
나. 평행 2선식
다. 평행 4선식
라. 동축케이블식

정답 라

해설 동축케이블
① 외부도체를 접지하여 사용하므로 외부로부터의 유도방해를 거의 받지 않음
② CCTV, CATV, 안테나 급전선등으로 사용됨

48 Balun(평형-불평형 변환회로)에 대한 설명으로 옳지 않은 것은?

가. 반파장 다이폴을 동축 급전선으로 급전할 때 사용하면 좋다.
나. 구성에 다라 집중정수형과 분포정수형이 있다.
다. 반파장 다이폴을 평행 2선식 급전선으로 급전할 때 필요하다.
라. 안테나와 급전선의 전자계 분포(mode)가 다른 경우에 사용한다.

정답 다

해설 Balun
① 두 개의 전기회로를 접속하여 최대전력을 전송하기 위해서는 임피던스 정합 과 전자계분포가 완전히 일치해야하는데, 이때 사용하는 소자가 발룬(Balun) 소자임

집중정수형 발룬	분포정수형 발룬
· 위상 반전형 발룬	· 스페르토프형 발룬
· 전자 결합형 발룬	· 분기도체에 의한 발룬
· L,C를 이용한 회로	· U자형 발룬
	· 도선이나 도체 이용

* 반파장 다이폴은 비접지 안테나임

49 공중선에 직렬로 삽입하는 공중선 부하 코일(loading coil)의 기능은?

가. 등가적으로 공진파장의 연장
나. 등가적으로 공진파장의 단축
라. 등가적으로 공진주파수의 증가
라. 등가적으로 공진주기의 억제

정답 가

해설 Loading Coil
① 안테나에 코일을 직렬로 삽입하여 공진주파수를 등가적으로 낮출 수 있음
* 단축콘덴서는 공진주파수를 높이는 기능을 함

50 미소 다이폴에 관한 설명으로 적합한 것은?

가. 길이가 반파장과 같은 다이폴이다.
나. 방사전력은 $80\pi^2 I^2 (\frac{\ell}{\lambda})^2$로 나타난다.
다. H면 지향성과 E면 지향성이 모두 무지향성이다.
라. 안테나선로의 전류분포는 정현파 형태이다.

정답 나

해설 미소다이폴
① 전류의 분포가 일정한 형태의 극소형 안테나를 미소다이폴 안테나라 함

② 정전계, 유도전계 및 복사전계의 크기가 같아지는 $d = \frac{\lambda}{2\pi} = 0.16\lambda [m]$ 거리 0.16λ지점을 경계로 하여 그 지점이내에서는 정전계, 유도전계가 지배적이고 그 지점보다 먼 곳에서는 복사전계가 지배적으로 된다.

③ 복사전계와 복사전력
$$E = \frac{60\pi}{d}\sqrt{\frac{P_r}{80\pi^2}} = \frac{\sqrt{45P_r}}{d} = \frac{6.7\sqrt{P_r}}{d} [V/m]$$
복사전계는 거리에 반비례 한다.

④ 복사전력 $P_r = 80\pi^2 I^2 \left(\frac{l}{\lambda}\right)^2 [W]$ 임

51 자유공간에 놓인 수평 반파장 다이폴 공중선의 중앙부의 전류가 10[A]일 때 공중선이 도선과 직각 방향으로 20[km] 떨어진 점의 전계강도는 얼마인가?

가. 7.5[mV/m] 나. 15[mV/m]
다. 30[mV/m] 라. 60[mV/m]

정답 다

해설 전계강도
$$E = \frac{60I}{d} = \frac{60 \times 10}{20 \times 10^3} = 30 \times 10^{-3} = 30[mV/m]$$

52 다음 중에서 방사효율이 가장 큰 경우는?

가. 손실저항이 10[Ω]인 반파장 다이폴 안테나
나. 손실저항이 20[Ω]인 반파장 다이폴 안테나
다. 손실저항이 50[Ω]인 반파장 다이폴 안테나
라. 손실저항이 73[Ω]인 반파장 다이폴 안테나

정답 가

해설 방사효율
① 방사효율 = $\frac{복사저항}{복사저항 + 손실저항}$
손실저항이 낮을수록 방사효율이 우수함.

53 다음 중 야기안테나에 대한 설명으로 적합하지 않은 것은?

가. 단방향의 예리한 지향성을 갖는다.
나. 도파기 수를 증가하면 광대역성을 갖는다.
다. 반사기는 $\frac{\lambda}{2}$보다 길게 되므로 유도성분을 갖는다.
라. 도파기의 길이는 투사기의 길이보다 짧다.

정답 나

해설 야기 안테나 특성
① 단향성으로 예민한 지향성을 갖는다.
② 이득 $G \approx \frac{10L}{\lambda}$ (L: 안테나소자간의 거리)
③ 소자수가 증가하면 이득이 증가한다.
④ 이득이 크고 협대역 특성을 가짐
⑤ 소자구성

반사기	방사기(투사기)	도파기
$\frac{\lambda}{2}$보다 길게	$\frac{\lambda}{2}$ 길이	$\frac{\lambda}{2}$보다 짧게

54 다음 중 카세그레인 공중선에 대한 설명으로 적합하지 않은 것은?

가. 부엽(사이드 로브)이 많다.
나. 위성통신용 지구국 고이득 공중선으로 사용된다.
다. 1차 방사기(전자나팔)를 주반사기 쪽에 설치한다.
라. 누설전력이 천체방향으로 향하기 때문에 대지에서의 잡음을 적게 받는다.

정답 가

해설 카세크레인 안테나
① 초점거리가 짧고 고 이득
② 급전손실이 적다.
③ 부엽이 매우 작다.
④ 저잡음 특성
⑤ 위성통신용 지구국 안테나로 이용한다.

2012년 무선설비산업기사 기출문제

55 지표파의 성질 중에서 잘못된 것은?
  가. 주파수가 높을수록 전파의 감쇠는 크다.
  나. 안테나의 지상고가 높을수록 지표파 성분이 적다.
  다. 수평편파가 수직편파보다 감쇠가 많다.
  라. 대지의 도전율과 유전율에 영향을 받지 않는다.

  정답 라

  해설 지표파의 특성
  ① 대지의 도전율이 클수록 감쇠가 적어진다.
  ② 유전율이 작을수록 감쇠가 적어진다.
  ③ 전파는 해상에서 가장 잘 전파하여 평지, 구릉, 산악, 시가지, 사막 순으로 감쇠가 커진다.
  ④ 지표파는 장·중파대에서 감쇠가 적다.
  ⑤ 수평편파는 대지에서 단락되기 때문에 큰 감쇠를 받는다.(지표파에서 전파해가는 것은 거의 수직 성분이다.)

56 실제지구반경(r), 등가지구반경(R), 등가지구 반경계수(K)라고 할 때, 이들은 어떤 관계식을 갖는가?
  가. $K = \dfrac{R}{r}$ 나. $K = \dfrac{r}{R}$
  다. $R = \dfrac{K}{r}$ 라. $R = \dfrac{r}{K}$

  정답 가

  해설 등가지구반경
  ① 실제 전파는 대기층에서 굴절하므로 직선형태가 아니고 곡선 형태로 진행하게 된다. 이를 전파가시거리라 하는데, 이를 구하기 위해서 실제지구의 반지름 과 등가지구반지름의 비를 등가지구 반경계수 ($K = \dfrac{R}{r}$) 이라함

57 다음 중 전계강도의 변동폭이 크고 특히 마이크로파대역에서 실용상 문제가 되는 페이딩은 어느 형인가?
  가. K형   나. 신틸레이션형
  다. 선택형   라. 덕트(duct)형

  정답 라

  해설 덕트형 페이딩
  ① 대류권에 생기는 이류, 침강, 야간냉각 때문에 Radio Duct가 생성된다. 이로 인해 마이크로파 대역에서 페이딩 현상으로 나타날 수 있음
  ② 감쇠형 페이딩 과 간섭성 페이딩으로 나타남

58 단파 무선통신에서 페이딩(Fading)방지 또는 경감방법과 관계가 없는 것은?
  가. 공간 다이버시티 수신법
  나. AGC회로 부가
  다. 톱로딩(Top loading) 공중선
  라. 주파수 다이버시티 수신법

  정답 다

  해설 Top Loading은 장중파용 안테나의 상단에 원형 코일형태로 구성하는 것으로, 수직접지안테나의 고각도 복사로 이한 근거리 간섭성 페이딩을 경감 시키기 위해서 사용하는 방법임.

59 동일한 전파가 반사 또는 굴절 등에 의해 둘 이상 서로 다른 통로를 통해 수신점에 도달하는 경우 이들 전파끼리 간섭을 일으켜 발생하는 페이딩은?
  가. 편파성 페이딩   나. 흡수성 페이딩
  다. 도약성 페이딩   라. 간섭성 페이딩

  정답 라

  해설 간섭성 페이딩
  ① 동일한 전파가 둘 이상의 서로다른 통로를 통해 수신할 때 생기는 전파간 간섭으로 인해 생기는 페이딩 현상임

60 다음 중 초단파 통신에서 수신점 전계강도에 영향이 가장 적은 것은?
   가. 사용 주파수
   나. 통신 거리
   다. 전리층 높이
   라. 송수신 안테나의 높이

   정답 다

   초단파통신
   ① 주 전파는 직진파 또는 회절파로써 사용주파수, 통신거리, 송수신안테나의 높이 등에 의해 수신전계강도 특성이 변화됨.
   ② 전리층반사파 통신은 단파대통신임.

제4과목 전자계산기일반 및 무선설비기준

61 주기억장치의 용량이 512[kB]인 컴퓨터에서 32비트의 가상주소를 사용하고, 페이지의 크기가 4[kB]면 주기억장치의 페이지 수는 몇 개인가?
   가. 32   나. 64
   다. 128   라. 512

   정답 다

   ① 주기억장치의 페이지 수
   $$\frac{512[Kb]}{4[Kb]} = \frac{2^9}{2^2} = 2^7[bit], 128개$$
   * kiloBit[Kb] = 2^{10}[bit]

62 다음 중 두 개의 입력을 받아서, 합과 자리올림을 구하는 조합논리회로는?
   가. 인코더   나. 디코더
   다. 반가산기   라. 멀티플렉서

   정답 다

   반가산기
   ① 두 개의 2진수(A,B)를 더한 합(SUM) 과 자리올림(C:Carry)를 얻는 회로임
   ② SUM = $A \oplus B$, Carry $C = A \cdot B$

63 다음 중 운영체제의 제어프로그램이 아닌 것은?
   가. 작업제어 프로그램
   나. 감시 프로그램
   다. 언어번역 프로그램
   라. 데이터관리 프로그램

   정답 다

   운영체제 제어프로그램
   ① 감시프로그램(Supervisor Program)
   ② 작업관리 프로그램(Job Management Program)
   ③ 자료관리 프로그램(Data Management Program)
   ④ 통신제어프로그램(Communication Control Program)

64 스케줄링 기법에 대한 설명이 틀린 것은?
   가. 컴퓨터 시스템의 모든 자원의 성능을 높이기 위해 그 사용 순서를 결정하기 위한 정책이다.
   나. 스케줄링 기법에는 선점형, 비선점형 스케줄링 기법이 있다.
   다. 선점기법은 프로세스의 응답시간 예측이 용이하다.
   라. 프로세스의 할당에 대한 방법과 순서를 결정하여 자원의 효율적 이용을 도모하는 것

   정답 다

   CPU 스케줄링 알고리즘
   ① 사용하려고 하는 프로세스들 사이의 우선순위를 관리하는 것을 말함

선점 스케줄링	비선점 스케줄링
우선순위에 따라 선점	먼저 선점된 것 우선
빠른 응답시간 요구	공정한 선점
시분할 시스템에 적합	응답시간 예측 가능

2012년 무선설비산업기사 기출문제

65 인터럽트와 반대되는 개념으로 다른 장치의 상태 변화를 계속 관찰하는 제어 방법을 무엇이라고 하는가?

　가. arbitration　　　나. polling
　다. buffering　　　라. first-in first-out

정답 나

해설 Poilling
① 소프트웨어 우선순위 인터럽트 발생시 가장 높은 순위의 인터럽트 원인부터 CPU가 차례로 검사해 찾아낸 후 이에 해당하는 서비스 루틴 실행하는 것으로 인터럽트와 반대되는 개념임

66 다음 운영체제의 구성요소 중 사용자 프로세스와 시스템 프로세스들을 생성하거나 삭제하고, 중단시키거나 재개시키는 것은?

　가. 통신 관리
　나. 프로세스 관리
　다. 파일 관리
　라. 주메모리 관리

정답 나

해설 운영체제의 구성요소
① 메모리 관리 : 주메모리 및 가상메모리 관리
② 프로세서 관리 : 시스템 프로세스들을 생성/삭제
③ 입·출력 장치의 관리 : 외부장비 관리

67 다음의 운영체제 중에서 처리를 요구하는 자료가 발생할 때마다 즉시 처리하는 방식은?

　가. 오프라인 시스템
　나. 분산처리 시스템
　다. 실시간 처리 시스템
　라. 일괄처리 시스템

정답 다

해설 운영체제의 운영방식
① 다중프로그래밍(Multiprogramming)
　: 한 대의 컴퓨터에 여러 프로그램을 동시에 실행
② 다중처리(Multiprocessing)
　: 한 대의 컴퓨터에 두개이상의 CPU가 설치 실행
③ 실시간처리(Real Time Processing)
　: 즉시 처리하는 시스템
④ 일괄처리(Batch Processing)
　: 데이터가 일정 양 모이거나 일정시간이 되면 한꺼번에 처리
⑤ 시분할시스템(TSS: Time Sharing System)
　: 시간을 분할하여 다수작업을 실행하는 시스템

68 다음 펌웨어에 대한 설명 중 옳은 것은?

　가. 하드웨어와 소프트웨어의 중간적 성격을 가진다.
　나. 하드웨어의 교체 없이 소프트웨어 업그레이드만으로는 시스템 성능을 개선할 수 없다.
　다. RAM에 저장되는 마이크로컴퓨터 시스템이다.
　라. 시스템 소프트웨어로서 응용 소프트웨어를 관리하는 것이다.

정답 가

해설 펌웨어
① 특정 하드웨어 와 사용자간의 교량적인 역할을 하기 위한 프로그램임

69 마이크로프로세서 및 하드웨어의 자원을 관리하고 사용자의 입력을 받거나 결과를 출력하는 일을 담당하는 것을 무엇이라 하는가?

　가. 운영체제　　　나. MMU
　다. 컴파일러　　　라. BIOS

정답 가

해설 운영체제(Operation System)의 목적
① 사용자에게 최대의 편의성 제공
② 처리량 증가　　③ 응답시간 단축
④ 사용기능도 증대　⑤ 신뢰도 향상

70 어드레스 및 데이터 버스 구조에서 고성능 마이크로프로세서가 주로 사용하였으며, 데이터 버스를 명령어 버스와 데이터 버스로 구분하여 설계한 버스 구조는 다음 중 어느 것인가?

가. 이중 버스 구조   나. 단일 버스 구조
다. 다중 버스 구조   라. 하버드 버스 구조

정답 라

해설) 하버드버스구조
① 명령어 와 데이터가 서로 다른 메모리 영역을 차지하며 메모리 영역마다 주소버스, 데이터버스, 제어버스가 각각 존재하는 방식임

71 다음 중 전력선의 고주파전류로 인한 인접 통신설비에 혼신을 방지하기 위한 조건으로 맞는 것은?

가. 고주파전류를 통하는 전력선의 분기점에는 전송특성의 필요에 따라 초크코일을 넣을 것
나. 고주파전류를 통하는 전력선의 경우는 그 부근에 다른 각종 선로와 무선설비가 많은 곳을 택할 것
다. 고주파전류를 통하는 유도식 통신설비의 선로는 가능한 한 다른 전선로와 결합되어야 한다.
라. 고주파전류를 통하는 전력선의 경로를 통신선로 설비와 가능한 한 평행하게 설치되어야 한다.

정답 가

해설) 고주파전류로 인한 통신설비의 혼신방지
① 전력선의 분기점에 전송특성의 필요에 따라 쵸크코일을 삽입
② 전력선의 경로는 그 부근에 다른 선로와 무선설비가 많은 곳 을 선택
③ 유도식 통신설비의 선로는 다른 선로와 결합되지 않도록 선택

72 무선설비의 안전시설기준에서 고압전기란?

가. 600볼트를 초과하는 고주파 및 교류전압과 750볼트를 초과하는 직류전압
나. 650볼트를 초과하는 고주파 및 교류전압과 750볼트를 초과하는 직류전압
다. 750볼트를 초과하는 고주파 및 교류전압과 750볼트를 초과하는 직류전압
라. 750볼트를 초과하는 고주파 및 교류전압과 600볼트를 초과하는 직류전압

정답 가

해설) 고압전기라 함은 고주파 또는 교류전압 600[V] 또는 직류전압 750[V]를 초과하는 전기를 말한다.

73 "무선설비의 효율적 이용"에 관한 규정을 설명한 것으로 잘못된 것은?

가. 타인에게 임대할 수 있다.
나. 타인에게 위탁 운용할 수 있다.
다. 타인과 공동 사용할 수 있다.
라. 타인에게 판매할 수 있다.

정답 라

해설) 전파법
① 무선설비의 효율적 이용을 위해서 무선설비를 타인에게 임대/위탁 운용하거나 타인과 공용사용 할 수 있다.

74 방송통신위원회가 전파이용기술의 표준화를 추진하는 목적으로 볼 수 없는 것은?

가. 전파의 효율적인 이용 촉진
나. 전파 이용 질서의 유지
다. 전파 이용자 보호
라. 전파 이용 중·장기 계획수립

정답 라

해설) 전파이용기술의 표준화목적
① 전파 관련 표준의 제정 및 보급
② 전파 관련 표준에의 적합 인증
③ 기타 표준화 관하여 필요한 사항

2012년 무선설비산업기사 기출문제

75 지정 공중선전력을 500[W]로 하고, 허용편차가 상한 5[%], 하한 10[%]인 방송국이 실제로 전파를 발사하는 경우에 허용될 수 있는 공중선의 전력은?

가. 450 ~ 550[W] 나. 450 ~ 525[W]
다. 475 ~ 550[W] 라. 475 ~ 525[W]

정답 나

해설 500[W]의 허용편차

상한 5[%]	하한 10[%]
525[W]	450[W]

76 산업용 전파응용설비의 전계강도 최대 허용치로서 맞는 것은?

가. 100[m] 거리에서 100[μV/m]이하일 것
나. 30[m] 거리에서 100[μV/m]이하일 것
다. 50[m] 거리에서 100[μV/m]이하일 것
라. 100[m] 거리에서 50[μV/m]이하일 것

정답 가

해설 전파강도의 허용치

산업용 전파응용설비	의료용 전파응용설비
100[m]거리에서 100[μV]이하 일 것	30[m]거리에서 100[μV]이하 일 것

77 "다른 무선국의 정상적인 운용을 방해하는 전파의 발사·복사 또는 유도"를 무엇이라 말하는가?

가. 잡음 나. 간섭
다. 혼신 라. 전파장애

정답 다

해설 혼신
① 다른 무선국의 정상적인 운용을 방해하는 전파의 발사/복사 또는 유도를 말한다.

78 무선국이 하는 업무와 무선국의 분류는 다음 중 무엇으로 정하는가?

가. 방송통신위원회 고시
나. 대통령령
다. 국토해양부령
라. 전파연구소장

정답 나

해설 대통령령
① 전파법 시행령에 무선국이 하는 업무와 무선국의 분류를 정하고 있다.

79 다음 중 무선국의 개설허가의 유효기간이 1년인 무선국은?

가. 실험국 나. 기지국
다. 간이무선국 라. 선상통신국

정답 가

해설 무선국 개설허가의 유효기간

유효기간	무선국의 종별
1년	실험국, 실용화시험국, 소출력방송국(1[W] 미만)
3년	방송국, 기타 무선국
5년	이동국, 육상국, 육상이동국, 기지국, 이동중계국, 선박국, 선상통신국, 우주국, 일반지구국, 아마추어국, 육상이동기지국, 항공국 등
무기한	의무선박국, 의무항공기국

80 공중선 전력이 몇 와트를 초과하는 무선설비에 사용하는 전원회로에는 퓨즈 또는 자동차단기를 갖추어야 하는가?

가. 70와트 나. 50와트
다. 30와트 라. 10와트

정답 라

해설 공중선전력 10[W]를 초과하는 무선설비에 사용하는 전원회로에는 퓨즈 또는 자동차단기를 갖추어야 한다.

국가기술자격검정 필기시험문제

2012년 산업기사4회 필기시험

국가기술자격검정 필기시험문제

2012년 산업기사4회 필기시험

자격종목 및 등급(선택분야)	종목코드	시험시간	형 별	수검번호	성 별
무선설비산업기사		2시간			

제1과목 디지털 전자회로

01 다음의 논리회로도에서 드모르간(De-morgan)의 정리를 나타내는 것은 어느 것인가?

가. A─┐B─┘NAND = A─┐B─┘NOR(inv)

나. A─┐B─┘NAND = A─┐B─┘NOR

다. A─┐B─┘NOR = A─┐B─┘NAND(inv)

라. A─┐B─┘NOR = A─┐B─┘NAND

정답 가

[해설] 드모르간의 정리
① $\overline{A+B} = \overline{A} \cdot \overline{B}$: 곱의 보수는 보수의 합과 같다.
② $\overline{A \cdot B} = \overline{A} + \overline{B}$: 합의 보수는 보수의 곱과 같다.

02 일반적으로 카운터(counter)와 시프트 레지스터(shift register)의 차이점을 가장 잘 표현한 것은?

가. 카운터에는 특정한 상태 순서가 있으나, 시프트 레지스터는 상태 순서가 없다.
나. 카운터에는 특정한 상태 순서가 없으나, 시프트 레지스터는 상태 순서가 있다.
다. 카운터와 시프트 레지스터는 데이터의 이동 기능이 주된 목적이다.
라. 카운터와 시프트 레지스터는 데이터의 저장 기능이 주된 목적이다.

정답 가

[해설] 카운터와 시프트레지스터

카운터	시프트 레지스터
2진수의 형태로 표시해 주는 순서논리회로	2진 정보를 한방향 또는 양방향으로 이동시킬 수 있는 순서논리회로
	플립플롭을 직렬로 연결
주파수분주, 타이밍제어	지연회로와 직렬전송

03 다음 중 차동증폭기의 동상 신호 제거비 CMMR은? (단, A_c = 동상전압이득, A_d = 차동전압이득)

가. $20\log(A_d / A_c)$ 나. $10\log(A_d / A_c)$
다. $10\log(A_c / A_d)$ 라. $20\log(A_c / A_d)$

정답 가

[해설] CMRR
① 잡음은 대개 두 입력단자에 공통으로 들어오므로 차동모드로 증폭기를 동작시키게 되면 잡음을 제거할 수 있게 된다. 이러한 동작을 공통모드제거비(Common Mode Rejection Ratio) CMRR이라 한다.
② 전압비 이므로 20logCMRR[dB]로 표현

$$\therefore CMRR = \frac{\text{차동이득}(A_d)}{\text{동상이득}(A_c)}$$

04 TTL(Transistor Transistor Logic) 회로의 특징이 아닌 것은?

가. 집적도가 높다.
나. 동작속도가 빠르다.
다. 소비 전력이 비교적 적다.
라. 온도의 영향을 적게 받는다.

정답 라

해설 TTL회로
① 트랜지스터를 조합해서 만든 회로를 TTL이라고 말하며, NAND gate에 주로 사용된다.
② 가격 저렴, 동작속도가 빠르다.
③ 멀티 이미터회로 구성이므로 집적도가 높다.
④ DTL과 혼용할 수 있다.
⑤ 잡음여유도가 작아 온도의 영향을 많이 받는다.
⑥ 소비 전력이 작다.

05 연산 논리 장치라 하며 CPU 내에서 모든 연산이 이루어지는 곳을 무엇이라고 하는가?
　가. LSI　　　　나. ALU
　다. Accumulator　라. Flag Register

정답 나

해설 산술논리 연산장치(ALU)
① 중앙처리장치의 일부로써 컴퓨터 명령어 내에 있는 연산자들에 대해 산술연산(+,-,x, /)과 논리연산(AND, ORm XOR, NOT)을 수행한다.

06 AM변조에서 반송파 전력이 50[kW]일 때, 변조도 70[%]로 변조한다면 피변조파 전력 P_m은 몇 [kW]인가?
　가. 35.5　　　나. 62.25
　다. 75.45　　라. 80.25

정답 나

해설 AM변조의 전력
① AM변조의 전력비

반송파	상측파	하측파
Pc	$\frac{m^2}{4}Pc$	$\frac{m^2}{4}Pc$

② 피변조파 전력 =
$Pc(1+\frac{m^2}{2}) = 50[KW](1+\frac{0.7^2}{2}) = 62.25[KW]$

07 다음은 콜피츠 발진 회로이다. 발진 주파수는 약 얼마인가?

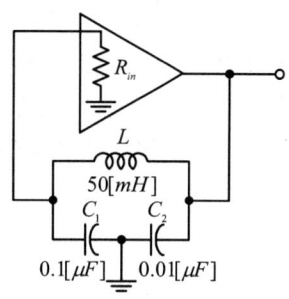

　가. 5.64[kHz]　　나. 6.46[kHz]
　다. 7.46[kHz]　　라. 8.64[kHz]

정답 다

해설 발진기의 발진주파수

콜피츠 발진기	하틀리 발진기
$\frac{1}{2\pi\sqrt{L(\frac{C_1 \cdot C_2}{C_1+C_2})}}$	$\frac{1}{2\pi\sqrt{(L+L_e)C}}$

08 다음 중 클리퍼 회로의 설명으로 옳은 것은?
　가. 입력 파형을 주어진 기준전압 레벨 이상 또는 이하로 잘라내는 회로
　나. 일정한 레벨 내에서 신호를 고정시키는 회로
　다. 특정 시각에 발진 동작을 시키는 회로
　라. 안정 상태와 준안정 상태를 번갈아 동작하는 회로

정답 가

해설 클리퍼회로(Clipper)
① 입력되는 파형의 특정레벨 이상이나 이하의 신호를 잘라내는 회로이다.

09 슈미트 트리거 회로에서 최대 루프 이득을 1이 되도록 조정하면 어떻게 되는가?

가. 회로의 응답속도가 떨어진다.
나. 장시간 높은 안정도를 얻는다
다. 스스로 Reset 할 수 있다.
라. 아날로그 정현파가 발생한다.

정답 가

해설 슈미트 트리거 회로
① 두 개의 트랜지스터를 결합방식이 한쪽은 콜렉터-베이스 결합이고 다른 한쪽은 이미터 결합으로 되어 있는 쌍안정 멀티바이브레이터를 슈미트트리거 회로라고 한다. 펄스 구형파를 얻거나 전압 비교 회로, 쌍안정 멀티바이브레이터 및 A/D 변환 회로에서 사용된다.
② 루프이득을 1이 되도록 조정하면 회로의 응답속도가 떨어진다.

10 푸시풀(push-pull) 트랜지스터 전력 증폭기에서 바이어스를 완전 B급으로 하지 않는 이유는 무엇인가?

가. 효율을 높이기 위해서
나. 출력을 크게 하기 위해서
다. 큰 이상 변화를 얻기 위해서
라. 크로스오버(Cross-over) 왜곡을 줄이기 위해서

정답 라

해설 B급 푸시풀 회로의 특징
① B급 동작이므로 직류바이어스 전류가 매우 작다.
② 입력이 없을 때 컬렉터 손실이 작으며 큰 출력을 낼 수 있다.
③ 우수차 고조파 성분은 서로 상쇄되어 출력단에 나타나지 않는다..
④ 완전 B급 구성시 (Crossover) 일그러짐이 있다.

11 무부하일 때 출력이 50[V]인 직류전원장치가 있다. 1[kΩ] 부하저항을 연결했을 때 출력전압은 40[V]로 떨어졌다. 전압변동률은 백분율로 얼마인가?

가. 10% 나. 15%
다. 20% 라. 25%

정답 라

해설 전압변동율
$$= \frac{\text{무부하시 출력전압} - \text{부하시 출력전압}}{\text{부하시 출력전압}} \times 100[\%]$$
$$= \frac{50-40}{40} \times 100 = 25[\%]$$

12 다음 중 정류기의 평활회로에 사용되지 않는 것은?

가. 콘덴서   나. 저항
다. 쵸크코일 라. 다이오드

정답 라

해설 평활회로
① 정류기 뒷단에서 리플(ripple)을 최소화 시키는 회로이다.
② 콘덴서, 저항, 쵸크코일로 구성된다.
 * 다이오드는 정류기에 사용된다.

13 비교회로(Comparator)에 대한 설명 중 옳지 않은 것은?

가. 2개의 입력을 비교하여 비교한 결과를 출력에 나타내는 회로이다.
나. 출력의 종류는 3가지이다.
다. 2개의 입력이 같은 값일 때 출력은 배타적 NOR(XNOR)로 표시된다.
라. 2개의 입력이 다른 값일 때 출력은 배타적 OR(XOR)로 표시된다.

정답 라

해설 비교기(Comparator)
① 2개의 입력에서 대소를 구분하여 3개의 출력을 구성할 수 있는 회로이다.
② 2개의 입력이 같은 값일 때 출력은 배타적 NOR (XNOR)로 표시 된다.

14 다음 그림의 회로는 두 개의 비반전 증폭기를 종속 접속한 것이다. 저항 10[kΩ]에 흐르는 전류 I_0는 몇 [μA]인가? (단, 각 연산 증폭기는 이상적이다.)

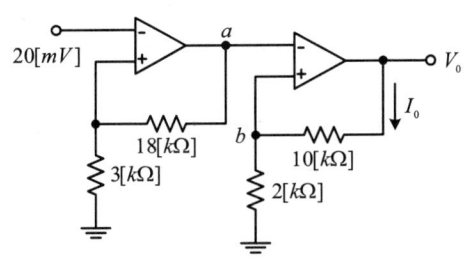

가. 25[μA] 나. 50[μA]
다. 70[μA] 라. 120[μA]

정답 다

해설 회로해석
① 직렬형 비반전 증폭기회로 이다.
② 전압이득 = $A = \dfrac{V_o}{V_i} = (1+\dfrac{R_f}{R})$

첫 번째 증폭기이득	두 번째 증폭기이득
140[mv]	840[mV]

③ 10[KΩ] 흐르는 전류
$I = \dfrac{V}{R} = \dfrac{840[mV]}{2[KΩ]+10[KΩ]} = 70[μA]$ 이다.

15 정현파 발진기로서 부적합한 것은?
가. CR 발진기   나. 수정 발진기
다. LC 발진기   라. 멀티바이브레이터

정답 라

해설 발진기
① 외부로부터의 입력신호가 없어도 회로 자신이 연속적으로 교류신호를 발생하는 것을 말한다.

발진기	정현파 발진기	LC 발진기	동조형 발진기
			하틀리 발진기
			콜피츠 발진기
		수정 발진기	피어스 BE형 발진기
			피어스 CB형 발진기
		RC 발진기	이상형 발진기
			빈 브리지
	비정형파 발진기	멀티바이브레이터
		블로킹 발진기
		톱니파 발진기

16 다음 그림은 어떤 회로인가?

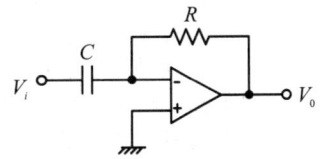

가. 미분기   나. 적분기
다. 가산기   라. 검파기

정답 가

해설 회로해석
① CR 미분기 회로이다.
  * RC구성 회로는 적분기 회로

17 전파정류회로에서 실효값을 나타내는 식은?
가. $\dfrac{V_m}{2}$ 나. $\dfrac{V_m}{\sqrt{2}}$
다. $\dfrac{\sqrt{V_m}}{2}$ 라. $\dfrac{2}{V_m}$

정답 나

해설 정류기의 특성비교

회로	평균값	실효값	파형률	파고율
반파정류	$\dfrac{V_m}{\pi}$	$\dfrac{V_m}{2}$	$\dfrac{\pi}{2}$	2
전파정류	$\dfrac{2V_m}{\pi}$	$\dfrac{V_m}{\sqrt{2}}$	$\dfrac{\pi}{2\sqrt{2}}$	

18 다음 중 PCM(펄스부호변조)의 설명으로 옳지 않은 것은?

가. S/N비가 좋고 원거리통신에 유용하다.
나. 신호파를 표본화시킨다.
다. 고가의 여파기가 불필요하다.
라. 표본화된 신호를 부호화한 다음에 양자화 한다.

정답 라

해설 PCM 통신방식의 특징
※ 장점
① 각종 잡음 방해에 강하다.
② 전송로에 대한 레벨변동이 거의 없다.
③ 디지털 신호의 전송에는 능률이 좋다.
④ 고가의 여파기가 불필요
    (단국장치의 가격저하, 소형화)
⑤ 회선 절체와 경로 변경등이 용이하다.
※ 단점
① 점유 주파수 대역폭이 넓다.
② PCM 특유의 잡음이 발생한다.

19 동기식 순서 논리 회로를 바르게 설명한 것은 다음 중 어느 것인가?

가. 여러단의 순서 논리 회로가 한 개의 클록 신호를 공동 이용하여 동작하는 회로
나. 여러단의 순서 논리 회로가 전단의 출력 신호를 이용하는 회로
다. 여러단의 순서 논리 회로가 여러 개의 클록 신호를 이용하는 회로
라. 여러단의 순서 논리 회로가 클록과 출력 신호와는 무관하게 동작하는 회로

정답 가

해설 동기식 순서논리회로
① 현재의 입력과 이전의 출력상태에 의해서 출력이 결정되는 논리회로이다.
② 순서논리회로는 신호의 타이밍에 따라 동기와 비동기로 분류할 수 있다.

20 다음 중 디코더에 대한 설명으로 올바른 것은?

가. n비트의 2진 코드를 최대 n개의 서로 다른 정보로 교환하는 조합논리회로이다.
나. 디코더에 Enable 단자를 가지고 있을 때 디멀티플렉서로 사용한다.
다. IC 7485는 디코더로서 기능을 사용할 수 있다.
라. 상용 IC 74138은 디코더와 디멀티플렉서의 기능을 모두 사용할 수 없다.

정답 나

해설 디코더
① n 비트의 2진 코드(code)값을 입력으로 받아 최대 2^n 개의 다른 출력으로 변경하는 회로임
② 디코더에 인에이블(enable)단자가 있을 때 디멀티플렉서로의 기능을 할수 있다.
   * TTL IC 7485는 8[bit] 비교이임
   * IC74138은 3개의 입력에 따라서 8개의 출력중하나를 선택할 수 있는 8x3 디코더/디멀티플렉서 기능을 가진다.

제2과목 무선통신기기

21 다음 그림은 analog 입력신호에 대한 펄스부호변조(PCM) 과정을 나타낸 것이다. (A), (B), (C)에 들어갈 과정으로 올바르게 짝지어진 것은?

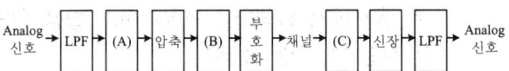

가. (A)=양자화, (B)=복호화, (C)=표본화
나. (A)=양자화, (B)=표본화, (C)=복호화
다. (A)=표본화, (B)=양자화, (C)=복호화
라. (A)=표본화, (B)=복호화, (C)=양자화

정답 다

해설 PCM과정
① PCM 통신방식은 송신측에서 신호를 LPF에 의하여 300~3400[Hz]만 통과시키고 각 통화로를 표본화(sampling)하여 PAM펄스를 얻는다. 이 펄스는 압축기를 통해 진폭이 작은 펄스는 신장하고, 진폭이 큰 펄스는 압축한다. 다음에 양자화한 후 부호화하여 전송로에 송출한다. 수신측에서는 복호화, 신장 등의 조작을 거쳐 원래의 통화신호를 재현한다.

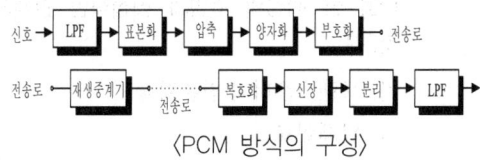

〈PCM 방식의 구성〉

22 지구 상공에 최소한 몇 개의 정지궤도 위성을 적당히 배치하면 극지방을 제외한 모든 지역의 통신이 가능한가?

가. 3개   나. 4개
다. 5개   라. 6개

정답 가

해설 GPS(Global Position System)
① GPS는 지상 20,200[Km]상공의 24개 위성을 이용하여 지상의 위치를 측정할 수 있는 시스템임
② 위치측정은 3개의 위성의 거리 (거리 = 속도×시간)를 측정하여 삼각측량법으로 좌표상에 표시할 수 있음
  * 4개를 이용하면 고도(높이)측정 가능

23 다음 중 전력변환장치로 가장 적합한 것은?

가. 변조기(modulator)와 복조기(demodulator)
나. 정류기(rectifier)와 발전기(generator)
다. 인버터(inverter)와 컨버터(converter)
라. 전원공급기(power supply)와 발진기(oscillator)

정답 다

해설 전력변환장치
① 인버터 와 컨버터 회로가 있음

인버터	컨버터
교류전압 → 직류전압	직류전압 → 직류전압

24 급전선에서 부하저항으로 70[Ω]을 연결하고 측정된 반사계수 값이 0.5인 경우 급전선의 특성임피던스는 약 얼마인가?

가. 7[Ω]   나. 23[Ω]
다. 33[Ω]   라. 55[Ω]

정답 나

해설 급전선 특성임피던스

반사계수 $m = \dfrac{Z_L - Z_o}{Z_L + Z_o}$, $Z_o = \dfrac{1-|m|}{1+|m|} Z_L$

에서, $Z_o = \dfrac{1-0.5}{1+0.5} \cdot 75 ≒ 23[\Omega]$

25 수신기의 종합 특성을 결정하는 파라미터로서 혼신 및 간섭 등을 어느 정도까지 분리 및 제거할 수 있는가의 능력을 나타내는 것은 무엇인가?

가. 감도
나. 선택도
다. 충실도
라. 안정도

정답 나

해설 수신기 종합 특성
① 감도 : 미약전파 수신능력
② 선택도 : 혼신분리(제거) 능력
③ 충실도 : 원음 재생 능력
④ 안정도 : 장시간 일정 출력 유지능력

26 주파수에 대한 진폭을 그래프로 표시되도록 고안된 측정 장비는?

가. 스펙트럼 분석기   나. 계수형 주파수계
다. 오실로스코프   라. 레벨미터

정답 가

해설 스펙트럼 분석기
① 펄스폭 및 반복률 측정
② RF 증폭기의 동조
③ FM 편차 측정
④ RF 간섭시험
⑤ 안테나 패턴 측정
⑥ 가로축은 주파수축, 세로축은 진폭을 표시함

27 축전지에서의 백색 황산연의 발생 방지 방법 중 틀린 것은?

가. 충전 후 오래 방치하지 않아야 한다.
나. 과 충전을 하지 않아야 한다.
다. 충전이 완전히 되도록 한다.
라. 과대한 전류로 방전하지 말아야 한다.

정답 나

해설 백색 황산연의 발생방지 방법
① 충전 후 오래 방치 하지 않을 것
② 방전 상태로 장기간 방치하지 않을 것
③ 충전이 완전히 되도록 할 것
④ 과전류로 방전하지 않을 것

28 무선통신에서 발생하는 스퓨리어스 발생 원인으로 적합하지 않은 것은?

가. 상호 변조
나. 주파수 체배
다. 푸시풀 증폭
라. 증폭기의 비직진성

정답 다

해설 스퓨리어스 복사
① 고 조 파 : 증폭기의 비직선성 등에 의하여 발생되며 증폭기의 여진전압을 낮추면 고조파 발사가 적게 된다.
② 저 조 파 : 주파수 채배 등으로 발생
③ 기생진동 : 불필요한 LC 결합으로 발생
④ 상호변조 : 송신전파가 송신기로 인입시 발생 되어 상호변조되어 발생

29 다음 중 위성의 수명과 직접적인 관계가 없는 것은?

가. 트랜스폰더의 잔존확률
나. 탑재연료
다. 주파수 자원의 한정
라. 태양전지의 성능

정답 다

해설 위성의 수명
① 위성통신의 단점중 하나인 위성의 유지보수 및 수명이 짧은(10년)문제가 있음
② 트랜스폰더(중계기)의 잔존확률
③ 적재된 연료확인
④ 태양전지의 성능 확인

30. 축전지의 양극은 과산화납이 주성분인 판으로, 음극은 납이 주성분인 판으로 구성되어 있다. 다음 설명 중 옳은 것은?

가. 양극판과 음극판의 수가 동일하다.
나. 양극판 수는 음극판 수보고 한 개가 많다.
다. 음극판 수는 양극판보다 한 개가 많다.
라. 음극판과 양극판의 구별이 없다.

정답 다

해설 축전지(배터리)의 음극판 과 양극판으로 구성되며 음극판의 수가 양극판보다 1개 더 많음.

31. 페이딩(Fading) 감소를 위해 다이버시티 방식을 적용하여 통신하려는 경우 다음 중에 해당되지 않는 것은?

가. 페이딩 다이버시티
나. 공간 다이버시티
다. 시간 다이버시티
라. 주파수 다이버시티

정답 가

해설 다이버시티 기술

페이딩	방지대책
간섭성 페이딩	공간 다이버시티 기법사용
편파성 페이딩	편파 다이버시티 기법사용
선택성 페이딩	주파수 다이버시티 기법사용
흡수성 페이딩	AGC회로 기법 사용
도약성 페이딩	주파수다이버시티 또는 AGC

32. 동기 방식의 비트 동기는 각 펄스 사이의 주기를 결정하는 요소인데 이는 수신측에서 무엇을 만들기 위해 필요한가?

가. 검사 비트
나. 클록 펄스
다. SMTP
라. FTP

정답 나

해설 동기방식
① 비트 동기는 각 펄스 사이의 주기를 결정하는 요소로써 수신측에서 클록펄스를 만들기 위해서 필요한 장치이다. 클록(Clock)이란 장치상호 간에 정확한 전송동기(기준점)를 맞추기 위해 필요함.

33. 슈퍼헤테로다인 수신기에서 수신 주파수가 840[kHz]이고 중간주파수가 455[KHz]인 경우 영상주파수는 얼마인가?

가. 255[kHz]
나. 385[kHz]
다. 1,225[kHz]
라. 1,750[kHz]

정답 라

해설 영상주파수
① 슈퍼헤테로다인 수신방식에서 중간주파수에 의해 간섭으로 생각할 수 있는 가상의 주파수를 말함.

영상주파수 = 수신주파수 + 2 × 중간주파수
= 840[KHz] + 2 × 455[KHz] = 1750[KHz]

34. 고니오미터(Gonio-Meter)는 무엇을 측정할 때 사용하는가?

가. 방송출력
나. 상호인덕턴스
다. 전파의 도래각
라. 대지의 정전용량

정답 다

해설 고니오 미터(Gonio-Meter)
① 두 개의 loop안테나를 서로 직각으로 고정시켜서 고정코일 과 탐색코일을 넣어 안테나를 회전시키지 않고 전파의 방향(도래각)을 측정할 수 있는 장비임

35. SSB 무선송신기의 장점으로 적합하지 않은 것은?

가. 점유주파수대폭이 넓어진다.
나. 소비전력이 적다.
다. 선택성 페이딩의 영향이 적다.
라. S/N비가 개선된다.

정답 가

해설 SSB 통신 방식의 장점
① 점유주파수 대폭이 1/2로 축소된다.
② 적은 송신전력으로 양질의 통신이 가능하다.
③ 송신기의 소비전력이 적다.
④ 선택성 페이딩의 영향이 적다
⑤ 수신측에서 S/N비가 개선된다.
⑥ 비화성을 유지할 수 있다.
⑦ 송신기가 소형경량이다.

36. 진폭변조(AM) 송신기의 변조율이 50[%]이고, 반송파 전력이 40[W]인 경우 피변조파의 전력은 얼마인가?

가. 35[W]
나. 40[W]
다. 45[W]
라. 50[W]

정답 다

해설 진폭변조의 전력

반송파전력	상측파전력	하측파전력
P_c	$\dfrac{m^2}{4}P_c$	$\dfrac{m^2}{4}P_c$

① 피변조파 전력 = 반송파 + 상측파 + 하측파
$P_m = (1 + \dfrac{m^2}{2})P_c = (1 + \dfrac{0.5^2}{2}) \cdot 40 = 45[W]$

37. 다음 스펙트럼분석기의 계통도에서 (A), (B), (C), (D)에 대해 맞게 짝지어진 것은?

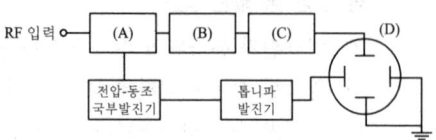

가. (A)=혼합기, (B)=IF 증폭기, (C)=검출기, (D)=CRT
나. (A)=검출기, (B)=IF 증폭기, (C)=혼합기, (D)=CRT
다. (A)=혼합기, (B)=검출기, (C)=IF 증폭기, (D)=CRT
라. (A)=검출기, (B)=혼합기, (C)=증폭기, (D)=CRT

정답 가

해설 스펙트럼분석기
① 고주파 입력신호의 주파수스팩트럼을 분석할 수 있는 장비임

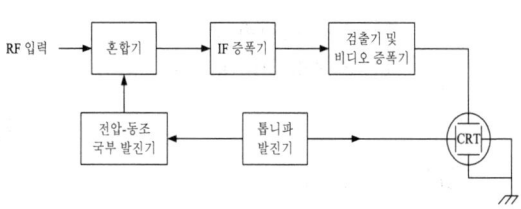

38. PLL의 기본적인 구성요소를 나타낸 것이다. (A)에 들어갈 요소는 무엇인가?

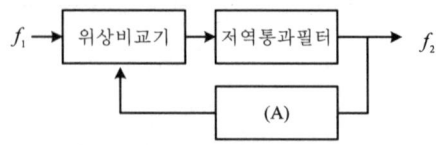

가. 전압제어발진기(VCO)
나. 샘플링(sampling)회로
다. 증폭기(amplifier)
라. 정류기(rectifier)

정답 가

해설 PLL
① Phase Lock Loop로써 위상비교기, Loop Filter(저역통과필터), 전압제어발진기로 구성되어 기준신호와 위상을 Loop시켜 일치시키는 회로
② 동기회로, 주파수합성기, 모터제어회로등 사용

39 위성 통신 지구국의 송신부에서 대출력을 얻기 위해서 사용되는 것은?
가. 트랜스폰더(Transponder)
나. HEMT
다. 진행파관(TWT)
라. 파라메트릭 증폭기

정답 다

해설 진행파관(TWT)
① 고전력 증폭기로는 광대역의 경우 진행파관(TWT)를 사용하는데 TWT는 비선형 특성을 가지고 있다. 따라서, TWT는 포화상태 이하에서 동작시켜야 전력의 감쇠와 혼신을 피할 수 있다.

40 다음 중 진폭변조(AM) 방식에 해당하는 것은?
가. PWM 나. PSK
다. QAM 라. VSB

정답 라

해설 진폭변조(AM)
① 아날로그 입력신호를 이용하여 아날로그반송파의 진폭을 변화시키는 회로임
② 진폭변조에는 DSB, SSB , VSB 방식이 있음

제3과목 안테나공학

41 다음 중 지표파 전파가 잘 전파되는 순서부터 나열한 것은?
가. 해상, 구릉, 평지, 산악, 사막
나. 사막, 산악, 구릉, 평지, 해상
다. 해상, 평지, 구릉, 산악, 사막
라. 사막, 산악, 평지, 구릉, 해상

정답 다

해설 지표파의 특성
① 대지의 도전율이 클수록 감쇠가 적어진다.
② 유전율이 작을수록 감쇠가 적어진다.
③ 전파는 해상에서 가장 잘 전파하여 평지, 구릉, 산악, 시가지, 사막 순으로 감쇠가 커진다.
④ 지표파는 장·중파대에서 감쇠가 적다.
⑤ 수평편파는 대지에서 단락되기 때문에 큰 감쇠를 받는다.
  * 지표파에서 전파해가는 것은 거의 수직편파임

42 도파관에 대한 설명으로 바르지 못한 것은?
가. 원형 도파관에는 TE_{11}모드가 기본모드이다.
나. 도파관에는 각 모드에 대응하는 차단 파장이 존재하지 않는다.
다. 도파관용 창은 도파관용 필터, 공동 공진기의 출력을 얻는데 사용된다.
라. 도파관내의 임피던스는 슬롯이 있는 도체관을 관내에 삽입하여 자계 분포를 변화시킴으로써 변경이 가능하다.

정답 나

해설 도파관
① 도파관은 구형/원형 형태로되 고출력 전송이 가능한 급전선임
② 도파관의 형태에 따라 차단파장(HPF)을 가지고 있어, 그 이상의 주파수만 도파 시킬 수 있음
③ 모드(특정주파수에 에너지집중)에 따라, 차단 파장특성이 다르게 나타남

구분	기본모드	차단파장
구형도파관	TE_{10}	$2a$
	TE_{11}	$\dfrac{2ab}{\sqrt{a^2+b^2}}$
원형도파관	TE_{11}	3.4lr
	TE_{01}	2.6lr

43 송신기의 급전선에서 최대전압이 66[V]이고 이 선로에서의 반사계수(Γ)가 0.5인 경우 급전선에서의 최소 전압 [V]는 얼마인가?

가. 66 나. 33
다. 22 라. 36

정답 다

해설 전압 정재파비

$$S = \frac{\text{전압 최소치}(V_{\min})}{\text{전압 최대치}(V_{\max})} = \frac{\text{입사파 전압}+\text{반사파 전압}}{\text{입사파 전압}-\text{반사파 전압}}$$

$$= \frac{V_f + V_r}{V_f - V_r} = \frac{|\Gamma|+1}{|\Gamma|-1}$$

$$\therefore \frac{66}{V_{\min}} = \frac{1+0.5}{1-0.5}, V_{\min} = 22[V]$$

44 다음 라디오 덕트의 생성원인에 의한 분류로 적합하지 않은 것은?

가. 이류성 덕트
나. 접지형 덕트
다. 전선에 의한 덕트
라. 야간냉각에 의한 덕트

정답 나

해설 라디오 덕트

Radio Duct의 생성조건 $\dfrac{dM}{dh} < 0$ 이고, 이의 생성원인은 다음과 같다.
① 전선에 의한 덕트 : S형 덕트 발생
② 대양상 덕트 (또는 건조 덕트)
③ 이류성 덕트 : 해안선에 많이 발생
④ 야간 냉각에 의한 덕트 : 접지 덕트 발생

45 일반적인 동축케이블과 도파관의 전자계에 대한 설명 중 바르지 못한 것은?

가. TEM 모드에서는 전파의 진행방향에 전계, 자계성분이 없다.
나. TEM 모드에서는 전파진행의 직각방향에 전계와 자계가 존재한다.
다. TEM은 동축케이블 내에는 존재하나 도파관 내에는 존재하지 않는다.
라. 도파관과 동축케이블 모두에 차단 파장은 없다.

정답 라

해설 동축케이블과 도파관
① TEM Mode는 전파의 진행방향에 전계, 자계 성분이 없음
② TEM Mode는 전파진행방향의 직각에 전계와 자계 성분이 존재함
③ 동축케이블은 TEM Mode, 도파관은 TE Mode 또는 TM Mode로 동작됨
④ 도파관에는 차단파장(HPF)이 존재함

46 정재파비(VSWR)에 대한 설명으로 바르지 못한 것은?

가. 전압 정재파비는 정재파의 최대 전압과 최소 전압의 비로 정의된다.
나. 전류 정재파비는 정재파의 최대 전류와 최소 전류의 비로 정의된다.
다. 선로 상에서 근접한 최대치와 다음 최대치의 간격은 반파장거리이다.
라. 임피던스가 완전히 정합된 경우 정재파비 $S=0$의 관계에 있다.

정답 라

해설 정재파비
① 급전선의 정합정도를 나타내는 수치로써 완전정합일 경우 정재파비=1, 반사계수=0

$$S = \frac{V_{\max}}{V_{\min}} = \frac{V_f + V_r}{V_f - V_r} = \frac{1+|m|}{1-|m|}$$

(반사계수 $m = \dfrac{Z_l - Z_0}{Z_l + Z_0}$)

47 전자파가 자유공간을 진행할 때 단위 시간당 단위면적을 통과하는 에너지 밀도를 나타낸 것은?

가. 포인팅 전력   나. 파동방정식
다. 맥스웰방정식   라. 암페어 법칙

정답 가

[해설] 포인팅 전력
① 포인팅 벡터(Poynting Vector) : 평면 전자파는 전계와 자계에 직각인 방향으로 단위 체적을 단위시간에 통과하는 에너지 흐름이다. 이를 Vector표시하면 $P = E \times H [W/m^2]$

48 중파 방송국의 송신 안테나에서 발사되는 전파는?

가. 원형 편파   나. 수평 편파
다. 타원 편파   라. 수직 편파

정답 라

[해설] 장·중파 안테나는 수직접지안테나를 사용하며, 수직편파를 이용함. 주전파는 지표파임.

49 안테나의 고유 주파수를 높이기 위한 방법이 아닌 것은?

가. 센터 로딩(center loading)
나. 로우 로딩(low loading)
다. 베이스 로딩(base loading)
라. 탑 로딩(top loading)

정답 나

[해설] 안테나 로딩
① 코일(Coil)을 이용하여 안테나의 고유주파수를 높게(안테나 길어짐)할 수 있음

센터로딩	베이스로딩	탑로딩
가운데 로딩	하단에 로딩	상단에 로딩

50 전파(電波)가 전파(傳播)하는 통로인 대지에서 전기적 성질이 변한 곳이 있으면 그 지점에서 전파의 굴절작용에 의해 전파의 진행방향이 변화되는데 이 현상에 의한 오차를 무엇이라고 하는가?

가. 야간 오차
나. 해안선 오차
다. 대척점 오차
라. 편파 오차

정답 나

[해설] 해안선 오차
① 전파가 전파하는 도중 대지의 전기적 성질이 변화되면 전파의 진행방향이 변하게 되며, 이는 방향탐지에서 오차를 발생시킴

51 다음 항목 중 가장 큰 값은 어느 것인가?

가. 등가 지구반경 계수(K)
나. 수정굴절률(m)
다. M단위 수정굴절률(M)
라. 표준대기의 굴절률(n)

정답 다

[해설]

	수 치
등가지구반경계수	4/3 (온대지방)
수정굴절율	1.00002 − 1.0005
M단위 수정굴절율	M=(m−1) × 106 (20−500)
표준대기의 굴절율	1.000313

52 공진회로에서 1.5[H]의 인덕터와 0.4[μF]의 캐패시터가 직렬 연결된 경우 공진주파수는 약 얼마인가?

가. 103[H]   나. 205[H]
다. 301[H]   라. 405[H]

정답 나

[해설] 직렬 공진주파수
$$f_o = \frac{1}{2\pi\sqrt{L_e C_e}} = \frac{1}{2\pi\sqrt{1.5 \times 0.4 \times 10^{-6}}} = 205[Hz]$$

53 대류권의 변동현상에 의한 페이딩의 분류에 포함되지 않는 것은?

가. 선택성 페이딩
나. 감쇠형 페이딩
다. 덕트형 페이딩
라. 산란형 페이딩

정답 가

해설 전리층페이딩과 대류권페이딩

전리층 페이딩	대류권 페이딩
선택형 페이딩	K형 페이딩
도약성 페이딩	덕트형 페이딩
간섭성 페이딩	신틸레이션 페이딩
편파성 페이딩	감쇠형 페이딩
흡수성 페이딩	산란형 페이딩

54 반파장 다이폴 안테나에 대한 설명으로 바르지 못한 것은?

가. 안테나의 길이는 $\lambda/2$이다.
나. 전류의 크기는 양쪽 끝에서 최소가 된다.
다. 전압의 크기는 양쪽 끝에서 최대가 된다.
라. 반사형 안테나이다.

정답 라

해설 반파장 다이폴 안테나
① 상대이득 $G_h = 1(0[dB])$
② 절대이득 $G_a = 1.64(2.15[dB])$
③ 실효면적 $A_e = 0.131 G_h \lambda^2$
④ 실효고 (길이)$= \lambda/\pi$
⑤ 반치각 $= 78[°]$
⑥ 복사저항 $R = 73.1[\Omega]$
⑦ 전류는 양끝단 최소, 전압은 양끝단 최고
⑧ 비접지형 안테나로 $\frac{\lambda}{2}$ 길이이며, 실효고 $\frac{\lambda}{\pi}$

55 동축케이블에서 비유전율이 2.3인 폴리스틸렌을 매질로 사용하는 경우에 특성 임피던스는 약 얼마인가?(단, 동축케이블의 손실이 최소가 되는 조건으로 $D/d = 3.6$이 되는 조건)

가. 35[Ω] 나. 50[Ω]
다. 75[Ω] 라. 100[Ω]

정답 나

해설 ① 동축케이블 특성임피던스

$$Z_o = \frac{138}{\sqrt{\varepsilon_s}} \log \frac{D}{d} \quad (D: 도체외부, d: 도체내부)$$

$$= \frac{138}{\sqrt{2.3}} \log 3.6 = 49.22[\Omega]$$

56 다음 중 지상파에 포함되지 않는 전파는 어느 것인가?

가. 직접파 나. 대지 반사파
다. 지표파 라. 전리층 반사파

정답 라

해설 전파통로에 따른 분류

전파 - 지상파: 직접파, 대지반사파, 지표파, 회절파
     - 공간파 - 대류권파: 대류권 굴절파, 대류권 반사파, 대류권 산란파
              - 전리층파: 전리층 반사파, 전리층 산란파

57 전송 선로의 특성 임피던스가 $50 + j0.01[\Omega]$이고 부하 임피던스가 $73[\Omega]$일 때 정재파비는 얼마인가?

가. 2.21 나. 0.37
다. 1.37 라. n.63

정답 가

해설 정재파비 와 반사계수
① 반사계수
$$m = \frac{Z_l - Z_0}{Z_l + Z_0}$$
$$m = \frac{Z_l - Z_0}{Z_l + Z_0} = \left|\frac{73 - j42.5 - 50 + j0.01}{73 - j42.5 + 50 + j0.01}\right|$$
$$= \left|\frac{23 - j42.51}{123 - j42.49}\right| = \sqrt{\frac{(23)^2 + (-42.51)^2}{(123)^2 + (-42.49)^2}} = \frac{48.3}{130}$$
$$= 0.37$$
② 정재파비
$$S = \frac{V\max}{V\min} = \frac{V_f + V_r}{V_f - V_r} = \frac{1 + |m|}{1 - |m|}$$
$$\therefore 정재파비 = \frac{1 + 0.37}{1 - 0.37} = \frac{1.37}{0.63} ≒ 2.21$$

58 길이가 $25[m]$인 $\lambda/4$ 수직접지 공중선의 공진주파수는 얼마인가?

가. $1.5[MHz]$ 나. $3[MHz]$
다. $6[MHz]$ 라. $12[MHz]$

정답 나

해설 수직접지 안테나
① 파장 길이는 $25[m] \times 4 = 100[m]$
$\lambda = \frac{c}{f}$ 이므로 $100[m] = \frac{3 \times 10^8}{f}$,
$f = \frac{3 \times 10^8}{100} = 3[MHz]$

59 다음 중 초단파의 전파 특성에 대한 설명으로 바르지 못한 것은?

가. 주파수가 높기 때문에 지표파는 감쇠가 심하다.
나. 태양의 활동에 따라 수신 강도의 변화는 단파보다 영향이 심하다.
다. 대기의 굴절 때문에 기하학적 가시거리보다 약간 멀리까지 도달한다.
라. 직접파와 대지 반사파에 의해서 전계강도가 정해진다.

정답 나

해설 초단파 전파특성
① 태양의 활동에 따라 수신강도의 변화는 단파보다 영향이 적음
② 주파수가 높아 직접파 와 대지반사파를 이용함
③ 대기 굴절율로 기하학적 가시거리보다 원거리 전송이 가능함

60 다음 중 전파투시도(지형단면도)에 대한 설명으로 바르지 못한 것은?

가. 전파통로 상에서 수평방향의 장애들을 살펴 볼 때 편리하다.
나. 전파통로를 나타내는 지구 단면도로 Profile Map이라고도 한다.
다. 등가지구 반경계수 K를 고려하여 작성해야 한다.
라. 전파통로를 직선으로 취급할 수 있게 된다.

정답 가

해설 전파투시도
① 전파투시도는 전파 통로상에서 수직 방향의 장애물을 계산할 때 사용한다.
② Profile MAP(지구단면도)라고 함
③ 등가지구 반경계수 K를 고려해서 작성해야 하며, 이를 이용해 전파통로를 직선으로 해석 할 수 있음.

제5과목 전자계산기일반 및 무선설비기준

61 단측파대(SSB) 통신에서 전파형식이 J3E, R3E 및 H3E인 경우 점유주파수 대폭의 허용치는?

가. $3[kHz]$ 나. $5[kHz]$
다. $1[MHz]$ 라. $6[MHz]$

정답 가

해설 SSB통신방식
① AM변조방식에서 필터를 사용하여 상측파 또는 하측파 중 선택하여 통신하는 방식
② 전파형식은 J3E, R3E, H3E 로 표시되며 대역폭 허용치는 "3[KHz]" 이다.

62 전파의 반송파전력을 나타낸 표시는 어느 것인가?
가. PZ 나. PR
다. PX 라. PY

정답 가

해설 전력표시기호

용어	내용
평균전력(PY)	변조신호의 1주기 평균
첨두포락선 전력 (Px)	변조포락선의 1주기 평균
반송파전력(Pz)	무변조신호의 1주기 평균
규격전력(PR)	종단증폭기의 정격출력

63 다음 중 산업용 전파응용설비의 안전시설 설치조건으로 틀린 것은?
가. 충전되는 기구와 전선은 외부에서 닿지 아니하도록 절연 차폐체 또는 접지된 금속 차폐체 내에 수용할 것
나. 설비의 조작 시 인체와 전기적 양도체에 고주파전력을 유발할 우려가 있는 경우에는 그 위험을 방지하기 위하여 필요한 설비를 할 것
다. 인체의 안전을 위한 접지장치를 설치할 것
라. 설비와 대지 간 접지저항 값을 무한대로 설치할 것

정답 라

해설 산업용 전파응용설비의 안전시설 설치조건
① 고압전기에 의하여 충전되는 기구 와 전선은 외부에서 와 접촉되지 하도록 절연차폐체 또는 접지된 금속차폐내에 수용해야 한다.
② 설비와 대지 간 접지저항은 0[Ω]에 가깝게 해야 한다.

64 다음 중 무선국 검사의 종류가 아닌 것은?
가. 준공검사 나. 정기검사
다. 임시검사 라. 사용전검사

정답 라

해설 사용전 검사
① 정보통신건물의 정보통신기기에 대한 인증임
② 무선국 검사는 준공검사, 정기검사, 임시검사가 있음.

65 다음 중 적합성평가를 받아야 하는 선박국용 양방향 무선전화장치의 전파형식 기호로 맞는 것은?
가. F3E 및 G3E 나. R3E 및 J3E
다. A3E 및 R3E 라. G3E 및 A3E

정답 가

해설 선박국용 양방향 무선전화장치
① 적합성평가를 요구하는 무선전화 장치는 F3E 및 G3E 임
② 첫째기호 : 주반송파의 변조형식
둘째기호 : 주반송파의 변조특성
셋째기호 : 송신할 정보의 형태

66 다음 중 송신설비의 공중선·급전선 등 고압전기를 통하는 장치는 사람이 보행하거나 기거하는 평면으로부터 몇 [m] 이상의 높이에 설치되어야 하는가?
가. 2.5[m] 이상 나. 3[m] 이상
다. 3.5[m] 이상 라. 4[m] 이상

정답 가

해설 송신설비의 공중선, 급전선 등 고압전기를 통하는 장치는 사람이 보행하거나 기거하는 평면으로부터 2.5[m] 이상 되어야 한다.

67 공중선계가 충족하여야 하는 조건이 아닌 것은?

가. 공중선은 이득이 높을 것
나. 정합은 신호의 반사손실이 최소화 되도록 할 것
다. 지향성은 복사되는 전력이 목표하는 방향을 벗어나지 아니하도록 할 것
라. 급전선에 공급되는 전력을 규격전력 이상이 되도록 할 것

정답 라

해설 공중선계의 충족조건
① 공중선은 이득이 높을 것
② 정합은 신호의 반사손실이 최소화되도록 할 것
③ 지향성은 복사되는 전력이 목표하는 방향으로 벗어나지 아니하도록 안정적일 것

68 다음 중 전파사용료를 부과하기 위해 산정하는 기준으로 틀린 것은?

가. 사용주파수 대역   나. 사용 전파의 폭
다. 공중선 전력   라. 무선국의 소비전력

정답 라

해설 전파사용료 부과기준
① 사용주파수 대역   ② 사용전파의 폭
③ 공중선 전력   ④ 전파의 이용형태

69 다음 중 공중선계에 접지장치를 설치하지 않아도 되는 무선국은?

가. 육상이동국   나. 기지국
다. 방송국   라. 고정국

정답 가

해설 전파법의 접지장치
① 무선설비의 공중선계에는 피뢰기 및 접지장치를 설치해야 한다.
② 이동국 등의 휴대형 무선설비, 육상이동국 및 간이무선국의 공중선계는 생략할 수 있다.

70 디지털 텔레비전 방송국의 송신설비에서 공중선전력의 허용편차는 상한과 하한에서 각각 몇 [%]씩 허용되는가? (상한 허용치, 하한 허용치)

가. 5[%], 10[%]   나. 10[%], 20[%]
다. 5[%], 5[%]   라. 20[%], 10[%]

정답 다

해설 주요 공중선 전력 허용편차 (상한, 하한)
① 방송국송신설비
 : 5[%], 10[%]
② 초단파방송 또는 텔레비전방송국의 송신설비
 : 10[%], 20[%]
③ 디지털 텔레비전 방송국의 송신설비
 : 5[%], 5[%]
④ 비상위치지시용 무선표지설비
 : 50[%], 20[%]
⑤ 아마추어국의 송신설비
 : 20[%], 제한 없음

71 임베디드 보드의 롬(ROM)에 저장되어 하드웨어를 제어하기 위해 작성된 프로그램을 무엇이라고 하는가?

가. 스파이웨어(spyware)
나. 프리웨어(freeware)
다. 펌웨어(firmware)
라. 멀웨어(malware)

정답 다

해설 펌웨어(FirmWare)
① 특정 하드웨어 장치에 포함된 소프트웨어로, 소프트웨어를 읽어 실행하거나, 수정되는 것도 가능한 장치를 뜻한다.
② ROM에 기록된 하드웨어를 제어하는 마이크로 프로그램의 집합임

2012년 무선설비산업기사 기출문제

72 2진수 1001에 대한 1의 보수와 2의 보수의 표현으로 옳은 것은?

가. 1101, 0110　나. 0110, 0111
다. 0111, 1110　라. 0101, 0111

정답 나

해설 보수표현
① 1의 보수
: "0"은 "1"로 변환, "1"은 "0"으로 변환하는 표현
② 2의 보수
: 1의 보수에 1을 더해서 표현함

73 부동소수점 연산에서 정규화를 하는 주된 이유는 무엇인가?

가. 유효 숫자를 늘리기 위해서이다.
나. 연산 속도를 증가시키기 위해서이다.
다. 숫자 표시를 간단히 하기 위해서이다.
라. 보다 큰 숫자를 표시하기 위해서이다.

정답 가

해설 부동소수점표현의 곱셈알고리즘의 순서
① 수가 0인지 여부를 조사한다.
② 지수를 더한다.
③ 가수를 곱한다.
④ 결과를 정규화 함.
(가) 소수점 앞에 유효숫자의 자리수를 일정하게 하는 것을 말한다.

74 다음은 프로그램에 대한 설명이다. 틀린 것은?

가. Supervisor Program : 처리 프로그램의 중추적인 역할로, 제어 프로그램의 실행과정과 시스템 전체의 동작 상태를 감시하는 역할을 한다.
나. Job Management Program : 작업의 연속적인 진행을 위한 준비와 처리 기능을 수행한다.
다. Data Management Program : 파일의 조작, 처리, 자료 전송, 데이터의 표준을 처리한다.
라. Problem Processing Program : 사용자가 업무적인 필요에 의해서 작성한다.

정답 가

해설 Supervisor Program
① 감시프로그램으로 제어프로그램의 중심이 되는 프로그램이다.
② 처리프로그램의 실행 과정과 시스템 전체의 작동 상태를 감시하는 역할을 한다.

75 다음 중 디스크에 있는 대량의 데이터를 복사 혹은 이동 시킬 때에 CPU를 거치지 않고 직접 처리하는 방식은?

가. 인터럽트(Interrupt)
나. DMA(Direct Memory Access)
다. 캐싱(Caching)
라. 스풀링(Spooling)

정답 나

해설 DMA(Direct Memory Access)
① CPU와 관계없이 직접 보조기억장치 또는 입출력 장치로부터 입출력을 직접 처리하는 장치임

76 버스 마스터(Bus Master)에 관한 설명 중 맞는 것은?

가. 독자적인 데이터 전송을 위해 직접적으로 버스 요청 신호를 생성할 수 있는 기능장치
나. 버스에 대한 요청 권한이 없는 수동적인 기능 장치
다. 버스 사용권자를 결정하게 하는 하드웨어 장치
라. 버스 허가, 버스 요청 및 버스 사용 중 등 3개의 제어신호를 이용하는 장치

정답 가

해설 버스마스터(Bus Master)
① 소프트웨어가 입출력하는 버스의 점유권을 쥐고 버스를 직접 제어하는 것을 말함
② 데이터전송을 위해 직접적으로 버스요청신호를 생성할 수 있는 기능 장치임

77 데이터의 특정 비트를 추가하거나 두개 이상의 데이터를 결합하는데 편리한 연산자는 무엇인가?

가. Rotate
나. Complement
다. MOVE
라. OR

정답 라

해설 연산

종류	특징
AND	특정 비트의 정보를 삭제하는데 이용
OR	특정 비트를 결합할 때 사용
XOR	특정 비트를 반전시킬 때 사용

78 스래싱 현상이 발생했을 때 해결방법으로 틀린 것은?

가. 부족한 자원을 증설한다.
나. 일부 프로세스들을 중단한다.
다. 모든 프로세스들을 중단한다.
라. 다중 프로그래밍의 정도를 높여준다.

정답 라

해설 Thrashing(스래싱) 현상
① 프로세스들이 진행되는 과정에서 빈 페이지가 빈번하게 발생되어 실제로 프로세스를 처리하는 시간보다 페이지 교체시간이 더 많아 CPU효율이 떨어지는 현상임.
② 프로세스가 필요한 만큼의 프레임을 제공해주면서 예방함
③ 일부 프로세스를 종료시키고, 부족한 자원을 증설하여 예방함

79 다음 그림과 같은 트리를 Pre-Order로 운영할 때 5번째 방문하는 트리는?

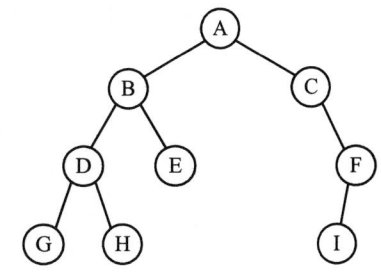

가. A 나. B
다. D 라. H

정답 라

해설 이진트리 순회(Binary Tree Traversing)
① 1개 이상의 노드로 이루어진 유한집합임

방법	특징
Pre-Order	Root → Left → Right A B D G H E C F I
In-Order	Left → Root → Right G D H B E A C F I
Post-Order	Left → Right → Root G H D E B I F C A

80 CPU가 실행하여야 할 명령어의 수가 75개인 경우 명령어 구분을 위한 명령코드(op-code)는 최소한 몇 비트가 필요한가?

가. 5비트 나. 6비트
다. 7비트 라. 8비트

정답 다

해설 명령어
① 명령어의 수가 75개 이므로
$2^6(64) < 75 < 2^7(128)$ 이므로, 최소 7bit가 요구됨

2013년 산업기사1회 필기시험

국가기술자격검정 필기시험문제

2013년 산업기사1회 필기시험

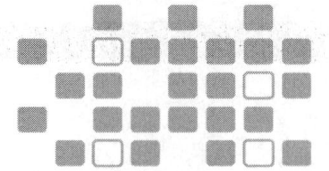

자격종목 및 등급(선택분야)	종목코드	시험시간	형 별	수검번호	성 별
무선설비산업기사		2시간			

제1과목 디지털 전자회로

01 제너다이오드에서 불순물의 도핑 레벨을 높게 했을 때 나타나는 현상으로 틀린 것은?

가. 역방향 제너전압이 감소한다.
나. 매우 좁은 공핍층이 형성된다.
다. 강한 전계가 공핍층 내부에 존재하게 된다.
라. 역방향 제너저항이 감소한다.

정답 라

[해설] PN접합 실리콘 다이오드에 불순물을 많이 넣으면 항복전압이 변화되는 현상을 이용한 것이 제어다이오드임. 불순물을 많이 넣어 6V이하에서 항복현상이 나타나면 제너현상이라 하고, 6V이상에서 항복현상이 나타나면 어발런치현상이라함.

02 다음 중 직류전원회로의 구성순서로 옳은 것은?

가. 정류회로 → 변압회로 → 평활회로
 → 정전압회로
나. 변압회로 → 정류회로 → 평활회로
 → 정전압회로
다. 변압회로 → 평활회로 → 정류회로
 →정전압회로
라. 변압회로 → 정류회로 → 정전압회로
 → 평활회로

정답 나

[해설] 직류전원회로(DC 정전압회로)

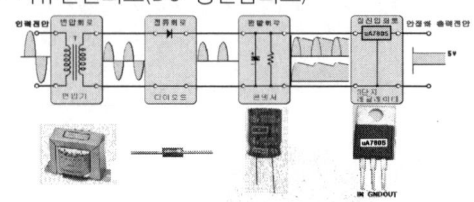

03 단상 반파 정류회로의 맥동률은 얼마인가?

가. 0.48 나. 1
다. 1.21 라. 0.5

정답 다

[해설] 정류회로의 맥동율
= (리플전압 / DC전압) × 100%

	단상전파	단상반파
맥동률	0.482	1.21

04 다음의 연산증폭기에서 $V_1=5[V]$, $V_2=2[V]$, $V_3=3[V]$일 때 출력전압 V_0는?

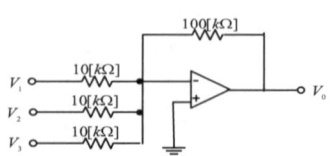

가. $-100[V]$ 나. $100[V]$
다. $155[V]$ 라. $-155[V]$

정답 가

해설 연산증폭기 출력전압

$$V_{out} = -\frac{R_{FeedBack}}{R_{input}} V_{in} \cdots$$

$$\therefore V_{out} = -\frac{100k}{10k}5[V] - \frac{100k}{10k}2[V] - \frac{100k}{10k}3[V]$$

$$= -100[V]$$

05 이상적인 연산증폭기(OP AMP)의 특징으로 옳은 것은?

가. 전압이득이 적다.
나. 출력 임피던스가 높다.
다. 오프셋이 "1"이다.
라. 통과 주파수대역이 무한대이다.

정답 라

해설 이상적인 연산증폭기
① 대역폭 = 무한대
② 입력임피던스 = 무한대
③ 출력임피던스 = 0
④ 입력 Offset = 0
⑤ Open-loop Gain = 무한대

06 다음 회로에 대하여 입력신호 $V_{in} = 5\sin(ut)$ 일 때 출력파형은? (단, 제너다이오드의 순방향 전압은 0.7[V]이고, 제너전압은 4.7[V]이다.)

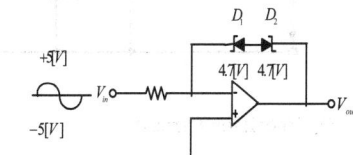

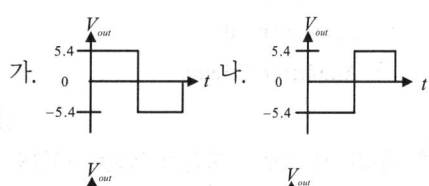

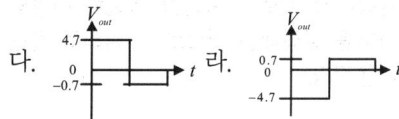

정답 나

해설 출력에 역상이 되어 구형파형을 출력.

07 B급 전력증폭기의 최대효율을 백분율로 표시하면 어떻게 되는가?

가. 25[%]   나. 48.5[%]
다. 78.5[%]   라. 98.5[%]

정답 다

해설 증폭기 Class별 최대효율

A급	B급	AB급	C급
50%	78.5%	78.5%	78.5%이상

08 다음 발진기 중 정현파 발진기에 속하는 것은?

가. 하틀레이 발진기
나. 멀티 바이브레이터
다. 블로킹 발진기
라. 톱니파 발진기

정답 가

해설 정현파발진기
① LC발진회로 (동조형, 콜피츠, 하틀레이)
② RC발진회로 (이상형RC, 브리지형 RC)
③ 수정발진회로

09 하틀레이(Hartley) 발진 회로의 발진 조건 (L 분할형)은?

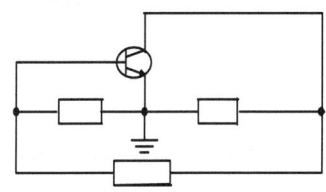

가. B-E사이 : 유도성, E-C사이 : 유도성,
    B-C사이 : 용량성
나. B-E사이 : 용량성, E-C사이 : 유도성,
    B-C사이 : 유도성
다. B-E사이 : 유도성, E-C사이 : 용량성,
    B-C사이 : 유도성
라. B-E사이 : 용량성, E-C사이 : 유도성,
    B-C사이 : 용량성

정답 가

해설 콜피츠와 하틀리형 발진회로

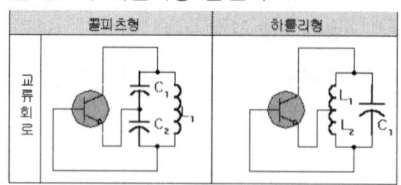

① 콜피츠형 발진주파수
$$f = \frac{1}{2\pi}\sqrt{\frac{1}{L}\left(\frac{1}{C_1}+\frac{1}{C_2}\right)}\ [Hz]$$
② 하틀리형 발진주파수
$$f = \frac{1}{2\pi}\sqrt{\frac{1}{(L_1+L_2)C}}\ [Hz]$$

10 주파수변조에서 반송파의 전력이 10[W], 최대주파수편이 $\Delta f = 5[kHz]$ 신호파의 주파수 $f_s = 1[kHz]$인 경우 변조지수 m_f는?

가. 3 나. 4
다. 5 라. 6

정답 다

해설 FM변조 특성
① 카슨의 대역폭 $= 2(\Delta f + f_s)$
② 변조지수 $m_f = \dfrac{변조지수(\Delta f)}{신호파(fs)} = \dfrac{5[KHz]}{1[KHz]} = 5$

11 다음 중 정보전송시 대역폭 효율(bps/Hz)이 가장 우수한 변조 방식은?

가. 4PSK 나. FSK
다. ASK 라. 16QAM

정답 라

해설 대역폭효율
$= \log_2^M$, M(지수개수)비례

12 다음 그림과 같은 A의 정현파 파형을 기준 레벨을 중심으로 B와 같은 디지털 신호로 바꾸고자 하는 경우에 사용되는 회로는 무엇인가?

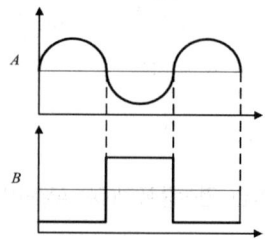

가. 다이오드 펌핑 회로
나. 슈미트 트리거 회로
다. 단안정 발생 회로
라. 블로킹 발진 회로

정답 나

해설 슈미트트리거 회로는 안정된 두 가지의 상태를 가지고 있어, 쌍안정 바이브레이터와 같이 상반된 두가지의 동작 상태를 가진다.

13 다음 중 그림과 같은 회로의 명칭으로 적합한 것은?

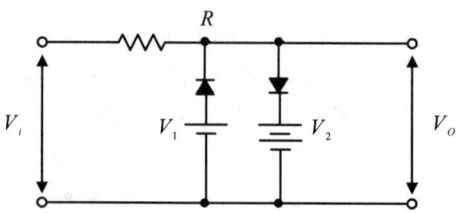

가. Rectifier Circuit
나. Clamping Circuit
다. Slicer Circuit
라. Amplifier Circuit

정답 다

해설 슬라이서 회로는 특정한 레벨로 파형의 상부와 하부를 잘라내는 회로로, 리미터와 같은 회로에 사용된다.

14 다음 불 대수의 정리와 관련 있는 것은?

(A + B) + C = A + (B + C)

가. 교환 법칙   나. 결합 법칙
다. 분배 법칙   라. 부정 법칙

정답 나

해설 불대수의 결합법칙.
① 교환법칙 : A + B = B + A
② 분배법칙 : A + (B+C) = (A+B) + C
③ 부정정리 : $\overline{\overline{A}} = A$, $A + \overline{A} = 1$
④ 드모르간의 정리 : $\overline{A+B} = \overline{A} \cdot \overline{B}$

15 다음에 열거하는 회로 중에서 일반적으로 플립플롭을 이용하여 구성하는 회로가 아닌 것은?

가. 시프트 레지스터   나. 카운터
다. 분주기   라. 전가산기

정답 라

해설 전가산기는 곱(AND Gate)와 합(OR Gate) 게이트로 구성된다..

16 에지 트리거 J-K플립플롭의 논리기호로 옳은 것은?

가. 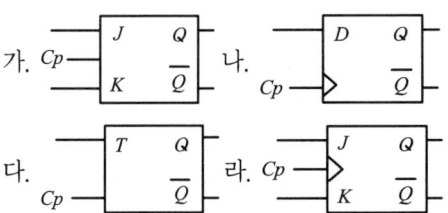 나.
다. 라.

정답 라

해설 신호가 전이되는 순간에만 동작.

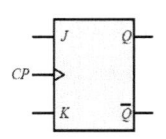

J	K	CP	$Q(t+1)$
0	0	↑	$Q(t)$, hold
0	1	↑	0, reset
1	0	↑	1, set
1	1	↑	$\overline{Q(t)}$, toggle

상승 에지 트리거 J-K 플립플롭의 논리기호 및 진리표

17 다음의 수행 내용은 메모리 쓰기 동작시 MAR(MemoryAddressRegister)와 MBR(Memory Buffer Register)에 대한 순서를 나타내고 있다. 올바른 순서는 어느 것인가?

㉠ 쓰기 제어 신호 동작
㉡ 저장데이터를 MBR로 전송
㉢ 지정메모리의 주소를 MAR로 전송

가. ㉠→㉡→㉢
나. ㉠→㉢→㉡
다. ㉡→㉠→㉢
라. ㉢→㉡→㉠

정답 라

해설 MAR은 레지스터와 외부에 연결되는 장치에서 전송되는 데이터의 전송통로.
MBR은 지정된 워드의 주소를 나타내며, 메모리 내에 있는 각 워드는 0에서부터 사용가능한 워드의 최대까지 주소가 할당된다.

18 다음 회로도의 명칭으로 옳은 것은?

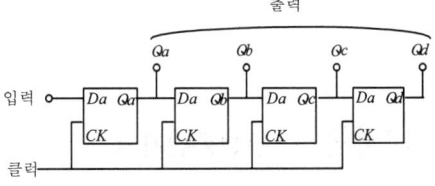

가. 병렬입력-직렬출력 시프트레지스터
나. 병렬입력-병렬출력 시프트레지스터
다. 직렬입력-직렬출력 시프트레지스터
라. 직렬입력-병렬출력 시프트레지스터

3.

정답 라

해설 직렬입력-병렬출력 시프트레지스터이다.

19 다음 디지털 IC의 종류 중 Fan-out이 큰 순서로서 옳은 것은?

가. TTL > RTL > DTL > C-MOS
나. C-MOS > TTL > RTL > DTL
다. TTL > C-MOS > RTL > DTL
라. C-MOS > TTL > DTL > RTL

정답 라

해설 Fan-out은 Gate출력에 연결할 수 있는 최대 Gate 수를 말하며 회로동작을 손상시키지 않으면서 출력에 연결할 수 있는 동일한 Gate의 수를 표시한다.
C-MOS : 20이상(Series에 따라 다름)
TTL : 15정도   DTL : 10정도
RTL : 5정도

20 4비트 5진계수기의 상태를 올바르게 나타낸 것은?

가. 0000→0001→0010→0011→0100→0000
나. 0000→0001→0010→0100→1000→1001
다. 0001→0010→0011→0100→0101→0000
라. 0001→0010→0100→1000→1001→0000

정답 가

해설 0000→0001→0010→0011→0100→0000
　　　0　　1　　2　　3　　4　　0

제2과목 무선통신기기

21 AM송신기의 전력증폭기 기능으로 가장 옳은 것은?

가. AM 변조기에서 신호파를 증폭한다.
나. 발진기 출력인 반송파를 증폭한다.
다. 필요한 RF 출력 전력을 얻기 위하여 이용된다.
라. 부하의 변동이 발진기에 미치는 영향을 방지한다.

정답 다

해설 전력증폭기는 최종단에 사용되어 RF출력전력을 얻기위해 사용됨.

22 중간주파 증폭부가 요구하는 사항이 아닌 것은?

가. 통과 대역폭이 좁을 것.
나. 저잡음 특성을 가질 것.
다. 상호 컨덕턴스와 전류 증폭율이 클 것
라. 이득, 주파수 및 위상 특성이 평탄할 것

정답 다

해설 중간주파증폭부는 수신기에서 중간주파수(IF)신호를 증폭하는 역할을 하는 증폭기임. 전류 증폭율이 큰 증폭기는 CE접지 증폭기의 특징임.

23 FM송신기에 사용되는 pre-emphasis회로에 관한 설명 중 옳은 것은?

가. 저역통과필터(LPF) 기능을 수행한다.
나. 회로는 적분회로로 설계한다.
다. 전력증폭률이 높아진다.
라. S/N비를 개선시킨다.

정답 라

해설 Emphasis회로는 FM송/수신시에 고주파잡음특성을 개선하기 위해서 사용되는 회로임.
① Pre-Emphasis회로는 HPF(고역통과필터)로 고주파신호를 증폭해서 전송함.
② De-Emphasis회로는 LPF(저역통과필터)로 증폭된 신호를 원상복귀 시키는 역할을 함.

24 디지털 데이터 "0"과 "1"을 FSK 통신 방식으로 변조하기 위하여 몇 개의 반송파가 필요한가?

가. 1개   나. 2개
다. 3개   라. 4개

정답 나

해설) FSK는 2개의 반송파를 이용해 변조하는 방식임. 변조방식은 심플하지만 주파수스팩트럼 효율이 낮고 고속전송이 어려운 단점이 있음. FSK계열로 직교반송파를 사용하는 OFDM방식이 최근에 사용되고 있음.

25 AM 송수신기에 대한 다음 설명 중 잘못된 것은?

가. 아날로그 송수신기의 한 종류이다.
나. FM 송수신기에 비해 구조가 간단하다.
다. 주로 단파대에서 많이 사용된다.
라. 잡음에 강해 품질이 우수하다.

정답 라

해설) AM송신기는 비동기복조(포락선검파)가 가능한 장점이 있지만, 잡음에 약하고 대전력이 요구되는 단점이 있음.

26 위성회선의 다원접속방식 중 주파수의 이용효율은 낮으나 시스템의 구성이 간단하여 제반 비용이 적게 드는 방식은 어느 것인가?

가. SDMA 나. CDMA
다. TDMA 라. FDMA

정답 라

해설) FDMA방식은 주파수분할다중화 방식으로 시스템구성이 간단하지만 스팩트럼효율이 낮은 단점이 있음.

27 다음은 위성통신에 사용되는 안테나이다. 좁은 지역에 Spot beam을 만드는데 적합한 안테나는 다음 중 어느 것인가?

가. 파라볼라(parabora) 안테나
나. 무지향 안테나
다. 헤리컬(herical) 안테나
라. 롬빅(rhombic) 안테나

정답 가

해설) 파라볼라안테나는 접지형 반파판을 이용하여 타원형 편파를 만들 수 있어, 지향성이 매우 우수함.

28 전송 신호가 전송 매체를 통해 전달될 때 일부 신호가 열로 변하여 에너지가 손실되는 것은 무엇이라 하는가?

가. 누화
나. 열 잡음
다. 왜곡
라. 감쇠

정답 나

해설) 전송매체에서 생기는 손실은 누화, 왜곡, 감쇠, 산란등을 들 수 있으며, 열잡음은 반도체소자 특성에 의한 잡음으로 잡음스팩트럼대역이 10^{12}[Hz]로 매우 넓음.

29 주파수가 높아짐에 따라 문제가 되는 전자 주행시간을 역이용한 것으로 M/W의 발진과 증폭에 사용되는 전자관은 무엇인가?

가. 증폭기
나. 자전관
다. 진행파관
라. 클라이스트론

정답 라

해설) 전자주행시간이란 자유전자 또는 도전 전자가 일정한 거리를 주행하는데 소요되는 시간임. 클라이스트론은 전자이동(전자주행시간)을 이용한 대전력 RF증폭과 발진에 사용되는 소자임.

30 마이크로파 다중통신방식에서 전파손실을 경감시키기 위한 반사판 사용방법 중 적절치 못한 것은?

가. 입사가 얕은 경우는 반사판을 2장 사용한다.
나. 반사점에서 입사각과 반사각은 각각 90°로 한다.
다. 반사판의 위치는 송수신점 사이의 중앙부근에 둔다.
라. 반사판의 면적을 크게 한다.

정답 다

해설 반사판의 위치는 중앙이 아닌 어느 한쪽에 위치하는 것이 손실을 줄일 수 있음.

31 신호 수신시 초단에서의 증폭이 잡음에 가장 영향을 미친다. 이에 관련되는 소자는?

가. Power Amp. 나. LNA
다. IF Amp. 라. AGC Amp.

정답 나

해설 LNA(Low Noise Amplifier)는 수신단의 초단에 사용하여 초단잡음을 최소화함으로써 전체 잡음전력을 줄이는 역할을 함.

32 다음 중 AC(교류)전압을 DC(직류)전압으로 변화시키는 장치는?

가. AVR(Automatic Voltage Regulator)
나. UPS(Uninterruptible Power Supply)
다. 인버터(Inverter)
라. 컨버터(Converter)

정답 다

해설 인버터 : AC 를 DC로 변환해 주는 회로임
컨버터 : DC 를 DC로 변환해 주는 회로임
AC를 AC로 변환해 주는 회로임
UPS : 무정전 전원공급 장치

33 콘덴서 입력형 평활회로에서 맥동률을 감소시키는 방법으로 부적합한 것은?

가. 평활용 쵸크 코일의 인덕턴스를 크게 한다.
나. 입력측 평활용 콘덴서의 정전용량을 크게 한다.
다. 출력측 평활용 콘덴서의 정전용량을 작게 한다.
라. 교류 입력 전원의 주파수를 높게 한다.

정답 다

해설 출력측 평활용 콘덴서의 정전용량을 크게 하면 맥동율(리플율)을 줄일 수 있음.

34 고정된 교류전원으로부터 가변의 교류 출력전압을 얻기 위하여 이용되며 교류전압제어기(AC voltage controller)로도 알려진 장치는 무엇인가?

가. AC-AC 컨버터
나. 다이오드정류기
다. AC-DC 컨버터
라. DC-DC 컨버터

정답 가

해설 컨버터중 AC-AC컨버터 장치 설명임.

35 BPSK의 대역폭효율이 1일 때 QPSK, 8PSK 및 16QAM에 대한 대역폭 효율은 각각 얼마인가?

가. QPSK=1, 8PSK=2, 16QAM=3
나. QPSK=2, 8PSK=3, 16QAM=4
다. QPSK=3, 8PSK=6, 16QAM=9
라. QPSK=4, 8PSK=8, 16QAM=16

정답 나

해설 대역폭효율 = $\log_2^n$ 에 비례함.
① QPSK = $\log_2^4 = 2$
② 8PSK = $\log_2^8 = 3$
③ 16QAM = $\log_2^{16} = 4$

36 전송로의 진폭왜곡이나 위상 왜곡에 의해 발생하는 부호 간 간섭의 영향을 감소시킴으로써 주파수 특성 변형을 고르게 보정해 주는 것은?

가. 등화기
나. 대역 여파기
다. 진폭 제한기
라. 정합필터

정답 가

해설 디지털수신기에서 사용되는 회로
① 등화기 : 왜곡보상
② 정합필터 : 잡음 최소화, 신호 최대화

37 dBm과 dBW에 대해 올바로 설명한 것은?

가. 전력이 10[mW]일 때 dBm으로는 10 이고 dBW로는 −20 이다.
나. 전력이 10[mW]일 때 dBm으로는 10 이고 dBW로는 −30 이다.
다. 전력이 10[mW]일 때 dBm으로는 1 이고 dBW로는 −20 이다.
라. 전력이 10[mW]일 때 dBm으로는 1 이고 dBW로는 −30 이다.

정답 가

해설 dB는 상대치를 나타내는 단위로 항상 기준값이 요구됨. dBm은 기준값이 1mw, dBW는 기준값이 1W 임.
① $dBm = 10\log_{10}\dfrac{x[W]}{1mW}$,

38 다음 중 전송선로의 정합상태를 나타내는 것은?

가. 정재파비
나. 가변 임피던스
다. 스미스 도표
라. 특성 임피던스

정답 가

해설 정합이란 부하 와 소스 간에 손실이 없이 전달되는 것을 말하며, 정합시 진행파 = 반사파가 동일해 전송선로상에 진행파만 존재하는 것을 말함.
① 정재파비 = $\dfrac{1 + 반사계수}{1 - 반사계수}$

39 다음 중 무선수신기에 고주파증폭기를 사용하는 목적으로 적합하지 않은 것은?

가. S/N비를 향상시킨다.
나. 감도를 높인다.
다. 페이딩 효과를 경감시킨다.
라. 수신안테나와 수신기와의 결합을 용이하게 한다.

정답 다

해설 고주파증폭기는 RF신호로 크게 증폭하여 S/N를 향상 시킬 수 있고, 수신측에서는 감도향상이 가능함.
페이딩효과를 경감시키기 위해서는 다이버시티 기술을 사용해야 함.

40 무선 송신기의 신호대잡음비(S/N) 측정시 필요하지 않는 측정기는?

가. 변조도계
나. 오실로스코프
다. 직선 검파기
라. 저주파 발진기

정답 나

해설 오실로스코프는 Y축은 전압, X축은 시간축으로 되어 있어 아날로그 파형을 측정하거나 전압, 주기 등을 측정 할 때 사용됨.

2013년 무선설비산업기사 기출문제

제3과목 안테나공학

41 전파의 파장과 관련이 있는 것은?
- 가. 전파의 편파
- 나. 전파의 속도
- 다. 전파의 흡수
- 라. 전파의 간섭

정답 나

해설 전파의 속도는 $3 \times 10^8 \, [m/s]$ 임.

42 공중선의 편파 상태와 전파의 편파상태에 따라 안테나에 유기되는 전압과의 관계 설명에 대한 내용으로 바른 것은?
- 가. 전파의 편파상태와 안테나의 편파상태가 일치(0°)할 때 최대전압이 유기된다.
- 나. 전파의 편파상태와 안테나의 편파상태가 일치할 때 최소전압이 유기된다.
- 다. 전파의 편파상태와 안테나의 편파상태가 90°일 때 최대전압이 유기된다.
- 라. 전파의 편파상태와 안테나의 편파상태가 45°일 때 최소전압이 유기된다.

정답 가

해설 편파는 선형편파(수직, 수평) 원형편파(우선, 좌선)로 표현되며 송신과 수신의 안테나편파가 일치할 때(0°) 최대전압이 유기됨. 편파가 다르면 3[dB] 손실 생김.

43 "높은 주파수 전류에 의해 변화하고 있는 전계는 자계를 발생한다."라는 사실을 뒷받침하는 이론으로 적합한 것은?
- 가. 라플라스 방정식
- 나. 렌쯔의 법칙
- 다. 맥스웰 방정식
- 라. 베르누이 정리

정답 다

해설 맥스웰방정식
① 페러데이 전자유도법칙: 전기장이 유도되는 현상[자계의 시간적 변화가 전계를 발생시킴]
② 암페어 법칙: 도선에 전류가 흐르면 전계발생 현상 [전계의 시간적 변화가 자계를 발생시킴]
③ 가우스 법칙: 발산에 대한 정의

44 특성 임피던스 $300 \, [\Omega]$인 전송선로에 $100 \, [\Omega]$의 부하를 접속할 때 전압 정재파비는?
- 가. 1
- 나. 2
- 다. 3
- 라. 4

정답 다

해설
① 반사계수
$$= \frac{Z_O - Z_R}{Z_O + Z_R} = \frac{300 - 100}{300 + 100} = 0.5$$
② 전압 정재파비(VSWR)
$$= \frac{1 + 반사계수}{1 - 반사계수} = \frac{1 + 0.5}{1 - 0.5} = 3$$

45 급전선의 무왜곡 조건식을 옳게 표시한 것은?
- 가. C/G = R/L
- 나. G/C = R/L
- 다. 2C/G = R/L
- 라. C/2G = R/L

정답 나

해설 급전선에서 왜곡 없이 전송할 수 있는 조건은
① RC = LG
② G/C = R/L

46 투과계수에 대한 설명으로 바른 것은?
- 가. 투과 전압을 입사 전압으로 나눈 값이다.
- 나. 특성 임피던스를 부하 임피던스로 나눈 값이다.
- 다. 진행파와 반사파의 크기 비율이다.
- 라. 임피던스 부정합을 일컫는 용어이다.

정답 가

해설 전자기파 등을 비롯한 어떤 파동이 다른 물체와의 경계면에 입사했을 때, 그 물체를 투과하는 정도를 가리키는 것을 말함.
투과계수 = 투과확률 / 입사확률
= 투과전압 / 입사전압

47 도파관에 대한 설명으로 잘못된 것은?

가. 원형 도파관은 기본자태가 TE_{11} 이다.
나. 구형 도파관의 기본자태는 TM_{10} 이다.
다. 도파관에서 차단주파수 이하 주파수는 고역통과필터(HPF)로 동작한다.
라. 관내의 파장은 자유공간에서의 파장보다 길다.

정답 나

해설 구형도파관의 기본자태는 TM_{11}임.
도파관의 특징
① 저항손실이 적다.
② 유전체 손실이 적다.
③ 복사(방사)손실이 적다.
④ 외부 전자계와 완전히 격리할 수 있다.
⑤ HPF(고역통과필터)로 동작 된다.

48 다음 중 $\varepsilon_s = 5$, $\mu_s = 10$인 매질 내에서의 전파의 속도를 계산하면 얼마인가?

가. $\frac{1\sqrt{2}}{3} \times 10^7 [m/s]$
나. $3\sqrt{5} \times 10^7 [m/s]$
다. $3\sqrt{2} \times 10^7 [m/s]$
라. $\frac{1}{3}\sqrt{5} \times 10^7 [m/s]$

정답 다

해설 ① 자유공간에서의 전파속도
$C = \frac{1}{\sqrt{\varepsilon_o \mu_o}}$, $C = 3 \times 10^8 [m/s]$
* 자유공간의 유전율(ε_o) = 8.854×10^-12 [F/m]
* 자유공간의 투자율(μ_o) = 1.257×10^-6 [H/m]
② 매질 내 에서의 전파속도
$\nu = \frac{C}{\sqrt{\varepsilon_s \mu_s}} = \frac{3 \times 10^8}{\sqrt{50}} [m/s] = 3\sqrt{2} \times 10^7 [m/s]$

49 $\lambda/4$ 수직 접지 안테나의 실효 인턱턴스와 실효 캐패시턴스가 각각 L_e, C_e일 때, $\lambda/4$ 수직접지 안테나의 공진주파수 f 는?

가. $\frac{1}{2\pi\sqrt{L_e C_e}}$
나. $\frac{1}{\sqrt{L_e C_e}}$
다. $\sqrt{\frac{L_e}{C_e}}$
라. $\sqrt{\frac{C_e}{L_e}}$

정답 가

해설 수직접지안테나의 공진주파수
$= \frac{1}{2\pi\sqrt{L_e C_e}}$

50 미소 다이폴 안테나에서 생성되는 전파 중에서 원거리에서 주가 되는 성분은?

가. 정전계
나. 정자계
다. 복사계
라. 유도계

정답 다

해설 미소다이폴안테나의 특징
① 원거리(0.16λ이상) 주성분은 복사전자계
② 근거리(0.16λ이내) 주성분은 정전계, 유도전자계
③ 복사계, 유도전자계, 복사전자계가 모두 같아지는 지점은 0.16λ이.

51 미소 루프 안테나에 대한 설명으로 틀린 것은?

가. 소형으로 이동이 용이하다.
나. 방향탐지, 무선표지 및 측정에 이용된다.
다. 효율이 좋고 급전선과 정합이 쉽다.
라. 수평면내 8자형 지향 특성을 갖는다.

정답 다

해설 루프안테나는 소형화가 가능하고, 수평면 내 8자지향성 을 가지고 있어 방향 탐지 등에 사용됨. 루프안테나는 비접지 안테나로 급전성과 정합시 발룬 과 같은
임피던스 변환장치가 요구됨.

52 복사전력과 전계강도 사이의 관계가 올바르게 표현된 것은?

가. $P \propto E^2$ 나. $P \propto E$
다. $P \propto \sqrt{E}$ 라. $P \propto \frac{1}{E}$

정답 가

해설 복사전력과 전계강도의 관계
= $P \propto E^2$

53 자유공간에 있는 반파장 다이폴 안테나의 최대 방사 방향으로 $10[km]$인 지점에서 측정한 전계강도가 $5[mV/m]$일 때, 안테나의 방사전력은?

가. 약 1[W]   나. 약 7[W]
다. 약 51[W]   라. 약 357[W]

정답 다

해설 복사전계강도

	미소 다이폴	반파장 다이폴	등방성 안테나
전계 강도	$\frac{6.7\sqrt{P_r}}{d}$	$\frac{7\sqrt{P_r}}{d}$	$\frac{5.48\sqrt{P_r}}{d}$

$5[mv] = \frac{7\sqrt{P_r}}{10[Km]}$, Pr을 구하면 약 7[W]

54 지상파 중 가시거리 외에서의 주가 되는 파는?

가. 회절파   나. 전리층파
다. 반사파   라. 직접파

정답 가

해설 지상파의 주전파는 지표파와 회절파임.

55 태양 흑점의 수에 따라 전리층의 전리 현상과 맞는 것은?

가. 흑점수가 증가할수록 전리 현상이 커진다.
나. 흑점이 없으면 전리 현상은 '0'이 된다.
다. 흑점수가 증가할수록 전리현상이 작아진다.
라. 흑점은 전리층에 영향을 미치지 않는다.

정답 가

해설 태양폭발에 의해서 대기가 이온화되어 생기는 층을 전리층이라 함. 태양폭발의 흑점수가 증가하면 전리현상이 커짐.

56 다음 중 대류권 전파의 감쇠에 해당되지 않는 것은?

가. 강우에 의한 감쇠
나. 구름, 안개에 의한 감쇠
다. 바람에 의한 감쇠
라. 대기에 의한 감쇠

정답 다

해설 대기의 감쇄현상
① 강우 감쇄
② 구름과 안개 감쇄
③ 대기현상에 의한 감쇄

57 전리층 전파에서 동일 특성의 신호가 일정한 시간 간격으로 되풀이되는 현상은?

가. 페이딩 현상
나. 공전 현상
다. 에코(Echo)현상
라. 델린저(Dellinger)현상

정답 다

해설 에코현상은 동일한 특정의 신호가 일정한 시간 간격으로 되풀이되는 현상을 말함.
* 전화통화시 본인의 음성이 다시 들리는 현상을 ECHO현상이라 함.

58. 다음 중 지상파에 포함되지 않는 전파는 어느 것인가?
   가. 직접파   나. 대지 반사파
   다. 지표파   라. 전리층 반사파

   정답 라

   해설) 전리층 반사파는 전리층의 특정주파수 반사현 상을 이용해서 원거리 통신에 사용됨. 전리층 반사파통신은 주로 단파(3MHz ~ 30MHz)를 사용함.

59. 대기의 3요소에 해당되지 않는 것은?
   가. 기압   나. 습도
   다. 기온   라. 압력

   정답 라

   해설) 대기의 3요소는 온도, 습도, 기온임.

60. 전리층에서 임계 주파수에 대한 설명으로 틀린 것은?
   가. 전리층의 굴절률 $n = \infty$ 일 때의 주파수
   나. 전리층을 반사하는 주파수 중 가장 높은 주파수
   다. 전리층을 통과하는 주파수 중 가장 낮은 주파수
   라. 전리층에서 수직 입사파의 반사와 투과의 경계 주파수

   정답 가

   해설) 전리층에서 임계주파수란 전리층반사를 통해 통신이 가능한 주파수를 말함. 임계주파수를 나타내는 파라미터에는 최대주파수, 최소주파수, 최적주파수가 있음. 최적주파수(FOT) = MUF(최고주파수) x 0.85

제4과목 전자계산기일반 및 무선설비기준

61. 명령어의 주소 필드에 피연산자의 주소가 들어 있는 것이 아니고 실제 피연산자가 위치해 있는 유효 주소가 기억되어 있는 주소지정방식은?
   가. 묵시적 주소지정방식(implied addressing mode)
   나. 즉시 주소지정방식(immediate addressing mode)
   다. 간접번지 주소지정방식(indirect addressing mode)
   라. 레지스터 간접주소지정방식(register indirect addressing mode)

   정답 다

   해설) 주소지정방식
   ① 묵시적 주소지정방식 : 명령어의 형식 상 이미 피연산자가 묵시적으로 정해지는 주소지정 방식
   ② 즉시 주소지정방식 : 피연산자에 의해 실제 Data가 기록되는 방식
   ③ 간접 주소지정방식 : 피연산자의 내용이 실제 Data의 주소를 가진 pointer의 주소인 방식

62. 다음 중 ASCII코드에 대한 설명으로 옳지 않은 것은?
   가. 1비트의 Parity 비트를 추가하여 8비트로 사용한다.
   나. 1개의 문자를 4개의 Zone 비트와 Digit 비트로 표현한다.
   다. 128가지의 문자를 표현할 수 있다.
   라. 통신 제어용 및 마이크로컴퓨터의 기본 코드로 사용한다.

   정답 나

2013년 무선설비산업기사 기출문제

해설 ASCLL코드는 컴퓨터나 인터넷상에서 텍스트 파일을 위한 가장 일반적인 형식임. 알파벳이나 숫자, 특수문자들이 7bit의 2진수로 표현되며, 128개의 문자가 정의되어 있음.
* ASCLL코드의 구성 (3개 Zone, 4개 Digit)

Zone Bit				Digit Bit			
C	B	A	8	4	2	1	

63 인터넷에서 사용되는 용어 중에서 컴퓨터 사이에 파일을 전달하는데 사용되는 것은?
  가. FTP
  나. Gopher
  다. Archie
  라. Usenet

정답 가

해설 File Transfer Protocol(FTP)는 두 대의 컴퓨터 사이에 파일을 전송하기 위한 프로토콜임.

64 디스크 시스템의 성능과 신뢰성을 향상시키기 위해서 디스크 드라이브의 배열을 구성하여 하나의 유닛으로 패키지 함으로써 액세스 속도를 크게 향상시키고 신뢰도를 높인 것을 무엇이라 하는가?
  가. 자기 디스크 장치(magnetic disk unit)
  나. RAID(Redundant Array of Inexpensive Disks)
  다. 자기 테이프 장치(magnetic tape unit)
  라. 램 디스크 장치(RAM disk unit)

정답 나

해설 RAID는 여러대의 하드디스크가 있을 때 동일한 데이터를 다른 위치에 중복해서 저장하는 방법을 말함.

65 다음 중 DRAM에 대한 설명으로 맞는 것은?
  가. 플립플롭 회로를 사용하여 만들어졌다.
  나. 모든 메모리 유형 중에서 가장 빠르다.
  다. 일반적으로 CPU의 레지스터나 캐시 메모리에만 사용된다.
  라. 저장된 데이터를 유지하기 위해 계속적으로 데이터를 새롭게 하는 것이 필요하다.

정답 라

해설 DRAM(Dynamic Read Access Memory)은 각각의 분리된 Capacitor에 데이터를 저장하는 기억장치로 속도가 빠르지만 휘발성기억장치라는 단점이 있음.
DRAM은 데이터가 휘발되는 것을 방지하기 위하여 지속적인 전기공급을 해주는 메모리를 말함.

66 다음 중 오류 검출용 코드에 해당하는 코드는?
  가. BCD코드   나. Execess-3
  다. 해밍 코드   라. Gray 코드

정답 다

해설 해밍코드는 1bit에러 검출 및 정정을 할 수 있는 코드임.
해밍비트의 Parity Bit 길이는
$2^p \geq n+p+1$ ($n-Data\,Bit$, $p-Parity\,Bit$)

67 제어장치(Control Unit)를 구성하는 요소라고 볼 수 없는 것은?
  가. 명령레지스터(Instruction Register)
  나. DMA 제어기(DMA Controller)
  다. 명령 해독기(Instruction Decoder)
  라. 제어 메모리(Control Memory)

정답 나

해설 DMA는 주변장치들이 메모리에 접근하여 읽거나 쓸 수 있도록 하는 기능임.

68 다음 중 운영체제의 역할에 해당하지 않은 것은?

가. 사용자와 컴퓨터 시스템 간의 인터페이스 정의
나. 여러 사용자 간의 자원 공유
다. 자원의 효율적인 운영을 위한 스케줄링
라. 데이터베이스의 관리

정답 라

해설 운영체제(OS)는 자원관리, 스케줄링, 사용자와 시스템간의 인터페이스 등의 역할을 함.

69 다음 빈칸에 들어갈 용어로 알맞은 것은?

> (   )은(는) 커널에 등록되어 커널의 관리 하에 있는 작업으로 이를 일반적으로 주기억장치에서 실행 중인 프로그램(작업)이라 한다. 커널에 등록된 (   )은(는) 자신이 실행해야 할 프로그램을 가지고 있으며 이 프로그램을 실행하기 위해 커널에게 기억장치, 프로세서, 모니터 등 하드웨어장치나 메시지, 파일 등 소프트웨어의 각종 자원을 요청한다. 즉, 여러 자원들을 요청하고 할당 받을 수 있는 개체(Entity)라 정의할 수 있다.

가. 프로세스(Process)   나. 운영체제(OS)
다. 스케줄(Schedule)   라. 스래드(Thread)

정답 가

해설 프로세스에 대한 설명임.

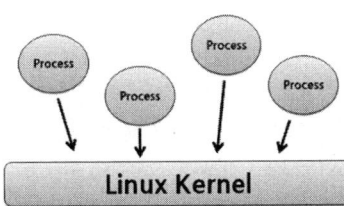

70 2진수 10010010.011을 각각 4진수, 8진수, 16진수로 변환한 것은?

가. 2302.12_4 262.3_8 $B2.6_{16}$
나. 2202.12_4 242.3_8 $A2.6_{16}$
다. 2402.12_4 252.3_8 $D2.6_{16}$
라. 2102.12_4 222.3_8 92.6_{16}

정답 라

해설
2진수 - 1bit 표현
4진수 - 2bit 표현
8진수 - 3bit 표현
16진수 - 4bit 표현

8421코드로 변환(정수)
$(10010010)_2$
$(10\ 01\ 00\ 10)_4 → (2\ 1\ 0\ 2)_4$
$(010\ 010\ 010)_8 → (2\ 2\ 2)_8$

8421코드로 변환(소수)
$(.011)_2$
$(.01\ 10)_4 → (12)_4$
$(.011)_8 → (3)_8$

71 무선국의 공중선계에 낙뢰보호장치 및 접지시설을 하여야 하는 무선국은?

가. 휴대용 무선설비   나. 육상이동국
다. 간이무선국   라. 이동중계국

정답 라

해설 무선설비규칙(방통위고시) 제 19조(안전시설)
제19조(공중선 등의 안전시설)
① 무선설비의 공중선계에는 낙뢰로부터 무선설비를 보호할 수 있도록 하는 낙뢰보호장치(피뢰침은 제외한다) 및 접지시설을 하여야 한다. 다만, 이동국 등의 휴대용 무선설비, 육상이동국, 간이무선국의 공중선계 및 실내에 설치되는 공중선계는 그러하지 아니하다.

72 다음 중 방송통신기기 지정시험기관이 행하는 시험분야로 틀린 것은?

가. 유선 시험분야
나. 무선 시험분야
다. 전자파내성 시험분야
라. 전류흡수율 시험분야

정답 라

해설 전류흡수율은 측정항목과 거리가 멀다.

73 다음 중 주파수할당을 하려는 때에 공고할 사항으로 잘못된 것은?

가. 할당대상 주파수 및 대역폭
나. 주파수할당 대가의 산출기준
다. 주파수용도 및 기술방식
라. 무선국 개설허가의 유효기간

정답 라

해설 전파법시행령(제11조) (주파수할당의 공고)
1. 할당대상 주파수 및 대역폭
2. 할당방법 및 시기
3. 주파수할당 대가
4. 주파수 이용기간
5. 주파수용도 및 기술방식에 관한 사항

74 단측파대(SSB)통신에서 전파형식이 J3E, R3E 및 H3E인 경우 점유주파수 대역폭의 허용치는?

가. 3[kHz]   나. 5[kHz]
다. 1[MHz] 라. 6[MHz]

정답 가

해설 무선설비규칙(방통위고시) 제96조 (생활무전국용 무선설비)
사. 점유주파수대폭은 다음과 같을 것
(1) A3E 전파를 사용하는 송신장치 : 6kHz 이내
(2) H3E, J3E 전파를 사용하는 송신장치 : 3kHz 이내
(3) F3E 전파를 사용하는 송신장치 : 16kHz 이내

75 "지정시험기관 적합등록" 대상기자재가 아닌 것은?

가. 자동차 및 불꽃점화 엔진구동기기류
나. 가정용 전자기기 및 전동기기류
다. 고전압설비 및 그 부속 기기류
라. 정보기기의 전원 및 공중선기기류

정답 라

해설 적합등록 대상 기자재
http://www.rapatcl.or.kr/new/system/in_registration_3.php

76 다음 ( )안에 들어 갈 내용으로 적합한 것은?
"정격전압"이라 함은 기기의 정상적인 동작에 필요한 전원전압으로서 신청된 설계전압의 ( ) % 이내의 전압을 말한다.

가. ±2   나. ±4
다. ±6   라. ±8

정답 가

해설 무선설비의 적합성평가 처리방법 제3조 (정의)
"정격전압"이라 함은 기기의 정상적인 동작에 필요한 전원전압으로서 신청된 설계전압의 (±)2% 이내의 전압을 말한다.

77 다음 중 무선국의 개설 조건으로 틀린 사항은?

가. 무선설비는 인명·재산 및 항공의 안전에 지장을 주지 아니하는 장소에 설치할 것
나. 개설목적·통신사항 및 통신상대방의 선정이 법령에 위반되지 아니할 것
다. 개설목적의 달성에 필요한 최소한의 주파수 및 공중선전력을 사용할 것
라. 이미 개설되어 있는 다른 무선국의 주파수를 공용할 수 있을 것

정답 라

해설 전파법 제20조의 2(무선국의 개설조건)
1. 통신사항이 개설목적에 적합할 것
2. 시설자가 아닌 타인에게 그 무선설비를 제공하는 것이 아닐 것. 다만, 제48조제1항에 따라 타인에게 임대하는 무선국, 업무상 긴밀한 관계가 있는 자 간의 원활한 통신을 위하여 개설하는 무선국으로서 미래창조과학부장관이 인정하는 무선국 또는 제25조 제2항 제4호에 따른 비상통신을 행하는 무선국의 경우에는 그러하지 아니하다.
3. 개설목적·통신사항 및 통신상대방의 선정이 법령에 위반되지 아니할 것
4. 개설목적의 달성에 필요한 최소한의 주파수 및 공중선전력을 사용할 것
5. 무선설비는 인명·재산 및 항공의 안전에 지장을 주지 아니하는 장소에 설치할 것
6. 이미 개설되어 있는 다른 무선국의 운용에 지장을 주지 아니할 것

78 방송통신위원회가 전파 산업 등의 기술개발의 촉진을 위하여 추진하여야 할 사항이 아닌 것은?
　가. 기술수준의 조사·연구개발 및 개발기술의 평가·활용
　나. 기술의 협력·지도 및 이전
　다. 국제기술표준과의 연계 공유개발
　라. 기술정보의 원활한 유통

정답 다

해설 전파법 제62조(기술개발의 촉진)
1. 기술수준의 조사·연구개발 및 개발기술의 평가·활용
2. 기술의 협력·지도 및 이전
3. 기술정보의 원활한 유통
4. 산업계·학계 및 연구계의 공동 연구·개발
5. 그 밖에 기술개발을 위하여 필요한 사항

79 다음 중 주파수 분배 시 고려하여야 할 사항이 아닌 것은?
　가. 전파이용 기술의 발전추세
　나. 국내의 주파수 사용 동향
　다. 주파수의 이용현황 등 국내의 주파수 이용여건
　라. 전파를 이용하는 서비스에 대한 수요

정답 나

해설 전파법 제9조(주파수분배)
1. 국방·치안 및 조난구조 등 국가안보·질서유지 또는 인명안전의 필요성
2. 주파수의 이용현황 등 국내의 주파수 이용여건
3. 국제적인 주파수 사용동향
4. 전파이용 기술의 발전추세
5. 전파를 이용하는 서비스에 대한 수요

80 다음 사항 중 통신보안에 대한 정의로 알맞은 것은?
　가. 통신 중 도청당한 정보의 분석 지연책을 강구하는 것
　나. 무선통신망은 풍부한 정보의 원천이므로 사용을 최소화 하는 방책
　다. 통신수단에 의한 국가기밀, 산업정보 및 개인비밀 통화를 최소화 하거나 약화하는 방책
　라. 통신수단에 의하여 비밀이 직간접적으로 누설되는 것을 방지하거나 지연시키는 방책

정답 라

해설 무선국의 운용 등에 관한 규정(전파관리소장 규정) 제2조 (정의)
"통신보안"이라함은 통신수단에 의하여 비밀이 직접 또는 간접으로 누설 되는 것을 미리 방지하거나 지연 시키기 위한 방책을 말한다.

국가기술자격검정 필기시험문제

2013년 산업기사2회 필기시험

국가기술자격검정 필기시험문제

2013년 산업기사2회 필기시험

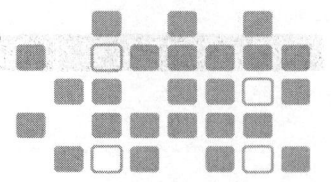

자격종목 및 등급(선택분야)	종목코드	시험시간	형 별	수검번호	성 별
무선설비산업기사		2시간			

제1과목 디지털 전자회로

01 다음 중 L형 평활회로와 비교한 C형 평활회로의 특성을 바르게 나타낸 것은?

가. 직류 출력 전압이 낮다.
나. 전압 변동률이 작다.
다. 최대 역전압(PIV)이 높다.
라. 시정수가 크며, 리플이 증가된다.

정답 다

해설 평활회로의 특징

L (인덕터)	C (커패시터)
전기적으로 단락된 내부 구성	전기적으로 개방된 내부 구성
주파수 변화에 따른 전류의 변화에 대해 역기전력이라는 특성으로 교류의 흐름을 차단	주파수 성분의 전류 변화를 잘 통과시키는 특성
알갱이가 큰 것들(저주파 성분)만 통과	알갱이가 작은 것들(고주파 성분)만 통과

02 다음 중 정류기의 평활회로에 사용되지 않는 것은?

가. 콘덴서   나. 저항
다. 초크코일 라. 다이오드

정답 라

해설 평활회로 구성
① 콘덴서, 저항, 초크코일로 구성되어 AC신호를 DC로 바꾸는 인버터에서 맥류(Ripple)을 완전히 제거하는 역할을 한다.

03 다음 그림과 같은 회로의 기능은?

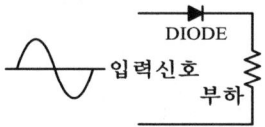

가. 반파정류   나. 전파정류
다. 증폭   라. 발진

정답 가

해설 한 개의 다이오드를 이용한 반파정류회로이다.

04 다음 중 낮은 주파수 대역에서 높은 주파수 대역에 걸쳐 일정한 크기의 스펙트럼을 가진 연속성 잡음으로 알맞은 것은?

가. 트랜지스터 잡음   나. 자연잡음
다. 백색잡음   라. 지터잡음

정답 다

해설 백색잡음(AWGN)의 특성
① Additive : 기존잡음에 더해지는
② White : 전체 주파수대역에 걸쳐 있는
③ Gaussian : 평균치가 가우시안형태인
④ Noise : 잡음을 말한다.
⑤ 열잡음이 대표적인 AWGN잡음이다.

05 PNP와 NPN 트랜지스터를 조합하여 이루어진 push-pull 증폭회로를 무엇이라 하는가?

가. 컴플리멘터리 SEPP 회로
나. 위상반전회로
다. OTL
라. OCL

정답 가

해설 싱글 엔디드 푸시풀 (SEPP)
(SEPP Single ended push-pull) 푸시풀 회로는 두 개의 진공관 또는 트랜지스터 등을 서로의 위상이반대로 동작되도록 접속한 회로이다. 두 개의 입력에 역위상의 신호를가해 각각의 출력을 출력 트랜스에서 합성하는데, 오디오 앰프에서는출력 트랜스가 음질을저하시키기 때문에 이 트랜스를 없앤 것을 SEPP 회로라 한다.

06 다음 그림과 같은 연산증폭기 회로에서 $V_1 = 1[\mathrm{mV}]$, $V_2 = 2[\mathrm{mV}]$일 때 출력 V_0는 얼마인가?

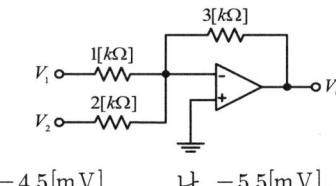

가. $-4.5[\mathrm{mV}]$ 나. $-5.5[\mathrm{mV}]$
다. $-6[\mathrm{mV}]$ 라. $-7.5[\mathrm{mV}]$

정답 다

해설 연산증폭기 출력전압
$$V_{out} = -\frac{R_{FeedBack}}{R_{input}} V_{in} \cdots$$
$$\therefore V_{out} = -\frac{3k}{1k}1[mV] - \frac{3k}{2k}2[mV]$$
$$= -6[mV]$$

07 어떤 증폭기의 전압증폭도가 1,000일 때 전압이득은 얼마인가?

가. 20[dB]   나. 30[dB]
다. 60[dB]   라. 90[dB]

정답 다

해설 $dB = 20\log_{10}^{1000} = 60[dB]$

08 무선송신기에 수정진동자를 사용하는 이유로 가장 타당한 것은?

가. 발진주파수가 안정하기 때문이다.
나. 고조파를 쉽게 얻을 수 있기 때문이다.
다. 일그러짐이 적은 파형을 얻기 위해서이다.
라. 발진주파수를 쉽게 변경할 수 있기 때문이다.

정답 가

해설 수정발진기는 안정도가 높고 Q값이 낮아 발진기 주파수의 대역폭이 좁다.

09 다음 중 발진조건으로 알맞은 것은? (단, A = 증폭도, β = 되먹임률)

가. $A\beta = 1$ 나. $A\beta < 1$
다. $A\beta > 1$ 라. $A\beta \neq 1$

정답 가

해설 바크하우젠 발진조건은 특정주파수 성분이 지수적으로 성장시킬 수 있는가 여부를 나타내며, 루프이득이 $A\beta = 1$ 일 때 발진조건을 만족한다.

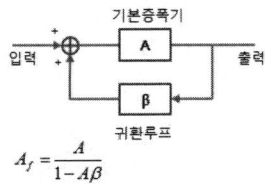

$$A_f = \frac{A}{1-A\beta}$$

A_f : 폐쇄루프이득(closed-loop gain) 또는 전체이득
A : 개방루프이득(open-loop gain)
β : 귀환율(feedback factor)
$A\beta$: 루프이득(loop gain)
$1-A\beta$: 귀환량(amount of feedback)

10. 다음 변조방식 중 아날로그 변조 방식이 아닌 것은?
    가. PPM   나. PAM
    다. PCM   라. PWM

    정답 다

    PCM은 디지털변조(변환)방식이다.

11. 다음 중 최고 주파수가 8[kHz]인 신호파를 펄스 코드변조(PCM)할 경우 표본화 주기로 적합한 것은?
    가. 1.25[μs]   나. 6.25[μs]
    다. 12.5[μs]   라. 62.5[μs]

    정답 라

    나이퀴스트 샘플링주파수(fs ≥ 2fm)을 만족한다면, 샘플링주파수는 16[KHz].
    표본화주기 = $\frac{1}{16[KHz]}$ = 62.5[us]
    Ts = 1/fs = 1/2fm

12. 다음 그림과 같은 회로의 명칭으로 가장 적합한 것은? (단, $V_i > V_R$)

    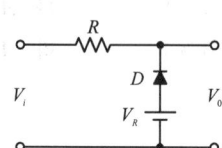

    가. Clipping Circuit   나. Clamping Circuit
    다. Limiter Circuit   라. Slicer Circuit

    정답 가

    클리핑회로로 입력의 상단에 해당하는 신호만 출력

    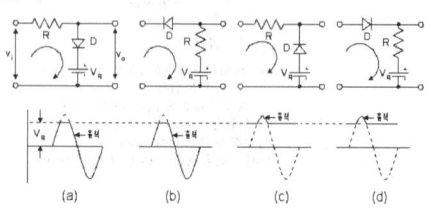

13. 트랜지스터의 스위칭 동작에서 turn-off 시간은?
    가. 지연시간(t_d)
    나. 지연시간(t_d) + 상승시간(t_r)
    다. 축적시간(t_s)
    라. 축적시간(t_s) + 하강시간(t_r)

    정답 라

    td, tr, ts, tf (지연시간, 상승시간, 축적시간, 하강시간)

    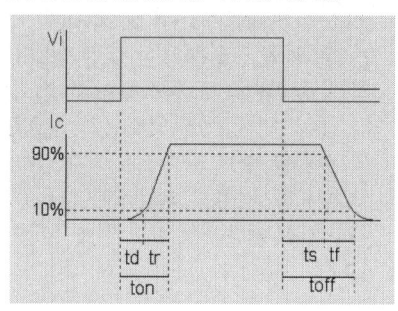

14. 이진수(binary number) 표현으로 "10100001"은 10진수로 얼마인가?
    가. 121   나. 141
    다. 161   라. 181

    정답 다

    8421코드표현
    128 64 32 16 8 4 2 1
    1   0 1 0 0 0 0 1 → 161

15. 다음 중 3초과 코드 (excess-3 code)에 대한 설명으로 옳지 않은 것은?
    가. 자기 보수형 코드이다.
    나. 언웨이티드 코드의 대표적이기도 한다.
    다. 8421 code에 $3_{(10)}$을 더하여 만든 것이다.
    라. BCD 코드보다 연산이 어렵다.

    정답 라

해설 3초과코드의 특징
① BCD코드(8421코드) + 3을 해준 코드
② 자기 보수의 성질이 있다.
③ 비가중치코드의 대표적인 코드
④ 산술연산에 가장 적합한 코드
⑤ 부호를 구성하는 어떤 비트 값도 0이 아니다.

16 다음 중 논리계산식이 틀린 것은?
가. $A+1=A$ 나. $A+A=A$
다. $A \cdot A=A$ 라. $A+A \cdot B=A$

정답 가

해설 불 대수의 기본정리표

정리 1.	(1) $A+0=A$	(2) $A \cdot 0 = 0$
정리 2.	(1) $A+\overline{A}=1$	(2) $A \cdot \overline{A}=0$
정리 3.	(1) $A+A=A$	(2) $A \cdot A=A$
정리 4.	(1) $A+1=1$	(2) $A \cdot 1=A$

17 n비트 직렬입력-직렬출력 레지스터를 이용하여 시간 지연회로를 구성할 때, 4비트 레지스터를 사용하였다면 Time Delay는 얼마인가? (단, 클럭 주파수는 1[MHz]이다)
가. 1[μs] 나. 2[μs]
다. 3[μs] 라. 4[μs]

정답 다

해설 nbit의 직렬입력-직렬출력 레지스터를 사용하면 입력에 가해진 펄스보다 (n-1)T 만큼 지연되어 출력된다.
T(주기) = $\frac{1}{1MHz}$ = 1[μs]
따라서, 3[μs]의 지연이 생긴다.

18 다음 중 레지스터의 주 기능에 해당하는 것은?
가. 스위칭 기능 나. 데이터의 일시 저장
다. 펄스 발생기 라. 회로 동기장치

정답 나

해설 레지스터는 데이터를 일시 저장하는 버퍼역할과 Delay회로를 구성할 수 있다.

19 다음과 같은 멀티플렉서 회로에서 제어입력 A와 B가 각각 1일 때 출력 Y의 값은?

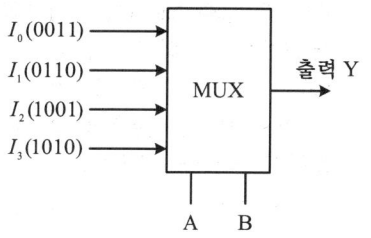

가. 0011 나. 0110
다. 1001 라. 1010

정답 라

해설 MUX출력

A	B	출력 Y
0	0	0011
0	1	0110
1	0	1001
1	1	1010

20 디지털 IC의 정상 동작에 영향을 주지 않고 게이트 출력부에 연결할 수 있는 표준 부하의 숫자를 무엇이라고 하는가?
가. 팬 아웃 나. 틸트
다. 잡음 허용치 라. 전달 지연 시간

정답 가

해설 Fan-out은 Gate출력에 연결할 수 있는 최대 Gate 수를 말하며 회로 동작을 손상시키지 않으면서 출력에 연결할 수 있는 동일한 Gate의 수를 표시한다.
C-MOS : 20이상(Series에 따라 다름)
TTL : 15정도
DTL : 10정도
RTL : 5정도

제2과목 무선통신기기

21 수신기의 입력단에 $50[\mu V]$의 입력이 가해졌을 때 고주파증폭기의 이득이 $25[dB]$, 주파수 변환 이득이 $-15[dB]$, 중간주파수 증폭부의 이득이 $60[dB]$, 저주파 증폭부의 이득이 $30[dB]$이면 출력단에 나타나는 전압은?

가. $0.25[V]$ 나. $2.5[V]$
다. $5[V]$ 라. $50[V]$

정답 다

해설 $50[uV] \rightarrow$
$25[dB]-15[dB]+60[dB]+30[dB]=100[dB]$
일 때 출력전압을 구할 수 있음.
① 전체이득 100[dB]을 출력/입력 전압으로 환산하면
$$100[dB] = 20\log_{10}\frac{x\,[\mu V]}{5\,[\mu V]}$$

$x\,[\mu V] = 5\,[V]$ 임

22 SSB 수신기에서 동기조정 (Speech Clarifier)을 행하는 목적으로 가장 타당한 것은?

가. 링 복조를 하기 때문에
나. 반송파와 국부 발진주파수 편차를 줄이기 위하여
다. 전 반송파방식만을 수신하기 위하여
라. 상·하 측파대를 동시에 수신하기 위하여

정답 나

해설 SSB는 동기복조방식으로 Speech Clarifier가 요구됨. 동기복조는 반송파와 국부발진주파수의 편차를 줄이는 기능을 함.

23 $97.3[MHz]$의 반송파를 최대주파수편이 $75[kHz]$로 하고, $10[kHz]$의 신호파로 주파수 변조시 점유주파수대폭은 얼마인가?

가. $180[kHz]$ 나. $170[kHz]$
다. $150[kHz]$ 라. $100[kHz]$

정답 나

해설 카슨의 대역폭 $= 2(\Delta f + f_s)$ 이므로
$2(75[KHz] + 10\{KHz\}) = 170[KHz]$ 임.

24 FM 변조에서 높은 주파수 성분을 강조하여 신호대잡음비 (S/N비)를 개선하기 위해서 사용하는 회로는?

가. Pre-emphasis 회로
나. De-emphasis 회로
다. Discriminator 회로
라. Squelch 회로

정답 가

해설 FM변조방식에서 고주파잡음을 억제하기 위한 장치로 Emphasis회로를 사용함.
① Pre-emphasis 송신시사용(HPF)
② De-emphasis 수신시사용 (LPF)

25 다음 디지털 변조 통신 방식에서 주파수 효율이 높고 고속 통신용으로 가장 적합한 방식은?

가. 폭 편이 변조 방식
나. 진폭 편이 변조 방식
다. 주파수 편이 변조 방식
라. 위상 편이 변조 방식

정답 라

해설 위상편이변조방식(PSK)은 다치변조가 가능한 방식으로, 스팩트럼 효율은 $\log_2^n$ (지수갯수)에 비례함

26. 다음 중 소형 저궤도 위성 시스템에 적용된 다중 접속 방식과 맞게 연결된 것은?
   가. LEOSAT-FDMA
   나. STARSYS-SSMA
   다. VITASAT-CDMA
   라. ORBCOMM-TDMA

   정답 나

   해설 SSMA(Spread Spectrum Multiple Access)방식으로 CDMA방식을 말함.

27. 다양한 통신 시스템에서 안테나는 상호간에 송·수신하기 위한 기본요소이다. 다음 중 안테나의 파라미터에 해당하지 않는 것은?
   가. 실효복사전력
   나. 전압 정재파비
   다. 안테나 편파
   라. 안테나 전원 장치

   정답 라

   해설 안테나는 Passive소자로 별도의 전원장치를 필요치 않음. 안테나성능을 나타내는 파라미터에는
   ① 실효복사전력
   ② 전압정재파비
   ③ 안테나 편파
   ④ 안테나 지향성
   ⑤ 안테나 반치각

28. SHF대 위성수신기에서 저잡음 증폭기로 주로 사용되는 것은?
   가. MASER
   나. Parametric 증폭기
   다. TWT 증폭기
   라. TDA

   정답 나

   해설 위성통신에서 사용하는 저잡음증폭기
   ① Parametric증폭기: SHF대역 위성수신기에서 사용

29. 이동 통신 방식에는 CDMA와 TDMA가 있는데 이중 CDMA의 음성부호화 방식은?
   가. VSELP
   나. QCELP
   다. GMSK
   라. RPE-LTP

   정답 나

   해설 CDMA에서 사용되는 음성부호화방식에는 CELP, QCELP, ACELP 방식이 있음.

30. 통신위성 시스템은 크게 페이로드 시스템과 버스 시스템으로 구성된다. 버스 시스템에 해당되지 않는 것은?
   가. 자세궤도제어 시스템(AOCS)
   나. 추진(Propulsion) 시스템
   다. 전원공급 시스템
   라. 안테나 시스템

   정답 라

   해설 위성통신시스템의 페이로드부
   ① 안테나 시스템
   ② 중계기 시스템

   위성통신시스템의 버스부
   ① 전력계
   ② 구체계
   ③ 열제어계
   ④ 자세제어계
   ⑤ 추진계
   ⑥ 텔레메트리계

31. 수신기의 S/N 비를 개선하기 위한 방법으로 가장 적합하지 않은 것은?
   가. 주파수 변환 이득을 크게 한다.
   나. 수신기 대역폭을 넓힌다.
   다. 믹서 전단에 고주파 증폭기를 설치한다.
   라. 국부 발진기의 출력에 필터를 설치한다.

   정답 나

해설 수신기의 이득을 높이는 방법
① 주파수변환 이득향상
② 수신대역폭 좁게
③ 수신기에 증폭기 사용
④ 국부발진기의 안정도 향상
⑤ 송신전력을 크게 함

32 다음 중 축전지 취급상 주의 사항으로 적합하지 않은 것은?

가. 방전 직후 곧 충전할 것
나. 불순물이 들어가지 않도록 할 것
다. 충전 전류는 과대하게 할 것
라. 전해액면이 극판 위에 차 있게 할 것

정답 다

해설 축전지(충전전지) 취급시 주의사항
① 방전 직후 바로 충전하는 것이 좋음
② 불순물이 들어가지 않도록 주의
③ 충전전류는 적당하게 조절
④ 전해액면이 극판 위에 차 있게 할 것
⑤ 충전시간을 충분히 하고 고온상태에 두지 말것

33 다음 중 축전지의 충전의 종류가 아닌 것은?

가. 단순 충전
나. 평상 충전
다. 균등 충전
라. 부동 충전

정답 가

해설 충전지의 충전종류
① 평상충전
② 균등충전
③ 부동충전
④ 과충전, 초충전, 속충전

34 다음 중 휴대단말기의 성능을 검증하기 위해 차량을 이용한 주행시험 (driving test)을 진행할 경우 차량 시거잭 (Ciger Jack) 전원에 노트북 및 휴대전화 충전기를 연결하고자 한다. 이 때 필요한 장치는 무엇인가?

가. 무정전 전원장치(UPS)
나. 인버터(Inverter)
다. AVR(Uninterruptibla Power Supply)
라. 정류기(Rectifier)

정답 나

해설 AC전원을 DC로 변환시켜주는 회로를 인버터라 함.
* 컨버터는 DC-DC 또는 AC-AC변환 회로임.

35 특성 임피던스 Z_0가 $75[\Omega]$인 선로 종단에 Z_0보다 적은 부하저항을 접속한 후 송신단자에서 신호를 인가하였다. 이때 선로상의 파형을 측정하였더니 최고전압이 $25[V]$, 최저전압이 $5[V]$이었다. 이 선로의 전압 정재파비 (VSWR)은 얼마인가?

가. 4　　　나. 5
다. 6　　　라. 8

정답 나

해설 $$\text{VSWR(전압정재파비)} = \frac{V_{MAX}}{V_{MIN}} = \frac{25}{5} = 5$$

36 포락선 검파기에서 Diagonal Clipping이 발생하는 이유로 가장 적합한 것은?

가. 검파기 회로의 시정수가 너무 작은 경우
나. 검파기 회로의 시정수가 너무 큰 경우
다. 검파기의 부하가 콘덴서만으로 구성된 경우
라. 검파기의 부하가 저항만으로 구성된 경우

정답 나

해설 포락선검파는 비동기검파 방식으로 AM방식에서 주로 사용하는 검파방식임. 검파기는 다이오드 + R + C 회로로 구성되어 수신신호를 검파함.
① RC=시정수가 클 경우: Diagonal Clipping 발생

37 다음 중 스미스 챠트(Smith Chart)를 이용하여 구할 수 없는 것은?

가. 임피던스 나. 역율
다. 정재파비 라. 반사계수

정답 나

스미스챠트는 원형으로된 그래프로 부하와 소스에서의 임피던스, 정재파비, 반사계수 등을 계산할 수 있음.

38 다음 중 $\frac{\lambda}{4}$ 수직접지 안테나의 실효고를 옳게 나타낸 것은?

가. $\frac{\lambda}{4}$ 나. $\frac{\lambda}{2\pi}$
다. $\frac{\lambda}{4\pi}$ 라. $\frac{\lambda}{8\pi}$

정답 나

실효고란 안테나 전류의 정현적 전류분포를 직사각형 면적으로 환산한 두변 중 높이를 말함.

	반파장다이폴	수직접지안테나
실효고	$\frac{\lambda}{\pi}$	$\frac{\lambda}{2\pi}$

39 고주파 회로의 측정시 측정기의 올바른 사용법이 아닌 것은?

가. 측정기의 접지단자를 접지시킨다.
나. 측정회로와 거리를 짧게 결선하여 측정한다.
다. 측정기를 차폐시킨다.
라. 측정회로와 연결되는 선은 가능한 가는 선을 이용한다.

정답 라

고주파는 도선을 통해 방사(표피효과)되는 비율이 높아 손실이 많이 발생하여 굵은선을 이용하거나 도파관을 이용함.

40 전원장치의 출력 직류전압이 50[V], 출력 교류 실효전압이 1[V]인 경우 이 전원장치의 맥동률은 몇 [%] 인가?

가. 0.5 나. 1
다. 2 라. 5

정답 다

맥동율은 직류에 포함된 리플성분을 나타냄.
$\frac{출력교류실효전압}{출력 직류전압} \times 100 = \frac{1}{50} \times 100 = 2[\%]$

제3과목 안테나공학

41 다음 중 위상속도와 군속도의 관계로 가장 적합한 것은? (단, V_p : 위상속도, V_q : 군속도, C : 광속도이다)

가. $V_p \cdot V_q = C$ 나. $V_p \cdot V_q = C^2$
다. $\frac{V_p}{V_q} = C$ 라. $\frac{V_p}{V_q} = C^2$

정답 나

위상속도와 군속도의 관계
$= V_p \cdot V_q = C^2$

42 맥스웰에 의해 완성된 전기와 전자 관련 4개 방정식과 관련 없는 것은?

가. $\nabla \times H = J + (\partial D/\partial t)$
나. $\nabla \cdot D = \rho$
다. $\nabla \cdot E = \infty$
라. $\nabla \cdot B = 0$

정답 다

맥스웰방정식은 전자기파의 현상을 4개의 법칙으로 표현한 것임. (미분형)
① $\nabla \times H = J + (\partial D/\partial t)$ (앙페르 법칙)
② $\nabla \times E = -(\partial B/\partial t)$ (페러데이 전자유도법칙)
③ $\nabla \cdot D = \rho$ (가우스법칙)
④ $\nabla \cdot B = 0$ (가우스법칙)

43 다음 설명 중 틀린 것은?

가. 전파는 종파이다.
나. 정전계에서는 에너지 이동이 없다.
다. 유도전자계는 거리의 제곱에 반비례하여 감쇠한다.
라. 복사전자계는 거리에 반비례하여 감쇠한다.

정답 가

해설 전파는 횡파이고, 음파는 종파임.

	정전계	유도전자계	복사전자계
감쇠	$\frac{1}{r^3}$	$\frac{1}{r^2}$	$\frac{1}{r}$

44 다음 급전선의 정합과 관련된 설명 중 바르지 못한 것은?

가. 급전선 단이 개방되어 있어도 선로의 길이가 무한히 긴 경우 반사파가 없는 전송이 가능하다.
나. 반사파가 없는 전송의 경우 전압, 전류분포는 선로 상 어느 점에서나 같다.
다. 진행파의 경우 선로상의 전압, 전류 위상은 각 점에 따라 다르다.
라. 정재파는 임피던스 정합이 이뤄진 경우에 발생되며 전송손실이 없으며 양 방향으로 진행하는 파이다.

정답 라

해설 정재파는 진행파 + 반사파를 말하며, 임피던스 정합이 이뤄지지 않은 경우에 발생함.

45 특성임피던스에 대한 설명으로 잘못 된 것은?

가. 횡축방향의 성분과 물질 상수에 의해 영향 받는다.
나. 입사되는 파의 전압과 전류에 의해 결정됨.
다. 전압과 전류의 비가 항상 일정하다.
라. 전송선로의 기하학적 구조에 좌우된다.

정답 가

해설 ① 임피던스: 교류저항을 나타내며 $Z = R + jX$ 로 표현함. 페이저전압과 페이저전류의 비 (Z=V/I).
집중정수회로(RLC직렬회로)에서 임피던스는 $Z = R + jwL + \frac{1}{jwC}$

② 특성임피던스: 고주파 전송선로에서 전압파와 전류파의 진폭비를 나타냄($Z_o=V^+/I^+$). 분포정수회로의 전송선로방정식에 의해서 유도 가능함.
$Z_o = \sqrt{\frac{R+jwL}{G+jwC}}$ (손실선로에서 주파수에 의존)
$Z_o = \sqrt{\frac{L}{C}}$ (무손실선로 $R=0, G=0$)

③ 파동임피던스: 자유공간의 평면파에 대해 전계(E)와 자계(H)사이의 진폭비 (Z = E/H)

④ 파동특성임피던스
$Z_o = \sqrt{\frac{\mu_0}{\varepsilon_0}} = 376.6\Omega = 120\pi$
(자유공간($\mu_r = 1, \varepsilon_r = 1$) 에서)
μ(투자율) $= 4\pi \times 10^{-7}$ [H/m]
－ 대상의 자화량 정도

ε(유전율) $= 8.854 \times 10^{-12}$ [F/m]
－ 대상의 전하축적 정도

46 어떤 급전선의 종단을 단락시켰을 때의 입력 임피던스가 25[Ω]이고 개방했을 때는 100[Ω]이었다. 이 급전선의 특성 임피던스는 얼마인가?

가. 25[Ω] 나. 50[Ω]
다. 100[Ω] 라. 250[Ω]

정답 나

해설 $Z_0 = \sqrt{Z_{in(open)} \cdot Z_{in(short)}}$
$= \sqrt{25 \cdot 100} = 50$

47 임피던스 정합 회로 중 분포정수회로에 의한 정합이 아닌 것은?

가. Q 변성기에 의한 정합
나. 스터브에 의한 정합
다. S형 정합
라. Y형 정합

정답 다

해설 분포정수회로에 의한 정합
① 스터브 정합
② $\frac{\lambda}{4}$ 변환기 사용
③ Q변성기에 의한 정합
④ 델타정합 (Y형)

48 무손실 전송 선로에서 특성 임피던스와 R, G를 나타낸 식과 값으로 바른 것은?

가. $j\omega\sqrt{\frac{L}{C}}$ $(R=\infty, G=\infty)$
나. $\frac{1}{j\omega}\sqrt{\frac{R}{L}}$ $(R=0, G=0)$
다. $j\omega\sqrt{\frac{R}{L}}$ $(R=\infty, G=0)$
라. $\sqrt{\frac{L}{C}}$ $(R=0, G=0)$

정답 라

해설 45번 해설 참조.

49 공진회로에서 1.5[H]의 인덕터와 0.4[μF]의 캐패시터가 직렬 연결된 경우 공진주파수는 약 얼마인가?

가. 103[Hz] 나. 205[Hz]
다. 301[Hz] 라. 405[Hz]

정답 나

해설 직렬공진주파수
$f = \frac{1}{2\pi\sqrt{LC}} = \frac{1}{2\pi\sqrt{1.5 \times (0.4 \times 10^{-6})}} \approx 205[Hz]$

50 다음 중 미소 다이폴 공중선으로부터 발생하는 전자계 중 원거리에서 주가 되는 전자계는 어느 것인가?

가. 정전계   나. 정자계
다. 유도전계 라. 복사전계

정답 라

해설 근거리 : 정전계와 유도전계 (0.16λ 이내 거리)
원거리 : 복사전계 (0.16λ 이후 거리)

51 임의 안테나 A, B에 같은 전력을 공급하였다. 이때 최대 방사방향으로 임의 점의 전계강도는 각각 1000[μV/m], 100[μV/m]이었다. 두 안테나의 이득의 비는 얼마인가?

가. 10   나. 20
다. 30   라. 40

정답 나

해설 20log1000[μV/m] = 60[dB]
20log100[μV/m] = 40[dB]   이득비는 20

52 수직접지안테나에 대한 설명으로서 옳지 않은 것은?

가. 수직 편파를 발사한다.
나. 길이가 λ/4일 때에는 반드시 전압급전을 사용하여야 한다.
다. 수평면내 지향성은 무지향성이다.
라. 길이가 λ/4보다 긴 경우에는 직렬로 콘덴서를 삽입해서 공진시킨다.

정답 나

해설 전압급전은 급전점에 전압의 최대치가 나타나도록 급전하는 방식으로 제펠린 안테나가 대표적임.

53 안테나 선로의 중간에 코일(loading coil)을 삽입하면 어떤 역할을 하는가?

　가. 등가적으로 안테나 길이가 길어진 것 같은 효과가 있다.
　나. 더 높은 주파수에서 공진하는 효과가 있다.
　다. 지향성을 변화시키는 효과가 있다.
　라. 임피던스를 정합시키는 작용을 한다.

정답 가

해설 안테나로딩은 L과 C를 삽입하여 안테나공진주파수를 조절할 수 있음.

	로딩코일(L)	로딩콘덴서(C)
특징	안테나길이 길어짐	안테나길이 짧아짐

54 다음 중 이득이 크고 광대역 특성을 가져 초단파대 TV 수신용 안테나로 널리 사용되는 것은?

　가. 야기 안테나
　나. 애드콕 안테나
　다. 파라볼라 안테나
　라. 반파장 다이폴 안테나

정답 가

해설 TV수신안테나로 주로 사용되는 안테나는 야기 안테나로 도파기, 복사기, 반사기 구성된 안테나임.
① 구조가 간단하고 이득이 큼
② 다만, 대역폭이 협대역임
③ 지향성은 단방향임
④ 도파기가 많아지면 이득이 향상됨($\frac{10L}{\lambda}$)

55 다음 중 등가지구 반경계수(K)에 대한 설명으로 적합하지 않은 것은?

　가. 대기의 수직면내에서의 굴절률 분포를 알 수 있다.
　나. 보통은 1보다 크지만 작은 경우도 있다.
　다. 열대지방의 K값이 한대 지방 보다 크다.
　라. K값이 1에 가까울수록 굴절이 심하다는 뜻이다.

정답 라

해설 등가지구반경계수(K)
$= \frac{\text{등가지구반경}(R)}{\text{실제지구반경}(r)}$ 으로, 값이 1에 가까울수록 실제지구 반경과 같음을 나타냄.

56 다음 중 지상파의 전파 모드와 관계가 없는 것은?

　가. 주파수　　나. 대지정수
　다. 온도　　　라. 편파면

정답 다

해설 지상파의 주 전파는 지표파 임. 대류권파는 대류권의 온도, 습도, 눈, 비 등에 영향을 받음.

57 다음 중 제1종 감쇠의 설명으로 틀린 것은?

　가. 사용주파수 제곱에 비례한다.
　나. 전자밀도에 비례한다.
　다. 평균충돌 횟수에 거의 비례한다.
　라. 굴절률에 반비례한다.

정답 가

해설 전리층에서 1종감쇠: 전리층의 위에서 아래로 통과시
① 1종감쇠 $= \frac{1}{f^2}$
② 1종감쇠 = 전자밀도, 입사각
③ 1종감쇠는 주로 D층에서 발생
전리층에서 2종감쇠: 전리층에서 반사시
① 2종감쇠 $= f^2$, 전자밀도
② 2종감쇠 $= \frac{1}{\text{입사각}}$

58 다음 중 MUF를 결정하는 요소에 해당하지 않는 것은?

가. 송·수신간의 거리
나. 전리층의 높이
다. 임계 주파수
라. 송신전력

정답 라

해설 MUF는 전리층반사파의 최대주파수를 나타냄. 송신전력과는 무관함.
*최적주파수(FOT) = MUF × 0.85

59 다음 중 전리층 반사파 전파의 특징 중 옳지 않은 것은?

가. 전리층 반사파는 원거리까지 전파된다.
나. 전리층을 뚫고 나갈 때의 감쇠는 파장이 길수록 적다.
다. 불감 지대가 생길 때가 있다.
라. 전리층의 영향을 받아 각종 fading으로 대체로 불안정하다.

정답 나

해설 전리층을 뚫고 나갈 때는 1종 감쇠로 사용주파수의 제곱에 반비례 함. 파장의 제곱에 비례하므로 파장이 길수록(주파수가 낮을수록) 커짐.

60 다음 중 전리층을 이용한 단파통신에서 최적 운용주파수에 대한 설명으로 가장 적합한 것은?

가. 전리층 반사주파수 중에서 가장 낮은 주파수
나. 전리층 반사주파수 중에서 가장 높은 주파수
다. 최저사용주파수의 85[%]에 해당하는 주파수
라. 최고사용주파수의 85[%]에 해당하는 주파수

정답 라

해설 최적운용주파수(FOT) = MUF(최고주파수) × 0.85

제4과목 전자계산기일반 및 무선설비기준

61 다음 중 비교적 속도가 빠른 I/O 장치를 통해 특정한 하나의 장치를 독점하여 입·출력으로 사용하는 채널은?

가. Simple Channel
나. Select Channel
다. Byte Multiplexer Channel
라. Block Multiplexer Channel

정답 나

해설 ① 셀렉터 채널(Selector Channel) : 채널 하나를 하나의 입출력 장치가 독점해서 사용하며, 고속 전송이다.
② 멀티플렉서 채널(Multiplexor Channel) : 채널 하나를 여러 개의 입출력 장치가 시분할해서 사용하며, 지속전송이다.
③ 블록 멀티플렉서 채널(Block Multiplexor Channel) : 셀렉터 채널과 멀티플렉서 채널을 혼용한 것이다.

62 다음 중 고정 소수점에 대한 설명으로 틀린 것은?

가. 컴퓨터 내부에서 주로 정수를 표현할 때 사용되는 데이터 형식이다.
나. 레지스터의 첫 번째 비트는 부호비트이고, 나머지는 정수부이다.
다. 2바이트 정수 형과 4바이트 정수 형이 있다.
라. 부호 비트는 정수부가 음수이면 "0", 양수이면 "1"로 표현한다.

정답 라

해설 고정소수점 형식은 부호비트에는 양수일 경우 "0" 음수일 경우 "1"이 들어가게 되며, 정수부에는 부호를 뺀 나머지 숫자가 2진수로 표현되게 됨.

63. 주기억장치에 저장된 명령어를 하나하나씩 인출하여 연산코드부분을 해석한 다음 해석한 결과에 따라 적합한 신호로 변환하여 각각의 연산장치와 메모리에 지시 신호를 보내는 것은?

가. 연산 논리 기구(ALU)
나. 입출력장치(I/O Unit)
다. 채널(Channel)
라. 제어 장치(control unit)

정답 라

해설 제어장치의 기능
1. CPU의 외부에 제어 신호를 보내어 메모리 및 입출력 모듈과 CPU 사이에 데이터를 교환
2. CPU 내부에 제어 신호를 보내어 레지스터들 사이에 데이터를 이동
3. ALU로 하여금 요구하는 기능을 수행
4. 그 밖의 CPU 내부 오퍼레이션들을 조정하는 역할

64. 다음 문장이 설명하는 것으로 알맞은 것은?

> 이것은 주기억장치의 속도가 중앙처리장치의 속도보다 현저히 낮아 명령어에 대한 처리속도 향상을 위해 사용되는 메모리를 말한다.

가. Virtual Memory
나. Cache Memory
다. Associative Memory
라. Random Access Memory

정답 나

해설 캐쉬 메모리에 대한 설명임.

65. 10진수 10에 대해 2진법, 8진법 및 16진법의 표현으로 옳은 것은?

가. 1001, 10, 10
나. 1001, 11, A
다. 1010, 12, A
라. 1010, 12, B

정답 다

해설 10진수 10의 표현방식
① 2진법 (8421코드) → 1010
② 8진법 (3bit 표현, 001 010) → 12
③ 16진법 (4bit 표현, 1010) → A

66. 논리적으로 상호 연관된 레코드나 파일들의 집합이며 다수의 응용시스템들이 사용되기 위하여 통합, 저장된 운영 데이터의 집합을 무엇이라 하는가?

가. 레코드
나. 파일
다. 필드
라. 데이터베이스

정답 라

해설 정보의 단위
bit - 정보의 최소단위
nibble - 4bit 모임
byte - 8bit 모임
word - 16bit 모임 (2 byte 모임)

Field - 파일구성의 최소단위
Record - Field 모아놓은 것 (자료처리 기본단위)
File - 공통 Record의 집합 (프로그램구성 기본단위)
Database - 파일을 모아놓은 집합체

67. 컴퓨터 시스템의 운영을 제어하고 지원하는 프로그램에 속하지 않는 것은?

가. 컴파일러
나. 운영체제
다. 로더
라. 데이터베이스

정답 라

해설 데이터베이스는 파일들의 집합체를 말하며, 응용시스템들이 사용되기 위해 통합, 저장된 운영 데이터의 집합을 말함.

68 반도체 기억소자로서 리프레시(refresh)가 필요한 기억장치는?

가. SRAM 나. DRAM
다. Mask ROM 라. EPROM

정답 나

해설) DRAM은 Dynamic Read Access Memory로 휘발성 메모리임. 휘발성을 방지하기 위하여 지속적으로 Refresh가 필요함.

69 다음 중 2진수 1011에 대한 2의 보수(2's complement)는?

가. 1010 나. 0100
다. 0101 라. 0111

정답 다

해설) 1011의 2의 보수
① 1의 보수를 만듦 → 0100
② 1을 더함   → 0100
              +   1
              ─────
                 0101

70 다음 중 운영체제에 대한 설명으로 틀린 것은?

가. 컴퓨터 시스템을 효율적으로 관리
나. 컴퓨터를 사용자가 편리하게 이용 가능
다. 업무를 처리하기 위해 사용자가 개발한 소프트웨어
라. 사용자와 하드웨어 사이의 interface

정답 다

해설) 업무를 처리하기 위해 사용자가 개발한 소프트웨어는 실행프로그램에 가까움.

71 다음 중 국립전파연구원장의 지정시험기관 검사 시 확인 사항으로 틀린 것은?

가. 조직 및 인력 현황
나. 품질관리규정의 이행 여부
다. 시험환경 및 시험시설의 적합성 유지 여부
라. ISO14001 요건에 따른 적합성 여부

정답 라

해설) 전파법 제58조의 5(시험기관의 지정 등)
1. 적합성평가시험에 필요한 설비및 인력을 확보할 것
2. 국제기준에 적합한 품질관리규정을 확보할 것
3. 그 밖에 미래창조과학부장관이 시험 업무의 객관성 및 공정성을 위하여 필요하다고 인정하는 사항을 갖출 것

72 아마추어국의 개설조건 중 이동하는 아마추어국의 경우 공중선전력은 몇 와트 이하이어야 하는가?

가. 500와트
나. 300와트
다. 100와트
라. 50와트

정답 라

해설) 전파법 시행령 제27조(무선국의 개설조건)
① 무선설비의 공중선전력이 1킬로와트(이동하는 아마추어국의 경우에는 50와트) 이하일 것

73 통신보안의 교육에 관한 필요한 사항을 지정하고 있는 것은?

가. 전파법
나. 전파법시행령
다. 미래창조과학부 고시
라. 무선설비규칙

정답 다

[해설] 전파법 제30조 (통신보안의 준수)
① 시설자, 무선통신 업무에 종사하는 자 및 무선설비를 이용하는 자는 통신보안 책임자의 지정, 통신보안 교육의 이수 등 미래창조과학부장관이 정하여 고시하는 통신보안에 관한 사항을 지켜야 한다.

74 다음 중 전파자원을 확보하기 위하여 수립 시행하는 사항이 아닌 것은?
가. 새로운 주파수의 이용기술 개발
나. 이용 중인 주파수의 이용효율 향상
다. 주파수의 국제등록
라. 국가 간 전파의 잡음을 없애고 방지하기 위한 협의·조정

정답 라

[해설] 전파법 제2장 전파자원의 확보
1. 새로운 주파수의 이용기술 개발
2. 이용 중인 주파수의 이용효율 향상
3. 주파수의 국제등록
4. 국가간 전파의 혼신(混信)을 없애고 방지하기 위한 협의·조정

75 미래창조과학부장관이 주파수할당을 하고자 하는 경우, 주파수할당을 하는 날로부터 얼마 전까지 할당관련 공고를 하여야 하는가?
가. 15일 전   나. 1개월 전
다. 3개월 전   라. 6개월 전

정답 나

[해설] 전파법 제11조(주파수할당의 공고)
① 제1항에 따른 공고는 주파수할당을 하는 날부터 1월전까지 하여야 한다.

76 다음 중 미래창조과학부에서 주파수 할당을 취소할 수 있는 경우가 아닌 것은?
가. 기간통신사업의 허가가 취소된 경우
나. 종합유선방송사업의 허가가 취소된 경우
다. 전송망사업의 등록이 취소된 경우
라. 정보통신사업의 등록이 취소된 경우

정답 라

[해설] 전파법 제15조의 2(주파수할당의 취소)
1. 거짓이나 그 밖의 부정한 방법으로 주파수할당을 받은 경우
2. 제10조에 따라 주파수할당을 받은 자가 「전기통신사업법」 제20조에 따라 기간통신사업의 허가가 취소되거나 「방송법」 제18조에 따라 종합유선방송사업의 허가나 전송망사업의 등록이 취소된 경우
3. 제10조제1항에 따라 해당 주파수를 할당할 때에 정하여진 주파수 용도나 기술방식을 위반한 경우
4. 제10조제3항에 따른 조건을 이행하지 아니한 경우
5. 제11조제1항에 따라 주파수할당을 받은 자가 그 대가를 내지 아니한 경우

77 미래창조과학부가 수행하는 전파 감시의 목적으로 볼 수 없는 것은?
가. 전파의 효율적 이용 촉진을 위하여
나. 혼신의 신속한 제거를 위하여
다. 전파 이용 질서의 유지 및 보호를 위하여
라. 주파수에 대한 사용료를 부과, 징수하기 위하여

정답 라

[해설] 전파법 제49조(전파감시)
① 미래창조과학부장관은 전파의 효율적 이용을 촉진하고 혼신의 신속한 제거 등 전파이용 질서를 유지하고 보호하기 위하여 전파감시 업무를 수행하여야 한다.

78 무선설비의 적합성평가 처리 방법 중 연속동작 시험 조건으로 틀린 것은?

가. 통상의 사용조건으로 8시간 동작시켰을 때
나. 통상의 사용조건으로 24시간 동작시켰을 때
다. 통상의 사용조건으로 48시간 동작시켰을 때
라. 통상의 사용조건으로 500시간 동작시켰을 때

정답 다

해설 무선설비의 적합성평가 처리방법(국립전파연구원장)

기호	환경적조건 및 적용방법
ⓐ	통상의 사용조건으로 8시간 동작시켰을 때
ⓑ	통상의 사용조건으로 24시간 동작시켰을 때
ⓒ	통상의 사용조건으로 500시간 동작시켰을 때
ⓓ	기타(대상기기별로 별도 구분)

79 다음 중 통신보안책임자의 수행업무로 틀린 것은?

가. 무선국 운영에 따른 통신보안업무 활동 계획 수립·시행
나. 무선통신을 이용하여 발신하고자 하는 통신분에 대한 보안성 검토
다. 불필요한 내용의 무선통신 사용 억제
라. 암호와 평문의 혼합사용

정답 라

해설 무선국의 통신보안 준수 및 암호자재 승인 등에 관한 사항 (중앙전파관리소 고시)

"통신보안 책임자"(이하 "보안책임자"라 한다)라 함은 자체 무선국의 운용감독 및 관리 등 통신보안 전반에 대하여 책임을 맡은 자를 말한다.
* 암호화 평문은 암호화 기법으로 통신보안책임자의 수행업무 와는 거리가 있음.

80 무선국의 시설자는 통신상 보안을 요하는 사항에 대하여 통신보안용 암호를 정한 후 누구의 승인을 얻어 사용하여야 하는가?

가. 전파진흥협회장
나. 국립전파연구원장
다. 중앙전파관리소장
라. 한국방송통신전파진흥원장

정답 다

해설 무선국의 통신보안 준수 및 암호자재 승인 등에 관한 사항 (중앙전파관리소 고시)

"암호자재 제작기관"(이하 "자재 제작기관"이라 한다)이라 함은 중앙전파관리소장(이하 "소장"이라 한다)으로부터 자재 사용승인을 얻어 자재를 제작·운용하는 주체를 말한다.

2013년 산업기사 4회 필기시험

국가기술자격검정 필기시험문제

2013년 무선설비산업기사 4회 필기시험

자격종목 및 등급(선택분야)	종목코드	시험시간	형 별	수검번호	성 별
무선설비산업기사		2시간			

제1과목 　 디지털 전자회로

01 제너다이오드에서 제너전압이 10[V], 전력이 5[W]인 경우 최대전류의 크기는?

가. 0.05[A]
나. 0.5[A]
다. 0.05[mA]
라. 0.5[mA]

정답 나

해설 최대전류 $= \dfrac{5[W]}{10[V]} = 0.5[A]$

02 다음 중 3상 반파 정류회로의 설명으로 알맞지 않은 것은?

가. 변압기의 이용률이 좋다.
나. 출력 전압의 맥동 주파수는 전원 주파수의 3배이다.
다. 부하 정류 전류는 다이오드 1개에 3배의 전류가 흐른다.
라. 직류분에 대한 맥동률은 작으나 전압 변동률은 단상보다 크다.

정답 라

해설 3상 반파 정류회로.

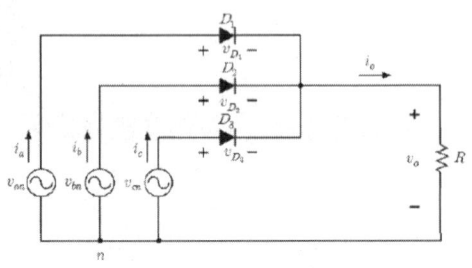

03 다음 그림과 같은 초크 입력형 평활회로에서 출력측의 맥동 함유율을 작게 하려고 할 때 적합한 방법은?

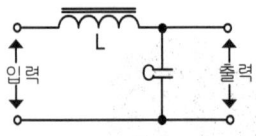

가. L과 C를 모두 크게 한다.
나. L과 C를 모두 적게 한다.
다. 주파수 특성이 개선된다.
라. 대역폭이 감소한다.

정답 가

해설 L과 C를 적절하게 크게 하는 것이 맥동률을 줄일 수 있다.
* 맥동율 = DC의 교류성분 / DC전압

04 다음 중 트랜지스터 증폭회로에서 부궤환을 걸었을 때 일어나는 현상이 아닌 것은?

가. 안정도가 좋아진다.
나. 비직선 일그러짐이 적어진다.
다. 주파수 특성이 개선된다.
라. 대역폭이 감소한다.

정답 라

해설 부궤환증폭기의 특징
① 안정도가 좋아진다.
② 비직선 일그러짐이 적어진다.
③ 이득은 작아진다.
④ 주파수 특성이 개선된다.
⑤ 대역폭이 증가된다.

05 다음 회로의 설명으로 틀린 것은?
(단, h_{fe1} = Q_1의 순방향 전압 증폭률,
h_{fe2} = Q_2의 순방향 전압 증폭률)

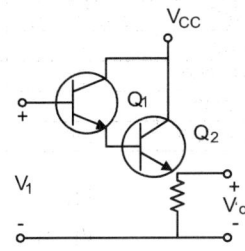

가. 트랜지스터 Q_1과 Q_2는 Darlington접속임.
나. 전류증폭률은 $(1+h_{fe1})(1-h_{fe2})$ 이다.
다. 입력저항은 대단히 높고 출력저항은 낮다.
라. 전압이득이 1보다 크다.

정답 라

해설 입력 트랜지스터의 방사기가 출력 트랜지스터의 베이스로 직접 연결되는 방식으로 2개의 이득 트랜지스터가 연결되어 증폭함. 전압이득은 1보다 조금 작다.

06 다음 중 그 값이 작을수록 좋은 것은?
가. 증폭기 바이어스 회로의 안정계수
나. 차동증폭기의 동상신호 제거비(CMRR)
다. 증폭기의 신호대 잡음비
라. 정류기의 정류효율

정답 가

해설 안정계수 $S = \dfrac{\Delta I_C}{\Delta I_{C_o}} = 1+\beta$ (고정바이어스) 는 작을수록 안정도가 좋다. (β 는 전류증폭률)

07 다음 중 가장 효율이 좋은 증폭방식은?
가. A급   나. B급
다. C급   라. AB급

정답 다

해설 증폭기 Class별 최대효율

A급	B급	AB급	C급
50%	78.5%	78.5%	78.5%이상

08 다음 중 수정발진기에서 주파수 변동이 일어나는 주 원인이 아닌 것은?
가. 주위 온도의 변화
나. 부하의 변동
다. 전원전압의 변동
라. 동조점의 안정

정답 라

해설 수정발진기의 주파수변동 원인
① 주위온도, 습도, 진동의 변화
② 부하변동
③ 전원전압의 변동
④ 동조점의 불안정
⑤ 완충증폭기나 항온조, 정전압회로 등을 사용하여 주파수변화를 최소화 할 수 있다.

09 다음 중 무선송신기의 발진기 조건으로 잘못된 것은?
가. 주파수 안정도가 높을 것
나. 고조파 발생이 적을 것
다. 부하의 변동에 영향이 클 것
라. 주파수의 미세조정이 용이할 것

정답 다

해설 발진기는 항상 안정적으로 동작되어야 하며, 부하의 변동에도 영향이 적어야 한다.

10 진폭변조에서 반송파 전압이 5[V], 신호파 전압이 2[V]인 경우 변조도(m)는?
가. 10[%]   나. 20[%]
다. 40[%]   라. 60[%]

정답 다

[해설] AM증폭기의 변조도
= $\dfrac{반송파전압 + 신호파전압}{반송파전압 - 신호파전압} = \dfrac{5-2}{5+2} \times 100 =$ 약40%

11 다음 중 디지털 변복조 방식에 해당되지 않는 것은?

가. ASK 나. FSK
다. SSB 라. QAM

정답 다

[해설] SSB방식은 아날로그 AM변조방식의 변종 AM변조방식으로 얻을 수 있는 변조방식에는 DSB-LC, DSB-SC, VSB, SSB가 있다.

12 다음 중 멀티바이브레이터에 대한 설명으로 틀린 것은?

가. 부궤환으로 동작한다.
나. 회로의 시정수로주기가 결정된다.
다. 출력에 고차의 고조파를 포함하고 있다.
라. 전원전압이 변동해도 발진 주파수에는 큰 변화가 없다.

정답 가

[해설] 멀티바이브레이터는 정궤환으로 동작하는 발진기이다.

13 50[Hz]의 주파수를 갖는 펄스열의 듀티 사이클(Duty Cycle)이 25[%]라면 펄스의 폭은 얼마인가?

가. 50[ms] 나. 20[ms]
다. 5[ms] 라. 1[ms]

정답 다

[해설] 50[Hz]의 한주기 T = 1/50 = 20[ms] x 0.25 = 5[ms]

14 디지털 IC계열의 종류별 공급전압, 공급전류 특성이 다음 표와 같을 경우 논리장치인 CHIP의 전력소모가 가장 낮은 것은 어느 것인가?

IC종류	공급전압[V]	공급전류[mA]
㉠ : 7400	2	16
㉡ : 74LS00	2	8
㉢ : 74S00	2	20
㉣ : 74AC00	3.15	75

가. ㉠ 나. ㉡
다. ㉢ 라. ㉣

정답 나

[해설] $P = V^2/R = I^2 R$ 이므로, 공급전압과 공급전류가 낮을수록 전력소모가 적다.

15 8진수 67을 16진수로 바르게 변환한 것은?

가. 43 나. 37
다. 55 라. 34

정답 나

[해설] 8진수 67 = 110 111 -> 16진수 0011 0111 = 37

16 다음 회로에서 Y는 어떤 파형이 출력되는가? (단, 입력은 64[kHz] 구형파이다.)

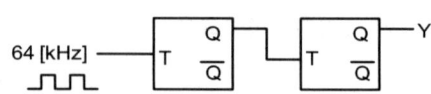

가. 32[kHz] 구형파
나. 24[kHz] 구형파
다. 16[kHz] 구형파
라. 8[kHz] 구형파

정답 다

[해설] 레지스터가 2개이므로 $2^2 = 4$분주기이다.
입력 64[KHz]를 4분주 하면 16[KHz]이다.

17 다음은 디지털 시계의 블록 다이어그램이다. 괄호 안에 들어갈 알맞은 항목은 무엇인가?

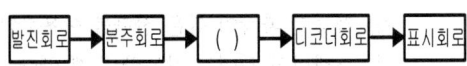

가. 플립플롭 회로
나. 카운터 회로
다. 증폭 회로
라. 드라이브 회로

정답 나

카운터사용으로 시간을 더할 수 있다.

18 다음 중 멀티플렉서에 대한 설명으로 틀린 것은?

가. 여러 개의 데이터 입력을 적은 수의 채널로 전송한다.
나. n개의 입력선과 2^n개의 선택선으로 구성한다.
다. 선택선은 비트조합에 의해 입력 중 하나가 선택된다.
라. Data Selector라고도 할 수 있다.

정답 나

멀티플랙서는 여러개의 입력을 받아 하나의 출력으로 만들 수 있는 일종의 다중화장비. (MUX라 한다.)

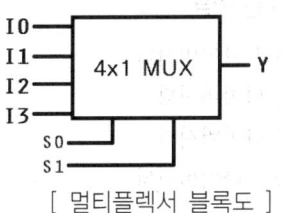

[멀티플렉서 블록도]

19 다음 중 연산증폭기의 응용 회로가 아닌 것은?

가. 영전위 검출기
나. FIR필터
다. 비교기
라. 피크 검출기

정답 나

FIR필터는 디지털필터로 고속의 푸리에변환을 이용해 오디오/영상신호 등을 필터링 할 수 있다.

20 전원이 차단되었을 때 데이터가 지워지는 소자는?

가. EPROM
나. EEPROM
다. NVRAM
라. SDRAM

정답 라

RAM은 데이터를 읽기 쓰기가 가능한 메모리를 말하며, 휘발성 메모리임. SDRAM은 전원이 있을 때에는 데이터를 Refresh하지만 전원이 차단되면 데이터가 소멸되는 특징이 있다.

제2과목 무선통신기기

21 SSB 수신기의 스피치 클라리파이어(speech clarifier)의 사용 목적은?

가. 반송파와 국부 발진주파수의 동기조정을 위하여
나. 수신기의 선택 특성을 높이기 위하여
다. 수신기의 이득을 높이기 위하여
라. 수신기의 대역폭을 향상시키기 위하여

정답 가

SSB의 동기복조방식 사용시 사용되는 회로로 반송파와 국부발진주파수의 동기조정을 위해 Speech Clarifier를 사용함.

22. 다음 중 PCM 다중 통신방식의 특징에 대한 설명으로 틀린 것은?

가. 넓은 주파수대역을 점유한다.
나. 왜곡, 잡음, 누화 등의 방해가 적다.
다. 양자화 잡음 등 PCM 특유의 잡음이 있다.
라. 전송과정시 열잡음, 왜곡잡음이 가산된다.

정답 라

해설 잡음 중 AWGN잡음(열잡음)이 전송과정에서 Addtive(더해지는)잡음임.

23. 정보신호의 진폭에 따라 반송파 신호의 주파수가 변화되는 변조 방식을 무엇이라 하는가?

가. AM(Amplitude Modulation)
나. SSB(Single Side Band)
다. VSB(Vestigial Side Band)
라. FM(Frequency Modulation)

정답 라

해설 각도 변도(FM/PM)은 신호의 진폭에 크기에 따라 반송파의 주파수를 변화시킴. 이때 사용하는 것이 S-Curve곡선을 사용함.

24. PSK 통신 방식의 한 종류인 QPSK는 몇 진 PSK와 같은 가?

가. 2진
나. 4진
다. 8진
라. 16진

정답 나

해설 QPSK는 2Bit 1Symbol 방식으로 2^2=4진 구성임.

25. 다음 중 레이다의 방위 분해능을 개선하는 방법으로 틀린 것은?

가. 가능한 파장이 짧은 전파를 이용한다.
나. 스캐너의 길이는 가능한 길게 한다.
다. 주파수가 높은 전파를 이용한다.
라. 레이다 마스트의 높이를 높인다.

정답 라

해설 레이다 마스트(레이다 구조물)를 높이는 것은 분해능과는 연관성이 낮음. 방위분해능은 동일거리에 있는 근접된 두 물체표적을 식별하는 능력임.

26. 전파전파(電波傳播)의 여러 가지 현상 중 태양의 폭발에 기인하여 생기는 현상을 무엇이라 하는가?

가. 페이딩
나. 야간 오차의 현상
다. 전파의 회절현상
라. 델린져 현상

정답 라

해설 태양 폭발에 기인한 현상은 델린져 현상, 자기폭풍 등이 있음.

27. 다음 중 페이딩(Fading) 감소를 위한 다이버시티 방식이 아닌 것은?

가. 레이크 다이버시티
나. 공간 다이버시티
다. 시간 다이버시티
라. 주파수 다이버시티

정답 가

해설 페이딩이란 수신신호가 여러 방향에서 도달하여 전계가 시간적으로 흔들리는 현상을 말함. 페이딩방지를 위한 다이버시티기법에는 공간, 주파수, 시간, 편파, 각도다이버시티 기법이 있음.

28 위성에서 수신한 기가헤르츠[GHz] 대의 주파수 신호처리를 위해 먼저 낮은 주파수로 변환하게 되는데, 이 변환이 이루어지는 수신측의 장치는?

가. 디멀티프렉서(De-Multiplexer)
나. 다이플렉서(Diplexer)
다. 다운 컨버터(Down Converter)
라. 저잡음 증폭기(LNA)

정답 다

해설) 높은 주파수를 낮은 주파수로 변환 "다운 컨버터"
낮은 주파수를 높은 주파수로 변환 "업 컨버터"

29 등방성 안테나 이득을 표현할 때의 단위는?

가. dBi
나. dBm
다. dBW
라. dB

정답 가

해설) 안테나이득은 기준 안테나에 따라 절대이득, 상대이득으로 표현함.

	절대이득	상대이득
단 위	dBi	dBd
기준 안테나	등방성안테나	다이폴안테나

30 이동 통신 기본회로에서 0.5[V]의 전압을 가지는 신호를 가해 5[V]로 증폭된 신호를 얻었다면 이때의 이득은 얼마인가? (단, 입출력 저항은 같다)

가. 20[dB]
나. 30[dB]
다. 44[dB]
라. 55[dB]

정답 가

해설) 전압이득[dB]
$$20\log\frac{출력전압}{입력전압} = 20\log\frac{5[V]}{0.5[V]} = 20[dB]$$

31 다음 중 DC-DC 컨버터중의 하나인 스위칭 레귤레이터의 장점에 대한 설명으로 틀린 것은?

가. 전력효율이 높다.
나. 일정한 출력 전압을 얻을 수 있다.
다. 입력보다 출력이 높은 전압을 얻을 수 있다.
라. 잡음이 적다.

정답 라

해설) DC-DC컨버터는 전력효율이 우수하고 일정한 정전압출력을 얻을 수 있고, 높은 출력 전압을 만들 수 있는 장점이 있음, 다만, 잡음이 높은 단점이 있음.

32 전원 전압의 변동 및 온도 변화 등에 의한 영향을 받지 않도록 하는 회로를 무엇이라 하는가?

가. 안정화 전원 회로
나. 평활 회로
다. 정류 회로
라. 발진 회로

정답 가

해설) 안정화 전원회로(전원안정화회로)는 전원전압변동 및 온도변화 등에 영향을 받지 않도록 하는 회로임.

33 다음 중 축전지의 충전 종류(방식)가 아닌 것은?

가. 초충전(Initial Charge)
나. 평상충전(Normal Charge)
다. 과충전(Over Charge)
라. 이중충전(Double Charge)

정답 라

해설) 축전지의 충전종류
① 평상충전
② 균등충전
③ 부동충전
④ 과충전, 초충전, 속충전

34 태양전지에서 만들어진 직류전기를 교류전기로 만들어주는 것은?

가. 인버터
나. 컨버터
다. 광센서
라. 콘트롤러

정답 가

해설 교류전기를 직류전기로 변환, 직류전기를 교류전기로 변환하는 장치를 인버터라 함.
* DC-DC, AC-AC변환은 컨버터임.

35 다음 중 Oscilloscope의 브라운관에 나타난 리사쥬 도형을 이용하여 측정 할 수 없는 것은?

가. 변조도
나. 두신호의 위상차
다. 주파수
라. 안테나 패턴

정답 라

해설 안테나 패턴은 안테나의 방사되는 정도를 나타내는 파라미터로 네트워크아날라이저, 스팩트럼 아날라이저를 이용해서 측정할 수 있음

36 FM수신기의 선택도 측정은 2개 이상의 신호를 수신기에 동시에 인가하여 ( ), ( ), ( )을 측정한다. 괄호안에 들어갈 내용으로 적당하지 않는 것은?

가. 감도억압효과 특성
나. 혼변조 특성
다. 상호변조 특성
라. 주파수 안정도 특성

정답 라

해설 주파수안정도는 국부발진기나 오실레이터(발진기)의 주파수 흔들림 특성을 나타냄.

37 급전선에서 부하저항이 60[Ω]일 때 측정된 반사계수가 0.5 이라면 이급전선의 특성 임피던스는 얼마인가?

가. 10[Ω]
나. 15[Ω]
다. 20[Ω]
라. 50[Ω]

정답 다

해설 반사계수
$$0.5 = \frac{Z_O - Z_R}{Z_O + Z_R} = \frac{Z_O - 60}{Z_O + 60}$$ 이므로 $Z_O = 20$

38 다음 그림은 FM 송신기의 신호 대 잡음비의 측정 구성도를 나타낸 것이다. (A)에 들어가야 하는 것은?

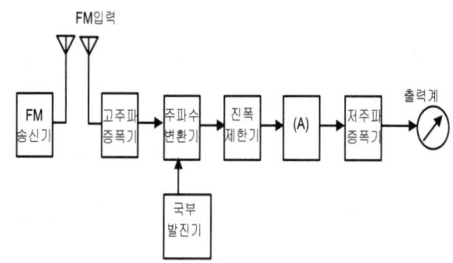

가. 직선검파기
나. 주파수변별기
다. 가변감쇠기
라. 수신기

정답 나

해설 주파수변별기를 통해서 진폭값을 주파수로 변화시킴.

39 다음 중 마이크로파 송신기의 전력 측정에 사용되는 방향성 결합기를 이용하여 측정할 수 없는 것은?

가. 반사계수
나. 위상차
다. 부하의 정합상태
라. 결합도

정답 나

해설 방향성결합기(커플러)는 반사계수(S11), 정합정도, 결합도, 이격도(Isolation)등을 측정할 수 있음.

40 맥동률이 2.3[%]일 때 교류(리플)전압이 5.06[V] 이면 이 때의 직류 전압은 몇 [V] 인가?

가. 110[V]
나. 220[V]
다. 330[V]
라. 440[V]

정답 나

해설 맥동율

$$2.3[\%] = \frac{교류전압}{직류전압} = \frac{5.06}{직류전압[V]} \times 100$$

$$직류전압[V] = 220[V]$$

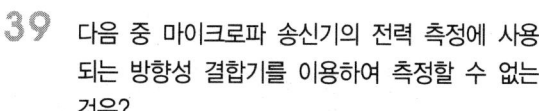

제3과목 안테나개론

41 다음 중 전계와 자계에 대한 설명으로 바른 것은?

가. 자기력선은 발산이 있으나 전기력선은 없다.
나. 전계와 자계 모두 에너지 보존법칙이 성립한다.
다. 전계는 전류 및 자하에 의하여 형성된다.
라. 전기력선은 항상 폐곡선을 형성한다.

정답 나

해설
가. $\nabla \cdot D = \rho$ (전계 가우스 법칙)
나. 에너지보존법칙(에너지의 총합은 같음) 성립
다. $\nabla \times E = -\frac{\partial B}{\partial t}$ (B 자기장에 비례)
라. 전기력선은 그 자신만으로는 폐곡선이 안됨.

42 다음 중 전파의 성질에 대한 설명으로 틀린 것은?

가. 전파는 종파이다.
나. 전파는 균일 매질에서는 직진한다.
다. 주파수가 낮을수록 회절하는 성질이 있다.
라. 굴절율이 다른 매질의 경계면에서는 빛과 같이 반사하고 굴절한다.

정답 가

해설 전파는 횡파이고 음파는 종파임.

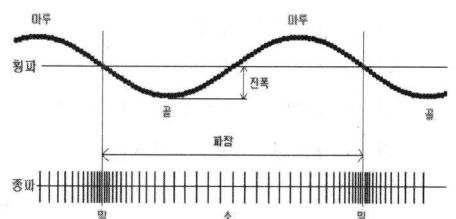

43 맥스웰 방정식에서 $\nabla \cdot \overline{D} = \rho$ 에 대한 설명으로 바른 것은?

가. 자계의 변화가 없으면 자계의 형태로 존재한다.
나. 변화하는 전계에 의해 수직방향의 자계가 발생한다.
다. 자계의 발생은 전하의 이동과 관련 없다.
라. 전계는 전하에 의해 형성된다.

정답 라

해설 가우스법칙 으로 전기장안의 어떤 폐곡면을 통해서 밖으로 향하는 모든 전속은 그 곡면 안의 모든 전하량에 비례함.

44 다음 중 급전선에 대한 설명으로 맞는 것은?

가. 전송 효율이 좋고 정합이 용이해야 한다.
나. 특성임피던스는 길이와 관계가 있다.
다. 감쇠정수가 커야 된다.
라. 무왜곡 조건은 RG=CL로 정의 된다.

정답 가

해설 급전선의 종류에는 도파관, 동축케이블, Pair케이블 등이 있음. 급전선의 요구조건
① 전송효율이 좋을 것
② 급전선의 파동임피던스(Z = E/H)가 적당할 것
③ 유도장애를 주거나 받지 않을 것
④ 무왜곡 조건 RC=LG 임

45 다음 중 도파관의 손실 및 전송 가능한 주파수 범위를 결정하는 요소가 아닌 것은?

가. 도파관 단면의 형상
나. 도파관 단면의 길이
다. 도파관내 저역통과필터(LPF)의 설계
라. 도파관내 전송파의 Mode

정답 다

해설 도파관은 차단주파수를 가지는 고역통과필터(HPF) 특성을 가지고 있음.

46 동축 급전선에 대한 설명으로 적합하지 않은 것은?

가. 평형 2선식 급전선에 비해 특성 임피던스가 높다
나. 주파수가 높아져도 급전선에서의 전파복사가 없다.
다. 동일 전력인 경우 선간전압이 낮아도 된다.
라. 대전력용으로 사용하기 위해 동축케이블의 내경 및 외경을 크게 한다.

정답 가

해설 동축급전선과 평형2선식급전선의 특성임피던스

	동축급전선	평형2선식급전선
Zo	$\dfrac{138}{\sqrt{\varepsilon_s}} \log_{10} \dfrac{D}{d}$	$138 \log_{10} \dfrac{\sqrt{2}D}{d}$

* 평형2선식은 두 도선의 조건에 따라 특성임피던스가 다름

47 다음 중 정재파에 대한 설명으로 틀린 것은?

가. 부하와 전송선로가 정합되었을 때 정재파비 S는 1이다.
나. 정재파의 최대값은 입사파와 반사파가 역 위상 일 때 발생한다.
다. 부하가 개방되었을 때 정재파비 S=∞이다.
라. 정재파의 최소값은 입사파와 반사파가 역 위상일 때 발생한다.

정답 나

해설 정재파 = 진행파 + 반사파 임. 정재파의 최대값은 진행파(입사파)와 반사파가 동위상일 때 최대임.
역위상 일 때는 최소임.

48 다음 중 안테나를 설계할 때 임피던스 정합 회로를 사용하는 이유로 적합하지 않은 것은?

가. 왜율이나 이중상(Ghost) 발생을 방지하기 위하여
나. 최대 전력을 전송하기 위하여
다. 전송선로와 안테나 정합부에서 반사를 최소화 하기 위하여
라. 전송선로와 안테나 안테나 정합부에서 정재파비를 최대화하기 위하여

정답 라

해설 정합은 정재파 = 진행파 + 반사파에서 반사파를 제거해 진행파만 존재하도록 하는 것이 정합임.

49 정재파 안테나에 반사기를 부착하면 이론적으로 이득은 얼마나 증가 하는가?

가. 3[dB]
나. 4[dB]
다. 5[dB]
라. 6[dB]

정답 가

해설) 반사기를 부착하면 이론적으로 전력이 2배가 증가되 3[dB]이득 증가됨.

50 다음 중 공중선의 기본 로딩 방법으로 틀린 것은?

가. 인덕턴스를 넣어 공진 시키는 방법
나. 정전 용량을 넣어 공진 시키는 방법
다. 가변 인덕턴스와 가변 용량을 넣어 광대역에 공진시키는 방법
라. 저항성분을 넣어 공진 시키는 방법

정답 라

해설) 안테나(공중선)로딩에는 로딩코일 과 로딩콘덴서를 사용하는 방식이 있음.

	로딩코일(L)	로딩콘덴서(C)
특징	안테나길이 길어짐	안테나길이 짧아짐

51 다음 중 수신기에서 수신 전력을 증가시키는 방법으로 틀린 것은?

가. 안테나에 LNA를 설치하여 수신단 잡음을 줄인다.
나. 지향성이 낮은 안테나를 사용한다.
다. 이득이 높은 안테나를 사용한다.
라. 실효고가 높은 안테나를 사용한다.

정답 나

해설) 수신기의 4대 특성 감도, 충실도, 안정도, 이득임. 수신기의 수신전력을 증가시키기 위해서는 안테나지향성을 높은 것을 사용해야함.

52 다음 중 마이크로파 안테나의 이득과 관계가 없는 것은?

가. 송신기 출력
나. 안테나 개구면적(Aperture)
다. 주파수
다. 효율

정답 가

해설) 마이크파안테나의 절대이득
$= \eta \dfrac{4\pi A}{\lambda^2}$ (A 실효면적, η 효율)

* 실효면적 $(A) = \dfrac{\lambda^2}{4\pi} G$

53 길이가 25[m]인 $\lambda/4$수직접지 공중선의 공진 주파수는 얼마인가?

가. 1.5[MHz]
나. 3[MHz]
다. 6[MHz]
라. 12[MHz]

정답 나

해설) 총안테나 길이 = 25[m] × 4 = 100[m]
$f = \dfrac{C}{\lambda} = \dfrac{3 \times 10^8}{100} = 3,000,000[Hz]$

54 건조지, 건물, 암반, 옥상 등 대지의 도전율이 나쁜 곳에 적합한 접지방식은?

가. 싱글접지
나. 다중접지
다. 카운터 포이즈
라. 방사상 접지

정답 다

해설) 안테나접지방식의 종류와 특징

	특 징	저항
심굴접지	주위에 목탄사용	10옴
방사상접지	접지선을 방사형	5옴
다중접지	접지봉을 다중사용	1옴
카운터포이즈	지상에 띄워서 사용	높음

55. 이득이 10[dB]이고, 잡음지수가 7[dB]인 증폭기 후단에 잡음지수가 12[dB]인 증폭기가 있다. 종합 잡음지수는 약 얼마인가?

가. 8.1[dB]
나. 7.9[dB]
다. 8.7[dB]
라. 8.9[dB]

정답 가

해설 종합잡음지수

$$= F_1 + \frac{F_2 - 1}{G_1} + \frac{F_3 - 1}{G_2 \cdot G_3} \cdots$$

F(잡음지수)와 G를 이득[dB]단위로 변환 후 계산.
① 초단 이득 10[dB] → Gain Factor
$10^{\frac{10}{10}} = 10$
② 초단 잡음 7[dB] → Noise Factor $10^{\frac{7}{10}} = 5$
③ 둘째단잡음 12[dB] → Noise Factor
$10^{\frac{12}{10}} = 15.84$

종합잡음지수 $= 5 + \dfrac{15.84 - 1}{10} = 6.481$

∴ $10\log 6.481 = 8.11 [dB]$

56. 다음 중 전파의 회절현상이 가장 심할 때는 언제인가?

가. 출력이 적을 때
나. 주파수가 낮을 때
다. 장애물의 끝이 평탄할 때
라. 파장이 짧을 때

정답 나

해설 전파는 공기 중 전파(propagation)되면서 회절, 반사, 산란, 굴절 등의 현상을 가짐. 회절은 사용주파수가 낮을수록 커짐.

57. 다음 중 VHF대 이상에서 주로 발생하는 신틸레이션(Scintillation)페이딩의 특징으로 맞는 것은?

가. 여름보다 겨울에 많이 발생한다.
나. 레벨 변동폭은 10[dB] 이상이다.
다. 대기중의 와류에 의해 유전율이 불규칙할 때 발생한다.
라. 발생주기가 아주 짧으며, 전계강도는 수 10[dB] 이상이다.

정답 다

해설 신틸레이션페이딩은 K형, 덕트형, 감쇠형, 산란형 함께 대류권에서 생기는 페이딩의 일종임. 신틸레이션은 대기중의 와류에 의해 유전율이 불규칙하게 발생되어 구름뭉치처럼 생겨서 발생하는 현상을 말함.

58. A의 주파수는 720[KHz] 이고 B의 주파수는 640[KHz]일 경우 A와 B의 파장 비율은?

가. 8:7
나. 7:8
다. 9:8
라. 8:9

정답 라

해설 파장과 주파수의 관계
$= \lambda = \dfrac{C}{f} [m]$ 전파속도(C) = 3x10^8[m/s]

59. 다음 중 단파통신 전파예보에서 알 수 없는 것은?

가. MUF(최고사용주파수)
나. VHF대역의 전파잡음의 발생 시간대
다. LUF(최저사용주파수)
라. 통신할 수 있는 최적사용주파수

정답 나

해설 전파예보는 전리층 통신에서 사용가능한 최고주파수와 최고주파수, 최적주파수를 결정할 수 있음.

60 초단파 통신에서 주로 사용되는 전파 경로는?

　가. 직접파와 대지반사파
　나. 대류권 반사파와 지표파
　다. 대지반사파와 전리층 반사파
　라. 전리층 반사파와 지표파

　　　　　　　　　　　　　　　　정답 가

해설 초단파(30MHz ~ 300MHz)의 주전파는 직접파와 대지 반사파임.
* 지상파의 주전파는 지표파임.

제4과목 전자계산기 일반 및 무선설비기준

61 다음 중 CPU에 인터럽트가 발생할 때의 OS 동작 설명으로 틀린 것은?

　가. 수행 중인 프로세스나 스레드의 상태를 저장한다.
　나. 인터럽트 종류를 식별한다.
　다. 인터럽트 서비스 루틴을 호출한다.
　라. 인터럽트 처리 결과를 텍스트 형식의 파일로 저장한다.

　　　　　　　　　　　　　　　　정답 라

해설 인터럽트 처리 결과를 텍스트 형식의 파일로 저장 하지는 않음.

62 다음 중 SRAM에 대한 설명으로 틀린 것은?

　가. 플립플롭회로를 사용하여 만들어 졌다.
　나. 모든 메모리 유형 중에서 가장 빠르다.
　다. 일반적으로 CPU의 레지스터나 캐시 메모리에만 사용된다.
　라. 저장된 데이터를 유지하기 위해 계속적으로 데이터를 새롭게 하는 것이 필요하다.

　　　　　　　　　　　　　　　　정답 라

해설 SRAM은 비휘발성 메모리이고, ROM은 휘발성 메모리여서 DynamicRAM을 사용함. DRAM은 저장된 데이터를 유지하기 위해 계속적으로 데이터를 새롭게 Refresh 해야 함.

63 2진수 1001에 대한 1의 보수와 2의 보수의 표현으로 옳은 것은?

　가. 1101, 0110　　　나. 0110, 0111
　다. 0111, 1110　　　라. 0101, 0111

　　　　　　　　　　　　　　　　정답 나

해설 1001을 1의 보수 와 2의 보수표현
① 1001의 1의 보수 -> 0110
② 1001의 2의 보수 -> 0110
　　　　　　　　　　+ 1

　　　　　　　　　 0111

64 다음 보기 중에서 설명이 틀린 것은?

　가. 어셈블러는 어셈블리어를 기계어로 번역시키는 것을 의미한다.
　나. 컴파일러는 고급언어를 기계어로 번역시키는 것을 의미한다.
　다. 인터프리터는 소스프로그램을 중간 단계 프로그램으로 변환하여 그 내용을 해석하고 해석한 대로 실행하여 결과를 출력하는 프로그램이다.
　라. 프리프로세서는 고급언어를 저급언어로 번역하는 것을 의미한다.

　　　　　　　　　　　　　　　　정답 라

해설 프리프로세서는 그 이름이 의미하는 바와 같이 원시 코드를 컴파일러에 인도하기 전에 특정한 변수를 그것에 대응하는 정의된 문자열로 치환하는 등의 일을 하는 프로그램입니다

2013년 무선설비산업기사 기출문제

65 다음 응용 소프트웨어 중 성격이 다른 소프트웨어는?

가. WINZIP
나. WINARJ
다. ALZIP
라. WF_FTP

정답 라

해설 FTP는 파일을 전송하기 위한 프로토콜임.

66 입출력 포트의 종류 중 병렬 포트(Parallel Port)가 아닌 것은?

가. USB
나. FDD
다. HDD
라. CD-ROM

정답 가

해설 USB는 Universal Serial Bus표준 표준임.

67 다음 중 2진수 1011을 0100으로 각 비트의 값을 반전시키거나 보수를 구할 때 사용하는 연산은?

가. AND 연산
나. OR 연산
다. NOT 연산
라. XOR 연산

정답 다

해설 2진수를 1의보수로 만들 때 는 NOT연산을 수행함.
ex〉 1011 -〉 Not -〉 0100

68 다음 중 운영체제가 아닌 것은?

가. 윈도우즈 XP
나. 아파치 웹서버
다. 리눅스
라. 애플의 IOS

정답 나

해설 아파치 웹서버는 윈도우는 리눅스 웹서버를 운영하기 위한 응용프로그램임.

69 운영체제 기능 중 파일관리에 대한 설명으로 틀린 것은?

가. 디렉토리 계층구조(Hierarchical Directory Structure)의 개념으로 사용한다.
나. 지정된 파일에 대해 우연히 또는 고의로 적절치 못한 접근이 있을 경우 이를 금지하는 개념으로 사용한다.
다. 파일 시스템 구조는 논리적 구조와 물리적 구조로 구분된다.
라. 주 기억 장치상의 파일 편성, 등록, 공유나 파일로의 액세스 등을 부분적으로 다룬다.

정답 라

해설 운영체제의 파일관리
① 사용자의 파일들을 관리하고 유지하는 일
② 디렉토리 계층구조로 되어 있음
③ 각 사용자들이 자신의 소유가 아닌 파일 접근시 이를 보호할 수 있는 다중-사용자 시스템구조임.

70 다음 중 마이크로프로세서를 구성하는데 꼭 필요한 것이 아닌 것은?

가. Adder
나. Register
다. Control unit
라. Audio Codec

정답 라

해설 Codec은 Coder + Decoder로써 음성을 디지털화하여 압축하고 분해하는 역할을 함.

71. 적합성평가를 받은 사실을 표시하지 않고 판매·대여한 자나 판매·대여할 목적으로 진열·보관 또는 운송하거나 무선국·방송통신망에 설치한 경우로서 1차 위반한 경우 과태료 부과기준은 얼마인가?
    가. 100만원 나. 200만원
    다. 300만원 라. 500만원

    정답 가

    해설 전파법 제52조(과태료) 100만원 이하의 과태료 부과대상이 명시되어 있음.

72. 다음 중 전파법에서 정의한 '주파수 할당'을 옳게 설명한 것은?
    가. 특정한 주파수를 이용할 수 있는 권리를 특정인에게 부여 하는 것을 말한다.
    나. 무선국을 허가함에 있어 당해 무선국이 이용할 특정한 주파수를 지정하는 것을 말한다.
    다. 무선국을 운용할 때 불요파 발사를 억제하기 위한 주파수를 지정하는 것을 말한다.
    라. 설치된 무선설비가 반응할 수 있도록 필요한 주파수를 지정하는 것을 말한다.

    정답 가

    해설 전파법 제2조(정의)
    "주파수할당"이란 특정한 주파수를 이용할 수 있는 권리를 특정인에게 주는 것을 말한다.

73. 다음 중 무선국을 고시하는 경우 고시하는 사항이 아닌 것은?
    가. 무선국의 명칭 및 종별과 무선설비의 설치장소
    나. 무선설비의 발주자의 성명 또는 명칭
    다. 허가 년·월·일 및 허가번호
    라. 주파수, 전파의 형식, 점유주파수대폭 및 공중선전력

    정답 나

    해설 전파법 시행령 제33조 (허가증의 기재사항)
    1. 허가연월일 및 허가번호
    2. 시설자의 성명 또는 명칭
    3. 무선국의 종별 및 명칭
    4. 무선국의 목적
    5. 통신의 상대방 및 통신사항(방송국의 경우에는 방송사항 및 방송구역을 말한다)
    6. 무선설비의 설치장소
    7. 허가의 유효기간
    8. 호출부호 또는 호출명칭
    9. 전파의 형식·점유주파수대폭 및 주파수
    10. 공중선전력
    11. 공중선의 형식·구성 및 이득
    12. 운용허용시간
    13. 무선종사자의 자격 및 정원
    14. 무선국의 준공기한
    15. 시험전파의 발사기간 및 내용(시험전파의 발사를 신청한 경우만 해당한다)
    16. 무선기기의 명칭 및 기기일련번호

74. 다음 중 '방송통신기자재 등의 적합성평가에 관한 고시'에서 규정하는 용어의 정의로 적합하지 않은 것은?
    가. '사후관리'라 함은 적합성평가를 받은 기자재가 적합성평가기준대로 제조·수입 또는 판매되고 있는지 관련법에 따라 조사 또는 시험하는 것을 말한다.
    나. '기본모델'이란 방송통신기기 내부의 전기적인 회로·구조·성능이 동일하고 기능이 유사한 제품군 중 표본이 되는 기기를 말한다.
    다. '파생모델'이란 기본모델과 전기적인 회로·구조·성능만 다르고 그 부가적인 기능은 동일한 기기를 말한다.
    라. '무선 송·수신용 부품'이란 차폐된 함체 또는 칩에 내장된 무선주파수의 발진, 변조 또는 복조, 증폭부 등과 안테나로 구성된 것으로 시스템에 하나의 부품으로 내장되거나 장착될 수 있는 것을 말한다.

    정답 다

2013년 무선설비산업기사 기출문제

해설 방송통신기자재 등의 적합성평가에 관한 고시 (전파연구소 고시)
"파생모델"이란 기본모델과 전기적인 회로·구조·기능이 유사한 제품군으로 기본모델과 동일한 적합성 평가번호를 사용하는 기자재를 말한다.

75 다음 중 지정시험기간 적합등록을 해야 하는 기기는?
가. 디지털선택호출전용수신기
나. 간이무선국용 무선설비의 기기
다. 자동차 및 불꽃점화 엔진구동기기류
라. 생활무선국용 무선설비의 기기

정답 다

해설 방송통신기자재 등의 적합성평가에 관한 고시 (전파연구소 고시) *별표 2
1. 산업·과학 또는 의료용 등으로 사용되는 고주파 이용 기기류
2. 자동차 및 불꽃점화 엔진구동 기기류
3. 방송수신기기 및 관련 기기류
4. 가정용 전기기기 및 전동 기기류

76 방송국에 지정된 공중선전력이 500[W]인 경우 허용편차가 상한5[%], 하한10[%] 이라면 실제로 전파를 발사할 때 허용될 수 있는 공중선의 전력은?
가. 450~550[W]
나. 450~525[W]
다. 475~550[W]
라. 475~525[W]

정답 나

해설 하한 10[%], 상항 5[%] 이므로 450~525[W]

77 다음 중 적합성평가를 받아야 하는 기기는?
가. 전파환경 및 방송통신망 등에 위해를 줄 우려가 있는 기자재
나. 의료기기법에 의한 품목허가를 받은 의료기기
다. 자동차 관리법에 따라 자기 인증을 한 자동차
라. 「산업표준화법」 제 16조에 따라 인증을 받은 품목

정답 가

해설 전파법 제 58조의 2 (적합성평가)
① 방송통신기자재와 전자파장해를 주거나 전자파로 부터 영향을 받는 기자재(이하 "방송통신기자재 등"이라 한다)를 제조 또는 판매하거나 수입하려는 자는 해당 기자재에 대하여 다음 각 호의 기준(이하 "적합성평가기준"이라 한다.)에 따라, 제2항에 따른 적합 인증, 제3항 및 제4항에 따른 적합등록 또는 제7항에 따른 잠정인증(이하 "적합성평가"라 한다.)을 받아야 한다.

78 다음 중 무선설비의 기술기준 적합성 평가절차에서는 "본 기자재는 고정된 시설에만 설치·사용할 수 있습니다."라는 문구를 영시한 경우 생략할 수 있는 시험 항목은?
가. 온도 및 습도
나. 진동 및 충격
다. 낙하 및 진동
라. 연속동작 및 수밀

정답 나

해설 무선설비의 적합성평가 처리방법 제11조 (기술기준 적합성평가 절차)
1. 온도 및 습도, 연속동작 시험을 제외한 진동, 충격 등 기타 환경적 조건을 연속하여 적용한 후 제12조제2항을 확인한다. 다만, 고정국 또는 기지국에 설치하는 대상 기자재로 설명서에 "본 기자재는 고정된 시설에만 설치·사용할 수 있습니다."라는 문구를 명시한 경우에는 진동 및 충격시험을 생략할 수 있다.

79. 다음 중 공중선계에 접지장치를 설치하지 않아도 되는 무선국 은?

가. 육상이동국   나. 기지국
다. 방송국   라. 고정국

정답 가

해설 무선설비규칙 제19조 (공중선 등의 안전시설) (방송통신위원회 고시)
① 무선설비의 공중선계에는 낙뢰로부터 무선설비를 보호할 수 있도록 하는 낙뢰보호장치(피뢰침은 제외한다) 및 접지시설을 하여야 한다. 다만, 이동국 등의 휴대용 무선설비, 육상이동국, 간이무선국의 공중선계 및 실내에 설치되는 공중선계는 그러하지 아니하다.

80. 무선설비의 시설물별 표준시방서를 기본으로 모든 공정을 대상으로 하여 특정한 공사의 시공 또는 공사시방서의 작성에 활용하기 위한 종합적인 시공기준을 무엇이라고 하는가?

가. 일반시방서   나. 전문시방서
다. 특별시방서   라. 표준시방서

정답 나

해설 시방서의 정의
① 표준시방서
표준적인 시공기준으로서 발주자(청)의 전문시방서 작성과 설계 등 용역업자가 공사시방서를 작성하는 경우에 활용하기 위한 시공기준을 말한다.
② 전문시방서
전문시방서라 함은 시설물별 표준시방서를 기본으로 모든 공종을 대상으로 하여 특정한 공사의 시공 또는 공사시방서의 작성에 활용하기 위한 종합적인 시공기준을 말한다.
③ 공사시방서
공사시방서는 표준시방서 및 전문시방서를 기본으로 하고, 공사의 특수성·지역여건·공사방법 등을 고려하여 기본설계 및 실시설계도에 구체적으로 표시할 수 없는 내용과 공사수행을 위한 시공방법, 자재의 성능·규격 및 공법, 품질시험 및 검사 등 품질관리, 안전관리계획 등에 관한 사항을 기술한 것을 말함.

2014년 산업기사1회 필기시험

국가기술자격검정 필기시험문제

2014년 산업기사1회 필기시험

자격종목 및 등급(선택분야)	종목코드	시험시간	형 별	수검번호	성 별
무선설비산업기사		2시간			

제1과목 디지털 전자회로

01 다음 중 정류회로에서 리플 함유율을 감소시키는 방법으로 적합하지 않은 것은?

가. 입력전원의 주파수를 낮게 한다.
나. 반파정류회로보다 전파정류회로를 사용한다.
다. 콘덴서입력형 평활회로에서 콘덴서 용량을 크게 한다.
라. 초크입력형 평활회로에서 초크의 인덕턴스를 크게 한다.

정답 가

해설 정류회로의 Ripple제거
① 입력전원의 주파수를 높게 한다.
② 전파정류회로는 반파정류회로보다 리플함유율이 매우 작아 효과적이다.
③ RC회로의 시정수(τ)가 커지면 리플함유율이 작아진다.

02 직류 출력전압이 무부하일 때 300[V], 부하일 때 220[V]이면 정류기의 전압변동률은 약 몇 [%]인가?

가. 10.25[%]
나. 22.45[%]
다. 36.36[%]
라. 47.25[%]

정답 다

해설 전압변동율
$$= \frac{무부하시\ 직류출력전압 - 부하시\ 직류출력전압}{부하시\ 직류출력전압}$$

$$\therefore \frac{300-220}{220} = 36.36\%$$

03 다음 중 전파정류회로의 특징이 아닌 것은?

가. 정류 전류는 반파정류의 2배가 된다.
나. 리플 주파수는 전원 주파수의 2배이다.
다. 리플률이 반파정류회로보다 적다.
라. 전원 전압의 직류 자화가 있다.

정답 라

해설 전파정류회로
① 출력전압은 반파정류회로의 2배
② 리플율이 반파정류회로보다 적다
③ 리플주파수는 전원주파수의 2배

04 다음 중 전계효과 트랜지스터(FET)에 관한 설명으로 틀린 것은?

가. 입력저항이 높다.
나. 접합형 입력저항은 MOS형보다 낮다.
다. 저주파시 잡음이 적다.
라. 소수캐리어에 의한 증폭작용을 한다.

정답 라

해설 FET와 BJT의 특성 비교

구분 특성	FET (Field Effect Transistor)	BJT (Bipolar Junction Transistor)
동작원리	다수 캐리어에 의한 동작	다수 및 소수 캐리어에 의해 동작
소자특성	단극성(unipolar) 소자	쌍극성(bipolar) 소자
제어방식	전압 제어 방식	전류 제어 방식
입력저항	$10^8 \sim 10^{10} [\Omega]$정도로 매우 높다	보통이다
잡음	적다	많다
이득 대역폭적	적다	크다
동작속도	느리다	빠르다
집적도	아주 높다	낮다

05 증폭도가 40[dB], 잡음지수가 6[dB]인 전치증폭기(Pre-amp)를 증폭도 20[dB], 잡음지수 6[dB]인 주 증폭기(Main amp)에 연결할 때 종합잡음지수는?

가. 6.125[dB]
나. 5.50[dB]
다. 7.125[dB]
라. 7.50[dB]

정답 가

해설 종합잡음지수
$$F = F_1 + \frac{F_2 - 1}{G_1} = 6 + \frac{6-1}{40} = 6 + 0.125 = 6.125$$
* 초단의 잡음지수가 매우 중요하다.

06 소신호 증폭이나 트랜지스터의 활성영역에서만 동작하게 만든 증폭기는?

가. A급 증폭기
나. AB급 증폭기
다. B급 증폭기
라. C급 증폭기

정답 가

해설 완충증폭기
① A급 증폭기는 효율은 불량하나 안정된 증폭이 가능해 완충증폭기에 사용된다.
② 완충증폭기는 부하변동에 의한 발진주파수 변동을 방지해 준다.
③ 활성영역에서만 동작한다.

07 트랜지스터가 차단과 포화에서 동작될 때 무엇처럼 동작하는가?

가. 스위치   나. 선형증폭기
다. 가변용량   나. 발진기

정답 가

해설 트랜지스터 동작영역
① 차단과 포화 영역 : 스위치 동작
② 활성영역 : 선형증폭기 동작

08 다음 중 발진기의 발진조건으로 틀린 것은?

가. 궤환회로가 있으며 정궤환으로 동작한다.
나. 궤환회로에 의한 위상천이는 0°이다.
다. 궤환회로를 포함한 폐루프 이득이 1이다.
라. 초기 시동시에는 폐루프 이득이 1보다 작다.

정답 라

해설 발진기와 증폭기
발진기는 정궤환으로 동작되며, 증폭기는 부궤환으로 동작된다.

09 외부로부터의 전기적인 신호가 없어도 회로 내에서 교류신호인 전기진동을 발생하는 회로는?

가. 비교기   나. 정류기
다. 증폭기   라. 발진기

정답 라

해설 발진기
외부로부터 전기적 신호가 없어도 회로내에서 교류신호가 발생되는 회로임(RC발진기, 크리스탈발진기)

10 15[kHz]까지 전송할 수 있는 PCM시스템에서 요구되는 최소 표본화 주파수는?

가. 10[kHz]   나. 20[kHz]
다. 30[kHz]   라. 40[kHz]

정답 다

해설 나이퀴스트샘플링 주파수
최대주파수의 2배 이상을 사용해야 복조시 에러발생이 낮음 (fs)= 2fm)

11 $V_c = 20\cos\omega_c t$[v]의 반송파를 $v_s = 14\cos\omega_s t$[v]의 신호파로 진폭 변조했을 때 변조도(m)는 몇 [%]인가?

가. 60[%]   나. 70[%]
다. 80[%]   라. 90[%]

정답 나

해설 진폭변조의 변조도
반송파신호의 진폭을 신호파를 이용해 얼마나 크기변화를 많이 줄수 있는지를 나타내는 지표임. 진폭변조의 변조도는 일반적으로 70~80% 정도 일 때 안정적으로 동작된다.
= $\frac{14}{20} \times 100 = 70[\%]$

12 다음 중 펄스신호에 대한 설명으로 틀린 것은?
가. 상승시간이란 펄스의 진폭이 10[%]에서 90[%]까지 상승하는데 걸리는 시간을 말한다.
나. 하강시간이란 펄스의 진폭의 90[%]에서 10[%]까지 하강하는데 걸리는 시간을 말한다.
다. 펄스 폭이란 펄스 파형이 상승 및 하강의 전폭의 66.7[%]가 되는 구간의 시간을 말한다.
라. 오버슈트란 상승 파형에서 이상적 펄스파의 진폭보다 높은 부분을 말한다.

정답 다

해설 펄스의 특징

펄스	특징
상승시간	펄스가 10[%]에서 90[%] 상승시간
하강시간	펄스가 90[%]에서 10[%] 하강시간
지연시간	입력진폭이 10[%]될 때 까지 시간
축적시간	출력펄스가 최대진폭의 90[%]까지
턴온시간	상승시간 + 지연시간
턴오프시간	하강시간 + 축적시간

13 그림(a)의 회로에 그림(b)와 같은 파형전압을 인가할 때 출력되는 파형으로 가장 적합한 것은? (단, RC>T)

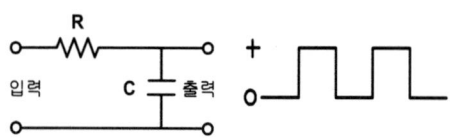

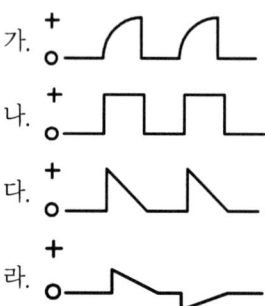

정답 가

해설 적분기 회로
적분기는 LPF로 동작되어 구형파를 톱니파처럼 필터링 시킬 수 있다.

14 16진수 (2AE)₁₆을 8 진수로 변환하면?
가. (257)₈   나. (1256)₈
다. (2557)₈   라. (4317)₈

정답 나

해설 16진수 2AE를 2진수로 변경하면,
2   A   E
10   1010   1110 → 3bit씩 분할하면,
1 010 101 110 이므로 (1 2 5 6)₈

15 2진코드 0011과 0100을 더하여 그레이코드(Gray Code)로 변환한 값은?
가. 0100   나. 0101
다. 0111   라. 1001

정답 가

해설 그레이코드
0011 + 0100 = 0111
① Binary Code → Gray Code

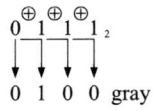

16 진리표가 다음과 같을 때 해당되는 게이트는?

A	B	Y
0	0	1
0	1	0
1	0	0
1	1	0

가. AND　　　나. OR
다. NAND　　라. NOR

정답 라

해설 NOR Gate 회로

17 다음 중 링 카운터에 대한 설명으로 틀린 것은?
　가. 입력 신호를 받을 때 마다 상태가 하나씩 다음으로 이동한 카운터이다.
　나. 각각의 상태마다 한 개의 플립플롭을 사용하는 카운터이다.
　다. 디코딩게이트를 사용하지 않고 디코딩할 수 있다.
　라. 특별한 순차를 만들고자 할 때 사용한다.

정답 라

해설 링카운터
각각의 상태마다 한 개의 플립플롭을 사용함. 특별한 순차를 만들고자 할 때는 존슨카운터와 같은 동기식 카운터를 사용한다.

18 여러 개의 입력신호 가운데 하나를 선택하여 출력하는 동작을 하는 것은?
　가. 디멀티플렉서
　나. 멀티플렉서
　다. 레지스터
　라. 디코더

정답 나

해설 멀티플렉서
여러 개의 입력신호 가운데 하나를 선택하여 출력한다.

19 레지스터(Register)의 기능으로 맞는 것은?
　가. 펄스 신호의 발생
　나. 데이터의 일시 저장
　다. 카운터 대용
　라. 클록 회로의 동기

정답 나

해설 레지스터
데이터를 일시저장하는 회로임. 속도를 향상시킬 수 있으며 컴퓨터에서는 플립플롭을 사용해 구성한다.

20 다음 중 카운터를 사용할 수 있는 응용 사례가 아닌 것은?
　가. Timer
　나. 기본 펄스 주파수의 체배
　다. 기본 펄스 주파수의 분주
　라. 펄스 진폭의 증폭

정답 라

해설 펄스진폭의 증폭은 증폭기 응용이다.

2014년 무선설비산업기사 기출문제

제2과목 무선통신기기

21 그림과 같은 프리엠퍼시스 회로에서 시정수를 40[μs]가 되도록 하려면 C의 값을 얼마로 하면 되는가?

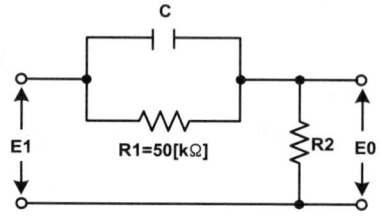

가. 75[pF]
나. 80[pF]
다. 750[pF]
라. 800[pF]

정답 라

해설 시정수
$\tau = \sqrt{CR}$ 를 이용해 계산할 수 있음.

22 FM 수신기에서 Limiter 회로의 역할은 무엇인가?

가. 주파수의 변화에 따른 출력 전압의 변화를 검출
나. 잡음지수를 증가시키는 역할
다. 수신신호의 진폭을 일정하게 만드는 역할
라. 송신측에서 강조되어 보내진 높은 주파수 신호를 수신단에서 억제하는 역할

정답 다

해설 FM수신기

회 로	특 징
변별기	주파수의 변화에 따른 출력 전압의 변화를 검출
리미터	수신신호 진폭을 일정하게 함
디엠파시스	송신측에서 강조되어 보내진 (프리엠파시스) 높은 주파수 신호를 수신단에서 억제함
스켈치	신호 유무에 따라 없을 때 오디오엠프의 동작을 제어함

23 AM 송신기에서 정보신호가 $2\cos 2\pi f_m t$이고 반송파 신호가 $10\cos 2\pi f_c t$ 일때 변조도는 몇 [%]인가?

가. 20[%]
나. 40[%]
다. 60[%]
라. 80[%]

정답 가

해설 AM송신기의 변조도는 진폭크기의 비로 나타내므로 $\frac{2}{10} \times 100 = 20[\%]$ 임.

24 FM 송신기에서 최대 주파수편이가 규정치를 넘지 않도록 음성신호 등의 진폭을 일정하게 제한하는 회로는?

가. AFC 회로
나. IDC 회로
다. Squelch 회로
라. Limiter 회로

정답 나

해설 FM회로

회 로	특 징	위 치
AFC회로	채널선택회로	송신, 수신
IDC회로	음성신호 진폭을 일정하게 제한함	송신

25 무선 송신기에서 주파수 체배기에 의해 고조파 신호 발생은 필연적이다. 불필요한 고조파 신호를 제거하는 회로는 무엇인가?

가. 미분 회로
나. 발진 회로
다. 필터 회로
라. 증폭 회로

정답 다

해설 고조파(하모닉성분, 2차, 3차, 4차 등)성분을 제거하기 위해서는 필터(저역통과필터 또는 대역통과필터)를 사용하는 것이 효과적임.

26 동일한 CDMA 주파수를 사용하는 동일 기지국내의 섹터간 핸드오프는?

가. 중간(Middle) 핸드오프
나. 소프터(Softer) 핸드오프
다. 하드(Hard) 핸드오프
라. 아날로그 핸드오프

정답 나

해설 핸드오프

종 류	특 징
소프터 H/O	섹터간 이동(핸드오프)
소프트 H/O	Cell간 이동(핸드오프)
하드 H/O	주파수가 변하는 이동

27 다음 중 위성위치정보시스템(GPS)에 대한 특징으로 틀린 것은?

가. WGS-84라는 공통 좌표계를 사용한다.
나. 측정된 위치 자료의 온라인 처리가 가능하다.
다. 거리 측정이 간편하고 신속한 측위가 가능하다.
라. 각 나라별로 시차가 있어 각 나라별 서비스만 가능하다.

정답 라

해설 GPS
24개의 위성을 이용해(20,200km)지구 어느 곳에서나 동일한 시각을 맞출 수 있고, 위치측위를 할 수 있는 시스템임.

28 이동전화 시스템에서 기지국이 호(Call)를 처리하는 구역을 의미하는 것은?

가. Bit
나. Call
다. Cell
라. Base Station

정답 다

해설 Cell
하나의 기지국이 Cover할 수 있는 area를 말하며, 호처리를 할 수 있는 구역으로 표현가능함.

29 국내 최초의 민간 통신·방송 상용위성으로 우리나라를 세계 23번째 위성 보유국의 반열에 올려놓은 위성은?

가. 아리랑 위성   나. 우리별 위성
다. 무궁화 위성   라. 한누리 위성

정답 다

해설 무궁화 위성
국내최초의 위성으로 통신용 / 방송용으로 36000km상공에 위치한 정지위성임. 이론적으로 3개의 위성으로 지구전체를 하나의 통신영역으로 서비스 할 수 있음. 다만, 240ms의 전파지연이 발생하는 단점이 있음.

30 이동통신에 사용되는 무선채널 제어에는 순방향 채널제어와 역방향 채널제어가 있다. 이중 역방향 채널제어에 해당하는 것은?

가. Pilot Channel   나. Sync Channel
다. Access Channel   라. Paging Channel

정답 다

해설 이동통신 채널

역방향 채널	순방향 채널
단말 → 기지국	기지국 → 단말
. Access Channel . Traffic Channel	. Pilot Channel . Paging Channel . Sync Channel . Traffic Channel

31 다음 중 스위칭레귤레이터에 대한 설명으로 맞는 것은?

가. DC 전압을 일정한 주파수의 AC 전압으로 변환하는 장치
나. AC 전압을 DC 전압으로 변환하는 장치
다. AC 전압을 다른 주파수와 크기를 갖는 AC 전압으로 변환하는 장치
라. DC 전원을 다른 크기의 DC 전원으로 변환하는 장치

정답 라

해설 스위칭레귤레이터
DC전원을 DC전원으로 낮추거나 높이는 장치임.
12v DC전원을 3v DC전원으로 변환시켜주는 장치로 대표적인 장치로는 SMPS가 있음.

32 다음 중 수신기의 전기적 성능에 해당되지 않는 것은?

가. 감도
나. 선택도
다. 충실도
라. 전력

정답 라

해설 수신기 4대 특성

성능	특징
감 도	최소로 수신할 수 있는 능력
선택도	여러개 신호중 선택능력
안정도	안정적으로 동작할 수 있는 능력
충실도	성능에 최적화 할 수 이는 능력

33 전원설비의 전력변환장치 중 인버터(Inverter)에 대한 설명으로 맞는 것은?

가. 직류전원을 다른 크기의 직류전원으로 변환하는 장치
나. 직류전압을 일정한 주파수의 교류전압으로 변환하는 장치
다. 교류전압을 직류전압으로 변환하는 장치
라. 교류전압을 다른 주파수와 크기를 갖는 교류전압으로 변환하는 장치

정답 나

해설 전력변환장치

컨버터	인버터
DC출력	AC 출력
DC to DC 컨버터	DC to AC 인버터
AC to AC 컨버터	

34 CDMA 중계기의 상태를 감시하기 위한 CDMA 감시단말기를 중계기에 연결하려고 한다. 전원은 중계기에서 공급되는 전원을 사용하고자 하며 중계기의 공급전원 DC(직류)는 12[V]이고 단말기가 필요로 하는 전원은 DC(직류) 3.5[V]일 때 필요한 장치는 무엇인가?

가. 컨버터(Converter)   나. 인버터(Inverter)
다. 정류기(Rectifier)   라. 계전기(Repeater)

정답 가

해설 DC to DC 변환기를 컨버터라 함. (33번 참조)

35 SSB 수신기의 선택도 측정을 위한 장비의 구성으로 맞지 않는 것은?

가. 멀티테스터
나. 오실로스코우프
다. 의사공중선
라. 표준주파수발진기

정답 가

해설 RF장비

장비명	특징
멀티테스터	전압, 전류 측정기기
오실로스코프	시간주기 신호 측정
의사공중선	무선신호전력측정을 위한 Test Point
주파수발진기	주파수 신호 발생기

36 광대역 FM송신기로 송신하는 신호의 최대 주파수 편이가 30[KHz]이고, 변조 주파수가 5[KHz]일 때, 이 FM신호의 대역폭은 약 몇 [KHz] 인가?

가. 10[kHz]   나. 35[kHz]
다. 70[kHz]   라. 100[kHz]

정답 다

해설 카슨의 대역폭
FM신호는 신호의 전압크기에 따라 대역폭이 넓어져 광대역화 되는 방식임.
$B = 2(\triangle f + f_s)$ 이므로, 70[KHz]

37 급전선의 종단을 개방했을 때의 입력측에서 본 임피던스를 Z_f라 하고 종단을 단락했을때의 임피던스를 Z_s라고할 때 특성 임피던스 Z_0는?

가. $Z_0 = \sqrt{Z_f \cdot Z_s}$ 나. $Z_0 = \sqrt{Z_f^2 \cdot Z_s^2}$

다. $Z_0 = \dfrac{Z_f - Z_s}{Z_f + Z_s}$ 라. $Z_0 = \dfrac{Z_f + Z_s}{Z_f - Z_s}$

정답 가

해설 특성임피던스 문제는 다양하게 출제됨.
급전선을 개방(open), 단락(short) 했을 때 각각 임피던스를 곱한후 root를 적용하면 특성임피던스를 구할 수 있음. $Z_0 = \sqrt{Z_f \cdot Z_s}$

38 원하는 신호에 근접한 주파수의 방해가 있는 경우 수신기의 감도가 저하되는 현상은?

가. 혼변조
나. 상호변조
다. 감도억압효과
라. 스퓨리어스 저하효과

정답 다

해설 감도억압효과
원신호 주변에 근접한 주파수 방해신호가 있으면 두 신호가 혼변조 되어 수신기의 감도가 저하됨.

39 다음 그림은 Analog 입력신호에 대한 펄스부호변조(PCM) 과정을 나타낸 것이다. (A), (B), (C)에 들어갈 과정으로 올바르게 짝지어진 것은?

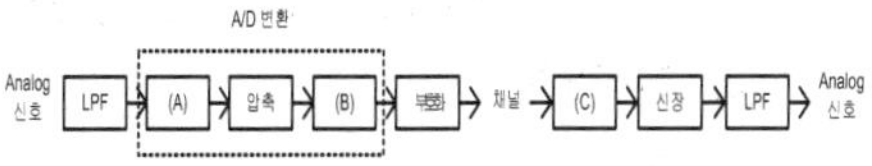

가. (A)=양자화, (B)=복호화, (C)=표본화
나. (A)=양자화, (B)=표본화, (C)=복호화
다. (A)=표본화, (B)=양자화, (C)=복호화
라. (A)=표본화, (B)=복호화, (C)=양자화

정답 다

해설 PCM변환
아날로그 신호를 디지털신호로 변환시켜주는 방법.
표본화 - 양자화 - 부호화를 거쳐 디지털신호화 됨.
(c)는 복조하는 과정으로 수행함.

40 다음 중 측정기기 사용법에 대한 설명으로 옳지 못한 것은?

가. 전원을 연결하기 전에 먼저 전원공급장치의 출력전압과 측정기기의 정격전압이 같은지 확인한다.
나. 측정 전에 측정기기의 지침이 "0"에 있는지를 확인한다.
다. 측정하기 전에 먼저 측정기기의 측정범위 설정스위치가 적절한 범위에 있는지 확인한다.
라. 측정범위를 모를 때는 측정범위 설정 스위치를 제일 낮은 범위로 설정하고 측정을 시작한다.

정답 라

해설 RF측정기기 사용법
① 측정기기의 정격전압 확인
② 측정기기의 지침이 "0" 확인 (Calibration 됨)
③ 원하는 측정범위와 측정기기의 범위를 일치시킴
④ 측정범위를 모를때는 설정스위치를 가장 큰 범위로 설정한 후 측정.

제3과목 　 안테나개론

41 다음 중 전파의 전파속도에 영향을 미치는 요소로 맞는 것은?

　가. 유전율과 투자율　나. 점도와 유전율
　다. 투자율과 도전율　라. 유전율과 도전율

　　　　　　　　　　　　　　　　　정답 가

해설 자유공간 전파속도
ε_o(절대유전율), μ_0(절대투자율)

$$c(전파속도) = \frac{1}{\sqrt{\varepsilon_o \times \mu_o}} = 3 \times 10^8 \, [m/s]$$

42 다음 중 균일 평면 전자파에 대한 설명으로 틀린 것은?

　가. 전계와 자계가 모두 전파방향과 수직인 평면 내에 있다.
　나. 에너지 밀도가 변하지 않고 파동의 각 부분이 같은 방향으로 직진하는 이상적인 파동으로서 송신안테나로부터 원거리의 영역에서 존재한다.
　다. 종파이며 'TE' 파로 불린다.
　라. 균일한 평면 파는 2차원 면에 무한히 퍼져 있기 위한 무한량의 에너지를 필요로 한다.

　　　　　　　　　　　　　　　　　정답 다

해설 전자파는 횡파 이며 TEM (진행방향에 전계/자계 수직인 파)모드로 동작함.

43 전류에 의한 자계의 방향을 나타내는 법칙은?

　가. 렌쯔의 법칙
　나. 암페어의 오른나사법칙
　다. Stokes 정리
　라. 패러데이의 법칙

　　　　　　　　　　　　　　　　　정답 나

해설 전자계 법칙

법칙	특징
렌쯔의 법칙	자계방향에 역으로 전류가 발생함
암페어 오른나사의 법칙	전류가 흐르는 방향으로 오른쪽 방향으로 자계(H)가 형성됨
페러데이법칙	자계(H)의 시간적 변동에 의해 전계(E)가 발생됨

44 다음 중 도파관에 대한 설명으로 틀린 것은?

　가. 취급할 수 있는 전력이 크다.
　나. 외부에 전파를 방사하지 않으므로 유도방해가 적다.
　다. 도파관은 내벽에 은 또는 금으로 도금하기에 전도도가 높고 손실이 적다.
　라. 차단주파수 이하의 전파만 통과시키므로 저역여파기로 동작한다.

　　　　　　　　　　　　　　　　　정답 라

해설 도파관
① 취급할 수 있는 전력이 큼
② 외부에 전파방해가 없고, 유도방해가 적음
③ 도파관은 손실이 적음
④ 차단주파수 이상의 전파만 통과시키는 고역 통과 필터로 동작됨
⑤ TE모드와 TM모드로 동작될 수 있음

45 50[Ω]의 무손실 전송선로에서 부하 임피던스 $Z_L = 50 - j65[\Omega]$ 이다. 이때 반사계수의 크기는 얼마인가?

　가. 약 0.45
　나. 약 0.55
　다. 약 0.65
　라. 약 0.75

　　　　　　　　　　　　　　　　　정답 나

[해설] 반사계수

$$\Gamma = \left|\frac{Z_L - Z_0}{Z_L + Z_0}\right| = \left|\frac{50 - 50 - j65}{50 + 50 - j65}\right| = \left|\frac{0 - j65}{100 - j65}\right|$$

$$= \left|\frac{(0 - j65)(100 + j65)}{(100 - j65)(100 + j65)}\right|$$

$$= \left|\frac{4225 - j6500}{10000 + 4225}\right| = 0.55$$

46 다음 중 임피던스 정합에 대한 내용으로 틀린 것은?

가. 부하가 선로에 정합되었을 때 급전선에서의 전력손실이 최소이다.
나. 수신장치에서 시스템의 S/N비를 향상시킨다.
다. 전력 분배망 회로에서 진폭과 위상의 오차를 감소시킨다.
라. 부하 임피던스 실수부가 "0"인 경우에만 정합회로를 구할 수 있다.

정답 라

[해설] 임피던스 정합
① 특성임피던스 와 부하임피던스의 허수부가 역(Inverse)일 때 정합조건임
② 정합 되면 최대전력전송 조건이 성립함
③ 정합 되면 진폭과 위상오차가 감소함

47 다음 중 급전선의 필요조건에 대한 설명으로 틀린 것은?

가. 전송효율이 좋을 것
나. 송신용의 경우 절연내력이 클 것
다. 유도 방해를 주거나 받지 않을 것
라. 급전선의 파동 임피던스가 가급적 클 것

정답 라

[해설] 급전선의 필요조건
① 전송효율이 좋을 것
② 송신용의 경우 절연내력이 클 것
③ 유도방해를 주거나 받지 않을 것
④ 급전선의 파동임피던스가 작을 것
⑤ 임피던스정합이 유리할 것

48 다음 중 안테나의 임피던스 정합방법으로 사용되지 않는 것은?

가. 1/4파장 임피던스 변환기
나. 스터브튜너(Stub tuner)
다. 디시페이터(Dissipator)
라. 테이퍼선로(Tapered line)

정답 다

[해설] 디시페이터(Dissipator)
송신용 안테나에 사용되는 안테나 개선 장치임

49 공중선에 직렬로 삽입하는 공중선 부하 코일(Loading Coil)의 기능은?

가. 등가적으로 공진파장의 연장
나. 등가적으로 공진파장의 단축
다. 등가적으로 공진주파수의 증가
라. 등가적으로 공진주기의 억제

정답 가

[해설] 안테나 로딩

로딩 캐패시터	로딩 코일
단축 캐패시터	연장 코일
안테나 길이 짧아짐	안테나 길이 길어짐
공진주파수 높아짐	공진주파수 낮아짐
공진파장 단축	공진파장 연장

50 다음 중 안테나의 특성과 거리가 먼 것은?

가. 편파
나. 복사각
다. 전후방비
라. 영상주파수

정답 라

[해설] 안테나 성능파라미터

파라미터	특징
편파	E(전계)의 복사방향
복사각	최대지향각의 각도
전후방비	최대지향각과 반대방향의 비
임피던스	교류에 해당하는 저항
이득	기준안테나 대비 상대치

51. 다음 중 안테나의 광대역성을 갖도록 하는 방법으로 틀린 것은?

가. 안테나의 Q를 작게 한다.
나. 상호 임피던스의 특성을 이용한다.
다. 진행파 여진형의 소자를 이용한다.
라. 안테나 도체의 직경을 좁게 한다.

정답 라

해설 안테나의 도체 직경을 넓게, 굵게 해야 광대역 특성을 얻을 수 있음.

52. 다음 중 방사효율이 가장 큰 경우는?

가. 손실저항이 10[Ω]인 반파장 다이플 안테나
나. 손실저항이 210[Ω]인 반파장 다이플 안테나
다. 손실저항이 50[Ω]인 반파장 다이플 안테나
라. 손실저항이 73[Ω]인 반파장 다이플 안테나

정답 가

해설 방사효율 = $\dfrac{복사저항}{복사저항 + 손실저항}$ 이므로, 손실저항이 작을수록, 복사저항이 클수록 방사효율이 우수함.

53. 다음 중 지향성 공중선에 대한 설명으로 맞는 것은?

가. 무선전자파 에너지를 모든 방향으로 똑같이 잘 송수신할 수 있는 공중선
나. 수평으로 전파되는 전자파 에너지를 송수신할 수 없는 공중선
다. 주로 단일 방향의 전자파 에너지를 송수신하는 공중선
라. 송신전력을 측정하기 위해 방향성 결합기를 사용하는 공중선

정답 다

해설 지향성공중선은 현재사용되는 안테나를 통칭하는 용어로 주로 단일 방향(단일지향성)의 전자파 에너지를 송수신 하는 공중선을 말함.

54. 다음 중 안테나를 사용주파수에 따라 분류할 때 장·중파용인 것은?

가. Whip 안테나
나. 원추형 안테나
다. Horn 안테나
라. Loop 안테나

정답 라

해설 안테나 종류와 특징

파장대역	종 류
장중파	Loop안테나
단파	다이폴안테나
초단파	야기안테나
극초단파	Horn, 파라볼라, 카세그레인

55. 다음 중 전리층에서 일어나는 현상이 아닌 것은?

가. 전파의 회절
나. 전파의 산란
다. 전파의 반사
라. 전파의 굴절

정답 가

해설 전리층은 지상 50Km ~ 400Km에 해당하는 구간으로 D, E, F층으로 구분함. 전리층은 주로 반사를 이용한 통신을 하며, 산란, 굴절현상이 발생됨. 회절은 낮은 주파수대역에서 원거리까지 전파가 도달되는 대표적인 현상임.

56. 전계강도의 변동폭이 커서 특히 마이크로파대역에서 실용상 문제가 되는 페이딩은 어느 형인가?

가. K형
나. 신틸레이션형
다. 선택형
라. 덕트(Duct)형

정답 라

해설 라디오덕트는 지상높이에 따라 온도가 하강(-1도/km) 되는 현상이 역전되어 별도의 층(덕트형태)이 형성되는 현상으로, 덕트내 에서는 높은 전계강도를 유지할 수 있지만 그 외에서는 전계강도가 매우 낮음. 이로 인해 라디오덕트는 마이크로파에서 페이딩에 영향이 큼.

57 다음 중 MUF(Maximum Usable Frequency)의 설명으로 틀린 것은?

가. 주간에는 낮고 야간에는 높다.
나. 여름에 높고 겨울에 낮다.
다. 송신전력과는 무관하다.
라. 높은 주파수는 전리층을 통과하므로 수신점에 도달하지 못한다.

정답 가

해설 전리층통신에서 주파수

용어	특징
MUF	가장 높은 주파수 (주간 낮고, 야간 높음)
LUF	가장 낮은 주파수
FOT	MUF x 0.85

58 단파통신에서 주로 이용되는 전리층 영역은?

가. F층   나. E층
다. D층   라. E_s층

정답 가

해설 F층은 200Km ~ 400Km에 형성되며 전계밀도가 매우 안정적이고 계절, 태양복사의 영향이 낮음. 단파는 전리층의 전계밀도가 안정적인 F층을 이용해 반사파통신을 수행함. (2000km 이상 통신 가능)

59 야간에 원거리 중파방송의 라디오가 잘 들리는 이유는 무엇인가?

가. 지표파가 잘 전파되므로
나. 산란파가 잘 전파되므로
다. D층의 흡수가 적으므로
라. 페이딩 현상이 적으므로

정답 다

해설 중파는 300KHz ~ 3MHz 대역을 말하며 D층을 통과하고 E층에서 반사되는 현상이 있음. 야간에는 D층이 소멸되어 안정적인 E층을 쓸수 있어 원거리 통신이 가능함.

60 전리층 반사파는 입사각이 어느 정도 이상으로 커야만 지구로 돌아온다. 이때 전리층 반사파가 최초로 지표면에 도달하는 지점과 송신점 간의 거리를 무엇이라 하는가?

가. 불감지대(Skip Zone)
나. 프리즈넬 존(Fresnel Zone)
다. 블랭킷(Blanket) 에리어
라. 도약거리(Skip Distance)

정답 라

해설 도약거리
$$= 2h'\sqrt{(\frac{f}{f_C})^2 - 1}$$
(h' : 전리층높이, f : 송신주파수, f_C : 임계주파수)

제4과목 전자계산기 일반 및 무선설비기준

61 컴퓨터에 있는 실제적인 컴퓨터로서 메모리나 I/O 장치로부터 읽거나 쓰는 명령 및 수학연산을 수행하는 것은?

가. I/O 포트   나. CPU
다. 메모리 슬롯   라. PCI 확장슬롯

정답 나

해설 CPU
컴퓨터의 핵심부품으로 주변장치를 제어하고, 명령 및 수학연산을 수행하는 장치임

62 다음 중 마이크로컨트롤러의 기본적인 하드웨어 구조에 속하지 않는 것은?

가. CPU Core
나. Power
다. Peripheral Interface
라. Memory

정답 나

해설 마이크로 컨트롤러
CPU 핵심코어에 해당하는 것으로 메모리, 주변장치 인터페이스로 구성됨.

63 컴퓨터를 구성하고자 할 때, 메모리를 선택하는 요인 중 제일 우선순위가 낮은 것은?

가. 접근 속도(Access Time)
나. 기억 용량(Memory Capacity)
다. 회로의 복잡성(Circuit Complexity)
라. 연산처리속도

정답 다

해설 메모리는 접속속도, 기억용량, 연산처리속도가 중요한 소자임. 메모리의 종류에는 하드디스크, ROM, RAM 등이 있음.

64 2^n개의 입력 중에서 n개의 선택에 의해 1개의 출력을 내보내는 것은?

가. 레지스터
나. 카운터
다. 멀티플렉서
라. 디코더

정답 다

해설 다수의 입력을 받아 하나의 출력을 내보내는 장치를 멀티플랙서라 함. 하나의 입력을 받아 다수의 출력을 내보내는 장치는 디멀티플랙서 임.

65 다음 진수 표현 중에 제일 작은 수에 해당하는 것은?

가. FF(15)
나. 11111111(2)
다. 254(10)
라. 377(8)

정답 다

해설 2진수로 변환 후 숫자크기 비교

단위	2 진수
FF(15)	1111 1111
11111111(2)	1111 1111
254(10)	1111 1110
377(8)	0 1111 1111

66 다음 중 ROM과 RAM의 차이점을 설명한 것으로 틀린 것은?

가. RAM은 휘발성 메모리라고 한다.
나. EPROM은 한 번 쓰면 지울 수 없다.
다. RAM은 동적 RAM과 정적 RAM으로 나눌 수 있다.
라. ROM의 종류에는 EPROM, EEPROM, PROM 등이 있다.

정답 나

해설 EPROM은 한번만 읽고 쓸 수 있도록 제작된 특수한 ROM임. 전기적을 또는 빛을 이용해 지울 수 있음

67 컴퓨터에서 보수를 사용하는 이유로 가장 옳은 것은?

가. 가산의 결과를 체크하기 위한 방법
나. 감산에서 보수의 가산으로 감산의 역할을 대신하기 위한 방법
다. 승산에서 연산의 수행을 제한하기 위한 방법
라. 제산에서의 불필요한 과정을 제거시키기 위한 방법

정답 나

해설 보수를 이용해 가산과 감산을 할 수 있음

68 컴퓨터 사용자가 컴퓨터의 본체 및 각 주변 장치를 가장 능률적이고 경제적으로 사용할 수 있도록 하는 프로그램은?

가. Operating System
나. Macro
다. Complier
라. Loader

정답 가

해설 OS는 운영시스템으로 대표적인 것이 윈도우, UNIX, LINUX등이 있음. 주변장치를 제어할 수 있고 경제적으로 시스템을 운영할 수 있도록 도와줌

69 CPU가 실행하여야 할 명령어의 수가 75개인 경우 명령어 구분을 위한 명령코드(Op-Code)는 최소한 몇 비트가 필요한가?

가. 5비트　　나. 6비트
다. 7비트　　라. 8비트

정답 다

해설 $2^7 = 128$ 이므로 최소 7bit의 명령코드가 요구됨

70 다음 중 인터럽트가 필요한 경우가 아닌 것은?

가. 명령어를 순서대로 처리하는 경우
나. CPU가 입출력장치를 통하여 데이터를 입출력하는 경우
다. CPU에 타이밍기능을 부여하는 경우
라. 시스템에 비상사태가 발생하는 경우

정답 가

해설 인터럽트
외부조건이나 내부의 문제점에 의해 시스템이 동작을 하지 못하는 경우를 인터럽트라 함. 인터럽트가 걸리면 인터럽트 프로세서에 의해 재동작을 하게 됨

71 다음 중 '허가 받은 것으로 보는 무선국'은 어느 것인가?

가. 생활무선국용 무선기기를 사용하는 무선국
나. 수신전용 무선기기를 사용하는 무선국
다. 미래창조과학부가 할당한 주파수를 이용하는 휴대용 무선국
라. 국방부장관이 관리 운용하는 무선국

정답 다

해설 전파법 제21조 (허가받은 것으로 보는 무선국)
미래창조과학부장관이 할당한 주파수를 이용하는 휴대용 무선국

72 다음 중 미래창조과학부가 주파수재배치를 할 때 관보, 인터넷 홈페이지 또는 일간신문 등을 통하여 공고하여야 하는 사항이 아닌 것은?

가. 주파수재배치의 목적
나. 주파수재배치의 대상
다. 주파수재배치의 사유
라. 손실보상금의 산정기준

정답 다

해설 전파법 제6조 (주파수회수 또는 주파수재배치의 공고 등)
1. 주파수회수 또는 주파수재배치의 목적
2. 주파수회수 또는 주파수재배치의 대상
3. 주파수회수 또는 주파수재배치의 시행시기
4. 손실보상금의 산정기준

73 다음은 미래창조과학부가 주파수이용기간 만료 후 당시의 주파수 이용자에게 재할당을 할 수 없는 조건이다. 잘못된 것은?

가. 주파수 이용자가 재할당을 원하지 아니하는 경우
나. 당해 주파수를 국방·치안 및 조난구조용으로 사용할 필요가 있는 경우
다. 국제전기통신연합이 해당 주파수를 다른 업무 또는 용도로 분배한 경우
라. 해당 주파수를 이용하여 다른 업무의 유효기간에 있는 경우

정답 라

해설 "라"는 조건에 해당하지 않음.

74. 실험국의 정기검사 시기는 유효기간 만료일 전후 몇 개월 이내에 실시하여야 하는가?

가. 1개월
나. 2개월
다. 3개월
라. 6개월

정답 나

해설 무선국 정기검사 유효기간

유효기간	무선국의 종별
1년	실험국 및 실용화시험국
3년	방송국 기타 무선국
5년	이동국·육상국·육상이동국·기지국·이동중계국·선박국(의무선박국을 제외한다)·선상통신국·무선표지국·무선측위국·우주국·일반지구국·해안지구국·항공지구국·육상지구국·이동지구국·기지지구국·육상이동지구국·아마추어국·간이무선국 및 항공국
무기한	의무선박국·의무항공기국

75. 무선국 정기검사시의 성능검사 항목이 아닌 것은?

가. 점유주파수대폭
나. 무선종사자 정원
다. 주파수
라. 공중선전력

정답 나

해설 무선국 정기검사 성능검사 항목
① 점유주파수 대역폭
② 사용주파수
③ 공중선전력
④ 무선종사자 자격사항

76. '주파수 할당'에 관한 정의로 맞는 것은?

가. 특정인에게 특정한 주파수를 이용할 수 있는 권리를 부여하는 것을 말한다.
나. 특정인에게 특정한 주파수의 용도를 지정하는 것을 말한다.
다. 개설하는 무선국이 이용할 특정한 주파수를 지정하는 것을 말한다.
라. 무선설비를 조작하고자 하는 무선종사자에게 주파수 사용을 승인하는 것을 말한다.

정답 가

해설 주파수할당 용어의 정의
특정인에게 특정한 주파수를 이용할 수 있는 권리를 부여하는 것

77. 다음 중 미래창조과학부에서 전파자원의 공평하고 효율적인 이용을 촉진하기 위하여 시행하여야 할 사항이라 볼 수 없는 것은?

가. 주파수 회수
나. 주파수 재배치
다. 주파수 공동 사용
라. 주파수 국제 등록

정답 라

해설 전파법 시행령
① 주파수 회수
② 주파수 재배치
③ 주파수 공동사용
④ 새로운 기술방식으로의 전환

78. '무선국의 개설허가 등의 절차'에 따른 심사기준으로 잘못 된 것은?

가. 무선설비가 기술기준에 적합할 것
나. 주파수 분배 및 할당의 회수 또는 재배치가 가능할 것
다. 무선종사자의 배치계획이 자격·정원배치 기준에 적합할 것
라. 무선국 개설조건에 적합할 것

정답 나

해설 무선설비규칙 제21조
1. 주파수지정이 가능한지의 여부
2. 설치하거나 운용할 무선설비가 제45조에 따른 기술기준에 적합한지의 여부
3. 무선종사자의 배치계획이 제71조에 따른 자격·정원배치기준에 적합한지의 여부

79 다음 중 법령에서 정하는 무선국 검사의 종류가 아닌 것은?
가. 준공검사 나. 정기검사
다. 임시검사 라. 사용전검사

정답 **라**

해설 사용전검사
건축물에서 사용되는 정보통신설비에 대한 사용 전 (건축물 승인 전)에 설비에 대한 적정성을 검사하는 제도임.

80 다음 중 방송통신기자재 등의 적합인증 신청 시 구비서류가 아닌 것은?
가. 사용자 설명서 나. 외관도
다. 회로도 라. 주요부품명세서

정답 **라**

해설 방송통신기자재 등의 적합인증 신청서
1. 시험성적서
2. 사용자설명서
3. 외관도
4. 부품배치도 또는 사진
5. 회로도
6. 대리인지정서(대리인 지정시)

2014년 산업기사2회 필기시험

국가기술자격검정 필기시험문제

2014년 산업기사2회 필기시험

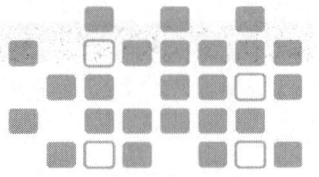

자격종목 및 등급(선택분야)	종목코드	시험시간	형 별	수검번호	성 별
무선설비산업기사		2시간			

제1과목 디지털 전자회로

01 다음 중 전원 정류회로의 리플 함유율을 적게 하는 방법으로 틀린 것은?

가. 출력측 평활형 콘덴서의 정전용량을 작게 한다.
나. 평활형 초크 코일의 인덕턴스를 크게 한다.
다. 입력측 평활형 콘덴서의 정전용량을 크게 한다.
라. 교류입력전원의 주파수를 높게 한다.

정답 가

해설 리플율 제거 방법
① 입력전원의 주파수를 높게 한다.
② 전파정류회로는 반파정류회로보다 리플함유율이 매우 작아 효과적이다.
③ RC회로의 시정수(τ)가 커지면 리플율이 작아진다.
④ 평활형 콘덴서의 정전용량을 크게 한다.

02 다음 중 다이오드를 사용한 정류회로에 대한 설명으로 틀린 것은?

가. 평활형 초크 코일의 삽입장소에 따라 험(Hum)을 작게 할 수 있다.
나. 다이오드 내부저항이 클수록 전압변동률이 나빠진다.
다. 3상 반파정류회로의 경우 출력측에 전원주파수의 3배 주파수가 나타난다.
라. 부하 임피던스가 낮을수록 리플함유율이 작아진다.

정답 라

해설 부하임피던스가 높을수록 리플율이 작아진다.

03 전원공급기를 처음 켰을 때 발생할 수 있는 서지전류에 의하여 발생되는 손상은 어떤 방법으로 막는 것이 바람직한가?

가. 여러 개의 다이오드를 병렬로 연결하고 이들 각 다이오드와 직렬로 낮은 값의 저항을 연결한다.
나. 여러 개의 다이오드를 직렬로 연결한다.
다. 여러 개의 다이오드를 직렬로 연결하고 마지막 다이오드에 낮은 값의 캐패시터를 연결한다.
라. 변압기의 1차측에 퓨즈를 직렬로 연결한다.

정답 가

해설 다이오드를 병렬 연결 : 과전압 보호(서지전류 보호)
다이오드를 직렬 연결 : 과전류 보호

04 다음 그림의 회로는 두 개의 비반전 증폭기를 종속 접속한 것이다. 저항 10[kΩ]에 흐르는 전류는 I_0는 몇 [μA]인가?
(단, 각 연산 증폭기는 이상적이다.)

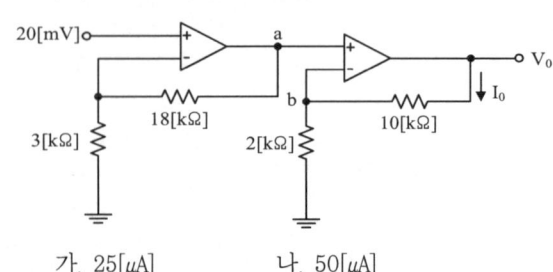

가. 25[μA] 나. 50[μA]
다. 70[μA] 라. 120[μA]

정답 다

05 이미터접지 트랜지스터 증폭기회로에서 입력신호와 출력신호의 전압위상차는 얼마인가?

가. 0°의 위상차가 있다.
나. 180°의 위상차가 있다.
다. 90°의 위상차가 있다.
라. 270°의 위상차가 있다.

정답 나

해설 CB, CC, CE 증폭기 비교

	CB	CC	CE
전류이득	작다	크다	매우큼
전압이득	크다	작다	매우큼
입력저항	작다	크다	중간
출력저항	크다	작다	중간
위상차	동상	동상	역상

06 0.1[V]의 교류 입력이 10[V]로 증폭되었을 때 증폭도는 몇 [dB]인가?

가. 10[dB]
나. 20[dB]
다. 30[dB]
라. 40[dB]

정답 라

해설 $20\log\dfrac{10}{0.1} = 40[dB]$

07 수정발진기에서 발진자가 어떤 임피던스 상태일 때 안정된 발진상태를 나타내는가?

가. 용량성
나. 유도성
다. 저항성
라. 어떤 상태든지 상관없다.

정답 나

해설 수정발진기
용량성과 유도성 영역으로 할수 있으며, 유도성 영역에서 발진하는 발진기이다.

08 수정 발진회로에서 수정 진동자의 전기적 직렬 공진 주파수를 f_s, 병렬 공진 주파수를 f_p라 할 때, 가장 안정된 발진을 하기 위한 조건은? (단, f_a는 발진 주파수이다.)

가. $f_p < f_a < f_s$
나. $f_a = f_s$
다. $f_s < f_a < f_p$
라. $f_a = f_p$

정답 다

해설 수정발진회로 공진주파수
$f_s < f_a < f_p$ 영역에서 공진된다.

09 다음 중 발진주파수의 변동원인과 관계 없는 것은?

가. 전원 전압의 변동
나. 부하의 변동
다. 건전지 충전의 변화
나. 주위 온도의 변화

정답 다

해설 발진주파수 변동 요인
① 전원전압의 변동
② 부하의 변동
③ 주위온도의 변화
④ 발진기 안정도 저하

10 다음 중 PCM에 관한 일반적인 설명으로 틀린 것은?

가. S/N비가 좋다.
나. 넓은 주파수 대역을 차지한다.
다. 신호파를 표본화(Sampling)한다.
라. 잡음에 대해서 극히 약한 방식이다.

정답 라

해설 PCM 특징
① S/N비가 우수하다.
② 넓은 주파수대역을 차지하는 단점
③ 표본화 양자화 부호화 과정을 거친다.
④ 잡음에 강인하다.

11 PCM에서 미약한 신호는 진폭을 크게 하고 진폭이 큰 신호는 진폭을 줄이는 기능을 무엇이라 하는가?

가. 프리엠퍼시스(Pre-emphasis)
나. 압신(Companding)
다. 디엠퍼시스(De-emphasis)
라. FM 복조시의 리미팅(Limiting)

정답 나

해설 압신기
PCM고유의 잡음인 양자화잡음을 줄이기 위해 작은신호는 크게, 큰 신호는 작게 만들어 주는 압신기가 필요함

12 클리핑(Clipping)회로에서 입력이 $V_i = 6\sin(200t)$[V] 인 경우 출력 전압 V_O의 최고치 전압은?

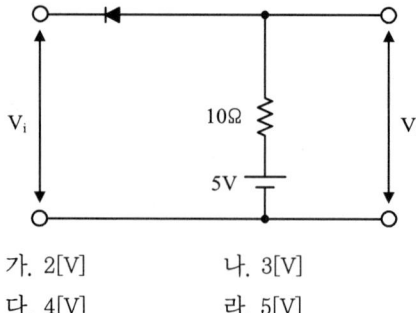

가. 2[V]   나. 3[V]
다. 4[V]   라. 5[V]

정답 라

해설 다이오드는 역방향으로 동작되므로 5[v] 전압이 출력의 기준전압이 됨.

13 다음 중 슈미트 트리거 회로의 응용으로 적합하지 않은 것은?

가. 톱니파 발생회로
나. 구형파 발생회로
다. A-D 변환회로
라. 전압비교 회로

정답 가

해설 슈미트트리거 회로
구형파 발생회로로 AD변환기, 구형파발생기, 전압비교기(Comparator)로 응용가능함

14 다음과 같은 논리 함수를 구현할 때 최소의 게이트를 사용할 수 있도록 단순화시킨 것으로 맞는 것은?

$$V = \overline{A} \cdot C + \overline{A} \cdot B + A \cdot \overline{B} \cdot C + B \cdot C$$

가. $V = \overline{B} \cdot C + B \cdot C + \overline{A} \cdot B \cdot \overline{C}$
나. $V = C + \overline{B} \cdot C$
다. $V = A \cdot C + \overline{A} \cdot B + \overline{A} \cdot C$
라. $V = C + \overline{A} \cdot B$

정답 라

해설 부울대수의 기본 법칙

· 교환 법칙	$A+B=B+A$ $A \cdot B = B \cdot A$
· 결합 법칙	$(A+B)+C=A+(B+C)$ $(A \cdot B) \cdot C = A \cdot (B \cdot C)$
· 분배 법칙	$A \cdot (B+C) = A \cdot B + A \cdot C$ $A+(B \cdot C) = (A+B)(A+C)$
· 항등원	$A+0=A$, $A \cdot 1 = A$ $A+1=1$, $A \cdot 0 = 0$
· 동일의 법칙	$A+A=A$ $A \cdot A = A$
· 보수	$A+\overline{A}=1$ $A \cdot \overline{A} = 0$
· 흡수 법칙	$A+A \cdot B = A$ $A(A+B) = A$
· 드모르간 정리	$\overline{A+B} = \overline{A} \cdot \overline{B}$ $\overline{A \cdot B} = \overline{A} + \overline{B}$

* 부울대수 문제는 결합/분배 법칙을 이용해 보수형태로 만들어 내면 간략화 시킬수 있음

15 다음과 같은 파형을 클록(Cp)형 T 플립플롭에 가하였을 때, 출력 파형으로 맞는 것은? (단, T 플립플롭은 상승 엣지(Edge)에서 동작하고 클록이 입력되기 전의 T 플립플롭의 출력은 0 이다.)

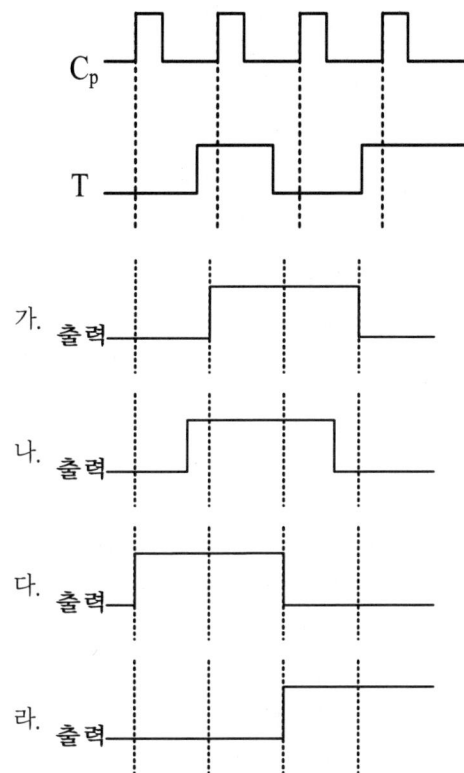

정답 가

해설 T(Toggle)플립플롭

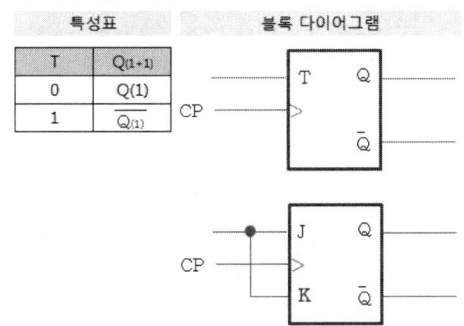

16 레지스터 A에 1011101, 레지스터 B에 1101100이 저장되어있다. 두 수의 EX-OR 연산 결과는?

가. 0110001
나. 1001100
다. 1001110
라. 1111101

정답 가

해설 EX-OR 연산

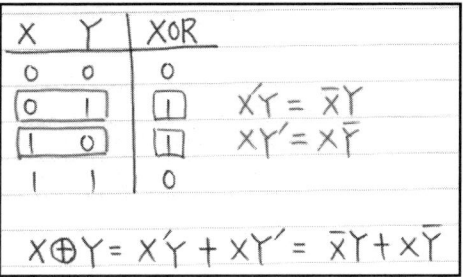

17 다음 그림과 같은 논리 회로는 어떤 기능을 수행하는가?

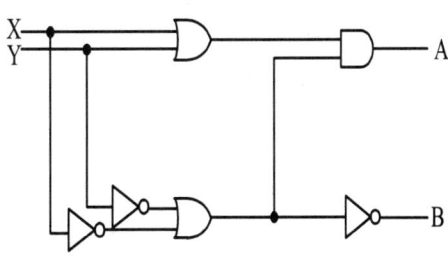

가. 일치회로
나. 반가산기
다. 전가산기
라. 반감산기

정답 나

해설 반가산기 회로임
올림수가 없는 가산회로임. 가산기와 감산기로 4칙 연산을 모두 수행할 수 있음

18. 다음 중 비동기식 카운터의 플립플롭 구성에 대한 설명으로 틀린 것은?

가. 플립플롭 2개를 사용하여 16진 카운터 계수를 나타낸다.
나. T플립플롭으로 구성한다.
다. J-K플립플롭으로 구성할 때 입력 J=K=1로 한다.
라. T플립플롭으로 구성할 때 입력 T=1로 하여 Toggle상태로 한다.

정답 가

해설 비동기식 카운터
이전의 클럭이 현재회로의 클럭에 영향을 주는 카운터임. 2개의 플립플롭은 $2^2 = 4$ 까지 카운터 가능함

19. 다음 중 비교회로(Comparator)에 대한 설명으로 틀린 것은?

가. 2개의 입력을 비교하여 비교한 결과를 출력에 나타내는 회로이다.
나. 출력의 종류는 3가지이다.
다. 2개의 입력이 같은 값일 때 출력은 배타적 NOR(XNOR)로 표시된다.
라. 2개의 입력이 다른 값일 때 출력은 배타적 OR(XOR)로 표시된다.

정답 라

해설 비교기
2개의 입력을 비교해 출력을 얻는 회로임.

20. 다음 중 기억상태를 읽는 동작만 할 수 있는 메모리는?

가. ROM   나. Address
다. RAM   라. Register

정답 가

해설 ROM
Read Only Memory로 읽기만 가능함

제2과목 무선통신기기

21. 다음 중 FM 송신기에 사용되는 Pre-Emphasis 회로에 대한 설명으로 맞는 것은?

가. S/N비를 향상시키는 효과가 있다.
나. 전력 증폭의 효율을 높이기 위하여 사용한다.
다. 선택도가 개선된다.
라. 적분회로로 구성한다.

정답 가

해설 Emphasis
FM송수신기에서 사용되는 회로로 고주파에서 생기는 삼각잡음을 개선하면서 S/N비를 향상시키는 효과가 있음

22. 디지털 신호의 펄스열을 그대로 또는 다른 형식의 펄스 파형으로 변환시켜 전송하는 방식은?

가. 베이스밴드 전송방식
나. 광대역 전송방식
다. 협대역 전송방식
라. 반송대역 전송방식

정답 가

해설 베이스밴드 전송방식
디지털신호를 그대로 또는 다른 형식의 펄스파형으로 전달하는 전송방식임 (RZ, NRZ등이 있음)
* 브로드밴드 전송방식은 신호파를 이용해 반송파를 변조시켜 전송하는 방식을 말함.

23. 전파를 이용하여 항공기나 선박의 위치에 관한 정보를 얻어서 항로를 결정하고 목적지에 안전하게 도달하는 방법을 무엇이라 하는가?

가. 전파 항법   나. 전파 측정법
다. 전파 반사법   라. 전파 추미법

정답 가

[해설] 전파항법
항법시스템은 항공기, 선박, 차량 등 다양한 항법기술이 있음. 위치측정기술은 단말에서 수신한 전파세기 또는 거리=시간 x 속도를 이용해 계산할 수 있음.

24 다음 그림과 같은 신호 공간 다이어그램을 나타내는 변조 방식은 어느 것인가?

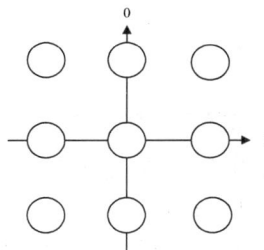

가. ASK 나. BPSK
다. FSK 라. QAM

[정답] 라

[해설] QAM
APK라 하며 진폭 과 위상을 동시에 변화시키는 방식을 말함. Array수가 늘어날수록 스펙트럼효율이 우수 하지만 오류율이 커지는 문제가 있음.

25 다음 중 레이더의 탐지거리 결정 요인에 대한 설명으로 틀린 것은?

가. 안테나의 높이가 높을수록 멀리 탐지된다.
나. 유효 반사면적이 큰 목표일수록 멀리 탐지된다.
다. 출력 및 수신 감도를 올리면 탐지거리가 증대된다.
라. 안테나의 이득은 작게 하고, 파장을 길게 사용하면 멀리 탐지된다.

[정답] 라

[해설] 레이더는 무선전파를 이용해 반사된 신호를 측정하여 거리를 측정하는 방식임. 안테나이득을 높이고, 파장을 짧게(높은 주파수)하면 측정거리를 늘릴 수 있음.

26 다음 중 이동통신사업자들이 시스템 용량 증대를 위하여 사용하는 기법에 해당되지 않는 것은?

가. 중계기 사용
나. 셀 분리(Cell Splitting)
다. 섹터링(Sectoring)
라. 마이크로셀 존(Micro-Cell Zone)

[정답] 가

[해설] 중계기
통신거리를 증대시키거나, 음영지역을 제거할 수 있는 장치임. 이동통신중계기는 실내형(Indoor), 실외형(RF, 주파수변환, 마이크로웨이브 중계기)으로 구분 할 수 있음.

27 다음 중 이동통신시스템의 송신기 상호변조 특성을 감소하는 방법이 아닌 것은?

가. 상호 간의 결합 감쇠량을 크게 정한다.
나. 상호 간의 반사특성을 증폭시킨다.
다. 동일 건물 내에서 송신기 군의 주파수 간격을 넓게 정한다.
라. 아이솔레이터 등을 삽입하여 혼입 장애파의 레벨을 저하시킨다.

[정답] 나

[해설] 상호변조
두 신호가 결합되어 별도의 신호를 만들어 내는 변조를 상호변조라 함. 상호 변조된 신호는 잡음으로 나타날 수 있음. (상호변조 와 혼변조 가 있음)

28 마이크로웨이브 통신에서 송신기의 출력이 37[dBm], 도파관(W/G)의 손실이 3[dB]일 때, 안테나 입력단에 인가되는 전력은 약 얼마인가?

가. 1.5[W] 나. 2.5[W]
다. 5[W] 라. 10[W]

[정답] 나

[해설] dBm과 전력(W)의 상호변환
dBm = $10\log\frac{측정전력[W]}{1mW}$
① 37dBm = 약 5[W]
② 도파관 손실이 3[dB]면 전력은 1/2로 감소됨

29 기지국, 유선인터넷망, Gateway 및 O&M Server로 구성되며 Core 네트워크와의 연계를 통해 LTE 전화 및 무선데이터 통신을 제공하는 서비스 기술은?

가. 펨토셀 나. Wi-Fi
다. WiMax 라. GPS

정답 가

[해설] 통신시스템

시스템	특 징
펨토셀	유선인터넷을 이용한 초소형기지국
Wi-Fi	2.4GHz를 이용한 근거리 무선 인터넷 서비스
WiMax	2.3GHz를 이용한 원거리 무선 인터넷 서비스
GPS	24개의 위성을 이용해 단말기 위치를 측정할 수 있는 시스템

30 가장 적은 수의 정지위성으로 양 극지방을 제외한 전 세계를 커버(Cover)하는 통신망을 구성할 수 있는 배치 방법은?

가. 5개의 위성을 72도의 간격으로 배치한다.
나. 4개의 위성을 90도의 간격으로 배치한다.
다. 3개의 위성을 120도의 간격으로 배치한다.
라. 2개의 위성을 180도의 간격으로 배치한다.

정답 다

[해설] 정지위성
지상 36,000Km에 3개의 위성을 배치하여 지구 전역을 커버할 수 있는 방송 및 통신위성 시스템

31 교류전압의 불규칙한 전압변동을 자동적으로 조정하여 일정한 전압을 부하에 공급하게 하는 장치로서 부하속도 등의 변동에 의한 발전기 단자 전압의 변동을 자동적으로 보상하는 장치는?

가. UPS 나. AVR
다. AGC 라. Inverter

정답 나

[해설] AVR
자동전압조정기로써 발전기 출력전압을 일정하게 유지해 주는 장치임

32 다음 중 태양전지에 대한 설명으로 틀린 것은?

가. 태양전지의 기판 종류에는 단결정 실리콘 웨이퍼가 있다.
나. 태양전지는 태양광을 광전효과를 이용하여 전기를 생산한다.
다. 태양전지의 양단에 외부도선을 연결하면 P형 쪽의 전자가 도선을 통해 N형 쪽으로 이동하게 되면서 전류가 흐르게 된다.
라. 태양전지 에너지원은 청정, 무제한이다.

정답 다

[해설] 태양전지
반도체 PN접합 태양광 발전의 원리는 결국 PN접합에 태양빛을 비추면서 전자와 정공이 생성되고 전자와 정공이 분리되어 전위차를 형성하게 된다.

33 수신기에서 Noise blanker의 기능은 어떤 경우에 사용하는가?

가. 수신기의 펄스성 잡음을 제거하기 위하여 사용한다.
나. 수신기의 중간주파변환부의 필터를 동작시키기 위하여 사용한다.
다. 수신주파수를 미세하게 변화시키기 위하여 사용한다.
라. 수신기의 음성출력을 가감하기 위하여 사용한다.

정답 가

해설 Noise blanker
수신기 입력단에서 펄스성 잡음(번개, 정전기 등)을 제거하기 위해 사용됨

34 전원회로에서 부하가 있을 때 단자전압이 110[V], 부하가 없을 때 단자 전압이 120[V]라면 이때의 전압 변동률은 약 얼마인가?

가. 10.1[%] 나. 9.1[%]
다. 8.1[%] 라. 7.1[%]

정답 나

해설 전압변동율
$= \dfrac{무부하시 + 부하시}{부하시} \times 100 = 9.1\%$

35 다음 그림과 같은 충전방식의 특징에 대한 설명으로 틀린 것은?

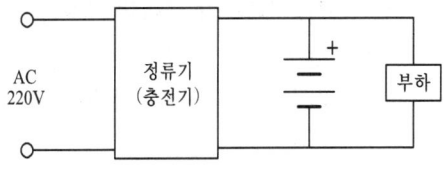

가. 축전지의 용량은 비교적 작아도 된다.
나. 정류기에서 발생한 맥동을 축전기가 흡수하여 맥동률이 낮아진다.
다. 부하에 대한 전압변동이 적고 DC 출력전압이 안정적이다.
라. 보수가 어렵고 축전기의 수명이 짧다.

정답 라

해설 유지보수 측면에서 유리하고 축전기의 수명도 비교적 길어 질 수 있는 회로임.

36 수신기에서 이득이 20[dB]이고 잡음지수가 1.8[dB]인 증폭기 후단에 이득이 10[dB]이고 잡음지수 2.4[dB]인 증폭기가 있을 경우 이 수신기의 종합지수는 얼마인가?

가. 1.30[dB] 나. 1.34[dB]
다. 1.87[dB] 라. 2.35[dB]

정답 다

해설 종합잡음지수=
초단잡음+
$\dfrac{2단 잡음지수 - 1}{1단 증폭기 이득} + \dfrac{3단 잡음지수 - 1}{1단 * 2단 증폭기 이득}$
$= 1.8 + \dfrac{2.4 - 1}{20} = 1.87$

37 다음 중 AM수신기의 근접 주파수 선택도를 측정할 경우 필요하지 않은 장비는?

가. 레벨메터 나. 의사 공중선
다. Q 미터 라. 표준신호발생기

정답 다

해설 Q 미터
임피던스를 측정하는 장비로, 수신기의 주파수 선택도 측정시에는 필요치 않음

38 다음 중 안테나 특성 측정항목이 아닌 것은?

가. 고유파장 나. 접지저항
다. 실효용량 라. 군속도

정답 라

해설 군속도
도파관에서 전파속도는 군속도와 위상속도로 구별할 수 있음. 실제 에너지가 전달되는 속도를 군속도라 함

39 다음 회로의 출력파형으로 맞는 것은?
(단, $V_i = V_m \sin(wt)$)

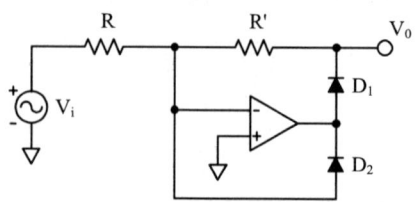

가.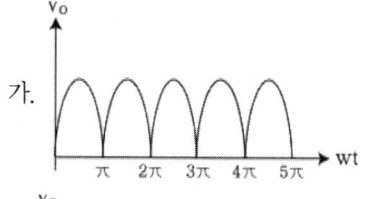

나.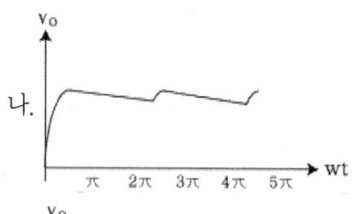

다.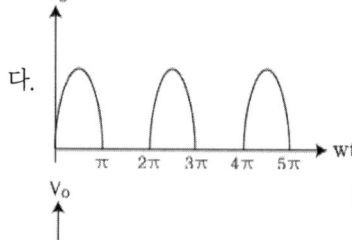

라.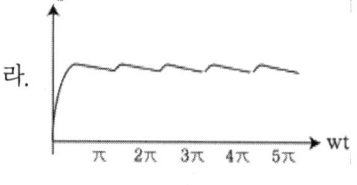

정답 가,나,다,라

해설 다이오드와 OP-AMP를 이용한 리미터 회로임.

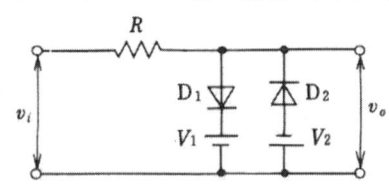

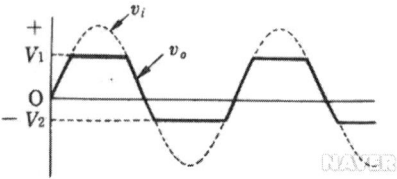

40 전송로의 진폭왜곡이나 위상왜곡에 의해 발생하는 부호 간 간섭의 영향을 감소시킴으로써 주파수 특정 변형을 고르게 보정해 주는 것은?

가. 등화기
나. 대역 여파기
다. 진폭 제한기
라. 정합 필터

정답 가

해설 등화기
진폭왜곡 또는 위상왜곡을 보상해 주는 장치로써 Digital수신기의 필수 장치임.

제3과목 안테나개론

41 전자파가 자유공간을 진행할 때 단위시간당 단위면적을 통과하는 에너지를 나타낸 것은?

가. 포인팅 정리
나. 파동방정식
다. 맥스웰방정식
라. 암페어법칙

정답 가

해설 포인팅 정리
단위시간당 단위면적을 통과하는 에너지량을 나타냄
$P = E \cdot H \ [w/m^2]$

42 손실을 갖는 매질 내를 전파하는 평면파의 감쇠정수에 대한 설명으로 맞는 것은?

가. 감쇠정수는 표피두께에 반비례한다.
나. 감쇠정수는 주파수에 무관하다.
다. 감쇠정수는 도체의 고유 도전율에 반비례한다.
라. 감쇠정수의 크기와 위상정수 사이에 상호 역의 관계를 갖는다.

정답 가

해설 감쇠정수
주파수가 낮을수록 높음. 도전율 비례함. 감쇠정수의 크기와 위상정수는 비례함

43 전계 강도가 3.0[mV/m]인 자유 공간의 단위 면적 당 단위 시간에 통과하는 전자파 에너지는 약 얼마인가?

가. $15.14 \times 10^{-2}[\mu V]$
나. $3.77 \times 10^{-2}[\mu V]$
다. $2.39 \times 10^{-2}[\mu V]$
라. $1.44 \times 10^{-2}[\mu V]$

정답 다

44 다음 중 도파관의 임피던스 정합 방법이 아닌 것은?

가. 도파관 창에 의한 정합
나. 무반사 종단기에 의한 정합
다. 도체봉에 의한 정합
라. 방향성 결합기에 의한 정합

정답 라

해설 임피던스 정합
임피던스정합을 통해서 전송손실 최소화, 최대 전력 전달 특성을 확보할 수 있음.
* 방향성결합기는 분배 와 결합에 사용되는 소자임

45 다음 중 평형·불평형 변환회로(Balun)에 대한 설명으로 틀린 것은?

가. 평형전류만 흐르게 하며 초단파대 이상의 정합회로로 사용된다.
나. 스페르토프형 Balun의 경우 단일 주파수용으로 쓰인다.
다. L, C 소자를 사용하는 것을 분포 정수형 Balun이라 한다.
라. 집중 정수형 Balun으로 위상 반전형과 전자 결합형이 있다.

정답 다

해설 L, C소자를 사용하는 것을 집중 정수형 발룬이라 함

46 선로1과 선로2의 결합부분에서 반사계수가 0.7일 경우 결합부분의 손실을 [dB]로 표현하면 약 얼마인가?

가. 0.3[dB]   나. 1.5[dB]
다. 3[dB]   라. 6[dB]

정답 다

해설 반사손실
= 20log반사계수 [dB]
= 약 3[dB]

47 다음 중 동축 케이블에 대한 설명으로 틀린 것은?

가. 특성 임피던스 Z_0는 $\sqrt{\varepsilon_s}$에 반비례한다.
나. 평행 2선식 급전선에 비해 특성 임피던스가 큰 이유는 케이블 내부의 정전용량이 크기 때문이다.
다. 외부로부터 유도방해가 거의 없다.
라. 평행 2선식 급전선보다 선간 전압이 낮다.

정답 나

해설 동축케이블 특성임피던스
$= \frac{60}{\sqrt{\varepsilon_r}} ln(\frac{b}{a})$ 〈 동축케이블 〉

48 다음 중 급전선에 대한 설명으로 틀린 것은?

가. 특성 임피던스는 사용주파수와 무관하다.
나. 급전선의 길이가 길면 특성임피던스는 증가한다.
다. 급전선의 특성 임피던스는 도체의 직경과 관계가 있다.
라. 급전선에서의 손실은 $\sqrt{f}$에 비례하여 커진다.

정답 나

해설 특성임피던스는 길이와 상관없이 동일함.

49 기준 공중선으로 등방성 공중선을 사용하여 임의의 공중선의 이득을 측정했을 때의 이득을 무엇이라 하는가?

가. 절대 이득
나. 상대 이득
다. 지상 이득
라. 표준 이득

정답 가

해설 안테나 이득

이득	특 징
절대이득 (Ga)	등방성안테나 기준
상대이득 (Gh)	반파장다이폴안테나 기준
지상이득 (Gv)	수직접지안테나 기준
상관성	Ga = 2.15[dB] + Gh

50 다음 중 선형공중선에 대한 설명으로 틀린 것은?

가. 직렬공진하는 파장 중 가장 긴 파장을 고유파장이라 한다.
나. 최저의 공진주파수를 고유주파수라 한다.
다. 접지점에서 전류를 최소이고 전압은 최대이다.
라. 개방점(선단)에서 전류는 0(zero)이고 전압은 최대이다.

정답 다

해설 선형공중선
선단에서 전류는 zero 이고 전압이 최대임.
접지점에서 전류는 최대이고 전압은 Zero임

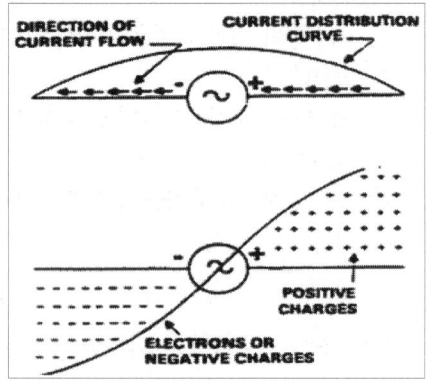

51 다음 중 슬롯 안테나의 대역폭을 넓게 하는 방법으로 맞는 것은?

가. 슬롯의 폭을 넓게 한다.
나. 슬롯의 폭을 좁게 한다.
다. 슬롯을 여러개 배열한다.
라. 슬롯에 저항을 설치한다.

정답 가

해설 slot의 폭을 넓게 하면 대역폭을 넓게 할 수 있음

52 안테나 접지방식 중 방사상 접지에 대한 설명으로 틀린 것은?

가. 대규모 방송국에 사용된다.
나. 지하 0.3[m] ~ 1[m] 정도에 설치된다.
다. 중파 방송용 안테나에 사용된다.
라. 접지저항은 5[Ω] 정도이다.

정답 가

해설 안테나 접지방식

접지방식	특 징
심굴접지	100옴, 소규모 방송국
방사상접지	5옴, 중규보 방송국
다중접지	1옴, 대규모 방송국
카운터 포이즈	100옴 이상. 산악지역

53 λ/4 수직 접지 공중선의 전력이 1[kW]에서 9[kW]로 증가한 경우, 동일한 위치에서 전계강도는 몇 배로 증가하는가?

가. 9배
나. 6배
다. 3배
라. $\sqrt{3}$ 배

정답 다

해설 전력이 1[Kw]에서 9[Kw]로 증가되면 전계강도는 3배 증가됨

54 임의의 송수신 지점간 무선통신에서 전송거리가 1[km]에서 10[km]로 증가 시 자유공간의 전송손실 특성으로 맞는 것은?

가. 손실이 6[dB] 증가한다.
나. 손실이 10[dB] 증가한다.
다. 손실이 20[dB] 증가한다.
라. 손실이 40[dB] 증가한다.

정답 다

해설 자유공간 전송손실
= $20\log\frac{4\pi d}{\lambda}$ 이므로 거리(d)가 10배 증가되면 20[dB] 손실이 증가됨

55 다음 중 회절 현상에 대한 설명으로 틀린 것은?

가. 극초단파에서도 일어난다.
나. 쐐기형 장애물(Knife edge)이 있으면 잘 일어난다.
다. 회절파에 의한 전계강도는 직접파에 의한 전계강도보다 더 크다.
라. 주파수가 낮을수록 잘 일어난다.

정답 다

해설 회절현상
회절은 전파가 휘어 들어가거나 공간을 통과할 수 있는 능력을 말하며, 주파수가 낮을수록 회절능력이 우수함. 전계강도는 직접파보다 크지는 않음.

56 전리층에서 복사전력이 강한 쪽의 전파가 복사전력이 약한 쪽의 전파를 변조시켜 복사전력이 약한 쪽의 전파를 수신하면 복사전력이 강한 쪽의 전파가 혼입되어 들어오는 현상은?

가. 델린저 현상   나. 룩셈부르크 현상
다. 대척점 효과   라. 소실 현상

정답 나

해설 룩셈부르크현상
강한전파가 약한전파를 변조(상호변조)시켜 강한쪽의 전파가 수신기에 혼입되어 들어오는 현상

57 다음 중 공전잡음을 경감시키는 방법이 아닌 것은?

가. 수신기의 대역폭을 넓게 하여 선택도를 높인다.
나. 송신 출력을 증대시켜 수신점의 S/N비를 크게 한다.
다. 수신기에 억제회로를 부착한다.
라. 지향성 안테나를 사용한다.

정답 가

해설 공전잡음
번개와 같은 임펄스 신호에 의한 잡음으로 넓은 주파수 범위에서 잡음전력이 균일한 잡음이 발생됨. 해결방안으로 수신기의 대역폭을 좁게하고, 송신기 출력을 크게, 안테나 지향성을 예리하게, 무접지 안테나를 사용해 개선할 수 있음

58 다음 중 발생원인에 따른 라디오 덕트(Radio Duct)가 아닌 것은?

가. 주간 냉각에 의한 라디오 덕트
나. 전선에 의한 라디오 덕트
다. 이류에 의한 라디오 덕트
라. 침강에 의한 라디오 덕트

정답 가

해설 라디오덕트 발생
① 야간냉각에 의한 덕트
② 전선에 의한 덕트
③ 이류에 의한 덕트
④ 침강에 의한 덕트

59 다음 중 단파가 멀리까지 도달하는 이유로 맞는 것은?

가. 감쇠가 작기 때문에
나. 지표파를 이용하기 때문에
다. 전리층 반사파를 이용하기 때문에
라. 굴절되어 전파되기 때문에

정답 다

해설 전리층 반사파
단파(3MHz ~ 30MHz)통신은 전리층(F층)반사파를 이용해 2000Km 이상의 원거리 통신이 가능함

60 다음 중 전파투시도(지형단면도)에 대한 설명으로 틀린 것은?

가. 전파통로상에서 수평방향의 장애물을 살펴볼 때 편리하다.
나. 전파통로를 나타내는 지구 단면도로 Profile Map이라고도 한다.
다. 등가지구 반경계수 K를 고려하여 작성해야 한다.
라. 전파통로를 직선으로 취급할 수 있게 된다.

정답 가

해설 전파투시도
전파통로상에 수직방향의 장애물을 살펴볼 때 편리함. 지구는 원형이므로 평면에 펼쳐놓은 형태의 전파투시도가 필요함

제4과목 전자계산기 일반 및 무선설비기준

61 컴퓨터 운영체제에서 커널의 코드를 실행하기 위해 커널의 특정 루틴을 호출하는 것을 무엇이라 하는가?

가. 생성상태(Created State)
나. 스케줄(Schedule)
다. 관리자 호출(Supervisor Call)
라. 대기상태(Wake Up)

정답 다

해설 관리자 호출
사용자 프로그램은 입출력 등 시스템에 관계되는 작업을 직접 처리하지 못하고, 운영체제가 제공하는 기능을 호출하여 사용하게 된다. 이는 사용자로 하여금 복잡한 입출력 루틴을 작성하지 않아도 되게 하고, 시스템의 입장에서는 여러 사용자들 사이에 자원을 공유하게 함으로써 시스템의 이용 효율을 높일 수 있도록 한다. 이렇게 운영체제를 호출하는 것을 시스템 호출(system call) 또는 관리자 호출(SVC: supervisor call)이라 한다.

62 다음 보기는 운영체제의 어떤 자원관리기능에 대한 설명인가?

○ 프로세스에게 기억공간을 할당하고 회수 등을 담당한다.
○ 기억공간이 사용 가능할 때, 어떤 프로세스들을 기억장치에 로드(Load)할 것인가를 결정한다.

가. 디스크 관리 기능
나. 입출력 장치 관리 기능
다. 프로세스 관리 기능
라. 기억장치 관련 기능

정답 라

해설 운영체제의 기능 중 기억장치 관련 기능에 대한 설명임. 대표적인 운영체제에는 윈도우, 유닉스, 리눅스 등이 있음.

63 다음 중 컴파일러와 인터프리터에 대한 비교 설명으로 틀린 것은?

가. 컴파일러는 목적 프로그램을 생성하고, 인터프리터는 생성하지 않는다.
나. 컴파일러는 전체 프로그램을 한꺼번에 처리하고, 인터프리터는 대화식인 행 단위로 처리한다.
다. 컴파일러는 실행속도가 느리고, 인터프리터는 빠르다.
라. 인터프리터는 BASIC, LISP 등이 있고, 컴파일러는 COBOL, C, C# 등이 있다.

정답 다

해설 컴파일러는 실행속도가 빠르고, 인터프리터는 실행속도가 느린 특징이 있음.

64 다음 중 마이크로프로세서 내부구조에 대한 설명으로 옳은 것은?

가. 프로그램 카운터 : 프로그램 메모리의 어느 위치에 있는 명령어를 수행할 것인가를 나타낸다.
나. 명령어 레지스터 : 프로그램 카운터의 값을 변경한다.
다. 해독장치 : 명령어를 지정한다.
라. 타이밍 발생기 : 다음 명령어의 위치를 가리킨다.

정답 가

해설 마이크로프로세서 내부구조

장치	특 징
프로그램 카운터	프로그램 메모리에 명령을 내리는 장치
명령어 레지스터	명령어 저장장치
해독장치	명령어 해독(해석)장치
타이밍 발생기	동기확보를 위한 장치

65 데이터의 일부분이나 전체를 지우고자 할 때 사용되는 연산은?

가. OR   나. AND
다. MOVE   라. Complement

정답 나

해설 AND 연산은 입력이 있을 때 무조건 동작되는 연산임

66 컴퓨터 언어에서 미리 정의한 자료의 형태를 기본 자료형 이라 하는데 그 종류에 포함되지 않는 것은?

가. 배열형   나. 문자형
다. 정수형   라. 실수형

정답 가

해설 컴퓨터 언어 자료형
문자형(Char), 정수형(Int), 실수형(float)으로 구분

67 다음 중 인터럽트의 발생원인이 아닌 것은?

가. 전원이상
나. 오퍼레이터 조작 또는 타이머
다. 서브프로그램 호출
라. 제어감시(SVC)

정답 다

해설 인터럽트 발생원인
① 하드웨어 인터럽트
 - 내부인터럽트 (전원이상 등)
 - 외부인터럽트 (운영 또는 타이머 등)
② 소프트웨어 인터럽트
 - 제어감시 (SVC 등)
 - 차단 가능/불가능 인터럽트

68. 마이크로컴퓨터의 명령어수가 126개라면 OP Code 는 몇 비트인가?
가. 5비트 나. 6비트
다. 7비트 라. 8비트

정답 다

해설: $2^7 = 128$ 이므로 최소 7비트 필요함

69. 컴퓨터의 연산장치에서 산술·논리 연산 결과를 일시적으로 보관하는 장치는?
가. 누산기(Accumulator)
나. 데이터 레지스터(Data Register)
다. 감산기(Substracter)
라. 상태 레지스터(Status Register)

정답 가

해설: 누산기
- 산술논리 연산결과를 일시적으로 보관하는 장치임
- 컴퓨터의 중앙처리장치에서 더하기, 빼기, 곱하기, 나누기 등의 연산을 한 결과 등을 일시적으로 저장해 두는 레지스터를 누산기라고 한다. 주로 플립플롭을 많이 연결한 형태를 하고 있다.

70. 주기억장치의 용량이 512[kbyte]인 컴퓨터에서 32비트의 가상주소를 사용하고, 페이지의 크기가 4[kbyte]면 주기억장치의 페이지 수는 몇 개인가?
가. 32   나. 64
다. 128 라. 512

정답 다

해설: 512[KB]의 주기억장치에 페이지크기가 4[KB]인 데이터를 저장하므로 512/4 = 128[KB] 임

71. 다음 중 주파수 분배 시 미래창조과학부장관이 고려하여야 할 사항이 아닌 것은?
가. 주파수의 이용현황 등 국내의 주파수 이용여건
나. 전파를 이용하는 서비스에 대한 수요
다. 국제적인 주파수 사용동향
라. 혼신·혼선 등 주파수의 조사·분석

정답 라

해설: 혼신·혼선 등 주파수의 조사·분석은 무선국 검사시 고려사항임

72. 무선설비규칙에서 규정한 변조특성의 경우 변조신호에 따라 반송파가 진폭변조되는 송신장치는 변조도가 몇 퍼센트를 초과하지 말아야 하는가?
가. 80[%]
나. 85[%]
다. 90[%]
라. 100[%]

정답 라

해설: 진폭변조에서 변조도가 100[%]이상이면 과변조되어 하모닉(스퓨리어스)성분 등이 발생되고 데이터는 왜곡되어 복조가 어려워짐

73. 다음 중 방송통신기자재 시험기관 지정 시 서류 심사 사항으로 틀린 것은?
가. 구비서류의 적정성
나. 조직 및 인력의 적정성
다. 시험설비 및 시험환경의 적정성
라. 시험원의 시험 수행능력

정답 라

해설: 방송통신기자재 시험기관 심사서류
① 구비서류의 적정성
② 조직 및 인력의 적정성
③ 시험설비 및 시험환경의 적정성
④ 조직 및 인력의 적정성
⑤ 분야별 측정설비

74 송신설비의 공중선·급전선 등 고압전기를 통하는 장치는 사람이 보행하거나 기거하는 평면으로부터 얼마 이상의 높이에 설치되어야 하는가?

가. 1.5미터 나. 2.5미터
다. 3.5미터 라. 4.5미터

정답 나

해설 무선설비규칙
공중선/급전선 등 고압전기를 통하는 장치는 사람이 보행하거나 기거하는 평면으로부터 2.5미터이상 이격되어야한다.

75 다음 중 기술기준 적합성 평가시험 전 확인사항으로 틀린 것은?

가. 사용전류
나. 사용 주파수
다. 전파 형식
라. 점유주파수대폭

정답 가

해설 적합성 평가시험
① 사용주파수
② 전파형식
③ 점유주파수 대폭
④ 송신전력
⑤ 스푸리어스 특성

76 다음 중 국립전파연구원장이 통신기기인증서를 신청인에게 교부 후 관보에 고시할 내용으로 틀린 것은?

가. 인증번호
나. 인증 받은 자의 상호 또는 성명
다. 기기의 명칭·모델명
라. 유효기간

정답 라

해설 유효기간은 의무사항이 아님

77 다음 중 전파환경측정의 종류에 해당하지 않는 것은?

가. 전파환경의 조사
나. 전파응용설비의 측정
다. 전자파차폐성능측정
라. 전자파흡수율측정

정답 나

해설 전파응용설비의 측정은 환경측정과 연관성이 떨어짐.

78 다음 중 전파사용료 부과를 전부 면제할 수 있는 대상에 해당하지 않는 무선국은?

가. 전기통신역무를 제공하기 위한 무선국
나. 국가가 개설한 무선국
다. 지방자치단체가 개설한 무선국
라. 방송국 중 영리를 목적으로 하지 아니하는 방송국

정답 가

해설 전파사용료 부과 전부면제 대상
① 국가 또는 지방자치단체가 개설한 무선국
② 방송국 중 영리를 목적으로 하지 아니하는 방송국과 한국방송광고공사법 제20조제1항의 규정에 의하여 방송광고물의 수탁수수료를 납부하는 방송국
③ 영리를 목적으로 하지 아니하거나 공공복리를 증진시키기 위하여 개설한 무선국 중 대통령령이 정하는 무선국

79 다음 문장의 괄호 안에 들어갈 용어로 적합한 것은?

> '전자파 장애'란 전자파를 발생시키는 기자재로부터 전자파가 (　) 또는 (　)되어 다른 기자재의 성능에 장애를 주는 것을 말한다.

가. 방사, 간섭　　나. 방사, 흡수
다. 흡수, 전도　　라. 방사, 전도

정답 라

해설) 전자파 장애란 전자파를 발생시키는 기자재로부터 전자파가 방사 또는 전도 되어 다른 기자재의 성능에 장애를 주는 것을 말한다.

80 무선설비 공사가 품질확보 상 미흡 또는 중대한 위해를 발생시킬 수 있다고 판단될 때 공사중지를 지시할 수 있으며, 공사중지에는 부분중지와 전면중지로 구분되는데 다음 중 부분중지에 해당되는 경우는?

가. 재시공 지시가 이행되지 않는 상태에서는 다음 단계의 공정이 진행됨으로써 하자발생이 될 수 있다고 판단될 경우
나. 시공자가 고의로 정보통신시설 설비 및 구축공사의 추진을 심히 지연시킬 경우
다. 정보통신공사의 부실 발생우려가 농후한 상황에서 적절히 조치를 취하지 않은 채 공사를 계속 진행할 경우
라. 천재지변 등 불가항력적인 사태가 발생하여 공사를 계속할 수 없다고 판단될 경우

정답 가

해설) "가" 부분중지에 해당함
"나" "다" "라" 는 전면중지에 해당함

국가기술자격검정 필기시험문제

2014년 산업기사 4회 필기시험

국가기술자격검정 필기시험문제

2014년 무선설비산업기사 4회 필기시험

자격종목 및 등급(선택분야)	종목코드	시험시간	형 별	수검번호	성 별
무선설비산업기사		2시간			

제1과목 디지털 전자회로

01 전압 변동률이 15[%]의 정류 회로에서 무부하 시 전압이 6[V] 일 때 부하시 전압은 약 얼마가 되는가?

가. 2.4[V]   나. 3.5[V]
다. 4.7[V]   라. 5.2[V]

정답 라

해설 전압변동율

$= \dfrac{\text{무부하시 직류출력전압} - \text{부하시 직류출력전압}}{\text{부하시 직류출력전압}}$

$\therefore \dfrac{6-x}{x} = 15\%$ 이므로 $x = 6.2[V]$

02 다음 그림과 같이 회로에 정현파가 인가됐을 때 나타내는 출력파형은? (단, 다이오드 D_1의 항복전압은 $V_{Z1} = 5[V]$, D_2의 항복전압은 $V_{Z2} = 6[V]$ 이고, 각 다이오드는 이상적이라고 가정한다.)

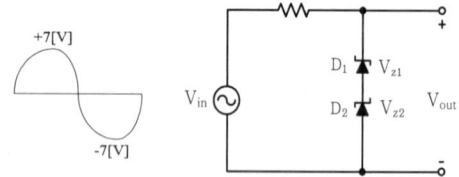

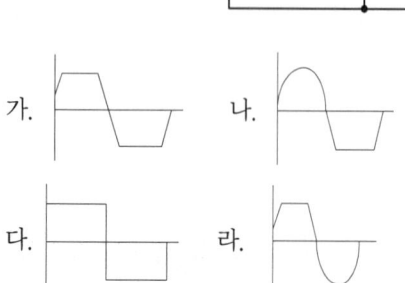

정답 가

해설 제너 다이오드(역방향 전류)를 이용한 리미터

03 다음 중 반파정류기의 리플 함유율을 적게 하는 방법으로 맞지 않은 것은?

가. 입력측 평활용 콘덴서의 정전용량을 크게 한다.
나. 출력측 평활용 콘덴서의 정전용량을 적게 한다.
다. 평활용 초크코일의 인덕턴스를 크게 한다.
라. 시정수를 작게 한다.

정답 나

해설 정류회로의 Ripple제거
① 입력전원의 주파수를 높게 한다.
② 전파정류회로는 반파정류회로보다 리플함유율이
매우 작아 효과적이다.
③ RC회로의 시정수(τ)가 커지면 리플함유율이 작아
진다.
④ 평활용 콘덴서의 정전용량을 크게함

04 다음 중 다이오드의 종류에 따른 용도로 틀린 것은?

가. PIN 다이오드 : RF 스위치용
나. 버랙터(Varactor) 다이오드 : 전압제어 발진기용
다. 임팻(IMPATT) 다이오드 : 디지털 표시장치용
라. 제너다이오드 : 전압안정화 회로용

정답 다

해설 임팻(IMPATT) 다이오드
마이크로파에서 사용되는 발진기 다이오드임

05 다음 중 낮은 주파수 대역에서 높은 주파수 대역에 걸쳐 일정한 크기의 스펙트럼을 가진 연속성 잡음은 무엇인가?

가. 트랜지스터 잡음
나. 자연잡음
다. 백색잡음
라. 지터잡음

정답 다

해설 백색잡음
광범위한 주파수대역에서 일정한 크기의 잡음스펙트럼을 가진 잡음을 말함
(열잡음 또는 AWGN)

06 다음 중 부궤환 증폭회로의 특징이 아닌 것은?

가. 이득증가
나. 비선형 일그러짐 감소
다. 잡음감소
라. 고주파 특성의 개선

정답 가

해설 부궤환 증폭기
비선형 일그러짐 및 잡음은 감소되지만 이득이 감소되는 증폭기 임

07 다음 그림의 연산 증폭기 회로의 전압증폭률 (V_O, V_S)은 얼마인가?

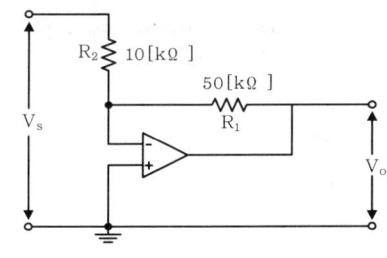

가. -5   나. -1
다. 5   라. 10

정답 가

해설 비반전 증폭기의 전압이득
$= -\dfrac{R'}{R} = -\dfrac{50}{5} = -5$

08 다음 그림의 발진기 회로에서 궤환율(β)은 얼마인가?

(단, $R = 1[k\Omega]$, $R_1 = 18[k\Omega]$, $R_2 = 2[k\Omega]$, $C_1 = 1[\mu F]$ 이다.)

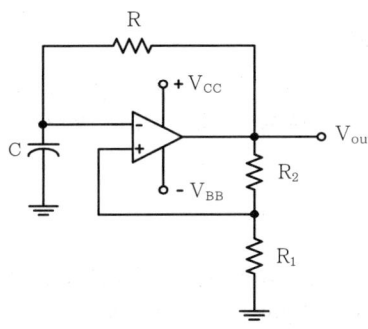

가. 0.6
나. 0.7
다. 0.8
라. 0.9

정답 라

해설 부궤환 증폭기
① 부궤환을 걸어주면 이득이 감소하므로 출력이 작아지는 증폭기

09 증폭도 A인 증폭기에 궤환율 β로 정궤환 되었을 경우 발진이 이루어지는 조건으로 맞는 것은?

가. $A\beta = 1$
나. $A\beta = 0$
다. $A\beta > 1$
라. $A\beta < 1$

정답 가

해설 바크하우젠 발진조건
$A\beta = 1$ (A : 증폭기 이득, β : 궤환 이득)

10 다음 중 음성 신호의 송신측 PCM 과정이 아닌 것은?
  가. 표본화 나. 부호화
  다. 양자화 라. 복호화

  정답 라

  PCM과정
  표본화 양자화 부호화를 거쳐 아날로그 신호를 디지털신호로 변환하는 회로임

11 반송파의 위상과 진폭을 상호 직교하며 신호를 혼합하는 변조 방식은?
  가. ASK
  나. FSK
  다. PSK
  라. QAM

  정답 라

  QAM
  APK라고도 하며 진폭과 위상을 동시에 변조하는 방식으로 Array가 증가될수록 스팩트럼효율이 커짐. 단, 오류확률이 커지는 단점이 있음.

12 트랜지스터의 스위칭 시간에서 Turn-off 시간에 해당되는 것은?
  가. 하강시간
  나. 축적시간 + 하강시간
  다. 상승시간 _ 지연시간
  라. 축적시간

  정답 나

  펄스의 특징

펄스	특징
상승시간	펄스가 10[%]에서 90[%] 상승시간
하강시간	펄스가 90[%]에서 10[%] 하강시간
지연시간	입력진폭이 10[%]될 때 까지 시간
축적시간	출력펄스가 최대진폭의 90[%]까지
턴온시간	상승시간 + 지연시간
턴오프시간	하강시간 + 축적시간

13 다음 중 클램퍼 회로를 구성하는 부품이 아닌 것은?
  가. 다이오드
  나. 저항
  다. 커패시터
  라. 인덕터

  정답 라

  클램퍼, 클리퍼, 리미터 회로는 다이오드와 저항, 캐패시터를 이용해 입력신호의 크기를 변형하거나 기준전압을 변형시키는 회로임

14 논리 함수 $f(a, b, c) = a\bar{b} + \bar{a} + b$ 의 부정을 구한 것은?
  가. $a\bar{b}$ 나. $\bar{a} + b$
  다. 0 라. 1

  정답 다

  부울대수의 분배 및 결합법칙을 이용하면 Zero(0) 값으로 계산됨

15 다음 그림의 회로에서 주파수가 1,024[kHz]인 디지털 신호가 입력되었을 경우 최종 출력주파수(Fo)는 얼마인가?

  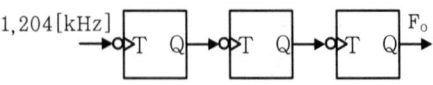

  가. 512[kHz]
  나. 256[kHz]
  다. 128[kHz]
  라. 64[kHz]

  정답 다

  3단 플립플롭을 사용하면 $2^3 = 8$ 분주 할 수 있음. 따라서, 1024KHz / 8KHz = 128KHz 임

16 다음의 논리회로도가 나타내는 플립플롭회로는 무엇인가?

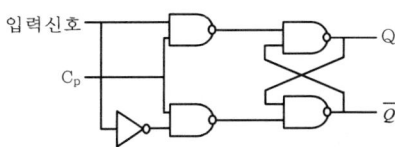

가. T 플립플롭
나. D 플립플롭
다. J-K 플립플롭
라. S-R 플립플롭

정답 나

해설 Delay-플립플롭
입력신호를 지연시켜 출력하는 회로임.

17 다음 중 비동기식 카운터에 대한 설명으로 틀린 것은?
가. 동기식 카운터에 비해 입력신호의 전달지연시간이 길다.
나. 동기식에 비해 논리상의 오차 발생비율이 많다.
다. 구조상으로 동기식에 비해 회로가 간단하다.
라. 같은 클럭펄스에 의해 트리거 된다.

정답 라

해설 비동기 카운터 : 전에 발생된 클럭을 사용함
동기 카운터 : 모두 동일한 클럭을 사용함

18 2개의 입력 데이터를 n개의 스트로브 제어신호를 이용하여 입력 데이터 중 1개를 선택하는 기능을 갖는 논리회로를 무엇이라고 하는가?
가. 디멀티플랙시
나. 디코더
다. 인코더
라. 멀티플랙서

정답 다

해설 인코더
2개의 입력데이터를 n개의 제어신호를 이용해 1개를 선택하는 논리회로

19 연산 논리 장치라 하며 CPU 내에서 모든 연산이 이루어지는 곳을 무엇이라고 하는가?
가. LSI
나. ALU
다. Accumulator
라. Flag Resister

정답 나

해설 ALU
CPU내에서 모든 연산이 이루어지는 장치를 말함

20 기억된 정보를 보존하기 위해 주기적으로 리플래시(Refresh)를 해주어야 하는 기억소자는?
가. Dynamic ROM
나. Static ROM
다. Dynamic RAM
라. Static RAM

정답 다

해설 D-RAM은 주기적으로 전압을 제공하여 기억장치를 동작시키는 Read Access Memory 임.

제2과목 무선통신기기

21 다음 중 슈퍼헤테로다인 수신기의 주파수 변환부를 구성하는 요소가 아닌 것은?
가. 주파수 혼합기
나. 대역통과 필터
다. 저주파 증폭부
라. 국부 발진기

정답 다

해설 주파수 변환부
국부발진기와 주파수혼합기(Mixer)를 이용해 수신채널을 선택할 수 있도록 해주는 장치임. 수신신호를 받을 수 있도록 대역통과필터가 필요함

2014년 무선설비산업기사 기출문제

22 다음 중 AM 수신기에 비해 SSB 수신기가 갖는 특성을 잘못 설명한 것은?

가. 대역폭이 약 1/2이다.
나. 국부 발진기의 높은 주파수 안정도가 요구된다.
다. 충전 시정수가 짧고 방전 시정수가 긴 자동 이득제어(AGC) 회로가 필요하다.
라. 헤테로다인 검파를 수행할 수 있다.

정답 라

해설 SSB수신기
동기검파만을 사용할 수 있음. 헤테로다인 검파는 진폭변조의 수신기에서 많이 사용됨

23 다음 중 무선통신에서 이용하는 다이버시티 방법이 아닌 것은?

가. 슬롯
나. 시간
다. 공간
라. 주파수

정답 가

해설 다이버시티
두 개의 공간, 시간, 주파수, 편파를 수신 합성함으로써 페이딩이나 전파손실을 극복할 수 있는 시스템임.

24 디지털 데이터 '0'과 '1'을 FSK 통신 방식으로 변조하기 위하여 몇 개의 반송파가 필요한가?

가. 1개
나. 2개
다. 3개
라. 4개

정답 나

해설 FSK는 두 개의 주파수를 이용해 0과 1을 표현할 수 있는 변조방식임.

25 레이더에서 동일 거리에 있는 2개의 목표물을 2개로 분리해서 볼 수 있는 능력은 무엇인가?

가. 방위 분해능
나. 거리 분해능
다. 최대 탐지거리
라. 상의 선명도

정답 가

해설 레이더

파라미터	특징
방위분해능	목표물을 분리할 수 있는 능력
거리분해능	정확한 거리를 측정할 수 있는 능력
최대 탐지거리	레이더의 최대측정거리
상의 선명도	물체를 인식하는 능력

26 다음 중 마이크로파 다중통신방식에서 전파손실을 경감시키기 위한 반사판 사용 방법으로 적합하지 않은 것은?

가. 입자가 얇은 경우는 반사판을 2장 사용한다.
나. 반사점에서 입사각과 반사각은 각각 90°로 한다.
다. 반사판의 위치는 송수신점 사이의 중앙 부근에 둔다.
라. 반사판의 면적을 크게 한다.

정답 다

해설 마이크로파 중계방식
반사판은 수신점의 전계강도를 크게 하기 위하여 수신점에 가까운 곳에 위치시킴

27 다음 중 마이크로파 통신에 대한 설명으로 옳지 않은 것은?

가. 공중선 이득을 크게 할 수 있다.
나. 외부잡음의 영향에 약하다.
다. 광대역 전송이 가능하다.
라. 주로 가시거리 통신이 행해진다.

정답 나

해설 마이크로파통신 특징
① 공중선 이득을 크게 할 수 있음
② 광대역 전송이 가능함
③ LOS(가시거리통신)시스템임
④ 직진성이 우수해 외부잡음에 강인함
⑤ 파장이 짧아 채널사이에 간섭에 민감함

28 다음 중 위성통신에 대한 설명으로 틀린 것은?
가. 주로 SHF대를 이용하고 위성에 의한 원거리 통신을 한다.
나. 위성통신시스템에서는 다중화기술의 채택이 불가능하다.
다. 위성통신은 마이크로웨이브 통신기술과 유사하다.
라. 정지궤도에 떠있는 통신위성은 중계소 역할을 한다.

정답 나

해설 위성통신 다중화시스템
FDMA, CDMA, TDMA, SDMA등 다양한 다중화 방식이 사용될 수 있음

29 다음 중 이동통신 시스템의 채널 용량을 증가시키기 위한 방법으로 볼 수 없는 것은?
가. 대역폭을 넓힌다.
나. 신호전력을 증가시킨다.
다. 잡음전력을 감소시킨다.
라. 비화통신방식을 사용한다.

정답 라

해설 샤논의 채널용량
$C = B\log_2(1+\frac{S}{N})$ 으로 표현 가능
– 대역폭과 신호크기에 비례하며, 잡음에 반비례함

30 우리나라 셀룰러 디지털 이동통신의 무선접속 방식은?
가. FDMA(Frequency Division Multiple Access)
나. TDMA(Time Division Multiple Access)
다. SDMA(Space Division Multiple Access)
라. CDMA(Code Division Multiple Access)

정답 라

해설 CDMA
Code를 이용한 다중화방식을 이용해 무선 접속하는 기술 (IS-95)을 국내 셀룰러시스템의 시초임

31 다음 중 축전기의 분극 작용과 관련이 없는 것은?
가. 전류의 반대 방향으로 작용하는 힘이다.
나. 축전기의 가스 방출은 분극을 증가시킨다.
다. 화학적 에너지를 전기적 에너지로 변환하는 장치이다.
라. 연축전기에 있어서 방전 전압을 감소시키고 충전 전압을 증가시킨다.

정답 다

해설 축전지
화학적 에너지를 전기적 에너지로 변환하는 장치를 말함

32 극판의 연결 상태나 전지의 연결 상태의 차이로 생기는 충전 부족 상태를 보충하기 위해 행하는 충전은?
가. 과 충전   나. 평상 충전
다. 균등 충전 라. 부동 충전

정답 다

해설 충전의 특징

충전	특징
과 충전	용량 이상으로 충전함
평상 충전	정상적인 충전활동
균등 충전	극판의 연결상태나 전지의 연결상태의 차이로 충전
부동 충전	부하 와 충전회로를 연결해 항상 충전하는 방식

2014년 무선설비산업기사 기출문제

33 AC전압을 DC전압으로 변화시키는 장치를 무엇이라 하는가?

가. AVR(Automatic Voltage Regulator)
나. UPS(Uninterruptible Power Supply)
다. 인버터(Inverter)
라. 컨버터(Converter)

정답 라

해설 컨버터
DC to DC 컨버터, AC to DC 컨버터가 있음.
DC출력을 얻는 것을 컨버터라 함.
(AC to AC장치도 컨버터라 함)

34 다음 중 태양광 설치 후 전기료에 대한 설명으로 올바른 것은?

가. 태양광 설치 후의 전기료 절감은 지역별 차이가 전혀 없다.
나. 설치장소의 일사량, 지형, 기후 조건에 따라 차이가 있다.
다. 설치 장소의 인구수에 따라 차이가 발생한다.
라. 설치 회사의 설치 인력 수에 따라 차이가 있다.

정답 나

해설 태양광 충전은 설치장소의 일사량, 지형, 기후조건등에 따라 큰 차이를 보임

35 1:2의 전원변압기를 통하여 AC 100[V]의 교류입력이 전파 정류되면 출력의 평균 DC전압은 약 얼마인가?

가. 300[V]
나. 270[V]
다. 200[V]
라. 180[V]

정답 라

36 전력이 10[mW] 일 때 dBm과 dBW의 관계를 바르게 설명한 것은?

가. dBm으로는 10이고 dBW로는 −20이다.
나. dBm으로는 10이고 dBW로는 −30이다.
다. dBm으로는 1이고 dBW로는 −20이다.
라. dBm으로는 1이고 dBW로는 −20이다.

정답 가

해설 dBm 과 dBW

dBm	dBW
$10\log\dfrac{X[W]}{1[mW]}$	$10\log\dfrac{X[W]}{1[W]}$

따라서,
$10\log\dfrac{10[mW]}{1[mW]} = 10[dBm]$, $10\log\dfrac{10[mW]}{1[W]} = -20[dBm]$

37 연축전지를 과도한 방전상태로 오랫동안 방치하게 되면 축전기를 더 이상 사용할 수 없게 된다. 이유는 무엇인가?

가. 전해액의 비중이 너무 낮아졌기 때문에
나. 극판에 영구적인 황산납이 형성되기 때문에
다. 황산이 물로 변했기 때문에
라. 극판에 영구적인 산화납이 형성되기 때문에

정답 나

해설 극판에 영구적인 황산납이 형성되는 이유는 축전지를 사용하지 않고 오랫동안 방치했을 때 발생됨

38 어떤 시스템의 출력 전력을 측정하였더니 20[dBm]이었다. 이를 [mW]로 나타내면?

가. 400[mW]
나. 300[mW]
다. 200[mW]
라. 100[mW]

정답 라

해설 $10\log\dfrac{100[mW]}{1[mW]} = 20[dBm]$

39 다음 중 고주파 회로를 측정할 경우 측정기의 올바른 사용법이 아닌 것은?

가. 측정기의 접지단자를 접지시킨다.
나. 측정회로와 거리를 짧게 결선하여 측정한다.
다. 측정기를 차폐시킨다.
라. 측정회로와 연결되는 선은 얇은선 을 이용한다.

정답 라

해설 고주파는 높은주파수 이므로, 굵은도선을 사용해 측정해야함. 이유는 도선의 표피효과에 의해 얇은선은 손실이 많이 발생될 수 있음

40 정류 장치의 특성 해석에 이용되는 파라미터로서 입력교류전력에 대한 출력직류전력의 비로 나타내어지는 것을 무엇이라 하는가?

가. 맥동률   나. 전압변동률
다. 정류효율   라. 최대역전압

정답 다

해설 정류효율
= $\frac{출력직류전력}{입력교류전력}$ 으로 안정적인 직류출력에 대한 비를 나타냄

제3과목 안테나개론

41 유전체에서 발생하는 변위전류에 대한 설명으로 옳은 것은?

가. 일정한 전속밀도의 경우 시간적 변화가 적을수록 변위전류가 커진다.
나. 분극 전하밀도의 시간적 변화에 따라 발생한다.
다. 전속밀도의 공간적 변화를 나타내는 용어이다.
라. 전류의 크기가 유전체의 크기에 따라 변화되는 전류를 말한다.

정답 가

해설 변위전류
공간상에서 발생되는 가상의 전류를 말함. 예를 들어 극판 과 극판사이의 공간에서 전기장의 세기에 의해 변위전류가 발생됨.

42 전파의 속도는 매질의 어느 것에 의하여 변화되는가?

가. 유전율과 투자율
나. 유전율과 도전율
다. 투자율과 도전율
라. 도전율과 비유전율

정답 가

해설 자유공간 전파속도
= $\frac{1}{\sqrt{투자율 X 유전율}}$ = $3 \times 10^8 [m/s]$

43 Maxwell 방정식을 이루는 법칙과 관계없는 것은?

가. 패러데이(Faraday) 법칙
나. 암페어(Ampere) 법칙
다. 스넬(Snell) 법칙
라. 가우스(Gauss) 법칙

정답 다

해설 스넬의 법칙
전파의 굴절율에 대한 법칙으로 맥스웰방정식과는 관계가 없음. $Sin\theta_1 \cdot n_1 = Sin\theta_2 \cdot n_2$

44 안테나의 도피관에 금속봉(Stub)을 삽입하는 이유는 무엇인가?

가. 리액턴스 성분을 제거하기 위해서
나. 반사파를 만들기 위해서
다. 안테나의 길이를 단축시키기 위해서
라. 고주파 전압의 파복을 낮추기 위해서

정답 가

해설 도파관
전파의 반사특성을 이용하는 급전선으로 금속봉(stub)를 도파관 내부로 삽입하여 리액턴스성분을 줄여 임피던스 매칭을 하거나, 필터로 만들 수 있음

2014년 무선설비산업기사 기출문제

45 λ/4변환방식 중 단일 λ/4부를 통해 얻을 수 있는 대역폭 보다 큰 대역폭을 필요로 하는 경우에 응용되는 방식은?

가. 테이퍼
나. 다단 변환기
다. 집중 정수 회로
라. 스터브

정답 나

해설 다단변환기를 사용하면 기존 대역폭보다 넓은 광대역특성을 얻을 수 있음.

46 어떤 급전선의 종단을 단락시켰을 때의 입력 임피던스가 25[Ω]이고 개방했을 때는 100[Ω]이었다. 이 급전선의 특성 임피던스는 얼마인가?

가. 25[Ω]
나. 50[Ω]
다. 100[Ω]
라. 250[Ω]

정답 나

해설 종단 개방 임피던스
= $\sqrt{종단 \times 개방}$ = 50옴

47 다음 중 투과계수에 대한 설명을 옳은 것은?

가. 투과 전압을 입사 전압으로 나눈 값이다.
나. 특성 임피던스를 부하 임피던스로 나눈 값이다.
다. 진행파와 반사파의 크기 비율이다.
라. 임피던스 부정합을 일컫는 용어이다.

정답 가

해설 투과계수
= $\dfrac{투과 \ 전압}{입사 \ 전압}$ (Insertion Loss)

48 도파관의 여진 방법 중 자계에 의한 여진 방법은 무엇인가?

가. 테이퍼 변성기에 의한 여진
나. 정전적 결합에 의한 여진
다. 전자 결합에 의한 여진
라. 작은 루프 안테나에 의한 여진

정답 라

해설 도파관의 여진
루프안테나에 의한 여진은 자계(H)에 의한 여진 방법임. 여진이란 공진(특정주파수로 맞춤)을 말함.

49 공진회로에서 1.5[H]의 인덕터와 0.4[μF]의 캐패시터가 직렬 연결된 경우 공진주파수는 약 얼마인가?

가. 103[Hz]
나. 205[Hz]
다. 301[Hz]
라. 405[Hz]

정답 나

해설 직렬공진회로의 공진주파수
= $\dfrac{1}{2\pi\sqrt{L \cdot C}}$ = 약 205[Hz]

50 안테나의 반사계수 0.6일 경우 정재파비(VSWR)는 얼마인가?

가. 2
나. 3
다. 4
라. 5

정답 다

해설 정재파비
= $\dfrac{1 + 반사계수}{1 - 반사계수} = \dfrac{1.6}{0.4} = 4$

51 다음 중 미소 루프 안테나에 대한 설명으로 틀린 것은?

가. 소형으로 이동이 용이하다.
나. 방향 탐지, 무선표지 및 측정이 이용된다.
다. 효율이 좋고 급전선과 정합이 쉽다.
라. 수평면내 8자형 지향 특성을 갖는다.

정답 다

해설 미소 루프안테나
이론적으로 존재하는 아주작은 루프안테나를 말함.
루프안테나는 정합이 어렵고 효율이 좋지 않음. 다만, 수평면에서 8자 지형특성이 있어 방향탐지가 가능함.

52 다음 중 반파장 다이폴 안테나에 대한 설명으로 틀린 것은?

가. 안테나의 길이는 λ/2이다.
나. 전류의 크기는 양쪽 끝에서 최소가 된다.
다. 전압의 크기는 양쪽 끝에서 최대가 된다.
라. 반사형 안테나이다.

정답 라

해설 반파장 다이폴 안테나
① 안테나의 길이는 $\frac{\lambda}{2}$ 임
② 전류의 크기는 끝에서 최소, 중앙에서 최대
③ 전압의 크기는 끝에서 최대, 중아에서 최소
④ 복사저항은 73.13옴
⑤ 쌍극자 안테나 임

53 임의의 송·수신 지점 간의 무선통신에서 자유공간의 전송손실에 대한 설명으로 틀린 것은?

가. 사용주파수가 2배로 높아지면 손실이 6dB 증가한다.
나. 송신 안테나 이득이 높아지면 전송 송실이 감소한다.
다. 수신 안테나 이득이 높아지면 전송 송신이 감소한다.
라. 안테나의 유효 면적이 사용주파수와 무관하다.

정답 라

해설 자유공간 손실
= $20\log \frac{4\pi d}{\lambda}$ [dB] 임
= 92.45 + 20log f [dB] + 20log d[km]

54 다량의 동선을 접지한 지선망 방식의 안테나 접지방식으로 주로 중소 규모의 중파방송국에서 사용되는 것은?

가. 심굴접지
나. 다중접지
다. 방사상접지
라. 가상접지

정답 다

해설 안테나 접지방식

접지방식	특 징
심굴접지	100옴, 소규모 방송국
방사상접지	5옴, 중규모 방송국
다중접지	1옴, 대규모 방송국
카운터 포이즈	100옴 이상. 산악지역

55 다음 중 전리층 산란파의 특정에 대한 설명으로 틀린 것은?

가. 초단파대 초가시거리 통신을 할 수 있다.
나. 단일 주파수로 24시간 연속통신이 가능하다.
다. 근거리 에코우의 원인이 된다.
라. 전송가능한 대역이 넓다.

정답 라

해설 전리층 산란파
① 초가시거리 통신 가능(2000Km 이상)
② 단일주파수로 24시간 연속통신 가능
③ 근거리 Echo의 원인이 됨
④ 전송 가능대역이 좁고, 손실이 큼

4 2014년 무선설비산업기사 기출문제

56 다음 중 라디오 덕트의 발생 원인이 아닌 것은?
가. 이류성에 의한 라디오 덕트
나. 주간 냉각에 의한 라디오 덕트
다. 침강에 의한 라디오 덕트
라. 전선에 의한 라디오 덕트

정답 나

해설 라디오덕트 발생
① 야간냉각에 의한 덕트
② 전선에 의한 덕트
③ 이류에 의한 덕트
④ 침강에 의한 덕트

57 다음 중 단파 무선통신에서의 페이딩(Fading)방지 또는 경감방법으로 적합하지 않은 것은?
가. 공간 다이버시티 수신법을 사용한다.
나. AGC회로를 부가한다.
다. 탑로딩(Top loading)안테나를 설치한다.
라. 주파수 다이버시티 수신법을 사용한다.

정답 다

해설 Loading
안테나의 길이를 조절해 공진주파수를 이동 시킬 수 있는 방법으로 Top Loading과 Base Loading방법이 주로 사용됨

58 다음 중 산악회절 이득에 대하여 바르게 설명한 것은?
가. 지구의 구면에 의한 손실이 큰 경우에 해당되는 이득이다.
나. 송신점과 수신점 사이의 거리나 지형과는 관계가 없다.
다. 전파통로 중간에 산악이 많을수록 이득이 크다.
라. 페이딩이 심하여 다이버시티를 사용한다.

정답 가

해설 산악회절 이득
지구의 구면에 의한 손실이 큰 경우에 해당되는 이득을 말함

59 다음 중 전리층 전파에서 발생하는 페이딩이 아닌 것은?
가. 편파성 페이딩
나. 흡수성 페이딩
다. 감쇠형 페이딩
라. 간섭성 페이딩

정답 다

해설 페이딩 종류

전리층 페이딩	대류권 페이딩
선택성	K형
도약성	덕트형
간섭성	신틸레이션
편파성	감쇠형
흡수성	산란형

60 다음 중 대기 잡음이 아닌 것은?
가. 공전 잡음
나. 침적 잡음
다. 온도 잡음
라. 전류 잡음

정답 라

해설 전류잡음
내부에서 발생되는 잡음으로 전류의 흐름과 도선의 굵기 등에 의해서 발생되는 잡음임

제4과목 전자계산기 일반 및 무선설비기준

61 다음 중 운영체제에 대한 설명을 옳지 않은 것은?

가. 컴퓨터 하드웨어에 대한 자원을 관리하는 소프트웨어이다.
나. 응용 프로그램과 하드웨어 자원에 대한 연계 역할을 수행하는 소프트웨어이다.
다. 컴퓨터에서 항상 수행되고 있으며, 운영체제의 가장 핵심적인 부분은 커널(Kernel)이다.
라. 사용자가 필요하다고 생각되는 경우 쉽게 접근하여 운영체제의 프로그램을 변경할 수 있다.

정답 라

해설 운영체제(윈도우, 리눅스 등)는 사용자가 접근하여 프로그램을 변경하는 것은 어려움

62 다음 문장의 괄호 안에 들어갈 용어들로 올바르게 구성된 것은?

> 번역기에 의해서 생성되는 기계어로 된 프로그램과 서브루틴 라이브러리에 있는 루틴들이 서로 조합되어야만 프로그램이 실행될 수 있는데 이런 일을 하는 것을 (㉮) 또는 (㉯)라고 한다. 여기서 (㉯)는 (㉰)에 (㉱)를 만들어낸다는 점에서 (㉮)와 다르다.

가. ㉮ 절대 로더 ㉯ 상대 로더 ㉰ 주기억장치 ㉱ 링킹 로더
나. ㉮ 절대 로더 ㉯ 링키지 로더 ㉰ 보조 기억장치 ㉱ 링킹 로더
다. ㉮ 링킹 로더 ㉯ 링키지 로더 ㉰ 보조 기억장치 ㉱ 로딩 이미지
라. ㉮ 링키지 로더 ㉯ 링킹 로더 ㉰ 보조 기억장치 ㉱ 로딩 이미지

정답 다

해설 번역기에 의해서 생성되는 기계어로 된 프로그램과 서브루틴 라이브러리에 있는 루틴들이 서로 조합되어야만 프로그램이 실행될 수 있는데 이런 일을 하는 것은 링킹로더 또는 링키지 로더라고 한다. 여기서 링키지로더는 보조기억장치에 로딩이미지를 만들어 낸다는 점에서 링킹로더와 다르다.

63 16진수 FA.5를 8진수로 변환한 것으로 옳은 것은?

가. 241.21_8
나. 352.22_8
다. 261.23_8
라. 372.24_8

정답 라

해설 16진수 FA를 8진수로 변환
F   A   -> 16진수
1111 1010
3 7 2 => 8진수
011 111 010

64 2의 보수를 이용한 뺄셈 0011 − 1101의 연산 결과 값은?

가. 0111
나. 1011
다. 0110
라. 1001

정답 다

해설 2의 보수는 1의 보수 + 1 임.
0011 -> 1100 + 1 = 1101
1101 -> 0010 + 1 = 0011 두수의 차 0110

4. 2014년 무선설비산업기사 기출문제

65 다음 중 전자계산기 명령(Instruction)의 주소 지정 방식인 간접 주소 지정 방식(Indirect Addressing)에 대한 설명으로 틀린 것은?

가. 명령의 오퍼랜드가 지정하는 부분에 실제 데이터가 저장된 부분의 주소를 기록하고 있는 주소 지정 방식
나. 기억장치에 최소 2번 접근하여 오퍼랜드를 얻을 수 있는 주소 지정 방식
다. 처리 속도는 느리지만 짧은 길이의 오퍼랜드로 긴 주소에 접근할 수 있는 주소 지정 방식
라. 오퍼랜드의 길이가 길어 소용량 기억장치의 주소를 나타내는 데 적합한 주소 지정 방식

정답 라

해설 "라"는 직접 주소 지정 방식에 해당하는 사항임

66 다음 중 운영체제의 목적과 관련된 용어에 대한 설명으로 옳지 않은 것은?

가. 이용가능도 : 컴퓨터를 사용하고자 할 때 신속할 수 있는 정도
나. 응답시간 : 사용자가 컴퓨터에 일을 지시하고 나서 그 결과를 얻기 까지 걸리는 시간
다. CPU 사용률 : 일정 시간동안 시스템이 처리할 수 있는 일의 양
라. 신뢰도 : 주어진 문제를 정확하게 해결하고 작동하는 정도

정답 다

해설 CPU 사용률
현재 CPU가 처리하고 있는 사용률을 나타냄. 사용률이 낮을수록 처리량이 작음

67 다음은 NOR 게이트 진리표이다. 출력 X의 a, b, c, d 값으로 옳은 것은? (단, A, B는 입력이고 X는 출력이다.)

A	B	X
0	0	a
0	1	b
1	0	c
1	1	d

가. a = 0, b=0, c=0, d=1
나. a = 1, b=0, c=1, d=1
다. a = 0, b=1, c=0, d=0
라. a = 1, b=0, c=0, d=0

정답 라

해설 NOR게이트 진리표

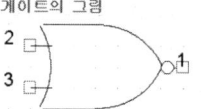

진리표

A	B	Y
0	0	1
0	1	0
1	0	0
1	1	0

68 다음 중 부동 소수점 표현(Floating Point Representation)에 대한 설명으로 틀린 것은?

가. 고정 소수점 표현보다 표현의 정밀도를 높일 수 있다.
나. 아주 작은 수의 표현보다 아주 큰 수의 표현에만 적합하다.
다. 과학, 공학, 수학적인 응용에 주로 사용하는 표현 방법이다.
라. 수의 표현에 필요한 자릿수에 있어서 효율적이다.

정답 나

해설 아주 작은 수의와 아주 큰 수의 표현에만 적합

69. 다음 중 운영체제 기법에 대한 설명으로 틀린 것은?
   가. 분산처리 시스템은 데이터를 여러 컴퓨터로 분산해서 사용하는 것을 말한다.
   나. 데이터베이스는 상호 연관 있는 데이터들의 집합과 처리를 말한다.
   다. 다중 프로세싱이란 여러 CPU를 같이 사용하는 것을 말한다.
   라. UNIX는 단일 사용자 환경을 제공한다.

   정답 라

   해설 유닉스는 다중사용자 환경에 적합한 대표적인 운영체제 임

70. 32비트 컴퓨터에서 8 Full Word 와 6 Nibble은 각각 몇 비트인가?
   가. 256 비트, 48비트
   나. 128 비트, 24비트
   다. 256 비트, 24비트
   라. 128 비트, 48비트

   정답 다

   해설 데이터 크기 단위
   32 Bit = 8 Nibble = 4 Byte = 1 Word 임

71. 다음 중 방송통신기자재로서 적합성평가가 면제되는 경우가 아닌 것은?
   가. 제품 및 방송통신서비스의 시험·연구 또는 기술개발을 위한 목적의 기자재(100대 이하)
   나. 국내에서 판매하기 위하여 수입전용으로 제조하는 기기
   다. 판매를 목적으로 하지 않고 전시회, 국제경기대회 진행 등 행사에 사용하기 위한 기자재
   라. 외국의 기술자가 국내 산업체 등의 필요에 따라 일정기간 내에 반출하는 조건으로 반입하는 기자재

   정답 나

   해설 수입전용으로 제조하는 기기로 적합성평가 대상에 해당됨

72. 다음 중 산업용 전파응용설비의 안전시설 설치조건으로 틀린 것은?
   가. 충전되는 기구와 전선은 외부에서 닿지 않도록 절연 차폐체 또는 접지된 금속차폐체 내에 수용할 것
   나. 설비의 조작 시 인체와 전기적 양도체에 고주파전력을 유발할 우려가 있는 경우에는 그 위험을 방지하기 위하여 필요한 설비를 할 것
   다. 인체의 안전을 위하여 접지장치를 설치할 것
   라. 설비와 대지 간 접지저항 값을 무한대로 설치할 것

   정답 라

   해설 설비와 대지 간 접지저항 값은 최소(Zero) 일 때 가장 안정적이고 잡음 및 노이즈에 강인함. 통신기기는 1종접지 (10옴 이하) 와 3종접지 (100옴 이하)를 주로 사용함

73. 다음 중 전파법의 목적으로 옳지 않은 것은?
   가. 공공복리의 증진에 이바지
   나. 전파의 진흥을 위한 기술전수
   다. 전파이용 및 전파에 관한 기술개발을 촉진
   라. 전파의 효율적인 이용에 관한 사항을 정함

   정답 나

   해설 전파의 진흥을 위한 기술전수가 아닌 전파의 사용과 효율적 이용, 기술개발 등 공공복리의 증진에 이바지하기 위해 제정된 법이 전파법임

74 다음 중 적합인증을 받아야 하는 대상기자재가 아닌 것은?
   가. 가정용 전기기기 및 전동기기류
   나. 무선전화 경보자동수신기
   다. 국내 항해용 레이더
   라. 네비텍스수신기

   정답 가

   해설 가정용 전기기기 및 전동기기류는 적합인증 대상이 아님.

75 다음 중 적합성 평가 시험기관의 지정취소가 되는 경우가 아닌 것은?
   가. 적당한 사유는 있으나 실험업무를 수행하지 아니한 경우
   나. 거짓이나 그 밖의 부정한 방법으로 지정을 받은 경우
   다. 업무 정지명령을 받은 후 그 업무정지 기간에 시험업무를 수행한 경우
   라. 2회 이상 업무정지 명령을 받은 지정시험기관이 다시 같은 항을 위반하여 업무정지 사유에 해당하는 경우

   정답 가

   해설 "가"는 지정취소에 해당하는 경우가 아님

76 고압전기의 정의로 옳은 것은?
   가. 600[V]를 초과하는 고주파 및 교류전압과 750[V]를 초과하는 직류전압을 말한다.
   나. 650[V]를 초과하는 고주파 및 교류전압과 750[V]를 초과하는 직류전압을 말한다.
   다. 750[V]를 초과하는 고주파 및 교류전압과 600[V]를 초과하는 직류전압을 말한다.
   라. 750[V]를 초과하는 고주파 및 교류전압과 650[V]를 초과하는 직류전압을 말한다.

   정답 가

   해설 고압전기
   600[V]를 초과하는 고주파 및 교류전압
   750[V]를 초과하는 직류전압

77 미래창조과학부장관은 주파수 이용 실적이 낮은 경우 해당 주파수 회수 또는 주파수 재배치를 할 수 있다. 다음 중 주파수 이용 실적의 판단 기준으로 해당하지 않는 것은?
   가. 해당 주파수의 이용 현황 및 전망
   나. 전파이용기술의 발전 추세
   다. 국제적인 주파수의 사용동향
   라. 주파수의 양도와 임대 실태

   정답 라

   해설 주파수의 양도와 임대 실태는 주파수 이용실적의 판단 근거에 해당하지 않음

78 다음 중 실험국의 개설조건으로 틀린 것은?
   가. 과학지식의 보급에 공헌할 합리적인 가능성이 있을 것
   나. 신청인이 그 실험을 수행할 인적자원이 풍부할 것
   다. 실험의 목적과 내용이 공공복리를 해하지 아니할 것
   라. 합리적인 실험의 계획과 이를 실행하기 위한 적당한 설비를 갖추고 있을 것

   정답 나

   해설 실험국 개설조건
   ① 과학기술의 보급에 공헌 할 것
   ② 실험의 목적이 공공복리에 해하지 않을 것
   ③ 합리적인 계획으로 설비하고 운영할 것

79 다음 중 전파사용료를 부과하기 위해 산정하는 기준이 아닌 것은?

가. 사용주파수 대역
나. 사용 전파의 폭
다. 공중선 전력
라. 무선국의 소비전력

정답 라

해설 전파사용료는 주파수 대역, 전파의 크기/폭, 공중선 전력이 판단 기준임

80 다음 중 무선설비의 기술기준에서 요구하는 변조특성 및 공중선계의 조건으로 옳지 않은 것은?

가. 반송파가 주파수 변조되는 송신장치는 최대주파수편이의 범위를 초과하지 아니할 것
나. 공중선은 이득이 높을 것
다. 정합은 신호의 반사손실이 최대가 되도록 할 것
라. 지향성은 복사되는 전력이 목표하는 방향을 벗어나지 아니하도록 안정적일 것

정답 다

해설 정합은 반사손실이 최소가 되어 최대전력전달이 가능하며 두 매체간 손실없이 전달이 가능함

2015년 산업기사1회 필기시험

국가기술자격검정 필기시험문제

2015년 산업기사1회 필기시험

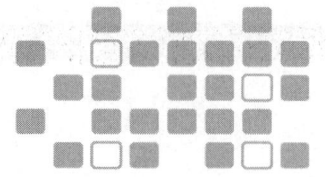

자격종목 및 등급(선택분야)	종목코드	시험시간	형 별	수검번호	성 별
무선설비산업기사		2시간			

제1과목 디지털 전자회로

01 맥동률이 2.5[%]인 정류회로의 부하 양단 평균 직류전압이 220[V]일 경우 직류전압에 포함된 교류전압은 몇 [V]인가?

가. 2.2[V] 나. 3.3[V]
다. 4.4[V] 라. 5.5[V]

정답 라

해설 맥동률(Ripple Factor)
정류된 직류출력에 포함되어 있는 교류분의 정도
$$\gamma = \frac{V_{rms}(\text{출력파형에 포함된 교류성분})}{V_{dc}(\text{출력파형의 직류성분})}$$
$V_{rms} = \gamma \times V_{dc} = 0.025 \times 220 = 5.5[V]$

02 정류기의 평활회로에 사용되는 필터(Filter)로 적합한 것은?

가. 대역필터 나. 대역소자
다. 고역필터 라. 저역필터

정답 라

해설 정류회로의 출력 전원은 직류 성분 이외에 고조파 성분을 포함한 맥류이기 때문에 교류 성분을 제거하여 직류 성분만을 얻는 회로를 평활회로라고 한다. 평활회로는 적분회로로서 저역통과 필터(LPF)이다.

03 다음 중 효율이 가장 높은 증폭 방식은?

가. A급
나. B급
다. AB급
라. C급

정답 라

해설 증폭기의 최대효율
① A급 − 50[%],
② AB급 − 50[%] ~ 78.5[%],
③ B급 − 78.5[%],
④ C급 − 78.5[%]이상

04 다음 그림과 같은 회로는 어떤 필터(Filter) 역할을 하는가?

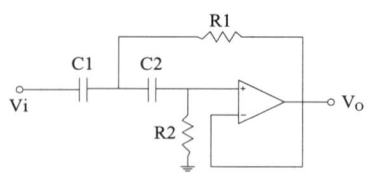

가. HPF(High Pass Filter)
나. LPF(Low Pass Filter)
다. BPF(Band Pass Filter)
라. BRF(Band Reject Filter)

정답 가

해설 고역 통과 필터 2개를 종속으로 접속하여 −40dB/decade의 기울기를 가지도록 한 고역통과필터이다. 하나의 RC 쌍을 필터의 차수 혹은 극점(pole)이라 한다.

05 다음 그림은 부궤환 연결방식 중 어떤 방식인가?

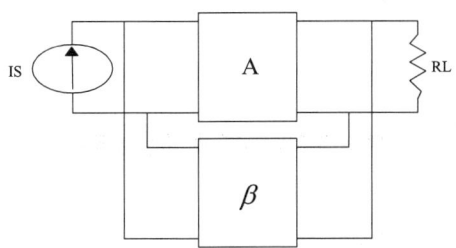

가. 전류-직렬   나. 전압-직렬
다. 전류-병렬   라. 전압-병렬

정답 라

출력측에서 전압신호를 뽑아서 입력측에 병렬로 합하는 전압-병렬회로이다.

06 3단 종속 전압 증폭기에서 이득이 각각 4배, 5배, 5배일 때 종합 이득율[dB]로 나타내면 얼마인가?

가. 10[dB]   나. 20[dB]
다. 30[dB]   라. 40[dB]

정답 라

∴ $G = 20\log_{10}(4 \times 5 \times 5) = 20\log_{10}100 = 40[dB]$

07 다음 그림과 같은 원 브리지 발진기에서 제너다이오드의 역할은 무엇인가?

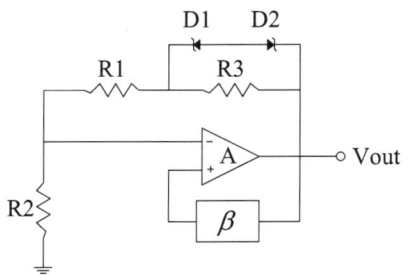

가. 발진기의 출력전압을 제어하기 위한 것이다.
나. 발진기의 자기 시동을 위한 장치이다.
다. 폐루프 이득이 1이 되도록 한다.
나. 궤환신호의 위상이 입력위상과 동상이 되도록 한다.

정답 나

제너다이오드의 역할
시동 시에는 제너다이오드가 OFF상태가 되어 시동 조건을 만족하게 하며, 출력이 일정전압 이상으로 상승하면 제너 다이오드가 ON상태가 되어 발진 지속조건을 만족하게 하는 역할을 수행한다.

08 다음 중 발진기와 관련이 없는 것은?

가. 부궤환
나. 정궤환
다. 수정편
라. VCO

정답 가

발진기는 정궤환 방식을 사용하는 회로이다.

09 다음 중 누화, 잡음 및 왜곡 등에 강하고 전송특성의 질이 저하된 전송로에도 사용가능한 다중 전송방식은?

가. AM 주파수분할 다중 전송방식
나. FM 주파수분할 다중 전송방식
다. PM 주파수분할 다중 전송방식
라. PCM 시분할 다중 전송방식

정답 라

PCM의 장점
① 각종 잡음, 누화 등에 강하다
② 저질의 전송로에도 사용 가능
③ 고가의 여파기를 필요로 하지 않아 단국장치의 경제화 가능
④ 장거리 고품질 통신이 가능

2014년 무선설비산업기사 기출문제

10 다음 중 아날로그 변조 방식의 진폭변조(AM)에 대해 맞게 설명한 것은?

가. 아날로그 정보 신호에 따라 반송파 신호의 진폭을 변화시키는 방식
나. 반송파 신호에 따라 아날로그 정보 신호의 진폭을 변화시키는 방식
다. 아날로그 정보 신호에 따라 반송파의 진폭과 위상을 변화시키는 방식
라. 방송파 신호에 따라 아날로그 정보 신호의 위상을 변화시키는 방식

정답 가

해설 진폭변조(AM)방식은 아날로그 정보 신호에 따라 반송파 신호의 진폭을 변화시키는 변조방식이다.

11 듀티 사이클(Duty Cycle)이고 0.1 이고 주기가 30[ms]인 펄스의 폭은 얼마인가?

가. 0.3[ms] 나. 1[ms]
다. 3[ms]   라. 10[ms]

정답 다

해설 $D = \dfrac{\tau}{T}$
∴ $\tau = D \times T = 0.1 \times 30m = 3[\text{ms}]$

12 다음 중 클리퍼(Clipper) 회로에 대한 설명으로 옳은 것은?

가. 입력 파형을 주어진 기준전압 레벨 이상 또는 이하로 잘라내는 회로
나. 일정한 레벨 내에서 신호를 고정시키는 회로
다. 특정 시각에 발진 동작을 시키는 회로
라. 안정 상태와 준안정 상태를 번갈아 동작하는 회로

정답 가

해설 클리퍼(Clipper)회로는 입력 파형을 주어진 기준전압 레벨 이상 또는 이하로 잘라내는 회로이다.

13 부울 대수의 정리 중 틀린 것은?

가. A + A = A
나. A · A = A
다. (A · B) = (A+B)
라. A+B=B+A

정답 다

해설 (A · B) ≠ (A+B)

14 다음 중 순서 논리 회로에 대한 설명으로 틀린 것은?

가. 입력 신호와 순서 논리 회로의 현재 출력상태에 따라 다음 출력이 결정된다.
나. 조합 논리 회로는 사용할 수 없다.
다. 순서 논리 회로의 예로 카운터, 레지스터 등이 있다.
라. 데이터의 저장 장소로 이용이 가능하다.

정답 나

해설 순서 논리 회로는 현재의 입력상태 뿐만 아니라 기억소자 상태에 의해 출력이 결정되는 회로로, 이전의 입력상태를 저장할 수 있는 플립플롭 등과 같은 기억소자를 포함한다.

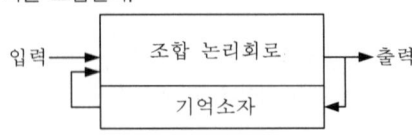

순서 논리 회로의 구성

15. 8진수 666.6을 10진수로 변환한 값은 얼마인가?

　가. 430.75　　나. 434.75
　다. 438.75　　라. 442.75

정답 다

해설 각 진법간의 변환

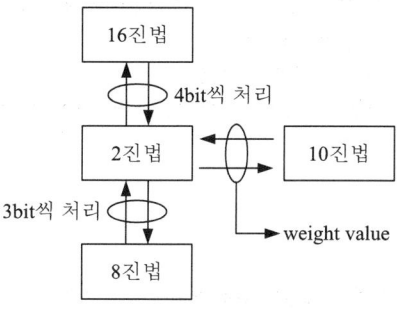

∴ $(666.6)_8 \rightarrow (110110110.110)_2 \rightarrow (438.75)_{10}$

16. 2진 코드를 그레이코드(Gray Code)로 변환하여 주는 논리식으로 맞는 것은?

　가. OR　　나. NOR
　다. XOR　　라. XNOR

정답 다

해설 2진코드를 그레이 코드로 변환하는 회로

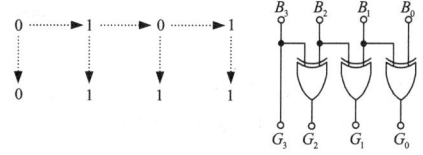

17. 5비트 리플 카운터(Ripple Counter)의 입력에 4[MHz]의 구형파를 인가할 때 최종단 플립플롭의 주파수는?

　가. 125[KHz]　　나. 25[KHz]
　다. 500[KHz]　　라. 800[KHz]

정답 가

해설 T 플립플롭은 2분주 기능을 가지고 있다. 플립플롭의 개수를 n이라고 하면 출력 신호는 $\dfrac{입력주파수}{2^n}$이 된다.

∴ 출력주파수 $= \dfrac{1 \times 10^6}{2^5} = 125[\text{Hz}]$

18. 다음 중 M×N 디코더(Decoder)에 대한 설명으로 틀린 것은?

　가. AND 회로의 집합으로 구성할 수 있다.
　나. 2진수를 10진수로 변환하는 회로이다.
　다. 10진수를 BCD로 표현할 때 사용한다.
　라. 명령 해독이나 번지를 해독할 때 사용한다.

정답 다

해설 디코더는 2진 코드나 BCD 코드를 입력으로 하여 우리가 사용하기 쉬운 10진수로 변환해 주는 장치로 해독기라고도 한다. 이는 n 개의 2진 코드로 받아 최대 2^n 개의 출력을 갖는 조합 논리회로이며 AND 또는 NAND 게이트로 구성할 수 있다.

19. 다음 중 전원이 차단되었을 때 데이터가 지워지는 소자는?

　가. EPROM(Erasable Programmable Read Only Memory)
　나. EEPROM(Electrically Erasable Programm-able Read Only Memory)
　다. NVRAM(Non-volatile Random Access Memory)
　라. SDRAM(Synchronous Dynamic Random Access Memory)

정답 라

해설 ROM은 이미 저장되어 있는 내용을 읽어낼 수는 있으나 새로운 데이터를 저장할 수 없으며, 비휘발성 반도체 기억장치이다. SDRAM (Synchronous Dynamic Random Access Memory)은 일정시간마다 주기적으로 리프레쉬를 해주어야 정보가 지워지지 않는다.

20 여러 개의 입력선 중에서 하나를 선택하여 출력선에 연결하는 조합 논리회로를 무엇이라고 하는가?

가. 멀티플렉서(Multiplexer)
나. 인코더(Encoder)
다. 디코더(Decoder)
라. 채널(Channel)

정답 가

해설 멀티플렉서란 많은 수의 정보를 적은 수의 채널이나 출력선을 통하여 전송하는 것을 의미하며, 일반적으로 멀티플렉서는 2^n 개의 데이터 입력선과 n 개의 선택선, 그리고 1개의 출력선으로 구성되며 ($n=1,2,3,......$) 데이터가 여러 개의 입력선으로부터 선택(Selector) 신호에 따라 출력단에 보내지는 장치로 데이터 선택기(Data selector)라고도 한다.

제2과목 무선통신기기

21 다음 그림과 같이 위상비교기, 저역필터, 전압제어발진기(VCO)로 구성된 부궤환 회로는 무엇인가?

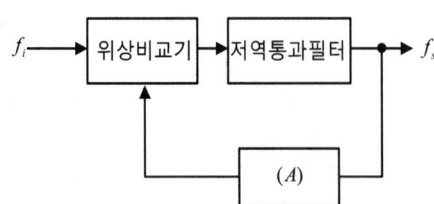

가. PLL회로
나. BFO(회로)
다. 스켈치회로
라. 디엠파시스 회로

정답 가

해설 PLL(Phase Lock Loop)
: 위상비교기, 발진기, 루프필터로 구성되어 VCO(전압제어발진기)의 출력을 계속 Loop시켜 정확한 주파수에 Locking 시키는 기능을 담당함
* 주파수 합성기로 사용됨

22 다음 중 FM 수신기에만 사용되는 것은?

가. 국부 발진기
나. 대역통과 필터
다. 주파수 변환기
라. 주파수 변별기

정답 라

해설 FM수신기의 구성: 국부발진기, 주파수변별기, 중간주파증폭기, 스켈치, De-Emphasis, 진폭제한기 등으로 구성됨
* FM송신기의 구성
(IDC(전치왜곡보상회로), Pre-Emphasis, 주파수 변별기)

23 다음 그림은 어떤 변조 파형인가?

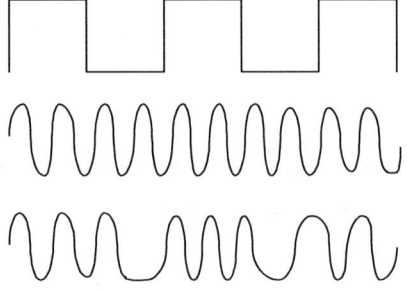

가. ASK
나. FSK
다. PSK
라. QAM

정답 나

해설 FSK
1. 입력신호에 따라 반송파의 주파수를 변화시키는 디지털 변조출력 파형임
2. 주파수가 변화되는 "1" 〈-〉 "0" 의 순간적인 주파수 불일치로 출력스팩트럼의 진폭이 큼

24 다음 중 디지털 변조 통신 방식에 대한 설명으로 틀린 것은?

가. 진폭 변이 변조(ASK)는 정현파의 진폭에 정보를 싣는 방식으로 2진 내지 4진 폭을 이용하며 저속 통신에 이용된다.

나. 주파수 편이 변조(FSK)는 정현파의 주파수에 정보를 싣는 방식으로 2가지의 주파수를 이용하며 중, 저속 통신에 이용된다.

다. 위상 편이 변조(PSK)는 정현파의 위상에 정보를 싣는 방식으로 2, 4, 8, 16진 방식이 있으며 중, 고속 통신에 이용된다.

라. 직교 진폭 변조(QAM)는 정현파의 진폭과 주파수에 정보를 싣는 방식으로 저속 통신에 이용된다.

정답 라

해설 디지털 변조 통신 방식

방식	특징
ASK	• 구성 간단 • 잡음, 레벨 변동에 약해 오류 확률이 높다.
FSK	• 정진폭이므로 비선형 증폭에 적합. • 잡음, 레벨변동에 강하다. • 주파수 변동에 약하다(AFC 필요) • 주파수 효율이 낮아 고속 전송에 부적당
PSK	• 잡음, 페이딩에 강해 심볼 에러가 적다 (소요 C/N이 적다).동기 검파 방식만 사용 가능
QAM	• 진폭과 위상을 변화시키는 방식 • 주파수 이용 효율이 큼. • 전송용량 증대 • 비직선 일그러짐,잡음 등에 약함(소요 C/N이 비교적 크다)

25 PCM(Pulse Code Modulation) 방식에서 아날로그 신호를 디지털신호로 변환하는 과정에 속하지 않는 것은?

가. 복호화(Decoding)
나. 표본화(Sampling)
다. 양자화(Quantization)
라. 부호화(Coding)

정답 가

해설 PCM (Pulse Code Modulation)은 표본화-양자화-부호화 과정을 거치는 아날로그신호를 디지털화 하는 변조방식 이다. (ADC 회로임)

26 마이크로파 통신에서 둘 이상의 수신 안테나를 서로 다른 장소에 설치하고 이 두 수신 안테나의 출력을 합성 또는 양호한 출력을 선택 수신하여 페이딩의 영향을 줄이는 다이버시티 수신 방식은?

가. 공간 다이버시티
나. 주파수 다이버시티
다. 편파 다이버시티
라. 각도 다이버시티

정답 가

해설 공간 다이버시티:
- 공간적으로 충분히 이격된 2개 이상의 안테나를 이용하여 다이버시티 효과를 얻는 기법
- 송수신 기지국에 여러 다중 안테나를 두고,
- 서로 다른 무선 채널을 통과한 신호를 수신하고,
- 이중에 페이딩 영향이 적은 것을 취사 선택하거나 합성 수신
* 일반적으로, 안테나 다이버시티 라고도 불리워짐

27 위성에서 수신한 기가헤르츠(GHz) 대의 주파수 신호처리를 위해 먼저 낮은 주파수로 변환하게 되는데, 이 변환이 이루어지는 수신측의 장치는?

가. 디멀티플렉서(Demultiplexer)
나. 다이플렉서(Diplexer)
다. 다운 컨버터(Down Converter)
라. 저잡음 증폭기(LNA)

정답 다

해설 다운컨버터(Down convertor): 고주파 신호를 저주파 신호로 (주로 IF 주파수로) 낮추는 장치. 주파수 곱셈기가 주로 다운 컨버터 역할을 함.

2014년 무선설비산업기사 기출문제

28 위성을 제어하기 위해서 위성에 있는 각 장치에 대한 상태와 위성의 위치 등을 지구국에 송신하는 기능을 수행하는 장치는?

가. 텔레메트리 시스템
나. 트랜스폰더 시스템
다. 추진 시스템
라. 자세귀도 제어 시스템

정답 가

해설 텔리메트리 시스템
① 원격 측정 추적 제어 시스템인 Telemetry 시스템은 지구국으로부터 전송된 명령을 수신한다.
② 위성의 상태를 감시하며 감시된 모든 상황들을 전기적 신호로 변환하여 지구국으로 재송신하는 역할을 한다.

29 입력전압 0.5[V]의 신호를 가해 5[V]의 증폭된 신호를 얻었다면 이때의 이득은 얼마인가?(단, 입출력 저항은 같다.)

가. 20[dB]   나. 30[dB]
다. 44[dB]   라. 55[dB]

정답 가

해설
$$전압이득 = 20\log\frac{출력전압}{입력전압}$$
$$= 20\log\frac{5V}{0.5V}$$
$$= 20\log 10 = 20 dB$$

30 CDMA 통신방식에서 이동국은 각각의 기지국을 활동, 후보, 인접, 잔여 집합으로 구분하는데 이는 무엇을 하기 위한 것인가?

가. 위치등록(Location Registration)
나. 로밍(Roaming)
다. 핸드 오버(Hand Over)
라. 인증(Authentication)

정답 다

해설 핸드오프(핸드오버)란 통화중인 단말기 가입자가 서비스 영역을 벗어나 다른 셀이나 섹터로 이동하더라도 통화가 계속 유지될 수 있도록 통화채널을 자동적으로 변경시켜 주는 기술로 Soft Hand off 와 Softer Hand off, Hard Hand off방식이 있다.
핸드오버를 하기위해 인접 셀의 기지국 ID를 미리 확보하고 있어야 함.

31 다음 중 수신기의 S/N 비를 개선하기 위한 방법으로 적합하지 않은 것은?

가. 주파수 변환 이득을 크게 한다.
나. 수신기 대역폭을 넓힌다.
다. 믹서 전단에 저잡음 증폭기를 설치한다.
라. 국부 발진기의 출력에 필터를 설치한다.

정답 나

해설 수신기의 이득을 높이는 방법
① 주파수변환 이득향상
② 수신대역폭 좁게
③ 수신기에 증폭기 사용
④ 국부발진기의 안정도 향상
⑤ 송신전력을 크게 함

32 입력 교류전력이 60[W]이고 출력 직류전력이 120[W]일 경우 정류효율은 몇 [%]인가?

가. 50[%]   나. 100[%]
다. 200[%]   라. 300[%]

정답 다

해설 정류효율, $\eta = \dfrac{120W}{60W} = 200\%$

33 태양전지에서 만들어진 직류전기를 교류전기로 만들어주는 것은?

가. 인버터   나. 컨버터
다. 광센서   라. 콘트롤러

정답 가

[해설] 교류전기를 직류전기로 변환, 직류전기를 교류전기로 변환하는 장치를 인버터라 함.
* DC-DC, AC-AC변환은 컨버터임.

34 다음 중 전력변환장치의 중화회로에 대한 설명으로 옳지 않은 것은?

가. 중화회로는 중화용 콘덴서에 의한 것과 중화용 코일에 의한 것이 있다.
나. 중화용 콘덴서에 의한 방법으로는 TR이나 진공관을 사용한다.
다. 자기발진을 방지할 수 있다.
라. 전압제어방식으로 공진을 유도한다.

정답 라

[해설] 전력 변환기/전력변환 회로/전력 컨버터/제어 정류기(Power Converter): 주 전원을 받아서 시스템에서 요구하는 안정적이고 효율적인 전원으로 변환 공급하는 역할을 하는 회로를 일컬음 중화회로: 발진 등을 방지하기 위한 회로.

35 1000[kHz]의 방송파신호가 3[kHz]의 신호파에 의해 진폭변조되었다면 AM 신호의 주파수 스펙트럼에 나타나는 현상은?

가. 3[kHz], 6[kHz], 1,000[kHz]
나. 997[kHz], 1,000[kHz], 1,003[kHz]
다. 1,000[kHz], 1,003[kHz], 1,006[kHz]
라. 994[kHz], 1,000[kHz], 1,006[kHz]

정답 나

[해설] AM 변조방식은 반송파를 포함한 모든 측파대(상측파 또는 하측파)를 취하는 변조방식이다.
$f_c = 1000 KHz, f_m = 3 KHz$ 이므로,

스펙트럼에 나타나는 신호는,

$f_c, f_c \pm f_m$ 신호가 나타남.

즉, $100 KHz, 1003 KHz, 997 KHz$.

36 다음 중 AM 수신기의 감도측정에 필요하지 않은 것은?

가. 가변 감쇠기
나. 피측정 수신기
다. 의사 공중선
라. 표준신호 발생기

정답 가

[해설] AM 수신기의 감도측정에 필요한 장비: 피측정 수신기, 안테나(또는 의사 공중선), 송신기(표준신호 발생기)

37 다음 중 송신기의 RF 간섭 및 변조파 특성을 측정하기에 적합한 계측기는?

가. 오실로스코프
나. 스펙트럼 분석기
다. 레벨미터
라. 멀티미터

정답 나

[해설] 스펙트럼 분석기의 용도
① 펄스폭 및 반복률 측정
② RF 증폭기의 동조
③ FM 편차 측정
④ RF 간섭시험
⑤ 안테나 패턴 측정

38 다음 중 수신기 시험을 할 경우 의사 공중선을 사용하는 이유로 옳은 것은?

가. 표준 입력 신호를 공급하기 위하여
나. 수신기의 부차적 전파 발사를 억제하기 위하여
다. 수신기의 입력레벨을 감쇠시키기 위하여
라. 안테나에 의한 입력회로의 등가회로를 구성하기 위하여

정답 라

[해설] 의사공중선(Dummy): 공중선의 성능을 측정하고, 실제 공중선에 의한 입력회로와 등가회로를 구성하기 위한 것

39 전원 회로에서 무부하시 전압이 200[V]이고 부하시 전압이 190[V]였다면 전압 변동률은 약 몇 [%]인가?

가. 5[%]   나. 7[%]
다. 8[%]   라. 10[%]

정답 가

해설) 전원회로 무부하시의 전압을 V_o, 부하 인가시의 V_l이라고 하면 전압 변동률 δ 는

$$\delta = \frac{V_0 - V_l}{V_l} \times 100[\%]$$
$$= \frac{200 - 190}{190} \times 100 = 5.2\%$$

40 장시간 부동충전방식으로 충전할 경우 축전지 각각의 특성에 따라 방전량에 차이가 발생하여 축전지의 충전전압이 달라져 충전부족 상태의 축전지가 생길 수 있다. 이런 문제점을 해결하기 위한 충전방식으로 적합한 것은?

가. 급속 충전방식
나. 세류 충전방식
다. 균등 충전방식
라. 정전류 충전방식

정답 다

해설) 균등 충전
① 부동 충전 방식에 의해 사용할 때 각 전지간에 전압이 불균일하게 된다. 이를 시정하기 위해 일시적으로 과 충전하는 방식
② 약 1~2개월에 한 번 정도 실시

제3과목 안테나개론

41 다음 중 수직 안테나에서 복사된 전파로 자계가 대지에 대하여 수평인 파는?

가. 수직 편파
나. 수평 편파
다. 원편파
라. 타원 편파

정답 가

해설) 편파(偏波)/편광(偏光):
① 전자기파/빛에서 횡파특성
② 그 진행방향에 수직한 횡평면에서 전기장(E field, 전계) 성분의 파동
③ 전기장 벡터의 끝이 그리는 궤적 자계가 수평이므로, 전계는 수직이 되며, 따라서 수직 편파가 됨.

42 유전율(ϵ_s)이 4이고 비투자율(μ_s)이 1인 매질 내를 전파하는 전자파의 속도는 자유공간을 전파할 때와 비교하여 몇 배의 속도가 되는가?

가. 1/2배   나. 2배
다. 4배   라. 9배

정답 가

해설) 전파속도
$$v = \frac{\lambda}{T} = f\lambda = \frac{w}{\beta} = \frac{1}{\sqrt{LC}} = \frac{1}{\sqrt{\mu\epsilon}}$$
$$= \frac{1}{\sqrt{1 \times 4}} = \frac{1}{2}$$

43 다음 중 전계와 자계에 대한 설명으로 옳은 것은?

가. 자기력선은 발산이 있으나 전기력선은 없다.
나. 전계와 자계 모두 에너지 보전법칙이 성립한다.
다. 전계는 전류 및 자하에 의하여 형성된다.
라. 전기력선은 항상 폐곡선을 형성한다.

정답 나

해설 전계와 자계에 관한 설명
① 자계는 보전적이며, 전계는 보존적이거나 보존적이 아닐 수 있다.
② 전계는 전하에 의해서 생성되며, 자계는 전류 및 자하에 의해서 형성된다.
③ 전기력선은 발산이 있으나, 자기력선은 발산이 없다.

44 다음 중 급전선의 활용에 대한 설명으로 틀린 것은?

가. 마이크로파용 파라볼라 안테나와 송신기까지는 일반적으로 단선식 75[Ω] 급전선을 사용하는 것이 좋다.
나. Folden dipole 안테나는 300[Ω] 평행 2선식용을 사용하여 중앙에 급전한다.
다. 소출력 SSB 송신기까지 50[Ω] 동축케이블을 사용하는 것이 손실이 적고 사용이 편리하다.
라. 중·중파용의 역L형 안테나는 급전선이 별도로 없고 송신기까지 안테나선을 직접 연결하는 경우가 많다.

정답 가

해설 급전선의 종류에는 도파관, 동축케이블, Pair케이블 등이 있음. 마이크로 웨이브용 동축케이블은 주로 50Ω, 75Ω을 사용하고, 폴디드 안테나, 야기안테나 등은 평형2선식 케이블(300Ω)을 사용함.

급전선의 요구조건
① 전송효율이 좋을 것
② 급전선의 파동임피던스(Z = E/H)가 적당할 것
③ 유도장애를 주거나 받지 않을 것
④ 무왜곡 조건 RC=LG 임

45 다음 중 동축케이블의 고주파 저항에 영향을 미치는 요소와 관련이 없는 것은?

가. 동축케이블 외부 도체 직경
나. 동축케이블 내부 도체 직경
다. 주파수
라. 동축케이블의 내부 정전용량

정답 라

해설 동축 케이블 특성임피던스.
$$Z_o = \sqrt{\frac{L}{C}} = \frac{138}{\sqrt{\varepsilon_s}} \log_{10} \frac{D}{d} [\Omega]$$
여기서 d=내부도체 직경, D=외부도체 직경
주파수가 높을수록 케이블 손실이 증가함.

46 다음 중 비동조 급전선에 대한 설명으로 바르지 않은 것은?

가. 급전선의 길이가 사용파장과 일정 비례관계를 갖지 않는다.
나. 정합장치가 필요 없다.
다. 전송효율이 높아 장거리 전송에 유리하다.
라. 급전선에는 진행파만 존재한다.

정답 나

해설 급전선상에 진행파만 있고 정재파는 생기지 않도록 한 급전방식

구분	동조 급전선	비동조 급전선
전송파	정재파	진행파
정합장치	불필요	필요
전송손실	큼	작음
전송효율	나쁨	좋음
송신안테나 거리	단거리용	장거리용
급전선길이와 파장과의 관계	있음	없음

47 다음 중 안테나를 설계할 때 임피던스 정합 회로를 사용하는 이유로 적합하지 않은 것은?

가. 왜율이나 이중상(Ghost) 발생을 방지하기 위하여
나. 최대 전력을 전송하기 위하여
다. 전송선로와 안테나 정합부에서 반사율 최소화하기 위하여
라. 전송선로의 정재파비를 최대화하기 위하여

정답 라

해설 정합이란
① 공중선과 급전선을 결합할 때 급전선 출력단의 임피던스와 공중선 입력단의 임피던스를 갖게 하여 전력 손실이 최소가 될 수 있도록 임피던스를 맞추는 것을 정합이라 한다.
② 일반적으로 임피던스 정합이란 입력 전원측의 전력이 출력단에 전달될 때 최대의 전력이 되도록 하는 기술을 말하는데 최대의 전력이 되려면 전원측과 부하측의 임피던스가 공액 상태로 일치되어야 한다.

48 금속봉(Post)에 의한 도파관의 정합에서 금속봉의 길이(L)을 λ/4로 할 경우 어떤 성분이 되는가?

가. 유도성이 된다.
나. 공진한다.
다. 용량성이 된다.
라. 감쇠기가 된다.

정답 나

해설 도체 봉(post)에 의한 정합

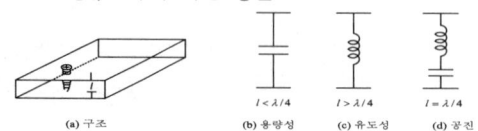

(a) 구조 (b) 용량성 (c) 유도성 (d) 공진
도체봉에 의한 정합

도파관에 반사파가 존재하는 경우 도체봉(post)에 의한 전자계에 의해 반사파를 상쇄시키므로 정합을 시킬 수 있다.

49 공급전력이 1[KW]일 때 공중선 전류가 10[A]인 안테나의 경우 안테나에 16[KW]의 전력을 공급하면 공중선 전류의 값은 얼마인가?

가. 10[A]   나. 20[A]
다. 40[A]   라. 80[A]

정답 다

해설 $P = I^2 R$에 의해,

$1000 = 10^2 R$, $\therefore R = 10\Omega$

따라서, $16000 = I^2 \times 10$, $I^2 = 1600$

$\therefore I = 40 [A]$

50 다음 중 안테나의 길이를 줄이기 않고 안테나 고유주파수보다 높은 주파수에 공진시키기 위한 방법으로 적합한 것은?

가. 안테나와 직렬로 코일을 접속한다.
나. 안테나와 병렬로 코일을 접속한다.
다. 안테나와 직렬로 콘덴서를 접속한다.
라. 안테나와 병렬로 콘덴서를 접속한다.

정답 다

해설 Loading
안테나를 고유 주파수 이외의 주파수에서 효과적으로 사용하기 위하여 안테나의 입력 리액턴스 성분이 "0"이 되도록 L, C를 넣어 안테나의 길이가 짧게 하거나 길게 하여 동조시키는 것을 loading이라 하며 Base loading, center Loading, top loading이 있다.
① 연장 코일:
안테나의 기저부에 인덕턴스를 삽입하면 다음의 공진 주파수 공식에서 합성인덕턴스 L이 증가하므로 주파수는 낮아지고 파장은 길어져 안테나의 길이가 연장된 것과 같은 효과를 얻을 수 있다.
② 단축 캐패시턴스:
안테나의 기저부에 캐패시턴스를 삽입하면 합성 캐패시턴스 C가 감소하므로 주파수는 높아지고 파장은 짧아져 안테나의 길이가 단축된 것과 같은 효과를 얻을 수 있음.

51. 방사저항이 70[Ω]이고 손실저항이 20[Ω]인 안테나의 방사효율은 얼마인가?
    가. 약 21[%]   나. 약 27[%]
    다. 약 42[%]   라. 약 79[%]

    정답 라

    해설) 방사효율= 복사저항 /(손실저항+복사저항) 이므로, 손실저항이 작을수록, 복사저항이 클수록 방사효율이 우수함.
    방사효율= 70/(70+20)=0.77, 즉 77%

52. 전계강도 100[μV/m]를 [dB]로 표현하면?
    가. 20[dB]   나. 30[dB]
    다. 40[dB]   라. 50[dB]

    정답 다

    해설) 전계강도 $E = 20\log\dfrac{V}{1uV} = 20\log\dfrac{100uV}{1uV} = 40dB$

53. 다음 중 마이크로스트립 안테나의 장점이 아닌 것은?
    가. 크기가 작다.
    나. 무게가 작다.
    다. 소형화가 가능하다.
    라. 장·중파 대역에 사용가능하다.

    정답 라

    해설) 마이크로스트립: 구조의 치수가 작기 때문에 동축 선로에 비해서 높은 주파수대까지 사용 가능하며 제작이 용이한 장점이 있다.

54. 다음 접지방식 중 접지저항이 큰 것에서 작은 순서로 바르게 배열된 것은?

    ㄱ. 심굴접지 방식   ㄴ. 다중접지 방식   ㄷ. 방사상 접지방식

    가. ㄱ - ㄴ - ㄷ
    나. ㄷ - ㄱ - ㄴ
    다. ㄴ - ㄱ - ㄷ
    라. ㄱ - ㄷ - ㄴ

    정답 라

    해설) 장·중파대 안테나 접지의 종류

종류	특징	접지저항
심굴접지	목탄을 사용 (소전력)	10Ω
방사상 접지	동선을 사용 (중전력)	5Ω
다중 접지	병렬 접지 (대전력)	1Ω
카운터 포이즈	암반, 건조지 사용	수 Ω

55. 다음 중 VHF(Very High Frequency)와 UHF(Ultra High Frequency) 대역의 주파수 범위는?
    가. VHF : 300~3,000[MHz], UHF : 30~300[MHz]
    나. VHF : 3~30[MHz], UHF : 30~300[MHz]
    다. VHF : 30~300[MHz], UHF : 300~3,000[MHz]
    라. VHF : 30~300[MHz], UHF : 3~30[MHz]

    정답 다

    해설)

명칭	주파수의 범위
VLF	3-30[kHz]
LF	30-30[kHz]
MF	300-3,000[kHz]
HF	3-30[MHz]
VHF	30-300[MHz]
UHF	300-3000[MHz]
SHF	3-30[GHz]
EHF	30-300[GHz]

2014년 무선설비산업기사 기출문제

56 가시거리 외의 먼 곳까지 도달하고, 장애물 뒤쪽의 가시거리 밖에까지 전파되는 지상파는 무엇인가?

가. 회절파   나. 전리층파
다. 지표파   라. 직접파

정답 가

해설 초가시거리 전파의 종류
1. 산악 회절 전파 (회절파)
2. Radio Duct 전파
3. 대류권 산란파 전파
4. 전리층 산란파 전파
5. 산재 E층에 의한 전파

57 다음 중 대류권 산란파에 대한 설명으로 틀린 것은?

가. 소출력의 송신기가 필요하다.
나. 지리적 조건에 영향을 받지 않는다.
다. 수신 전계는 불규칙하게 변하나 비교적 안정하다.
라. 기본 전파 손실은 매우 크다.

정답 가

해설 대류권산란파의 특징
1. 초단파대 초가시거리 통신에 적합
2. 시간적, 공간적, 지리적 제한이 없음
3. 전파손실이 커서 대출력 송신기가 요구됨
4. 짧은 주기를 갖는 Fading(Short Term) 발생됨
5. 대류권 산란파 통신은 200[MHz]~3000[MHz], 200[km] ~ 1500[km] 통신에 적합함.

58 다음 중 임계 주파수에 대한 설명으로 틀린 것은?

가. 수직 입사파의 반사되는 주파수와 투과되는 주파수의 경계이다.
나. 입사각이 클수록 거리가 짧을수록 낮아진다.
다. 전리층을 투과하는 가장 낮은 주파수이다.
라. 전리층을 반사되는 가장 높은 주파수이다.

정답 나

해설 ① 강전리층에 전파를 수직으로 입사시켰을때, 전리층이 반사하는 전파의 최고주파수
② 전리층(電離層)의 겉보기의 높이는 주파수에 따라 다른 것이어서 주파수를 변화 시키면서 높이의 측정을 하여 나가면 어떤 주파수에서 급히 반사되는 전파가 없어진다. 곧 겉보기의 높이는 무한대로 되는 것이어서 이때의 주파수를 그층(전리층에는 E층, F층 등이 있다)의 임계주파수라고 한다.

59 단파가 전리층을 통과하거나 반사될 때 전자나 공기분자와 충돌하여 감쇠량이 변해 발생하는 페이딩은?

가. 간섭성 페이딩   나. 편파성 페이딩
다. 흡수성 페이딩   라. 선택성 페이딩

정답 다

해설 흡수성 fading
① 전파가 전리층을 통과하거나 반사할 때 전자와 공기분자와의 충돌로 그 세력의 일부가 흡수되어 생기는 fading
② 수신기에 AVC 또는 AGC 회로를 추가하여 방지

60 다음 중 태양잡음에 대한 설명으로 틀린 것은?

가. 태양 활동이 정온한 때에는 흑체 방사나 흑점상공의 코로나(Corona)에서의 방사에 의해 발생한다.
나. 지구상에서 본 태양이 보이는 입체각은 6.8×10[Sterad]로 작은 점과 같으나, 여기에서 강력한 잡음 전파가 발사하고 있다.
다. 단파와 마이크로파대에서는 무시된다.
라. 태양 활동이 맹렬할 때에는 아웃 버스트(Out Burst)나 태양전파 폭풍우에 의해 잡음이 발생한다.

정답 다

해설 태양잡음:
태양 활동에 수반해서 발생하여 지구에 도달하는 잡음 전파로 Corona와 같은 고온부에서의 열교란에 기인한다. VHF 이상의 주파수에 영향

제4과목 전자계산기 일반 및 무선설비기준

61 다음 중 DRAM에 대한 설명으로 맞는 것은?

가. 플립플롭 회로를 사용하여 만들어졌다.
나. 모든 메모리 유형 중에서 가장 빠르다.
다. 일반적으로 CPU의 레지스터나 캐시 메모리에만 사용된다.
라. 저장된 데이터를 유지하기 위해 계속적으로 데이터를 새롭게 하는 것이 필요하다.

정답 라

해설 가,나,다 항은 SRAM에 대한 설명이다.
라항은 DRAM에 대한 정보 유지를 위해 reflash를 해주어야하는 것을 의미한다.

62 다음 빈칸에 들어갈 내용이 순서대로 된 것은?

입출력(I/O) 방식은 입출력 할 때 CPU를 통과하는 방법과 CPU를 거치지 않는 방법의 2가지로 크게 나눈다. 후자의 예는 ( )를 (을) 이용한 입출력이나 ( )를(을) 이용한 입출력을 의미한다. 한편, 전자는 프로그램 제어 입출력이라 하며 이 방식은 CPU와 입출력 장치의 속도 차이 때문에 비효율적이다.

가. 인터럽트, DMA
나. DMA, IOP
다. IOP, 인터럽트
라. 인터럽트, 프로그램

정답 나

해설 입출력 방법
 1. CPU를 경유하는 방법
  ① 프로그램에 의한 입출력
  ② 인터럽트에 의한 입출력
 2. CPU를 경유하지 않는 방법
  ① DMA(Direct Memory Access)
  ② IOP(Input-Output Processor : 입출력 처리기 : 채널이라고도 한다.)

63 다음 괄호 안에 들어갈 내용이 순서대로 된 것은?

10101001에 대한 1의 보수는 (㉠)이고, 2의 보수는 (㉡)이다.

가. ㉠ 01010110   ㉡ 01010111
나. ㉠ 01010101   ㉡ 01010101
다. ㉠ 01011010   ㉡ 01011011
라. ㉠ 01011011   ㉡ 01011110

정답 가

해설 1의 보수 : 모든 비트를 1은 0으로, 0은 1로 바꾸면 된다. 그러므로 10101001의 1의 보수는 01010110 이다.
2의 보수 : 1의 보수 + 1
그러므로 01010110 + 1 = 01010111 이다.

64 다음 중 해밍코드에 대한 설명으로 틀린 것은?

가. 오류를 검출 및 교정할 수 있다.
나. 정보 비트의 길이에 따라 패리티 비트의 수가 결정된다.
다. 한 비트당 최소한 두 번 이상의 패리티 검사가 이루어진다.
라. 해밍코드에서 4개의 정보 비트를 체크하기 위한 최소한의 패리티 비트는 2개가 된다.

정답 라

해설 4개의 정보 비트에 대한 패리티 비트는 3개이어야 한다.

65 사용자가 컴퓨터의 본체 및 각 주변 장치 등을 가장 효율적이고 경제적으로 사용할 수 있도록 하는 프로그램을 무엇이라고 하는가?

가. 컴파일러(Compiler)
나. 로더(Loader)
다. 매크로(Macro)
라. 운영 체제(Operating System)

정답 라

2014년 무선설비산업기사 기출문제

[해설] 컴파일러 : 고급언어 번역기
로더 : 실행 프로그램을 메모리에 적재시키는 역할을 하는 소프트웨어
매크로 : Open Subprogram
운영체제 : Computer 관리를 위한 소프트웨어

66 다음 중 메모리의 기능과 디스크의 기능을 동시에 수행할 수 있는 비 휘발성 메모리를 무엇이라고 하는가?

가. DMA(Direct Memory Access)
나. VTL(Virtual Tape Library)
다. Flash Memory
라. SDRAM(Synchronous Dynamic Random Access Memory)

[정답] 다

[해설] 플래쉬 메모리 : EEPROM 과 유사한 메모리이다.

67 다음 중 컴퓨터 프로그래밍 언어의 번역프로그램이 아닌 것은?

가. 어셈블러
나. 인터프리터
다. 컴파일러
라. 기호어

[정답] 라

[해설] 번역기의 종류
① 컴파일러
② 인터프리터
③ 어셈블러

기호어는 번역기가 아니라 프로그래밍 언어이다.

68 다음 중 이미 완제품으로 출시된 프로그램 중에 존재하는 오류 또는 버그(Bug)를 수정하기 위하여 일부 파일을 변경해 주는 프로그램을 무엇이라 하는가?

가. Bundle
나. Freeware
다. Shareware
라. Patch

[정답] 라

[해설] 번들 : 별도로 판매되는 제품들을 묶음으로 하여 하나의 패키지로 제공하는 형태
프리웨어 : 무료 소프트웨어
쉐어웨어 : 일정기간 사용 해본 후 구매하여 사용하는 소프트웨어
패치 : 덧붙여 주는 소프트웨어

69 프로그램의 에러나 디버깅 등의 목적을 수행하기 위해 메모리에 저장된 내용의 일부 또는 전부를 화면이나 프린터, 디스크 파일 등으로 출력하는 것을 무엇이라 하는가?

가. 링커(Linker)
나. 디버거(Debugger)
다. 로더(Loader)
라. 메모리 덤프(Memory Dump)

[정답] 라

[해설] 링커 : 목적 프로그램을 실행 가능한 프로그램으로 변환해주는 소프트웨어
디버거 : 오류를 찾아 수정하는 소프트웨어
로더 : 실행 프로그램을 메모리에 적재시키는 소프트웨어
메모리 덤프 : 메모리의 내용을 그대로 보여주는 소프트웨어

70 다음 중 인터럽트의 우선순위가 가장 높은 것은 무엇인가?

가. 전원 Reset 인터럽트
나. 입출력 인터럽트
다. 외부 인터럽트
라. SVC(Supervisor Call)

정답 가

해설 급한 것이 우선순위가 높다

71 허가나 신고로 개설하는 무선국에서 이용할 특정한 주파수를 지정하는 것을 무엇이라 하는가?

가. 주파수 할당   나. 주파수 분배
다. 주파수 지정   라. 주파수 용도

정답 다

해설 주파수 할당

용어	특징
주파수 분배	특정한 주파수의 용도를 정하는 것
주파수 할당	특정한 주파수의 권리를 부여 함
주파수 지정	무선국이 이용할 특정주파수 지정

72 "다른 무선국의 정상적인 운용을 방해하는 전파의 발사·복사 또는 유도"는 무엇에 대한 정의인가?

가. 잡음   나. 간섭
다. 혼신   라. 전파장애

정답 다

해설 혼신: 다른 무선국의 정상적인 운용을 방해하는 전파의 발사/복사 또는 유도를 말한다.

73 다음 중 무선설비산업기사의 기술운용에 의한 종사범위에 해당하지 않는 것은?

가. 3[kW] 이하의 무선전신
나. 3[kW] 이하의 팩시밀리
다. 3[kW] 이하의 무선전화
라. 규정된 무선설비 외에 1.5[kW] 이하의 무선설비

정답 다

해설 무선설비산업기사의 기술운용에 의한 종사범위 다음 각 목에서 정한 무선설비의 기술운용
　가. 공중선전력 3킬로와트 이하의 무선전신 및 팩시밀리
　나. 공중선전력 1.5킬로와트 이하의 무선전화
　다. 레이더
　라. 가목부터 다목까지 규정된 무선설비 외의 무선설비로서 공중선전력 1.5킬로와트 이하의 것

74 다음 중 선박국용 초단파대 무선전화 장치의 적합성평가를 위한 전기적 시험항목으로 틀린 것은?

가. 시동 후 2분 후에 정상 동작함을 확인
나. 주파수 허용 편차
다. 점유주파수대폭의 허용치
라. 스퓨리어스발사의 허용치

정답 가

해설 시동 후 2분 후에 정상 동작함을 확인은 해당 없음.

75 다음 중 해당 방송통신기자재 등이 적합성평가기준에 적합하지 않게 된 경우 1차 위반시의 행정처분은 무엇인가?

가. 파기 명령   나. 수입 중지
다. 시정 명령   라. 생산 중지

정답 다

해설
1차위반: 시정명령
2차위반: 생산·수입·판매 또는 사용중지 (2개월)
3차위반 : 취소
근거: 전파법 58조의 4

76 다음 중 "방송통신기자재 등의 적합성평가에 관한 고시"에서 규정하는 용어의 정의로 틀린 것은?

가. "사후관리"라 함은 적합성 평가를 받은 기자재가 적합성평가기준대로 제조·수입 또는 판매되고 있는지 관련법에 따라 조사 또는 시험하는 것을 말한다.
나. "기본모델"이란 방송통신기기 내부의 전기적인 회로·구조·성능이 동일하고 기능이 유사한 제품군 중 표본이 되는 기자재를 말한다.
다. "파생모델"이란 기본모델과 전기적인 회로·구조·성능만 다르고 그 부가적인 기능은 동일한 기자재를 말한다.
라. "무선 송·송수신용 부품"이란 차폐된 함체 또는 칩에 내장된 무선 주파수의 발진, 변조 또는 복조, 증폭부 등과 안테나로 구성된 것으로 시스템에 하나의 부품으로 내장되거나 장착될 수 있는 것을 말한다.

정답 다

해설 방송통신기자재 등의 적합성평가에 관한 고시 (전파연구소 고시)
"파생모델"이란 기본모델과 전기적인 회로·구조·기능이 유사한 제품군으로 기본모델과 동일한 적합성 평가번호를 사용하는 기자재를 말한다.

77 방송국에 지정된 공중선 전력이 500[W]인 경우 허용편차가 상한 5[%], 하한 10[%]라면 전파를 발사할 때 허용되는 공중선 전력은?

가. 420~500[W]   나. 450~525[W]
다. 475~550[W]   라. 500~575[W]

정답 나

해설 상한 5%: 525[W]
하한 10%: 450[W]

78 무선설비는 사용 상태에서 통상 접하는 환경 변화의 경우에도 지장 없이 동작할 수 있어야 한다. 다음 중 무선설비의 통상 접하는 환경 변화의 경우에 해당되지 않는 것은?

가. 온도 및 습도
나. 주간 및 야간
다. 진동
라. 충격

정답 나

해설 주간, 야간은 다른 환경 요인에 비해 적음.

79 다음 괄호 안에 들어갈 내용으로 맞는 것은?

> 전력선통신설비의 전력선에 통하는 고주파 전류의 기본파에 의한 누설전계강도는 그 송신장치로부터 1[kW] 이상 떨어지고, 전력선으로부터의 거리가 기본주파수의 파장을 2π로 나눈 지점에서 (   )이어야 한다.

가. $100[\mu V/m]$ 이하   나. $300[\mu V/m]$ 이하
다. $500[\mu V/m]$ 이하   라. $700[\mu V/m]$ 이하

정답 다

해설 제5조(누설전계강도의 허용치) ① 전력선통신설비의 전력선에 통하는 고주파전류의 기본파에 의한 누설전계강도는 그 송신장치로부터 1 km 이상 떨어지고, 전력선으로부터의 거리가 기본주파수의 파장을 2π로 나눈 지점에서 500 μV/m 이하이어야 한다.

80. 통신공사의 감리업무에서 무선설비 주요 기자재를 검수하는 방법 중 조회에 의한 검수 내용으로 맞는 것은?

　가. 검수방법은 감리사 입회하여 재료 제작자의 시험설비나 공장 시험장에서 시험을 실시하고 그 결과로 얻은 성적표로 검수한다.

　나. 감리사가 공공시험기관에 시험을 의뢰 요청하여 실시하고 그 시험성적 결과에 의하여 검수한다.

　다. 대상 기자재의 범위는 공사상 중요한 기자재 또는 특별 주문품, 실제품 등으로써 품질 성능을 판정할 필요가 있는 기자재로 한다.

　라. 규격을 증명하는 KS 등의 마크가 표시되어 있는 규격품이나 적절하다고 인정할 수 있는 품질증명이 첨부되어 있는 제품을 대상으로 한다.

정답 라

해설 KS이외의 제품이라도 제품의 특허, 특별한 기능을 가진 장비에 대해서는 검사를 시행함.

국가기술자격검정 필기시험문제

2015년 산업기사2회 필기시험

국가기술자격검정 필기시험문제

2015년 산업기사2회 필기시험

자격종목 및 등급(선택분야)	종목코드	시험시간	형 별	수검번호	성 별
무선설비산업기사		2시간			

제1과목 디지털 전자회로

01 다음 중 전원주파수 60[Hz]를 사용하는 정류회로에서 60[Hz]의 맥동 주파수를 나타내는 회로 방식은?

가. 3상 반파 정류
나. 3상 전파 정류
다. 단상 반파 정류
라. 단상 전파 정류

정답 다

해설 각 정류 방식의 비교

(전원 주파수 f)

항목 방식	맥동 주파수	맥 동 률	최대 정류 효율
단상 반파	f[60Hz]	121%	40.6%
단상 전파	$2f$[120Hz]	48.2%	81.2%
3상 반파	$3f$[180Hz]	18.3%	96.8%
3상 전파	$6f$[360Hz]	4.2%	99.8%

02 다음 그림과 같은 초크 입력형 평활회로에서 출력측의 맥동 함유율을 작게 하려고 할 때 적합한 방법은?

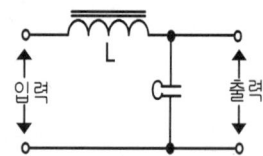

가. L과 C를 모두 크게 한다.
나. L과 C를 모두 적게 한다.
다. L를 크게 C를 작게 한다.
라. C를 크게 L과 작게 한다.

정답 가

해설 L 형 평활 회로의 맥동률
$$r \propto \frac{R}{LCf}$$

03 다음 중 정류회로에서 출력전압 변동의 원인에 해당되지 않는 것은?

가. 신호원 전압
나. 부하 전류
다. 주위 온도
라. 트랜스 크기

정답 라

해설 정전압 회로 출력 전압의 변화
$$V_L = f(V_s, I_L, T)$$

04 FET에서 $V_{GS} = 0.7[V]$로 일정하게 유지하고 V_{DS}를 6[V]에서 10[V]로 I_D가 10[mA]에서 12[mA]로 변하였을 경우 드레인 저항(r_d)은 얼마인가?

가. 0.5[kΩ]   나. 1.4[kΩ]
다. 2[kΩ]   라. 5[kΩ]

정답 다

해설
$$\therefore r_d = \frac{\partial V_{DS}}{\partial I_D} = \frac{dV_{DS}}{dI_D}\bigg|_{V_{GS}=일정}$$
$$= \frac{(10-6)}{(12-10)\times 10^{-3}} = 2,000[\Omega] = 2[k\Omega]$$

05 궤환이 없을 때의 증폭도가 100인 증폭회로에 궤환율 –0.01의 궤환을 걸어주면 증폭도는 얼마인가?

가. 5 나. 50
다. 500 . 5,000

정답 나

$A_{vf} = \dfrac{A_v}{1+\beta A_v} = \dfrac{100}{1+0.01\times 100} ≒ 50$

06 다음 중 차동 증폭 회로의 특징이 아닌 것은?

가. 증폭도가 보통 방식보다 작다.
나. 작은 온도 변화에도 동작이 안정하다.
다. 교류증폭은 불가능하며, 직류만 증폭이 가능하다.
라. 부품의 절대치가 변화해도 증폭이 거의 안정하며, 대역폭이 넓다.

정답 가

차동 증폭 회로는 직류부터 높은 주파수의 대역의 고주파 신호를 증폭할 수 있다.

07 다음 중 C급 증폭기의 용도로 적합한 것은?

가. 완충 증폭기
나. Push-Pull 증폭기
다. 저주파 증폭기
라. RF전력 증폭기

정답 라

C급 전력 증폭회로
동작점이 차단점 이하에 정해지므로 출력 전류는 짧은 기간($\theta < \pi$)동안만 흐르게 되어 전원 효율은 가장 우수하나 출력 전류 파형이 심하게 일그러지므로 출력 측에 반드시 LC 동조 회로 등을 사용하여 정현파 출력을 얻어야 한다. C급 전력 증폭회로는 고주파 전력 증폭기나 고주파 주파수 체배기로 사용된다.

08 발진회로에서 안정적인 발진조건으로 옳은 것은? (단, A=증폭도 β=되먹임률)

가. Aβ=1 나. Aβ<0
다. Aβ>01 라. Aβ≠1

정답 가

안정적인 발진 조건

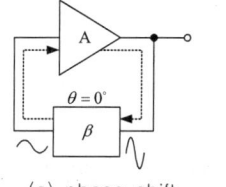
(a) phase shift

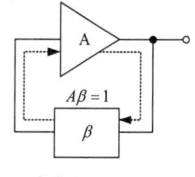
(b) loop gain

① loop gain($A\beta$)=1
② phase shift =0°

09 다음 중 LC 발진회로의 종류가 아닌 것은?

가. 톱니파 발진기
나. 하틀리 발진기
다. 콜피츠 발진기
나. 동조형 반결합 발진기

정답 가

LC 발진기의 종류
① LC 동조형 발진회로
② 하틀리 발진회로
③ 콜피츠 발진기

10 아날로그 TV의 영상신호 전송에 사용되는 방식으로 한 쪽 측파대의 일부를 남겨 통신하는 방식은?

가. VSB 나. DSB
다. SSB 라. FSK

정답 가

VSB란 Vestigial side band로 잔류측파대 진폭 변조라 하며 SSB(Single Side Band)방식의 장점인 대역폭과 전력에 대한 장점을 살리고 DSB(Double Side Band)의 장점인 포락선 검파(비동기검파)를 할 수 있는 변조 방식이다.

2015년 무선설비산업기사 기출문제

11 십진수 673을 16진수로 바꾸면?

가. 2B1   나. 2A1
다. 291   라. 2C1

정답 나

해설 $(673)_{10} = (001010100001)_2$
16진수 1자리는 2진수 4자리와 같다
$(0010\ 1010\ 0001)_2$
　 2 　 A 　 1

12 PCM 통신 방식에서 송신 과정으로 맞는 것은?

가. 표본화 → 부호화 → 양자화 → 압축
나. 표본화 → 양자화 → 부호화 → 압축
다. 표본화 → 부호화 → 압축 → 부호화
라. 표본화 → 압축 → 양자화 → 부호화

정답 라

해설 PCM 통신 방식에서 송신 과정

표본화 → 압축 → 양자화 → 부호화

13 다음 중 슈미트 트리거 회로의 출력에 나타나는 파형의 특성으로 옳은 것은?

가. 백 스윙(Back-Swing) 현상
나. 슈우트(Shoot) 현상
다. 히스테리시스(Hysterisis) 현상
라. 싱잉(Singing) 현상

정답 다

해설 비교기에서 잡음에 의한 오동작 영향을 줄이기 위하여 히스테리시스(Hysterisis)란 정궤환을 이용한다. 히스테리시스를 가지는 비교기는 잡음에 대한 영향을 어느정도 제거할 수 있는데 이 회로를 슈미트 트리거 회로라 한다.

14 정(+)으로 바이어스 된 리미터 회로와 부(−)로 바이어스 된 리미터 회로를 결합하여 입력신호의 일부분을 추출하는 회로는?

가. 클리퍼(Clipper)
나. 클램퍼((Clamper)
다. 슬라이서(Slicer)
라. 슈미트 트리거(Schmitt Trigger)

정답 다

해설 슬라이스(Slicer)회로는 파형의 진폭을 특정 레벨로 상하를 잘라내는 회로이다.

15 두 개의 입력파형 A, B에 대하여 출력 파형 Y가 그림과 같을 때 어떤 게이트를 통과한 것인가?

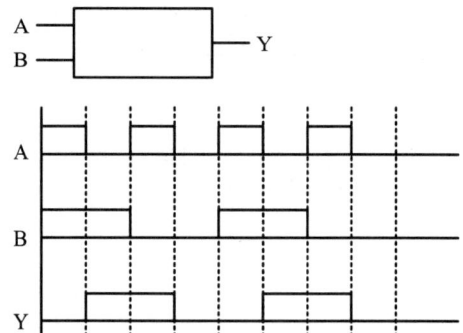

가. OR   나. NOR
다. NAND   라. XOR

정답 라

해설 입력 1의 갯수가 홀수일 때에만 출력이 나타나는 회로는 XOR(Exclusive−OR)회로이다

16 다음 J-K 플립플롭의 여기표(Excitation Table)의 각각 괄호 안에 맞는 답은? (단, X는 Don't care를 의미하며, J-K 플립플롭의 이전 값은 초기화된 것으로 가정한다.)

Q(t)	Q(t+1)	J	K
0	0	(ㄱ)	X
0	1	(ㄴ)	X
1	0	(ㄷ)	1
1	1	X	0

가. (ㄱ) = 1, (ㄴ) = X, (ㄷ) =0
나. (ㄱ) = 0, (ㄴ) = X, (ㄷ) =1
다. (ㄱ) = 0, (ㄴ) = 1, (ㄷ) =X
라. (ㄱ) = 1, (ㄴ) = 0, (ㄷ) =X

정답 다

해설 J-K 플립플롭의 여기표(Excitation Table)

Q(t)	Q(t+1)	J	K
0	0	0	X
0	1	1	X
1	0	X	1
1	1	X	0

17 다음 그림과 같은 D형 플립플롭으로 구성된 카운터 회로의 명칭은?

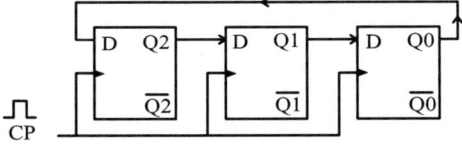

가. 3진 링카운터
나. 6진 링카운터
다. 8진 시프트카운터
라. 16진 시프트카운터

정답 가

해설 링 계수기(Ring Counter)는 쉬프트 레지스터의 마지막단의 출력 Q(t)를 첫단에 궤환시킨 것으로 순환 레지스터이다. 링 계수기 상태(MOD)의 수는 F/F 개수와 같으므로 3진 링카운터이다.

18 다음 중 BCD 부호를 10진수로, 2진수를 8진수나 16진수로 변환하기 위해 사용되는 회로는?
가. 디코더
나. 인코더
다. 멀티플렉서
라. 디멀티플렉서

정답 가

해설 디코더는 2진 코드나 BCD 코드를 입력으로 하여 우리가 사용하기 쉬운 10진수로 변환해 주는 장치로 해독기라고도 한다. 이는 n 개의 2진 코드로 받아 최대 2^n 개의 출력을 갖는 조합 논리회로이며 AND 또는 NAND 게이트로 구성할 수 있다.

19 난수 발생 회로에서 n비트의 레지스터를 사용할 경우 발생하는 난수는 몇 개인가?
가. n-1개
나. 2^n-1개
다. 2^n+1개
라. n+1개

정답 나

해설 난수발생회로에서 주기는 다음과 같다.
$N = 2^n - 1$, (n : register 단수)

20 16[bit] 데이터 버스와 10[bit] 주소버스를 갖고 있는 마이크로프로세서에 연결될 수 있는 최대 메모리 용량[byte]은?
가. 1,024[byte]
나. 2,048[byte]
다. 4,096[byte]
라. 8,192[byte]

정답 나

해설 메모리 용량 $= 16 \times 2^{10} = (2^4 \times 2^{10}) \div 2^3$
$= 2,048[byte]$

제2과목　무선통신기기

21 다음 중 AM 수신기의 특성을 나타내는 주요 요소로써 적합하지 않은 것은?

　가. 감도　　　나. 변조도
　다. 선택도　　라. 안정도

　　　　　　　　　　　　　　　　정답 나

해설　수신기 4대 특성

항목	특징
충실도	수신기의 데이터 재현능력
안정도	온도, 습도 등 외부에 안정한 능력
선택도	원하는 채널만 수신할 수 있는 능력
감도	낮은 레벨까지 수신할 수 있는 능력

22 정보신호의 진폭에 따라 반송파 신호의 주파수가 변화되는 변조 방식을 무엇이라 하는가?

　가. AM(Amplitude Modulation)
　나. SSB(Single Side Band)
　다. VSB(Vestigial Side Band)
　라. FM(Frequency Modulation)

　　　　　　　　　　　　　　　　정답 라

해설　변조 (Modulation): 신호 정보를 전송 매체의 채널 특성에 맞게끔 신호(정보)의 세기나 변위, 주파수, 위상 등을 적절한 파형 형태로 변환하는 것
AM: 반송파의 진폭을 변화시키는 방식.
FM: 반송파의 주파수를 변화시키는 방식.
PM: 반송파의 위상을 변화시키는 방식

23 다음 중 무선수신기의 희망 수신 주파수에 근접한 강한 주파수가 존재할 경우 이를 줄이기 위한 대책으로 적합한 것은?

　가. 통과 대역폭이 좁은 BPF(Band Pass Filter)를 사용한다.
　나. 고주파 증폭기의 이득을 높인다.
　다. 고주파 증폭기의 통과 대역을 넓힌다.
　라. 중간주파 증폭기의 통과 대역을 넓힌다.

　　　　　　　　　　　　　　　　정답 가

해설　선택도: 희망하는 신호파를 불필요한 방해파로부터 어느 정도 분리시켜 선택할 수 있는가 하는 능력을 말하며 측정 방법에는 1신호법과 2신호법이 있으며 구하는 내용에 따라 측정 방법이 선택된다.
주로 BPF를 사용한다.

24 다음 중 CDMA 방식을 FDMA 방식과 비교했을 때 장점이 아닌 것은?

　가. 비화성이 있어 보안에 강하다.
　나. 접속국의 수를 많이 할 수 있다.
　다. 송·수신기 구조가 간단하다.
　라. 전파의 간섭이나 혼신방해에 강하다.

　　　　　　　　　　　　　　　　정답 다

해설　CDMA방식의 특징
1. 수신기의 하드웨어가 복잡해 짐
2. 고도의 전력제어 기술이 요구됨
3. 주파수 재사용 계수=1 주파수 사용효율이 높음
4. 완전히 직교하는 코드를 할당하여 사용함
5. 광대역특성이 요구되며, 잡음에 강인함

25 다음 중 방향 탐지기의 구성 요소가 아닌 것은?

　가. 안테나 장치
　나. 수신 장치
　다. 지시 장치
　라. 비콘 송신 장치

　　　　　　　　　　　　　　　　정답 라

해설　수신 안테나의 지향성에 따라서 전파의 도래 방향을 탐지하는 수신기기. 무선 방위 측정기라고도 한다. 지향성을 가지는 안테나로는 수직 안테나와 루프 안테나를 조합한 것이 있다.

26 다음 중 통신 위성체의 텔레메트리(Telemetry) 정보의 내용으로 적합하지 않은 것은?

가. 위성추진시스템의 가스 압력 값
나. 열제어 시스템에서의 온도감지의 출력 값
다. 명령에 대한 데이터 확인
라. 주파수 변환 값

정답 라

해설 위성 텔리메트리 시스템
① 원격 측정 추적 제어 시스템인 Telemetry 시스템은 지구국으로부터 전송된 명령을 수신한다.
② 위성의 상태를 감시하며 감시된 모든 상황들을 전기적 신호로 변환하여 지구국으로 재송신하는 역할을 한다.

27 직경이 1~2.4[m]인 소형 안테나와 낮은 송신 출력을 갖는 위성통신용 지상 장치로 주로 개인이나 기업 등에서 데이터 통신망을 구축하는데 이용되는 초소형 지구국 시스템은?

가. INMARSAT 나. VSAT
다. GPS 라. INTELSAT

정답 나

해설 VSAT: 공용 지구국이나 사업장 옥상 또는 벽면에 설치한 초소형 지구국으로 구성된 위성 통신망

28 CDMA 시스템에서 대역폭이 1.25[MHz], 음성 데이터 속도가 4.8[kbps] 일 때 이득(G$_P$)는 약 얼마인가?

가. 260 나. 295
다. 335 라. 390

정답 가

해설 처리이득(확산이득)은 데이터 신호의 대역이 확산코드에 의해서 얼마나 넓게 확산 되었는지를 나타내는 파라메터이다. 대역확산에 의하여 정보 신호의 주파수대역이 $1/T_b$[Hz]에서 $1/T_c$[Hz]로 확산되었으므로 처리이득 G_p는 다음과 같이 표현된다.

$$G_P = \frac{(1/T_c)}{(1/T_b)} = \frac{T_b}{T_c} = \frac{W_c}{W_b} = \frac{R_c}{R_b}$$
$$= \frac{1250 KHz}{4.8 Kbps} = 260.4$$

29 다음 중 LTE에 사용되는 MIMO(Multiple Input Multiple Output)에 대한 설명으로 옳지 않은 것은?

가. Multiple Antenna 사용
나. Transmot Diversity 사용으로 신호품질향상
다. Spatial Multiplexing 사용으로 주파수 효율향상
라. CS Fallback 사용으로 데이터 용량 증가

정답 라

해설 MIMO(Multiple Input Multiple Output)
① 이동통신환경에서 다수의 안테나를 사용하여 데이터를 송, 수신하는 다중 안테나 신호처리시스템
② 송신단에서 M개의 안테나를 배열하고 수신단에도 M개의 안테나를 배열하여 전송 다이버시티 효과를 얻거나 M배의 고속 데이터 전송률 을 얻을 수 있다.
(참고) CS Fallback 은 LTE에서 음성을 전송하기위한 기술임.

30 기지국, 유선인터넷망, Gateway 및 O&M Server로 구성되며 Core 네트워크와의 연계를 통해 LTE 전화 및 무선데이터 통신을 제공하는 서비스 기술은?

가. 펨토셀 나. WiFi
다. WiMax 라. GPS

정답 가

해설 펨토셀은 실내 환경에서 '서비스 커버리지 확대' + '서비스 용량 확대'를 제공하고, 가격도 저렴한 솔루션에 대한 요구가 높아지고 있는 시점에 출현한 유무선 통합 솔루션이다.
LTE 이동통신을 위한 초소형 기지국임.

31 다음 중 축전지의 부동충전방식의 특징에 대한 설명으로 옳지 않은 것은?

가. 축전지의 충방전 전기량이 적어 수명이 짧아진다.
나. 이동용 무선설비의 전원으로 이용된다.
다. 축전지의 용량이 비교적 적어도 된다.
라. 부하에 대한 전압변동이 적고 직류출력 전압이 안정하다.

정답 가

해설 부동충전(Floating charge)방식
축전지와 정류기를 병렬로 접속하여 평상시에는 정류기에서 부하 전류를 공급하고 정전시에는 축전지에서 부하 전류를 공급하는 방식
① 공급 전력의 대부분을 충전기가 부담하므로 축전지의 용량이 작아도 된다.
② 축전지의 충방전 전기량이 극히 적으므로 축전지의 수명이 길어진다.
③ 정류 장치에 맥동이 포함되어도 축전지가 흡수한다.
④ 부하에 대한 전압 변동이 적고 직류 출력 전압이 안정하다.
⑤ 정전시 축전지가 전류를 공급하므로 안정적인 전원 공급이 가능하다.
⑥ 보수가 용이하다.
⑦ 이동용 무선 설비, 전화국 전원 등에 이용된다.

32 UPS 전원장치 방식 중 On-line 방식은 부하전류의 몇 [%]를 인버터로부터 공급 받는가?

가. 30[%]
나. 60[%]
다. 80[%]
라. 100[%]

정답 라

해설 ON-LINE 방식은 대용량화가 용이하고 부하가 요구하는 전원 특성을 충분히 맞추어 줄 수 있어(부하 전류의 100%) 일반적으로 많이 사용한다.

33 다음 중 휴대단말기의 성능을 검증하기 위해 차량을 이용한 주행시험(Driving Test)을 진행할 경우 차량 시거잭(Cigar Jack) 전원에 노트북 및 휴대전화 충전기를 연결하고자 한다. 이 때 필요한 장치는 무엇인가?

가. UPS(Uninterruptible Power Supply)
나. 인버터(Inverter)
다. AVR(Automatic Votage Regulator)
라. 정류기(Rectifier)

정답 나

해설 인버터는 입력 직류 전압을 일정한 주파수와 크기를 갖는 교류 전압으로 변환시켜 주는 장치(DC-AC 변환기)이다.

34 전원회로에서 부하가 있을 때 단자전압이 110[V], 부하가 없을 때 단자 전압이 120[V]라면 이때의 전압 변동률은 약 얼마인가?

가. 10.1[%]
나. 9.1[%]
다. 8.1[%]
라. 7.1[%]

정답 나

해설 전원회로 무부하시의 전압을 V_o, 부하 인가시의 V_l이라고 하면 전압 변동률 δ 는
$$\delta = \frac{V_0 - V_l}{V_l} \times 100\%$$
$$= \frac{120 - 110}{110} = 0.091$$

35 다음 중 무선송신기에 대한 측정시험이 아닌 것은?

가. 선택도
나. 전력
다. 왜율
라. 대역폭

정답 가

해설 선택도는 수신기의 측정항목임.

36 다음 중 중파용 송신기의 주파수 변조특성을 측정할 경우 사용하지 않아도 되는 측정 장비는?

가. 레벨미터
나. 표준 감쇠기
다. 임피던스 브리지
라. 대역폭

정답 다

해설
① 공중선 전류계에 의한 변조도 측정방법
② 오실로스코프의 리사쥬 도형에 의한 변조도 측정방법
(참고) 임피던스 브리지는 송신전력 측정에 사용함.

37 다음 문장의 괄호 안에 들어갈 내용으로 적합하지 않는 것은?

> FM수신기의 선택도 측정은 2개 이상의 신호를 수신기에 동시에 인가하여 ( ), ( ), ( )을 측정한다.

가. 감도억압효과 특성
나. 혼변조 특성
다. 상호변조 특성
라. 주파수 안정도 특성

정답 라

해설 2신호법에 의한 선택도 측정:
2신호 선택도는 실효 선택도라고도 하며, 주파수가 다른 2개 이상의 신호를 동시에 수신기에 가함으로써 수신기의 통과대역 이외에 강력한 방해파가 존재할 때 희망파의 식별능력이 어느 정도인가를 나타내는 것으로, 수신기의 비직선 동작 영역에서 발생되는 감도억압효과, 혼변조 및 상호변조의 3가지로 구분된다.

38 급전선의 종단을 개방했을 때의 입력측에서 본 임피던스를 Z_f라 하고 종단을 단락했을 때의 임피던스를 Z_s라고 할 때 특성 임피던스 Z_o는?

가. $Z_o = \sqrt{Z_f \cdot Z_s}$
나. $Z_o = \sqrt{Z_f / Z_s}$
다. $Z_o = \dfrac{Z_f - Z_s}{Z_f + Z_s}$
라. $Z_o = \dfrac{Z_f + Z_s}{Z_f - Z_s}$

정답 가

해설 급전선(선로길이 l)의 종단을 개방($Z_l = \infty$) 했을 때의 입력측에서 본 임피던스를 Z_f, 단락($Z_l = 0$) 했을 때의 임피던스를 Z_s라고 하면 $Z_o = \sqrt{Z_f \cdot Z_s}\,[\Omega]$로서 특성 임피던스 Z_o를 구할 수 있다.

39 직류 전압의 평균값이 220[V]이고, 출력 교류(리플) 전압의 실효값이 4[V]일 경우 맥동률은 약 몇 [%]인가?

가. 1.4[%]
나. 1.6[%]
다. 1.8[%]
라. 2.0[%]

정답 다

해설 전원회로 직류출력전압을 V_{dc}, 출력에 포함된 맥류 전압을 V_r이라고 하면 리플(Ripple)함유율 γ는
$$r = \frac{V_r}{V_{dc}} \times 100 = \frac{4V}{220V} \times 100 = 1.8\%$$

40 다음 중 페이딩에 대처하기 위한 방식이 아닌 것은?

가. 다이버시티
나. 주파수의 광대역화
다. 다중 반송파
라. 적응 등화기

정답 나

해설 페이딩 대응방안.
① 다이버시티 안테나
② AGC
③ OFDM (다중 반송파 신호)
④ 등화기
⑤ 협대역 신호

제3과목 안테나개론

41 다음 중 전파의 전파속도에 영향을 미치는 요소로 맞는 것은?

가. 유전율과 투자율
나. 점도와 유전율
다. 투자율과 도전율
라. 유전율과 도전율

정답 가

해설 전파속도
$$v = \frac{\lambda}{T} = f\lambda = \frac{w}{\beta} = \frac{1}{\sqrt{LC}} = \frac{1}{\sqrt{\mu\epsilon}}$$

42 주파수 150[kHz]로 발사하는 무선통신에서 정전계, 유도 전자계, 복사 전자계가 같아지는 거리는 안테나로부터 약 얼마의 거리인가?

가. 320[m]   나. 500[m]
다. 680[m]   라. 770[m]

정답 가

해설 세 성분이 같아지는 지점
$$d = \frac{\lambda}{2\pi} = 0.16\lambda = 0.16 \times \frac{c}{f}$$
$$= 0.16 \times \frac{3 \times 10^8}{150 \times 10^3} = 320\,[m]$$

43 다음 중 전파의 성질에 대한 설명으로 옳은 것은?

가. 균일 매질 중을 전파하는 전파는 회절한다.
나. 전파는 종파이다.
다. 주파수에 상관없이 회절만 한다.
라. 주파수가 높을수록 직진하며 낮을수록 회절한다.

정답 라

해설 전파의 특징
1. 진행방향에 전계 와 자계가 없고 수직방향에 전계와 자계가 존재하는 경우는 TEM파 임
2. 전파는 매질에 따라 속도가 변화됨
$$v = \frac{1}{\sqrt{\mu\epsilon}}$$
3. 전파는 횡파, 음파는 종파임
4. 군속도 × 위상속도 = (광속도)^2

44 다음 중 송신기에서 급전선으로 신호를 전송할 때 정재파비가 1인 경우에 대한 설명으로 틀린 것은?

가. 급전선의 고유임피던스로 종단되고 있다.
나. 급전선이 완전히 정합된 것을 의미한다.
다. 반사계수의 값이 1이다.
라. 손실이 없음을 의미한다.

정답 다

해설 반사계수 = 0 일 때 정합이며, 이때, 정재파비는 1 이다.
반사계수=1 로 존재한다는 의미는 정재파 (진행파 +반사파)가 존재함을 나타낸다.

45 다음 중 급전선의 필요 조건으로 적합하지 않은 것은?

가. 송신용일 경우 절연 내력이 좋아야 한다.
나. 급전선의 파동임피던스가 적당해야 한다.
다. 전송 효율이 좋아야 한다.
라. 선의 굵기가 커서 전기저항이 적어야 한다.

정답 라

해설 급전선의 필요조건
① 손실이 적고 전송효율이 좋아야 한다.
② 송신용 급전선은 누설이 적고 절연 내력이 커야 한다.
③ 유도 방해가 없어야 한다.
④ 급전선의 특성 임피던스가 적당해야 한다.
⑤ 가격이 저렴하고 유지, 보수가 용이해야 한다.

46 특성임피던스가 50[Ω] 부하를 접속하였을 때 반사계수는 얼마인가?

가. 0.1   나. 0.2
다. 0.3   라. 0.4

정답 나

해설 반사계수(Γ): 부하측에서의 입사파와 반사파의 비를 반사계수(Γ)라 한다.

$$\Gamma_v = \left|\frac{V_r}{V_f}\right| = \frac{Z_L - Z_o}{Z_L + Z_o}$$

(V_f: 입사전압, V_r: 반사전압, Z_L: 부하 임피던스, Z_o: 급전점 특성 임피던스)

47 급전선의 반사계수(Γ)가 0.5일 경우 최대전압이 66[V]라면, 최소 전압[V]은 얼마인가?

가. 132[V]   나. 33[V]
다. 22[V]   라. 11[V]

정답 다

해설 정재파비와 반사파간의 관계는,

$$S = \frac{V_{max}}{V_{min}} = \frac{1+|\Gamma|}{1-|\Gamma|} = \frac{1+0.5}{1-0.5} = 3$$

$$\therefore \frac{66V}{V_{min}} = 3$$

$$\therefore V_{min} = 22V$$

48 다음 중 마이크로파 대 주파수의 전송 선로로 도파관을 사용하는 이유가 아닌 것은?

가. 대전력용으로 사용된다.
나. 외부 전자계와 완전히 결합된다.
다. 방사손실이 적다.
라. 유전체 손실이 적다.

정답 나

해설 도파관이 마이크로파 전송로로서 우수한 점
① 저항(Ohm) 손실이 적다.
② 유전체 손실이 적다.
③ 방사손실이 없다.
④ 고역 Filter로서 작용한다.
⑤ 취급할 수 있는 전력이 크다.
⑥ 외부 전자계와 완전히 격리할 수가 있다.

49 접지 안테나에서 손실의 대부분을 차지하는 것은?

가. 도체 저항에 의한 손실
나. 유전체 저항에 의한 손실
다. 코로나 저항에 의한 손실
라. 접지 저항에 의한 손실

정답 라

해설 안테나의 효율은 안테나의 입력 전력에 대한 복사전력의 비로 나타낸다.

$$안테나효율(\eta) = \frac{복사전력(P_r)}{안테나입력전력(P_i)}$$

$$= \frac{P_r}{P_i} \times 100[\%]$$

$$= \frac{P_r}{P_r + P_l} \times 100[\%] = \frac{R_r}{R_r + R_l} \times 100[\%]$$

수직 접지 안테나의 경우 접지저항이 크기 때문에 효율(η)로 특성을 표현한다.

2 2015년 무선설비산업기사 기출문제

50 다음 중 안테나의 공진주파수를 낮추기 위한 방법으로 적합한 것은?

가. 안테나에 직렬로 인덕터를 연결한다.
나. 안테나에 직렬로 커패시터를 연결한다.
다. 안테나에 직렬로 저항을 연결한다.
라. 안테나에 직렬로 저항과 커패시터를 연결한다.

정답 가

해설 공진주파수 $f_o = \dfrac{1}{2\pi\sqrt{LC}}\,[Hz]$

직렬 L 시, $f_{o1} = \dfrac{1}{2\pi\sqrt{(L_1+L_2)C}}\,[Hz]$

직렬 C 시, $f_{o2} = \dfrac{1}{2\pi\sqrt{L\left(\dfrac{C_1 C_2}{C_1+C_2}\right)}}\,[Hz]$

따라서 직렬 L 인 경우, 공진주파수는 낮아진다.

51 다음 중 루프 안테나에 대한 설명으로 틀린 것은?

가. 실효길이는 권수(감이수)에 비례하고, 파장에 반비례한다.
나. 전파도래 방향과 루프면이 일치할 때 최대 감도를 갖는다.
다. 루프 안테나는 장중파용 안테나이다.
라. 루프 지름과 파장 사이의 관계에 따라서 지향성 특성이 변한다.

정답 라

해설
- 루프안테나는 모노폴, 다이폴안테나 같은 선형안테나의 한 종류임.
- 루프안테나의 구성은 도선을 정사각형, 직사각형, 삼각형 및 원형 등으로 1회 또는 수회 감은 형태의 지향성 안테나임.
- 실효고 $h_e = \dfrac{2\pi AN}{\lambda}$
- 유기되는 기전력은 권수(감은 횟수)N이 많을수록, 루프면의 면적 A가 클수록 증가함.
- 루프형공중선과 수직공중선(수직접지안테나)를 조합시키면 하트형의 단일지향 특성을 얻기 때문에 전파의 도래방향을 탐색할 수 있음.

52 다음 안테나 중 반사기가 있는 안테나는?

가. 대수 주기 안테나
나. 어골형(Fish bone) 안테나
다. 싱글 턴스타일(Single Turnstile) 안테나
라. 야기(Yagi) 안테나

정답 라

해설 야기 안테나:
- 반사기, 투사기, 도파기로 구성된 안테나
- 투사기 : 전파를 직접 방사하거나 수신하는 급전소자로서 $\dfrac{\lambda}{2}$ 다이폴, folded 다이폴, 동축 다이폴 등이 많이 사용된다.
- 반사기 : 무급전소자(기생소자)로서 투사기 보다 약간 길어서 (5% 정도) 유도성 리액턴스를 갖도록 하여 전파를 반사시킴. 투사기보다 위상이 90° 뒤짐. 한 개만 사용함.
- 도파기 : 무급전소자(기생소자)로서 투사기 보다 약간 짧게 만들어(5% 정도) 용량성 리액턴스를 갖도록하여 전파를 유도함. 투사기 보다 위상이 90° 앞섬. 여러 개를 사용할 수 있음.

53 다음 중 폴디드(Folded) 다이폴 안테나에 대한 설명으로 틀린 것은?

가. Q가 높아서 협대역 특성을 가진다.
나. 실효길이는 반파장 다이폴 안테나의 약 2배이다.
다. 전계강도, 이득, 지향성은 반파장 다이폴 안테나와 동일하다.
라. 반파장 다이폴 안테나에 비해서 도체의 유효 단면적이 크고 복사 저항이 크다.

정답 가

해설 폴디드 안테나:
$\dfrac{\lambda}{2}$ 다이폴안테나를 구부려 $\dfrac{\lambda}{2}$ 다이폴에 근접시켜 설치하고 양단을 접속하면 복사하는 부분이 2중이 되어 실효고와 전류분포를 2배로 할 수 있음.

- 급전점 임피던스 $R = n^2 \times 73.13 [\Omega]$ n : 소자수 n=2인 경우 급전점 임피던스는 약 300[Ω]
- 반파 다이폴 안테나에 비해서 광대역성

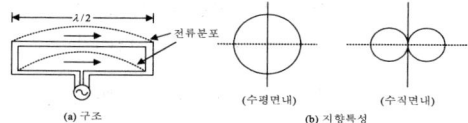

54 다음 중 대지의 도전율이 좋아 가상접지를 사용하지 않아도 되는 지역은?

가. 건조지
나. 바위산
다. 수분이 많은 토지
라. 건물의 옥상

정답 다

해설 카운터 포이즈(counter poise) 접지(=가상접지)
① 대지의 도전율이 나쁜 경우 방사상의 지선망을 공중선 높이의 약 5[%] (1~2m 정도)의 지상에 대지와 절연하여 설치하는 용량 접지 방식
② 접지저항은 1~2[Ω] 정도
③ 건조지, 암산, 수목이 많은 곳, 건물의 옥상 등에 사용

55 다음 중 초단파의 전파 특성에 대한 설명으로 틀린 것은?

가. 초단파 이상의 주파수대는 주로 지표파가 주성분이다.
나. 직접파와 대지반사파에 의해서 수신전계가 대략 정해진다.
다. 지상에서 직접파는 기하학적인 가시거리보다 약간 멀리 전달된다.
라. 태양의 활동에 따르는 수신강도의 변화는 단파보다 영향이 적다.

정답 가

해설 초단파 이상의 주파수는 주로 대류권파로 사용됨.
단파는 주로 전리층을 이용함.
장중파 주파수대역은 주로 지표파를 사용함.

56 다음 중 지표파의 특성에 대한 설명으로 옳지 않은 것은?

가. 주파수가 높을수록 전파의 감쇠는 크다.
나. 안테나의 지상고가 높을수록 지표파 성분이 적다.
다. 수평편파가 수직편파보다 감쇠가 많다.
라. 대지의 도전율과 유전율에 영향을 받지 않는다.

정답 라

해설 지표파의 특성
① 대지의 도전율이 클수록 감쇠가 적어진다.
② 유전율이 작을수록 감쇠가 적어진다.
③ 전파는 해상에서 가장 잘 전파하여 평지, 구릉, 산악, 시가지, 사막 순으로 감쇠가 커진다.

57 일반적으로 전리층 통신에서의 최적사용주파수(FOT)는 최고사용주파수(MUF)의 몇 [%]인가?

가. 60[%]   나. 75[%]
다. 85[%]   라. 95[%]

정답 다

해설 최적주파수(FOT) = MUF(최고주파수) × 0.85

58 다음 중 전리층에 전파가 입사할 때 받는 현상이 아닌 것은?

가. 진로의 완곡   나. 델린저 현상
다. 감쇠(흡수)   라. 편파면의 회전

정답 나

[해설] 전리층 fading (LF, MF, HF)
(1) 간섭성 fading
동일 전파 수신시 둘 이상의 다른 경로를 거쳐 수신되는 경우 전리층이 변화하면 간섭 상태가 변화되어 발생하는 fading
(2) 편파성 fading
전리층에서 전파가 발사될 때 지구자계의 영향으로 타원 편파가 되며 편파면이 시간적으로 회전하기 때문에 수신 공중선의 유기전압 변동으로 생기는 fading
(3) 흡수성 fading
전파가 전리층을 통과하거나 반사할 때 전자와 공기분자와의 충돌로 그 세력의 일부가 흡수되어 생기는 fading
(4) 선택성 fading
전리층에서 전파가 받는 감쇄는 주파수에 밀접한 관계가 있으므로 반송파와 측파대가 받는 감쇄의 정도가 달라져서 생기는 fading
(5) 도약성 fading
도약거리 근처에서 발생하고 전자밀도의 시간적 변화율이 큰 일출, 일몰시에 많이 발생

59 다음 중 페이딩에 대한 설명으로 틀린 것은?
가. 공간파와 지표파의 간섭에 의해서 생긴다.
나. 주기가 느리고 규칙적으로 나타난다.
다. 전파의 세기가 크게 변동된다.
라. 단파 통신에 많이 나타난다.

정답 나

[해설] 페이딩(fading)
① 수신된 신호의 세기가 시간에 따라 불규칙하게 변화하는 현상인 페이딩(fading)이 발생.
② 페이딩은 수신측에서 받는 신호가 직접파 이외에 주변 장애물에 의하여 시간 지연된 반사파들이 합쳐져서 수신되기 때문에 발생한다.
③ 페이딩은 이동국과 기지국 사이에서 건물 등의 차폐물에 의해 일어나는 음영효과(shadowing)와 다중경로파에 의하여 발생하는 다중경로 페이딩(multipath fading), 직접파와 반사파가 동시에 존재할 때 발생하는 Racian fading로 분류할 수 있다.

60 다음 중 전파 잡음방해를 경감시키는 방안으로 적합하지 않은 것은?
가. 수신전력을 크게 한다.
나. 적절한 통신방식을 선택한다.
다. 수신기를 완전히 차폐시킨다.
라. 수신기의 실효대역폭을 넓힌다.

정답 라

[해설] 전파 잡음의 경감법
① 지향성 공중선을 사용한다.
② 비접지 공중선을 사용한다.
③ 수신 대역폭을 좁게 하여 선택도를 높인다.
④ 송신 출력을 증대시켜 수신점의 S/N을 크게 한다.
⑤ 수신기에 잡음억압회로, limiter등을 사용한다.
⑥ 높은 주파수(짧은 파장)를 사용한다.

제4과목 전자계산기 일반 및 무선설비기준

61 다음 중 중앙 처리 장치(CPU)의 기능이 아닌 것은?
가. 산술 연산과 논리 연산을 함께 담당한다.
나. 자료의 입출력을 제어하는 역할을 수행한다.
다. 주기억 장치에 기억되어 있는 프로그램 명령어를 호출하여 해독한다.
라. 연산의 실행을 위해 보조 기억 장치에서 데이터를 직접 출력 장치로 보낸다.

정답 라

[해설] CPU의 기능
① 연산 기능 : 산술 연산 및 논리 연산(ALU)
② 제어 기능 : 명령어 해독 및 자료 인출 라항의 설명은 입출력 제어 장치에 대한 설명이다.

62 다음 중 출력장치와 메모리 사이의 데이터 전송 시, 가장 빠른 방식은?

가. 프로그램 I/O 방식
나. 인터럽트 I/O 방식
다. 시리얼 I/O 방식
라. DMA(Direct Memory Access) 방식

정답 라

해설 가, 나, 다 항은 CPU를 경유하여 입출력하는 방법이고, 라항의 DMA는 CPU를 경유하지 않는 방법으로 가장 빠른 방법이다.

63 8진수 3456.71을 2진수로 변환한 표현으로 옳은 것은?

가. 011101101110.111.001
나. 011100101110.111001
다. 011100111110.111001
라. 011101010111.100111

정답 나

해설 8진수 3 = 011
4 = 100
5 = 101
6 = 110
7 = 111
1 = 001   로 변환하면 된다.

64 다음 중 주기억장치를 구성하고 있는 기억소자의 기능이 아닌 것은?

가. 읽기 기능
나. 쓰기 기능
다. 삭제 기능
라. 칩 선택 기능

정답 다

해설 쓰기 기능에 의해 이전의 내용이 삭제되면서 쓰기 기능이 수행되어지기 때문에 별도의 삭제 기능은 없다.

65 다음 중 다중–사용자 또는 다중–작업시스템에서 주기억장치의 관리를 위하여 운영체제가 하는 일이 아닌 것은?

가. 각 프로세서에게 주기억장치를 얼마나 할당할 것인가를 결정
나. 주기억장치 용량이 부족할 때 주기억장치에 적재되어 있는 현재 사용 중인 부분을 선택하여 보조기억장치에 옮겨 놓는 일
다. 주기억장치의 빈 공간이 어디에 얼마나 있는지를 기록, 유지하는 일
라. 각 프로세서가 자신에게 할당된 영역이 아닌 다른 부분에 접근 할 때 이를 보호하는 일

정답 나

해설 주기억 장치 용량이 부족한 경우에 현재 사용 중인 부분이 아니라 사용하지 않는 부분이 보조 기억 장치로 옮겨져야 한다.

66 다음 중 데드락(Deadlock)을 발생시키는 원인이 아닌 것은?

가. 점유와 대기(Hold and Wait)
나. 순환 대기(Circular Wait)
다. 상호 배제(Mutual Exclusion)
라. 선점(Preemption)

정답 라

해설 선점인 경우는 교착상태에 빠지지 않는다. 교착상태는 비선점 조건에 의해 발생하게 된다.

67 다음 중 임베디드 소프트웨어의 일반적인 특징이 아닌 것은?

가. 실시간 처리
나. 제한된 자원의 효율적 사용
다. 높은 신뢰성
라. 광범위한 범용성

정답 라

해설 임베디드는 특정 분야에 대한 추가적인 소프트웨어를 의미한다.

68 다음 보기의 전산시스템 개발 단계를 순서대로 나열한 것은?

```
ㄱ : 전산화 계획과 조사 단계
ㄴ : 시스템 설계 단계
ㄷ : 시스템 분석 단계
ㄹ : 시스템 개발 단계
```

가. ㄱ - ㄴ - ㄷ - ㄹ
나. ㄱ - ㄷ - ㄴ - ㄹ
다. ㄷ - ㄱ - ㄴ - ㄹ
라. ㄷ - ㄴ - ㄱ - ㄹ

정답 나

해설 개발 순서
① 타당성 조사
② 분석
③ 설계
④ 구현(개발)

69 마이크로컨트롤러의 주변 장치들을 제어하거나 주변 장치의 상태를 읽기 위해 할당된 특수 목적 레지스터는?

가. 누산기(Accumulator)
나. PC(Point Counter)
다. DR(Data Register)
라. SFR(Special Function Register)

정답 라

해설 누산기(Accumulator) : 연산 시 피가수 및 연산의 결과를 일시적으로 보관하기 위한 레지스터
PC(Point Counter) : 다음에 실행할 명령의 주소를 기억하기 위한 제어 레지스터
DR(Data Register) : 자료를 임시로 보관하기 위한 레지스터로 MBR(Memory Buffer Register)이라고도 한다.

70 다음 중 인터럽트 우선순위 방식이 아닌 것은?

가. Subroutine Call
나. Polling
다. Priosity Encoder
라. Daisy Chain

정답 가

해설 Subroutine Call은 인터럽트에 의한 호출이 아니라 사용자에 의해 호출되는 프로그램이다.
폴링은 소프트웨어 방법에 의한 우선 순위 방식이고 Priority Encoder와 Daisy Chain은 하드웨어에 의한 우선 순위 방식이다.

71 다음 중 무선국의 개설허가에서 미래창조과학부장관의 심사사항에 해당되지 않는 것은?

가. 주파수지정이 가능한지의 여부
나. 설치운용 할 무선설비가 기술기준에 적합한지의 여부
다. 무선종사자의 배치계획이 자격·정원배치 기준에 적합한지의 여부
라. 안테나 설치 장소가 기준에 적합한지의 여부

정답 라

해설 무선설비규칙 제21조
1. 주파수지정이 가능한지의 여부
2. 설치하거나 운용할 무선설비가 제45조에 따른 기술기준에 적합한지의 여부
3. 무선종사자의 배치계획이 제71조에 따른 자격·정원배치기준에 적합한지의 여부

72. 다음 중 전파법에서 규정한 "심사에 의한 주파수 할당" 시 고려할 사항이 아닌 것은?

가. 전파자원 이용의 효율성
나. 신청자의 주파수 이용 실적
다. 신청자의 기술적 능력
라. 할당하려는 주파수의 특성

정답 나

해설 주파수 할당시 고려사항
1. 전파자원 이용의 효율성
2. 전파자원 이용의 공평성
3. 신청자의 당해 주파수에 대한 필요성
4. 신청자의 기술적·재정적 능력

73. 다음 중 무선국 개설허가의 유효 기간으로 틀린 것은?

가. 기지국 : 5년
나. 실험국 : 1년
다. 공동체라디오방송국 : 3년
라. 비상국 : 3년

정답 라

해설 무선국 개설허가의 유효기간

유효기간	무선국의 종별
1년	실험국, 실용화시험국, 소출력방송국(1[W] 미만)
3년	방송국, 기타 무선국
5년	이동국, 육상국, 육상이동국, 기지국, 이동중계국, 선박국, 선상통신국, 우주국, 일반지구국, 아마추어국, 육상이동기지국, 항공국 등
무기한	무기한 의무선박국, 의무항공기국

74. 다음 중 '적합성평가를 받은 자에 대한 행정처분 기준'에서 1차 위반 시 '시정명령'인 위반사항은?

가. 거짓이나 그 밖의 부정한 방법으로 적합성 평가를 받은 경우
나. 적합성평가표시를 거짓으로 표시한 경우
다. 적합성평가표시를 하지 않은 경우
라. 적합성평가의 변경신고 개선명령의 조치명령을 이행하지 않은 경우

정답 다

해설 시정명령에 해당하는 위반행위.
1) 해당 방송통신기자재 등이 적합성평가기준에 적합하지 않게 된 경우
2) 적합성평가표시를 하지 않은 경우
3) 적합성평가의 변경신고를 하지 않은 경우
4) 법제58조의2제4항을 위반하여 관련서류를 비치하지 않은 경우

75. 다음 중 국립전파연구원장의 지정시험기관 검사 시 확인 사항으로 틀린 것은?

가. 조직 및 인력 현황
나. 비교숙련도 시험 참여 실적 및 시정조치 결과
다. 시험환경 및 시험시설의 적합성 유지 여부
라. 관리규정 및 시험수수료

정답 라

해설 전파법 제58조의 5(시험기관의 지정 등)
1. 적합성평가시험에 필요한 설비 및 인력을 확보할 것
2. 국제기준에 적합한 품질관리규정을 확보할 것
3. 그 밖에 미래창조과학부장관이 시험 업무의 객관성 및 공정성을 위하여 필요하다고 인정하는 사항을 갖출 것

76
지정시험기관 업무를 휴지 또는 폐지하고자 하는 때에는 신고서를 예정일로부터 몇일 이내에 제출해야 하는가?

가. 30일 나. 35일
다. 40일 라. 45일

정답 가

[해설] 제9조 (업무의 휴지 및 폐지신고 등) ① 지정시험기관이 그 업무를 1월 이상 휴지하거나 폐지하고자 하는 때에는 휴지 또는 폐지예정일 30일전까지 별지 제4호 서식에 의한 신고서(전자문서로 된 신고서를 포함한다)를 소장에게 제출하여야 한다.

77
변조신호에 따라 반송파가 진폭 변조되는 송신장치는 변조도가 몇[%]를 초과하지 말아야 하는가?

가. 80[%] 나. 85[%]
다. 90[%] 라. 100[%]

정답 라

[해설] 진폭변조에서 변조도가 100[%]이상이면 과변조되어 하모닉(스퓨리어스)성분 등이 발생되고 데이터는 왜곡되어 복조가 어려워짐

78
무선설비규칙에서 규정한 9[kHz] ~ 535[kHz] 범위의 주파수를 사용하는 방송국의 주파수 허용 편차는 얼마인가?

가. 10[Hz] 나. 20[Hz]
다. 40[Hz] 라. 50[Hz]

정답 가

[해설] 표준방송을 하는 방송국의 송신설비에 사용하는 전파의 주파수 허용편차는 10 Hz 이다.

79
다음 문장의 괄호 안에 들어갈 알맞은 것은?

"전계강도의 허용치가 의료용 전파응용설비인 경우 ( )의 거리에서 100[$\mu V/m$] 이하일 것"

가. 100[m] 나. 80[m]
다. 50[m] 라. 30[m]

정답 라

[해설] 전파강도의 허용치

산업용 전파응용설비	의료용 전파응용설비
100m 거리에서 100uV 이하일 것	30m 거리에서 100uV 이하일 것

80
다음 중 무선설비 설계업무 수행절차의 수행업무 내용으로 잘못 설명된 것은?

가. 착수단계의 활동내용은 설계목적과 목표, 추진방안, 설계개요 및 법령 등 각종 기준을 검토한다.
나. 준비단계의 활동내용은 예비타당성조사, 타당성조사 및 기본계획 결과의 검토를 행한다.
다. 설계단계는 기본설계와 실시설계로 분류하며, 실시설계 활동내용으로 기본적인 구조물 형식의 비교·검토, 개략공사비 및 기본공정표를 작성한다.
라. 설계심의단계의 활동은 설계목적 적합성 여부 심의, 자문단의 의견수렴 및 반영을 행한다.

정답 다

[해설] 설계단계 중, 기본설계단계에서 기본적 구조형식, 비교검토, 개략공사비 등을 산출한 후, 실시설계에서 구체화하는 것임.

국가기술자격검정 필기시험문제

2015년 산업기사 4회 필기시험

국가기술자격검정 필기시험문제

2015년 무선설비산업기사 4회 필기시험

자격종목 및 등급(선택분야)	종목코드	시험시간	형 별	수검번호	성 별
무선설비산업기사		2시간			

제1과목 디지털 전자회로

01 다음 중 직렬형 정전압 회로의 특징으로 틀린 것은?

가. 부하저항이 클 때 효율은 병렬형에 비교하여 높다.
나. 출력전압의 넓은 범위에서 쉽게 설계될 수 있다.
다. 증폭단을 증가시킴으로써 출력저항 및 전압 안정 계수를 작게 할 수 있다.
라. 출력단자가 단락되더라도 트랜지스터가 파괴되는 경우는 없다.

정답 라

해설) 직렬형 정전압회로 출력이 단락되어 과부하 전류가 흐르게 되면 통과 트랜지스터가 파괴될 수도 있다.

02 다음 중 정류회로에서 리플 함유율을 감소시키는 방법으로 적합하지 않은 것은?

가. 입력전원의 주파수를 낮게 한다.
나. 반파정류회로보다 전파정류회로를 사용한다.
다. 콘덴서입력형 평활회로에서 콘덴서 용량을 크게 한다.
라. 초크입력형 평활회로에서 초크의 인덕턴스를 크게 한다.

정답 가

해설) 정류회로의 리플율 $r \propto \dfrac{1}{L, C, f}$

03 다음은 회로의 4 단자망을 h 파라미터로 나타낸 것이다. 입력개방 역방향 전압비는? (여기서 입력단은 1이고, 출력단은 2로 표시한 것이다.)

$$\begin{bmatrix} V_1 \\ i_2 \end{bmatrix} = \begin{bmatrix} h_{11} & h_{12} \\ h_{21} & h_{22} \end{bmatrix} \begin{bmatrix} i_1 \\ V_2 \end{bmatrix}$$

가. h_{11} 나. h_{12}
다. h_{21} 라. h_{22}

정답 나

해설) h정수

h정수 밑에 사용한 숫자대신 영문자로 표기할 수 있고 다음과 같은 의미를 갖는다.

$h_{11} = \left.\dfrac{V_1}{I_1}\right|_{V_2=0}$	$h_{12} = \left.\dfrac{I_2}{V_2}\right|_{I_1=0}$
$h_{12} = \left.\dfrac{V_1}{V_2}\right|_{I_1=0}$	$h_{21} = \left.\dfrac{I_2}{I_1}\right|_{V_2=0}$

① $h_{11} = h_i$: 출력단을 단락시킬 때의 입력 임피던스 [Ω]
② $h_{12} = h_r$: 입력단을 개방시킬 때의 전압 궤환율[단위없음]
③ $h_{21} = h_f$: 출력단을 단락시킬 때의 전류 증폭률[단위없음]
④ $h_{22} = h_o$: 입력단을 단락시킬 때의 출력 어드미턴스[℧]

04 다음 중 가장 효율이 좋은 증폭방식은?

가. A급 나. B급
다. C급 라. AB급

정답 다

	A급	B급	C급
동작점	특성곡선의 중앙	특성곡선의 차단점	특성곡선의 차단점 이하
유통각 θ	$\theta = 2\pi$	$\theta = \pi$	$\theta < \pi$
일그러짐	小	中(P-P의 경우 小)	大
효율	낮음	중간	높음
용도	완충 증폭	저주파 전력 증폭	고주파 전력증폭 및 주파수 체배 증폭

05 전압증폭도 A_v가 5,000인 증폭기에 부궤환을 걸어 증폭기 이득 A_f가 800일 경우 궤환율은 얼마인가?

가. 0.00105[%] 나. 0.0105[%]
다. 0.105[%]   라. 1.05[%]

정답 다

$A_f = \dfrac{A_v}{1 + A_v \beta}$ 에서

$A_v = 5,000$, $A_f = 800$ 이므로

$\beta = 1.05 \times 10^{-3}$

06 다음 회로의 설명으로 틀린 것은?

(단, $h_{fe1} = Q_1$의 순방향 전압 증폭률, $h_{fc2} = Q_2$의 순방향 전압 증폭률)

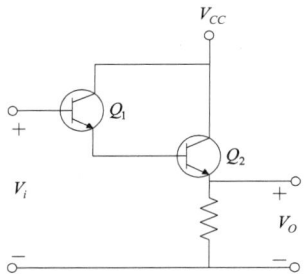

가. 트랜지스터 Q_1과 Q_2는 Darlington 접속이다.
나. 전류증폭률은 $(1+h_{fe1})(1+h_{fe2})$이다.
다. 입력저항은 대단히 높고 출력저항은 낮다.
라. 전압이득이 1보다 크다.

정답 라

Darlington접속된 에미터 플로워의 전압이득은 1보다 작다.

07 수정 발진기는 어떤 현상을 이용하는가?

가. 피에조(Piezo) 현상
나. 과도(Transient) 현상
다. 지연(Delay) 현상
라. 히스테리시스(Hysteresis) 현상

정답 가

압전기현상(Piezo-Electric Phenomena)
수정 진동자에 기계적인 압력을 가하면 표면에 전하가 나타나 전압이 발생하고 반대로 수정을 전극판 사이에 끼워서 전압을 가하면 수정진동자는 변형된다. 이와 같은 현상을 압전기 현상이라 한다.

08 반송파 전력이 60[kW]인 경우 92[%]로 진폭 변조하였을 때 피변조파 전력은 약 얼마인가?

가. 85.4[kW]   나. 93.5[kW]
다. 122.8[kW] 라. 145.2[kW]

정답 가

피변조파 전력
$P_c = 60[kW], m = 0.92$이므로

$P = P_c(1 + \dfrac{m^2}{2}) = 60 \times 10^3(1 + \dfrac{0.92^2}{2})$
$= 85.4[kW]$

09. 다음 중 LC 병렬 공진 회로에서 공진 주파수 [Hz]를 구하는 식은?

가. $2\pi\sqrt{CL}$
나. $\dfrac{1}{2\pi\sqrt{CL}}$
다. $4\pi\sqrt{CL}$
라. $\dfrac{1}{4\pi\sqrt{CL}}$

정답 나

[해설] LC 병렬 공진 회로에서 공진 주파수는 $\dfrac{1}{2\pi\sqrt{LC}}$[Hz]이다

10. 다음 설명에 적합한 회로는?

> 입력신호 주파수는 증가에 따라 출력전압이 증가되는 회로로서, 이 회로를 사용하면 변조신호 주파수 전반에 따라 변조가 균등해지며 높은 주파수 쪽의 S/N비를 개선할 수 있다.

가. FM변조회로
나. 전치보상기
다. AM변조회로
라. 프리엠파시스

정답 라

[해설] 프리엠파시스(Pre-Emphasis)회로는 고역의 S/N 개선을 위하여 송신측에서 FM 변조 전 신호 주파수의 고주파 성분의 레벨(고역)을 강조시키는 미분회로이다.

11. 다음 중 플립플롭(Flip-Flop)과 같은 동작하는 회로는?

가. LC 발진기
나. 수정 발진기
다. 쌍안정 멀티바이브레이터
라. 단안정 멀티바이브레이터

정답 다

[해설] 플립플롭(F/F : Flip-Flop)은 쌍안정 멀티바이브레이터(Bistable multivibrator)의 다른 명칭으로 입력신호에 의해서 상태를 변경하라(Trigger)는 지시가 있을 때까지 무기한(전원이 켜져 있는 동안) 현재의 2진 상태를 그대로 유지하는 회로이다.

12. 다음 중 슈미트 트리거 회로를 사용하여 변환할 수 없는 파형은?

가. 정현파를 구형파로 변환
나. 삼각파를 구형파로 변환
다. 삼각파를 펄스파로 변환
라. 구형파를 정현파로 변환

정답 라

[해설] Schmitt Trigger 회로는 입력신호의 진폭에 따라 2가지 안정된 상태를 갖게 한 펄스발생 회로이다. 슈미트 트리거 용도는 다음과 같다.
① 펄스 구형파를 얻기 위하여 사용
② 전압 비교 회로(Voltage Comparator)이다.
③ 쌍안정 멀티바이브레이터 회로이다.
④ A/D 변환 회로이다.

13. 10진수 3의 BCD코드와 4의 BCD코드를 더한 3 초과 코드로 맞는 것은?

가. 0111
나. 1010
다. 1011
라. 0110

정답 나

[해설] 3초과 코드는 8421코드에 $(0011)_2$ 을 더한 코드이므로
0011+0100=0111+0011=1010

14 다음 중 가중치 코드(Weighted Code)의 종류가 아닌 것은?

가. 8421 코드
나. 2421 코드
다. 그레이 코드(Gray Code)
라. 링카운터(Ring Counter) 코드

정답 다

해설 그레이코드는 인접 코드가 오직 1Bit만 변화하는 코드로 에러 정정이 용이해 아날로그 정보를 디지털 정보로 표현하는 A/D변환기나 I/O장치 등에 널리 사용되는 코드이다.

15 다음 중 논리식을 간략화한 것으로 옳은 것은?

$$\overline{\overline{A+B}+\overline{A+\overline{B}}}$$

가. $A+B$ 　나. AB
다. A 　라. B

정답 다

해설 $F=\overline{(\overline{A+B})+(\overline{A+\overline{B}})}$
드 모르간의 정리를 두 번 적용하면
$F=\overline{(\overline{A+B})}+\overline{(\overline{A+\overline{B}})}$
$=A\overline{B}+AB$
부울대수의 기본정리를 이용하면
$F=A\overline{B}+AB=A(\overline{B}+B)=A$

16 TTL 게이트에서 스위칭 속도를 높이기 위해 사용되는 다이오드는?

가. 바랙터 다이오드
나. 제너 다이오트
다. 쇼트키 다이오드
라. 정류 다이오드

정답 다

해설 TTL 게이트에서 스위칭 속도를 높이기 위해 소수캐리어 축적시간이 없는 쇼트키 다이오드를 사용한다.

17 다음 디지털 IC의 종류 중 Fan-Out이 큰 순서로 옳은 것은?

가. TTL 〉 RTL 〉 DTL 〉 C-MOS
나. C-MOS 〉 TTL 〉 RTL 〉 DTL
다. TTL 〉 C-MOS 〉 RTL 〉 DTL
라. C-MOS 〉 TTL 〉 DTL 〉 RTL

정답 라

해설 팬아웃(Fan Out)
한 개의 게이트 출력단자에 연결하여 무리 없이 구동할 수 있는 표준 부하수
"C-MOS 〉 ECL 〉 TTL 〉 HTL"

18 다음 중 링 카운터와 존슨 카운터의 구성상 차이점은 무엇인가?

가. 구성상의 차이점이 없다.
나. 최종 출력에서 초단 입력으로 궤환 시킬 때 Q 또는 $\overline{Q}$ 공급 방법이 다르다.
다. 두 개의 카운터 모두 클록 신호를 Inverting 시킨다.
라. 두 개의 카운터 모두 각 단마다 Q와 $\overline{Q}$를 교차하면서 다음 단 카운터에 공급한다.

정답 나

해설 링 카운터(Ring Counter)이고, 또 다른 하나는 존슨 카운터(Johnson Counter)는 최종 출력에서 초단 입력으로 궤환 시킬 때 Q 또는 $\overline{Q}$ 공급 방법이 다르다.

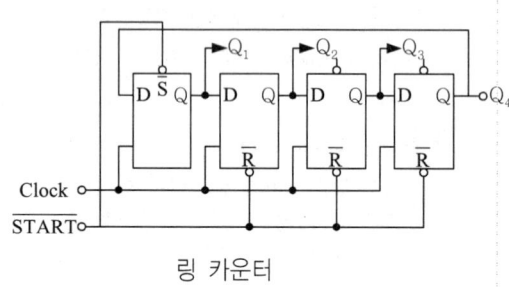

링 카운터

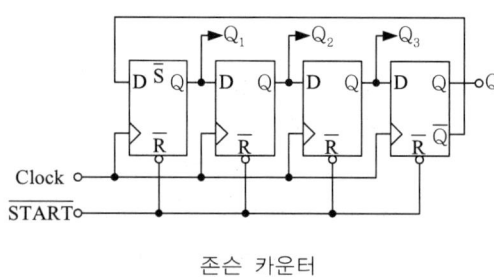

존슨 카운터

19 D 플립플롭을 이용하여 26진 상향 비동기식 계수기를 설계하려고 한다. D플립플롭은 최소 몇 개가 필요한가?

가. 26개 나. 13개
다. 7개   라. 5개

정답 라

해설 N진 카운터 설계시 필요한 플립플롭의 개수 n은 $2^{n-1} \leq N \leq 2^n$ 에서 구할 수 있다.
N=26이므로 n=5, 즉 5개의 플립플롭이 필요하다.

20 다음 중 멀티플렉서 표시기호를 옳은 것은?

가.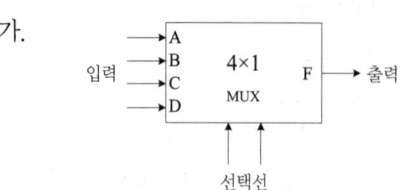

나.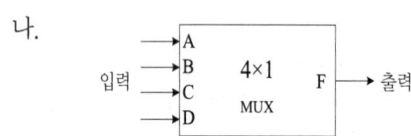

다.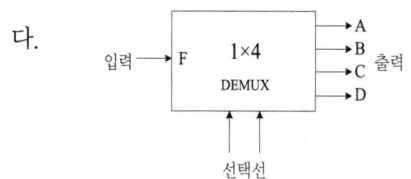

라.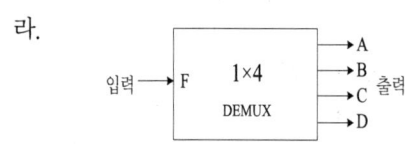

정답 가

해설 멀티플렉서는 2^n 개의 데이터 입력선과 n 개의 선택선, 그리고 1개의 출력선으로 구성된다.

제2과목 무선통신기기

21 다음 중 AM 송수신기에서 과변조가 발생하면 어떤 현상이 일어나는가?

가. 잡음이 줄어든다.
나. 주파수가 안정된다.
다. 변조도가 100%보다 낮다.
라. 점유주파수대역이 넓어진다.

정답 라

해설 AM과 변조시 현상
- 원래 정보신호 파형인 포락선을 복원하지 못함.
- 위상반전, 포락선 왜곡 발생.
- 점유주파수 대역폭이 증가.

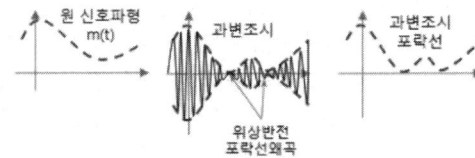

22 중간주파수가 500[kHz]인 슈퍼헤테로다인 수신기에서 희망파 1,000[kHz]에 대한 영상주파수는 얼마인가?

가. 1,500[kHz]
나. 2,000[kHz]
다. 2,200[kHz]
라. 3,200[kHz]

정답 나

해설 영상주파수(Image Frequency)의 정의
: 중간주파수의 2배에 해당하는 반송파가 입력되면 가상의 영상주파수(Image Frequency)가 출력되는 슈퍼헤테로다인 수신기의 가장 큰 단점이다.
* 영상주파수 = 수신주파수 + (2×중간주파수)
* 중간주파수 = 국부발진주파수 − 수신주파수

∴ 영상주파수 = 1000 + (2 × 500) = 2,000[KHz]

23 다음 중 SSB 무선송신기의 장점에 대한 설명으로 틀린 것은?

가. 점유주파수대폭이 넓어진다.
나. 소비전력이 적다.
다. 선택성페이딩의 영향이 적다.
라. S/N비가 개선된다.

정답 가

해설 SSB 통신 방식의 정점
① 점유주파수 대폭이 1/2로 축소된다.
② 적은 송신전력으로 양질의 통신이 가능하다.
③ 송신기의 소비전력이 적다.
④ 선택성 페이딩의 영향이 적다
⑤ 수신측에서 S/N비가 개선된다.
⑥ 비화성을 유지할 수 있다.

24 다음은 FM 송신기 블록도의 일부이다. 3체배 한 후 최대주파수편이가 ±6[kHz]이면, FM 변조 후 3체배하기 전의 최대 주파수 편이[△f]는 얼마인가?

가. △f = ±1[kHz]
나. △f = ±2[kHz]
다. △f = ±6[kHz]
라. △f = ±12[kHz]

정답 나

해설 입력 최대 주파수편이
$$= \frac{출력 최대 주파수 편이}{체배수} = \frac{±6[kHz]}{3}$$
$$= ±2[KHz]$$

25. 다음 중 디지털 정보 신호를 무선 아날로그 전송로를 이용하여 전송 할 때 이용하는 변조 기술은?

가. ASK
나. PCM
다. JPEC
라. MPEC

정답 가

해설
ASK: 디지털 정보 신호를 반송파의 크기를 이용하여 전송하는 디지털 변조기술.
PCM: 음성 등을 디지털화 하는 기술.
JPEG: 정지화상 압축기술
MPEG: 동영상 압축기술

26. 다음 중 TDM 통신방식을 FDM 통신방식과 비교한 설명으로 틀린 것은?

가. TDM이 FDM보다 회로 구성이 간단해진다.
나. TDM이 FDM보다 누화(Cross Talk)의 영향을 더 받는다.
다. TDM은 시간적 동기를 유지하는 것이 필수적이다.
라. 페이딩(Fading)이 있는 전송매체일 때는 FDM보다 TDM이 유리하다.

정답 나

해설 TDM은 FDM 방식에 비해 누화(Crosstalk)가 적음.

27. 다음 중 위성통신의 장점이 아닌 것은?

가. 동보통신이 가능하다.
나. 전송 손실 및 지연이 없다.
다. 광역성 통신이 가능하다.
라. 고속 대용량 통신이 가능하다.

정답 나

해설 정지위성통신의 특징
1. 광역 통신에 적합하다.
2. 고품질 광대역 통신에 적합하다.
3. 다원 접속이 가능하다.
4. 전파손실이 크다. (단점)
5. 전파 지연 시간이 문제가 된다.(단점) [0.25(sec)]

28. 다음 중 극지방 상공에 위성을 띄워 자원 탐사 및 기상 관측용 위성으로 사용하는 것은?

가. 정지궤도 위성
나. 저궤도 위성
다. 랜덤 위성
라. 위상 위성

정답 라

해설 위상 위성(phased Satellite)
지구주위 상공에 등간격으로 수십~수백의 위성을 띄우고 각 지구국은 공중선을 사용해서 차례로 위성을 추미하여 항시 통신망을 확보하는 방식이다. 정지위성에서 커버될 수 없는 지점 지역과의 통신이 가능하게 되며 고도를 낮출 수 있어 통신 지연 시간이 적은 이점이 있지만 비용이 크게 드는 결점이 있다.

29. 다음 중 EV-DO(Evolution-Date Only) 시스템에 적용되는 변조 방식이 아닌 것은?

가. QPSK
나. ASK
다. 8PSK
라. 16QAM

정답 나

해설 Cdma2000 1x EV DO는 Evolution Data Only의 약칭인 동기식 데이터 이동통신 방식이다.
EVDO의 변조방식은 QPSK, 8PSK, 16QAM 이다.

30 코드분할 다원 접속에서 최대 전송률을 증가시키기 위해서는 무엇을 해야 하나?

가. 신호 전력 또는 주파수 대역폭을 증가시켜야 한다.
나. 신호 전력 또는 주파수 대역폭을 감소시켜야 한다.
다. 신호 전력을 감소시키고 주파수 대역폭을 증가시켜야 한다.
라. 신호 전력을 증가시키고 주파수 대역폭은 감소시켜야 한다.

정답 가

해설 최대전송율
① 샤논(C. E. Shannon)의 전송로 용량식
$$C = W\log_2\left(1+\frac{S}{N}\right)[bps]$$
② 채널의 대역폭과 S/N을 향상시켜야 함
(신호전력을 크게하면 S/N 향상)

31 다음 중 축전지의 AH(암페어시)가 의미하는 것은?

가. 사용가능 시간   나. 충전전류
다. 축전지의 용량   라. 최대 사용 전류

정답 다

해설 축전지 용량
1. AH(암페어/시) = 방전전류 × 방전시간
2. WH(와트/시) = 방전전압 × 방전전류 × 방전시간

32 다음 중 축전지 특성에 대한 설명으로 옳은 것은?

가. 격리판은 유리섬유, 에보나이트 및 알루미늄 등을 사용한다.
나. 축전지의 음극판수는 양극판보다 2개 많다.
다. 1개의 기준 전압은 5[V]이다.
라. 축전지는 2차 전지이므로 재생 사용이 가능하다.

정답 라

해설
② 1차전지는 한번 사용하면 다시 사용할 수 없는 것으로서 1개당 단자 전압은 1.5[V]이다.
③ 2차전지는 충전(Charge)와 방전(Discharge)을 몇 번이고 되풀이하여 계속 사용할 수 있는 전지를 말한다.
④ 전기에너지를 축전지에서 외부로 공급하는 것을 방전이라 하고, 축전지가 외부로부터 전기 에너지를 받는 것을 충전이라고 한다.

33 다음 중 전파가 전리층에 들어갔을 때 일어나는 현상이 아닌 것은?

가. 전파의 굴절
나. 감쇠작용
다. 편파면의 회절
라. 라디오 덕트(Radio Duct) 현상

정답 라

해설 라디오 덕트 생성원인은 다음과 같다.
① 전선에 의한 덕트 : S형 덕트 발생
② 대양상 덕트 (또는 건조 덕트)
③ 이류성 덕트 : 해안선에 많이 발생
④ 야간 냉각에 의한 덕트 : 접지 덕트 발생. 즉, 전리층과는 간계가 없다.

34 다음 중 태양광 발전시스템에 대한 설명으로 틀린 것은?

가. 태양의 빛 에너지를 변환시켜 전기를 생산하는 발전기술
나. 태양광을 받아서 직류 전력을 발생하는 태양전지를 이용한 방식
다. 태양전지로 구성된 모듈과 축전지 및 전력변환장치로 구성
라. 태양전지의 내부는 니켈카드뮴 성분

정답 라

해설 태양 전지의 종류
(1) 결정질 실리콘 태양전지
(2) 박막 태양전지
(3) 염료 감응형 태양 전지

35 다음 중 시외전화망과 같은 곳에서 사용하는 무급전 중계 방식에서 전파손실을 경감시키기 위한 방법으로 맞지 않는 것은?

가. 중계구간을 짧게 한다.
나. 반사판을 직각에 가깝게 한다.
다. 반사판을 크게 한다.
라. 송수신 안테나 거리를 길게 한다.

정답 라

해설 무급전 중계방식
① 중계구간의 거리가 짧을수록 전력 손실 적음.
② 반사판이 클수록, 반사각이 90[°]에 가까울수록 전력 손실 적음.
③ 전파 손실 경감하기 위하여 송·수신안테나 이득은 크게, 송·수신 간의 거리는 짧게, 반사각은 직각에 가깝게 함.
④ 중계용 전력 불필요
⑤ 반사판이 많을수록 중계 손실(path loss) 증가

36 무선 송신기의 신호대잡음비(S/N) 측정시 필요하지 않는 측정기는?

가. 변조도계   나. 오실로스코프
다. 직선 검파기   라. 저주파 발진기

정답 나

해설 신호대 잡음비(s/n)
① 신호대 잡음비는 전력비 임
② 오실로스코프는 신호의 파형(주파수 또는 주기)의 검증할 때 사용되는 장비 임

37 수신기의 종합 특성을 결정하는 파라미터로서 혼신 및 간섭 등을 어느 정도까지 분리 및 제거할 수 있는가의 능력을 나타내는 것은 무엇인가?

가. 감도   나. 선택도
다. 충실도   라. 안정도

정답 나

해설 수신기의 파라미터: 수신기 성능을 나타내는 4대 성능은 감도, 선택도, 충실도, 안정도 이다.

감도	미약한 전파를 잘 수신할 수 있는 능력
선택도	혼신, 잡음 등을 분리하여 원하는 신호만 선택할 수 있는 능력
충실도	원신호를 정확하게 재생할 수 있는 능력
안정도	오랜 시간동안 일정한 출력을 유지할 수 있는 능력

38 특성임피던스(Zo)가 75[Ω]인 선로 종단에 신호를 인가한 후 선로상의 파형을 측정한 결과 최고전압이 25[V], 최저전압이 5[V]일 경우, 이 선로의 전압정재파비(VSWR)는?

가. 4   나. 5
다. 6   라. 8

정답 나

해설 $VSWR = \dfrac{V_{max}}{V_{min}} = \dfrac{25}{5} = 5$

39 다음 중 전송선로상에서의 등가 임피던스와 등가 어드미턴스의 비를 의미하는 것은 무엇인가?

가. 특성임피던스
나. 정재파비
다. 실효 인덕턴스
라. 전계강도

정답 가

해설 특성임피던스(고유임피던스, 파동임피던스)
$$Z_o = \sqrt{\dfrac{Z}{Y}} = \sqrt{\dfrac{R+j\omega L}{G+j\omega C}}$$
$$= \sqrt{\dfrac{L}{C}}\left[1+j\left(\dfrac{G}{2wC}-\dfrac{R}{2wL}\right)\right]$$

40 다음 회로에서 입력 V_i는 교류 실효전압 100[V]라고 할 때 다이오드 D1에 걸리는 최대 역전압(PIV)은 약 얼마인가?

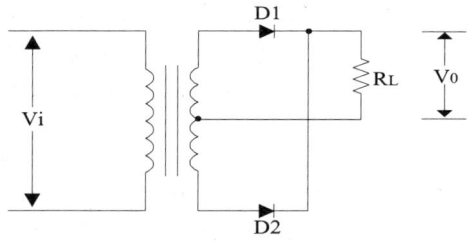

가. 100[V]
나. 141.4[V]
다. 200[V]
라. 282.8[V]

정답 라

해설 전파 브리지 정류회로의 다이오드에 걸리는 역전압(PIV)는 2차측 전압(V_2)의 최대치인 V_m 이다.

2차측 전압 = 10[V]
$\frac{n_1}{n_2} = \frac{V_1}{V_2}$ 이므로, $V_2 = \frac{n_2}{n_1} V_1 = \frac{1}{10} \times 100 = 10[V]$
∴ $V_m = \sqrt{2} V_2 = \sqrt{2} \times 10 = 14.1[V]$

	출력특성
I_{dc} (평균전류)	$\frac{2I_m}{\pi}$
V_{dc} (평균전압)	$\frac{2V_m}{\pi}$
I_{rms} (실효치 전류)	$\frac{I_m}{\sqrt{2}}$
V_s (실효치 전압)	$\frac{V_m}{\sqrt{2}}$

제3과목 안테나개론

41 다음 중 파동의 전파속도에 대한 설명으로 옳은 것은?

가. 진동수가 낮을수록 증가한다.
나. 파장이 짧을수록 감소한다.
다. 언제나 일정하다.
라. 매질에 따라 속도가 변하는 것은 파장 때문이다.

정답 라

해설 전파속도의 정의
: 매질 내에서 단일 주파수의 동일 위상을 가진 전파가 동시에 진행하는 속도이다.
예를 들어, 도파관내 전자파는 도파관 벽을 반사하며 앞으로 나가므로 관내파장을 λ', 주파수를 f $\nu_p = \frac{\lambda'}{f}$ 로 되어 자유공간 전파속도 (3×10^8 [m/s]) 보다 빠르게 전달되나 에너지를 전달하지 않는다.

* 위상속도 = $\frac{광속}{매질의 굴절률}$ 이므로 매질의 굴절율이 커지면 위상속도는 느려진다.

42 동축케이블에서 비유전율이 2.3인 폴리스틸렌을 매질로 사용하는 경우에 특성 임피던스는 약 얼마인가? (단, 동축케이블의 손실이 최소가 되는 조건으로 D/d=3.6이 되는 조건)

가. 35[Ω]
나. 50[Ω]
다. 75[Ω]
라. 100[Ω]

정답 나

해설 동축케이블 특성임피던스

$Z_o = \frac{138}{\sqrt{\varepsilon_s}} \log \frac{D}{d}$ (D : 도체외부, d : 도체내부)

$= \frac{138}{\sqrt{2.3}} \log 3.6 = 49.22[\Omega]$

43 다음 중 전파에 대한 설명으로 옳은 것은?

가. 전계와 자계가 X축 방향의 성분만 있는 경우를 말한다.
나. 전파의 진행방향에는 전계와 자계가 없고 진행방향의 직각 방향에는 전계와 자계가 존재한다.
다. 전계와 자계는 X, Y, Z축 전체에 모두 존재한다.
라. 전계는 Z축, 자계는 Y축에 존재하는 파를 말한다.

정답 나

전파(평면파)의 전파
- 전계, 자계는 진행방향에 대해서 수직성분으로 존재한다.
- 진행방향에서는 전계, 자계성분이 없다.

44 다음 중 급전선에 대한 설명으로 옳은 것은?

가. 전송 효율이 좋고 정합이 용이해야 한다.
나. 특성임피던스는 길이와 관계가 있다.
다. 감쇠정수가 커야 된다.
라. 무왜곡 조건은 RG=CL로 정의된다.

정답 가

급전선
① 전송효율이 좋고 정합이 용이해야함
② 특성임피던스 $Z_o = \sqrt{\dfrac{L}{C}}$ 로 길이 및 주파수와 무관함
③ 감쇠정수 $\alpha = \dfrac{R}{2}\sqrt{\dfrac{C}{L}} + \dfrac{G}{2}\sqrt{\dfrac{L}{C}}$ 로 특성임피던스와 관계가 있음
④ 무왜곡 조건은 RC=LG 임

45 다음 중 급전선로의 정재파비를 낮게 하는 이유로 가장 적합한 것은?

가. 스퓨리어스 방출을 감소시키기 위해
나. 저온에서 급전선로를 가열하기 위해
다. 인접 무선기기와의 혼신을 줄이기 위해
라. 보다 효과적인 전자파 에너지의 전달을 위해

정답 라

정재파비: 급전선의 정합정도를 나타내는 수치로써 완전정합일 경우 정재파비=1, 반사계수=0 정재파비가 낮을수록 전력전달이 우수해짐.

46 특성임피던스가 270[Ω]이니 무손실 선로에 흐르는 고주파 전류의 최대값이 0.5[A]이고 최소 전류 값이 0.1[A]라 할 때 이 선로에 전송되고 있는 전력은 얼마인가?

가. 10.8[W]
나. 27[W]
다. 67.5[W]
라. 13.5[W]

정답 라

$P_o = I_{max} \cdot I_{min} \cdot Z_o\,[W]$
$= 0.5 * 0.1 * 270$
$= 13.5\,[W]$

47 다음 중 마이크로파의 전송에 사용되는 도파관의 특성으로 틀린 것은?

가. 저항손실이 적다.
나. 복사손실이 거의 없다.
다. 유전체 손실이 적다.
라. 저역 여파기(LPF)로서 작용한다.

정답 라

해설
① 저항(Ohm) 손실이 적다.
② 유전체 손실이 적다.
③ 방사손실이 없다.
④ 고역 Filter로서 작용한다.
⑤ 취급할 수 있는 전력이 크다.
⑥ 외부 전자계와 완전히 격리할 수가 있다.

48 다음 중 도파관과 동축 케이블을 연결할 때 사용되는 결합방식은?

가. 작은 루프에 의한 결합
나. 횡전자계에 의한 결합
다. 도파관 창에 의한 결합
라. 공동 공진기에 의한 결합

정답 가

해설 작은 루프안테나에 의한 여진.
동축케이블의 심선에 작은 루프안테나를 설치하여 도파관의 측면에서 여진하는 방법.
주로 자계에 의한 여진을 함.

49 다음 중 안테나의 실효고에 대한 설명으로 틀린 것은?

가. 실효고가 클수록 복사되는 전파의 강도는 크다.
나. 실효고가 클수록 유기되는 수신 개방 전압은 크다.
다. 반파장 다이폴의 안테나의 길이는 실효고 보다 작다.
라. $\lambda/4$ 접지 안테나의 실효고는 반파장 다이폴의 1/2이다.

정답 다

해설 실효고란 안테나 전류의 정현적 전류분포를 직사각형 면적으로 환산한 두변 중 높이를 말함. 실효고가 클수록 복사강도, 수신전계가 커짐.

	반파장다이폴	수직접지안테나
실효고	$\dfrac{\lambda}{\pi}$	$\dfrac{\lambda}{2\pi}$

50 안테나의 길이가 L일 때, 반파장 다이폴 안테나의 고유파장은?

가. L/2
나. L
다. 2L
라. 4L

정답 다

해설 반파장 다이폴 안테나의 길이L 은,
$L = \dfrac{\lambda}{2}$, 따라서, $\lambda = 2L$

51 중파 방송국의 안테나 전력을 10[kW]에서 250[kW]로 증가시키면 동일 지점에서 전계 강도는 몇 배가 되는가?

가. 25배
나. 5배
다. 0.25배
라. 0.04배

정답 나

해설 자유공간의 전계강도 $E = \dfrac{K\sqrt{P}}{d}$ 이므로
$E \propto \sqrt{P}$
P가 25배 증가되면, E는 5배 증가한다.

52 다음 중 안테나의 특성과 거리가 먼 것은?

가. 편파
나. 복사각
다. 전후방비
라. 영상주파수

정답 라

해설 안테나 성능파라미터

파라미터	특 징
편파	E(전계)의 복사방향
복사각	최대지향각의 각도
전후방비	최대지향각과 반대방향의 비
임피던스	교류에 해당하는 저항
이득	기준안테나 대비 상대치

4 2015년 무선설비산업기사 기출문제

53 루프 안테나와 고니오미터를 접속시켜 전파의 방향을 탐지할 수 있는 안테나는?

가. 애드콕(Adcock) 안테나
나. 베르니토시(Bellini-Tosi) 안테나
다. 슬리브(Sleeve) 안테나
라. 비버리지(Beverage) 안테나

정답 나

해설 벨리니-토시 공중선
① 두 개의 loop안테나를 직교시켜, 고정코일과 탐색코일로 구성된 고니오미터에 연결함
② 자동 방향탐지기에 사용
③ 감도가 0일 때 탐색코일의 직각방향이 전파의 도래방향임
④ 탐색코일을 회전시켜 8자 지향성을 가짐
⑤ 완전한 방향 탐지를 위해 수직안테나와 조합

54 다음 중 안테나의 가상접지 방식에 대한 설명으로 틀린 것은?

가. 도체망을 대지와 절연시켜 설치한다.
나. 도전율이 적은 지역, 건조지대 등에 설치한다.
다. 깊이 매설된다.
라. 카운터포이즈(Counterpoise)라고도 한다.

정답 다

해설 카운터 포이즈(counter poise) 접지(=가상접지)
① 대지의 도전율이 나쁜 경우 방사상의 지선망을 공중선 높이의 약 5[%] (1~2m 정도)의 지상에 대지와 절연하여 설치하는 용량 접지 방식
② 접지저항은 1~2[Ω] 정도
③ 건조지, 암산, 수목이 많은 곳, 건물의 옥상 등에 사용

55 전리층의 높이를 측정하기 위해 지상에서 임펄스파를 상공으로 발사한 후 0.001[초] 후에 반사파를 수신하였을 경우 반사층의 높이는 얼마인가?

가. 250[km] 나. 200[km]
다. 150[km] 라. 100[km]

정답 다

해설 전리층 높이측정
$$h = \frac{ct}{2} = \frac{(3*10^8)*0.001}{2} = 150[Km]$$

56 다음 중 등가지구 반경계수(K)에 대한 설명으로 틀린 것은?

가. 대기의 수직면 내에서의 굴절률 분포를 알 수 있다.
나. 보통은 1보다 크지만 작은 경우도 있다.
다. 열대지방의 K값이 한 대지방 보다 크다.
라. K값이 1에 가까울수록 굴절이 심하다는 뜻이다.

정답 라

해설 등가지구반경은 원형인 지구를 평면으로 도식화 할 때 사용하는 Factor로 전파는 굴절한다는 성질을 이용함.
실제 전파는 대기층에서 굴절하므로 직선형태가 아니고 곡선 형태로 진행하게 된다. 이를 전파가시거리라 하는데, 이를 구하기 위해서 실제 지구의 반지름 과 등가지구반지름의 비를 등가지구 반경계수 ($K = \frac{R}{r}$) 이라함

57 프레즈널 존(Presnel zone)이 발생하는 이유는?

가. 대지반사와 지표파의 간섭
나. 대류권파와 전리층파 간섭
다. 반사파와 직접파의 간섭
라. 직접파와 회절파의 간섭

정답 라

해설 프레넬 존: 안테나 사이에 뽀죡한 산이나 물체(Knife edge)에 의해 회절이 발생하고, 또한 안테나 사이에 직접파가 Knife edge 등에서 발생한 회절파와의 간섭에 의해 발생하는 영역

58 다음 중 VHF대 이상의 전파가 초가시거리까지 전파되는 것과 관련이 없는 것은?

가. 대류권 산란파
나. 산재 F층 반사파
다. 라디오 덕트(Radio Duct)
라. 전리층 산란파

정답 나

[해설] 초가시거리 전파의 종류
1. 산악 회절 전파 (회절파)
2. Radio Duct 전파
3. 대류권 산란파 전파
4. 전리층 산란파 전파
5. 산재 E층에 의한 전파

59 다음 중 전리층 반사를 사용하는 주파수대에서 최고 사용주파수(MUF)를 구하는 목적으로 맞는 것은?

가. 전리층 반사파를 사용하여 통신하기 적합한 주파수를 구하는데 사용한다.
나. 전리층의 밀도를 구하는데 사용한다.
다. 전리층 반사파를 사용하는 경우의 전계강도를 구하는데 사용한다.
라. 전리층 반사파가 도달되는 최고의 거리를 구하는데 사용한다.

정답 가

[해설] 전파예보란 전리층 반사파를 이용한 통신에서 두 점간의 통신을 효율적으로 할 수 있도록 최적운용주파수를 예보하는 곡선이다.

전파예보의 종류	특 징
MUF (Maximum Usable Frequency)	사용가능한 최대주파수
LUF (Lowest Usable Frequency)	사용가능한 최저주파수
FOT (Frequency of Optimum Traffic)	MUF x 0.85 최적운용주파수

60 다음 중 델린저 현상에 대한 설명으로 틀린 것은?

가. 명확한 주기성은 없으나 보통 27일과 54일을 발생주기로 인정하고 있다.
나. 야간에 고위도 지방에서 발생한다.
다. 돌발적으로 발생하여 10분 또는 수 십분 계속되다가 고위도 지방부터 차차 회복된다.
라. 단파통신에 영향을 주며 낮은 주파수 쪽이 영향을 많이 받는다.

정답 나

[해설] 태양폭발에 의한 현상은 델린저 현상, 자기람 현상이 있음. 델린져는 다량의 자외선에 의해 E층, D층의 전리층 전자밀도가 증가되어 저위도 지방에서 20MHz이하 단파통신에 영향을 줌. 단기간에 발생되어 예측이 어려움.

제4과목 전자계산기 일반 및 무선설비기준

61 다음 중 산술연산과 논리연산 동작의 결과로 축적되는 레지스터는?

가. RAM
나. 상태(Status) 레지스터
다. ROM
라. 인덱스 레지스터

정답 나

[해설] CPU의 연산 장치는 ALU로서 산술 연산과 논리 연산을 수행하는데 언제나 연산 후의 상태를 기억한다. 이레지스터가 상태 레지스터이다. 상태에 대한 자료로는 Carry 발생, Overflow, Zero 등의 상태를 기억한다.

62. 다음 중 입출력 겸용장치에 해당하지 않는 것은?

가. 자기디스크
나. 플로피디스크
다. OCR(Optical Character Reader)
라. 자기테이프

정답 다

해설 OCR(Optical Character Reader) : 광학식 문자 판독기로서 입력 장치이다.

63. 10진수 10에 대해 2진법, 8진법 및 16진법의 표현으로 옳은 것은?

가. 1001, 10, 10
나. 1001, 11, A
다. 1010, 12, A
라. 1010, 12, B

정답 다

해설 10진수 10은 2진수로 변환하면 1010 이다. 이것을 8진수로 변환하면 3비트씩 끊어서 표현하면 되므로 12가 된다. 4비트씩 묶으면 16진수가 되는데 A 가 된다.

64. 검색 방법 중 키 값으로부터 레코드가 저장되어 있는 주소를 직접 계산하여 산출된 주소로 바로 접근하는 방법으로 키-주소 변환 방법이라고도 하는 것은?

가. 이진 검색
나. 피보나치 기술
다. 해싱 방법
라. 블록 검색

정답 다

해설 해싱 : 긴 주소를 짧은 주소로 변환하여 직접 접근하려고 하는 기법이다.

65. 다음 중 운영체제에 대한 설명으로 틀린 것은?

가. 시스템의 응답시간과 반환시간을 단축하는 것이 목적이다.
나. 시스템 자원의 효율적인 운영과 자원에 대한 스케줄링 기능을 수행한다.
다. 운영체제는 시스템 소프트웨어의 일종이라 할 수 있다.
라. 운영체제는 시스템 명령이기 때문에 사용자와 직접 상호작용을 할 수는 없다.

정답 라

66. 다음 중 컴파일러와 인터프리터에 대한 비교 설명으로 틀린 것은?

가. 컴파일러는 목적 프로그램을 생성하고, 인터프리터는 생성하지 않는다.
나. 컴파일러는 전체 프로그램을 한꺼번에 처리하고, 인터프리터는 대화식인 행 단위로 처리한다.
다. 일반적으로 컴파일러 방식은 실행속도가 느리고, 인터프리터 방식은 빠르다.
라. 인터프리터는 BASIC, LIST 등이 있고, 컴파일러는 COBOL, CC# 등이 있다.

정답 다

해설
1) 컴파일러
고급언어로 쓰여진 프로그램이 컴퓨터에서 수행되기 위해서는 컴퓨터가 직접 이해할 수 있는 언어로 바꾸어 주어야 합니다. 이러한 일을 하는 프로그램을 컴파일러라고 합니다. 번역과 실행 과정을 거쳐야 하기 때문에 번역 과정이 번거롭고 번역 시간이 오래 걸리지만, 한번 번역한 후에는 다시 번역하지 않으므로 실행 속도가 빠릅니다.

2) 인터프리터
프로그램을 한 단계씩 기계어로 해석하여 실행하는 '언어처리 프로그램'입니다. 줄 단위로 번역, 실행되기 때문에 시분할 시스템에 유용하며 원시 프로그램의 변화에 대한 반응이 빠름.
한 단계씩 테스트와 수정을 하면서 진행시켜 나가는 대화형 언어에 적합하지만, 실행 시간이 길어 속도가 늦다는 단점이 있습니다.
프로그램이 직접 실행되므로 목적 프로그램이 생성되지 않는다.

67 다음 중 펌웨어에 대한 설명으로 옳은 것은?
　가. 소프트웨어와 하드웨어의 특성을 가지고 있다.
　나. 하드웨어의 교체 없이 소프트웨어 업그레이드만으로는 시스템 성능을 개선할 수 없다.
　다. RAM에 저장되는 마이크로컴퓨터 프로그램이다.
　라. 시스템 소프트웨어로서 응용 소프트웨어를 관리하는 것이다.

정답 가

해설 펌웨어 = 하드웨어 + 소프트웨어 = ROM = 제어 메모리

68 다음 중 고급언어로 쓰여진 프로그램을 컴퓨터에서 수행될 수 있는 저급의 기계어로 번역하는 것은?
　가. C언어　　　나. 포트란
　다. 컴파일러　　라. 링커

정답 다

해설 컴파일러 : 언어 번역기로서 고급언어 작성된 원시 프로그램을 컴퓨터가 이해할 수 있는 기계어로 번역해주는 번역기이다

69 입출력 주소지정방식에 있어 메모리 주소와 입출력 주소가 단일 주소 공간으로 구성되어 주소 관리는 용이하나, 메모리 주소공간이 입출력 주소공간에 의해 축소되는 단점을 갖는 주소지정 방식은 무엇인가?
　가. Programmed I/O
　나. Interrupt I/O
　다. Memory-Mapped I/O
　라. I/O-Mapped I/O

정답 다

해설 I/O Mapped I/O : 보조기억장치와 주기억장치가 독립적으로 운영, 즉 공유 공간의 의미이다.
Memory Mapped I/O : 보조 기억장치와 주기억장치가 종속적으로 운영, 즉 전용 공간을 의미한다.

70 다음 중 인터럽트에 대한 설명으로 틀린 것은?
　가. 인터럽트 발생 시에 복귀주소는 스택(Stack)에 저장된다.
　나. 스택에 저장되는 값은 PC(Program Counter) 값이다.
　다. 스택에 값을 가져오는 것을 푸쉬(Push)라고 부른다.
　라. 인터럽트 서비스 루틴(ISR)의 마지막 명령어는 리턴(Return)이다.

정답 다

해설 PUSH : 스택에 자료를 넣는 것
POP : 스택에서 자료를 빼내는 것

71 다음 정의를 가리키는 용어는?

> 주어진 발사에서 용이하게 식별되고, 측정할 수 있는 주파수를 말한다.

　가. 지정주파수　　나. 기준주파수
　다. 특성주파수　　라. 분배주파수

정답 다

2015년 무선설비산업기사 기출문제

해설 2. "특성주파수"란 주어진 발사에서 용이하게 식별되고, 측정할 수 있는 주파수를 말한다.
(무선설비규칙 제2조. 정의)

72 다음 중 무선국을 고시하는 경우 고시하는 사항이 아닌 것은?

가. 무선국의 명칭 및 종별과 무선설비의 설치장소
나. 무선설비의 발주자의 성명 또는 명칭
다. 허가 년·월·일 및 허가번호
라. 주파수, 전파의 형식, 점유주파수대폭 및 공중선진력

정답 나

해설 제12조 (무선국의 고시사항)
① 법 제21조제5항의 규정에 의하여 제11조의 규정에 의한 고시대상무선국을 허가한 때에 고시하여야 하는 사항은 다음 각 호와 같다.
1. 허가연월일 및 허가번호
2. 시설자의 성명 또는 명칭
3. 무선국의 명칭 및 종별과 무선설비의 설치장소
4. 호출부호 또는 호출명칭
5. 주파수, 전파의 형식, 점유주파수대폭 및 공중선전력

73 다음 문장의 괄호안에 들어 갈 내용으로 적합한 것은?

> "정격전압"이라 함은 기기의 정상적인 동작에 필요한 전원전압으로서 신청된 설계전압의 ( )% 이내의 전압을 말한다.

가. ±2   나. ±4
다. ±6   라. ±8

정답 가

해설 2. "정격전압"이라 함은 기기의 정상적인 동작에 필요한 전원전압으로서 신청된 설계전압의 (±)2% 이내의 전압을 말한다.
무선설비의 적합성평가 처리방법. 제2조. 정의

74 다음 중 "지정시험기관 적합등록" 대상기자재가 아닌 것은?

가. 자동차 및 불꽃점화 엔진구동기기류
나. 가정용 전자기기 및 전동기기류
다. 고전압설비 및 그 부속 기기류
라. 정보기기의 전원 및 공중선기기류

정답 라

해설 1. 산업·과학 또는 의료용 등으로 사용되는 고주파이용 기기류
2. 자동차 및 불꽃점화 엔진구동 기기류
3. 방송수신기기 및 오디오.비디오 관련 기기류
4. 가정용 전기기기 및 전동기기류
5. 형광등 등 조명기기류
6. 정보·사무 기기류
7. 디지털 장치류
8. 전선로에 주파수가 9kHz 이상의 전류가 통하는 통신설비의 기기
9. 미약 전계강도 무선기기
10. 전기기기용 스위치 및 개폐기
11. 전기설비용 부속품 및 연결부품
12. 전기용품 보호용 부품
13. 절연변압기
14. 그밖에 제1호부터 제13호에 준하는 기기류

75 다음 중 방송통신기자재 등의 적합인증 신청 시 구비서류가 아닌 것은?

가. 사용자 설명서   나. 외관도
다. 회로도   라. 주요부품명세서

정답 라

해설 시험성적서
사용자설명서
외관도
부품배치도 또는 사진
회로도
대리인지정서(대리인 지정시)

76 지상파 디지털 텔레비전방송용 무선설비의 기술기준 중 변조된 신호의 채널당 주파수 대역폭은?

　가. 3[MHz]　　나. 6[MHz]
　다. 9[MHz]　　라. 12[MHz]

정답 나

[해설] 지상파 D-TV 의 주파수 대역폭은 6MHz 임.

77 비상국 전원의 조건 중 축전지를 사용하는 경우 상시 몇 시간 이상 운용할 수 있어야 하는가?

　가. 8시간　　나. 12시간
　다. 16시간　　라. 24시간

정답 라

[해설] ③ 비상국의 전원은 다음 각 호의 조건에 적합하여야 한다.
1. 수동발전기, 원동발전기, 무정전전원설비 또는 축전지로서 24시간 이상 상시 운용할 수 있을 것
2. 즉각 최대성능으로 사용할 수 있을 것
(무선설비규칙. 제11조(전원))

78 전력선통신설비 및 유도식통신설비에서 발사되는 고조파·저조파 또는 기생발사강도는 기본파에 대하여 몇 [dB] 이하이어야 하는가?

　가. 20[dB]　　나. 30[dB]
　다. 40[dB]　　라. 50[dB]

정답 나

[해설] 제6조(누설전계강도의 허용치)
① 전력선통신설비의 전력선에 통하는 고주파전류의 기본파에 의한 누설전계강도는 그 송신장치로부터 1 km 이상 떨어지고, 전력선으로부터의 거리가 기본주파수의 파장을 2π로 나눈 지점에서 500 μV/m 이하이어야 한다.

② 유도식통신설비의 선로에 통하는 고주파전류의 기본파에 의한 누설전계강도는 그 송신장치로부터 1 km 이상 떨어지고, 선로로부터의 거리가 기본주파수의 파장을 2π 로 나눈 지점에서 200 μV/m 이하이어야 한다. 다만, 탄광의 갱내 등 지형사정으로 인하여 측정이 불가능한 경우에는 그러하지 아니하다.

③ 전력선통신설비 및 유도식통신설비에서 발사되는 고조파·저조파 또는 기생발사강도는 기본파에 대하여 30 dB 이하이어야 한다.

79 다음 중 감리사의 주요 임무 및 책임사항으로 맞는 것은?

> ㉠ 감리사는 설계감리 업무를 수행함에 있어 발주자와 계약에 따라 발주자의 설계 감독 업무를 수행한다.
> ㉡ 감리사는 설계자의 의무 및 책임을 면제시킬 수 있으며, 임의로 설계용역의 내용이나 범위를 변경시키거나 기일연장 등 설계용역 계약조건과 다른 지시나 결정을 하여서는 안된다.
> ㉢ 감리사는 설계용역을 계획 및 예정공정표에 따라 설계업무의 진행상황 및 기성 등을 검토·확인하여야 하며 이를 정기적으로 시공자에게 보고하여야 한다.
> ㉣ 감리사는 설계용역을 성과검토를 통한 검토업무를 수행하기 위해 세부검토사항 및 근거를 포함한 설계감리 검토목록을 작성하여 관리하여야 한다.

　가. ㉠, ㉣
　나. ㉠, ㉢, ㉣
　다. ㉠, ㉡, ㉢, ㉣
　라. ㉠, ㉣

정답 가

[해설] ㉠ 감리사는 설계감리 업무를 수행함에 있어 발주자와 계약에 따라 발주자의 설계 감독 업무를 수행한다.
㉡ 감리사는 설계자의 의무 및 책임을 면제시킬 수 없으며, 임의로 설계용역의 내용이나 범위를 변경시키거나 기일연장 등 설계용역 계약 조건과 다른 지시나 결정을 하여서는 안된다.
㉢ 감리사는 설계용역을 계획 및 예정공정표에 따라 설계업무의 진행상황 및 기성 등을 검토·확인하여야 하며 이를 정기적으로 발주자에게 보고하여야 한다.
㉣ 감리사는 설계용역을 성과검토를 통한 검토 업무를 수행하기 위해 세부검토사항 및 근거를 포함한 설계감리 검토목록을 작성하여 관리하여야 한다.

80 다음 중 무선설비 기성부분검사와 준공검사에 대한 설명으로 틀린 것은?

가. 공사현장에 주요공사가 완료되고 현장이 정리단계에 있을 때에는 준공 2개월 전에 준공기한 내 준공 가능여부 및 미진사항의 사전 보완을 위해 예비 준공검사를 실시하여야 한다.

나. 감리사는 시공자로부터 시험운영계획서를 제출받아 검토·확정하여 시험운용 20일 전까지 바루자 및 시공자에게 통보하여야 한다.

다. 감리업자 대표자는 기성부분검사원 또는 준공계를 접수하였을 때는 30일 안에 소속 감리사 중 특급감리사급 이상의 자를 검사자로 임명하고, 이 사실을 즉시 본인과 발주자에게 통보하여야 한다.

라. 예비준공검사는 감리사가 확인한 정산설계 도서 등에 의거 검사하여야 하며, 그 검사 내용은 준공검사에 준하여 철저히 시행하여야 한다.

정답 다

[해설] 정합은 반사손실이 최소가 되어 최대전력전달이 가능하며 두 매체간 손실 없이 전달이 가능함

국가기술자격검정 필기시험문제

2016년 산업기사1회 필기시험

국가기술자격검정 필기시험문제

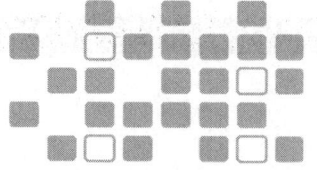

2016년 산업기사1회 필기시험

자격종목 및 등급(선택분야)	종목코드	시험시간	형 별	수검번호	성 별
무선설비산업기사		2시간	1형		

제1과목 디지털 전자회로

01 다음 중 초크코일과 콘덴서로 구성된 필터회로에서 리플률을 감소시키는 방법으로 옳은 것은?

가. 인덕턴스 L을 크게 한다.
나. 커패시턴스 C를 작게 한다.
다. 주파수를 낮춘다.
라. 부하저항 R을 작게한다.

정답 가

02 다음 중 동일 규격의 다이오드를 병렬로 연결하면 회로의 특성은 어떻게 변하는가?

가. 순방향 전류를 증가시킬 수 있다.
나. 역전압을 크게 할 수 있다.
다. 필터회로가 불필요하게 된다.
라. 전원변압기를 사용하여도 항시 사용할 수 있다.

정답 가

03 다음 중 전력 이득이 가장 큰 접지 증폭회로는 무엇인가?

가. 베이스 접지 증폭회로
나. 컬렉터 접지 증폭회로
다. 이미터 접지 증폭회로
라. 고정 접지 증폭회로

정답 다

04 어떤 증폭기의 전압증폭도가 100일 때 전압이득은 몇 [dB]인가?

가. 10[dB]   나. 20[dB]
다. 30[dB]   라. 40[dB]

정답 라

05 송신기의 완충증폭기(Buffer Amp)에 많이 쓰이는 증폭 방식은?

가. A급   나. B급
다. C급   라. AB급

정답 가

06 다음 중 B급 푸시풀(Push-Pull) 전력증폭기의 장점에 대한 설명으로 옳은 것은?

가. 출력효율이 높고, 일그러짐이 적다.
나. 높은 주파수를 증폭하는데 적당하다.
다. 전압이득을 크게 할 수 있다.
라. 전도지연 특성이 개선된다.

정답 가

07 다음 중 발진조건으로 적합한 것은?

가. 궤환루프의 위상지연이 90°이다.
나. 궤환루프의 전압이득이 0이고, 위상지연이 180°이다.
다. 궤환루프의 전압이득의 크기가 1이고, 위상지연이 0°이다.
나. 궤환루프의 전압이득이 1보다 작고, 위상지연이 90°이다.

정답 다

08 수정 발진회로에서 직렬 공진 수파수를 f_s, 병렬 공진 주파수를 f_p라 할 때 수정 발진 회로가 안정된 동작을 하기 위한 동작 주파수 조건은?

가. f_s보다 낮게 한다.
나. f_s보다 높게 한다.
다. f_p보다 낮게, f_s보다 높게 한다.
라. f_p보다 높게, f_s보다 낮게 한다.

정답 다

09 다음 디지털 변조방식 중 오류확률이 가장 낮은 것은?

가. 4진 QAM 나. 4진 FSK
다. 4진 DPSK 라. 4진 PSK

정답 가

10 다음 중 디지털 변조(불연속 레벨변조)방식에 해당하는 것은?

가. 펄스진폭변조(PAM)
나. 펄스폭변조(PWM)
다. 펄스위치변조(PPM)
라. 펄스부호변조(PCM)

정답 라

11 다음 중 반송파의 위상과 진폭을 상호 직교하며 신호를 혼합하는 변조 방식은?

가. ASK 나. FSK
다. PSK 라. QAM

정답 라

12 다음 중 외부로부터 트리거(Trigger) 신호 없이 스스로 준안정 상태에서 다른 준안정 상태로 변화를 되풀이 하는 것은?

가. 비안정 멀티바이브레이터
나. 쌍안정 멀티바이브레이터
다. 단안정 멀티바이브레이터
라. 슈미트 트리거

정답 가

13 다음 중 클램핑(Clamping) 회로에 대한 설명으로 옳은 것은?

가. 반파 정류 회로이다.
나. 입력 파형의 일정 값 이하만 나타난다.
다. 일정한 값 사이에만 출력으로 나타난다.
라. 입력 파형의 모양은 그대로 유지하면서 파형의 평균 레벨을 수직으로 변화시킨다.

정답 라

14 10진수 45를 2진수로 변환한 값으로 맞는 것은?

가. $(101100)_2$ 나. $(101101)_2$
다. $(101110)_2$ 라. $(101111)_2$

정답 나

15 3초과 코드 0111의 10진수 값과 그레이 코드(Gray Code) 0111의 10진수 값을 각각 나열한 것은?

가. 4, 5 나. 5, 6
다. 6, 7 라. 7, 8

정답 가

16 다음 논리회로에서 입력 X는 0, Y는 1일 때 출력값 및 논리회로와 등가인 논리게이트(Logic Gate)를 표현한 것으로 옳은 것은?

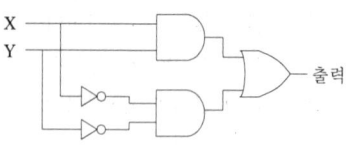

가. 1, NOR 게이트   나. 0, XNOR 게이트
다. 0, NAND 게이트 라. 1, XOR 게이트

정답 나

17 JK플립플롭(Flip-Flop)이 정상적으로 동작할 때, 두 입력 J와 K값이 10이고, 클럭(Clock)이 인가될 경우 출력 상태는?

가. Set   나. Reset
다. Toggle   라. 동작불능

정답 다

18 다음 중 레지스터(Register)의 기능으로 맞는 것은?

가. 펄스 신호의 발생
나. 데이터의 일시 저장
다. 인터럽트(Interrupt) 제어
라. 클럭(Clock) 회로의 동기

정답 나

19 다음 그림과 같은 논리회로는 어떤 기능을 수행하는가?

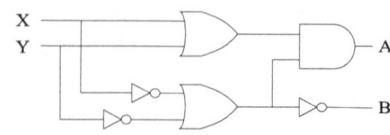

가. 일치회로   나. 반가산기
다. 전가산기   라. 반감산기

정답 나

20 3개의 입력 A, B, C 중 2개 이상이 1일 때 출력 Y가 1이 되는 다수결 회로의 논리식으로 맞는 것은?

가. $Y = AB + BC + AC$
나. $Y = A \times B \times C$
다. $Y = ABC$
라. $Y = A + B + C$

정답 가

제2과목 무선통신기기

21 다음 중 수신기의 감도에 영향을 미치는 것이 아닌 것은?

가. 음성주파수의 왜율
나. 고주파 증폭부의 잡음
다. IF 증폭기의 이득
라. 주파수 변환부의 잡음

정답 가

22 다음 중 다중 반송파 변조(Multicarrier Modulation)에 대한 설명으로 틀린 것은?

가. FFT를 이용하여 고속 구현이 가능
나. 전송 신호의 크기가 일정하여 전력 효율이 높음
다. 전체 대역폭을 작은 대역폭을 갖는 부채널로 분할
라. 등화기를 사용하여 채널의 왜곡을 보상

정답 나

23 다음 중 주파수 안정화 회로가 아닌 것은?

가. AFC(Automatic Frequency Control)회로
나. APC(Automatic Phase Control)회로
다. PLL(Phase Locked Loop)회로
라. AGC(Automatic Gain Control)회로

정답 라

24. 수신시에 음량을 조정하기 위하여 사용되는 조정기는?
   가. 고주파 이득 조정기
   나. 마이크 이득 조정기
   다. 고주파 출력 조정기
   라. 저주파 이득 조정기

   정답 라

25. 디지털 데이터값이 0일 때 $\cos 2\pi f_1 t$ 신호가 출력되고, 디지털 데이터 값이 1일 때 $\cos 2\pi f_2 t$ 신호가 출력되는 변조 기술은 무엇인가?
   가. ASK   나. FSK
   다. PSK   라. QAM

   정답 나

26. 마이크로웨이브 통신에서 송신기의 출력이 37[dBm], 도파관(W/G)의 손실이 3[dB]일 때, 안테나 입력단에 인가되는 전력은 얼마인가?
   가. 1.5[W]   나. 2.5[W]
   다. 5[W]   라. 10[W]

   정답 나

27. 전파란 인공적인 매개물 없이 공간을 빛의 속도로 퍼져나가는 전기적 세력의 전달을 말하며 이 때 전파의 일반적인 특성에 해당되는 것이 아닌 것은?
   가. 반사성(Reflection)
   나. 회절성(Diffraction)
   다. 분산성(Dispersibility)
   라. 간섭성(Interference)

   정답 다

28. 우리나라 고정위성통신용 Ku밴드의 주파수대역은?
   가. 8~12[GHz]   나. 12~18[GHz]
   다. 18~27[GHz]   라. 27~40[GHz]

   정답 나

29. 다음 위성회선의 다원접속방식 중 주파수의 이용효율은 낮으나 시스템의 구성이 간단하여 제반 비용이 적게 드는 방식은?
   가. SDMA(Spatial Division Multiple Access)
   나. CDMA(Code Division Multiple Access)
   다. TDMA(Time Division Multiple Access)
   라. FDMA(Frequency Division Multiple Access)

   정답 라

30. 원하는 정보 신호에 의사 잡음을 합쳐서 변조하여 주파수 대역을 확산 시키는 방법을 무엇이라 하는가?
   가. 주파수 도약   나. 시간 도약
   다. 직접 시퀀스   라. 하이브리드

   정답 다

31. 지표파의 감쇠가 적어 원거리까지 전파 가능하여 원거리 통신에 이용되는 주파수 대역은?
   가. 장파(LF)   나. 중파(MF)
   다. 단파(HF)   라. 초단파(UHF)

   정답 가

32. 연축전지에서 AH(암페어시)가 나타내는 것은?
   가. 용량   나. 사용가능시간
   다. 충전전류   라. 방전전류

   정답 가

33 다음 중 정류장치에 대한 특성을 해석하는데 이용되는 파라미터가 아닌 것은?
가. 맥동률　　나. 전압변동률
다. 정류효율　라. 변조도

정답 라

34 다음 중 등화기에 대한 설명으로 옳은 것은?
가. 전송신호의 대역제한을 위해 사용한다.
나. 전송 과정에서 발생하는 신호의 왜곡을 보상하기 위해 사용한다.
다. 신호의 식별재생을 위해 사용한다.
라. 저역통과 필터의 기능을 한다.

정답 나

35 다음 중 AM 송신기의 전력 측정에 적합하지 않은 것은?
가. C-C형 전력계　나. 진공관 전력계
다. C-M형 전력계　라. 의사 공중선

정답 다

36 다음 통신계통도에 대한 출력점의 신호레벨을 계산하면 몇 [dB]인가?

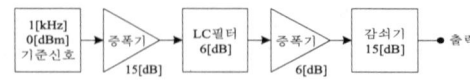

가. -5[dB]　　나. 2[dB]
다. 0[dB]　　라. 5[dB]

정답 다

37 다음 그림은 PLL의 기본적인 구성요소를 나타낸 것이다. (A)에 들어갈 요소는 무엇인가?

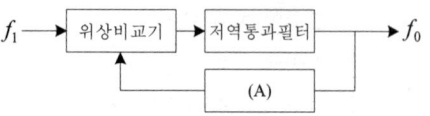

가. 전압제어발진기(VCO)
나. 샘플링(Sampling) 회로
다. 증폭기(Amplifier)
라. 정류기(Rectifier)

정답 가

38 다음 중 $\lambda/4$ 수직접지안테나의 실효고를 옳게 나타낸 것은?
가. λ/π　　나. $\lambda/2\pi$
다. $\lambda/4\pi$　라. $\lambda/8\pi$

정답 나

39 450[Ω] 급전선에서 50[Ω] 안테나를 접속하면 전압정재파비(VSWR)는 얼마인가?
가. 6　　나. 9
다. 12　라. 24

정답 나

40 다음 중 측정기기 사용법에 대한 설명으로 틀린 것은?
가. 전원을 연결하기 전에 먼저 전원 공급장치의 출력전압과 측정기기의 정격전압이 같은지 확인한다.
나. 측정 전에 측정기기의 지침이 "0"에 있는지를 확인한다.
다. 측정하기 전에 먼저 측정기기의 측정범위 설정 스위치가 적절한 범위에 있는지 확인한다.
라. 측정범위를 모를 때는 측정범위 설정 스위치를 제일 낮은 범위로 설정하고 측정을 시작한다.

정답 라

제3과목 안테나개론

41 다음 중 맥스웰의 방정식과 관련 없는 것은?

가. $\nabla \times H = J + (\partial D/\partial t)$
나. $\nabla \cdot D = \rho$
다. $\nabla \cdot E = \infty$
라. $\nabla \cdot B = 0$

정답 다

42 무손실 매질 내 비유전율이 5, 비투자율이 5이고 주파수 3[GHz]인 평면파가 전파할 때 이 파에 대한 파장[m]과 파동 임피던스[Ω]는?

가. 0.01[m], 128[Ω]
나. 0.02[m], 256[Ω]
다. 0.01[m], 256[Ω]
라. 0.02[m], 377[Ω]

정답 라

43 전자파가 자유공간을 진행할 때 단위시간당 단위면적을 통과하는 에너지를 나타낸 것은?

가. 포인팅 정리
나. 파동방정식
다. 맥스웰방정식
라. 암페어법칙

정답 가

44 다음 중 급전선의 정합에 대한 설명으로 틀린 것은?

가. 급전선 단이 개방되어 있어도 선로의 길이가 무한히 긴 경우 반사파가 없는 전송이 가능하다.
나. 반사파가 없는 전송의 경우 전압, 전류 분포는 선로 상 어느 점에서나 같다.
다. 진행파의 경우 선로 상의 전압, 전류 위상은 각 점에 따라 다르다.
라. 정재파는 임피던스 정합이 이루어진 경우에 발생되며 전송손실이 없으며 양 방향으로 진행하는 파이다.

정답 라

45 동축케이블의 내부 도체를 제거한 것과 같이 고역필터로서 작용하며 고주파 급전과정에서 방사손실이 거의 없는 특성을 갖는 급전선은?

가. 도파관
나. 마이크로 스트립
다. 공동 공진기
라. 평행 5선식 급전선

정답 가

46 특성 임피던스가 75[Ω]인 급전선상의 전압정재파비(VSWR)가 4라면 반사계수는 얼마인가?

가. 0.2
나. 0.4
다. 0.6
라. 0.8

정답 다

47 다음 중 평형·불평형 변환회로(Balun)에 대한 설명으로 틀린 것은?

가. 평형전류만 흐르게 하며 초단파대 이상의 정합회로로 사용된다.
나. 스페르토프형 Balun의 경우 단일 주파수용으로 쓰인다.
다. L, C 소자를 사용하는 것을 분포 정수형 Balun이라 한다.
라. 집중 정수형 Balun으로 위상 반전형과 전자 결합성이 있다.

정답 다

48 구형 도파관(Rectangular Waveguide)으로 전송시킬 수 없는 전파 Mode는?

가. TE
나. TM
다. TEM
라. TE와 TM의 혼합

정답 다

49 다음 중 안테나에 대한 설명으로 틀린 것은?
  가. 안테나는 에너지를 방사 또는 수신한다.
  나. 안테나는 특정방향으로 에너지를 집중하거나 억제할 수 있다.
  다. 송신안테나는 유도파(Guided Wave)를 자유공간파(Free-Space Wave)로 변환한다.
  라. 전송선로와 안테나가 정합되면 정재파(Standing Wave)가 발생한다.

  정답 라

50 다음 중 안테나의 고주파 손실 저항에 속하지 않는 것은?
  가. 접지저항   나. 도체저항
  다. 복사저항   라. 와전류손실

  정답 다

51 다음 중 전파 측정시 안테나의 원거리장(Far Field)과 근거리장(Near Field) 사이의 경계를 결정하는 요인은?
  가. 사용된 주파수의 파장과 안테나의 크기
  나. 안테나 높이와 길이
  다. 안테나 소자의 길이와 두께
  라. 송신전력과 안테나 이득

  정답 가

52 안테나 특성 중 방사전력 밀도가 최대 방사전력의 1/2로 감쇠되는 두 지점 사이의 각도로써 지향특성의 첨예도를 나타내는 것은?
  가. 전후방비   나. 주엽
  다. 부엽   라. 빔폭

  정답 라

53 임의의 송수신 지점간 무선통신에서 사용주파수가 900[MHz]에서 1,800[MHz]로 변경 시 자유공간의 전송손실 특성으로 맞는 것은?
  가. 손실이 2[dB] 증가한다.
  나. 손실이 3[dB] 증가한다.
  다. 손실이 6[dB] 증가한다.
  라. 손실이 10[dB] 증가한다.

  정답 다

54 지하 50~100[cm] 정도에 직경 2.9[mm] 정도의 동선을 최소한 안테나의 높이와 같은 길이로 여러개의 줄을 지선망 형태로 매설하는 안테나 접지방식은?
  가. 심굴접지   나. 방사상접지
  다. 다중접지   라. 가상접지

  정답 나

55 다음 중 지상파에 대한 설명으로 틀린 것은?
  가. 송수신점의 안테나 높이와 직접파의 가시거리는 직접적인 관계가 없다.
  나. 직접파는 송신점에서 수신점에 직접 도달하는 전파이다.
  다. 지표파는 도전성인 지구 표면을 따라서 전파하는 전파이다.
  라. 회절파는 대지의 융기부나 지상에 있는 전파 장애물을 넘어서 수신점에 도달하는 전파이다.

  정답 가

56. 다음 중 산악회절 이득에 대하여 옳게 설명한 것은?
   가. 지구의 구면에 의한 손실이 큰 경우에 해당되는 이득이다.
   나. 송신점과 수신점 사이의 거리나 지형과는 관계가 없다.
   다. 초단파대 초가시거리 통신을 할 수 없다.
   라. 페이딩이 심하여 다이버시티를 사용한다.

   정답 가

57. 다음 중 VHF(Very High Frequency) 주파수 대역 이상에서 주로 발생하는 신틸레이션(Scintillation) 페이딩의 특징으로 맞는 것은?
   가. 여름보다 겨울에 많이 발생한다.
   나. 레벨 변동폭은 10[dB] 이상이다.
   다. 대기 중의 와류에 의해 유전율이 불규칙할 때 발생한다.
   라. 발생주기가 아주 짧으며, 전계강도는 수 10[dB] 이상이다.

   정답 다

58. 다음 중 전리층에서 일어나는 현상이 아닌 것은?
   가. 전파의 회절   나. 전파의 산란
   다. 전파의 반사   라. 전파의 굴절

   정답 가

59. 다음 중 금속으로 둘러 싸여진 건물에 전자파가 입사하여 들어올 때 발생하는 현상은?
   가. 건물 접지로 바이패스된다.
   나. 건물 주위로 돌아 나간다.
   다. 건물에 반사된다.
   라. 건물 금속체에 의해 편파가 변화한다.

   정답 다

60. 다음 중 대기 잡음이 아닌 것은?
   가. 공전 잡음   나. 침적 잡음
   다. 온도 잡음   라. 전류 잡음

   정답 라

제4과목 전자계산기 일반 및 무선설비기준

61. 중앙처리장치가 기억장치 혹은 I/O 장치와의 사이에 데이터를 전송하기 위한 신호선들의 집합을 무엇이라 하는가?
   가. 신호 버스(Signal Bus)
   나. 주소 버스(Address Bus)
   다. 데이터 버스(Data Bus)
   라. 제어 버스(Control Bus)

   정답 다

62. 데이터에 대한 요구가 발생된 시점부터 데이터의 전달이 완료되기까지의 시간을 무엇이라고 하는가?
   가. Idle Time   나. Seek Time
   다. Search Time   라. Access Time

   정답 라

63. BCD(Binary Coded Decimal)로 나타낸 0101 1001 0111 1001 0011 0100 0110를 10진수로 표현하면?
   가. 5979346   나. 5978346
   다. 5977346   라. 5989346

   정답 가

2016년 무선설비산업기사 기출문제

64 다음은 부동소수점 수의 덧셈 알고리즘이다. 순서가 올바르게 나열된 것은?

> ㉠ 가수가 0인지 검사한다.
> ㉡ 지수에 따라 가수 위치를 조정한다.
> ㉢ 결과를 정규화한다.
> ㉣ 가수의 덧셈 연산을 한다.

가. ㉠ - ㉡ - ㉣ - ㉢
나. ㉢ - ㉣ - ㉡ - ㉠
다. ㉣ - ㉠ - ㉡ - ㉢
라. ㉡ - ㉠ - ㉣ - ㉢

정답 가

65 다음 괄호 안에 들어갈 용어로 옳은 것은?

> 원시 프로그램을 (㉠)가 목적 프로그램으로 번역해 주며, 번역된 목적 프로그램을 (㉡)가 실행 가능한 형태의 모듈로 만드는 역할을 한다.

가. ㉠ : 컴파일러   ㉡ : 어셈블러
나. ㉠ : 링커   ㉡ : 컴파일러
다. ㉠ : 컴파일러   ㉡ : 링커
라. ㉠ : 링커   ㉡ : 어셈블러

정답 다

66 현재 메모리의 분할 상태가 다음과 같을 때, 크기가 100k인 작업을 최초적합(First Fit) 기법으로 할당한다면 어느 위치에 적재되는가?

공간위치	크기
A	300K
B	100K
C	200K
D	400K

가. A   나. B
다. C   라. D

정답 가

67 다음 중 소프트웨어가 가지는 특성이라 할 수 없는 것은?

가. 가시성(Visibility)
나. 복잡성(Complexity)
다. 변경가능성(Changeability)
라. 복제성(Duplicability)

정답 가

68 스캐너를 이용하여 읽어진 이미지 형태의 문서를 이미지 분석 과정을 통하여 문자 형태의 문서로 바꾸어 주는 프로그램은 무엇인가?

가. OMR(Optical Mark Reader)
나. Retouching
다. OCR(Optical Character Reader)
라. 이미지 편집

정답 다

69 다음 중 연산자(OP Code) 기능과 관련 없는 것은?

가. 함수 연산 기능   나. 입출력 기능
다. 제어 기능   라. 주소 지정 기능

정답 라

70 다음 중 CPU가 정기적으로 I/O 장치에서 요구되는 서비스 요청이 있는지 확인하는 기법은?

가. 인터럽트(Interrupt)
나. 버퍼링(Buffering)
다. 폴링(Polling)
라. 스풀링(Spooling)

정답 다

71. 다음 중 고시대상 무선국을 허가한 경우에 고시하여야 하는 사항으로 틀린 것은?
   가. 허가연월일 및 허가번호
   나. 시설자의 성명 또는 명칭
   다. 무선국의 명칭 및 종별과 무선설비의 설치장소
   라. 운용 허용 시간

   정답 라

72. 다음 중 무선국의 시설자나 무선설비 기기를 제작·수입하고자 하는 자는 '방출되는 전자파 강도'가 어떤 기준을 초과하지 말아야 하는가?
   가. 전자파 인체보호기준
   나. 전자파 강도측정기준
   다. 전자파 흡수율측정기준
   라. 전자파 등급기준

   정답 가

73. 다음 중 기술기준 적합성 평가시험 전 확인사항으로 틀린 것은?
   가. 사용전류   나. 사용 주파수
   다. 전파 형식   라. 점유주파수대폭

   정답 가

74. 다음 중 "지정시험기관 적합등록 대상기자재"가 아닌 것은?
   가. 방송수신 기기류
   나. 형광등 및 조명 기기류
   다. 전기철도 기기류
   라. 의료용 고주파이용 기기류

   정답 다

75. 전자파적합기기로서 주로 가정에서 사용하는 것을 목적으로 하는 기종은?
   가. A급 기기   나. B급 기기
   다. C급 기기   라. D급 기기

   정답 나

76. 다음 중 무선설비의 전원에 관한 설명으로 틀린 것은?
   가. 비상국의 전원은 24시간 이상 최대성능으로 사용할 수 있을 것
   나. 의무선박국은 예비전원용 축전지를 충전할 수 있을 것
   다. 의무항공기국의 예비전원은 필요한 무선설비를 30분 이상 동작 시킬 수 있는 성능을 가질 것
   라. 전원은 전압변동률이 정격전압의 ±10퍼센트 이내로 유지할 수 있을 것

   정답 가

77. 전파의 반송전력을 나타낸 표시는 어느 것인가?
   가. PZ   나. PR
   다. PX   라. PY

   정답 가

78. 다음 내용은 무선설비규칙에서 어떤 용어로 정의하였는가?
   "송신장치의 종단증폭기 정격출력"
   가. 규격전력   나. 평균전력
   다. 첨두포락선전력 라. 반송파전력

   정답 가

79 무선설비 단계별 세부 설계절차로는 먼저, 발주자가 무선설비 공사 설계절차를 준수하여 설계업자에게 공사의 설계를 발주하여야 한다. 다음 중 세부 설계절차의 내용으로 맞는 설명은?

> 가. 기본계획 수립으로서 설계, 시공, 감리 전반에 걸쳐 기본계획을 수립한다.
> 나. 실시설계는 기본설계 결과를 토대로 구체화하여 시공에 필요한 내용을 건축설비와 차별되고 상이하게 설계자의 창의성을 바탕으로 작성한다.
> 다. 기본 및 실시설계 용역과업 지시서 작성으로서 용역심의, 설계용역을 발주한다.
> 라. 설계 완료시점에 자문회의 실시로서 자문회의 수정, 보완, 수정 부문 도면, 설계서 작성, 설계 재검토, 설계보고서 책자 등을 제작한다.

가. 가, 나, 다
나. 가, 나, 라
다. 나, 다, 라
라. 가, 다, 라

정답 라

80 무선설비 공사가 품질확보 상 미흡 또는 중대한 위해를 발생시킬 수 있다고 판단될 때 공사중지를 지시할 수 있으며, 공사중지에는 부분중지와 전면중지로 구분되는데 다음 중 부분중지에 해당되는 경우는?

가. 재시공 지시가 이행되지 않는 상태에서는 다음 단계의 공정이 진행됨으로써 하자발생이 될 수 있다고 판단될 경우
나. 시공자가 고의로 정보통신시설 설비 및 구축공사의 추진을 심히 지연시킬 경우
다. 정보통신공사의 부실 발생우려가 농후한 상황에서 적절히 조치를 취하지 않은 채 공사를 계속 진행할 경우
라. 천재지변 등 불가항력적인 사태가 발생하여 공사를 계속할 수 없다고 판단될 경우

정답 가

2016년 산업기사2회 필기시험

국가기술자격검정 필기시험문제

2016년 산업기사2회 필기시험

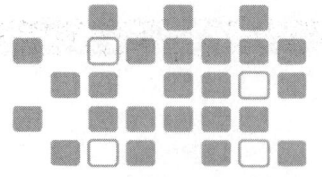

자격종목 및 등급(선택분야)	종목코드	시험시간	형 별	수검번호	성 별
무선설비산업기사		2시간 30분			

제1과목 디지털 전자회로

01 전원 주파수가 60[Hz]인 정류회로에서 출력이 120[Hz]인 리플 주파수를 나타내는 회로방식은 무엇인가?

가. 3상 반파정류회로 나. 3상 전파정류회로
다. 단상 반파정류회로 라. 단상 전파정류회로

정답 라

02 정전압 전원장치에서 무부하시 직류출력전압이 150[V]이고, 부하시 직류 출력전압이 100[V]일 때 전압 변동률은?

가. 50[%] 나. 30[%]
다. 20[%] 라. 10[%]

정답 가

03 다음 중 트랜지스터 증폭기의 바이어스 안정도를 나타내는 숫자로 가장 좋은 것은?

가. 1 나. 2
다. 3 라. 4

정답 가

04 다음 중 열잡음(Thermal Noise)과 백색 잡음(White Noise)과의 관계에 대한 설명으로 옳은 것은?

가. 열잡음(Thermal Noise)은 Color Noise이므로 백색 잡음(White Noise)과 완전하게 다르다.
나. 열잡음(Thermal Noise)은 흑색 잡음이므로 백색 잡음(White Noise)과는 반대의 특성을 갖는다.
다. 열잡음(Thermal Noise)은 실제로 발생하는 잡음 중에서 백색 잡음(White Noise) 특성에 유사한 잡음 중 하나에 속한다.
라. 열잡음(Thermal Noise)과 백색 잡음(White Noise)은 완전하게 일치하는 용어이다.

정답 다

05 트랜지스터 증폭기의 입력전력이 1[mW]이고, 출력전력이 2[W]일 때 증폭기의 전력이득은 각 얼마인가?

가. 12[dB] 나. 23[dB]
다. 33[dB] 라. 45[dB]

정답 다

06 다음 중 2단 이상의 증폭기에서 잡음을 줄일 수 있는 가장 효과적인 방법은?
  가. 종단 증폭기의 이득은 첫단 증폭기에 비해 가능한 낮게 설계한다.
  나. 첫단 증폭기는 가능한 이득이 큰 증폭기로 구성한다.
  다. 첫단 증폭기를 트랜지스터(쌍극성 트랜지스터 증폭기로 구성한다.
  라. 첫단 증폭기를 잡음지수(Noise Figure)가 낮은 증폭기로 구성한다.

  정답 라

07 다음 그림과 같은 콜피츠 발진기의 발진 주파수(f_o)는?

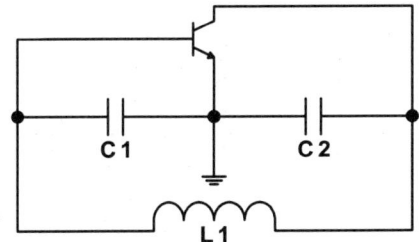

  가. $f_o = \dfrac{1}{2\pi\sqrt{L\left(\dfrac{C_1+C_2}{C_1 C_2}\right)}}$

  나. $f_o = \dfrac{1}{2\pi\sqrt{L\left(\dfrac{1}{C_1+C_2}\right)}}$

  다. $f_o = \dfrac{1}{2\pi\sqrt{L(C_1+C_2)}}$

  라. $f_o = \dfrac{1}{2\pi\sqrt{L\left(\dfrac{C_1 C_2}{C_1+C_2}\right)}}$

  정답 라

08 수정 발진회로에서 수정 진동자가 전기적 직렬 공진 주파수를 f_S, 병렬 공진 주파수를 f_P라 할 때, 가장 안정된 발진을 하기 위한 조건은? (단, f_a는 발진 주파수이다.)
  가. $f_P < f_a < f_S$ 나. $f_a = f_S$
  다. $f_S < f_a < f_P$ 라. $f_a = f_P$

  정답 다

09 진폭 변조에서 변조도가 1일 때 반송파의 전력이 2[W]일 경우 상측파와 하측파의 전력은 얼마인가?
  가. 상측파 : 2[W], 하측파 : 2[W]
  나. 상측파 : 0.5[W], 하측파 : 0.5[W]
  다. 상측파 : 2[W], 하측파 : 1[W]
  라. 상측파 : 1[W], 하측파 : 0.5[W]

  정답 나

10 신호의 표본값에 따라 펄스의 진폭은 일정하고 그 위상만 변화하는 변조방식은?
  가. PCM   나. PPM
  다. PWM   라. PFM

  정답 나

11 다음 중 펄스부호변조(PCM)의 송신측 과정이 아닌 것은?
  가. 복호화   나. 양자화
  다. 표본화   라. 부호화

  정답 가

12 다음 중 펄스신호에 대한 설명으로 틀린 것은?

가. 상승시간이란 펄스의 진폭이 10[%]에서 90[%]까지 상승하는데 걸리는 시간을 말한다.
나. 하강시간이란 펄스의 진폭의 90[%]에서 10[%]까지 하강하는데 걸리는 시간을 말한다.
다. 펄스 폭이란 펄스 파형이 상승 및 하강의 진폭의 66.7[%]가 되는 구간의 시간을 말한다.
라. 오버슈트란 상승 파형에서 이상적 펄스파의 진폭보다 높은 부분을 말한다.

정답 다

13 다음 중 클리퍼(Clipper) 회로에 대한 설명으로 옳은 것은?

가. 입력 파형을 주어진 기준전압 레벨 이상 또는 이하로 잘라내는 회로
나. 일정한 레벨 내에서 신호를 고정시키는 회로
다. 특정 시각에 발진 동작을 시키는 회로
라. 안정 상태와 준안정 상태를 번갈아 동작하는 회로

정답 가

14 한글코드는 ASCII코드를 기반으로 하여 몇 비트(Bit)를 하나의 문자로 표현하는가?

가. 8비트 나. 16비트
다. 32비트 라. 64비트

정답 나

15 두 입력이 1과 0일 때, 1의 출력이 나오지 않는 논리 게이트는?

가. OR 게이트 나. NOR 게이트
다. NAND 게이트 라. XOR 게이트

정답 나

16 다음 논리회로도가 나타내는 플립플롭회로는 무엇인가?

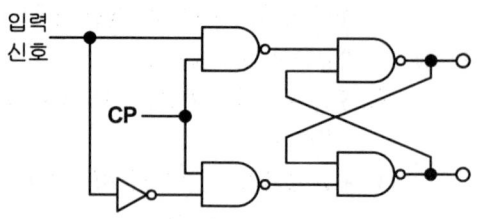

가. T 플립플롭 나. D 플립플롭
다. J-K 플립플롭 라. S-R 플립플롭

정답 나

17 다음 진리표에 대한 논리회로 기호로 맞는 것은?

X	Y	Z	출력
0	0	0	1
0	0	1	1
0	1	0	1
0	1	1	1
1	0	0	1
1	0	1	1
1	1	0	1
1	1	1	0

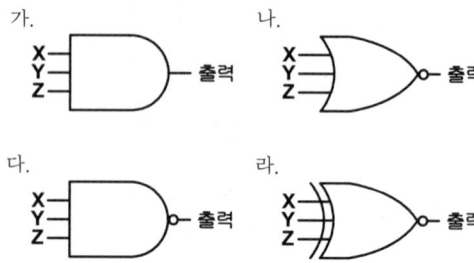

정답 다

18. 다음 중 X, Y 두 입력을 갖는 2진 비교기에 대한 내용으로 틀린 것은?

가. X = Y 일 때, $X \oplus \overline{Y}$
나. X ≠ Y 일 때, $X \oplus Y$
다. X > Y 일 때, $X\overline{Y}$
라. X < Y 일 때, $\overline{X}\overline{Y}$

정답 라

19. 다음 그림과 같이 2^n개(0~7)의 10진수 입력을 넣었을 때, 출력이 2진수(000~111)로 나오는 회로의 명칭은?

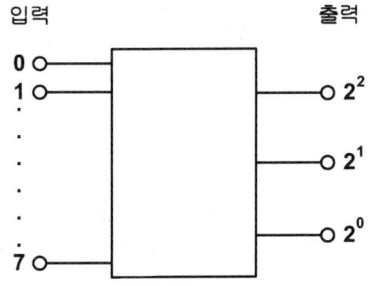

가. 디코더 회로
나. A-D 변환회로
다. D-A 변환회로
라. 인코더 회로

정답 라

20. 다음 중 기억된 정보를 보존하기 위하여 주기적으로 리플래시(Refresh)를 해주어야만 하는 기억소자는?

가. Dynamic ROM
나. Static ROM
다. Dynamic RAM
라. Static RAM

정답 다

제2과목 무선통신기기

21. 다음 중 디지털 변복조기에 사용하는 변조 기술이 아닌 것은?

가. ASK(Amplitude Shift Keying)
나. PCM(Pulse Code Modulation)
다. QAM(Quadrature Amplitude Modulation)
라. PM(Phase Modulation)

정답 라

22. 다음 중 계기 착륙 장치(ILS)의 3대 구성 요소가 아닌 것은?

가. 착륙코스의 수평 위치지시(Localizer)
나. 착륙코스의 수직 위치지시(Glide Path)
다. 마아커 비콘(Maker Beacon)
라. 랜딩 기어(Landing Gear)

정답 라

23. 디지털 데이터 "0"과 "1"을 FSK(Frequency Shift Keying) 통신 방식으로 변조할 경우 몇 개의 반송파가 필요한가?

가. 1개
나. 2개
다. 3개
라. 4개

정답 나

24. 다음 중 수신기의 전기적 성능을 판단하는 항목으로 옳은 것은?

가. 감도, 선택도, 안정도, 충실도
나. 감도, 선택도, 변조도, 충실도
다. 변조도, 충실도, 좌우 분리도, 전력효율
라. 변조도, 안정도, 좌우 분리도, 전력효율

정답 가

2016년 무선설비산업기사 기출문제

25 다음 중 FM송신기와 관계가 없는 것은?
  가. 순간편이제어(IDC)
  나. 위상변조(PM)
  다. 프리엠퍼시스(Pre-emphasis)
  라. 진폭제한기(Limiter)

  정답 라

26 다음 이동통신에 사용되는 무선 채널제어 중 역방향 채널제어에 해당하는 것은?
  가. Pilot Channel 나. Sync Channel
  다. Access Channel 라. Paging Channel

  정답 다

27 다음 중 원자를 구성하고 있는 전자의 에너지 준위를 변경시킴으로써 발생되는 에너지를 이용하는 마이크로파(Microwave)용 소자는?
  가. 자전관(Magnetron)
  나. 메이저(Maser)
  다. 진행파관(TWT)
  라. 클라이스트론(Klystron)

  정답 나

28 이동전화 시스템에서 기지국이 호(Call)를 처리하는 구역을 의미하는 것은?
  가. Bit 나. Call
  다. Cell 라. Base Station

  정답 다

29 다음 중 위성통신시스템의 지구국 안테나가 갖추어야 할 특성으로 적합하지 않은 것은?
  가. 고이득 나. 고정성
  다. 지향성 라. 광대역성

  정답 나

30 다음 중 마이크로파(Microwave) 통신방식의 특징에 대한 설명으로 틀린 것은?
  가. 가시거리내의 통신이 가능하다.
  나. 대형 안테나로 파장이 긴 전파를 이용한다.
  다. 우주통신에 많이 이용된다.
  라. 지향성이 예민하다.

  정답 나

31 다음 중 저궤도 위성통신을 정지궤도 위성통신과 비교할 때 유리한 점이 아닌 것은?
  가. 전파지연 감소
  나. 소요되는 위성 수 감소
  다. 소형안테나 및 소전력의 이동국
  라. 고 신뢰성과 양호한 통화품질

  정답 나

32 다음 중 UPS(Uninterruptible Power Supply) 전원 사용 목적으로 적합하지 않은 것은?
  가. 교류 또는 직류 전원을 장기간 사용하고자 하는 경우
  나. 교류 전원을 무순단으로 사용하고자 하는 경우
  다. 입력 전원의 장애로 인하여 직접적인 전원 사용이 어려운 경우
  라. 교류 입력전원 자체가 불안정한 경우

  정답 가

33 극판의 연결 상태나 전지의 연결 상태의 차이로 생기는 충전 부족을 보충하기 위한 충전방식은?
  가. 과 충전 나. 평상 충전
  다. 균등 충전 라. 부동 충전

  정답 다

34 다음 중 태양전지에 대한 설명으로 틀린 것은?
- 가. 태양전지의 기판 종류에는 단결정 실리콘 웨이퍼가 있다.
- 나. 태양전지는 태양광의 광전효과를 이용하여 전기를 생산한다.
- 다. 태양전지의 양단에 외부도선을 연결하면 P형 쪽의 전자가 도선을 통해 N형 쪽으로 이동하게 되면서 전류가 흐르게 된다.
- 라. 태양전지 에너지원은 청정, 무제한이다.

정답 다

35 고니오미터(Goniometer)는 무엇을 측정할 때 사용하는가?
- 가. 방송출력
- 나. 상호인덕턴스
- 다. 전파의 도래각
- 라. 대지의 정전용량

정답 다

36 1:2 전원변압기를 통해 AC 100[V]의 교류입력이 전파 정류될 경우 출력되는 평균 DC전압은 약 얼마인가?
- 가. 300[V]
- 나. 270[V]
- 다. 200[V]
- 라. 180[V]

정답 라

37 수신기 입력에 $10[\mu V]$의 전압을 인가하였을 때 출력 전압이 $10[V]$일 경우 수신기의 감도는 몇 [dB]인가?
- 가. 60[dB]
- 나. 80[dB]
- 다. 100[dB]
- 라. 120[dB]

정답 라

38 진폭 2[V], 주파수 2[kHz]의 신호파를 진폭 5[V], 주파수 2[MHz]의 반송파로 진폭 변조할 경우 변조율은 얼마인가?
- 가. 60[%]
- 나. 50[%]
- 다. 40[%]
- 라. 30[%]

정답 다

39 다음 중 안테나의 특성 측정항목이 아닌 것은?
- 가. 고유파장
- 나. 접지저항
- 다. 이득
- 라. 군속도

정답 라

40 다음 중 무선송신기의 종합 특성을 나타낸 것으로 틀린 것은?
- 가. 점유주파수대폭
- 나. 스퓨리어스 발사강도
- 다. 주파수 안정도
- 라. 영상주파수 선택도

정답 라

제3과목 안테나개론

41 다음 중 전파의 성질에 대한 설명으로 틀린 것은?

가. 전파는 종파이다.
나. 전파는 균일 매질에서는 직진한다.
다. 주파수가 낮을수록 회절하는 성질이 있다.
라. 굴절율이 다른 매질의 경계면에서는 빛과 같이 반사하고 굴절한다.

정답 가

42 전파의 속도는 매질의 어느 것에 의하여 변화되는가?

가. 유전율과 투자율
나. 유전율과 도전율
다. 투자율과 도전율
라. 도전율과 비유전율

정답 가

43 자유공간 내에서 전계강도가 100[mV/m]인 경우 전력밀도는?

가. $2.7[mW/m^2]$
나. $0.27[mW/m^2]$
다. $0.027[mW/m^2]$
라. $0.0027[mW/m^2]$

정답 다

44 다음 중 동조 급전선의 특징에 대한 설명으로 틀린 것은?

가. 정합장치가 불필요하다.
나. 급전선 상에 정재파를 실어 급전한다.
다. 전송효율이 비동조 급전선보다 좋다.
라. 급전선의 길이와 파장은 일정한 관계가 있다.

정답 다

45 다음 분포정수회로에 의한 정합 방법 중 동축급전선과 안테나의 정합에 적용할 수 없는 것은?

가. Taper에 의한 정합
나. Stub 정합
다. Omega 정합
라. Gamma 정합

정답 나

46 다음 중 초고주파 대역에서 사용되는 수동소자에 대한 설명으로 틀린 것은?

가. 어떤 전송 선로로 전달되는 전력의 크기 등을 측정할 때 방향성 결합기가 사용된다.
나. 전력을 두 개 이상의 작은 전력으로 나누는 데 전력분배기가 사용된다.
다. 감쇠기는 마이크로파 전력의 크기를 감소시키는데 사용되는 소자이다.
라. 아이솔레이터와 서클레이터는 신호를 한쪽 방향으로 전달하거나 반대방향으로도 전달하는 가역 특성을 갖는다.

정답 라

47 다음 중 TM파(Transverse Magnetic Wave)에 대한 설명으로 틀린 것은?

가. H파라고도 한다.
나. E파라고도 한다
다. 축방향(진행방향)에 전계성분은 있다.
라. 축방향(진행방향)에 자계성분은 없다.

정답 가

48 $\varepsilon_s = 5$, $\mu_s = 10$인 매질 내에서 전파의 속도는? (단, ε_s : 비유전율, μ_s : 비투자율)

가. $\frac{1}{3}\sqrt{2} \times 10^7 [m/s]$
나. $3\sqrt{5} \times 10^7 [m/s]$
다. $3\sqrt{2} \times 10^7 [m/s]$
라. $\frac{1}{3}\sqrt{5} \times 10^7 [m/s]$

정답 다

49 다음 중 지향성 안테나는?

가. 휩 안테나
나. 브라운 안테나
다. 슬리브 안테나
라. 콜리니어 어레이 안테나

정답 라

50 다음 중 사용하고자 하는 주파수의 파장을 λ, 안테나의 공진파장을 λ_0라고 할 때, $\lambda > \lambda_0$인 경우 안테나를 공진시키기 위해 추가로 삽입하기 적합한 소자는?

가. 제너(Zener) 다이오드
나. 저항
다. 단축 콘덴서
라. 연장 코일

정답 라

51 다음 중 절대이득의 기준 안테나로 적합한 것은?

가. 루프 안테나
나. 무손실 전방향성 안테나
다. 무손실 등방성 안테나
라. 무손실 반파장 다이폴 안테나

정답 다

52 다음 중 건조지, 건물, 암반, 옥상 등 대지의 도전율이 나쁜 곳에 적합한 접지방식은?

가. 심굴접지
나. 다중접지
다. 가상접지(Counterpoise)
라. 방사성접지

정답 다

53 다음 중 수신기에서 수신 전력을 증가시키는 방법으로 틀린 것은?

가. 안테나에 LNA를 설치하여 수신단 잡음을 줄인다.
나. 지향성이 낮은 안테나를 사용한다.
다. 이득이 높은 안테나를 사용한다.
라. 실효고가 높은 안테나를 사용한다.

정답 나

2016년 무선설비산업기사 기출문제

54 주파수 6[MHz]의 전파에 사용하는 $\lambda/4$ 수직접지 안테나의 길이는?

가. 50[m] 나. 25[m]
다. 12.5[m] 라. 6.25[m]

정답 다

55 다음 중 대류권 전파의 감쇠에 해당되지 않는 것은?

가. 강우에 의한 감쇠
나. 구름, 안개에 의한 감쇠
다. 바람에 의한 감쇠
라. 대기에 의한 감쇠

정답 다

56 다음 중 장중파대역에서 지표파에 의해 전파되는 전파의 감쇠가 가장 작은 환경은?

가. 해상 나. 평지
다. 사막 라. 도시지역

정답 가

57 전리층 전자밀도의 불규칙한 변동에 의해 전파가 전리층을 시각에 따라 반사하거나 투과함으로써 발생하는 페이딩은?

가. 편파성 페이딩 나. 흡수성 페이딩
다. 도약성 페이딩 라. 간섭성 페이딩

정답 다

58 송신 안테나의 높이가 16[m], 수신 안테나 높이가 25[m]일 때 초단파의 직접파 최대 가시거리는 얼마인가?

가. 16.99[km] 나. 26.99[km]
다. 36.99[km] 라. 46.99[km]

정답 다

59 다음 중 초단파의 전파 특성에 대한 설명으로 틀린 것은?

가. 주파수가 높기 때문에 지표파는 감쇠가 심하다.
나. 태양의 활동에 따라 수신 강도의 변화는 단파보다 영향이 심하다.
다. 대기의 굴절 때문에 기하학적 가시거리보다 약간 멀리까지 도달한다.
라. 직접파와 대지 반사파에 의해서 전계강도가 정해진다.

정답 나

60 어떤 파동의 파동원과 관찰자의 상대속도에 따라 진동수와 파장이 바뀌는 현상을 무엇이라 하는가?

가. 에코(Echo)
나. 도플러(Doppler) 효과
다. 페러데이(Faraday) 법칙
라. 플라즈마(Plasma) 현상

정답 나

제4과목: 전자계산기 일반 및 무선설비기준

61 2진수 10101101.0101을 8진수로 변환한 것으로 옳은 것은?
가. 255.22
나. 255.23
다. 255.24
라. 3E.A1

정답 다

62 다음 중 다중프로세서(Multiprocessor) 시스템에 대한 설명으로 옳은 것은?
가. 프로세서나 복잡한 컴퓨터들이 노드를 이루면서 동작하는 시스템
나. 제어방식이 복합적이면서도 밀접한 관계를 유지하면서 동작하는 시스템
다. 병렬적이면서 동기적인 컴퓨터 시스템에서 동시에 여러 개의 태스크(Task)를 수행하는 시스템
라. 플린(Flynn)의 MIMD구조로 둘 이상의 프로세서를 가진 시스템

정답 라

63 다음 중 컴퓨터가 중간 변환 과정 없이 직접 이해할 수 있는 언어는?
가. 기계어
나. 어셈블리어
다. ALGOL
라. PL / 1

정답 가

64 10진수 284의 9의 보수, 10의 보수를 순서대로 나열한 것은?
가. 709   710
나. 711   712
다. 713   714
라. 715   716

정답 라

65 마이크로프로세서의 병렬처리 방식 중 동시수행가능 명령어 등을 컴파일러로 검출하여 하나의 명령어 코드로 압축하는 동시수행기법을 무엇이라 하는가?
가. VLIW(Very Large Instruction Word)
나. Super-Scalar
다. Pipeline
라. Super-Pipeline

정답 가

66 다음 중 프로그램 언어의 조건으로 틀린 것은?
가. 다양한 응용 문제를 해결할 수 있어야 한다.
나. 명령문이 통일성 있고 단순, 명료해야 한다.
다. 가능한 외부적인 지원은 차단하고, 많은 내부적 지원이 가능해야 한다.
라. 언어의 확장성이 좋으며 구조가 간단하고 분명해야 한다.

정답 다

2016년 무선설비산업기사 기출문제

01 다음 중 표(Taable) 및 배열(Array)구조의 데이터를 처리하고자 할 경우 명령어들의 유용한 주소 지정 방식은?

가. 간접 주소 지정
나. 메모리 참조 주소 지정
다. 인덱스 주소 지정
라. 직접 주소 지정

정답 다

02 다음 중 교착상태(Deadlock)의 필요조건이 아닌 것은?

가. 선점
나. 점유(보유)와 대기
다. 상호배제
라. 환영대기

정답 가

03 주 기억장치에 저장된 명령어를 하나하나씩 인출하여 연산코드 부분을 해석한 다음 해석한 결과에 따라 적합한 신호로 변환하여 각각의 연산 장치와 메모리에 지시 신호를 내는 것은?

가. 연산 논리 장치(ALU)
나. 입출력 장치(I/O Unit)
다. 채널(Channel)
라. 제어 장치(Control Unit)

정답 라

10 다음 중 운영체제의 기능에 대한 설명으로 틀린 것은?

가. 프로세스 생성과 제거, 메시지 전달 등의 기능을 수행한다.
나. 메모리 할당과 메모리 회수 등의 기능을 수행한다.
다. 입출력 스케줄링과 주변장치의 전반적인 관리를 수행한다.
라. 파일의 생성 및 삭제, 변경, 보관, 저장은 사용자가 직접 관리한다.

정답 라

11 다음 중 무선설비의 기술기준 적합성 평가절차에서 "본 기자재는 고정된 시설에만 설치·사용할 수 있습니다." 라는 문구를 명시한 경우 생략 할 수 있는 시험 항목은?

가. 온도 및 습도
나. 진동 및 충격
다. 낙하 및 진동
라. 연속동작 및 수밀

정답 나

12 전파법령에서 "무선국에서 사용하는 주파수마다의 중심 주파수를 말한다." 로 정의되는 용어는?

가. 지정주파수
나. 기준주파수
다. 특성주파수
라. 분배주파수

정답 가

13 송신설비의 안테나·급전선 등 고압전기를 통하는 장치는 사람이 보행하거나 기거하는 평면으로부터 얼마 이상의 높이에 설치되어야 하는가?

가. 1.5미터 나. 2.5미터
다. 3.5미터 라. 4.5미터

정답 나

14 다음 중 송신설비의 전력을 표시하는 방법에 대한 설명으로 틀린 것은?

가. 송신설비의 전력은 공중선전력으로 표시한다.
나. 비상위치 지시용 무선표지설비나 실험국 및 아마추어국의 송신설비 등은 규격전력으로 표시한다.
다. 전파이용질서의 유지 및 보호를 위하여 필요한 경우에는 등가등방 복사전류 또는 실효복사전력을 함께 표시할 수 있다.
라. 종단 송신설비의 전력은 변조전력으로 표시한다.

정답 라

15 다음 중 지정시험기관 적합등록을 하지 않아도 되는 기기는?

가. 정보기기류
나. 형광등 등 조명기기류
다. 가정용 전기기기
라. 이동통신용 무선설비의 기기

정답 라

16 다음 중 전파법에 따른 주파수 사용승인 유효기간으로 틀린 것은?

가. 국방부장관이 관리 운용하는 무선국 : 10년
나. 주한외국 공관이 대한민국에서 외교 및 영사업무를 수행하기 위하여 외교통상부장관에게 요청에 따라 개설한 무선국 : 5년
다. 국가안전보장과 관련된 정보 및 보안업무를 관장하는 기관 의 장이 관리·운용하는 무선국 : 10년
라. 아메리카 합중국 군대가 관리·운용하는 무선국 : 10년

정답 다

17 다음 중 무선설비 설계변경 및 계약금액 조정 관리 감리업무에 대한 내용으로 옳은 것은?

가. 발주자가 설계변경 도서를 작성할 수 없을 경우에는 설계변경 개요서만 첨부하여 설계변경지시를 할 수 없다.
나. 설계변경 도서작성에 소요되는 비용은 원칙적으로 시공자가 부담하여야 한다.
다. 감리자는 설계변경 지시내용의 이행가능 여부를 당시의 공정, 자재수급 상황 등을 검토하여 확정하고, 만약 이행이 불가능하다고 판단될 경우에는 그 사유와 근거자료를 첨부하여 시공자에게 보고하여야 한다.
라. 감리자는 설계변경 등으로 인한 계약금액의 조정을 위한 각종서류를 시공자로부터 제출받아 검토한 후 발주자에게 보고하여야 한다.

정답 라

18 다음 중 '방송통신기자재 등의 적합성평가에 관한 고시'에서 규정하는 용어의 정의로 틀린 것은?

가. '사후관리'라 함은 적합성평가를 받은 기자재가 적합성평가기준대로 제조·수입 또는 판매되고 있는지 관련법에 따라 조사 또는 시험하는 것을 말한다.
나. '기본모델'이란 방송통신기기 내부의 전기적인 회로·구조·성능이 동일하고 기능이 유사한 제품군 중 표본이 되는 기자재를 말한다.
다. '파생모델'이란 기본모델과 전기적인 회로·구조·성능만 다르고 그 부가적인 기능은 동일한 기자재를 말한다.
라. '무선 송·수신용 부품'이란 차폐된 함체 또는 칩에 내장된 무선주파수의 발진, 변조 또는 복조, 증폭부 등과 안테나로 구성된 것으로 시스템에 하나의 부품으로 내장되거나 장착될 수 있는 것을 말한다.

정답 다

19 다음 문자의 괄호 안에 들어갈 용어들로 맞게 짝지어진 것은?

> (가)란 설계자의 설계용역에 포함되어 있는 중요사항과 해당 설계용역과 관련한 발주자의 요구사항에 대하여 설계자 제출서류, 현장실정 등 그 내용을 감리자가 숙지하고, 감리자의 경험과 기술을 바탕으로 적합성 여부를 파악하는 것을 말하며,
> (나)란 발주자가 감리자 및 설계자에게 또는 감리자가 설계자에게 소관업무에 관한 방침, 기준, 계획 등에 대하여 기술지도를 하고, 실시하게 하는 것을 말한다.

가. (가) : 확인, (나) : 요구
나. (가) : 검토, (나) : 요구
다. (가) : 검토, (나) : 지시
라. (가) : 확인, (나) : 지시

정답 다

20 다음 문장의 괄호 안에 들어갈 내용으로 알맞은 것은?

> 실효복사전력이란 공중선전력에 주어진 방향에서의 반파다이폴의( )을 곱한 것을 말한다.

가. 절대이득
나. 송신전력
다. 실효길이
라. 상대이득

정답 라

국가기술자격검정 필기시험문제

2016년 산업기사4회 필기시험

국가기술자격검정 필기시험문제

2016년 산업기사4회 필기시험

자격종목 및 등급(선택분야)	종목코드	시험시간	형 별	수검번호	성 별
무선설비산업기사		2시간 30분			

제1과목 디지털 전자회로

01 P형과 N형 사이에 샌드위치 형태의 특별한 반도체층인 진성층을 갖고 있으며, 이 층이 다이오드의 커패시턴스를 감소시켜 일반적인 다이오드보다 고주파에서 동작하며, RF 스위칭용으로 사용되는 다이오드는?

가. 핀(PIN) 다이오드
나. 건(GUN) 다이오드
다. 임팻(IMPATT) 다이오드
라. 터널(Tunnel) 다이오드

정답 가

02 다음 중 정전압 안정화회로의 구성요소 중 하나인 제어부 역할에 대한 설명으로 옳은 것은?

가. 제너다이오드 또는 건전지로 기준전압을 얻는다.
나. 출력을 제어하고 변동분을 상쇄하여 출력전압을 항상 일정하게 한다.
다. 기준전압과 검출된 출력전압의 차를 제어신호로 얻는다.
라. 검출된 신호를 증폭하여 변동을 상쇄할 수 있는 극성의 신호를 제어소자에 가한다.

정답 나

03 이미터접지 트랜지스터 증폭기회로에서 입력신호와 출력신호의 전압 위상차는 얼마인가?

가. 90°의 위상차가 있다.
나. 180°의 위상차가 있다.
다. 270°의 위상차가 있다.
라. 360°의 위상차가 있다.

정답 나

04 이미터 전류를 1[mA] 변화시켰더니 컬렉터 전류의 변화는 0.96[mA]였다. 이 트랜지스터의 β는 얼마인가?

가. 0.96 나. 1.04
다. 24   라. 48

정답 다

05 다음 중 적분기에 사용되는 콘덴서의 절연저항이 커야 하는 이유로 옳은 것은?

가. 연산의 정밀도를 높이기 위하여
나. 연산이 끝나면 전하를 방전시키기 위하여
다. 단락시켜도 잔류전압이 방전 안되기 때문에
라. 회로 동작이 복잡해지기 때문에

정답 가

06 다음 중 이상적인 연산증폭기(OP-AMP)가 갖추어야 할 조건으로 틀린 것은?
가. 입력 임피던스가 무한대
나. 대역폭이 무한대
다. 전압이득이 무한대
라. 입력 오프셋(Offset) 전압이 무한대

정답 라

07 다음 그림은 윈 브리지 발진기의 블록도이다. 발진하기 위한 저항 R_2의 값은?

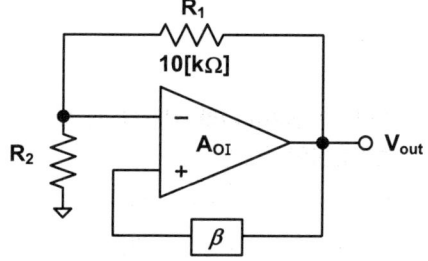

가. $5[k\Omega]$ 나. $10[k\Omega]$
다. $20[k\Omega]$ 라. $30[k\Omega]$

정답 가

08 다음 중 클랩(Clapp)발진기의 특징이 아닌 것은?
가. 콜피츠 발진기를 변형한 것이다.
나. 발진주파수가 안정하다.
다. 발진주파수 범위가 작다.
라. 발진출력이 크다.

정답 라

09 다음 중 아날로그 진폭 변조 방식의 종류가 아닌 것은?
가. DSB-LC(DSB-TC)
나. DSB-SC
다. FM
라. SSB

정답 다

10 다음 펄스 변조 방식 중 연속레벨 변조방식과 관련이 없는 것은?
가. PAM   나. PWM
다. PCM   라. PPM

정답 다

11 다음의 회로 구성도로 동작하는 변복조 방식은?

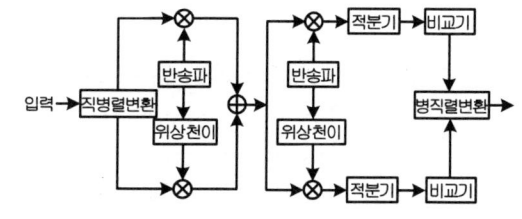

가. 2-PSK   나. QPSK
다. 8-PSK   라. OQPSK

정답 나

12 다음 중 위상 고정 루프(PLL : Phase Locked Loop)를 구성하는 내부 회로가 아닌 것은?
가. 전압 제어 발진기   나. 발진 제어 전압 발생기
다. 위상 비교기   라. 저역 통과 필터

정답 나

2016년 무선설비산업기사 기출문제

13 다음 회로에 정현파가 입력될 때 출력 파형으로 맞는 것은? (단, V_S는 정현파의 진폭보다 크며, 다이오드는 이상적인 다이오드라고 가정한다.)

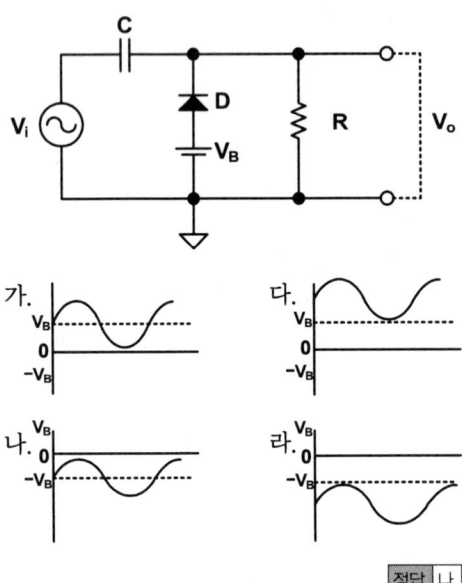

정답 나

14 다음 2진수의 뺄셈 결과로 맞는 것은?

$$(1000)_2 - (0100)_2$$

가. $(0011)_2$ 나. $(0100)_2$
다. $(0101)_2$ 라. $(0110)_2$

정답 나

15 4진수 231.3을 7진수로 변환하면?
가. 45.5151 나. 45.5252
다. 63.5151 라. 63.5252

정답 다

16 다음 중 부울 대수의 법칙이 아닌 것은?
가. 항등법칙 나. 동일법칙
다. 복원법칙 라. 감산법칙

정답 라

17 논리식 A(A+B+C)를 간략화한 것으로 옳은 것은?
가. 1 나. 0
다. A + B + C 라. A

정답 라

18 8비트의 링카운터를 설계할 때 최소로 필요한 플립플롭의 수는?
가. 4 나. 8
다. 16 라. 32

정답 나

19 다음 중 레지스터의 주 기능에 해당하는 것은?
가. 스위칭 기능 나. 데이터의 일시 저장
다. 펄스 발생기 라. 회로 동기장치

정답 나

20 다음 중 DRAM의 구조에서 존재하지 않는 동작은 무엇인가?
가. 쓰기 모드 나. 읽기 모드
다. 래치(Latch) 라. 재충전

정답 다

제2과목　무선통신기기

21 무선통신에서 발생하는 스퓨리어스의 발생 원인으로 적합하지 않은 것은?
   가. 상호 변조　　나. 주파수 체배
   다. 푸시풀 증폭　라. 증폭기의 비직선성

   정답 다

22 다음 중 AM(Amplitude Modulation) 변조방식에 대한 설명으로 틀린 것은?
   가. 정보신호에 따라 반송파 신호의 진폭이 변하는 변조기술을 이용한다.
   나. AM 반송파 주파수는 FM 반송파 주파수보다 낮은 주파수를 사용한다.
   다. AM 송신기 주파수 대역폭은 FM송신기 주파수 대역폭보다 좁다.
   라. AM 방송국 송신 안테나는 일반적으로 산 정상에 설치하여 신호 송출한다.

   정답 라

23 디지털 변복조기에서 바로 전의 신호 위상을 기준으로, 1을 나타내는 비트에서는 그 위상을 180°만큼 바꾸고, 0을 나타내는 비트에서는 그 위상을 그대로 유지하는 변조기술은 무엇인가?
   가. DPSK(Differential Phase Shift Keying)
   나. ASK(Amplitude Shift Keying)
   다. FSK(Frequency Shift Keying)
   라. QAM(Quadrature Amplitude Modulation)

   정답 가

24 통신 속도가 1,200[baud]일 때 4상식 위상변조를 하면 데이터 신호는 몇 [bps]인가?
   가. 600[bps]　　나. 1,200[bps]
   다. 2,400[bps]　라. 4,800[bps]

   정답 다

25 공항에서 필요한 전파를 발사하고 조종사는 이것을 받아서 계기의 지시에 따라 항공기를 안전하고 무사하게 착륙시키는 장치는?
   가. ILS(Instrument Landing System)
   나. DME(Distance Measuring Equipment)
   다. TACAN(Tactical Air Navigation)
   라. VOR(VHF Omnidirectional Radio Range)

   정답 가

26 다음 중 마이크로파(Microwave)의 특징으로 틀린 것은?
   가. 마이크로파는 주파수가 단파, 초단파보다 높다.
   나. 마이크로파는 전파 손실이 적다.
   다. 마이크로파는 전파의 전달 방식에 따라 회절방식과 대류권 방식으로 분류한다.
   라. 마이크로파는 예리한 지향특성을 얻는다.

   정답 다

27 마이크로파(Microwave) 동기 방식 중 비트 동기는 각 펄스 사이의 주기를 결정하는 요소인데 이는 수신측에서 무엇을 만들기 위해 필요한가?
   가. 검사 비트(Check Bit)
   나. 클록 펄스(Clock Pulse)
   다. 멀티플렉서(Multiplexer)
   라. 평형변조(Balanced Modulation)

   정답 나

28 다음 중 위성통신용 파라메트릭(Parametric) 증폭기에 관한 설명으로 틀린 것은?
  가. 비선형 가변 리액턴스 소자로 바랙터 다이오드가 실용적으로 사용된다.
  나. 증폭기의 잡음온도를 감소시키기 위하여 Q가 작은 다이오드를 선택한다.
  다. 저잡음 증폭기로서 일종의 부성저항 증폭기이다.
  라. 액체 He에 의한 초저온($-260°C$) 상태에서 특성을 낸다.

  정답 나

29 다음 중 위성의 다원접속기술에서 회선할당방식에 속하지 않는 것은?
  가. 고정할당방식   나. 요구할당방식
  다. 개방할당방식   라. 랜덤할당방식

  정답 다

30 기지국, 유선인터넷망, Gateway 및 O&M Server로 구성되며 Core네트워크와의 연계를 통해 LTE전화 및 무선데이터 통신을 제공하는 서비스기술은?
  가. 펨토셀   나. WiFi
  다. WiMaX   라. GPS

  정답 가

31 다음 중 고속영상전송이 가능한 이동통신 기술은?
  가. CDMA 1X 기술   나. GSM 기술
  다. LTE-A 기술   라. AMPS 기술

  정답 다

32 다음 중 축전지 충전의 종류가 아닌 것은?
  가. 단순 충전   나. 평상 충전
  다. 균등 충전   라. 부동 충전

  정답 가

33 다음 중 CDMA 중계기의 상태를 감시하기 위해 중계기에서 공급되는 전원을 사용하여 감시단말기를 중계기에 연결할 경우 필요한 장치는? [단, 중계기의 공급전원 DC(직류)는 12[V]이고 단말기가 필요로 하는 전원은 DC(직류) 3.5[V]이다.]
  가. 컨버터(Converter)   나. 인버터(Inverter)
  다. 정류기(Rectifier)   라. 계전기(Relay)

  정답 가

34 다음 중 태양광 설치 후 전기료에 대한 설명으로 옳은 것은?
  가. 태양광 설치 후 전기료 절감은 지역별 차이가 없다.
  나. 설치장소의 일사량, 지형, 기후 조건에 따라 차이가 있다.
  다. 설치장소의 인구수에 따라 차이가 있다.
  라. 설치 회사의 설치 인력 수에 따라 차이가 있다.

  정답 나

35 다음 중 FM송신기의 전력 측정 방법으로 적합하지 않은 것은?
  가. 열량계에 의한 방법
  나. C-M형 전력계에 의한 방법
  다. 수부하에 의한 방법
  라. 볼로미터 브리지에 의한 방법

  정답 다

36 다음 중 무선수신기에 고주파증폭기를 사용하는 목적으로 적합하지 않은 것은?

가. S/N비를 향상시킨다.
나. 감도를 높인다.
다. 페이딩 효과를 경감시킨다.
라. 수신안테나와 수신기와의 결합을 용이하게 한다.

정답 다

37 다음 그림은 Analog 입력신호에 대한 펄스부호변조(PCM) 과정을 나타낸 것이다. (A), (B), (C)에 들어갈 과정으로 올바르게 짝지어진 것은?

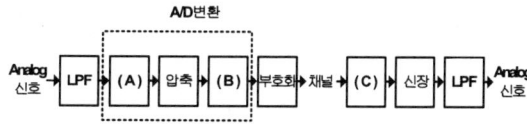

가. (A)=양자화, (B)=복호화, (C)=표본화
나. (A)=양자화, (B)=표본화, (C)=복호화
다. (A)=표본화, (B)=양자화, (C)=복호화
라. (A)=표본화, (B)=복호화, (C)=양자화

정답 다

38 송신안테나로부터 일정거리 떨어진 A지점에서 측정한 전계강도가 20[dB]일 때 A지점 보다 2배 떨어진 B지점에서의 전계강도는 몇 [μV/m]인가?

가. 1[μV/m]   나. 2[μV/m]
다. 5[μV/m]   라. 10[μV/m]

정답 다

39 다음 중 전송선로의 정합상태를 나타내는 것은?

가. 정재파비   나. 가변 임피던스
다. 스미스 도표   라. 특성 임피던스

정답 가

40 전원장치의 출력 직류전압이 50[V], 출력 교류 실효전압이 1[V]인 경우 이 전원장치의 맥동률은 몇[%]인가?

가. 0.5   나. 1
다. 2   라. 5

정답 다

제3과목 안테나개론

41 동축케이블에서 비유전율이 2.3인 폴리스틸렌을 매질로 사용하는 경우에 특성 임피던스는 약 얼마인가? (단, 동축케이블의 손실이 최소가 되는 조건으로 D/d=3.6이 되는 조건)

가. 35[Ω] 나. 50[Ω]
다. 75[Ω] 라. 100[Ω]

정답 나

42 다음 중 전파의 성질에 대한 설명으로 옳은 것은?

가. 전파는 종파이다.
나. 주파수는 파장의 크기에 비례한다.
다. 전파의 속도는 유전율이 클수록 빨라진다.
라. 편파성을 갖는다.

정답 라

43 다음 중 균일 평면 전자파에 대한 설명으로 틀린 것은?

가. 전계와 자계가 모두 전파방향과 수직인 평면 내에 있다.
나. 에너지 밀도가 변하지 않고 파동의 각 부분이 같은 방향으로 직진하는 이상적인 파동으로서 송신안테나로부터 원거리 영역에서 존재한다.
다. 종파이며 'TE'파로 불린다.
라. 균일한 평면파는 2차원 면에 무한히 퍼져있기 위한 무한량의 에너지를 필요로 한다.

정답 다

44 다음 중 급전선로의 정재파비를 낮게 하는 이유로 가장 적합한 것은?

가. 스퓨리어스 방출을 감소시키기 위해
나. 저온에서 급전선로를 가열하기 위해
다. 인접 무선기기와의 혼신을 줄이기 위해
라. 보다 효율적인 전자파 에너지의 전달을 위해

정답 라

45 특성임피던스가 200[Ω]인 동축케이블의 무손실 선로에서 50[Ω]의 부하를 접속할 때 이 선로의 정재파비는?

가. 4   나. 3.2
다. 1.2 라. 0.6

정답 가

46 다음 중 안테나를 설계할 때 임피던스 정합회로를 사용하는 이유로 적합하지 않은 것은?

가. 왜율이나 이중상(Ghost) 발생을 방지하기 위하여
나. 최대 전력을 전송하기 위하여
다. 전송선로와 안테나 정합부에서 반사를 최소화하기 위하여
라. 전송선로의 정재파비를 최대화하기 위하여

정답 라

47 급전선의 반사계수(Γ)가 0.5일 경우 최대 전압이 66[V]라면, 최소 전압은 얼마인가?

가. 132[V] 나. 33[V]
다. 22[V]   라. 11[V]

정답 다

48 다음 중 마이크로파대 주파수의 전송선로로 도파관을 사용하는 이유가 아닌 것은?

가. 취급할 수 있는 전력이 크다.
나. 외부 전자계와 완전히 결합된다.
다. 방사손실이 적다.
라. 유전체 손실이 적다.

정답 나

49 다음 중 반파장 다이폴 안테나에 대한 설명으로 틀린 것은?

가. 안테나의 길이는 λ/2이다.
나. 전류의 크기는 양쪽 끝에서 최소가 된다.
다. 전류의 크기는 양쪽 끝에서 최대가 된다.
라. 반사형 안테나이다.

정답 라

50 다음 중 안테나의 반치각에 대한 설명으로 옳은 것은?

가. 복사전계강도가 1/2로 되는 두 방향 사이의 각을 말한다.
나. 복사전력이 1/2이 되는 두 방향 사이의 각을 말한다.
다. 실제에 있어서 미소다이폴의 경우 70°, 반파장 다이폴의 경우 90° 정도이다.
라. 최대 복사방향을 중심으로 총 복사전력의 90[%]를 포함하는 범위의 사이각을 말한다.

정답 나

51 다음 중 접지안테나의 방사효율을 높이기 위한 방법으로 적합하지 않은 것은?

가. 안테나의 실효고를 증가시킨다.
나. 안테나의 공급전류를 증가시킨다.
다. 접지저항을 작게 한다.
라. 방사저항을 작게 한다.

정답 라

52 다음 중 가시거리(Line Of Sight)인 임의의 송수신 지점간 자유공간 전력손실을 계산할 때 고려사항이 아닌 것은?

가. 송신 전력   나. 장애물 손실
다. 수신 안테나 이득   라. 수신 전력

정답 나

53 다음 중 통신위성에 장착하는 안테나로 적합하지 않은 것은?

가. 헤리컬 안테나   나. 파라볼라 안테나
다. 대수주기 안테나   라. 무지향성 안테나

정답 다

54 다음 중 심굴접지에 대한 설명으로 틀린 것은?

가. 소규모의 안테나 접지에 사용된다.
나. 깊이 매설된다.
다. 접지저항은 10[Ω] 정도이다.
라. 도전율이 작은 지역에 적용된다.

정답 라

2016년 무선설비산업기사 기출문제

55 다음 중 지표파의 특성에 대한 설명으로 틀린 것은?
가. 주파수가 높을수록 전파의 감쇠는 크다.
나. 안테나의 지상고가 높을수록 지표파 성분이 적다.
다. 수평편파가 수직편파보다 감쇠가 많다.
라. 대지의 도전율과 유전율에 영향을 받지 않는다.

정답 라

56 프레즈넬 존(Fresnel zone)이 발생하는 이유는?
가. 대지반사파와 지표파의 간섭
나. 대류권파와 전리층파의 간섭
다. 반사파와 직접파의 간섭
라. 직접파와 회절파의 간섭

정답 라

57 전계강도의 변동폭이 커서 특히 마이크로파대역에서 실용상 문제가 되는 페이딩은?
가. K형
나. 신틸레이션형
다. 선택형
라. 덕트(Duct)형

정답 라

58 다음 중 단파 무선통신에서 페이딩(Fading) 방지 또는 경감방법과 관계없는 것은?
가. 공간 다이버시티 수신법
나. AGC회로 부가
다. 톱로딩 (Top Loading) 안테나
라. 주파수 다이버시티 수신법

정답 다

59 중파방송에서 주로 사용되는 전파방식은?
가. 공간파
나. 지표파
다. 회절파
라. 직접파

정답 나

60 다음 중 우주통신에서 사용되는 전파의 창 범위를 결정하는 요소로 적합하지 않은 것은?
가. 우주잡음의 영향
나. 전리층의 영향
다. 정보 전송량의 문제
라. 도플러 효과의 영향

정답 라

제4과목 전자계산기 일반 및 무선설비기준

61 다음 중 컴퓨터의 기본 구조에 대한 설명으로 틀린 것은?
가. CPU는 컴퓨터의 특성과 성능을 결정한다.
나. 주기억장치는 레지스터보다 액세스 속도가 빠르다.
다. 입, 출력 장치는 별도의 인터페이스 회로가 필요하다.
라. 보조 저장 장치는 영구 저장 능력을 가지고 있다.

정답 나

62 산술 및 논리 연산의 결과를 일시적으로 기억하는 레지스터는?
가. Instruction 레지스터
나. Status Flag 레지스터
다. Accumulator 레지스터
라. Address 레지스터

정답 다

63 8비트로 표현되는 부호와 절대치(Signed Magnitude)의 방식에서 -50을 한 비트 우측으로 산술적 시프트 시키면 어떻게 표시되는가?
가. 01011001   나. 10110010
다. 10011001   라. 1 1000 0100 1011

정답 다

64 컴퓨터에서 음수를 표현하는 방법이 아닌 것은?
가. Signed Magnitude 표현법
나. Signed Code 표현법
다. Signed-1's Complement 표현법
라. Signed-2's Complement 표현법

정답 나

65 다음 보기는 운영체제의 어떤 자원 관리 기능에 대한 설명인가?

○ 프로세스에게 기억공간을 할당하고 회수하는 작업 등을 담당한다.
○ 기억공간이 사용 가능할 때, 어떤 프로세스들을 기억장치에 로드(Load) 할 것인가를 결정한다.

가. 디스크 관리 기능
나. 입출력 장치 관리 기능
다. 프로세스 관리 기능
라. 기억장치 관리 기능

정답 라

66 다음 중 운영체제가 관리하는 리소스의 종류가 아닌 것은?
가. 주기억장치   나. 그래픽 카드
다. 프로세서 스케줄   라. BIOS

정답 라

2016년 무선설비산업기사 기출문제

67 김씨는 인터넷에서 소프트웨어를 다운 받아 사용하는데, 30일이 되는 날 '프로그램을 실행시키려면 금액을 지불하고 사용하라'는 메시지를 받았다. 김씨가 사용한 소프트웨어는 무엇인가?

가. 데모 프로그램 나. 상용 프로그램
다. 프리웨어 프로그램 다. 셰어웨어 프로그램

정답 라

68 다음 중 고급언어로 쓰여진 프로그램을 컴퓨터에서 수행될 수 있는 저급의 기계어로 번역하는 것은?

가. C 언어 나. 포트란
다. 컴파일러 라. 링커

정답 다

69 다음 중 프로그램카운터의 기능에 대한 설명으로 옳은 것은?

가. 다음에 수행할 명령의 주소를 기억하고 있다.
나. 데이터가 기억된 위치를 지시한다.
다. 기억하거나 읽은 데이터를 보관한다.
라. 수행 중인 명령을 기억한다.

정답 가

70 CPU가 실행하여야 할 명령어의 수가 75개인 경우 명령어 구분을 위한 명령코드(Op-Code)는 최소한 몇 비트가 필요한가?

가. 5비트 나. 6비트
다. 7비트 라. 8비트

정답 다

71 다음 중 전파법에서 규정하는 용어의 정의로 틀린 것은?

가. '전파'란 인공적인 유도(誘導) 없이 공간에 퍼져 나가는 전자파로서 국제전기통신연합이 정한 범위의 주파수를 가진 것을 말한다.
나. '주파수분배'란 특정한 주파수를 사용할 수 있는 권리를 특정인에게 부여하는 것을 말한다.
다. '무선종사자'란 무선설비를 조작하거나 설치공사를 하는 자로서 기술자격증을 발급받은 자를 말한다.
라. '주파수지정'이란 허가나 신고로 개설하는 무선국에서 이용할 특정한 주파수를 지정하는 것을 말한다.

정답 나

72 주파수 2.4[kHz]를 필요주파수대폭의 표시방법으로 바르게 표시한 것은?

가. K240 나. 2K40
다. 240K 라. 20K4

정답 나

73 다음 중 선박국용 초단파대 무선전화 장치의 적합성평가를 위한 전기적 시험항목으로 틀린 것은?

가. 시동 후 2분 후에 정상 동작함을 확인
나. 주파수 허용 편차
다. 점유주파수대폭의 허용치
라. 스퓨리어스발사의 허용치

정답 가

74 다음 중 방송통신기자재 등의 적합인증 신청 시 구비서류가 아닌 것은?
　가. 사용자 설명서　　나. 외관도
　다. 회로도　　　　　라. 주요 부품명세서

　　　　　　　　　　　　　　　정답 라

75 해당 방송통신기자재 등이 적합성평가기준에 적합하지 않게 된 경우 1차 위반시의 행정처분은 무엇인가?
　가. 파기명령　　나. 수입중지
　다. 시정명령　　라. 생산중지

　　　　　　　　　　　　　　　정답 다

76 다음 중 무선설비기준에서 수신설비가 갖추어야 할 충족조건이 아닌 것은?
　가. 감도는 낮은 신호입력에도 양호할 것
　나. 내부잡음이 클 것
　다. 수신주파수는 운용범위 이내일 것
　라. 선택도가 클 것

　　　　　　　　　　　　　　　정답 나

77 방송국 송신설비의 안테나공급전력 허용편차는?
　가. 상한 5[%] 하한 10[%]
　나. 상한 5[%] 하한 20[%]
　다. 상한 10[%] 하한 5[%]
　라. 상한 10[%] 하한 15[%]

　　　　　　　　　　　　　　　정답 가

78 108[MHz] 내지 118[MHz]의 주파수의 전파를 전 방향에 발사하는 회전식 무선표지업무를 행하는 무선설비는?
　가. 글라이드 패스(Glide Path)
　나. 마아커 비콘(Marker Radio Beacon)
　다. 전방향표지시설(VHF Omni-directional Range)
　라. Z 마아커(Zone Marker)

　　　　　　　　　　　　　　　정답 다

79 다음 통신공사의 감리업무에서 무선설비 주요 기자재를 검수하는 방법 중 조회에 의한 검수 내용으로 옳은 것은?
　가. 검수방법은 감리사가 입회하여 재료 제작자의 시험설비나 공장 시험장에서 시험을 실시하고 그 결과로 얻은 성적표로 검수한다.
　나. 감리사가 공공시험기관에 시험을 의뢰 요청하여 실시하고 그 시험 성적 결과에 의하여 검수한다.
　다. 대상 기자재의 범위는 공사상 중요한 기자재 또는 특별 주문품, 신제품 등으로써 품질 성능을 판정할 필요가 있는 기자재로 한다.
　라. 규격을 증명하는 KS 등의 마크가 표시되어 있는 규격품이나 적절하다고 인정할 수 있는 품질증명이 첨부되어 있는 제품을 대상으로 한다.

　　　　　　　　　　　　　　　정답 라

80 무선설비의 시설물별 표준시방서를 기본으로 모든 공종을 대상으로 하여 특정한 공사의 시공 또는 공사시방서의 작성에 활용하기 위한 종합적인 시공기준을 무엇이라고 하는가?
가. 일반시방서　　나. 전문시방서
다. 감리시방서　　라. 표준시방서

정답 나

국가기술자격검정 필기시험문제

01 2017년 산업기사1회 필기시험

국가기술자격검정 필기시험문제

2017년 산업기사1회 필기시험

자격종목 및 등급(선택분야)	종목코드	시험시간	형 별	수검번호	성 별
무선설비산업기사		2시간 30분			

제1과목 디지털 전자회로

01 RC 평활회로에서 시정수 RC = 1 이고 5[V]의 구형펄스를 입력했을 때 커패시턴스의 방전시 파형으로 맞는 것은?

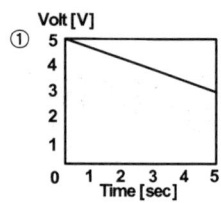
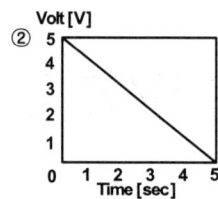
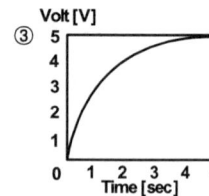
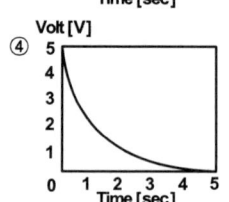

정답 라

02 다음 중 초크입력형 평활회로의 특징에 대한 설명으로 틀린 것은?

가. 출력직류전압이 낮다.
나. 전압변동률이 적다.
다. 첨두 역전압이 높다.
라. 부하저항이 적을수록 맥동이 적다.

정답 다

03 크로스오버(Crossover) 일그러짐은 어떤 증폭 방식에서 발생하는가?

가. A급   나. B급
다. AB급 라. C급

정답 나

04 다음 그림의 회로에 대한 선형동작을 위한 교류 콜렉터(Collector) 전류의 최대 변동값 $I_{C(p-p)}$ (Peak to Peak)은 얼마인가? (단, 베이스 – 이미터 전압 $V_{BE}=0$으로 가정한다.)

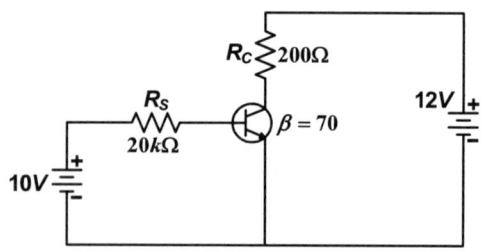

가. 20[mA]   나. 50[mA]
다. 60[mA]   라. 70[mA]

정답 나

05 다음 중 이미터 폴로워(Emitter Follower)의 특징이 아닌 것은?

가. 입력 임피던스가 높다.
나. 출력 임피던스가 낮다.
다. 전압 이득이 1에 가깝다.
라. 전류 이득이 1에 가깝다.

정답 라

06 다음 중 무궤환시 회로와 비교해서 부궤환시 증폭기의 일반적 특성이 아닌 것은?

가. 부하변동에 의한 이득 변동이 감소한다.
나. 저역 차단주파수가 증가한다.
다. 이득이 감소한다.
라. 일그러짐과 잡음이 감소한다.

정답 나

07 다음 중 수정발진기의 주파수 안정도가 양호한 이유로 틀린 것은?

가. 수정진동자의 Q(Quality-factor)가 높다.
나. 발진을 만족하는 유도성 주파수 범위가 매우 좁다.
다. 수정진동자는 항온조 내에 둔다.
라. 부하변동을 전혀 받지 않는다.

정답 라

08 다음 중 발진기에서 이용되는 궤환회로로 옳은 것은?

가. 정궤환회로
나. 부궤환회로
다. 정궤환과 부궤환 모두 사용한다.
라. 궤환회로를 사용하지 않는다.

정답 가

09 다음 중 교류 신호를 구성하는 기본적인 요소가 아닌 것은?

가. 진폭
나. 주파수
다. 증폭도
라. 위상

정답 다

10 다음 중 콜렉터 변조 회로의 특징으로 틀린 것은?

가. 직진성이 우수하다.
나. 피변조파의 동작점을 C급으로 한다.
다. 100[%] 변조가 가능하다.
라. 소전력 송신기에 매우 적합하다.

정답 라

11 다음 설명과 같은 특징을 갖는 변조방식은 어느 것인가?

> 1) 서로 독립된 반송파를 각각 ASK 변조하여 합성한다.
> 2) 신호의 위상과 진폭으로 정보를 표시한다.

가. BPSK
나. DPSK
다. QAM
라. QPSK

정답 다

2017년 무선설비산업기사 기출문제

12 다음 중 펄스변조방식이 아닌 것은?
  가. 펄스진폭변조(PAM) 나. 펄스폭변조(PWM)
  다. 펄스수변조(PNM)   라. 펄스반응변조(PRM)

  정답 라

13 다음 중 슈미트 트리거(Schmitt Trigger)의 출력 파형으로 적절한 것은?
  가. 구형파   나. 램프파
  다. 톱니파   라. 정현파

  정답 가

14 다음 중 저역통과 RC회로에서 시정수(Time Constant)에 대한 설명으로 옳은 것은?
  가. 출력신호 최종값이 50[%]에 도달할 때까지의 입력신호에 대한 응답 상승속도
  나. 출력신호 최종값의 63.2[%]에 도달할 때까지의 입력신호에 대한 응답 상승속도
  다. 출력신호 최종값의 76.5[%]에 도달할 때까지의 입력신호에 대한 응답 상승속도
  라. 출력신호 최종값의 81.2[%]에 도달할 때까지의 입력신호에 대한 응답 상승속도

  정답 나

15 논리식 $Z = A \cdot B + A \cdot \overline{B}$를 단순화한 것은?
  가. $Z = A$ 나. $Z = \overline{A}$
  다. $Z = B$ 라. $Z = \overline{B}$

  정답 가

16 다음의 카르노 맵을 간략화한 논리식으로 옳은 것은?

AB\CD	00	01	11	10
00	1	1	1	1
01	0	0	1	0
11	1	0	1	1
10	1	1	1	1

  가. $AB + B\overline{C} + \overline{AD}$ 나. $AB + BC + \overline{AD}$
  다. $AB + \overline{B}C + \overline{A}$ 라. $AB + \overline{B}C + \overline{D}$

  정답 라

17 16진수 $(2AE)_{16}$을 8진수로 변환하면?
  가. $(257)_8$ 나. $(1256)_8$
  다. $(2557)_8$ 라. $(4317)_8$

  정답 나

18 다음은 디지털 시계의 블록 다이어그램이다. 괄호 안에 들어갈 알맞은 항목은 무엇인가?

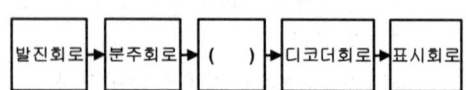

  가. 플립플롭회로   나. 카운터회로
  다. 증폭회로   라. 드라이브회로

  정답 나

19 다음 중 비동기식 계수기에 관한 설명으로 틀린 것은?

가. Ripple Counter는 비동기식 계수기이다.
나. 전단의 출력이 다음 단의 트리거로 작용한다.
다. 각 단의 지연이 거의 없어 반응이 비교적 빠른 계수기이다.
라. 상향 또는 하향으로 설계할 수 있다.

정답 다

20 다음 중 레지스터의 기능으로 옳은 것은?

가. 펄스 발생기이다.
나. 카운터의 대용으로 쓰인다.
다. 회로를 동기시킨다.
라. 데이터를 일시 저장한다.

정답 라

제2과목 무선통신기기

21 다음은 FM 송신기 블록도의 일부이다. 3체배한 후 최대주파수편이가 ±6[kHz]이면, FM 변조 후 3체배하기 전의 최대 주파수편이($\triangle f$)는 얼마인가?

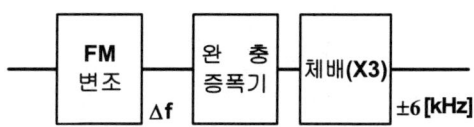

가. $\triangle f = \pm 1[kHz]$
나. $\triangle f = \pm 2[kHz]$
다. $\triangle f = \pm 6[kHz]$
라. $\triangle f = \pm 12[kHz]$

정답 나

22 다음 중 DSB(Double Side Band)통신방식과 비교한 SSB(Single Side Band)통신방식의 장점에 대한 설명으로 적합하지 않은 것은?

가. 점유주파수 대역폭은 DSB의 반이다.
나. DSB에 비해 장치가 간단하다.
다. DSB에 비해 선택성 페이딩에 강하다.
라. DSB에 비해 작은 송신전력으로 양질의 통신이 가능하다.

정답 나

23 다음 중 방향 탐지기의 구성 요소가 아닌 것은?

가. 안테나 장치
나. 수신 장치
다. 지시 장치
라. 비콘 송신 장치

정답 라

24 다음 중 무선수신기의 선택도를 높이기 위한 방법으로 맞는 것은?

가. 동조회로의 Q를 적게 한다.
나. 대역폭은 최대한으로 크게 한다.
다. 대역외의 차단특성을 평탄하게 한다.
라. 차단대역의 감쇠경도를 크게 한다.

정답 라

25 디지털 신호의 펄스열을 그대로 또는 다른 형식의 펄스 파형으로 변환시켜 전송하는 방식은?

가. 베이스밴드 전송방식
나. 광대역 전송방식
다. 협대역 전송방식
라. 반송대역 전송방식

정답 가

26 다음 중 디지털 데이터 0과 1을 아날로그 통신망을 사용해 전송할 때 반송파의 진폭에 실어 보내는 변조 기술은 무엇인가?

가. ASK(Amplitude Shift Keying)
나. FSK(Frequency Shift Keying)
다. PSK(Phase Shift Keying)
라. PCM(Pulse Code Modulation)

정답 가

27 다음 중 무선통신망의 구축 기획에 포함되는 통상적인 업무가 아닌 것은?

가. 요구 분석   나. 분쟁 분석
다. 일정 계획   라. 품질 계획

정답 나

28 다음 중 마이크로파 통신에 대한 설명으로 틀린 것은?

가. 안테나 이득을 크게 할 수 있다.
나. 외부잡음의 영향에 약하다.
다. 광대역 전송이 가능하다.
라. 주로 가시거리 통신이 행해진다.

정답 나

29 다음 중 축전지의 AH(암페어시)가 의미하는 것은?

가. 사용가능 시간   나. 충전 전류
다. 축전지의 용량   라. 최대 사용 전류

정답 다

30 다음 중 위성통신에 관한 일반적인 사항으로 틀린 것은?

가. 주로 SHF(Super High Frequency)대를 이용하고 위성에 의한 원거리 통신을 한다.
나. 위성통신시스템에서는 다중화기술의 채택이 불가능하다.
다. 마이크로웨이브 통신방식과 유사한 전파 가시거리 통신이다.
라. 정지궤도에 떠있는 통신위성은 중계소 역할을 한다.

정답 나

31 다양한 통신 시스템에서 안테나는 상호간에 송·수신하기 위한 기본 요소이다. 다음 중 안테나의 파라미터에 해당하지 않는 것은?

가. 실효복사전력   나. 전압 정재파비
다. 안테나 지향성   라. 안테나 전원 장치

정답 라

32 다음 중 DVB-T(COFDM) 전송방식에서 사용하는 변조방식이 아닌 것은?

가. QPSK(Quadrature Phase Shift Keying)
나. 16-QAM(Quadrature Amplitude Modulation)
다. 64-QAM(Quadrature Amplitude Modulation)
라. binary FSK(Frequency Shift Keyhing)

정답 라

33 다음 중 이동전화망의 교환국에 시설되는 VLR(Visitor Location Register) 및 HLR(Home Location Register)의 기능과 가장 밀접한 관계가 있는 것은?

가. 로밍(Roaming)
나. 핸드오프(Hand-off)
다. 자동전력제어(APC)
라. 스크램블(Scramble)

정답 가

34 Off-Line 동작 방식의 무정전공급장치(Uninterruptible Power Supply)는 입력 전압이 변동되면 출력 전압이 어떻게 되는가?

가. 입력 변동에 관계없이 정 전압 공급한다.
나. 입력 변동과 같이 변동된다.
다. 입력 변동에 상관 없이 출력 변동이 주기적으로 변동된다.
라. 입력 변동시 출력 변동이 1/2 주기적으로 바뀐다.

정답 나

35 장시간 부동충전방식으로 충전할 경우 축전지 각각의 특성에 따라 방전량에 차이가 발생하여 축전지의 충전전압이 달라져 충전부족 상태의 축전지가 생길 수 있다. 이런 문제점을 해결하기 위한 충전방식으로 적합한 것은?

가. 10[%] 나. 25[%]
다. 50[%] 라. 80[%]

정답 다

36 송신안테나로부터 일정거리 떨어진 A지점에서 측정한 전계강도가 20[dB]일 때 A지점 보다 2배 떨어진 B지점에서의 전계강도는 몇 [μV/m]인가?

가. 1[μV/m] 나. 2[μV/m]
다. 5[μV/m] 라. 10[μV/m]

정답 다

37 다음 중 무선 송신기의 신호대잡음비(S/N) 측정시 필요하지 않은 측정기는?

가. 변조도계 나. 오실로스코프
다. 직선 검파기 라. 저주파 발진기

정답 나

38 상온에서 만충전 시 전해액의 비중이 1.28, 방전종지 시 비중이 1.02이고, 용량이 100[AH]인 축전지에서 현재 상태의 비중이 1.25일 경우 현재 방전량은 약 얼마인가?

　가. 9.9[AH]　　　　나. 10.8[AH]
　다. 11.5[AH]　　　라. 12.1[AH]

정답 다

39 다음 중 전송선로상에서의 등가 임피던스와 등가 어드미턴스의 비를 의미하는 것은 무엇인가?

　가. 특성 임피던스　　나. 정재파비
　다. 실효 인덕턴스　　라. 전계강도

정답 가

40 다음 중 송신기의 점유주파수대폭 측정법이 아닌 것은?

　가. 필터를 사용하는 방법
　나. 파노라마 수신기를 이용하는 방법
　다. 주파수 편이계를 사용하는 방법
　라. 스펙트럼 분석기를 사용하는 방법.

정답 다

제3과목　안테나개론

41 "높은 주파수를 갖는 전류에 의해 변화하고 있는 전계는 자계를 발생한다." 라는 사실을 뒷받침하는 이론으로 적합한 것은?

　가. 라플라스 방정식　　나. 렌쯔의 법칙
　다. 맥스웰 방정식　　　라. 베르누이 정리

정답 다

42 다음 중 손실을 갖는 매질 내를 전파하는 평면파의 감쇠정수에 대한 설명으로 옳은 것은?

　가. 감쇠정수는 표피두께에 반비례한다.
　나. 감쇠정수는 주파수에 무관하다.
　다. 감쇠정수는 도체의 고유 도전율에 반비례한다.
　라. 감쇠정수의 크기와 위상정수 사이에는 상호 역의 관계를 갖는다.

정답 가

43 전파의 단파 주파수 범위에 해당하는 파장 범위는?

　가. 0.1[m] ~ 1[m]
　나. 1[m] ~ 10[m]
　다. 10[m] ~ 100[m]
　라. 100[m] ~ 1,000[m]

정답 다

44 다음 중 어떤 구간 L에서 도파관의 장변을 줄여 줌으로써 감쇠를 얻는 방식의 도파관 감쇠기는?
가. 저항 감쇠기 나. 리액턴스 감쇠기
다. 종단 감쇠기 라. 콘덕턴스

정답 나

45 다음 중 휴대 전화 안테나와 전력증폭기 사이에 아이솔레이터(Isolator)를 삽입하였을 경우의 효과에 대한 설명으로 틀린 것은?
가. 안테나의 임피던스 변동에 대하여 전력증폭기의 출력으로부터 본 실효적인 부하변동을 적게 할 수 있다.
나. 안테나로부터 되돌아오는 신호를 감쇠 없이 흡수함으로써 전력증폭기의 안정도를 높인다.
다. 전력증폭기의 전력효율 저하를 방지하고 소비전류를 감소할 수 있다.
라. 인접채널의 누설전력을 적게 할 수 있다.

정답 나

46 다음 중 급전선의 필요 조건으로 적합하지 않은 것은?
가. 송신용일 경우 절연 내력이 좋아야 한다.
나. 급전선의 파동임피던스가 적당해야 한다.
다. 전송 효율이 좋아야 한다.
라. 선의 굵기가 커서 전기저항이 적어야 한다.

정답 라

47 다음 중 급전선에 대한 설명으로 옳은 것은?
가. 전송 효율이 좋고 정합이 용이해야 한다.
나. 특성임피던스는 길이와 관계가 있다.
다. 감쇠정수가 커야 된다.
라. 무왜곡 조건은 RG=CL로 정의된다.

정답 가

48 다음 중 임피던스 정합에 대한 내용으로 틀린 것은?
가. 부하가 선로에 정합되었을 때 급전선에서의 전력손실이 최소이다.
나. 수신장치에서 시스템의 S/N비를 향상시킨다.
다. 전력 분배망 회로에서 진폭과 위상의 오차를 감소시킨다.
라. 부하 임피던스 실수부가 "0"인 경우에만 정합회로를 구할 수 있다.

정답 라

49 다음 중 안테나의 구조에 의한 분류로 적합하지 않은 것은?
가. 선상 안테나 나. 관상 안테나
다. 개구면 안테나 라. 정재파 안테나

정답 라

50 공급전력이 1[kW]일 때 안테나 전류가 10[A]인 안테나의 경우 안테나에 16[kW]의 전력을 공급하면 안테나 전류의 값은 얼마인가?
가. 10[A] 나. 20[A]
다. 40[A] 라. 80[A]

정답 다

51 다음 그림과 같은 안테나 접지방식은?

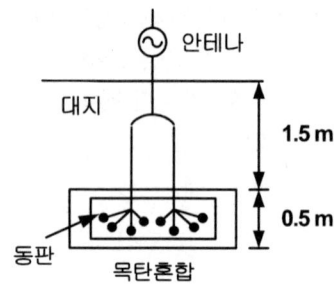

가. 심굴 접지 나. 다중 접지
다. 가상 접지 라. 방사상 접지

정답 가

52 다음 중 안테나의 광대역성을 갖도록 하는 방법으로 틀린 것은?

가. 안테나의 Q를 작게 한다.
나. 상호 임피던스의 특성을 이용한다.
다. 진행과 여진형의 소자를 이용한다.
라. 안테나 도체의 직경을 좁게 한다.

정답 라

53 다음 중 슬롯 안테나의 대역폭을 넓게 하는 방법으로 옳은 것은?

가. 슬롯의 폭을 넓게 한다.
나. 슬롯의 폭을 좁게 한다.
다. 슬롯을 여러개 배열한다.
라. 슬롯에 저항을 설치한다.

정답 가

54 다음 중 임의의 송수신 지점간 무선통신에서 자유공간 전송손실 특성에 대한 설명으로 틀린 것은?

가. 사용주파수가 2배로 높아지면 손실이 6[dB] 증가한다.
나. 송신 안테나 이득이 높아지면 전송 손실이 감소한다.
다. 수신 안테나 이득이 높아지면 전송 손실이 감소한다.
라. 안테나의 유효 면적은 사용주파수와 무관하다.

정답 라

55 다음 중 단파통신 전파예보에서 알 수 없는 것은?

가. MUF(최고사용주파수)
나. VHF대역의 전파잡음의 발생 시간대
다. LUF(최저사용주파수)
라. 통신할 수 있는 최적사용주파수

정답 나

56 다음 중 대류권의 변동현상에 의한 페이딩의 분류에 포함되지 않는 것은?

가. 선택성 페이딩   나. 감쇠형 페이딩
다. 덕트형 페이딩   라. 산란형 페이딩

정답 가

57 다음 중 지표면에서 가장 가까운 전리층 영역은?

가. A층 영역   나. D층 영역
다. E층 영역   라. F층 영역

정답 나

58 두 개 이상의 안테나를 서로 떨어진 곳에 설치하고 두 출력을 합성하여 페이딩을 방지하는 방식은?

  가. 공간 다이버시티 나. 주파수 다이버시티
  다. 편파 다이버시티 라. 분할 다이버시티

  정답 가

59 다음 중 LBS(Location Base Service)의 기반 기술이 아닌 것은?

  가. LDT(Location Determination Technology)
  나. LEP(Location Enabled Platform)
  다. LAP(Location Application Program)
  라. LPC(Location Processor Controller)

  정답 라

60 다음 중 지표파에 관한 설명으로 옳지 않은 것은?

  가. 대지가 완전 도체라고 할 때 전계 강도는 수치거리 또는 감쇠계수로 표현할 수 있다.
  나. 유전율이 작을수록 감쇠가 적어진다.
  다. 지표에 가까운 곳에서는 전파의 진행 속도가 늦어진다.
  라. 수평편파 쪽이 감쇠가 적다.

  정답 라

제4과목 전자계산기 일반 및 무선설비기준

61 10진수의 산술 연산은 팩형식(Pack Decimal)의 데이터에 대하여 행하며, 필드의 길이는 16바이트까지 지정할 수 있는데 10진수의 최대 자리수는?

  가. 15자리 나. 16자리
  다. 31자리 라. 32자리

  정답 다

62 다음 중 ROM과 RAM의 차이점을 설명한 것으로 틀린 것은?

  가. RAM은 휘발성 메모리라고 한다.
  나. EPROM은 한 번 쓰면 지울 수 없다.
  다. RAM은 동적 RAM과 정적RAM으로 나눌 수 있다.
  라. ROM의 종류에는 EPROM, EEPROM, PROM 등이 있다.

  정답 나

63 다음 중 사진 및 그 외의 자료로부터 이미지를 읽어 들이는 장치는?

  가. 키보드
  나. 스캐너
  다. 마우스
  라. 광학 문자 판동기(OCR)

  정답 나

64. 병렬 컴퓨터에서 컴퓨터의 속도를 향상시키기 위한 기술 중에 Super-Scalar을 설명한 것은?
   가. 한 명령어를 실행하는 과정을 여러 단계로 나누어 실행하는 기술
   나. 파이프 라이닝을 여러 개 두고 병행 실행하는 기술
   다. 명령을 그룹화하여 한번에 여러 개 명령을 동시에 처리하는 기술
   라. 동시수행가능 명령어를 컴파일 수준에서 하나로 압축하는 기술

   정답 나

65. 정보데이터 비트가 4비트1011 일 때 짝수 패리티 비트의 전체 해밍코드는? (단, 맨 왼쪽 비트가 1번째 비트이다.)
   가. 0110011	나. 1001001
   다. 0100101	라. 1011010

   정답 가

66. 다음 중 어셈블리 언어(Assembly Language)의 특징이 아닌 것은?
   가. 어려운 기계어 명령들을 쉬운 기호로 표현된다.
   나. 어셈블리 언어로 작성된 프로그램은 하드웨어에 종속적이다.
   다. 기계어에 비해 프로그래밍하기 쉽다.
   라. 하드웨어에 직접 접근할 수 없다.

   정답 라

67. 다음 중 주소 지정 방식에 대한 설명으로 틀린 것은?
   가. 직접 주소 지정 방식보다 간접 주소 지정의 주소 범위가 더 넓다.
   나. 간접 주소 지정 방식은 두 번 이상 메모리에 접속해야 실제 데이터를 가져온다.
   다. 레지스터 간접 주소 지정 방식에서 레지스터 안에 있는 값은 실제 데이터 주소이다.
   라. 즉시(또는 즉치) 주소 지정 방식에서 오퍼랜드는 기억장치의 주소 값이다.

   정답 라

68. 다음 중 스케줄링에 대한 설명으로 틀린 것은?
   가. 컴퓨터 시스템을 구성하고 있는 주기억장치, 입출력장치, 처리시간 등의 시스템 자원을 언제 배분할 것인가를 결정한다.
   나. 처리 능력의 최대 응답시간, 반환 시간, 대기 시간의 단축 예측이 가능해야 한다.
   다. 여러 개의 CPU가 공동으로 하나의 일을 수행하는 경우에 전체로서 그 일의 실행시간을 최단으로 하도록 제어한다.
   라. 동적 스케줄링은 각 태스크를 프로세서에게 할당하고 실행되는 순서가 사용자의 알고리즘에 따르거나 컴파일할 때에 컴파일러에 의해 결정되는 스케줄링이다.

   정답 라

69. 다음 Process Scheduling 정책 중 남은 시간이 가장 짧은 JOB을 우선적으로 처리하는 방식은?
   가. FIFO	나. SJF
   다. HRN	라. SRT

   정답 라

70 다음 중 C언어의 특징에 대한 설명으로 틀린 것은?
  가. 어셈블리어와 연계되는 언어이다.
  나. 강력하고 융통성이 많다.
  다. UNIX 체제에서는 사용할 수 없다.
  라. 객체지향형 언어이다.

  정답 다, 라

71 다음 중 정보통신공사업법 시행령이 정하는 공사범위가 아닌 것은?
  가. 「방송법」 등 방송관계법령에 따른 방송설비공사
  나. 수전설비를 포함한 정보통신전용 전기시설설비공사
  다. 전기통신관계법령 및 전파관계법령에 따른 통신설비공사
  라. 정보통신관계법령에 따라 정보통신설비를 이용하여 정보를 제어, 저장 및 처리하는 정보설비공사

  정답 나

72 무선설비를 보호하기 위한 보호 장치로서 전원 회로의 퓨즈 또는 차단기는 안테나공급전력이 얼마 이상일 때 갖추어야 하는가?
  가. 5와트 이상   나. 7.5와트 이상
  다. 10와트 이상   라. 12.5와트 이상

  정답 다

73 다음 중 미래창조과학부장관이 주파수할당을 하고자 할 때의 공고사항이 아닌 것은?
  가. 국제주파수등록위원회의 기술기준
  나. 할당대상 주파수 및 대역폭
  다. 주파수 할당 대가
  라. 주파수용도 및 기술방식에 관한 사항

  정답 가

74 "방송통신기자재 등의 적합성평가에 관한 고시"의 주무부처는?
  가. 미래창조과학부   나. 교육부
  다. 산업통상자원부   라. 국토교통부

  정답 가

75 다음 무선국 중 허가의 유효기간이 무기한인 것은?
  가. 의무선박국   나. 방송국
  다. 해안지구국   라. 실험국

  정답 가

76 무선국의 정기검사 유효 기간이 3년인 무선국은 허가유효기간 만료일 전후 얼마 이내에 정기검사를 받도록 되어 있는가?
  가. 1개월   나. 2개월
  다. 3개월   라. 6개월

  정답 다

2017년 무선설비산업기사 기출문제

77 다음 중 정보통신설비 공사의 감리원 업무범위가 아닌 것은?

가. 설계변경서 작성
나. 공사계획 및 공정표의 검토
다. 공사진척부분에 대한 조사 및 검사
라. 공사업자가 작성한 시공상세도면의 검토 및 확인

정답 가

78 다음 중 예비전원 및 예비품의 무선설비기준이 아닌 것은?

가. 의무선박국의 비상등의 전원은 해당 무선설비를 통상 조명하는데 사용되는 전원으로부터 독립되어 있지 않아야 한다.
나. 의무선박국과 의무항공기국은 주 전원설비의 고장 시 대체할 수 있는 예비전원시설을 갖추어야 한다.
다. 의무항공기국의 예비전원은 항공기의 항행안전을 위하여 필요한 무선설비를 30분 이상 동작시킬 수 있는 성능을 가져야 한다.
라. 의무선박국은 송신장치의 모든 전력으로 시험할 수 있는 시험용 안테나를 비치하여야 한다.

정답 가

79 다음 중 정보통신공사업법의 목적으로 틀린 것은?

가. 공사업의 건전한 발전 도모
나. 정보통신공사의 적절한 시공
다. 정보통신공사의 도급에 부가적인 사항 규정
라. 정보통신공사의 조사, 설계의 기본사항 규정

정답 다

80 다음 문장의 괄호안에 들어 갈 내용으로 적합한 것은?

> "정격전압"이라 함은 기기의 정상적인 동작에 필요한 전원전압으로서 신청된 설계전압의 ( )% 이내의 전압을 말한다.

가. ±2   나. ±4
다. ±6   라. ±8

정답 가

국가기술자격검정 필기시험문제

2017년 산업기사2회 필기시험

국가기술자격검정 필기시험문제

2017년 산업기사2회 필기시험

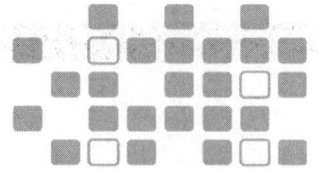

자격종목 및 등급(선택분야)	종목코드	시험시간	형 별	수검번호	성 별
무선설비산업기사		2시간 30분			

제1과목 디지털 전자회로

01 다음 중 콘덴서 입력형 평활회로의 특징에 대한 설명으로 틀린 것은?
가. 용량 C가 클수록 정류기(다이오드)에 흐르는 전류의 크기는 감소한다.
나. 용량 C가 클수록 정류기(다이오드)에 흐르는 전류의 시간이 짧아진다.
다. 정류기(다이오드)에 흐르는 전류는 펄스 파형 이다.
라. 용량 C가 클수록 출력전압의 맥동률은 작아진다.

정답 가

02 전압 안정계수가 0.1인 정전압회로의 입력전압이 ±5[V] 변화할 때 출력전압의 변화는?
가. ±0.01[mV]   나. ±1.2[mV]
다. ±0.2[mV]   라. ±0.5[mV]

정답 라

03 다음 중 트랜지스터 증폭회로에서 부궤환을 걸었을 때 일어나는 현상이 아닌 것은?
가. 안정도가 좋아진다.
나. 비직선 일그러짐이 적어진다.
다. 주파수 특성이 개선된다.
라. 대역폭이 감소한다.

정답 라

04 전압궤환증폭기에서 무궤환시 이득이 A , 궤환율이 β 일 때 궤환시 전압 이득은 $A_f = A/(1-\beta A)$이다. $\beta A = 1$인 경우 어떠한 회로로 동작한 것인가?
가. 부궤환 회로이다.
나. 파형정형 회로이다.
다. 발진회로이다.
라. 궤환회로도 아니고 발진회로도 아니다.

정답 다

05 전압이득이 50인 저주파 증폭기가 약 10[%] 정도의 왜율을 가지고 있다. 이를 2[%] 정도로 개선하기 위하여 걸어주어야 하는 부궤환율 β는 얼마인가?
가. 10   나. 4
다. 0.1   라. 0.08

정답 라

06 다음 중 푸시풀(Push-Pull) 증폭기에 대한 설명으로 틀린 것은?
가. 우수 고조파가 상쇄된다.
나. 비직선 일그러짐이 적다
다. A급 증폭기에서만 사용된다.
라. 입력신호가 없을 때 전력손실이 매우 적다.

정답 다

07 다음 중 발진회로의 주파수 변동원인에 해당 되지 않는 것은?
　가. 전원전압의 변동　나. 온도변화
　다. 부하변동　　　　라. 기생진동

　　　　　　　　　　　　　　　정답 라

08 다음 중 비정현파 신호가 출력되는 발진기는?
　가. 멀티바이브레이터
　나. 빈(Wien) 브릿지형 발진기
　다. 콜피츠 발진기
　라. 수정 발진기

　　　　　　　　　　　　　　　정답 가

09 변조도가 50[%]인 진폭변조 송신기에서 반송 파의 평균 전력이 400[mW]일 때, 피변조파 의 평균전력은?
　가. 400[mW]　　나. 450[mW]
　다. 500[mW]　　라. 549[mW]

　　　　　　　　　　　　　　　정답 나

10 900[kHz]의 반송파를 5[kHz]의 신호주파수로 진폭 변조한 경우 피변조파에 나타나는 주파 수 성분이 아닌 것은?
　가. 895[kHz]　　나. 900[kHz]
　다. 905[kHz]　　라. 910[kHz]

　　　　　　　　　　　　　　　정답 라

11 다음 중 음성 신호의 송신측 PCM(Pulse Code Modulation) 과정이 아닌 것은?
　가. 표본화　　　　나. 부호화
　다. 양자화　　　　라. 복호화

　　　　　　　　　　　　　　　정답 라

12 FM 변조 방식을 사용하는 경우 아날로그 정보 신호의 기본 주파수를 2[kHz], 최대 주파수 편이가 125[kHz]인 경우 Carson 법칙을 적용 할 때 전송에 필요한 대역폭은?
　가. 127[kHz]　　나. 254[kHz]
　다. 312[kHz]　　라. 428[kHz]

　　　　　　　　　　　　　　　정답 나

13 펄스가 최대진폭의 10[%]에서 90[%]까지 상승 하는 시간은?
　가. 지연시간　　　나. 선형시간
　다. 축적시간　　　라. 상승시간

　　　　　　　　　　　　　　　정답 라

14 다음 중 멀티바이브레이터의 단안정회로와 쌍 안정회로는 어떻게 결정 되는가?
　가. 결합회로의 구성에 따라 결정된다.
　나. 출력 전압의 부궤환율에 따라 결정된다.
　다. 입력 전류의 크기에 따라 결정된다.
　라. 바이어스 전압 크기에 따라 결정된다.

　　　　　　　　　　　　　　　정답 가

2017년 무선설비산업기사 기출문제

15 10 진수 8을 3초과 코드(Excess-3 code)로 맞게 변환한 값은?

가. 1000　　나. 1001
다. 1011　　라. 1111

정답 다

16 다음 그림의 X, Y 입력에 대한 동작파형의 논리 게이트는 무엇인가?

입력 X: 0 0 1 1 0
출력: 1 1 1 0 1
입력 Y: 0 1 0 1 0

가. NAND 게이트　　나. AND 게이트
다. OR 게이트　　라. NOT 게이트

정답 가

17 JK 플립플롭에서 입력 J=0, K=1 이고, 클록 펄스가 인가되면 Q_{t+1} (입력 후의 값)의 출력상태는?

가. 0　　나. 1
다. 반전　　라. 부정

정답 가

18 다음과 같은 멀티플렉서 회로에서 제어입력 A 와 B가 각각 1일 때 출력 Y의 값은?

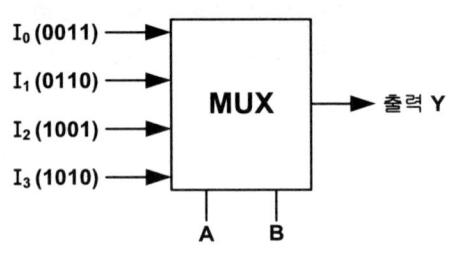

가. 0011　　나. 0110
다. 1001　　라. 1010

정답 라

19 다음 중 M × N 디코더(Decoder)에 대한 설명으로 틀린 것은?

가. AND 회로의 집합으로 구성할 수 있다.
나. 2진수를 10진수로 변환하는 회로이다.
다. 10진수를 BCD(Binary Coded Decimal)로 표현 할 때 사용한다.
라. 명령 해독이나 번지를 해독할 때 사용한다.

정답 다

20 디지털 IC의 정상 동작에 영향을 주지 않고 게이트 출력부에 연결할 수 있는 표준 부하의 숫자를 무엇이라고 하는가?

가. 팬아웃　　나. 틸트
다. 잡음 허용치　　라. 전달 지연 시간

정답 가

제2과목 무선통신기기

21 중간주파수가 500[kHz]인 슈퍼헤테로다인 수신기에서 희망파 1,000[kHz]에 대한 영상주파수는 얼마인가? (단, 상측헤테로다인 방식으로 동작한다.)
  가. 1,500[kHz] 나. 2,000[kHz]
  다. 2,200[kHz] 라. 3,200[kHz]

  정답 나

22 다음 중 AM송신기의 기본 구성부가 아닌 것은?
  가. 완충 증폭부   나. 체배 증폭부
  다. 중간주파 증폭부 라. 전력 증폭부

  정답 다

23 다음 중 이득 대역적(Gain Bandwidth Product)이 갖는 의미로 옳은 것은?
  가. 증폭기의 증폭 성능을 나타내며 얼마나 넓은 주파수 범위에 걸쳐 일정한 이득으로 증폭할 수 있는가를 의미
  나. 증폭기의 증폭 성능을 나타내며 다음 단과 어느 정도 양호한 이득이 이루어지는가를 의미
  다. 발진기의 발진 성능을 나타내며 어느 정도 넓은 대역에 걸쳐 안정된 발진이 가능한가를 의미
  라. 발진기의 발진 성능을 나타내며 어느 정도 양호한 이득으로 발진을 수행하는가를 의미

  정답 가

24 PSK(Phase Shift Keying) 통신 방식의 한 종류인 QPSK(Quadrature Phase Shift Keying)는 몇 진 PSK와 같은가?
  가. 2진   나. 4진
  다. 8진   라. 16진

  정답 나

25 레이다의 송신펄스폭 시간이 $0.2[\mu s]$일 때 최소탐지거리는?
  가. 15[m]   나. 30[m]
  다. 60[m]   라. 120[m]

  정답 나

26 위성 통신에서 전자 빔과 진행파 전계와의 상호 작용에 의해 마이크로파 전력을 증폭하는 기능을 하는 것은 무엇인가?
  가. 진행파관(TWT)
  나. 클라이스트론(Klystron)
  다. 자전판(Magnetron)
  라. 반사기

  정답 가

27 우리나라 고정위성통신용 Ku밴드의 주파수대역은?
  가. 8 ~ 12[GHz]   나. 12 ~ 18[GHz]
  다. 18 ~ 27[GHz] 라. 27 ~ 40[GHz]

  정답 나

2017년 무선설비산업기사 기출문제

28 다음 중 위성 통신의 회선 할당 방식이 아닌 것은?

가. PAMA(Pre Assigned Multiple Access)
나. DAMA(Demand Assigned Multiple Access)
다. SDMA(Spatial Division Multiple Access)
라. RAMA(Random Assigned Multiple Access)

정답 다

29 다음 중 셀룰러(Cellular) 이동통신 시스템의 장점이 아닌 것은?

가. 많은 가입자를 수용할 수 있다.
나. 저출력 소기지국화로 통화 비용이 줄어든다.
다. 핸드오프(Hand Off)의 횟수가 감소한다.
라. 서비스 지역의 확장이 용이하다.

정답 다

30 다음 중 이동통신용 무선 송수신기의 운용관리 조건으로 틀린 것은?

가. 송신되는 발사 주파수의 안정도를 높게 유지한다.
나. 점유주파수 대역을 가능한 좁게 유지하여야 한다.
다. 송신출력은 스퓨리어스(Spurious)파 방사가 최대가 되도록 설정 하여야 한다.
라. 송·수신 신호의 일그러짐과 내부 잡음이 적어야 한다.

정답 다

31 다음 중 영상방송용 송·수신 중계시스템의 전송방식이 아닌 것은?

가. 마이크로웨이브 전송방식
나. SSB-SC(Single Side Band Suppressed Carrier) 전송방식
다. SNG(Satellite News Gathering) 전송방식
라. 광케이블 전송방식

정답 나

32 다음 중 축전지의 부동충전방식에 대한 설명으로 틀린 것은?

가. 축전지의 충방전 전기량이 적어 수명이 짧아진다.
나. 이동용 무선기기의 전원설비에 이용된다.
다. 축전지의 용량이 비교적 적어도 된다.
라. 부하 변동으로 인한 전압 변동에 대하여 안정적이다.

정답 가

33 전원설비의 전력변환장치 중 인버터(Inverter)에 대한 설명으로 옳은 것은?

가. 직류전원을 다른 크기의 직류전원으로 변환하는 장치
나. 직류전압을 일정한 주파수의 교류전압으로 변환하는 장치
다. 교류전압을 직류전압으로 변화하는 장치
라. 교류전압을 다른 주파수와 크기를 갖는 교류전압으로 변환하는 장치

정답 나

34 전원회로에서 부하가 있을 때 단자전압이 110[V], 부하가 없을 때 단자전압이 120[V]라면 이 때의 전압 변동률은 약 얼마인가?
  가. 10.1[%] 나. 9.1[%]
  다. 8.1[%] 라. 7.1[%]

  정답 나

35 다음 중 접지안테나의 실효 저항 측정 방법이 아닌 것은?
  가. 치환법 나. 저항삽입법
  다. Q미터법 라. 실효리액턴스법

  정답 라

36 2신호법에 의한 수신기의 선택도 측정 중 근접 방해파에 의해 수신기의 비직선 동작으로 인한 선택 희망 신호의 출력 변화 현상은?
  가. 혼변조 특성 나. 감도 억압 효과
  다. 상호 변조 특성 라. 인입현상

  정답 나

37 고니오미터(Goniometer)는 무엇을 측정할 때 사용하는가?
  가. 방송출력 나. 상호인덕턴스
  다. 전파의 도래각 라. 대지의 정전용량

  정답 다

38 측정된 전계강도가 60[dB]이고, 안테나 실효 길이가 2[m]인 경우 안테나에 발생하는 기전력은 몇 [μV]인가?
  가. 100[μV] 나. 1,000[μV]
  다. 2,000[μV] 라. 4,000[μV]

  정답 다

39 다음 중 정류 장치의 특성 해석에 이용되는 파라미터로서 입력교류전력에 대한 출력직류전력의 비로 나타내어지는 것은 무엇인가?
  가. 맥동률 나. 한계변환율
  다. 정류효율 라. 최대역전압

  정답 다

40 코올라우시 브리지를 사용하여 전해액의 저항이나 접지저항을 측정할 때 직류 전원 대신 교류 전원을 사용한다. 전원을 직류로 사용하지 않는 이유로 가장 적합한 것은?
  가. 전극 내부 저항이 감소하기 때문에
  나. 전극 표면에서 정전기 발생을 막기 위해서
  다. 전극 표면의 발열을 방지하기 위해서
  라. 전극 표면의 분극작용을 방지하기 위해서

  정답 라

제3과목 안테나개론

41 주파수 150[kHz]의 무선통신에서 정전계, 유도 전자계, 복사 전자계가 같아지는 거리는 안테나로부터 약 얼마의 거리인가?
가. 320[m] 나. 500[m]
다. 680[m] 라. 770[m]

정답 가

42 다음 중 전파의 성질에 대한 설명으로 옳은 것은?
가. 균일 매질을 전파(傳播)하는 전파(電波)는 회절한다.
나. 전파는 종파이다.
다. 주파수에 상관없이 회절만 한다.
라. 주파수가 높을수록 직진하며 낮을수록 회절한다.

정답 라

43 무선통신에서 전파의 전파통로에 의한 분류 중 유형이 다른 것은?
가. 직접파 나. 지표파
다. 회절파 라. 전리층파

정답 라

44 $\lambda/4$변환방식 중 단일 $\lambda/4$부를 통해 얻을 수 있는 대역폭보다 큰 대역폭을 필요로 하는 경우에 응용되는 방식은?
가. 테이퍼 나. 다단 변환기
다. 집중 정수 회로 라. 스터브

정답 나

45 다음 중 급전선의 전송 원리가 전자류에 의한 전송으로서 내부 도체와 외부 도체를 사용하는 방식의 급전선은?
가. 동축케이블 나. 도파관
다. 평행2선식 급전선 라. 동나선

정답 가

46 다음 도파관의 여진 방법 중 자계에 의한 여진 방법은?
가. 테이퍼 변성기에 의한 여진
나. 정전적 결합에 의한 여진
다. 전자 결합에 의한 여진
라. 작은 루프 안테나에 의한 여진

정답 라

47 차단 파장이 10[cm]인 구형 도파관에 6[GHz]의 신호를 전송하려할 때 관내파장은 약 얼마인가?
가. 1.4[cm] 나. 2.9[cm]
다. 5.8[cm] 라. 20[cm]

정답 다

48 도파관의 임피던스 정합에 쓰이는 소자로 입사파는 감쇠 없이 진행 하지만 반사파는 큰 감쇠로 인하여 전력 흡수되는 비가역 회로소자를 무엇이라 하는가?

가. 아이솔레이터(Isolator)
나. 공동공진기(Cavity Resonator)
다. 방향성결합기
라. 서큘레이터

정답 가

49 다음 중 λ/4수직 접지 안테나에 대한 설명으로 틀린 것은?

가. 안테나의 실효고 he = λ/2π이다.
나. 장·중파대 안테나의 기본형이다.
다. 수평면내 지향성은 무지향성이다.
라. 고유파장은 선길이의 1/4배이다.

정답 라

50 150[Ω]의 저항, 0.4[μF]의 커패시터 그리고 값을 모르는 인덕터가 직렬로 연결되어 있는 회로가 356[Hz]에서 공진할 경우 인덕터의 값은 약 얼마인가?

가. 0.5[H]   나. 1.5[H]
다. 2.5[H]   라. 3.5[H]

정답 가

51 안테나 특성 중 방사전력 밀도가 최대 방사전력의 1/2로 감쇠되는 두 지점 사이의 각도로써 지향특성의 첨예도를 나타내는 것은?

가. 전후방비   나. 주엽
다. 부엽   라. 반치각(HPBW)

정답 라

52 다음 중 슈퍼턴스타일 안테나를 수직으로 적립(Stack)하여 사용하는 이유로 옳은 것은?

가. Q를 높이기 위하여
나. 이득을 높이기 위하여
다. 광대역화를 위하여
라. 전압급전을 위하여

정답 나

53 다음 중 Collinear – Array 안테나의 설명으로 틀린 것은?

가. 소자수가 많아질수록 이득이 커진다.
나. 수직면내 지향성이 예민하여 고이득 안테나로서 사용된다.
다. 각 소자는 90[°] 위상차를 갖고 크기가 같은 신호로 급전한다.
라. VHF(Very High Frequency)대 이동무선 기지국용 및 중계국용으로 널리 이용된다.

정답 다

54 다음 중 접지저항이 1 ~ 2 [Ω]이고, 대전력 방송국의 안테나 접지에 사용하는 방식은?

가. 다중접지 나. 심굴 접지
다. 방사성 접지 라. 카운터포이즈

정답 가

55 다음 중 장파, 중파대에서 지표파에 의해 전파되는 전파의 감쇠가 가장 적은 매질은?

가. 해수 나. 사막
다. 습지 라. 건지

정답 가

56 다음 중 발생원인에 따른 라디오 덕트(Radio Duct)가 아닌 것은?

가. 주간 냉각에 의한 라디오 덕트
나. 전선에 의한 라디오 덕트
다. 이류에 의한 라디오 덕트
라. 침강에 의한 라디오 덕트

정답 가

57 다음 중 전리층에 대한 설명으로 틀린 것은?

가. 자외선이 강할수록 전리 현상이 크게 일어난다.
나. 전리층의 전자밀도는 높이에 따라 일정하지 않다.
다. 공기분자가 적을수록 전리현상이 크게 일어난다.
라. 태양 에너지가 강한 주간에는 F층이 F_1, F_2층으로 구분된다.

정답 다

58 다음 중 전리층의 임계 주파수에 대한 설명으로 틀린 것은?

가. 전리층의 굴절률 n = ∞ 일 때의 주파수
나. 전리층을 반사하는 주파수 중 가장 높은 주파수
다. 전리층을 통과하는 주파수 중 가장 낮은 주파수
라. 전리층에서 수직 입사파의 반사와 투과의 경계 주파수

정답 가

59 산란파에 의한 것으로써 주로 송신소 부근에서 일어나며, 주전파는 지표파인 에코(Echo)는?

가. 역회전 에코 나. 근거리 에코
다. 장시간 지역 에코 라. 지자극 에코

정답 나

60 다음 중 장거리통신에서 장파와 비교한 단파의 특징에 대한 설명으로 틀린 것은?

가. 페이딩이 발생하기 쉽다.
나. 공전의 영향을 받기 쉽다.
다. 안테나를 소형으로 사용하기 용이하다.
라. 주로 F층 반사파를 이용한다.

정답 나

제4과목 전자계산기 일반 및 무선설비기준

61 다음 중 EEPROM(Electrically Erasable Programmable Read Only Memory)과 정적 메모리(SRAM)의 2가지 결합특성을 가지고 있는 것은?
가. NVRAM(Non-Volatile Random Access Memory)
나. EPLD(Electrically Programmable Logic Device)
다. DRAM(Dynamic Random Access Memory)
라. OTP(One Time Programmable)

정답 가

62 다음 중 입·출력 겸용장치에 해당하지 않는 것은?
가. 자기디스크
나. 콘솔(Console)
다. OCR(Optical Character Reader)
라. 자기테이프

정답 다

63 16진수 3B7F를 2진수로 바르게 변환한 것은?
가. 0011 1000 1110 1111
나. 1111 1011 0111 0011
다. 1111 0111 1011 0011
라. 0011 1011 0111 1111

정답 라

64 다음 중 오류 검출용 코드에 해당하는 코드는?
가. BCD 코드
나. Excess-3 코드
다. 해밍 코드
라. Gray 코드

정답 다

65 다음 보기와 같은 기능을 수행하는 것은?

- 프로세스 관리
- 입·출력 장치관리
- 사용자 인터페이스 제공
- 시스템의 오류처리
- 자원 및 데이터의 조작

가. 하드웨어
나. 운영체제
다. 응용 프로그램
라. 미들웨어

정답 나

66 다음 운영체제의 프로세스 관리기능 중 교착상태의 발생 조건에 대한 설명으로 옳은 것은?
가. 상호배제 : 한 개의 프로세스만이 공유자원을 사용할 수 있어야 한다.
나. 점유와 대기 : 공유자원과 자원을 사용하기 위해 대기하고 있는 프로세스들이 원형으로 구성되어, 자신의 할당자원 외에 앞이나 뒤에 프로세스의 자원을 요구해야 한다.
다. 비 선점 : 하나의 자원을 점유하였으면 다른 프로세스에 할당되어 사용되고 있는 자원을 추가적으로 점유하기 위해 대기하는 프로세스가 있어야 한다.
라. 환형대기 : 다른 프로세스에 할당된 자원은 사용이 끝날 때까지 강제로 빼앗을 수 없어야 한다.

정답 가

67 다음 중 C 언어의 변수에 대한 설명으로 틀린 것은?

가. 변수는 값을 저장하는 기억장소의 주소, 길이, 타입의 세 가지 속성을 지닌다.
나. 변수 이름은 영어 알파벳 문자나 밑줄 문자(_)로 시작해야 한다.
다. 변수 이름의 영문 대문자와 소문자는 서로 구별되지 않는다.
라. C언어의 키워드는 변수 이름으로 사용될 수 없다.

정답 다

68 다음은 어떤 프로그래밍 번역기에 대한 설명인가?

> 컴파일러나 어셈블러처럼 목적 프로그램을 한꺼번에 생성하는 것이 아니라 원시 프로그램을 한 문장씩 직접 실행시킨다. 컴파일 과정이 필요 없어 프로그램 작성 도중에 확인이 가능하다. 속도가 느리며 실행되어지지 않는 소스코드에 대해서는 에러를 검사하지 않는다.

가. Translator   나. Linking Loader
다. Generator   라. Interpreter

정답 라

69 다음 중 마이크로프로세서가 수행하기 위한 명령어와 데이터는 어디에 존재해야 하는가?

가. 메인 메모리   나. CD-ROM
다. HDD   라. Floppy Disk

정답 가

70 논리식 $Y = \overline{(A + A\overline{B})}$ 를 간략화하면?

가. $Y = A\overline{B}$ 나. $Y = \overline{A}$
다. $Y = 1$ 라. $Y = AB$

정답 나

71 전파법에서 정의한 '주파수할당'을 옳게 설명한 것은?

가. 특정한 주파수를 이용할 수 있는 권리를 특정인 에게 주는 것을 말한다.
나. 무선국을 허가함에 있어 당해 무선국이 이용할 특정한 주파수를 지정하는 것을 말한다.
다. 무선국을 운용할 때 불요파 발사를 억제하기 위한 주파수를 지정하는 것을 말한다.
라. 설치된 무선설비가 반응할 수 있도록 필요한 주파수를 지정하는 것을 말한다.

정답 가

72 다음 괄호 안에 들어갈 내용으로 옳은 것은?

> ( ) 이란 전파를 이용하여 모든 종류의 기호·신호·문언·영상·음향 등의 정보를 보내거나 받는 것

가. 정보통신   나. 무선통신
다. 전파통신   라. 전기통신

정답 나

73. 미래창조과학부장관은 주파수의 이용실적이 낮은 경우 주파수 회수 또는 주파수 재배치를 할 수 있다. 다음 중 주파수의 이용실적의 판단 기준으로 해당이 없는 것은?
    가. 해당 주파수의 이용 현황 및 수요 전망
    나. 전파이용기술의 발전 추세
    다. 국제적인 주파수의 사용동향
    라. 주파수의 양도와 임대 실태

    정답 라

74. 다음 중 미래창조과학부장관의 전파감시 업무 사항이 아닌 것은?
    가. 무선국에서 사용하고 있는 주파수의 편차·대역폭(帶域幅) 등 전파의 품질 측정
    나. 무선기기의 적합등록 또는 적합성평가를 위한 시험측정
    다. 허가 받지 아니한 무선국에서 발사한 전파의 탐지
    라. 통신방법 준수여부

    정답 나

75. 무선설비 공사가 품질확보 상 미흡 또는 중대한 위해를 발생시킬 수 있다고 판단 될 때 공사중지를 지시할 수 있으며, 공사중지에는 부분중지와 전면중지로 구분된다. 다음 중 부분중지에 해당되는 경우는?
    가. 재시공 지시가 이행되지 않는 상태에서는 다음 단계의 공정이 진행됨으로써 하자발생이 될 수 있다고 판단될 경우
    나. 시공자가 고의로 정보통신시설 설비 및 구축공사의 추진을 심히 지연시킬 경우
    다. 정보통신공사의 부실 발생우려가 농후한 상황에서 적절히 조치를 취하지 않은 채 공사를 계속 진행할 경우
    라. 천재지변 등 불가항력적인 사태가 발생하여 공사를 계속할 수 없다고 판단될 경우

    정답 가

76. 다음 중 방송통신재난관리 기본계획에서 방송통신재난에 대비하기 위해 필요한 사항을 규정한 것으로 가장 부적합한 것은?
    가. 피해복구 물자의 확보
    나. 우회 방송통신 경로의 확보
    다. 정부 재산 보호를 위한 신속한 재난방송 실시
    라. 방송통신설비의 연계 운용을 위한 정보체계의 구성

    정답 다

77. 다음 중 무선설비 기성부분검사와 준공검사에 대한 설명으로 틀린 것은?
    가. 공사현장에 주요공사가 완료되고 현장이 정리단계에 있을 때에는 준공 2개월 전에 준공기한 내 준공 가능여부 및 미진사항의 사전보완을 위해 예비 준공검사를 실시하여야 한다.
    나. 감리사는 시공자로부터 시험운영계획서를 제출받아 검토·확정하여 시험운용 20일 전까지 발주자 및 시공자에게 통보하여야 한다.
    다. 감리업자 대표자는 기성부분검사원 또는 준공계를 접수하였을 때는 30일 안에 소속 감리사 중 특급감리사급 이상의 자를 검사자로 임명하고, 이 사실을 즉시 본인과 발주자에게 통보하여야 한다.
    라. 예비준공검사는 감리사가 확인한 정산설계도서 등에 의거 검사하여야 하며, 그 검사내용은 준공검사에 준하여 철저히 시행하여야 한다.

    정답 다

78 다음 중 적합성평가를 받아야 하는 선박국용 양방향 무선전화장치의 전파형식 기호로 맞는 것은?

가. F3E 및 G3E 나. R3E 및 J3E
다. A3E 및 R3E 라. G3E 및 A3E

정답 가

79 다음 중 전기통신역무를 제공하는 무선국 송신설비의 안테나공급전력 허용편차로 맞는 것은?

가. 상한 50[%], 하한 20[%]
나. 상한 10[%], 하한 20[%]
다. 상한 20[%], 하한 없음
라. 상한 20[%], 하한 5[%]

정답 다

80 중파무선방위측정기는 전원접속 후 몇 분 이내에 동작할 수 있어야 하는가?

가. 1분 나. 2분
다. 3분 라. 4분

정답 가